U0259615

普通高等教育“十一五”国家级规划教材
21 世纪高等院校自动化专业系列教材

电力拖动自动控制系统

第 3 版

主编　潘月斗　李　擎　李华德
主审　马小亮

机 械 工 业 出 版 社

本书全面、系统地介绍了现代电力拖动自动控制系统的基本理论，并对电力拖动控制系统的静、动态特性进行了较为深入的分析，还介绍了数字电力拖动自动控制系统的基本特点及数字化设计方法。本书在总体内容上分为4篇，共12章。

第1篇依据直流电动机的广义数学模型，建立了直流电动机的闭环控制结构及相应的控制系统，分析了闭环直流调速系统的静、动态特性，介绍了可逆直流调速系统的运行方法。

第2篇讲述现代交流电动机变压变频调速系统的基本组成、工作原理，以及静、动态特性分析方法。本篇的重点内容是恒压频比控制的异步电动机变压变频调速系统、异步电动机矢量控制系统、异步电动机直接转矩控制系统，普通三相同步电动机自控式变压变频调速系统及其矢量控制系统、正弦波永磁同步电动机的控制系统，以及梯形波永磁同步电动机的控制系统。

第3篇介绍了电力拖动伺服系统的基本组成、分类、基本工作原理，以及伺服系统的稳态分析和设计、动态分析和设计，介绍了工业生产中应用的伺服系统。

第4篇介绍了电力拖动数字控制系统的基本特点、基本组成，数字控制器的硬件与软件，以及电力拖动自动控制系统数字化设计方法。

本书适合作为高等院校电气工程相关专业、电气自动化等专业的本科生教材，也可作为电力电子与电力传动、电气自动化等相关学科的硕士研究生用书，还可供从事电气传动工作的技术人员参考。

本书配有授课电子课件，需要的教师可登录 www.cmpedu.com 免费注册，审核通过后下载，或联系编辑索取（微信：15910938545；电话：010-88379739）。

图书在版编目（CIP）数据

电力拖动自动控制系统／潘月斗，李擎，李华德主编.—3版.—北京：机械工业出版社，2021.1（2023.1重印）
21世纪高等院校自动化专业系列教材
ISBN 978-7-111-67207-4

Ⅰ.①电… Ⅱ.①潘… ②李… ③李… Ⅲ.①电力传动-自动控制系统-高等学校-教材 Ⅳ.①TM921.5

中国版本图书馆CIP数据核字（2020）第264875号

机械工业出版社（北京市百万庄大街22号 邮政编码100037）
策划编辑：汤 枫 责任编辑：汤 枫 张 丽
责任校对：张艳霞 责任印制：单爱军
北京虎彩文化传播有限公司印刷

2023年1月第3版・第4次印刷
184mm×260mm・27.25印张・674千字
标准书号：ISBN 978-7-111-67207-4
定价：99.00元

电话服务
客服电话：010-88361066
010-88379833
010-68326294

网络服务
机 工 官 网：www.cmpbook.com
机 工 官 博：weibo.com/cmp1952
金 书 网：www.golden-book.com
机工教育服务网：www.cmpedu.com

21世纪高等院校自动化专业系列教材

编 审 委 员 会

出版说明

自动化技术是一门集控制、系统、信号处理、电子和计算机技术于一体的综合技术，广泛用于工业、农业、交通运输、国防、科学研究以及商业、医疗、服务和家庭等各个方面。自动化水平的高低是衡量一个国家或社会现代化水平的重要标志之一，建设一个现代化的国家需要大批从事自动化事业的人才。高等院校的自动化专业是培养国家所需要的专业面宽、适应性强，具有明显的跨学科特点的自动化专门人才的摇篮。

为了适应新时期对高等教育人才培养工作的需要，以及科学技术发展的新趋势和新特点，并结合最新颁布实施的高等院校自动化专业教学大纲，我们邀请清华大学、南开大学、上海交通大学、西安交通大学、东北大学、华中科技大学、山东大学、北京科技大学等名校的知名教师、专家和学者，成立了教材编写委员会，共同策划了这套面向高校自动化专业的教材。

本套教材定位于普通高等院校自动化类专业本科层面。按照教育部颁发的《普通高等院校本科专业介绍》中所提出的培养目标和培养要求、适合作为广大高校相关专业的教材，反映了当前教学与技术发展的主流和趋势。

本套教材的特色：

1. 作者队伍强。本套教材的作者都是全国各院校从事一线教学的知名教师和相关专业领域的学术带头人，具有很高的知名度和权威性，保证了本套教材的水平和质量。

2. 观念新。本套教材适应教学改革的需要和市场经济对人才培养的要求。

3. 内容新。近20年，自动化技术发展迅速，与其他学科的联系越来越紧密。这套教材力求反映学科发展的最新内容，以适应21世纪自动化人才培养的要求。

4. 体系新。在以前教材的基础上重构和重组，补充新的教学内容，各门课程及内容的组成、顺序、比例更加优化，避免了遗漏和不必要的重复。根据基础课教材的特点，本套教材的理论深度适中，并注意与专业教材的衔接。

5. 教学配套的手段多样化。本套教材大力推进电子讲稿和多媒体课件的建设工作。本着方便教学的原则，一些教材配有习题解答和实验指导书，以及配套学习指导用书。

机械工业出版社

第3版前言

本书根据教育部普通高等教育国家级规划教材的编写要求，遵循继承特色、修正错误、与时俱进的原则，在第2版的基础上修订而成，主线仍然是电力拖动自动控制系统的转速、转矩控制规律，系统的静、动态特性分析，以及系统的数字化设计。第3版的进步主要体现在以下4个方面：

1）在实际的工程中，电力拖动自动控制系统均已数字化，数字PID控制器的参数整定多采用计算机辅助设计方法来实现。调节器的工程设计方法在工程中已不再采用，本次修订删去了相关内容（第2版第5章）。

2）为避免直接转矩控制系统与直接自控制直接转矩控制系统的概念混淆，本次修订从原理上进一步澄清了直接转矩和直接自控制直接转矩的区别。

3）由于稀土永磁电动机在工业、交通、航空航天等领域中得到了越来越广泛的应用，因此对正弦波永磁同步电动机控制系统和梯形波永磁同步电动机控制系统的内容进行了增补，使学生和读者能够更好地掌握永磁电动机的控制理论和控制方法。

4）加强了数字控制系统理论基础的介绍，增加了数字控制系统的分析和工程设计方面的内容，这有助于提高学生对数字系统的设计能力。

本书分为4篇，共12章。第1篇（第2~5章）为电力拖动直流调速系统，第2篇（第6~10章）为电力拖动交流调速系统，第3篇（第11章）为电力拖动伺服系统，第4篇（第12章）为电力拖动自动控制系统数字化设计。建议讲课学时为60学时，实验学时为18学时，根据实际情况可进行学时的增减。考虑到《运动控制系统实验教程》已详述实验部分，本书不再附“实验指导”。教学过程中如需思考题、练习题、计算题，可参考由北华大学白晶教授编写的《电力拖动自动控制系统习题集及解答》（机械工业出版社出版）。

本书由北京科技大学潘月斗副教授、李擎教授、李华德教授担任主编，其中，第2~5章由李擎编写，第1章及第6~9章由李华德编写，第10~12章由潘月斗编写，李华德负责全书的统稿。硕士研究生贺靓、于昭君、陈继义、张彦辉、封芸、王阳阳、张伟锋参与了本书的编写、录入及校对工作。

我国著名电机与控制专家、天津大学马小亮教授担任本书主审，并为本书提供了许多重要的新资料，对本书水平的提升发挥了重要作用。本书全体编者在此向马小亮教授致以深深的谢意。

由于编者水平有限，本次再版难免仍有不当之处，殷切期望广大读者批评指正。

为了方便教学，读者可登录www.cmpedu.com免费注册，审核通过后下载本书配套的电子教案。

编　者

常用符号表

一、元件和装置用的文字符号

A　放大器、调节器；电枢绕组、A 相绕组
ACR　电流调节器
ADR　电流变化率调节器
AE　电动势运算器
AER　电动势调节器
AFR　励磁电流调节器
AP　脉冲放大器
APR　位置调节器
AR　反号器
ASR　转速调节器
ATR　转矩调节器
AVR　电压调节器
AΨR　磁链调节器
B　非电量—电量变换器
BQ　位置传感器
BS　自整角机
BSR　自整角机接收机
BST　自整角机发送机
BRT　转速传感器
C　电容
CD　电流微分环节
CU　功率变换单元
D　数字集成电路和器件
DHC　滞环比较器
DLC　逻辑控制环节
DLD　逻辑延时环节
F　励磁绕组
FB　反馈环节
FBC　电流反馈环节
FBS　测速反馈环节
G　发电机；振荡器；发生器
GAB　绝对值变换器
GD　驱动电路
GF　函数发生器
GT　触发装置
GTF　正组触发装置
GTR　反组触发装置
GI　给定积分器
K　继电器；接触器
KF　正向继电器
KMF　正向接触器
KMR　反向接触器
KR　反向继电器
L　电感；电抗器
LS　饱和电抗器
M　电动机
MI（MA）　异步电动机
MD　直流电动机
MS　同步电动机
N　运算放大器
R，r　电阻，电阻器；变阻器
RP　电位器
SA　控制开关；选择开关
SB　按钮开关
SM　伺服电动机
T　变压器
TA　电流互感器
TAF　励磁电流互感器
TC　控制电源变压器
TG　测速发电机
TM　电力变压器；整流变压器
TU　自耦变压器
TV　电压互感器
U　变换器；调制器
UI　逆变器
UPE　电力电子变换器
UR　整流器
URP　相敏整流器
UCR　晶闸管整流器

V　开关器件；晶闸管整流装置

VBT　晶体管

VD　二极管

VF　正组晶闸管整流装置

VFC　励磁电流晶闸管整流装置

VR　反组晶闸管整流装置

VS　稳压管

VT　晶闸管，功率开关器件

二、参数和物理量文字符号

A_d　动能

a　线加速度；特征方程系数

B　磁感应强度

C　电容；输出被控变量

C_e　直流电动机在额定磁通下的电动势系数

C_m　直流电动机在额定磁通下的转矩系数

D　调速范围；摩擦转矩阻尼系数；脉冲数

E，e　反电动势，感应电动势（大写为平均值或有效值，小写为瞬时值，下同）；误差

e_d　检测误差

e_s　系统误差

e_{sf}　扰动误差

e_{sr}　给定误差

F　磁动势；力；扰动量

f　频率

G　重力

GD^2　飞轮惯量

GM　增益裕度

g　重力加速度

h　开环对数频率特性中频宽度

I，i　电流

I_a，i_a　电枢电流

i　减速比

I_d，i_d　整流电流

I_{dL}　负载电流

I_f，i_f　励磁电流

J　转动惯量

K　控制系统各环节的放大系数（以环节符号为下角标）；闭环系统的开环放大系数；扭转弹性转矩系数

K_{bs}　自整角机放大系数

K_e　直流电动机电动势的结构常数

K_m　直流电动机转矩的结构常数

K_g　减速器放大系数

K_p　比例放大系数

K_{rp}　相敏整流器放大系数

K_s　电力电子变换器放大系数

k　谐波次数；振荡次数

k_N　绕组系数

L　电感；自感；对数幅值

L_l　漏感

L_m　互感

M　电动机；调制度；闭环系统频率特性幅值

m　整流电流（电压）一周内的电脉冲数；典型I系统两个时间常数比

N　匝数；扰动量；载波比；额定值

n　转速；n 次谐波

n_0　理想空载转速；同步转速

n_s　同步转速

n_p　极对数

P，p　功率

$p\left(=\dfrac{d}{dt}\right)$　微分算子

P_m　电磁功率

P_s　转差功率

Q　无功功率

R　电阻；电阻器；变阻器

R_a　直流电动机电枢电阻

R_L　电力电子变换器内阻

R_{rec}　整流装置内阻

S　视在功率

s　转差率；静差率；拉普拉斯变换因子

$s=\alpha+j\omega$　拉普拉斯变量

T　时间常数；开关周期；感应同步器绕组节距

t	时间
T_c	脉宽调制载波的周期
T_e	电磁转矩
T_{ed}	直流电动机电磁转矩
T_{ei}	异步电动机电磁转矩
T_{es}	同步电动机电磁转矩
T_l	电枢回路电磁时间常数
T_L	负载转矩
T_m	机电时间常数
t_m	最大动态降落时间
T_o	滤波时间常数
t_{on}	开通时间
t_{off}	关断时间
t_p	峰值时间
t_r	上升时间
T_s	电力电子变换器平均失控时间，电力电子变换器滞后时间常数
t_s	调节时间
t_v	恢复时间
U，u	电压，电枢供电电压
U_b	基极驱动电压
U_{bs}	自整角机输出电压
U_C	控制电压
U_d，u_d	整流电压；直流平均电压
U_{d0}，u_{d0}	理想空载整流电压
U_f，u_f	励磁电压
U_s	电源电压
U_x	变量 x 的反馈电压（x 可用变量符号代替）
U_x^*	变量 x 的给定电压（x 可用变量符号代替）
v	速度，线速度
$W(s)$	开环传递函数
$W_{cl}(s)$	闭环传递函数
$W_{obj}(s)$	控制对象传递函数
W_m	磁场储能
X	电抗
x	机械位移
Z	阻抗；电抗器
z	负载系数
α	速度反馈系数；晶闸管整流器的控制角
β	电流反馈系数；晶闸管整流器的逆变角
γ	电压反馈系数；相角裕度；（同步电动机反电动势换流时的）换流提前角
γ_0	空载换流提前角
δ	转速微分时间常数相对值；磁链反馈系数；脉冲宽度；换流剩余角
Δn	转速降落
ΔU	偏差电压
$\Delta\theta$	失调角，角差
ξ	阻尼比
η	效率
θ	电角位移；晶闸管整流器的导通角
θ_m	机械角位移
λ	电动机允许过载倍数
μ	磁导率；换流重叠角
ρ	占空比；电位器的分压系数
σ	漏磁系数；超调量
τ	时间常数，积分时间常数
Φ，ϕ	磁通
Φ_m，ϕ_m	每极气隙磁通量
φ	相位角、阻抗角；相频；功率因数角
Ψ，ψ	磁链
Ω	机械角速度
ω	角速度，角频率
ω_b	闭环特性通频带
ω_c	开环特性截止频率
ω_m	机械角速度
ω_n	二阶系统的自然振荡频率
ω_s	同步角速度
ω_{sl}	转差角速度

三、常用下角标

下角标	含义
add	附加值（additional）
av	平均值（average）
b	偏压（bias）；基准（basic）；镇流（ballast）

b，bal	平衡（balance）
bl	堵转封锁（block）
br	击穿（break down）
c	环流（circulating current）；控制（control）
cl	闭环（closed loop）
com	比较（compare）；复合（combination）
cr	临界（critical）
d	延时；延滞（delay）；驱动（drive）
er	偏差（error）
ex	输出，出口（exit）
f	正向（forward）；磁场（field）；反馈（feedback）
g	气隙（gap）；栅极（gate）
R	合成（resultant）
r	转子（rotator）；上升（rise）；反向（reverse）
r，ref	参考（reference）
rec	整流器（rectifier）
s	定子（stator）；电源（source）
s，ser	串联（series）
in	输入；入口（input）
i，inv	逆变器（inverter）
k	短路（short）
L	负载（load）
l	线值（line）；漏磁（leakage）
lim	极限，限制（limit）
m	极限值，峰值；励磁（magnetizing）
max	最大值（maximun）
min	最小值（minimum）
N	额定值，标称值（nominal）
obj	控制对象（object）
off	断开（off）
on	闭合（on）
op	开环（open loop）
p	脉动（pulse）
sam	采样（sampling）
st	起动（starting）
syn	同步（synchronous）
t	力矩（torque）；触发（trigger）；三角波（triangular wave）
∞	稳态值，无穷大处（infinity）
Σ	和（sum）

四、常用缩写符号

CHBPWM	电流滞环跟踪 PWM（Current Hysteresis Band PWM）
CSI	电流源（型）逆变器（Current Source Inverter）
CVCF	恒压恒频（Constant Voltage Constant Frequency）
DSP	数字信号处理器（Digital Signal Processor）
IPM	智能功率模块（Intelligent Power Module）
PIC	功率集成电路（Power Integrated Circuit）
PWM	脉宽调制（Pulse Width Modulation）
SCR	晶闸管（Silicon Controlled Rectifier）
SHEPWM	消除指定次数谐波的 PWM（Selected Harmonics Elimination PWM）
SOA	安全工作区（Safe Operation Area）
SPWM	正弦波脉宽调制（Sinusoidal PWM）
VCO	压控振荡器（Voltage-Controlled Oscillator）
VR	矢量旋转变换器（Vector Rotator）
VSI	电压源（型）逆变器（Voltage Source Inverter）
VVVF	变压变频（Variable Voltage Variable Frequency）

目　　录

第1章　绪　　论

1.1　电力拖动自动控制系统

1.1.1　电力拖动及其自动控制系统

所谓“拖动”就是应用各种动力设备（电动机、液压设备、气动装置）带动（拖动）工作机械产生运动，以完成规定的工作（生产）任务。应用各种电动机作为动力设备的拖动方式，称为“电力拖动”。电力拖动是把电能转换为机械动力来驱动工作机械产生运动。电力拖动方式与其他拖动方式相比具有简单、方便、灵活、环保以及效率高等优点，因而在工业生产中，电力拖动是最主要的拖动方式。

能够自动控制和调节工作机械的速度或位移的电力拖动系统称为“电力拖动自动控制系统”（Control System of Electric Drive），它是自动控制系统中的一种。实际上工作机械的速度控制或位移控制是通过控制和调节电动机的转速和转角来实现的。电力拖动自动控制系统中除了电动机、传动机构，以及工作机械外，还有在电源与电动机之间配置的自动控制装置，其设备组合示意图如图1-1所示。电动机在系统中担负着电能转换任务，把输入的电能转换为机械能；机械传动机构是将机械能传递给工作机械；控制装置由电力电子变换器、控制器，以及反馈信息检测装置等组成，用来完成对电动机的转矩、转速（速度）及转角（位移）的自动控制，以满足生产工艺的要求。

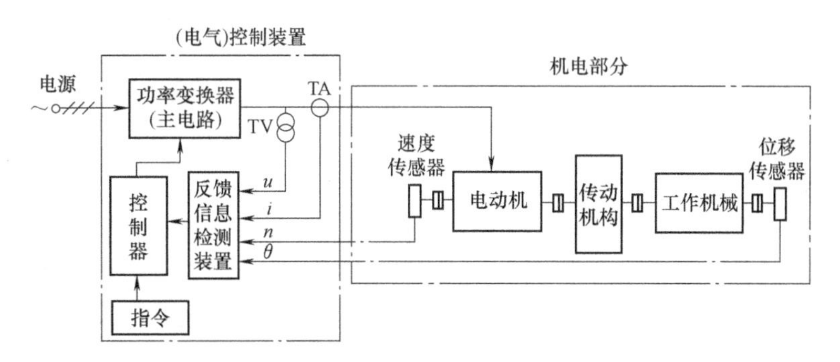

图1-1　电力拖动自动控制系统的设备组合示意图

从电能的转换及传递（传输）角度来看，把电力拖动称为电力传动，把电力拖动控制系统称为电力传动控制系统。由于这类系统的基本任务是通过控制和调节电动机的旋转速度或转角来实现工作机械对速度或位移的要求，因此把电力拖动控制系统又称为运动控制系统（Motion Control System）。电力拖动自动控制系统在工业、农业、交通运输、空间技术、国防等各个领域中都有极为广泛的应用，对促进和发展现代文明和科技进步有着越来越重要的作用。

1.1.2　电力拖动自动控制系统的基本组成

依据图1-1按照闭环结构形式所组成的电力拖动自动控制系统，如图1-2所示，可以看出，电力拖动自动控制系统由电动机及其负载、电力电子电能变换电路、控制器及信息检测器等按照负反馈原则而构成的。

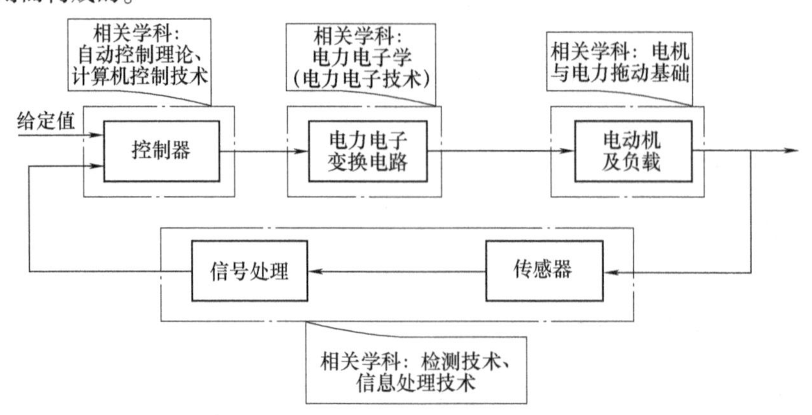

图 1-2　电力拖动自动控制系统组成图

1. 电动机及负载

电动机及负载是电力拖动自动控制系统的控制对象，其相关学科是电机学及电力拖动基础。电动机分为两大类，即直流电动机和交流电动机，交流电动机分为两大类，即异步电动机（也称为感应电动机）和同步电动机。

电动机的负载按其转矩性质，可分为恒转矩负载、恒功率负载以及风机、泵类负载。

2. 电力电子电能变换电路

电力电子电能变换电路由半导体电力电子开关器件构成，其相关学科为“电力电子学”（电力电子技术）。对于直流调速系统而言是采用半控型晶闸管（SCR）器件所组成的整流电路（或采用全控器件构成的直流 PWM 变换电路）；对于现代交流调速系统而言，是采用电力电子全控型器件（IGBT、IEGT、IGCT）所组成的变压变频电路。

3. 控制器

与控制器相关的学科为自动控制理论及计算机控制技术。现在普遍采用以微处理器（单片机、DSP 等）为核心的全数字控制器。

4. 信息检测器（传感器、信息处理器）

电力拖动自动控制系统中需要检测电压、电流、转速和位置等物理量作为反馈信号。其相关学科是“检测技术”和“数据处理技术”。为了真实可靠地得到这些信号，需要相应的传感器。电压、电流传感器的输出信号多为连续的模拟量，而转速和位置传感器的输出信号因传感器的类型而异，可以是连续的模拟量，也可以是离散的数字量。

信号转换和处理包括电压匹配、极性转换、脉冲整形等，对于计算机数字控制系统而言，必须将传感器输出的模拟或数字信号变换为可用于计算机运算的数字量。数据处理的另一个重要作用是“去伪存真”，即从带有随机扰动的信号中筛选出反映被测量的真实信号。常用的数据处理方法是信号滤波，对于数字控制系统通常采用模拟滤波电路和计算机软件数字滤波相结合的方法。

1.1.3　电力拖动自动控制系统的分类

电力拖动自动控制系统有多种分类方法，其中，按被控物理量来分类有利于与其他自动控制系统相区别，能够反映电力拖动自动控制系统的特征。

电力拖动自动控制系统按被控制量的不同可分为两大类：以电动机的转速为被控制量的系统称为调速系统；以工作机械的角位移或直线位移为被控制量的系统称为伺服系统，又称随动系统。除此以外，电力拖动控制系统还有其他多种类型，如张力控制系统、压力控制系统、多电动机同步控制系统等。虽然电力拖动自动控制系统种类很多，但是，无论何种电力拖动自动控制系统都必须具有电机拖动工作机械的基本部分，无论何种电力拖动控制系统都是通过控制电动机转速来工作的，因此，调速系统是最基本的电力拖动自动控制系统，称为基础调速系统。

电力拖动自动控制系统可归纳成如图 1-3 所示的分类图。

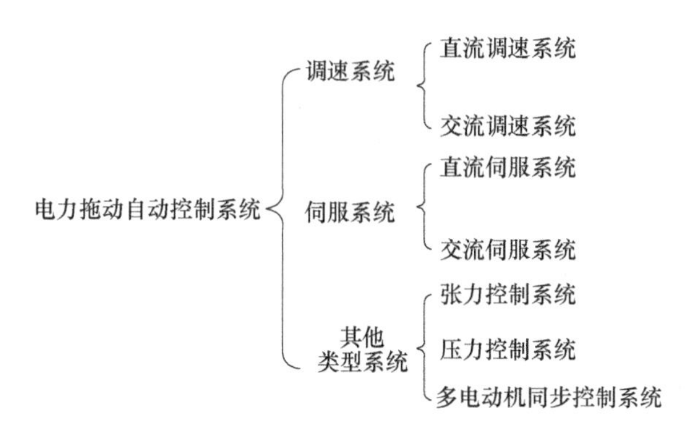

图 1-3　电力拖动自动控制系统分类

1.2　电力拖动自动控制系统的特点

1. 电力拖动自动控制系统的反馈控制规律

同其他自动控制系统一样，电力拖动自动控制系统具有反馈控制系统的基本特点。

(1) 反馈控制系统的功能

反馈控制系统的功能是抑制扰动、跟随给定。

反馈控制系统具有良好的抗扰性能，它能有效地抑制一切被负反馈环所包围的前向通道上的扰动作用，对于给定作用的变化则是严格跟踪。

除给定信号外，作用在控制系统各环节上的一切会引起输出量变化的因素都称为“扰动作用”，负载变化是一种主要的扰动作用。除此之外，交流电源电压的波动、电动机励磁的变化、控制器参数变化、由温升引起主电路电阻 R 的增大等，所有这些因素都会影响到转速，都会被测速装置检测出来，再通过反馈控制的作用，减小它们对稳态转速的影响。在图 1-4 中，前向通道各种扰动作用都可以在系统的结构图上表示出来，反馈控制系统对它们都有抑制功能。但是，有一种扰动除外，如果在反馈通道上的测速反馈系数受到某种影响而发生变化，它非但不能得到反馈控制系统的抑制，反而会造成被调量的误差。反馈控制系统所能抑制的只是被反馈环所包围的前向通道的扰动。

抗扰性能是反馈控制系统最主要的性能指标。在设计闭环系统时，往往只考虑一种主要的扰动作用，如在调速系统中只考虑负载扰动，按照克服负载扰动的要求进行设计。

与扰动作用不同的是在反馈环外的给定作用，如图 1-4 中的转速给定信号 U_n^*，它的细微变化都会使被调量随之变化，丝毫不受反馈作用的抑制。因此，全面地看，反馈控制系统的规律是，一方面能够有效地抑制一切被包围在负反馈环内前向通道上的扰动作用；另一方面，被控制(输出) 量则紧紧地跟随着给定量的变化而变化。

(2) 系统的精度依赖于给定和反馈检测的精度

如果产生给定电压的电源发生波动，反馈控制系统无法鉴别这种电源电压的波动，那么反

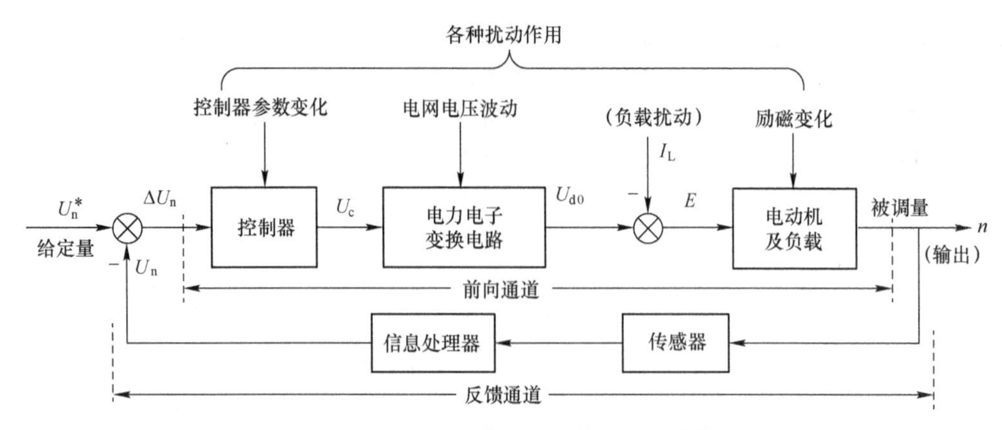

图 1-4　闭环调速系统的给定作用和扰动作用

馈控制系统就不产生控制作用。因此，高精度的调速系统必须有更高精度的给定稳压电源。

反馈检测装置的误差也是反馈控制系统无法克服的。对于上述调速系统来说，测速发电机励磁发生变化时，会使检测到的转速反馈信号偏离应有的数值。如测速发电机安装不良造成转子的偏心等，都会给系统带来周期性的干扰。所以反馈检测装置的精度也是保证控制系统精度的重要因素。现代调速系统的发展趋势是用数字给定和数字测速来提高调速系统的精度。

2. 电力拖动自动控制系统的转矩–转速控制特性

电力拖动自动控制系统的主要特征就是它的转矩–转速控制特性，可用运动方程式来描述。

旋转运动方程式：

$$\begin{cases} J\dfrac{\mathrm{d}\omega_m}{\mathrm{d}t}=T_e-T_L-D\omega_m-K\theta_m \\ \dfrac{\mathrm{d}\theta_m}{\mathrm{d}t}=\omega_m \end{cases} \tag{1-1}$$

式中，J 为机械转动惯量（$\mathrm{kg\cdot m^2}$）；ω_m 为转子的机械角速度（rad/s）；θ_m 为转子的机械转角（rad）；T_e 为电磁转矩（N·m）；T_L 为负载转矩（N·m）；D 为阻转矩阻尼系数；K 为扭转弹性转矩系数。

若忽略阻尼转矩和扭转弹性转矩，则运动控制系统的基本运动方程式可简化为

$$\begin{cases} J\dfrac{\mathrm{d}\omega_m}{\mathrm{d}t}=T_e-T_L \\ \dfrac{\mathrm{d}\theta_m}{\mathrm{d}t}=\omega_m \end{cases} \tag{1-2}$$

若采用工程单位制，则式（1-2）的第 1 行应改写为

$$\frac{GD^2\mathrm{d}n}{375\mathrm{d}t}=T_e-T_L \tag{1-3}$$

式中，GD^2 为转动惯量，习惯称为飞轮力矩（$\mathrm{N\cdot m^2}$），$GD^2=4gJ$；n 为转子的机械转速（r/min），$n=\dfrac{60\omega_m}{2\pi}$。

直线运动方程式：

$$m\frac{\mathrm{d}V}{\mathrm{d}t}=F-F_L \tag{1-4}$$

式中，F 为拖动力（N）；F_L 为拖动阻力（N）；$m\frac{dV}{dt}$为惯性力，若质量 m 的单位为 kg，速度 V 的单位为 m/s，时间 t 的单位为 s，惯性力的单位与 F 及 F_L 相同，为 N。

电力拖动自动控制系统的任务对旋转运动而言是控制电动机的转速和转角，对于直线运动来说是控制速度和位移。由式（1-1）和式（1-2）可知，要控制转速和转角，唯一的途径就是控制电动机的电磁转矩 T_e，使转速变化按人们期望的规律变化。

3. 电力拖动自动控制系统的学科特点

首先必须明确，电力拖动自动控制系统是自动控制理论在实际工程中的具体应用，属于控制科学范畴。如图 1-5 所示，与电力拖动自动控制系统的相关学科有：电机与电力拖动基础、电力电子学（电力电子技术）、计算机控制技术、信号检测与处理技术等。除此而外，电力拖动自动控制系统的研究和技术开发是以计算机仿真技术和计算机辅助设计作为工具的。因此，现代电力拖动自动控制系统已成为电力拖动基础、电力电子技术、计算机控制技术、自动控制理论、信号检测技术、计算机仿真技术、计算机辅助设计技术等多门学科相互交叉的综合性学科。

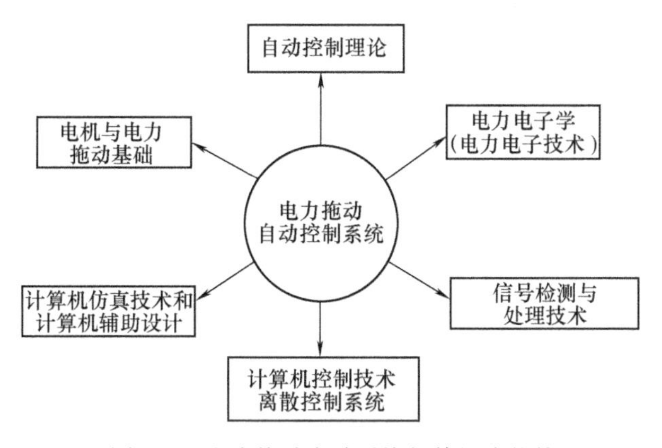

图 1-5　电力拖动自动系统与其相关学科

1.3　电力拖动自动控制系统的发展概况与发展趋势

19 世纪 70 年代前后，相继诞生了直流电动机和交流电动机，从此人类社会进入了以电动机作为动力设备的时代。以电动机作为动力设备，为人类社会的发展和进步、为工业生产的现代化起到了巨大的推动作用。

在用电系统中，电动机作为主要的动力设备而广泛地应用于工农业生产、交通运输、空间技术、国防及社会生活等方面。电动机负荷约占总发电量的 70%，是用电量最多的电气设备。

根据采用的电流制式不同，电动机分为直流电动机和交流电动机两大类，其中，交流电动机拥有量最多，提供给工业生产的电量多半是通过交流电动机加以利用的。经过一百多年的发展，至今已经制造了形式多样、用途各异的交流电动机。交流电动机分为同步电动机和异步（感应）电动机两大类：电动机的转子转速与定子电流的频率保持严格不变的关系，即是同步电动机；反之，若不保持这种关系，即是异步电动机。20 世纪 80 年代以来，开关磁阻电动机、永磁无刷直流电动机（梯形波永磁同步电动机）、正弦波永磁同步电动机等新型交流电动机得到了很快的发展和应用。根据统计，交流电动机用电量占电动机总用电量的 85%左右，可见交流电动机应用的广泛性及其在国民经济中的重要地位。

在实际应用中，一是要使电动机具有较高的机电能量转换效率；二是根据生产机械的工艺要求控制和调节电动机的旋转速度。电动机的调速性能对提高产品质量、提高劳动生产率和节省电能有着直接的决定性影响。以直流电动机作为控制对象的电力拖动自动控制系统称为直流调速系统；以交流电动机作为控制对象的电力拖动自动控制系统称为交流调速系统。根据交流电动机的分类，相应有同步电动机调速系统和异步电动机调速系统。

1. 直流调速系统

20 世纪 60 年代以前是以旋转变流机组供电的直流调速系统为主（见图 1-6），还有一些静止式水银整流器供电的直流调速系统如图 1-7 所示。1957 年美国通用电气公司的 A. R. 约克制成了世界上第一只晶闸管（SCR），这标志着电力电子时代的开始。20 世纪 60 年代以后，以晶闸管组成的直流供电系统逐步取代了直流机组和水银整流器。20 世纪 80 年代末期，全数字控制的直流调速系统迅速取代了模拟控制的直流调速系统。

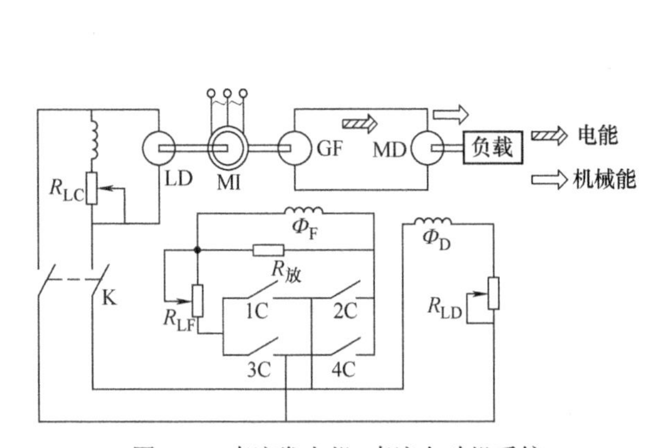

图 1-6　直流发电机-直流电动机系统

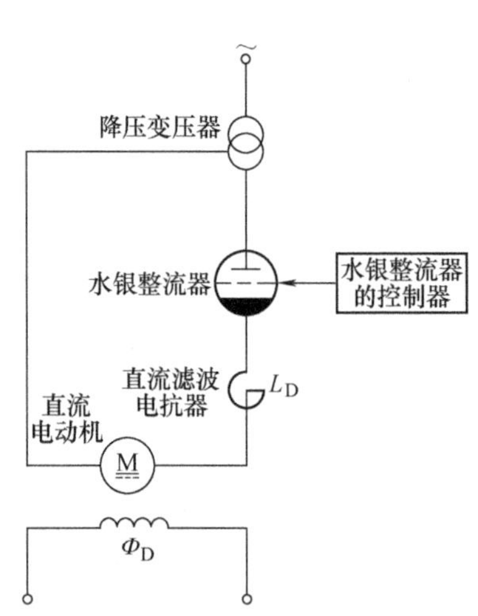

图 1-7　离子电力拖动的主电路

由于直流电动机的转速容易控制和调节，在额定转速以下，保持励磁电流恒定，可用改变电枢电压的方法实现恒转矩调速；在额定转速以上，保持电枢电压恒定，可用改变励磁的方法实现恒功率调速。近代采用晶闸管供电的转速、电流双闭环直流调速系统可获得优良的静、动态调速特性。因此，长期以来（20 世纪 80 年代中期以前）在变速传动领域中，直流调速一直占据主导地位。然而，由于直流电动机本身存在机械式换向器和电刷这一固有的结构性缺陷，这给直流调速系统的发展带来了一系列限制，即：

1）机械式换向器表面线速度及换向电压、电流有一极限容许值，这就限制了单机的转速和功率（其极限容量与转速乘积被限制在 10^6 kW · r/min）。如果要超过极限容许值，则大大增加电机制造的难度和成本以及调速系统的复杂性。因此，在工业生产中，对一些要求特高转速、特大功率的场合则根本无法采用直流调速方案。

2）为了使机械式换向器能够可靠工作，往往增大电枢和换向器直径，使得电机体积增大，导致转动惯量大，对于要求快速响应的生产工艺，采用直流调速方案难以实现。

3）机械式换向器必须经常检查和维修，电刷必须定期更换。这就表明了直流调速系统维修检验工作量大，维修费用高，同时停机检修和更换电刷也直接影响了正常生产。

4）在一些易燃、易爆的生产场合，一些多粉尘、多腐蚀性气体的生产场合不能或不宜使用直流调速系统。

由于直流电动机在应用中存在着这样的一些限制，使得直流调速系统的发展也相应受到限制。但是目前工业生产中许多场合仍然沿用以往的直流电动机，因此在今后相当长的一个时期内直流调速和交流调速并存，直流调速系统还将继续使用。

2. 交流调速系统

交流电动机，特别是笼型异步电动机，具有结构简单、制造容易、价格便宜、坚固耐用、转动惯量小、运行可靠、很少维修、使用环境及结构发展不受限制等优点。然而，长期以来由于受科技发展的限制，把交流电动机作为调速电机的难题未能得到较好的解决，在早期只有一些调速性能差、低效耗能的调速方法，如：

绕线转子异步电动机转子外串电阻调速方法（见图 1-8）。

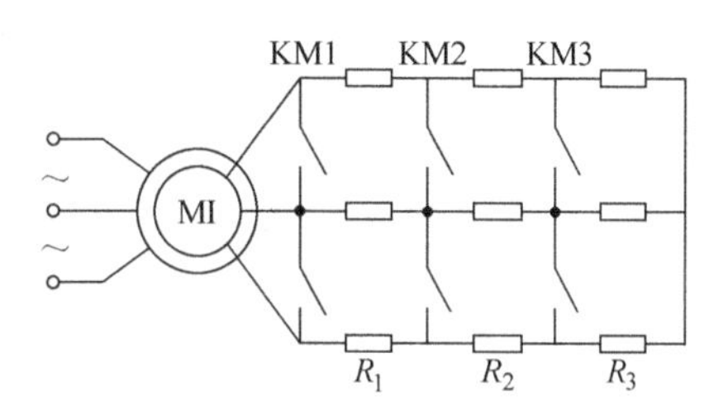

图 1-8　绕线转子异步电动机转子外串电阻调速原理图

笼型异步电动机定子调压调速方法（利用自耦变压器变压调速；利用饱和电抗器变压调速）如图 1-9 所示。还有变极对数调速方法（见图 1-10）及后来的电磁（转差离合器）调速方法（见图 1-11）等。

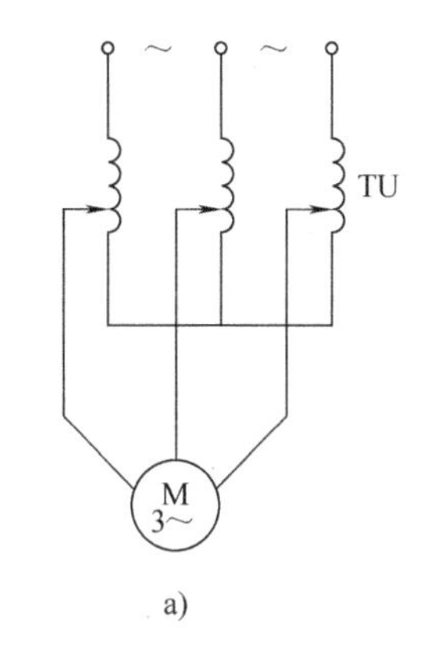

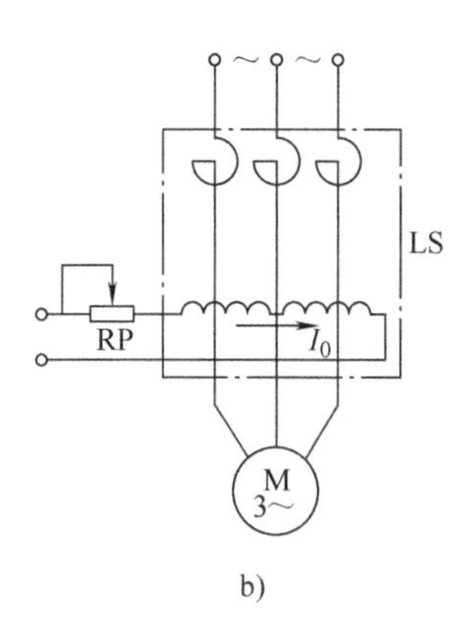

图 1-9　异步电动机变压调速系统

a）利用自耦变压器变压调速　b）利用饱和电抗器变压调速

TU——自耦变压器　LS——饱和电抗器

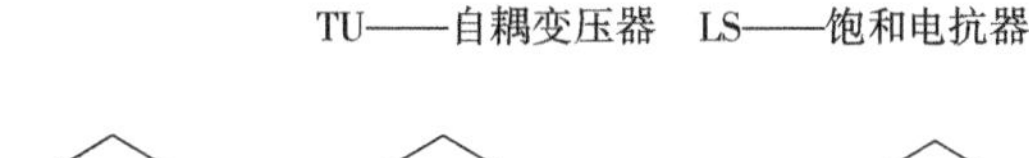

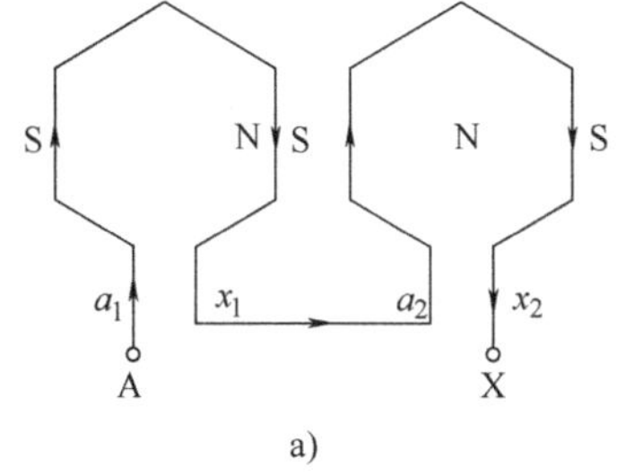

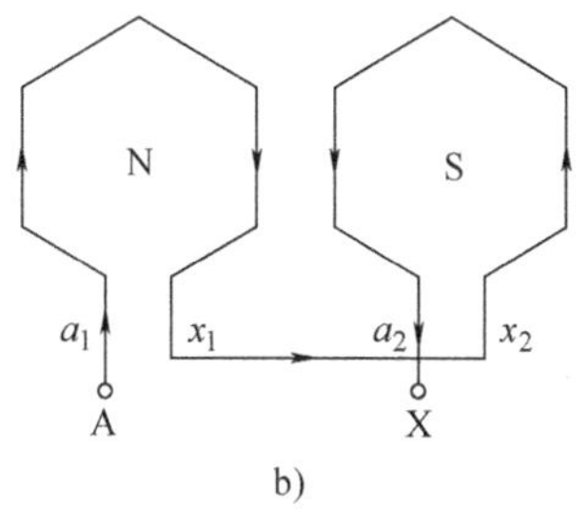

图 1-10　变极对数调速方法原理图

a）顺向串联 $2n_p=4$ 极　b）反向串联 $2n_p=2$ 极

图 1-10a 为一台 4 极电动机 A 相两个线圈连接示意图，每个线圈代表半个绕组。如果两个线圈处于首尾相连的顺向串联状态，根据电流方向可以确定出磁场的极性，显然为 4 极，如果将两个线圈改为图 1-10b 所示反向串联状态，致使极数减半。

20 世纪 60 年代以后，由于生产发展的需要和节省电能（由能源危机引起）的迫切要求，促使世界各国重视交流调速技术的研究与开发。尤其是20世纪80年代以来，由于科学技术的迅速发展为交流调速的发展创造了极为有利的技术条件和物质基础。从此，以变频调速为主要内容的现代交流调速系统沿着下述四个方面迅速发展。

（1）电力电子器件的蓬勃发展和迅速换代推动了交流调速的迅速发展

电力电子器件是现代交流调速装置的支柱，其发展直接决定和影响交流调速技术的发展，20世纪80年代中期以前，变频调速装置功率电路主要采用晶闸管器件。装置的效率、可靠性、成本、体积均无法与同容量的直流调速装置相比。20世纪80年代中期以后采用第二代电力电子器件GTR（Giant Transistor）、GTO（Gate Turn-Off Thyristor）、VDMOS-IGBT（Insulated Gate Bipolar Transistor）等功率器件制造的变频器在性能上与直流调速装置相当。20世纪90年代第三代电力电子器件问世，在这个时期中，中、小功率的变频器（1~1000 kW）主要采用IGBT器件，大功率的变频器采用GTO器件。20世纪90年代末至今，电力电子器件的发展进入了第四代，主要实用的器件有：

高压IGBT器件（HVIGBT）。沟槽式结构的绝缘栅晶体管IGBT问世，使IGBT器件的耐压水平由常规1200 V提高到6500 V，实用功率容量为6500 V/1200 A，表明IGBT器件突破了耐压限制，进入第四代高压IGBT阶段，与此相应的三电平IGBT中压（2300~4160 V）大容量变频调速装置进入实用化阶段。

IGCT（Insulated Gate Controlled Transistor）器件。ABB公司把环形门极GTO器件外加MOSFET功能，研制成功全控型IGCT（ETO）器件，使其耐压及容量保持了GTO的水平，但门极控制功率大大减小，仅为0.5~1 W。目前实用化的IGCT功率容量为6500 V/3000 A，相应的变频器容量为（315~10000 kW）/（6~10 kV）。

IEGT（Injection Enhanced Gate Transistor）器件。东芝-GE公司研制的高压、大容量、全控型功率器件IEGT是把IGBT器件和GTO器件两者优点结合起来的注入增强栅晶体管。IEGT器件实用功率容量为6500 V/1500 A，相应的变频器容量达8~10 MW。

由于GTR、GTO器件本身存在的不可克服的缺陷，功率器件进入第四代以来，GTR器件已被淘汰，GTO器件也将被逐步淘汰。用第四代电力电子器件制造的变频器性能/价格比与直流调速装置相当。

第四代电力电子器件模块化更为成熟，如功率集成电路PIC、智能功率模块IPM等。模块化器件将是21世纪主宰器件。

（2）脉宽调制（Pulse Width Modulation，PWM）技术

1964年，德国学者A. Schonung和H. Stemmler提出将通信中的调制技术应用到电机控制中，于是产生了脉冲宽度调制技术，简称脉宽调制（PWM）技术。脉宽调制技术的发展和应用优化了变频装置的性能，适用于各类调速系统。

脉宽调制（PWM）种类很多，并且正在不断发展之中。基本上可分为4类，即等宽PWM、正弦PWM（SPWM）、磁链追踪型PWM（SVPWM）及电流滞环跟踪型PWM（CHBPWM）。PWM技术的应用克服了相控方法的所有弊端，使交流电动机定子得到了接近正弦波的电压和电流，提高了电动机的功率因数和输出功率。现代PWM生成电路大多采用具有高速输出口（HSO）的单片机（如80196）及高速数字信号处理器（DSP），通过软件编程生成PWM。新型全数字化专用PWM生成芯片HEF4752、SLE4520、MA818等已实际应用。

（3）矢量控制理论的诞生和发展奠定了现代交流调速系统高性能化的基础

1971年，德国学者伯拉斯切克（F. Blaschke）提出了交流电动机矢量控制理论，这是实现高性能交流调速系统的一个重要突破。

矢量控制的基本思想是应用参数重构和状态重构的现代控制理论概念，实现交流电动机定子电流的励磁分量和转矩分量之间的解耦，将交流电动机的控制过程等效为直流电动机的控制过程，从而使交流调速系统的动态性能得到了显著的提高，这使交流调速最终取代直流调速成为可能。目前对调速特性要求较高的生产工艺已较多地采用了矢量控制型的变频调速装置。实践证明，采用矢量控制的交流调速系统的优越性高于直流调速系统。

针对电机参数时变特点，在矢量控制系统中采用了自适应控制技术。毫无疑问，矢量控制技术在应用实践中将会更加完善，其控制性能将得到进一步提高。

继矢量控制技术之后，于 1985 年由德国学者 M. Depenbrock 提出的直接自控制（DSC）的直接转矩控制，以及于 1986 年由日本学者 I. Takahashi 提出的直接转矩控制都取得了实际应用的成功。30 多年的实际应用表明，与矢量控制技术相比，直接转矩控制可获得更大的瞬时转矩和快速的动态响应，因此，交流电动机直接转矩控制也是一种很有发展前途的控制技术。目前，采用直接转矩控制方式的 IGBT、IEGT、IGCT 变频器已广泛应用于工业生产及交通运输部门中。

（4）计算机控制技术的迅速发展和广泛应用

微型计算机控制技术的迅速发展和广泛应用为现代交流调速系统的成功应用提供了重要的技术手段和保证。30 多年来，由于微机控制技术，特别是以单片微机及数字信号处理器（DSP）为控制核心的微机控制技术的迅速发展和广泛应用，促使交流调速系统的控制回路由模拟控制迅速走向数字控制。当今模拟控制器已被淘汰，全数字化的交流调速系统已普遍应用。

数字化使得控制器对信息处理能力大幅度提高，许多难以实现的复杂控制，如矢量控制中的坐标变换运算、解耦控制、滑模变结构控制、参数辨识的自适应控制等，采用微机控制器后便都迎刃而解了。此外，微机控制技术又给交流调速系统增加了多方面的功能，特别是故障诊断技术得到了完全的实现。

计算机控制技术的应用提高了交流调速系统的可靠性和操作、设置的多样性和灵活性，降低了变频调速装置的成本和体积。以微处理器为核心的数字控制已成为现代交流调速系统的主要特征之一。

交流调速技术的发展过程表明，现代工业生产及社会发展的需要推动了交流调速的发展；现代控制理论的发展和应用、电力电子技术的发展和应用、微机控制技术及大规模集成电路的发展和应用为交流调速的发展创造了技术和物质条件。

20 世纪 90 年代以来，电力传动领域面貌焕然一新。各种类型的异步电动机变频调速系统、各种类型的同步电动机变频调速系统相继出现。电压等级从 110 V 到 10000 V，容量从数百瓦的伺服系统到数万千瓦的特大功率调速系统，从一般要求的调速传动到高精度、快速响应的高性能调速传动，从单机调速传动到多机协调调速传动，几乎覆盖了电力传动领域的方方面面。

3. 现代交流调速的发展趋势

交流调速取代直流调速已是不争的事实，21 世纪必将是交流调速的时代。当前交流调速系统正朝着高电压、大容量、高性能、高效率、绿色化、网络化的方向发展，主要有：

1）高性能交流调速系统的进一步研究与技术开发。

2）新型拓扑结构功率变换器的研究与技术开发。

3）PWM 模式的改进和优化。

4）中压变频装置（我国称为高压变频装置）的开发研究。

（1）控制理论与控制技术方面的研究与开发

30 多年的应用实践表明，矢量控制理论及其他现代控制理论的应用随着交流调速的发展而不断完善，从而进一步提高交流调速系统的控制性能。各种控制结构所依据的都是被控对象的数学模型，因此，为了建立交流调速系统的合理的控制结构，仍需对交流电动机数学模型的性质、特点及内在规律进行深入研究和探讨。

按转子磁链定向的异步电动机矢量控制系统实现了定子励磁电流和转矩电流的完全解耦，然而转子参数估计的不准确及参数变化造成定向坐标的偏移是矢量控制研究中必须解决的重要问题之一。

直接转矩控制技术在应用实践中不断完善和提高，其研究的主攻方向是进一步提高低速时的控制性能，以扩大调速范围。

无硬件测速传感器的系统已有许多应用，但是转速推算精度和控制的实时性有待于深入研究与开发。

近年来，为了进一步提高和改善交流调速系统的控制性能，国内外学者致力于将先进的控制策略引入交流调速系统中，诸如，滑模变结构控制、非线性反馈线性化控制、Backstepping 控制、自适应逆控制、内模控制、自抗扰控制、智能控制等，已经成为交流调速发展中新的研究内容。

(2) 变频器主电路拓扑结构研究与开发

提高变频器的输出效率是电力电子技术发展中主要解决的重要问题之一。提高变频器输出效率的主要措施是降低电力电子器件的开关损耗。具体解决方法是开发研制新型拓扑结构的变流器，如 20 世纪 80 年代中期美国威斯康星大学 Divan 教授提出的谐振直流环逆变器，可使电力电子器件在零电压或零电流下转换，即工作在所谓“软开关”状态下，从而使开关损耗降低到接近于零。

此外，电力电子逆变器正朝着高频化、大功率方向发展，这使装置内部电压、电流发生剧变，不但使器件承受很大的电压、电流应力，而且在输入、输出引线及周围空间里产生高频电磁噪声，引发电气设备误动作，这种公害称为电磁干扰（Electro Magnetic Interference，EMI）。抑制 EMI 的有效方法也是采用软开关技术。具有软开关功能的谐振逆变器，国内外都在积极进行研究与开发。今后串并联谐振式变频器将会有越来越多的应用。

针对交-交变频器的输出频率低（不到供电频率的 1/2）的缺点，于 20 世纪 80 年代人们开始研究矩阵式变频器（Matrix Converter）（见图 1-11）。矩阵式变频器是一种可选择的交-交变频器结构，其输出频率可以提高到 45Hz 以上。这种变频器可以拓展成 AC-DC、DC-AC 或 AC-AC 转换，且不受相数和频率的限制，并且能量可以双向流动，功率因数可调。尽管这种变频器所需功率器件较多，但它的一系列优点已经引起人们的广泛关注，必将有一个很好的发展前景。

具有 PWM 整流器/PWM 逆变器的“双 PWM 变频器”（见图 1-12）已进入实用化阶段，并且迅速向前发展。这种变频器的变流功率因数为 1，能量可以双向流动，网侧和负载侧的谐波量比较低，减少了对电网的公害和电动机的转矩脉动，被称为“绿色变频器”，代表了交流调速一个新的发展方向。

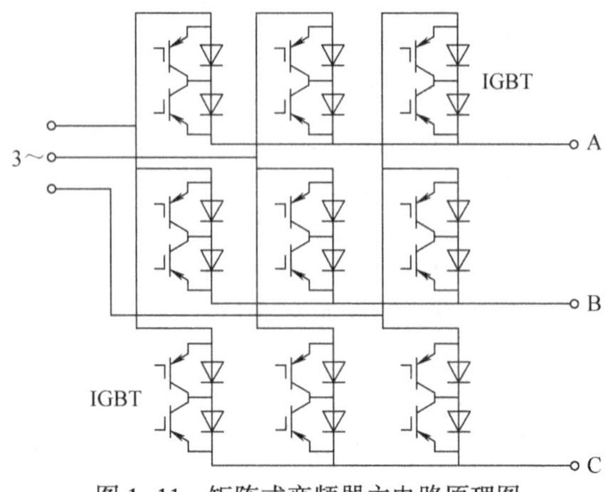

图 1-11　矩阵式变频器主电路原理图

(3) PWM 模式改进与优化研究

随着中压变频器的兴起，对于 SVPWM 模式进行了改进和优化研究，其中为解决三电平中压变频器中点电压偏移问题，研究了虚拟电压矢量合成 PWM 模式（不产生中点电压偏移时的电压长矢量、短矢量、零矢量的组合），已取得了具有实用价值的研究成

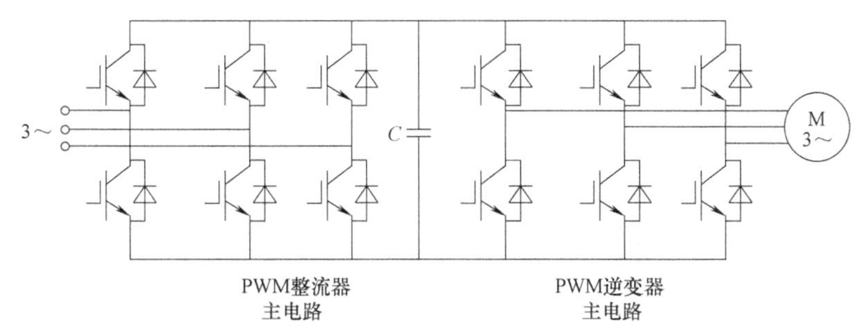

图 1-12　由三相、两电平变流器构成的双侧 PWM 变频器主电路（12 开关）

果；用于级联式多电平中压变频器的脉冲移相 PWM 技术已有应用。

（4）中压变频装置的研究与开发

中压是指电压等级为 1～10 kV，中、大功率是指功率等级在 300 kW 以上。中压、大容量的交流调速系统研究与开发实践已有 30 多年了，逐步走上了实际应用阶段，尤其随着全控型功率器件耐压的提高，中压变频器的应用迅速加快了。应用较多的是采用 IGBT、IGCT 构成的三电平中压变频器（见图 1-13）及级联式单元串联多电平中压变频器（见图 1-14）。目前，中压变频器已成为交流调速开发研究的新领域，是热点课题之一。

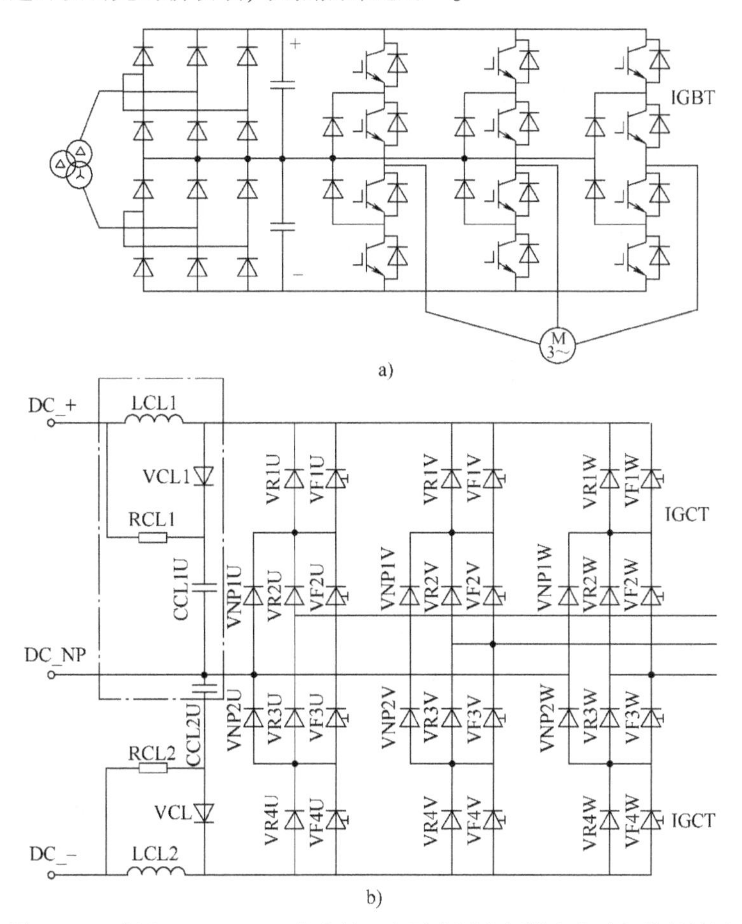

图 1-13　采用 IGBT、IGCT 构成的三电平中压变频器主电路拓扑结构图

a）由 IGBT 构成的三电平 PWM 电压源型逆变器主电路拓扑结构图

b）由 IGCT 构成的三电平 PWM 电压源型逆变器主电路拓扑结构图

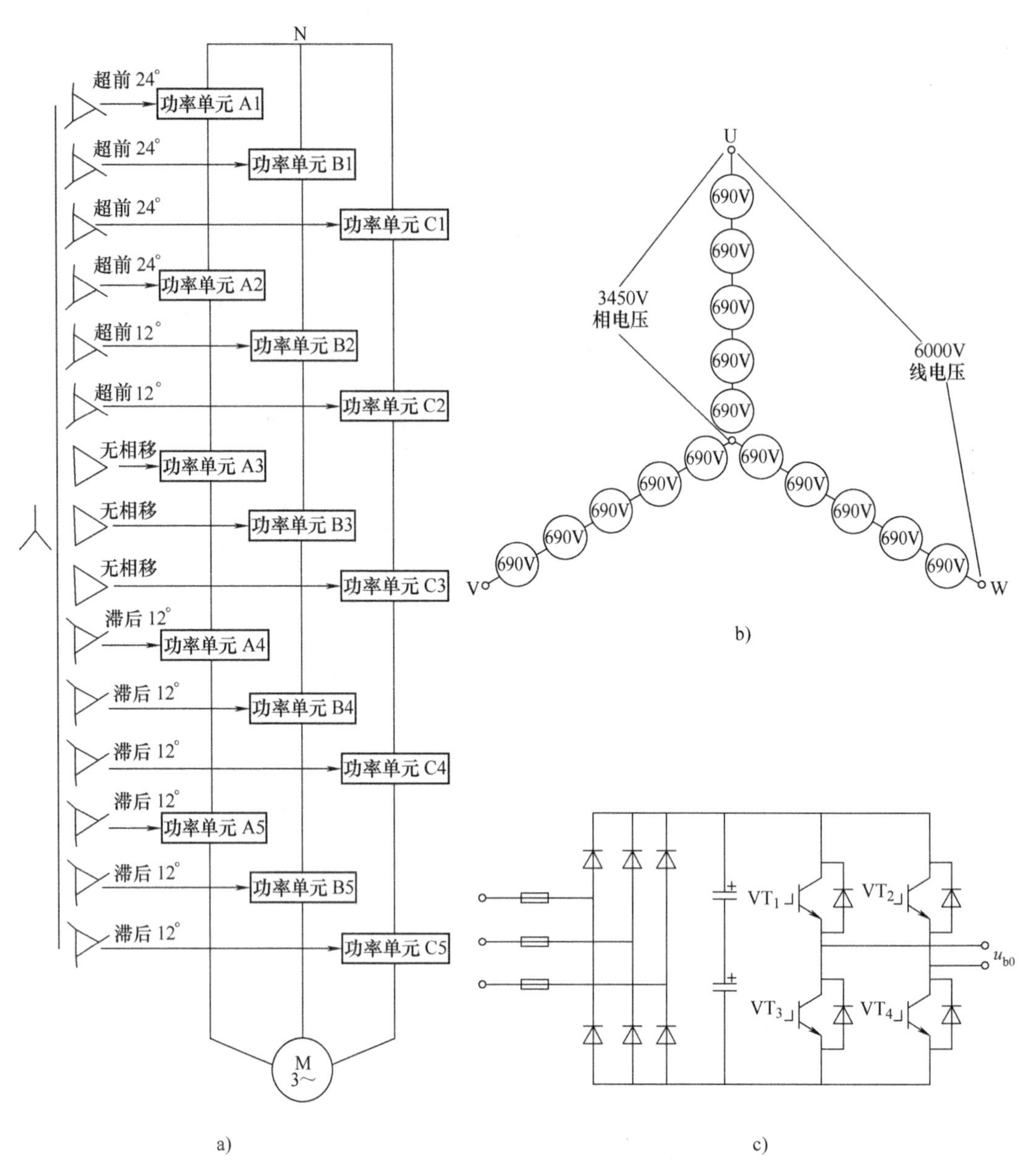

图1-14 级联式多电平中压变频器主电路拓扑结构图

a）变频器主电路图 b）电压叠加原理 c）功率单元结构图

中压变频器的发展受到了电力电子器件耐压等级不高的限制。为此，美国CREE公司、德国西门子公司、日本东芝公司和瑞士ABB公司等都投入巨资研制一种碳化硅（SiC）电力电子器件，其PN结耐压等级可达到10kV以上，预计不久的将来会有突破性的进展，新一代的中压变频器将随之诞生。

第1篇　电力拖动直流调速系统

电力拖动直流调速系统具有优良的调速性能，一个历史时期内在许多需要调速和快速正反向的电力拖动领域中得到了广泛的应用。上个世纪末期以来，由于高性能交流调速技术已发展得十分成熟，交流调速系统已经逐步取代直流调速系统。直流拖动控制系统不仅在理论上和实践上都比较成熟，而且目前还有一些应用；从控制规律的角度来看，直流拖动控制系统又是交流拖动控制系统的基础。因此，掌握直流拖动控制系统的基本理论和控制方法是非常必要的。

由电机学可知，直流电动机的转速和其他物理量之间的稳态关系可表示为

$$n=\frac{U-IR}{K_e\Phi}$$

式中，n 为转速（r/min）；U 为电枢电压（V）；I 为电枢电流（A）；Φ 为励磁磁通（Wb）；R 为电枢电路电阻（Ω）；K_e 为由电枢结构决定的电动势常数。

由上式可以看出，直流电动机有三种调速方案：

1）调节和控制电枢供电电压（U）的调速方案，称为调压调速方案。

2）改变和控制励磁磁通（Φ）的调速方案，称为调磁调速方案。

3）改变电枢电路电阻（R）的调速方案，称为串接电阻调速方案。

调压调速方案是电枢采用晶闸管整流器或PWM变流器供电，可以实现有较宽调速范围的平滑无级调速。调磁调速方案是电动机励磁电路采用晶闸管整流器供电，能够实现基速（额定转速）以上的弱磁无级平滑调速。

改变电枢电路电阻的调速方案是一种以耗电为代价的有级调速方案，显然，这是一种不可取的调速方案。

本篇第2~4章讲述了闭环直流调速系统的组成、静态分析、动态分析；第5章讨论闭环直流调速系统的可逆运行方法。

第 2 章　开/闭环控制的直流调速系统

本章介绍两类开/闭环直流调速系统：①晶闸管整流器-直流电动机系统（V-M）的组成、工作原理、机械特性以及存在的问题；②直流 PWM 变换器-直流电动机调速系统的组成、工作原理、机械特性以及应用的优越性。由于闭环控制的需要，本章推导建立了开环直流调速系统的数学模型。在开环控制的基础上设置反馈通道和闭环控制器，形成闭环控制的直流调速系统，主要有：①转速反馈的单闭环直流调速系统；②转速、电流双闭环直流调速系统；③双域（先升压后弱磁）闭环控制的直流调速系统。

2.1　开环控制的直流调速系统及其数学模型

2.1.1　晶闸管整流器-直流电动机调速系统

图 2-1 所示为晶闸管整流器-直流电动机调速系统（简称 V-M 系统）的原理框图，图中 VT 是晶闸管整流电路，为直流电动机提供可控直流电源，GT 是晶闸管整流电路的控制器，称为调节触发装置（简称触发器）。通过调节 GT 的控制电压 U_{ct}来移动触发脉冲的相位，改变可控整流电路的平均输出直流电压 U_d。晶闸管可控整流器的功率放大系数在 10^4以上，门极电流可以直接通过触发器来控制，晶闸管整流器的响应时间是毫秒级，因此，具有快速的控制作用。V-M 系统具有运行损耗小，效率高的优点。

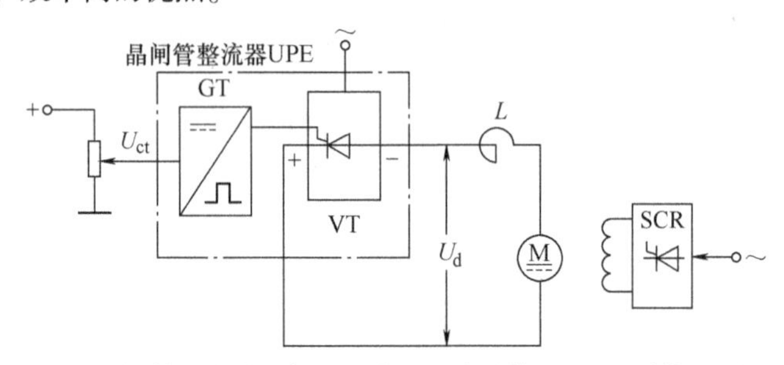

图 2-1　晶闸管整流器-直流电动机调速系统（V-M 系统）原理图

在理想情况下，U_{ct}和 U_d 之间呈线性关系：

$$U_d = K_s U_{ct} \tag{2-1}$$

式中，U_d 为平均整流电压；U_{ct}为控制电压；K_s 为晶闸管整流器放大系数。

1. 整流器的相位控制方式及工作情况

在图 2-1 所示的 V-M 系统中，调节控制电压 U_{ct}，可以移动触发器 GT 输出脉冲的相位，即可方便地改变可控整流电路 VT 输出瞬时电压 u_d 的波形，以及输出平均电压 U_d 的数值。在分析 V-M 系统的主电路时，如果把整流装置内阻 R_{rec}移到装置外边，看成是其负载电路电阻的一部分，这样，图 2-1 所示 V-M 系统的主电路可以用图 2-2 所示的等效电路来描述。

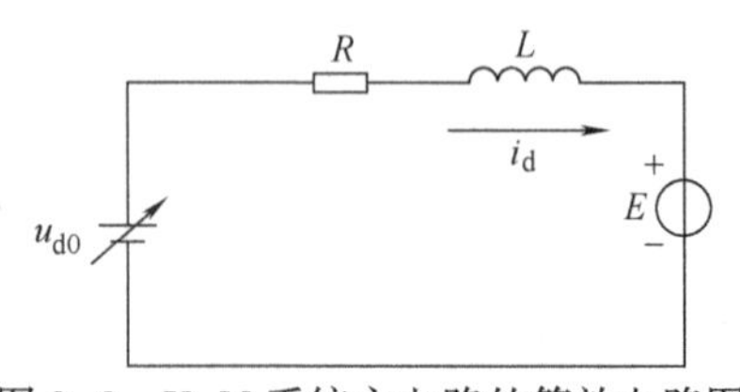

图 2-2　V-M 系统主电路的等效电路图

从而整流电压便可以用其理想空载瞬时值 u_{d0} 和平均值 U_{d0} 来表示。这时，瞬时电压平衡方程式可写作

$$u_{d0}=E+i_dR+L\frac{di_d}{dt} \tag{2-2}$$

式中，E 为电动机反电动势（V）；i_d 为整流电流瞬时值（A）；L 为主电路总电感（H）；R 为主电路总电阻（Ω），$R=R_{rec}+R_a+R_L$；R_{rec} 为整流装置内阻（Ω），包括整流器内部的电阻、整流器件正向电压降所对应的电阻、整流变压器漏抗换相电压降相应的电阻；R_a 为电动机电枢电阻（Ω）；R_L 为平波电抗器电阻（Ω）。

从一个自然换相点到下一个自然换相点为一个周期，对 u_{d0} 在一个周期内进行积分，再取平均值，即得理想空载整流电压的平均值 U_{d0}。

用触发脉冲的触发延迟角 α 控制整流电压的平均值 U_{d0} 是晶闸管整流器的特点。U_{d0} 与触发脉冲触发延迟角 α 的关系因整流电路的形式而异，对于一般的全控整流电路，当电流波形连续时，$U_{d0}=f(\alpha)$ 可表示为

$$U_{d0}=\frac{m}{\pi}U_m\sin\frac{\pi}{m}\cos\alpha \tag{2-3}$$

式中，α 为从自然换相点算起的脉冲触发延迟角；U_m 为 $\alpha=0$ 时的整流电压波形峰值；m 为交流电源一周内的整流电压脉波数。

当电流波形连续时，不同整流电路的平均整流电压见表 2-1。

表 2-1　不同整流电路的整流电压波峰值、脉冲数及平均整流电压

整流电路	单相全波	三相半波	三相桥式（全波）
U_m	$\sqrt{2}U_2$	$\sqrt{2}U_2$	$\sqrt{6}U_2$
m	2	3	6
U_{d0}	$0.9U_2\cos\alpha$	$1.17U_2\cos\alpha$	$2.34U_2\cos\alpha$

注：U_2 为整流变压器二次侧额定相电压的有效值。

由式（2-3）可知，当 $0<\alpha<\frac{\pi}{2}$ 时，$U_{d0}>0$，晶闸管装置处于整流状态，电功率从交流侧输送到直流侧；当 $\frac{\pi}{2}<\alpha<\alpha_{max}$ 时，$U_{d0}<0$，晶闸管装置处于有源逆变状态，电功率反向传送。

2. 电流脉动及其波形的连续与断续

图 2-2 所示是一个带 R-L-E 负载的可控整流电路，以单相全控桥式主电路为例，其输出电压和电流波形如图 2-3 所示。只有在整流变压器二次侧额定相电压的瞬时值 u_2 大于反电动势 E 时，晶闸管才可能被触发导通。导通后如果 u_2 降低到 E 以下，靠电感作用可以维持电流 i_d 继续流通。由于电压波形的脉动，造成了电流波形的脉动。

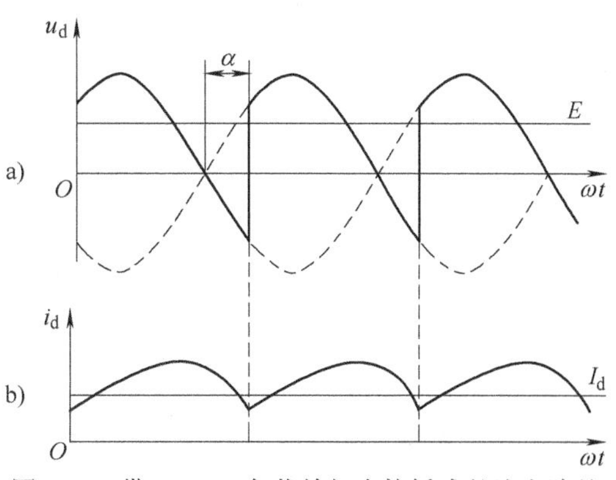

图 2-3　带 R-L-E 负载单相全控桥式整流电路的输出电压和电流波形

脉动的电流波形使 V-M 系统主电路可能出现电流连续和断续两种情况。当 V-M 系统主电路有足够大的电感量，而且电动机的负载

电流也足够大时，整流电流便具有连续的脉动波形，如图 2-4a 所示。当电感较小或电动机的负载电流较小时，在瞬时电流 i_d 上升阶段，电感储能，但所存储的能量不够大；等到 i_d 下降时，电感中的能量释放出来维持电流导通，由于储能较少，在下一相尚未被触发之前，i_d 已衰减到零，于是造成电流波形断续的情况，如图 2-4b 所示。

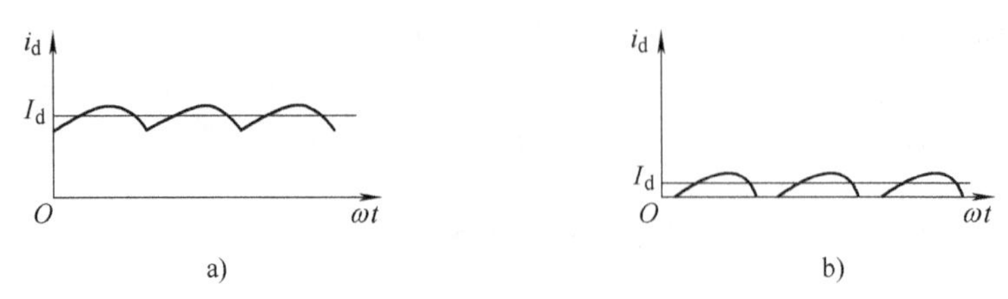

图 2-4　V-M 系统的电流波形

a）电流连续　b）电流断续

在 V-M 系统中，脉动电流会增加电动机的发热，同时也产生脉动转矩，对生产机械不利。此外，电流波形的断续给用平均值描述的系统带来一种非线性的因素，也引起机械特性的非线性，影响系统的运行性能。因此，实际应用中希望尽量避免发生电流断续。

为了避免或减轻电流脉动的影响，需采用抑制电流脉动的措施，主要有：

1）增加整流电路相数，或采用多重化技术。

2）设置电感量足够大的平波电抗器。

3. 晶闸管整流器-电动机系统的机械特性

当电流波形连续时，V-M 系统的机械特性方程式为

$$n=\frac{1}{C_e}(U_{d0}-I_dR) \tag{2-4}$$

式中，C_e 为电动机在额定磁通下的电动势系数，$C_e=K_e\Phi_N$。

整流电压的平均值 $U_{d0}=f(\alpha)$ 见式（2-3）。改变移相触发延迟角 α 可得到不同的 U_{d0}，相应的机械特性为一簇平行的直线，如图 2-5 所示。图中电流较小的部分画成虚线，表现此时电流波形可能断续，此时式（2-4）和式（2-3）已经不适用了。

当电流断续时，由于非线性因素，机械特性方程要复杂得多。以三相半波整流电路构成的 V-M 系统为例，电流断续时的机械特性可用下列方程组表示：

$$n=\frac{\sqrt{2}U_2\cos\varphi\left[\sin\left(\frac{\pi}{6}+\alpha+\theta-\varphi\right)-\sin\left(\frac{\pi}{6}+\alpha-\varphi\right)e^{-\theta\cot\varphi}\right]}{C_e(1-e^{-\theta\cot\varphi})} \tag{2-5}$$

$$I_d=\frac{3\sqrt{2}U_2}{2\pi R}\left[\cos\left(\frac{\pi}{6}+\alpha\right)-\cos\left(\frac{\pi}{6}+\alpha+\theta\right)-\frac{C_e}{\sqrt{2}U_2}\theta n\right] \tag{2-6}$$

式中，φ 为阻抗角，$\varphi=\arctan\frac{\omega L}{R}$；$\theta$ 为一个电流脉冲的导通角。

当阻抗角 φ 值已知时，对于不同的移相触发延迟角 α，可用数值解法求出一簇电流断续时的机械特性（应注意：当 $\alpha<\frac{\pi}{3}$ 时，特性略有差异，对于每一条特性，求解过程都计算到 $\theta=\frac{2\pi}{3}$ 为止，因为 θ 再大时，电流便连续了。对应于 $\theta=\frac{2\pi}{3}$ 的曲线是电流断续区与连续区的分界线）。

图 2-6 绘出了完整的 V-M 系统机械特性，其中包含了整流状态 $\left(\alpha<\frac{\pi}{2}\right)$ 和逆变状态 $\left(\alpha>\frac{\pi}{2}\right)$、

电流连续区和电流断续区。由图可见，当电流连续时，特性还比较硬；断续段特性则很软，而且呈显著的非线性上翘，使电动机的理想空载转速很高；连续区和断续区的分界线对应于 $\theta=\frac{2\pi}{3}$ 的曲线。只要电流连续，晶闸管整流器就可以看成是一个线性的可控电压源。

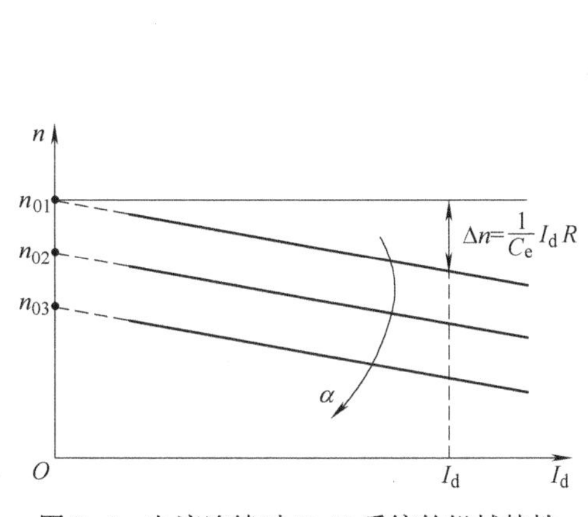

图 2-5　电流连续时 V-M 系统的机械特性（箭头方向表示 α 增大）

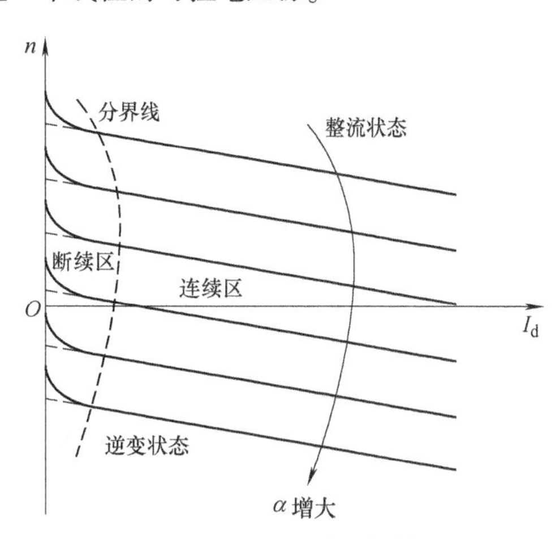

图 2-6　V-M 系统机械特性

4. 晶闸管整流器运行中存在的问题

晶闸管整流器存在的问题如下：

1）晶闸管是半控型开关器件，只能单向导电，给电动机的可逆运行带来困难。对于可逆系统必须采用正反两组晶闸管整流电路（本书第 5 章讨论直流可逆调速系统）。

2）晶闸管对过电压、过电流和过高的 $\mathrm{d}u/\mathrm{d}t$ 与 $\mathrm{d}i/\mathrm{d}t$ 都十分敏感，其中任一指标超过允许值都可能在很短的时间内损坏晶闸管。不过，现代的晶闸管应用技术已经成熟，在装置设计合理、保护电路齐备的前提下，晶闸管可控整流器的运行已是十分可靠了。

3）晶闸管的可控性是基于对其门极的移相触发控制，在较低速度运行时，晶闸管的导通角很大，使得系统的功率因数也随之减少，在交流侧会产生较大的谐波电流，引起电网电压的畸变，被称为“电力公害”。解决此问题通常在电网中增设无功补偿装置和谐波滤波装置，或采用先进的 PWM 整流器。

2.1.2　直流 PWM 变换器-直流电动机调速系统

随着全控型电力电子器件的全面应用，出现了脉宽调制变换器-直流电动机调速系统，称直流 PWM 调速系统（简称 PWM-M 系统）。与 V-M 系统相比，直流 PWM 调速系统在很多方面有较大的优越性：

1）主电路简单，需要的电力电子器件少。

2）开关频率高，电流容易连续，谐波少，电动机损耗及发热都较小。

3）低速性能好，稳速精度高，调速范围宽。

由于上述优点，直流 PWM 调速系统的应用日益广泛，特别在中、小容量的高动态性能系统中，已经取代了 V-M 系统。

1. PWM 变换器的工作状态和电压、电流波形

PWM 变换器的作用：用脉冲宽度调制的方法，把恒定的直流电源电压调制成频率一定、宽度可变的脉冲电压序列，从而可以改变平均输出电压的大小。

PWM 变换器电路有多种形式，总体上可分为不可逆与可逆两大类，本章着重分析不可逆 PWM 变换器（可逆 PWM 变换器的分析见第 5 章）。

图 2-7a 是简单的不可逆 PWM 变换器-直流电动机系统主电路原理图，其中电力电子开关器件为 IGBT（也可用其他全控型开关器件），这样的电路又称直流降压斩波器。

VT 的门极由脉宽可调的脉冲电压 U_g 驱动，在一个开关周期 T 内，当 $0\leqslant t\leqslant t_{on}$ 时，U_g 为正，VT 饱和导通，电源电压 U_s 通过 VT 加到直流电动机电枢两端。当 $t_{on}\leqslant t<T$ 时，U_g 为负，VT 关断，电枢电路中的电流通过续流二极管 VD 续流，直流电动机电枢电压近似等于零。因此，直流电动机电枢两端的平均电压为

$$U_d=\frac{t_{on}}{T}U_s=\rho U_s \tag{2-7}$$

改变占空比 ρ（$0\leqslant\rho\leqslant1$），即可改变直流电动机电枢平均电压，实现直流电动机的调压调速。

若令 $\gamma=\frac{U_d}{U_s}$ 为 PWM 电压系数，则在不可逆 PWM 变换器中有

$$\gamma=\rho \tag{2-8}$$

图 2-7b 中绘出了稳态时电枢两端的电压波形 $u_d=f(t)$ 和平均电压 U_d。同时绘出了稳态时电枢电流 $i_d=f(t)$ 的脉动波形，其平均值等于负载电流 $I_{dL}=\frac{T_L}{C_m}$（T_L 和 C_m 分别表示负载转矩和转矩系数）。图中还绘出了电动机的反电动势 E，由于 PWM 变换器的开关频率高，电流的脉动幅值不大，再影响到转速和反电动势，其波动就更小了，一般可以忽略不计。

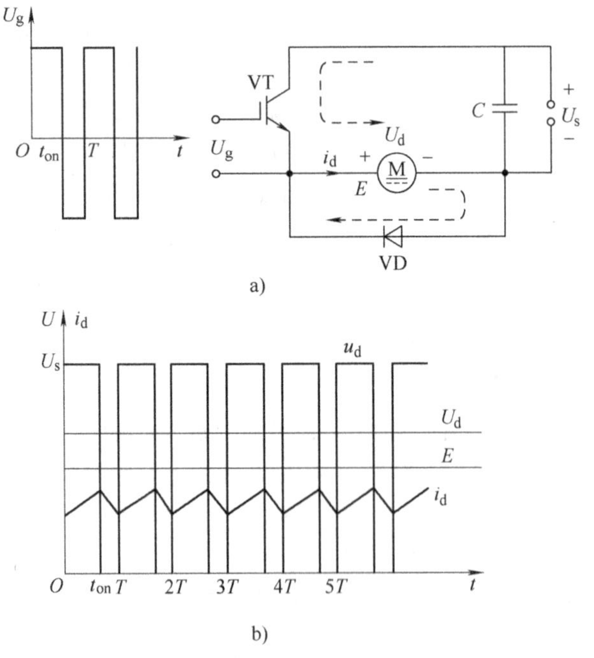

图 2-7　简单的不可逆 PWM 变换器-直流电动机系统

a）电路原理图　b）电压和电流波形

U_S—直流电源电压　C—滤波电容器　VT—电力电子开关器件

VD—续流二极管　M—直流电动机

图 2-7a 所示的简单的不可逆 PWM 变换器-直流电动机系统，续流二极管 VD 的作用只是为 i_d 提供一个续流的通道。如果要实现电动机的制动，必须为其提供反向电流通道，图 2-8a 所示的是有制动电流通路的不可逆 PWM 变换器-直流电动机系统。图中 VT_2和 VD_1的功能是构成反向电枢电流通路，因此 VT_2被称为辅助管，而 VT_1被称为主管。VT_1和 VT_2的驱动电压大小相等，极性相反，即 $U_{g1}=-U_{g2}$。图 2-8a 的电压和电流波形有三种不同情况，分别示于图 2-8b、图 2-8c 和图 2-8d，其中，图 2-8b 是电动状态的波形，图 2-8c 是制动状态的波形，图 2-8d 是轻载电动状态的电流波形。

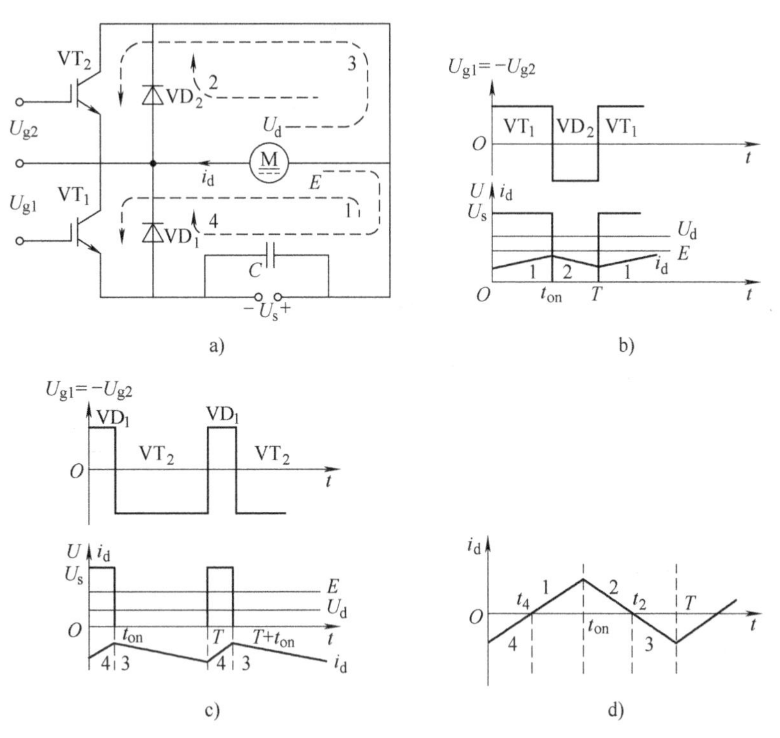

图 2-8 有制动电流通路的不可逆 PWM 变换器-直流电动机系统

a）电路原理图 b）一般电动状态的电压、电流波形

c）制动状态的电压、电流波形 d）轻载电动状态的电流波形

在电动状态中，i_d 始终为正值（其正方向见图 2-8a）。设 t_{on}为 VT_1的导通时间，则在 $0\leqslant t<t_{on}$期间，U_{g1}为正，VT_1导通，U_{g2}为负，VT_2 关断。此时，电源电压 U_s 加到电动机电枢两端，电流 i_d 沿图中的回路 1 流通。在 $t_{on}\leqslant t<T$ 期间，U_{g1}和 U_{g2}都改变极性，VT_1关断，但 VT_2却不能立即导通，因为 i_d 沿回路 2 经二极管 VD_2续流，在 VD_2两端产生的电压降给 VT_2施加反压，使它失去导通的可能。因此，实际上是由 VT_1和 VD_2交替导通。一般电动状态下的电压和电流波形（见图 2-8b）和简单的不可逆电路波形（见图 2-7b）完全一样。

在制动状态时，i_d 为负值，VT_2就发挥作用了。这种情况发生在电动运行过程中需要降速的时候。这时，先减小控制电压，使 U_{g1}的正脉冲变窄，负脉冲变宽，从而使平均电枢电压 U_d 降低。但是，由于机电惯性，转速和反电动势还来不及变化，因而造成 $E>U_d$ 的局面，很快使电流 i_d 反向，VD_2截止，在 $t_{on}\leqslant t<T$ 期间，U_{g2}为正，于是 VT_2导通，反向电流沿回路 3 流通，产生能耗制动作用。在 $T\leqslant t<T+t_{on}$（即下一周期的 $0\leqslant t<t_{on}$）期间，VT_2关断，$-i_d$ 沿回路 4 经 VD_1续流，向电源回馈能量。与此同时，VD_1两端电压降钳住 VT_1，使它不能导通。在制动状态中，VT_2和

VD_1轮流导通，而VT_1始终是关断的，此时的电压和电流波形如图2-8c所示。表2-2中归纳了不同工作状态下的导通器件和电流 i_d 的回路与方向。

有一种特殊情况，即轻载电动状态，这是平均电流较小，以致在 VT_1关断后 i_d 经 VD_2续流时，还没有到达周期 T，电流已经衰减到零，如图 2-8d 中 $t_{on}\sim T$ 期间的 $t=t_2$ 时刻所示，这时VD_2两端电压也降为零，VT_2便提前导通了，使电流反向，产生局部时间的制动作用。这样，轻载时，电流可在正负方向之间脉动，平均电流等于负载电流，一个周期分成四个阶段，如图 2-8d 和表 2-2 所示。

表 2-2　二象限不可逆 PWM 变换器在不同工作状态下的导通器件和电流回路与方向

工作状态 \ 期间		$0\sim t_{on}$		$t_{on}\sim T$	
		$0\sim t_4$	$t_4\sim t_{on}$	$t_{on}\sim t_2$	$t_2\sim T$
一般电动状态	导通器件	VT_1		VD_2	
	电流回路	1		2	
	电流方向	+		+	
制动状态	导通器件	VD_1		VT_2	
	电流回路	4		3	
	电流方向	-		-	
轻载电动状态	导通器件	VD_1	VT_1	VD_2	VT_2
	电流回路	4	1	2	3
	电流方向	-	+	+	-

图 2-8a 所示电路之所以不可逆，是因为平均电压 U_d始终大于零，电流虽然能够反向，而电压和转速仍不能反向。

2. 直流 PWM 调速系统的机械特性

由于采用了脉宽调制，即使在稳态情况下，直流 PWM 调速系统的转矩和转速也都是脉动的。所谓稳态，是指电动机的平均电磁转矩与负载转矩相平衡的状态，机械特性是平均转速与平均转矩（电流）的关系。在中、小容量的直流 PWM 调速系统中，IGBT 已经得到普遍的应用，其开关频率一般在 10 kHz 以上，这时，最大电流脉动量在额定电流的 5%以下，转速脉动量不到额定空载转速的万分之一，可以忽略不计。

采用不同形式的 PWM 变换器，系统的机械特性也不一样，其关键之处在于电流波形是否连续。对于带制动电流通路的不可逆电路，电流方向可逆，无论是重载还是轻载，电流波形都是连续的，因而机械特性关系式比较简单，所以现在以这种情况进行分析。

对于带制动电流通路的不可逆电路（见图 2-8），电压平衡方程式分两个阶段：

$$U_s=Ri_d+L\frac{di_d}{dt}+E,\ 0\leqslant t<t_{on} \tag{2-9}$$

$$0=Ri_d+L\frac{di_d}{dt}+E,\ t_{on}\leqslant t<T \tag{2-10}$$

式中，R、L 分别为电枢电路的电阻和电感。

按电压方程求一个周期内的平均值，即可导出机械特性方程式。电枢两端在一个周期内的平均电压是 $U_d=\gamma U_s$。平均电流和转速分别用 I_d 和 T_e 表示，平均转速 $n=\frac{E}{C_e}$，而电枢电感电压降

$L\frac{\mathrm{d}i_{\mathrm{d}}}{\mathrm{d}t}$的平均值在稳态时应为零。于是，平均值方程可写为

$$\gamma U_{\mathrm{s}}=RI_{\mathrm{d}}+E=RI_{\mathrm{d}}+C_{\mathrm{e}}n \tag{2-11}$$

则机械特性方程式为

$$n=\frac{\gamma U_{\mathrm{s}}}{C_{\mathrm{e}}}-\frac{R}{C_{\mathrm{e}}}I_{\mathrm{d}}=n_0-\frac{R}{C_{\mathrm{e}}}I_{\mathrm{d}} \tag{2-12}$$

或用转矩表示为

$$n=\frac{\gamma U_{\mathrm{s}}}{C_{\mathrm{e}}}-\frac{R}{C_{\mathrm{e}}C_{\mathrm{m}}}T_{\mathrm{e}}=n_0-\frac{R}{C_{\mathrm{e}}C_{\mathrm{m}}}T_{\mathrm{e}} \tag{2-13}$$

式中，C_{m} 为电动机在额定磁通下的转矩系数，$C_{\mathrm{m}}=K_{\mathrm{m}}\Phi_{\mathrm{N}}$；$C_{\mathrm{e}}$ 为电动机在额定磁通下的电动势系数；n_0 为理想空载转速，与电压系数 γ 成正比，$n_0=\frac{\gamma U_{\mathrm{s}}}{C_{\mathrm{e}}}$。

对于带制动作用的不可逆电路，$0\leqslant\gamma\leqslant1$，可以得到图 2-9 所示的机械特性，位于第Ⅰ、Ⅱ象限。

对于电动机在同一方向旋转时电流不能反向的电路，轻载时会出现电流断续现象，平均电压方程式（2-11）便不能成立，机械特性方程要复杂得多。在理想空载时，$I_{\mathrm{d}}=0$，理想空载转速会翘到 $n_{0\mathrm{s}}=\frac{\gamma U_{\mathrm{s}}}{C_{\mathrm{e}}}$。这种情况类似于 V-M 系统在电流断续区的机械特性，是一段非线性的曲线。当负载大到一定程度时，电流开始连续，才具有式（2-12）或式（2-13）的线性特性。

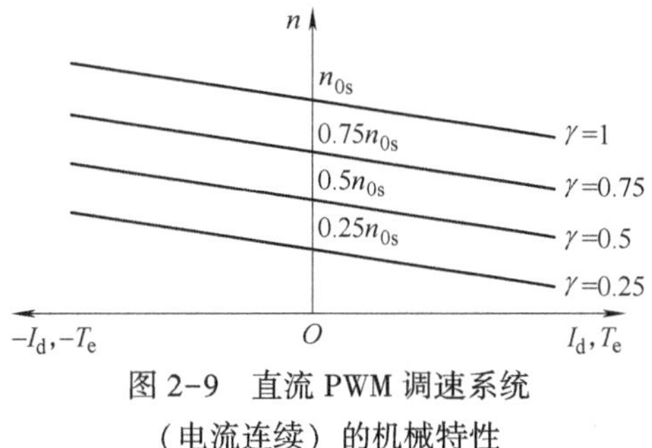

图 2-9　直流 PWM 调速系统（电流连续）的机械特性

2.1.3　开环直流调速系统的广义数学模型

建立开环直流调速系统的数学模型就是建立晶闸管整流器直流 PWM 变换器-直流电动机系统的数学模型。晶闸管整流器、直流 PWM 变换器-直流电动机系统的数学模型这里称为直流调速系统的广义被控对象的数学模型。

1. 电枢系统的广义被控对象的数学模型

由图 2-10 可知，他励直流电动机系统可分为电枢系统和励磁系统。本小节的任务就是建立这两个部分的数学模型。

（1）电枢系统的数学模型

旋转电枢系统可划分为电枢电路、晶闸管整流器（或直流 PWM 变换器）及旋转机械（负载）三部分，这三部分的数学模型可以分别建立，然后组合成统一的数学模型。

1）额定励磁状态下他励直流电动机电枢电路的数学模型。他励直流电动机在额定励磁下的等效电路如图 2-11 所示，图中，$R=R_{\mathrm{rec}}+R_{\mathrm{a}}+R_{\mathrm{L}}$ 为电枢电路总电阻，其中 R_{rec} 为整流器内阻（Ω）；R_{a} 为电动机电枢电阻（Ω）；R_{L} 为滤波电抗器电阻（Ω）；L 为电枢电路总电感（H）；U_{d0} 为晶闸管整流电路输出的直流空载电压（V）；E_{d} 为电动机的反电动势（V）（正方向已在图中标出）；I_{d} 为整流直流电流（A）。

设电枢电路电流连续，则电枢电路的微分方程式为

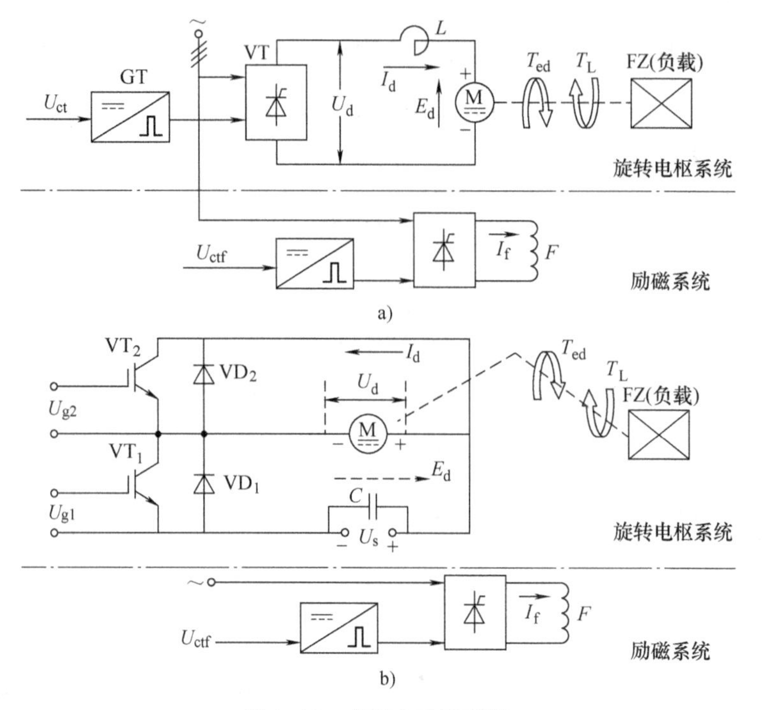

图 2-10　直流电动机系统

a）晶闸管-他励直流电动机系统　b）PWM-他励直流电动机系统（PWM-M）

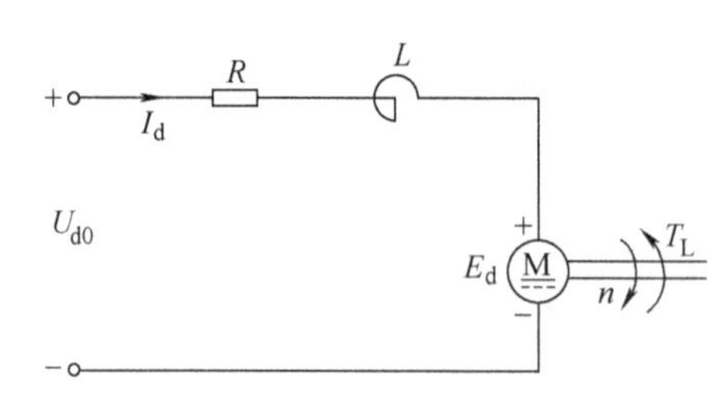

图 2-11　他励直流电动机在额定励磁下的等效电路

$$U_{d0}=RI_d+L\frac{dI_d}{dt}+E_d \tag{2-14}$$

在零初始条件下，两边取拉氏变换得

$$U_{d0}(s)=RI_d(s)+LsI_d(s)+E_d(s)$$

将上式中的 $E_d(s)$ 移到等式左边，并进行整理得到

$$U_{d0}(s)-E_d(s)=(R+Ls)I_d(s)=R\left(1+\frac{L}{R}s\right)I_d(s)=R(1+T_ls)I_d(s) \tag{2-15}$$

式中，$T_l=L/R$ 为电枢电路的电磁时间常数（s）。

由式（2-15）可得电压与电流间的传递函数为

$$\frac{I_d(s)}{U_{d0}(s)-E_d(s)}=\frac{1/R}{1+T_ls} \tag{2-16}$$

将式（2-16）绘制成动态结构图形式，如图 2-12 所示。

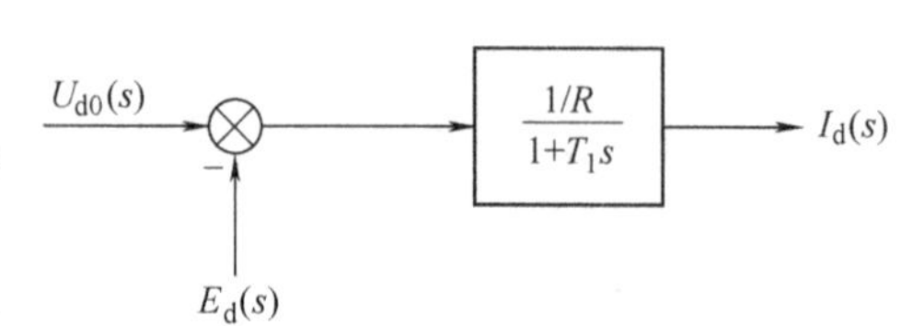

图 2-12　电枢电压与电流间的动态结构图

2）转矩方程和运动方程及两者的统一方程。在电机学中，已经建立了直流电动机的运动方程和转矩

方程，这里，将电动机轴上的动力学方程重写为

$$T_{ed}-T_{L}=\frac{GD^2}{375}\frac{dn}{dt} \tag{2-17}$$

式中，GD^2 为电力拖动系统折算到电动机轴上的飞轮惯量（$N \cdot m^2$）。

额定励磁下的负载转矩和电磁转矩，以及转速和反电动势之间的关系分别为

$$T_{L}=C_{m}I_{L} \tag{2-18}$$

$$T_{ed}=C_{m}I_{d} \tag{2-19}$$

$$n=E_{d}/C_{e} \tag{2-20}$$

式中，T_L 为负载转矩（N · m）；T_{ed}为电磁转矩（N · m）；$C_m=K_m\Phi_d$ 为电动机额定励磁下的转矩系数（N · m/A）；K_m 为转矩常数；Φ_d 为磁通（Wb）；I_L 为负载电流（A）；I_d 为电枢电路电流（A）；$C_e=K_e\Phi_d$ 为电动机额定励磁下的电动势系数（$V/r \cdot min^{-1}$），K_e 为电动势常数。将式（2-20）代入式（2-17）可得

$$T_{ed}-T_{L}=\frac{GD^2}{375C_e}\frac{dE_d}{dt} \tag{2-21}$$

再将式（2-18）和式2-19）代入式（2-21）中，整理后得

$$C_{m}(I_{d}-I_{L})=\frac{GD^2}{375C_e}\frac{dE_d}{dt} \tag{2-22}$$

在零初始条件下，对式（2-22）两侧取拉普拉斯变换，则有

$$C_{m}[I_{d}(s)-I_{L}(s)]=\frac{GD^2}{375C_e}sE_{d}(s) \tag{2-23}$$

将式（2-23）等号右侧项的分子分母均乘以 R，并整理可得

$$[I_{d}(s)-I_{L}(s)]=\frac{GD^2R}{375C_eC_m}\frac{sE_d(s)}{R}=\frac{T_m}{R}sE_{d}(s) \tag{2-24}$$

式中，$T_m=\frac{GD^2R}{375C_eC_m}$，称为电枢电路的机电时间常数（s）。

依据式（2-24），可求得电流与电动势间的传递函数

$$\frac{E_d(s)}{I_d(s)-I_L(s)}=\frac{R}{T_ms} \tag{2-25}$$

将式（2-25）、式（2-20）绘制成动态结构图如图 2-13 所示。

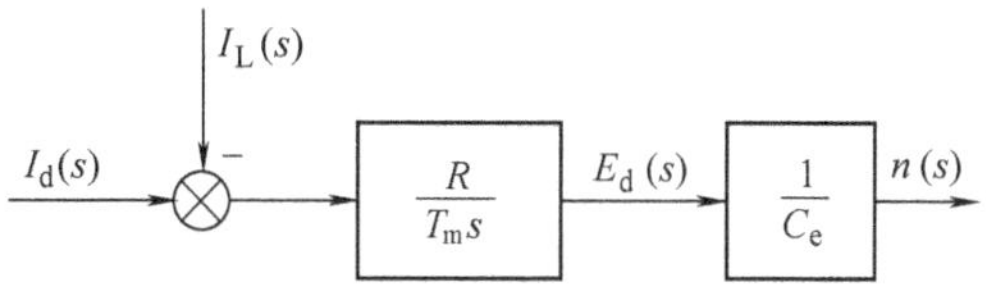

图 2-13　电枢电流与转速间的动态结构图

(2) 电力电子变换器的动态数学模型

1）晶闸管触发器 GT 和整流电路 VT 的放大系数和传递函数。图 2-14 给出了晶闸管-电动机调速系统（V-M 系统）的原理图，图中 VT 是晶闸管可控整流电路，GT 是触发器。在 V-M 系统中，通常把晶闸管触发器和整流电路看成一个环节，当进行闭环调速系统分析和设计时，需要求出这个环节的放大系数和传递函数。

这个环节的输入量是触发器的控制电压 U_{ct}，输出量是整流电路的输出电压 U_{d0}，输出量与输入量之间的放大系数 K_s 可以通过实测特性或根据装置的参数估算而得到。

实测特性法：先用试验方法测出该环节的输入-输出特性，即 $U_d=f(U_{ct})$ 曲线，如图 2-15 所示。由图可知，该特性是非线性的，只能在一定的工作范围内近似看成线性特性。应用中可按调速范围截取线性段，因而放大系数 K_s 可由线性段内的斜率决定，即

$$K_s=\frac{\Delta U_d}{\Delta U_{ct}} \tag{2-26}$$

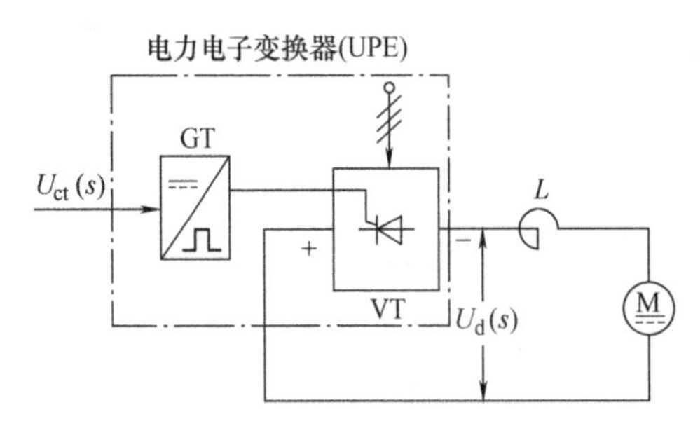

图 2-14　晶闸管-电动机调速系统（V-M 系统）原理图

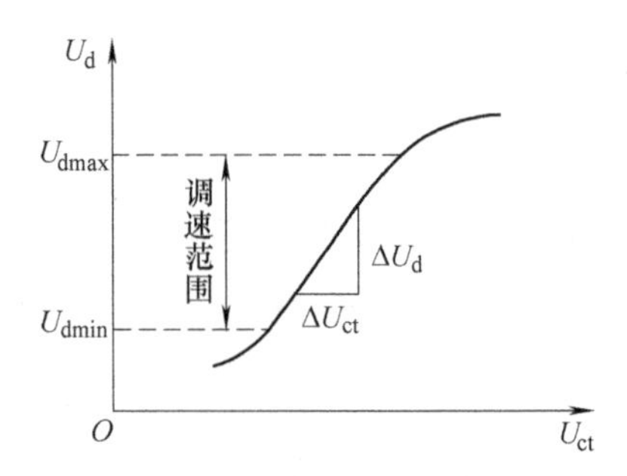

图 2-15　晶闸管触发与整流装置的输入-输出特性和 K_s 的测定

参数估算法：这是工程设计中常用的方法。例如，当触发器控制电压的调节范围为 0~10 V 时，对应整流器输出电压 U_d 的变化范围如果是 0~220 V 时，则可估算得到 $K_s=220/10=22$。

在动态过程中，可把晶闸管触发器与整流电路看成一个纯滞后环节，其滞后效应是由晶闸管的失控时间所引起的。下面以单相全波电阻性负载整流波形为例来分析滞后作用以及滞后时间的大小，如图 2-16 所示。假设 t_1 时刻某一对晶闸管被触发导通，触发延迟角为 α_1，如果控制电压 U_{ct}在 t_2 时刻发生变化，由 U_{ct1}突降到 U_{ct2}，但由于晶闸管已经导通，U_{ct}的变化对它已不起作用，整流电压并不会立即变化，必须等到 t_3 时刻该器件关断后，触发脉冲才有可能控制另一对晶闸管导通。设新的控制电压 $U_{ct2}<U_{ct1}$对应的触发延迟角为 $\alpha_2>\alpha_1$，则另一对晶闸管在 t_4 时刻导通，平均整流电压降低。假设平均整流电压是从自然换相点开始计算的，则平均整流电压在 t_3 时刻从 U_{d01}降到 U_{d02}，从 U_{ct}发生变化的时刻 t_2 到 U_{d0}响应变化的时刻 t_3 之间，便有一段失控时间 T_s。

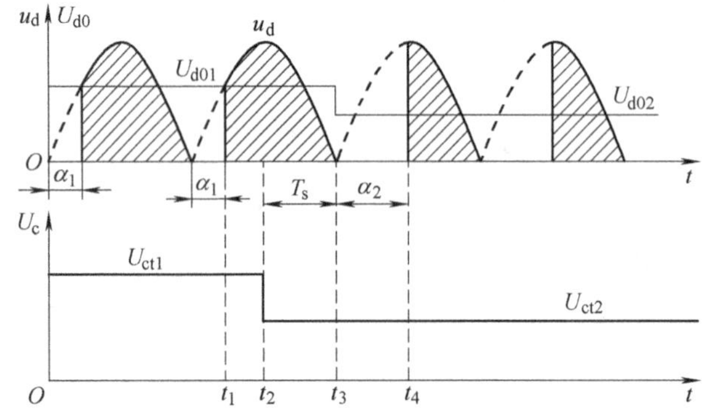

图 2-16　晶闸管触发器与整流器的失控时间

显然，失控时间 T_s 是随机的，它的大小随 U_{ct}发生变化的时刻而改变，最大可能的失控时间就是两个相邻自然换相点之间的时间，与交流电源频率和整流电路形式有关，由下式确定

$$T_{smax}=\frac{1}{mf} \tag{2-27}$$

式中，f 为交流电源频率（Hz）；m 为一周内整流电压的脉波数。

相对于整个系统的响应时间来说，T_s 是不大的，在一般情况下，可取其统计平均值 $T_s=T_{smax}/2$。或者按最严重的情况考虑，取 $T_s=T_{smax}$。表 2-3 列出了不同整流电路的失控时间。

若用单位阶跃函数表示滞后，则晶闸管触发器与整流器的输入-输出关系为

$$U_{d0}=K_sU_{ct}\cdot \mathrm{I}(t-T_s) \tag{2-28}$$

式中，$\mathrm{I}(t-T_s)$为纯滞后时间，其是 T_s 的单位阶跃函数。

表 2-3　各种整流电路的失控时间（$f=50\,\mathrm{Hz}$）

整流电路形式	最大失控时间 T_{smax}/ms	平均失控时间 T_s/ms
单相半波	20	10
单相桥式（全波）	10	5
三相半波	6.67	3.33
三相桥式、六相半波	3.33	1.67

利用拉普拉斯变换的位移定理，可求出晶闸管触发器与整流电路的传递函数为

$$W_s(s)=\frac{U_{d0}(s)}{U_{ct}(s)}=K_s e^{-T_s s} \tag{2-29}$$

由于式（2-29）中包含指数函数 $e^{-T_s s}$，它使系统成为非最小相位系统，分析和设计都比较烦琐。为了简化，先将该指数函数按泰勒（Taylor）级数展开，则式（2-29）变成

$$W_s(s)=K_s e^{-T_s s}=\frac{K_s}{e^{T_s s}}=\frac{K_s}{1+T_s s+\frac{1}{2!}T_s^2 s^2+\frac{1}{3!}T_s^3 s^3+\cdots} \tag{2-30}$$

考虑到 T_s 很小，因而可忽略高次项，则传递函数便近似成为一阶惯性环节。

$$W_s(s)\approx\frac{K_s}{1+T_s s} \tag{2-31}$$

晶闸管触发器与整流电路的动态结构图如图 2-17 所示。

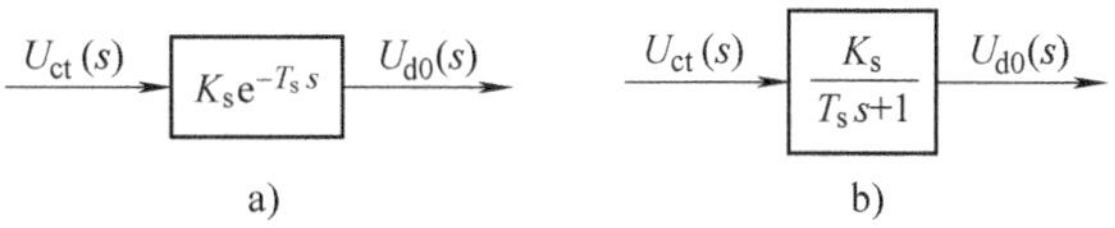

$U_{ct}(s)$ → $K_s e^{-T_s s}$ → $U_{d0}(s)$　　a)

$U_{ct}(s)$ → $\frac{K_s}{T_s s+1}$ → $U_{d0}(s)$　　b)

图 2-17　晶闸管触发器与整流电路的动态结构图

a）准确的　b）近似的

2）PWM-直流电动机调速系统中 PWM 变换器的数学模型。图 2-18 所示是简单的不可逆 PWM 变换器-直流电动机系统框图，其中功率开关器件采用了 IGBT（或 IGCT、IEGT）。

从图 2-18 可看出，PWM 变换器可以分成 PWM 控制器和 PWM 变换器两部分，如图 2-19 所示。在图 2-18 中，U_a 为 PWM 变换器输出的直流平均电压；U_g 为 PWM 控制器输出到主电路开关器件的驱动电压；U_{ct}为 PWM 控制器的控制电压；U_d 为直流电源电压；C 为滤波电容器；VT 为功率开关器件；VD 为续流二极管；M 为直流电动机。

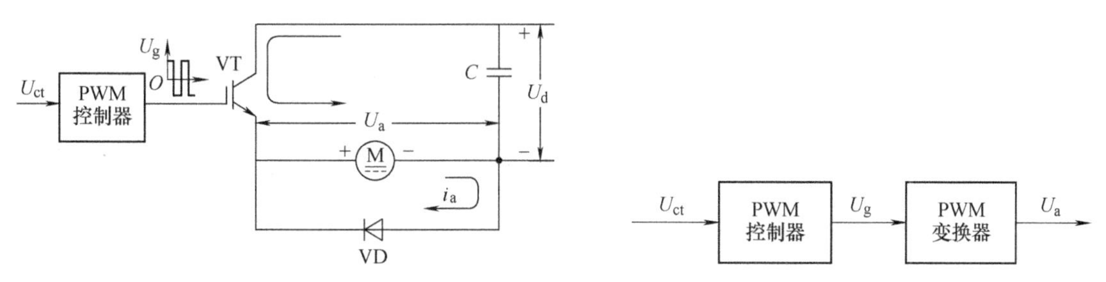

图 2-18　不可逆 PWM 变换器-直流电动机系统

图 2-19　PWM 控制器与变换器的框图

结合 PWM 变换器工作情况可以看出：当控制电压变化时，PWM 变换器输出平均电压按线性规律变化，因此，PWM 变换器的放大系数可求得，即

$$K_s = \frac{U_d}{U_{ct}} \tag{2-32}$$

与晶闸管变换器不同，PWM 变换器采用的是高频自关断功率器件（IGBT、IGCT 等），因此在动态过程中，没有失控状态，仅有关断延时时间，最大的时延为一个开关周期 T。当开关频率为 10 kHz 时，$T=0.1\,\text{ms}$。可见 PWM 变换器输出电压对 PWM 控制信号的响应延迟可以忽略，可认为是实时的。因此，PWM 变换器的数学模型可写成

$$W_s = \frac{U_d(s)}{U_{ct}(s)} = K_s \tag{2-33}$$

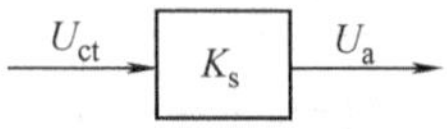

式（2-33）可以用图 2-20 来表示。

图 2-20　PWM 变换器动态结构图

（3）额定励磁状态下直流电动机的动态结构图

将图 2-12 和图 2-13 合并得到图 2-21 所示的额定励磁状态下的直流电动机电枢系统动态结构图。

由图 2-21 可以看出，直流电动机有两个输入量，一个是施加在电枢上的理想空载电压 U_{d0}，另一个是负载电流 I_L。前者是控制输入量，后者是扰动输入量。如果不需要在结构图中显现出电流 I_d，可将扰动量 I_L 的综合点前移、电动势反馈点后移，再进行等效变换，可得到图 2-22a 所示的动态结构图。当空载时，$I_L=0$，结构框图可简化成图 2-22b。

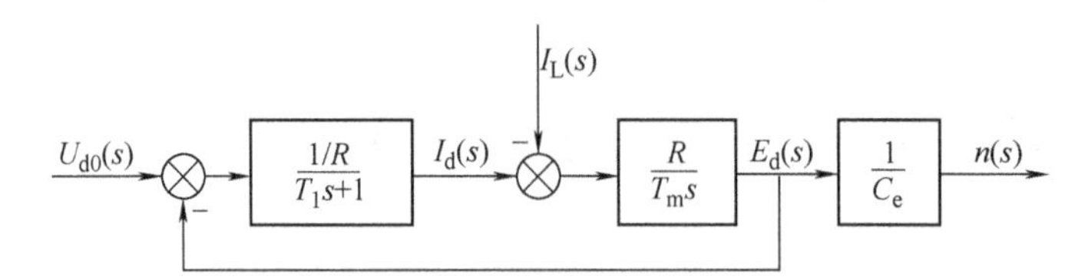

图 2-21　额定励磁状态下直流电动机的动态结构框图

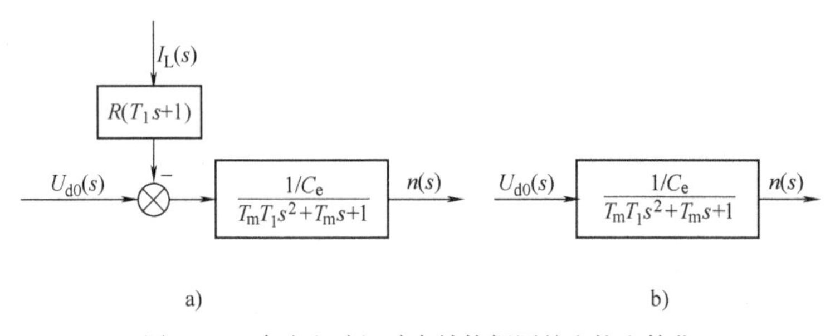

图 2-22　直流电动机动态结构框图的变换和简化

a）$I_L \neq 0$　b）$I_L=0$

由图 2-22b 可以看到，额定励磁下的直流电动机是一个二阶线性环节，其特征方程为

$$T_m T_l s^2 + T_m s + 1 = 0$$

其中，T_m 和 T_l 两个时间常数分别表示机电惯性和电磁惯性。如果 $T_m>4T_l$，则特征方程的两个根为两个负实数，此时 U_{d0}、n 间的传递函数可以分解为两个线性环节，突加给定时，转速呈单调变化；如果 $T_m<4T_l$，则特征方程有一对具有负实部的共轭解，此时直流电动机是一个二阶振荡环节，表明电动机在运行过程中带有振荡的性质。

（4）额定励磁状态下旋转电枢系统的动态结构图

将图 2-21 与图 2-17b 合并或者将图 2-21 与图 2-20 合并，可获得额定励磁状态下旋转电枢系统的动态结构图，如图 2-23 所示。

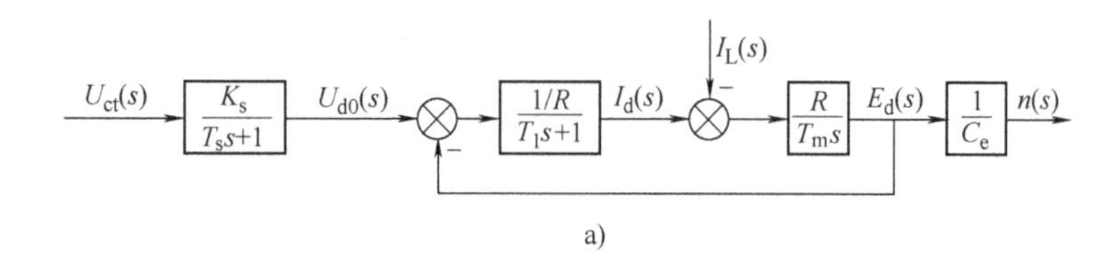

a)

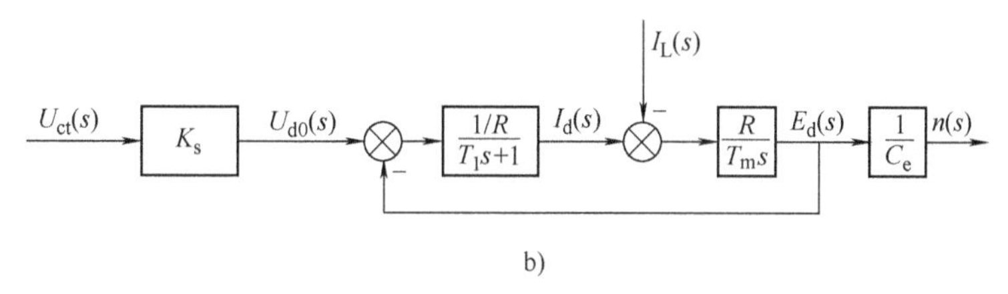

b)

图 2-23 额定励磁状态下旋转电枢系统的动态结构图

a）额定励磁状态下，晶闸管-直流电动机系统的动态结构图

b）额定励磁状态下，PWM-直流电动机系统的动态结构图

（5）弱磁状态下直流调速系统的广义被控对象数学模型

当磁通 Φ_d 为变量时，参数 $C_e=K_e\Phi_d$、$C_m=K_m\Phi_d$ 就不再是常数。为了分析问题方便，应使 Φ_d 在反电动势方程和电磁转矩方程中凸现出来，即

$$E_d=C_e n=K_e\Phi_d n \tag{2-34}$$

$$T_{ed}=C_m I_d=K_m\Phi_d I_d \tag{2-35}$$

可见，随着 Φ_d 的变化，E_d、T_{ed} 也随着变化。

依据图 2-23 以及式（2-34）、式（2-35）可得到弱磁状态下的模型结构图，如图 2-24 所示。

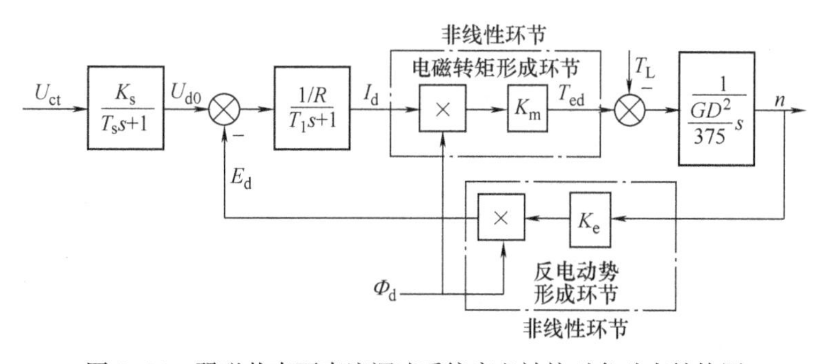

图 2-24 弱磁状态下直流调速系统广义被控对象动态结构图

由图 2-24 可以看出，在弱磁状态下，电磁转矩形成环节（$T_{ed}=C_m I_d=K_m\Phi_d I_d$）和反电动势形成环节（$E_d=C_e n=K_e\Phi_d n$）出现两个变量相乘（$\Phi_d I_d$、$\Phi_d n$）的情况，这样，在直流电动机的数学模型中就包含了非线性环节。还应该看到，机电时间常数

$$T_m=\frac{GD^2R}{375K_eK_m\Phi_d^2} \tag{2-36}$$

因其中 Φ_d 的减小而变成了时变参数。由此可见，在弱磁过程中，直流调速系统的被控对象数学模型具有非线性特性。这里需要指出的是，图 2-24 所示的动态结构图中，包含线性与非线性环节，其中只有线性环节可用传递函数表示，而非线性环节的输入与输出量只能用时域量表示，非线性环节与线性环节的连接只是表示结构上的一种联系，这是在应用中必须注意的问题。

2. 他励直流电动机励磁电路的数学模型及其动态结构图

他励直流电动机励磁电路与电枢电路各自独立（见图2-10），在电气上没有联系。励磁电路的数学模型通常分为两种情况来考虑。

（1）忽略磁场电路涡流影响时的数学模型

1）励磁绕组电路的数学模型。电动机励磁电流 I_f 和励磁电压 U_f 间的关系为惯性环节，其时间常数较大（最大时间常数可达几秒），所以在系统中一般看成是大惯性环节，其传递函数为

$$W_L(s)=\frac{I_f(s)}{U_f(s)}=\frac{1/R_f}{1+L_f s/R_f}=\frac{K_f}{1+T_f s} \tag{2-37}$$

式中，R_f 电动机励磁电路电阻；L_f 电动机励磁电路电感；T_f 励磁电路时间常数。

将式（2-37）绘制成动态结构图，如图2-25所示。

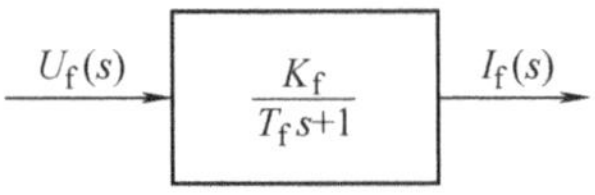

$U_f(s)$ → $\frac{K_f}{T_f s+1}$ → $I_f(s)$

图2-25　励磁绕组电路模型的动态结构图

2）触发器与整流电路的数学模型。

$$\frac{U_f}{U_{ctf}}=W_{sf}(s)=K_{sf}e^{-T_{sf}s}\approx\frac{K_{sf}}{1+T_{sf}s} \tag{2-38}$$

将式（2-38）绘制成动态结构图，如图2-26所示。

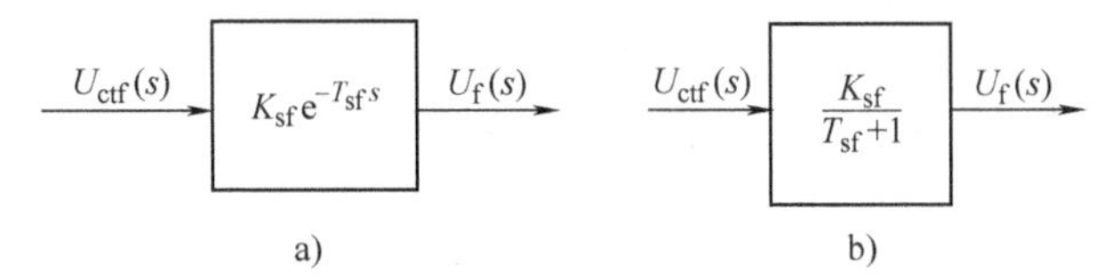

图2-26　励磁触发器-整流电路动态结构图

a）准确的　b）近似的

3）励磁系统数学模型的动态结构图。将图2-25和图2-26合并，即得到励磁系统数学模型的动态结构图，如图2-27所示。

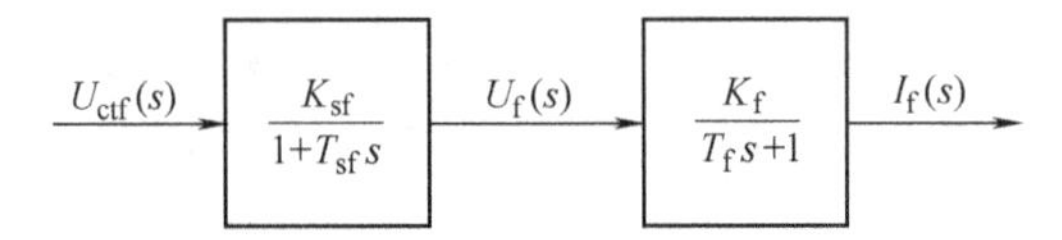

图2-27　忽略磁场电路涡流影响时的动态模型结构图

（2）考虑磁场电路涡流及磁化曲线非线性影响时的数学模型

当电动机磁场电路损耗很小时，可以忽略涡流影响。近似认为励磁电流 I_f 的变化能够反映磁通 Φ_d 的变换，但是当电动机磁场电路存在较大涡流时，则励磁电流只有一部分产生磁通 Φ_d，而另一部分就是涡流。此时磁场电路的等效电路如图2-28所示。

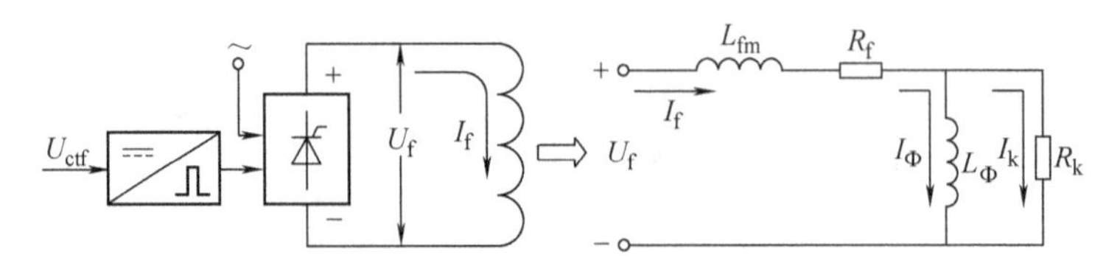

图2-28　磁场电路等效电路图

图2-28中，R_f 励磁绕组电阻；L_Φ 励磁绕组电感；L_{fm} 励磁绕组漏感；I_k 涡流阻尼等效电流；I_Φ 产生磁通的励磁电流；R_k 涡流阻尼等效电阻。

根据磁场电路的等效电路，则有

$$I_{\mathrm{f}}(s)=\frac{U_{\mathrm{f}}(s)}{R_{\mathrm{f}}+L_{\mathrm{fm}}s+\dfrac{R_{\mathrm{k}}L_{\Phi}s}{R_{\mathrm{k}}+L_{\Phi}s}}=\frac{U_{\mathrm{f}}(s)}{R_{\mathrm{f}}+L_{\mathrm{fm}}s+\dfrac{L_{\Phi}s}{1+T_{\mathrm{k}}s}} \tag{2-39}$$

式中，$T_{\mathrm{k}}=\dfrac{L_{\Phi}}{R_{\mathrm{k}}}$为涡流阻尼时间常数。一般励磁绕组电感 L_{Φ} 远远大于励磁绕组漏感 L_{fm}，所以可以忽略 L_{fm}，于是有

$$\frac{I_{\mathrm{f}}}{U_{\mathrm{f}}}\approx\frac{1}{R_{\mathrm{f}}+\dfrac{L_{\Phi}s}{1+T_{\mathrm{k}}s}}=\frac{1+T_{\mathrm{k}}s}{R_{\mathrm{f}}+R_{\mathrm{f}}T_{\mathrm{k}}s+L_{\Phi}s}=\frac{1+T_{\mathrm{k}}s}{R_{\mathrm{f}}\left[1+\left(T_{\mathrm{k}}+\dfrac{L_{\Phi}}{R_{\mathrm{f}}}\right)s\right]}=\frac{1+T_{\mathrm{k}}s}{R_{\mathrm{f}}(1+T_{\mathrm{fb}}s)} \tag{2-40}$$

式中，$T_{\mathrm{fb}}=\left(T_{\mathrm{k}}+\dfrac{L_{\Phi}}{R_{\mathrm{f}}}\right)$为考虑涡流后的励磁电路时间常数。

由励磁电路的等值电路可知

$$I_{\Phi}(s)=I_{\mathrm{f}}(s)\frac{R_{\mathrm{k}}}{R_{\mathrm{k}}+L_{\Phi}s}=\frac{I_{\mathrm{f}}(s)}{1+T_{\mathrm{k}}s}$$

故

$$\frac{I_{\Phi}(s)}{I_{\mathrm{f}}(s)}=\frac{1}{1+T_{\mathrm{k}}s} \tag{2-41}$$

磁通 Φ_{d} 和产生它的电流 I_{Φ} 之间的关系是由电动机的磁化曲线来描述的，如图 2-29 所示。磁化曲线为非线性，经分段线性化之后，则 I_{Φ} 与 Φ_{d} 的关系可以表示成

$$\Phi_{\mathrm{d}}=K_{\Phi}I_{\Phi}$$

故

$$\frac{\Phi_{\mathrm{d}}(s)}{I_{\Phi}(s)}=K_{\Phi} \tag{2-42}$$

由于电动机的磁化曲线的非线性，因而 K_{Φ} 值大小与电动机磁路饱和程度有关。根据电动机磁场电路 U_{f}、I_{f}、I_{Φ}、Φ_{d} 各量之间的相互关系，可以得到励磁系统的动态结构图，如图 2-30 所示。

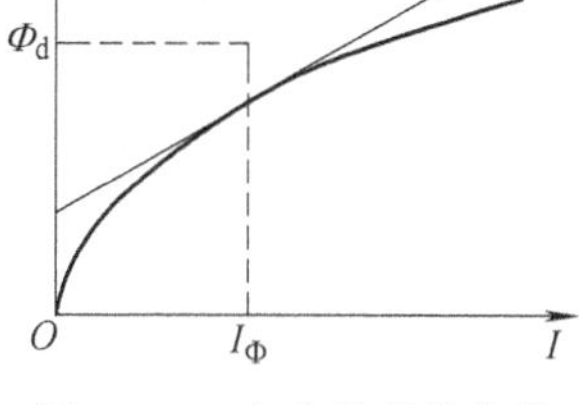

图 2-29　电动机磁化曲线

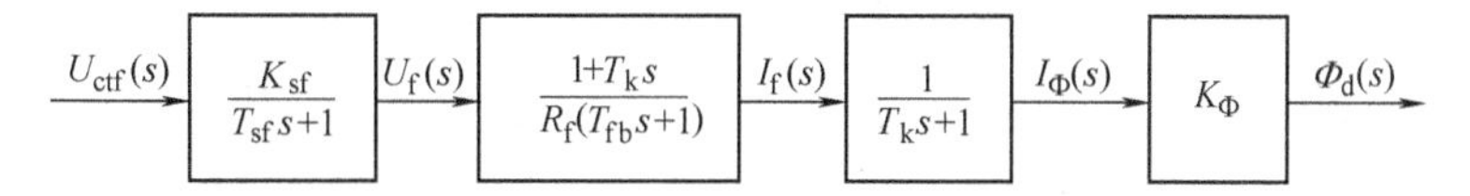

图 2-30　考虑涡流及磁化曲线非线性影响时励磁系统数学模型的动态结构图

2.2　闭环控制的直流调速系统

一般而言，开环控制系统结构简单、成本低廉、工作稳定，当系统的输入量（信号）及扰动作用能够预知时，采用开环控制可以取得较好的效果。然而，由于开环控制系统不能自动修正被控制量的偏差，当系统的参数发生变化及外来的未知扰动将对系统的控制性能产生较大的负面影响，为此，在实际应用中，大多数情况下将调速系统设计成闭环控制系统。

根据自动控制原理，将系统的被调节量以负反馈方式引入系统的输入端，与给定量进行比较，用比较后的偏差值对系统进行控制，并最后消除偏差。这样系统能够有效地抑制甚至消除扰动造成的影响，而维持被调节量很少变化或不变，这就是反馈控制的基本优点。依据这一原理组成的系统，其输出量反馈的传递途径构成一个闭合的环路，因此被称为闭环控制系统。在直流调速系统中，被调节量是转速，所构成的是转速反馈控制的直流调速系统，如图 2-31 所示。转速

给定量用电压 U_n^* 表示，在电动机轴上安装测速发电机用以得到与被测转速成正比的反馈电压 U_n。U_n^* 与 U_n 相比较后，得到转速偏差电压 ΔU_n，经过比例（P）调节器（放大器）A，产生电力电子变换器 UPE 所需的控制电压 U_c。从 A 以后一直到直流电动机，系统的结构与开环调速系统相同，而闭环控制系统和开环控制系统的主要差别就在于转速 n 经过测量元件反馈到输入端参与控制。

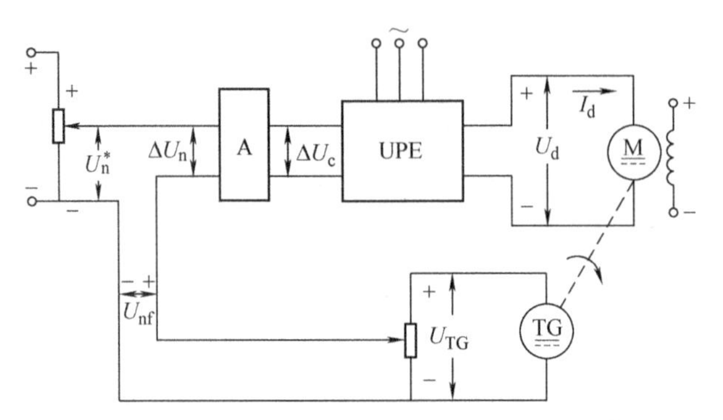

图 2-31　转速负反馈的闭环直流调速系统原理框图

2.2.1　转速单闭环直流调速系统的控制结构及其相应的自动控制系统

调速的任务就是控制和调节电动机的转速，由图 2-23 可知，在额定励磁状态下，直流调速系统的被控量应是直流电动机的转速 n。依据图 2-23，将 n 作为被控量，并对 n 进行闭环控制（设置转速 n 的调节器及 n 的负反馈通道），即可得到转速单闭环调速系统动态结构图，如图 2-32 所示。其中 $W_{ASR}(s)$ 为转速调节器 ASR 的传递函数。根据图 2-32，可以得到相应的转速单闭环直流调速系统，其原理框图如图 2-33 所示。图中记号“⟩═⟨”表示调节器输出的限幅作用。

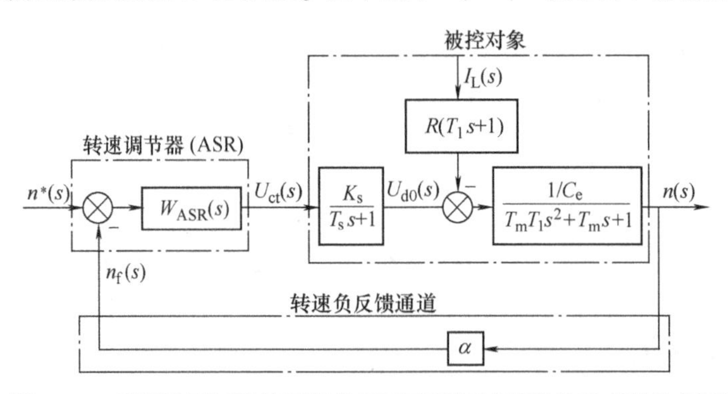

图 2-32　采用速度反馈控制的单闭环直流调速系统的动态结构框图

由图 2-33a 可知，系统通过转速传感器 BRT，检测到一个与转速成正比的信号 U_n，作为转速负反馈信号送到 ASR，在 ASR 中与给定值 U_n^* 相比较后，得到转速偏差信号 ΔU_n，该偏差信号通过转速控制器进行运算处理，产生电力电子变换器 UPE 的控制信号 U_{ct}，用以控制和调节电动机转速。

图 2-33b 所示系统中，UPW 为脉冲调制器（根据 ASR 输出值大小产生脉宽调制信号）；GM 为三角波发生器；DLD 为逻辑延时环节（防止同一桥臂功率开关管同时导通的延时环节）；GD 为功率放大器（将系列脉冲信号进行功率放大，用来开通或关闭功率开关器件）。

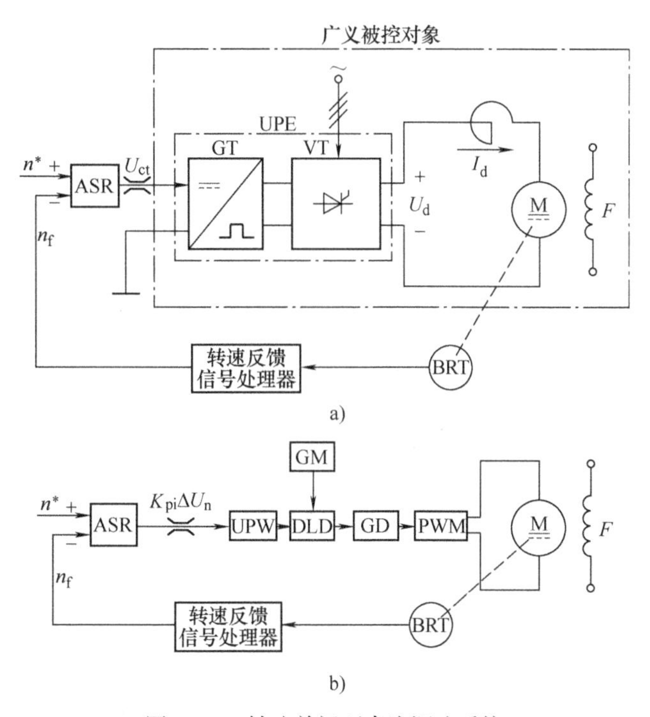

图 2-33 转速单闭环直流调速系统

a）V-M 单闭环直流调速系统组成框图 b）PWM-M 单闭环直流调速系统组成框图

2.2.2 转速、电流双闭环直流调速系统的控制结构及相应的自动控制系统

调速的关键是转矩控制，可是图 2-33 所示调速系统并没有转矩控制的措施。因为额定励磁状态下的直流电动机电枢电流 I_d（或 I_a）与直流电动机的电磁转矩成正比，所以通过控制电枢电流 I_d 就能达到对转矩的控制。为了有效地控制转矩就必须对电枢电流进行独立的闭环控制，因此依据图 2-32 所示的转速闭环控制动态结构图，在转速环内引入电枢电流负反馈，设置电枢电流调节器，构成电流闭环控制系统，如图 2-34 所示。

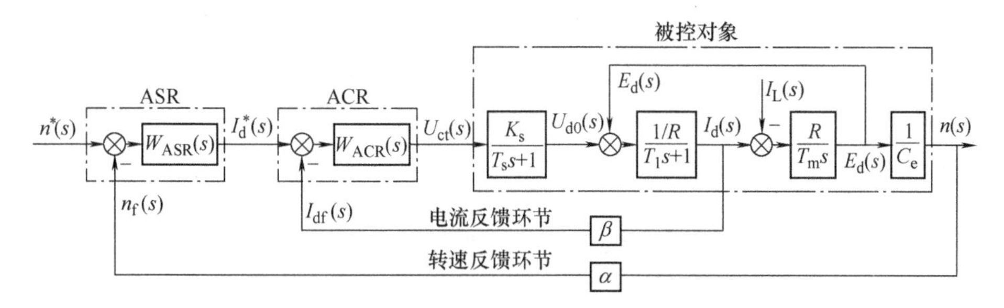

图 2-34 转速、电流双闭环直流调速系统的动态结构图

由图 2-34 可以看到，系统中设置了转速调节器和电流调节器，形成转速闭环嵌套电流闭环的控制结构，两个调节器之间实行串级连接，转速调节器的输出为电流调节器的输入，以电流调节器的输出去控制电力电子变换器 UPE。从闭环结构上看，电流环在里面的结构称为内环；转速环在外边的结构称作外环，构成了转速、电流双闭环调速系统的控制结构。

对应图 2-34 可以画出相应的转速、电流双闭环直流调速系统的组成框图，如图 2-35 所示。图中两个调节器的输出应是具有限幅作用的。转速调节器 ASR 的输出限幅值 I_{im}^* 决定了电枢电流的最大值 I_{dm}；电流调节器 ACR 的输出限幅电压 U_{ctm} 限制了电力电子变换器的最大输出电压 U_{dm}。

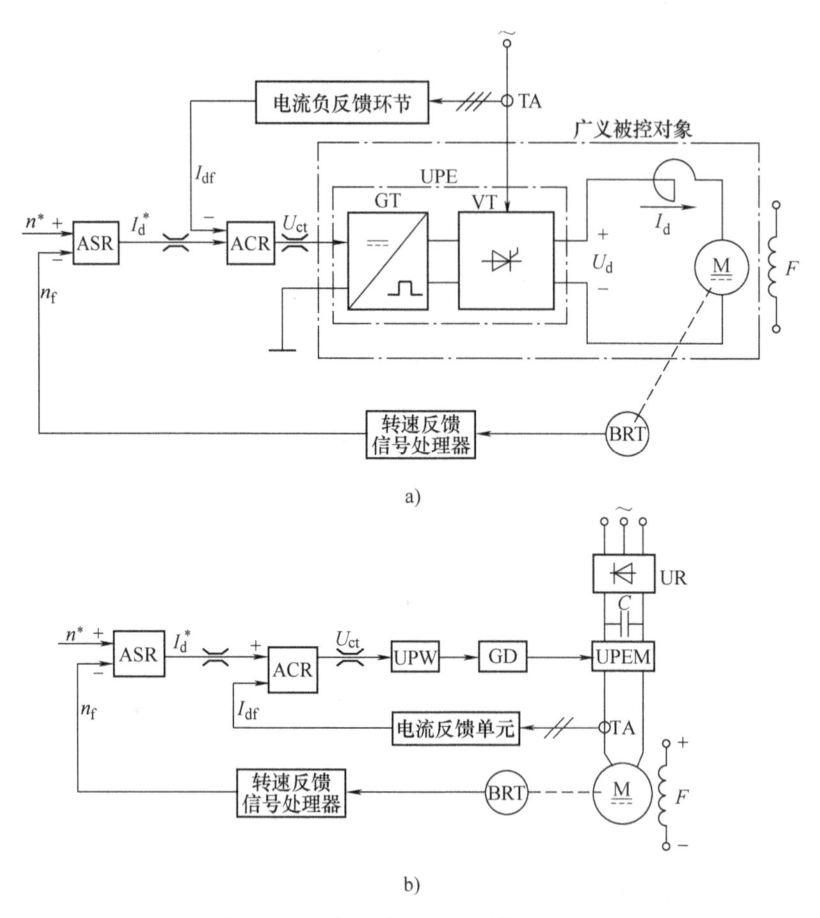

图 2-35 双闭环直流调速系统原理框图

a) V-M 转速、电流双闭环直流调速系统组成框图 b) PWM-M 双闭环直流调速系统组成框图

图 2-35b 中，UPEM 为桥式电力电子变换器；GD 为驱动电路；UPW 为 PWM 波生成环节；ASR 为转速调节器；ACR 为电流调节器；BRT 为测速发电机；TA 为霍尔电流传感器。

2.2.3 他励直流电动机励磁闭环控制系统

1. 励磁电流的闭环控制结构及相应的控制系统

依据图 2-27，取励磁电流 I_f（可检测）作为反馈量，设置 I_f 的调节器 AFR，就构成了励磁电流的闭环控制结构，如图 2-36a 所示。相应的控制系统如图 2-36b 所示。

2. 磁通闭环控制结构及其相应的控制系统

要实现精确的励磁控制，必须对磁通进行闭环控制。要实现磁通的闭环控制，必须引入磁通量 Φ_d 作为反馈控制量。但是磁通量 Φ_d 难以直接检测，实际磁通的获取是通过检测励磁电流 I_f 间接得到的。由图 2-30 可知，磁通反馈量 Φ_{df} 获取的方法是，在设置的反馈通道中，将产生磁通的电流分量 I_Φ 从 I_f 中分离出来，即设置一个惯性环节，其输入为 I_f'，输出为 I_Φ'。该惯性环节称为模拟电动机磁场的磁场模拟环节。磁通 Φ_{df} 和产生它的电流 I_Φ' 之间的关系，用一个描述电

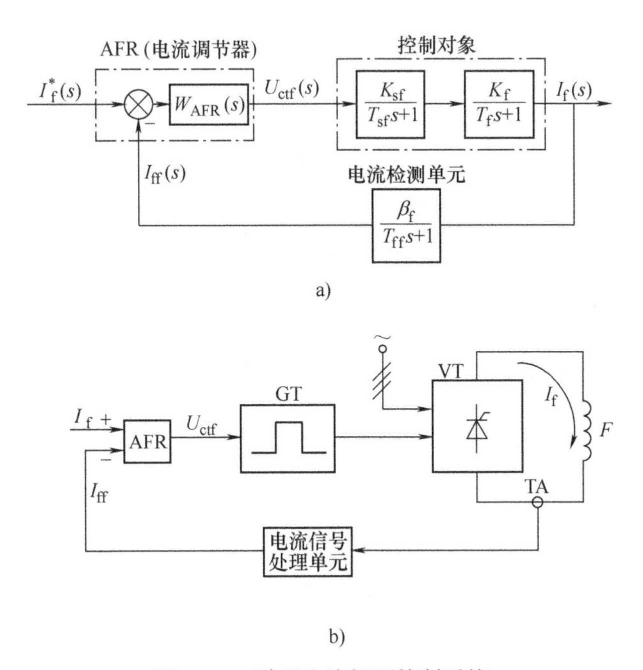

图 2-36　励磁电流闭环控制系统

a）励磁电流闭环控制动态结构图　b）励磁电流闭环控制系统原理框图

动机磁化曲线的函数发生器 HF（见图 2-37a）来实现，其输入为 I'_Φ，输出为 Φ_{df}。反馈通道设置完成后，再设置磁通调节器，就构成了磁通闭环控制结构，如图 2-37a 所示。相应的物理系统如图 2-37b 所示。

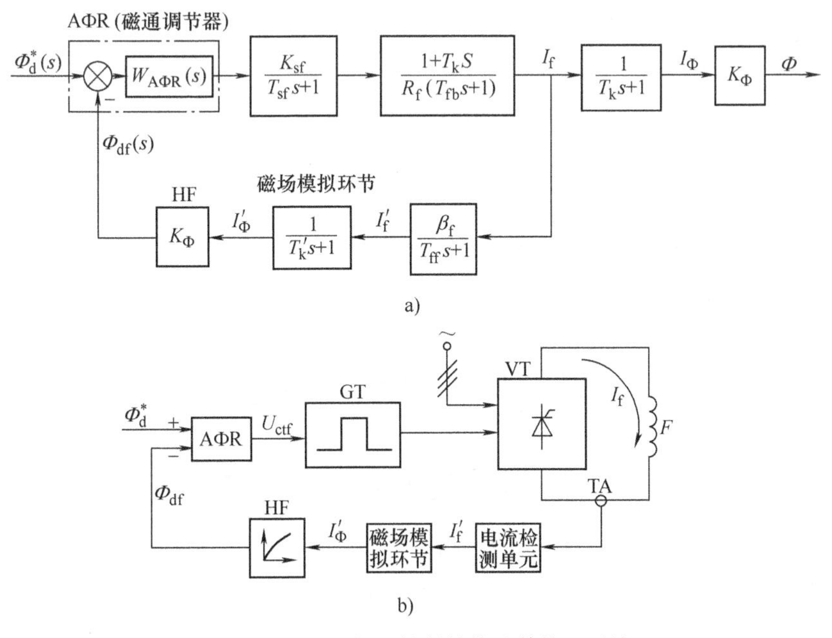

图 2-37　磁通闭环控制结构及其物理系统

a）磁通闭环控制结构图　b）磁通闭环控制系统框图

2.2.4　直流电动机双域闭环控制系统（先升压后弱磁调速系统）

在他励直流电动机的调速方法中，调压调速是从基速（额定转速）往下调，在不同转速下容许的输出转矩恒定，所以又称为恒转矩调速。调磁调速是从基速往上调，励磁电流变小，也称弱磁调速，在不同转速时容许输出功率基本相同，称为恒功率调速。对于一些生产机械，如连轧机主传动、机床主传动等要求采用调压和弱磁配合控制的双域调速方式，即在基速以下保持额定磁通不变，只调节电枢电压；在基速以上则保持电枢电压为额定值，减弱磁通升速。这就是直流电动机双域调节系统，其控制特性如图 2-38 所示。

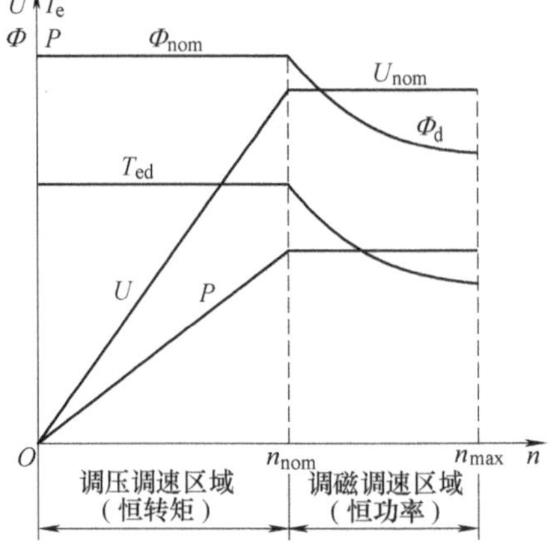

图 2-38　直流电动机双域控制特性

双域调速系统起动时，应当采用满磁升压起动，当电压达到额定值以后，再减弱磁通继续升速。减速时，则应该先增磁，后降压调速。

根据磁通的控制方法不同，双域调速系统可以分为独立控制励磁的调速系统和非独立控制励磁的调速系统。

1. 独立控制励磁的调速系统

将图 2-35a 所示控制电枢电压的转速、电流双闭环直流调速系统与图 2-37b 所示，磁通闭环控制系统合并在一起组成了独立励磁的双域调速系统如图 2-39 所示。

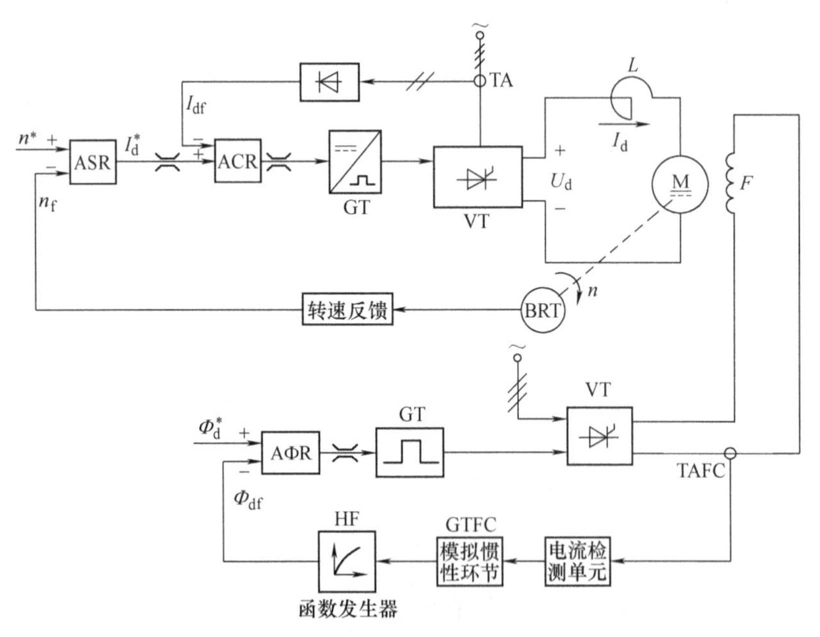

图 2-39　独立励磁的双域调速系统

由图 2-39 看出，电枢控制和励磁控制互相独立，分别给出设定值。调速时，必须满足调压和弱磁配合控制的要求，即先保证设定值为满磁给定，当转速和电枢电压达到额定值时，才减少弱磁设定值，实现弱磁调速。显然调压和励磁控制设定操作不方便，因此独立励磁的双域控制系统已经很少采用了。

2. 非独立控制励磁的双域调速系统

图 2-40 为常用的非独立控制励磁的双域调速系统。电枢电压控制也是转速、电流双闭环控制方式，在励磁控制电路也有两个控制环：电动势环和磁通环，电动势调节器（AER）和磁通调节器（AΦR）通常采用比例-积分调节器（Proportisnal-Integrated Regulator，PI）。由于很难直接测得电动机的反电动势 E_d，常采用间接方法近似求取，根据 $E_d = U_d - I_d R_a$（R_a 为电枢内阻），由 U_d 和 I_d 的检测信号 U_{df} 和 I_{df} 通过电动势运算器（AE）运算，获得反电动势信号 E_{df}。

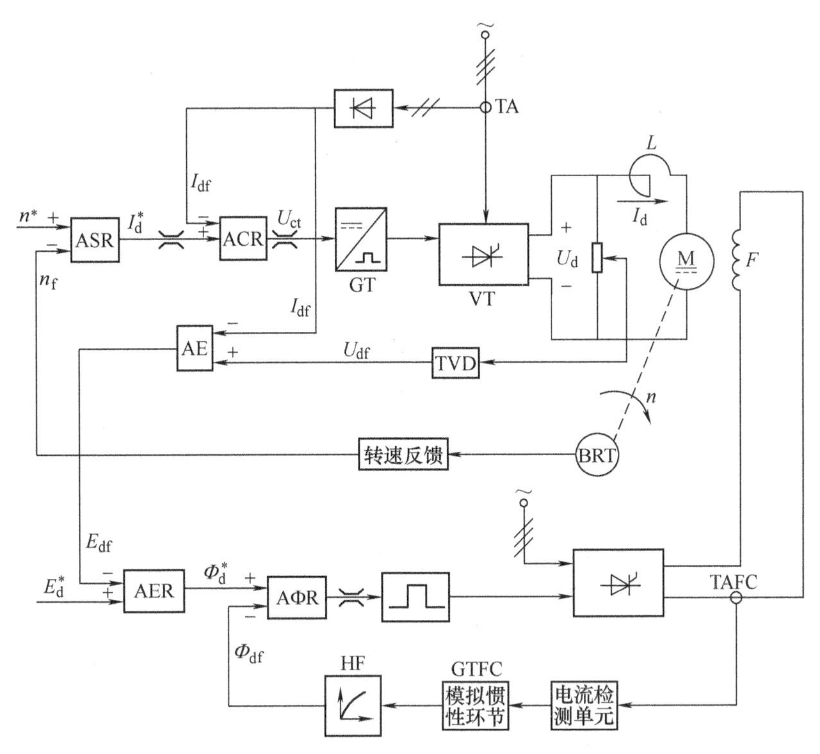

图 2-40　非独立控制励磁的双域调速系统

TVD—电压互感器　TAFC—电流互感器

电动势给定信号 E_d^* 与电动势运算器（AE）的输出信号 E_{df} 比较后，经过电动势调节器（AER），得到磁通给定信号 Φ_d^*，再与磁通检测信号 Φ_{df} 比较，通过磁通调节器（AΦR）运算，得到控制信号 U_{ctf}，用来控制电动机的励磁。

直流电动机的反电动势 E_d 可写成 $E_d = K_e \Phi_d n$。当磁通 Φ 减弱而转速 n 上升时，反电动势 E_d 应维持不变，电动势调节器（AER）采用 PI 调节器，AER 保证了电动势无静差的控制要求，同时也是自动实现电枢电压与励磁的配合控制所需要的。

由上述可知，在这种系统中，系统的转速设定是由同一个设定来完成的，电枢控制电路和磁场控制电路是相关联的，因此称为非独立控制励磁的调速系统。

第3章　闭环直流调速系统的稳态分析

本章给出了直流调速系统的稳态调速指标（调速范围和静差率），作为稳态分析的依据和稳态性能的评价。本章重点是单闭环/双闭环直流调速系统的稳态分析与计算，主要内容有：ASR为比例调节器时的转速单闭环直流调速系统的静态方程、稳态分析与计算及稳态特性曲线；ASR为PI调节器时的转速单闭环直流调速系统的稳态结构图、稳态特性方程及稳态特性曲线；转速、电流双闭环直流调速系统的稳态结构图、稳态特性方程及稳态特性曲线。

3.1　调速系统的稳态调速指标

3.1.1　转速控制的基本要求

任何一台需要对转速进行控制的设备，对其调速系统的性能都有一定的要求，归纳起来，有以下四个方面：

1）调速：在一定的最高转速和最低转速范围内，分档地（有级）或平滑地（无级）调节转速。

2）稳速：以一定的精度在所需转速上稳定进行。

3）加、减速：频繁起动、制动的设备要求加速、减速尽量快，以提高生产率；不宜经受剧烈速度变化的机械则要求起动、制动尽量平稳。

4）抑制扰动：突加或突减负载时转速降落或升高应尽量小，转速恢复到设定转速的时间应尽量短。

本章为了稳态分析的需要，首先针对前两项要求，定义两个稳态调速指标，即“调速范围”和“静差率”。

3.1.2　稳态调速指标

1. 调速范围

电动机所提供的最高转速 n_{max} 和最低转速 n_{min} 之比称为调速范围，用英文字母 D 表示，即

$$D=\frac{n_{max}}{n_{min}} \tag{3-1}$$

式中，n_{max}、n_{min} 分别为电动机在额定负载时的最高和最低转速，对于少数负载很轻的机械，例如精密磨床，也可用实际负载时的最高和最低转速。

2. 静差率

当系统在某一转速下运行时，负载由理想空载增加到额定值时所产生的转速降落（简称额定速降）Δn_N 与理想空载转速 n_0 之比，称为静差率 s，即

$$s=\frac{\Delta n_N}{n_0} \tag{3-2}$$

或用百分数表示为

$$s=\frac{\Delta n_N}{n_0}\times 100\% \tag{3-3}$$

显然，静差率表示调速系统在负载变化时转速的稳定程度，它和机械特性的硬度有关，特性越硬，静差率越小，转速的稳定程度就越高。

应当注意，静差率和机械特性的硬度既有联系又有区别。一般调压系统在不同转速下的机械特性是互相平行的直线，如图 3-1 中的特性①和②互相平行，两者硬度是一样的，额定速降 $\Delta n_{N1}=\Delta n_{N2}$；但是它们的静差率却不同，因为理想空载转速不一样。根据静差率的定义式（3-2），由于 $n_{01}>n_{02}$，所以 $s_1<s_2$。这表明，对于相同硬度的特性，理想空载转速越低时，静差率就越大，转速的稳定程度也就越差。在 $n_0=1000\,\text{r/min}$ 时，$\Delta n_N=10\,\text{r/min}$，$s=1\%$；如果 $n_0=100\,\text{r/min}$，$\Delta n_N=10\,\text{r/min}$，则 $s=10\%$；如果 n_0 只有 $10\,\text{r/min}$，仍然是 $\Delta n_N=10\,\text{r/min}$，电动机停止转动，转速就全部降落完了。因此，调速范围 D 和静差率 s 这两项指标不是彼此孤立的，必须同时使用才有意义。

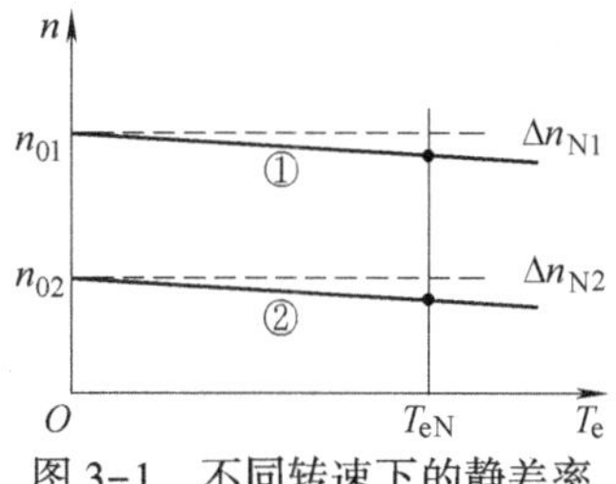

图 3-1　不同转速下的静差率

通常，调速系统的静差率指标，主要是指最低转速时的静差率，即

$$s=\frac{\Delta n_N}{n_{0\min}} \tag{3-4}$$

调速系统的调速范围是指在最低转速时还能满足静差率要求的转速变化范围。脱离了对静差率的要求，任何调速系统都可以得到极宽的调速范围；脱离了调速范围，要满足给定的静差率也是相当容易的。

3. 调压调速系统中 D、s 和 Δn_N 之间的关系

在直流电动机调压调速系统中，$n_{\max}$就是电动机的额定转速 n_N，则系统的静差率是式（3-4）所示的静差率。而额定负载时的最低转速为

$$n_{\min}=n_{0\min}-\Delta n_N \tag{3-5}$$

考虑到式（3-4），式（3-5）可以写成

$$n_{\min}=\frac{\Delta n_N}{s}-\Delta n_N=\frac{\Delta n_N(1-s)}{s} \tag{3-6}$$

调速范围为

$$D=\frac{n_{\max}}{n_{\min}}=\frac{n_N}{n_{\min}} \tag{3-7}$$

将式（3-6）代入式（3-7），得

$$D=\frac{n_N s}{\Delta n_N(1-s)} \tag{3-8}$$

式中，n_N 为额定转速。

式（3-8）表达了调速范围 D、静差率 s 和额定速降 Δn_N 之间应满足的关系。对于一个调速系统，其特性硬度或 Δn_N 是一定的，如果对静差率 s 的要求越严，系统允许的调速范围 D 就越小。

【例 3-1】 某直流调速系统电动机额定转速 $n_N=1430\,\text{r/min}$，额定速降 $\Delta n_N=115\,\text{r/min}$，当要求静差率 $s\leqslant 30\%$ 和 $s\leqslant 20\%$ 时，计算允许的调速范围。

解： 如果要求静差率 $s\leqslant 30\%$，则调速范围为 $D=\frac{n_N s}{\Delta n_N(1-s)}=\frac{1430\times 0.3}{115\times(1-0.3)}=5.3$

如果要求静差率 $s \leqslant 20\%$，则调速范围为 $D=\dfrac{1430\times0.2}{115\times(1-0.2)}=3.1$

在实际中许多需要无级调速的生产机械常常对静差率提出较严格的要求，不允许有很大的静差率。例如，由于龙门刨床加工各种材质的工件，对速度有不同的要求，又由于毛坯表面不平，加工时负载常有波动（负载扰动），为了保证加工精度和表面粗糙度，不允许有较大的速度变化。对龙门刨床工作台调速系统，一般要求调速范围 $D=20\sim40$，静差率 $s\leqslant5\%$。又如连轧机，由于各机架轧辊分别由单独的电动机拖动，钢材在几个机架内同时轧制，为了保证被轧金属的秒流量相等，不致造成钢材拉断或拱起，各机架出口线速度需保持严格的比例关系，一般应使调速系统的调速范围 $D=10$，静差率 s 在 $0.2\%\sim0.5\%$ 之间，才能满足连轧机的工艺要求。在上述情况下，开环调速系统是不能满足要求的，下面举例说明。

【例 3-2】 某 V-M 直流调速系统的直流电动机的额定值为 60 kW、220 V、305 A、1000 r/min，主电路总电阻 $R=0.18\,\Omega$，电枢电阻 $R_a=0.066\,\Omega$，要求 $D=20$，$s\leqslant5\%$。开环调速系统能否满足要求？

解：已知系统当电流连续时

$$C_e=\frac{U_N-R_aI_{dN}}{n_N}=\frac{220-0.066\times305}{1000}\text{V}\cdot\text{min/r}=0.2\,\text{V}\cdot\text{min/r}$$

$$\Delta n_N=\frac{I_{dN}R}{C_e}=\frac{305\times0.18}{0.2}\text{r/min}=274.5\,\text{r/min}$$

开环系统机械特性连续段在额定转速时的静差率为

$$s_N=\frac{\Delta n_N}{n_N+\Delta n_N}=\frac{274.5}{1000+274.5}\times100\%=21.54\%$$

可见在额定转速时不能满足 $s\leqslant5\%$ 的要求。

如果要满足 $D=20$，$s\leqslant5\%$ 的要求，则

$$\Delta n_N=\frac{n_Ns}{D(1-s)}=\frac{1000\times0.05}{20\times(1-0.05)}\text{r/min}=2.63\,\text{r/min}$$

由以上计算结果可知，开环直流调速系统的 Δn_N 太大，不能满足 $D=20$，$s\leqslant5\%$ 的要求。

调速范围和静差率是一对相互制约的性能指标，如果既要提高调速范围，又要降低静差率，唯一的方法是减少负载所引起的额定负载时的转速降落 Δn_N。但是在转速开环的直流调速系统中，$\Delta n_N=RI_{dN}/C_e$ 是由直流电动机的参数决定的，无法改变。解决矛盾的有效途径是采用反馈控制技术，构成转速闭环的控制系统，才能减小转速降落，降低静差率，扩大调速范围。

3.2 单闭环直流调速系统的稳态分析

对于图 2-32 所示为转速单闭环直流调速系统的动态结构图而言，当系统处于稳态运行时，各环节传递函数的分子、分母中，带有 s 的项均为零，从而得到图 3-2 所示的转速单闭环直流调速系统的稳态结构图。图 3-2 中，ASR 为转速调节器；符号 U_n^* 为用电压值表示的转速给定信号 n^*；U_n 为用电压值表示的转速反馈信号 n。

3.2.1 ASR 为比例调节器时的转速单闭环直流调速系统稳态分析

1. 闭环系统的静态方程

依据图 3-2a 所示的稳态结构图，当 ASR 为比例调节器时，转速负反馈单闭环直流调速系统

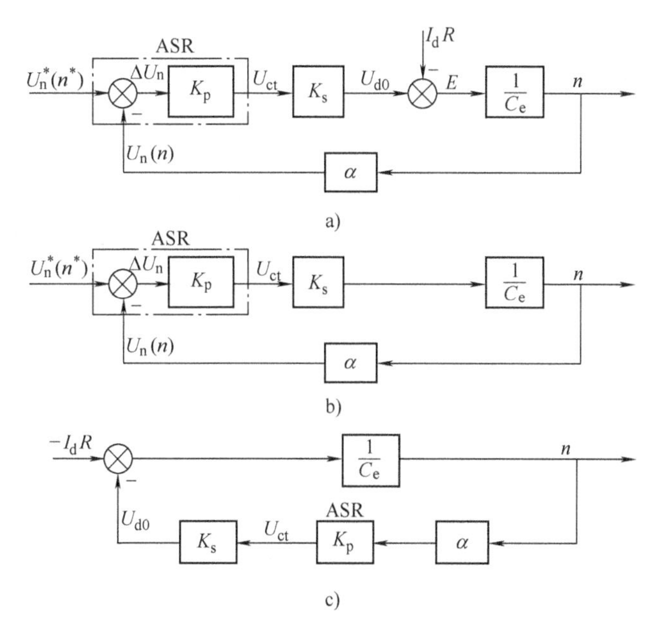

图 3-2　采用比例调节器的转速单闭环调速系统的稳态结构框图

a）闭环调速系统稳态结构图　b）只考虑转速给定作用时的闭环系统稳态结构图

c）只考虑负载扰动作用时的闭环系统稳态结构图

中各环节的稳态关系如下：

① 输入比较环节 $$\Delta U_n = U_n^* - U_n \tag{3-9}$$

② 比例调节器 $$U_{ct} = K_p \Delta U_n \tag{3-10}$$

③ 电力电子变换器 $$U_{d0} = K_s U_{ct} \tag{3-11}$$

④ 直流调速系统的开环机械特性方程式 $$n = \frac{U_{d0} - I_d R}{C_e} \tag{3-12}$$

⑤ 测速反馈环节 $$U_n = \alpha n \tag{3-13}$$

各式中，K_p 为比例调节器的比例系数；K_s 为电力电子变换器的变换系数；α 为转速反馈系数（V·min/r）；U_{d0}为电力电子变换器理想空载输出电压（V）。

将上述 5 个关系式中消去中间变量，整理后，即得转速负反馈闭环直流调速系统的稳态特性方程式（或称静态特性方程式）

$$n = \frac{K_p K_s U_n^* - I_d R}{C_e(1 + K_p K_s \alpha / C_e)} = \frac{K_p K_s U_n^*}{C_e(1+K)} - \frac{R I_d}{C_e(1+K)} = n_{0cl} - \Delta n_{cl} \tag{3-14}$$

式中，$K = K_p K_s \alpha / C_e$ 为闭环系统的开环放大系数，即开环增益；$n_{0cl} = K_p K_s U_n^* / [C_e(1+K)]$ 为闭环系统的理想空载转速；$\Delta n_{cl} = R I_d / C_e(1+K)$ 为闭环系统的稳态速降。

2. 闭环调速系统的稳态分析和计算

通过比较闭环系统静特性方程式与其开环系统机械特性方程式，可以看到闭环控制的突出优点。

（1）稳态速降

转速开环系统的稳态速降，把图 3-2a 所示的转速闭环系统的反馈回路在调节器反馈输入端处断开，就得到了开环系统，式（3-12）所表示的机械特性方程式可写成

$$n = \frac{U_{d0} - I_d R}{C_e} = \frac{K_p K_s U_n^*}{C_e} - \frac{R I_d}{C_e} = n_{0op} - \Delta n_{op} \tag{3-15}$$

式中，$n_{0op}=V_pK_sU_n^*/C_e$ 为开环系统的理想空载转速；$\Delta n_{op}=RI_d/C_e$ 为开环系统的稳态速降。

转速闭环系统的稳态速降为

$$\Delta n_{cl}=\frac{RI_d}{C_e(1+K)}=\frac{\Delta n_{op}}{1+K} \tag{3-16}$$

式（3-16）表明，转速闭环后将使同一负载下稳态速降降低到开环系统的 $1/(1+K)$。式（3-16）还说明了，ASR 为比例调节器的单闭环直流调速系统是有静差调速系统，静差大小为 $\Delta n_{cl}=\Delta n_{op}/(1+K)$，并且，静差 Δn_{cl} 只能减小而不能消除，这是因为系统的开环放大系数 K 不可能为无穷大（$K\neq\infty$）。

（2）调速范围

如果电动机最高转速是额定转速 n_N，对静差率要求为 s，则闭环系统的调速范围为

$$D_{cl}=\frac{n_Ns}{\Delta n_{cl}(1-s)}=\frac{n_Ns}{\dfrac{\Delta n_{op}}{1+K}(1-s)}=(1+K)D_{op} \tag{3-17}$$

式中，$D_{op}=\dfrac{n_Ns}{\Delta n_{op}(1-s)}$。

式（3-17）表明，如果开环/闭环系统所要求的静差率相同，则闭环系统调速范围为开环系统的（1+K）倍。由此可见，提高闭环系统的开环放大系数是减小系统静态速降、扩大调速范围的有效措施。系统的开环放大系数越大，静态速降就越小，在同样静差率下，其调速范围就越宽。

（3）稳态特性计算举例

【例 3-3】 某一转速单闭环直流调速系统，已知：

① 直流电动机技术数据：$P_{dN}=45\ \text{kW}$，$U_{dN}=220\ \text{V}$，$I_{dN}=226\ \text{A}$，$n_N=1750\ \text{r/min}$，电枢电阻 $R_a=0.04\ \Omega$。

② V-M 系统电枢电路总电阻 $R=0.1\ \Omega$。

③ 晶闸管变流装置的移相控制信号 U_{ct} 在 0~7 V 范围内调节时，对应的整流电压 U_d 在 0~250 V 范围内变化。

④ 转速反馈系数 $\alpha=0.006\ \text{V}\cdot\text{min/r}$。

⑤ 设计要求的稳态调速指标：$D=10$；$s=0.05$。

根据给出的技术数据，对系统进行稳态参数计算。

解： 1）为满足设计要求的静态指标，由式（3-8）得出满足要求的稳态速降

$$\Delta n_{cl}=\frac{n_Ns}{D_{cl}(1-s)}=\frac{1750\times0.05}{10\times(1-0.05)}\text{r/min}=9.2\ \text{r/min}$$

2）根据要求的静态速降，确定系统的开环放大系数 K。

因为
$$\Delta n_{cl}=\frac{I_{dN}R}{C_e(1+K)}$$

所以
$$K=\frac{I_{dN}R}{C_e\Delta n_{cl}}-1$$

其中
$$C_e=\frac{U_{dN}-I_{dN}R_a}{n_N}=\frac{220-226\times0.04}{1750}\text{V}\cdot\text{min/r}=0.12\ \text{V}\cdot\text{min/r}$$

所以
$$K=\frac{226\times0.1}{0.12\times9.2}-1=19.5$$

3）根据系统要求的开环放大系数 K 来确定比例调节器的比例系数 K_p。

因为
$$K=\frac{K_pK_s\alpha}{C_e}$$

所以
$$K_p=\frac{KC_e}{K_s\alpha}$$

式中，触发器及晶闸管变流装置的电压放大系数 K_s 为
$$K_s=\frac{250}{7}=36$$

所以
$$K_p=\frac{KC_e}{K_s\alpha}=\frac{19.5\times0.12}{36\times0.006}=10.8$$

计算结果表明，只要调节器的比例系数 $K_p\geqslant10.8$，闭环系统就能够满足所需要的稳态性能指标。

3. 开环系统机械特性及闭环系统稳态特性的关系

图 3-3 中，设原始工作点为 A，负载电流为 I_{L1}，当负载增大到 I_{L2}时，开环系统的转速必然降到 A 点所对应的 A'点，闭环后，由于反馈调节作用，电压可升到 U_{d02}，使工作点变成 B。这样，在闭环系统中，每增加一点儿负载，就相应提高一点儿电枢电压，因而就改换了一条机械特性。闭环系统的稳态特性就是这样在许多开环机械特性上各取一个相应的工作点，如图 3-3 中的 A、B、C、D 等再由这些工作点连接而形成的。

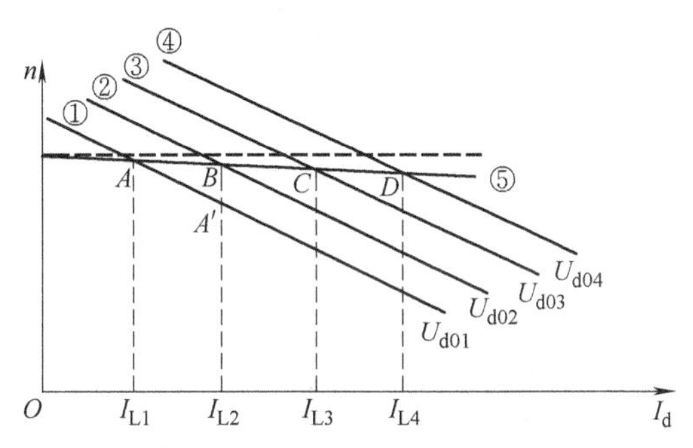

图 3-3　闭环系统的稳态特性与开环机械特性比较

①~④—系统开环系统机械特性　⑤—闭环系统稳态特性

由闭环系统稳态特性曲线绘制过程可以看出，闭环稳态特性与开环机械特性相比硬度大大提高，其根本原因是闭环系统能够减少稳态速降，它能随着负载的变化而改变电枢电压，以补偿电枢电路电阻电压降的变化。

当闭环调速系统选用比例调节器时，一般称为有静差系统。其调节器输出的控制电压 U_{ct}的大小与转速偏差电压 $\Delta U_n=U_n^*-U_n$ 成正比。如果偏差 ΔU_n 为零，则控制信号 U_{ct}为零（即不能产生控制作用），因而使系统不能工作。

通过静特性分析看出，闭环调速系统的开环放大系数 K 值越大，其稳态特性就越硬，稳态速降就越小。在保证所要求的静差率下，其系统的调速范围就越大。总之，转速闭环控制，改善了系统的稳态性能。但是有静差系统的开环放大系数 K 值的大小受到系统稳定性的制约，即系统开环放大系数 K 过大将导致系统不稳定，因此有静差调速系统在稳态参数计算结束之后，必须进行稳定性校验，这是不可忽视的。

3.2.2 ASR 为 PI 调节器时的转速单闭环直流调速系统的稳态分析

1. 稳态结构框图

如果图 3-2a 中的转速调节器 ASR 采用比例积分（PI）调节器，就得到了图 3-4 所示的 ASR 为比例积分调节器时的单闭环直流调速系统的稳态结构框图。需要指出，稳态情况下，PI 调节器只能用其输出特性来表示它的比例积分作用。

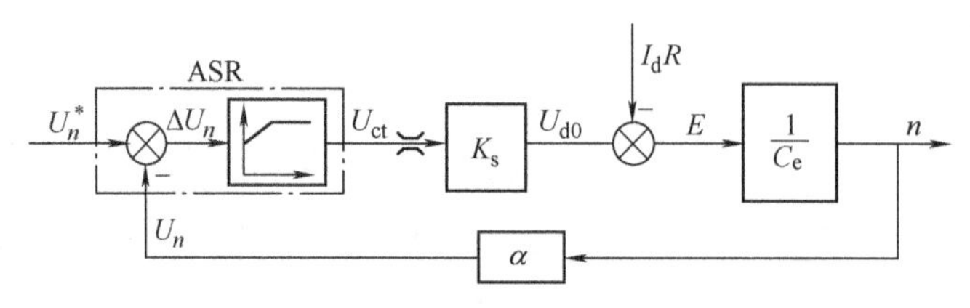

图 3-4 ASR 采用 PI 调节器时的转速单闭环直流调速系统的稳态结构框图

2. 稳态特性方程

当系统达到稳态时，有 $\Delta U_n=0$，即 $U_n^*=U_n=\alpha n$，于是可知，闭环系统的稳态速降 $\Delta n_{cl}=0$，因而有

$$n=\frac{U_n^*}{\alpha}=n_0 \tag{3-18}$$

式中，α 为转速反馈系数（V · min/r），它的值可由下式确定：

$$\alpha=\frac{U_{nmax}^*}{n_{max}} \tag{3-19}$$

式中，n_{max}为电动机最高转速（r/min）；U_{nmax}^*为对应 n_{max}的最大给定电压（V）。

3. 稳态特性曲线

因为采用 PI 调节器的单闭环直流调速系统，在稳态时 $\Delta U_n=0$（对应 $\Delta n=0$），所以根据式（3-18）求出 n_0 点。在理想情况下，由 n_0 点可以画出一条平行于坐标横轴的平直的静态特性曲线，如图 3-5 中虚线所示。实际上运算放大器开环放大系数不可能无穷大，因此采用 PI 调节器的转速单闭环直流调速系统实际上的稳态特性曲线并非为水平线，而是有一定倾斜，如图 3-5 实线所示。

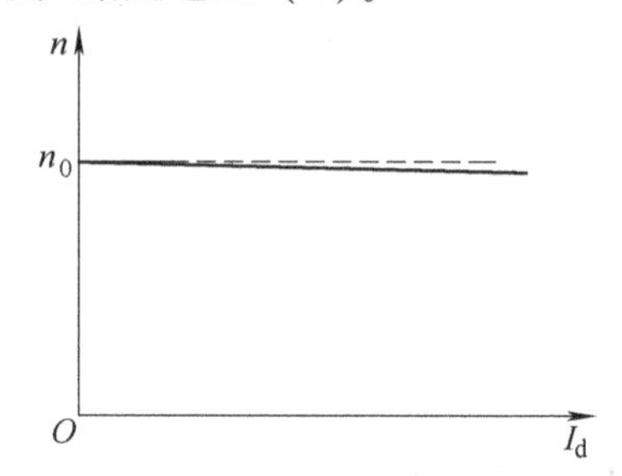

图 3-5 采用 PI 调节器的转速单闭环调速系统稳态特性曲线

3.3 转速、电流双闭环调速系统稳态分析

1. 稳态结构图

根据图 2-34，可以很容易地画出稳态时的转速、电流双闭环调速系统稳态结构图，如图 3-6 所示。

2. 稳态特性方程

分析稳态特性的关键是掌握该 PI 调节器的稳态特征，一般存在两种状况：饱和（输出达到限幅值）、不饱和（输出未达到限幅值）。当调节器饱和时，输出为恒值，输入量的变化不再影

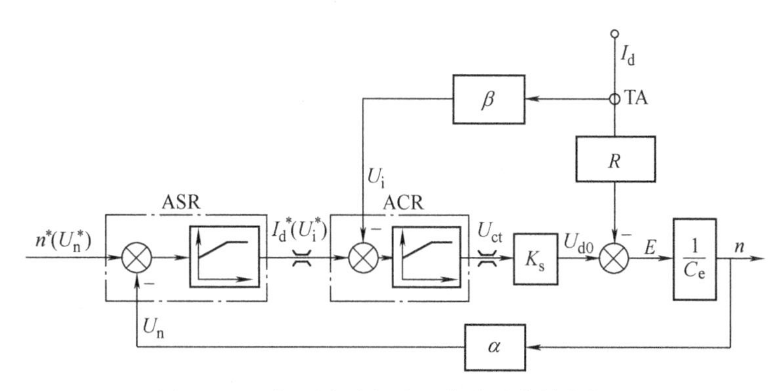

图 3-6　双闭环直流调速系统的稳态结构框图

响输出，除非有反向的输入信号使调节器退出饱和，这相当于饱和的调节器暂时隔断了系统输入和输出间的联系，使该系统处开环状态，失去调节作用（或称为饱和非线性控制作用）。当调节器不饱和时，PI 的作用使输入偏差电压 ΔU 在稳态时总为零。

实际上，在正常运行时，电流调节器是不会达到饱和状态的。然而，对于稳态特性来说，转速调节器有不饱和与饱和两种情况。

（1）转速调节器不饱和

此时两个调节器都不饱和，稳态时，它们的输入偏差电压都是零，因此

$$U_n^* = U_n = \alpha n = \alpha n_0 \tag{3-20}$$

$$U_i^* = U_i = \beta I_d \tag{3-21}$$

由式（3-21）可得

$$n = \frac{U_n^*}{\alpha} = n_0 \tag{3-22}$$

从而得到图 3-7 所示的稳态特性的 n_0A 段。由于 ASR 不饱和，$U_i^* < U_{im}^*$，$I_d < I_{dm}$，因而可知，n_0A 段特性从理想空载状态的 $I_d = 0$ 一直延续到 $I_d = I_{dm}$，通常，I_{dm} 都是大于额定电流 I_{dN} 的，这就是稳态特性的运行段，它是一条水平的特性曲线。

（2）转速调节器饱和

这时，ASR 输出达到限幅值 U_{im}^*，转速外环呈开环状态，双闭环系统变成一个电流无静差的电流单闭环调节系统。稳态时有

$$I_d = \frac{U_{im}^*}{\beta} = I_{dm} \tag{3-23}$$

式中，最大电流 I_{dm} 是选定的，取决于电动机的容许过载能力和拖动系统允许的最大加速度。式（3-23）所描述的稳态特性对应于图 3-7 中的 AB 段，它是一条垂直的特性曲线。这样的下垂特性只适合于 $n < n_0$ 的情况，因为如果 $n > n_0$，则 $U_n > U_n^*$，ASR 将退出饱和状态。

双闭环调速系统的稳态特性在负载电流小于 I_{dm} 时表现为转速无静差，这时，转速负反馈起主要调节作用。当负载电流达到 I_{dm} 时，对应于转速调节器的饱和输出 U_{im}^*，这时，电流调节器起主要调节作用，系统表现为电流无静差，并获得过电流的自动保护。这就是采用了两个 PI 调节器分别形成内、外两个闭环的效果，其稳态特性（见图 3-7）显然比

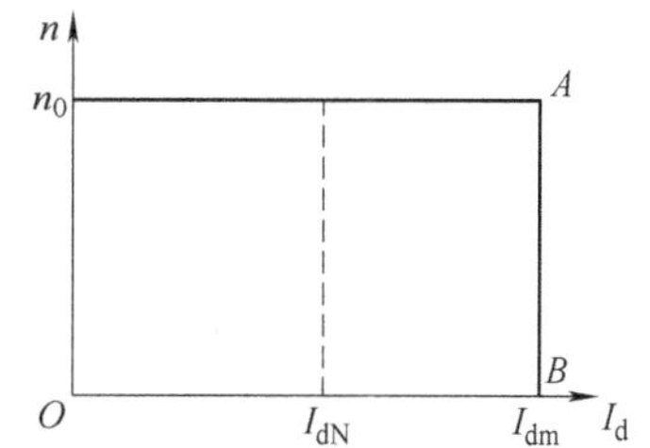

图 3-7　转速、电流双闭环直流调速系统的稳态特性

带电流截止负反馈的单闭环系统稳态特性好。

【例 3-4】 在转速电流双闭环直流调速系统中，ASR 和 ACR 均采用 PI 调节器，已知电动机额定参数为 U_{dN}、I_{dN}、n_N、R_a，功率放大器放大系数 K_s 和内阻 R_{rec}，电动机的允许过载系数 $\lambda=1.5$。

1）若 ASR、ACR 的限幅输出分别为 U_{im}^* 和 U_{ctm}，如何确定转速反馈系数 α 和电流反馈系数 β。

2）设系统拖动恒转矩负载在额定情况下正常运行，若因为某种原因励磁电流减小使磁通 Φ 下降一半，系统工作情况如何变化？写出 U_i^*、U_{ct}、U_d、I_d 及 n 在稳定后的表达式。

解：1）按最大给定电压 U_{nm}^* 对应电动机额定转速 n_N 来确定转速反馈系数，ASR 采用 PI 调节器，稳态时 $U_n^*=U_n=\alpha n$，因此有 $U_{nm}^*=\alpha n_N$，所以 $\alpha=U_{nm}^*/n_N$。

按电动机最大允许过载电流 I_{dm} 对应于 ASR 输出限幅值 U_{im}^* 来确定电流反馈系数 β，而 ACR 又采用 PI 调节器，则有 $U_{im}^*=U_{im}=\beta I_{dm}=\beta\times1.5I_N$，所以有 $\beta=U_{im}^*/(1.5I_N)$。

2）系统在额定情况下正常运行，$n=n_N$，$I_d=I_{dN}$。若磁通 Φ 下降一半，则 $E=K_e\Phi n$ 下降，I_d 和 U_i 将随之增加，但因 U_i^* 未变，在电流环调节作用下使 U_d、U_{ct} 下降以维持 $I_d=I_{dN}$ 暂时不变，从而使 $T_{ed}=K_m\Phi I_{dN}$ 下降为原来的一半。电动机拖动恒转矩负载，T_L 不变；所以 $T_{ed}<T_L$，电动机减速，n 下降，U_n 随之下降，因 U_n^* 未变，而使 ASR 饱和，输出为 U_{im}^*，在电流环调节作用下，电流上升达到 $I_{dm}=1.5I_{dN}$ 并维持不变，T_{ed} 因电流变大而回升，但也只能为原来转矩的 75%（$0.5\times1.5=0.75$），仍然小于负载转矩 T_L，电动机转速将继续下降，直至 $n=0$。这时，$U_i^*=U_{im}^*$，$I_d=I_{dm}=1.5I_{dN}$，$U_d=I_{dm}R=1.5I_{dN}R$，$U_{ct}=U_d/K_s=1.5I_{dN}R/K_s$。

以上分析了转速、电流双闭环直流调速系统的稳态运行情况，可知这种系统具有优良静特性，从而得到了最广泛的应用。下一章将重点研究这种系统的动态特性。

3.4 习题

3-1 调速范围和静差率的定义是什么？调速范围、静态速降和最小静差率之间有什么关系？为什么说“脱离了调速范围，要满足给定的静差率也就容易得多了”？

3-2 为什么采用积分调节器的调速系统是无静差的？在转速单闭环系统中，当积分调节器的输入偏差为零时（$\Delta U=0$），输出电压是多少？决定于哪些因素？试写出表达式。

3-3 在无静差系统中，如果给定电压不稳或测速机精度差，是否会影响调速系统的稳态精度？

3-4 试回答下列问题：

(1) 无静差调速系统的稳态精度是否还受给定电源和测速装置精度的影响？在无静差调速系统中，突加或突减负载后系统进入稳态时调节器的输出 U_{ct}、变流装置的输出 U_d 和转速 n 是增加、减少还是不变？

(2) 带电流截止环节的转速负反馈调速系统，如果截止比较电压 U_{com} 发生变化，对系统的静特性有何影响？如果电流信号的取样电阻 R_s 大小变化，对系统的静特性又有何影响？

(3) 双闭环调速系统稳定运行于稳态时，两个 PI 调节器的输入偏差电压是多少？它们的输出电压是多少？为什么？

(4) 如果要改变转速、电流双闭环调速系统的转速，可调节什么参数？若要改变系统的起动电流应调节什么参数？

（5）双闭环调速系统中，ASR 与 ACR 均采用 PI 调节器，在带额定负载运行时转速反馈线突然断线，当系统重新进入稳定运行时 ACR 的输入偏差信号 ΔU_i 是否为零？为什么？

（6）双闭环调速系统拖动恒转矩负载在额定情况下运行，如调节转速反馈系数 α 使其逐渐减小时，系统中各环节的输出量将如何变化？如果使 α 逐渐增大呢？说明原因。

3-5　在转速、电流双闭环调速系统中，若要改变电动机的转速，应调节什么参数？改变转速调节器的放大系数 K_p 行不行？改变电力电子变换器的放大系数 K_s 行不行？改变转速反馈系数 α 行不行？若要改变电动机的堵转电流，应调节系统中的什么参数？

3-6　如果转速、电流双闭环调速系统中的转速调节器不是 PI 调节器，而改为 P 调节器，对系统的稳态特性将会产生什么影响？

3-7　某闭环调速系统的调速范围是 150～1500 r/min，要求系统的静差率 $s \leqslant 2\%$，那么系统允许的稳态速降是多少？如果开环系统的稳态速降是 100 r/min，则闭环系统的开环放大系数应有多大？

3-8　有一 V-M 调速系统，电动机为 $P_N = 2.5\ \text{kW}$，$U_N = 220\ \text{V}$，$I_N = 15\ \text{A}$，$n_N = 1500\ \text{r/min}$，$R_a = 2\ \Omega$；变流装置 $R_{rec} = 1\ \Omega$，$K_s = 30$。要求：$D = 20$，$s = 10\%$。

（1）计算调速指标允许的稳态速降 Δn_N 和开环系统的稳态速降 Δn_{op}。

（2）采用转速负反馈构成单闭环有静差调速系统，画出系统的静态结构图并写出系统的静特性方程式。

（3）若系统在额定条件下工作时的 $U_n^* = 15\ \text{V}$，求转速反馈系数 α。

（4）计算满足调速要求时比例放大器的放大系数 K_p。

3-9　已知 PI 调节器的输入信号 U_{in} 如图 3-8 所示，试画出其相应的输出 U_{ex} 特性（不考虑 PI 限幅）。

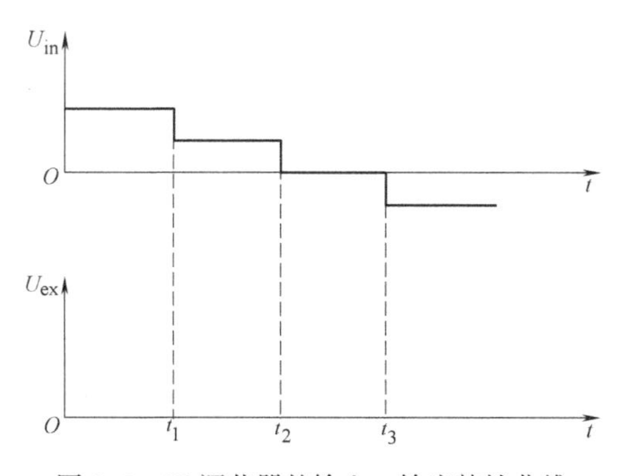

图 3-8　PI 调节器的输入、输出特性曲线

3-10　在转速、电流双闭环调速系统中，ASR 和 ACR 均采用 PI 调节器。若 $U_{nm}^* = 15\ \text{V}$，$n_N = 1500\ \text{r/min}$，$U_{im}^* = 10\ \text{V}$，$I_N = 20\ \text{A}$，$I_{dm} = 2I_N$，$R = 2\ \Omega$，$K_s = 20$，$C_e = 0.127\ \text{V}\cdot\text{min/r}$。当 $U_n^* = 5\ \text{V}$，$I_{dL} = 10\ \text{A}$ 时，求稳定运行时的 n、U_n、U_i^*、U_i、U_{ct} 和 U_{d0}。

3-11　采用 PI 调节器的双闭环调速系统已知参数：电动机 $U_N = 220\ \text{V}$，$I_N = 20\ \text{A}$，$n_N = 1000\ \text{r/min}$，变流装置 $K_s = 40$，电枢电路总电阻 $R = 1\ \Omega$，电枢电路最大电流 $I_{dm} = 2I_N$。最大给定电压 U_{nm}^*，ASR 和 ACR 的限幅值 U_{im}^* 和 U_{ctm} 都是 10 V。试求：

（1）转速反馈系数 α 和电流反馈系数 β。

（2）当电动机在最高速发生堵转（$n = 0$）时的 U_{d0}、U_i^*、I_d 和 U_{ct} 的值。

3-12　在转速负反馈系统中，当电网电压、负载转矩、励磁电流、电枢电阻、测速机磁场各量发生变化时，都会引起转速的变化，问系统对它们有无抑制作用？为什么？

3-13　试述转速负反馈单闭环调速系统的基本性质。单闭环调速系统能减少稳态速降的原因是什么？改变给定电压或调整转速反馈系数能否改变电动机的稳态转速？为什么？转速负反馈调速系统中，当电动机电枢电阻、负载转矩、励磁电流、测速机磁场和供电电压变化时，都会引起转速的变化，试问系统对它们均有调节能力吗？为什么？

3-14　某一调速系统，测得的最高转速特性为 $n_{0\max}=1500\ \mathrm{r/min}$，最低转速特性为 $n_{0\min}=150\ \mathrm{r/min}$，带额定负载时的速度降落 $\Delta n_N=15\ \mathrm{r/min}$，且在不同转速下额定速降 Δn_N 不变，试问系统能够达到的调速范围有多大？系统允许的静差率是多少？

第 4 章　闭环直流调速系统的动态分析

本章给出了调速系统的动态调速指标，作为闭环直流调速系统动态分析与设计的依据。本章主要内容如下：

1）分析单闭环直流调速系统的稳定性、扰动引起的稳态误差；着重分析转速调节器为 PI 调节器时的单闭环直流调速系统的动态特性；介绍依据经典伯德图法设计调整系统中的调节器。

2）作为本章重点内容，介绍具有优良调速性能的双闭环直流调速系统的动态结构及其特点，分析动态过程和抗扰性能，以及提高系统抗干扰能力的措施。

3）讨论转速自适应控制和电流自适应控制。

4.1　动态调速指标

衡量和评价调速系统动态过程中的性能指标称为动态调速指标。调速系统的动态调速指标包括对给定输入信号的跟随性能指标和对扰动输入信号的抗扰性能指标。

4.1.1　跟随性能指标

在给定信号（或称参考输入信号）$R(t)$的作用下，系统输出量 $C(t)$的变化情况用跟随（Tracking）性能指标来描述。对于不同变化方式的给定信号，其输出响应也不一样。通常，跟随性能指标是在初始条件为零的情况下，以系统对单位阶跃输入信号的输出响应（称为单位阶跃响应）为依据提出的。具体的跟随性能指标有图 4-1 所示各项内容。

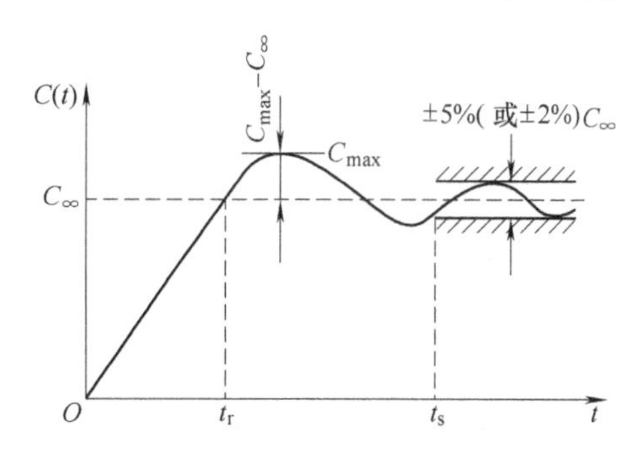

图 4-1　表示跟随性能指标的单位阶跃响应曲线

1）上升时间 t_r：单位阶跃响应曲线从零起第一次上升到稳态值 C_∞ 所需的时间称为上升时间，它表示动态响应的快速性。

2）超调量 σ：动态过程中，输出量超出输出稳态值的最大偏差与稳态值之比，用百分数表示，叫作超调量，即

$$\sigma=\frac{C_{max}-C_\infty}{C_\infty} \tag{4-1}$$

超调量用来说明系统的相对稳定性，超调量越小，说明系统的相对稳定性越好，即动态响应比较平稳。

3）调节时间 t_s：调节时间又称过渡过程时间，它衡量系统整个动态响应过程的快慢。原则上它应该是系统从给定信号阶跃变化起，到输出量完全稳定下来为止的时间，对于线性控制系统，理论上要到 $t=\infty$ 才真正稳定。实际应用中，一般将单位阶跃响应曲线衰减到与稳态值的误差进入并且不再超出允许误差带（通常取稳态值的±5%或±2%）所需的最小时间定义为调节时间。

4.1.2 抗扰性能指标

控制系统在稳态运行中，如果受到外部扰动（Disturbance），如负载变化、电网电压波动，就会引起输出量的变化。输出量变化多少？经过多长时间能恢复稳定运行？这些问题反映了系统抵抗扰动的能力。一般以系统稳定运行中突加阶跃扰动 N 以后的过渡过程作为典型的抗扰过程（见图 4-2）。抗扰性能指标有以下几项。

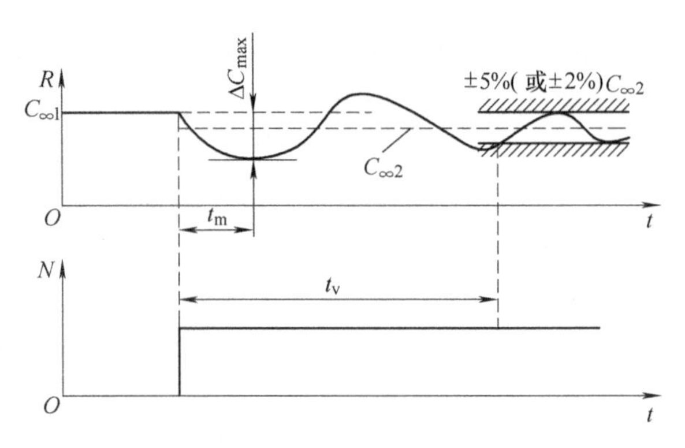

图 4-2 突加扰动的过渡过程和抗扰性能指标

1）最大动态变化量：其值一般表示为

$$\frac{\Delta C_{max}}{C_{\infty 1}}\times 100\% \tag{4-2}$$

系统稳定运行时，突加一定数值的扰动后所引起的输出量的最大变化，用最大降落值 ΔC_{max} 与原稳态值输出 $C_{\infty 1}$的比的百分数表示，称为最大动态变化量。输出量在经历动态变化后逐渐恢复，达到新的稳态值 $C_{\infty 2}$，$C_{\infty 1}-C_{\infty 2}$是系统在该扰动作用下的稳态误差（即静差）。调速系统突加负载扰动时的最大动态变化量称为动态速降，其值一般表示为

$$\Delta n_{max}/n_{nom}\times 100\% \tag{4-3}$$

2）恢复时间 t_v：从阶跃扰动作用开始，到输出量基本上恢复稳态，与新稳态值 $C_{\infty 2}$误差（或进入某个规定的基准值 C_b）的±5%或±2%范围之内所需的时间，定义为恢复时间 t_v，C_b 称为抗扰指标中输出量的基准值，视具体情况选定。

上述动态指标都属于时域上的性能指标，它们能够比较直观地反映出生产要求。但是，在进行工程设计时，作为系统的性能指标还有一套频域上的提法。其中，根据系统开环频率特性提出的性能指标为相角裕量 γ 和开环特性截止频率 ω_c，根据系统的闭环幅频特性提出的性能指标为闭环幅频特性峰值 M_r 和闭环特性通频带 ω_b。相角裕量 γ 和闭环幅频特性峰值 M_r 反映系统的相对稳定性，开环特性截止频率 ω_c 和闭环特性通频带 ω_b 反映系统的快速性。

实际控制系统对于各种性能指标的要求是不同的，是由生产机械工艺要求确定的。例如，可逆轧机和龙门刨床，需要连续正反向运行，因而对转速的跟随性能和抗扰性能要求都较高，而一般的不可逆调速系统则主要要求一定的转速抗扰性能，工业机器人和数控机床的位置随动系统要有较严格的跟随性能，多机架的连轧机则是要求高抗扰性能的调速系统。总之，一般来说，调速系统的动态指标以抗扰性能为主。

4.2 单闭环直流调速系统的动态分析

4.2.1 ASR 为比例调节器时的单闭环直流调速系统的动态分析

将图 2-32 中的转速调节器 ASR 设计成比例调节器，可得到采用比例调节器的单闭环直流调速系统的动态结构图，如图 4-3 所示。

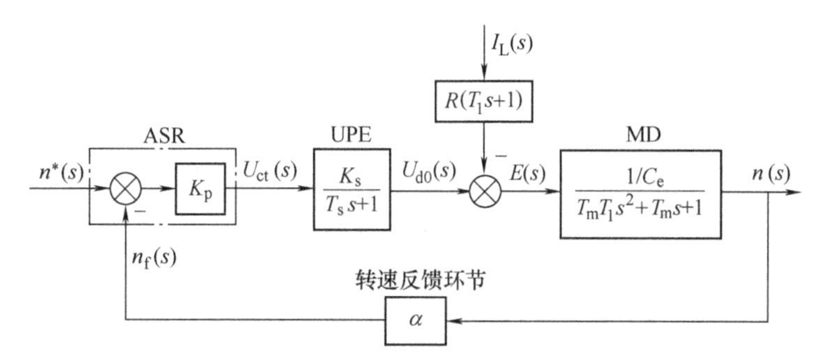

图 4-3　采用比例调节器的单闭环直流调速系统动态结构图

1. 系统的开环与闭环传递函数

依据图 4-3，设 $I_L(s)=0$，只考虑转速给定作用，可求得单闭环直流调速系统的开环传递函数为

$$W_{OP}(s)=\frac{K}{(T_s s+1)(T_m T_l s^2+T_m s+1)} \tag{4-4}$$

式中，$K=K_p K_s \alpha/C_e$。

闭环传递函数为

$$W_{cl}(s)=\frac{\frac{K_p K_s/C_e}{(T_s s+1)(T_m T_l s^2+T_m s+1)}}{1+\frac{K_p K_s \alpha/C_e}{(T_s s+1)(T_m T_l s^2+T_m s+1)}}=\frac{K_p K_s/C_e}{(T_s s+1)(T_m T_l s^2+T_m s+1)+K}$$

$$=\frac{\frac{K_p K_s}{C_e\ (1+K)}}{\frac{T_m T_l T_s}{1+K}s^3+\frac{T_m\ (T_l+T_s)}{1+K}s^2+\frac{T_m+T_s}{1+K}s+1} \tag{4-5}$$

2. 系统的稳定条件

由式（4-5）可知，系统的特征方程

$$\frac{T_m T_l T_s}{1+K}s^3+\frac{T_m(T_l+T_s)}{1+K}s^2+\frac{T_m+T_s}{1+K}s+1=0 \tag{4-6}$$

写成一般表达式为

$$a_0 s^3+a_1 s^2+a_2 s+a_3=0$$

式中，$a_0=\frac{T_m T_l T_s}{1+K}$；$a_1=\frac{T_m(T_l+T_s)}{1+K}$；$a_2=\frac{T_m+T_s}{1+K}$；$a_3=1$。

根据三阶系统的劳斯判据，系统稳定的充分必要条件是

$$a_0>0,\ a_1>0,\ a_2>0,\ a_3>0,\ a_1a_2-a_0a_3>0$$

式（4-6）的各项系数显然都是大于零的，因此稳定条件就只有

$$\frac{T_m(T_l+T_s)}{1+K}\frac{T_m+T_s}{1+K}-\frac{T_mT_lT_s}{1+K}>0 \tag{4-7}$$

或

$$(T_l+T_s)(T_m+T_s)>(1+K)T_lT_s$$

整理后得

$$K<\frac{T_m(T_l+T_s)+T_s^2}{T_lT_s}=\frac{T_m}{T_s}+\frac{T_m}{T_l}+\frac{T_s}{T_l}=K_{cr} \tag{4-8}$$

式中，K_{cr}称为系统的临界放大系数，当$K\geqslant K_{cr}$时，系统将不稳定。对于一个自动控制系统来说，稳定性是系统能否正常工作的必要条件，这是在设计时必须首先保证的。

【例 4-1】 对于 V-M 系统，将其构成转速单闭环调速系统，已知：电动机额定数据 10 kW、220 V、55 A、1000 r/min，电枢电路电阻 $R_a=0.18\ \Omega$。晶闸管整流装置采用三相桥式全控整流电路，电枢电路总电感为 $L=2.16$ mH，电枢电路总电阻为 1.0 Ω，整流器放大系数 $K_s=44$，整个系统的飞轮惯量为 $GD^2=78\ \text{N}\cdot\text{m}^2$，试分析系统的稳定性。

解： 计算系统各时间常数

$$T_l=\frac{L}{R}=\frac{0.00216}{0.18}\text{s}=0.012\text{s}$$

$$T_m=\frac{GD^2R}{375C_eC_m}=\frac{78\times0.18}{375\times0.2\times0.2\times30/\pi}\text{s}=0.098\text{ s}$$

$$T_s=0.00167\text{ s}$$

为保证系统稳定，根据式（4-8），系统的开环放大系数应为

$$K<\frac{T_m}{T_s}+\frac{T_m}{T_l}+\frac{T_s}{T_l}=\frac{0.098}{0.00167}+\frac{0.098}{0.012}+\frac{0.00167}{0.012}=67$$

若已知：$\Delta n_{op}=275$，$\Delta n_{cl}=2.63$。

当要求 $D=20$，静差率 $s\leqslant5\%$时，则系统的开环放大系数应该为

$$K=\frac{\Delta n_{OP}}{\Delta n_{cl}}-1\geqslant\frac{275}{2.63}-1=103.6$$

可见，为使系统稳定，希望$K<67$，为了满足系统的静态特性要求，应该使$K>103.6$。可见，稳态精度和动态稳定性的要求是矛盾的，为了满足生产工艺要求，两者必须相互兼顾。一般如果不是刻意追求控制精度的情况下，为了保证系统工作稳定、响应快速而没有超调，理论和实践都表明调节器应采用纯比例调节器。

3. 扰动引起的稳态误差分析

因为调速系统属于恒值自动控制系统，所以讨论这类系统的给定输入稳态误差必要性不是很大，因此就应用而言，研究扰动引起的稳态误差对调速系统来说才是有意义的。只考虑扰动作用，则图 4-3 可以改画为图 4-4 的形式。

对于一个调速系统来说，稳态误差是指扰动（例如负载）作用下被控制量（转速）在稳态下的变化差。

在分析由扰动引起的稳态误差时，令 $U_n^*(s)=0$，则系统的误差为

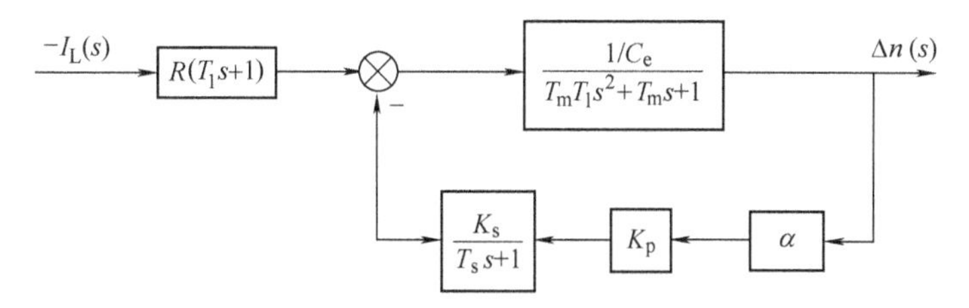

图 4-4　负载扰动作用下 ASR 为比例调节器的单闭环调速系统动态结构图

$$\Delta n(s)=-I_L(s)\frac{\dfrac{R(T_l s+1)}{C_e(T_m T_l s^2+T_m s+1)}}{1+\dfrac{K}{(T_s s+1)(T_m T_l s^2+T_m s+1)}} \tag{4-9}$$

当突加负载时（扰动为阶跃信号），$I_L(s)=\frac{I_L}{s}$，应用终值定理求出 $t\to\infty$ 时的稳态误差 $\Delta n(s)$。

$$\Delta n(\infty)=\lim_{s\to 0}s\Delta n(s)=\lim_{s\to 0}s\frac{-I_L}{s}\frac{\dfrac{R(T_l s+1)}{C_e(T_m T_l s^2+T_m s+1)}}{1+\dfrac{K}{(T_s s+1)(T_m T_l s^2+T_m s+1)}}=\frac{-RI_L}{C_e(1+K)} \tag{4-10}$$

在系统稳定的情况下，式（4-10）表明转速调节器为比例调节器的单闭环直流调速系统对于扰动而言是有稳态误差的，因此转速调节器为比例调节器的单闭环直流调速系统被称为有静差调速系统。

4.2.2　ASR 为 PI 调节器时的单闭环直流调速系统的动态分析

将图 2-32 中的转速调节器 ASR 设计成 PI 调节器，就得到采用 PI 调节器的单闭环直流调速系统动态结构图，如图 4-5 所示。图中，$W_{ASR}(s)=K_{PI}+1/(\tau_i s)=K_{PI}(\tau_{id}s+1)/(\tau_{id}s)$，其中，$K_{PI}$ 为 PI 调节器的比例放大系数；τ_i 为 PI 调节器的积分时间常数；τ_{id} 为微分项中的超前时间常数。

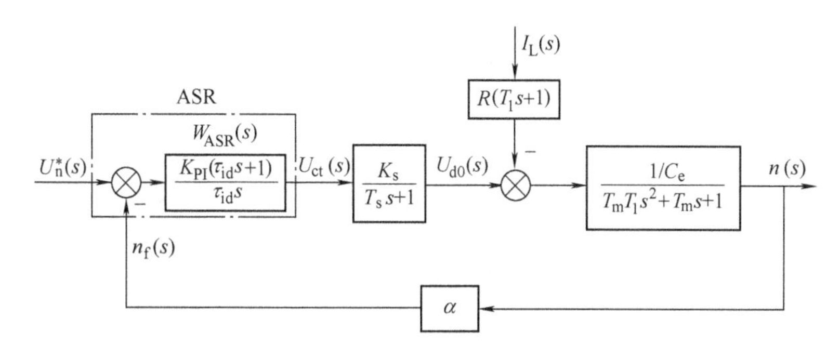

图 4-5　采用 PI 调节器的单闭环直流调速系统动态结构图

1. 系统的稳定性

（1）系统的开环与闭环传递函数

依据图 4-5，设 $I_L=0$，可求得在给定作用下系统的开环传递函数：

$$W_{OP}(s)=K_{PI}\frac{\tau_{id}s+1}{\tau_{id}s}\frac{K_s}{T_s s+1}\frac{\alpha}{C_e(T_m T_l s^2+T_m s+1)} \tag{4-11}$$

闭环传递函数：

$$
\begin{aligned}
W_{\mathrm{cl}}(s)&=\frac{K_{\mathrm{PI}}\dfrac{\tau_{\mathrm{id}}s+1}{\tau_{\mathrm{id}}s}\dfrac{K_{\mathrm{s}}}{T_{\mathrm{s}}s+1}\dfrac{1/C_{\mathrm{e}}}{T_{\mathrm{m}}T_{\mathrm{l}}s^{2}+T_{\mathrm{m}}s+1}}{1+\dfrac{K_{\mathrm{PI}}(\tau_{\mathrm{id}}s+1)}{\tau_{\mathrm{id}}s}\dfrac{K_{\mathrm{s}}}{T_{\mathrm{s}}s+1}\dfrac{1/C_{\mathrm{e}}}{T_{\mathrm{m}}T_{\mathrm{l}}s^{2}+T_{\mathrm{m}}s+1}\alpha}\\
&=\frac{K_{\mathrm{PI}}K_{\mathrm{s}}(\tau_{\mathrm{id}}s+1)/C_{\mathrm{e}}}{\tau_{\mathrm{id}}s(T_{\mathrm{s}}s+1)(T_{\mathrm{m}}T_{\mathrm{l}}s^{2}+T_{\mathrm{m}}s+1)+\tau_{\mathrm{id}}Ks+K}\\
&=\frac{K_{\mathrm{PI}}K_{\mathrm{s}}(\tau_{\mathrm{id}}s+1)/C_{\mathrm{e}}}{T_{\mathrm{m}}T_{\mathrm{l}}T_{\mathrm{s}}\tau_{\mathrm{id}}s^{4}+T_{\mathrm{m}}(T_{\mathrm{l}}+T_{\mathrm{s}})\tau_{\mathrm{id}}s^{3}+(T_{\mathrm{m}}+T_{\mathrm{s}})\tau_{\mathrm{id}}s^{2}+(1+K)\tau_{\mathrm{id}}s+K}
\end{aligned}
\tag{4-12}
$$

式中，$K=K_{\mathrm{PI}}K_{\mathrm{s}}\alpha/C_{\mathrm{e}}$。

（2）系统的稳定条件

由式（4-12）可知，系统的特征方程为

$$T_{\mathrm{m}}T_{\mathrm{l}}T_{\mathrm{s}}\tau_{\mathrm{id}}s^{4}+T_{\mathrm{m}}(T_{\mathrm{l}}+T_{\mathrm{s}})\tau_{\mathrm{id}}s^{3}+(T_{\mathrm{m}}+T_{\mathrm{s}})\tau_{\mathrm{id}}s^{2}+(1+K)\tau_{\mathrm{id}}s+K=0 \tag{4-13}$$

根据式（4-13）列写劳斯表如下：

$$
\begin{array}{llll}
s^{4} & T_{\mathrm{m}}T_{\mathrm{l}}T_{\mathrm{s}}\tau_{\mathrm{id}} & (T_{\mathrm{m}}+T_{\mathrm{s}})\tau_{\mathrm{id}} & K\\
s^{3} & T_{\mathrm{m}}(T_{\mathrm{l}}+T_{\mathrm{s}})\tau_{\mathrm{id}} & (1+K)\tau_{\mathrm{id}} & 0\\
s^{2} & \dfrac{[(T_{\mathrm{l}}+T_{\mathrm{s}})(T_{\mathrm{m}}+T_{\mathrm{s}})-(1+K)T_{\mathrm{l}}T_{\mathrm{s}}]\tau_{\mathrm{id}}}{T_{\mathrm{l}}+T_{\mathrm{s}}} & K & \\
s^{1} & \dfrac{(1+K)[(T_{\mathrm{l}}+T_{\mathrm{s}})(T_{\mathrm{m}}+T_{\mathrm{s}})-(1+K)T_{\mathrm{l}}T_{\mathrm{s}}]\tau_{\mathrm{id}}-KT_{\mathrm{m}}(T_{\mathrm{l}}+T_{\mathrm{s}})^{2}}{(T_{\mathrm{l}}+T_{\mathrm{s}})(T_{\mathrm{m}}+T_{\mathrm{s}})-(1+K)T_{\mathrm{l}}T_{\mathrm{s}}} & & \\
s^{0} & K & &
\end{array}
$$

根据劳斯判据可知，系统稳定的条件为

$$
\begin{cases}
(T_{\mathrm{l}}+T_{\mathrm{s}})(T_{\mathrm{m}}+T_{\mathrm{s}})-(1+K)T_{\mathrm{l}}T_{\mathrm{s}}>0\\
(1+K)[(T_{\mathrm{l}}+T_{\mathrm{s}})(T_{\mathrm{m}}+T_{\mathrm{s}})-(1+K)T_{\mathrm{l}}T_{\mathrm{s}}]\tau_{\mathrm{id}}-KT_{\mathrm{m}}(T_{\mathrm{l}}+T_{\mathrm{s}})^{2}>0\\
K>0
\end{cases}
\tag{4-14}
$$

当 K、τ_{id} 的组合满足式（4-14）时，系统才能稳定。

2. 系统的动态分析

（1）起动特性分析

当有电流截止保护，系统可以在阶跃给定下直接起动，图 4-6 给出了系统的起动波形。起动之初，即图 4-6 的 $0\sim t_1$ 段，电流负反馈被截止，系统中只有 U_{n}^{*} 和 U_{n} 在起作用，此时 $\Delta U_{\mathrm{n}}=U_{\mathrm{n}}^{*}-U_{\mathrm{n}}$ 值较大，U_{d0}迅速上升到较大值，电枢电流也迅速上升并达到临界电流 I_{dcr}。当电流上升到大于 I_{dcr}后，电流负反馈开始起作用，限制电流的上升速度和最大值。另外，电流负反馈还能防止起动电流过早衰减。因为当电流有下降趋势时，电流负反馈信号 U_{i} 将要减小，这要使 ΔU 升高，使直流电压 U_{d0}也升高，以防止电枢电流 I_{d} 衰减过快。但总的趋势是，随着转速 n 的升高，转速负反馈 U_{n} 不断增加，这相当于电流给定信号 U_{i}^{*} 不断减小，所以电枢电流后来还是较快地下降，在 t_2 时刻减少到临界电流 I_{dcr}。起动后期，即 $t>t_2$ 后，$I_{\mathrm{d}}<I_{\mathrm{dcr}}$，电流负反馈又被截止，只有转速闭环在起调节作用。由于起动后期电动机反电动势不断升高，电枢电流也随之不断下降，直至降为负载电流 I_{L}，系统进入稳态。很明显，它与理想起动过程（见图 4-7）相比，其动态响应特性较差。原因是，这种系统对电动机转矩没有进行有效的控制。

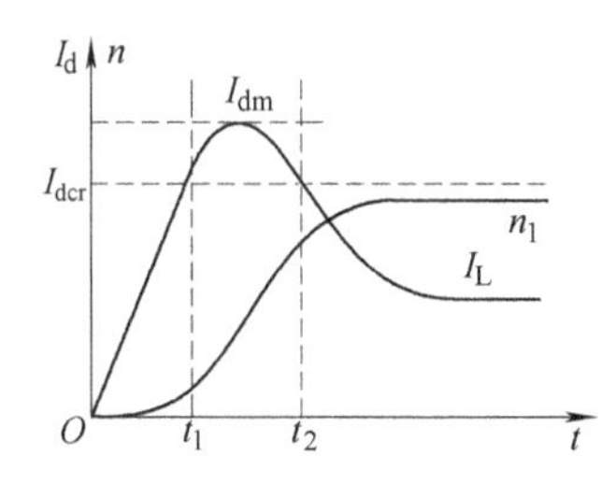

图 4-6 带电流截止负反馈单闭环调速系统的起动过程

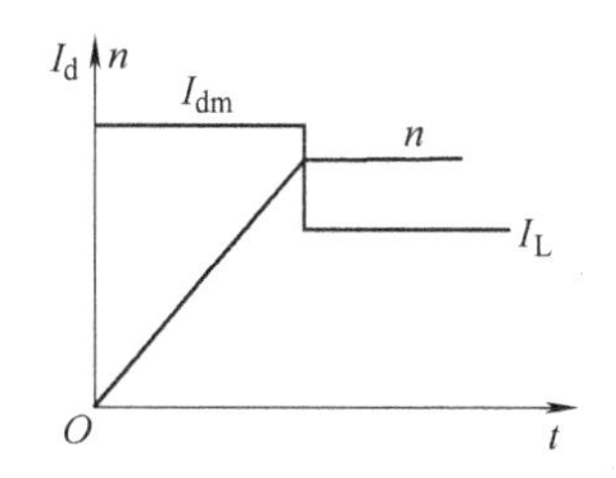

图 4-7 调速系统理想起动过程

(2) 负载扰动时的调节过程

设负载电流为 I_{L1}（$I_{L1}<I_{dcr}$）时电动机稳定运行速度为 n_1，对应的整流装置输出电压为 U_{d01}，速度反馈信号 $U_n=U_{n1}^*$，$\Delta U=0$，系统处于稳定运行状态。如在 t_1 时刻，负载突然增加，对应的负载电流由原来的 I_{L1}增至 I_{L2}（$<I_{dcr}$），引起电枢电路电阻上的电压降增大，使电动机转速下降，对应的转速反馈值 U_n 下降，系统出现调节偏差 $\Delta U_n=U_n^*-U_n$，PI 调节器开始进行调节作用，调节过程如下：

$$T_L\uparrow\rightarrow I_L\uparrow\rightarrow n\downarrow\rightarrow\Delta U_n\uparrow\rightarrow U_{ct}\uparrow\rightarrow \mathrm{U}_{d0}\uparrow\rightarrow I_d\uparrow\rightarrow n\uparrow$$

此过程是靠整流电压 U_{d0}的增加量去补偿由于负载电流增大引起的那部分主电路电阻电压降 $R(I_{L2}-I_{L1})$（见图 4-8），以使转速回升。此过程一直延续到转速回升到原来的值 n_1 为止，此时又有 $U_n=U_n^*$，$\Delta U=0$，调节器停止积分。但此时调节器输出 U_{ct}已不是原来的那个 U_{ct1}，而是利用这段时间产生的偏差积分值上升到新的值 U_{ct2}。整流电压 U_{d02}也是调节后的 U_{d0}。以上的分析可以看出，无静差只是在稳态意义上的无差，在动态过程中还是有差的。通常希望动态调节过程中最大转速降落 Δn_{max}小一些，系统动态恢复过程快一些（即 t_v 小些）。

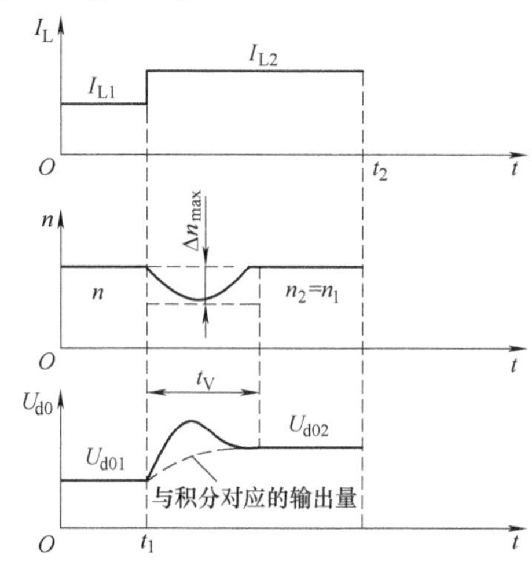

图 4-8 负载干扰时的调节过程

综上所述，积分作用可以把调节过程中的偏差积累起来，稳态时不再靠偏差来维持输出值（$\Delta U_n=0$），因而构成了无静差调速系统。积分作用虽然能消除误差，但动态响应慢。然而采用 PI 调节器却能兼顾比例控制和积分控制的长处，比例部分能迅速反映偏差，产生强迫的激励电压 ΔU_{d0}，使动态恢复过程加快；依靠积分部分作用最终消除静态误差。

如果只考虑扰动作用，则图 4-5 可以画为图 4-9 形式。

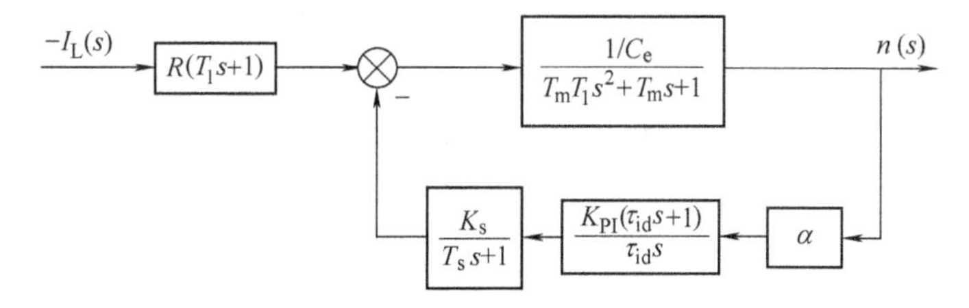

图 4-9 负载扰动作用下 ASR 为比例积分调节器的单闭环调速系统动态结构图

1）当 ASR 采用比例调节器（比例次数为 K_p）时，系统的闭环传递函数为

$$\frac{\Delta n(s)}{-I_L(s)R(T_l s+1)}=\frac{(T_s s+1)/C_e}{(T_s s+1)(T_m T_l s^2+T_m s+1)+K} \tag{4-15}$$

式中，$K=\alpha K_p K_s/C_e$ 是系统的开环放大系数。

根据式（4-15），可将 $\Delta n(s)$ 写成

$$\Delta n(s)=\frac{-I_L(s)R(T_l s+1)(T_s s+1)/C_e}{(T_s s+1)(T_m T_l s^2+T_m s+1)+K} \tag{4-16}$$

突加负载时，$I_L(s)=\dfrac{I_L}{s}$，利用拉普拉斯变换终值定理可求出负载扰动引起的稳态速降

$$\Delta n(\infty)=\lim_{s\to 0} s\Delta n(s)=-\frac{I_L R}{C_e(1+K)}$$

可知，ASR 为比例调节器的闭环调速系统是有静差系统。

2）当 ASR 采用 PI 调节器时，扰动作用下，引起的稳态误差为

$$\Delta n(s)=\frac{-R\tau_{id} s I_L(s)(T_l s+1)(T_s s+1)/C_e}{\tau_{id} s(T_s s+1)(T_m T_l s^2+T_m s+1)+\alpha K_s K_{PI}(\tau_{id} s+1)/C_e} \tag{4-17}$$

突加负载时为

$$\Delta n(\infty)=\lim_{s\to 0} s\Delta n(s)=0 \tag{4-18}$$

式（4-18）再次表明，ASR 采用 PI 调节器时，转速单闭环直流调速系统对扰动而言为无静差调速系统。

4.2.3 调节器设计

对电力拖动自动控制系统的基本要求是①系统必须是稳定的；②动态性能好；③稳态精度高。但是在设计闭环调速系统时，常常会遇到静态调速指标与动态品质（性能指标）发生矛盾的情况，这时，就必须通过调节器设计对系统进行动态校正，使其同时满足动态性能指标和静态调速指标的要求。

对于具有电力电子变换器的直流闭环调速系统来说，由于其传递函数的阶次较低，一般采用 PID 调节器的串联校正方案。

PID 调节器中有比例微分（PD）、比例积分（PI）和比例积分微分（PID）三种类型。由 PD 调节器构成的超前校正，可提高系统的稳定裕度，并获得足够的快速性，但稳态精度可能受到影响；由 PI 调节器构成的滞后校正，可以保证稳态精度，却是以对快速性的限制为代价来换取系统稳定的；用 PID 调节器实现的滞后-超前校正则兼有两者的优点，可以全面提高系统的控制性能，但具体实现与调试要复杂一些。调速系统的要求是以动态品质和稳态精度为主，因而通常主要采用 PI 调节器；在伺服系统中，快速性是主要要求，须用 PD 或 PID 调节器。

在设计调节器时，主要的方法和工具是伯德图（Bode Diagram），即开环对数频率特性。它的绘制方法简便，可以确切地提供稳定性和稳定裕度的信息，而且还能大致衡量闭环系统稳态和动态的性能。正因为如此，伯德图是电力拖动自动控制系统设计和应用中普遍使用的方法。

在实际系统中，动态稳定性不仅必须保证，而且还要一定的裕度，以防参数变化和一些未计入因素的影响。在伯德图上，用来衡量最小相位系统稳定裕度的指标是相角裕度 γ 和以分贝表示的增益裕度 GM。一般要求

$$\gamma = 30° \sim 60°,\ GM > 6\,\text{dB}$$

保留适当的稳定裕度，是考虑到实际系统各环节参数发生变化时不致使系统失去稳定。在一般情况下，稳定裕度也能间接反映系统动态过程的平稳性，稳定裕度大，意味着动态过程振荡弱、超调小。

在定性地分析闭环系统性能时，可将伯德图分成低、中、高三个频段，图 4-10 绘出了自动控制系统的典型伯德图，从其中三个频段的特征可以判断系统的性能，这些特征如下：

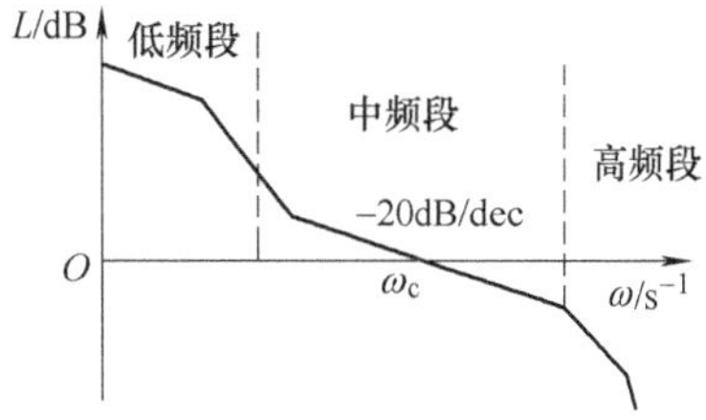

图 4-10　自动控制系统的典型伯德图

1）中频段以-20 dB/dec 的斜率穿越 0 dB 线，而且这一斜率能覆盖足够的频带宽度，则系统的稳定性好。

2）截止频率（或称剪切频率）ω_c 越高，则系统的快速性越好。

3）低频段的斜率陡、增益高，说明系统的稳态精度高。

4）高频段衰减越快，即高频特性负分贝值越低，说明系统抗高频噪声干扰的能力越强。

以上四个方面常常是互相矛盾的。对稳态精度要求很高时，常需要放大系数大，却可能使系统不稳定；加上校正控制作用后，系统稳定了，又可能牺牲快速性；提高截止频率可以加快系统的响应，又容易引入高频干扰；如此等等。设计时往往需用多种手段，反复试凑。在稳、准、快和抗干扰这四个矛盾的方面之间取得折中，才能获得比较满意的结果。采用微处理器数字控制后，控制器不一定是线性的，其结构也不一定是固定的，可以很方便地应用各种控制策略，解决矛盾就容易多了。

具体设计时，首先给出基本的闭环控制系统，或称原始系统。然后，建立原始系统的动态数学模型，画出其伯德图，检查它的稳定性和其他动态性能。如果原始系统不稳定或动态性能不好，就必须配置合适调节器，使校正后的系统全面满足所要求的性能指标。

前已指出，作为调速系统的调节器，如图 4-11 所示。其输入和输出关系

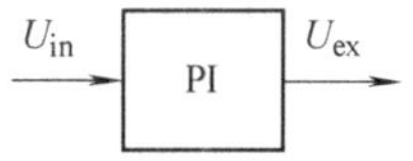

$$U_{ex} = K_{PI}U_{in} + \frac{1}{\tau}\int U_{in}\mathrm{d}t \tag{4-19}$$

图 4-11　比例积分（PI）调节器

式中，K_{PI}为 PI 调节器比例系数；τ 为 PI 调节器的积分时间常数。

由此可见，PI 调节器的输出 U_{ex} 由比例和积分两部分叠加而成。

当初始条件为零时，取式（4-19）两侧的拉普拉斯变换，移项后，得 PI 调节器的传递函数为

$$W_{PI}(s) = \frac{U_{ex}(s)}{U_{in}(s)} = K_{PI} + \frac{1}{\tau s} = \frac{K_{PI}\tau s + 1}{\tau s} \tag{4-20}$$

令 $\tau_1 = K_{PI}\tau$，则 PI 调节器的传递函数也可以写成如下形式

$$W_{PI}(s) = \frac{\tau_1 s + 1}{\tau s} = K_{PI}\frac{\tau_1 s + 1}{\tau_1 s} \tag{4-21}$$

式（4-21）表明，PI 调节器也可以用一个积分环节和一个比例微分环节来表示，τ_1 是微分项中的超前时间常数，它和积分时间常数 τ 的物理意义是不同的。

在零初始状态和阶跃输入下，PI 调节器输出电压的时间特性如图 4-12 所示，从这个特性可以看出比例积分作用的物理意义。突加输入电压 U_{in}时，输出电压 U_{ex}首先突跳到 $K_{PI}U_{in}$，保证了一定的快速响应。但 K_{PI}是小于稳态性能指标所要求的比例放大系数，因此快速性被压低了，换

来对稳定性的保证。如果只有 K_{PI} 的比例放大作用，稳态精度必须要受到影响，但现在还有积分部分。在过渡过程中，实现积分作用使 U_{ex} 线性地增长，相当于在动态中把放大系数逐渐提高，最终满足稳态精度的要求。如果输入电压 U_{in} 一直存在，不断进行积分，直到输出电压 U_{ex} 达到限幅值 U_{exm} 时为止，当转速上升到给定值时，调节器的 $U_{in}=0$，积分过程就停止了。

如果采用数字控制，可将式（4-19）的时域方程式离散化成差分方程，用数字 PI 算法实现，其物理概念也是一样的。

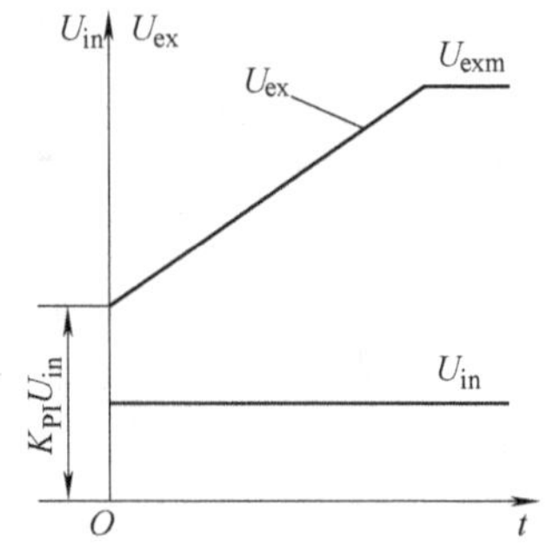

图 4-12　阶跃输入时 PI 调节器输出电压的时间特性

【例 4-2】 在例 4-1 中，已经判明，按照稳态调速指标设计的闭环系统是不稳定的。试利用伯德图设计 PI 调节器，使系统能在保证稳态性能要求下稳定运行。

解： 原始系统的开环传递函数表达式

$$W(s)=\frac{K}{(T_s s+1)(T_m T_l s^2+T_m s+1)}$$

已知 $T_s=0.00167\,\text{s}$，$T_l=0.017\,\text{s}$，$T_m=0.075\,\text{s}$，在这里，$T_m>4T_l$，因此分母中的二次项$(T_m T_l s^2+T_m s+1)$可以分解成两个一次项之积，即

$$T_m T_l s^2+T_m s+1=0.001275s^2+0.075s+1=(0.049s+1)(0.026s+1)$$

闭环系统的开环放大系数取为

$$K=\frac{K_p K_s \alpha}{C_e}=\frac{21\times44\times0.01158}{0.1925}=55.58$$

于是，原始闭环系统的开环传递函数是

$$W(s)=\frac{55.58}{(0.049s+1)(0.026s+1)(0.0167s+1)}$$

相应的开环对数幅频及相频特性绘于图 4-13，其中三个转折频率（或称交接频率）分别为

$$\omega_1=\frac{1}{T_1}=\frac{1}{0.049\,\text{s}}=20.4\,\text{s}^{-1}$$

$$\omega_2=\frac{1}{T_2}=\frac{1}{0.026\,\text{s}}=38.5\,\text{s}^{-1}$$

$$\omega_3=\frac{1}{T_3}=\frac{1}{0.00167\,\text{s}}=600\,\text{s}^{-1}$$

而

$$20\lg K=20\lg 55.58=34.9\,\text{dB}$$

由图 4-13 可见，相角裕度 γ 和增益裕度 GM 都是负值，所以原始闭环系统不稳定。这和例 4-1 中用代数判据得到的结论是一致的。

为了使系统稳定，设置 PI 调节器，设计时须绘出其对数频率特性。考虑到原始系统中已包含了放大系数为 K_p 的比例调节器，现在换成 PI 调节器，它的传递函数应为

$$\frac{1}{K_p}W_{PI}(s)=\frac{K_{PI}\tau s+1}{K_p\tau s} \tag{4-22}$$

相应的对数频率特性如图 4-14 所示。鉴于 $K_{PI}<K_p$，则 $1/(K_{PI}\tau)>1/(K_p\tau)$，所以对数幅频特性的低频部分斜率首先是积分环节的-20 dB/dec，在频率 $1/(K_p\tau)$ 处穿越 0 dB 线，然后起作用的才是比例微分环节，在 $1/(K_{PI}\tau)$ 处向上转折，斜率变成 0 dB/dec。

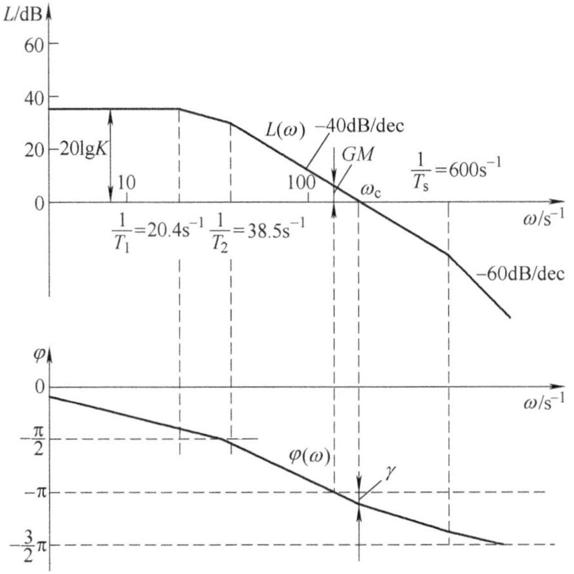

图 4-13　原始闭环直流调速系统的伯德图

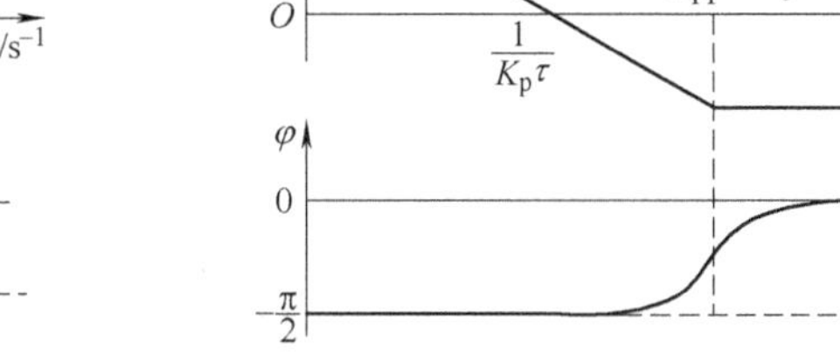

图 4-14　PI 调节器的对数频率特性

将图 4-13 和图 4-14 画在同一张坐标纸上，然后相加，即得校正后系统的开环对数频率特性。由于必须在确定 K_{PI}和 τ 值以后，才能具体画出图 4-14。实际设计时，一般先根据系统要求的动态性能或稳定裕度，确定校正后的预期对数频率特性，与原始系统特性相减，即得校正环节特性。具体的设计方法是很灵活的，有时需反复试凑，才能得到满意的结果。

对于本例题的闭环调速系统，可以采用比较简便的方法。由于原始系统不稳定，表现为放大系数 K 过大，截止频率过高，应该设法把它们压下来。因此，把校正环节的转折频率 $1/(K_{PI}\tau)$ 设置在远低于原始系统截止频率 ω_{c1}处（见图 4-15）。为了方便起见，可令 $K_{PI}\tau=T_1$，使校正装置的比例微分项 $K_{PI}\tau s+1$ 与原始系统中时间常数最大的惯性环节 $1/(T_1s+1)$ 对消（并非必须如此），从而选定 $K_{PI}\tau=T_1$。

其次，为了使校正后的系统具有足够的稳定裕度，它的对数幅频特性应以−20 dB/dec 的斜率穿越 0 dB 线，必须把图 4-15 中的原始系统特性①压低，使校正后特性③的截止频率 $\omega_{c2}<1/T_2$。这样，在 ω_{c2}处，应有

$$L_1=-L_2 \quad 或 \quad L_3=0\,\text{dB}$$

根据以上两点，校正环节添加部分的特性②就可以确定下来了。由图 4-13 的原始系统对数幅频和相频特性可知

$$20\lg K=20\lg\frac{\omega_2}{\omega_1}+40\lg\frac{\omega_{c1}}{\omega_2}=20\lg\frac{\omega_2}{\omega_1}\left(\frac{\omega_{c1}}{\omega_2}\right)^2=20\lg\frac{\omega_{c1}^2}{\omega_1\omega_2}$$

因此

$$\omega_{c1}=\sqrt{K\omega_1\omega_2}$$

代入已知数据，得

$$\omega_{c1}=\sqrt{55.58\times20.4\times38.5}\ \text{s}^{-1}=208.9\ \text{s}^{-1}$$

取 $K_{PI}\tau=T_1=0.049$ s，为了使 $\omega_{c2}<1/T_2=38.5\ \text{s}^{-1}$，取 $\omega_{c2}=30\ \text{s}^{-1}$，在特性①上查得相应的 $L_1=31.5$ dB，因而 $L_2=-31.5$ dB。

从特性②可以看出

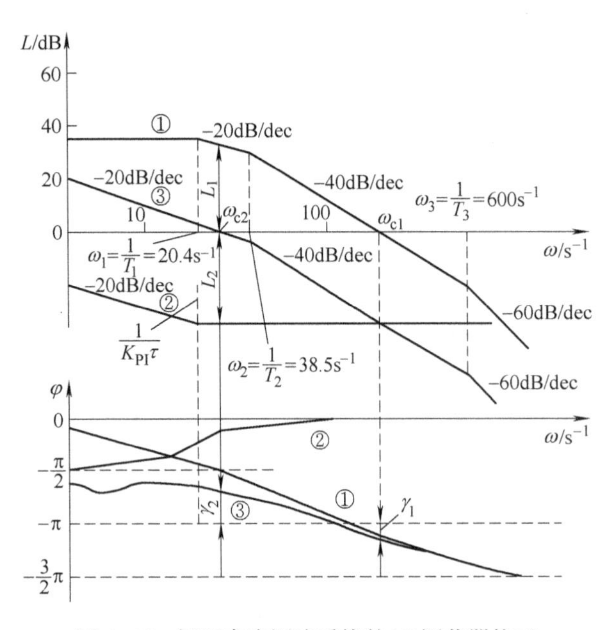

图 4-15　闭环直流调速系统的 PI 调节器校正

①—原始系统的对数幅频和相频特性　②—校正环节添加部分的对数幅频和相频特性

③—校正后系统的对数幅频和相频特性

$$L_2=-20\lg\frac{\dfrac{1}{K_{PI}\tau}}{\dfrac{1}{K_p\tau}}=-20\lg\frac{K_p}{K_{PI}}$$

所以

$$20\lg\frac{K_p}{K_{PI}}=31.5\ \text{dB},\ \frac{K_p}{K_{PI}}=37.58$$

已知

$$K_p=21$$

因此

$$K_{PI}=\frac{21}{37.58}=0.559$$

而且

$$\tau=\frac{T_1}{K_{PI}}=\frac{0.049}{0.559}\text{s}=0.088\ \text{s}$$

于是，PI 调节器的传递函数为

$$W_{PI}(s)=\frac{0.049\ s+1}{0.088\ s}$$

应该指出，这个设计结果并不是唯一的。

从图 4-15 可以看出，校正后系统的稳定性指标 γ 和 GM 都已变成较大的正值，有足够的稳定裕度，而截止频率从 $\omega_{c1}=208.9\ \text{s}^{-1}$降到 $\omega_{c2}=30\ \text{s}^{-1}$，快速性被压低了许多，显然这是一个偏于稳定的方案。

上述借助伯德图设计调节器的方法，须先求出该闭环系统的原始开环对数频率特性，再根据性能指标确定校正后系统的预期特性，经过反复试凑，才能确定调节器的特性，这需要有熟练的设计技巧和经验。于是便产生建立更简单实用的工程设计方法，即调节器的工程设计方法，在 20 世纪 90 年代前，在工程设计及工程调试中曾得到较广泛的应用。随着科学技术的进步，电力拖动自动控制系统逐步采用了数字控制方案，在工程中，计算机控制技术及计算机辅助设计已普遍采用。目前，调节器的工程设计都是采用计算机辅助设计完成伯德图的全部计算和绘图工作。以往的调节器的工程设计方法已不再使用。

4.3 转速、电流双闭环直流调速系统的动态分析

前节讨论的单环调速系统由于不能实现对转矩的有效控制，因而系统的动态性能不能令人满意。通过本节对转速、电流双闭环调速系统的动态分析可以知道，双环系统具有优良的动态性能，因此现代直流调速系统几乎都采用这种转速、电流双闭环直流调速系统，经过多年的实践，转速、电流双闭环直流调速系统已成为一种工业标准。

4.3.1 转速、电流双闭环直流调速系统的动态结构

转速、电流双闭环直流调速系统的动态结构图如图 4-16 所示，图中 $W_{ASR}(s)$ 和 $W_{ACR}(s)$ 分别表示转速调节器和电流调节器的传递函数。为了引出电流反馈，在电动机的动态结构框图中必须把电枢电流 I_d 显露出来。

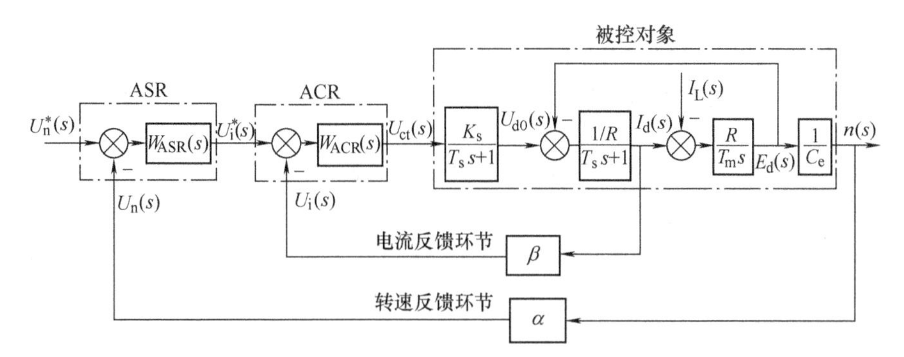

图 4-16 转速、电流双闭环直流调速系统的动态结构框图

4.3.2 转速、电流双闭环直流调速系统的动态过程分析

1. 起动过程分析

对调速系统而言，被控制的对象是转速。它的跟随性能可以用阶跃给定下的动态响应描述。能否实现所期望的恒加速过程，是设置双闭环控制的一个重要的追求目标。

在恒定负载条件下转速变化的过程与电动机电磁转矩（或电流）有关，对电动机起动过程 $n=f(t)$ 的分析离不开对 $I_d(t)$ 的研究。图 4-17 是双闭环直流调速系统在带有负载 I_L 条件下起动过程的转速波形和电流波形。

从图 4-17 可以看到，电流 I_d 从零增长到 I_{dm}，然后在一段时间内维持其值等于 I_{dm} 不变，以后又下降并经调节后到达稳态值 I_L。转速波形显示缓慢升速，然后以恒加速上升，产生超调后，达到给定值 n^*。从电流与转速变化过程所反映出的特点可以把起动过程分为电流上升、恒流升速和转速调节三个阶段，转速调节器在此三个阶段中经历不饱和、饱和及退饱和三种情况。

第Ⅰ阶段（$0\sim t_1$）是电流上升阶段：突加给定电压 U_n^* 后，经过两个调节器的跟随作用，U_{ct}、U_{d0}、I_d 都上升，但是在 I_d 没有达到负载电流 I_L 以前，电动机还不能转动。当 $I_d \geqslant I_L$ 后，电动机开始起动，由于机电惯性的作用，转速不会很快增长，因而转速调节器 ASR 的输入偏差电压（$\Delta U_n=U_n^*-U_n$）的数值仍较大，其输出电压保持限幅值 U_{im}^*，强迫电枢电流 I_d 迅速上升，直

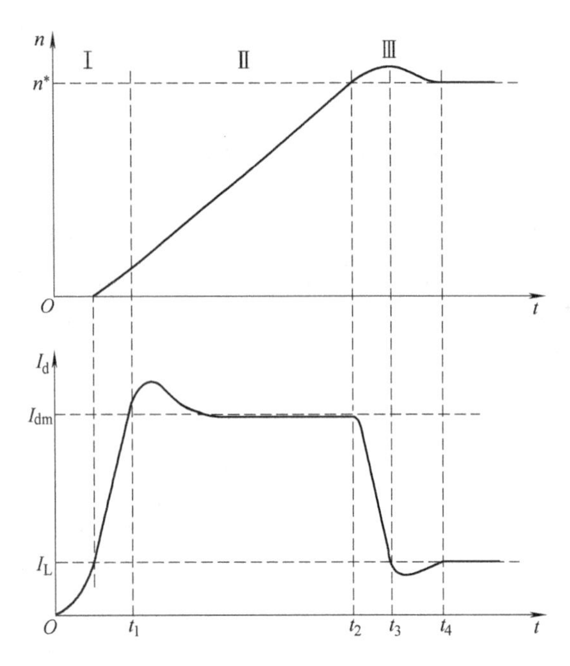

图 4-17　双闭环直流调速系统在带有负载 I_{dL} 条件下起动过程的转速波形和电流波形

到 $I_d \approx I_{dm}$。此时，电流调节器很快就压制了 I_d 的继续增长，标志着这一阶段的结束。在这一阶段中，ASR 很快进入并保持饱和状态，而 ACR 一般不饱和。

第Ⅱ阶段（$t_1 \sim t_2$）是恒流升速阶段： 在这个阶段中，ASR 始终是饱和的，转速环相当于开环，系统成为在恒值电流给定 U_{im}^* 下的电流调节系统，基本上保持电流 I_d 恒定。因而系统的加速度恒定，转速呈线性增长（见图 4-17 第Ⅱ阶段），是起动过程中的主要阶段。要说明的是，ACR 一般采用 PI 调节器，电流环按典型Ⅰ型系统设计（电流环的设计见工程设计方法）。当阶跃扰动作用在 ACR 之后时，能够实现稳态无静差，而对斜坡扰动则无法消除静差。在恒流升速阶段，电流闭环调节的扰动是电动机的反电动势，如图 4-16 所示，它正是一个线性渐增的斜坡扰动量（见图 4-17），所以系统做不到无静差，而是 I_d 略低于 I_{dm}。为了保证电流环的这种调节作用，在起动过程中 ACR 不应饱和。

第Ⅲ阶段（t_2 以后）是转速调节阶段： 当转速上升到给定值 n^* 时，转速调节器 ASR 的输入偏差为零，但其输出却由于积分作用还维持在限幅值 U_{im}^*，所以电动机仍在加速，使转速超调。转速超调后，ASR 输入偏差电压变负，使它开始退出饱和状态，U_i^* 和 I_d 很快下降。但是，只要 I_d 仍大于负载电流 I_L，转速就继续上升。直到 $I_d = I_L$ 时，转矩 $T = T_L$，则 $\frac{dn}{dt} = 0$，转速 n 到达峰值（$t = t_3$）。此后，在 $t_3 \sim t_4$ 时间内，$I_d < I_L$，电动机开始在负载的阻力下减速，直到稳态。如果调节器参数整定得不够好，也会有一段振荡过程。在这最后的转速调节阶段内，ASR 和 ACR 都不饱和，ASR 起主导的转速调节作用，而 ACR 则力图使 I_d 尽快地跟随其给定值 U_i^*，或者说，电流内环是一个电流跟随系统。

综上所述，双闭环直流调速系统的起动过程有以下三个特点：

1）饱和非线性控制。随着 ASR 的饱和与不饱和，整个系统处于完全不同的两种状态，在不同情况下表现为不同结构的线性系统，不能简单地用线性控制理论来分析整个起动过程，也不能简单地用线性控制理论来笼统地设计这样的控制系统，只能采用分线段线性化的方法来分析。

2）转速超调。当转速调节器 ASR 采用 PI 调节器时，转速必然有超调。转速略有超调一般是允许的，对于完全不允许超调的情况，应采用别的控制措施来抑制超调。

3）准时间最优控制。在允许条件下实现最短时间的控制称作“时间最优控制”，对于调速系统，在电动机允许过载能力限制下的恒流起动，就是时间最优控制（见图 4-7 调速系统理想起动过程）。但由于在起动过程Ⅰ、Ⅲ两个阶段中电流不能突变，所以实际起动过程与理想起动过程相比还有一些差距，不过这两段时间只占全部起动时间中很小的部分，影响不大，故可称为“准时间最优控制”。采用饱和非线性控制的方法实现准时间最优控制是一种很有实用价值的控制策略，其在各种多环控制系统中普遍地得到应用。

最后，应该指出，对于不可逆的电力电子变换器，双闭环控制只能保证良好的起动性能，却不能产生回馈制动。在制动时，当电流下降到零以后，只好自由停止运行。在必须加快制动时，只能采用电阻能耗制动或电磁抱闸。在必须回馈制动时，可采用可逆的电力电子变换器，详见第 5 章。

2. 双闭环系统的抗扰性能分析

下面介绍两种典型扰动引起系统的动态过程。

（1）电网电压扰动

电网电压波动称为电网电压扰动。在双闭环系统中，由于电网电压扰动作用于电流环内，它将引起电流 I_d 变化。可以经过电流调节器调节 I_d，维持电流为给定值。由于电流环的惯性远小于转速环的惯性，调节速度快，因此当发生电网电压扰动时，不必等到转速变化才调节，而是在电流 I_d 变化后即可调节。电流会较快地趋向于电流给定值，而不致引起较大的转速变化，所以，双闭环系统对电网电压扰动调节及时，且所引起的动态速降也比单闭环系统小得多。

（2）负载扰动

拖动系统负载的变化，称之为负载扰动。由图 4-16 可见，负载电流 I_L 作用于电流环外，它将直接引起转速的变化，通过转速调节器调节到原有的给定转速。它的动态过程与单闭环系统负载变化时引起的动态过程相似。

双闭环系统突加负载时，调节过程为

$$(T-T_L\uparrow)<0\rightarrow n\downarrow\rightarrow\Delta U_n=(U_n^*-U_n\downarrow)>0\rightarrow U_i^*\uparrow\rightarrow U_{ct}\uparrow\rightarrow U_{d0}\uparrow\rightarrow I_d\uparrow\rightarrow T\uparrow$$

当 $T=T_L$ 时，转速不再下降，如图 4-18 所示。但由于转速 n 仍小于 n_1，$\Delta U_n=(U_n^*-U_n)>0$，所以，上述调节过程还将进行，使 $T\geqslant T_L$。这时，电动机转速 n 才开始回升，在 n 回升到 n_1 值之前，有 $\Delta U_n>0\rightarrow U_i^*\uparrow\rightarrow I_d\uparrow\rightarrow n\uparrow$。

一直到 $n>n_1$，产生超调后才使 $\Delta U_n<0$，使 $U_i^*\downarrow$，从而使 $I_d\downarrow$。在 $I_d\downarrow<I_L$ 时，转速 n 又下降，上述过程重复进行，只要系统是稳定的，上述过程一定是衰减的，最终将使转速 $n=n_1$，电动机电枢电流 $I_d=I_L$，电磁转矩 $T=T_L$，系统稳定下来，进入稳态运行状态。

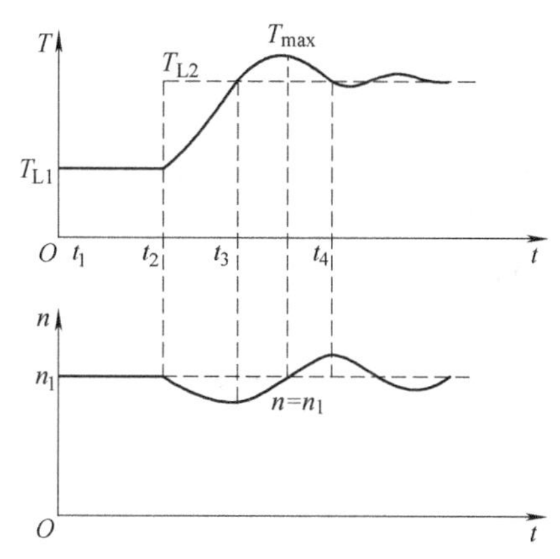

图 4-18　双闭环系统突加负载扰动时动态过程

3. 双闭环直流调速系统的特点及其转速、电流两个调节器的作用

（1）转速调节器和电流调节器为嵌套式串级结构

电流闭环嵌套在转速闭环之内，转速调节器（ASR）和电流调节器（ACR）串级连接，转速调节器的输出作为电流调节器的输入。这种控制结构的最大优点是两个调节器的调节作用各自独立，互不干扰；在动态过程中两者相互配合、协调工作，从而保证了闭环直流调速系统具有优良的动态性能。

（2）转速、电流两个调节器的作用

转速调节器和电流调节器在双闭环直流调速系统中的作用可分别归纳如下。

1）转速调节器的作用

① 转速调节器是调速系统的主导调节器，完成电动机转速的控制和调节，如果采用 PI 调节器，则可实现无静差调速。

② 对负载变化起抑制作用。

③ 其输出限幅值决定电动机允许的最大电流。

2）电流调节器的作用

① 作为内环的调节器，在转速外环的调节过程中，它的作用是使电枢电流紧紧跟随其给定值 U_i^*（即 ASR 调节器的输出量）变化。

② 对电网电压的波动起及时抗扰的作用。

③ 在起动过程中，保证获得电动机允许的最大电流，从而加快动态过程。

④ 当电动机过载或者堵转时，限制电枢电流的最大值，起到快速的自动保护作用。一旦故障消失，系统立即自动恢复正常。这个作用对系统的可靠运行来说是十分重要的。

4.4 闭环直流调速系统的自适应控制

4.4.1 电流自适应调节器

1. 电流断续问题

在闭环调速系统中，当电枢电路电感不是十分大、电动机负载很轻时，会出现电枢电流断续现象。当电枢电流断续时，系统的机械特性与电流连续时相比有明显的差异，同时，其动态结构及参数也发生了变化。

（1）电流断续时系统参数的变化

1）晶闸管整流装置。电枢电压断续将使晶闸管整流装置的外特性变陡（如图 4-19），其等效内阻 R_{rec} 大大增加。电流断续区内，整流电压比对应于连续段内的电压高，相当于晶闸管整流装置的放大系数 K_s 提高了，而不可控的延迟时间 T_s 依然存在。故电流断续后，晶闸管整流装置仍是纯滞后环节。延迟时间 T_s 没有变，但是放大系数 K_s 有所提高。整流装置内阻 R_{rec} 增大使电枢电路总内阻 R 增大，但 K_s 的增大与 R_{rec} 的增大相比其幅度很小，这使电流环调节对象的总放大系数大大减小。

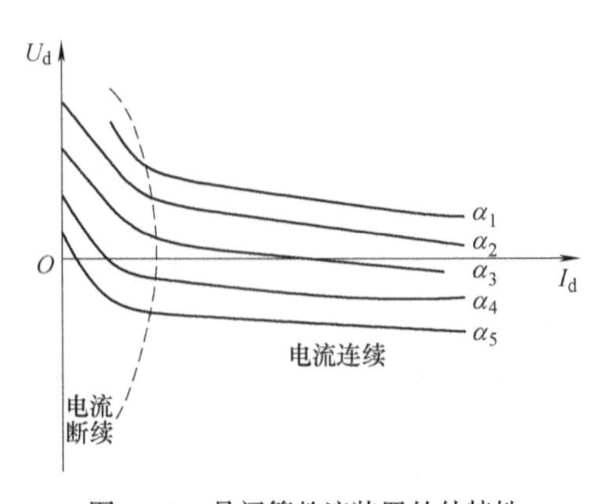

图 4-19 晶闸管整流装置的外特性

2）电动机电枢电路。当电流断续时，由于电感的存在。电动机主电路是一个惯性环节$(1/R)/(T_1s+1)$。因时间常数 T_1 的存在，从整流电压 U_{d0} 的突变到平均电枢电流 I_d 的响应不可能瞬时完成，而是如图 4-20a 那样渐变到稳态值。当电流断续时，由于电感对电流的续流作用在一个波头内就已经结束了，每个波头结束时电流都变化到零，使整流电压波形中导通的负面积部分减小，如图 4-20b 所示，平均电压突变后，下一个波头的平均电流也立即随电压变化。因此，从整流电压与电流平均值的关系上看，相当于 $T_l=0$，也就是说，平均整流电压与平均整流电流之间关系，电流连续时是惯性环节，电流断续时就成为比例环节了。

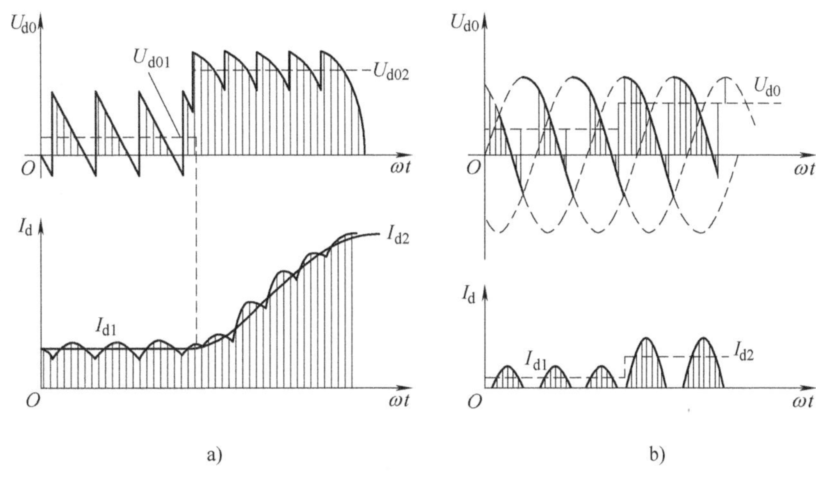

图 4-20　电流连续和断续时的输出响应

a）电流连续　b）电流断续

因上述两项变化，电流连续时，平均整流电压与平均整流电流间的传递函数为$(1/R)/(T_l s+1)$，断续时，变成比例环节 $1/R'$（其中 R'是断续时电枢电路的等效总内阻），且放大系数显著减小，即 $1/R' \ll 1/R$。

（2）电流断续对系统的影响

电流连续时，电流环的调节对象是一个延迟环节（用小惯性环节代替）和一个惯性环节的串联，其传递函数为$\dfrac{K_s}{T_s+1}\dfrac{1/R}{T_l s+1}$，针对此对象选择的电流调节器为

$$W_{ACR}(s)=\frac{K_i(\tau_i s+1)}{\tau_i s} \tag{4-23}$$

使系统具有较好的动态特性。但是，当电流进入断续区后，电流环的调节对象变为$\dfrac{K'_s}{T_s s+1}\dfrac{1}{R'}$，即由原来的一个小惯性 $K_s/(T_s+1)$与一个大惯性环节$(1/R)/(T_l s+1)$串联，变成一个小惯性环节和一个比例环节串联，并且，放大系数大大减小，即 $K'_s/R' \ll K_s/R$，使系统过渡过程时间显著变长。

2. 电流自适应调节器

（1）电流自适应调节器

为了使系统在电流断续时与连续时具有同样的动态性能，只有使电流调节器的结构和参数随着调节对象传递函数的变化而变化才行。这种能自动改变结构和参数，以适应调节对象传递函数变化的电流调节器称为电流自适应调节器。

假定电流环其他部分传递函数都没有变化，则电流断续后电流调节器的传递函数 $W'_{ACR}(s)$应满足下式关系：

$$W_{ACR}(s)\frac{K_s}{T_s+1}\frac{1/R}{T_l s+1}=W'_{ACR}(s)\frac{K'_s}{T_s s+1}\frac{1}{R'} \tag{4-24}$$

$$W_{ACR}(s)=\frac{K_i(\tau_i s+1)}{\tau_i s}$$

式中，$W_{ACR}(s)$是按电流连续情况设计的电流调节器，取$\tau_i=T_1$；$W'_{ACR}(s)$是电流断续后新的调节器传递函数

$$\begin{aligned}W'_{ACR}(s)&=W_{ACR}(s)\frac{R'/R}{T_1 s+1}\frac{K_s}{K'_s}\\&=\frac{K_i(\tau_i s+1)}{\tau_i s}\frac{R'/R}{T_1 s+1}\frac{K_s}{K'_s}\\&=\frac{K_s}{K'_s}\frac{1}{\frac{\tau_i}{K_i}\frac{R}{R'}s}\\&=\frac{K_s}{K'_s}\frac{1}{\tau_s s}\end{aligned}\tag{4-25}$$

$$\tau_s=\frac{\tau_i}{R_i}\frac{R}{R'}$$

式中，τ_s为积分时间常数（因为$R'\gg R$，所以τ_s很小）。

可见，系统电流连续时，采用式（4-24）所描述的电流调节器，则能使电流连续时电流闭环的开环传递函数和电流断续时电流闭环的开环传递函数形式完全一样，只是放大系数略有差异（某些电流自适应调节器可以使此差异很小）。

由以上分析可知，对于存在电流断续情况的双闭环调速系统，电流断续时要求电流调节器是一个小时间常数的积分调节器，且调节器的积分时间常数应随R'的增大而自动地减小；而电流连续时要求电流调节器仍为整定参数不变的PI调节器，这样才能使系统在电流连续和电流断续时可以具有几乎同样的动态特性。

实现上述要求的电流自适应调节器必须能自动地实现电流连续时的PI到电流断续时的I调节器的转换，其原理图如图4-21所示。

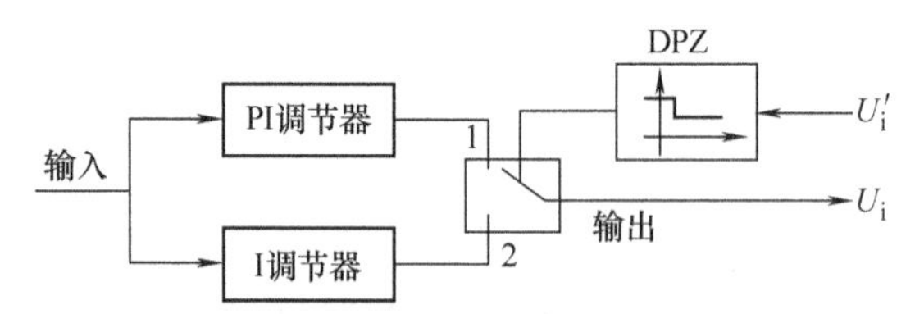

图4-21　PI/I电流自适应调节器结构图

传递函数为

$$\begin{aligned}\frac{U_{ct}(s)}{U_i^*(s)-U_i(s)}&=K_2(1+\tau_{id2}s)\frac{1}{\tau_{id3}s}\\&=\frac{1+\tau_{id2}s}{\frac{\tau_{id3}}{K_2}s}=\frac{1+\tau_{id2}s}{\tau_{id1}s}\end{aligned}\tag{4-26}$$

式中，$\tau_{id1}=\tau_{id3}/K_2$为PI调节器的积分时间常数；$\tau_{id3}$为积分调节器I的时间常数。

当电枢电流断续时，零电流信号$U'_i=0$，DPZ输出“1”电平，使开关投向2，接通I调节器。

$$\frac{U_{ct}(s)}{U_i^*(s)-U_i(s)}=K_I\frac{1}{\tau_{id3}s}=\frac{1}{\tau_{id1}s} \tag{4-27}$$

$$\tau_{id1}=\frac{\tau_{id3}}{K_I}$$

式中，τ_{id1}为积分调节器的积分时间常数。

由上述分析可以看出，此调节器能适应电流的变化，而自动改变自己的数学模型，保证了系统在电流断续时与连续时具有同样的动态特性，克服了电流断续对动态特性的不良影响。

(2) 具有电流自适应调节器的双闭环系统

图 4-22 是具有电流自适应调节器的双闭环调速系统。当电流连续时，它的工作情况同一般的双闭环调速系统完全一样；当电流断续时，电流自适应调节器能自动切换为 I 调节器，从而使系统的动态性能保持不变，消除了电流断续对动态特性的影响。

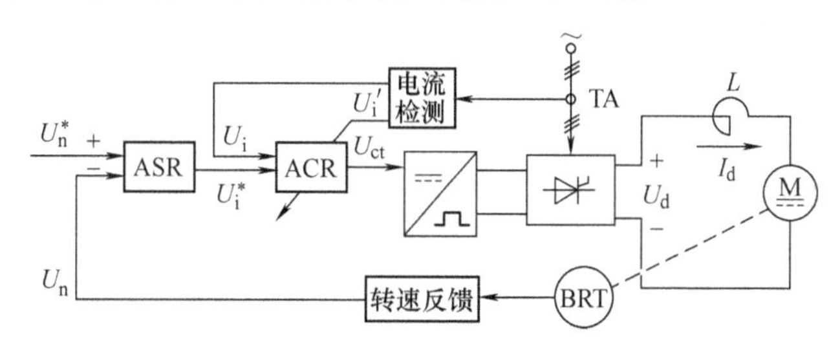

图 4-22　具有电流自适应调节器的双闭环调速系统

4.4.2　转速自适应调速器

本小节着重讨论系统工作在弱磁调速时，由于磁通 Φ 变化对转速调节器 ASR 动态参数的影响以及消除这种不良影响的途径——转速自适应调节。

已经阐明带有磁场控制的直流调速系统，在基速以上调速时，电动机转速上升要求磁通 Φ 从额定值开始呈非线性减弱；电动机转速下降时，又要求磁通进行非线性增强。磁通 Φ 的变化将导致转速闭环调节系统的固有参数变化，因而系统原有的动态参数整定值不能确保设计要求的预期特性（即磁通 Φ 的变化将破坏转速环的最佳参数整定，使系统的动态性能指标变坏），为此必须设法消除磁通 Φ 变化带来的不良影响，其具体的措施是引入转速自适应调节。

为说明转速自适应调节的含义，还要从转速环的动态设计入手讨论。图 4-23 是转速、电流双环系统转速环的动态结构图。

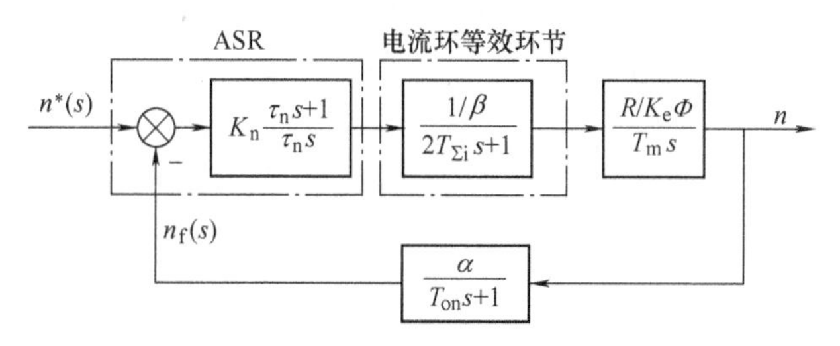

图 4-23　转速环动态结构图

图中，$T_m=\frac{GD^2}{375}\frac{R}{K_eK_m\Phi^2}$系统机电时间常数。可以看出，$T_m$ 和 Φ^2 成反比。为讨论问题方便起见，把转速环动态结构图中的积分环节等效变换为

$$\frac{R/K_e\Phi}{T_m s}=\frac{R/K_e\Phi}{\dfrac{GD^2}{375}\dfrac{R}{K_e\Phi K_m\Phi}s}=\frac{1}{\dfrac{GD^2}{375K_m\Phi}s}=\frac{1}{Ts} \tag{4-28}$$

式中，$T=GD^2/(375K_m\Phi)$为等效变换后的积分时间常数。

一般情况下，转速调节器 ASR 的动态参数是按照 T 为恒值来考虑的。当系统工作在弱磁调速时，系统的固有参数 T 将随磁通变化，而转速调节器的参数都是事先设计好的固定数值，因此在弱磁调速时，随着磁通的变化，系统的动态性能将有明显的恶化。为此，必须采用转速自适应调节器，如图 4-24 所示。

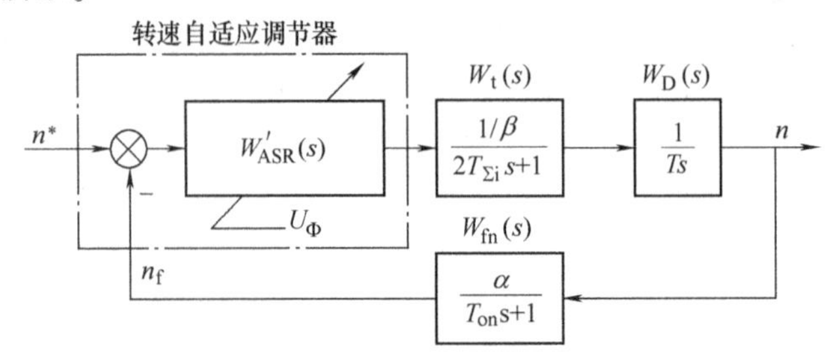

图 4-24 具有转速自适应调节器的转速闭环动态结构图

在 ASR 无自适应功能情况下，按 $\Phi_d=\Phi_{min}$来确定转速调节器的动态参数。此时转速环的开环传递函数为

$$\begin{aligned}W_{nK}(s)&=W_{ASR}(s)W_I(s)W_D(s)W_{fn}(s)\\&=W_{ASR}(s)W_I(s)\frac{\Phi_{min}}{T's}W_{fn}(s)\end{aligned} \tag{4-29}$$

式中，$W_D(s)=\dfrac{1}{Ts}=\dfrac{1}{\dfrac{GD^2}{375K_m\Phi_{min}}s}=\dfrac{1}{\dfrac{T'}{\Phi_{min}}s}=\dfrac{\Phi_{min}}{T's}$，$T'=\dfrac{GD^2}{375K_m}$。

当转速调节器串入自适应环节 $W_Z(s)$后，转速环的开环传递函数为

$$W_{nKZ}(s)=W_{ASR}(s)W_Z(s)W_I(s)\frac{\Phi_d}{T's}W_{fn}(s) \tag{4-30}$$

式（4-30）中的磁通是个变量。如果使转速环加自适应环节和不加自适应环节的性能指标相同，则在两种情况下的系统开环传递函数应该相等，从而可以导出转速自适应环节的传递函数为

$$W_{ASR}(s)W_Z(s)W_I(s)\frac{\Phi_d}{T's}W_{fn}(s)=W_{ASR}(s)W_I(s)\frac{\Phi_{min}}{T's}W_{fn}(s) \tag{4-31}$$

由式（4-31）可导出理想的转速自适应环节的传递函数为

$$W_Z(s)=\frac{\Phi_{min}}{\Phi_d}=\frac{1}{\Phi_d/\Phi_{min}} \tag{4-32}$$

实际采用的转速自适应环节 $W_Z(s)$是一个除法器，它由一个积分器和一个乘法器组成，其传递函数为

$$W'_Z(s)=\frac{\dfrac{1}{\tau s}}{1+U_\Phi\dfrac{1}{\tau s}}=\frac{1}{K\dfrac{\Phi_d}{\Phi_{min}}\left(1+\dfrac{\Phi_{min}\tau}{K\Phi_d}s\right)}\approx\frac{1}{K\dfrac{\Phi_d}{\Phi_{min}}} \tag{4-33}$$

$$U_\Phi=K\frac{\Phi_d}{\Phi_{min}}$$

当积分器的积分时间常数很小时，则$\frac{\Phi_{\min}\tau}{K\Phi_{d}} \ll 1$，可以忽略不计。式（4-33）中，$K$为乘法器系数，令$K=1$时，则$W'_{Z}(s)\approx\frac{\Phi_{\min}}{\Phi_{d}}$。以上分析表明，以$W'_{Z}(s)$来近似理想的转速自适应环节$W_{Z}(s)$是合适的。当转速环串入自适应环节后，其动态结构图如图4-25所示。此时转速环的开环传递函数为

$$
\begin{aligned}
W_{nKZ}(s) &= W_{ASR}(s)\frac{\Phi_{\min}}{K\cdot\Phi_{d}}W_{I}(s)\frac{\Phi_{d}}{T's}W_{fn}(s) \\
&= W_{ASR}(s)W_{I}(s)W_{fn}(s)\frac{\Phi_{\min}}{KT's}
\end{aligned}
\tag{4-34}
$$

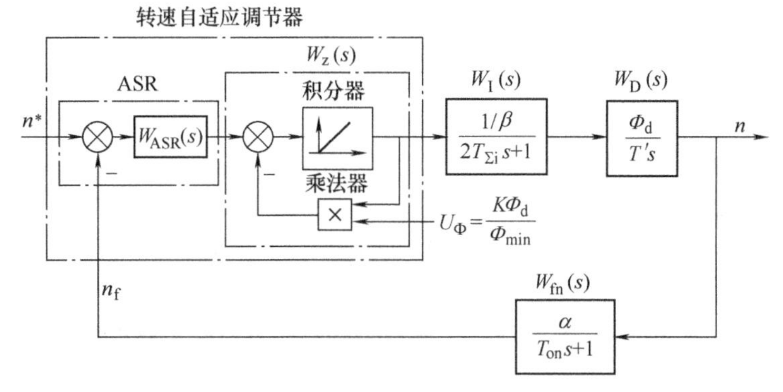

图4-25　具有自适应环节的转速环动态结构图

由式（4-34）可以看出，转速环串入自适应环节后，在开环传递函数表达式中消掉了磁通变量Φ_{d}，其他参数K、T'、$\Phi_{\min}$皆为常数，因而转速环的开环增益将不再受磁通Φ_{d}变化的影响，也就是说转速闭环控制具有了自适应控制的能力。

此外，速度自适应环节还可以采用除法器来实现，即用ASR的输出（转矩给定T^*_{ed}）除以磁通，进行除法运算，除法器的输出为电流给定I^*_{a2}，如图4-26所示。

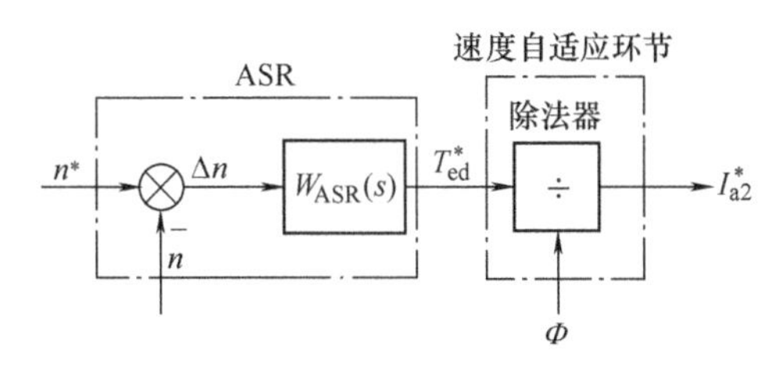

图4-26　速度自适应环节采用除法器时的结构图

除法运算表达式为

$$
I^*_{a2}=\frac{T^*_{ed}}{K_{m}\Phi}=\frac{K_{m}\Phi_{N}I^*_{a1}}{K_{m}\Phi}=\frac{\Phi_{N}}{\Phi}I^*_{a1}
\tag{4-35}
$$

式中，Φ为实际磁通；Φ_{N}为额定磁通。

由式（4-35）可见，Φ减弱时，电枢电流I^*_{a}增加，从而保证了速度开环放大系数不变。

4.5 习题

4-1　如果将转速反馈的极性接错，形成了正反馈，将产生什么后果？若电动机正在闭环运行中，转速反馈突然断开，将发生什么现象？

4-2　在转速负反馈系统中，当电网电压、负载转矩、激磁电流、电枢电阻、测速机磁场各量发生变化时，都会引起转速的变化，问系统对它们有无抑制作用？为什么？

4-3　试回答下列问题：

（1）在转速负反馈单闭环有静差调速系统中，突减负载后又进入稳定运行状态，则放大器的输出电压 U_{ct}、变流装置输出电压 U_d、电动机转速 n 较之负载变化前是增加、减少还是不变？如果转速反馈线断了，电动机还能否调速？在电动机运行中，若转速反馈线突然断了，会发生什么现象？

（2）在转速、电流双闭环调速系统中，出现电网电压波动和负载转矩变化时，哪个调节器起主要调节作用？

（3）在转速、电流双闭环调速系统中，两个调节器 ASR 和 ACR 各起什么作用？如果 ASR、ACR 都采用 PI 调节器，它们的输出限幅值应如何整定？

4-4　如果转速、电流双闭环调速系统中的转速调节器不是 PI 调节器，而改为 P 调节器，对系统的动态性能将会产生什么影响？

4-5　试从下述四个方面来比较转速、电流双闭环调速系统和带电流截止环节的转速单闭环调速系统：

（1）调速系统的静态特性。

（2）动态限流性能。

（3）起动的快速性。

（4）抗负载扰动的性能。

第5章　可逆直流调速系统

在实际生产中，许多生产机械不仅要求调速系统能够完成调速任务，而且要求调速系统能够可逆运转，例如可逆式初轧机的可逆轧制、龙门刨床工作台的往返运动、矿井卷扬机和电梯的提升和下降、电气机车的前进和后退等；有些生产机械虽不要求可逆运行，但要求能进行快速电气制动，如连轧机主传动及其开卷机、卷取机等。从直流电动机的工作原理可知，要使其制动或改变旋转方向，就必须改变电动机产生的电磁转矩的方向。能够改变直流电动机转矩方向的系统，称为可逆直流调速系统。本章将介绍两类可逆直流调速系统：晶闸管-电动机可逆调速系统（V-M可逆系统）及直流PWM可逆调速系统。

5.1　晶闸管-电动机可逆调速系统（V-M可逆系统）

5.1.1　晶闸管-电动机可逆调速系统的基本结构

根据直流电动机的电磁转矩公式 $T_{ed}=C_m\Phi_d I_d$，改变电磁转矩方向有两种系统方案：保持磁场方向不变，通过改变电枢电压极性使电流反向实现可逆运行的系统，称为电枢可逆系统；保持电枢电压极性不变，通过改变励磁电流方向实现可逆运行的系统，称为磁场可逆系统。

1. 可逆运行的实现方法

可逆运行的实现方法多种多样，不同的生产机械可根据各自的要求去选择。要求频繁快速正反转的生产机械，目前广泛采用的是两组晶闸管整流装置构成的可逆电路，如图5-1所示。一组供给正向电流，称为VF组，另一组供给反向电流，称为VR组。当电流方向为正时，VF工作；当电流方向为负时，VR工作。两组晶闸管分别由两套触发脉冲控制，灵活地控制直流电动机正、反转和调速。但不允许两组晶闸管同时处于整流状态，否则将造成电源短路。为此，对控制电路提出了严格的要求。对于由两组变流装置构成的可逆电路，按接线方式不同又可分为反并联连接和交叉连接两种电路。由图5-2可见，反并联连接和交叉连接在本质上没有显著的差

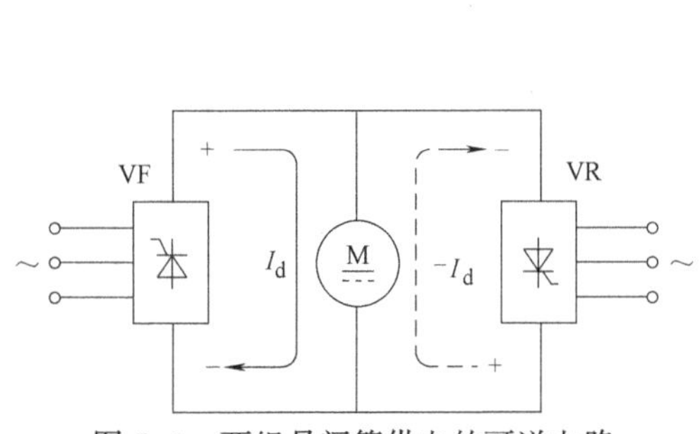

图5-1　两组晶闸管供电的可逆电路

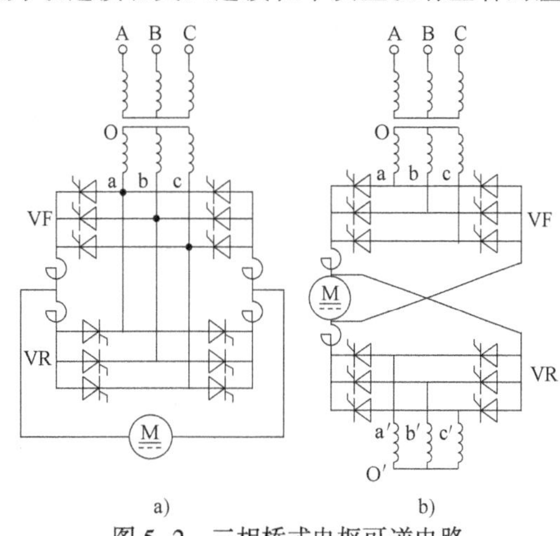

图5-2　三相桥式电枢可逆电路
a）反并联连接　b）交叉连接

别，所不同的是，反并联连接的两组晶闸管变流装置的供电电源是共同的，交叉连接的两组晶闸管变流装置的供电电源是彼此独立的，或是一台变压器的两套二次绕组。两个电源可以同相位，或者反相位，也可以相差 30°（即一组二次绕组星形联结，一组二次绕组三角形联结）。这样在容量较大的设备上可实现多相整流，以减小晶闸管变流装置对电网波形畸变的影响。另外，交叉连接中，环流电抗器只需要两个，而反并联连接中却要 4 个。但由于反并联连接只需一个电源，变压器利用率高、接线简单。目前，在要求频繁快速起、制动的中、小容量的生产机械上采用电枢反并联电路较多。

2. 电枢可逆系统及磁场可逆系统的比较

由晶闸管供电的直流调速系统，直流电动机的励磁功率为电动机额定功率的 3%~5%。反接励磁所需的两组晶闸管变流装置的容量，比在电枢可逆系统中所用晶闸管变流装置要小得多，从而可节省设备投资。但由于励磁电路电感大，时间常数较大，因此系统的快速性很差。而且反转过程中，当磁通减小时，应切断电枢电压，以免产生原来方向的转矩阻碍反向，此外要避免发生飞车现象。这样就增加了控制系统的复杂性。此外，对于中、小型系统，以电枢电路中省去一套晶闸管变流装置的价格，往往不足以补偿在磁场可逆系统中增设的两套晶闸管（一般情况下在电枢可逆系统中，如果不要求改变励磁调速的话，励磁电路是用二极管整流供电的）及控制电路复杂化所增加的投资。因此，只有当电动机容量相当大，而且对快速性要求又不高时，才考虑采用磁场可逆系统。从考虑快速性和控制电路简单的角度出发，大多数设备以采用电枢可逆系统为宜，为此本章仅对电枢可逆系统进行分析。

5.1.2 电枢可逆系统中的环流

由两组晶闸管变流装置组成的电枢可逆系统中，除了流经电枢支路的负载电流之外，还有只流经两组晶闸管变流装置之间的电流，这个电流称作环流。环流具有两重性。一方面它增加了晶闸管变流装置的负担，环流太大时甚至会导致晶闸管损坏，应该加以限制；另一方面，可以利用环流作为流过晶闸管的基本负载电流，即使在电动机空载时也可以使晶闸管装置工作在电流连续区，这就避免了电流断续引起的非线性对系统静、动态性能的影响。此外还应该看到，在可逆系统中存在少量环流，可以保证电流的无间断换向，加快反向时的过渡过程。

环流可以分为静态环流及动态环流两大类。当可逆电路在一定的触发延迟角下稳定工作时，所出现的环流称为静态环流。静态环流又可分为直流平均环流和瞬时脉动环流。只在系统处于过渡过程中，由于晶闸管触发相位发生突然改变时出现的环流，称为动态环流。下面将进一步讨论静态环流问题，在此基础上引出几种典型的可逆调速系统。

1. 直流平均环流的处理

由于两组晶闸管变流装置输出直流平均电压不相等引起的环流称为直流平均环流。如果正组 VF 及反组 VR 同时处于整流状态，就将形成所谓的直流平均环流，这种环流通过 VF 及 VR 将电源两相直接短路，会造成设备损坏。

避免电源短路和确保不产生直流平均环流，有两种办法：一种办法是在一组晶闸管工作时，用逻辑装置封锁另一组晶闸管装置的触发脉冲，从根本上切断环流通路，这称为逻辑无环流系统。另一种办法是在一组晶闸管装置在整流状态下工作时，让另一组晶闸管装置的触发脉冲处于逆变位置，即工作在待逆变状态，此时，两组变流装置的整流电压 $U_{d\alpha}$ 和逆变电压 $U_{d\beta}$ 在环流回路内极性相反，如果在任何时刻都能满足下列条件：

$$U_{d\alpha f} \leqslant U_{d\beta r} \quad 或 \quad U_{d\alpha r} \leqslant U_{d\beta f} \tag{5-1}$$

则两组变流装置之间，就不会出现直流环流。式（5-1）中 $U_{d\alpha f}$、$U_{d\beta r}$和 $U_{d\alpha r}$、$U_{d\beta f}$分别为正组 VF 及反组 VR 的整流电压和逆变电压。

式（5-1）的关系还可概括为 $\alpha \geqslant \beta$ 的关系。这种使整流组与待逆变组之间始终保持 $\alpha \geqslant \beta$ 的关系，以消除直流平均环流的控制方法，称为配合控制。在实际实现时，采用 $\alpha = \beta$ 配合控制比较容易，此时系统的移相控制特性如图 5-3 所示。当移相控制电压 $U_{ct}=0$ 时，晶闸管触发脉冲的初始相位角定为 $\alpha_{f0}=\beta_{r0}=90°$，整流组的整流电压 $U_{d\alpha f}$与待逆变组的逆变电压 $U_{d\beta r}$均等于零，直流电动机处于停止状态。增大控制电压 U_{ct}移相时，只要使两组触发装置的控制电压大小相等、符号相反即可。

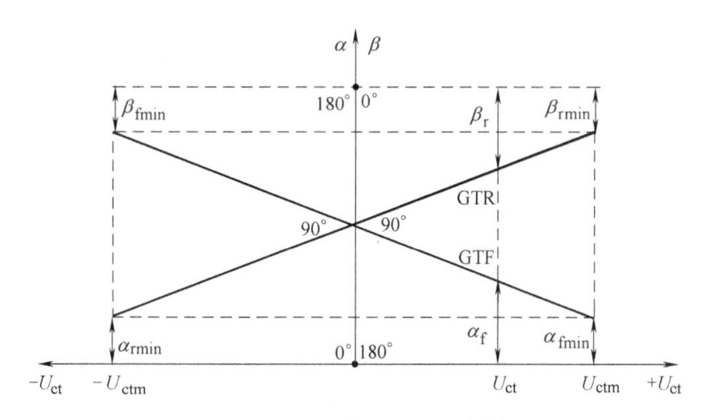

图 5-3　可逆系统的移相控制特性

为了防止晶闸管在逆变状态工作时因逆变角 β 太小，出现“逆变颠覆”现象，必须对最小逆变角 β_{min}加以限制。为了严格保持配合控制，对 α_{min}也要加以限制，使 $\alpha_{min}=\beta_{min}$。

由以上分析可知，图 5-3 所示系统的移相控制特性可以保证系统在各种运转过程中始终维持 $\alpha=\beta$ 的关系，从而避免出现直流平均环流。实践中，还可以通过适当控制使线路中存在少量直流平均环流，因为它能起到改善系统静、动态性能的作用。

2. 瞬时脉动环流的抑制

采用 $\alpha=\beta$ 配合控制可以消除直流平均环流，但仍有瞬时脉动环流存在。这是由于晶闸管整流装置的输出电压是脉动的，整流组输出电压和逆变组输出电压的瞬时值并不相等，当整流组输出电压瞬时值大于逆变组输出电压瞬时值时，便产生正向瞬时电压差，从而产生瞬时脉动环流。一般来说该环流对系统是不利的，应当加以限制。通常采用的限制方法是在环流回路中串入环流电抗器。

环流电抗器并不是在任何时刻都起作用的，三相零式电枢反并联可逆电路的两个回路应各设一个电抗器，这是因为在运行时总有一组晶闸管处于整流状态，该回路中的电抗器将因流过直流负载电流而饱和。只有逆变回路中的电抗器由于没有负载电流通过才真正起限制瞬时脉动环流的作用，因此必须设置两个环流电抗器。同理，在三相桥式反并联可逆电路中，由于每一组桥又有两条并联的环流通道，总共要设置 4 个环流电抗器（见图 5-2a），若采用交叉连接的可逆电路，由于两组晶闸管分别接在两个独立电源上，只有一条环流回路，所以只需两个环流电抗器，如图 5-2b 所示。

综上所述，由于电动机本身的可逆方案（变电枢极性或变磁场极性）实现方法以及处理环流的方式不同，晶闸管-电动机调速系统的形式、结构也各不相同。本章将着重分析几种典型系统的结构、工作原理及其特点。

5.1.3 有环流可逆调速系统

在 $\alpha=\beta$ 工作制配合控制下，可逆电路中没有直流平均环流，但始终存在瞬时脉动环流，这样的系统称为有环流可逆调速系统，它又可分为自然环流可逆调速系统和可控环流可逆调速系统。

1. 自然环流可逆调速系统

（1）系统组成原理

如图 5-4 所示，这种系统采用了典型的转速、电流双闭环控制方案，为适应可逆运行的要求，与已介绍的不可逆调速系统所不同的是：

1）具有正、反向转速给定信号。

2）转速调节器 ASR 和电流调节器 ACR 的输出端，均设置双向限幅装置。ASR 的正、反向限幅值，对应主电路正向和反向最大电流。而 ACR 设置正、反向限幅值是为了防止逆变颠覆，需要对最小逆变角 β_{min} 进行限制。为了保持 $\alpha=\beta$ 配合控制关系，同样要对最小整流角 α_{min} 进行限制，即 $\alpha_{min}=\beta_{min}$。

3）转速反馈信号 U_n 和电流反馈信号 U_i 应反映电动机的转向和主电路电流的极性。

4）触发装置 GTF 和 GTR 分别向正组和反组晶闸管提供触发脉冲。如果采用锯齿波移相的触发器，其移相控制特性是线性的（见图 5-3）。图 5-4 中，在 GTR 之前加反号器（AR），其放大系数为-1。当 GTF 和 GTR 在结构和移相控制特性上完全相同时，就可获得 $\alpha_f=\beta_r$（或 $\alpha_r=\beta_f$）的效果。这样，系统在运动中就可始终维持 $\alpha=\beta$ 的关系。

5）引入环流电抗器 $L_{c1}\sim L_{c4}$ 以抑制瞬时脉动环流。

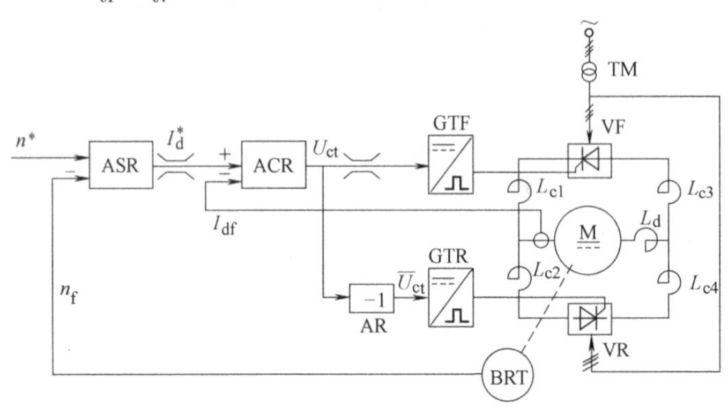

图 5-4 自然环流可逆调速系统原理图

电动机正向运转时，转速给定值 U_n^* 为正值，经 ASR 使 ACR 输出移相控制信号 U_{ct} 为“+”，GTF 输出触发脉冲 $\alpha_f<90°$，正组 VF 处于整流状态，电动机正向运转。与此相对应，U_{ct} 经反号器 AR 使反组触发器 GTR 的移相控制信号 $\overline{U}_{ct}$ 为“-”，反组输出的触发脉冲 $\beta_r<90°$，且 $\alpha_f=\beta_r$，反组 VR 处于待逆变状态。由于系统在 $\alpha=\beta$ 配合控制工作制下工作，系统无直流平均环流。而系统中的脉动环流，由环流电抗器 $L_{c1}\sim L_{c4}$ 限制。同理，当转速给定值为负值时，反组变流装置 VR 处于整流状态，正组变流装置 VF 处于待逆变状态，电动机反向运转。

在实际运转中，由于系统无法绝对保证 $\alpha=\beta$，而可能出现 $\alpha<\beta$，即 $U_{d\alpha}>U_{d\beta}$，从而引起直流平均环流。为了避免这种情况发生，在系统调整时，可将初始相位角定得稍大于 90°，即采用 $\alpha>\beta$ 工作制，例如 $\alpha=\beta+\varphi$。有意识地使一组变流装置的待逆变电压稍高于另一组变流装置的整流电压，以便可靠地保证不产生直流平均环流。但是这样一来，又会出现新的问题，那就是 α_{min}

增大了，这就缩小了变流装置的移相范围，使设备容量得不到充分利用。其次，对这种控制方式，初始相位角需整定在 $\alpha_{f0}=\alpha_{r0}=90°+\dfrac{1}{2}\varphi\left(对应\ \beta_{f0}=\beta_{r0}=90°-\dfrac{1}{2}\varphi\right)$处，当系统正向或反向起动时，$\alpha$ 从 $90°+\dfrac{1}{2}\varphi$ 移到 90°之间，变流装置没有整流电压输出，出现了控制死区，使系统的快速性降低。因此，φ 值不宜过大。

在后面的讨论中，如没有特别说明，仍针对 $\alpha=\beta$ 配合控制方案展开研究。

（2）制动过程分析

双闭环可逆调速系统起动过程与双闭环不可逆调速系统的起动过程相同。当一组变流装置处于整流状态时，另一组处于待逆变状态，这并不影响整流组和电动机的工作状态。但可逆系统的制动过程却与不可逆系统有显著的区别。整个制动过程可根据电流方向的不同分成两个主要阶段：本桥逆变阶段和他桥制动阶段。

1）本桥（VF）逆变阶段。假定原来转速给定信号 U_n^* 为正，通过 ASR、ACR 输出移相控制信号 U_{ct}为正，正组 VF 处于整流状态，而反组 VR 处于待逆变状态，电动机正向运行。反转或制动时，转速给定信号瞬时突变为负。由于系统惯性的影响，转速 n 来不及变化，ASR 的输入偏差信号 ΔU_n 立即变成负值，它的输出由负值突变到正的限幅值 U_{im}^*。又由于主电路电磁惯性的影响，电枢电流 I_d 不能突变，电流反馈 U_i 仍为原值未变。ACR 的输入由 $\Delta U_i=-U_i^*+U_i$ 突然变成 $\Delta U_i=U_{im}^*+U_i$，导致它的输出 u_{ct}很快跃变为负的限幅值$-U_{ctm}$。这使得正组 VF 的触发脉冲由原来的整流位置推到逆变位置（$\beta_f=\beta_{min}$），而反组 VR 触发脉冲被推到 $\alpha_r=\alpha_{min}$位置。由于该阶段所占时间很短，在此过程中转速和反电动势都来不及产生明显的变化，此时 $L\dfrac{dI_d}{dt}-E>U_{dof}=U_{dor}$（其中，$U_{dof}$为正组整流电压，$U_{dor}$为反组整流电压），从该式可看出反组 VR 虽然变成整流状态，但是并不能通过负载电流，称它工作在"待整流状态"。主电路电流仍然流经正组 VF，不过维持该电流的是主电路电感中所贮存的磁场能量，其中大部分经由 VF 回馈到电网，少部分转为机械能，还有一小部分被电枢电路电阻所消耗。

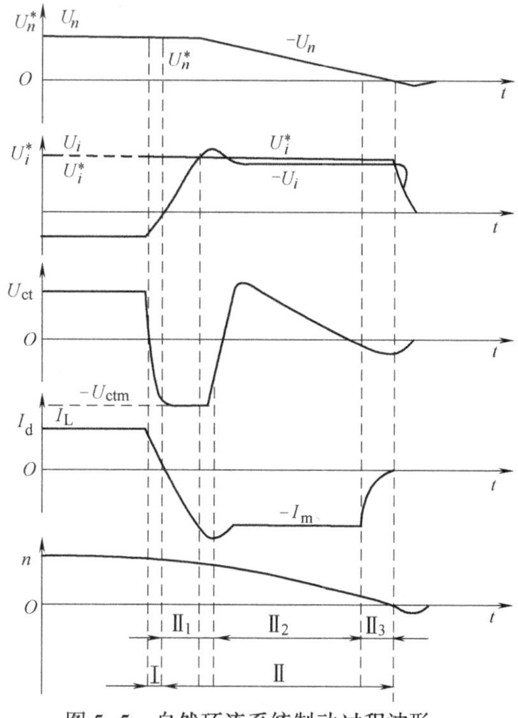

图 5-5　自然环流系统制动过程波形

由于制动开始前，正组 VF 工作在整流状态，而现在它仍然在工作，只不过是运行在逆变状态，所以把这种工作状态称为本桥逆变。随着磁场能量的减少，主电路电流迅速下降到零，因此这个阶段又称为电流降落阶段。

在本桥逆变过程中，电动机反电动势 E 与主电路电流 I_d 方向相反，电动机仍然处于电动状态。系统各量变化如图 5-5 中第Ⅰ段所示。

2）他桥（VR）制动阶段。主电路电流下降到零之后，本桥逆变结束，主电路电流由本桥（正组 VF）转到他桥（反组 VR）。系统由本桥逆变转入他桥制动阶段。在他桥投入工作后，根据系统中各物理量的变化情况，又分为以下几个阶段：

① 他桥（VR）建流阶段。本桥逆变结束反桥投入运行时，ASR 和 ACR 仍然处于输出限幅

状态，U_{ct}仍为$-U_{ctm}$，由于反组 VR 触发脉冲仍在 $\alpha_r=\alpha_{min}$ 位置，U_{dof}及 U_{dor} 依然和本桥逆变阶段时一样，但由于 $L\frac{dI_d}{dt}$数值略减，使得 $L\frac{dI_d}{dt}-E<U_{dof}=U_{dor}$，于是反组 VR 由待整流进入整流状态，而且在反组整流电压 $U_{d\alpha r}$和电动机反电动势 E 的共同作用下，反向电流$-I_d$ 迅速增长，同时电流反馈信号 U_i 变负，其绝对值逐渐增大，当 $I_d=-I_{dm}$时，$U_i=U_{im}$。在此之前，ACR 一直是限幅输出，反组 VR 输出最大整流电压。当电流略有超调之后（$I_d<-I_{dm}$），$U_i>U_{im}$，ACR 退出饱和，反组 VR 的移相控制信号 U_{ct}由正值开始下降，反组触发脉冲后移，一直到 $\overline{U}_{ct}$下降到零，$U_{d\alpha r}=0$ 为止。这一阶段叫他桥建流阶段。

在这一阶段内，正组 VF 处于待逆变状态，反组 VR 处于整流状态，电动机工作在反接制动状态，但由于这一阶段时间很短，电动机转速仅略有下降。能量关系上反组 VR 将交流电能转换为直流电能，电动机将机械能转换为直流电能，这两部分能量一部分以热能形式消耗在电阻上，大部分转换成磁能储存在电感中。此阶段波形图参见如图 5-5 中第Ⅱ$_1$段。

② 他桥（VR）逆变阶段。当反向电流达到$-I_{dm}$且略有超调时，ACR 输入偏差信号 ΔU_i 变负，ACR 退出饱和，其输出电压 U_{ct}从$-U_{ctm}$急剧变正，使 VR 进入逆变状态。VF 进入待整流状态。此后，在 ACR 的作用下，维持 $I_d=-I_{dm}$，电动机在恒减速条件下回馈制动。此阶段波形图参见如图 5-5 中第Ⅱ$_2$段，是制动过程的主要阶段，所占时间最长。

③ 反接制动阶段。本段开始时 $u_{ct}=0$、$U_{d\beta r}=0$，但电动机还没有停止运转，反电动势 E 还未等于零。此时电枢电路电流为 $I_{dm}=E/R_{\Sigma}$。电动机继续制动，转速 n 下降，E 随之降低，制动电流便小于$-I_{dm}$。ACR 的输入偏差信号仍为正，其输出 U_{ct}变负，从而使反组 VR 进入整流状态。此阶段主电路电动势平衡方程式为 $U_{d\alpha r}+E=I_{dm}R_{\Sigma}$，电动机处于反接制动状态，转速线性下降，直到 $n=0$。在此期间，电动机将机械能转变为直流电能，同时反组 VR 将交流电能转变为直流电能，它们均消耗在电枢电路电阻上。其波形参见图 5-5 中Ⅱ$_3$段。

综上所述，他桥制动三个阶段的共同特点是转速环相当于开环，ASR 输出限幅值。系统表现为恒值电流调节系统（建流阶段中主电路电流达到最大值$-I_{dm}$以前那一段除外）。

2. 可控环流可逆调速系统

从变流装置的设备容量、有功或无功损耗和系统的安全等角度来看，无论直流平均环流还是瞬时脉动环流，都不是所希望得到的。但是环流也有其有利的一面，它的存在可防止晶闸管变流装置的电流断续，保证过渡特性平滑。为此又提出一种给定环流系统，即在两套晶闸管变流装置之间，保留一个较小的恒定直流环流，使电动机在轻载时电流连续、稳态特性平滑。但是理想的环流变化规律是轻载时有些环流保证电流连续，而当负载大到一定数值以后使环流减少到零，即环流随负载变化，随着负载增加而逐渐减少到零（负载大时有环流是有害而无利的）。在这种思想指导下，又出现了可控环流系统。实际上有几种可控环流系统，其中以交叉反馈可控环流系统最为实用，如图 5-6 所示。

图 5-6 与图 5-4 所示的自然环流系统的主要区别如下：

1）主电路采用交叉连接电路。变压器有两个二次绕组，其中一组接成星形，另一组接成三角形。两个二次绕组的相位错开 30°，使环流电动势的频率增加一倍。这样就可以大大减小环流电抗器的尺寸和价格。在中、小型系统中，甚至可以不用环流电抗器。

2）在交叉反馈可控环流系统中，除了转速调节器 ASR 和电枢电流调节器 ACR 之外，还设有两个环流调节器 1ALR 和 2ALR。ASR 和 ACR 采用 PI 调节器，而环流调节器采用比例调节器（P 调节器），1ALR 的比例系数为+1，2ALR 的比例系数为-1。

由图 5-6 可知，该系统的电枢电流调节与环流调节是各自独立进行的。各调节环的参数可

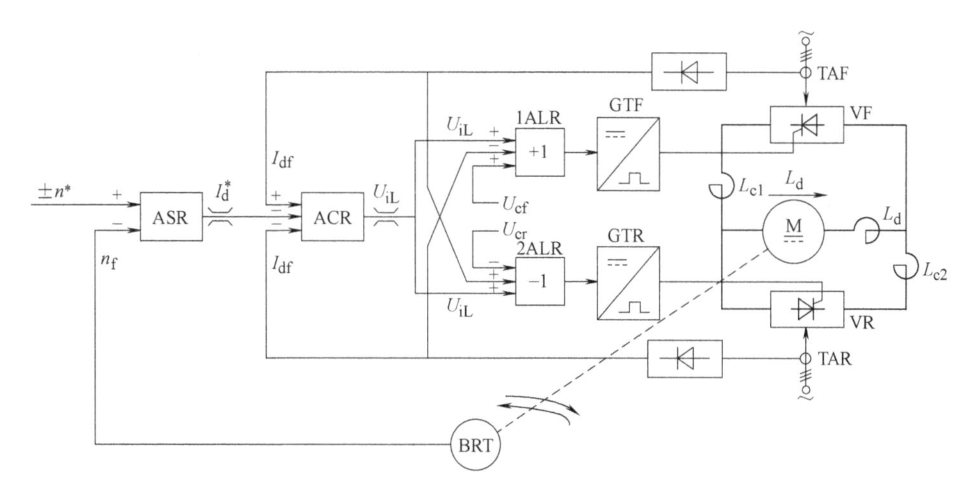

图 5-6　交叉反馈可控环流系统

以根据各自调节对象进行选择，从而获得较为理想的动态品质。

ACR 的电流反馈信号给定值 U_i^* 来自 ASR 的输出。电流反馈信号有 U_{if}和 U_{ir}，分别取自正、反两组晶闸管变流装置的交流侧，U_{if}为正极性，而 U_{ir}为负极性。因此，它们的合成电流反馈信号 U_i 等于：

$$U_i=U_{if}-U_{ir}=\beta I_f-\beta I_r=\beta(I_f-I_r)=\beta I_d \tag{5-2}$$

式（5-2）表明，合成电流反馈信号真实地反映了电动机电枢电流的极性和大小。这与图 5-4 所示自然环流系统从电枢电路取电流反馈信号是完全等效的。

在环流调节器 1ALR 和 2ALR 的输入端有三个信号，分别为 ACR 的输出信号 U_{iL}^*，环流给定信号$+U_{cf}$、$-U_{cr}$和交叉电流反馈信号 U_{if}或 U_{ir}。采用交叉电流反馈，是为了实现环流随负载电流增大而逐渐降低，直至完全消失。

当转速给定 $U_n^*=0$ 时，ASR 和 ACR 的输出均为零。此时，1ALR 的给定信号只有$+U_{cf}$，并且 1ALR 的比例系数为+1，故其输出 U_{ct1}为正值，触发器 GTF 输出触发脉冲出现在小于 90 °位置，正组 VF 处于整流状态。2ALR 的给定信号只有$-U_{cr}$，由于其比例系数为-1，故输出 U_{ct2}亦为正值，触发器 GTR 输出触发脉冲也出现在小于 90 °位置，反组 VR 也处于整流状态。如果系统参数完全对称，环流给定信号的绝对值相等且数值较小，那么此时 VF 和 VR 均处于微导通的整流状态，并输出相等的直流环流，即 $I_c^*=I_f=I_r$，此时的环流值为最大值。这样系统在原有脉动环流之上，又加上由正组 VF 流向反组 VR 的直流环流，其大小取决于环流给定电压$+U_{cf}$、$-U_{cr}$，此时电动机电枢电流 $I_d=I_f-I_r=0$，电动机处于静止状态，系统处于环流调节状态。

电动机正转时，转速给定 U_n^* 为正，ASR 输出 U_i^* 为负，ACR 的输出 U_{iL}^*为正，致使 1ALR 的输入正向增加，$+U_{ct1}$增加，正组 VF 触发脉冲由零位（稍小于 90 °位置）往前移，使 $U_{d\alpha f}$增加；2ALR 的输入信号也正向增加，但由于 2ALR 是反相器，故其输出 U_{ct2}由正值减小，甚至变成负值。反组 VR 的触发脉冲由零位后移，甚至进入逆变位置，但反组的逆变电压 $U_{d\beta r}$小于正组的整流电压 $U_{d\alpha f}$。因此，在两组变流装置之间仍然存在着由正组流向反组的直流环流 I_c。此时正组变流装置输出电流 $I_f=I_d+I_c$，反组变流装置输出电流 $I_r=I_c$，电动机的电枢电流为 $I_d=I_f-I_r$。

对处于整流状态的那组晶闸管变流装置而言，环流给定信号和交叉电流反馈信号，实质上是电枢电流调节环前向通道中的干扰信号。具有 PI 调节器的电枢电流调节闭环的功能是克服正向通道的干扰，使电枢电流跟踪电流给定。因此，当参数配合适当时，这些扰动不会明显地影响电枢电流调节闭环的调节品质。由此可知，转速调节环和电枢电流调节环，通过工作组晶闸管变流装置对系统进行的调节过程和获得的性能，基本上与自然环流系统相同。

可控环流的调节过程是由待工作组的环流调节闭环实现的。假设反组 VR 为待工作组，其环流调节器的输入信号为 $U_{iL}^{*}-U_{cr}+U_{if}$。如前所述，U_{iL}^{*} 为维持 $\alpha=\beta$ 配合控制工作制所需的移相控制信号，而$-U_{cr}+U_{if}$则是在配合控制基础上附加的环流给定和环流反馈信号。在它们的作用下使待工作组的触发脉冲从配合控制的位置前移或后移，以改变待工作组变流装置的电压，从而实现调节环流的大小。

5.1.4 无环流可逆调速系统

在有环流系统中，不仅系统的过渡特性平滑，而且由于两组晶闸管变流装置同时工作，两组变流装置之间切换时不存在控制死区，因而除系统过渡特性更加平滑之外，还有快速性能好的优点。但是在有环流系统中，需设置笨重而价格昂贵的环流电抗器，而且环流将造成额外的有功和无功损耗，因此除工艺对过渡特性平滑性要求较高及对过渡过程要求快的系统采用有环流系统之外，一般多采用无环流系统。

依据实现无环流原理的不同，无环流可逆系统可分为两种：错位控制无环流系统和逻辑控制无环流系统。错位控制无环流系统的基本控制思路借用 $\alpha=\beta$ 配合控制的有环流系统的控制，当一组晶闸管整流时，让另一组晶闸管处于待逆变状态，但是两组触发脉冲的零位错开得比较远，杜绝了脉动环流的产生；而逻辑控制无环流系统的特点是，当一组晶闸管变流装置工作时，用逻辑装置封锁另一组晶闸管变流装置的触发脉冲，使其完全处于阻断状态，从而根本上切断了环流通路。

1. 逻辑控制无环流调速系统

（1）逻辑无环流系统组成及特点

图 5-7 所示是逻辑控制的无环流可逆调速系统的一种典型结构，其主电路采用两组晶闸管装置反并联线路，由于没有环流，无须再设置环流电抗器，但为了抑制负载电流的脉动并保证在正常稳定运行时电流波形的连续，仍需保留平波电抗器。控制系统仍采用典型的转速、电流双闭环结构，除了增加无环流逻辑控制器（DLC）及省去主电路的环流电抗器之外，该系统与图 5-4 所示的自然环流系统完全相同。在控制上，除了按照系统的工作状态，由 DLC 决定自动切换两组触发脉冲的封锁和开放以实现无环流外，系统其他方面的工作原理与自然环流系统区别不大。由此可见，无环流逻辑控制器是逻辑无环流系统的关键部件，其性能好坏是逻辑无环流系统能否可靠工作的重要保证。

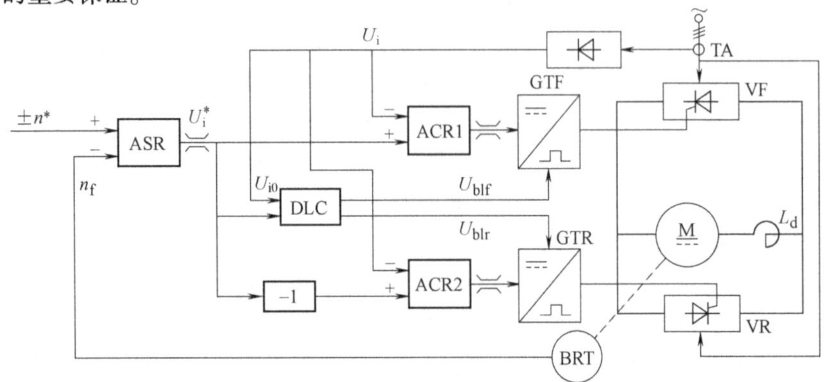

图 5-7　逻辑控制的无环流可逆调速系统原理图

(2) 无环流系统对逻辑控制器的要求

无环流逻辑控制器（DLC）的基本任务是根据系统工作情况的要求，发出逻辑指令：当要求电动机产生正向转矩时，开放正组脉冲，封锁反组脉冲，使正组 VF 工作；当要求电动机产生反向转矩时，开放反组脉冲，封锁正组脉冲，使反组 VR 工作。两者必居其一，决不允许两组脉冲同时开放，以确保主电路不产生环流，从而使系统正常可靠运行。

当励磁恒定时，转矩方向同电枢电流的极性是一致的，由图 5-7 可知，ASR 的输出，即电流给定信号 U_i^*，正反映了工作状态对电枢电流 I_d 大小和极性的要求，因此可用 U_i^* 的极性作为 DLC 的指令信号，称该信号为“转矩极性鉴别信号”。

仅用电流给定信号 U_i^* 的极性去控制 DLC 还是不够的，由可逆系统工作过程分析可知：制动开始瞬间，虽然 $U_n^*=0$，但由于转速负反馈 U_n 的存在，转矩极性鉴别信号 U_i^* 会立即反向，并很快达到限幅值。如果这时立即使逻辑装置切换，封锁原导通组晶闸管的触发脉冲、开放原来处于封锁状态那组晶闸管的触发脉冲是绝对不允许的。由于主电路中电感的存在，主电路电流不能立刻下降到零。根据晶闸管本身的特性，在其电流未降到维持电流以前，即使触发脉冲被封锁，原来处于导通状态的晶闸管仍将继续导通。这时如果开放了原封锁组的触发脉冲，势必形成两组晶闸管同时导通的局面。在没有设置环流电抗器的逻辑无环流系统中，必然造成电源短路。因此，逻辑装置应保证：在发出了切换的指令信号以后，主电路电流还未降到零之前，原导通的晶闸管组应该继续开放，实现本桥逆变，强迫电流下降到零（或接近零），然后再封锁原导通组的触发脉冲，开放原封锁的晶闸管组的触发脉冲，建立反向电流，实现电气制动。因此，主电路电流下降到零的零电流信号是逻辑装置输入的另一个指令信号。转矩极性鉴别信号改变方向和零电流信号为零才是逻辑切换的充要条件。

为了确保系统的可靠工作，逻辑切换指令发出后并不马上执行，需要经过两段延时时间，即封锁延时 t_1 和开放延时 t_2。封锁延时指从发出切换指令到真正封锁原导通组触发脉冲之间应该留出来的等待时间，它的设置是由于考虑到零电流检测器不可能等到电流绝对为零时才动作，它有一个最小的动作电流 I_o。如果晶闸管在逆变状态下工作时，脉动的逆变电流虽然瞬时低于 I_o，而实际电流还在连续，此时若发出封锁触发脉冲的命令，就有可能造成本桥逆变颠覆。因此，必须等待一段时间，使主电路电流确实已不再大于 I_o，并且已经完全断续，才可封锁导通组的触发脉冲。用于防止逆变颠覆的这段时间就是封锁延时。开放延时是指从封锁原导通组脉冲到开放原封锁组脉冲之间的等待时间。因为在封锁原导通组脉冲时，已被触发的晶闸管要到电流过零时才真正关断，关断之后还要过一段时间才能恢复阻断能力。如果在这之前就开放另一组晶闸管的触发脉冲，也有可能造成两组晶闸管同时导通，致使电源短路，为此要设置触发开放延时。过小的 t_1 和 t_2 会由于切换失败而造成事故；过大的 t_1 和 t_2 将使切换时间延长，增加切换死区，影响过渡过程的快速性。对于三相桥式电路，通常取 t_1 为 0.2~1 ms，t_2 为 0.5~4 ms。

综上所述，无环流系统对逻辑装置的要求如下：

1）在任何情况下，两组晶闸管装置绝对不允许同时加触发脉冲。一组晶闸管变流装置工作时，另一组的触发脉冲必须严格封锁。

2）用转速调节器输出的电流给定信号 U_i^* 作为转矩极性鉴别信号，以其极性来决定开放哪一组晶闸管的触发脉冲，但必须等到零电流检测器给出的零电流信号为零以后，方可正式发出逻辑切换指令。

3）发出逻辑切换指令之后，要经过 0.2~1 ms 的封锁延时，封锁原导通组的触发脉冲，然后再经过 0.5~4 ms 的开放延时，再开放原封锁组的触发脉冲。

4）为保证两组脉冲绝对可靠工作，应设置保护环节，以防止两组脉冲同时出现而造成电源短路。

（3）无环流逻辑控制器的实现

根据上述要求，DLC 的结构及其输入、输出信号如图 5-8 所示。输入信号是转矩极性鉴别信号 U_i^* 和零电流检测信号 U_{i0}，输出信号是封锁正组晶闸管触发脉冲信号 U_{blf}及封锁反组晶闸管触发脉冲信号 U_{blr}。从功能上来看，逻辑装置可分为电平检测器、逻辑判断环节、延时电路和联锁保护电路 4 个部分。逻辑装置本身的具体线路可以各式各样，但其输入、输出信号的性质和逻辑装置本身所具有的功能是相同的。

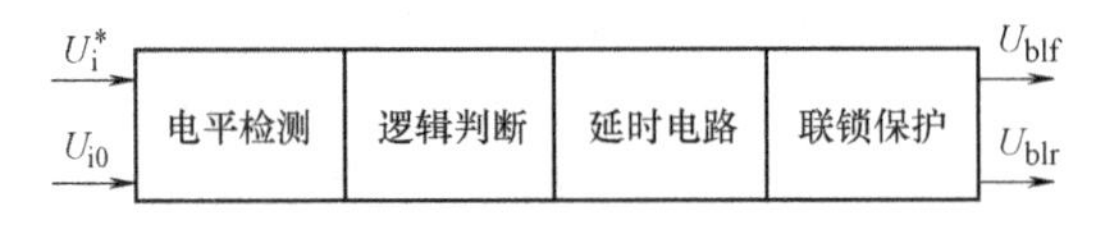

图 5-8　无环流逻辑控制器的构成

1）电平检测器。DLC 中有转矩极性鉴别器和零电流鉴别器两个电平检测器，分别将 U_i^* 的极性和零电流信号 U_{i0}的大小转换成相应的数字量“1”或“0”，供逻辑判断使用。两个电平检测器均应设置正、负限幅电路以得到合适的逻辑电平。

2）逻辑判断环节。逻辑判断环节的功能是：根据转矩极性鉴别器和零电流检测器的输出信号 U_T 和 U_Z 的状态，正确地确定封锁正组或反组晶闸管触发脉冲信号 U_F 或 U_R 的状态。至于 U_F 和 U_R 是用“1”态还是用“0”态去封锁触发脉冲，这取决于触发器（或电子开关）的结构形式。

3）延时电路。如前所述，DLC 需设置两段延时环节，即封锁延时和开放延时。延时电路的种类很多，当逻辑判断电路采用与非门电路元件时，在适当的与非门的输入端加接二极管和电容，即可以使得该与非门的输出在由“1”态变到“0”态时的动作获得延时，从而组成封锁延时电路和开放延时电路。

4）联锁保护电路。为了保证系统正常工作，逻辑装置的两个输出信号 U_F 和 U_R 的状态必须相反。如果是“1”态且为开放脉冲时，就不允许 U_F、U_R 同时为“1”；如果是“0”态且为开放脉冲时，就不许 U_F、U_R 同时为“0”。为防止电路发生故障，使两组晶闸管同时开放而导致电源短路，在无环流逻辑控制器的最后部分需设置联锁保护电路。

（4）逻辑无环流系统的改进措施

与有环流可逆调速系统相比，逻辑控制的无环流电枢可逆调速系统的主要优点是不需要设置环流电抗器，没有附加的环流损耗和减少了变压器和晶闸管变流装置的设备容量。如果逻辑装置动作可靠，因换流失败而造成的事故比有环流系统要低。该系统的不足之处是由于延时造成了换向死区，影响过渡过程的快速性。

图 5-7 所示逻辑无环流系统的另一个问题是在电流换向后有时会有较大的反向冲击电流。因为正、反两组晶闸管装置进行切换时，本桥逆变结束后，其反组脉冲在 α_{min}位置，所以反组是在整流状态下投入运行的。此时反组变流装置的整流电压 $U_{d\alpha r}$和电动机反电动势同极性相加，迫使主电路电流迅速增长，电流超调较大而产生电流冲击，由前面的分析可知系统是利用电流超调推入逆变状态的。

为了限制电流冲击，可以利用逻辑切换的机会，人为地在待工作组电流调节器输入端暂时加上一个与 U_i 极性相同的信号 U_β，把待工作组的逆变角推到 β_{min}，使他桥制动一开始就进入他桥逆变阶段，即反组 VR 在逆变状态下投入工作，逆变电动势与电动机反电动势极性相反，冲击电流自然就小多了，这对系统是有利的。U_β 信号可由 DLC 发出，俗称“推 β”信号。

加入“推β”信号后，冲击电流没有了，但却大大延长了电流换向死区。因为电动机切换前的转速所决定的反电动势一般都低于β_{min}所对应的最大逆变电压，待工作组在$\beta=\beta_{min}$下投入运行，此时的逆变电压必将大于电动机反电动势，不可能建立反向电流。一直等到u_{ct}数值降低，脉冲前移使$U_{d\beta r}<E$时，才开始建立反向电流，脉冲由β_{min}移到能建立电流这一段时间大大延长了电流换向死区。

为了减少电流换向死区，可采用由电动势记忆环节的有准备切换的逻辑无环流系统，其基本方法是：待工作组变流装置的β在切换前不是等在β_{min}处，而是直接推到与电动机反电动势相等的逆变电压的位置，使待工作组在逆变状态下投入工作，由于其逆变电压和电动机反电动势大小相等，方向相反，从而可以做到既无电流冲击，又能很快建立反向电流。这种系统需要记忆切换瞬间电动机反电动势的大小，以便进行有准备切换。

2. 错位控制无环流可逆调速系统

错位无环流可逆调速系统和逻辑无环流可逆调速系统一样，在运行过程中既无直流环流，也无脉动环流，但两者消除环流的方法不同。后者是用逻辑切换装置开放一组变流装置的脉冲，封锁另一组变流装置的脉冲，采用从根本上切断环流通路的方法实现无环流；前者和有环流系统一样，当一组变流装置处于整流状态时，另一组处于待逆变状态，而用两组脉冲错开较远的方法实现无环流。

5.2 直流 PWM 可逆调速系统

可逆直流 PWM 调速系统主电路的结构形式有 H 型、T 型等。这里仅介绍常用的 H 型变换器，它是由 4 个功率开关器件及相应的续流二极管构成的桥式电路。其控制方式可分双极式、单极式和受限单极式三种。

1. 双极式 H 型可逆 PWM 变换器

图 5-9 给出了双极式 H 型可逆 PWM 变换器的电路图。四个功率开关器件（这里使用的是 IGBT）分为两组。VT_1和VT_4同时导通和关断，其控制电压$U_{g1}=U_{g4}$；VT_2和VT_3同时导通和关断，其控制电压$U_{g2}=U_{g3}=-U_{g1}$。所谓双极式控制方式是指在一个开关周期中，输出电压的极性会有一次变化。即

$$U_{AB}=\begin{cases}U_s, & 0\leqslant t\leqslant t_{on}\\ -U_s, & t_{on}\leqslant t\leqslant T\end{cases}$$

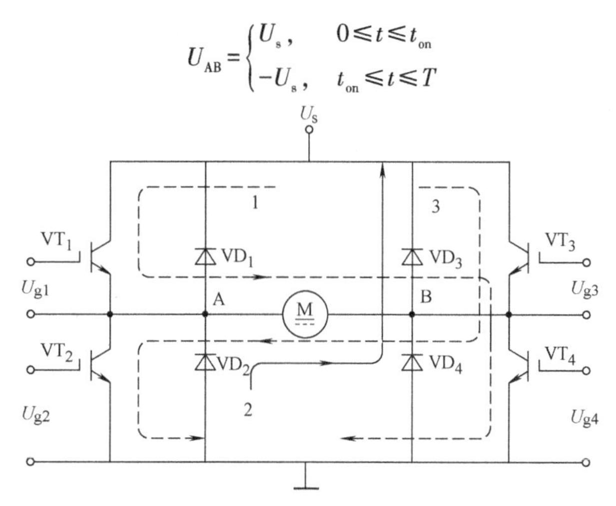

图 5-9 双极式 H 型可逆 PWM 变换器电路图

在一个开关周期内，当$0 \leqslant t \leqslant t_{on}$时，$U_{g1}$和$U_{g4}$为正，$VT_1$和$VT_4$导通；$U_{g2}$和$U_{g3}$为负，$VT_2$和$VT_3$截止。这时$U_{AB}=U_s$，电枢电流$i_d$沿回路1流通。当$t_{on} \leqslant t \leqslant T$时，$U_{g1}$和$U_{g4}$变负，$VT_1$和$VT_4$截止；$U_{g2}$和$U_{g3}$变正，但电流不能立即改变方向，$i_d$将在电枢电感作用下沿回路2经$VD_2$、$VD_3$续流，$VD_2$和$VD_3$上的电压降使$VT_2$和$VT_3$承受反压，$VT_2$和$VT_3$仍不能导通，这时$U_{AB}=-U_s$。电压、电流波形如图5-10所示。

负载的大小使电流波形存在两种情况，如图5-10中的i_{d1}和i_{d2}。i_{d1}相当于电动机负载较重的情况，平均负载电流大，电枢电感储能较多，在续流阶段电流仍维持正方向，电动机始终工作于第一象限的电动状态。i_{d2}相当于负载很轻的情况，平均电流小，电枢电感储能较少，在续流阶段电流很快衰减到零，于是VT_2和VT_3失去反压，在电源电压和电枢反电动势的合成作用下导通，电枢电流反向，沿回路3流通，电动机处于制动状态。当负载轻时，在$0 \leqslant t \leqslant t_{on}$期间，电流也有一次反向。

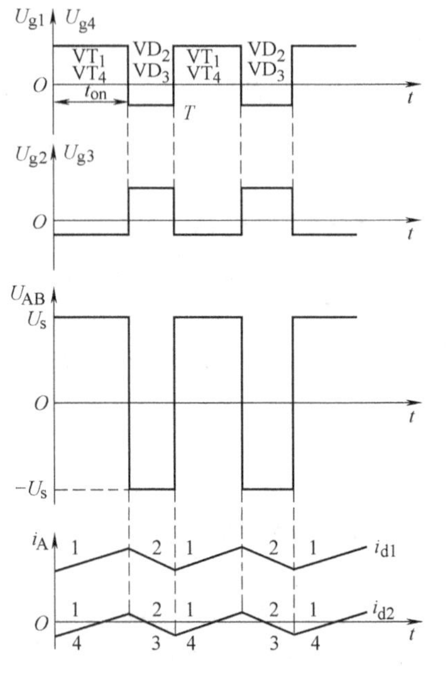

图5-10　双极式H型可逆PWM变换器的电压、电流波形

双极式H型可逆PWM变换器的电枢平均端电压可以表示为

$$U_d=\frac{t_{on}}{T}U_s-\frac{T-t_{on}}{T}U_s=\left(\frac{2t_{on}}{T}-1\right)U_s$$

仍以$\rho=U_d/U_s$来定义PWM电压的占空比，则ρ与t_{on}的关系为$\rho=\frac{2t_{on}}{T}-1$，考虑到$0 \leqslant t \leqslant t_{on}$，所以$\rho$的变化范围是$-1 \leqslant \rho \leqslant 1$。

实际运行时，通过改变驱动电压正、负脉冲的宽窄即可调节ρ，从而达到调速的目的。当ρ为正值时（$t_{on}>T/2$），电动机正转；当ρ为负值时（$t_{on}<T/2$），电动机反转；当$\rho=0$时（$t_{on}=T/2$），电动机停止。在$\rho=0$时，虽然电动机不动，电枢两端的瞬时电压和瞬时电流却都不是零，而是交变的，这个交变电流的平均值为零，不产生平均转矩，但增大电动机的损耗。它的好处是使电动机带有高频的微振，可用来消除正、反向时的静摩擦死区。

双极式工作制的优点：电动机可以在4个象限运行；电流一定连续；电动机停止运转时有微振电流，能消除摩擦死区；低速平稳性好，调速范围很宽；低速时每个功率管的驱动脉冲仍较宽，有利于保证功率管可靠导通。其缺点：在工作过程中，4个功率开关器件都处于工作状态，开关损耗大，而且容易发生上下两器件直通的事故，降低了装置的可靠性。为了防止上下两器件直通，在一器件关断和另一器件导通的驱动脉冲之间，应设置逻辑延时。

2. 单极式H型可逆PWM变换器

为了克服双极式H型可逆PWM变换器的上述缺点，对于静、动态性能要求低一些的系统，图5-9所示电路还可采用单极式工作制。所谓单极式工作是指在一个开关周期中，输出电压仅有幅值的变化而无极性的变化，即

$$U_{AB}=\begin{cases}U_s, & 0 \leqslant t \leqslant t_{on}\\0, & t_{on} \leqslant t \leqslant T\end{cases}\quad（电动机正转时）$$

$$U_{AB}=\begin{cases}-U_s, & 0 \leqslant t \leqslant t_{on}\\0, & t_{on} \leqslant t \leqslant T\end{cases}\quad（电动机反转时）$$

在单极式工作制中，左边两个器件的驱动电压 $U_{g1}=-U_{g2}$，与双极式控制时一样。右边两个器件 VT_3 和 VT_4 的控制信号则根据电动机的转向施加不同的直流驱动信号。

当电动机正转时，使 U_{g3} 恒为负，而 U_{g4} 恒为正，则 VT_3 始终截止，VT_4 在电动机正向运转时导通，在电动机正向制动时截止。在一个开关周期内，当 $0\leqslant t\leqslant t_{on}$ 时，VT_1 和 VT_4 导通，VT_2 和 VT_3 截止，$u_{AB}=U_s$，电枢电流 i_d 沿回路 1 流通。当 $t_{on}\leqslant t\leqslant T$ 时，VT_1 截止，由于 $U_{g3}<0$，VT_3 仍然截止，但 $i_d>0$，依靠电枢电感的作用，VD_2 正偏导通，电枢沿 VD_2 和 VT_4 短路，$u_{AB}=0$，由于 VD_2 导通，而使 VT_2 不能导通。

在电动机反转时，则 U_{g3} 恒为正，U_{g4} 恒为负，使 VT_3 在反向运转状态时导通，在反向制动时截止，VT_4 始终截止。在一个开关周期内，当 $0\leqslant t\leqslant t_{on}$ 时，VT_2 和 VT_3 导通，VT_1 和 VT_4 截止，$u_{AB}=-U_s$，电枢电流 i_d 沿电路 3 流通。当 $t_{on}\leqslant t\leqslant T$ 期间，VT_2 截止，VD_1 导通使电枢电感沿 VD_1 和 VT_3 短路，$u_{AB}=0$，由于 VD_1 导通而使 VT_1 不通。

由此可见，单极式 H 型可逆 PWM 变换器相当于有制动作用的不可逆 PWM 电路，其正转制动及反转制动的讨论也类似于不可逆直流脉宽调制调速系统。读者可自行分析它的输出电压波形和占空比公式，这里就不再详述了。

单极式工作制的优点是：在电动工作状态 VT_3 和 VT_4 两者之中总有一个始终导通，一个始终截止，运行中无须频繁交替导通。因此，它与双极式控制相比，开关损耗可以减少，装置的可靠性有所提高。

3. 受限单极式 H 型可逆 PWM 变换器

单极式变换器在减少开关损耗和提高可靠性方面要比双极式变换器好，但还是有一对功率开关器件 VT_1 和 VT_2 交替导通和关断，仍有使电源短路的危险。为此可在电动机正转时使 VT_2 一直截止，在电动机反转时使 VT_1 一直截止，其他情况与一般单极式 H 型可逆 PWM 变换器相同。这样，就不会产生 VT_1 和 VT_2 直通的故障。采用这种控制方式的电路称为受限单极式 H 型可逆 PWM 变换器。

5.3 习题

5-1 环流有哪些种类？它们是如何产生的？控制环流的基本途径是什么？

5-2 说明在有环流系统中待逆变、本桥逆变和他桥逆变的异同，都出现在何种场合？

5-3 为什么在逻辑控制无环流可逆调速系统逻辑控制器中必须设置封锁延时和触发延时？

5-4 逻辑控制无环流可逆调速系统，从电动机正转高速制动到低速过程中，正、反组晶闸管装置和电动机各经历了哪几种工作状态？

5-5 双极式和单极式 H 型可逆 PWM 变换器在结构形式和工作原理上有什么相同和不同之处？

5-6 在自然环流可逆系统中，为什么要严格控制最小逆变角 β_{min} 和最小整流角 α_{min}？如果出现两者不相等的情况，分析 $\alpha_{min}>\beta_{min}$ 和 $\beta_{min}>\alpha_{min}$ 时各产生什么后果？

第2篇　电力拖动交流调速系统

交流电动机分为异步电动机和同步电动机两大类，在交流电动机的应用过程中，为了满足生产工艺的要求，人们发明了多种调速方法，归纳如下：

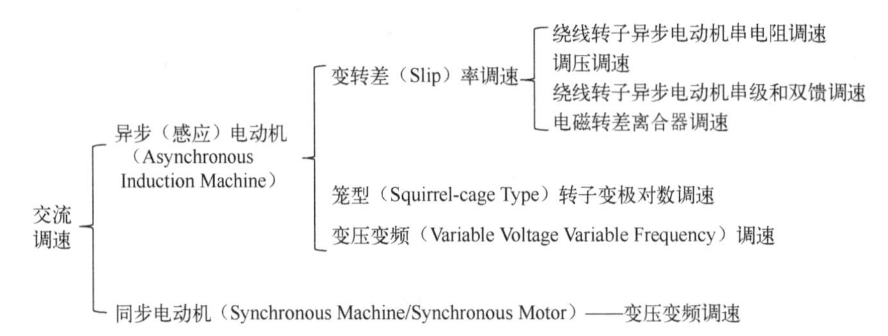

其中，调压调速、转子串电阻调速、转差离合器调速、变极对数调速等异步电动机调速方法因技术落后、调速性能差、效率低等原因已被先进的变压变频调速所取代。以变压变频调速为代表的现代交流调速系统分类如下：

电动机类型		调速原理	电力电子变频电路	变频电路的电源特性
异步电动机	笼型转子异步电动机	变压变频调速	交-直-交变频（整流+无源逆变）交-交变频	电流源型 电压源型
	绕线转子异步电动机	双馈调速（变转差率）	交-直-交变频（整流+有源逆变）交-交变频	电流源型
同步电动机	有励磁绕组同步电动机	他控式变压变频调速 自控式变压变频调速	交-直-交变频（可控整流+无源逆变）交-交变频	电流源型 电压源型
	无励磁绕组同步电动机（永磁同步电动机）			

目前，电力拖动交流调速系统的应用领域主要有下述三个方面：

1）节能调速和要求一般的工艺调速。在过去大量的所谓“不变速交流拖动”中，风机、水泵等通用机械的容量几乎占工业电力拖动总容量的一半以上，其中有不少场合并不是不需要调速，只是因为当时的交流拖动本身不能调速，电动机始终运行在自然特性上，不得不依赖挡板和阀门来调节送风和供水的流量，因而把许多电能白白地浪费了。如果换成交流调速系统，把消耗在挡板和阀门上的能量节约下来，平均每台风机、水泵可以节约20%～30%的电能，经济效益可观。风机、水泵对调速范围和动态性能的要求都不高，只要有一般的调速性能就足够了。此外，还有许多在工艺上需要调速但对调速性能要求不高的生产机械，也属于这类一般性能调速。

2）高性能交流调速系统的广泛应用。由于交流电动机的电磁转矩难以像直流电动机那样通过电枢电流施行灵活的控制，过去交流调速系统的控制性能不如直流调速系统。直到20世纪70年代初发明了矢量控制技术（或称磁场定向控制技术），通过坐标变换，可以把交流电动机的定子电流分解成转矩分量和励磁分量，分别用来控制电动机的转矩和磁通，可以获得和直流电动机一样的高动态性能。其后出现了直接转矩控制技术，形成一系列可以和直流调速系统相媲美的高性能交流调速系统。

3）特大容量、极高转速的交流调速。直流电动机的换向能力限制了它的容量转速乘积不能超过 10^6kW・r/min，超过这一数值时，其设计与制造就非常困难了。交流电动机没有换向问题，不受这种限制，因此，特大容量的电力拖动设备，如厚板轧机、空气压缩机等，以及极高转速的拖动，如高速磨头、离心机等，都以采用交流调速为宜。

现代交流电动机调速系统类型及控制方式如下。

1. 异步电动机调速系统

按照交流异步电动机原理，从定子传输到转子的电磁功率 P_m 分成两个部分：一部分 $P_{mech}=(1-s)P_m$ 是拖动负载的有效功率，称为机械功率；另一部分 $P_s=sP_m$ 是传输给转子电路的转差功率，与转差率 s 成正比。从能量转换的角度看，转差功率是否增大，能量是被消耗掉还是被利用，是评价调速系统效率高低的标志。从这点出发，可以把现代异步电动机调速系统分成两类。

（1）转差功率馈送型调速系统

这类系统中，一部分转差功率被消耗掉，而大部分则通过变流装置回馈给电网或转化成机械能予以利用，转速越低，能利用的功率越多，绕线转子异步电动机串级调速属于这一类。如果这部分转差功率是从转子侧输入的，可使转速高于同步转速。功率既可以从转子馈入又可以馈出的系统称为双馈调速系统。这类系统的效率较高，但只能采用绕线转子异步电动机，应用场合受到一定限制。

（2）转差功率不变型调速系统

在转差功率中，转子铜损是不可避免的，在定子侧实行变压变频控制时，无论转速高低，转子铜损基本不变，转子电路中没有附加的损耗，因此效率最高，是应用最广的一种调速系统。

实际的异步电动机变压变频调速系统主要有五种控制方式，即：①电压-频率协调控制方式；②转差频率控制方式；③矢量控制方式；④直接转矩控制方式；⑤定子磁链轨迹控制方式。

其中前两种静止方式是依据异步电动机的稳态数学模型，仅对交流电量的幅值进行控制，因此也称为标量控制；后三种控制方式是依据异步电动机的动态数学模型，不仅控制交流电量的幅值，而且还控制交流电量的相位。

2. 同步电动机调速系统

同步电动机没有转差，也就没有转差功率，所以同步电动机调速系统只能是转差功率不变型（恒等于0）的，而同步电动机转子极对数又是固定的，因此只能靠变压变频调速，没有像异步电动机那样的多种调速方法。在同步电动机的变压变频调速系统中，从频率控制的方式来看，可分为他控变频调速和自控变频调速两类。后者利用转子磁极位置的检测信号来控制变压变频装置换相，类似于直流电动机中电刷和换向器的作用，因此有时又称为无换向器电动机调速或无刷直流电动机调速。

开关磁阻电动机和步进式电动机都是特殊形式的同步电动机，有其独特而又较简单的调速方法，在小容量交流电动机调速系统中很有发展前途。

类似异步电动机变压变频调速系统，同步电动机变压变频调速系统有电压-频率协调控制方式、矢量控制方式和直接转矩控制方式。

第6章　基于稳态数学模型的异步电动机调速控制系统

本章介绍基于稳态数学模型的异步电动机调压调速控制系统和异步电动机变压变频调速系统，主要讲述控制方式、机械特性、系统的基本组成，以及系统分析。

6.1　基于稳态数学模型的异步电动机调压调速控制系统

6.1.1　异步电动机调压调速控制原理

调压调速是异步电动机调速系统中比较简便的一种。由电机原理可知，当转差率 s 基本不变时，电动机的电磁转矩与定子电压的二次方成正比，即 $T_{ei} \propto U_s^2$，因此，改变定子电压就可以得到不同的人为机械特性，从而达到调节电动机转速的目的。

交流调压调速的主电路已由晶闸管构成的交流调压器取代了传统的自耦变压器和带直流磁化绕组的饱和电抗器，装置的体积得到了减小，调速性能也得到了提高。晶闸管交流调压器的主电路接法有以下几种方式，如图6-1所示。

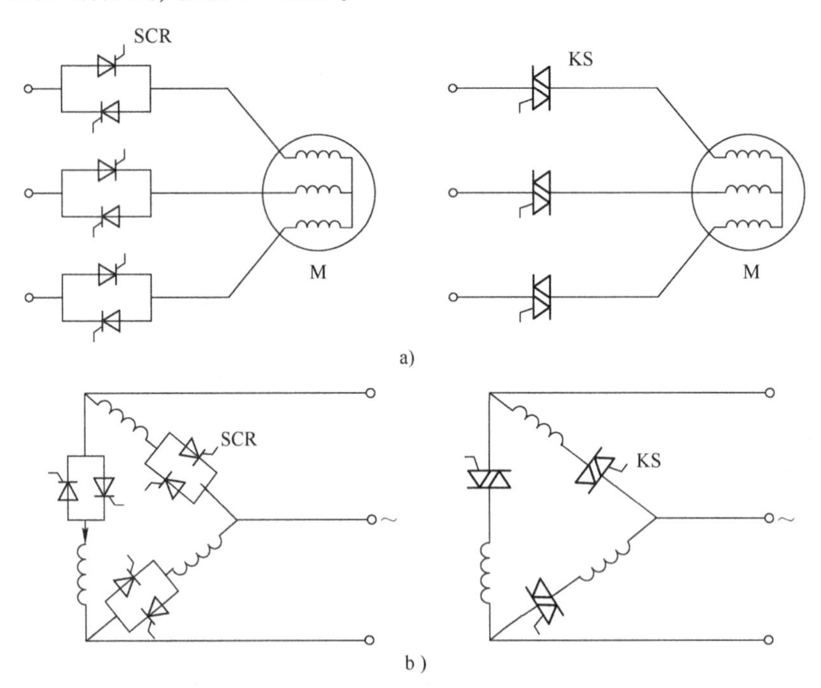

图6-1　三相交流晶闸管调压器主电路接法

a）电动机绕组Y联结时的三相分支双向电路　b）电动机绕组△联结时的三相双向电路

SCR—晶闸管　KS—双向晶闸管

① 电动机绕组Y联结时的三相分支双向控制电路，用三对晶闸管反并联或三个双向晶闸管

分别串接在每相绕组上。调压时用相位控制，当负载电流流通时，至少要有一相的正向晶闸管和另一相的反向晶闸管同时导通，所以要求各晶闸管的触发脉冲宽度都大于60°，或者采用双脉冲触发，最大移相范围为150°。移相调压时，输出电压中含有奇次谐波，其中以三次谐波为主。如果电动机绕组不带中性线，则三次谐波电动势虽然存在，却不会有三次谐波电流。由于电动机绕组为感性，电流波形会比电压波形平滑些，但仍然含有谐波，从而产生脉动转矩和附加损耗等不良影响，这是晶闸管调压电路的缺点。

② 电动机绕组Y联结时的三相分支单相控制电路，每相只有一个晶闸管，反向由与它反并联的二极管构成通路。这种接法设备简单、成本低廉，但正、负半周电压电流不对称，高次谐波中有奇次谐波电流，也有偶次谐波电流，产生与电磁转矩相反的转矩，使电动机输出转矩减小，效率降低，仅用于简单的小容量装置。

③ 电动机绕组△联结时三相△双向控制电路，晶闸管串接在相绕组电路中，同等容量下，晶闸管承受的电压高而电流小，存在三次谐波电流损耗。此种接法用于△联结电动机。

比较而言，接法①的综合性能较好，在交流调压调速系统中多采用这种方案。

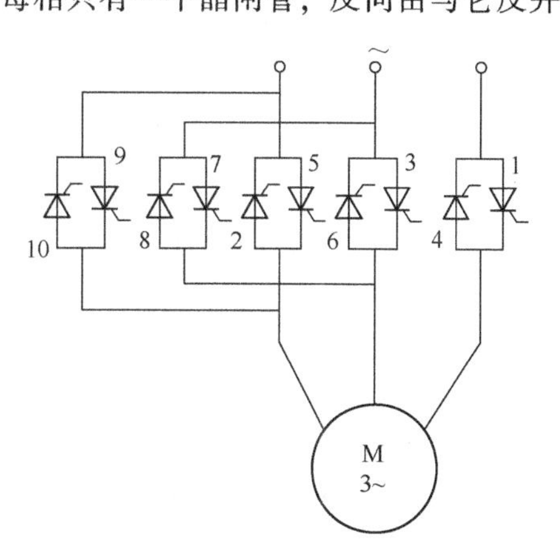

图 6-2　晶闸管交流调压调速系统正、反转和制动电路

电动机正、反转运行时的主电路如图6-2所示，正转时1~6晶闸管工作；反转时1、4、7~10晶闸管工作。另外，利用图6-2的电路还可以实现电动机的反接制动和能耗制动。

6.1.2　异步电动机调压调速的机械特性

根据电机学原理可知，异步电动机的机械特性方程式为

$$T_{ei}=\frac{3n_p U_s^2 R_r/s}{\omega_s\left[\left(R_s+\frac{R_r}{s}\right)^2+\omega_s^2(x_s+x_r)^2\right]} \tag{6-1}$$

式中，T_{ei}为异步电动机的电磁转矩；n_p为电动机极对数；U_s、ω_s分别为定子供电电压和供电频率；R_s、R_r分别为定子每相电阻、折算到定子侧的转子每相电阻；x_s、x_r分别为定子每相电抗、折算到定子侧的转子侧每相电抗；s为转差率。

改变定子供电电压，可以得到不同的人为异步电动机机械特性曲线，如图6-3所示。图中U_{sN}为额定电压。

将式（6-1）对s求导，并令$dT_{ei}/ds=0$，可以计算出产生最大转矩时的临界转差率s和最大转矩$T_{ei\max}$，分别为

$$s_m=\frac{R_r}{\sqrt{R_s^2+\omega_s^2\ (x_s+x_r)^2}} \tag{6-2}$$

$$T_{ei\max}=\frac{3n_p U_s^2}{2\omega_s[R_s^2+\omega_s^2(x_s+x_r)^2]} \tag{6-3}$$

普通笼型异步电动机机械特性工作段s很小，对于恒转矩负载而言，调速范围很小。但对于风机、泵类机械，由于负载转矩与转速的二次方成正比，采用调压调速可以得到较宽的调速范围。对于恒转矩负载，要扩大调压调速范围，可采用高转子电阻电动机，使电动机机械特性变

软。如图 6-4 所示为高转子电阻电动机的调压调速机械特性。显然，即使在堵转转矩下工作，也不至于烧毁电动机，提高了调速范围。

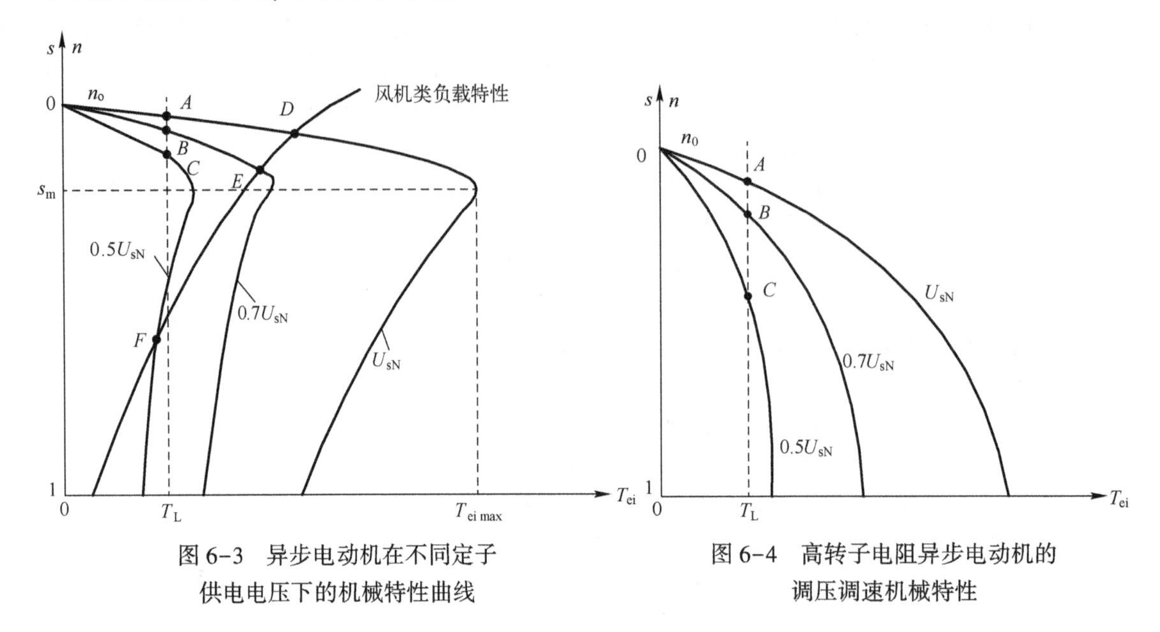

图 6-3　异步电动机在不同定子供电电压下的机械特性曲线

图 6-4　高转子电阻异步电动机的调压调速机械特性

6.1.3　异步电动机调压调速的功率消耗

异步电动机调压调速属于转差功率消耗型的调速系统，调速过程中的转差功率消耗在转子电阻和其外接电阻上，消耗功率的多少与系统的调速范围和所带负载的性质有着密切的关系。

根据电机学原理，异步电动机的电磁功率为

$$P_{m}=T_{ei}\Omega_{s}=\frac{T_{ei}\omega_{s}}{n_{p}}=\frac{T_{ei}\omega}{n_{p}(1-s)} \tag{6-4}$$

式中，Ω_s 表示机械角速度。

电动机的转差功率为

$$P_{s}=sP_{m} \tag{6-5}$$

不同性质负载的转矩可用下式表示：

$$T_{L}=C\omega^{a} \tag{6-6}$$

式中，c 为常数；$a=0$、1、2 分别代表恒转矩负载、与转速成比例的负载和与转速的二次方成比例的负载（风机、泵类等）。

当 $T_{ei}=T_{L}$ 时，转差功率为

$$P_{s}=sP_{m}=s\frac{C\omega^{a+1}}{n_{p}(1-s)}=\frac{C}{n_{p}}s(1-s)^{a}\omega_{s}^{a+1} \tag{6-7}$$

而输出的机械功率为

$$P_{M}\approx(1-s)P_{m}=\frac{C}{n_{p}}(1-s)^{a+1}\omega_{s}^{a+1} \tag{6-8}$$

当 $s=0$ 时，电动机的输出功率最大，为

$$P_{M\max}=\frac{C}{n_{p}}\omega_{s}^{a+1} \tag{6-9}$$

以 $P_{M\max}$ 为基准值，转差功率消耗系数 K_s^* 为

$$K_s^*=\frac{P_s}{P_{M\max}}=s(1-s)^a \tag{6-10}$$

按式（6-10）可以得到不同类型负载所对应的转差功率消耗系数与转差率的关系曲线，如图 6-5 所示。

为了求得最大转差功率消耗系数及其对应的转差率，由式（6-10）对 s 求导，并令此导数等于零。

$$\frac{dK_s^*}{ds}=(1-s)^a-as(1-s)^{a-1}=(1-s)^{a-1}[1-(1+a)s]=0$$

则，对应的转差率为

$$s_m^*=\frac{1}{1+a} \tag{6-11}$$

最大转差功率消耗系数为

$$K_{sm}^*=\frac{a^a}{(1+a)^{a+1}} \tag{6-12}$$

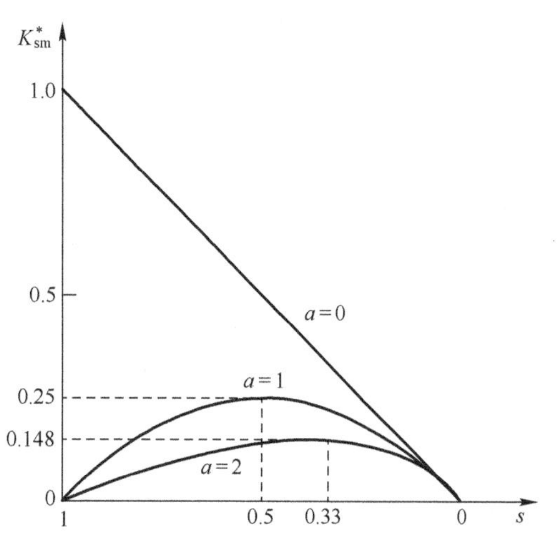

图 6-5　不同类型负载所对应的转差功率消耗系数与转差率的关系

对于不同类型负载 $a=0$、1、2，代入式（6-11）和式（6-12），则有不同类型负载时 s_m^* 和 K_{sm}^* 的值，计算结果列于表 6-1。

表 6-1　不同类型负载时 s_m^* 和 K_{sm}^* 的值

a	0	1	2
s_m^*	1	0.5	0.33
K_{sm}^*	1	0.25	0.148

根据以上分析可知，对于风机泵类负载，电动机的转差功率消耗系数最小，因此，调压调速对于风机泵类负载比较合适；对于恒转矩负载，则不宜长期在低速下运行，以免电动机过热。

6.1.4　异步电动机 PWM 调压调速控制系统

根据采用的控制方式不同，交流-交流调压器可分为相控式和斩控式。传统方案多采用相控式，其结构简单，可以采用电源换相方式，即使是采用半控型器件也无须附加换相电路，但存在输出电压谐波含量大、深控时网侧功率因数低等缺点。相反，斩控式电路则没有上述缺点，因此传统的相控式 SCR 电路正逐渐被 PWM-IGBT 电路所取代，PWM-SCR 电路由于无法采用电源换相，必须附加换相电路，此外由于 SCR 的器件开关频率较低，对于 SCR 电路而言不宜采用 PWM 方式，为此本节介绍 PWM-IGBT 斩控式电路。

凡是能量能在交流电源和负载之间双向流动的电路称为双向交流变换电路；相反能量只能从电源向负载流动的电路则称为单相电路。双向电路由于具有更好的负载适应性，因而有更广的发展前景。

PWM 交流调压电路三相结构如图 6-6a 所示，它由三只串联开关 VG_A、VG_B 和 VG_C 以及一只续流开关 VG_N 组成，串联开关共用一个控制信号 u_g，它与续流开关的控制信号 u_{gN} 在相位上互补，这样当 VG_A、VG_B 和 VG_C 导通时，VG_N 即关断；反之，当 VG_N 导通时，VG_A、VG_B 和 VG_C 均关断。

当 VG_N处于断态时，负载电压等于电源电压；当 VG_N导通时，负载电流沿 VG_N续流，负载电压为零。

在 PWM 控制方式下，输出线电压 u_{AB}和 u_{BC}的波形分别如图 6-6b 所示。为避免输出电压和电流中含有偶次谐波，且保持三相输出电压对称，频率比 K 必须选 6 的倍数。

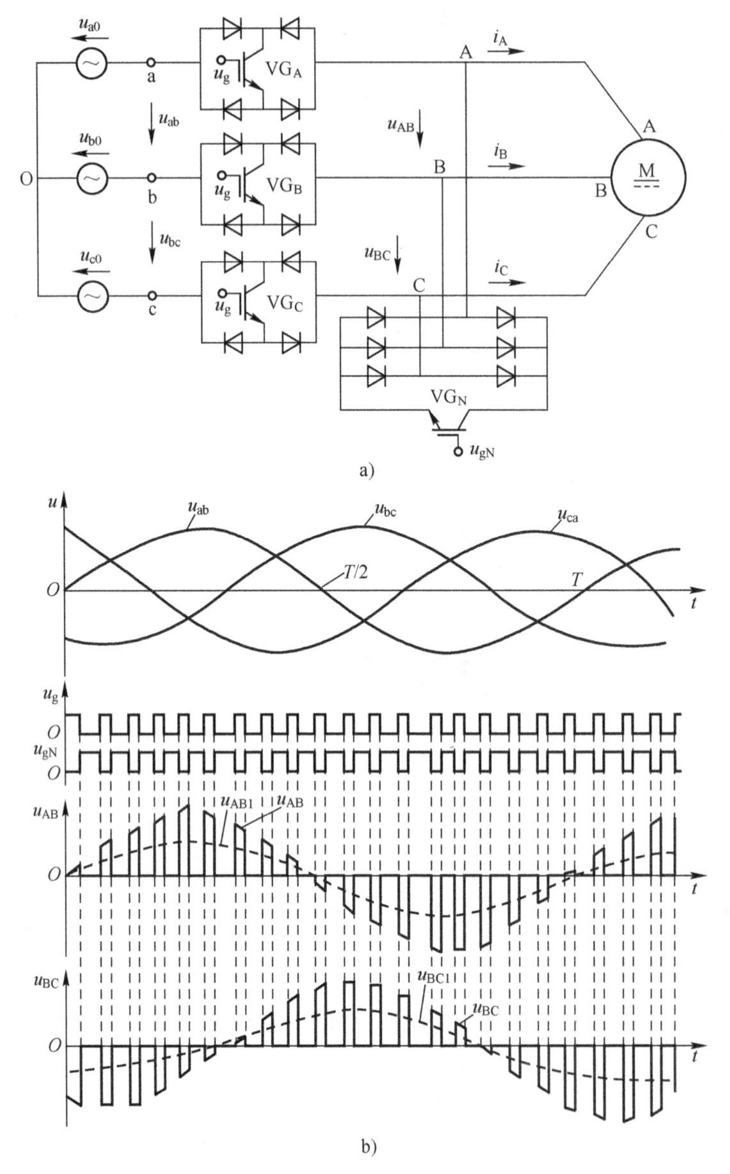

图 6-6　三相 PWM-IGBT 交流调压电路波形

a）主电路　b）电量波形

6.1.5　闭环控制的异步电动机调压调速控制系统分析

在 6.1.2 节中，为了扩大调压调速的调速范围，增加了转子电阻，使得机械特性变软。这样的特性使得，当电动机低速运行时，负载或电压稍有波动，就会引起转速的很大变化，造成运行不稳定。为了提高系统的稳定性，常采用闭环控制（见图 6-7），以提高调压调速特性的硬度。

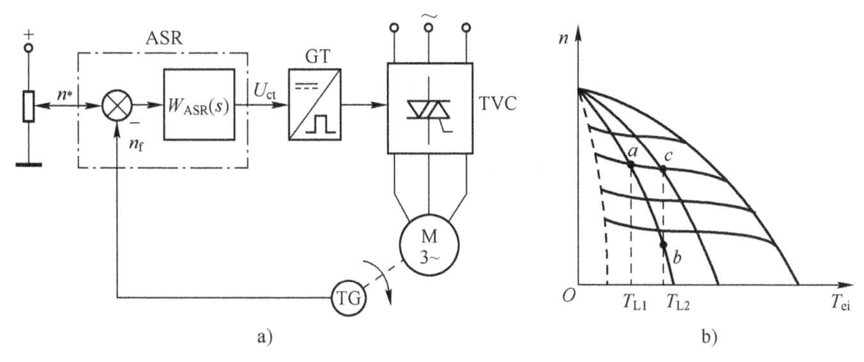

图 6-7　转速闭环的交流调压调速系统

a）系统原理图　b）闭环控制静特性

当系统要求不高时，也可以采用定子电压反馈控制方式，如图 6-8 所示。

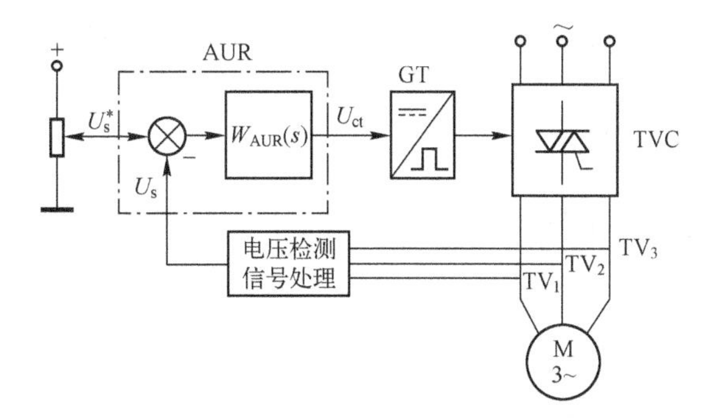

图 6-8　定子电压反馈的交流调压调速系统

1. 闭环控制的异步电动机调压调速控制系统静态分析

由图 6-7b 可知，当系统原来工作于 a 点，负载由 T_{L1}变到 T_{L2}，系统开环工作时，定子供电电压 U_s 不变，转速由 a 点沿同一机械特性变化到 b 点稳定工作，转速变化很大。采用闭环控制后，负载转矩的增加，使得转速下降，由于系统引入转速负反馈，输入偏差增大，使得输出到定子的电压升高，转速提高，由于负载转矩增大而引起的转速下降得到一定程度的补偿，系统稳定工作于 c 点。可见，由于负载变化引起的转速变化很小，于是扩大了调速范围。

由图 6-7a 可以得到系统的静态结构图，如图 6-9 所示。图中，$K_s=U_s/U_{ct}$为晶闸管交流调压器和触发装置的放大系数，$a=U_n/n$ 为转速反馈系数，ASR 为速度调节器，$n=f(U_s,T_{ei})$是式（6-1）表示的异步电动机机械特性方程式，是一个非线性函数。稳态时，$U_n^*=U_n=an$，$T_{ei}=T_L$。

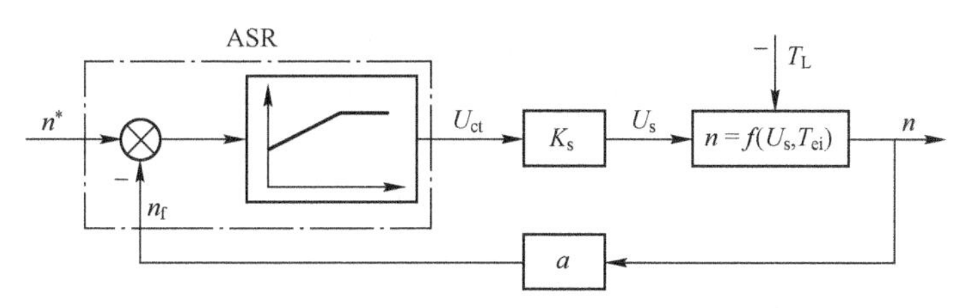

图 6-9　异步电动机调压调速系统静态结构图

2. 闭环控制的异步电动机调压调速控制系统动态分析

为了对系统进行动态分析和设计，绘制系统的动态结构图是必需的。由图 6-9 可以得到系统的动态结构框图，如图 6-10 所示。

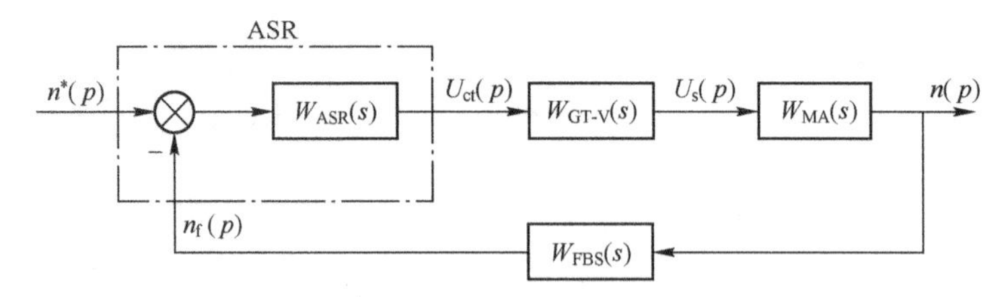

图 6-10　异步电动机调压调速系统动态结构图

图中各个环节的传递函数如下。

（1）速度调节器（ASR）

为消除静差，改善系统动态性能，通常采用 PI 调节器，其传递函数为

$$W_{\mathrm{ARS}}(s)=K_{\mathrm{n}}\frac{\tau_{\mathrm{n}}s+1}{\tau_{\mathrm{n}}s}\tag{6-13}$$

（2）晶闸管交流调压器和触发装置

假设其输入、输出是线性的，其动态特性可近似看成一阶惯性环节，其传递函数为

$$W_{\mathrm{GT\text{-}V}}(s)=\frac{K_{\mathrm{s}}}{T_{\mathrm{s}}s+1}\tag{6-14}$$

（3）测速反馈环节

考虑到反馈的滤波作用，其传递函数为

$$W_{\mathrm{FBS}}(s)=\frac{a}{T_{\mathrm{on}}s+1}\tag{6-15}$$

（4）异步电动机环节

由于异步电动机是一个多输入、多输出，耦合非线性系统，用一个传递函数来准确描述异步电动机在整个调速范围内的输入/输出关系是不可能的，因此，可以采用在其稳定工作点附近微偏线性化的方法得到近似的传递函数。

异步电动机在其稳定工作点 A 点（见图 6-3）的机械特性方程为

$$T_{\mathrm{ei\,A}}=\frac{3n_{\mathrm{p}}U_{\mathrm{sA}}^{2}(R_{\mathrm{r}}/s_{\mathrm{A}})}{\omega_{\mathrm{sA}}\left[\left(R_{\mathrm{s}}+\dfrac{R_{\mathrm{r}}}{s_{\mathrm{A}}}\right)^{2}+\omega_{\mathrm{sA}}^{2}(x_{\mathrm{s}}+x_{\mathrm{r}})^{2}\right]}\tag{6-16}$$

式中，ω_{sA}为异步电动机在工作点 A 对应的同步旋转角速度。通常在异步电动机稳定工作点附近 s 值很小，可以认为

$$R_{\mathrm{r}}/s\gg R_{\mathrm{s}},R_{\mathrm{r}}/s\gg(x_{\mathrm{s}}+x_{\mathrm{r}})$$

后者相当于忽略异步电动机的漏感电磁惯性。因此可以得到稳态工作点 A 近似的线性机械特性方程式

$$T_{\mathrm{ei\,A}}\approx\frac{3n_{\mathrm{p}}U_{\mathrm{sA}}^{2}}{\omega_{\mathrm{sA}}R_{\mathrm{r}}}s_{\mathrm{A}}\tag{6-17}$$

在 A 点附近有微小偏差时，$T_{\mathrm{ei}}=T_{\mathrm{ei\,A}}+\Delta T_{\mathrm{ei}}$，$U_{\mathrm{s}}=U_{\mathrm{sA}}+\Delta U_{\mathrm{s}}$，$s=s_{\mathrm{A}}+\Delta s$，代入式（6-17）得

$$T_{\mathrm{ei\,A}}+\Delta T_{\mathrm{ei}}\approx\frac{3n_{\mathrm{p}}}{\omega_{\mathrm{sA}}R_{\mathrm{r}}}(U_{\mathrm{sA}}+\Delta U_{\mathrm{s}})^{2}(s_{\mathrm{A}}+\Delta s)\tag{6-18}$$

展开式（6-18），忽略两个以上微偏量乘积项得

$$T_{ei\,A}+\Delta T_{ei}\approx\frac{3n_p}{\omega_{sA}R_r}(U_{sA}^2s_A+2U_{sA}s_A\Delta U_s+U_{sA}^2\Delta s)\tag{6-19}$$

式（6-19）减式（6-17）得

$$\Delta T_{ei}\approx\frac{3n_p}{\omega_{SA}R_r}(2U_{sA}s_A\Delta U_s-U_{sA}^2\Delta s)\tag{6-20}$$

将 $\Delta s=\dfrac{\Delta\omega}{\omega_{sA}}$代入式（6-20）得

$$\Delta T_{ei}=\frac{3n_p}{\omega_{sA}R_r}\left(2U_{sA}s_A\Delta U_s+U_{sA}^2\frac{\Delta\omega}{\omega_{sA}}\right)\tag{6-21}$$

电力拖动系统的运动方程式为

$$T_{ei}-T_L=\frac{J}{n_p}\frac{d\omega}{dt}\tag{6-22}$$

在工作点 A 稳定运行时

$$T_{ei\,A}-T_{LA}=\frac{J}{n_p}\frac{d\omega_A}{dt}=0\tag{6-23}$$

式中，ω_A 为异步电动机在工作点 A 时的旋转速度。当在 A 点附近有微小偏差时

$$T_{ei\,A}+\Delta T_{ei}-(T_{LA}+\Delta T_L)=\frac{J}{n_p}\frac{d(\omega_A+\Delta\omega)}{dt}\tag{6-24}$$

式（6-24）减式（6-23）得

$$\Delta T_{ei}-\Delta T_L=\frac{J}{n_p}\frac{d(\Delta\omega)}{dt}\tag{6-25}$$

式（6-21）和式（6-25）的微偏量关系表示了异步电动机微偏线性化的近似动态结构关系，其动态结构图如图 6-11 所示。

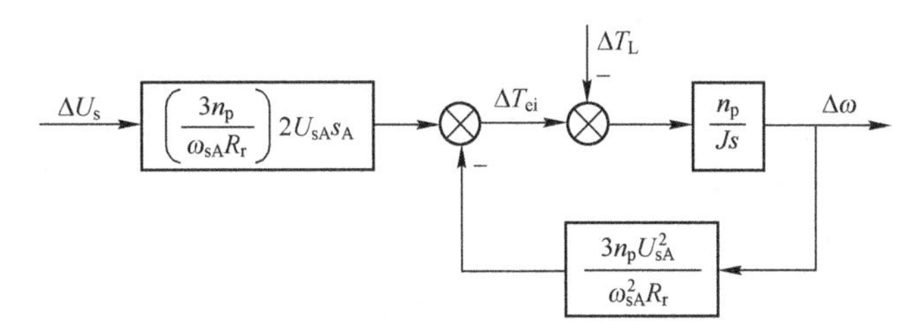

图 6-11　异步电动机微偏线性化的近似动态结构图

如果只考虑ΔU_s 与 $\Delta\omega$ 之间的传递函数，可令$\Delta T_L=0$，于是异步电动机的近似线性化传递函数为

$$\begin{aligned}W_{MA}(s)=\frac{\Delta\omega(s)}{\Delta U_s(s)}&=\left(\frac{3n_p}{\omega_{sA}R_r}\right)2U_{sA}s_A\frac{\dfrac{n_p}{Js}}{1+\dfrac{3n_pU_{sA}^2}{\omega_{sA}^2}\dfrac{n_p}{Js}}\\&=\frac{2s_A\omega_{sA}}{U_{sA}}\frac{1}{\dfrac{J\omega_{sA}^2R_r}{3n_pU_{sA}^2}s+1}=\frac{K_{MA}}{T_ms+1}\end{aligned}\tag{6-26}$$

式中，$K_{MA}=\dfrac{2s_A\omega_{sA}}{U_{sA}}$为异步电动机传递函数；$T_m=\dfrac{J\omega_{sA}^2R_r}{3n_p^2U_{sA}^2}$为异步电动机拖动系统的机电时间常数。由于忽略了电磁惯性，异步电动机便近似成了一个线性的一阶惯性环节。

需要说明的是，首先，由于异步电动机的传递函数采用的是微偏线性化模型，只适用于稳态工作点附近的动态分析，不能用于大范围起制动时动态响应指标的计算；其次，由于忽略了电动机的电磁惯性，分析和计算有很大的偏差。

6.2 基于稳态数学模型的异步电动机变压变频调速系统

6.2.1 基于稳态数学模型的异步电动机变压变频调速系统的控制方式

由电机学可知，异步电动机转速公式为

$$n=\frac{60f_s}{n_p}(1-s)=\frac{60\omega_s}{2\pi n_p}(1-s)=n_s(1-s) \tag{6-27}$$

式中，f_s为电动机定子供电频率（Hz）；n_p为电动机极对数；$\omega_s=2\pi f_s$为定子供电角频率（角速度，rad/s）；$s=(n_s-n)/n_s=(\omega_s-\omega)/\omega_s=\omega_{sl}/\omega_s$为转差率，其中，$n_s=60f_s/n_p=60\omega_s/(2\pi n_p)$为同步转速（r/min），$\omega_{sl}=\omega_s-\omega$为转差角频率，$\omega$（或写成$\omega_r$）为异步电动机（转子）角频率（角速度）。

由式（6-27）可知，如果均匀地改变异步电动机的定子供电频率f_s，就可以平滑地调节电动机转速n。然而，在实际应用中，不仅要求调节转速，同时还要求调速系统具有优良的调速性能。

在额定转速以下调速时，保持电动机中每极磁通量为额定值，如果磁通减少，则异步电动机的电磁转矩T_{ei}（N·m）将减小，这样，在基速以下时，无疑会失去调速系统的恒转矩机械特性；反之，如果磁通增多，又会使电动机磁路饱和，励磁电流将迅速上升，导致电动机铁损大量增加，造成电动机铁心严重过热，不仅会使电动机输出效率大大降低，而且会造成电动机绕组绝缘能力降低，严重时有烧毁电动机的危险。可见，在调速过程中不仅要改变定子供电频率f_s，而且还要保持（控制）磁通恒定。

6.2.1.1 电压-频率协调控制方式

1. 恒压频比（U_s/f_s= Const）控制方式及其机械特性

（1）基频以下U_s/f_s=Const的电压、频率协调控制方式

由电机学可知，气隙磁通在定子每相绕组中感应电动势有效值E_s(V)为

$$E_s=4.44f_sN_sK_s\Phi_m\text{，写成 }E_s/f_s=c_s\Phi_m \tag{6-28}$$

式中，N_s为定子每相绕组串联匝数；K_s为基波绕组系数；Φ_m为电动机气隙中每极合成磁通(Wb)；$c_s=4.44N_sK_s$。

由式（6-28）可看出，要保持Φ_m=Const（通常为$\Phi_m=\Phi_{mN}$=Const，Φ_{mN}为电动机气隙额定磁通），则必须E_s/f_s=Const，这就要求，当频率f_s从额定值f_{sN}（基频）降低时，E_s也必须同时按比例降低，则

$$E_s/f_s=c_s\Phi_m=\text{Const} \tag{6-29}$$

式（6-29）表示了感应电动势有效值E_s与频率f_s之比为常数的控制方式，通常称为恒E_s/f_s控制。可以看出，在这种控制方式下，当f_s由基频降至低频的变速过程中都能保持磁通Φ_m=Const，可以获得$T_{ei}=T_{ei\,max}$=Const的控制效果。这是一种较为理想的控制方式，然而由于感应电

动势 E_s 难以检测和控制，实际可以检测和控制的是定子电压，因此，基频以下调速时，往往采用变压变频控制方式。

稳态情况下，依据图 6-12 所示的异步电动机等值电路图，则异步电动机定子每相电压与每相感应电动势的关系为

$$\dot{U}_s=-\dot{E}_s+\dot{I}_sZ_s=2\pi f_sL_m\dot{I}_m+(R_s\dot{I}_s+j2\pi f_sL_{s\sigma}\dot{I}_s) \tag{6-30}$$

式中，$\dot{E}_s=2\pi f_sL_m\dot{I}_m$；$\dot{I}_sZ_s=R_s\dot{I}_s+j2\pi f_sL_{s\sigma}\dot{I}_s$；$\dot{U}_s$ 为定子相电压（V）；$\dot{I}_s$ 为定子相电流（A）；$\dot{I}_m$ 为励磁电流（A）；R_s 为定子每相绕组电阻（Ω）；L_m 为定、转子之间的互感（H）；$L_{s\sigma}$为定子绕组每相漏感（H）。

由式（6-30）可知，当定子频率 f_s 较高时，感应电动势的有效值 $\dot{E}_s$ 也较大，这时可以忽略定子绕组的阻抗压降（$\dot{I}_sZ_s$），可认为定子相电压有效值 $U_s\approx E_s$，为此在实际工程中是以 U_s 代替 E_s 而获得电压与频率之比为常数的恒压频比控制方程式，即

$$U_s/f_s=c_s\Phi_m=\text{Const} \tag{6-31}$$

其控制特性如图 6-13 中曲线Ⅰ所示。

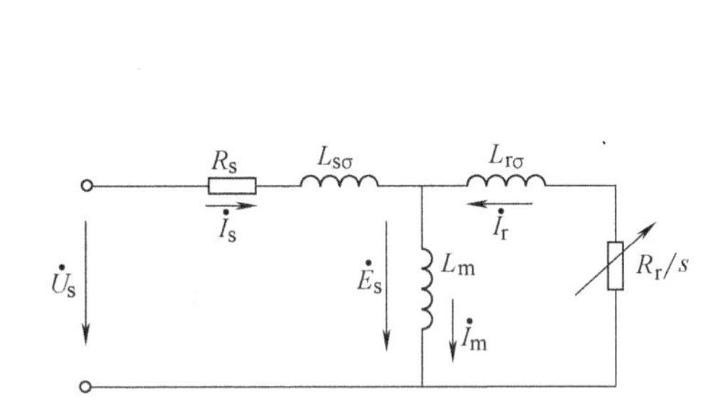

图 6-12　异步电动机的等值电路图

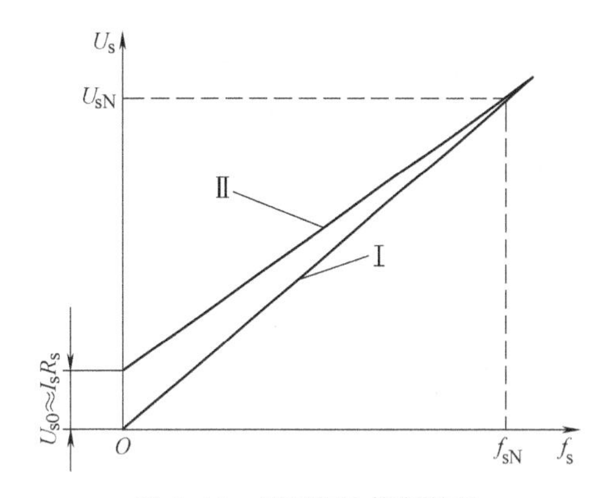

图 6-13　恒压频比控制特性

由于恒压频比控制方式成立的前提条件是忽略了定子阻抗压降，在f_s 较低时，由式（6-30）可知，定子感应电动势 $\dot{E}_s$ 变小了，其中唯有 $\dot{I}_sR_s$ 项并不减小，与 $\dot{E}_s$ 相比，$\dot{I}_sZ_s$ 比重加大，$U_s\approx E_s$不再成立，也就是说f_s较低时定子阻抗压降不能再忽略了。

为了使 $U_s/f_s=\text{Const}$ 的控制方式在低频情况下也能适用，往往在实际工程中采用 I_sR_s 补偿措施，即在低频时把定子相电压有效值 U_s 适当抬高，以补偿定子阻抗压降的影响。补偿后的 U_s/f_s 的控制特性如图 6-13 曲线Ⅱ所示。

f_s 较低时，如果不进行 I_sR_s 补偿，$U_s/f_s=\text{Const}$ 的控制原则就会失效，异步电动机势必处于弱磁工作状态，异步电动机的最大转矩 $T_{ei\max}$必然严重降低，导致电动机的过载能力下降。当在 f_s 较低时采用 I_sR_s 补偿后，$U_s/f_s\approx\text{Const}$，表明了低频时仍能使气隙磁通 Φ_m 基本恒定，也就是说在低频情况下通过 I_sR_s 补偿后，电动机的最大转矩 $T_{ei\max}$得到了提升。通常把 I_sR_s 补偿措施称为转矩提升（Torque Boost）方法。

（2）$U_s/f_s=\text{Const}$ 控制方式的机械特性

由电机学可知，三相异步电动机在工频供电时的机械特性方程式为

$$T_{ei}=\frac{3n_pU_s^2R_r/s}{\omega_s\left[\left(R_s+\dfrac{R_r}{s}\right)^2+\omega_s^2\,(L_{s\sigma}+L_{r\sigma})^2\right]} \tag{6-32}$$

式中，R_r 为折算到定子侧的转子每相电阻；$L_{r\sigma}$ 为折算到定子侧的转子每相漏感。将式（6-32）对 s 求导，并令 $dT_{ei}/ds=0$，可求出最大电磁转矩 $T_{ei\,max}$ 和对应的转差率 s_m

$$T_{ei\,max}=\frac{3n_pU_s^2}{2\omega_s[R_s+\sqrt{R_s^2+\omega_s^2(L_{s\sigma}+L_{r\sigma})^2}]} \tag{6-33}$$

$$s_m=\frac{R_r}{\sqrt{R_s^2+\omega_s^2(L_{s\sigma}+L_{r\sigma})^2}} \tag{6-34}$$

令式（6-32）中 $s=1(n=0)$，可求出初始起动转矩 $T_{ei\,st}$

$$T_{ei\,st}=\frac{3n_pU_s^2R_r}{\omega_s[(R_s+R_r)^2+\omega_s^2(L_{s\sigma}+L_{r\sigma})^2]} \tag{6-35}$$

三相异步电动机的同步转速 n_s 为

$$n_s=\frac{60f_s}{n_p}=\frac{60\omega_s}{2\pi n_p} \tag{6-36}$$

根据式（6-32）~式（6-36）可以绘出正弦波恒压恒频供电时三相异步电动机的机械特性曲线，如图 6-14 所示。

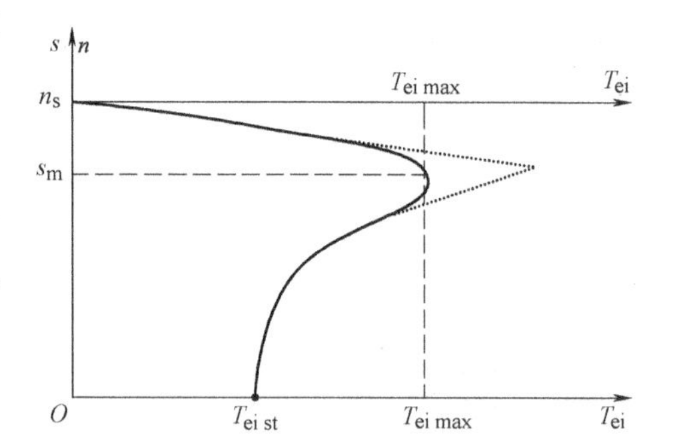

图 6-14　电网直接供电时异步电动机的机械特性

三相异步电动机采用恒压频比（U_s/f_s = Const）控制方式的变压变频电源供电时的机械特性与采用正弦波恒压恒频供电时的机械特性相比有什么特点呢？

变压变频时，式（6-32）~式（6-36）可以改为

$$T_{ei}=3n_p\left(\frac{U_s}{\omega_s}\right)^2\frac{s\omega_sR_r}{(sR_s+R_r)^2+s^2\omega_s^2(L_{s\sigma}+L_{r\sigma})^2} \tag{6-37}$$

$$T_{ei\,max}=\frac{3}{2}n_p\left(\frac{U_s}{\omega_s}\right)^2\frac{1}{R_s/\omega_s+\sqrt{(R_s/\omega_s)^2+(L_{s\sigma}+L_{r\sigma})^2}} \tag{6-38}$$

$$s_m=\frac{R_r}{\sqrt{R_s^2+\omega_s^2(L_{s\sigma}+L_{r\sigma})^2}} \tag{6-39}$$

$$T_{ei\,st}=3n_p\left(\frac{U_s}{\omega_s}\right)^2\frac{\omega_sR_r}{(R_s+R_r)^2+\omega_s^2(L_{s\sigma}+L_{r\sigma})^2} \tag{6-40}$$

$$n_s=\frac{60f_s}{n_p}=\frac{60\omega_s}{2\pi n_p} \tag{6-41}$$

式（6-37）~式（6-41）与式（6-32）~式（6-36）相比，两者只是形式的变化，并无实质性的改变，可想而知，变压变频情况下的机械特性曲线形状与正弦波恒压恒频供电时的机械特性曲线形状必定相似。其基本特点如下：

1）同步转速 $n_s=\dfrac{60\omega_s}{2\pi n_p}$ 随着频率（ω_s 或 f_s）的变化而改变。

2）对于同一转矩 T_{ei}（稳态情况下，$T_{ei}=T_L$，T_L 为负载转矩）而言，带载时的转速降落 Δn 随着频率的变化而基本不变。证明如下：

当 $0<s<s_m$ 时，由于 s 很小，可忽略式（6-37）分母中含有 s 的各项，经推导得

$$s\omega_s \approx \frac{R_r T_{ei}}{3n_p(U_s/\omega_s)^2} \tag{6-42}$$

由于 U_s/ω_s=Const，因而对于同一转矩 T_{ei}，则有 $s\omega_s \approx$ Const。又因为

$$\Delta n = sn_s = \frac{60}{2\pi n_p}s\omega_s = \text{Const} \tag{6-43}$$

所以对于同一转矩 $T_{ei}(T_{ei}=T_L)$而言，Δn 随着频率的改变而基本不变。这就清楚地说明了在恒压频比控制的条件下，当供电频率由基频降低时，其机械特性曲线基本上是平行下移的，如图 6-15 所示。

3）由式（6-38）可以看出，当 U_s/f_s=Const 时，$T_{ei\max}$随着 ω_s 的降低而减小（如图 6-15 中实线所示），这将限制调速系统的带载能力。

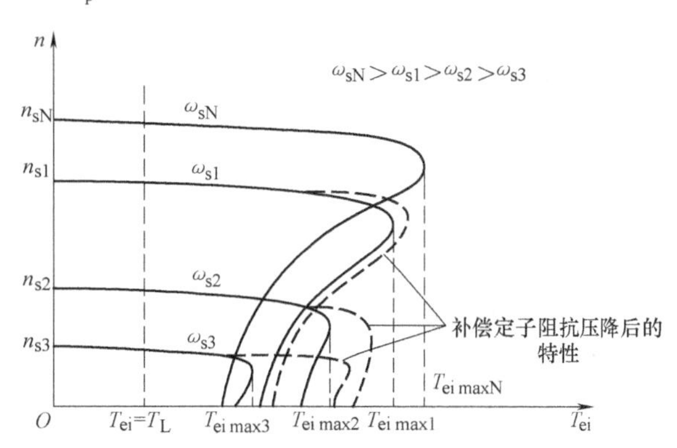

图 6-15　基频以下机械特性

对于上述 3）中的情况，如同前面所述，可采用定子阻抗压降补偿措施，即适当提高定子电压 U_s，以改善低频时的机械特性，如图 6-15 中虚线所示。

基频以下的恒压频比控制方式基本满足了气隙磁通 Φ_m=Const 的要求，可以实现恒转矩调速运行。

2. 基频以上恒压变频控制方式及其机械特性

（1）基频以上恒压变频控制方式

在基频以上调速时，定子供电频率f_s 大于基频f_{sN}。如果仍维持 U_s/f_s=Const 是不允许的，因为定子电压超过额定值会损坏电动机的绝缘，所以，当f_s 大于基频时，往往把电动机的定子电压限制为额定电压，并保持不变，其控制方程式为

$$U_s = U_{sN} = c_s \Phi_m f_s = \text{Const} \tag{6-44}$$

由式（6-44）可以看出，当 $U_s=U_{sN}$=Const 时，将迫使磁通 Φ_m 与频率f_s 成反比降低，即，当 $U_s=U_{sN}$时，频率f_s 以基频f_{sN}为起点上升（增大），磁通 Φ_m 以额定值 Φ_{mN}为起点减小（下降）。把基频以下和基频以上两种情况结合起来，得到图 6-16 所示的异步电动机变频调速控制特性。

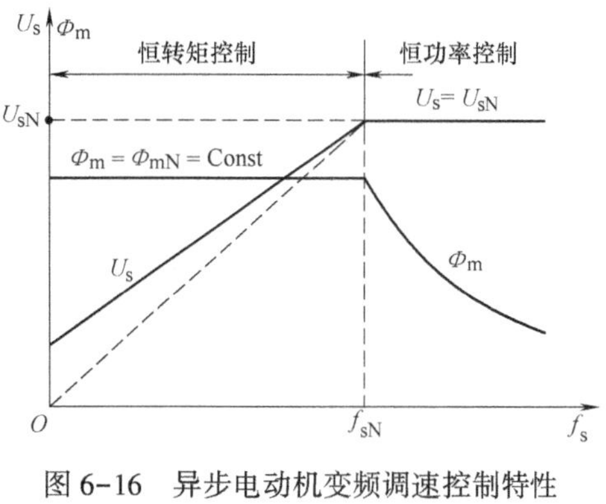

图 6-16　异步电动机变频调速控制特性

（2）基频以上恒压变频控制方式的机械特性

在基频f_{sN}以上变频调速时，由于电压 $U_s=U_{sN}$不变，式（6-32）的机械方程式可改写为

$$T_{ei} = 3n_p U_{sN}^2 \frac{sR_r}{\omega_s[(sR_s+R_r)^2+s^2\omega_s^2(L_{s\sigma}+L_{r\sigma})^2]} \tag{6-45}$$

而式（6-33）的最大转矩表达式可改写为

$$T_{ei\max} = \frac{3}{2}n_p U_{sN}^2 \frac{1}{\omega_s[R_s+\sqrt{R_s^2+\omega_s^2(L_{s\sigma}+L_{r\sigma})^2}]} \tag{6-46}$$

同步转速的表达式仍和式（6-36）一样。可见，当供电角频率 ω_s 提高时，同步转速随之提高。

由式（6-36）及式（6-46）可以看出，最大转矩减小，机械特性曲线平行上移，而形状基本不变，如图6-17所示。

由于频率提高而电压不变，气隙磁通势必减少，导致最大转矩的减小，但转速却提高了，可以认为输出功率基本不变，如图6-16所示，**所以基频以上变频调速属于弱磁恒功率调速方式。**

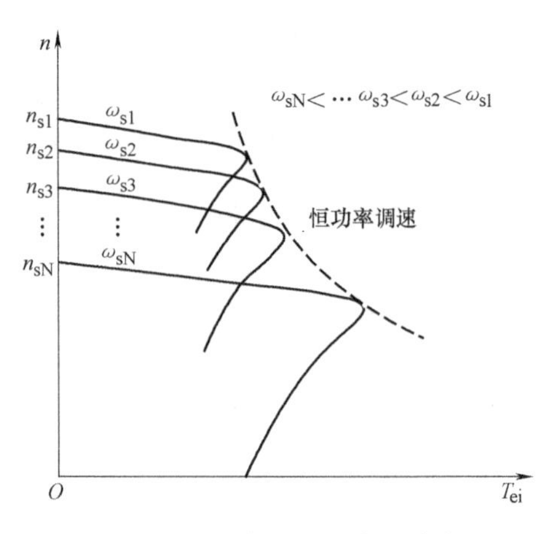

图6-17　基频f_{sN}以上恒压变频调速的机械特性

需要指出，以上所分析的机械特性都是在正弦波供电下的理想情况，然而变压变频调速时对于电动机定子为近似正弦波供电，因此其机械特性的形状与理想情况下相比有一定的区别。

3. 弱磁倍数

由异步电动机弱磁恒功率运行原理可知，其最大电磁转矩$T_{ei\,max}$随着频率的增加呈二次方减小，可表示为

$$T_{ei\,max}=\frac{T_{ei\,Nmax}}{(\omega_{smax}/\omega_{sN})^2} \tag{6-47}$$

式中，$T_{ei\,Nmax}$为额定频率时的最大电磁转矩；ω_{sN}为定子额定角频率；ω_{smax}为定子最高角频率。

由式（6-47）可以看出，当弱磁倍数达到$\omega_{s\,max}/\omega_{sN}=3$，或$\omega_{s\,max}=3\omega_{sN}$时，异步电动机最大电磁转矩为额定电磁转矩的1/9，即为$T_{ei\,max}=1/9T_{ei\,Nmax}$。可见，弱磁范围较大时，异步电动机的最大电磁转矩大大减小。在工程设计中，通常按弱磁倍数要求来选择电动机的容量，以提高带载能力。

6.2.1.2　转差频率控制方式

转差频率（Slip Frequency，SF）控制是解决异步电动机电磁转矩控制的一种方式，是对U_s/f_s=Const控制方式的一种改进。相对于恒压频比控制方式，采用转差频率控制方式，有助于改善异步电动机变压变频调速系统的静、动态性能。

1. 转差频率控制的基本思想

由电机学可知，异步电动机电磁转矩表达式也可以写成

$$T_{ei}=C_m\Phi_m I_r\cos\varphi_r \tag{6-48}$$

式中，C_m转矩系数；I_r为折算到定子侧的转子每相电流的有效值；$\varphi_r=\arctan sX_{r\sigma}/R_r$为转子功率因数角，其中$X_{r\sigma}$为折算到定子侧的转子每相漏电抗。

从式（6-48）可以看出，气隙磁通、转子电流和转子功率因数都影响电磁转矩。

根据异步电动机的等值电路图（见图6-12），可以求出异步电动机转子电流有效值

$$I_r=\frac{sE_s}{\sqrt{R_r^2+(sX_{r\sigma})^2}} \tag{6-49}$$

正常运行时，因s很小，所以，可以将分母中$sX_{r\sigma}$忽略，则得到

$$\begin{cases}I_r\approx\dfrac{sE_s}{R_r}=\dfrac{\omega_{sl}}{\omega_s}\dfrac{E_s}{R_r}\\ \cos\varphi_r\approx 1\end{cases} \tag{6-50}$$

将式（6-50）代入式（6-48）中，得

$$T_{ei}\approx C_m\Phi_m\frac{\omega_{sl}}{\omega_s}\frac{E_s}{R_r} \tag{6-51}$$

将 $\omega_s=2\pi f_s$，$E_s=4.44f_sN_sK_s\Phi_m$ 代入式（6-51）中，得

$$T_{ei}\approx K\Phi_m^2\omega_{sl} \tag{6-52}$$

式中，$K=4.44N_sK_sC_m/2\pi R_r$。

由式（6-52）可知，**当 Φ_m=Const 时，异步电动机电磁转矩近似与转差角频率 ω_{sl} 成正比，通过控制转差角频率 ω_{sl} 实现控制电磁转矩的目的。这就是转差频率控制的基本思想。**

2. 转差频率控制规律

上面粗略地分析了在恒磁通条件下，转矩与转差角频率近似于正比的关系，那么，是否转差角频率 ω_{sl} 越大，电磁转矩 T_{ei} 就越大呢？另外，如何维持磁通 Φ_m 恒定呢？

由电机学可知，异步电动机的电磁功率及同步机械角速度为

$$\begin{cases}P_m=3I_r^2\dfrac{R_r}{s}\\ \Omega=\omega_s/n_p\end{cases} \tag{6-53}$$

将式（6-49）代入式（6-53）中，得到

$$P_m=3\frac{(sE_s)^2}{R_r^2+(sX_{r\sigma})^2}\frac{R_r}{s} \tag{6-54}$$

则电磁转矩表达式可表示为

$$T_{ei}=\frac{P_m}{\Omega}=3n_p\frac{(sE_s)^2}{R_r^2+(sX_{r\sigma})^2}\frac{R_r}{s}\frac{1}{\omega_s} \tag{6-55}$$

因为，$sX_{r\sigma}=\dfrac{\omega_{sl}}{\omega_s}\omega_sL_{r\sigma}=\omega_{sl}L_{r\sigma}$ 及 $E_s/f_s=c_s\Phi_m$，所以，式（6-55）可写为

$$T_{ei}=K_m\Phi_m^2\frac{R_r\omega_{sl}}{R_r^2+(\omega_{sl}L_{r\sigma})^2}=f(\omega_{sl}) \tag{6-56}$$

式中，$K_m=3n_pc_s^2/4\pi^2$。

假设磁通 Φ_m=Const，画出 $T_{ei}=f(\omega_{sl})$ 的曲线，如图 6-18 所示。由图可知，当 $\omega_{sl}<\omega_{sl\,max}$，$T_{ei}\propto\omega_{sl}$；但是，当 $\omega_{sl}>\omega_{sl\,max}$ 后，电动机转矩反而下降（不稳定运行区），所以在电动机工作过程中，应限制电动机的转差角频率（$\omega_{sl}<\omega_{sl\,max}$）。

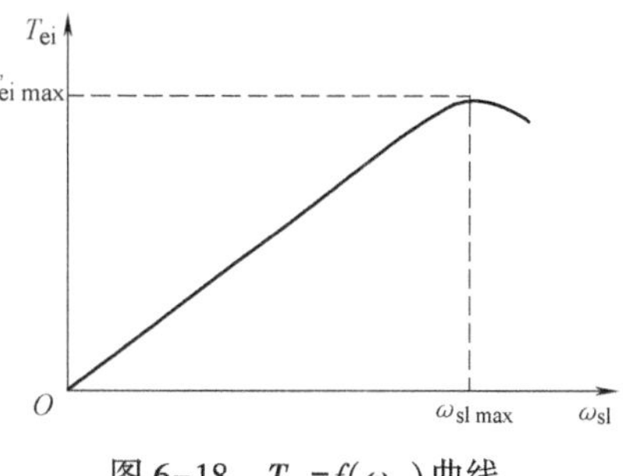

图 6-18　$T_{ei}=f(\omega_{sl})$ 曲线

对式（6-56）求导，令 $\dfrac{dT_{ei}}{d\omega_{sl}}=0$，可求得最大转矩 $T_{ei\,max}$ 与最大转差角频率

$$T_{ei\,max}=K_m\Phi_m^2\frac{1}{2L_{r\sigma}} \tag{6-57}$$

$$\omega_{sl\,max}=\frac{R_r}{L_{r\sigma}} \tag{6-58}$$

式（6-57）和式（6-58）表明：

1）电动机参数不变，$T_{ei\,max}$ 仅由磁通 Φ_m 决定。

2）$\omega_{sl\,max}$ 与磁通 Φ_m 无关。

以上分析可以看出，只要能保持磁通 Φ_m 恒定，就可用转差角频率 ω_{sl} 来独立控制异步电动机的电磁转矩。由电机学可知，异步电动机中气隙磁通 Φ_m 是由励磁电流 I_m 所决定的，当 I_m=Const 时，则 Φ_m=Const。然而 I_m 不是一个独立的变量，而由下式决定：

$$\dot{I}_s+\dot{I}_r=\dot{I}_m \tag{6-59}$$

也就是说，$\dot{I}_m$ 是定子电流 $\dot{I}_s$ 的一部分。在笼型异步电动机中，$\dot{I}_r$ 是难以直接测量的。因此，只能研究 $\dot{I}_m$ 与易于控制和检测的量的关系，在这里就是 $\dot{I}_s$。根据异步电动机等值电路，可得

$$\dot{I}_m=\frac{\dot{E}_s}{\mathrm{j}X_m} \tag{6-60}$$

所以

$$\dot{E}_s=\mathrm{j}X_m\dot{I}_m \tag{6-61}$$

根据图 6-12 和式（6-61）可得到

$$\dot{I}_r=\frac{\dot{E}_s}{R_r/s+\mathrm{j}X_{r\sigma}}=\frac{\mathrm{j}X_m\dot{I}_m}{R_r/s+\mathrm{j}X_{r\sigma}} \tag{6-62}$$

将式（6-62）代入式（6-59），求得

$$I_s=I_m\sqrt{\frac{R_r^2+[\omega_{sl}(L_m+L_{r\sigma})]^2}{R_r^2+(\omega_{sl}L_{r\sigma})^2}}=f(\omega_{sl}) \tag{6-63}$$

当 $I_m(\Phi_m)$ 恒定不变时，I_s 与 ω_{sl} 的函数关系绘制成曲线如图 6-19 所示。

图 6-19 具有下列性质：

1）$\omega_{sl}=0$ 时，$I_s=I_m$，表明在理想空载时定子电流等于励磁电流。

2）ω_{sl} 值增大时，I_s 也随之增大。

3）$\omega_{sl}\to\infty$，$I_s\to I_m\left(\frac{L_{r\sigma}+L_m}{L_{r\sigma}}\right)$，这是 $I_s=f(\omega_{sl})$ 的渐近线。

4）$\pm\omega_{sl}$ 都对应正的 I_s 值，说明 $I_s=f(\omega_{sl})$ 曲线左右对称。

以上分析归纳起来，得出转差频率控制规律如下：

1）$\omega_{sl}\leqslant\omega_{sl\,max}$，$T_{ei}\propto\omega_{sl}$，**前提条件是维持 Φ_m 恒定不变。**

2）按照式（6-36）或图 6-19 所示的 $I_s=f(\omega_{sl})$ 的函数关系来控制定子电流，就能维持 Φ_m 恒定不变。

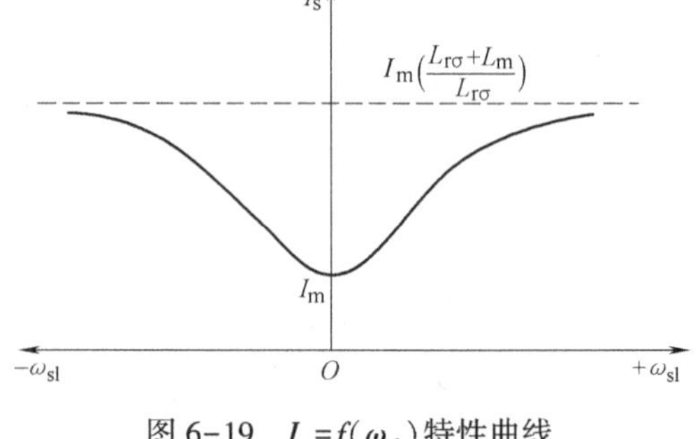

图 6-19　$I_s=f(\omega_{sl})$ 特性曲线

6.2.2　电力电子变频调速装置及其电源特性

现代交流电动机变压变频调速系统主要由交流电动机和电力电子变频器两大部分组成，如图 6-20 所示。为交流电动机所配备的静止式电力电子变压变频（Variable Voltage Variable Frequency，VVVF）调速装置通常称为变频器（图中点画线框中部分），可分为主电路（也称为电力电子变换电路或称为电力电子变流电路）、控制器以及电量检测器三个主要部分。

电力电子变换电路（主电路）的结构分为两种，一种是交-直-交（AC-DC-AC）结构形式，也称间接变频，如图 6-21a 所示；另一种是交-交（AC-AC）结构形式，也称直接变频，如图 6-21b 所示。

对于主电路为交-直-交结构形式的变频器，因其整流电路输出的直流电压或直流电流中含

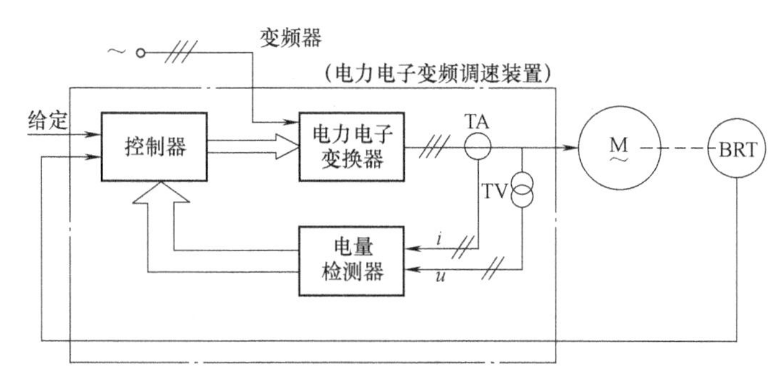

图 6-20　变频器及变频调速系统

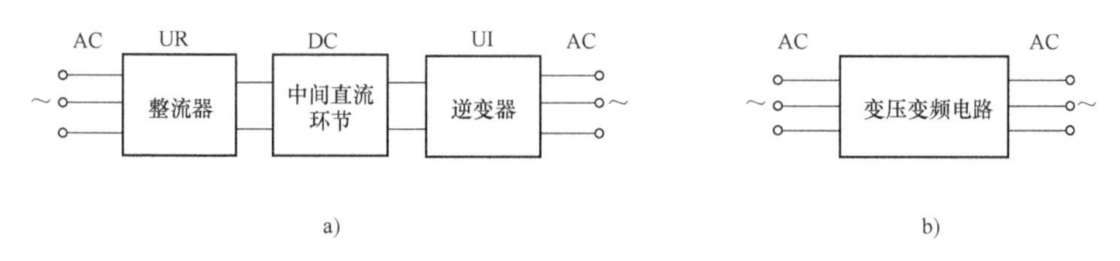

图 6-21　变频器主电路结构

a）交-直-交变压变频装置主电路结构　b）交-交变压变频装置主电路结构

有频率为电源频率 6 倍的电压或电流纹波，所以，必须对整流电路的输出进行滤波，以减少直流电压或电流的波动，为此在整流电路与逆变电路之间设置中间直流滤波环节。根据带有中间直流环节的直流电源性质不同，交-直-交型变频器可以分为电压源型和电流源型两类。两种类型的实际区别在于主电路中间直流环节所采用的滤波器不同。交-直-交型变频器中的整流电路和逆变电路一般接成两电平三相桥式电路。近几年来为适应中压变频器的发展需要，交-直-交型电压源型变频器中的整流电路和逆变电路接成了多电平电路和级联式单元串联电路；交-直-交电流源型变频器中的整流器和逆变器多接成为多重化的形式。

对于交-交结构形式的变频器虽然没有中间直流环节，但是，根据供电电源的性质不同也可以分为电压源型和电流源型两种类型。

1. 电压源型变频器

交-直-交电压源型变频器的主电路结构如图 6-22 所示。这类变频器主电路中的中间直流环节是采用大电容滤波，可以使直流电压波形比较平直，对于负载来说，是一个内阻抗为零的恒压源，所以，把这类变频器称为电压源型变频器。对于交-交型变频装置，虽然没有滤波电容器，但供电电源的低阻抗使其具有电压源的性质，也属于电压源型变频器。

图 6-22a 所示的交-直-交电压源型 PWM（SPWM 或 SVPWM）变频器主电路，其整流侧采用二极管组成的不可控整流器；其逆变侧采用自关断器件（IGBT、IGCT 或 IEGT 等）组成的 PWM 逆变器。图 6-22b 所示的交-直-交电压源型 PWM 变频器主电路，其整流器采用了相控方式，优点是输出直流电压可以控制，缺点是增加了系统的复杂性。图 6-11c 所示的交-直-交电压源型 PWM 变频器主电路，其整流器采用了 PWM 控制方式，称为 PWM 整流器，这种具有 PWM 整流器、PWM 逆变器的电力电子变频调速装置称为双 PWM 变频器。

电压源型变频器的特性如下：

(1) 无功能量的缓冲

对于变压变频调速系统来说，变频器的负载是异步电动机，属感性负载，在中间直流环节与

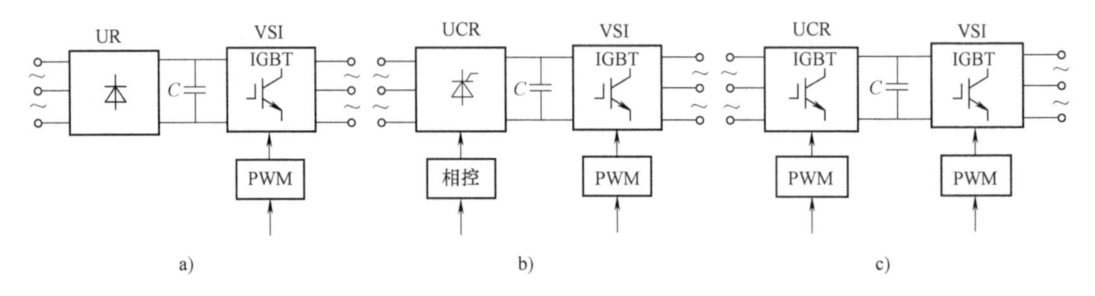

图 6-22　电压源型变频器的主电路结构

a）电压源型变频器主电路及 PWM 控制　b）电压源型变频器主电路（UCR 为相控方式）

c）双 PWM 电压源型变频器主电路

电动机之间，除了有功功率的传送外，还存在无功功率的交换。由于逆变器中的电力电子开关器件不能储能，所以无功能量只能靠直流环节中作为滤波器的储能元件来缓冲，使它不至于影响到交流电网。电压源型变频器的储能元件为大电容滤波器，用它来作为无功能量的缓冲。

（2）回馈制动

电压源型变频器的调速系统要实现回馈制动和四象限运行是比较困难的，因为其中间直流环节有大电容钳制着电压的极性，使其无法反向，因而电流也不能反向，所以无法实现回馈制动。需要制动时，对于小容量的变频器，采用在直流环节中并联电阻的能耗制动，如图 6-23 所示。对于中、大容量的变频器，可在整流器的输出端反并联另外一组有源逆变器，如图 6-24 所示，制动时使其工作在有源逆变状态，以通过反向的制动电流，实现回馈制动。

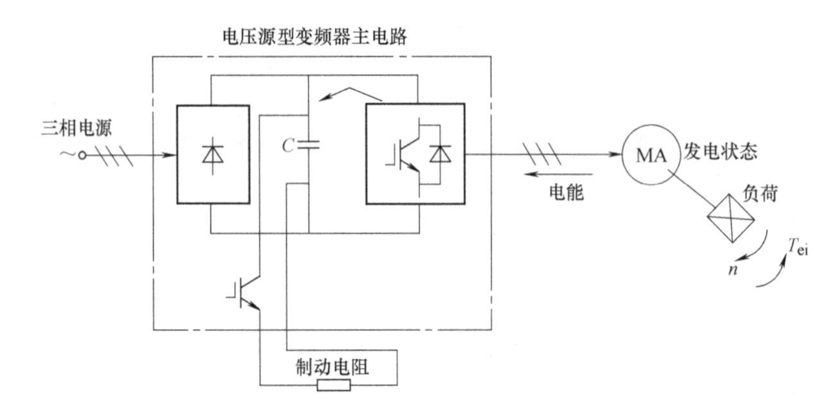

图 6-23　能耗制动

2. 电流源型变频器

交-直-交电流源型变频器的主电路结构如图 6-25 所示。这类变频器主电路中的中间直流环节采用大电感滤波，可以使直流电流波形比较平直，因而电源内阻抗很大，对负载来说基本上是一个恒流源，所以，把这类变频器称为电流源型变频器。有的交-交型变频器的主电路中串入电抗器，使其具有电流源的性质，因此，这类交-交型变频器属于电流源型变频器。

图 6-25 所示的交-直-交电流源型变频器的逆变电路也采用 PWM 控制方式，这对改善低频时的电流波形（使其接近于正弦波）有明显效果。

电流源型变频器的特性如下：

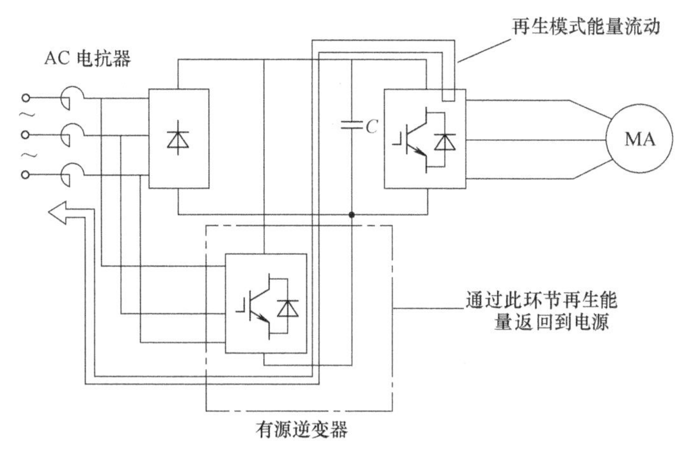

图 6-24　回馈制动

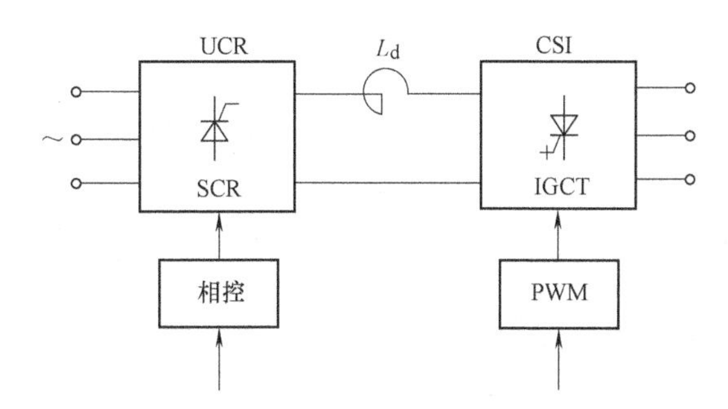

图 6-25　电流源型变频器的主电路结构

（1）无功能量的缓冲

电流源型变频器的储能元件为大电感滤波器，用它来作为无功能量缓冲。

（2）回馈制动

电流源型变频器的显著特点是容易实现回馈制动。图 6-26 绘出了电流源型变压变频调速系统的电动运行和回馈制动两种运行状态。当可控整流器 UCR 工作在整流状态（$\alpha<90°$）、逆变器工作在逆变状态时，如图 6-26a 所示，直流回路电压 U_d的极性为上正下负，电流由 U_d的正端流入逆变器，电能由交流电网经主电路传送给电动机，变频器的输出频率 $\omega_s>\omega$，电动机处于电动状态。当电动机减速制动时 $\omega_s<\omega$，可控整流器的触发延迟角 $\alpha>90°$，异步电动机进入发电状态，直流回路电压 U_d立即反向，但电流 I_d方向不变（见图 6-26b），于是，逆变器变成整流器，可控整流器 UCR 转入有源逆变状态，电能由电动机回馈到交流电网。由此可见，虽然电力电子器件具有单向导电性，电流 I_d不能反向，但是可控整流器的输出电压 U_d是可以迅速反向的，因此，具有电流源型变频器的调速系统容易实现回馈制动。

3. 电压源型变频器和电流源型变频器的比较

电压源型变频器属于恒压源，对于具有可控整流器的电压源型变频器，其电压控制的响应较慢，所以适合作为多台电动机同步运行时的变频电源。对于电流源型变频器来说，由于电流源型变频器属于恒流源，系统对负载电流变化的反应迟缓，因而适用于单台电动机传动，可以满足快速起、制动和可逆运行的要求。

电流源型变频器本身具有四象限运行能力而不需要任何额外的电力电子器件；然而，一个

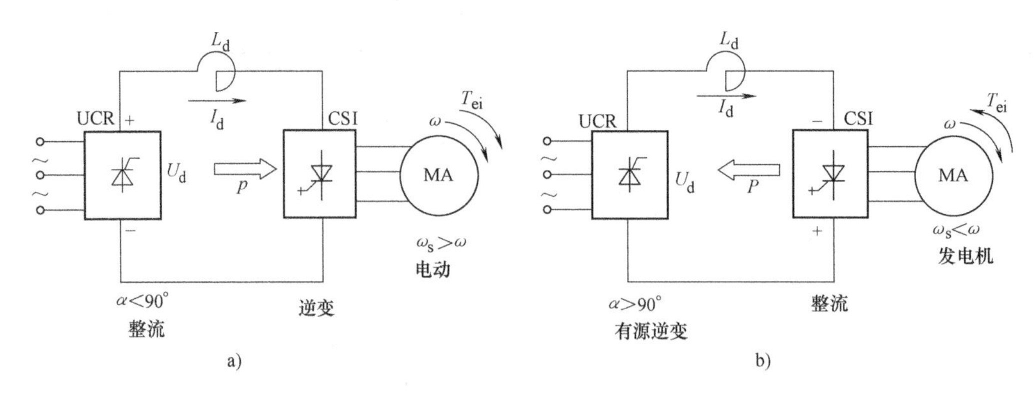

图 6-26　电流源型变压变频调速系统的两种运行状态

a）电动运行　b）回馈制动

电压源型变频器在电网侧必须附加一个有源逆变器。

由于交-直-交电流源型变频器调速系统的直流电压极性可以迅速改变，因此动态响应比电压源型调速系统快。

电流源型变频器需要连接一个最小负载才能正常运行。这种缺陷限制了它在很多领域中的应用。反之，电压源型变频器很容易在空载情况下运行。

应用实践表明，从总的成本、效率和暂态响应上来看，电压源型 PWM 变频器更具有优势。目前工业生产中普遍应用的变频器是交-直-交电压源型 PWM（SPWM 或 SVPWM）变频器。其中整流器采用二极管组成的电压源型变频器应用最多、最广泛。由于电压源型变频器在多种场合下均可采用，通用性比较好，目前，电压等级在 690 V 以下的中、小容量电压源型变频器称为通用变频器。20 世纪 90 年代末以来，变频器制造厂家对这类变频器增添了矢量控制功能，使恒压频比控制方式和矢量控制方式以软件形式集成于装置中，成为功能更多更强的变频器，用户可根据生产工艺要求通过设置选择控制方式。

6.2.3　电压源型转速开环恒压频比控制的异步电动机变压变频调速系统

电压源型变频调速系统由于采用了 PWM 控制技术，可以使其输出电压波形接近正弦波形。逆变器输出的电流波形由输出电压和电动机反电动势之差形成，也接近正弦波。下面以一个来源于实际的电压源型变压变频调速系统为例来说明这类系统的基本组成及各控制单元的作用。

1. 系统的组成及工作简况分析

一种电压源型转速开环恒压频比控制的异步电动机变压变频调速系统如图 6-27 所示，其主电路由两个功率变换环节组成，即整流桥和逆变桥，整流桥是由二极管组成的三相桥式电路，其直流输出电压为 $U_d=2.34U_X$（U_X 为电网的 X 相相电压有效值）。调压和调频控制通过逆变器来完成，其给定值来自于同一个给定环节。

该系统采用电压正弦 PWM（SPWM）控制技术实现变压变频控制，通过改变 PWM 波形的占空比（脉冲宽度）来控制逆变器输出交流电压的大小，而输出频率通过控制逆变桥的工作周期就可以实现。由前述可知，为了使异步电动机能合理、正常、稳定工作，必须使逆变器输出到异步电动机定子的电压 U_s 与频率 f_s 通过 SPWM 控制来保持严格的比例协调关系。下面介绍控制系统中主要控制单元的作用。

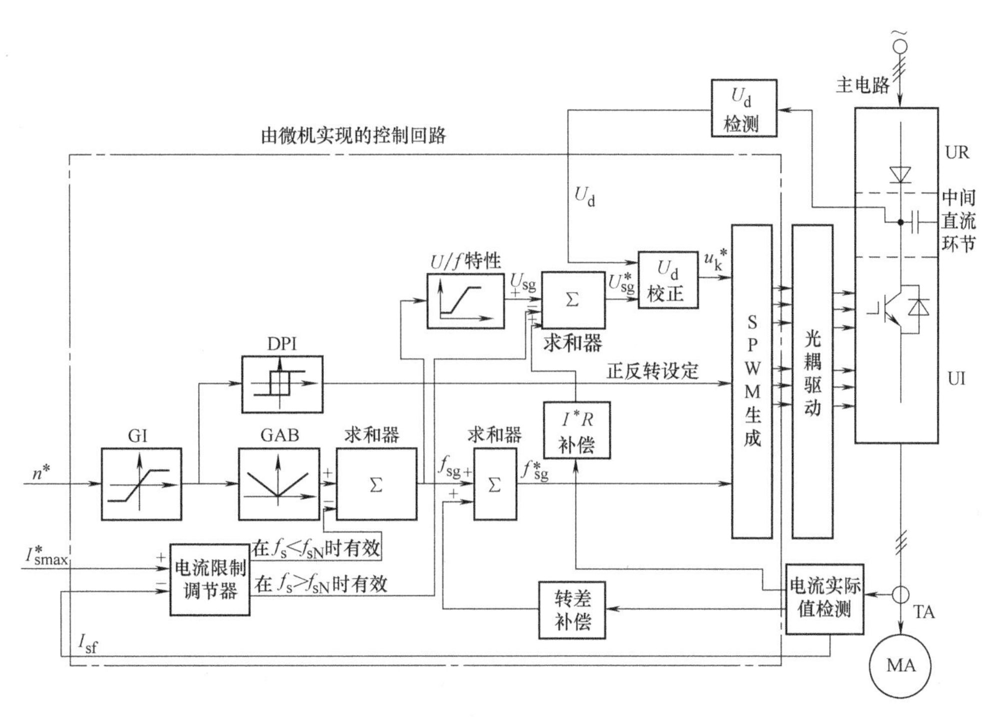

图 6-27　电压源型转速开环恒压频比控制的异步电动机变压变频调速系统

2. 控制单元说明

（1）转速给定积分环节（GI）

设置目的：将阶跃给定信号转变为斜坡信号，以消除阶跃给定对系统产生的过大冲击，使系统中的电压、电流、频率和电动机转速都能稳步上升或下降，以提高系统的可靠性及满足一些生产机械的工艺要求。

（2）绝对值器（GAB）

设置目的：将送来的正负变化的信号变为单一极性的信号，信号值大小不变。

（3）函数发生器（U/f 特性）

设置目的：实现 U_s/f_s = Const 的控制方式。前面讨论过，在变压变频调速系统中，$U_s=f(f_s)$，即电动机定子电压是定子频率的函数。函数发生器就是根据给定频率信号 f_{sg} 产生一个对应于定子电压的给定信号 U_{sg}，以实现电压、频率的协调控制。变频器中以下几项内容与函数发生器有关：

1）按照不同负载要求设定不同的 U_s/f_s = Const 特性曲线。

2）当变频器高于基频工作时，采用恒功率调速方式，这就要求变频器输出电压不能高于电动机的额定输入电压，可通过函数发生器的输出限幅来保证。

3）节能控制：电动机处于轻载工作时，适当降低电压，可以使输出电流下降，减小损耗，可通过改变 U_s/f_s = Const 曲线的斜率来实现。

（4）电流限制调节器

由于本系统没有电流闭环控制，不能直接控制变频器输出电流。当负载加重或电动机堵转时，输出电流超过设定的最大电流 $I_{s\max}^*$ 后，如果电流进一步增加或长期工作，会损坏变频器和电动机。为了避免这一现象的发生，当 $I_{sf}>I_{s\max}^*$ 时，通过降低变频器输出电压的方法，来减小变频器输出电流。因此电流限制调节器的作用是，在 $I_{sf}<I_{s\max}^*$ 时，电流限制调节器输出为 0；在 $I_{sf}>$

$I^*_{s\max}$时，电流限制调节器有相应的输出，使变频器输出电压降低，保证变频器输出不发生过电流。

（5）$I*R$补偿环节

在低频时，为了保证磁通恒定，变频器引入了$I*R$补偿环节，根据负载性质及负载电流值适当提高U_{sg}，修正U_s/f_s=Const 特性曲线，达到使U_s/f_s=Const。

（6）转差补偿环节

由于是开环频率控制，调速系统的机械特性较软，为了提高机械特性硬度，在系统中设置了转差补偿环节，转差补偿机理可以按图 6-28 所示来解释。当负载由T_{L1}增大到T_{L2}时，电动机转速由n_1降到n_2，转差由Δn_1增加到Δn_2，其差值为$\Delta n_2-\Delta n_1=\Delta n$。按$\Delta n$值相应提高同步转速$n_s$（由$n_{s1}$提高到$n_{s2}$），使其机械特性曲线$n_{s1}$平行上移得到机械特性曲线$n_{s2}$，与$n_1$（直线）相交于$A_2$点，从而使$n_1$保持不变，达到补偿转差的目的，这样在电动机运行中，当负载增加时，也能做到维持转速基本不变。

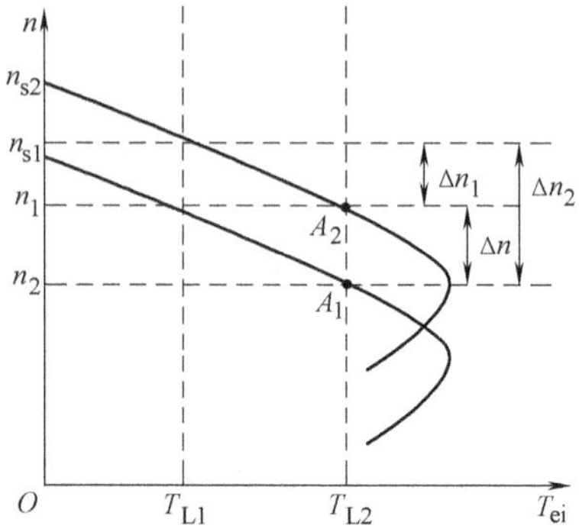

图 6-28 转差补偿图解

（7）U_d校正环节

由图 6-27 可知，变频器没有输出电压反馈控制，当直流电压U_d发生波动时，将引起U_s/f_s=Const 关系失调。检测U_d变化，在U_d校正环节中，根据U_d的变化来修正电压控制信号U^*_{sg}，再通过 SPWM 调整输出电压脉冲的宽度，以保证U_s/f_s=Const 的协调关系。

（8）SPWM 生成

SPWM 生成环节与光耦驱动电路框图如图 6-29 所示，其工作原理在文献［2］中已详细介绍，本书不再赘述。

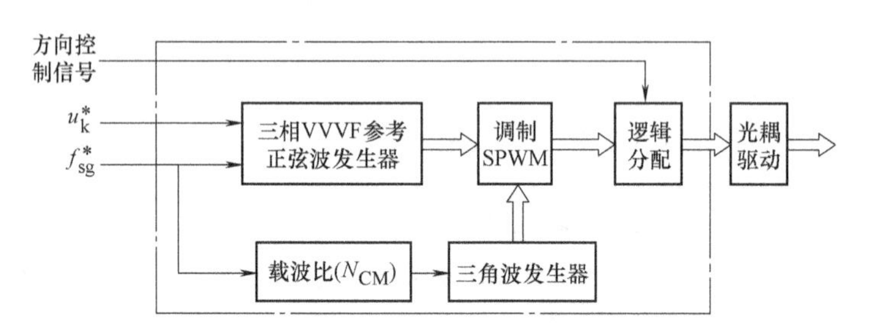

图 6-29 SPWM 生成环节及光耦驱动电路框图

（9）极性鉴别器（DPI）

当 DPI 输入端得到一个信号，经极性鉴别器判断信号的极性，根据信号的极性决定逆变桥开关器件的导通顺序，从而使电动机正转或反转。

（10）主电路

交-直-交电压源型 IGBT 功率变换器电路如图 6-30 所示。图中，整流桥 UR 是由二极管组成的三相桥式不可控整流电路，逆变桥（UI）是由 IGBT（或 IGCT、IEGT）组成的三相桥式电路。

（11）电流实际值检测

电流实际值检测主要用于输出电压的修正和过流、过载保护。

通过检测变频器输出电流，进行过电流、过载计算，当判断为过电流、过载后，发出触发脉冲封锁信号封锁触发器，停止变频器运行，确保变频器和电动机的安全。

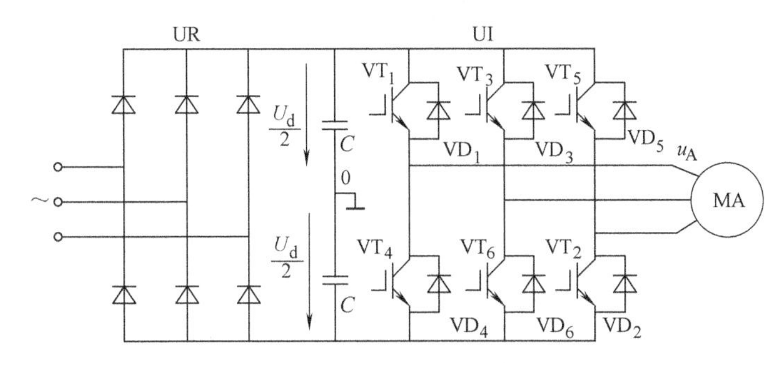

图 6-30　电压源型 IGBT-SPWM 交-直-交变频器主电路

6.2.4　电流源型转速开环恒压频比控制的异步电动机变压变频调速系统

图 6-31 示出了一个典型的电流源型转速开环恒压频比控制的异步电动机变压变频调速系统。由图可知，变频器有两个功率变换环节，即整流桥与逆变桥，它们分别有相应的控制电路，为了操作方便，采用一个给定信号来控制，并通过函数发生器，使两个电路协调地工作。在电流源型变频器转速开环调速系统中，除了设置电流调节环外，仍需设置电压闭环，以保证调压调频过程中对逆变器输出电压的稳定性要求，实现恒压频比的控制方式。

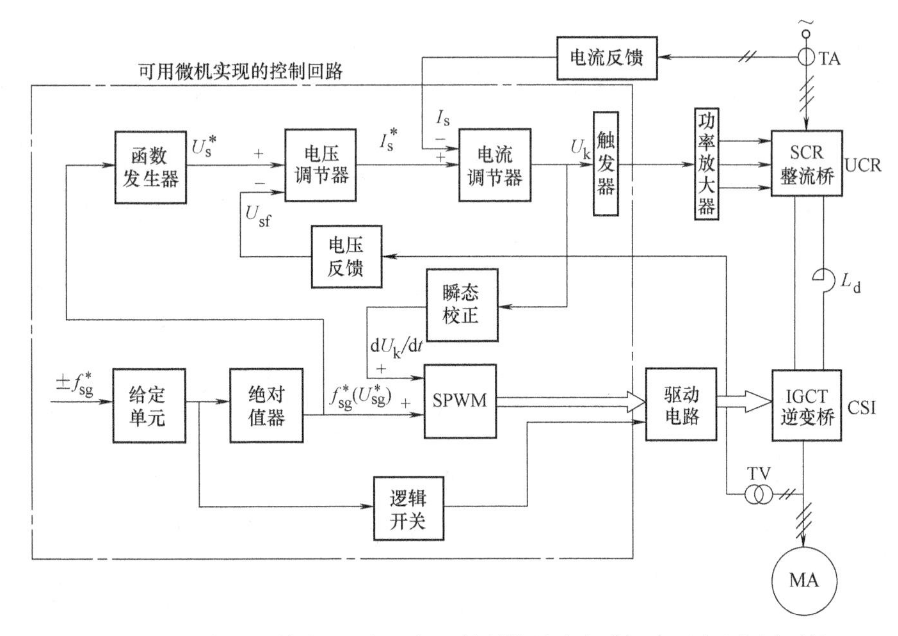

图 6-31　电流源型转速开环恒压频比控制的异步电动机变压变频调速系统

（1）电流源型变频器主电路

电流源型变频器主电路由两个功率变换环节构成，即三相桥式整流器和逆变器，中间环节采用电抗器滤波。整流器和逆变器分别有相应的控制电路，即电压控制电路及频率控制电路，分别进行调压与调频控制。

（2）给定积分

设置目的：将阶跃给定信号转变为斜坡信号，以消除阶跃给定信号对系统产生的过大冲击，使系统中的电压、电流、频率和电动机转速都能稳步上升和下降，以提高系统的可靠性及满足一些生产机械的要求。

（3）函数发生器

设置目的：前面讨论过，在变压变频调速系统中 $U_s=f(f_s)$，即定子电压是定子频率的函数，函数发生器就是根据给定积分器输出的频率信号，产生一个对应于定子电压的给定值，实现 $U_s/f_s=\text{Const}$。

（4）电压调节器和电流调节器

电压调节器采用 PID 调节器，其输出作为电流调节器的给定值。

电流调节器也是采用 PID 调节器，根据电压调节器输出的电流给定值与实际电流信号值的偏差，实时调整触发延迟角，使实际电流跟随给定电流。

（5）瞬态校正环节

瞬态校正环节是一个微分环节，具有超前校正作用。设置的目的是为了在瞬态调节过程中仍使系统基本保持 $U_s/f_s=\text{Const}$ 的关系。

当电源电压波动引起逆变器输出电压发生变化时，电压闭环控制系统按电压给定值自动调节逆变器的输出电压。但是在电压调节过程中逆变器输出频率并没有发生变化，因此 $U_s/f_s=\text{Const}$ 的关系在瞬态过程中不能得到维持。这将导致磁场过激或欠激不断交替的情况发生，使得电动机输出转矩大幅度波动，从而造成电动机转速波动。为了避免上述情况的发生，加入了瞬态校正环节。

瞬态校正环节的输入信号取自于电流调节器的输出信号。当电流调节器输出发生改变时，整流桥的触发延迟角 α 将改变，使整流电压改变，而逆变桥输出的三相交流电压 U_s 的大小又直接与整流电压的大小成比例，因此，电流调节器输出的改变量正比于逆变桥输出电压的改变量，取出这个信号，经微分运算后与频率给定信号 U_{sg} 相叠加，作为频率控制信号送到 SPWM 环节，从而使输出电压 U_s 瞬时改变时，频率 f_s 也随着做相应的改变，实现在瞬态过程中恒压频比的控制方式。当系统进入稳态后，微分校正环节不起作用。

需要指出的是，由于电流源输出的交流电流是矩形波或阶梯波，因而波形中含大量谐波分量，由此带来了电动机内部损耗增大和转矩脉动影响等问题。近几年来，为提高电流源型变压变频调速系统的性能，对电流型逆变器的每一相输出电流也采用 SPWM 控制，以改善输出电流波形。还需要指出的是，实际应用中，电流源型变压变频调速系统多采用转差频率控制方式。

6.2.5 异步电动机转速闭环转差频率控制的变压变频调速系统

由前述可知，转差频率控制方式就是通过控制异步电动机的转差频率来控制其电磁转矩，从而有利于提高系统的动态性能。

6.2.5.1 电流源型转差频率控制的异步电动机变压变频调速系统构成及工作原理

这里介绍一种比较典型的系统，其基本结构如图 6-32 所示。系统的工作原理叙述如下：

1. 起动过程

对于转速闭环控制系统而言，速度调节器（ASR）的输出为电动机转矩的给定值（控制量）。

由转差频率控制原理而知，异步电动机的电磁转矩 T_{ei} 与转差角频率 ω_{sl} 成正比，因而 ASR 的输出就是转差角频率的给定值 ω_{sl}^*。

由于电动机的机械惯性影响，当设定一个转速给定值 ω^*，必然有一个起动过程。通常 ASR

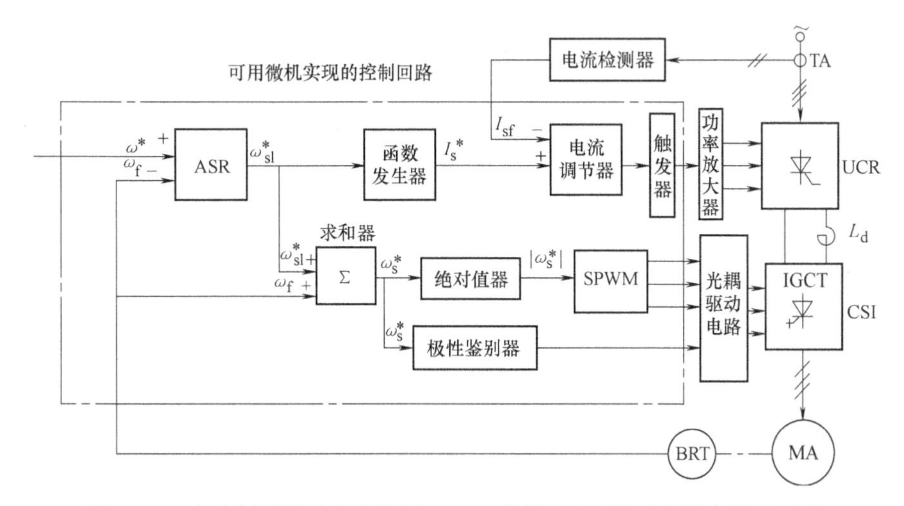

图 6-32　电流源型转差频率控制（SF）的异步电动机变压变频调速系统

都是采用 PI 调节器，这样在起动过程中 ASR 的输出一直为限幅值，这个限幅值就是最大转差角频率的给定值 $\omega_{sl\,max}^*$，它对应电动机的最大电磁转矩 $T_{ei\,max}$。因此，转差频率控制方式的最大特点是在起动过程中能维持一个最大的起动转矩恒定不变，电动机起动过程是沿着 $T_{ei}=T_{ei\,max}$ 特性曲线的包络线（见图 6-33）升速，实现快速起动的要求。

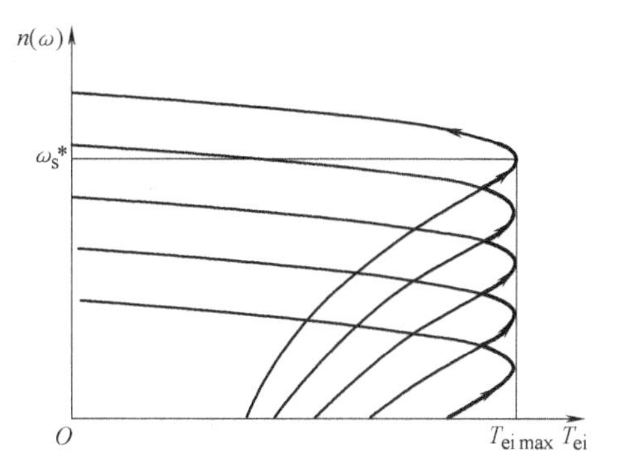

图 6-33　异步电动机转差频率控制起动特性

在起动过程中，一方面是通过 $I_s=f(\omega_{sl})$ 函数发生器来保证在起动过程中使 Φ_m=Const；另一方面是通过绝对值发生器获得同步角频率给定值 $|\omega_s^*|=|\omega_f+\omega_{sl\,max}^*|$。当 ω 上升到 $\omega_f\geqslant\omega^*$，ASR 开始退出饱和，$\omega_{sl}^*$ 由 $\omega_{sl\,max}^*$ 下降到 $T_{ei}=T_L$ 的对应值上（$\omega_{sl}\neq0$），电动机稳定运行在对应 ω^* 的转速 ω 上。

2. 负载变化

设电动机在某一转速下运行，当突加负载 T_L，则引起电动机转速 ω 下降，使 $\omega_f<\omega^*$，转速调节器 ASR 输出开始上升，只要 $\omega_f<\omega^*$，则 ASR 一直正向积分，直到 $\omega_{sl}^*=\omega_{sl\,max}^*$，使 $T_{ei}=T_{ei\,max}$，致使电动机很快加速。同时，经函数发生器产生对应 ω_{sl}^* 的定子电流 I_s^*，使电动机磁通 Φ_m 保持不变。当转速恢复到 $\omega_f\geqslant\omega^*$ 时，ASR 开始反向积分，ω_{sl}^* 下降，最终达到 $\omega_f=\omega^*$，重新进入稳态，实现了转速无静差调节。

3. 再生制动

如果使 $\omega^*=0$，由于电动机及负载的机械惯性，转速不会突变，则 $\omega^*-\omega_f=-\omega_f$，ASR 反向积分直到限幅输出 $\omega=-\omega_{sl\,max}^*$。一方面，函数发生器输出一个对应 $\omega_{sl}^*=\omega_{sl\,max}^*$ 的 I_s^* 值，使磁通 $\boldsymbol{\Phi}_m$ 恒定。另一方面，电动机定子频率，将由原来的 ω_s 变到 ω_s'，如图 6-34 所示，并有 $\omega_s'<\omega$，即异步电动机的同步转速 ω_s 小于转子转速 ω（$s<0$）。由电动机学可知，此时电动机为回馈制动状态，且只要

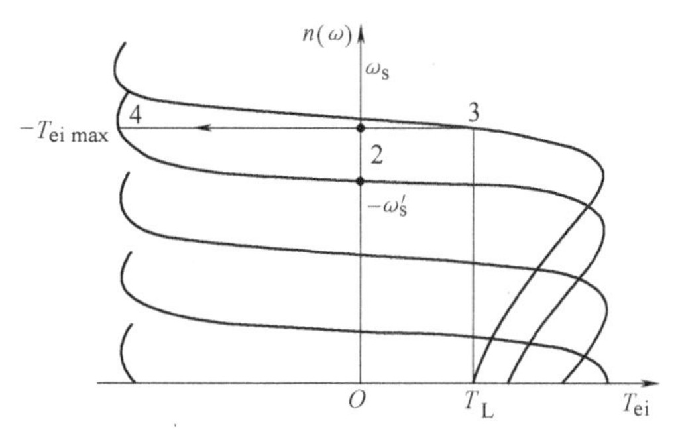

图 6-34　再生制动

$\omega>0$，ASR一直为负限幅输出，对应 $T_{ei}=-T_{ei\max}$，使异步电动机很快减速制动，直到 $\omega_s-\omega_{sl\max}=0$。由于 ω 继续下降，$\omega<\omega_{sl\max}$，则 $\omega_s<0$，这时极性鉴别器的输出改变了相序，使异步电动机定子旋转磁场开始反向旋转，此时与电动机转子转向相反，所以 $s>1$，即电动机变为反接制动状态，因ASR输出未变，对应转矩 $T_{ei\max}$ 也未变，所以电动机很快制动到 $\omega=0$。

6.2.5.2　电压源型转差频率控制的异步电动机变压变频调速系统

根据式（6-30）可以求出电压-频率特性方程式

$$U_s=(\sqrt{R_s^2+(\omega_s L_{s\sigma})^2})I_s+E_s$$

由上式可知，当 ω_s 较大时，$\omega_s L_{s\sigma} I_s$ 占主导地位，$R_s I_s$ 可忽略，可得到

$$U_s=\omega_s L_{s\sigma} I_s+E_s=\omega_s L_{s\sigma} I_s+\left(\frac{E_s}{\omega_s}\right)\omega_s$$

已知 $E_s/\omega_s=\text{Const}=C_E$，则 $\Phi_m=\text{Const}$，因此得到简化的电压-频率特性方程式

$$U_s=\omega_s L_{s\sigma} I_s+C_E\omega_s=f(\omega_s,I_s)$$

$f(\omega_s,I_s)$ 特性如图6-35a所示，根据 $U_s=f(\omega_s,I_s)$ 可以构造一个电压源型转差频率控制的异步电动机变压变频调速系统，如图6-35b所示。

同前，转速调节器输出反映了转差角频率 ω_{sl}（$\propto T_{ei}$），由于转速调节器的输出设有限幅器，可使系统在动态过程中的转差角频率不会超过 $\omega_{sl\max}$，因而能在最大允许转矩 $T_{ei\max}$ 下加速、减速，对逆变桥的控制同前，只是整流桥的控制是根据 ω_{sl}^* 的变化经函数发生器按照 $U_s/f_s=$ 常数的关系，来控制电压 U_s，使气隙磁通 Φ_m 保持不变的，从而保证了恒磁通下的恒转矩调速。

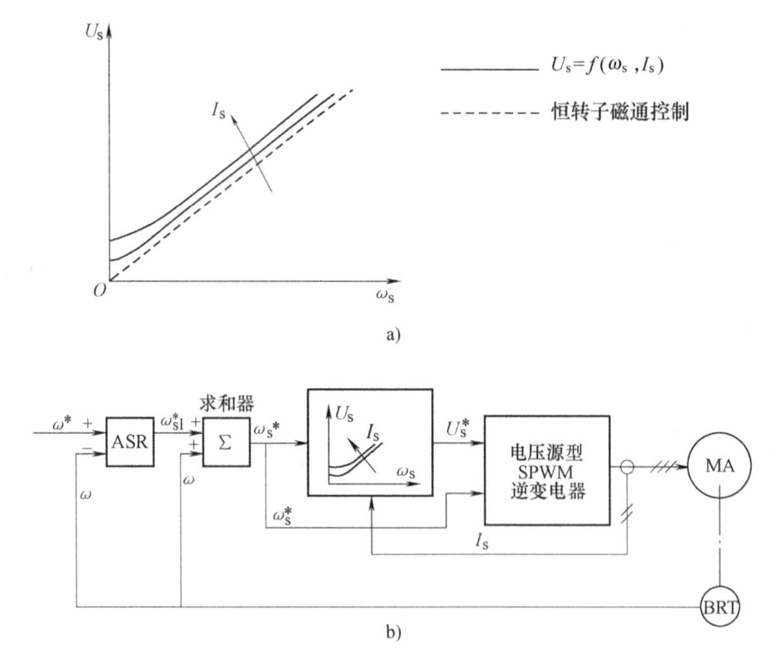

图6-35　电压源型转差频率控制（SF）的异步电动机变压变频调速系统及其电压频率特性

a）不同定子电流时恒 U_s/ω_s 控制的电压-频率特性

b）电压源型转差频率控制（SF）的异步电动机变压变频调速系统结构图

需要指出的是，系统的控制作用主要是由转差角频率 $\omega_{sl}=\omega_s-\omega$ 决定的，由于 ω_{sl} 很小（一般

$\omega_{sl}<5\%\omega_{sN}$)，因而电动机转速 ω 的很小测量误差，可引起 ω_{sl}^* 的很大误差，因此在转差频率控制方式中对测速精度的要求远远高于直流调速系统，解决办法是采用数字检测，可以大大提高检测精度。

虽然转差频率控制方式比恒压频比控制方式前进了一步，系统的动、静态特性都有一定的提高。但是，由于其基本关系式都是从稳态方程中导出的，没有考虑到电动机电磁惯性的影响及在动态中 Φ_m 如何变化，所以，严格来说，动态转矩与磁通并未得到圆满的控制。

需要指出的是，由于这类系统存在的缺点及应用的局限性，进入 20 世纪末年以来，转差频率控制方式逐渐被转差型矢量控制方式（见第 7 章）所取代。

6.3 习题

6-1 异步电动机变频调速系统中，为什么在实际变频的同时必须使电压也作相应变化？在低频段为什么要对电压进行提升补偿？在工频以上的范围变频时，电压还应当变化吗？为什么？

6-2 简述异步电动机在下面三种不同的电压-频率协调控制时的机械特性，并进行比较：

（1）恒压恒频正弦波供电时异步电动机的机械特性。

（2）基频以下电压-频率协调控制时异步电动机的机械特性。

（3）基频以上恒压变频控制时异步电动机的机械特性。

6-3 如何区别交-直-交变压变频器是电压源型变频器还是电流源型变频器？它们在性能上有什么差异？

6-4 转差频率控制系统的控制规律是什么？分析说明它与 U/f=Const 控制的异同点。

6-5 已知变频器输出相电压额定值 $U_s=220\,V$，供电基频 $f_s=50\,Hz$，$U_s/f_s=4.4$，定子阻抗压降 $U_z=10\,V$（该值任何频率下基本不变）。

求：（1）当 $U_s=220\,V$，$f_s=50\,Hz$，$E_s/f_s=$？

（2）$U_s=22\,V$，$f_s=5\,Hz$，$E_s=$？，$E_s/f_s=$？若维持 $U_s/f_s\approx E_s/f_s$，U_s 值应抬高多少？

6-6 一台三相笼型异步电动机的铭牌数据：额定电压 $U_N=380\,V$，额定转速 $n_N=960\,r/min$，额定频率 $f_N=50\,Hz$，定子绕组为丫联结。由实验测得定子电阻 $R_s=0.35\,\Omega$，定子漏感 $L_{ls}=0.006H$，定子绕组产生气隙主磁通的等效电感 $L_m=0.26H$，转子电阻 $R_r'=0.5\,\Omega$，转子漏感 $L_{lr}'=0.007H$，转子参数已折合到定子侧，忽略铁心损耗。

（1）画出异步电动机 T 形等效电路和简化等效电路。

（2）求额定运行时的转差率 s_N、定子额定电流 I_{1N} 和额定电磁转矩。

（3）定子电压和频率均为额定值时，求理想空载时的励磁电流 I_0。

（4）定子电压和频率均为额定值时，求临界转差率 s_m 和临界转矩 T_m，画出异步电动机的机械特性。

6-7 异步电动机参数同题 6-6，输出频率 f 等于额定频率 f_N 时，输出电压 U 等于额定电压 U_N，考虑低频补偿，若频率 $f=0$，输出电压 $U=10\%U_N$。

（1）求出基频以下电压频率特性曲线 $U=f(f)$ 的表达式，并画出特性曲线。

（2）当 $f=5\,Hz$ 和 $f=2\,Hz$ 时，比较补偿与不补偿的机械特性曲线，两种情况下的临界转矩 $T_{ei\,max}$。

6-8 用题 6-6 参数计算转差频率控制系统的临界转差频率 ω_{sm}。假定系统最大的允许转差频率 $\omega_{s\,max}=0.9\omega_{sm}$，试计算起动时的定子电流和起动转矩。

第 7 章　基于动态数学模型的异步电动机矢量控制变压变频调速系统

第 6 章所讲述的恒压频比控制和转差频率控制的异步电动机变压变频调速系统，由于它们的基本控制关系及转矩控制原则是建立在异步电动机稳态数学模型的基础上，其被控制变量（定子电压、定子电流）都是在幅值意义上的标量控制，而忽略了辐角（相位）控制，因而异步电动机的电磁转矩未能得到精确的、实时的控制，自然也就不能获得优良的动态性能。矢量控制成功地解决了交流电动机定子电流转矩分量和励磁分量的耦合问题，从而实现了交流电动机电磁转矩的实时控制，大大提高了交流电动机变压变频调速系统的动态性能。经历了几十余年的发展，交流电动机矢量控制系统的性能已经可以与直流调速系统的性能相媲美，甚至超过直流调速系统的性能。

本章首先从对比直流电动机电磁转矩和异步电动机电磁转矩的异同及内在联系作为切入点，给出矢量控制的基本思路和基本概念；然后介绍建立异步电动机在三相静止轴系上的动态数学模型，利用矢量坐标变换加以简化处理，得到两相静止轴系和两相旋转轴系上的数学模型，进而获得两相同步旋转轴系上的数学模型；随后介绍将处理后的异步电动机数学模型与直流电动机数学模型统一起来，导出矢量控制方程式和转子磁链方程式，根据矢量控制方程式及转子磁链方程式，按直流电动机转矩控制规律构造异步电动机矢量控制系统的结构及转子磁链观测器；最后介绍实际应用的几种典型异步电动机矢量控制变压变频调速系统。

7.1　矢量控制的基本概念

7.1.1　直流电动机和异步电动机的电磁转矩

任何调速系统的任务都是控制和调节电动机的转速，然而，转速是通过转矩来改变的，因此，首先从统一的电动机转矩方程式着手，揭示电动机控制的实质和关键。

下面通过分析和对比直流电动机和异步电动机的电磁转矩，弄清两种不同电动机电磁转矩的异同和内在联系，这样有助于理解如何在交流电动机上模拟直流电动机的转矩控制规律。

作为一种动力设备的任何电动机，其主要特性是它的转矩-转速特性，在加（减）速和速度调节过程中都服从于基本运动学方程式

$$T_e-T_L=J\frac{dn}{dt} \tag{7-1}$$

式中，T_e 为电动机的电磁转矩；T_L 为负载转矩；$J=GD^2/375$ 为转动惯量；n 为电动机的转速。

由式（7-1）可知，对于恒转矩负载的起动、制动及调速，如果能控制电动机的电磁转矩恒定，则就能获得恒定的加（减）速运动。当突加负载时，如果能把电动机的电磁转矩迅速地提高到允许的最大值（$T_{ei\max}$），则就能获得最小的动态速降和最短的动态恢复时间。可见，任何电动机的动态特性，取决于对电动机的电磁转矩控制效果。

由电机学可知，任何电动机产生电磁转矩的原理，在本质上都是电动机内部两个磁场相互作用的结果，因此各种电动机的电磁转矩具有统一的表达式，即

$$T_e=\frac{\pi}{2}n_p^2\Phi_m F_s\sin\theta_s=\frac{\pi}{2}n_p^2\Phi_m F_r\sin\theta_r \tag{7-2}$$

式中，n_p为电动机的极对数；F_s、F_r 为定、转子磁动势矢量的模值；Φ_m为气隙主磁通矢量的模值；θ_s、θ_r 为定子磁动势空间矢量 $\boldsymbol{F}_s$、转子磁动势空间矢量 $\boldsymbol{F}_r$ 分别与气隙合成磁动势空间矢量 $\boldsymbol{F}_\Sigma$之间的夹角（见图 7-1），通常用电角度表示：$\theta_s=n_p\theta_{ms}$；$\theta_r=n_p\theta_{mr}$，其中 θ_{ms}、θ_{mr}为机械角；$\boldsymbol{F}_\Sigma$为气隙合成磁动势空间矢量，当忽略铁损时与磁通矢量 $\boldsymbol{\Phi}_m$ 同轴同向。

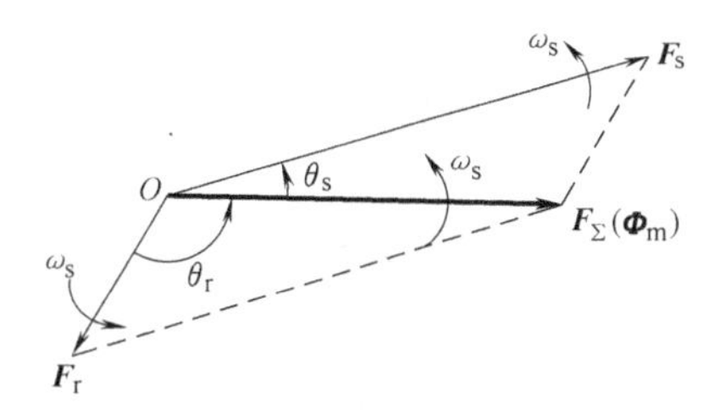

图 7-1　异步电动机的磁动势、磁通空间矢量图

在直流电动机中，主极磁场在空间固定不动；由于换向器作用，电枢磁动势的轴线在空间也是固定的，如图 7-2a 所示。通常把主极的轴线称为直轴，即 d 轴（Direct Axis），与其垂直的轴称为交轴，即 q 轴（Quadrature Axis）。若电刷放在几何中性线上，则电枢磁动势的轴线与主极磁场轴线互相垂直，即与交轴重合。设气隙合成磁场与电枢磁动势的夹角为 θ_a，则从图 7-2b 可知，$\boldsymbol{\Phi}_m\sin\theta_a=\boldsymbol{\Phi}_d$ 为直轴每极下的磁通量。在主极磁场和电枢磁动势相互作用下，产生电磁转矩

$$T_{ed}=\frac{\pi}{2}n_p^2\Phi_d F_a\sin\theta_{ad}$$

式中，$F_a=\dfrac{I_a N_a}{\pi^2 n_p a}$，$\sin\theta_{ad}=1$，所以上式成为

$$T_{ed}=\frac{n_p}{2\pi}\frac{N_a}{a}\Phi_d I_a=C_{MD}\Phi_d I_a \tag{7-3}$$

式中，$C_{MD}=\dfrac{n_p N_a}{2\pi a}$称为直流电动机转矩系数，其中，$N_a$ 为绕组匝数；a 为绕组并联支路数。

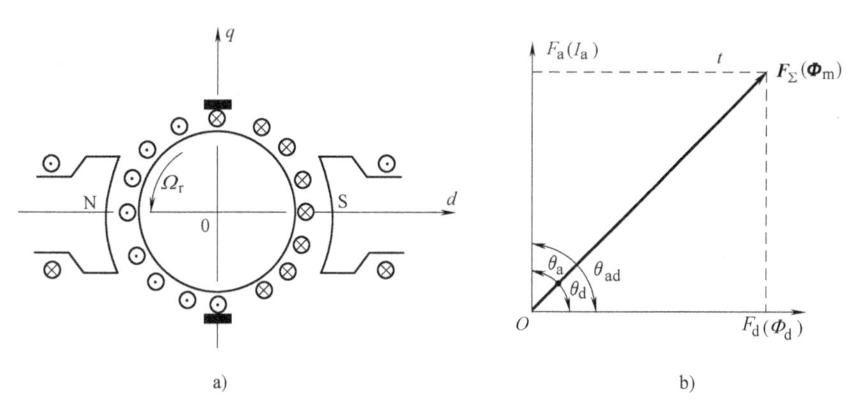

图 7-2　直流电动机主极磁场和电枢磁动势轴线

a）直流电动机（两极）简图　b）空间矢量关系

由图 7-2a 可以看出，主极磁通 $\boldsymbol{\Phi}_d$ 和电枢电流方向（指该电流产生的磁动势方向）总是互相垂直的，两者各自独立，互不影响。此外，对于他励直流电动机而言，励磁和电枢是两个独立的回路，可以对电枢电流和励磁电流进行单独控制和调节，达到控制转矩的目的，实现转速调节。可见，直流电动机的电磁转矩具有控制容易而又灵活的特点。

需要进一步指出的是，由于电枢电流 I_a 和励磁电流 I_f（$\boldsymbol{\Phi}_d$ 正比于 I_f）都是只有大、小和正、

负变化的直流标量，因此，把 I_a 和 I_f 作为控制变量的直流调速系统是标量控制系统，而标量控制简单，容易实现。

在异步电动机中，同样也是两个磁场相互作用产生电磁转矩。与直流电动机的两个磁场所不同的是，异步电动机定子磁动势 $\boldsymbol{F}_s$、转子磁动势 $\boldsymbol{F}_r$ 及两者合成产生的气隙磁动势 $\boldsymbol{F}_\Sigma(\boldsymbol{\Phi}_m)$ 均是以同步角速度 ω_s 在空间旋转的矢量，三者的空间矢量关系如图 7-1 所示。由图 7-1 可知，定子磁动势和气隙磁动势之间的夹角 $\theta_s \neq 90°$；转子磁动势与气隙磁动势之间的夹角 θ_r 也不等于 90°。如果 $\boldsymbol{\Phi}_m$、$\boldsymbol{F}_r$ 的模值为已知，则只要知道它们空间矢量的夹角 θ_r，就可按式（7-2）求出异步电动机的电磁转矩。但是，如何确定 $\boldsymbol{\Phi}_m$、$\boldsymbol{F}_r$（或 $\boldsymbol{F}_s$）的模值及它们空间矢量的夹角 θ_r（或 θ_s）是非常困难的，因此，控制异步电动机的电磁转矩并非易事。

综上所述，直流电动机的电磁转矩关系简单，容易控制；交流电动机的电磁转矩关系复杂，难以控制。但是，由于交、直流电动机产生转矩的规律有着共同的基础，是基于同一转矩公式［式（7-2）］建立起来的，因而根据电机的统一性理论，通过等效变换，可以将交流电动机转矩控制转化为直流电动机转矩控制的模式，从而控制交流电动机的困难问题也就迎刃而解了。

7.1.2 矢量控制的基本思想

由式（7-2）及图 7-1 所示的异步电动机磁动势、磁通空间矢量图可以看出，通过控制定子磁动势 $\boldsymbol{F}_s$的模值或控制转子磁动势 $\boldsymbol{F}_r$的模值及它们在空间的位置，就能达到控制电动机转矩的目的。控制 $\boldsymbol{F}_s$模值的大小或$\boldsymbol{F}_r$模值的大小，可以通过控制各相电流的幅值大小来实现，而在空间上的位置角 θ_s、θ_r，可以通过控制各相电流的瞬时相位来实现。因此，只要能实现对异步电动机定子各相电流（i_A、i_B、i_C）的瞬时控制，就能实现对异步电动机转矩的有效控制。

采用矢量控制方式是如何实现对异步电动机定子电流转矩分量的瞬时控制呢？异步电动机三相对称定子绕组中，通入对称的三相正弦交流电流 i_A、i_B、i_C 时，则形成三相基波合成旋转磁动势，并由它建立相应的旋转磁场 $\boldsymbol{\Phi}_{ABC}$，如图 7-3a 所示，其旋转角速度等于定子电流的角频率 ω_s。因为除单相外任意的多相对称绕组，通入多相对称正弦电流，均能产生旋转磁场，如图 7-3b 所示的两相异步电动机，具有位置互差 90°的两相定子绕组 α、β，当通入两相对称正弦电流 i_α、i_β 时，则产生旋转磁场 $\boldsymbol{\Phi}_{\alpha\beta}$，如果这个旋转磁场的大小，转速及转向与图 7-3a 所示三相交流绕组所产生的旋转磁场完全相同，则可认为图 7-3a 和图 7-3b 所示的两套交流绕组等效。由此可知，处于三相静止轴系上的三相固定对称交流绕组，以产生同样的旋转磁场为准则，可以等效为静止两相直角轴系上的两相固定对称交流绕组，并且可知三相交流绕组中的三相对称正弦交流电流 i_A、i_B、i_C 与两相对称正弦交流电流 i_α、i_β 之间必存在着确定的变换关系

$$\begin{cases} \boldsymbol{i}_{\alpha\beta} = \boldsymbol{A}_1 \boldsymbol{i}_{ABC} \\ \boldsymbol{i}_{ABC} = \boldsymbol{A}_1^{-1} \boldsymbol{i}_{\alpha\beta} \end{cases} \tag{7-4}$$

式（7-4）表示一种变换关系方程，其中 $\boldsymbol{A}_1$ 为一种变换式。

从图 7-2 中所示的直流电动机结构看到，励磁绕组是在空间上固定的直流绕组，而电枢绕组是在空间中旋转的绕组。由图 7-2 所示可知，**电枢绕组本身在旋转，电枢磁动势 $\boldsymbol{F}_a$ 在空间上却有固定的方向，通常称这种绕组为“伪静止绕组”**（Pseudo-Stationary Coil），这样从磁效应的意义上来说，可以把直流电动机的电枢绕组当成在空间上固定的直流绕组，从而直流电动机的励磁绕组和电枢绕组就可以用图 7-3c 所示的两个在位置上互差 90°的直流绕组 M 和 T 来等效，M 绕组是等效的励磁绕组，T 绕组是等效的电枢绕组，M 绕组中的直流电流 i_M 称为励磁电流分量，T 绕组中的直流电流 i_T 称为转矩电流分量。

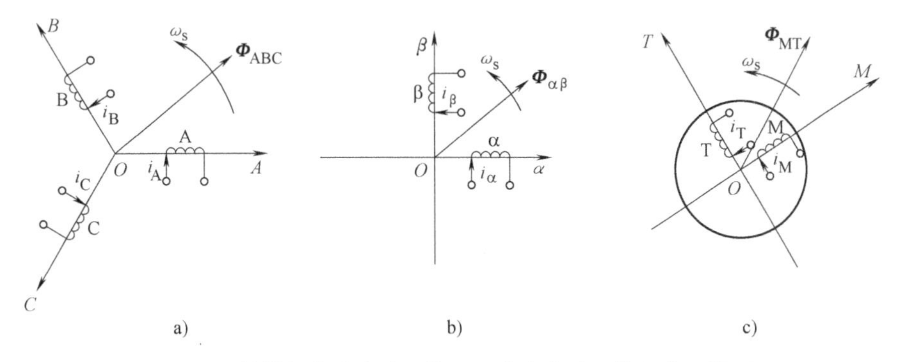

图 7-3　等效的交流电动机绕组和直流电动机绕组物理模型

a）三相交流绕组　b）两相交流绕组　c）旋转的直流绕组

设 $\boldsymbol{\Phi}_{MT}$ 为 M 绕组和 T 绕组分别通入直流电流 i_M 和 i_T 时产生的合成磁通，且在空间固定不动。如果人为地使这两个绕组旋转起来，则 $\boldsymbol{\Phi}_{MT}$ 也自然地随着旋转。若使 $\boldsymbol{\Phi}_{MT}$ 的大小、转速和转向与图 7-3b 所示两相交流绕组所产生的旋转磁场 $\boldsymbol{\Phi}_{\alpha\beta}$ 及图 7-3a 所示三相交流绕组产生的旋转磁场 $\boldsymbol{\Phi}_{ABC}$ 相同，则 M-T 直流绕组与 α-β 交流绕组及 A-B-C 交流绕组等效。显而易见，使固定的 M-T 绕组旋转起来，只不过是一种物理概念上的假设。在旋转磁场等效的原则下，α-β 交流绕组可以等效为旋转的 M-T 直流绕组，这时 α-β 交流绕组中的交流电流 i_α、i_β 与 M-T 直流绕组中的直流电流 i_M、i_T 之间必存在着确定的变换关系

$$\begin{cases}\boldsymbol{i}_{MT}=\boldsymbol{A}_2\boldsymbol{i}_{\alpha\beta}\\ \boldsymbol{i}_{\alpha\beta}=\boldsymbol{A}_2^{-1}\boldsymbol{i}_{MT}\end{cases} \tag{7-5}$$

式中，$\boldsymbol{A}_2$ 为另一种变换式。

式（7-5）的物理性质是表示一种旋转变换关系，或者说，对于相同的旋转磁场而言，如果 α-β 交流绕组中的电流 i_α、i_β 与旋转的 M-T 直流绕组中的电流 i_M、i_T 存在着式（7-5）的变换关系，则 α-β 交流绕组与旋转的 M-T 直流绕组完全等效。

由于 α-β 两相交流绕组又与 A-B-C 三相交流绕组等效，所以，M-T 直流绕组与 A-B-C 交流绕组等效，即有

$$\boldsymbol{i}_{MT}=\boldsymbol{A}_2\boldsymbol{i}_{\alpha\beta}=\boldsymbol{A}_2A_1\boldsymbol{i}_{ABC} \tag{7-6}$$

由式（7-6）可知，旋转的 M-T 直流绕组中的直流电流 i_M、i_T 与三相交流电流 i_A、i_B、i_C 之间必存在着确定关系，因此通过控制 i_M、i_T 就可以实现对 i_A、i_B、i_C 的瞬时控制。

在旋转磁场轴系上，把 i_M（励磁电流分量）、i_T（转矩电流分量）作为控制量，记为 i_M^*、i_T^*，对 i_M^*、i_T^* 实施旋转变换就可以得到与旋转轴系 M-T 等效的 α-β 轴系下两相交流电流的控制量，记为 i_α^*、i_β^*，然后通过两相-三相变换得到三相交流电流的控制量，记为 i_A^*、i_B^*、i_C^*，用来控制异步电动机的运行。

归纳以上所述，**对交流电动机的控制可以通过某种等效变换与直流电动机的控制统一起来，从而对交流电动机的控制就可以按照直流电动机转矩、转速规律来实现，这就是矢量控制的基本思想**（思路）。

矢量变换控制的基本思想和控制过程可用框图来表达，如图 7-4 所示。

如果需要实现转矩电流控制分量 i_M^*、励磁电流控制分量 i_T^* 的闭环控制，则要测量交流量，然后通过矢量坐标变换求出实际的 i_T、i_M，用来作为反馈量，其过程如图 7-4 所示的反馈通道。

因为用来进行坐标变换的物理量是空间矢量，所以将这种控制系统称为矢量变换控制系统

(Transvector Control System)，**简称为矢量控制**（Vector Control，VC）**系统**。

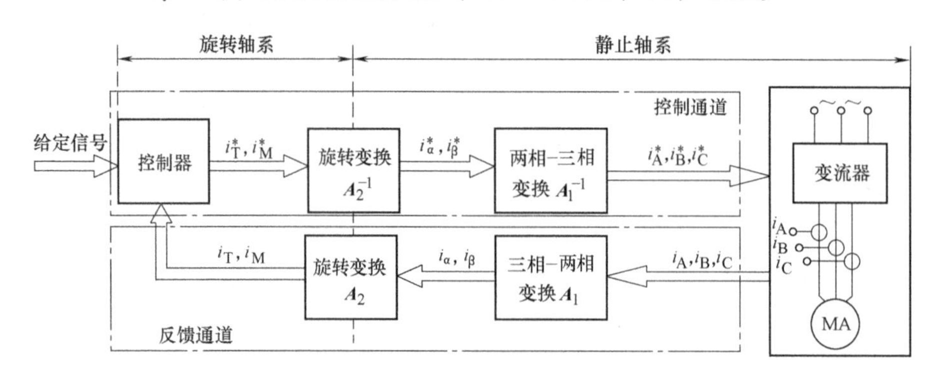

图 7-4　矢量变换控制过程（思路）图解

7.2　异步电动机在不同轴系上的数学模型

考虑到一般情况，本节首先建立三相异步电动机在三相静止轴系上的数学模型，然后通过三相到两相坐标变换将三相静止轴系上的数学模型变换为两相静止轴系上的数学模型，再通过旋转坐标变换，将两相静止轴系上的数学模型变换为两相旋转轴系上的数学模型，最终将两相旋转轴系上的数学模型变换为两相同步旋转轴系上的数学模型，以实现将非线性、强耦合的异步电动机数学模型简化成线性、解耦的数学模型。

由前述可知，矢量控制是通过坐标变换将异步电动机的转矩控制与直流电动机的转矩控制统一起来，可见，坐标变换是实现矢量控制的关键，因此，在本节中将坐标变换的原理及实现方法也作为重点内容来讨论。

7.2.1　交流电动机的轴系与空间矢量的概念

1. 交流电动机的轴系

交流电动机的轴系（也称为坐标系）以任意转速旋转的轴系为最一般的情况，其中静止轴系（旋转速度为零）、同步旋转轴系（旋转速度为同步转速）是任意旋转轴系的特例。这里，交流电动机轴系是按电动机实际情况来确定的，后面所讲述的坐标变换就是按这种实际情况进行的，这样做的目的是为了物理意义更实际、更清晰。

（1）定子轴系（A–B–C 和 α–β 轴系）

三相电动机定子中有三相绕组，其轴线分别为 A、B、C，彼此相差 120°，构成一个 A–B–C 三相轴系，如图 7-5 所示。某矢量 $\boldsymbol{X}$ 在三个坐标轴上的投影分别为 X_A、X_B、X_C，代表了该矢量在三个绕组中的分量，如果 $\boldsymbol{X}$ 是定子电流矢量，则 X_A、X_B、X_C 分别为三个绕组中的电流分量。

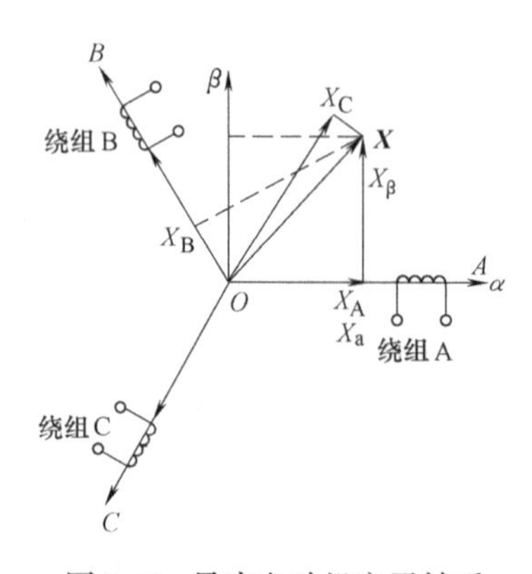

图 7-5　异步电动机定子轴系

数学上，平面矢量可用两相直角轴系来描述，所以在定子轴系中又定义了**一个两相直角轴系——$\boldsymbol{\alpha}$–$\boldsymbol{\beta}$ 轴系**，它的 α 轴与 A 轴重合，β 轴超前 α 轴 90°，也绘于图 7-5 中，X_α、X_β 为矢量 $\boldsymbol{X}$ 在 α–β 坐标轴上的投影或分量。

由于 α 轴和 A 轴固定在定子绕组 A 相的轴线上，所以这两个轴系在空间固定不动，称为静止轴系。

（2）转子轴系（a-b-c）和旋转轴系（d-q）

转子轴系固定在转子上，其中平面直角轴系的 d 轴位于转子轴线上，q 轴超前 d 轴 90°，如图 7-6 所示。对于异步电动机可定义转子上任一轴线为 d 轴（不固定）；对于同步电动机，d 轴是转子磁极的轴线。从广义上来说，d-q 轴系通常称为旋转轴系。

（3）同步旋转轴系（M-T 轴系）

同步旋转轴系的 M（Magnetization）轴固定在磁链矢量上，T（Torque）轴超前 M 轴 90°，该轴系和磁链矢量一起在空间以同步角速度 ω_s 旋转。各坐标轴之间的夹角如图 7-7 所示。图中，ω_s 为同步角速度；ω_r 为转子角速度；φ_s 为磁链（磁通）同步角，从定子轴 α 到磁链轴 M 的夹角；φ_L 为负载角，从转子轴 d 到磁链轴 M 的夹角；λ 为转子位置角。其中 $\varphi_s=\varphi_L+\lambda$。

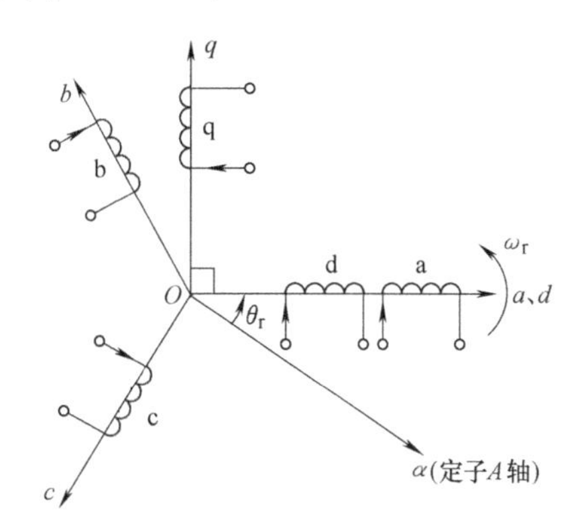

图 7-6　异步电动机转子轴系

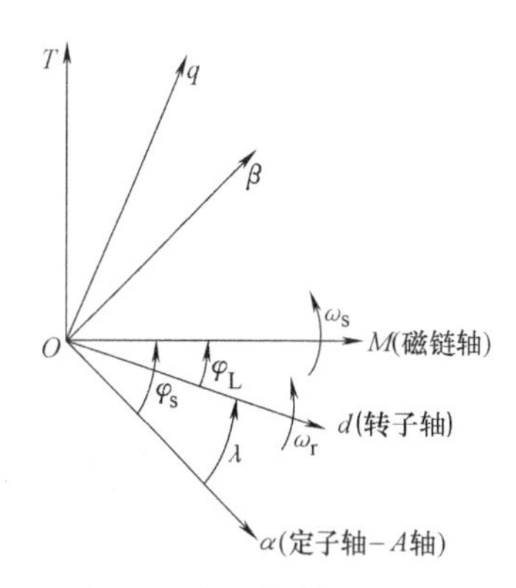

图 7-7　各坐标轴的位置图

2. 空间矢量概念

三相异步电动机的定子有三个绕组 A、B、C，当分别通入正弦电流 i_A、i_B、i_C 时，就会在空间产生三个分磁动势矢量 $\boldsymbol{F}_A$、$\boldsymbol{F}_B$、$\boldsymbol{F}_C$，磁动势也叫作磁通势。三个分磁动势矢量之和为定子合成磁动势矢量，记为 $\boldsymbol{F}_s$，简称定子磁动势。由磁路欧姆定律可知，定子磁通矢量 $\boldsymbol{\Phi}_s=\boldsymbol{F}_s/R_m$，其中，$R_m$ 为磁阻。定子磁动势 $\boldsymbol{F}_s$ 和定子磁通 $\boldsymbol{\Phi}_s$ 是实际存在的空间矢量，且两者共轴线、共方向。同理，三相异步电动机转子实际存在的空间矢量有转子磁动势 $\boldsymbol{F}_r$、转子磁通 $\boldsymbol{\Phi}_r$。实际存在的空间矢量还有定、转子合成磁动势 $\boldsymbol{F}_\Sigma=\boldsymbol{F}_s+\boldsymbol{F}_r$ 及气隙合成磁通 $\boldsymbol{\Phi}_m$。

定子电流 i_s，转子电流 i_r，定子磁链 $\boldsymbol{\Psi}_s$、转子磁链 $\boldsymbol{\Psi}_r$ 等物理量并不是空间矢量（是时间相量），由于它们的幅值正比于相应空间矢量的模值，而且 i_s、$\boldsymbol{\Psi}_s$ 的幅值是可以测量的，**为此把这些物理量定义为矢量，记为 $\boldsymbol{i}_s$、$\boldsymbol{i}_r$、$\boldsymbol{\Psi}_s$、$\boldsymbol{\Psi}_r$，并用它们代表或代替实际存在的空间矢量，例如：用 $\boldsymbol{i}_s$ 代表 $\boldsymbol{F}_s$；用 $\boldsymbol{i}_r$ 代表 $\boldsymbol{F}_r$；用 $\boldsymbol{\Psi}_s$ 代表 $\boldsymbol{\Phi}_s$；用 $\boldsymbol{\Psi}_r$ 代表 $\boldsymbol{\Phi}_r$。**

定子电压 $\boldsymbol{u}_s$、定子电动势 $\boldsymbol{e}_s$、转子电压 $\boldsymbol{u}_r$、转子电动势 $\boldsymbol{e}_r$ 等也不是在空间矢量，为了数学上的处理需要而把它们也定义为空间矢量，记为 $\boldsymbol{u}_s(\boldsymbol{U}_s)$、$\boldsymbol{u}_r(\boldsymbol{U}_r)$、$\boldsymbol{e}_s(\boldsymbol{E}_s)$、$\boldsymbol{e}_r(\boldsymbol{E}_r)$。

7.2.2　异步电动机在静止轴系上的数学模型

1. 异步电动机在三相静止轴系上的电压方程式（电路数学模型）

图 7-8a 表示一个定、转子绕组为Y联结的三相对称异步电动机的物理模型，其中无论电动机转子是绕线型还是笼型均等效为绕线型转子，并折算到定子侧，折算后的每相匝数都相等。

在建立数学模型之前，必须明确对于正方向的规定，如图 7-8b 所示，正方向规定如下：

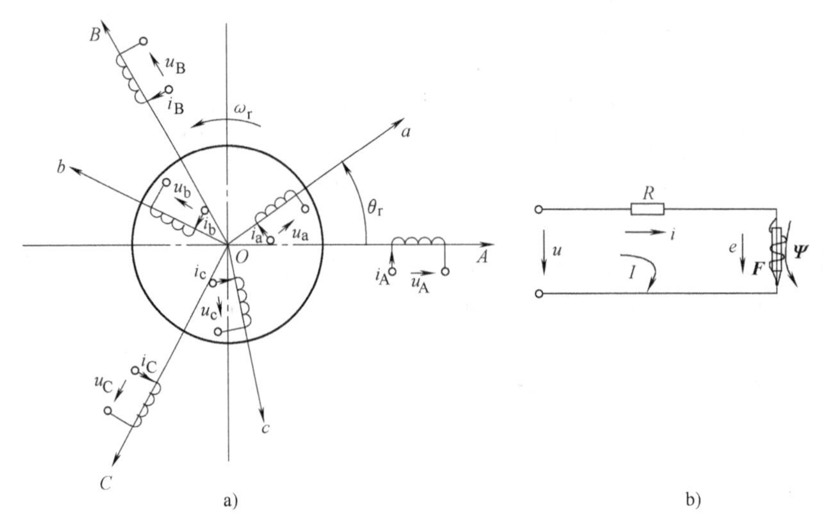

图 7-8　三相异步电动机物理模型和正方向规定

a）三相异步电动机物理模型　b）正方向规定

1）电压正方向（箭头方向，下同）为电压降低方向。

2）电流正方向为自高电位流入，低电位流出方向。

3）电阻上的电压降落正方向为电流箭头所指的方向。

4）磁动势和磁链的正方向与电流正方向符合右手螺旋定则，在不能区分线圈绕向的绕组中，电流正方向即代表磁动势和磁链的正方向。

5）电动势的正方向与电流正方向一致。

6）转子旋转的正方向定为逆时针方向。

根据正方向的规定，可以列出图 7-8 所示电动机的定、转子绕组的电压微分方程式

$$\begin{cases}u_A=R_Ai_A+p(L_{AA}i_A)+p(L_{AB}i_B)+p(L_{AC}i_C)+p(L_{Aa}i_a)+p(L_{Ab}i_b)+p(L_{Ac}i_c)\\u_B=p(L_{BA}i_A)+R_Bi_B+p(L_{BB}i_B)+p(L_{BC}i_C)+p(L_{Ba}i_a)+p(L_{Bb}i_b)+p(L_{Bc}i_c)\\u_C=p(L_{CA}i_A)+p(L_{CB}i_B)+R_Ci_C+p(L_{CC}i_C)+p(L_{Ca}i_a)+p(L_{Cb}i_b)+p(L_{Cc}i_c)\\u_a=p(L_{aA}i_A)+p(L_{aB}i_B)+p(L_{aC}i_C)+R_ai_a+p(L_{aa}i_a)+p(L_{ab}i_b)+p(L_{ac}i_c)\\u_b=p(L_{bA}i_A)+p(L_{bB}i_B)+p(L_{bC}i_C)+p(L_{ba}i_a)+R_bi_b+p(L_{bb}i_b)+p(L_{bc}i_c)\\u_c=p(L_{cA}i_A)+p(L_{cB}i_B)+p(L_{cC}i_C)+p(L_{ca}i_a)+p(L_{cb}i_b)+R_ci_c+p(L_{cc}i_c)\end{cases}\tag{7-7}$$

式中，u_A、u_B、u_C，u_a、u_b、u_c 为定、转子相电压瞬时值；i_A、i_B、i_C，i_a、i_b、i_c 为定、转子相电流瞬时值；$p=\mathrm{d}/\mathrm{d}t$ 为微分算子。

为了简化方程，必须进一步弄清式（7-7）中各类电阻、电感的性质。

（1）电阻

由于电动机绕组的对称性，并假定电阻与频率及温度无关，可令

$$R_A=R_B=R_C=R_s=\mathrm{Const}$$

$$R_a=R_b=R_c=R_r=\mathrm{Const}$$

式中，R_s、R_r 为定、转子绕组每相电阻，R_r 已归算到定子侧。

（2）自感

由于三相电动机的气隙是均匀的，故各绕组的自感与转子位置（即与 θ_r）无关；忽略磁路饱和效应，自感与电流无关；忽略趋肤效应，自感与频率无关，因此各自感均为常数。又因为绕

组是对称的，可令：$L_{AA}=L_{BB}=L_{CC}=L_s$ 为定子每相绕组的自感，且为常数；$L_{aa}=L_{bb}=L_{cc}=L_r$ 为转子每相绕组的自感，已归算到定子侧，且为常数。

（3）互感

与电动机定子绕组交链的磁通主要有两类：一类是穿过气隙的相间互感磁通；另一类是只与该绕组本身交链而不和其他绕组交链的漏磁通，前者是主要的。定子互感磁通所对应的电感称为定子互感 L_{sm}；定子漏磁通所对应的电感称为定子漏感 $L_{s\sigma}$。由于定子绕组的对称性，各相定子互感和定子漏感值均相等；同样可以定义转子互感 L_{rm} 和转子漏感 $L_{r\sigma}$，各相转子互感和转子漏感值也均相等。由于经过折算后定、转子绕组匝数相等，并且各绕组产生的互感磁通都通过气隙，磁阻相同，故可以认为 $L_{sm}=L_{rm}=L_m$。根据以上分析可知 L_s、L_r、L_m、$L_{s\sigma}$、$L_{r\sigma}$ 之间具有以下关系：

$$\begin{cases}L_s=L_m+L_{s\sigma}\\L_r=L_m+L_{r\sigma}\end{cases}\tag{7-8}$$

1）定子三相绕组之间及转子三相绕组之间的互感。由于电动机气隙的均匀性和绕组的对称性，可令

$$\begin{cases}L_{AB}=L_{AC}=L_{BA}=L_{BC}=L_{CA}=L_{CB}=L_{ss}\\L_{ab}=L_{ac}=L_{ba}=L_{bc}=L_{ca}=L_{cb}=L_{rr}\end{cases}\tag{7-9}$$

式中，L_{ss}、L_{rr} 分别为定子任意两相绕组和转子任意两相绕组之间的互感。

由于三相定（转）子绕组的轴线在空间上的相位差是±120°，在假定气隙磁场为正弦分布的条件下，定子绕组、转子绕组之间的互感值应为

$$\begin{cases}L_{ss}=L_m\cos120°=-\dfrac{1}{2}L_m\\[2ex]L_{rr}=L_m\cos120°=-\dfrac{1}{2}L_m\end{cases}\tag{7-10}$$

2）定子绕组与转子绕组之间的互感。当忽略气隙磁场的空间高次谐波，则可以近似认为定、转子绕组之间的互感为 θ_r 的余弦函数。当定、转子绕组恰处于同轴时，互感具有最大值 L_m，于是

$$\begin{cases}L_{Aa}=L_{aA}=L_{Bb}=L_{bB}=L_{Cc}=L_{cC}=L_m\cos\theta_r\\L_{Ab}=L_{bA}=L_{Bc}=L_{cB}=L_{Ca}=L_{aC}=L_m\cos\left(\theta_r+\dfrac{2\pi}{3}\right)\\L_{Ac}=L_{cA}=L_{Ba}=L_{aB}=L_{Cb}=L_{bC}=L_m\cos\left(\theta_r-\dfrac{2\pi}{3}\right)\end{cases}\tag{7-11}$$

将式（7-8）~式（7-11）所表示的参数（电阻、自感、互感）都代入式（7-7）中，得到

$$\begin{cases}u_A=(R_s+L_mp+L_{s\sigma}p)i_A-\dfrac{1}{2}L_mpi_B-\dfrac{1}{2}L_mpi_C+L_mp\cos(\theta_ri_a)+L_mp\cos\left(\theta_r+\dfrac{2\pi}{3}\right)i_b+L_mp\cos\left(\theta_r-\dfrac{2\pi}{3}\right)i_c\\u_B=-\dfrac{1}{2}L_mpi_A+(R_s+L_mp+L_{s\sigma}p)i_B-\dfrac{1}{2}L_mpi_C+L_mp\cos\left(\theta_r-\dfrac{2\pi}{3}\right)i_a+L_mp\cos\theta_ri_b+L_mp\cos\left(\theta_r+\dfrac{2\pi}{3}\right)i_c\\u_C=-\dfrac{1}{2}L_mpi_A-\dfrac{1}{2}L_mpi_B+(R_s+L_mp+L_{s\sigma}p)i_C+L_mp\cos\left(\theta_r+\dfrac{2\pi}{3}\right)i_a+L_mp\cos\left(\theta_r-\dfrac{2\pi}{3}\right)i_b+L_mp\cos\theta_ri_c\\u_a=L_mp\cos\theta_ri_A+L_mp\cos\left(\theta_r-\dfrac{2\pi}{3}\right)i_B+L_mp\cos\left(\theta_r+\dfrac{2\pi}{3}\right)i_C+(R_r+L_mp+L_{r\sigma}p)i_a-\dfrac{1}{2}L_mpi_b-\dfrac{1}{2}L_mpi_c\\u_b=L_mp\cos\left(\theta_r+\dfrac{2\pi}{3}\right)i_A+L_mp\cos\theta_ri_B+L_mp\cos\left(\theta_r-\dfrac{2\pi}{3}\right)i_C-\dfrac{1}{2}L_mpi_a+(R_r+L_mp+L_{r\sigma}p)i_b-\dfrac{1}{2}L_mpi_c\\u_c=L_mp\cos\left(\theta_r-\dfrac{2\pi}{3}\right)i_A+L_mp\cos\left(\theta_r+\dfrac{2\pi}{3}\right)i_B+L_mp\cos\theta_ri_C-\dfrac{1}{2}L_mpi_a-\dfrac{1}{2}L_mpi_b+(R_r+L_mp+L_{r\sigma}p)i_c\end{cases}$$

（7-12）

将式（7-7）及式（7-12）所表示的电压方程写成矩阵形式

$$\boldsymbol{u}=\boldsymbol{Ri}+p(\boldsymbol{Li})=\boldsymbol{Zi}=\boldsymbol{Ri}+p\boldsymbol{\Psi} \tag{7-13}$$

式中，$\boldsymbol{u}^{\mathrm{T}}=(u_{\mathrm{A}}\quad u_{\mathrm{B}}\quad u_{\mathrm{C}}\quad u_{\mathrm{a}}\quad u_{\mathrm{b}}\quad u_{\mathrm{c}})$；$\boldsymbol{i}^{\mathrm{T}}=(i_{\mathrm{A}}\quad i_{\mathrm{B}}\quad i_{\mathrm{C}}\quad i_{\mathrm{a}}\quad i_{\mathrm{b}}\quad i_{\mathrm{c}})$；$\boldsymbol{Z}=\boldsymbol{R}+p\boldsymbol{L}$。

$$\boldsymbol{R}=\begin{pmatrix} R_{\mathrm{s}} & 0 & 0 & 0 & 0 & 0 \\ 0 & R_{\mathrm{s}} & 0 & 0 & 0 & 0 \\ 0 & 0 & R_{\mathrm{s}} & 0 & 0 & 0 \\ 0 & 0 & 0 & R_{\mathrm{r}} & 0 & 0 \\ 0 & 0 & 0 & 0 & R_{\mathrm{r}} & 0 \\ 0 & 0 & 0 & 0 & 0 & R_{\mathrm{r}} \end{pmatrix} \tag{7-14}$$

$$\boldsymbol{L}=\left(\begin{array}{ccc:ccc} L_{\mathrm{AA}} & L_{\mathrm{AB}} & L_{\mathrm{AC}} & L_{\mathrm{Aa}} & L_{\mathrm{Ab}} & L_{\mathrm{Ac}} \\ L_{\mathrm{BA}} & L_{\mathrm{BB}} & L_{\mathrm{BC}} & L_{\mathrm{Ba}} & L_{\mathrm{Bb}} & L_{\mathrm{Bc}} \\ L_{\mathrm{CA}} & L_{\mathrm{CB}} & L_{\mathrm{CC}} & L_{\mathrm{Ca}} & L_{\mathrm{Cb}} & L_{\mathrm{Cc}} \\ \hdashline L_{\mathrm{aA}} & L_{\mathrm{aB}} & L_{\mathrm{aC}} & L_{\mathrm{aa}} & L_{\mathrm{ab}} & L_{\mathrm{ac}} \\ L_{\mathrm{bA}} & L_{\mathrm{bB}} & L_{\mathrm{bC}} & L_{\mathrm{ba}} & L_{\mathrm{bb}} & L_{\mathrm{bc}} \\ L_{\mathrm{cA}} & L_{\mathrm{cB}} & L_{\mathrm{cC}} & L_{\mathrm{ca}} & L_{\mathrm{cb}} & L_{\mathrm{cc}} \end{array}\right)$$

$$=\left[\begin{array}{ccc:ccc} L_{\mathrm{m}}+L_{\mathrm{s}\sigma} & -\frac{1}{2}L_{\mathrm{m}} & -\frac{1}{2}L_{\mathrm{m}} & L_{\mathrm{m}}\cos\theta_{\mathrm{r}} & L_{\mathrm{m}}\cos\left(\theta_{\mathrm{r}}+\frac{2\pi}{3}\right) & L_{\mathrm{m}}\cos\left(\theta_{\mathrm{r}}-\frac{2\pi}{3}\right) \\ -\frac{1}{2}L_{\mathrm{m}} & L_{\mathrm{m}}+L_{\mathrm{s}\sigma} & -\frac{1}{2}L_{\mathrm{m}} & L_{\mathrm{m}}\cos\left(\theta_{\mathrm{r}}-\frac{2\pi}{3}\right) & L_{\mathrm{m}}\cos\theta_{\mathrm{r}} & L_{\mathrm{m}}\cos\left(\theta_{\mathrm{r}}+\frac{2\pi}{3}\right) \\ -\frac{1}{2}L_{\mathrm{m}} & -\frac{1}{2}L_{\mathrm{m}} & L_{\mathrm{m}}+L_{\mathrm{s}\sigma} & L_{\mathrm{m}}\cos\left(\theta_{\mathrm{r}}+\frac{2\pi}{3}\right) & L_{\mathrm{m}}\cos\left(\theta_{\mathrm{r}}-\frac{2\pi}{3}\right) & L_{\mathrm{m}}\cos\theta_{\mathrm{r}} \\ \hdashline L_{\mathrm{m}}\cos\theta_{\mathrm{r}} & L_{\mathrm{m}}\cos\left(\theta_{\mathrm{r}}-\frac{2\pi}{3}\right) & L_{\mathrm{m}}\cos\left(\theta_{\mathrm{r}}+\frac{2\pi}{3}\right) & L_{\mathrm{m}}+L_{\mathrm{r}\sigma} & -\frac{1}{2}L_{\mathrm{m}} & -\frac{1}{2}L_{\mathrm{m}} \\ L_{\mathrm{m}}\cos\left(\theta_{\mathrm{r}}+\frac{2\pi}{3}\right) & L_{\mathrm{m}}\cos\theta_{\mathrm{r}} & L_{\mathrm{m}}\cos\left(\theta_{\mathrm{r}}-\frac{2\pi}{3}\right) & -\frac{1}{2}L_{\mathrm{m}} & L_{\mathrm{m}}+L_{\mathrm{r}\sigma} & -\frac{1}{2}L_{\mathrm{m}} \\ L_{\mathrm{m}}\cos\left(\theta_{\mathrm{r}}-\frac{2\pi}{3}\right) & L_{\mathrm{m}}\cos\left(\theta_{\mathrm{r}}+\frac{2\pi}{3}\right) & L_{\mathrm{m}}\cos\theta_{\mathrm{r}} & -\frac{1}{2}L_{\mathrm{m}} & -\frac{1}{2}L_{\mathrm{m}} & L_{\mathrm{m}}+L_{\mathrm{r}\sigma} \end{array}\right] \tag{7-15}$$

2. 磁链方程

式（7-13）中的磁链 $\boldsymbol{\Psi}$ 可写成

$$\boldsymbol{\Psi}=\begin{pmatrix} \psi_{\mathrm{A}} \\ \psi_{\mathrm{B}} \\ \psi_{\mathrm{C}} \\ \psi_{\mathrm{a}} \\ \psi_{\mathrm{b}} \\ \psi_{\mathrm{c}} \end{pmatrix}=\left(\begin{array}{ccc:ccc} L_{\mathrm{AA}} & L_{\mathrm{AB}} & L_{\mathrm{AC}} & L_{\mathrm{Aa}} & L_{\mathrm{Ab}} & L_{\mathrm{Ac}} \\ L_{\mathrm{BA}} & L_{\mathrm{BB}} & L_{\mathrm{BC}} & L_{\mathrm{Ba}} & L_{\mathrm{Bb}} & L_{\mathrm{Bc}} \\ L_{\mathrm{CA}} & L_{\mathrm{CB}} & L_{\mathrm{CC}} & L_{\mathrm{Ca}} & L_{\mathrm{Cb}} & L_{\mathrm{Cc}} \\ \hdashline L_{\mathrm{aA}} & L_{\mathrm{aB}} & L_{\mathrm{aC}} & L_{\mathrm{aa}} & L_{\mathrm{ab}} & L_{\mathrm{ac}} \\ L_{\mathrm{bA}} & L_{\mathrm{bB}} & L_{\mathrm{bC}} & L_{\mathrm{ba}} & L_{\mathrm{bb}} & L_{\mathrm{bc}} \\ L_{\mathrm{cA}} & L_{\mathrm{cB}} & L_{\mathrm{cC}} & L_{\mathrm{ca}} & L_{\mathrm{cb}} & L_{\mathrm{cc}} \end{array}\right)\begin{pmatrix} i_{\mathrm{A}} \\ i_{\mathrm{B}} \\ i_{\mathrm{C}} \\ i_{\mathrm{a}} \\ i_{\mathrm{b}} \\ i_{\mathrm{c}} \end{pmatrix} \tag{7-16}$$

式（7-16）称为磁链方程，显然这是一个十分庞大的矩阵方程，其中 $\boldsymbol{L}$ 矩阵是 6×6 的电感矩阵。为了以后矩阵运算方便起见，将其写成分块矩阵形式

$$\boldsymbol{L}=\left(\begin{array}{c:c} [\boldsymbol{L}_{\mathrm{SS}}] & [\boldsymbol{L}_{\mathrm{SR}}] \\ \hdashline [\boldsymbol{L}_{\mathrm{RS}}] & [\boldsymbol{L}_{\mathrm{RR}}] \end{array}\right) \tag{7-17}$$

其中

$$\boldsymbol{L}_{\mathrm{SS}}=\begin{pmatrix} L_{\mathrm{m}}+L_{\mathrm{s}\sigma} & -\frac{1}{2}L_{\mathrm{m}} & -\frac{1}{2}L_{\mathrm{m}} \\ -\frac{1}{2}L_{\mathrm{m}} & L_{\mathrm{m}}+L_{\mathrm{s}\sigma} & -\frac{1}{2}L_{\mathrm{m}} \\ -\frac{1}{2}L_{\mathrm{m}} & -\frac{1}{2}L_{\mathrm{m}} & L_{\mathrm{m}}+L_{\mathrm{s}\sigma} \end{pmatrix} \tag{7-18}$$

$$\boldsymbol{L}_{\mathrm{RR}}=\begin{pmatrix} L_{\mathrm{m}}+L_{\mathrm{r}\sigma} & -\frac{1}{2}L_{\mathrm{m}} & -\frac{1}{2}L_{\mathrm{m}} \\ -\frac{1}{2}L_{\mathrm{m}} & L_{\mathrm{m}}+L_{\mathrm{r}\sigma} & -\frac{1}{2}L_{\mathrm{m}} \\ -\frac{1}{2}L_{\mathrm{m}} & -\frac{1}{2}L_{\mathrm{m}} & L_{\mathrm{m}}+L_{\mathrm{r}\sigma} \end{pmatrix} \tag{7-19}$$

$$\boldsymbol{L}_{\mathrm{SR}}=\boldsymbol{L}_{\mathrm{RS}}^{\mathrm{T}}=\boldsymbol{L}_{\mathrm{m}}\begin{pmatrix} \cos\theta_{\mathrm{r}} & \cos\left(\theta_{\mathrm{r}}+\frac{2\pi}{3}\right) & \cos\left(\theta_{\mathrm{r}}-\frac{2\pi}{3}\right) \\ \cos\left(\theta_{\mathrm{r}}-\frac{2\pi}{3}\right) & \cos\theta_{\mathrm{r}} & \cos\left(\theta_{\mathrm{r}}+\frac{2\pi}{3}\right) \\ \cos\left(\theta_{\mathrm{r}}+\frac{2\pi}{3}\right) & \cos\left(\theta_{\mathrm{r}}-\frac{2\pi}{3}\right) & \cos\theta_{\mathrm{r}} \end{pmatrix} \tag{7-20}$$

3. 运动方程

一般情况下，机电系统的基本运动方程式为

$$T_{\mathrm{ei}}=T_{\mathrm{L}}+\frac{J}{n_{\mathrm{p}}}\frac{\mathrm{d}\omega}{\mathrm{d}t}+\frac{D}{n_{\mathrm{p}}}\omega+\frac{K}{n_{\mathrm{p}}}\theta_{\mathrm{r}} \tag{7-21}$$

式中，T_{L} 为负载阻转矩；ω 为电动机角速度；J 为机电系统转动惯量；n_{p} 为极对数；D 为与转速成正比的阻转矩阻尼系数；K 为扭转弹性转矩系数。对于刚性的恒转矩负载，$K=0$；若忽略传动机构的黏性摩擦，$D=0$，则有

$$T_{\mathrm{ei}}=T_{\mathrm{L}}+\frac{J}{n_{\mathrm{p}}}\frac{\mathrm{d}\omega}{\mathrm{d}t} \tag{7-22}$$

4. 转矩方程

异步电动机电磁转矩根据机电能量转换原理可以求得一种转矩表达式，即

$$\begin{aligned} T_{\mathrm{ei}}&=n_{\mathrm{p}}L_{\mathrm{m}}\left[(i_{\mathrm{A}}i_{\mathrm{a}}+i_{\mathrm{B}}i_{\mathrm{b}}+i_{\mathrm{C}}i_{\mathrm{c}})\sin\theta_{\mathrm{r}}+(i_{\mathrm{A}}i_{\mathrm{b}}+i_{\mathrm{B}}i_{\mathrm{c}}+i_{\mathrm{C}}i_{\mathrm{a}})\sin\left(\theta_{\mathrm{r}}+\frac{2\pi}{3}\right)+\right.\\ &\qquad\left.(i_{\mathrm{A}}i_{\mathrm{c}}+i_{\mathrm{B}}i_{\mathrm{a}}+i_{\mathrm{C}}i_{\mathrm{b}})\sin\left(\theta_{\mathrm{r}}-\frac{2\pi}{3}\right)\right]\\ &=f(i_{\mathrm{A}},i_{\mathrm{B}},i_{\mathrm{C}},i_{\mathrm{a}},i_{\mathrm{b}},i_{\mathrm{c}}) \end{aligned} \tag{7-23}$$

5. 异步电动机在静止坐标系上的数学模型

式（7-13）还可以写成

$$\boldsymbol{u}=\boldsymbol{Ri}+\boldsymbol{L}\frac{\mathrm{d}\boldsymbol{i}}{\mathrm{d}t}+\frac{\mathrm{d}\boldsymbol{L}}{\mathrm{d}t}\boldsymbol{i}=\boldsymbol{Ri}+\boldsymbol{L}\frac{\mathrm{d}\boldsymbol{i}}{\mathrm{d}t}+\omega\frac{\mathrm{d}\boldsymbol{L}}{\mathrm{d}\theta_{\mathrm{r}}}\boldsymbol{i} \tag{7-24}$$

式（7-16）、式（7-22）或式（7-23）、式（7-24）及 $\omega_{\mathrm{r}}=\mathrm{d}\theta_{\mathrm{r}}/\mathrm{d}t$ 归纳在一起便构成了恒转矩负载下的异步电动机在静止轴系上的数学模型

$$\begin{cases} \boldsymbol{u}=\boldsymbol{Ri}+\boldsymbol{L}\dfrac{\mathrm{d}\boldsymbol{i}}{\mathrm{d}t}+\omega\dfrac{\mathrm{d}\boldsymbol{L}}{\mathrm{d}\theta_{\mathrm{r}}}\boldsymbol{i} \\ \boldsymbol{\Psi}=\boldsymbol{Li} \\ T_{\mathrm{ei}}=T_{\mathrm{L}}+\dfrac{J}{n_{\mathrm{p}}}\dfrac{\mathrm{d}\omega}{\mathrm{d}t} \\ T_{\mathrm{ei}}=f(i_{\mathrm{A}},i_{\mathrm{B}},i_{\mathrm{C}},i_{\mathrm{a}},i_{\mathrm{b}},i_{\mathrm{c}}) \\ \omega=\dfrac{\mathrm{d}\theta_{\mathrm{r}}}{\mathrm{d}t} \end{cases} \tag{7-25}$$

6. 异步电动机在三相静止轴系中的数学模型性质

由式（7-25）可以看出，异步电动机在静止轴系上的数学模型具有以下性质：

（1）异步电动机数学模型是一个多变量（多输入/多输出）系统

输入电动机定子的是三相电压 u_{A}、u_{B}、u_{C}（或电流 i_{A}、i_{B}、i_{C}），这就是说至少有三个输入变量。输出变量中，除转速外，磁通也是一个独立的输出变量。可见，异步电动机数学模型是一个多变量系统。

（2）异步电动机数学模型是一个高阶系统

异步电动机定子有三个绕组，转子可等效成三个绕组，每个绕组产生磁通时都有它的惯性，再加上机电系统惯性，则异步电动机的数学模型至少为七阶系统。

（3）异步电动机数学模型是一个非线性系统

由式（7-11）可知，定、转子之间的互感（L_{sr}、L_{rs}）为 θ_{r} 的余弦函数，是变参数，这是数学模型非线性的一个根源；由式（7-23）可知，式中有定、转子瞬时电流相乘的项，这是数学模型中又一个非线性根源。可见异步电动机的数学模型是一个非线性系统。

（4）异步电动机数学模型是一个强耦合系统

由式（7-23）和式（7-24）可以看出，异步电动机数学模型是一个变量间具有强耦合关系的系统。

综上所述，三相异步电动机在三相轴系上的数学模型是一个多变量、高阶、非线性、强耦合的复杂系统。

分析和求解这组方程是非常困难的，也难以用一个清晰的模型结构图来描绘。为了使异步电动机数学模型具有可控性、客观性，必须对其进行简化、解耦，使其成为一个线性、解耦的系统。由数学及物理学可知，简化、解耦的有效方法就是坐标变换。

7.2.3 坐标变换及变换矩阵

1. 变换矩阵及其确定原则

（1）变换矩阵的确定原则

坐标变换的数学表达式常用矩阵方程来表示

$$\boldsymbol{Y}=\boldsymbol{AX} \tag{7-26}$$

式（7-26）说明的是将一组变量 $\boldsymbol{X}$ 变换为另一组变量 $\boldsymbol{Y}$，其中系数矩阵 $\boldsymbol{A}$ 称为变换矩阵，例如，设 $\boldsymbol{X}$ 是交流电动机三相轴系上的电流，经过矩阵 $\boldsymbol{A}$ 的变换得到 $\boldsymbol{Y}$，可以认为 $\boldsymbol{Y}$ 是另一轴系上的电流，这时，$\boldsymbol{A}$ 称为电流变换矩阵，类似的还有电压变换矩阵、阻抗变换矩阵等。根据什么原则正确地确定这些变换矩阵是进行坐标变换的前提条件，因此在确定这些变换矩阵之前，必须先明确应遵守的基本变换原则。

1）确定电流变换矩阵时，应遵守变换前后所产生的旋转磁场等效的原则。

电动机是机电能量转换装置，它的气隙磁场是机电能量转换的枢纽。气隙磁场是由电动机气隙合成磁动势决定的，而合成磁动势是由各绕组中的电流产生的，可见，只有遵守变换前后气隙中旋转磁场相同，电流变换矩阵方程式才能成立，从而确定的电流变换矩阵才是正确的。

2）确定电压变换矩阵和阻抗变换矩阵时，应遵守变换前后电动机功率不变的原则。

在确定电压变换矩阵和阻抗变换矩阵时，只要遵守变换前后电动机的功率不变的原则，电流变换矩阵与电压变换矩阵、阻抗变换矩阵之间就必存在着确定的关系。这样就可以从已知的电流变换矩阵来确定电压变换矩阵或阻抗变换矩阵。

3）为了矩阵运算的简单、方便，要求电流变换矩阵应为正交矩阵。

（2）功率不变原则

功率不变原则是指变换前后功率不变。在满足功率不变原则时，电流变换矩阵与电压变换矩阵及阻抗变换矩阵的相互关系如何呢？

设电流变换矩阵方程为

$$\begin{pmatrix} i_1 \\ i_2 \\ i_3 \end{pmatrix} = \begin{pmatrix} c_{11} & c_{12} \\ c_{21} & c_{22} \\ c_{31} & c_{32} \end{pmatrix} \begin{pmatrix} i_1' \\ i_2' \end{pmatrix} \tag{7-27}$$

或写成

$$\boldsymbol{i} = \boldsymbol{C}\boldsymbol{i}' \tag{7-28}$$

式中，i_1'、i_2' 规定为新变量；i_1、i_2、i_3 规定为原变量且均为瞬时值；$\boldsymbol{C}$ 为电流变换矩阵。

式（7-27）和式（7-28）表示的是从新变量变换成原变量的电流变换。

设电压变换矩阵方程为

$$\boldsymbol{u}' = \boldsymbol{B}\boldsymbol{u} \tag{7-29}$$

式中，$\boldsymbol{B} = \begin{pmatrix} B_{11} & B_{12} & B_{13} \\ B_{21} & B_{22} & B_{23} \end{pmatrix}$为电压变换矩阵；$\boldsymbol{u}'$规定新变量；$\boldsymbol{u}$ 规定原变量且均为瞬时值；电压变换的矩阵方程是将原变量变换成新变量。

功率不变恒等式为

$$P = u_1 i_1 + u_2 i_2 + u_3 i_3 \equiv u_1' i_1' + u_2' i_2' \tag{7-30}$$

将式（7-27）和式（7-29）代入式（7-30）中，得

$$\begin{aligned} &C_{11}u_1 i_1' + C_{12}u_1 i_2' + C_{21}u_2 i_1' + C_{22}u_2 i_2' + C_{31}u_3 i_1' + C_{32}u_3 i_2' \equiv \\ &B_{11}u_1 i_1' + B_{12}u_2 i_1' + B_{13}u_3 i_1' + B_{21}u_1 i_2' + B_{22}u_2 i_2' + B_{23}u_3 i_2' \end{aligned} \tag{7-31}$$

对于所有 u_1、u_2、u_3；i_1'、i_2' 的值，这个恒等式都应该成立，必有

$$\boldsymbol{B} = \boldsymbol{C}^{\mathrm{T}} \tag{7-32}$$

式中，$\boldsymbol{C}^{\mathrm{T}}$ 为矩阵 $\boldsymbol{C}$ 的转置矩阵，电压变换矩阵 $\boldsymbol{B}$ 即为 $\boldsymbol{C}^{\mathrm{T}}$，则

$$\boldsymbol{u}' = \boldsymbol{C}^{\mathrm{T}}\boldsymbol{u} \tag{7-33}$$

设变换前电动机的电压矩阵方程为

$$\boldsymbol{u} = \boldsymbol{Z}\boldsymbol{i} \tag{7-34}$$

设变换后电动机的电压矩阵方程为

$$\boldsymbol{u}' = \boldsymbol{Z}'\boldsymbol{i}' \tag{7-35}$$

式（7-34）、(7-35）中的 $\boldsymbol{Z}$、$\boldsymbol{Z}'$分别为变换前后电动机的阻抗矩阵。将（7-34）和式（7-28）代入式（7-33）中，得到

$$\boldsymbol{u}' = \boldsymbol{C}^{\mathrm{T}}\boldsymbol{Z}\boldsymbol{C}\boldsymbol{i}' \tag{7-36}$$

比较（7-35）、式（7-36），可知阻抗变换矩阵为

$$\boldsymbol{Z}'=\boldsymbol{C}^{\mathrm{T}}\boldsymbol{Z}\boldsymbol{C} \tag{7-37}$$

以上表明，当按照功率不变约束条件进行变换时，若已知电流变换矩阵就可以确定电压变换矩阵和阻抗变换矩阵。余下的工作就是如何根据确定变换矩阵原则的第一条和第三条给出电流变换矩阵 $\boldsymbol{C}$ 了。

2. 坐标变换及其实现

由异步电动机轴系可以看到，主要有三种矢量坐标变换，即三相静止轴系变换到两相静止轴系，反之，由两相静止轴系变换到三相静止轴系；由两相静止轴系变换到两相旋转轴系，或者由两相旋转轴系变换到两相静止轴系；由直角坐标系变换到极坐标系。

（1）相变换及其实现

所谓相变换就是三相轴系到两相轴系或两相轴系到三相轴系的变换，简称 3/2 变换或 2/3 变换。

1）定子绕组轴系的变换（A-B-C⇔α-β）。图 7-9 表示三相异步电动机的定子三相绕组 A、B、C 和与之等效的两相异步电动机定子绕组 α、β 中各相磁动势矢量的空间位置。为了方便起见，令三相的 A 轴与两相的 α 轴重合。

假设磁动势波形是按正弦分布，或只计其基波分量，当两者的旋转磁场完全等效时，合成磁动势沿相同轴向的分量必定相等，即三相绕组和两相绕组的瞬时磁动势沿 α、β 轴的投影应该相等，即

$$\begin{cases} N_2 i_{s\alpha}=N_3 i_A+N_3 i_B\cos\dfrac{2\pi}{3}+N_3 i_C\cos\dfrac{4\pi}{3} \\ N_2 i_{s\beta}=0+N_3 i_B\sin\dfrac{2\pi}{3}+N_3 i_C\sin\dfrac{4\pi}{3} \end{cases} \tag{7-38}$$

式中，N_3、N_2分别为三相电动机和两相电动机每相定子绕组的有效匝数。

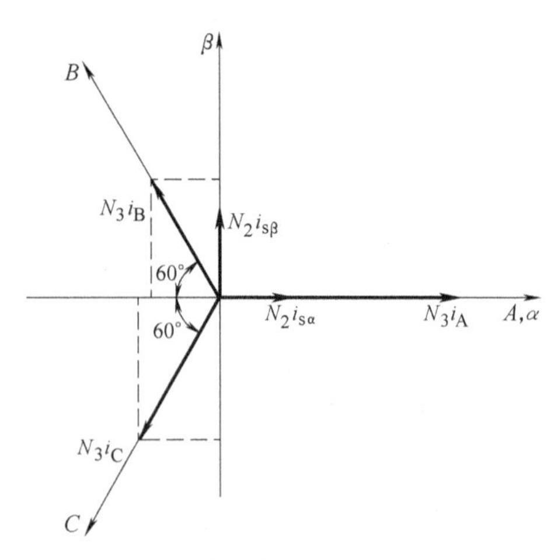

图 7-9　三相定子绕组和两相定子绕组中磁动势的空间矢量位置

经计算并整理之后可得

$$i_{s\alpha}=\frac{N_3}{N_2}\left(i_A-\frac{1}{2}i_B-\frac{1}{2}i_C\right) \tag{7-39}$$

$$i_{s\beta}=\frac{N_3}{N_2}\left(0+\frac{\sqrt{3}}{2}i_B-\frac{\sqrt{3}}{2}i_C\right) \tag{7-40}$$

用矩阵表示为

$$\begin{pmatrix} i_{s\alpha} \\ i_{s\beta} \end{pmatrix}=\frac{N_3}{N_2}\begin{pmatrix} 1 & -\dfrac{1}{2} & -\dfrac{1}{2} \\ 0 & \dfrac{\sqrt{3}}{2} & -\dfrac{\sqrt{3}}{2} \end{pmatrix}\begin{pmatrix} i_A \\ i_B \\ i_C \end{pmatrix} \tag{7-41}$$

这里，如果规定三相电流为原电流 $\boldsymbol{i}$，两相电流为新电流 $\boldsymbol{i}'$，根据电流变换的定义，式（7-41）具有 $\boldsymbol{i}'=\boldsymbol{C}^{-1}\boldsymbol{i}$ 的形式，可见必须求得电流变换矩阵 $\boldsymbol{C}$ 的逆矩阵 $\boldsymbol{C}^{-1}$，但是，$\boldsymbol{C}^{-1}$是奇异矩阵，是不存在逆矩阵的，为了通过求逆得到 $\boldsymbol{C}$ 就要引进另一个独立于 $i_{s\alpha}$和 $i_{s\beta}$的新变量，记这个新变量为 i_o，称为零序电流，并定义为

$$N_2 i_o=KN_3 i_A+KN_3 i_B+KN_3 i_C$$

由此求得

$$i_o=\frac{N_3}{N_2}(Ki_A+Ki_B+Ki_C) \tag{7-42}$$

式中，K 为待定系数。

对于两相系统来说，虽然零序电流是没有物理意义的，但是，这里为了纯数学上的求逆矩阵的需要，而补充定义这样一个其值为零的零序电流，补充 i_o 后，式（7-41）成为

$$\begin{pmatrix} i_{s\alpha} \\ i_{s\beta} \\ i_o \end{pmatrix}=\frac{N_3}{N_2}\begin{pmatrix} 1 & -\frac{1}{2} & -\frac{1}{2} \\ 0 & \frac{\sqrt{3}}{2} & -\frac{\sqrt{3}}{2} \\ K & K & K \end{pmatrix}\begin{pmatrix} i_A \\ i_B \\ i_C \end{pmatrix} \tag{7-43}$$

则

$$\boldsymbol{C}^{-1}=\frac{N_3}{N_2}\begin{pmatrix} 1 & -\frac{1}{2} & -\frac{1}{2} \\ 0 & \frac{\sqrt{3}}{2} & -\frac{\sqrt{3}}{2} \\ K & K & K \end{pmatrix} \tag{7-44}$$

将 $\boldsymbol{C}^{-1}$求逆，得到

$$\boldsymbol{C}=\frac{2}{3}\frac{N_2}{N_3}\begin{pmatrix} 1 & 0 & \frac{1}{2K} \\ -\frac{1}{2} & \frac{\sqrt{3}}{2} & \frac{1}{2K} \\ -\frac{1}{2} & -\frac{\sqrt{3}}{2} & \frac{1}{2K} \end{pmatrix} \tag{7-45}$$

其转置矩阵为

$$\boldsymbol{C}^{\mathrm{T}}=\frac{2}{3}\frac{N_2}{N_3}\begin{pmatrix} 1 & -\frac{1}{2} & -\frac{1}{2} \\ 0 & \frac{\sqrt{3}}{2} & -\frac{\sqrt{3}}{2} \\ \frac{1}{2K} & \frac{1}{2K} & \frac{1}{2K} \end{pmatrix} \tag{7-46}$$

根据确定变换矩阵的第三条原则，要求 $\boldsymbol{C}^{-1}=\boldsymbol{C}^{\mathrm{T}}$，这样就有，$\frac{N_3}{N_2}=\frac{2}{3}\frac{N_2}{N_3}$及 $K=\frac{1}{2K}$，从而可求得$\frac{N_2}{N_3}=\sqrt{\frac{3}{2}}$以及 $K=\frac{1}{\sqrt{2}}$，代入上述各相应的变换矩阵式中，得到各变换矩阵如下：

两相-三相的变换矩阵

$$\boldsymbol{C}=\sqrt{\frac{2}{3}}\begin{pmatrix} 1 & 0 & \frac{1}{\sqrt{2}} \\ -\frac{1}{2} & \frac{\sqrt{3}}{2} & \frac{1}{\sqrt{2}} \\ -\frac{1}{2} & -\frac{\sqrt{3}}{2} & \frac{1}{\sqrt{2}} \end{pmatrix}=\sqrt{\frac{2}{3}}\begin{pmatrix} \cos 0 & \sin 0 & \frac{1}{\sqrt{2}} \\ \cos\frac{2\pi}{3} & \sin\frac{2\pi}{3} & \frac{1}{\sqrt{2}} \\ \cos\frac{4\pi}{3} & \sin\frac{4\pi}{3} & \frac{1}{\sqrt{2}} \end{pmatrix} \tag{7-47}$$

三相-两相的变换矩阵

$$C^{-1}=C^{\mathrm{T}}=\sqrt{\frac{2}{3}}\begin{pmatrix}1 & -\frac{1}{2} & -\frac{1}{2}\\ 0 & \frac{\sqrt{3}}{2} & -\frac{\sqrt{3}}{2}\\ \frac{1}{\sqrt{2}} & \frac{1}{\sqrt{2}} & \frac{1}{\sqrt{2}}\end{pmatrix}=\sqrt{\frac{2}{3}}\begin{pmatrix}\cos 0 & \cos\frac{2\pi}{3} & \cos\frac{4\pi}{3}\\ \sin 0 & \sin\frac{2\pi}{3} & \sin\frac{4\pi}{3}\\ \frac{1}{\sqrt{2}} & \frac{1}{\sqrt{2}} & \frac{1}{\sqrt{2}}\end{pmatrix} \tag{7-48}$$

于是，三相-两相（3/2）的电流变换矩阵方程为

$$\begin{pmatrix}i_{s\alpha}\\ i_{s\beta}\\ i_{o}\end{pmatrix}=\sqrt{\frac{2}{3}}\begin{pmatrix}1 & -\frac{1}{2} & -\frac{1}{2}\\ 0 & \frac{\sqrt{3}}{2} & -\frac{\sqrt{3}}{2}\\ \frac{1}{\sqrt{2}} & \frac{1}{\sqrt{2}} & \frac{1}{\sqrt{2}}\end{pmatrix}\begin{pmatrix}i_{A}\\ i_{B}\\ i_{C}\end{pmatrix} \tag{7-49}$$

两相-三相（2/3）的电流变换矩阵方程为

$$\begin{pmatrix}i_{A}\\ i_{B}\\ i_{C}\end{pmatrix}=\sqrt{\frac{2}{3}}\begin{pmatrix}1 & 0 & \frac{1}{\sqrt{2}}\\ -\frac{1}{2} & \frac{\sqrt{3}}{2} & \frac{1}{\sqrt{2}}\\ -\frac{1}{2} & -\frac{\sqrt{3}}{2} & \frac{1}{\sqrt{2}}\end{pmatrix}\begin{pmatrix}i_{s\alpha}\\ i_{s\beta}\\ i_{o}\end{pmatrix} \tag{7-50}$$

对于三相Y联结不带中性线的接线方式，有 $i_A+i_B+i_C=0$，则，$i_C=-i_A-i_B$，从而式（7-41）可化简为

$$\begin{cases}i_{s\alpha}=\sqrt{\frac{3}{2}}i_A\\ i_{s\beta}=\frac{\sqrt{2}}{2}(i_A+2i_B)\end{cases} \tag{7-51}$$

将式（7-51）写成矩阵形式

$$\begin{pmatrix}i_{s\alpha}\\ i_{s\beta}\end{pmatrix}=\begin{pmatrix}\sqrt{\frac{3}{2}} & 0\\ \frac{\sqrt{2}}{2} & \sqrt{2}\end{pmatrix}\begin{pmatrix}i_{A}\\ i_{B}\end{pmatrix} \tag{7-52}$$

而两相-三相的变换为

$$\begin{pmatrix}i_{A}\\ i_{B}\end{pmatrix}=\begin{pmatrix}\sqrt{\frac{2}{3}} & 0\\ -\frac{1}{\sqrt{6}} & \frac{1}{\sqrt{2}}\end{pmatrix}\begin{pmatrix}i_{s\alpha}\\ i_{s\beta}\end{pmatrix} \tag{7-53}$$

按式（7-52）和式（7-53）实现三相-两相和两相-三相的变换要简单得多。图 7-10 表示按式（7-52）构成的三相-两相（3/2）变换模型结构图。由此可知，在三相中，只需检测两相电流即可。

3/2 变换、2/3 变换在系统中的符号表示如图 7-11 所示。

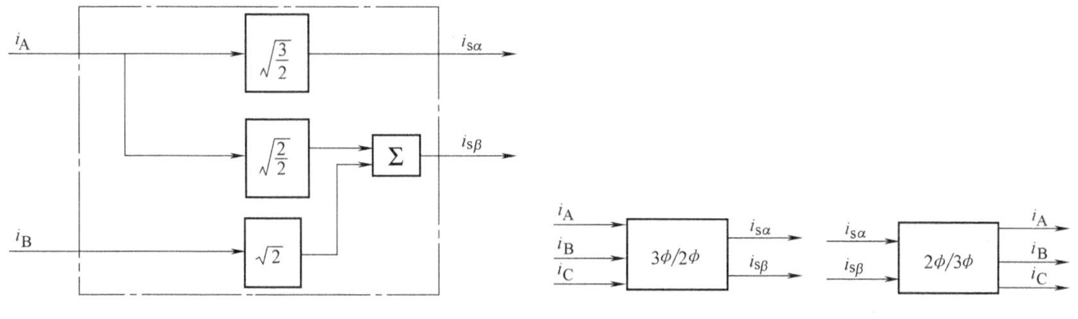

图 7-10　3/2 变换模型结构图　　　图 7-11　3/2 变换和 2/3 变换在系统中的符号表示

如前所述，根据变换前后功率不变的约束原则，电流变换矩阵也就是电压变换矩阵，还可以证明，它们也是磁链的变换矩阵。

2）转子绕组轴系变换（a-b-c⇔d-q）。图 7-12a 是一个对称的异步电动机三相转子绕组。图中，$\boldsymbol{\omega}_{sl}$为转差角频率。不管是绕线转子还是笼型转子，这个绕组被看成是经频率和绕组归算后到定子侧的，即将转子绕组的频率、相数、每相有效串联匝数及绕组系数都归算成和定子绕组一样，归算的原则是归算前后电动机内部的电磁效应和功率平衡关系保持不变。

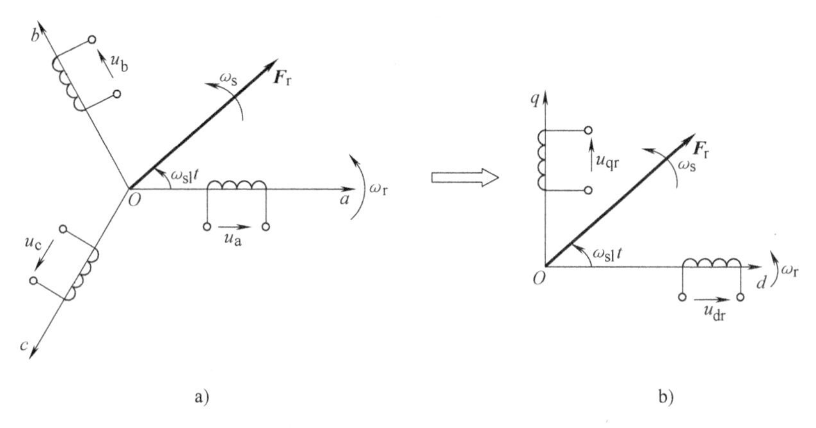

图 7-12　转子三相轴系到两相轴系的变换

a）转子三相轴系　b）转子两相轴系

在转子对称多相绕组中，通入对称多相交流正弦电流时，生成合成的转子磁动势 $\boldsymbol{F}_r$，由电机学可知，转子磁动势与定子磁动势具有相同的转速、转向。

基于对转子绕组情况的认识和根据旋转磁场等效原则及功率不变约束条件，和定子绕组一样，可把转子三相轴系变换到两相轴系。具体做法是，把等效的两相电动机的两相转子绕组 d、q 相序和三相电动机的三相转子绕组 a、b、c 相序取为一致，且使 d 轴与 a 轴重合，如图 7-12b 所示。然后，直接使用定子三相轴系到两相轴系的变换矩阵［式（7-48）］。

需要指出的是，转子三相轴系和变换后所得到的两相轴系，相对于转子实体都是静止的，但是，相对于静止的定子三相轴系及两相轴系，却是以转子角频率 ω 旋转的。因此和定子部分的变换不同，这里是三相旋转轴系（a-b-c）变换到两相旋转轴系（d-q）。

（2）旋转变换（Vector Rotator，VR）

在两相静止轴系上的两相交流绕组 α 和 β 和在同步旋转轴系上的两个直流绕组 M 和 T 之间

的变换属于矢量旋转变换。**它是一种静止的直角轴系与旋转的直角轴系之间的变换**。这种变换同样遵守确定变换矩阵的三条原则。

转子的两相旋转轴系 d、q，根据确定变换矩阵的三条原则，也可以把它变换到静止的 α-β 轴系上，这种变换也属于矢量旋转坐标变换。

1）定子轴系的旋转变换。在图 7-13 中，$\boldsymbol{F}_s$ 是异步电动机定子磁动势，为空间矢量。通常以定子电流 i_s 代替它，这时定子电流被定义为空间矢量，记为 $\boldsymbol{i}_s$。图中，M、T 是任意同步旋转轴系，旋转角速度为同步角速度 ω_s。M 轴与 $\boldsymbol{i}_s$ 之间的夹角用 θ_s 表示。由于两相绕组 α 和 β 在空间上的位置是固定的，因而 M 轴和 α 轴的夹角 φ_s 随时间而变化，即 $\varphi_s=\omega_s t+\varphi_o$，其中 φ_o 为任意的初始角。在矢量控制系统中，**φ_s 通常称为磁通的定向角，也叫磁场定向角。**

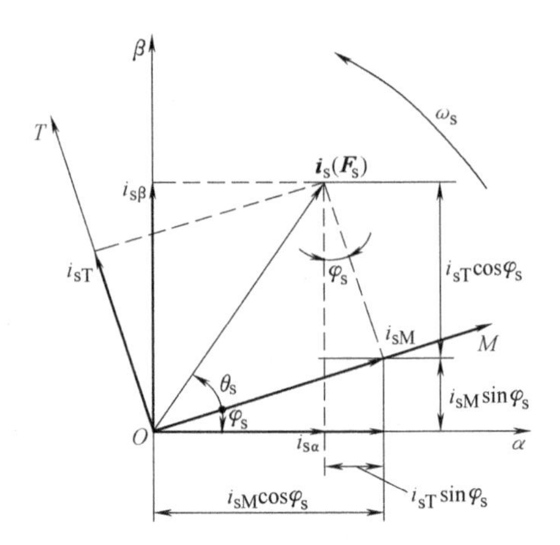

图 7-13　旋转变换矢量关系图

以 M 轴为基准，把 i_s 分解为与 M 轴重合和正交的两个分量 i_{sM} 和 i_{sT}，它们相当于 M-T 轴上两个直流绕组 M 和 T 中的电流（实际是磁动势），分别称为定子电流的励磁分量和转矩分量。

由于磁场定向角 φ_s 是随时间而变化的，因而 i_s 在 α 轴和 β 轴上的分量 $i_{s\alpha}$ 和 $i_{s\beta}$ 也是随时间而变化的，它们分别相当于 α 和 β 绕组磁动势的瞬时值。

由图 7-13 可以看出，$i_{s\alpha}$、$i_{s\beta}$ 和 i_{sM} 和 i_{sT} 之间存在着下列关系：

$$i_{s\alpha}=i_{sM}\cos\varphi_s-i_{sT}\sin\varphi_s$$

$$i_{s\beta}=i_{sM}\sin\varphi_s+i_{sT}\cos\varphi_s$$

写成矩阵形式为

$$\begin{pmatrix} i_{s\alpha} \\ i_{s\beta} \end{pmatrix}=\begin{pmatrix} \cos\varphi_s & -\sin\varphi_s \\ \sin\varphi_s & \cos\varphi_s \end{pmatrix}\begin{pmatrix} i_{sM} \\ i_{sT} \end{pmatrix} \tag{7-54}$$

简写为

$$\boldsymbol{i}_{\alpha\beta}=\boldsymbol{C}\boldsymbol{i}_{MT}$$

式中，$\boldsymbol{C}=\begin{pmatrix} \cos\varphi_s & -\sin\varphi_s \\ \sin\varphi_s & \cos\varphi_s \end{pmatrix}$ 为同步旋转轴系到静止轴系的变换矩阵。

式（7-54）表示了由同步旋转轴系变换到静止轴系的矢量旋转变换。

变换矩阵 $\boldsymbol{C}$ 是正交矩阵，所以，$\boldsymbol{C}^{\mathrm{T}}=\boldsymbol{C}^{-1}$。因此，由静止轴系变换到同步旋转轴系的矢量旋转变换方程式为

$$\begin{pmatrix} i_{sM} \\ i_{sT} \end{pmatrix}=\begin{pmatrix} \cos\varphi_s & -\sin\varphi_s \\ \sin\varphi_s & \cos\varphi_s \end{pmatrix}^{-1}\begin{pmatrix} i_{s\alpha} \\ i_{s\beta} \end{pmatrix}=\begin{pmatrix} \cos\varphi_s & \sin\varphi_s \\ -\sin\varphi_s & \cos\varphi_s \end{pmatrix}\begin{pmatrix} i_{s\alpha} \\ i_{s\beta} \end{pmatrix} \tag{7-55}$$

简写为

$$\boldsymbol{i}_{MT}=\boldsymbol{C}^{-1}\boldsymbol{i}_{\alpha\beta}$$

式中，$\boldsymbol{C}^{-1}=\begin{pmatrix} \cos\varphi_s & \sin\varphi_s \\ -\sin\varphi_s & \cos\varphi_s \end{pmatrix}$ 为静止轴系到同步旋转轴系的变换矩阵。

电压和磁链的旋转变换矩阵与电流的旋转变换矩阵相同。

根据式（7-54）和式（7-55）可以绘出矢量旋转变换模型结构，如图 7-14 所示。矢量旋转变换在系统中用符号 VR，VR^{-1} 表示，如图 7-15 所示。在德文中，矢量旋转变换称为矢量回转变换，用符号 VD 表示。

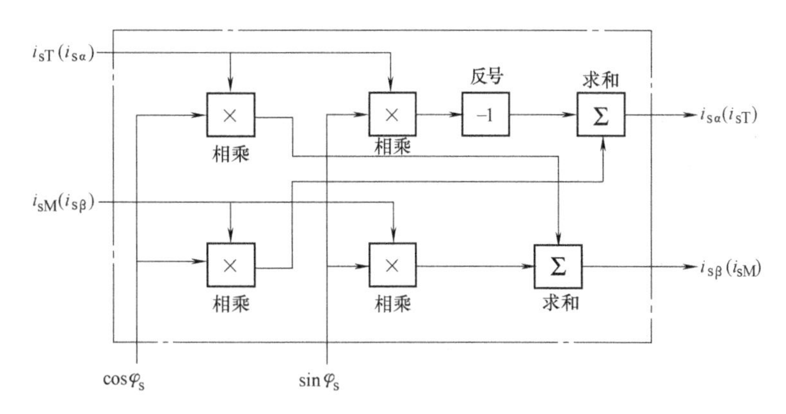

图 7-14　矢量旋转变换模型结构图

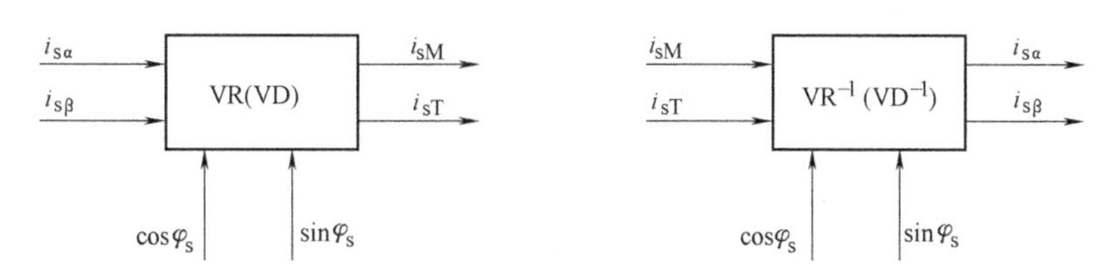

图 7-15　矢量旋转变换在系统中的符号表示

2）转子轴系的旋转变换。转子 d-q 轴系以 $\omega_r=\dfrac{d\theta_r}{dt}$ 角频率旋转，根据确定变换矩阵的三条原则，可以把它变换到静止不动的 α-β 轴系上，如图 7-16 所示。

转子三相旋转绕组（a、b、c）经三相到两相变换得到转子两相旋转绕组（d-q）。假设两相静止绕组 α_r、β_r 除不旋转之外，与 d、q 绕组完全相同。

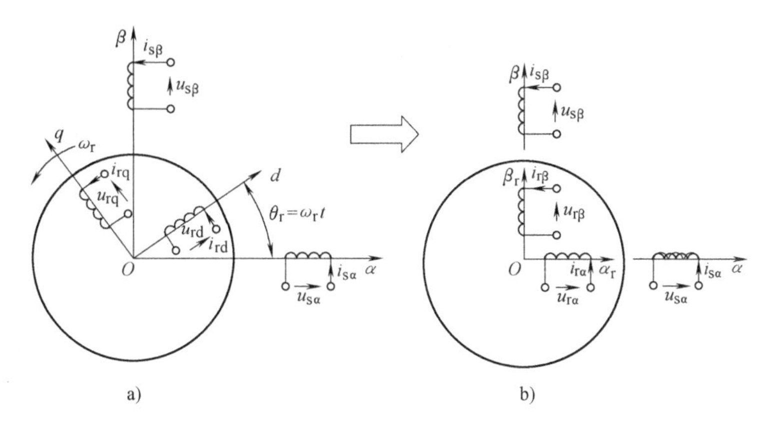

图 7-16　转子两相旋转轴系到静止轴系的变换

a）对称两相轴系电动机　b）静止轴系电动机

根据两个轴系形成的旋转磁场等效的原则，转子磁动势 $\boldsymbol{F}_r$ 沿 α 轴和 β 轴给出的分量等式，再除以每相有效匝数，可得

$$i_{r\alpha}=\cos\theta_r i_{rd}-\sin\theta_r i_{rq}$$

$$i_{r\beta}=\sin\theta_r i_{rd}+\cos\theta_r i_{rq}$$

写成矩阵形式为

$$\begin{pmatrix} i_{r\alpha} \\ i_{r\beta} \end{pmatrix} = \begin{pmatrix} \cos\theta_r & -\sin\theta_r \\ \sin\theta_r & \cos\theta_r \end{pmatrix} \begin{pmatrix} i_{rd} \\ i_{rq} \end{pmatrix} \tag{7-56}$$

如果规定 i_{rd}、i_{rq}为原电流，$i_{r\alpha}$、$i_{r\beta}$为新电流，则式中

$$\begin{pmatrix} \cos\theta_r & -\sin\theta_r \\ \sin\theta_r & \cos\theta_r \end{pmatrix} = \boldsymbol{C}^{-1} \tag{7-57}$$

$\boldsymbol{C}^{-1}$的逆矩阵为

$$\boldsymbol{C} = \begin{pmatrix} \cos\theta_r & \sin\theta_r \\ -\sin\theta_r & \cos\theta_r \end{pmatrix}$$

如果不存在零序电流，上述变换阵就可用了。若存在零序电流，由于零序电流不形成旋转磁场，不用转换，只需在主对角线上增加数 1，使矩阵增加一列一行即可，表示为

$$\boldsymbol{C} = \begin{pmatrix} \cos\theta_r & \sin\theta_r & 0 \\ -\sin\theta_r & \cos\theta_r & 0 \\ 0 & 0 & 1 \end{pmatrix} \tag{7-58}$$

需要指出的是（见图 7-16），由于转子磁动势 $\boldsymbol{F}_r$ 和定子磁动势 $\boldsymbol{F}_s$ 同步，可使 α_r、β_r 与 α_s、β_s 同轴。但是，实际上转子绕组与 α-β 轴系有相对运动，所以 α_r 绕组和 β_r 绕组只能看为伪静止绕组。

需要明确的是，在进行这个变换的前后，转子电流的频率是不同的。变换之前，转子电流 i_{rd}、i_{rq}的频率是转差频率，而变换之后，转子电流 $i_{r\alpha}$、$i_{r\beta}$的频率是定子频率。证明如下：

$$\begin{cases} i_{rd} = I_{rm}\sin\omega_{sl}t = I_{rm}\sin(\omega_s - \omega_r)t \\ i_{rq} = -I_{rm}\cos\omega_{sl}t = -I_{rm}\cos(\omega_s - \omega_r)t \end{cases} \tag{7-59}$$

利用三角公式，并考虑 $\theta_r = \omega t$，则有

$$\begin{cases} i_{r\alpha} = \cos\theta_r i_{rd} - \sin\theta_r i_{rq} = I_{rm}\sin[\theta_r + (\omega_s - \omega_r)t] = I_{rm}\sin\omega_s t \\ i_{r\beta} = \sin\theta_r i_{rd} + \cos\theta_r i_{rq} = -I_{rm}\cos[\theta_r + (\omega_s - \omega_r)t] = -I_{rm}\cos\omega_s t \end{cases} \tag{7-60}$$

从转子三相旋转轴系到两相静止轴系也可以直接进行变换。转子三相旋转轴系 a-b-c 到静止轴系 α-β-o 的变换矩阵可由式（7-58）及式（7-48）相乘得到

$$\boldsymbol{C}^{-1} = \begin{pmatrix} \cos\theta_r & -\sin\theta_r & 0 \\ \sin\theta_r & \cos\theta_r & 0 \\ 0 & 0 & 1 \end{pmatrix} \sqrt{\frac{2}{3}} \begin{pmatrix} \cos 0 & \cos\frac{2\pi}{3} & \cos\frac{4\pi}{3} \\ \sin 0 & \sin\frac{2\pi}{3} & \sin\frac{4\pi}{3} \\ \frac{1}{\sqrt{2}} & \frac{1}{\sqrt{2}} & \frac{1}{\sqrt{2}} \end{pmatrix}$$

$$= \sqrt{\frac{2}{3}} \begin{pmatrix} \cos\theta_r & \cos\left(\theta_r + \frac{2\pi}{3}\right) & \cos\left(\theta_r - \frac{2\pi}{3}\right) \\ \sin\theta_r & \sin\left(\theta_r + \frac{2\pi}{3}\right) & \sin\left(\theta_r - \frac{2\pi}{3}\right) \\ \frac{1}{\sqrt{2}} & \frac{1}{\sqrt{2}} & \frac{1}{\sqrt{2}} \end{pmatrix} \tag{7-61}$$

求 $\boldsymbol{C}^{-1}$的逆，得到

$$
\boldsymbol{C}=\sqrt{\frac{2}{3}}\begin{pmatrix} \cos\theta_{\mathrm{r}} & \sin\theta_{\mathrm{r}} & \dfrac{1}{\sqrt{2}} \\ \cos\left(\theta_{\mathrm{r}}+\dfrac{2\pi}{3}\right) & \sin\left(\theta_{\mathrm{r}}+\dfrac{2\pi}{3}\right) & \dfrac{1}{\sqrt{2}} \\ \cos\left(\theta_{\mathrm{r}}-\dfrac{2\pi}{3}\right) & \sin\left(\theta_{\mathrm{r}}-\dfrac{2\pi}{3}\right) & \dfrac{1}{\sqrt{2}} \end{pmatrix} \tag{7-62}
$$

$\boldsymbol{C}$ 是一个正交阵，当电动机为三相电动机时，可直接使用式（7-61）给出的变换矩阵进行转子三相旋转轴系（a-b-c）到两相静止轴系（α-β）的变换，而不必从（a-b-c）到（d-q-o），再从（d-q-o）到（α-β-o）那样分两步进行变换。

（3）直接坐标-极坐标变换（K/P）

在矢量控制系统中常用直角坐标-极坐标的变换。

直角坐标与极坐标之间的关系是

$$
|\boldsymbol{i}_{\mathrm{s}}|=\sqrt{i_{\mathrm{sM}}^{2}+i_{\mathrm{sT}}^{2}} \tag{7-63}
$$

所以

$$
\begin{cases} \sin\theta_{\mathrm{s}}=\dfrac{i_{\mathrm{s\,T}}}{|\boldsymbol{i}_{\mathrm{s}}|} \\ \theta_{\mathrm{s}}=\arcsin\dfrac{i_{\mathrm{sT}}}{|\boldsymbol{i}_{\mathrm{s}}|} \end{cases} \text{或} \begin{cases} \cos\theta_{\mathrm{s}}=\dfrac{i_{\mathrm{sM}}}{|\boldsymbol{i}_{\mathrm{s}}|} \\ \theta_{\mathrm{s}}=\arccos\dfrac{i_{\mathrm{M}}}{|\boldsymbol{i}_{\mathrm{s}}|} \end{cases} \tag{7-64}
$$

式中，θ_{s} 为 M 轴与定子电流矢量 i_{s} 之间的夹角，如图 7-13 所示。

根据式（7-63）和式（7-64）构成的直角坐标-极坐标变换的模型结构图（德语称为矢量分析器 Vector Analyzer，VA）如图 7-17 所示。

在系统中的符号表示如图 7-18 所示。

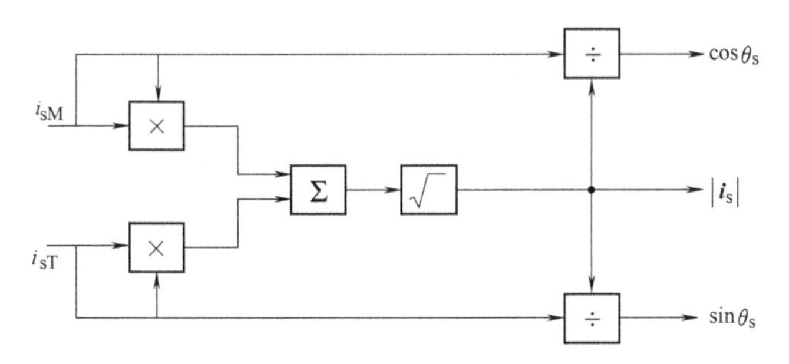

图 7-17　直角坐标-极坐标变换模型结构图

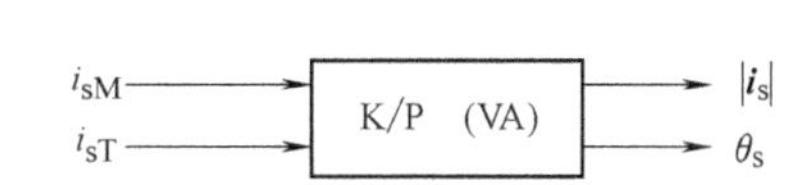

图 7-18　直角坐标-极坐标变换在系统中的符号表示

7.2.4　异步电动机在两相静止轴系上的数学模型

1. 异步电动机在两相静止轴系上的电压方程（电路数学模型）

通过相变换可以将异步电动机在三相静止轴系上的电压方程变换到两相静止轴系上的电压方程，其目的是简化模型及获得常参数的电压方程。

定子部分用 A-B-$C\to\alpha_{\mathrm{s}}$-β_{s} 的变换矩阵，即式（7-48）；转子部分用 a-b-$c\to\alpha_{\mathrm{r}}$-β_{r} 的变换矩阵，即式（7-61）。总的电流变换矩阵为

$$
\boldsymbol{C}^{-1}=\sqrt{\frac{2}{3}}\begin{pmatrix}
\cos 0 & \cos\frac{2\pi}{3} & \cos\frac{4\pi}{3} & 0 & 0 & 0 \\
\sin 0 & \sin\frac{2\pi}{3} & \sin\frac{4\pi}{3} & 0 & 0 & 0 \\
\frac{1}{\sqrt{2}} & \frac{1}{\sqrt{2}} & \frac{1}{\sqrt{2}} & 0 & 0 & 0 \\
0 & 0 & 0 & \cos\theta_r & \cos\left(\theta_r+\frac{2\pi}{3}\right) & \cos\left(\theta_r-\frac{2\pi}{3}\right) \\
0 & 0 & 0 & \sin\theta_r & \sin\left(\theta_r+\frac{2\pi}{3}\right) & \sin\left(\theta_r-\frac{2\pi}{3}\right) \\
0 & 0 & 0 & \frac{1}{\sqrt{2}} & \frac{1}{\sqrt{2}} & \frac{1}{\sqrt{2}}
\end{pmatrix} \tag{7-65}
$$

其转置矩阵为

$$
\boldsymbol{C}=\sqrt{\frac{2}{3}}\begin{pmatrix}
\cos 0 & \sin 0 & \frac{1}{\sqrt{2}} & 0 & 0 & 0 \\
\cos\frac{2\pi}{3} & \sin\frac{2\pi}{3} & \frac{1}{\sqrt{2}} & 0 & 0 & 0 \\
\cos\frac{4\pi}{3} & \sin\frac{4\pi}{3} & \frac{1}{\sqrt{2}} & 0 & 0 & 0 \\
0 & 0 & 0 & \cos\theta_r & \sin\theta_r & \frac{1}{\sqrt{2}} \\
0 & 0 & 0 & \cos\left(\theta_r+\frac{2\pi}{3}\right) & \sin\left(\theta_r+\frac{2\pi}{3}\right) & \frac{1}{\sqrt{2}} \\
0 & 0 & 0 & \cos\left(\theta_r-\frac{2\pi}{3}\right) & \sin\left(\theta_r-\frac{2\pi}{3}\right) & \frac{1}{\sqrt{2}}
\end{pmatrix} \tag{7-66}
$$

由式（7-13）可知，$\boldsymbol{Z}$为异步电动机在三相静止轴系上的阻抗矩阵，可以看出，为了获得异步电动机在两相静止轴系上的电压方程，首先需要将$\boldsymbol{Z}$变换到两相静止轴系上，依据式（7-37）可求$\boldsymbol{Z}_{\alpha\beta}=\boldsymbol{C}^{\mathrm{T}}\boldsymbol{Z}\boldsymbol{C}$。由三相静止轴系上的电压方程还可以看出，$p$是作用在$\boldsymbol{C}$和$\boldsymbol{i}$的乘积上，因而可知$\boldsymbol{Z}_{\alpha\beta}$中包含四项，即

$$
\boldsymbol{Z}_{\alpha\beta}=\boldsymbol{C}^{\mathrm{T}}\boldsymbol{R}\boldsymbol{C}+\boldsymbol{C}^{\mathrm{T}}(p\boldsymbol{L})\boldsymbol{C}+\boldsymbol{C}^{\mathrm{T}}\boldsymbol{L}(p\boldsymbol{C})+\boldsymbol{C}^{\mathrm{T}}\boldsymbol{L}\boldsymbol{C}p \tag{7-67}
$$

因为$p\boldsymbol{L}=\frac{\mathrm{d}\boldsymbol{L}}{\mathrm{d}t}=\frac{\mathrm{d}\boldsymbol{L}}{\mathrm{d}\theta_r}\frac{\mathrm{d}\theta_r}{\mathrm{d}t}$，所以

$$
p\boldsymbol{L}=-L_m\omega\begin{pmatrix}
0 & 0 & 0 & \sin\theta_r & \sin\left(\theta_r+\frac{2\pi}{3}\right) & \sin\left(\theta_r-\frac{2\pi}{3}\right) \\
0 & 0 & 0 & \sin\left(\theta_r-\frac{2\pi}{3}\right) & \sin\theta_r & \sin\left(\theta_r+\frac{2\pi}{3}\right) \\
0 & 0 & 0 & \sin\left(\theta_r+\frac{2\pi}{3}\right) & \sin\left(\theta_r-\frac{2\pi}{3}\right) & \sin\theta_r \\
\sin\theta_r & \sin\left(\theta_r-\frac{2\pi}{3}\right) & \sin\left(\theta_r+\frac{2\pi}{3}\right) & 0 & 0 & 0 \\
\sin\left(\theta_r+\frac{2\pi}{3}\right) & \sin\theta_r & \sin\left(\theta_r-\frac{2\pi}{3}\right) & 0 & 0 & 0 \\
\sin\left(\theta_r-\frac{2\pi}{3}\right) & \sin\left(\theta_r+\frac{2\pi}{3}\right) & \sin\theta_r & 0 & 0 & 0
\end{pmatrix} \tag{7-68}
$$

因为 $pC=\frac{dC}{d\theta_r}\frac{d\theta_r}{dt}$，所以

$$pC=-\sqrt{\frac{2}{3}}\omega\begin{pmatrix}0&0&0&0&0&0\\0&0&0&0&0&0\\0&0&0&0&0&0\\0&0&0&\sin\theta_r&-\cos\theta_r&0\\0&0&0&\sin\left(\theta_r+\frac{2\pi}{3}\right)&-\cos\left(\theta_r+\frac{2\pi}{3}\right)&0\\0&0&0&\sin\left(\theta_r-\frac{2\pi}{3}\right)&-\cos\left(\theta_r-\frac{2\pi}{3}\right)&0\end{pmatrix} \tag{7-69}$$

下面利用 MALTLAB 计算（7-67）阻抗矩阵，进而求出两相静止轴系上的异步电动机电压矩阵方程式。

1）将矩阵 $\boldsymbol{C}$、$\boldsymbol{L}$、$\boldsymbol{R}$ 赋初值。

2）求 $\boldsymbol{C}$ 的转置 $\boldsymbol{C}^{-1}$：Ct=C';

$\boldsymbol{C}$ 的微分 $p\boldsymbol{C}$：pC=diff(C,' thr');

$\boldsymbol{L}$ 的微分 $p\boldsymbol{L}$：pL= diff(L,'thr');

3）计算。

① 计算 $\boldsymbol{C}^{T}\boldsymbol{RC}$：

```
cplc0=symop(Ct,'*',R,'*',C);                    %矩阵相乘;
crc=simple(cplc0);                              %化简 cplc0,得式(7-70);
```

② 计算 $\boldsymbol{C}^{T}(p\boldsymbol{L})\boldsymbol{C}$：

```
clpc0=symop(Ct,'*',pL,'*',pC)                  ;%矩阵相乘;
cplc=simple(clpc0);                             %化简 clpc0,得式(7-71);
```

③ 计算 $\boldsymbol{C}^{T}\boldsymbol{L}(p\boldsymbol{C})$：

```
clcp0=symop(Ct,'*',L,'*',pC);                   %矩阵相乘;
clpc=simple(clcp0);                             %化简 clcp0,得式(7-72);
```

④ 计算 $\boldsymbol{C}^{T}\boldsymbol{LC}p$：

```
clcp0=symop(p,'*',Ct,'*',L,'*',pC);             %矩阵相乘;
clcp=simple(clcp0);                             %化简 clcp0,得式(7-73);
```

⑤ 以上四个计算结果相加得到最终结果：

```
Z=symop(crc,'+',cplc,'+',clpc,'+'clcp);         %得式(7-74)
```

$$\boldsymbol{C}^{T}\boldsymbol{RC}=\begin{pmatrix}R_s&&&&&\\&R_s&&&&\\&&R_s&&&\\&&&R_r&&\\&&&&R_r&\\&&&&&R_r\end{pmatrix} \tag{7-70}$$

$$
\boldsymbol{C}^{\mathrm{T}}(p\boldsymbol{L})\boldsymbol{C}=\begin{pmatrix} 0 & 0 & 0 & 0 & -\frac{3}{2}L_{\mathrm{m}}\dot{\theta}_{\mathrm{r}} & 0 \\ 0 & 0 & 0 & \frac{3}{2}L_{\mathrm{m}}\dot{\theta}_{\mathrm{r}} & 0 & 0 \\ 0 & 0 & 0 & 0 & 0 & 0 \\ 0 & \frac{3}{2}L_{\mathrm{m}}\dot{\theta}_{\mathrm{r}} & 0 & 0 & 0 & 0 \\ -\frac{3}{2}L_{\mathrm{m}}\dot{\theta}_{\mathrm{r}} & 0 & 0 & 0 & 0 & 0 \\ 0 & 0 & 0 & 0 & 0 & 0 \end{pmatrix} \tag{7-71}
$$

$$
\boldsymbol{C}^{\mathrm{T}}\boldsymbol{L}(p\boldsymbol{C})=\begin{pmatrix} 0 & 0 & 0 & 0 & \frac{3}{2}L_{\mathrm{m}}\dot{\theta}_{\mathrm{r}} & 0 \\ 0 & 0 & 0 & -\frac{3}{2}L_{\mathrm{m}}\dot{\theta}_{\mathrm{r}} & 0 & 0 \\ 0 & 0 & 0 & 0 & 0 & 0 \\ 0 & 0 & 0 & 0 & \left(\frac{3}{2}L_{\mathrm{m}}+L_{\mathrm{r}\sigma}\right)\dot{\theta}_{\mathrm{r}} & 0 \\ 0 & 0 & 0 & -\left(\frac{3}{2}L_{\mathrm{m}}+L_{\mathrm{r}\sigma}\right)\dot{\theta}_{\mathrm{r}} & 0 & 0 \\ 0 & 0 & 0 & 0 & 0 & 0 \end{pmatrix} \tag{7-72}
$$

$$
\boldsymbol{C}^{\mathrm{T}}\boldsymbol{L}\boldsymbol{C}p=\begin{pmatrix} \left(\frac{3}{2}L_{\mathrm{m}}+L_{\mathrm{s}\sigma}\right)p & 0 & 0 & \frac{3}{2}L_{\mathrm{m}}p & 0 & 0 \\ 0 & \left(\frac{3}{2}L_{\mathrm{m}}+L_{\mathrm{s}\sigma}\right)p & 0 & 0 & \frac{3}{2}L_{\mathrm{m}}p & 0 \\ 0 & 0 & 0 & 0 & 0 & 0 \\ \frac{3}{2}L_{\mathrm{m}}p & 0 & 0 & \left(\frac{3}{2}L_{\mathrm{m}}+L_{\mathrm{r}\sigma}\right)p & 0 & 0 \\ 0 & \frac{3}{2}L_{\mathrm{m}}p & 0 & 0 & \left(\frac{3}{2}L_{\mathrm{m}}+L_{\mathrm{r}\sigma}\right)p & 0 \\ 0 & 0 & 0 & 0 & 0 & 0 \end{pmatrix} \tag{7-73}
$$

$$
\boldsymbol{Z}_{\alpha\beta}=\begin{pmatrix} R_{\mathrm{s}}+L_{\mathrm{sd}}p & 0 & 0 & L_{\mathrm{md}}p & 0 & 0 \\ 0 & R_{\mathrm{s}}+L_{\mathrm{sd}}p & 0 & 0 & L_{\mathrm{md}}p & 0 \\ 0 & 0 & R_{\mathrm{s}} & 0 & 0 & 0 \\ L_{\mathrm{md}}p & L_{\mathrm{md}}\dot{\theta}_{\mathrm{r}} & 0 & R_{\mathrm{r}}+L_{\mathrm{rd}}p & L_{\mathrm{rd}}\dot{\theta}_{\mathrm{r}} & 0 \\ -L_{\mathrm{md}}\dot{\theta}_{\mathrm{r}} & L_{\mathrm{md}}p & 0 & -L_{\mathrm{rd}}\dot{\theta}_{\mathrm{r}} & R_{\mathrm{r}}+L_{\mathrm{rd}}p & 0 \\ 0 & 0 & 0 & 0 & 0 & R_{\mathrm{r}} \end{pmatrix} \tag{7-74}
$$

式中，$L_{\mathrm{sd}}=3L_{\mathrm{m}}/2+L_{\mathrm{s}\sigma}$为定子一相绕组的等效自感；$L_{\mathrm{rd}}=3L_{\mathrm{m}}/2+L_{\mathrm{r}\sigma}$为转子一相绕组的等效自感；$L_{\mathrm{md}}=3L_{\mathrm{m}}/2$ 为定、转子一相绕组的等效互感。

若三相异步电动机没有零序电流，可将零轴取消，得到

$$\boldsymbol{Z}_{\alpha\beta}=\begin{pmatrix} R_s+L_{sd}p & 0 & L_{md}p & 0 \\ 0 & R_s+L_{sd}p & 0 & L_{md}p \\ L_{md}p & L_{md}\dot{\theta}_r & R_r+L_{rd}p & L_{rd}\dot{\theta}_r \\ -L_{md}\dot{\theta}_r & L_{md}p & -L_{rd}\dot{\theta}_r & R_r+L_{rd}p \end{pmatrix} \tag{7-75}$$

于是，三相静止轴系 α-β 中的对称三相异步电动机的电压矩阵方程式为

$$\begin{pmatrix} u_{s\alpha} \\ u_{s\beta} \\ u_{r\alpha} \\ u_{r\beta} \end{pmatrix}=\begin{pmatrix} R_s+L_{sd}p & 0 & L_{md}p & 0 \\ 0 & R_s+L_{sd}p & 0 & L_{md}p \\ L_{md}p & L_{md}\dot{\theta}_r & R_r+L_{rd}p & L_{rd}\dot{\theta}_r \\ -L_{md}\dot{\theta}_r & L_{md}p & -L_{rd}\dot{\theta}_r & R_r+L_{rd}p \end{pmatrix}\begin{pmatrix} i_{s\alpha} \\ i_{s\beta} \\ i_{r\alpha} \\ i_{r\beta} \end{pmatrix} \tag{7-76}$$

笼型电动机的转子是短路的，对于绕线转子异步电动机来说，用在变频调速中，将其转子短路，因而 $u_{r\alpha}=u_{r\beta}=0$，这样，两相静止轴系上的异步电动机电压矩阵方程式为

$$\begin{pmatrix} u_{s\alpha} \\ u_{s\beta} \\ 0 \\ 0 \end{pmatrix}=\begin{pmatrix} R_s+L_{sd}p & 0 & L_{md}p & 0 \\ 0 & R_s+L_{sd}p & 0 & L_{md}p \\ L_{md}p & L_{md}\dot{\theta}_r & R_r+L_{rd}p & L_{rd}\dot{\theta}_r \\ -L_{md}\dot{\theta}_r & L_{md}p & -L_{rd}\dot{\theta}_r & R_r+L_{rd}p \end{pmatrix}\begin{pmatrix} i_{s\alpha} \\ i_{s\beta} \\ i_{r\alpha} \\ i_{r\beta} \end{pmatrix} \tag{7-77}$$

$$\boldsymbol{u}_{\alpha\beta}=\boldsymbol{Z}_{\alpha\beta}i_{\alpha\beta}$$

2. 异步电动机在两相静止轴系上的磁链方程

以同样的方法，通过坐标变换，还可以将式（7-16）所表达的三相静止轴系上的磁链方程变换到两相静止轴系上的磁链方程，即

$$\begin{cases} \begin{pmatrix} \psi_{s\alpha} \\ \psi_{s\beta} \\ \psi_{r\alpha} \\ \psi_{r\beta} \end{pmatrix}=\begin{pmatrix} L_{sd} & 0 & L_{md} & 0 \\ 0 & L_{sd} & 0 & L_{md} \\ L_{md} & 0 & L_{rd} & 0 \\ 0 & L_{md} & 0 & L_{rd} \end{pmatrix}\begin{pmatrix} i_{s\alpha} \\ i_{s\beta} \\ i_{r\alpha} \\ i_{r\beta} \end{pmatrix} \\ \boldsymbol{\Psi}_{\alpha\beta}=\boldsymbol{L}\boldsymbol{i}_{\alpha\beta} \end{cases} \tag{7-78}$$

由图 7-16b 可见，α-β 轴系上的定、转子等效绕组都落在互相垂直的两根轴上，因而，两相绕组之间没有磁的耦合，L_{sd}、L_{rd} 仅是一相绕组中的等效自感，L_{md} 仅是定、转子两相绕组同轴时的等效互感，因此式（7-77）变换矩阵中所有元素都为常系数，即各类电感均为常值，从而消除了异步电动机三相静止轴系数学模型中的一个非线性根源。另外还可以看出，式（7-77）变换矩阵维数为 4 维，比三相时降低了两维。

3. 三相异步电动机在两相静止轴系上的电磁转矩方程

将式（7-77）写成

$$\begin{aligned} \boldsymbol{u}_{\alpha\beta}&=\boldsymbol{u}_{R\alpha\beta}+\boldsymbol{u}_{L\alpha\beta}+\boldsymbol{u}_{M\alpha\beta}+\boldsymbol{u}_{G\alpha\beta} \\ &=\boldsymbol{R}\boldsymbol{i}_{\alpha\beta}+\boldsymbol{L}p\boldsymbol{i}_{\alpha\beta}+\boldsymbol{M}p\boldsymbol{i}_{\alpha\beta}+\boldsymbol{G}\dot{\theta}_r i_{\alpha\beta} \end{aligned} \tag{7-79}$$

式中，电阻矩阵

$$\boldsymbol{R}=\begin{pmatrix} R_s & & & \\ & R_s & & \\ & & R_r & \\ & & & R_r \end{pmatrix} \tag{7-80}$$

自感矩阵

$$\boldsymbol{L}=\begin{pmatrix} L_{sd} & & & \\ & L_{sd} & & \\ & & L_{rd} & \\ & & & L_{rd} \end{pmatrix} \tag{7-81}$$

互感矩阵

$$\boldsymbol{M}=\begin{pmatrix} 0 & 0 & L_{md} & 0 \\ 0 & 0 & 0 & L_{md} \\ L_{md} & 0 & 0 & 0 \\ 0 & L_{md} & 0 & 0 \end{pmatrix} \tag{7-82}$$

$\dot{\theta}_r$ 的系数矩阵

$$\boldsymbol{G}=\begin{pmatrix} 0 & 0 & 0 & 0 \\ 0 & 0 & 0 & 0 \\ 0 & L_{md} & 0 & L_{rd} \\ -L_{md} & 0 & -L_{rd} & 0 \end{pmatrix} \tag{7-83}$$

将式（7-79）两边各左乘 $\boldsymbol{i}_{\alpha\beta}^{T}$，则得功率方程为

$$\boldsymbol{i}_{\alpha\beta}^{T}\boldsymbol{u}_{\alpha\beta}=\boldsymbol{i}_{\alpha\beta}^{T}\boldsymbol{R}\boldsymbol{i}_{\alpha\beta}+\boldsymbol{i}_{\alpha\beta}^{T}\boldsymbol{L}p\boldsymbol{i}_{\alpha\beta}+\boldsymbol{i}_{\alpha\beta}^{T}\boldsymbol{M}p\boldsymbol{i}_{\alpha\beta}+\boldsymbol{i}_{\alpha\beta}^{T}\boldsymbol{G}\dot{\theta}_r\boldsymbol{i}_{\alpha\beta} \tag{7-84}$$

式中，$\boldsymbol{i}_{\alpha\beta}^{T}\boldsymbol{R}\boldsymbol{i}_{\alpha\beta}$ 为消耗在定子以及转子上总的热消耗功率；$\boldsymbol{i}_{\alpha\beta}^{T}\boldsymbol{L}p\boldsymbol{i}_{\alpha\beta}+\boldsymbol{i}_{\alpha\beta}^{T}\boldsymbol{M}p\boldsymbol{i}_{\alpha\beta}$ 为储存于电动机磁场中的功率；因而余下部分 $\boldsymbol{i}_{\alpha\beta}^{T}\boldsymbol{G}\dot{\theta}_r\boldsymbol{i}_{\alpha\beta}$ 必为机械输出功率。

电动机的电磁转矩应为机械输出功率除以转子机械角速度，即机械输出功率除以 $\dot{\theta}_r/n_p$（$\dot{\theta}_r$ 为转子电角速度），得到三相异步电动机在 α-β 轴系上的电磁转矩方程为

$$\boldsymbol{T}_{ei}=n_p\boldsymbol{i}_{\alpha\beta}^{T}\boldsymbol{G}\boldsymbol{i}_{\alpha\beta}=n_pL_{md}(i_{s\beta}i_{r\alpha}-i_{s\alpha}i_{r\beta}) \tag{7-85}$$

4. 三相异步电动机在两相静止轴系上的数学模型

将式（7-22）、式（7-77）、式（7-78）、式（7-85）及 $\omega_r=\mathrm{d}\theta_r/\mathrm{d}t$ 归纳在一起，便构成在恒转矩负载下三相异步电动机在两相静止轴系（α-β）上的数学模型，即

$$\begin{cases} \boldsymbol{u}_{\alpha\beta}=\boldsymbol{Z}_{\alpha\beta}i_{\alpha\beta} \\ \boldsymbol{\Psi}_{\alpha\beta}=\boldsymbol{L}\boldsymbol{i}_{\alpha\beta} \\ T_{ei}=T_L+\dfrac{J}{n_p}\dfrac{\mathrm{d}\omega}{\mathrm{d}t} \\ T_{ei}=n_pL_{md}(i_{s\beta}i_{r\alpha}-i_{s\alpha}i_{r\beta}) \\ \omega=\dfrac{\mathrm{d}\theta_r}{\mathrm{d}t} \end{cases} \tag{7-86}$$

两相静止轴系 α-β 上的异步电动机数学模型也称作 Kron 异步电动机方程式或双轴原型电动机（Two Axis Primitive Machine）方程。

7.2.5 异步电动机在任意两相旋转轴系上的数学模型

式（7-86）所示三相异步电动机在两相静止轴系上的数学模型仍存在非线性因素和具有强耦合的性质。非线性因素主要存在于产生电磁转矩［见式（7-85）］环节上；强耦合关系和三相情况一样，仍未得到改善，为此还需要对式（7-86）进行简化处理。

1. 异步电动机在任意两相旋转坐标上的电压方程

如图 7-19 所示，d-q 轴系为任意旋转轴系，其旋转角速度为 ω_{dqs}，相对于转子的角速度为 ω_{dql}，d 轴与 α 轴的夹角为 $\varphi_d=\omega_{dqs}t+\varphi_{d0}$，$\varphi_{d0}$ 为任意的初始角。利用旋转变换可将 α-β 轴系上的各量变换到 d-q 轴系上。

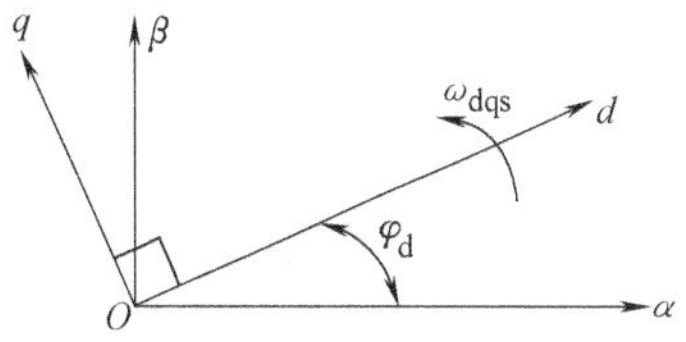

图 7-19 由 α-β 坐标到 d-q 坐标的旋转变换

对于定子轴系有

$$\begin{pmatrix} u_{s\alpha} \\ u_{s\beta} \end{pmatrix}=\begin{pmatrix} \cos\varphi_d & -\sin\varphi_d \\ \sin\varphi_d & \cos\varphi_d \end{pmatrix}\begin{pmatrix} u_{sd} \\ u_{sq} \end{pmatrix} \tag{7-87}$$

$$\begin{pmatrix} i_{s\alpha} \\ i_{s\beta} \end{pmatrix}=\begin{pmatrix} \cos\varphi_d & -\sin\varphi_d \\ \sin\varphi_d & \cos\varphi_d \end{pmatrix}\begin{pmatrix} i_{sd} \\ i_{sq} \end{pmatrix} \tag{7-88}$$

$$\begin{pmatrix} \psi_{s\alpha} \\ \psi_{s\beta} \end{pmatrix}=\begin{pmatrix} \cos\varphi_d & -\sin\varphi_d \\ \sin\varphi_d & \cos\varphi_d \end{pmatrix}\begin{pmatrix} \psi_{sd} \\ \psi_{sq} \end{pmatrix} \tag{7-89}$$

式（7-77）第一行的定子电压方程为

$$u_{s\alpha}=R_s i_{s\alpha}+p\psi_{s\alpha} \tag{7-90}$$

把式（7-87）~式（7-89）三个变换式中相应变量 $u_{s\alpha}$、$i_{s\alpha}$、$\psi_{s\alpha}$ 代入式（7-90）中得

$$\begin{aligned} u_{sd}\cos\varphi_d-u_{sq}\sin\varphi_d &= R_s i_{sd}\cos\varphi_d-R_s i_{sq}\sin\varphi_d+p(\psi_{sd}\cos\varphi_d-\psi_{sq}\sin\varphi_d) \\ &= R_s i_{sd}\cos\varphi_d-R_s i_{sq}\sin\varphi_d+p\psi_{sd}\cos\varphi_d-p\psi_{sq}\sin\varphi_d- \\ &\quad \psi_{sd}\sin\varphi_d(p\varphi_d)-\psi_{sq}\cos\varphi_d(p\varphi_d) \\ &= \cos\varphi_d(R_s i_{sd}+p\psi_{sd}-\omega_{dqs}\psi_{sq})-\sin\varphi_d(R_s i_{sq}+p\psi_{sq}+\omega_{dqs}\psi_{sd}) \end{aligned}$$

对于所有 φ_d 值，上式都应成立，可令 $\cos\varphi_d$ 和 $\sin\varphi_d$ 的对应系数相等，得到

$$u_{sd}=R_s i_{sd}+p\psi_{sd}-\omega_{dqs}\psi_{sq}$$

$$u_{sq}=R_s i_{sq}+p\psi_{sq}+\omega_{dqs}\psi_{sd}$$

将 ψ_{sd}、ψ_{sq} 的电流表达式（$\psi_{sd}=L_{sd}i_{sd}+L_{md}i_{rd}$；$\psi_{sq}=L_{sd}i_{sq}+L_{md}i_{rq}$）代入上式并整理后，得

$$\begin{cases} u_{sd}=(R_s+L_{sd}p)i_{sd}-\omega_{dqs}L_{sd}i_{sq}+L_{md}pi_{rd}-\omega_{dqs}L_{md}i_{rq} \\ u_{sq}=\omega_{dqs}L_{sd}i_{sd}+(R_s+L_{sd}p)i_{sq}+\omega_{dqs}L_{md}i_{rd}+L_{md}pi_{rq} \end{cases} \tag{7-91}$$

同理，从式（7-77）第 3 行转子电路方程可以导出

$$\begin{cases} 0=L_{md}pi_{sd}-\omega_{dql}L_{md}i_{sq}+(R_r+L_{rd}p)i_{rd}-\omega_{dql}L_{rd}i_{rq} \\ 0=\omega_{dql}L_{md}i_{sd}+L_{md}pi_{sq}+\omega_{dql}L_{rd}i_{rd}+(R_r+L_{rd}p)i_{rq} \end{cases} \tag{7-92}$$

将式（7-91）和（7-92）合并，并写成矩阵形式，得到三相异步电动机变换到 d-q 轴上的电压矩阵方程式

$$\begin{pmatrix} u_{sd} \\ u_{sq} \\ 0 \\ 0 \end{pmatrix}=\begin{pmatrix} R_s+L_{sd}p & -\omega_{dqs}L_{sd} & L_{md}p & -\omega_{dqs}L_{md} \\ \omega_{dqs}L_{sd} & R_s+L_{sd}p & \omega_{dqs}L_{md} & L_{md}p \\ L_{md}p & -\omega_{dql}L_{md} & R_r+L_{rd}p & -\omega_{dql}L_{rd} \\ \omega_{dql}L_{md} & L_{md}p & \omega_{dql}L_{rd} & R_r+L_{rd}p \end{pmatrix}\begin{pmatrix} i_{sd} \\ i_{sq} \\ i_{rd} \\ i_{rq} \end{pmatrix} \tag{7-93}$$

简写成

$$\boldsymbol{u}_{dq}=\boldsymbol{Z}_{dq}\boldsymbol{i}_{dq}$$

由式（7-93）可以看出，通过旋转坐标变换，可将两相静止轴系上的交流绕组等效为两相旋转轴系上的直流绕组。当 A-B-C 轴系中的电压、电流为正弦函数时，在 d-q 轴系中得到的电压、电流变量则是直流标量。但是式（7-93）的变换矩阵，即阻抗矩阵为 4×4 系数矩阵，矩阵

中16个元素未有零元素，仍是一个复杂的变换矩阵。

由式（7-93）和式（7-77）可以看出，$d-q$ 轴系电压方程与 $\alpha-\beta$ 轴系电压方程不同。其一，在 $\alpha-\beta$ 轴系中，定子电压中没有旋转电压项，而变换到 $d-q$ 轴系后，方程中出现了旋转电压项（分量为 $\omega_{dqs}\psi_{sd}$ 和 $-\omega_{dqs}\psi_{sq}$），这是因为 $d-q$ 轴系是以任意角速度在旋转。其二，在 $d-q$ 轴系上的转子电压方程中，也含有旋转电压项，但与 $\alpha-\beta$ 方程中的旋转电压项不同，它不是转子角速度与磁链的乘积，而是转差角速度与磁链的乘积（分量为 $\omega_{dql}\psi_{rd}$ 和 $\omega_{dql}\psi_{rq}$），这是因为 $d-q$ 轴系中的转子绕组是以转差角速度 ω_{dql} 在旋转。

2. 异步电动机在任意两相旋转轴系上的电磁转矩方程

根据式（7-85）可以求得三相异步电动机在 $d-q$ 轴系上的电磁转矩方程，即

$$T_{ei}=n_pL_{md}(i_{sq}i_{rd}-i_{sd}i_{rq}) \tag{7-94}$$

3. 异步电动机在任意两相旋转轴系上的数学模型

把式（7-93）、式（7-94）、式（7-22）及 $\omega=\mathrm{d}\theta_r/\mathrm{d}t$ 归纳起来，就构成在恒转矩负载下异步电动机在任意两相旋转轴系（$d-q$）上的数学模型，即

$$\begin{cases}\boldsymbol{u}_{dq}=\boldsymbol{Z}_{dq}\boldsymbol{i}_{dq}\\ T_{ei}=n_pL_{md}(i_{sq}i_{rd}-i_{sd}i_{rq})\\ T_{ei}=T_L+\dfrac{J}{n_p}\dfrac{\mathrm{d}\omega}{\mathrm{d}t}\\ \omega=\dfrac{\mathrm{d}\theta_r}{\mathrm{d}t}\end{cases} \tag{7-95}$$

7.2.6 异步电动机在两相同步旋转轴系上的数学模型

同步旋转轴系就是电动机的旋转磁场轴系，通常用符号 $M-T$ 来表示。由于 $M-T$ 轴系和 $d-q$ 轴系两者的差别仅是旋转速度不同，可以把 $M-T$ 轴系看成是 $d-q$ 轴系的一个特例，因此，将式（7-78）、式（7-93）及式（7-94）中的下脚标 d、q 改写成 M、T；ω_{dqs} 改写成 ω_s（同步角速度）；ω_{dql} 改写成 ω_{sl}（转差角速度），并有 $\omega_{sl}=\omega_s-\omega$，便可以得到了异步电动机在同步旋转轴系上的数学模型，即

电压方程：

$$\begin{pmatrix}u_{sM}\\ u_{sT}\\ 0\\ 0\end{pmatrix}=\begin{pmatrix}R_s+L_{sd}p & -\omega_sL_{sd} & L_{md}p & -\omega_sL_{md}\\ \omega_sL_{sd} & R_s+L_{sd}p & \omega_sL_{md} & L_{md}p\\ L_{md}p & -\omega_{sl}L_{md} & R_r+L_{rd}p & -\omega_{sl}L_{rd}\\ \omega_{sl}L_{md} & L_{md}p & \omega_{sl}L_{rd} & R_r+L_{rd}p\end{pmatrix}\begin{pmatrix}i_{sM}\\ i_{sT}\\ i_{rM}\\ i_{rT}\end{pmatrix} \tag{7-96}$$

磁链方程：

$$\begin{pmatrix}\psi_{sM}\\ \psi_{sT}\\ \psi_{rM}\\ \psi_{rT}\end{pmatrix}=\begin{pmatrix}L_{sd} & 0 & L_{md} & 0\\ 0 & L_{sd} & 0 & L_{md}\\ L_{md} & 0 & L_{rd} & 0\\ 0 & L_{md} & 0 & L_{rd}\end{pmatrix}\begin{pmatrix}i_{sM}\\ i_{sT}\\ i_{rM}\\ i_{rT}\end{pmatrix} \tag{7-97}$$

转矩方程：

$$T_{ei}=n_pL_{md}(i_{sT}i_{rM}-i_{sM}i_{rT}) \tag{7-98}$$

运动方程：

$$T_{ei}=T_L+\frac{J}{n_p}\frac{d\omega}{dt} \tag{7-99}$$

将式（7-96）的 $M-T$ 轴系上的电压方程绘制成动态等效电路，如图 7-20 所示。图中箭头是按电压降的方向画出的。由图可以清楚地看出，M、T 轴之间依靠 4 个旋转电动势互相耦合。

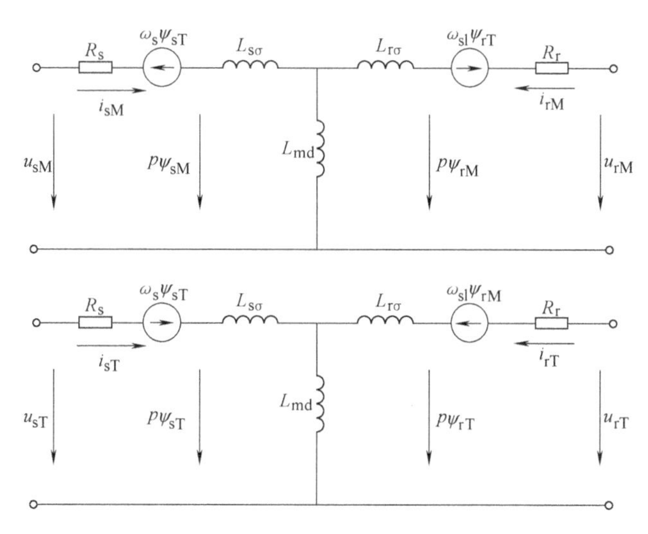

图 7-20　异步电动机在 $M-T$ 轴系上的动态等效电路

7.2.7　异步电动机在两相轴系上的状态方程

在两相轴系上，异步电动机的数学模型除了可以采用矩阵方程的形式外，还可以采用状态方程的形式。在异步电动机的动态过程中，其数学模型是一组时变的非线性联立微分方程组，为了采用标准的计算方法求该方程组的解，需要使用状态方程形式的数学模型。另外，在对交流电动机调速系统进行设计和分析的时候，常使用状态方程形式的数学模型。为此，本小节专门介绍异步电动机在两相轴系上的状态方程。

下面的状态方程是利用 7.2.6 节中介绍的两相同步旋转（$M-T$）轴系上的数学模型得到的，对于在其他两相轴系上的状态方程，稍加变换即可得到。

由式（7-96）和式（7-99）可知，异步电动机具有 4 阶电压方程和 1 阶运动方程，显然，其状态方程应该是 5 阶的，因此，需要选取 5 个状态变量。然而可供选择的变量共有 9 个，即转速 ω、4 个电流变量（i_{sM}、i_{sT}、i_{rM}、i_{rT}）和 4 个磁链变量（ψ_{sM}、ψ_{sT}、ψ_{rM}、ψ_{rT}）。由于 i_{rM}和 i_{rT}是不可测量的，不宜用来作为状态变量，因而，只能选择定子电流 i_{sM}、i_{sT}，以及定子磁链 ψ_{sM}、ψ_{sT}（或选转子磁链 ψ_{rM}、ψ_{rT}）作为状态变量。

（1）状态变量为 $\boldsymbol{X}=(\omega\quad\psi_{rM}\quad\psi_{rT}\quad i_{sM}\quad i_{sT})^T$ 时的状态方程

式（7-97）可以写为

$$\begin{cases}\psi_{sM}=L_{sd}i_{sM}+L_{md}i_{rM}\\ \psi_{sT}=L_{sd}i_{sT}+L_{md}i_{rT}\\ \psi_{rM}=L_{md}i_{sM}+L_{rd}i_{rM}\\ \psi_{rT}=L_{md}i_{sT}+L_{rd}i_{rT}\end{cases} \tag{7-100}$$

式（7-100）中第 3、4 两式可写为

$$
\begin{cases}
i_{rM}=\dfrac{1}{L_{rd}}(\psi_{rM}-L_{md}i_{sM})\\
i_{rT}=\dfrac{1}{L_{rd}}(\psi_{rT}-L_{md}i_{sT})
\end{cases}
\tag{7-101}
$$

式（7-96）可以写为

$$
\begin{cases}
u_{sM}=R_s i_{sM}+p\psi_{sM}-\omega_s\psi_{sT}\\
u_{sT}=R_s i_{sT}+p\psi_{sT}+\omega_s\psi_{sM}\\
0=R_r i_{rM}+p\psi_{rM}-\omega_{sl}\psi_{rT}\\
0=R_r i_{rT}+p\psi_{rT}+\omega_{sl}\psi_{rM}
\end{cases}
\tag{7-102}
$$

将式（7-101）代入式（7-98）中，得电磁转矩输出方程，即

$$
T_{ei}=\frac{n_p L_{md}}{L_{rd}}(i_{sT}\psi_{rM}-i_{sM}\psi_{rT})
\tag{7-103}
$$

将式（7-100）代入式（7-102），消去 i_{rM}、i_{rT}、ψ_{sM}、ψ_{sT}，经过整理得到状态方程，即

$$
\begin{cases}
\dfrac{d\omega}{dt}=\dfrac{n_p^2 L_{md}}{JL_{rd}}(i_{sq}\psi_{rM}-i_{sM}\psi_{rT})-\dfrac{n_p}{J}T_L\\
\dfrac{d\psi_{rM}}{dt}=-\dfrac{\psi_{rM}}{T_r}+\omega_{sl}\psi_{rT}+\dfrac{L_{md}}{T_r}i_{sM}\\
\dfrac{d\psi_{rT}}{dt}=-\dfrac{\psi_{rT}}{T_r}-\omega_{sl}\psi_{rM}+\dfrac{L_{md}}{T_r}i_{sT}\\
\dfrac{di_{sM}}{dt}=\dfrac{L_{md}}{\sigma L_{sd}L_{rd}T_r}\psi_{rM}+\dfrac{L_{md}}{\sigma L_{sd}L_{rd}}\omega\psi_{rT}-\dfrac{R_sL_{rd}^2+R_rL_{md}^2}{\sigma L_{sd}L_{rd}^2}i_{sM}+\omega_s i_{sT}+\dfrac{u_{sM}}{\sigma L_{sd}}\\
\dfrac{di_{sT}}{dt}=\dfrac{L_{md}}{\sigma L_{sd}L_{rd}T_r}\psi_{rT}-\dfrac{L_{md}}{\sigma L_{sd}L_{rd}}\omega\psi_{rM}-\dfrac{R_sL_{rd}^2+R_rL_{md}^2}{\sigma L_{sd}L_{rd}^2}i_{sT}-\omega_s i_{sM}+\dfrac{u_{sT}}{\sigma L_{sd}}
\end{cases}
\tag{7-104}
$$

式中，σ 为电动机的漏磁系数（$\sigma=1-L_{md}^2/(L_{sd}L_{rd})$）；$T_r$ 为转子电磁时间常数（$T_r=L_{rd}/R_r$），在式（7-104）状态方程中，输入变量为

$$
\boldsymbol{U}=(u_{sM}\quad u_{sT}\quad \omega_s\quad T_L)^T
\tag{7-105}
$$

（2）状态变量为 $\boldsymbol{X}=(\omega\quad \psi_{sM}\quad \psi_{sT}\quad i_{sM}\quad i_{sT})^T$ 时的状态方程

同理，把式（7-100）代入式（7-102），消去变量 i_{rM}、i_{rT}、ψ_{rM}、ψ_{rT}，整理后就得到另一种状态方程

$$
\begin{cases}
\dfrac{d\omega}{dt}=\dfrac{n_p^2}{J}L_{md}(i_{sT}\psi_{sM}-i_{sM}\psi_{sT})-\dfrac{n_p}{J}T_L\\
\dfrac{d\psi_{sM}}{dt}=-R_s i_{sM}+\omega_s\psi_{sT}+u_{sM}\\
\dfrac{d\psi_{sT}}{dt}=-R_s i_{sT}-\omega_s\psi_{sM}+u_{sT}\\
\dfrac{di_{sM}}{dt}=\dfrac{\psi_{sM}}{\sigma L_{sd}T_r}+\dfrac{\omega\psi_{sT}}{\sigma L_{sd}}-\dfrac{R_sL_{rd}+R_rL_{sd}}{\sigma L_{sd}L_{rd}}i_{sM}+\omega_{sl}i_{sT}+\dfrac{u_{sM}}{\sigma L_{sd}}\\
\dfrac{di_{sT}}{dt}=\dfrac{\psi_{sT}}{\sigma L_{sd}T_r}-\dfrac{\omega\psi_{sM}}{\sigma L_{sd}}-\dfrac{R_sL_{rd}+R_rL_{sd}}{\sigma L_{sd}L_{rd}}i_{sT}-\omega_{sl}i_{sM}+\dfrac{u_{sT}}{\sigma L_{sd}}
\end{cases}
\tag{7-106}
$$

在式（7-106）中，输入变量为

$$\boldsymbol{U}=(u_{\mathrm{sM}} \quad u_{\mathrm{sT}} \quad \omega_{\mathrm{s}} \quad T_{\mathrm{L}})^{\mathrm{T}} \tag{7-107}$$

7.3 矢量控制系统的基本控制结构

式（7-96）是任意 $M-T$ 轴系上的电压方程。如果对 $M-T$ 轴系的取向加以规定，使其成为特定的同步旋转轴系，这对矢量控制系统的实现具有关键的作用。

选择特定的同步旋转轴系，及确定 $M-T$ 轴系的取向，称为定向。如果选择电动机，某一旋转磁场轴作为特定的同步旋转坐标轴，则称为磁场定向（Field Orientation）。顾名思义，矢量控制系统也称为磁场定向控制（Field Orientation Control，FOC）系统。

对于异步电动机矢量控制系统的磁场定向轴有三种选择方法，即转子磁场定向、气隙磁场定向和定子磁场定向。

7.3.1 转子磁场定向的异步电动机矢量控制系统

转子磁场定向即是按转子全磁链矢量 $\boldsymbol{\Psi}_{\mathrm{r}}$ 方向进行定向，就是将 M 轴取向于 $\boldsymbol{\Psi}_{\mathrm{r}}$ 轴，如图 7-21 所示。按转子全磁链（全磁通）定向的异步电动机矢量控制系统称为异步电动机按转子磁链（磁通）定向的矢量控制系统。

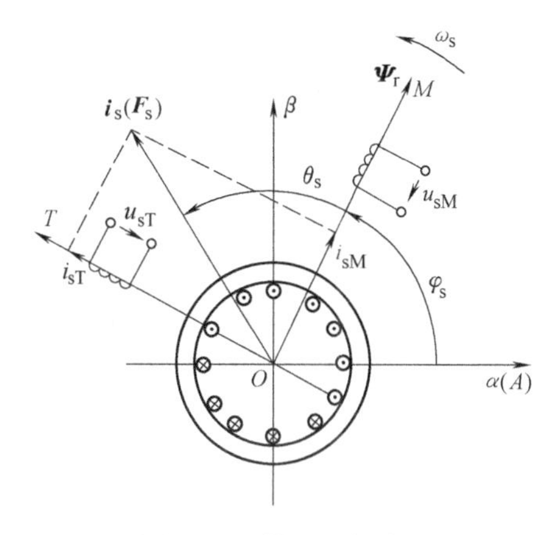

图 7-21 转子磁场定向

1. 按转子磁链（磁通）定向的三相异步电动机数学模型

（1）电压方程

从图 7-21 中可以看出，由于 M 轴取向于转子全磁链 $\boldsymbol{\Psi}_{\mathrm{r}}$ 轴，T 轴垂直于 M 轴，因而使 $\boldsymbol{\Psi}_{\mathrm{r}}$ 在 T 轴上的分量为零，表明了转子全磁链 $\boldsymbol{\Psi}_{\mathrm{r}}$ 唯一由 M 轴绕组中电流所产生，可知定子电流矢量 $\boldsymbol{i}_{\mathrm{s}}(\boldsymbol{F}_{\mathrm{s}})$ 在 M 轴上的分量 i_{sM} 是纯励磁电流分量；在 T 轴上的分量 i_{sT} 是纯转矩电流分量。$\boldsymbol{\Psi}_{\mathrm{r}}$ 在 M、T 轴系上的分量可用方程表示为

$$\psi_{\mathrm{rM}}=\Psi_{\mathrm{r}}=L_{\mathrm{md}}i_{\mathrm{sM}}+L_{\mathrm{rd}}i_{\mathrm{rM}} \tag{7-108}$$

$$\psi_{\mathrm{rT}}=0=L_{\mathrm{md}}i_{\mathrm{sT}}+L_{\mathrm{rd}}i_{\mathrm{rT}} \tag{7-109}$$

将式（7-109）代入式（7-96）中，则式（7-96）中的第 3、4 行的部分项变成零，则式（7-96）简化为

$$\begin{pmatrix} u_{\mathrm{sM}} \\ u_{\mathrm{sT}} \\ 0 \\ 0 \end{pmatrix}=\begin{pmatrix} R_{\mathrm{s}}+L_{\mathrm{sd}}p & -\omega_{\mathrm{s}}L_{\mathrm{sd}} & L_{\mathrm{md}}p & -\omega_{\mathrm{s}}L_{\mathrm{md}} \\ \omega_{\mathrm{s}}L_{\mathrm{sd}} & R_{\mathrm{s}}+L_{\mathrm{sd}}p & \omega_{\mathrm{s}}L_{\mathrm{md}} & L_{\mathrm{md}}p \\ L_{\mathrm{md}}p & 0 & R_{\mathrm{r}}+L_{\mathrm{rd}}p & 0 \\ \omega_{\mathrm{sl}}L_{\mathrm{md}} & 0 & \omega_{\mathrm{sl}}L_{\mathrm{rd}} & R_{\mathrm{r}} \end{pmatrix}\begin{pmatrix} i_{\mathrm{sM}} \\ i_{\mathrm{sT}} \\ i_{\mathrm{rM}} \\ i_{\mathrm{rT}} \end{pmatrix} \tag{7-110}$$

式（7-110）是以转子全磁链轴线为定向轴的同步旋转轴系上的电压方程式，也称为磁场定向方程式，其约束条件是 $\psi_{\mathrm{rT}}=0$。根据这一电压方程可以建立矢量控制系统所依据的控制方程式。

（2）转矩方程

将式（7-108）、式（7-109）代入式（7-98）中，得

$$T_{ei}=C_{IM}\Psi_r i_{sT} \tag{7-111}$$

式中，$C_{IM}=n_p L_{md}/L_{rd}$为转矩系数。

式（7-111）表明，在同步旋转轴系上，如果按异步电动机转子磁链定向，则异步电动机的电磁转矩模型就与直流电动机的电磁转矩模型完全一样了。

2. 按转子磁链定向的异步电动机矢量控制系统的控制方程式

在矢量控制系统中，由于可测量的被控制变量是定子电流矢量 $\boldsymbol{i}_s$，因此必须从式（7-110）中找到定子电流矢量各分量与其他物理量之间的关系。由式（7-110）第 3 行可得到

$$0=R_r i_{rM}+p(L_{md}i_{sM}+L_{rd}i_{rM})=R_r i_{rM}+p\Psi_r \tag{7-112}$$

求出

$$i_{rM}=-\frac{p\Psi_r}{R_r} \tag{7-113}$$

将式（7-113）代入式（7-108）中，求得

$$i_{sM}=\frac{T_r p+1}{L_{md}}\Psi_r \tag{7-114}$$

或写成

$$\Psi_r=\frac{L_{md}}{T_r p+1}i_{sM} \tag{7-115}$$

式中，$T_r=L_{rd}/R_r$ 为转子电路时间常数。

由式（7-110）第 4 行可得

$$0=\omega_{sl}(L_{md}i_{sM}+L_{rd}i_{rM})+R_r i_{rT}=\omega_{sl}\Psi_r+R_r i_{rT}$$

求出

$$i_{rT}=-\frac{\omega_{sl}\Psi_r}{R_r} \tag{7-116}$$

将式（7-116）代入式（7-109）中，求得

$$i_{sT}=-\frac{L_{rd}}{L_{md}}i_{rT}=\frac{T_r\Psi_r}{L_{md}}\omega_{sl} \tag{7-117}$$

式（7-111）、式（7-115）、式（7-117）就是异步电动机矢量控制系统所依据的控制方程式。

式（7-115）所表明的物理意义是，**转子磁链唯一由定子电流矢量的励磁电流分量 i_{sM}产生，与定子电流矢量的转矩电流分量 i_{sT}无关，充分说明了异步电动机矢量控制系统按转子全磁链（或全磁通）定向可以实现定子电流的转矩分量和励磁分量的完全解耦；还表明了，Ψ_r 和 i_{sM}之间的传递函数是一个一阶惯性环节，当 i_{sM}为阶跃变化时，Ψ_r 按时间常数 T_r 呈指数规律变化，这和直流电动机励磁绕组的惯性作用是一致的。**

式（7-117）所表明的物理意义是，**当 Ψ_r 恒定时，无论是稳态还是动态过程，转差角频率 ω_{sl}都与异步电动机的转矩电流分量 i_{sT}成正比。**

3. 转子磁链定向的三相异步电动机的等效直流电动机模型及矢量控制系统的基本结构

（1）三相异步电动机的等效直流电动机模型图

用矢量控制方程式描绘的同步旋转轴系上三相异步电动机等效直流电动机模型结构图，如图 7-22 所示。

由图看出，等效直流电动机模型可分为转速（ω）子系统和磁链（Ψ_r）子系统。这里需要指出的是，按转子磁链定向的矢量控制系统虽然可以实现定子电流的转矩分量和励磁分量的完全解耦，然而，从 ω、Ψ_r 两个子系统来看，**T_{ei}因同时受到 i_{sT}和 Ψ_r 的影响，两个子系统在动态过程中仍然是耦合的**。这是在设计矢量控制系统时应该考虑的问题。

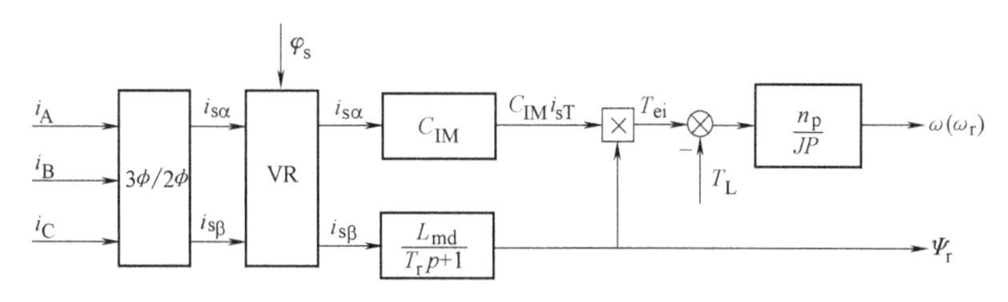

图 7-22　三相异步电动机等效直流电动机模型

（2）矢量控制的基本结构

通过坐标变换和按转子磁链定向，最终得到三相异步电动机在同步旋转轴系上的等效直流电动机模型。余下工作就是如何模仿直流电动机转速控制规律来构造三相异步电动机矢量控制系统的控制结构。

依据异步电动机的等效直流电动机模型，可设置转速调节器 ASR 和磁链调节器 AΨR，分别控制转速 $\boldsymbol{\omega}$ 和磁链 $\boldsymbol{\Psi}_r$，形成转速闭环系统和磁链闭环系统，如图 7-23 所示，图中 $\hat{\boldsymbol{\Psi}}_r$、$\hat{\boldsymbol{\varphi}}_s$ 表示模型计算值。

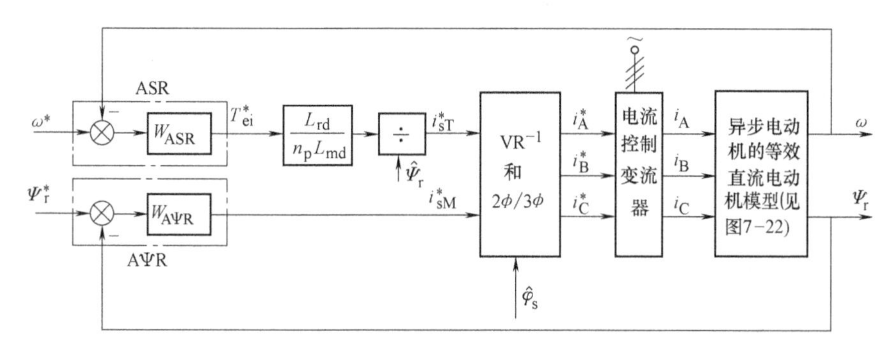

图 7-23　具有转矩、磁链闭环控制的直接矢量控制系统结构

利用直角坐标-极坐标变换，按式（7-115）和式（7-117）可实现另一种矢量控制结构，即转差型矢量控制结构，如图 7-24 所示。图中 θ_s 为 $\boldsymbol{i}_s$ 矢量与 M 轴之间的夹角。

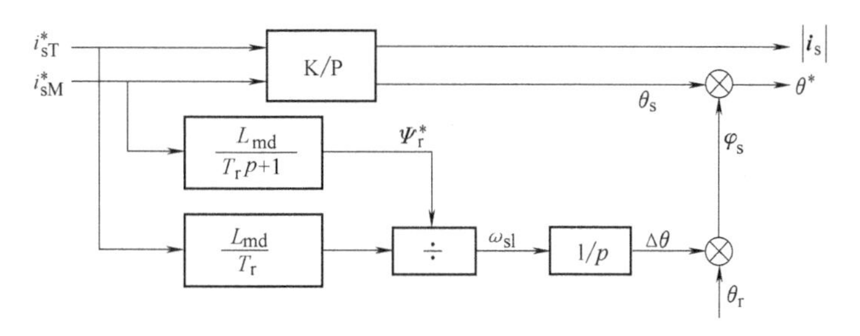

图 7-24　转差型矢量控制结构

7.3.2　异步电动机的其他两种磁场定向方法

1. 定子磁场定向

定子磁场定向是将 M 轴与定子磁链矢量 $\boldsymbol{\Psi}_s$ 重合。

（1）定子磁链模值 Ψ_s 是 i_{sM}和 i_{sT}的函数，彼此之间存在着耦合效应

定子磁链在 M-T 轴系上可以表示为

$$\begin{cases}\psi_{sM}=L_{sd}i_{sM}+L_{md}i_{rM}\\ \psi_{sT}=L_{sd}i_{sT}+L_{md}i_{rT}\end{cases} \tag{7-118}$$

依据图 7-20 异步电动机在 M-T 轴系上的动态等效电路可写出转子回路方程

$$\begin{cases}p\psi_{rM}+R_r i_{rM}-\omega_{sl}\psi_{rT}=0\\ p\psi_{rT}+R_r i_{rT}+\omega_{sl}\psi_{rM}=0\end{cases} \tag{7-119}$$

转子磁链可以表示为

$$\begin{cases}\psi_{rM}=L_{rd}i_{rM}+L_{md}i_{sM}\\ \psi_{rT}=L_{rd}i_{rT}+L_{md}i_{sT}\end{cases} \tag{7-120}$$

将式（7-120）中 i_{rM}、i_{rT}突显出来

$$\begin{cases}i_{rM}=\dfrac{1}{L_{rd}}\psi_{rM}-\dfrac{L_{md}}{L_{rd}}i_{sM}\\ i_{rT}=\dfrac{1}{L_{rd}}\psi_{rT}-\dfrac{L_{md}}{L_{rd}}i_{sT}\end{cases} \tag{7-121}$$

借助式（7-121）消掉式（7-119）中的转子电流项，可得

$$\begin{cases}p\psi_{rM}+\dfrac{R_r}{L_{rd}}\psi_{rM}-\dfrac{L_{md}}{L_{rd}}R_r i_{sM}-\omega_{sl}\psi_{rT}=0\\ p\psi_{rT}+\dfrac{R_r}{L_{rd}}\psi_{rT}-\dfrac{L_{md}}{L_{rd}}R_r i_{sT}+\omega_{sl}\psi_{rM}=0\end{cases} \tag{7-122}$$

将式（7-122）两边均乘 $T_r=L_{rd}/R_r$，整理后得到

$$\begin{cases}(1+T_r p)\psi_{rM}-L_{md}i_{sM}-T_r\omega_{sl}\psi_{rM}=0\\ (1+T_r p)\psi_{rT}-L_{md}i_{sT}+T_r\omega_{sl}\psi_{rT}=0\end{cases} \tag{7-123}$$

依据式（7-118）可求得

$$\begin{cases}i_{rM}=\dfrac{\psi_{sM}}{L_{md}}-\dfrac{L_{sd}}{L_{md}}i_{sM}\\ i_{rT}=\dfrac{\psi_{sT}}{L_{md}}-\dfrac{L_{sd}}{L_{md}}i_{sT}\end{cases} \tag{7-124}$$

将式（7-124）代入（7-123），然后式的两边均乘 L_{md}/L_r，再进行简化整理，得

$$\begin{cases}(1+T_r p)\psi_{sM}=(1+\sigma T_r p)L_{sd}i_{sM}+T_r\omega_{sl}(\psi_{sT}-\sigma L_{sd}i_{sT})\\ (1+T_r p)\psi_{sT}=(1+\sigma T_r p)L_{sd}i_{sT}-T_r\omega_{sl}(\psi_{sM}-\sigma L_{sd}i_{sM})\end{cases} \tag{7-125}$$

式中，$\sigma=1-L_{md}^2/L_{sd}L_{rd}$。

由于是按照定子磁场定向，所以 $\psi_{sT}=0$，$\psi_{sM}=\Psi_s$，则式（7-125）可以简化为

$$\begin{cases}(1+T_r p)\Psi_s=(1+\sigma T_r p)L_{sd}i_{sM}-\sigma L_{sd}T_r\omega_{sl}i_{sT}\\ (1+\sigma T_r p)L_{sd}i_{sT}=T_r\omega_{sl}(\Psi_s-\sigma L_{sd}i_{sM})\end{cases} \tag{7-126}$$

式（7-126）表明，定子磁链模值 Ψ_s 是 i_{sT}和 i_{sM}的函数，即彼此之间存在耦合现象，这意味着若用 i_{sT}去改变转矩，那么它也会影响磁链。

（2）按定子磁链定向的矢量控制系统的前馈解耦方法

如图 7-25 所示，解耦控制信号 i_{MT}被加到 AΨR 调节器的输出中，两者一起产生 i_{sM}^*指令信

号，即

$$i_{sM}^{*}=G(\boldsymbol{\Psi}_{s}^{*}-\boldsymbol{\Psi}_{s})+i_{MT} \tag{7-127}$$

式中，$G=K_1+K_2/s$。

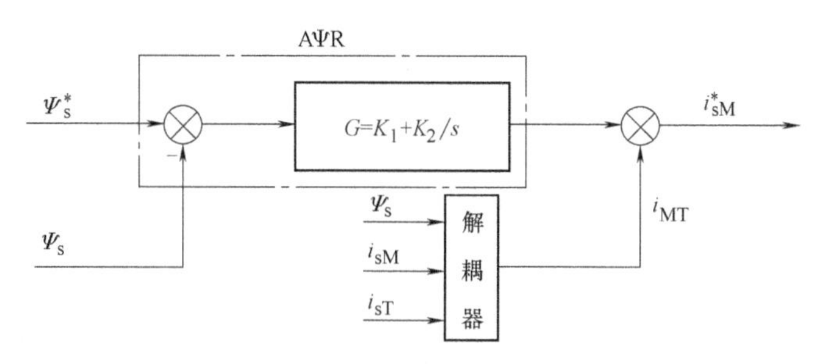

图 7-25　定子磁链定向矢量控制中的前馈解耦

将式（7-127）代入（7-126）第 1 式中，可得

$$(1+T_{r}p)\boldsymbol{\Psi}_{s}=(1+\sigma T_{r}p)L_{sd}G(\boldsymbol{\Psi}_{s}^{*}-\boldsymbol{\Psi}_{s})+(1+\sigma T_{r}p)L_{sd}i_{MT}-\sigma L_{sd}T_{r}\omega_{sl}i_{sT} \tag{7-128}$$

为了借助 i_{MT} 实现 $\boldsymbol{\Psi}_s$ 的解耦控制，必须使 $(1+\sigma T_{r}p)L_{sd}i_{MT}-\sigma L_{sd}T_{r}\omega_{sl}i_{sT}=0$，则有

$$i_{MT}=\frac{\sigma L_{sd}T_{r}\omega_{sl}i_{sT}}{(1+\sigma T_{r}p)L_{sd}} \tag{7-129}$$

根据式（7-126）第 2 式还可以求得 ω_{sl}，即有

$$\omega_{sl}=\frac{(1+\sigma T_{r}p)L_{sd}i_{sT}}{T_{r}(\boldsymbol{\Psi}_{s}-\sigma L_{sd}i_{sM})} \tag{7-130}$$

将式（7-130）代入式（7-129）有

$$i_{MT}=\frac{\sigma L_{sd}i_{sT}^{2}}{T_{r}(\boldsymbol{\Psi}_{s}-\sigma L_{sd}i_{sM})} \tag{7-131}$$

式（7-131）说明，解耦电流 i_{MT} 是 $\boldsymbol{\Psi}_s$、i_{sT} 和 i_{sM} 的函数，图 7-25 中解耦器模块算法见式（7-131）。

按定子磁场定向的矢量控制系统，由于增设了解耦控制器使其控制结构复杂一些，然而可以通过定子侧检测到的电压、电流直接计算定子磁链矢量 $\boldsymbol{\Psi}_s$，同时避免了转子参数变化对磁场定向及检测精度的影响，这是定子磁链磁场定向的优点，至于定子电阻变化的影响很容易被补偿。

2. 气隙磁场定向

将同步旋转轴系的 M 轴与气隙磁链矢量 $\boldsymbol{\Psi}_m$ 重合称为气隙磁场定向。气隙磁链在 M、T 轴上可表示为

$$\begin{cases}\psi_{mM}=L_{md}(i_{sM}+i_{rM})\\ \psi_{mT}=0=L_{md}(i_{sT}+i_{rT})\end{cases} \tag{7-132}$$

通过使用前述的类似推导方法，可以求得

$$p\psi_{mM}=\frac{\psi_{mM}}{T_{r}}+\frac{L_{md}}{L_{r}}(R_{r}+T_{r})i_{sM}-\omega_{sl}T_{r}\frac{L_{md}}{L_{r}i_{sT}} \tag{7-133}$$

由式（7-133）不难看出，磁链关系中存在偶合，由于电动机磁路的饱和程度与气隙磁通一致，因而基于气隙磁链的控制方式更适合处理饱和效应，但是需要增设解耦器。解耦器的设计类似于定子磁场定向解耦器的设计方法。

比较异步电动机三种磁场定向方法可以看出，按转子磁场定向是最佳的选择，可以实现励

磁电流分量、转矩电流分量两者完全解耦，因此转子磁场定向是目前主要采用的方案。但是，转子磁场定向受转子参数变化的影响较大，一定程度上影响了系统的性能。气隙磁场定向、定子磁场定向，很少受参数时变的影响，在应用中，当需要处理饱和效应时，采用气隙磁场定向较为合适；当需要恒功率调速时，采用定子磁场定向方法更为适宜。

7.4 转子磁链观测器

图 7-23 中，转子磁链矢量的模值 Ψ_r 及磁场定向角 φ_s 都是实际值，然而这两个量都是难以直接测量的，因而在矢量控制系统中只能采用观测值或模型计算值（记为 $\hat{\Psi}_r$、$\hat{\varphi}_s$）。$\hat{\Psi}_r$ 是用来作为磁链闭环的反馈信号，$\hat{\varphi}_s$ 是用来确定 M 轴的位置，要求 $\hat{\Psi}_r=\Psi_r$（实际值），$\hat{\varphi}_s=\varphi_s$（实际值），才能达到矢量控制的有效性。因此准确地获得转子磁链值 $\hat{\Psi}_r$ 和它的空间位置角 $\hat{\varphi}_s$ 是实现磁场定向控制的关键技术。

转子磁链矢量的检测和获取方法有直接法（包括磁敏式检测法和探测线圈法）；间接法（包括模型法）。

直接法就是在电动机定子内表面装贴霍尔元件或者在电动机槽内埋设探测线圈直接检测转子磁链。此种方法检测精度较高。但是，由于在电动机内部装设元器件往往会遇到不少工艺和技术问题；特别是齿槽的影响，使检测信号中含有大量的脉动分量，为此，实际的矢量控制系统中不采用直接法，而是采用间接法，即检测交流电动机的定子电压、电流及转速等易得的物理量，利用转子磁链观测模型，实时计算转子磁链的模值和空间位置。由于计算模型中所采用的实测信号的不同，又可分为电流模型法和电压模型法。

7.4.1 计算转子磁链的电流模型法

1. 在两相静止轴系上计算转子磁链的电流模型法

这种电流模型法是在 α-β 轴系下根据定子电流观测转子磁链的方法。转子磁链在 α-β 轴上的分量为

$$\psi_{r\alpha}=L_{rd}i_{r\alpha}+L_{md}i_{s\alpha}$$
$$\psi_{r\beta}=L_{rd}i_{r\beta}+L_{md}i_{s\beta}$$

由以上两式解出

$$\begin{cases} i_{r\alpha}=\dfrac{1}{L_{rd}}(\psi_{r\alpha}-L_{md}i_{s\alpha}) \\ i_{r\beta}=\dfrac{1}{L_{rd}}(\psi_{r\beta}-L_{md}i_{s\beta}) \end{cases} \tag{7-134}$$

依据 α-β 轴系上的异步电动机电压矩阵方程［见式（7-77）］第 3 行求得

$$0=L_{md}pi_{s\alpha}+\dot{\theta}_rL_{md}i_{s\beta}+R_ri_{r\alpha}+L_{rd}pi_{r\alpha}+\dot{\theta}_rL_{rd}i_{r\beta}$$
$$0=(L_{md}pi_{s\alpha}+L_{rd}pi_{r\alpha})+(\dot{\theta}_rL_{md}i_{s\beta}+R_ri_{r\alpha}+\dot{\theta}_rL_{rd}i_{r\beta})$$
$$0=p\psi_{r\alpha}+\dot{\theta}_r\psi_{r\beta}+R_ri_{r\alpha} \tag{7-135}$$

同理由式（7-77）第 4 行得

$$0=p\psi_{r\beta}-\dot{\theta}_r\psi_{r\alpha}+R_ri_{r\beta} \tag{7-136}$$

将式（7-134）的第 1 式代入式（7-135）；式（7-134）的第 2 式代入式（7-136）中，经

整理，得到

$$\begin{cases}\psi_{r\alpha}=\dfrac{1}{T_r p+1}(L_{md}i_{s\alpha}-\dot{\theta}_r T_r \psi_{r\beta}) \\ \psi_{r\beta}=\dfrac{1}{T_r p+1}(L_{md}i_{s\beta}+\dot{\theta}_r T_r \psi_{r\alpha})\end{cases} \tag{7-137}$$

根据式（7-137）构成的计算转子磁链的电流模型图如图 7-26 所示。

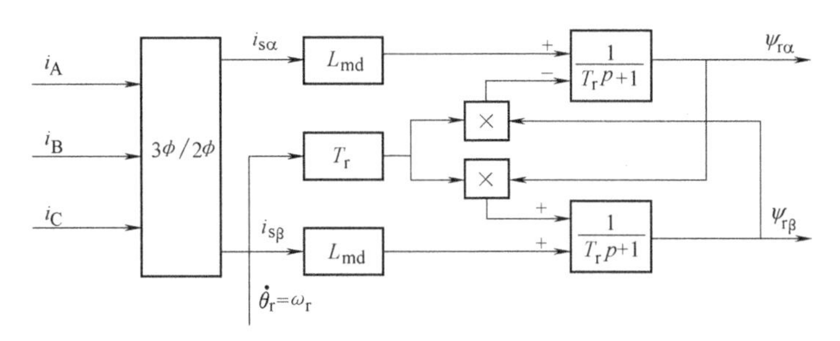

图 7-26　α-β 轴系上计算转子磁链的电流模型

2. 按转子磁链定向在两相旋转轴系上的转子磁链观测模型

图 7-27 所示为按转子磁链定向在两相旋转轴系上的转子磁链观测模型的运算图，模型建立原理如下：

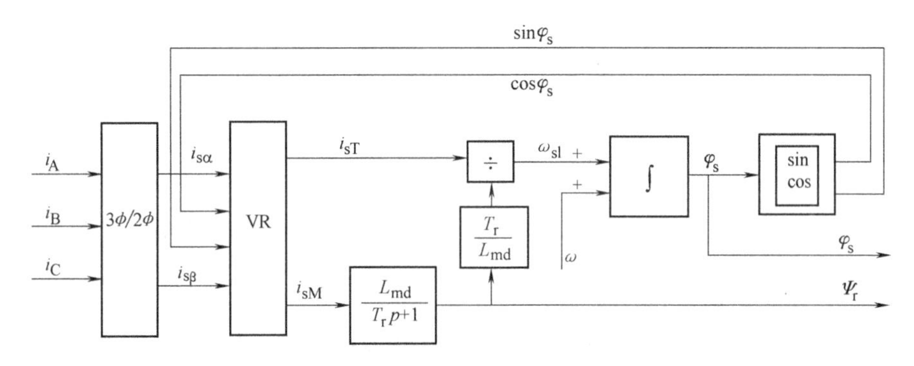

图 7-27　M-T 轴系上的转子磁链观测模型

首先将三相定子电流 i_A、i_B、i_C 经 3/2 变换得到两相静止轴系上的电流 $i_{s\alpha}$、$i_{s\beta}$，按转子磁场定向，经过同步旋转坐标变换，可得到 M-T 旋转轴系上的电流 i_{sM}、i_{sT}。利用磁场定向方程式可获得转差角频率 ω_{sl}和转子磁链值 Ψ_r。把 ω_{sl}和实测转速 ω 相加求得定子同步角频率 ω_s，再将 ω_s 进行积分运算处理就得到转子磁链的瞬时方位信号 φ_s，φ_s 是按转子磁链定向的定向角。

需要指出，上述两种电流模型法均需要实测的电流和转速信号，对于转速高、低两种电流模型法都能适用。然而，由于转子磁链观测模型依赖于电动机参数（T_r、L_{md}），因而转子磁链观测模型的准确性受到参数变化的影响，这是电流模型法的主要缺点。如果要获得较高的估计精度和较快的收敛速度，则必须寻求更高级的磁链观测器。

7.4.2　计算转子磁链的电压模型法

电压模型法是在 α-β 轴系下根据定子电压、电流观测转子磁链的方法。由式（7-77）第 1 行、第 2 行得到

$$u_{s\alpha}=(R_s+L_{sd}p)i_{s\alpha}+L_{md}pi_{r\alpha}$$

$$u_{s\beta}=(R_s+L_{sd}p)i_{s\beta}+L_{md}pi_{r\beta}$$

将式（7-134）第1、2式分别代入上述两式，消去$i_{r\alpha}$、$i_{r\beta}$，求得

$$u_{s\alpha}=(R_s+\sigma L_{sd}p)i_{s\alpha}+\frac{L_{md}}{L_{rd}}P\psi_{r\alpha}$$

$$u_{s\beta}=(R_s+\sigma L_{sd}p)i_{s\beta}+\frac{L_{md}}{L_{rd}}P\psi_{r\beta}$$

整理后得

$$\begin{cases}\psi_{r\alpha}=\dfrac{L_{rd}}{L_{md}p}[u_{s\alpha}-(R_s+\sigma L_{sd}p)i_{s\alpha}]\\ \psi_{r\beta}=\dfrac{L_{rd}}{L_{md}p}[u_{s\beta}-(R_s+\sigma L_{sd}p)i_{s\beta}]\end{cases}\tag{7-138}$$

式中，$\sigma=1-(L_{md}^2/L_{sd}L_{rd})$。

按式（7-138）可绘制由电压模型构成的转子磁链观测器模型图，如图7-28所示。

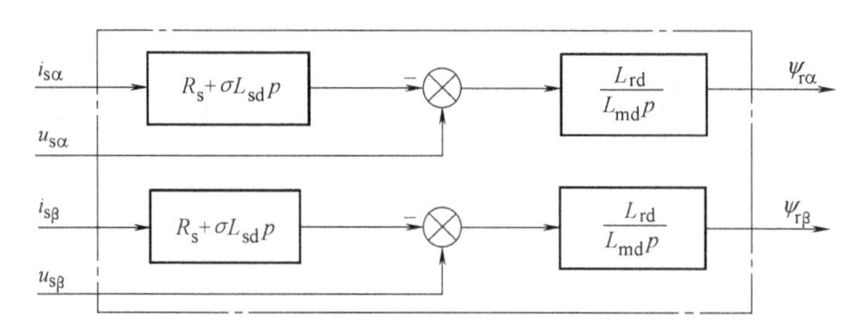

图7-28　用电压模型构成的转子磁链观测器模型图

由图7-28可知，电压模型法只需要实测的电压和电流信号，不需要转速信号，且计算式与转子电阻无关，只与所测得的定子电阻R_s有关。与电流模型法相比，电压模型法受电动机参数变化的影响较小，而且计算简单，便于使用。由于电压模型中含有纯积分项，积分的初始值和累积误差都影响计算结果，在低速时，受定子电阻电压降变化的影响也较大。

电流模型法与电压模型法相比，电流模型法适用低速情况，电压模型法适用于中、高速情况。在实际系统中往往把两种模型结合起来，即低速（$n\leqslant5\% \ n_N$）时采用电流模型，在中、高速时采用电压模型，只要解决好两者的平滑切换问题，就可以提高全速范围内转子磁链的计算精度。

7.5　异步电动机矢量控制系统

实际应用的交流电动机矢量控制系统根据磁链是否为闭环控制可分为两种类型，一是直接矢量控制系统，这是一种转速、磁链闭环的矢量控制系统；二是间接矢量控制系统，这是一种磁链开环的矢量控制系统，通常称为转差型矢量控制系统，也称为磁链前馈矢量控制系统。

7.5.1　具有转矩内环的转速、磁链闭环异步电动机直接矢量控制系统

1. SPWM型异步电动机直接矢量控制系统

由图7-29所示具有转矩内环的转速、磁链闭环三相异步电动机直接矢量控制系统的基本组

成。图中，ASR 为速度调节器，AΨR 为磁链调节器，ATR 为转矩调节器，GF 为函数发生器，BRT 为测速传感器。本系统按转子磁场定向，分为转速控制子系统和磁链控制子系统，其中转速控制子系统的内环为转矩闭环。图中 VR^{-1} 是逆向同步旋转变换环节，其作用是将 ATR 调节器输出 i_{sT}^* 和 AΨR 调节器输出 i_{sM}^* 从同步旋转轴系（$M-T$）变换到两相静止轴系（$\alpha-\beta$）上，得到 $i_{s\alpha}^*$、$i_{s\beta}^*$。图中 2/3 变换器的作用是将两相静止轴系上的 $i_{s\alpha}^*$、$i_{s\beta}^*$ 变换到三相静止轴系上，得到 i_A^*、i_B^*、i_C^*。图中点画线框部分为电流控制 PWM 电压源型逆变器，逆变器所用功率器件为 IGBT 或 IGCT。由于电流控制环的高增益和逆变器具有的 PWM 控制模式，使电动机输出的三相电流（i_A、i_B、i_C）能够快速跟踪三相电流参考信号 i_A^*、i_B^*、i_C^*。这种具有强迫输入功能的快速电流控制模式是目前普遍采用的实用技术。

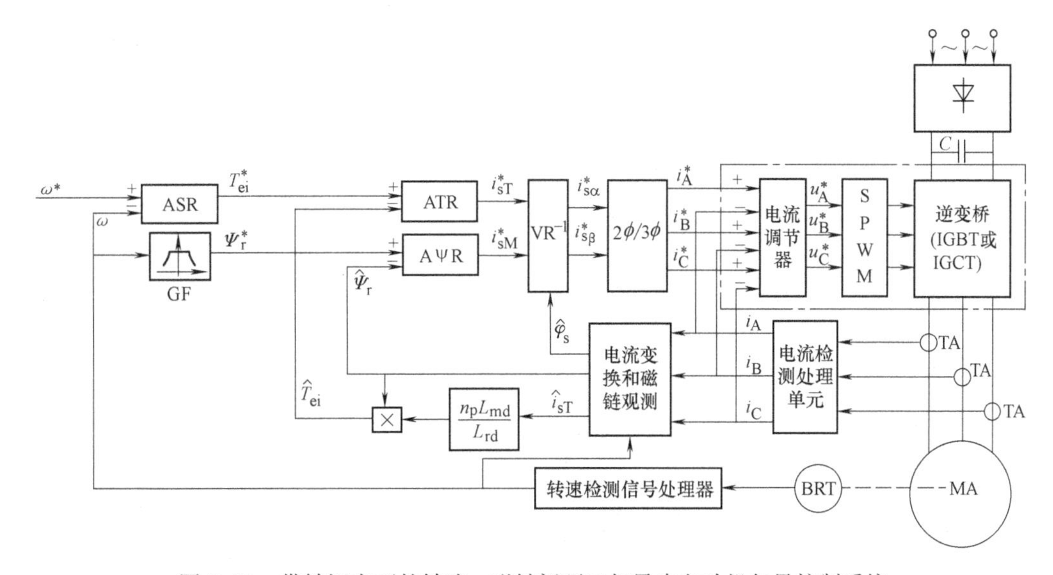

图 7-29　带转矩内环的转速、磁链闭环三相异步电动机矢量控制系统

ASR 输出 T_{ei}^* 作为内环 ATR 的给定值，转矩反馈信号取自转子磁链观测器，其计算值为

$$\hat{T}_{ei}=n_p\frac{L_{md}}{L_{rd}}\hat{\Psi}_r\hat{i}_{sT}$$

设置转矩闭环的目的是，从闭环意义上来说，磁链一旦发生变化，相当于对转矩内环的一种扰动作用，必将受到转矩闭环的抑制，从而减少或避免磁链突变对转矩的影响，达到削弱两个通道之间的惯性耦合作用。

在磁链控制子系统中，设置了 AΨR，AΨR 的给定值 Ψ_r^* 由 GF 给出，磁链反馈信号 $\hat{\Psi}_r$ 来自于转子磁链观测器。磁链闭环的作用是，当 $\omega\leqslant\omega_N$（额定角速度）时，控制 Ψ_r 使 $\Psi_r=\Psi_{rN}$（Ψ_{rN} 为转子磁链的额定值），实现恒转矩调速方式，从而抑制了磁链变化对转矩的影响，削弱了两个通道之间的耦合作用；当 $\omega>\omega_N$ 时，控制 Ψ_r 使其随着 ω 的增加而减小，实现恒功率（弱磁）调速方式。恒转矩调速方式和恒功率调速方式由 GF 的输入-输出特性所决定。

上述分析表明，设置 ATR 和 AΨR 都有削弱转速子系统和磁链子系统之间耦合的作用（恒功率调速方式除外），两个子系统间的近似解耦情况如图 7-30 所示。

2. SVPWM 型异步电动机直接矢量控制系统

具有 SVPWM 逆变器的异步电动机直接矢量控制系统如图 7-31 所示。

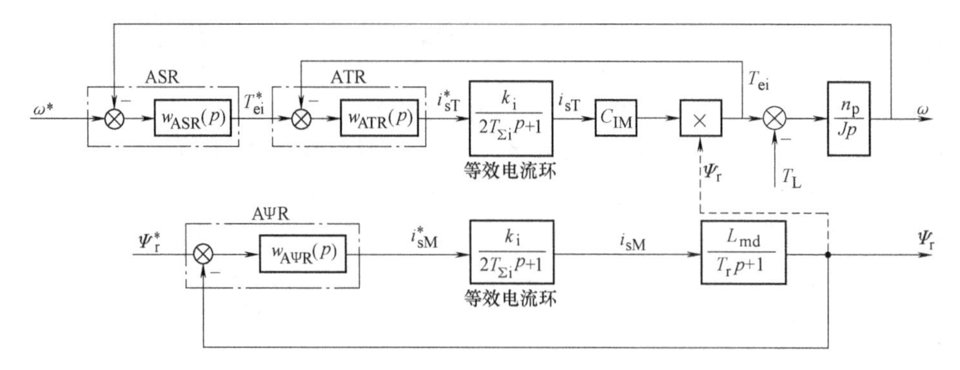

图 7-30　解耦动态结构图

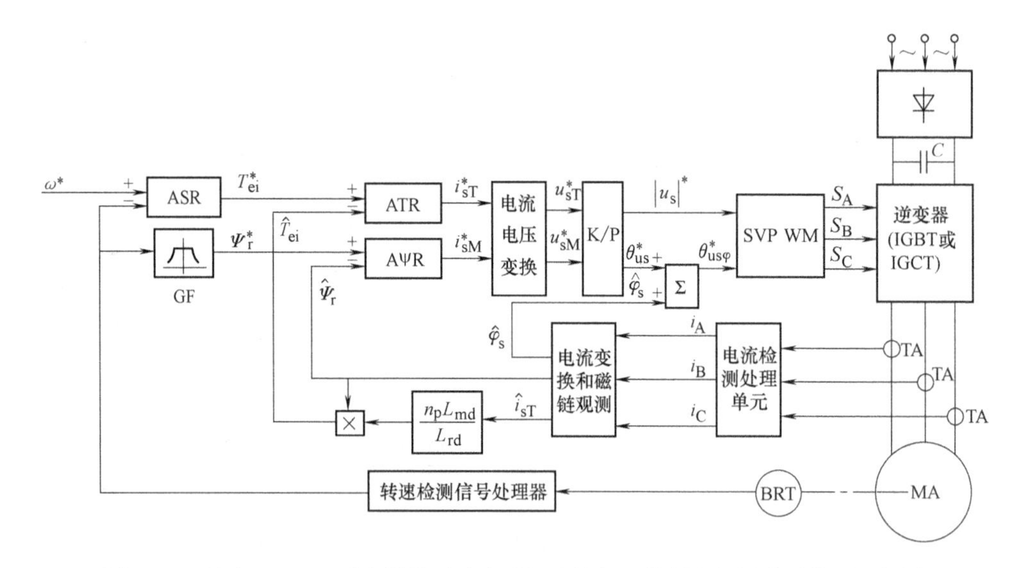

图 7-31　具有 SVPWM 逆变器的异步电动机直接矢量控制变频调速系统原理框图

该系统把电流控制模式改为电压控制模式，为此系统中增设了电流-电压变换环节，变换运算模型推导如下：

由式（7-110）的第 1、2 行有

$$\begin{cases} u_{sM}=(R_s+L_{sd}p)i_{sM}-\omega_s L_{sd}i_{sT}+L_{md}pi_{rM}-\omega_s L_{md}i_{rT} \\ u_{sT}=\omega_s L_{sd}i_{sM}+(R_s+L_{sd}p)i_{sT}+\omega_s L_{md}i_{rM}+L_{md}pi_{rT} \end{cases} \tag{7-139}$$

由式（7-100）的第 3 行和式（7-115）可得方程

$$\Psi_r=L_{md}i_{sM}+L_{rd}i_{rM}=\frac{L_{md}}{T_r p+1}i_{sM}$$

解得

$$i_{rM}=\frac{L_{md}}{L_{rd}}\left(\frac{1}{T_r p+1}-1\right)i_{sM} \tag{7-140}$$

由式（7-109）得

$$i_{rT}=-\frac{L_{md}}{L_{rd}}i_{sT} \tag{7-141}$$

把式（7-115）代入式（7-117）求得 ω_{sl}后代入 $\omega_s=\omega+\omega_{sl}$可得

$$\omega_s=\omega+\frac{T_rp+1}{T_r}\frac{i_{sT}}{i_{sM}} \tag{7-142}$$

把式（7-140）~式（7-142）代入式（7-139），经整理后可得

$$\begin{cases}u_{sM}=R_s\left(1+T_sp\dfrac{\sigma T_rp+1}{T_rp+1}\right)i_{sM}-\sigma L_{sd}\left(\omega+\dfrac{T_rp+1}{T_r}\cdot\dfrac{i_{sT}}{i_{sM}}\right)i_{sT}\\ u_{sT}=\left[R_s(\sigma T_sp+1)+\dfrac{L_{sd}}{T_r}(\sigma T_rp+1)\right]i_{sT}+\omega L_{sd}\dfrac{\sigma T_rp+1}{T_rp+1}i_{sM}\end{cases} \tag{7-143}$$

式中，$\sigma=(1-L_{md}^2)/(L_{sd}L_{rd})$，$T_s=L_{sd}/R_s$，$T_r=L_{rd}/R_r$，式（7-143）就是异步电动机在 M、T 坐标下定子电流变换为定子电压的运算模型。

7.5.2 转差型异步电动机间接矢量控制系统

1. 电压源型转差型异步电动机矢量控制系统

图 7-32 示出了一种转差型异步电动机矢量控制系统的原理图。该系统的变流器为交-直-交电压源型，其控制结构的特点介绍如下。

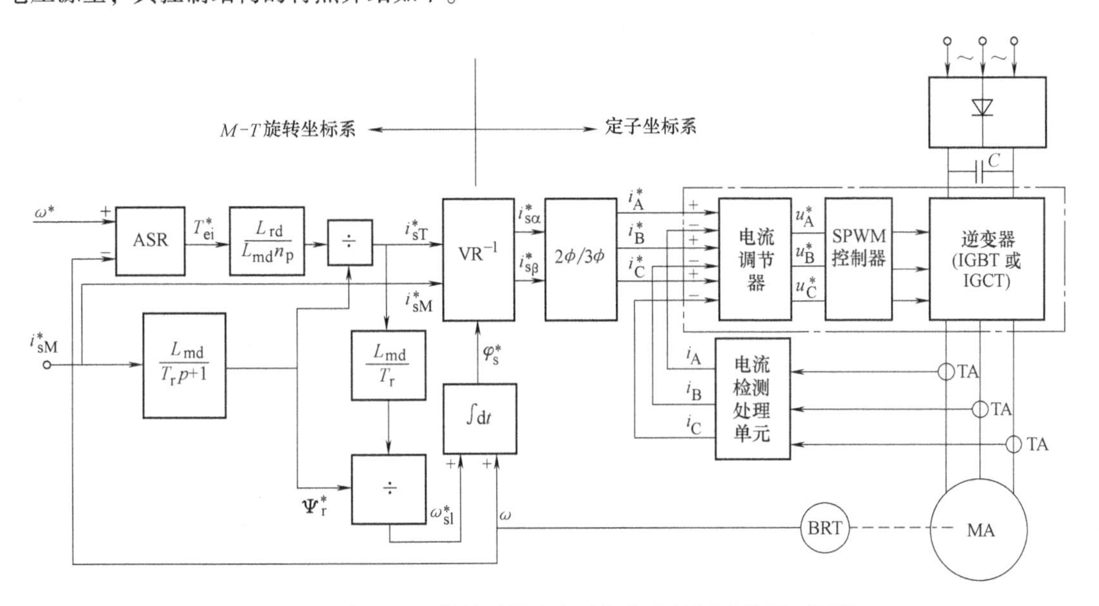

图 7-32　电压源型转差型异步电动机矢量控制系统原理框图

外环-转速闭环控制是建立在定向于转子磁链轴的同步旋转轴系（M-T）上，通过矢量旋转变换，将直流控制量 i_{sT}^*、i_{sM}^* 变换到定子静止轴系（α-β）上，得到定子两相交流控制量 $i_{s\alpha}^*$、$i_{s\beta}^*$，再经 2/3 变换获得定子三相交流控制量 i_A^*、i_B^*、i_C^*。这里需要明确的是，闭环电流调节器的作用是控制和调节定子相电流的瞬态变化，为瞬时值控制。

由于该系统的磁场定向角 φ_s 是通过对转差运算而求得的，因此，把这种系统称为转差型矢量控制系统，这种磁场定向角 φ_s 的获取方法通常称为转差频率法。φ_s 的计算过程如下：

ASR 的输出为定子电流的转矩分量（i_{sT}^*）；定子电流的励磁分量（i_{sM}^*）是由设定方式给出的。根据磁场定向方程式有

$$\Psi_r^*=\frac{L_{md}}{T_rp+1}i_{sM}^*$$

$$i_{sT}^* = \frac{T_r \omega_{sl}^*}{L_{md}} \Psi_r^*$$

$$\omega_{sl}^* = \frac{i_{sT}^* L_{md}}{T_r \Psi_r^*}$$

$$\omega_{sl}^* + \omega = \omega_s^*$$

$$\int (\omega_{sl}^* + \omega) \mathrm{d}t = \int \omega_s \mathrm{d}t = \varphi_s^*$$

图 7-32 点画线框部分为电流控制 PWM 逆变器，其作用同 7.5.1 节中所述。

2. 电流源型异步电动机转差矢量控制系统

根据图 7-24 所示的矢量控制结构，还可以设计出一种电流源型异步电动机转差矢量控制系统，其原理图如图 7-33 所示。图中，ASR 为转速调节器，ACR 为电流调节器，K/P 为直角坐标-极坐标变换器。该系统主要优点是可以实现四象限运行。

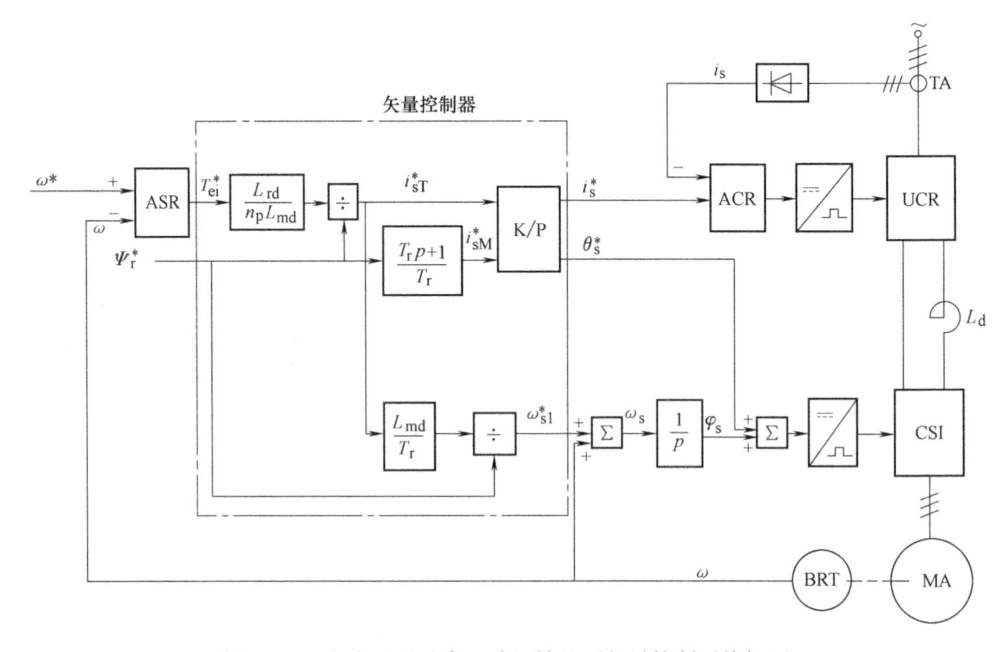

图 7-33　电流源型异步电动机转差型矢量控制系统框图

需要指出的是，定子电流幅值控制是通过整流桥完成的，而定子电流的相位控制却是通过逆变桥完成的，因此定子电流的相位是否得到及时控制对于动态转矩的形成非常重要。

上述两类转差型矢量控制系统的共同特点如下：

1）磁场定向由给定信号确定，靠矢量控制方程来保证，不需要实际计算转子磁链矢值，省去了转子磁链观测器，因此系统结构简单，实现容易。

2）磁链控制采用了开环控制方式，有一定的优越性，即磁链控制过程不受电动机参数变化的影响。

3）由于运行中转子参数的变化及磁路饱和等因素的影响会不可避免地造成实际定向轴偏离设定的定向轴，可见，转差型矢量控制系统的磁场定向仍然摆脱不了参数（T_r、L_{md}）变化对系统性能的影响。

7.5.3 无速度传感器矢量控制系统

为了达到高精度的转速闭环控制及磁场定向的需要，要在电动机轴上安装速度传感器。但是有许多场合不允许外装任何速度和位置检测元件，此外，安装速度传感器在一定程度上降低了调速系统的可靠性。随着交流调速系统的发展和实际应用的需要，国内外许多学者和科技人员展开了无速度传感器的交流调速系统研究，目前转速观测器的主要方案有：

1）转差频率计算法。

2）串联双模型转速观测器。

3）基于状态方程的直接综合法。

4）模型参考自适应（MRAS）转速观测器。

5）扩展卡尔曼滤波器速度便是方法。

下面对基本的转速估计方法进行较为详细的介绍。

1. 转差频率计算法

所谓无速度传感器调速系统就是取消图 7-29 中的速度检测装置（BRT），通过间接计算法求出电动机运行的实际转速值作为转速反馈信号。下面着重讨论间接计算转速实际值的基本方法。

在电动机定子侧装设电压传感器和电流传感器，取出三相电压 u_A、u_B、u_C 和三相电流 i_A、i_B、i_C。根据 3/2 变换求出静止轴系中的两相电压 $u_{s\alpha}$、$u_{s\beta}$ 及两相电流 $i_{s\alpha}$、$i_{s\beta}$。利用定子静止轴系（α-β）中的两相电压、电流就可以推算出转子磁链，并估计电动机的实际转速。

在定子两相静止轴系（α-β）中的磁链为

$$\begin{cases}\psi_{s\alpha}=\int(u_{s\alpha}-R_s i_{s\alpha})\mathrm{d}t\\ \psi_{s\beta}=\int(u_{s\beta}-R_s i_{s\beta})\mathrm{d}t\end{cases} \tag{7-144}$$

磁链的幅值及相位角为

$$\begin{cases}|\boldsymbol{\Psi}_s|=\sqrt{\psi_{s\alpha}^2+\psi_{s\beta}^2}\\ \cos\varphi_s=\dfrac{\psi_{s\alpha}}{|\boldsymbol{\Psi}_s|},\sin\varphi_s=\dfrac{\psi_{s\beta}}{|\boldsymbol{\Psi}_s|}\\ \varphi_s=\arctan\dfrac{\psi_{s\beta}}{\psi_{s\alpha}}\end{cases} \tag{7-145}$$

由式（7-145）中的第 3 式可求出同步角速度为

$$\omega_s=\frac{\mathrm{d}\varphi_s}{\mathrm{d}t}=\frac{\mathrm{d}}{\mathrm{d}t}\left(\arctan\frac{\psi_{s\beta}}{\psi_{s\alpha}}\right)=\frac{(u_{s\beta}-R_s i_{s\beta})\psi_{s\alpha}-(u_{s\alpha}-R_s i_{s\alpha})\psi_{s\beta}}{\boldsymbol{\Psi}_s^2} \tag{7-146}$$

由矢量控制方程式可求得转差角频率 ω_{sl}，即

$$\omega_{sl}=\frac{L_{md}}{T_r}\frac{i_{sT}}{\boldsymbol{\Psi}_r} \tag{7-147}$$

根据式（7-144）~式（7-147）可得到转速推算器的基本结构，如图 7-34 所示。

无速度传感器的转差型异步电动机矢量控制变频调速系统如图 7-35 所示。由图 7-34 可知，转速推算器受转子参数变化影响。此外，转速推算器的实用性还取决于推算的精度和计算的快速性。因此，基于转子磁链定向的转速推算器还需要考虑转子参数的自适应控制技术。

除此之外，对于任何速度推算器的推算精度和计算的快速性达到应用水平都必须采用高

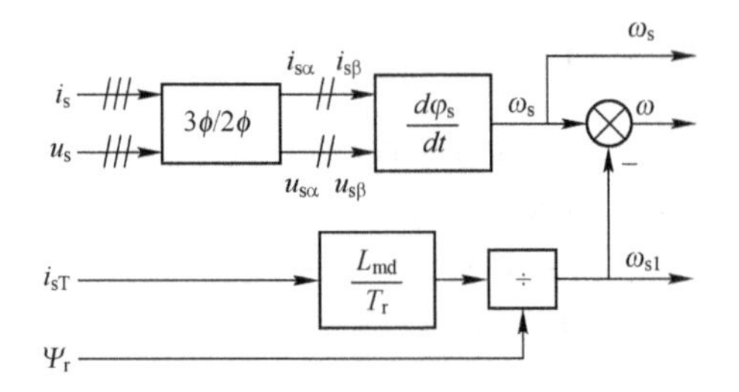

图 7-34　转速推算器结构图

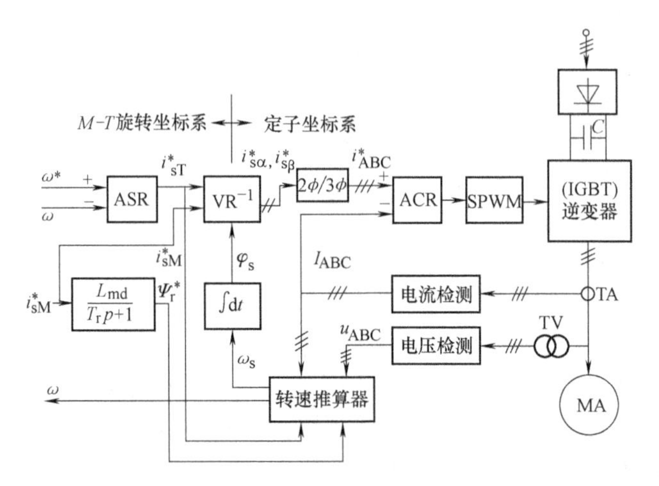

图 7-35　无速度传感器转差型矢量控制系统

速微处理器才能实现。本节的目的是指出无速度传感器的一种基本实现方法。无速度传感器的交流调速系统已经实际应用了，但是，实时性好的高精度无速度传感器交流调速系统仍处于继续研究和开发阶段。近年来又提出了许多无速度传感器矢量空子方案，下面介绍一种串联双模型观测器，该观测器可以实现转速、转子磁链的同时观测，并且具有较高的观测精度和动态性能。

2. 串联双模型观测器

重写式（7-137）如下：

$$\begin{cases}\psi_{r\alpha}=\dfrac{1}{T_r p+1}(L_{md}i_{s\alpha}-\omega T_r\psi_{r\beta})\\ \psi_{r\beta}=\dfrac{1}{T_r p+1}(L_{md}i_{s\beta}+\omega T_r\psi_{r\alpha})\end{cases}\tag{7-148}$$

从式（7-148）可以看出，根据定子电流矢量 $\boldsymbol{i}_s$ 和转速 ω 可以计算出转子磁链矢量 $\boldsymbol{\Psi}_r$，此模型被称为转子磁链的电流模型。

将式（7-77）中的第 1、第 2 行展开，有

$$\begin{cases}u_{s\alpha}=(R_s+L_{sd}p)i_{s\alpha}+L_{md}pi_{r\alpha}\\ u_{s\beta}=(R_s+L_{sd}p)i_{s\beta}+L_{md}pi_{r\beta}\end{cases}\tag{7-149}$$

重写式（7-134）如下：

$$
\begin{cases}
i_{r\alpha}=\dfrac{1}{L_{rd}}(\psi_{r\alpha}-L_{md}i_{s\alpha})\\
i_{r\beta}=\dfrac{1}{L_{rd}}(\psi_{r\beta}-L_{md}i_{s\beta})
\end{cases}
\tag{7-150}
$$

将式（7-150）代入式（7-149）中，经整理有

$$
\begin{cases}
p\psi_{r\alpha}=\dfrac{L_{rd}}{L_{md}}(u_{s\alpha}-R_s i_{s\alpha})+\left(L_{md}-\dfrac{L_{rd}L_{sd}}{L_{md}}\right)pi_{s\alpha}\\
p\psi_{r\beta}=\dfrac{L_{rd}}{L_{md}}(u_{s\beta}-R_s i_{s\beta})+\left(L_{md}-\dfrac{L_{rd}L_{sd}}{L_{md}}\right)pi_{s\beta}
\end{cases}
\tag{7-151}
$$

式（7-151）表示根据定子电压矢量 $\boldsymbol{u}_s$ 和定子电流矢量 $\boldsymbol{i}_s$ 可以计算出转子磁链矢量 $\boldsymbol{\Psi}_r$，此模型被称为转子磁链的电压模型。

根据上述的电流模型和电压模型构成的转速和转子磁链的观测器如图 7-36 所示。在观测器中的电压模型，不是根据转子磁链的电压模型来计算转子磁链矢量 $\boldsymbol{\Psi}_r$，而是反过来应用电压模型，即是根据定子电流矢量 $\boldsymbol{i}_s$、转子磁链矢量的估计值来估计定子电压矢量 $\hat{\boldsymbol{u}}_s$，为此，将这个计算定子电压的数学模型称为逆电压模型。图 7-36 所示观测器是电流模型在前，逆电压模型在后，两者成串联形式，因而称为转子磁链串联双模型观测器。

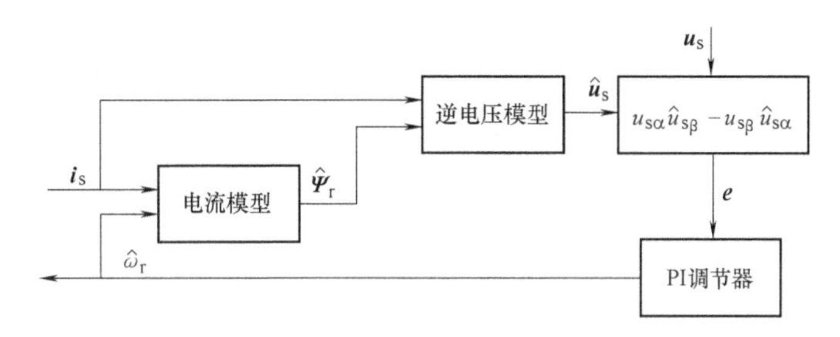

图 7-36　串联双模型转子磁链和转速观测器

该观测器含一个 PI 调节器对转速估计值进行无静差调整。图 7-36 中，定子电压矢量 $\boldsymbol{u}_s$ 可以通过检测三相电压瞬时值而求得；$\boldsymbol{e}$ 表示定子电压矢量的估计误差，取

$$
\boldsymbol{e}=u_{s\alpha}\hat{u}_{s\beta}-u_{s\beta}\hat{u}_{s\alpha}
\tag{7-152}
$$

基于串联双模型观测器，可以构成转子磁链闭环的异步电动机无速度传感器矢量控制系统，如图 7-37 所示。

无速度传感器矢量控制系统在实际中已有许多应用，调速范围为 1∶200，稳速精度为 1%～3%。带速度传感器的矢量控制系统调速范围为 1∶1000，稳速精度<0.1%。两者相比，无速度传感器矢量控制系统在性能上还有一定的差距，其中主要问题是转速辨识（转速推算）精度受到电动机模型中各种参数变动的影响，以及算法（积分运算）产生的误差。在实际应用中，提高转速估算精度是努力方向之一。

这里还必须指出，各种转速观测器对于处于低速运行的调速系统而言，其转速观测精度较差，至今仍然是一个还没有彻底解决的问题。

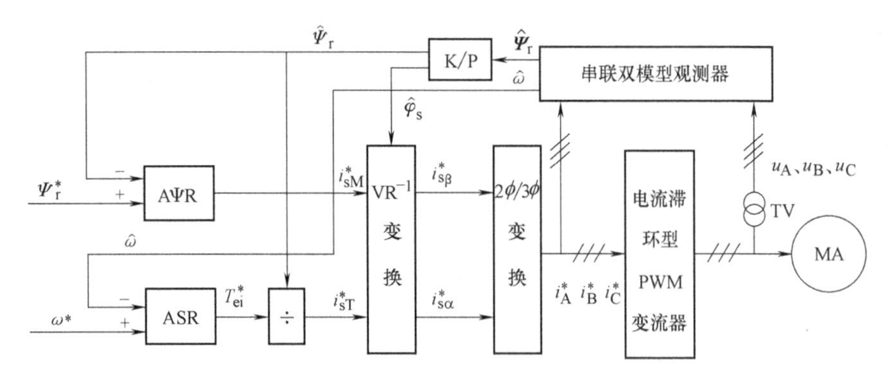

图 7-37　基于串联双模型观测器的异步电动机无速度传感器矢量控制系统框图

7.6　具有双 PWM 变换器的矢量控制系统

如果整流部分也采用由全控型电力电子器件（IGBT 或 IGCT）构成 PWM 整流器，并对其采用矢量控制，则就能得到了图 7-38 所示的具有双 PWM 变流器的矢量控制系统。

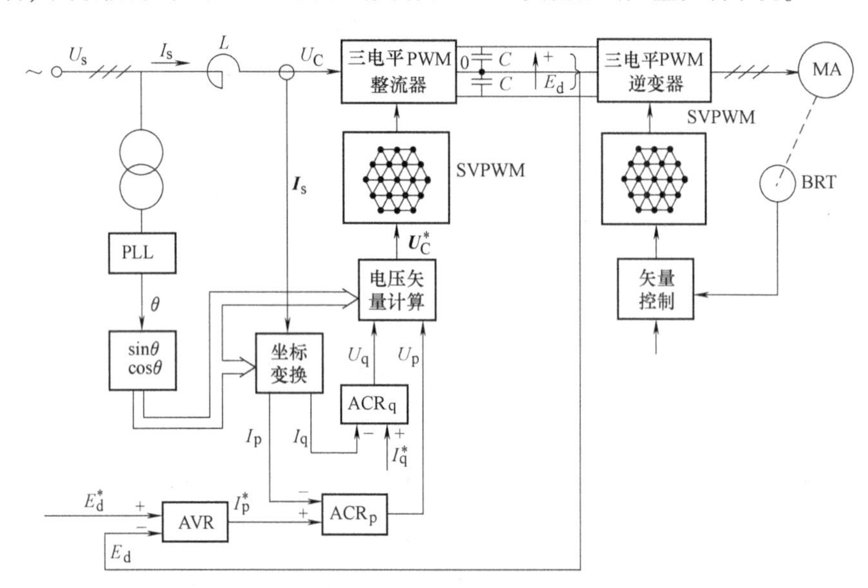

图 7-38　具有双 PWM 变换器的矢量控制系统框图

图 7-38 中，PWM 整流器、PWM 逆变器采用了三电平拓扑结构，并为 SVPWM 整流器、SVPWM 逆变器。顺便指出，这种结构的变流器适用于中压大容量、高性能的变频调速场合。

PWM 整流器的功能：输出直流电压可调；输入电流波形接近正弦波，输入电流谐波失真低；输入功率因数可调（可等于 1）；且能量可双向流动。

网侧 PWM 整流器矢量控制原理简介如下。

通过锁相环（PLL）电路，得到电网三相电压合成空间矢量 $\boldsymbol{U}_s$ 的位置角信号 $\boldsymbol{\theta}$，采用类似矢量控制中磁场定向的办法，将输入电流空间矢量按电网电压空间矢量位置（参考坐标）进行定向，通过坐标变换将输入电流矢量 $\boldsymbol{I}_s$ 分解为与电网电压矢量同向和与之垂直的两个分量：$I_p = I_s\cos\theta$、$I_q = I_s\sin\theta$；前者代表输入电流的有功分量，后者代表无功分量。直流母线电压给定信号

E_d^* 与直流母线电压反馈信号 E_d，经过直流母线调节器（AVR），输出电流有功分量的给定值 I_P^*（通过调节输入电流的有功分量，即可调节直流母线的电压），该给定值与经坐标变换得到的实际电流有功分量反馈值 I_p 进行比较，经过电流调节器 ACR_p 输出 U_p。电流的无功分量的给定值 I_q^* 与根据实际检测电流经坐标变换得到的电流无功分量 I_q 进行比较，经电流调节器 ACR_q 得到 U_q。U_p 和 U_q 经过电压矢量计算，得到整流器输入空间电压矢量 $\boldsymbol{U}_C$ 的控制矢量 $\boldsymbol{U}_C^*$，用其来控制整流器功率开关的动作。

当 $I_q^*=0$ 时，系统处于输入功率因数为 1 的控制模式；当 I_q^* 为恒定值时，系统处于恒无功功率控制模式；当 I_q^* 随 I_P^* 正比变化，其比值保持恒定时，系统处于恒功率因数控制模式。

需要指出，具有双 PWM 变流器的矢量控制系统也可以推广到同步电动机调速系统中。

7.7 绕线转子异步电动机双馈矢量控制系统

7.7.1 绕线转子异步电动机双馈调速系统

双馈调速是指将电能分别馈入异步电动机的定子绕组和转子绕组，通常将定子绕组接入工频电源，将转子绕组接到频率、幅值、相位和相序都可以调节的变频电源。如果改变转子绕组电源的频率、幅值、相位和相序，就可以调节异步电动机的转矩、转速、转向及定子侧的无功率。这种双馈调速的异步电动机可以超同步或亚同步运行，不但可以工作在电动状态，而且可以工作在发电状态。

因为交-交变流器采用晶闸管自然换向方式，结构简单，可靠性高；而且交-交变流器能够直接进行能量转换，效率高，所以，在双馈调速方式中采用交-交变流器作为转子绕组的变频电源是比较合适的。

绕线转子异步电动机串级调速系统（见图 7-39）是从定子侧馈入电能，从转子侧馈出电能的系统。从广义上说，它也是双馈调速系统的一种。

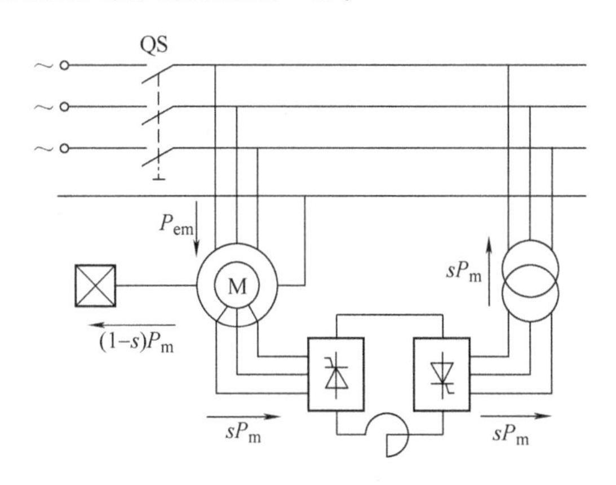

图 7-39 串级调速系统

在双馈调速中，所用变频器的功率仅占电动机总功率的一小部分，可以大大降低变频器的容量，从而降低调速系统的成本，此外，双馈电动机还可以调节功率因数，由于具有这些优点，双馈电动机特别适合应用于大功率的风机、水泵类负载的调速场合；双馈调速方式在风力、水力等能源开发领域也是一种比较先进、理想的发电技术，具有一定的应用前景。

为了消除集电环，提高系统运行的可靠性，近期人们又进行了无刷双馈电动机的研究，如图 7-40 所示。这种电动机只有一个定子，其上有两套不同极对数的绕组，一套称为功率绕组，接三相电网，另一套称为控制绕组，接变频装置，这两套绕组没有直接的电磁耦合，而是借助转子绕组间接地进行电磁功率的传递。在两套绕组极对数确定的情况下，通过改变变频装置的输出功率即可实现电动机的无级调速。

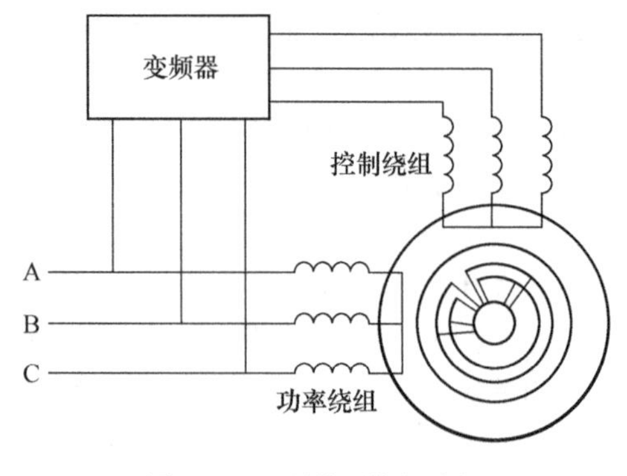

图 7-40　无刷双馈电动机

一般异步电动机双馈调速系统的主要不足如下：

1）电磁转矩和转子相电流之间是非线性的关系。

2）控制系统中没有对交叉耦合信号进行补偿。

这些不足使得双馈调速系统的动态性能指标较差，尤其是在电网电压波动时或者负载转矩突变时就更为严重，所以一般双馈调速系统只能用于动态指标要求不高的场合。

7.7.2　绕线转子异步电动机双馈矢量控制系统

由于交流电动机矢量控制技术的日臻成熟和工业应用的成功，在 20 世纪末，将矢量控制方式引入双馈调速系统中，提高了双馈调速系统的静、动态性能。

本节通过图 7-41 所示的一种实际应用的绕线转子异步电动机双馈矢量控制系统，对其基本控制原理、系统结构及其特点进行分析。图 7-41 中的电动机定子接在工频电网上，转子接在晶闸管三相交-交变频器输出端上。

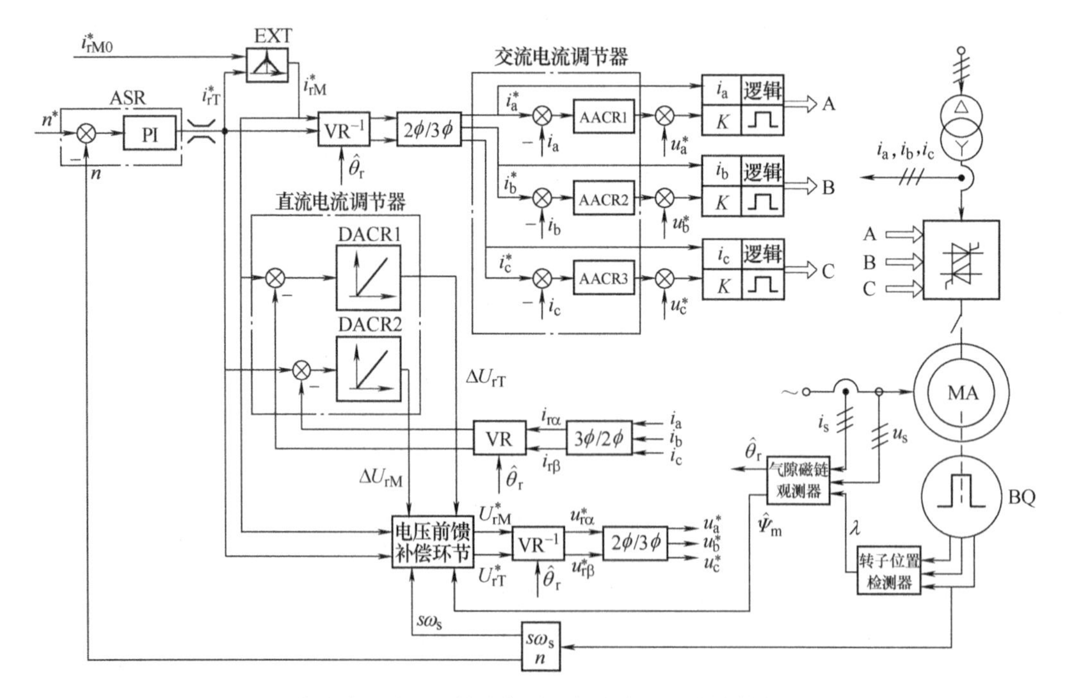

图 7-41　双馈异步电动机自控式气隙磁场定向矢量变换控制系统结构图

图中，n^* 表示速度给定值，ASR 为转速调节器，DACR1、DACR2 为转子电流的直流电流调节器，AACR1~AACR3 为转子电流的交流电流调节器，EXT 为励磁电流控制器，VR 为矢量旋转变换器。

1. 双馈电动机矢量控制系统磁场定向轴系的选择

对于双馈电动机而言，由于电动机的定子接在工频电网上，转子接在可控的三相变频电源上，在动态过程中由转子侧引起的电磁波动必将在定子侧进行解耦补偿，因此双馈电动机具有良好的解耦性能，易于实现磁场定向控制。

矢量控制系统的关键是正确选定磁场定向轴系，对于双馈矢量控制系统的磁场定向轴系的选择也有各种不同的方式，考虑到冲击性负载及电网的瞬间畸变情况下磁链应具有很强的抗干扰特性，因此选定气隙磁链矢量作为磁场定向坐标系，即将 M 轴取向于气隙磁链矢量，与之垂直方向的为 T 轴方向，M-T 同步旋转轴系空间矢量关系如图 7-42 所示。

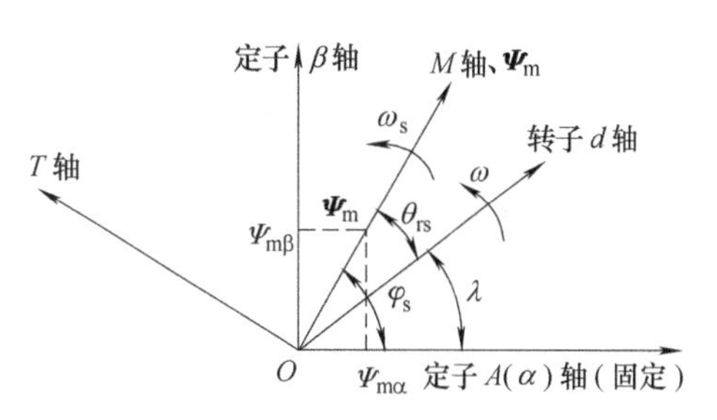

图 7-42　气隙磁链定向空间矢量图

2. 双馈电动机的数学模型

设 $\boldsymbol{u}_s$、$\boldsymbol{u}_r$ 分别表示在同步旋转轴系（M-T）中的定、转子电压矢量；设 $\boldsymbol{i}_s$、$\boldsymbol{i}_r$ 分别表示在同步旋转轴系（M-T）中的定、转子电流矢量；用 R_s、$L_{s\sigma}$ 表示定子电阻和漏感；用 R_r、$L_{r\sigma}$ 表示折算到定子侧的转子电阻和漏感；用 L_{md} 表示励磁电感；用 $\boldsymbol{\Psi}_m$ 表示电动机气隙磁链矢量；用 T_{ei} 表示电磁转矩，则双馈电动机的数学模型为

$$\begin{cases}\boldsymbol{u}_s=R_s\boldsymbol{i}_s+(\mathrm{j}\omega_s+p)L_{s\sigma}\boldsymbol{i}_s+\mathrm{j}\omega_s\boldsymbol{\Psi}_m\\ \boldsymbol{u}_r=R_r\boldsymbol{i}_r+(\mathrm{j}\omega_s+p)L_{r\sigma}\boldsymbol{i}_r+\mathrm{j}s\omega_s\boldsymbol{\Psi}_m\\ T_{ei}=n_pL_{md}(\boldsymbol{\Psi}_m\times\boldsymbol{i}_r)\\ \boldsymbol{\Psi}_m=L_{md}(\boldsymbol{i}_s+\boldsymbol{i}_r)\end{cases}\tag{7-153}$$

在 M-T 同步旋转轴系中双馈电动机的数学模型为

$$\begin{cases}\boldsymbol{u}_s=R_s\boldsymbol{i}_s+(\mathrm{j}\omega_s+p)L_{s\sigma}\boldsymbol{i}_s+\mathrm{j}\omega_s\boldsymbol{\Psi}_m\\ \boldsymbol{u}_r=R_r\boldsymbol{i}_r+(\mathrm{j}\omega_s+p)L_{r\sigma}\boldsymbol{i}_r+\mathrm{j}s\omega_s\boldsymbol{\Psi}_m\\ T_{ei}=n_pL_{md}\Psi_m i_{rT}\\ \boldsymbol{\Psi}_m=L_{md}(\boldsymbol{i}_s+\boldsymbol{i}_r)\end{cases}\tag{7-154}$$

式中，$\boldsymbol{i}_{rT}$ 为 $\boldsymbol{i}_r$ 在 T 轴上的分量（直流量），称为转矩电流分量。

稳态时的数学模型为

$$\begin{cases}\boldsymbol{u}_s=R_s\boldsymbol{i}_s+\mathrm{j}\omega_sL_{s\sigma}\boldsymbol{i}_s+\mathrm{j}\omega_s\Psi_m\\ \boldsymbol{u}_r=R_r\boldsymbol{i}_r+\mathrm{j}\omega_sL_{r\sigma}\boldsymbol{i}_r+\mathrm{j}s\omega_s\Psi_m\\ T_{ei}=n_pL_{md}\Psi_m i_{rT}\\ \boldsymbol{\Psi}_m=L_{md}(\boldsymbol{i}_s+\boldsymbol{i}_r)\end{cases}\tag{7-155}$$

由以上所描述的双馈电动机数学模型可以看出，控制的核心问题是对转子电流矢量 $\boldsymbol{i}_r$ 及气隙磁链矢量 $\boldsymbol{\Psi}_m$ 的控制，其控制效果如何将决定双馈电动机调速性能的优劣。由图 7-43 和图 7-44 还可以看出，控制 $\boldsymbol{i}_r$ 在 M 轴上分量 $\boldsymbol{i}_{rM}$，可使 $\boldsymbol{i}_s$ 向轴系第二象限移动，从而可获得超前的功率因数。

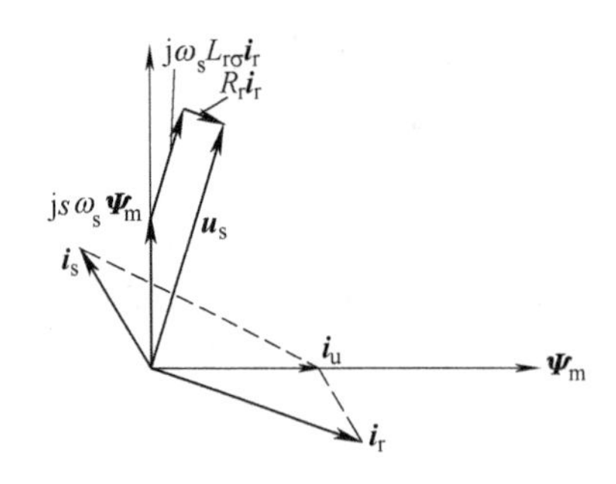

图 7-43　双馈电动机气隙磁链定向时转子的矢量图

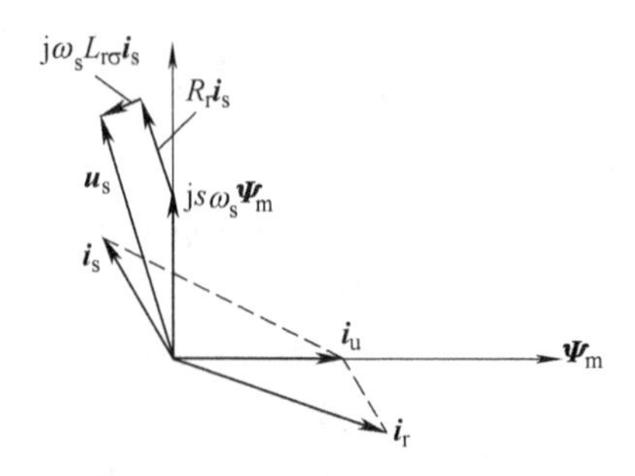

图 7-44　双馈电动机气隙磁链定向时定子的矢量图

3. 气隙磁链观测器

由于定子电压是工频电网电压，谐波小，积分运算容易进行，因此气隙磁链的观测采用定子电压模型，即

$$\begin{cases}\psi_{m\alpha} = \int(u_{s\alpha} - R_s i_{s\alpha})\mathrm{d}t - L_{s\sigma} i_{s\alpha} \\ \psi_{m\beta} = \int(u_{s\beta} - R_s i_{s\beta})\mathrm{d}t - L_{s\sigma} i_{s\beta} \\ \boldsymbol{\Psi}_m = \sqrt{\psi_{m\alpha}^2 + \psi_{m\beta}^2} \\ \cos\varphi_s = \psi_{m\alpha}/\boldsymbol{\Psi}_m \end{cases} \tag{7-156}$$

式中，φ_s 为 $\boldsymbol{\Psi}_m$ 轴线相对于定子 α 轴线的转角，如图 7-42 所示。

为完成对转子电流矢量的矢量控制，可通过装在电动机轴上的光电脉冲发生器测出转子位置角 λ。这样，磁链轴线和转子轴线之间的夹角 θ_r 可表示为

$$\theta_r = \varphi_s - \lambda \tag{7-157}$$

依据式（7-157）可得

$$\begin{pmatrix}\cos\theta_r \\ \sin\theta_r\end{pmatrix} = \begin{pmatrix}\cos\varphi_s & \sin\varphi_s \\ \sin\varphi_s & -\cos\varphi_s\end{pmatrix}\begin{pmatrix}\cos\lambda \\ \sin\lambda\end{pmatrix} \tag{7-158}$$

根据式（7-156）、式（7-158）可构成气隙磁链观测器，如图 7-45 所示。

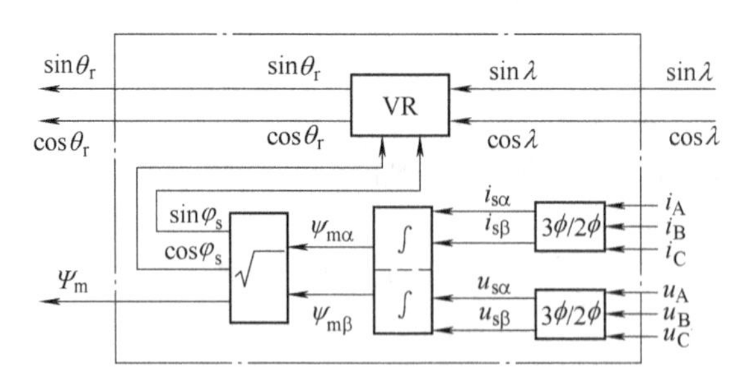

图 7-45　气隙磁链观测器结构

4. 转子电流转矩分量和励磁分量的设定与控制

由于气隙磁链矢量 $\boldsymbol{\Psi}_m$ 的模值受定子电源的 V/f 特性的约束，$\boldsymbol{\Psi}_m$ 的模值基本上是一常量，根据式（7-155）中的第 3 式可知，转矩 T_{ei} 与 i_{rT} 成正比，因此，转矩电流设定值 i_{rT}^* 取为转速调节器的输出。

合理控制励磁电流分量 i_{rM} 可以改善电动机的功率因数，但是，由于转子电流矢量的模（$|i_r|=\sqrt{i_{rM}^2+i_{rT}^2}$）受到转子最大允许电流的限制，为了兼顾功率因数的改善要求和保证电动机的最大出力，在重载时使转子电流全部为转矩电流，轻载或空载时则给出一些励磁电流。因此转子励磁电流按下述关系设计：

$$\begin{cases} i_{rM}^*=i_{rM0}^*-K|i_{rT}^*|, & i_{rM0}^*\geqslant K|i_{rT}^*| \\ i_{rM}^*=0, & i_{rM0}^*<K|i_{rT}^*| \end{cases} \tag{7-159}$$

式中，K 为比例系数；i_{rM0}^*为空载励磁电流设定值。

按式（7-159）设计的 i_{rM}控制器 EXT 也叫功率因数调节器，如图 7-46 所示。

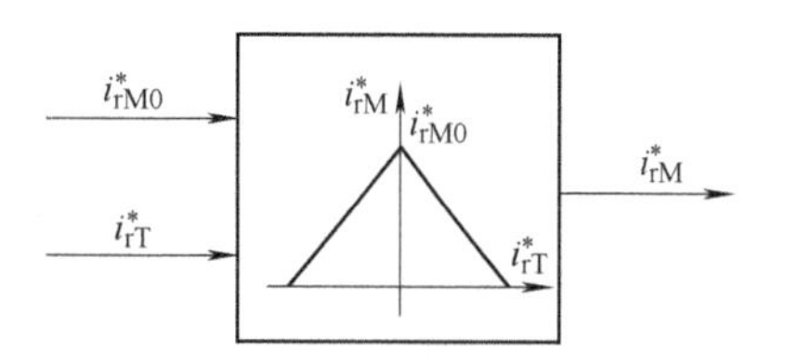

图 7-46　转子励磁电流控制器 EXT

5. 转子电流闭环控制及转子电压的前馈补偿环节

由图 7-41 可以看出，系统的外环为转速环，内环为电流环，转速环的设置及转速调节器参数整定与直流调速系统可以完全一样。但是电流环的设计必须考虑交流控制系统的特点。相电流调节器（AACR1～AACR3）的输入是正弦波信号，由于正弦波信号展开为一无穷阶幂级数，要实现对相电流的无静差控制，则需要一个无穷阶的 PI 调节器，这是无法实现的。为实现对 $\boldsymbol{i}_{rT}$、$\boldsymbol{i}_{rM}$的无静差控制，必须将电流调节器分成两个部分，其比例部分位于三相电流给定之后，组成相电流闭环，起调节动态误差的作用，积分部分对 $\boldsymbol{i}_{rT}$、$\boldsymbol{i}_{rM}$直接闭环，主要用于消除电流的动态误差。这两部分通过坐标变换器连接起来构成 PI 控制。

为消除转差感应电动势干扰的影响，系统中设置了电压前馈补偿环节。电压前馈补偿环节按下式所描述的关系构成，即

$$\begin{cases} u_{rM}^*=R_r i_{rM}^*-s\omega_s L_{r\sigma} i_{rT}^* \\ u_{rT}^*=R_r i_{rT}^*+s\omega_s L_{r\sigma} i_{rM}^*-s\omega_s \Psi_m \end{cases} \tag{7-160}$$

由于交流电流调节器 AACR 只对转子电流的动态偏差进行调节，因此在实际的控制系统中，直流电流调节器（DACR1、DACR2）的输出是要消除稳态偏差 Δu_{rM}、Δu_{rT}。Δu_{rM}、Δu_{rT} 与式（7-160）中设计的电压稳态值相加后，通过矢量变换作为三相电压的前馈控制，其补偿控制电压为

$$\begin{cases} u_{rM}^*=R_r i_{rM}^*-s\omega_s L_{r\sigma} i_{rT}^*+\Delta u_{rM} \\ u_{rT}^*=R_r i_{rT}^*+s\omega_s L_{r\sigma} i_{rM}^*-s\omega_s \Psi_m+\Delta u_{rT} \end{cases} \tag{7-161}$$

按式（7-161）构成的电压前馈补偿环节的结构图如图 7-47 所示。

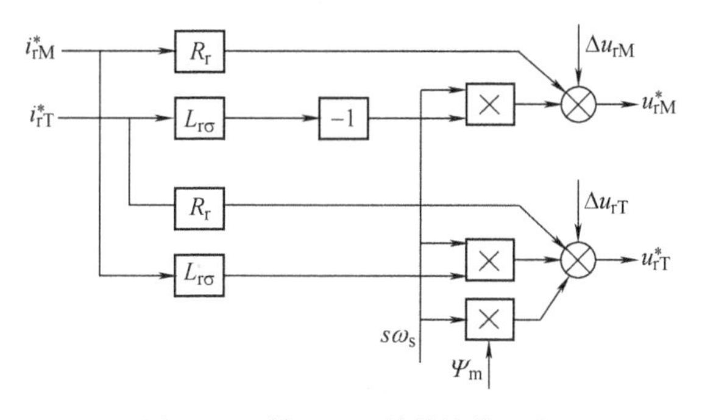

图 7-47　转子电压前馈补偿环节

7.8 抗负载扰动调速系统

在工程应用中，负载扰动是调速系统中最大的扰动，因而对调速系统的影响也最严重。本节讨论抗负载扰动的措施。

抗负载扰动系统要求抗负载扰动性能好。抗负载扰动系统的典型应用是连续轧钢机主传动。工作时，钢材在几个机架中同时被轧制，各机架主传动的转速按秒流量原则设定，使得在正常轧制时各机架间的钢材既不受拉，也不堆积。问题出在咬钢期间，例如某一时刻第 N 机架咬入钢材，受突加负载影响，该机架转速要先下降一下，再逐渐恢复，这时前一架的转速已恢复，仍按照原来设定的速度运行，导致在第 N 机架和 $N-1$ 机架之间的钢材堆积，堆积量的大小比例于调速系统动态指标中的动态偏差当量 A_m（受突加负载扰动后在恢复时间 t_v 内转速与给定值差的积分——偏差面积）。受突加负载扰动后的转速波动示意图如图 7-48 所示，图中 $\delta_m(\%)$ 为动态波动量相对值（基值是 n^*_{max}），t_v 是恢复时间。动态偏差当量为

$$A_m \approx \left| \frac{(\delta_m t_v)}{2} \right| \tag{7-162}$$

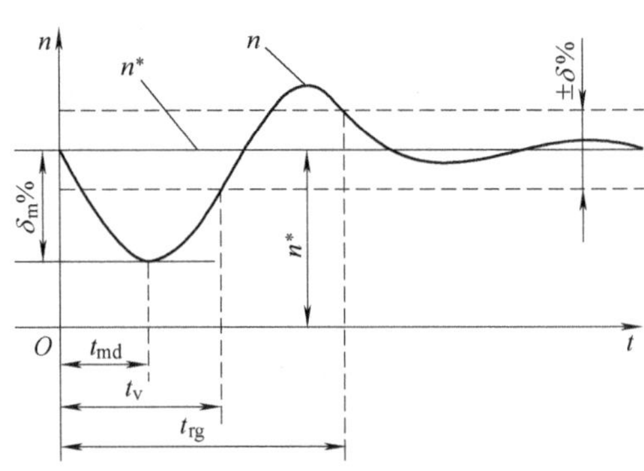

图 7-48 突加负载扰动后转速波动示意图

减小动态偏差当量 A_m 最有效的措施是引入负载观测器，它的框图如图 7-49 所示。由斜坡转速给定（RFG）、转速调节器（ASR）和转矩调节器（ATR）组成。负载观测器的任务是根据调速系统转速实际值 n 和转矩实际值 T（对于直接转矩控制系统，T 是转矩滞环控制器的反馈信号；对于矢量控制系统，T 是定子电流转矩分量 i_{sT} 与磁链值 Ψ 的乘积），计算和输出电动机负载转矩的观测值 $T_{L.ob.I}$，它是 ATR 的附加转矩给定，与 ASR 输出的转矩给定 T^* 相加，共同产生转矩。没有负载观测器时，克服负载转矩所需的电动机转矩要在转速降低，转速偏差 n^*-n 出现后，经 ASR 的 PI 作用，使 T^* 增大才能得到，这个过程较慢。有负载观测器后，在转速降低和转矩增加双重因素的作用下，观测器很快输出负载转矩的观测值，送到 ATR，使转矩迅速增大，δ_m、t_v 和 A_m 减小。这是 ASR 的输出不再承担提供负载转矩给定的任务，只承担动态转矩给定和补偿负载观测误差任务，变化范围大大减小，稳态时 $T^* \approx 0$。

负载观测器由负载观测调节器 LOR（比例 P 和积分 I 分离的 PI 调节器）和模拟电动机的积分器（LI）组成，LI 的积分时间常数等于电动机和机械的机电时间常数 T_m。在负载观测器里，转速观测值为

$$n_{ob} = \frac{1}{T_m s}(T - T_{L.ob}) \tag{7-163}$$

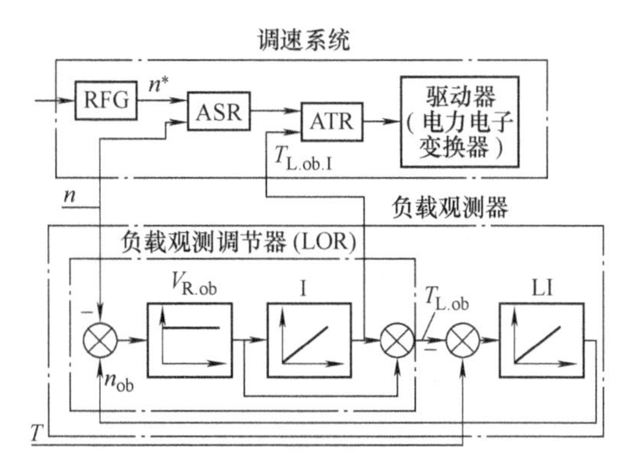

图 7-49 负载观测器框图

在实际的电动机里，转速为

$$n=\frac{1}{T_m s}(T-T_L) \tag{7-164}$$

负载观测调节器（LOR）是 PI 调节器，在观测器内小闭环调节结束后，LOR 的输入 $n_{ob}-n=0$，则

$$T_{L.ob}=T_L \tag{7-165}$$

由式（7-165）知，在观测器内小闭环的调节过程结束后，LOR 的输出 $T_{L.ob}$等于电动机负载转矩 T_L，条件是调速系统转矩 T 计算准确和 LI 积分时间常数确实等于电动机和机械的机电时间常数（T_m 测量准确）。

通常 LOR 的比例系数 $V_{R.ob}$很大，积分时间常数 T_{ob}较小，输出信号 $T_{L.ob}$中容易含有较大噪声，若把它作为附加转矩给定送到 ATR，会给调速系统带来干扰。用 LOR 中的 I 输出（积分输出）$T_{L.ob.I}$代替 PI 总输出 $T_{L.ob}$作为附加转矩给定信号（参见图 7-49），能解决噪声问题。在观测器内小闭环调节结束 $n_{ob}-n=0$ 时，PI 调节器的总输出等于其 I 输出，所以 $T_{L.ob.I}$和 $T_{L.ob}$一样，也等于电动机负载转矩。$T_{L.ob.I}$是积分器的输出，波形平滑，噪声小。

观测器内小闭环的动态结构框图如图 7-50 所示。数字控制的采样开关通常用零阶保持器来描述，在用频率法分析系统时，可以用一个时间常数为 $\sigma_{sam}=T_{sam}/2$（T_{sam}为调速系统转速环采样周期）的小惯性环节来近似。小闭环内除调节器（LOR）外，还有一个积分环节（LI）和一个小惯性环节（采样）。

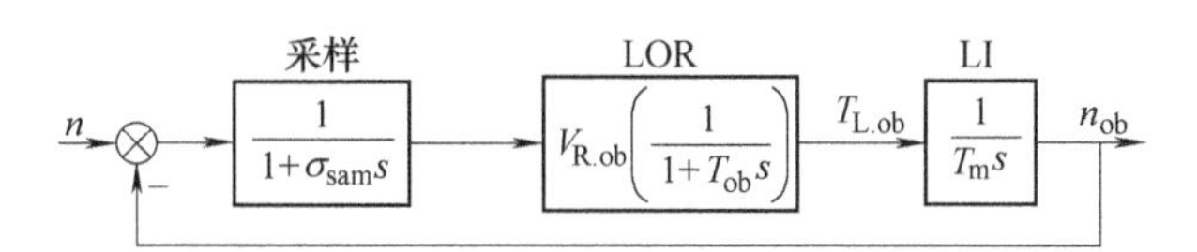

图 7-50 观测器内小闭环的动态结构框图

7.9 异步电动机矢量控制系统仿真

在 MATLAB 6.5 的"Simulink"环境下，利用"Sim Power System Toolbox2.3"丰富的模块库，在分析三相异步电动机数学模型的基础上，建立了基于转子磁场定向矢量控制系统的仿真模型。系统采用双闭环结构：转速环采用 PI 调节器，电流环采用电流滞环调节。根据模块化建

模的思想，将控制系统分割为各个功能独立的子模块，其中主要包括：三相异步电动机本体模块、速度调节模块、3/2 变换模块、2/3 变换模块、电流滞环调节模块、转矩计算模块、逆变器模块和电动机参数测量等。通过这些功能模块的有机结合，就可在 MATLAB/Simulink 中搭建出异步电动机矢量控制系统的仿真模型，整体设计框图如图 7-51 所示。

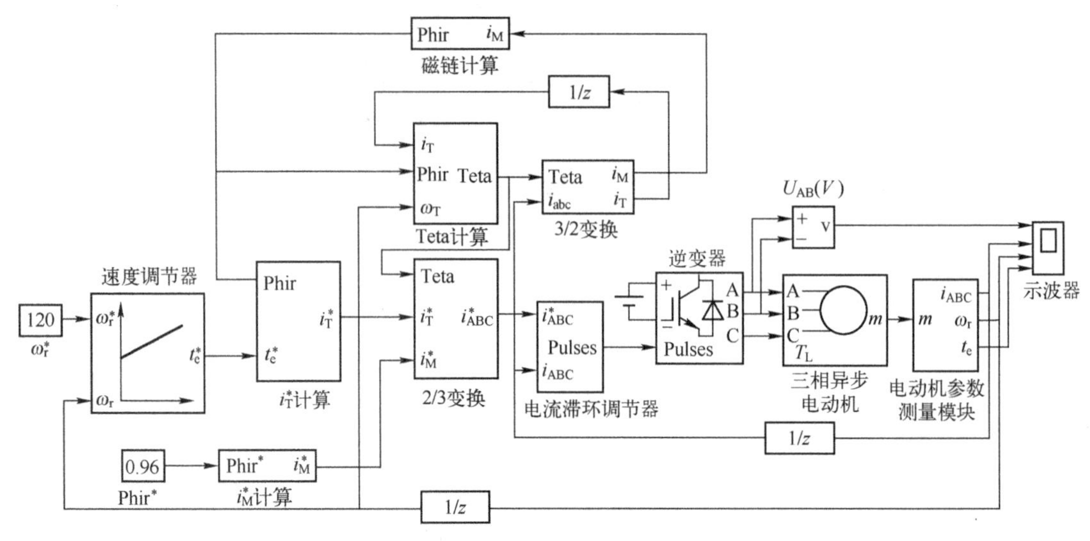

图 7-51　基于 Simulink 的异步电动机矢量控制系统仿真模型的整体设计框图

三相静止 $A-B-C$ 坐标系到同步旋转 $M-T$ 轴系的 3/2 变换模块的结构框图如图 7-52 所示。

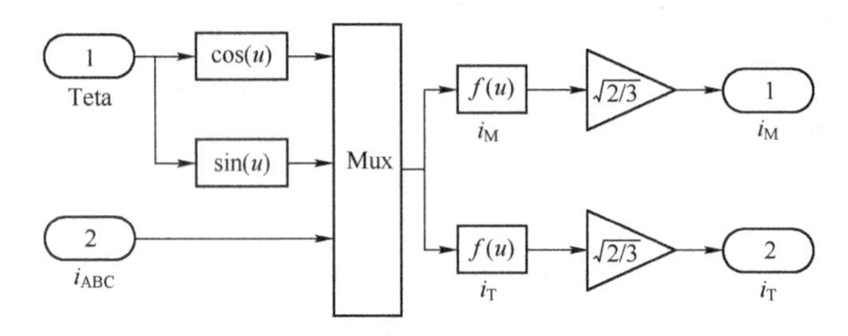

图 7-52　3/2 变换模块的结构框图

2/3 变换模块实现的是参考相电流的 $M-T/A-B-C$ 变换，即 $M-T$ 旋转轴系下两相参考相电流到 $A-B-C$ 静止轴系下三相参考相电流的 2/3 变换，模块的结构框图如图 7-53 所示，模块输入为位置信号 Teta 和 $M-T$ 两相参考电流 i_M^* 和 i_T^*；模块输出为 $A-B-C$ 三相参考电流 i_A^*、i_B^*、i_C^*。

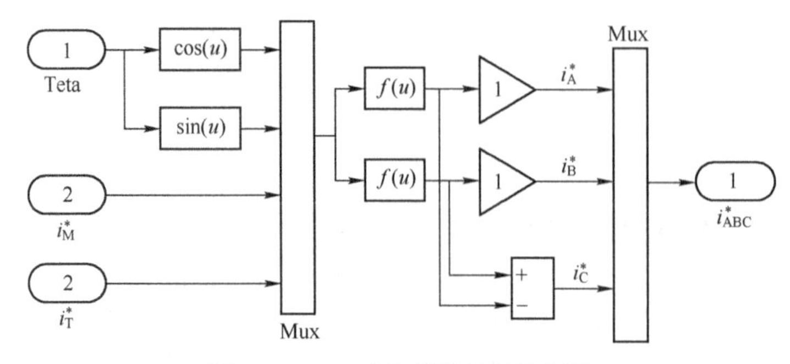

图 7-53　2/3 变换模块的结构框图

电流滞环调节模块的作用是实现滞环电流调节，输入为三相参考电流 i_A^*、i_B^*、i_C^* 和三相实际电流 i_A、i_B、i_C，输出为逆变器控制信号，模块的结构框图如图 7-54 所示。当实际电流低于参考电流且偏差大于滞环比较器的环宽时，对应相正向导通，负向关断；当实际电流超过参考电流且偏差大于滞环比较器的环宽时，对应相正向关断，负向导通。选择适当的滞环环宽，即可使实际电流不断跟踪参考电流的波形，实现电流闭环控制。

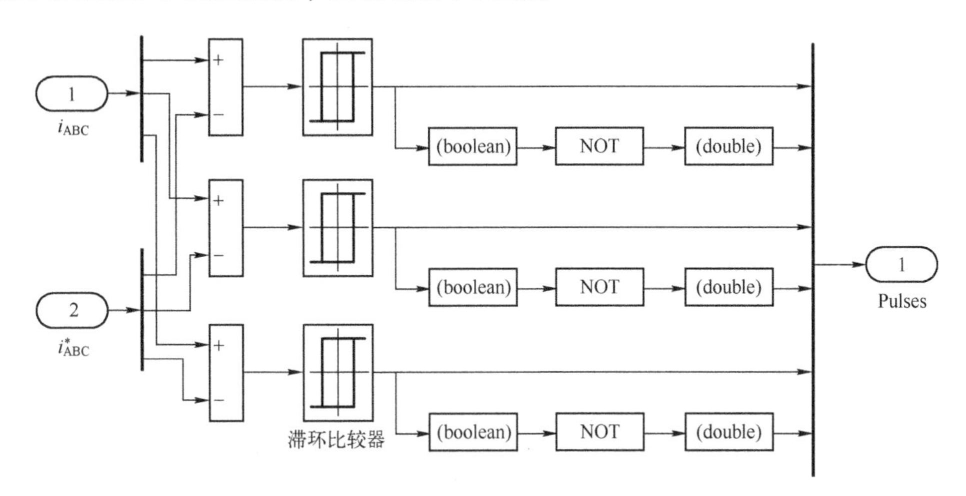

图 7-54　电流滞环调节模块的结构框图

三相异步电动机的参数如下：功率 $P_n=3.7\,kW$，线电压 $U_{AB}=410\,V$，定子相绕组电阻 $R_s=0.087\,\Omega$，转子相绕组电阻 $R_r=0.228\,\Omega$，定子绕组自感 $L_s=0.8\,mH$，转子绕组自感 $L_r=0.8\,mH$，定、转子之间的互感 $L_m=0.76\,mH$，转动惯量 $J=0.662\,kg\cdot m^2$，额定转速 $\omega_n=120\,rad/s$，极对数 $p=2$。转子磁链给定为 0.96 Wb，速度调节器参数为 $K_p=900$，$K_I=6$，电流滞环宽度为 10。系统空载起动，待进入稳态后，在 $t=0.5\,s$ 时突加负载 $T_L=100\,N\cdot m$，可得系统转矩 t_e、转速 ω_r 和定子三相电流 i_A、i_B、i_C 电流，以及线电压 U_{AB} 的仿真曲线，如图 7-55～图 7-58 所示。

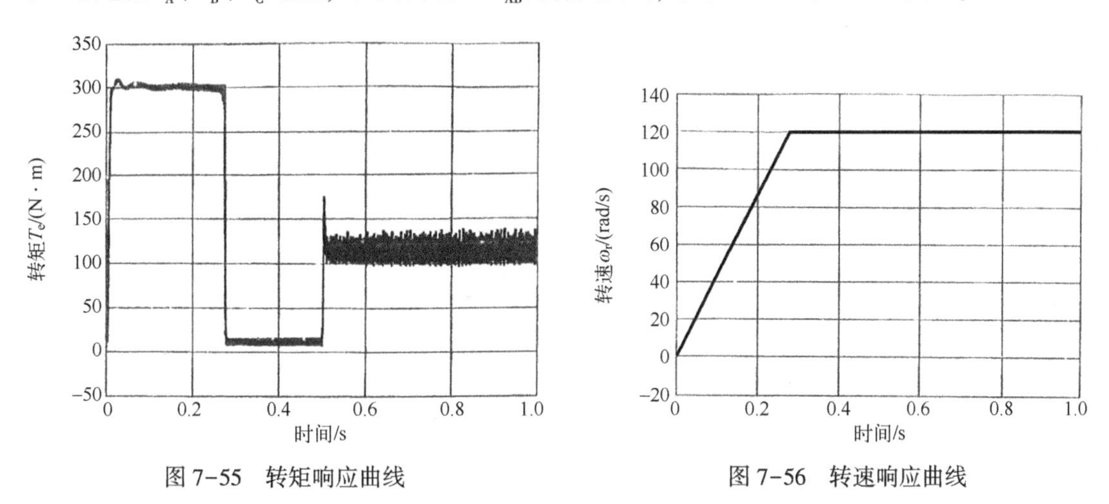

图 7-55　转矩响应曲线　　　图 7-56　转速响应曲线

由仿真波形可以看出，在 $\omega_r=120\,rad/s$ 的参考转速下，系统响应快速且平稳；在 $t=0.5\,s$ 时突加负载，转速发生突降，但又能迅速恢复到平衡状态，稳态运行时无静差。

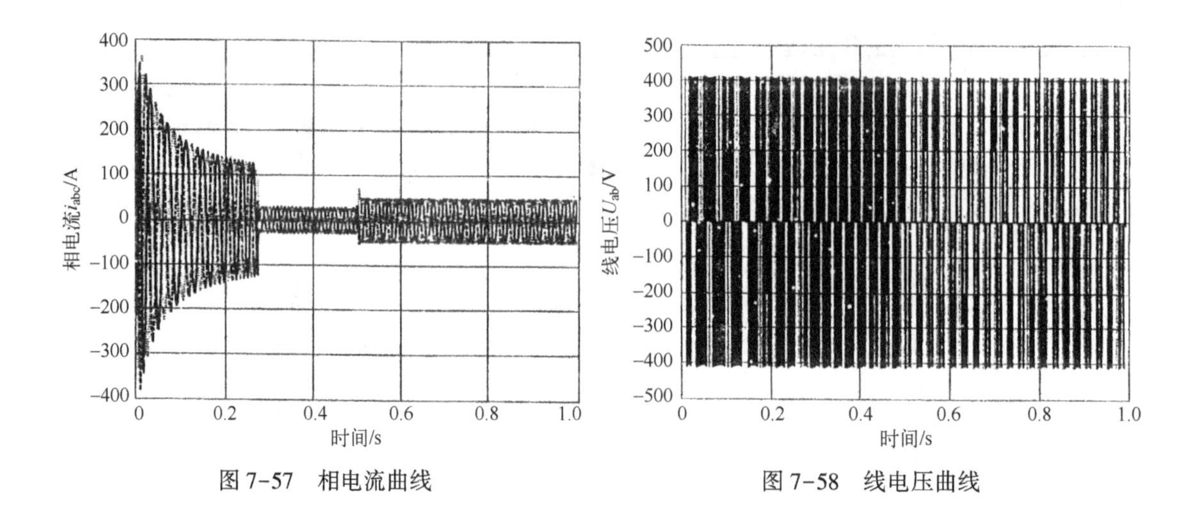

图 7-57　相电流曲线　　　图 7-58　线电压曲线

7.10　习题

7-1　分析说明异步电动机的动态数学模型是一个高阶、非线性和强耦合的多变量系统。

7-2　坐标变换是矢量控制的基础，试分析交流电动机矢量变换的基本概念和方法。

7-3　采用矢量变换控制需要满足哪些基本方程式？

7-4　试比较转子磁链的电压模型和电流模型的运算方法及其优缺点。

7-5　分别简述直接矢量控制系统和间接矢量控制系统的工作原理，磁链定向的精度受哪些参数的影响？

7-6　分析说明转差型矢量控制系统和普通转差频率控制系统的异同点，并画出异步电动机的动态等效电路。

7-7　在矢量控制系统中，采用电流控制 PWM 逆变器有何优点？对电流保护有何帮助？

7-8　矢量控制系统中，各种坐标变换的作用和意义是什么？

7-9　影响转子磁链观测器精确度的因素有哪些？如何提高磁链观测器的精度？

7-10　按磁动势等效、功率相等的原则，三相轴系变换到两相静止轴系的变换矩阵为

$$\boldsymbol{C}_{3/2}=\sqrt{\frac{2}{3}}\begin{pmatrix}1 & -\frac{1}{2} & -\frac{1}{2}\\ 0 & \frac{\sqrt{3}}{2} & -\frac{\sqrt{3}}{2}\end{pmatrix}$$

现有三相正弦对称电流 $i_A=I_m\sin(\omega t)$，$i_B=I_m\sin\left(\omega t-\frac{2\pi}{3}\right)$，$i_C=I_m\sin\left(\omega t+\frac{2\pi}{3}\right)$，求变换后两相静止轴系中的电流 $i_{s\alpha}$和 $i_{s\beta}$，分析两相电流的基本特征与三相电流的关系。

7-11　两相静止轴系到两相旋转轴系的变换矩阵为

$$\boldsymbol{C}_{2s/2r}=\begin{pmatrix}\cos\varphi & \sin\varphi\\ -\sin\varphi & \cos\varphi\end{pmatrix}$$

将题 7-10 中的两相静止轴系中的电流 $i_{s\alpha}$和 $i_{s\beta}$变换到两相旋转轴系中的电流 i_{sd}和 i_{sq}，轴系旋转速度$\frac{d\varphi}{dt}=\omega_1$。分析当 $\omega_1=\omega$ 时，i_{sd}和 i_{sq}的基本特征；电流矢量幅值 $i_s=\sqrt{i_{sd}^2+i_{sq}^2}$与三相电流幅值 I_m 的关系，其中 ω 是三相电源角频率；$\omega_1>\omega$ 或 $\omega_1<\omega$ 时，i_{sd}和 i_{sq}的表现形式。

7-12　证明在转子磁场定向、气隙磁场定向、定子磁场定向等三种磁场定向方法中，唯有采用转子磁场定向，才能实现定子电流的磁通电流分量和定子电流的转矩电流分量完全解耦。

7-13　证明带转矩内环的转速、磁链闭环异步电动机矢量控制系统可实现转速子系统和磁链子系统之间的近似解耦。

7-14　试分析图 7-59 所示调速系统的工作原理。

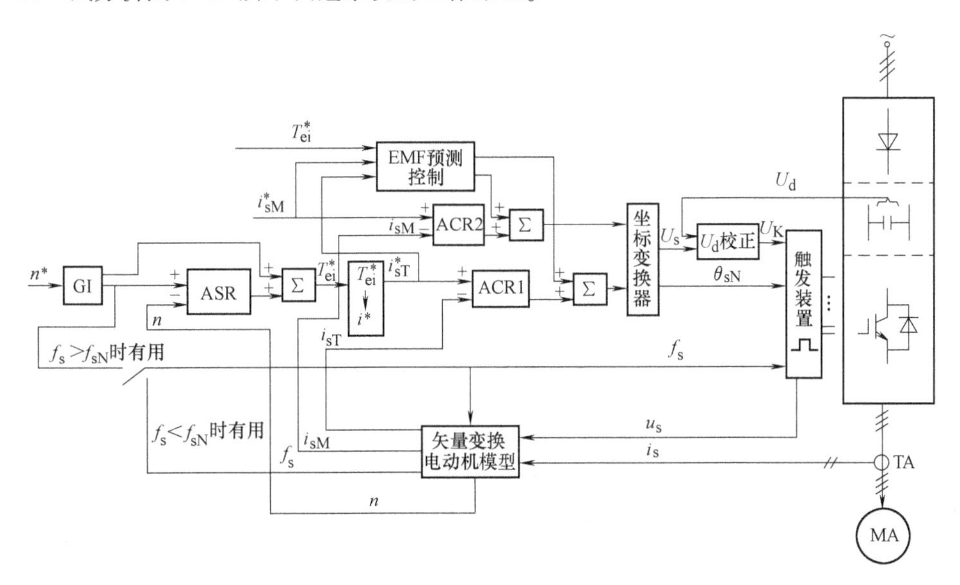

图 7-59　习题 7-14 图

7-15　异步电动机在 d-q 轴系上的电压方程式为

$$\begin{pmatrix} u_{sd} \\ u_{sq} \\ 0 \\ 0 \end{pmatrix} = \begin{pmatrix} R_s+L_{sd}p & -\omega_{dqs}L_{sd} & L_{md}p & -\omega_{dqs}L_{md} \\ \omega_{dqs}L_{sd} & R_s+L_{sd}p & \omega_{dqs}L_{md} & L_{md}p \\ L_{md}p & -\omega_{dql}L_{md} & R_r+L_{rd}p & -\omega_{dql}L_{rd} \\ \omega_{dql}L_{md} & L_{md}p & \omega_{dql}L_{rd} & R_r+L_{rd}p \end{pmatrix} \begin{pmatrix} i_{sd} \\ i_{sq} \\ i_{rd} \\ i_{rq} \end{pmatrix}$$

求：(1) 同步旋转轴系下的电压方程。

(2) 按转子磁场定向情况下的矢量控制方程式。

7-16　笼型异步电动机铭牌数据：额定功率 $P_N = 3\,\text{kW}$，额定电压 $U_N = 380\,\text{V}$，额定电流 $I_N = 6.9\,\text{A}$，额定转速 $n_N = 1400\,\text{r/min}$，额定频率 $f_N = 50\,\text{Hz}$，定子绕组丫联结。由实验测得定子电阻 $R_s = 1.85\,\Omega$，转子电阻 $R_r = 2.658\,\Omega$，定子自感 $L_s = 0.294\,\text{H}$，转子自感 $L_r = 0.2898\,\text{H}$，定、转子互感 $L_m = 0.2838\,\text{H}$，转子参数已折合到定子侧，系统的转动惯量 $J = 0.1284\,\text{kg}\cdot\text{m}^2$，电动机稳定运行在额定工作状态，试求转子磁链 ψ_r 和按转子磁链定向的定子电流两个分量 i_{sm}、i_{st}。

7-17　电动机参数同题 7-16。电动机稳定运行在额定工作状态，求定子磁链 ψ_s 和按定子磁链定向的定子电流两个分量 i_{sd} 和 i_{sq}，并与题 7-16 的结果进行比较。

7-18　用 MATLAB 仿真软件，建立异步电动机的仿真模型，分析起动、加载电动机的过渡过程，电动机参数同题 7-16。

7-19　接上题，对异步电动机矢量控制系统进行仿真，分析仿真结果，观察在不同轴系中的电流曲线，并分析转速调节器（ASR）和磁链调节器（AΨR）参数变化对系统的影响。

第8章　异步电动机直接转矩控制变压变频调速系统

本章介绍了两类异步电动机直接转矩控制系统：①异步电动机 DSC 直接转矩控制系统的组成、特点、工作原理分析、低速范围内 DSC 系统特点、弱磁范围内 DSC 系统特点及恒功率控制方法；②异步电动机 DTC 直接转矩控制系统的组成、特点及工作原理分析。本章还介绍了无速度传感器直接转矩控制系统，以及直接转矩控制系统存在的问题及改进方法。

8.1　概述

1985年，德国学者 M. Depenbrock 首次提出了直接转矩控制理论，随后日本学者 I. Takahashi 也提出了类似而又不尽相同的控制方案。

与矢量控制不同，直接转矩控制摒弃了解耦思想，取消了旋转坐标变换，简单地通过检测电动机定子电压和电流，借助瞬时空间矢量理论计算电动机的磁链和转矩，并根据与给定值比较所得差值，实现磁链和转矩的直接控制。

与矢量控制相比，直接转矩控制有以下几个主要特点：

1）直接转矩控制直接在定子轴系下分析交流电动机的数学模型、控制电动机的磁链和转矩。它不需要将交流电动机与直流电动机做比较、等效和转化；既不需要模仿直流电动机的控制，也不需要为解耦而简化交流电动机的数学模型。它省掉了矢量旋转变换等复杂的变换与计算，因而，它所需要的信号处理工作特别简单。

2）直接转矩控制所用的是定子磁链，只要知道定子电压及电阻就可以把它观测出来。而矢量控制所用的是转子磁链，观测转子磁链需要知道电动机转子电阻和电感。因此直接转矩控制减少了矢量控制中控制性能易受参数变化影响的问题。

3）直接转矩控制采用空间矢量的概念来分析三相交流电动机的数学模型和控制其各物理量，使问题变得简单明了。与矢量控制方法不同，它不是通过控制电流、磁链等量来间接控制转矩，而是把转矩直接作为被控量，直接控制转矩。因此它并非极力获得理想的正弦波波形，也不追求磁链完全理想的圆形轨迹。相反，从控制转矩的角度出发，它强调的是转矩的直接控制效果，因而它采用离散的电压状态和六边形磁链轨迹或近似圆形磁链轨迹。

4）直接转矩控制对转矩实行直接控制，其控制方式是通过转矩两点式调节器把转矩检测值与转矩给定值进行滞环比较，把转矩波形限制在一定的容差范围内，容差的大小由滞环调节器来控制。因此它的控制效果不取决于电动机的数学模型是否能够简化，而是取决于转矩的实际状况，它的控制既直接又简单。

综上所述，直接转矩控制是用空间矢量的分析方法直接在定子轴系下计算与控制交流电动机的转矩，借助于 Bang-Bang 控制器产生 PWM 信号，直接对逆变器的开关状态进行最佳控制，以获得转矩的高动态性能。它省掉了复杂的矢量变换，其控制思想新颖别致，控制系统结构简单，信号处理的物理概念明确。直接转矩控制系统具有快速的转矩响应特性，是一种高性能的交流调速系统。

8.2 异步电动机直接转矩控制原理

8.2.1 直接转矩控制的基本思想

异步电动机直接转矩控制系统是依据异步电动机定子轴系的数学模型而建立起来的，因此掌握异步电动机定子轴系的数学模型对分析和设计直接转矩控制系统是非常必要的。

1. 异步电动机定子轴系的数学模型

定子轴系的电压矢量可表示为

$$\boldsymbol{u}_{s}=\sqrt{\frac{2}{3}}(u_{sa}+u_{sb}e^{j2\pi/3}+u_{sc}e^{j4\pi/3})=u_{s\alpha}+ju_{s\beta} \tag{8-1}$$

式中

$$u_{s\alpha}=\sqrt{\frac{2}{3}}\left(u_{sa}-\frac{1}{2}u_{sb}-\frac{1}{2}u_{sc}\right)$$

$$u_{s\beta}=\frac{\sqrt{2}}{2}(u_{sb}-u_{sc})$$

异步电动机的动态特性可由下述方程描述：

$$\begin{pmatrix}\boldsymbol{u}_{s}\\0\end{pmatrix}=\begin{pmatrix}R_{s}+pL_{s} & L_{m}p\\(p-j\omega)L_{m} & R_{r}+(p-j\omega)L_{r}\end{pmatrix}\begin{pmatrix}\boldsymbol{i}_{s}\\\boldsymbol{i}_{r}\end{pmatrix} \tag{8-2}$$

$$\begin{cases}\boldsymbol{\Psi}_{s}=L_{s}\boldsymbol{i}_{s}+L_{m}\boldsymbol{i}_{r}\\\boldsymbol{\Psi}_{r}=L_{m}\boldsymbol{i}_{s}+L_{r}\boldsymbol{i}_{r}\end{cases} \tag{8-3}$$

将实部和虚部分离可得

$$\begin{cases}u_{s\alpha}=R_{s}i_{s\alpha}+p\psi_{s\alpha}\\u_{s\beta}=R_{s}i_{s\beta}+p\psi_{s\beta}\\0=R_{r}i_{r\alpha}+p\psi_{r\alpha}+\omega\psi_{r\beta}\\0=R_{r}i_{r\beta}+p\psi_{r\beta}-\omega\psi_{r\alpha}\end{cases} \tag{8-4}$$

依据式（8-4）定子磁链可确定为

$$\begin{cases}\psi_{s\alpha}=\int(u_{s\alpha}-R_{s}i_{s\alpha})dt\\\psi_{s\beta}=\int(u_{s\beta}-R_{s}i_{s\beta})dt\\\boldsymbol{\Psi}=\int(\boldsymbol{u}_{s}-R_{s}\boldsymbol{i}_{s})dt\end{cases} \tag{8-5}$$

忽略定子电阻电压降 $R_{s}\boldsymbol{i}$，有

$$\boldsymbol{\Psi}\approx\int\boldsymbol{u}_{s}dt \tag{8-6}$$

转矩方程为

$$\begin{aligned}T_{ei}&=n_{p}L_{m}(i_{s\beta}i_{r\alpha}-i_{r\beta}i_{s\alpha})\\&=n_{p}(i_{s\beta}\psi_{s\alpha}-i_{s\alpha}\psi_{s\beta})=n_{p}(\boldsymbol{\Psi}_{s}\otimes\boldsymbol{i}_{s})\\&=n_{p}\frac{L_{m}}{L_{s}L_{r}}\Psi_{s}\Psi_{r}\sin\theta_{sr}\end{aligned} \tag{8-7}$$

以上式中，黑体字（$\boldsymbol{u}$、$\boldsymbol{i}$；$\boldsymbol{\Psi}_{s}$、$\boldsymbol{\Psi}_{r}$）表示矢量；Ψ_{s}、Ψ_{r} 分别表示定、转子磁链矢量的幅值；θ_{sr}

称为转矩角，是矢量 $\boldsymbol{\Psi}_s$、$\boldsymbol{\Psi}_r$ 之间的夹角。异步电动机的磁链空间矢量如图 8-1 所示。

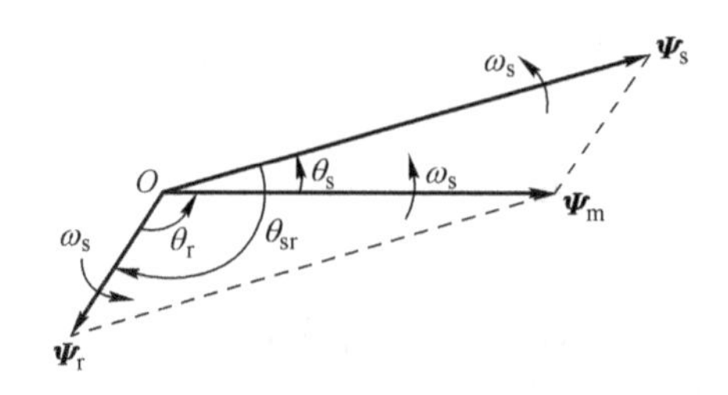

图 8-1　异步电动机的磁链空间矢量

2. 由定子轴系的数学模型分析直接转矩控制的基本思想（思路）

若 Ψ_s=Const、Ψ_r=Const，由式（8-7）可以看出 θ_{sr}对转矩的调节和控制作用是明显的。由于 $\boldsymbol{\Psi}_r$ 的变化总是滞后于 $\boldsymbol{\Psi}_s$ 的变化，因此在短暂的动态过程中，就可以认为 $|\boldsymbol{\Psi}_r|$不变。可见只要通过控制保持 $\boldsymbol{\Psi}_s$ 的幅值不变，就可以通过调节 θ_{sr}来改变和控制电磁转矩，这是直接转矩控制的实质。按式（8-7）来控制转矩时要做的工作如下：

1）将定子磁链的幅值 Ψ_s 控制为一定。这一策略还可以保证电动机工作在设计的额定励磁值附近。

2）通过控制定子磁链角度 θ_s 来控制 θ_{sr}，也就控制了电磁转矩 T_{ei}。实际上，如果控制转子磁链幅值 Ψ_r 为常值，在电角度$-\dfrac{4}{\pi}\leqslant\theta_{sr}\leqslant\dfrac{\pi}{4}$范围内电磁转矩与角度 θ_{sr}呈单增函数关系。

需要注意的是，上述两项控制之间是耦合的，因此采用线性控制律难以得到满意的控制结果。

通常，调节 $\boldsymbol{u}_s$的幅值和频率需要用 PWM 电压型逆变器来实现，可知，该电压的本质是离散的，将式（8-6）所示的磁链矢量方程改为开关频率为 $1/T_{sm}$的离散系统表达式：

$$\boldsymbol{\Psi}_s(t_{K+1})\approx\boldsymbol{\Psi}_s(t_K)+\boldsymbol{U}_s(t_K)T_{sm} \tag{8-8}$$

式中，$\boldsymbol{U}_s(t_K)$是时刻 t_K 电压型逆变器施加于电动机端子上的电压矢量。

式（8-8）说明可以用逆变器输出的离散电压直接控制定子磁链幅值和辐角，也就是控制定子磁链幅值和输出转矩。所以对定子磁链的控制本质上是对空间电压矢量的控制。

8.2.2　异步电动机定子磁链和电磁转矩控制原理

本节具体阐述如何利用逆变器输出的离散电压直接控制定子磁链幅值和辐角，从而实现异步电动机直接转矩控制。

1. 逆变器的开关状态和逆变器输出的电压状态

两电平电压型逆变器（见图 8-2）由 3 组、6 个开关（S_A、$\overline{S}_A$、S_B、$\overline{S}_B$、S_C、$\overline{S}_C$）组成。由于 S_A 与$\overline{S}_A$、S_B 与$\overline{S}_B$、S_C 与$\overline{S}_C$ 之间互为反向，即一个接通，另一个断开，所以三组开关有 2^3=8 种可能的开关组合。把开关 S_A、$\overline{S}_A$ 称为 A 相开关，用 S_A 表示；S_B、$\overline{S}_B$ 称为 B 相开关，用 S_B 表示；S_C、$\overline{S}_C$ 称为 C 相开关，用 S_C 表示。也可用 S_{ABC} 表示三相开关 S_A、S_B 和 S_C。若规定 A、B、C 三相负载的某一相与“+”极接通时，该相的开关状态为“1”态；反之，与“-”极接通时，为“0”态。则 8 种可能的开关组合状态见表 8-1。

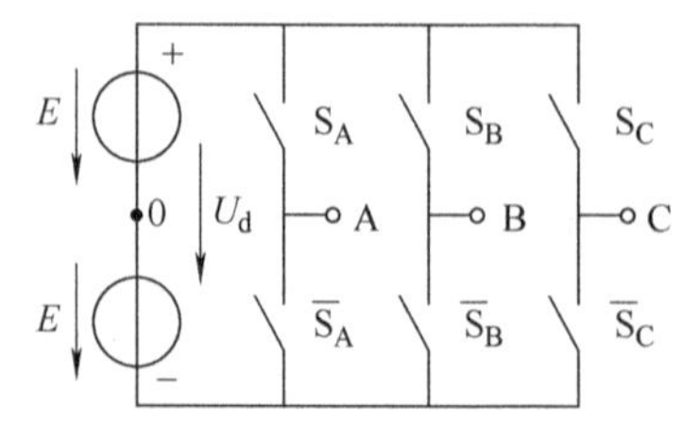

图 8-2　电压源型理想逆变器

表 8-1 逆变器的 8 种开关状态组合

状态	0	1	2	3	4	5	6	7
S_A	0	1	0	1	0	1	0	1
S_B	0	0	1	1	0	0	1	1
S_C	0	0	0	0	1	1	1	1

8 种可能的开关状态可以分成两类：一类是 6 种所谓的工作状态，即表 8-1 中的“1”~“6”，它们的特点是三相负载并不都接到相同的电位上；另一类开关状态是零开关状态，如表 8-1 中的状态“0”和状态“7”，它们的特点是三相负载都被接到相同的电位上。

当三相负载都与“+”极接通时，得到的状态是“111”，三相都有相同的正电位，所得到的负载电压为零；当三相负载都与“-”极接通时，得到的状态是“000”，负载电压也是零。

表 8-1 中的开关顺序与编号只是一种数学上的排列顺序，它与直接转矩控制系统工作时逆变器的实际开关状态的顺序并不相符。现将实际工作的开关顺序列于表 8-2 中，并按照本书分析方便的原则重新编号。在以后的分析过程中可以看到，这样的编排正符合直接转矩控制的工作情况。在以后的分析中，将采用表 8-2 的编号顺序。

表 8-2 逆变器的开关状态

状态		工作状态						零状态	
		1	2	3	4	5	6	7	8
开关组	S_A	0	0	1	1	1	0	0	1
	S_B	1	0	0	0	1	1	0	1
	S_C	1	1	1	0	0	0	0	1

下面分析逆变器的电压状态。

对应于逆变器的 8 种开关状态，对外部负载来说，逆变器输出 7 种不同的电压状态。这 7 种不同的电压状态也分成两类：一类是 6 种工作电压状态，它对应于开关状态“1”~“6”，分别称为逆变器的电压状态“1”~“6”；另一类是零电压状态，它对应于零开关状态“7”和“8”（见表 8-2），由于对外部来说，输出的电压都为零，因此统称为逆变器的零电压状态“7”。

如果用符号 $\boldsymbol{u}_s(t)$ 表示逆变器输出电压状态的空间矢量，那么逆变器的电压状态可以用 $\boldsymbol{u}_{s1}$ ~ $\boldsymbol{u}_{s7}$ 表示；对应于开关状态还可以用 $\boldsymbol{u}_s(011)-\boldsymbol{u}_s(001)-\boldsymbol{u}_s(101)-\boldsymbol{u}_s(100)-\boldsymbol{u}_s(110)-\boldsymbol{u}_s(010)-\boldsymbol{u}_s(000)-\boldsymbol{u}_s(111)$ 表示。关于逆变器的电压状态的表示与开关的对照关系见表 8-3。表 8-3 中的 S_{ABC} 开关状态对应于表 8-2 中 S_A、S_B 和 S_C 的开关状态。例如，表 8-3 中的 $S_{ABC}=011$，对应于表 8-2 中 $S_A=0$、$S_B=1$、$S_C=1$。

表 8-3 逆变器的电压状态与开关状态的对照关系

状态		工作状态						零状态	
		1	2	3	4	5	6	7	8
S_{ABC} 开关状态		011	001	101	100	110	010	000	111
电压状态	表示一	$\boldsymbol{u}_s(011)$	$\boldsymbol{u}_s(001)$	$\boldsymbol{u}_s(101)$	$\boldsymbol{u}_s(100)$	$\boldsymbol{u}_s(110)$	$\boldsymbol{u}_s(010)$	$\boldsymbol{u}_s(000)$	$\boldsymbol{u}_s(111)$
	表示二	$\boldsymbol{u}_{s1}$	$\boldsymbol{u}_{s2}$	$\boldsymbol{u}_{s3}$	$\boldsymbol{u}_{s4}$	$\boldsymbol{u}_{s5}$	$\boldsymbol{u}_{s6}$	$\boldsymbol{u}_{s7}$	
	表示三	1	2	3	4	5	6	7	

电压型逆变器在不输出零状态电压的情况下，根据逆变器的基本理论，其输出的6种工作电压状态的电压波形如图8-3所示。图8-3表示逆变器的相电压波形、幅值及开关状态和电压状态的对应关系。

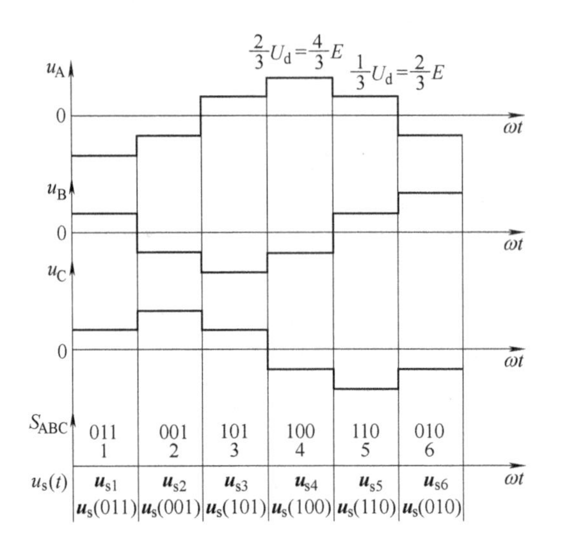

图8-3　无零状态输出时相电压波形及所对应的开关状态和电压状态

由图8-3可知：①相电压波形的极性和逆变器的开关状态的关系符合本节开始时做出的规定，即某相负载与“+”极接通时（对照图8-2），该相逆变器的开关状态为“1”态，反之为“0”态，因此由相电压u_A、u_B、u_C的波形图可直接得到逆变器的各开关状态；②由相电压波形得到的开关状态顺序与表8-2中所规定的顺序完全一致；③电压状态和开关状态都是6个状态为一个周期，从状态“1”~“6”，然后再循环；④相电压波形的幅值是$\pm 2U_d/3=\pm 4E/3$。

以上分析了逆变器的电压状态及其相电压波形。如果把逆变器的输出电压用电压空间矢量来表示，则逆变器的各种电压状态和顺序就有了空间的概念，理解起来一目了然。下面直接给出了电压空间矢量的空间顺序，如图8-4所示。

由图8-4可见，逆变器的7个电压状态，若用电压空间矢量$\boldsymbol{u}_s(t)$来表示，则形成了7个离散的电压空间矢量。每两个工作电压空间矢量在空间的位置相隔60°，6个工作电压空间矢量的顶点构成正六边形的6个顶点。矢量的顺序正是从状态“1”到状态“6”逆时针旋转，所对应的开关状态是011-001-101-100-110-010，所对应的逆变器输出电压，或称电压空间矢量是$\boldsymbol{u}_{s1}-\boldsymbol{u}_{s2}-\boldsymbol{u}_{s3}-\boldsymbol{u}_{s4}-\boldsymbol{u}_{s5}-\boldsymbol{u}_{s6}$，或者表示成$\boldsymbol{u}_s(011)-\boldsymbol{u}_s(001)-\boldsymbol{u}_s(101)-\boldsymbol{u}_s(100)-\boldsymbol{u}_s(110)-\boldsymbol{u}_s(010)-\boldsymbol{u}_s(000)-\boldsymbol{u}_s(111)$。零电压矢量7则位于六边形的中心点。

由上述可知，用电压空间矢量进行分析，形象而又简明。这是分析直接转矩控制系统的基本方法。那么，逆变器的三相输出电压怎样能表示成一个电压空间矢量？它们在空间的位置以及顺序为什么是图8-4所示的状况？这些问题，将在下面说明，也就是说要引入电压空间矢量的概念。

2. 电压空间矢量

在对异步电动机进行分析和控制时，若引入Park矢量变换会带来很多的方便。Park矢量变换将三个标量变换为一个矢量。这种表达关系对于时间函数也适用。如果三相异步电动机中对称的三相物理量如图8-5所示，选三相定子轴系的A轴与Park矢量复平面的实轴α重合，则其三相物理量$X_A(t)$、$X_B(t)$、$X_C(t)$的Park矢量$\boldsymbol{X}(t)$为

$$X(t)=\frac{2}{3}[X_A(t)+\rho X_B(t)+\rho^2 X_C(t)]$$

式中，ρ 为复系数，称为旋转因子，$\rho=e^{j2\pi/3}$。

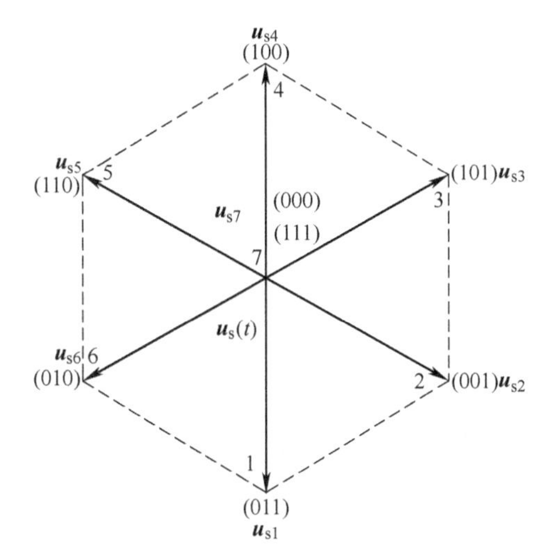

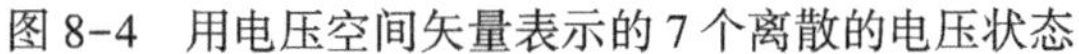

图 8-4　用电压空间矢量表示的 7 个离散的电压状态

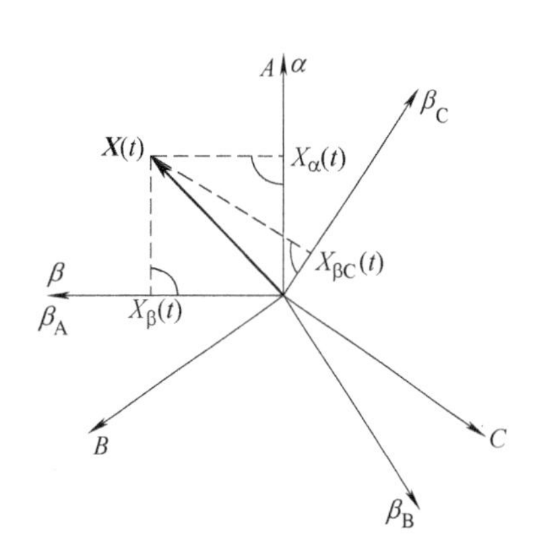

图 8-5　空间矢量分量的定义

旋转空间矢量 $\boldsymbol{X}(t)$ 的某个时刻在某相轴线（A、B、C 轴上）的投影就是该时刻该相物理量的瞬时值。

就图 8-2 所示的逆变器来说，若其 A、B、C 三相负载的定子绕组接成星形，其输出电压的空间矢量 $\boldsymbol{u}_s(t)$ 的 Park 矢量变换表达式应为

$$\boldsymbol{u}_s(t)=\frac{2}{3}(u_A+u_B e^{j2\pi/3}+u_C e^{j4\pi/3}) \tag{8-9}$$

式中，u_A、u_B、u_C 分别是 A、B、C 三相定子绕组的相电压。在逆变器无零状态输出的情况下其波形、幅值及与逆变器开关状态的对应情况如图 8-3 所示，这在上面已分析过，这样就可以用电压空间矢量 $\boldsymbol{u}_s(t)$ 来表示逆变器的三相输出电压的各种状态。

对于式（8-9）的电压空间矢量 $\boldsymbol{u}_s(t)$ 的理解可以举例说明。为此把图 8-5 与图 8-4 合并在一张图上，构成图 8-6，以便描述电压空间矢量 $\boldsymbol{u}_s(t)$ 在 α-β 轴系和定子三相轴系（A-B-C 轴系）上的相对位置。图 8-6 中，三相轴系中的 A 轴与复平面正交的 α-β 轴系的实轴 α 轴重合。各电压状态空间矢量的离散位置如图 8-6 所示。

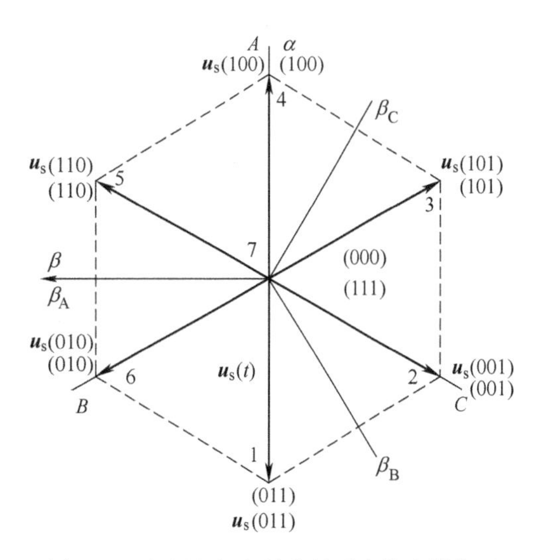

图 8-6　电压空间矢量在轴系中的离散位置

下面根据式（8-9）对电压空间矢量在轴系中的离散位置举例说明如下：

对于状态“1”，$S_{ABC}=011$，由图 8-3 可知

$$u_A=-2u_d/3=-4E/3$$

$$u_B=u_C=u_d/3=2E/3$$

将 u_A、u_B、u_C 代入式（8-9）得

$$\boldsymbol{u}_s(011)=\frac{2}{3}\left[\left(-\frac{4}{3}E\right)+\frac{2}{3}E\mathrm{e}^{\mathrm{j}2\pi/3}+\frac{2}{3}E\mathrm{e}^{\mathrm{j}4\pi/3}\right]$$

$$=\frac{2}{3}\left[\left(-\frac{4}{3}E\right)+\frac{2}{3}E\left(-\frac{1}{2}+\mathrm{j}\frac{\sqrt{3}}{2}\right)+\frac{2}{3}E\left(-\frac{1}{2}-\mathrm{j}\frac{\sqrt{3}}{2}\right)\right]$$

$$=\frac{2}{3}\left[\left(-\frac{4}{3}E\right)+\left(-\frac{2}{3}E\right)\right]$$

$$=-\frac{4}{3}E=\frac{4}{3}E\mathrm{e}^{\mathrm{j}\pi}$$

对照图 8-6 可知，$\boldsymbol{u}_s(011)$位于 α 轴的负方向上。

对于下一个状态“2”，$S_{ABC}=001$ 时

$$u_A=u_B=-\frac{2}{3}E$$

$$u_C=\frac{4}{3}E$$

将 u_A、u_B、u_C 代入式（8-9）得

$$\boldsymbol{u}_s(001)=\frac{2}{3}\left[\left(-\frac{2}{3}E\right)+\left(-\frac{2}{3}E\right)\mathrm{e}^{\mathrm{j}2\pi/3}+\frac{4}{3}E\mathrm{e}^{\mathrm{j}4\pi/3}\right]$$

$$=\frac{2}{3}\left[\left(-\frac{2}{3}E\right)+\left(-\frac{2}{3}E\right)\left(-\frac{1}{2}+\mathrm{j}\frac{\sqrt{3}}{2}\right)+\frac{4}{3}E\left(-\frac{1}{2}-\mathrm{j}\frac{\sqrt{3}}{2}\right)\right]$$

$$=\frac{2}{3}[(-E)+(-\mathrm{j}\sqrt{3}E)]$$

$$=\frac{4}{3}E\left[-\frac{1}{2}-\mathrm{j}\frac{\sqrt{3}}{2}\right]=\frac{4}{3}E\mathrm{e}^{\mathrm{j}4\pi/3}$$

再计算一个 $\mathrm{e}^{\mathrm{j}0}$的矢量，即状态“4”，$S_{ABC}=100$ 时

$$u_A=\frac{4}{3}E$$

$$u_B=u_C=-\frac{2}{3}E$$

将上列值代入式（8-9）得

$$\boldsymbol{u}_s(100)=\frac{2}{3}\left[\frac{4}{3}E+\left(-\frac{2}{3}E\right)\mathrm{e}^{\mathrm{j}2\pi/3}+\left(-\frac{2}{3}E\right)\mathrm{e}^{\mathrm{j}4\pi/3}\right]$$

$$=\frac{2}{3}\left[\frac{4}{3}E+\left(-\frac{2}{3}E\right)\left(-\frac{1}{2}+\mathrm{j}\frac{\sqrt{3}}{2}\right)+\left(-\frac{2}{3}E\right)\left(-\frac{1}{2}-\mathrm{j}\frac{\sqrt{3}}{2}\right)\right]$$

$$=\frac{4}{3}E\mathrm{e}^{\mathrm{j}0}$$

依次计算各开关状态的电压空间矢量，可以得到本节所直接给出的有关电压空间矢量的结论：

1）逆变器 6 个工作电压状态给出了 6 个不同方向的电压空间矢量。它们周期性地顺序出现，相邻两个矢量之间相差 60°。

2）电压空间矢量的幅值不变，都等于 $4E/3$。因此 6 个电压空间矢量的顶点构成了正六边形的 6 个顶点。

3）6 个电压空间矢量的顺序是 $\boldsymbol{u}_s(011)-\boldsymbol{u}_s(001)-\boldsymbol{u}_s(101)-\boldsymbol{u}_s(100)-\boldsymbol{u}_s(110)-\boldsymbol{u}_s(010)$。它

们依次沿逆时针方向旋转。

4）零电压状态“7”位于六边形的中心。

3. 电压空间矢量对定子磁链的控制作用

这里引出六边形磁链的概念。逆变器的输出电压 $\boldsymbol{u}_s(t)$ 直接加到异步电动机的定子上，则定子电压也为 $\boldsymbol{u}_s(t)$。定子磁链 $\boldsymbol{\Psi}_s(t)$ 与定子电压 $\boldsymbol{u}_s(t)$ 之间的关系为

$$\boldsymbol{\Psi}_s(t)=\int(\boldsymbol{u}_s(t)-\boldsymbol{i}_s(t)R_s)\mathrm{d}t \tag{8-10}$$

若忽略定子电阻电压降的影响，则

$$\boldsymbol{\Psi}_s(t)\approx\int\boldsymbol{u}_s(t)\mathrm{d}t \tag{8-11}$$

式（8-11）表示定子磁链空间矢量与定子电压空间矢量之间为积分关系。该关系如图 8-7 所示。

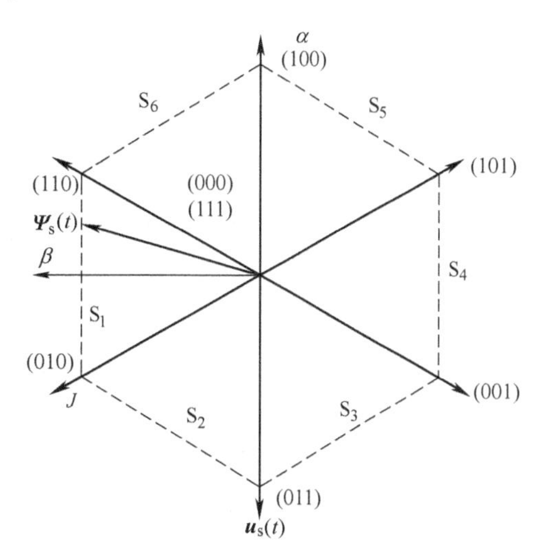

图 8-7　电压空间矢量与磁链空间矢量的关系

图 8-7 中，$\boldsymbol{u}_s(t)$ 表示电压空间矢量，$\boldsymbol{\Psi}_s(t)$ 表示磁链空间矢量，S_1、S_2、S_3、S_4、S_5、S_6 是正六边形的 6 条边。当磁链空间矢量如 $\boldsymbol{\Psi}_s(t)$ 在图 8-7 所示位置时（其顶点在边 S_1 上），如果逆变器加到定子上的电压空间矢量 $\boldsymbol{u}_s(t)$ 为 $\boldsymbol{u}_s(011)$（见图 8-7，在 $-\alpha$ 轴方向），则根据式（8-11），定子磁链空间矢量的顶点是沿着 S_1 边的轨迹，朝着电压空间矢量 $\boldsymbol{u}_s(011)$ 所作用的方向运动。当 $\boldsymbol{\Psi}_s(t)$ 沿着边 S_1 运动到 S_1 与 S_2 的交点 J 时，如果给出电压空间矢量 $\boldsymbol{u}_s(001)$（它与电压空间矢量 $\boldsymbol{u}_s(011)$ 成 60°夹角），则磁链空间矢量 $\boldsymbol{\Psi}_s(t)$ 的顶点则会按照与 $\boldsymbol{u}_s(001)$ 相平行的方向，沿着边 S_2 的轨迹运动。若在 S_2 与 S_3 的交点时给出电压 $\boldsymbol{u}_s(101)$，则 $\boldsymbol{\Psi}_s(t)$ 的顶点将沿着边 S_3 的轨迹运动。同样的方法依次给出 $\boldsymbol{u}_s(100)$、$\boldsymbol{u}_s(110)$、$\boldsymbol{u}_s(010)$，则 $\boldsymbol{\Psi}_s(t)$ 的顶点依次沿着边 S_4、S_5、S_6 的轨迹运动。至此可以得到以下结论：

1）定子磁链空间矢量顶点的运动方向和轨迹（以后简称为定子磁链的运动方向和轨迹，或 $\boldsymbol{\Psi}_s(t)$ 的运动方向和轨迹），对应于相应的电压空间矢量的作用方向，$\boldsymbol{\Psi}_s(t)$ 的运动轨迹平行于 $\boldsymbol{u}_s(t)$ 指示的方向。只要定子电阻电压降 $|\boldsymbol{i}_s(t)|R_s$ 比起 $|\boldsymbol{u}_s(t)|$ 足够小，那么这种平行就能得到很好地近似。

2）在适当的时刻依次给出定子电压空间矢量 $\boldsymbol{u}_{s1}-\boldsymbol{u}_{s2}-\boldsymbol{u}_{s3}-\boldsymbol{u}_{s4}-\boldsymbol{u}_{s5}-\boldsymbol{u}_{s6}$，则得到定子磁链的运动轨迹依次沿边 S_1-S_2-S_3-S_4-S_5-S_6 运动，形成了正六边形磁链。

3）正六边形的 6 条边代表着磁链空间矢量 $\boldsymbol{\Psi}_s(t)$ 一个周期的运动轨迹。每条边代表一个周期磁链轨迹的 1/6，称为一个区段。6 条边分别称为磁链轨迹的区段 S_1、区段 S_2、…、区段 S_6。区段的名称在以后的分析中经常要用到。

直接利用逆变器的 6 种工作开关状态，简单地得到六边形的磁链轨迹以控制电动机，这种方法是直接转矩控制的基本思路。

4. 电压空间矢量对电动机转矩的控制作用

在直接转矩控制技术中，其控制机理是通过电压空间矢量 $\boldsymbol{u}_s(t)$ 来控制定子磁链的旋转速度，实现改变定、转子磁链矢量之间的夹角，达到控制电动机转矩的目的。为了便于弄清电压空间矢量 $\boldsymbol{u}_s(t)$ 与异步电动机电磁转矩之间的关系，明确电压空间矢量 $\boldsymbol{u}_s(t)$ 对电动机转矩的控制作用，用定、转子磁链矢量的矢量积来表达异步电动机的电磁转矩，即

$$
\begin{aligned}
T_{ei} &= K_m[\boldsymbol{\Psi}_s(t)\times\boldsymbol{\Psi}_r(t)] \\
&= K_m\Psi_s\Psi_r\sin\angle[\boldsymbol{\Psi}_s(t),\boldsymbol{\Psi}_r(t)] \\
&= K_m\Psi_s\Psi_r\sin\theta_{sr}
\end{aligned}
\tag{8-12}
$$

式中，Ψ_s、Ψ_r 分别为定、转子磁链矢量 $\boldsymbol{\Psi}_s(t)$、$\boldsymbol{\Psi}_r(t)$的模值；θ_{rs}为 $\boldsymbol{\Psi}_s(t)$与 $\boldsymbol{\Psi}_r(t)$之间的夹角，称为转矩角。

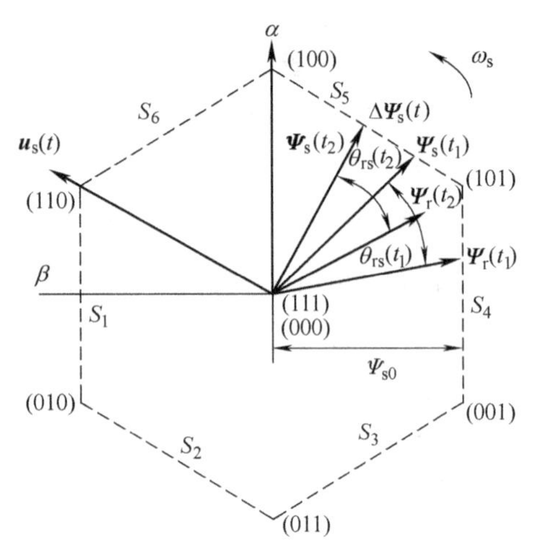

图 8-8　电压空间矢量对电动机转矩的控制作用

在实际运行中，保持定子磁链矢量的幅值为额定值，以充分利用电动机铁心；转子磁链矢量的幅值由负载决定。要改变电动机转矩的大小，可以通过改变转矩角 $\theta_{sr}(t)$的大小来实现。如图 8-8 所示。t_1 时刻的定子磁链 $\boldsymbol{\Psi}_s(t_1)$和转子磁链 $\boldsymbol{\Psi}_r(t_1)$及转矩角 $\theta_{sr}(t_1)$的位置如图 8-8 所示。从 t_1 时刻考查到 t_2 时刻，若此时给出的定子电压空间矢量 $\boldsymbol{u}_s(t)=\boldsymbol{u}_s(110)$，则定子磁链矢量由 $\boldsymbol{\Psi}_s(t_1)$的位置旋转到 $\boldsymbol{\Psi}_s(t_2)$的位置，其运动轨迹 $\Delta\boldsymbol{\Psi}_s(t)$如图 8-8 所示，沿着区段 S_5，与 $\boldsymbol{u}_s(110)$的指向平行。此期间转子磁链的旋转情况，受该期间定子频率的平均值$\overline{\omega}_s$ 的影响。因此在时刻 t_1 到时刻 t_2 这段时间里，定子磁链旋转速度大于转子磁链旋转速度，转矩角 $\theta_{rs}(t)$加大，由 $\theta_{sr}(t_1)$变为 $\theta_{sr}(t_2)$，相应转矩增大。

如果在 t_2 时刻，给出零电压空间矢量，则定子磁链空间矢量 $\boldsymbol{\Psi}_s(t_2)$保持在 t_2 时刻的位置静止不动，而转子磁链空间矢量却继续以$\overline{\omega}_s$ 的速度旋转，则转矩角减小，从而使转矩减小。通过转矩两点式调节来控制电压空间矢量的工作状态和零状态的交替出现，就能控制定子磁链空间矢量的平均角速度$\overline{\omega}_s$ 的大小，通过这样的瞬态调节就能获得高动态响应的转矩特性。

以上分析了直接转矩控制的基本原理，但是，必须注意实际应用中，由于磁链控制方式不同，异步电动机直接转矩控制系统分为磁链直接自控制直接转矩控制系统（Direct Self Control，DSC。定子磁链为六边形是 DSC 系统的基本特征）和直接转矩控制系统（Direct Torque Control，DTC。定子磁链为圆形是 DTC 系统的基本特征）。至今，许多书籍、刊物及论文中经常把 DSC 系统误认为是 DTC 系统，造成概念上的混淆。实际上 DSC 系统与 DTC 系统是有些区别的，为此，本书分别介绍 DSC 系统和 DTC 系统。为了以后讲述方便，将两类直接转矩控制系统分别称为 DSC 直接转矩控制系统和 DTC 直接转矩控制系统。

8.3　异步电动机 DSC 定子磁链为六边形直接转矩控制系统

8.3.1　直接自控制概念

当初直接自控制（DSC）系统是针对具有电压源逆变器的大功率变频调速系统而提出的。在这样的逆变器中，使磁链矢量沿六边形磁链轨迹运动，一般要求低开关频率。因此，在 DSC 中，逆变器运行在类似于矩形波逆变器模式，如图 8-9 所示。

直接自控制思想：图 8-9 中，虽然电压源逆变器中输出电压波形是不连续的，但这些波形的时间积分是连续的，并且接近正弦波。可以证明，采用这种积分和反馈方案中滞环继电器，在没有外部信号下，可以自行实施逆变器的矩形波运行（这就有了“自”的概念）。这样运行的逆变器的输出频率f_s正比于$U_d/\varPsi_s$，这里，U_d为逆变器的直流输入电压，而$\varPsi_s$为定子磁链的设定值。明确地说，当用逆变器的输出线电压时间积分计算定子磁链时，有

$$f_s=\frac{1}{4\sqrt{3}}\frac{U_d}{\varPsi_s} \tag{8-13}$$

且当积分相电压时，有

$$f_s=\frac{1}{6}\frac{U_d}{\varPsi_s} \tag{8-14}$$

自控制方案如图8-10所示，而滞环继电器特性如图8-11所示。

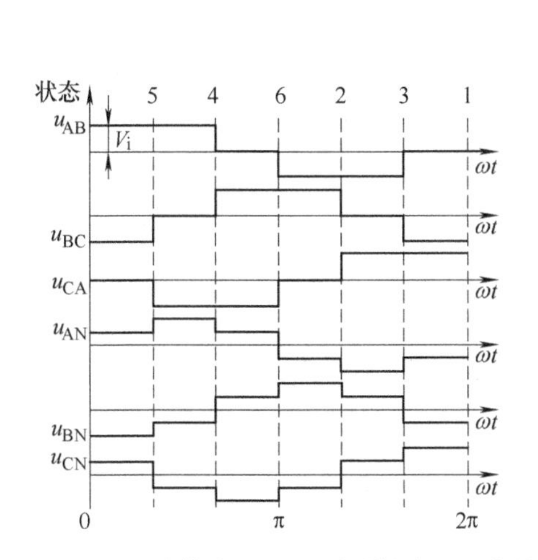

图8-9　矩形波模式电压源逆变器输出电压波形

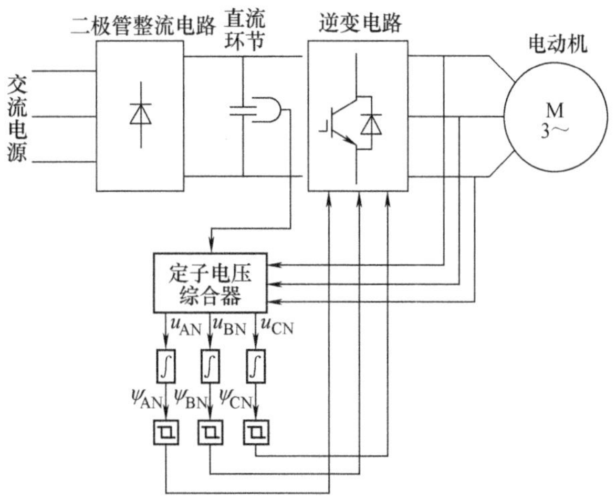

图8-10　逆变器的磁链自控制方案

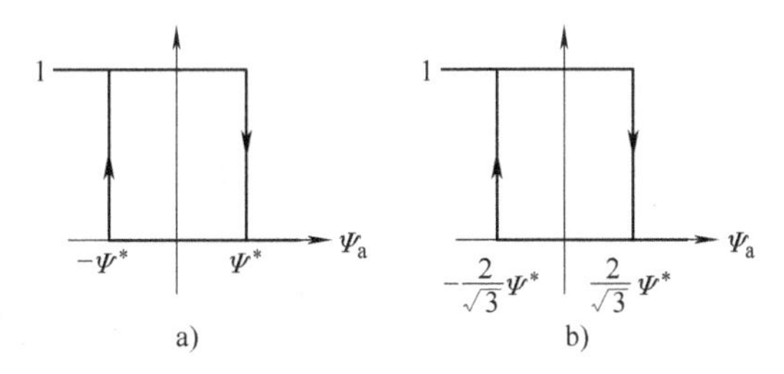

图8-11　逆变器自控制方案中滞环继电器特性

8.3.2　异步电动机DSC直接转矩控制系统的基本结构

前面阐述了直接转矩控制系统的基本概念和基本控制原理。所谓“直接转矩控制”，其本质是在异步电动机定子轴系中，采用空间矢量分析方法，直接计算和控制电动机的电磁转矩。一台电压型逆变器处于某一工作状态时，定子磁链轨迹沿着该状态所对应的定子电压矢量方向运动，速度正比于电压矢量的幅值$4E/3$。利用磁链的Bang-Bang控制切换电压矢量的工作状态，可使磁链轨迹按六边形（或近似圆形）运动。如果要改变定子磁链矢量$\boldsymbol{\varPsi}_s(t)$的旋转速度，引入零电压矢量，在零状态下，电压矢量等于零，磁链停止旋转。利用转矩的Bang-Bang控制交替使用工作状态和零状态，使磁链走走停停，从而改变了磁链平均旋转速度$\overline{\omega}_s$的大小，也就改变了转矩角$\theta_{sr}(t)$的大小，达到控制电动机转矩的目的。转矩、磁链闭环控制所需要的反馈控制量由电动

机定子侧转矩、磁链观测模型计算给出。根据以上所述内容，可以构成 DSC 直接转矩控制系统的基本结构图，如图 8-12a 所示。

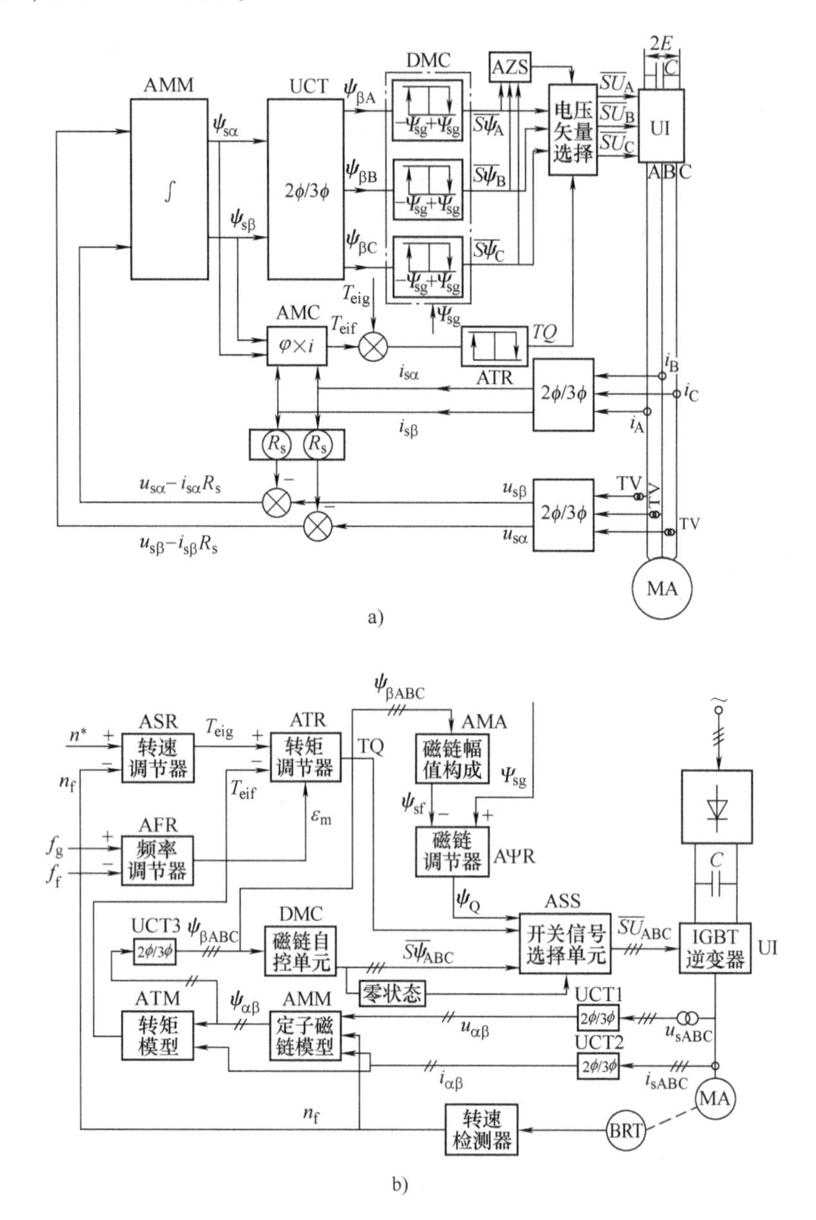

图 8-12 异步电动机 DSC 直接转矩控制系统

a）基本结构 b）系统组成

如图 8-12 所示，“磁链自控制”单元 DMC 的输入量是定子磁链在 β 三相轴系上的三相分量 $\psi_{\beta A}$、$\psi_{\beta B}$、$\psi_{\beta C}$。DMC 的参考比较信号是磁链设定值 $\boldsymbol{\Psi}_{sg}$，通过 DMC 内的三个施密特触发器分别把三个磁链分量与 $\boldsymbol{\Psi}_{sg}$ 相比较，在 DMC 输出端得到三个磁链开关信号：$\overline{S\boldsymbol{\Psi}_A}$、$\overline{S\boldsymbol{\Psi}_B}$ 和 $\overline{S\boldsymbol{\Psi}_C}$。三相磁链开关信号通过开关 S 换相，得到三相电压开关信号：$\overline{SU_A}$、$\overline{SU_B}$、$\overline{SU_C}$。其中开关 S 的换相原则就是 8.2.2 节中介绍过的原则：$\overline{S\boldsymbol{\Psi}_A}=\overline{SU_C}$、$\overline{S\boldsymbol{\Psi}_B}=\overline{SU_A}$、$\overline{S\boldsymbol{\Psi}_C}=\overline{SU_B}$。图 8-12a 中的电压开关信号 $\overline{SU_A}$、$\overline{SU_B}$ 和 $\overline{SU_C}$，经反相后变成电压状态信号 SU_A、SU_B、SU_C（图中未画出），就可直接去控

制逆变器 UI，输出相应的电压空间矢量，去控制产生所需的六边形磁链。

β 磁链分量 $\psi_{\beta A}$、$\psi_{\beta B}$、$\psi_{\beta C}$可通过坐标变换单元（UCT）的坐标变换得到。UCT 的输入量是定子磁链在 $\alpha-\beta$ 轴系上的分量 $\psi_{s\alpha}$和 $\psi_{s\beta}$。UCT 的输出量是三个 β 磁链分量。定子磁链在 $\alpha-\beta$ 轴系上的分量 $\psi_{s\alpha}$、$\psi_{s\beta}$可以由磁链模型单元（AMM）得到。

下面再来分析转矩调节部分。8.2.2 节中已经介绍过，转矩的大小通过改变定子磁链运动轨迹的平均速度来控制。要改变定子磁链沿轨迹运动的平均速度，就要引入零电压空间矢量来进行控制，零状态选择单元（AZS）提供零状态电压信号，它的给出时间由开关 S 来控制。开关 S 又由转矩调节器（ATR）的输出信号“TQ”来控制。转矩调节器的输入信号是转矩给定值 T_{eig}和转矩反馈值 T_{eif}的差值。ATR 是与磁链比较器一样的施密特触发器，它的容差是$\pm\varepsilon_m$。它对转矩实行离散式的两点式调节（或称为双位式调节）：当转矩实际值和转矩给定值的差值小于$-\varepsilon_m$时，即$(T_{eif}-T_{eig})<-\varepsilon_m$时，ATR 的输出信号“TQ”变为“1”态，控制开关 S 接通“磁链自控制”单元 DMC 输出的磁链开关信号$\overline{S\Psi}_{ABC}$，把工作电压空间矢量加到电动机上，使定子磁链旋转，转矩角 θ_{sr}加大，转矩加大；当转矩实际值和转矩给定值的差值大于$+\varepsilon_m$时，即$(T_{eif}-T_{eig})>\varepsilon_m$时，ATR 的输出信号“TQ”变为“0”态，控制开关 S 接通零状态选择单元（AZS）提供的零电压信号，把零电压加到电动机上，使定子磁链停止，磁通角 θ_{sr}减小，转矩减小，该过程即是所谓的“转矩直接自调节”过程。通过直接自调节作用，使电压空间矢量的工作状态与零状态交替接通，控制定子磁链走走停停，从而使转矩动态平衡保持在给定值的$\pm\varepsilon_m$（容差）的范围内，如此就控制了转矩。

“转矩调节器”又称为“转矩两点式调节器”或“转矩双位式调节器”。转矩实际值 T_{eif}由转矩计算单元（AMC）根据式（8-7）计算得到。AMC 的输入量是 AMM 的输出量 $\psi_{s\alpha}$和 $\psi_{s\beta}$以及被测量 $i_{s\alpha}$和 $i_{s\beta}$。

磁链模型单元（AMM）和转矩计算单元（AMC）都是通过异步电动机定子轴系数学模型得到的。

8.3.3 转矩计算单元（转矩观测模型）和定子磁链模型单元（定子磁链观测模型）

（1）转矩计算单元

根据式（8-7）可构成转矩观测模型（转矩计算单元），如图 8-13 所示。

（2）磁链的电压模型法（定子磁链观测模型）

用式（8-5）来确定异步电动机定子磁链的方法有一个优点，就是在计算过程中唯一需要了解的电动机参数，是易于确定的定子电阻。式中的定子电压 $\boldsymbol{u}_s$和定子电流 $\boldsymbol{i}_s$同样也是易于确定的物理量，它们能以足够的精度被检测出来。计算出定子磁链后，再把定子磁链和测量所得的定子电流代入式（8-7），就可以计算出电动机的转矩。

用定子电压与定子电流来确定定子磁链的方法叫电动机的磁链电压模型法，简称为 $u-i$ 模型，其结构如图 8-14 所示。磁链电压模型法主要优点是运算量小，容易实现，因此应用较多。

图 8-13 异步电动机转矩观测模型框图　　图 8-14 定子磁链的 $u-i$ 模型

但是，由式（8-5）可知，用积分器便可计算电动机磁链，但实现起来存在下列问题：

1）在运算过程中，需要使用纯积分环节，造成电压模型法运算精度受电压和电流信号中的直流分量和初始误差的影响较大，特别在低频时，这种影响更严重。

2）随着电动机转速和频率的降低和 $\boldsymbol{u}_s$ 的模值减小，由 i_sR_s 项补偿不准确带来的误差就越大。

3）电动机不转时，$e_s=0$，无法按式（8-5）计算磁链，也无法建立初始磁链。

针对磁链电压模型法存在的问题，在实际工程应用中做了必要的改进，例如低通滤波器法、交叉校正法、级联低通滤波器法等。

（3）磁链的电流模型法

电动机的电流模型（简称 i-n 模型）可以解决上述问题，电流模型用定子电流计算磁链，精度与转速有关，也受电动机参数，特别是转子时间常数的影响，在高速时不如电压模型，但低速时比电压模型准确，因此两模型必须配合使用，高速时用电压模型，低速时用电流模型。如何实现两模型的过渡呢？简单地切换不行，由于两模型计算结果不可能一样，简单切换又会在切换点附近造成冲击和振荡。采用图 8-15 所示的模型既解决了两模型的过渡，又解决了电压模型积分器漂移问题。

电流模型算出的磁链值为 $\boldsymbol{\Psi}'_s$，电压模型算出的磁链值为 $\boldsymbol{\Psi}_s$。若两模型均准确，则两磁链值相等，即 $\Delta\boldsymbol{\Psi}_s=\boldsymbol{\Psi}'_s-\boldsymbol{\Psi}_s$ 为零，积分器反馈通道不起作用，无积分误差；但当积分器漂移时，$\boldsymbol{\Psi}'_s$ 中无信号抵消它，反馈通道起作用，抑制漂移。实际上，两模型计算结果不可能完全相等，$\Delta\boldsymbol{\Psi}_s\neq0$，反馈通道对积分仍有一些影响，但比无电流模型小得多，图 8-15 所示框图可表示为

$$\boldsymbol{\Psi}_s=\frac{\alpha}{1+\alpha p}\left(e_s+\frac{1}{\alpha}\boldsymbol{\Psi}'_s\right) \tag{8-15}$$

式中，$\boldsymbol{\Psi}'_s$ 的大小与转速有关；e_s 与转速成比例，低速时 $e_s<0.5\boldsymbol{\Psi}'_s$，以电流模型为主，高速时 $e_s>0.5\boldsymbol{\Psi}'_s$，以电压模型为主；$\alpha$ 值决定过渡点，通常 $\alpha=10$，以 10%额定速度过渡。

电动机的电流模型表示为

$$\begin{cases}T_r\dfrac{d\psi_{r\alpha}}{dt}+\psi_{r\alpha}=L_{md}i'_{s\alpha}+T_r\omega_r\psi_{r\beta}\\[2ex]T_r\dfrac{d\psi_{r\beta}}{dt}+\psi_{r\beta}=L_{md}i'_{s\beta}-T_r\omega_r\psi_{r\alpha}\end{cases} \tag{8-16}$$

式中，$T_r=L_{rd}/R_r$ 为转子时间常数；ω_r 为转子角速度；$\psi_{s\alpha}$、$\psi_{s\beta}$可表示为

$$\begin{cases}\psi_{s\alpha}\approx\psi_{r\alpha}+L_\sigma i'_{s\alpha}\\\psi_{s\beta}\approx\psi_{r\beta}+L_\sigma i'_{s\beta}\end{cases} \tag{8-17}$$

式中，$L_\sigma=L_{r\sigma}+L_{s\sigma}$。

由式（8-16）、式（8-17）得电流模型（i-n 模型），如图 8-16 所示。

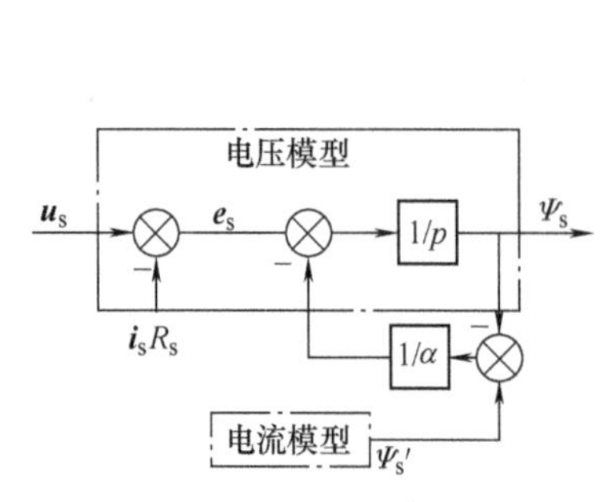

图 8-15　两模型的切换

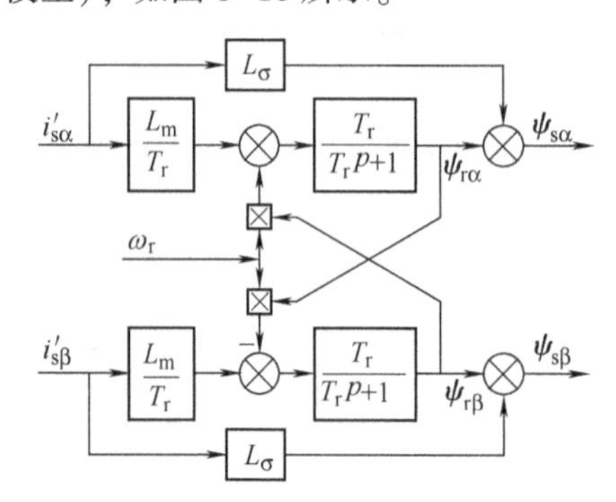

图 8-16　i-n 模型框图

(4) 磁链的全速度模型

实验证明，u-i 模型与 i-n 模型相互切换使用是可行的。但是，由于 u-i 模型向 i-n 模型进行快速平滑切换的困难仍未得到解决，而且实际上两模型计算结果不可能完全相等，所以当 $\Delta\boldsymbol{\Psi}_s \neq 0$ 时，反馈通道对积分仍有一些影响，磁链计算结果仍存在一定的误差，只不过比无电流模型时小得多而已，取而代之的是在全速范围内都使用的高精度磁链模型，称为 u-n 模型，也叫电动机模型。

u-n 模型由定子电压和转速来获得定子磁链，它综合了 u-i 模型和 i-n 模型的特点。为表达清楚，重列 u-n 模型所用到的数学方程式如下：

$$\begin{cases} T_r \dfrac{d\psi_{r\alpha}}{dt} + \psi_{r\alpha} = L_{md} i_{s\alpha} + T_r \omega_r \psi_{r\beta} \\ T_r \dfrac{d\psi_{r\beta}}{dt} + \psi_{r\beta} = L_{md} i_{s\beta} - T_r \omega_r \psi_{r\alpha} \end{cases} \tag{8-18}$$

$$\begin{cases} \psi_{s\alpha} = \int (u_{s\alpha} - R_s i_{s\alpha}) dt \\ \psi_{s\beta} = \int (u_{s\beta} - R_s i_{s\beta}) dt \end{cases} \tag{8-19}$$

$$\begin{cases} \psi_{s\alpha} \approx \psi_{r\alpha} + L_\sigma i'_{s\alpha} \\ \psi_{s\beta} \approx \psi_{r\beta} + L_\sigma i'_{s\beta} \end{cases} \tag{8-20}$$

根据上面三组方程构成的 u-n 模型，如图 8-17 所示。

式（8-20）同式（8-19）一样，分为两个通道（α 通道和 β 通道），以分别获得磁链的两个分量 $\psi_{s\alpha}$、$\psi_{s\beta}$。

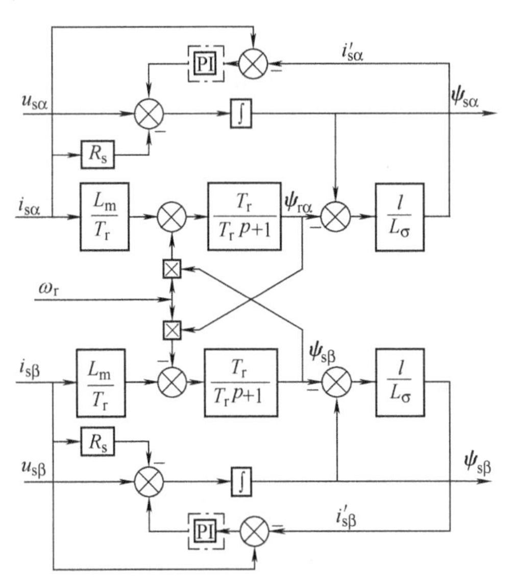

图 8-17　定子磁链的 u-n 动态模型（电动机模型）

下面以 α 通道为例来进行说明。

根据式（8-18）得到转子磁链 $\psi_{r\alpha}$ 信号；根据式（8-19）得到定子磁链 $\psi_{s\alpha}$ 信号；根据式（8-20）得到定子电流 $i'_{s\alpha}$ 信号。由此可见，u-n 模型的输入量是定子电压和转速信号，以此可以获得电动机的其他各量，如果再计及式（8-7），则还能获得电动机的转矩，因此 u-n 模型也可称为电动机模型，它很好地模拟了异步电动机的各个物理量。

图 8-17 中点画线框内的单元是电流调节器（PI），它的作用是强迫电动机模型电流和实际的电动机电流相等。如果电动机模型得到的电流 $i'_{s\alpha}$ 与实际测量到的电动机电流 $i_{s\alpha}$ 不相等，就会产生一个差值 $\Delta i=i_{s\alpha}-i'_{s\alpha}$ 送入电流调节器的输入端。电流调节器就会输出补偿信号加到积分单元的输入端，以修正 $\psi_{s\alpha}$ 和电流值，直到 $i'_{s\alpha}$ 完全等于 $i_{s\alpha}$ 为止，Δi 才为零，电流调节器才停止调节。由此可见，由于引入了电流调节器，电动机模型的仿真精度大大提高了。

电动机模型综合了 $u-i$ 模型和 $i-n$ 模型的优点，又很自然地解决了切换问题。高速时，电动机模型实际工作在 $u-i$ 模型下，磁链实际上只是由定子电压和定子电流计算得到。由定子电阻误差、转速测量误差及电动机参数误差引起的磁链误差在这个工作范围内将不再有意义。低速时，电动机模型实际工作在 $i-n$ 模型下。

需知，上述转矩观测模型和定子磁链观测模型也完全可以用在 DTC 系统中。

8.3.4 电压空间矢量选择（单元）

正确选择电压空间矢量，可以形成六边形磁链。所谓正确选择，包括两个含义：一是电压空间矢量顺序的选择；二是各电压空间矢量给出时刻的选择。

在控制时，将电动机内的电角度空间均匀分为 6 个扇区，每个扇区 60°。控制 $\boldsymbol{\Psi}_s$ 的幅值和转矩 T_s 都由空间电压矢量来完成。但优选空间电压矢量时，和 t 时刻的 $\boldsymbol{\Psi}_s$ 在哪一个扇区和转向有关。因此，必须确定 $\boldsymbol{\Psi}_s$ 所在的扇区。同一个扇区内，在直接转矩控制中，对空间电压矢量的最优选择都是一样的。

由扇区 $\theta(N)$、$\boldsymbol{\Psi}_s$ 和 T_{ei} 三个信息，综合选择最优空间电压矢量。这步综合优选工作可以离线进行。优选好最优空间电压矢量后，将它们制成表格，存储在计算机中，实时控制时，只要查表执行即可。

定子磁链空间矢量的运动轨迹取决于定子电压空间矢量。反过来，定子电压空间矢量的选择又取决于定子磁链空间矢量的运动轨迹。要想得到六边形磁链，就要对六边形磁链进行分析，为此观察六边形轨迹的定子旋转磁链空间矢量在 β 三相轴系 β_A、β_B 和 β_C 轴上的投影（β 轴系见图 8-18），则可以得到三个相差 120°相位的梯形波，它们分别被称为定子磁链的 $\psi_{\beta A}$、$\psi_{\beta B}$ 和 $\psi_{\beta C}$ 分量。图 8-19a 是这三个定子磁链分量的时序图，为便于理解，现举例说明：

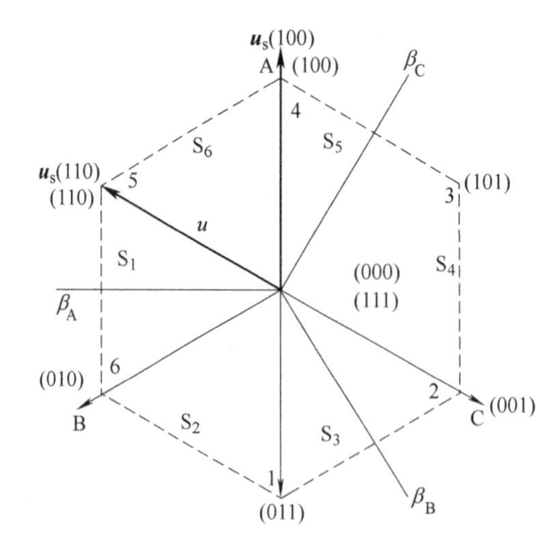

图 8-18　六边形磁链及 β 三相轴系 β_A、β_B 和 β_C 轴

图 8-18 的区段 S_1 分别向 β_A 轴、β_B 轴、β_C 轴投影，得到该区段内的三个磁链分量，见图 8-19a 中区段 S_1 的磁链波形 $\psi_{\beta A}$、$\psi_{\beta B}$ 和 $\psi_{\beta C}$。其中，在 S_1 的整个区段内，$\psi_{\beta A}$ 保持正的最大值，$\psi_{\beta B}$ 从负的最大值变到零，$\psi_{\beta C}$ 从零变到负的最大值。接着投影区段 S_2，得 $\psi_{\beta A}$ 分量从正的最大值变为零，$\psi_{\beta B}$ 分量从零变为正的最大值，$\psi_{\beta C}$ 分量保持负的最大值不变。同样，投影区段 S_3、S_4、S_5、S_6 得磁链分量 $\psi_{\beta A}$、$\psi_{\beta B}$ 和 $\psi_{\beta C}$ 的波形，如图 8-19a 所示。从区段 S_1 ~ S_6 完成了一个周期之后，又重复出现已有的波形。

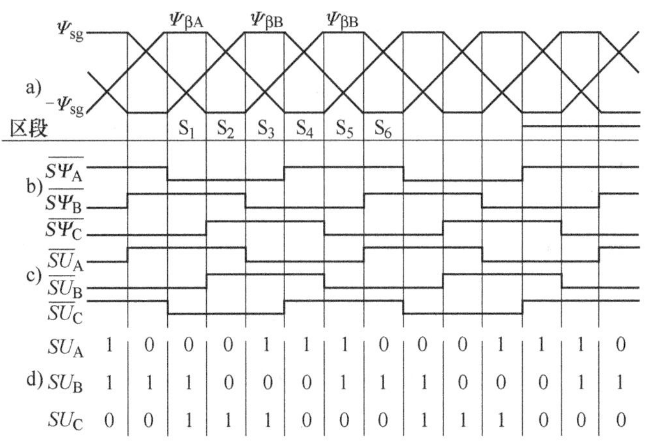

图 8-19 直接转矩控制开关信号及电压空间矢量的正确选择

a）定子磁链的三个 β 分量 b）磁链开关信号 c）电压开关信号 d）电压状态信号

如图 8-20 所示，施密特触发器的容差是 $\pm\boldsymbol{\Psi}_{sg}$。$\pm\boldsymbol{\Psi}_{sg}$ 作为磁链给定值，它等于图 8-8 中的 $\boldsymbol{\Psi}_{s0}$。通过三个施密特触发器，用磁链给定值 $\pm\boldsymbol{\Psi}_{sg}$，分别与三个磁链分量 $\psi_{\beta A}$、$\psi_{\beta B}$、$\psi_{\beta C}$ 进行比较，得到图 8-19b 所示的磁链开关信号 $\overline{S\boldsymbol{\Psi}_A}$、$\overline{S\boldsymbol{\Psi}_B}$ 和 $\overline{S\boldsymbol{\Psi}_C}$。对照图 8-19a 和图 8-19b 可见，当 $\psi_{\beta A}$ 上升达到正的磁链给定值 $\boldsymbol{\Psi}_{sg}$ 时，施密特触发器输出低电平信号，$\overline{S\boldsymbol{\Psi}_A}$ 为低电平；当 $\psi_{\beta A}$ 下降达到负的磁链给定值 $-\boldsymbol{\Psi}_{sg}$ 时，$\overline{S\boldsymbol{\Psi}_A}$ 为高电平。由此得到磁链开关信号 $\overline{S\boldsymbol{\Psi}_A}$ 的时序图，同理可得到 $\overline{S\boldsymbol{\Psi}_B}$ 和 $\overline{S\boldsymbol{\Psi}_C}$ 的时序图，如图 8-19b 所示。

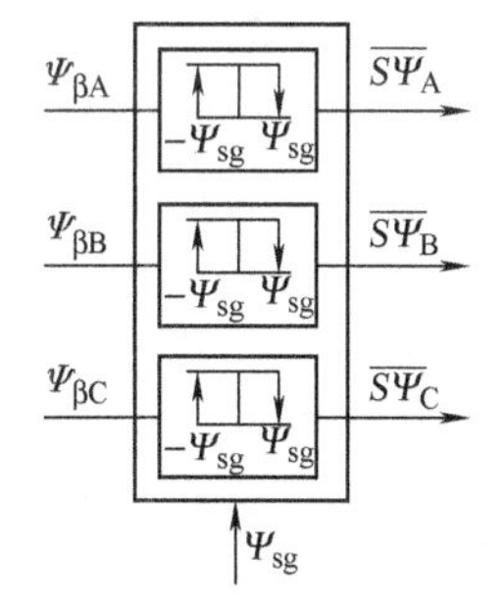

图 8-20 用作磁链比较器的施密特触发器

由磁链开关信号 $\overline{S\boldsymbol{\Psi}_A}$、$\overline{S\boldsymbol{\Psi}_B}$ 和 $\overline{S\boldsymbol{\Psi}_C}$ 可以很方便地构成电压开关信号 $\overline{SU_A}$、$\overline{SU_B}$ 和 $\overline{SU_C}$。其关系是

$$\overline{S\boldsymbol{\Psi}_A} = \overline{SU_C}$$
$$\overline{S\boldsymbol{\Psi}_B} = \overline{SU_A}$$
$$\overline{S\boldsymbol{\Psi}_C} = \overline{SU_B}$$

电压开关信号 $\overline{SU_A}$、$\overline{SU_B}$ 和 $\overline{SU_C}$ 的时序图如图 8-19c 所示。电压开关信号与磁链开关信号的关系可对比图 8-19b 和 8-19c。

把电压开关信号 $\overline{SU_A}$、$\overline{SU_B}$ 和 $\overline{SU_C}$ 反相，便直接得到电压状态信号 SU_A、SU_B 和 SU_C，如图 8-19d 所示。

对比图 8-19a 和图 8-19d 可以清楚地看到，由以上分析已经得到了电压开关状态顺序的正确选择。所得到的电压开关状态的顺序是 011-001-101-100-110-010，正好对应于六边形磁链的 6 个区段：S_1-S_2-S_3-S_4-S_5-S_6，这个顺序与 8.2.2 节中分析的顺序是一致的。按顺序依次给出电压空间矢量 $\boldsymbol{u}_s(011)$-$\boldsymbol{u}_s(001)$-$\boldsymbol{u}_s(101)$-$\boldsymbol{u}_s(100)$-$\boldsymbol{u}_s(110)$-$\boldsymbol{u}_s(010)$ 就可以得到按逆时针方向旋转的正六边形磁链轨迹，其相对应的顺序是 S_1-S_2-S_3-S_4-S_5-S_6，这是 8.2.2 节中所分析的同

题。现在所分析的问题正好是逆方向的，从逆时针旋转的六边形磁链 $S_1-S_2-S_3-S_4-S_5-S_6$ 得到了应正确选择的电压状态 011-001-101-100-110-010，或者说得到了应正确选择的电压空间矢量 $\boldsymbol{u}_s(011)-\boldsymbol{u}_s(001)-\boldsymbol{u}_s(101)-\boldsymbol{u}_s(100)-\boldsymbol{u}_s(110)-\boldsymbol{u}_s(010)$。两者的分析完全一致。

通过以上分析，解决了所选电压空间矢量的给出时刻问题，这个时刻就是各 β 磁链分量 $\psi_{\beta A}$、$\psi_{\beta B}$、$\psi_{\beta C}$ 到达磁链给定值 $\boldsymbol{\Psi}_{sg}$ 的时刻。通过磁链给定值比较器得到相应的磁链开关信号 $\overline{S\Psi_A}$、$\overline{S\Psi_B}$ 和 $\overline{S\Psi_C}$，再通过电压开关信号 $\overline{SU_A}$、$\overline{SU_B}$ 和 $\overline{SU_C}$ 得到电压状态信号 $SU(SU_A、SU_B、SU_C)$，也就得到了电压空间矢量 $\boldsymbol{u}_s(t)$。在这里磁链给定值 $\boldsymbol{\Psi}_{sg}$ 是一个很重要的参考值，它决定着电压空间矢量的切换时间。当磁链的 β 分量变化达到 $\pm\boldsymbol{\Psi}_{sg}$ 值时，电压状态信号发生变化，进行切换。磁链给定值 $\boldsymbol{\Psi}_{sg}$ 的几何概念是六边形磁链的边到中心的距离，它就是图 8-8 中的 $\boldsymbol{\Psi}_{s0}$。

为了获得定子磁链的 β 分量，必须对定子磁链进行检测。由检测出的定子磁链，向 β 三相轴系投影得到磁链的 β 分量，通过施密特触发器与磁链给定值比较，得到正确的电压状态信号，以控制逆变器的输出电压，并产生所期望的六边形磁链。

根据 8.3.2 节提出的直接转矩控制的基本结构（见图 8-12a），经过扩充和完善，可以得到一个比较完整的异步电动机 DSC 直接转矩控制系统，如图 8-12b 所示。

8.4 异步电动机 DTC 定子磁链为圆形直接转矩控制系统

DTC 直接转矩控制系统类似于 DSC 系统，但又不同于 DSC 系统。DTC 系统的工作原理阐述如下。

1. DTC 的磁链控制

由于电动机转矩与磁链大小有关，为了精确控制转矩，必须同时控制磁链，使其在转矩调节期间幅值不变或变化不大。

DTC 的磁链控制通过磁链滞环 Bang-Bang 控制器实现，它的输入是定子磁链幅值给定 Ψ_s^* 及来自电动机模型的定子磁链幅值实际值 Ψ_s，滞环宽度为 $2\varepsilon_\psi$。

可知，二电平三相逆变器的三组开关有 8 种可能的工作状态，产生 6 个有效基本电压空间矢量($\boldsymbol{u}_1,\cdots,\boldsymbol{u}_6$)及 2 个零基本电压空间矢量($\boldsymbol{u}_0$、$\boldsymbol{u}_7$)。6 个有效基本电压空间矢量如图 8-21 所示，在图中还绘出两个幅值为($\Psi_s^*+\varepsilon_\psi$)和($\Psi_s^*-\varepsilon_\psi$)的圆，它们是磁链滞环控制器（AΨR）的动作值。整个图分成 6 个扇区 Ⅰ，…，Ⅵ，在每个扇区中有一个有效基本电压空间矢量（注意：这个扇区按电压矢量位于扇区中央来划分）。

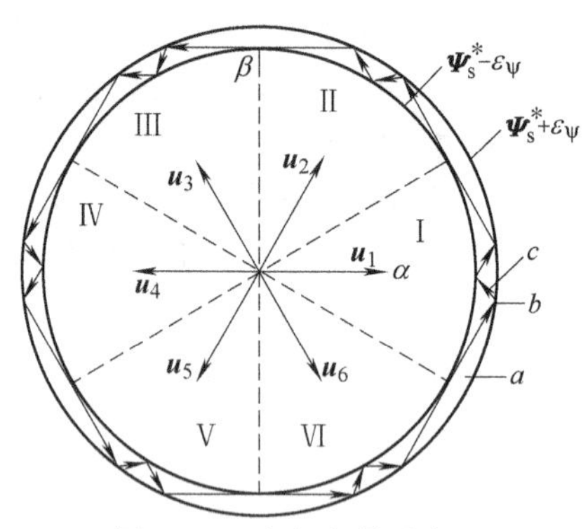

图 8-21 空间矢量及扇区

由式（8-5）知，在忽略定子电阻电压降后，定子磁链矢量为

$$\boldsymbol{\Psi}_s \approx \int \boldsymbol{u}_s \mathrm{d}t \tag{8-21}$$

式（8-21）表明，在施加某一个有效的基本电压空间矢量后，定子磁链矢量 $\boldsymbol{\Psi}_s$ 将从起始点沿该电压矢量方向直线运动。改用另一个电压矢量后，$\boldsymbol{\Psi}_s$ 将从改变时刻的位置沿新基本电压矢量的方向运动。

假设某一时刻来自电动机模型的矢量 $\boldsymbol{\Psi}_s$ 位于扇区 Ⅰ 的 a 点，选用电压矢量 $\boldsymbol{u}_2$，磁链矢量 $\boldsymbol{\Psi}_s$ 沿 $\boldsymbol{u}_2$ 方向运动，幅值 Ψ_s 逐渐加大。当矢量 $\boldsymbol{\Psi}_s$ 移动到 b 点时，幅值 $\Psi_s=\Psi_s^*+\varepsilon_\psi$，AΨR 动作，

改用电压矢量 $\boldsymbol{u}_3$，随后矢量 $\boldsymbol{\Psi}_s$ 沿 $\boldsymbol{u}_3$ 方向运动，幅值 Ψ_s 逐渐减小。当矢量 $\boldsymbol{\Psi}_s$ 移动到 c 点时，幅值 $\Psi_s=\Psi_s^*-\varepsilon_\psi$，AΨR 翻转回原状态，再次用电压矢量 $\boldsymbol{u}_2$，幅值 Ψ_s 再加大。如此交替使用电压矢量 $\boldsymbol{u}_2$ 和 $\boldsymbol{u}_3$，磁链矢量 $\boldsymbol{\Psi}_s$ 将近似沿圆弧轨迹运动至该扇区结束。在进入扇区Ⅱ后，改为交替使用电压矢量 $\boldsymbol{u}_3$ 和 $\boldsymbol{u}_4$，在 AΨR 的控制下，$\boldsymbol{\Psi}_s$ 将继续沿圆弧轨迹运动至该扇区结束。如此每换一个扇区就更换一次交替工作的电压矢量，便可控制磁链矢量不停地近似沿圆弧轨迹旋转，保持幅值 $\Psi_s\approx\Psi_s^*$。

由式（8-21）知，磁链矢量移动的线速度比例于有效基本电压空间矢量的幅值，在逆变器直流母线电压不变时，它是一个固定值。磁链幅值给定越小，圆轨迹的半径越小，磁链矢量旋转的角速度 ω_s 越高，$\omega_s\propto 1/\Psi_s^*$，它与电动机的恒功率调速（弱磁调速）要求相符。

由于有效基本电压空间矢量的幅值是逆变器输出的最高电压，所以上述全部用有效电压矢量构造的旋转磁场是它转得最快的情况，即这时逆变器输出的频率是其最高频率（对应于给定的 Ψ_s^*）。为获得从零到最高频率之间的中间频率，必须在磁链矢量运动过程中不断插入零基本电压矢量。插入零矢量期间，由于它的电压值为零，磁链矢量停止运动，从而降低 $\boldsymbol{\Psi}_s$ 运动的平均速度，获得了较低的输出频率，零矢量时间占的比例越大，输出频率越低。零矢量插入的时刻及时间长短由转矩滞环控制器（TBC）决定。

2. DTC 的转矩控制

DTC 的转矩控制通过转矩滞环 Bang-Bang 控制器实现，它的输入是转速调节器（ASR）输出的转矩给定 T_{ei}^* 及来自转矩观测器的转矩实际值 T_{ei}，滞环宽度为 $2\delta_T$。

从统一的电动机转矩公式和异步电动机矢量图 8-1 可知，异步电动机转矩与由矢量 $L_s\boldsymbol{i}_s$、$L_m\boldsymbol{i}_r$ 和 $\boldsymbol{\Psi}_s$ 构成的平行四边形面积成比例，即

$$T_d=K_{mi}\Psi_s i_s\sin\theta_{\psi i} \tag{8-22}$$

式中，K_{mi} 为比例系数；$\theta_{\psi i}$ 为从矢量 $\boldsymbol{\Psi}_s$ 到矢量 $\boldsymbol{i}_s$ 的夹角，如图 8-22 所示；i_s 为矢量 $\boldsymbol{i}_s$ 的幅值。

由图 8-22 可知

$$\theta_{\psi i}=\theta_{\alpha i}-\theta_{\alpha\psi}$$

$$\sin\theta_{\psi i}=\sin\theta_{\alpha i}\cos\theta_{\alpha\psi}-\cos\theta_{\alpha i}\sin\theta_{\alpha\psi}$$

代入式（8-22），得转矩公式为

$$T_{ei}=K_{mi}(\psi_{s\alpha}i_{s\beta}-\psi_{s\beta}i_{s\alpha}) \tag{8-23}$$

把式（8-23）中的 $\psi_{s\alpha}$ 和 $\psi_{s\beta}$ 用电动机模型输出的 $\psi_{s\alpha.CM}$ 和 $\psi_{s\beta.CM}$ 代替，得转矩观测器计算公式为

$$T_{ei.ob}=K_{mi}(\psi_{s\alpha.CM}i_{s\beta}-\psi_{s\beta.CM}i_{s\alpha}) \tag{8-24}$$

转矩响应波形如图 8-23 所示。假设某一时刻系统工作于 a 点，来自转矩观测器的转矩实际值信号 $T_{ei.ob}$ 等于转矩滞环控制器（ATR）的上限动作值 $T_{ei}^*+\varepsilon_T(T_{ei.ob}=T_{ei}^*+\varepsilon_T)$，ATR 输出翻转，电压空间矢量从有效矢量改为零矢量，定子磁链矢量 $\boldsymbol{\Psi}_s$ 停止转动（$\omega_{s.ins}=0$，$\omega_{s.ins}$ 为 $\boldsymbol{\Psi}_s$ 转动的瞬时角速度），这时电动机转子转动，$\omega_{s.ins}<\omega_r$，转子电动势矢量反方向，使转子电流及转矩减小，$T_{ei.ob}$ 逐渐下降。降到 b 点，$T_{ei.ob}$ 等于 ATR 的下限动作值 $T_{ei}^*-\varepsilon_T(T_{ei.ob}=T_{ei}^*-\varepsilon_T)$，ATR 输出转回原状态，电压矢量从零矢量改回有效矢量，矢量 $\boldsymbol{\Psi}_s$ 以最高角速度旋转，$\omega_{s.ins}>\omega_r$，转子电动势矢量转回原方向，使转子电流及转矩加大，$T_{ei.ob}$ 逐渐上升。到 c 点，再次 $T_{ei.ob}=T_{ei}^*+\varepsilon_T$，ATR 又翻转，$T_{ei.ob}$ 又下降。如此反复，$T_{ei.ob}$ 始终在转矩给定 T_{ei}^* 两边摆动，使它的一个开关周期平均值 $T_{ei.ob.av}=T_{ei}^*$。在 T_{ei}^* 变化时，$T_{ei.ob}$ 紧随其变化，转矩响应时间为一个开关周期（T_{ei}^* 变化时的开关周期与稳态时的开关周期不同）。

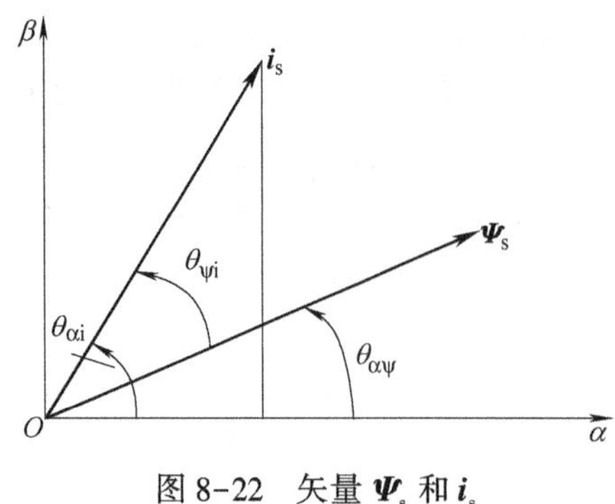

图 8-22　矢量 $\boldsymbol{\Psi}_s$ 和 $\boldsymbol{i}_s$

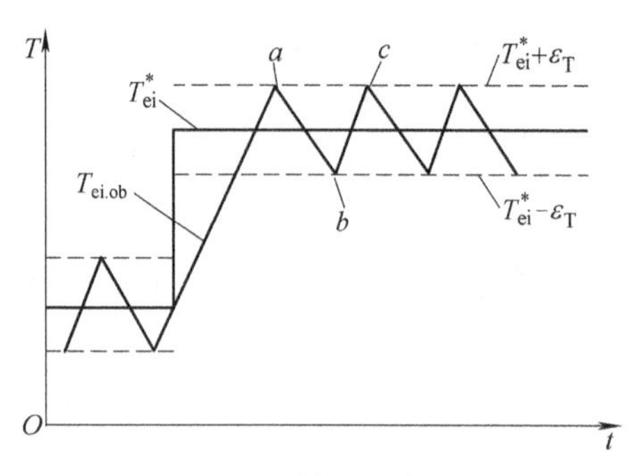

图 8-23　转矩响应波形

需要注意的是，零矢量有两个，分别是 $\boldsymbol{u}_0(000)$ 和 $\boldsymbol{u}_7(111)$，为减少功率开关动作次数，零矢量按下述原则选用：若插入零矢量前，有效电压矢量为 $\boldsymbol{u}_1$ 或 $\boldsymbol{u}_3$ 或 $\boldsymbol{u}_5$，选 $\boldsymbol{u}_0$；若插入零矢量前，有效电压矢量为 $\boldsymbol{u}_2$ 或 $\boldsymbol{u}_4$ 或 $\boldsymbol{u}_6$，则选 $\boldsymbol{u}_7$。按此原则插入零矢量，只需改变一组开关的状态，开关损耗最小。

从上述工作原理知，ATR 不仅控制了零矢量的插入时刻及其持续时间，实现对逆变器输出角频率 ω_s 的控制，还完成了产生 PWM 信号的任务，简化了系统。这种工作模式给系统调试带来了不便，因为转矩不闭环就没有 PWM，可人们又不敢在没确认控制器、信号检测环节及电动机模型均正常前就贸然转矩闭环，特别是在大、中功率场合。因此在实际装置中，PWM 信号产生环节不能轻易省掉，调试时先用它对系统进行自检，一切正常后再转入 DTC 控制。

DTC 的另一个特点是开关频率因电动机转速不同而变化。转矩 $T_{ei.ob}$ 上升、下降的斜率与转子角速度 ω_r 有关：高速时，ω_r 与 $\boldsymbol{\Psi}_s$ 的最高旋转角速度之差小，$T_{ei.ob}$ 上升慢、下降快；低速时，ω_r 与 $\boldsymbol{\Psi}_s$ 的最高旋转角速度之差最大，但与零接近，$T_{ei.ob}$ 上升快、下降慢，这两种情况都使开关频率降低；中速时开关频率最高。ABB 公司的中、小功率 DTC 变频器的开关频率变化范围为 0.5 ~6 kHz。开关频率的变化导致 EMC 噪声频带加宽，谐波加大。

3. DTC 系统

前面介绍了 DTC 的磁链控制和转矩控制组合在一起，构造一个完整的 DTC 系统，如图 8-24 所示。图中 AΨR 和 ATR 分别为定子磁链调节器和转矩调节器，两者均采用带有滞环的双位式控制器，它们的输出分别为定子磁链幅值偏差 $\Delta\Psi_s$ 的符号函数 $\text{sgn}(\Delta\Psi_s)$ 和电磁转矩偏差 ΔT_{ei} 的符号函数 $\text{sgn}(\Delta T_{ei})$，如图 8-25 所示。图中，定子磁链给定 Ψ_s^* 随着实际转速 ω 的增加而减小。P/N 为给定转矩极性鉴别器，当期望的电磁转矩为正时，$P/N=1$，当期望的电磁转矩为负时，$P/N=0$，对于不同的电磁转矩期望值，同样符号函数 $\text{sgn}(\Delta T_{ei})$ 的控制效果是不同的。

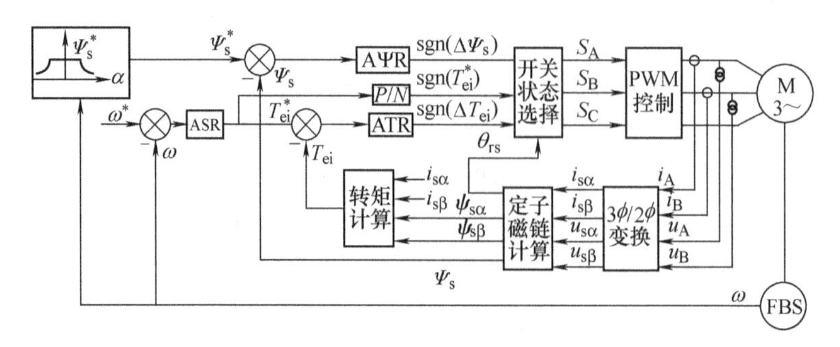

图 8-24　DTC 系统原理结构图

当期望的电磁转矩为正，即 $P/N=1$ 时，若电磁转矩偏差 $\Delta T_{ei}=T_{ei}^*-T_{ei}>0$，其符号函数 $\mathrm{sgn}(\Delta T_{ei})=1$，应使定子磁场正向旋转，使实际转矩 T_{ei} 加大；若电磁转矩偏差 $\Delta T_{ei}=T_{ei}^*-T_{ei}<0$，则 $\mathrm{sgn}(\Delta T_{ei})=0$，一般采用定子磁场停止转动，使电磁转矩减小。当期望的电磁转矩为负，即 $P/N=0$ 时，若电磁转矩偏差 $\Delta T_{ei}=T_{ei}^*-T_{ei}<0$，其符号函数 $\mathrm{sgn}(\Delta T_{ei})=0$，应使定子磁场反向旋转，使实际电磁转矩 T_{ei} 反向增大；若电磁转矩偏差 $\Delta T_{ei}=T_{ei}^*-T_{ei}>0$，$\mathrm{sgn}(\Delta T_{ei})=1$，一般采用定子磁场停止转动，使电磁转矩反向减小。

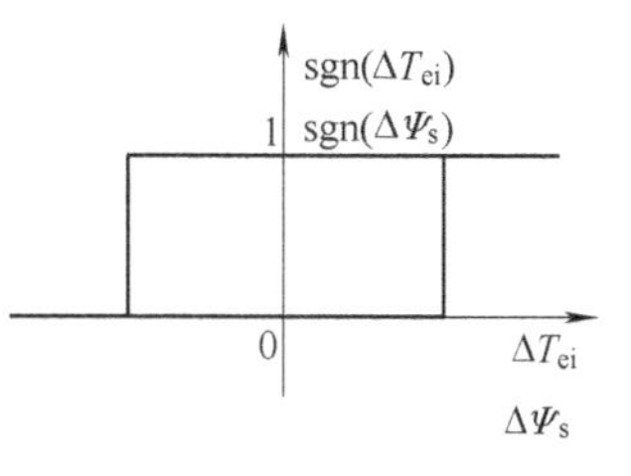

图 8-25　带有滞环的双位式控制器

将上述控制法则整理成表 8-4，当定子磁链矢量位于第 I 扇区中的不同位置时，可按控制器输出的 P/N、$\mathrm{sgn}(\Delta\Psi_s)$ 和 $\mathrm{sgn}(\Delta T_{ei})$ 值用查表法选取电压空间矢量，零矢量可按开关损耗最小的原则选取。其扇区磁链的电压空间矢量选择可依次类推。

表 8-4　电压空间矢量选择表

P/N	$\mathrm{sgn}(\Delta\Psi_s)$	$\mathrm{sgn}(\Delta T_{ei})$	0	$0\sim\frac{\pi}{6}$	$\frac{\pi}{6}$	$\frac{\pi}{6}\sim\frac{\pi}{3}$	$\frac{\pi}{3}$
1	1	1	$\boldsymbol{u}_2$	$\boldsymbol{u}_2$	$\boldsymbol{u}_3$	$\boldsymbol{u}_3$	$\boldsymbol{u}_3$
		0	$\boldsymbol{u}_1$	$\boldsymbol{u}_0$，$\boldsymbol{u}_7$	$\boldsymbol{u}_0$，$\boldsymbol{u}_7$	$\boldsymbol{u}_0$，$\boldsymbol{u}_7$	$\boldsymbol{u}_0$，$\boldsymbol{u}_7$
	0	1	$\boldsymbol{u}_3$	$\boldsymbol{u}_3$	$\boldsymbol{u}_4$	$\boldsymbol{u}_4$	$\boldsymbol{u}_4$
		0	$\boldsymbol{u}_4$	$\boldsymbol{u}_0$，$\boldsymbol{u}_7$	$\boldsymbol{u}_0$，$\boldsymbol{u}_7$	$\boldsymbol{u}_0$，$\boldsymbol{u}_7$	$\boldsymbol{u}_0$，$\boldsymbol{u}_7$
0	1	1	$\boldsymbol{u}_1$	$\boldsymbol{u}_0$，$\boldsymbol{u}_7$	$\boldsymbol{u}_0$，$\boldsymbol{u}_7$	$\boldsymbol{u}_0$，$\boldsymbol{u}_7$	$\boldsymbol{u}_0$，$\boldsymbol{u}_7$
		0	$\boldsymbol{u}_6$	$\boldsymbol{u}_6$	$\boldsymbol{u}_6$	$\boldsymbol{u}_1$	$\boldsymbol{u}_1$
	0	1	$\boldsymbol{u}_4$	$\boldsymbol{u}_0$，$\boldsymbol{u}_7$	$\boldsymbol{u}_0$，$\boldsymbol{u}_7$	$\boldsymbol{u}_0$，$\boldsymbol{u}_7$	$\boldsymbol{u}_0$，$\boldsymbol{u}_7$
		0	$\boldsymbol{u}_5$	$\boldsymbol{u}_5$	$\boldsymbol{u}_5$	$\boldsymbol{u}_6$	$\boldsymbol{u}_6$

8.5　无速度传感器直接转矩控制系统

无速度传感器直接转矩控制系统如图 8-26 所示，其结构在前面已详细介绍过，此处不再叙述。下面详细介绍了两种速度推算器的构成方法。

1. 方法一：常规方法

由不需要转速 ω_r 信息的定子回路的电压模型求得转子磁链。

$$\begin{cases}\psi_{r\alpha}=\dfrac{L_{rd}}{L_{md}}\left[\int(u_{s\alpha}-R_s i_{s\alpha})\mathrm{d}t-\sigma L_{sd}i_{s\alpha}\right]\\ \psi_{r\beta}=\dfrac{L_{rd}}{L_{md}}\left[\int(u_{s\beta}-R_s i_{s\beta})\mathrm{d}t-\sigma L_{sd}i_{s\beta}\right]\end{cases}\tag{8-25}$$

式中，$\sigma=1-L_{md}^2/(L_{sd}L_{rd})$ 为漏磁系数。

但是在实际使用时，式（8-25）的转子磁链运算存在下列问题：

1）由于需要积分运算，在低速时会出现积分漂移和初始值的误差，运行将不稳定。

2）在低速时，电动机端电压很小，R_s 的误差会影响磁链运算的精度，在低速运行会不稳定。

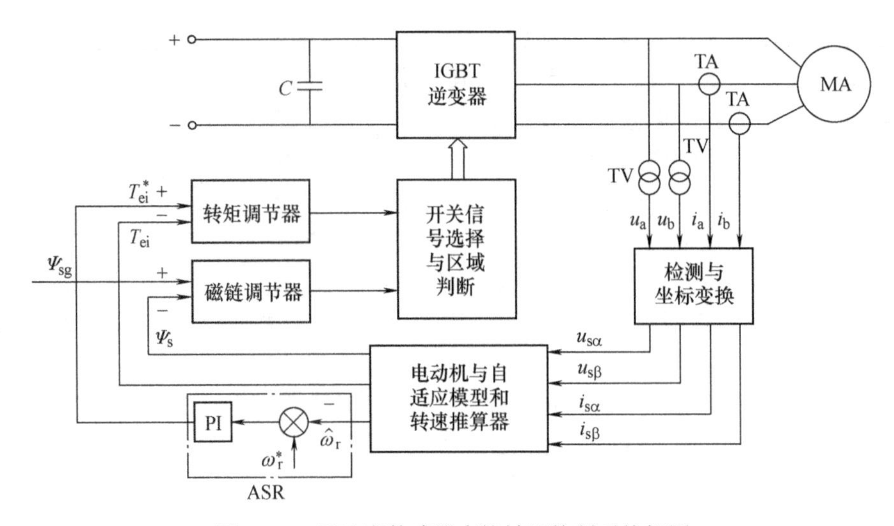

图 8-26　无速度传感器直接转矩控制系统框图

解决办法如下：

1）方法一是把电压模型的转子磁链 $\psi_{r\alpha}$、$\psi_{r\beta}$，与电流模型的转子磁链 $\psi_{r\alpha i}$、$\psi_{r\beta i}$ 的误差作为反馈量加到式（8-25）中，按下列式子来推算转子磁链。

$$\begin{cases}\psi_{r\alpha}=\dfrac{L_{rd}}{L_{md}}\left\{\int[u_{s\alpha}-R_s i_{s\alpha}-K(\psi_{r\alpha}-\psi_{r\alpha i})]\mathrm{d}t-\sigma L_{sd}i_{s\alpha}\right\}\\ \psi_{r\beta}=\dfrac{L_{rd}}{L_{md}}\left\{\int[u_{s\beta}-R_s i_{s\beta}-K(\psi_{r\beta}-\psi_{r\beta i})]\mathrm{d}t-\sigma L_{sd}i_{s\beta}\right\}\end{cases} \tag{8-26}$$

式中，K 为增益系数。

而电流模型的转子磁链 $\psi_{r\alpha i}$、$\psi_{r\beta i}$ 可写成

$$\psi_{ri}=\int\left[\left(\frac{L_{md}}{L_{rd}}\right)R_r i_{s\alpha}-\left(\frac{R_r}{L_{rd}}\right)\psi_{ri}+\hat{\omega}_r\boldsymbol{J}\psi_{ri}\right]\mathrm{d}t \tag{8-27}$$

式中，$\boldsymbol{J}=\begin{pmatrix}0 & -1\\ 1 & 0\end{pmatrix}$；$\hat{\omega}_r$ 为速度推算值。

速度推算值 $\hat{\omega}_r$ 由转子磁链 ψ_r 的相位角 θ 的微分值 $\omega_s=p\theta_s$ 与转差频率运算值 $\hat{\omega}_{sl}$ 相减而得，即

$$\hat{\omega}_r=\omega_s-\hat{\omega}_{sl} \tag{8-28}$$

$$\omega_s=\frac{\mathrm{d}}{\mathrm{d}t}\arctan\left(\frac{\psi_{r\beta}}{\psi_{r\alpha}}\right) \tag{8-29}$$

$$\hat{\omega}_{sl}=R_r\left(\frac{L_{md}}{L_{rd}}\right)\frac{\psi_{r\alpha}i_{s\beta}-\psi_{r\beta}i_{s\alpha}}{\psi_{r\alpha}^2+\psi_{r\beta}^2} \tag{8-30}$$

2）方法二是转差频率推算值按下式运算。

$$\hat{\omega}_{sl}=\hat{\omega}_{sl}+\int(\hat{\omega}'_{sl}-\hat{\omega}_{sl})\mathrm{d}t \tag{8-31}$$

$$\hat{\omega}'_{sl}=\frac{R_r(L_{md}/L_{rd})(\psi_{r\alpha}i_{s\beta}-\psi_{r\beta}i_{s\alpha})}{L_{md}(\psi_{r\alpha}i_{s\alpha}+\psi_{r\beta}i_{s\beta})} \tag{8-32}$$

式（8-32）表明，在稳态时转差频率 $\hat{\omega}'_{sl}$ 对定子电阻误差的敏感度为最低，也就是说，在动

态时使用式（8-30）的$\hat{\omega}_{sl}$，而在稳态时使用式（8-32）的$\hat{\omega}'_{sl}$，以达到对定子电阻变化的低敏感度。速度推算器的结构如图 8-27 所示。

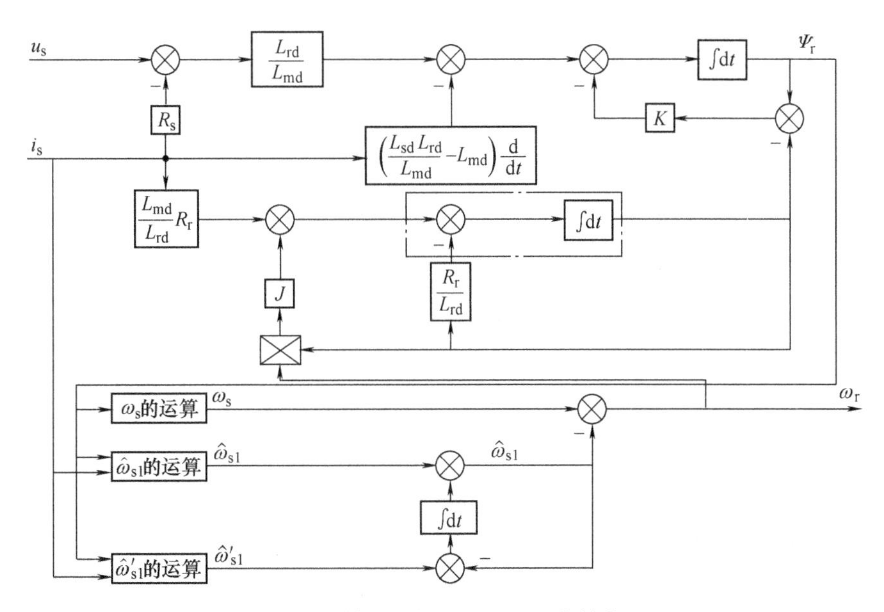

图 8-27　转子磁链和速度的运算结构图

2. 方法二：模型参考自适应法

模型参考自适应（Model Reference Adaptive System，MRAS）法辨识参数的主要思想是将不含未知参数的方程作为参考模型，而将含有待估计参数的方程作为可调模型，两个模型具有相同物理意义的输出量，利用两个模型输出量的误差构成合适的自适应率来实时调节可调模型的参数，以达到控制对象的输出跟踪参考模型的目的。

C. Schauder 首次将模型参考自适应法引入异步电动机转速辨识中，这也是首次基于稳定性理论设计异步电动机转速的辨识方法，其推导如下：

静止参考轴系下的转子磁链方程为

$$p\begin{pmatrix}\psi_{r\alpha}\\ \psi_{r\beta}\end{pmatrix}=\begin{pmatrix}-\dfrac{1}{T_r} & -\omega_r\\ \omega_r & -\dfrac{1}{T_r}\end{pmatrix}\begin{pmatrix}\psi_{r\alpha}\\ \psi_{r\beta}\end{pmatrix}+\frac{L_{md}}{T_r}\begin{pmatrix}i_{r\alpha}\\ i_{r\beta}\end{pmatrix} \tag{8-33}$$

据此构造参数可调的转子磁链估计模型为

$$p\begin{pmatrix}\hat{\psi}_{r\alpha}\\ \hat{\psi}_{r\beta}\end{pmatrix}=\begin{pmatrix}-\dfrac{1}{T_r} & -\hat{\omega}_r\\ \hat{\omega}_r & -\dfrac{1}{T_r}\end{pmatrix}\begin{pmatrix}\hat{\psi}_{r\alpha}\\ \hat{\psi}_{r\beta}\end{pmatrix}+\frac{L_{md}}{T_r}\begin{pmatrix}i_{r\alpha}\\ i_{r\beta}\end{pmatrix} \tag{8-34}$$

认为估计模型中ω_r是需要辨识的量，而认为其他参数不变化。式（8-33）和式（8-34）可简写为

$$p\begin{pmatrix}\psi_{r\alpha}\\ \psi_{r\beta}\end{pmatrix}=\boldsymbol{A}_r\begin{pmatrix}\psi_{r\alpha}\\ \psi_{r\beta}\end{pmatrix}+b\begin{pmatrix}i_{r\alpha}\\ i_{r\beta}\end{pmatrix} \tag{8-35}$$

$$p\begin{pmatrix}\hat{\psi}_{r\alpha}\\ \hat{\psi}_{r\beta}\end{pmatrix}=\hat{\boldsymbol{A}}_r\begin{pmatrix}\hat{\psi}_{r\alpha}\\ \hat{\psi}_{r\beta}\end{pmatrix}+b\begin{pmatrix}i_{r\alpha}\\ i_{r\beta}\end{pmatrix} \tag{8-36}$$

式中，$\boldsymbol{A}_r=\begin{pmatrix}-\dfrac{1}{T_r} & -\omega_r\\ \omega_r & -\dfrac{1}{T_r}\end{pmatrix}$，$\hat{\boldsymbol{A}}_r=\begin{pmatrix}-\dfrac{1}{T_r} & -\hat{\omega}_r\\ \hat{\omega}_r & -\dfrac{1}{T_r}\end{pmatrix}$。

定义状态误差为

$$e_{\psi\alpha}=\hat{\psi}_{r\alpha}-\psi_{r\alpha}$$
$$e_{\psi\beta}=\hat{\psi}_{r\beta}-\psi_{r\beta}$$

则式（8-36）减式（8-35）可得

$$p\begin{pmatrix}e_{\psi\alpha}\\ e_{\psi\beta}\end{pmatrix}=\boldsymbol{A}_r\begin{pmatrix}e_{\psi\alpha}\\ e_{\psi\beta}\end{pmatrix}+e_\omega\begin{pmatrix}0 & -1\\ 1 & 0\end{pmatrix}\begin{pmatrix}\hat{\psi}_{r\alpha}\\ \hat{\psi}_{r\beta}\end{pmatrix} \tag{8-37}$$

根据 Popov 超稳定性理论，取比例积分自适应率 $K_p+\dfrac{K_i}{s}$可以推得角速度辨识公式为

$$\begin{aligned}\hat{\omega}_r&=\left(K_p+\frac{K_i}{s}\right)[\hat{\psi}_{r\beta}(\hat{\psi}_{r\alpha}-\psi_{r\alpha})-\hat{\psi}_{r\alpha}(\hat{\psi}_{r\beta}-\psi_{r\beta})]\\&=K_p(\psi_{r\beta}\hat{\psi}_{r\alpha}-\psi_{r\alpha}\hat{\psi}_{r\beta})+K_i\int_0^T(\psi_{r\beta}\hat{\psi}_{r\alpha}-\psi_{r\alpha}\hat{\psi}_{r\beta})\mathrm{d}t\end{aligned} \tag{8-38}$$

式中，$\hat{\psi}_{r\alpha}$、$\hat{\psi}_{r\beta}$由转子磁链的电流模型，即式（8-34）获得，而$\psi_{r\alpha}$、$\psi_{r\beta}$由转子磁链的电压模型，即式（8-39）、式（8-40）获得，即

$$\psi_{r\alpha}=\frac{L_{rd}}{L_{md}}\left[\int(u_{s\alpha}-R_s i_{s\alpha})\mathrm{d}t-\sigma L_{sd}i_{s\alpha}\right] \tag{8-39}$$

$$\psi_{r\beta}=\frac{L_{rd}}{L_{md}}\left[\int(u_{s\beta}-R_s i_{s\beta})\mathrm{d}t-\sigma L_{sd}i_{s\beta}\right] \tag{8-40}$$

辨识算法框图如图 8-28 所示。正如在介绍磁通观测方法时所提到的，这种方法在辨识角速度的同时，也可以提供转子磁链的信息。

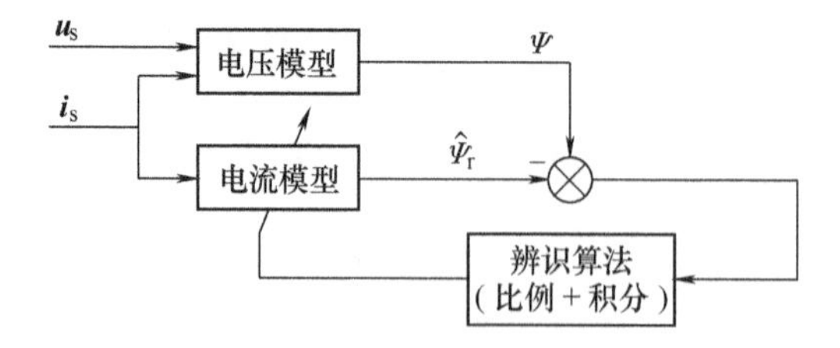

图 8-28　模型参考自适应角速度辨识算法框图

由于 C. Schauder 仍然采用电压模型法转子磁链观测器来作为参考模型，电压模型的一些固有缺点在这一辨识算法中仍然存在。为了削弱电压模型中纯积分的影响，Y. Hori 引入了输出滤波环节，改善了估计性能，但同时带来了磁链估计的相移偏差，为了平衡这一偏差，同样在可调模型中引入相同的滤波环节，算法如图 8-29 所示。

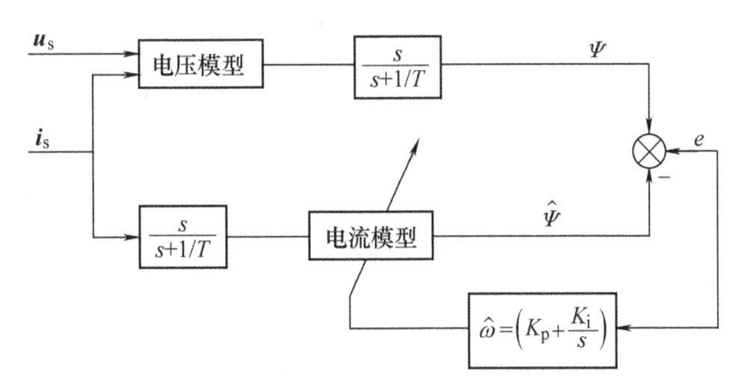

图 8-29　带滤波环节的 MRAS 角速度辨识算法

经过改进后的算法，在一定程度上改善了纯积分环节带来的影响，但仍没能很好地解决电压模型中另一个问题，即定子电阻的影响。低速的辨识精度仍不理想，这也就限制了控制系统调速范围的进一步扩大。

前两种方法是用角速度的估算值重构转子磁链作为模型输出的比较量，也可以采用其他量，如反电动势。由于转速的变化在一个采样周期内可以忽略不计，即认为角速度不变，对式（8-33）两边微分，可得反电动势的近似模型为

$$p\begin{pmatrix} e_{m\alpha} \\ e_{m\beta} \end{pmatrix}=\begin{pmatrix} -\frac{1}{T_r} & -\omega_r \\ \omega_r & -\frac{1}{T_r} \end{pmatrix}\begin{pmatrix} e_{m\alpha} \\ e_{m\beta} \end{pmatrix}+\frac{L_{md}p}{T_r}\begin{pmatrix} i_{s\alpha} \\ i_{s\beta} \end{pmatrix} \tag{8-41}$$

经与磁链模型类似的推导，可得角速度辨识公式为

$$\hat{\omega}_r=\left(K_p+\frac{K_i}{s}\right)(\hat{e}_{m\alpha}e_{m\beta}-\hat{e}_{m\beta}e_{m\alpha}) \tag{8-42}$$

式中，$\hat{e}_{m\alpha}$、$\hat{e}_{m\beta}$由式（8-41）估计获得，而$e_{m\alpha}$、$e_{m\beta}$由参考模型式（8-43）和式（8-44）获得。

$$e_{m\alpha}=p\psi_{r\alpha}=\frac{L_{rd}}{L_{md}}(u_{s\alpha}-R_s i_{s\alpha}-\sigma L_{sd}pi_{s\alpha}) \tag{8-43}$$

$$e_{m\beta}=p\psi_{r\beta}=\frac{L_{rd}}{L_{md}}(u_{s\beta}-R_s i_{s\beta}-\sigma L_{sd}pi_{s\beta}) \tag{8-44}$$

用反电动势信号取代磁链信号的方法去掉了参考模型中的纯积分环节，改善了估计性能，但式（8-41）的获得是以角速度恒定为前提的，这在动态过程中会产生一定的误差，而且参考模型中定子电阻的影响依然存在。

由于定子电阻的存在，使辨识性能在低速下没有得到较大的改进。解决的办法：一是实时辨识定子电阻，但无疑会增加系统的复杂性；二是可以从参考模型中去掉定子电阻，采用无功功率模型，正是基于这一考虑，令

$$\boldsymbol{e}_m=e_{m\alpha}+je_{m\beta}$$
$$\boldsymbol{i}_m=i_{m\alpha}+ji_{m\beta}$$

无功功率可表示为

$$\boldsymbol{Q}_m=\boldsymbol{i}_s\otimes\boldsymbol{e}_m \tag{8-45}$$

式中，⊗表示叉积。

将式（8-43）和式（8-44）写成复数分量形式为

$$\boldsymbol{e}_m=\frac{L_{rd}}{L_{md}}(\boldsymbol{u}_s-R_s\boldsymbol{i}_s-\sigma L_{sd}p\boldsymbol{i}_s) \tag{8-46}$$

由于$\boldsymbol{i}_s \otimes \boldsymbol{i}_s = 0$，将式（8-46）代入式（8-45）得

$$\boldsymbol{Q}_m = \frac{L_{rd}}{L_{md}} \boldsymbol{i}_s \otimes (\boldsymbol{u}_s - \sigma L_{sd} p \boldsymbol{i}_s) \tag{8-47}$$

以式（8-47）作为参考模型，以式（8-41）求得的$\hat{e}_m$与$\boldsymbol{i}_s$叉积的结果式（8-48）作为可调模型的输出，同样，可以推得角速度表达式为

$$\hat{\boldsymbol{Q}}_m = \boldsymbol{i}_s \otimes \hat{\boldsymbol{e}}_m \tag{8-48}$$

$$\hat{\omega}_r = \left(K_p + \frac{K_i}{s}\right)(\hat{\boldsymbol{Q}}_m - \boldsymbol{Q}_m) \tag{8-49}$$

显然，这种方法的最大优点是消除了定子电阻的影响，为拓宽调速范围提供了新途径。另外一种以无功形式表示的参考模型为

$$\boldsymbol{Q}_m = u_{s\beta} i_{s\alpha} - u_{s\alpha} i_{s\beta} \tag{8-50}$$

式（8-50）可直接根据实测电压、电流计算得出，与任何电动机参数都无关。当假设转子磁链变化十分缓慢，可忽略不计，认为磁通幅值为恒定时，可以近似得到反电动势表达式为

$$\boldsymbol{e}_m = p\boldsymbol{\Psi}_r \approx \mathrm{j}\omega_s \boldsymbol{\Psi}_r$$

进而得到定子电压方程式为

$$\boldsymbol{u}_s = \boldsymbol{e}_m + R_s \boldsymbol{i}_s + \sigma L_{sd} p \boldsymbol{i}_s = \mathrm{j}\omega_s \boldsymbol{\Psi}_r + R_s \boldsymbol{i}_s + \sigma L_{sd} p \boldsymbol{i}_s$$

可调模型可表示为

$$\hat{\boldsymbol{Q}}_s = \boldsymbol{i}_s \otimes (\mathrm{j}\omega_s \boldsymbol{\Psi}_r + \sigma L_{sd} p \boldsymbol{i}_s) \tag{8-51}$$

由 Popov 超稳定性理论，可推出定子角速度表达式为

$$\hat{\omega}_s = \left(K_p + \frac{K_i}{s}\right)(\hat{\boldsymbol{Q}}_m - \boldsymbol{Q}_m) \tag{8-52}$$

将其减去转差角速度ω_{sl}，得角速度推算表达式为

$$\hat{\omega}_r = \hat{\omega}_s - \omega_{sl} \tag{8-53}$$

这种方法也同样消去了定子电阻的影响，有较好的低速性能和较宽的调速范围，然而这种方法基于转子磁链幅值恒定的假设，因而辨识性能受磁链控制好坏的影响。总的说来，MRAS 是基于稳定性设计的参数辨识方法，它保证了参数估计的渐近收敛性。但是由于 MRAS 的速度观测是以保证参考模型准确为基础的，参考模型本身的参数准确程度直接影响到速度辨识和控制系统工作的成效，解决的方法应着眼于：①选取合理的参考模型和可调模型，力求减少变化参数的个数；②解决多参数辨识问题，同时辨识转速和电动机参数；③选择更合理有效的自适应率，替代目前广泛使用的 PI 自适应率，努力的主要目标仍是在提高收敛速度的同时保证系统的稳定性和对参数的鲁棒性。

8.6 直接转矩控制系统存在的问题及改进方法

矢量控制系统与直接转矩控制系统都属于高性能调速系统，与矢量控制系统相比，直接转矩控制系统具有如下独特优点：

1）直接转矩控制是直接在定子轴系下分析交流电动机的数学模型，控制电动机的磁链和转矩。它不需要将交流电动机与直流电动机比较、等效、转化；既不需要模仿直流电动机的控制，也不需要为解耦而简化交流电动机的数学模型，它省掉了矢量旋转变换等复杂的变换和计算，因此，它所需要的信号处理工作比较简单。

2）与矢量控制系统不同，直接转矩控制系统是选择定子磁链作为被控制量，因此计算的磁链模型不受转子参数（R_r、L_r）变化的影响，这有利于提高系统的鲁棒性。所用磁链调节器为两点式非线性调节器，其输出作为产生逆变器 SVPWM 波形控制信号之一。

3）直接转矩控制强调的是转矩的直接控制与效果。与矢量控制方法不同，它不是通过控制电流、磁链等量来间接控制转矩的，而是把转矩直接作为被控量。其控制方式是，通过转矩滞环调节器把转矩检测值与转矩给定值进行滞环比较，其结果作为产生逆变器 SVPWM 波形控制信号之一。因此，它的控制效果不取决于电动机的数学模型是否能够简化，而是取决于转矩的实际状况。它的控制既直接又简单。

4）直接转矩控制与矢量控制相比，在加减速或负载变化的动态过程中，可获得快速的转矩响应。但是，由此带来的过大电流冲击必须加以限制。

直接转矩控制系统虽有许多优点，但也存在着许多问题（缺点），为此，本节重点分析直接转矩控制系统存在的问题及改进方法。

8.6.1 直接转矩控制系统存在的主要问题

1）由于转矩调节器采用两点式（Bang-Bang）控制，实际转矩必然在上、下限内脉动，这种波动在低速时比较显著，限制了直接转矩控制系统的调节范围。

2）从异步电动机直接转矩控制整个过程可以看出，只有在计算定子磁链时用到了定子电阻，而且在转速不太低时，定子电阻变化的影响可以忽略不计。这是直接转矩控制一个很大的优点，这比矢量控制要依靠大量电动机参数有利得多。但是，这个定子电阻参数变化在低速时还是严重影响直接转矩控制的运行性能。

3）由于磁链计算采用了带积分环节的电压模型，这样积分初值、积分零点漂移、累积误差等都会影响磁链计算的准确度。

由于直接转矩控制系统存在的这些问题，严重制约了直接转矩控制技术的广泛应用。近年来针对直接转矩控制系统存在的问题提出了许多解决方案，取得积极有效的成果。

8.6.2 改善和提高直接转矩控制系统性能的方法

1. 异步电动机的一种低速直接转矩控制（ISC）系统

直接转矩控制技术在很大程度上解决了矢量控制中计算复杂、调速系统性能容易受电动机参数变化的影响等问题。直接转矩控制技术一经诞生，就以其新颖的控制思想，简洁明了的系统结构，优良的静、动态性能受到了普遍的关注。

为了降低或消除低速时的转矩脉动，提高转速控制精度，扩大直接转矩控制系统的调速范围，近年来，适用于低转速拖动的间接转矩控制（Indirect Stator-quantities Control，ISC）技术受到了各国学者的广泛重视。

（1）ISC 系统的工作原理

图 8-30 为 ISC 系统框图，整个控制系统由 ISC 控制器、SPWM 控制器、逆变器异步电动机、预测模型等组成。图中双线表示矢量，单线表示标量（下同）。

ISC 系统的基本工作原理如下：预测模型根据上一周期实测的转速 ω、定子电流矢量 $\boldsymbol{i}_s$、逆变器直流回路电压 $\boldsymbol{u}_d$，以及 SPWM 输出的三相控制字 $S_{a,b,c}$，快速计算出当前控制周期的定子磁链矢量 $\hat{\boldsymbol{\Psi}}_s$、转子磁链矢量 $\hat{\boldsymbol{\Psi}}_r$ 和转矩 $\hat{T}_{ei}$。ISC 控制器将转矩给定量 T_{ei}^* 和磁链的给定量 Ψ_s^* 与预测模型输出量进行比较，给出当前控制周期的控制矢量 $\boldsymbol{u}_s$。

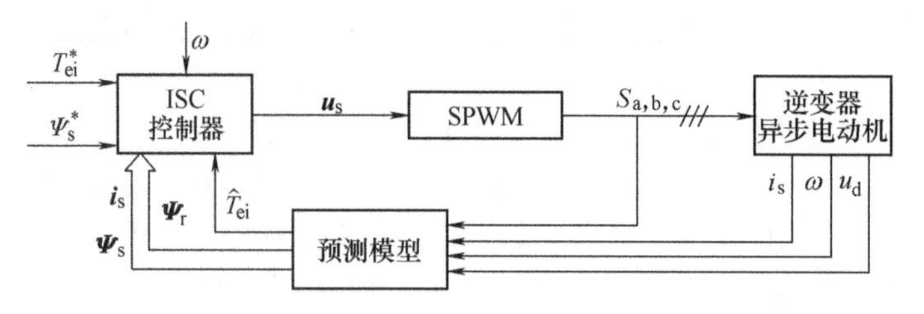

图 8-30　ISC 的控制系统框图

与 DSC 相同，间接转矩控制也是一种基于定子模型的控制方法，直接在定子轴系下分析计算电动机的磁链和转矩。两者不同的地方是，ISC 控制器为 PI 调节器，其输出为连续量，对应于三相定子电压的平均值，并以此作为 SPWM 的控制信号。

（2）ISC 控制器的控制算法

ISC 离散控制算法是首先根据已知的数据（包括给定值、检测值及预测模型的计算值）计算出当前控制周期及上一个控制周期内的定子磁链空间矢量的 $\Delta\boldsymbol{\Psi}_s$（见图 8-31 和图 8-32），从而得到当前控制周期的定子电压给定量，再通过 SPWM 实现对异步电动机转矩的控制。

若以 $\boldsymbol{\Psi}_s(t-1)$ 和 $\boldsymbol{\Psi}_s(t)$ 分别表示定子磁链在 $t-1$ 和 t 时刻的空间矢量，$\Delta\theta_s(t)$ 表示定子磁链由 $t-1$ 时刻到 t 时刻的相位角增量，$\boldsymbol{\Psi}_s(t-1)$ 和 $\boldsymbol{\Psi}_s(t)$ 的差 $\Delta\boldsymbol{\Psi}_s(t)$ 表示定子磁链增量，则上述各量在定子正交轴系（α-β）中的关系如图 8-31 所示。

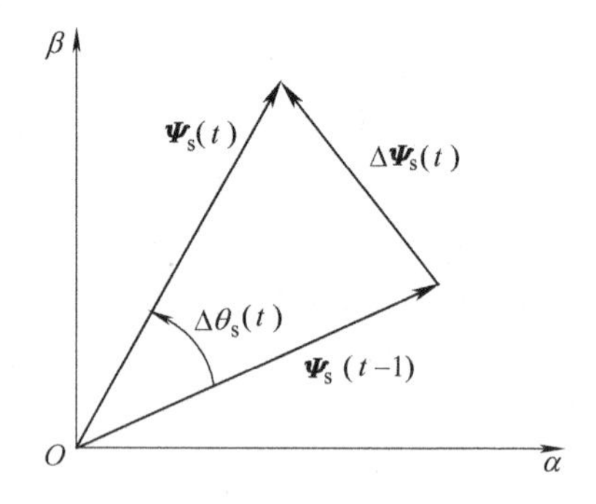

图 8-31　定子磁链轨迹及其增量图

ISC 控制器的控制算法结构如图 8-32 所示，其中 ISC 控制器中包括转矩和磁链两个控制回路。在转矩控制回路中，转差角频率的给定值 ω_{sl}^* 和反馈值 $\hat{\omega}_{sl}$ 分别由转矩给定值 T_{ei}^* 和反馈值 $\hat{T}_{ei}^*$ 乘以转子磁链系数 k_{Ψ_r} 得到，其中

$$k_{\Psi_r}=\frac{R_r}{n_p\Psi_r^2} \tag{8-54}$$

式中，n_p 为电动机极对数；R_r 为转子电阻；Ψ_r 为转子磁链矢量的模值。

定子磁链旋转角度 $\Delta\theta_s$ 是其稳定值 $\Delta\theta_{s\cdot Stat}$ 和暂态值 $\Delta\theta_{s\cdot Dyn}$ 之和。转差角频率的给定值 ω_{sl}^* 加上实测转子转速 ω 就可以得到定子角频率的给定值 ω_s^*，ω_s^* 再乘以控制周期 T_s 得到稳态给定值 $\Delta\theta_{s\cdot Stat}$。转差角频率的反馈值和给定值的差经过 PI-1 调节器的调节得到暂态给定值 $\Delta\theta_{s\cdot Dyn}$。系统运行时，PI-1 调节器的积分部分用来消除稳态误差，而比例部分的作用是加快转矩的调整速度。

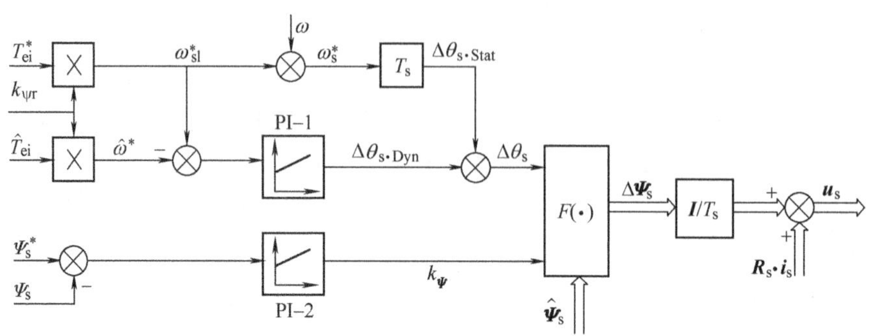

图 8-32　ISC 模型原理框图

在磁链控制回路中，定子磁链给定量的模值 $\boldsymbol{\Psi}_{s}^{*}$ 和预测模型计算出来的磁链反馈量的模值 $\hat{\boldsymbol{\Psi}}_{s}$ 之差经过 PI-2 调节后得到磁链扩展系数 k_{Ψ}。

$\boldsymbol{\Psi}_{s}(t)$ 和 $\Delta\boldsymbol{\Psi}_{s}(t)$ 可由以下两式计算出：

$$\boldsymbol{\Psi}_{s}(t)=(1+k_{\Psi})\mathrm{e}^{\mathrm{j}\Delta\theta(t)}\hat{\boldsymbol{\Psi}}_{s}(t-1) \tag{8-55}$$

$$\Delta\boldsymbol{\Psi}_{s}(t)=\boldsymbol{\Psi}_{s}(t)-\hat{\boldsymbol{\Psi}}_{s}(t-1)=[(1+k_{\Psi})\mathrm{e}^{\mathrm{j}\Delta\theta(t)}-1]\hat{\boldsymbol{\Psi}}_{s}(t-1) \tag{8-56}$$

当前周期中，ISC 控制器输出的定子电压矢量给定值的计算方法为

$$\boldsymbol{u}_{s}(t)=R_{s}\boldsymbol{i}_{s}(t)+\frac{\Delta\boldsymbol{\Psi}_{s}(t)}{T_{s}} \tag{8-57}$$

式中，$\boldsymbol{i}_{s}$ 表示定子电流矢量；R_{s} 为定子电阻。

从以上分析可以看出，间接转矩控制可以在保证磁链轨迹为圆形的条件下，对转矩进行稳态和动态调节。另外，因为定子磁链的模值增量和相位增量可以准确地计算出来，所以间接转矩控制可以通过增加控制周期的方法，降低功率器件的开关频率，而不会增加转矩脉动，这个特点表明 ISC 控制方法非常适合于大容量、低转速调速场合。

ISC 调速系统的低速特性优越，但是在高速范围内，ISC 需要和 DSC 等其他控制方式相互配合，才能实现异步电动机在全速范围内的高性能调速。

2. 定子电阻 R_{s} 的自适应辨识方法

直接转矩控制系统的运行性能很大程度上依赖于如何精确计算磁链 $\boldsymbol{\Psi}_{s}$，当用纯积分器的方法来计算磁链 $\boldsymbol{\Psi}_{s}$ 时，定子电阻 R_{s} 的变化对其低速性能影响很大，必须进行补偿。有的学者用模糊观测器的方法对 R_{s} 进行了补偿研究，但有许多学者用自适应的方法来辨识 R_{s}。

自适应辨识方法是将异步电动机的实际模型作为参考模型，将设计的闭环磁链观测器用作可调模型，并将定子电阻视为该模型的未知变量。自适应系统电动机结构图如图 8-33 所示。事实上，把定子电阻视为观测器中的未知变量，就能辨识定子电阻，只不过自适应收敛率必须根据李雅普诺夫理论针对定子电阻重新推导，则同样可以得到定子电阻的自适应收敛率：

$$\frac{\mathrm{d}\hat{R}_{s}}{\mathrm{d}t}=-\lambda L_{r}(e_{is\alpha}\hat{i}_{s\alpha}+e_{is\beta}\hat{i}_{s\beta}) \tag{8-58}$$

式中，$\boldsymbol{e}_{is}=(e_{is\alpha},e_{is\beta})^{\mathrm{T}}=\boldsymbol{i}_{s}-\hat{\boldsymbol{i}}_{s}$ 为实测电流矢量与观测电流矢量之差；λ 为正的常数。

若将电动机的定子电阻初始值设定为实际值的 1.1 倍，对定子电阻进行单独辨识时自适应收敛过程如图 8-34 所示。从仿真结果可以看出，经过 0.5 s 以后可以收敛至真实值。

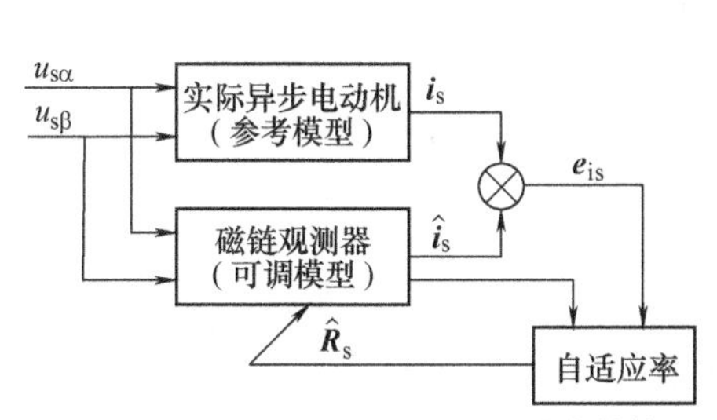

图 8-33　定子电阻 R_{s} 的 MRAS 系统结构图

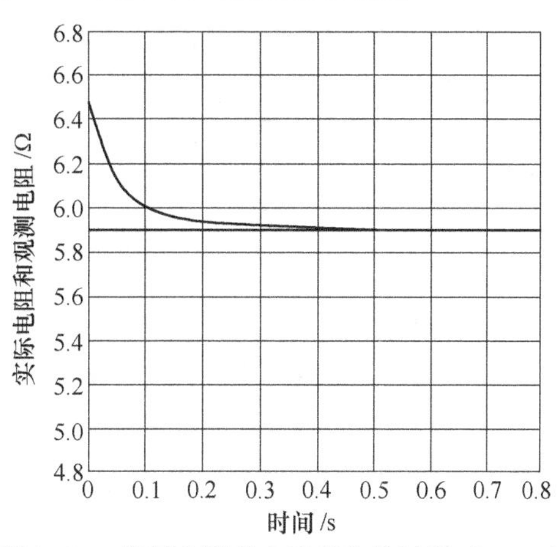

图 8-34　定子电阻的自适应收敛过程（$\lambda=15$）

3. 纯积分单元的改进方法

在直接转矩控制中，常用纯积分单元计算定子磁链：

$$\boldsymbol{\Psi}_s=\int(\boldsymbol{u}_s+\boldsymbol{i}_sR_s)\mathrm{d}t$$

在实际控制中，由于数字计算的截断误差，物理量 $\boldsymbol{u}_s$、$\boldsymbol{i}_s$、R_s 的测量误差以及误差的积累等非理想因素的影响，难免在被积分量中会出现微量的直流成分。3.1 节已详细分析这种微量的直流成分进入纯积分器后，将使 $\boldsymbol{\Psi}_s$ 的计算值带来较大的畸变，严重影响 DTC 运行性能，因此应该对纯积分器进行改进。

（1）用低通滤波器代替纯积分单元消除直流偏移分量

低通滤波器（LPF）也可称为一阶惯性滤波器或准积分器。它的传递函数为 $\tau/(1+\tau s)$。τ 为滤波器的时间常数，它的倒数 $1/\tau=\omega_c$ 为截止频率，传递函数可进一步演变：

$$\frac{\tau}{1+\tau s}=\frac{1}{s}\frac{\tau s}{1+\tau s}=\frac{1}{s}\frac{s}{\omega_c+s} \tag{8-59}$$

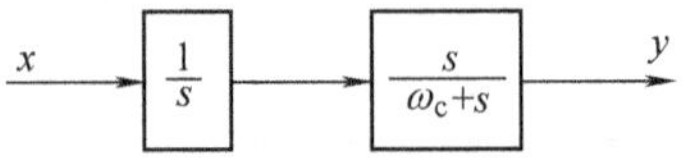

信号传递图可演变成图 8-35 所示。

$x \rightarrow \boxed{\frac{1}{s}} \rightarrow \boxed{\frac{s}{\omega_c+s}} \rightarrow y$

图 8-35 低通滤波器信号传递图

图 8-35 中，$1/s$ 是纯积分器，而 $s/(\omega_c+s)$ 实际上是高通滤波器。当高通滤波器输入信号的频率 $\omega=0$ 时，$s/(\omega_c+s)$ 的输出为零；而当输入信号的频率 $\omega\gg\omega_c$ 时，$s/(\omega_c+s)\rightarrow1$。该高通滤波器对于高频可以无畸变地通过，而低频则要衰减，直流成分要衰减到 0。可见，低通滤波器 $\tau/(1+\tau s)$ 可看成是由一个纯积分器和一个高通滤波器组合而成。纯积分器正是计算定子磁链 $\boldsymbol{\Psi}_s$ 所需要的算法，而纯积分器算法中产生的直流成分正好通过高通滤波器滤去或受到抑制。

假设输入信号为 $\omega A\sin\omega t+B$，低通滤波器的传递函数为 $\tau/(1+\tau s)$。它对应的微分方程为

$$\frac{\mathrm{d}y}{\mathrm{d}t}+\frac{1}{\tau}y=\omega A\sin\omega t+B \tag{8-60}$$

令 $\omega_c=1/\tau$，该方程的解则为

$$y=-\frac{\omega A}{\sqrt{\omega_c^2+\omega^2}}\cos(\omega t-\varphi)+\frac{B}{\omega_c}+C\mathrm{e}^{-\omega_c t} \tag{8-61}$$

式中，φ 为相移，$\varphi=\arctan(\omega_c/\omega)$；$C$ 为和初始条件有关的系数。

若输入为 $x=\omega A\sin\omega t+B$，则其输出为

$$\int_{t_0}^{t}(\omega A\sin\omega t+B)\mathrm{d}t=-A\cos\omega t+A\cos\omega t_0+B(t-t_0) \tag{8-62}$$

比较式（8-61）和式（8-62）可见：

1）输出信号中交流信号（即等号右边的第一项）两者非常相像，都是余弦函数，但是在幅值和相角方面，两者有差异。从式（8-61）可见，低通滤波器会使幅值衰减和相移，低速时幅值衰减和相移较大，但是当 $\omega\gg\omega_c$ 时（即转速较高时），这种变化趋于 0。而纯积分器在这一点上表现很好，从式（8-62）可见，纯积分器积分后的交流成分幅值和相位就是所期待的结果，不会发生畸变。

2）如果原输入信号 x 中没有混入直流成分，即 $B=0$ 时，从式（8-61）可见，低通滤波器能使初始条件造成的直流成分逐步衰减至 0，即 $C\mathrm{e}^{-\omega_c t}$ 随时间增长会衰减至 0；但从式（8-62）可见，纯积分器会一直保持这个初始条件造成的直流成分 $A\cos\omega t_0$。

3）如果输入信号 x 中混有微量直流成分，即 $B\neq0$ 时，从式（8-61）可见，低通滤波器也会输出直流成分 B/ω_c，但由于 B/ω_c 中不含时间 t，它不会随时间 t 积累，而且如果 ω_c 选得较大，能使其充分抑制，使它达到似乎为 0 的程度。但从式（8-62）可见，纯积分器的直流输出

$B(t-t_0)$和时间 t 成正比，随着时间 t 的增加它会不断积累直至发散。

由以上分析可以看到，低通滤波器 $\tau/(1+\tau s)$ 在此的物理本质不是起允许低频信号通过而将高频滤波的作用，这点千万不要顾名思义而搞错。它的物理本质是进行了两级实质性的操作：第一级是完成了纯积分器计算；第二级是将积分产生的低频信号特别是直流成分进行了有效的滤除或抑制。因此，当电动机的反电动势通过低通滤波器 $\tau/(1+\tau s)$ 后，由于第一级积分正是纯积分器 $1/s$ 的作用，它的输出已不是反电动势了，而是电动机的定子磁链 $\boldsymbol{\Psi}_c$，这个物理概念不能混淆。而由纯积分器 $1/s$ 积分计算出来的定子磁链 $\boldsymbol{\Psi}_c$ 中会产生直流成分，这正是纯积分器的缺点，但低通滤波器还有第二级操作，将由纯积分器积分计算出来的定子磁链 $\boldsymbol{\Psi}_c$ 再通过高通滤波器$s/(\omega_c+s)$，定子磁链 $\boldsymbol{\Psi}_c$ 中的直流成分正好通过高通滤波器滤去或受到抑制，有效地克服了纯积分器的缺点。

低通滤波器对定子磁链 $\boldsymbol{\Psi}_c$ 中的直流成分有很强的抑制能力，只要截断频率 ω_c 选择恰当，能较大幅度改善低速时的电动机转矩振荡和拓宽电动机的速度调节范围，这是它显著的优点。但是它也出现了令人遗憾的缺点，从式（8-61）可看出，它的交流成分幅值和相移都要随输入信号频率 ω 的不同而分别有不同的衰减或变化，这是人们所不希望的。而纯积分器积分后虽会产生直流成分，但它的交流成分幅值和相位不会变化，这又是人们所期待的结果。可见纯积分器和低通滤波器各有优缺点，有趣的是低通滤波器的优点正好是纯积分器的缺点，而低通滤波器的缺点则正好是纯积分器的优点。那么，能不能进一步综合纯积分器和低通滤波器的优点，创造新的积分器呢？1998 年，Jun Hu 等人提出了三类新的改进积分器。

（2）三类改进型积分器的应用

低通滤波器的传递函数为 $\tau/(1+\tau s)$，也可写成 $1/(\omega_c+s)$。它的性能比纯积分器要好，除能消除或抑制定子磁链 $\boldsymbol{\Psi}_c$ 中的直流成分这一优点外，它的缺点“输出交流成分的幅值和相位要随输入信号频率 ω 的不同而分别有不同的衰减或变化”也仅限于低速，因此只要在低速时对低通滤波器进行补偿就能得到满意的结果。根据这一思路，Jun Hu 等人选用了以低通滤波器为基础，进行了三种补偿尝试，从而形成了三类改进型积分器。它的通用形式为

$$y=\frac{1}{s+\omega_c}x+\frac{\omega_c}{s+\omega_c}Z \tag{8-63}$$

式中，x 为积分器输入信号；Z 为补偿信号。

改进型积分器通用信号传递图如图 8-36 所示。

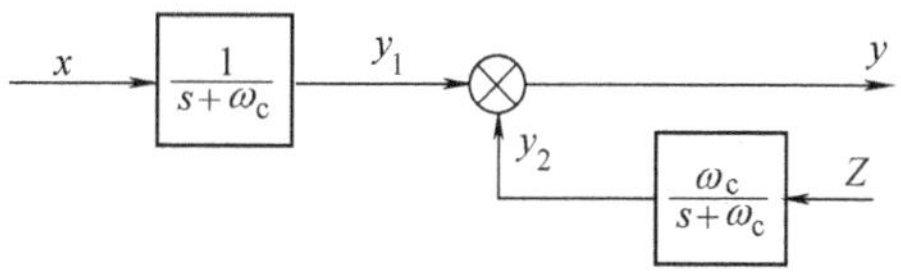

图 8-36　改进型积分器通用信号传递图

这个结构很有意义，具体如下：

1）当 $Z=0$ 时，$y_2=0$，x 与 y 的传递函数为 $1/(\omega_c+s)$，该方案为低通滤波器。

2）当 Z 有限时，若 $\omega \gg \omega_c$，即高速时，$\omega_c/(s+\omega_c)\to 0$，$x$ 与 y 的传递函数仍然为 $1/(\omega_c+s)$，该方案仍然是低通滤波器。

3）当 $Z=y$ 时，$y=\frac{1}{s+\omega_c}x+\frac{\omega_c}{s+\omega_c}y$。

计算结果得

$$y=\left(\frac{1}{s+\omega_c}x\right)\Bigg/\left(1-\frac{\omega_c}{s+\omega_c}\right)=\frac{1}{s+\omega_c}x\Bigg/\frac{s}{s+\omega_c}=\frac{1}{s}x$$

此时它变成纯积分器。

可见，补偿信号 Z 取值不同，改进型积分器会变成不同类型的积分器，现在关键是如何设计补偿信号 Z，使它达到综合性能优良的效果。

Jun Hu 等人提出的改进积分器的三种结构形式如图 8-37 所示。其中，图 8-37a 所示是第一种积分器结构，具有饱和反馈的改进积分器形式；图 8-37b 所示是第二种积分器结构，该结构适用于交流电动机恒磁链幅值的磁链估计；图 8-37c 所示是第三种积分器结构，它为自适应积分器，可以用于磁链幅值不恒定的场合。下面分别详述。

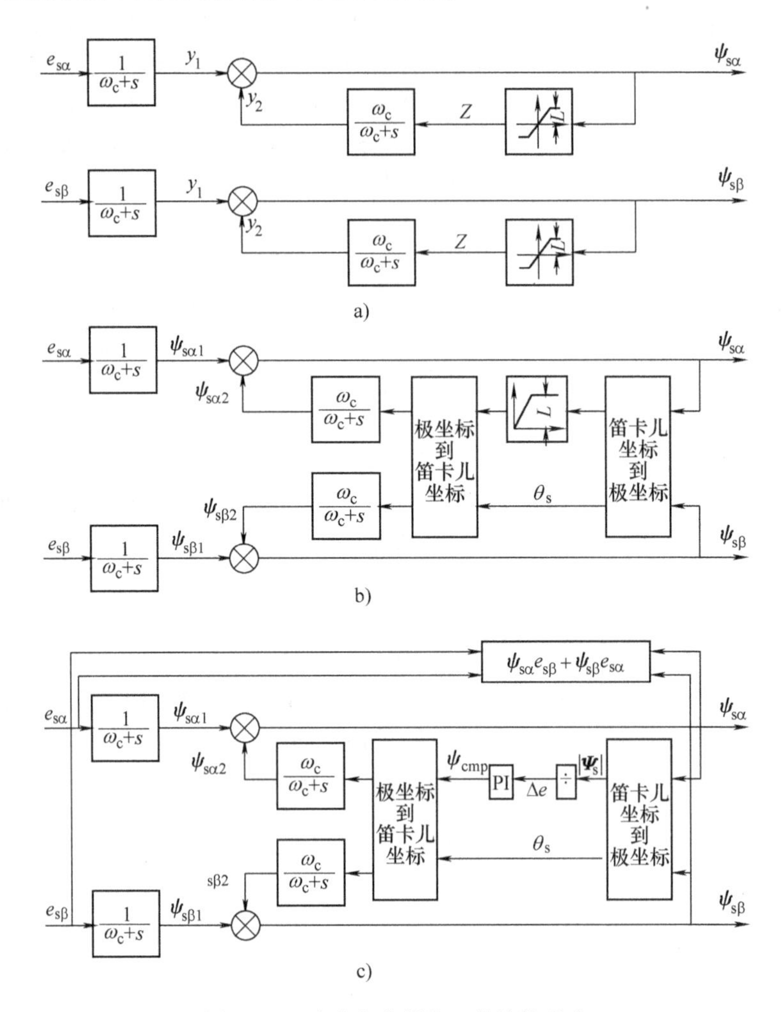

图 8-37　改进积分器的三种结构形式

a）饱和反馈的改进积分器　b）幅值限定的改进积分器　c）自适应补偿的改进积分器

1）第一类改进型积分器——具有饱和反馈的改进积分器。图 8-37a 包含两个完全独立和等价的第一类改进积分器，它们分别对应矢量 $\boldsymbol{e}_s$ 的两个分量 $e_{s\alpha}$、$e_{s\beta}$。由于它们的结构完全一样，为了简洁起见，在此只讨论 $e_{s\alpha}$、$\psi_{s\alpha}$ 通道这一积分器。$e_{s\beta}$、$\psi_{s\beta}$ 通道积分器的情况则和它类似。

它的特点是 Z 为一个函数，其取值情况为

$$Z=\begin{cases} L, & \text{当 } \psi_{s\alpha} \text{ 瞬时值的绝对值} \geqslant L \\ \psi_{s\alpha}, & \text{当 } \psi_{s\alpha} \text{ 瞬时值的绝对值} < L \end{cases}$$

式中，设 L 为一个正数。

$Z=\psi_{s\alpha}$ 的情况即是前面分析的 $Z=y$ 的情况，改进型积分器的效果为纯积分器，其规律已清楚。在此，只要研究一下 $Z=L$ 时的输出情况。

当 $Z=L$ 时，方程式为

$$y=\frac{1}{s+\omega_c}x+\frac{\omega_c}{s+\omega_c}Z \tag{8-64}$$

此处，仍然认为输入信号 $x=\omega A\sin\omega t+B$，则有

$$\frac{dy}{dt}+\omega_c y=\omega A\sin\omega t+(B+\omega_c L)$$

显然，这个微分方程式和低通滤波器的微分方程，即式（8-60）几乎完全一样，仅是式（8-60）中的常数项 B 变成了上式中的$(B+\omega_c L)$。因此，它遵从低通滤波器的规律，其解为

$$y=-\frac{\omega A}{\sqrt{\omega_c^2+\omega^2}}\cos(\omega t-\varphi)+\frac{B+\omega_c L}{\omega_c}+C\mathrm{e}^{-\omega_c t} \tag{8-65}$$

也就是说，这类改进型积分器的特点是，凡是 $\psi_{s\alpha}$ 瞬时值的绝对值小于限幅值 L 时，积分器是纯积分器形式，若 $\psi_{s\alpha}$ 瞬时值的绝对值达到或超出了限幅值，积分器立即就变成了低通滤波器的形式。注意，这种突变会产生两种效果：

① 会使幅值突然变小 $\omega/\sqrt{\omega_c^2+\omega^2}$ 倍。

② 会使相位突然变化一个相位 φ。

于是带来的结果是，输出波形将不再是一个完整的余弦波形了，它的上下波形不再对称，大大增加了谐波成分，并改变了原有的直流成分。它的平均直流成分将迅速变小，最后会使其改变符号（正直流成分变成负直流成分，或相反）。变符号后，$\psi_{s\alpha}$ 瞬时值的绝对值若重新小于限幅值 L 时，系统恢复到纯积分器状态，整个波形的直流成分的积累就会反一个方向，使波形向相反的方向移动（见图 8-38）。可见，当 L 大于 $|\psi_{s\alpha}|$ 时，$\psi_{s\alpha}$ 的波形就会大致控制在$[-L,L]$的框体中（上下会稍有突破）摆荡。为了便于建立概念，图 8-38 有意识地将 L 设计成大于 $|\psi_{s\alpha}|$ 很多倍，放大这种摆荡。要想减小这种摆荡，可以收紧$[-L,L]$框体，使 L 等于余弦的幅值，这样就能完全消除这种摆荡，达到输出的幅值基本为 A 的目的。这样既消除了纯积分器的直流成分，又消除了低通滤波器的幅值衰减，达到了在幅值方面的要求，但它仍有三个缺点：

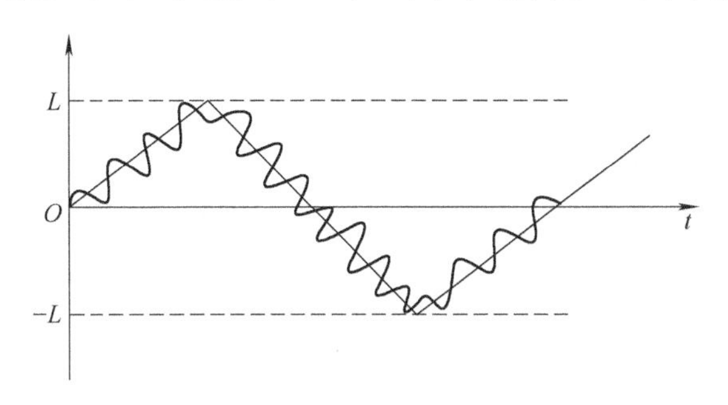

图 8-38　L 大于 $|\psi_{s\alpha}|$ 时输出波形的摆荡

① 它是通过限幅来达到上述目的的。限幅的过程即是纯积分器和低通滤波器切换的过程，它会破坏输出波形的上下对称性，使输出波形畸变而带来附加谐波。

② 限幅值 L 要刚好和输出波形的幅值相等，才能有最佳效果，如果 L 大于输出波形的幅值，则会出现直流成分，如果 L 小于输出波形的幅值，则会加剧输出波形的畸变，出现更多的谐波。

③ 由于 L 限幅而引起纯积分器和低通滤波器切换时，相位也将突变 φ，很不平稳。

2）第二类改进型积分器——具有幅值限定的改进积分器。为了克服第一类改进型积分器的缺点，Jun Hu 等人又提出了第二类改进型积分器，它的基本思想是将幅值与相角的反馈通道分

离，限幅只加在幅值反馈通道，而相角反馈通道不设限幅值。这样，就消除了由于限幅值而引起的相角相位突变，使谐波成分减少。

第二类改进型积分器是对第一类改进型积分器的改进。该结构适用于交流电动机恒磁链幅值的磁链估计。如图 8-37b 所示，它虽然也将作为输入量的反电动势 $\boldsymbol{e}_s$ 分解成两个分量 $e_{s\alpha}$、$e_{s\beta}$，形成 $e_{s\alpha}$、$\psi_{s\alpha}$ 和 $e_{s\beta}$、$\psi_{s\beta}$ 两个通道，但和第一类改进型积分器有较大差别：

① 第一类改进型积分器的两个通道完全独立，没有交联。而第二类改进型积分器两个通道不独立，它们的反馈通道有交联。

② 第一类改进型积分器两个通道的反馈通道完全相同，而第二类改进型积分器两个通道的反馈通道则不相同。

在第二类改进型积分器反馈通道中，从两个主传递通道来的信号 $\psi_{s\alpha}$、$\psi_{s\beta}$ 进行了笛卡儿坐标到极坐标的转换，变换成幅值和相角信号，幅值和相角的反馈通道可根据需要设计成各不相同，这样大大增强了设计的针对性和灵活性。现将饱和限幅值只设计在幅值反馈通道中，而相角反馈通道中没有饱和限幅器，显然饱和限幅器将不会影响磁链相位的输出，磁链相位通过笛卡儿坐标和极坐标之间两次转换仍然保持原来反馈输出磁链的相位，这就有效地解决了第一类方案中存在的“直流限幅基准选择不当，增大相位误差，导致输出信号波形的畸变”问题，从而改善了积分器输出信号的质量。由于幅值反馈通道中有饱和限幅器，因此磁链幅值也被限幅，不会随时间增大而增大。如果饱和限定基准正好是定子磁链额定幅值，那就完全满足 DTC 定子磁链幅值恒定的要求。显然，第二类改进型积分器能满足 DTC 定子磁链幅值恒定的要求，相角误差又小，很适合 DTC 控制。但是该方案不适用于电动机磁链幅值变化的场合。

3）第三类改进型积分器——具有自适应补偿的改进积分器。第三类改进积分器为自适应积分器，可以用于磁链幅值不恒定的场合。异步电动机直接转矩控制常将定子磁链矢量 $\boldsymbol{\Psi}_s$ 的幅值控制为常值，但是其他控制方法不一定有这种限制，它们常允许定子磁链矢量的幅值 $|\boldsymbol{\Psi}_s|$ 可以变动。在这种情况下，用第二类改进积分器就不大好。第三类改进型积分器的中心思想是放弃对定子磁链矢量幅值 $|\boldsymbol{\Psi}_s|$ 的限制，而用“理想的磁链 $\boldsymbol{\Psi}_s$ 和反电动势 $\boldsymbol{e}_s$ 完全正交，即为 90°”这一客观的物理事实，来检验和自适应修正定子磁链矢量 $\boldsymbol{\Psi}_s$。如果 $\boldsymbol{\Psi}_s$ 混入直流成分或者有畸变，这种正交性就要受到破坏，这种正交性的偏差信号定义为

$$\Delta e=\boldsymbol{\Psi}_s\cdot \boldsymbol{e}_s/|\boldsymbol{\Psi}_s|=(\psi_{s\alpha}e_{s\alpha}+\psi_{s\beta}e_{s\beta})/|\boldsymbol{\Psi}_s|$$

这个误差信号经过 PI 调节器后作为补偿信号 ψ_{cmp}（相当于饱和限幅信号 L）。显然，通过这种自适应的补偿后，$\boldsymbol{\Psi}_s$ 的相差应该完全不存在。另外，对 $\boldsymbol{\Psi}_s$ 的幅值也没有进行限定，允许其变化。因此，第三类改进积分器通过自适应控制器来调整磁链补偿基准，以解决磁链估计中出现的初值和直流偏移问题。

8.7 直接转矩控制仿真研究

基于三相异步电动机直接转矩控制系统的原理，在 MATLAB 6.5 环境下，利用 Simulink 仿真工具，建立三相异步电动机直接转矩控制系统的仿真模型，整体设计框图如图 8-39 所示。根据模块化建模思想，系统主要包括的功能子模块有电动机模块、逆变器模块、电压测量模块、坐标变换模块、磁链模型模块、磁链计算模块、磁链调节模块、转矩模型模块、转矩调节模块、扇区判断模块、速度调节模块和电压空间矢量表模块等，其中电压空间矢量表模块采用 MATLAB 的 S 函数编写。

定子磁链的估计采用电压-电流模型，通过检测出定子电压和电流计算定子磁链，磁链模型

模块的结构框图如图 8-40 所示。同时，根据定子电流和定子磁链，可以估计出电磁转矩，转矩模型模块的结构框图如图 8-41 所示。

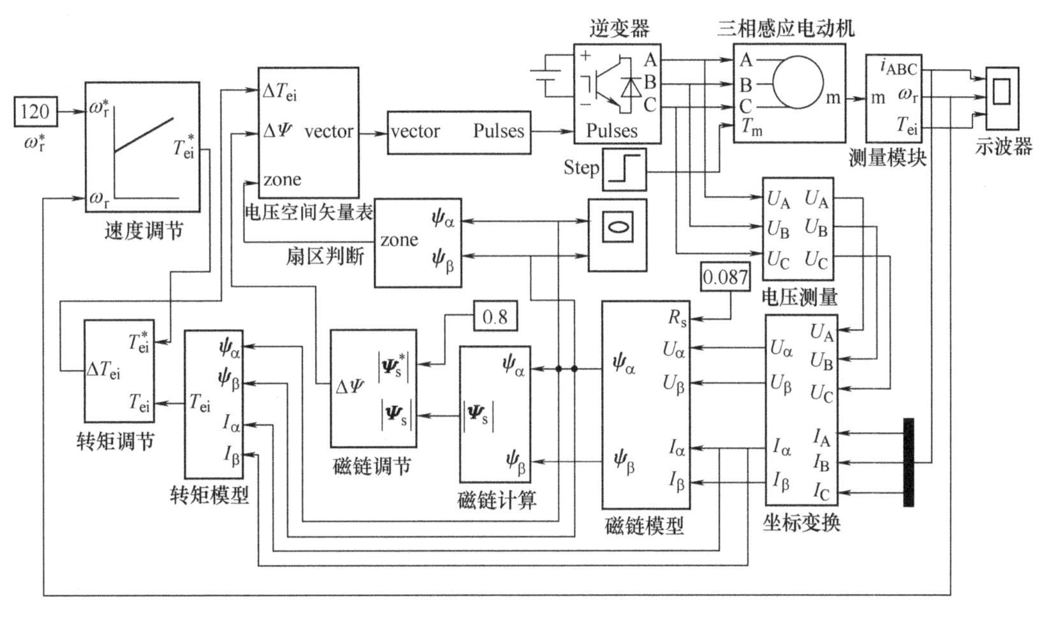

图 8-39　基于 Simulink 的三相异步电动机直接转矩控制系统的仿真模型的整体设计框图

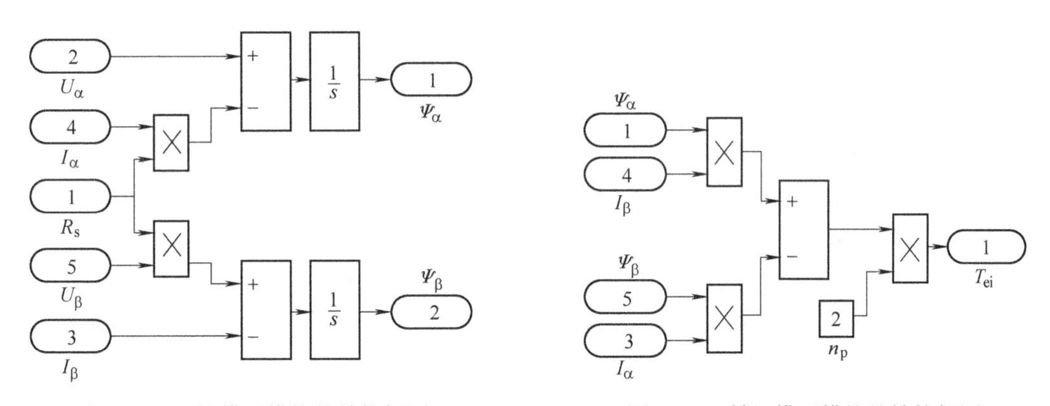

图 8-40　磁链模型模块的结构框图

图 8-41　转矩模型模块的结构框图

磁链调节模块的结构框图如图 8-42 所示，它的作用是控制定子磁链的幅值，以使电动机容量得以充分利用。磁链调节模块采用两点式调节，输入量为磁链给定值 $\boldsymbol{\Psi}_s^*$ 及磁链幅值的观测值 $\boldsymbol{\Psi}_s$，输出量为磁链开关量 $\Delta\boldsymbol{\Psi}$，其值为 0 或者 1。转矩调节模块的结构框图如图 8-43 所示，它的任务是实现对转矩的直接控制，转矩调节模块采用 3 点式调节，输入量为转矩给定量 T_{ei}^* 及转矩估计值 T_{ei}，输出量为转矩开关量 ΔT_{ei}，其值为 0、1 或-1。

定子磁链的扇区判断模块是根据定子磁链的 α-β 轴分量的正负和磁链的空间角度来判断磁链的空间位置的，结构框图如图 8-44 所示。

电压空间矢量的选取是通过电压空间矢量表（见表 8-4）来完成的，电压空间矢量表是根据磁链调节信号、转矩调节信号以及扇区号给出合适的电压矢量 $\boldsymbol{u}_{sk}$，以保证定子磁链空间矢量 $\boldsymbol{\Psi}_s$ 的顶点沿着近似于圆形的轨迹运行。电压空间矢量表模块（table）采用 S 函数编程来实现。

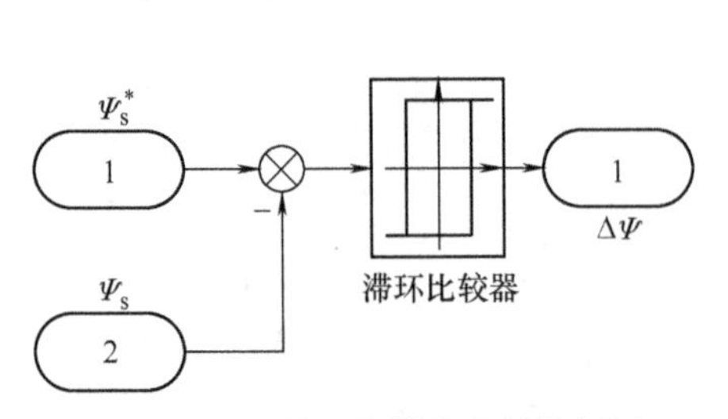

图 8-42　磁链调节模块的结构框图

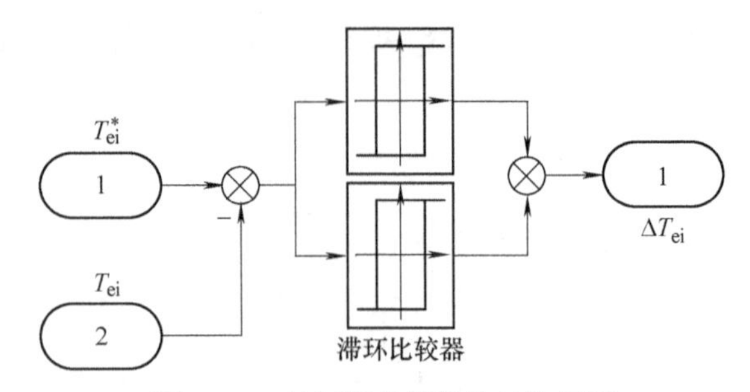

图 8-43　转矩调节模块的结构框图

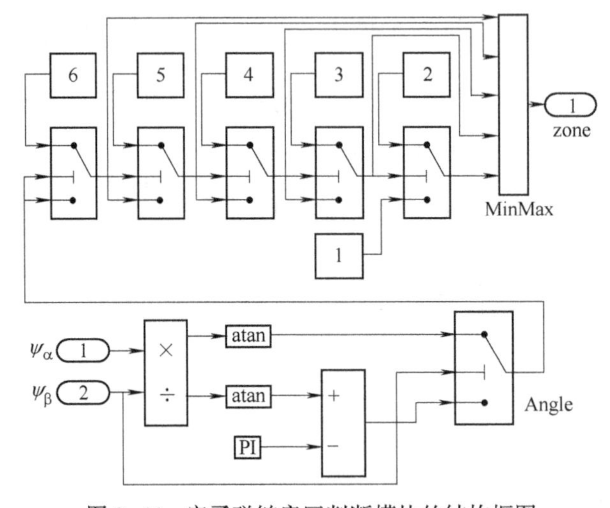

图 8-44　定子磁链扇区判断模块的结构框图

三相异步电动机的参数：功率 $P_e=38\,\mathrm{kW}$，线电压 $U_{AB}=460\,\mathrm{V}$，定子电阻 $R_s=0.087\,\Omega$，定子电感 $L_s=0.8\,\mathrm{mH}$，转子电阻 $R_r=0.228\,\Omega$，转子电感 $L_r=0.8\,\mathrm{mH}$，互感 $L_m=0.74\,\mathrm{mH}$，转动惯量 $J=0.662\,\mathrm{kg\cdot m^2}$，黏滞摩擦系数 $B=0.1\,\mathrm{N\cdot m\cdot s}$，极对数 $n_p=2$。

控制器：$\boldsymbol{\Psi}_s^*=0.8\,\mathrm{Wb}\cdot$匝，$\omega_r^*=80\,\mathrm{rad/s}$。把磁链滞环范围设为[-0.001,0.001]，转矩滞环范围设为[-0.1,0.1]。三相异步电动机的定子磁链轨迹、转速和转矩仿真曲线分别如图 8-45~图 8-47 所示。

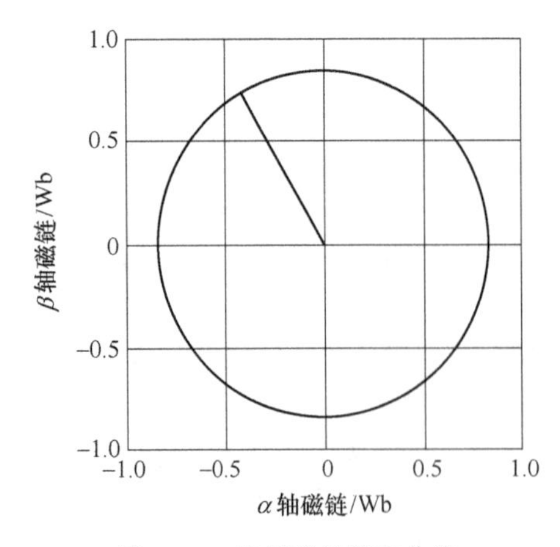

图 8-45　定子磁链轨迹曲线

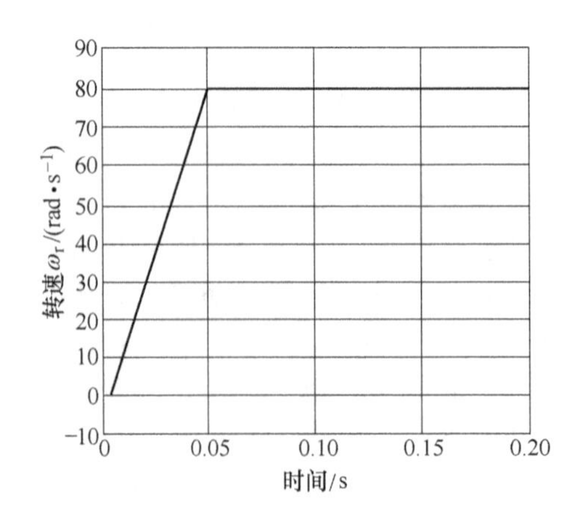

图 8-46　转速响应曲线

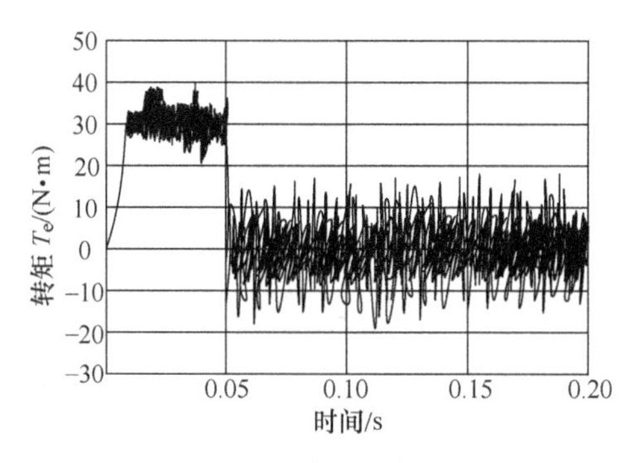

图 8-47　转矩响应曲线

由仿真曲线可知，磁链轨迹比较接近圆形，磁链的幅值也很稳定，转矩脉动较大，转速响应速度较快，仿真证实了直接转矩控制的基本理论及其主要特点。

8.8　习题

8-1　简述直接转矩控制系统的基本原理及其特点。

8-2　按定子磁链控制的直接转矩控制（DTC）系统与磁链闭环控制的矢量控制（VC）系统在控制方法上有什么异同？

8-3　试分析并解释矢量控制系统与直接转矩控制系统的优缺点。

8-4　分析图 8-48 所示异步电动机直接转矩控制系统的工作原理，并说明系统中各个环节的作用。

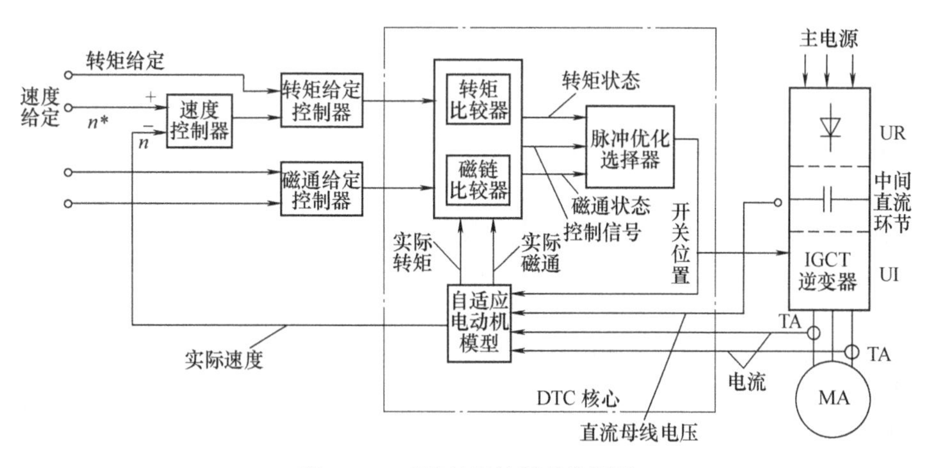

图 8-48　直接转矩控制系统框图

第9章　同步电动机变压变频调速系统

本章介绍了实际应用中的同步电动机变压变频调速系统的基本理论、调速特性以及技术方法。首先指出了同步电动机变压变频调速系统的基本特点及类型。重点讨论了普通三相带有直流励磁绕组的同步电动机自控式变压变频调速系统，以及正弦波永磁同步电动机变压变频调速系统和梯形波永磁同步电动机变压变频调速系统；详细分析按气隙磁场定向的交-直-交变频同步电动机矢量控制系统。

9.1　同步电动机变压变频调速的特点及基本类型

同步电动机是交流电动机中两大机种之一，是以其转速 n 和供电电源频率 f_s 之间保持严格的同步关系而得名的，只要供电电源的频率 f_s 不变，同步电动机的转速就绝对不变。

小到电子钟和记录仪表的定时旋转机构，大到特大型（10 MW 以上）同步电动机所拖动的直流发电动机组、空气压缩机、鼓风机等设备，无不利用其转速恒定的特点。此外，和异步电动机相比，同步电动机还具有一个突出的优点，就是同步电动机的功率因数可以借助改变励磁电流加以调节，它不仅可以工作在感性状态下，而且也可以工作在容性状态下，实际中，常利用这个优点来改善电网的功率因数。但是，同步电动机存在起动困难、重载时有振荡或失步等问题，因此，限制了同步电动机的应用。

随着变频调速技术的发展，调节和控制同步电动机的转速成为可能，而且同时也解决了同步电动机的起动困难、重载时有振荡或失步等问题。目前，同步电动机变频调速技术获得了重要的应用，成为交流调速领域中不可缺少的一个重要分支。

1. 调速同步电动机的种类

（1）励磁同步电动机

励磁同步电动机是同步电动机最常见的类型，转子磁动势由励磁电流产生，它通常由静止励磁装置通过集电环和电刷送到转子励磁绕组中，也可以采用无刷励磁的方式，即在同步电动机轴上安装一台交流发电机作为励磁电源，感应的交流电经过固定在轴上的整流器变换成直流电供给同步电动机的励磁绕组，励磁电流的调节可以通过控制交流励磁发电机的定子磁场来实现。这类电动机适合用于大功率传动。

（2）永磁同步电动机

在永磁同步电动机中，转子磁动势由永久磁铁产生，一般采用稀土永磁材料做励磁磁极，如钐钴合金、钕铁硼合金等，永久磁铁励磁使电动机的体积和重量大为减小，而且效率高、结构简单、维护方便、运行可靠，但价格略高。目前这类电动机主要用于对电动机体积、重量和效率有特殊要求的中、小功率传动。随永磁材料技术的发展，其价格降低，应用范围和容量逐步扩大，现已做到兆瓦级。

（3）开关磁阻电动机

开关磁阻电动机定、转子采用双凸结构，定子为集中绕组，施加多相交流电压后产生旋转磁场，转子上没有绕组，通过凸极产生的反应转矩来拖动转子和负载旋转。它比异步电动机更加简单、坚固，但噪声和转矩脉动较大，受控制特性非线性的影响调速性能欠佳，应用范围和容量受限制。目前已有开关磁阻电动机调速系统系列产品，但单机容量还不大。本章不涉及这类电动机。

（4）步进电动机

步进电动机是伺服系统的执行元件。从理论上讲，步进电动机是一种低速同步电动机，只是由于驱动器的作用，使之步进化、数字化。开环运行的步进电动机能将数字脉冲输入转换为模拟量输出。闭环自同步运行的步进电动机系统是交流伺服系统的一个重要分支。基于步进电动机的特点，采用直接驱动方式，可以消除存在于传统驱动方式（带减速机构）中的间隙、摩擦等不利因素，增加伺服刚度，从而显著提高伺服系统的终端合成速度和定位的精度。

步进电动机有多种不同的结构形式。经过近七十年的发展，逐渐形成以混合式与磁阻式为主的产品格局。混合式步进电动机最初是作为一种低速永磁同步电动机而设计的，它是在永磁和变磁阻原理共同作用下运转的，总体性能优于其他步进电动机品种，是工业应用最广泛的步进电动机品种。本章内容不涉及步进电动机。

2. 同步电动机变压变频系统的特点

与异步电动机变压变频调速系统相比，同步电动机变压变频调速系统有以下特点：

1）变频电源的输出基波频率和同步电动机的转速之间严格保持同步关系，即：$n_s=60f_s/n_p$，其转差角频率ω_{sl}恒等于0。由于同步电动机转子极对数是固定的，由上式可见，同步电动机唯有靠变频进行调速。

2）异步电动机靠加大转差来提高转矩，同步电动机靠加大功角来提高转矩，可知，同步电动机比异步电动机对负载扰动具有更强的承受能力，而且转速恢复响应更快。

3）同步电动机和异步电动机的定子三相绕组是一样的，两者的转子绕组却不同，同步电动机转子有直流励磁绕组（或永久磁铁），对于转子有励磁绕组的同步电动机而言，可通过调节转子励磁电流改变输入功率因数，使其运行在$\cos\varphi=1$的条件下。此外，在同步电动机的转子上还有一个自身短路的阻尼绕组。当同步电动机在恒频下运行时，阻尼绕组的作用能够抑制重载下产生的振荡，但是，当同步电动机在转速闭环条件下变频调速时，阻尼绕组这个作用并不大，但有加快动态响应的作用。

4）一般同步电动机具有励磁电路（或永久磁铁），即使在较低的频率下也能正常运行，因而，同步电动机的调速范围较宽。

5）异步电动机的电流在相位上总是滞后于变频电源的输出电压，因而对采用晶闸管的逆变器必须设置强制换流电路；同步电动机由于能运行在超前功率因数下，从而可利用同步电动机的反电动势实现逆变器的自然换流，不需要另设一个附加的换流电路。

6）同步电动机有隐极式和凸极式之分，隐极式同步电动机和异步电动机的气隙都是均匀的，而凸极式同步电动机的气隙是不均匀的，直轴磁阻小、交轴磁阻大，造成两轴的电感系数不同。与异步电动机相比，凸极式同步电动机变频调速系统的数学模型更为复杂。

3. 同步电动机变压变频系统的分类

根据对同步电动机定子频率的控制方法不同，同步电动机变压变频调速系统可分为他控式变频和自控式变频两大类。

他控式变频调速就是用独立的变压变频装置给同步电动机供电。变频装置中逆变器输出的频率独立设定，它不取决于转子位置。显然这样的调速系统就“同步”而言是一种开环控制，重载时仍存在振荡和失步的问题。

自控式变频调速是根据检测到的转子位置来控制逆变器开关器件的通断，从而使逆变器的输出频率追随电动机的转速。这是一种频率闭环的控制方式，它可以始终保证转子与旋转磁场同步旋转，从根本上避免了振荡和失步的产生。

9.2 同步电动机变压变频调速系统主电路晶闸管换流关断机理及其方法

9.2.1 同步电动机交-直-交型变压变频调速系统逆变器中晶闸管的换流关断机理及其方法

所谓换流，就是把正在导通的晶闸管元件切换到欲导通的晶闸管元件的过程，是通过关断和触发相应的晶闸管完成的。由于晶闸管为半控开关器件，一旦触发导通后，门极就失去了控制作用，要想关断它必须给晶闸管施加反向电压，使其电流减少到维持电流以下，再把反向电压保持一段时间后晶闸管才能可靠地关断。

逆变桥晶闸管换流的可靠与否，对同步电动机调速系统的运行、起动及过载能力等方面都有重要的影响。

1. 反电动势自然换流关断机理及其实现方法

由于逆变器的负载是一台自己能发出反电动势的同步电动机，晶闸管可直接利用电动机产生的反电动势来进行换流，这样的逆变器称作负载换流逆变器（Load-commutated Inverter，LCI）。

在同步电动机调速系统中，只要转子有励磁电流并在空间旋转，就会在电枢绕组中感应出反电动势。设在换流以前晶闸管 VT_1、VT_2导通，如图 9-1a 所示，电流由电源正极开始经由晶闸管 VT_1→A 相绕组→C 相绕组→晶闸管 VT_2→电源负极。现在要使电流由 A 相流通切换到 B 相流通，则应关断晶闸管 VT_1，触发晶闸管 VT_3使其导通。

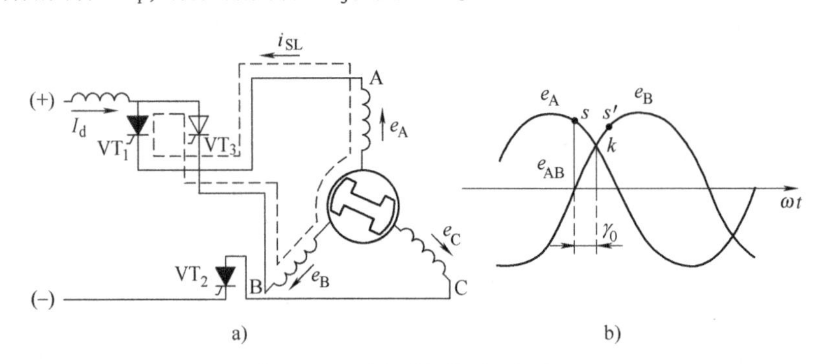

图 9-1 反电动势换流原理图

a）A、B 相换流电路 b）电压波形

从图 9-1b 中可知，如果按正常位置换流，应在 k 点触发晶闸管 VT_3进行换流，即 $\gamma_0=0$ 的位置，当晶闸管 VT_3导通瞬间，VT_1两端电压为零，且随着 VT_3的继续导通，晶闸管 VT_1将不承受反压而继续导通，电源电流将在三相绕组中流通，造成换流失败。由此可见，换流时刻应比 A、B 两相电动势波形的交点 k 适当提前一个换流超前角 γ_0，例如在图 9-1b 中的 s 点换流。当在 s 点触发 VT_3时，电动势 $e_A>e_B$，加在晶闸管 VT_1上的反向电压 $U_{AB}=e_A-e_B>0$，这时在两个导通的晶闸管 VT_1、VT_3和电动机 A、B 两相绕组之间出现一个短路电流 i_{SL}，其方向如图 9-1a 所示。当这个短路电流 i_{SL}达到原来通过晶闸管 VT_1的负载电流 I_d 时，晶闸管 VT_1就因流过的实际电流下降至零而关断，负载电流 I_d 就全部转移到晶闸管 VT_3。至此，A、B 两相之间的换流全部结束，VT_2、VT_3两管正常导通运行。相反，如若换流时刻滞后于 k 点（即图 9-1b 中 s'点），在晶闸管 VT_1、VT_3和由电枢两相绕组间作用的反电动势 $e_B>e_A$，这时所产生的短路电流将于图 9-1a 中相反，它

将阻止 VT_3导通，维持 VT_1导通，从而不能实现换流。

上述换流回路中包括电动机的两相绕组，必然存在着电感，因而短路电流 i_{SL}不可能发生突变，换流也不可能瞬间完成，而必然经历一个过程。通常把要换流的两个晶闸管同时导通所经历的时间（用电角度表示），称为换流重叠角，用 μ 表示，如图 9-2a 所示。换流重叠角 μ 和电动机的负载大小有关，负载电流越大，换流过程中两相绕组间需要转移的能量越多，换流重叠角 μ 就越大；反之负载电流小，换流重叠角 μ 也就比较小。

同步电动机调速系统利用电动机反电动势进行换流时，在空载情况下，施加在晶闸管 VT_1两端的电压波形如图 9-2c 所示。在相当于换流超前角 γ_0 的一段时间内，VT_1承受了反向电压，它能使晶闸管关断。当电动机带有负载时，一方面由于换流重叠角的影响，使晶闸管通电时间延长（图 9-2b 为 A 相电流波形）；另一方面又由于电枢反应的影响，同步电动机端电压的相位将随着负载的增加而提前一个功角 θ_{eu}（表现在同步电动机端子间的是电压而非电动势），于是使负载时的实际换流超前角 γ_0 减小，晶闸管承受反向电压的时间变短，如图 9-2c 中虚线所示。表征晶闸管承受反向电压时间的角度（电角度），称为换流剩余角，即

$$\delta=\gamma-\mu=\gamma_0-\theta_{eu}-\mu$$

式中，γ_0 为空载换流超前角；γ 为电动机负载时的换流超前角；θ_{eu}为同步电动机的功角；μ 为换流重叠角。

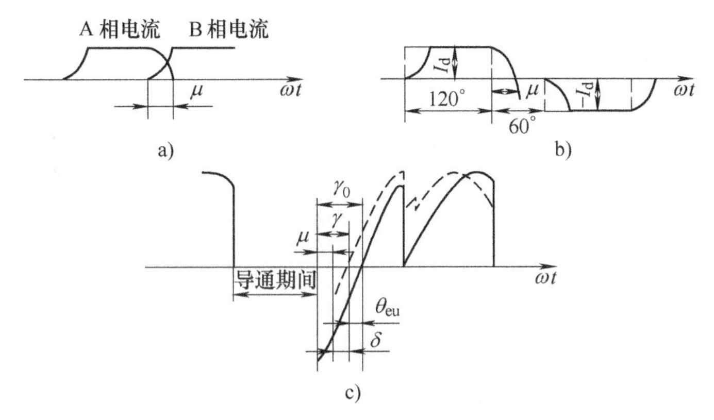

图 9-2　$\gamma_0=60°$时反电动势换流的电压、电流波形

a）A、B 两相换流时的电流波形　b）一相电流波形（一个周期）　c）晶闸管两端的电压波形

为了保证换流的可靠进行，通常要求换流剩余角至少应保持在 10°~15°之间。要满足这个条件，一是将空载换流超前角 γ_0 适当增大，另外就是限制电动机所允许的最大瞬时负载，以减小重叠角 μ。但是增大 γ_0 是有限制的，这是因为随着 γ_0 的增大，在同样的负载电流下电动机转矩会减小，而转矩脉动分量也将增大，转矩在 $KF_SF_r\sin(60°+\gamma_0)\sim KF_SF_r\sin(120°+\gamma_0)$范围内变化，所以 γ_0 值不宜超过 70°，在实际应用上一般取 $\gamma_0=60°$。

反电动势换流有它自身的优点——逆变桥结构简单，经济可靠。但是，这种换流关断方式也有其弱点，即同步电动机在起动和低速运行时反电动势很小，甚至没有反电动势。在这种情况下利用反电动势换流关断的方法是不可能的，必须寻找其他的解决办法。

2. 电流断续换流关断法

在电动机起动和低速运行时，电流断续换流关断法是解决晶闸管逆变器换流问题的最简单、最经济的办法。所谓电流断续换流关断法，就是每当晶闸管需要换流时，先设法使逆变器的输入电流下降到零，让逆变器的所有晶闸管均暂时关断，然后再给换流后应该导通的晶闸管加上触

发脉冲使其导通，从而实现从一相到另一相的换流关断。

通常采用的断流办法是封锁电源或让供电的晶闸管整流桥也进入逆变状态（本桥逆变），迫使通过电动机绕组的电流迅速衰减，以达到在短时间内实现断流。

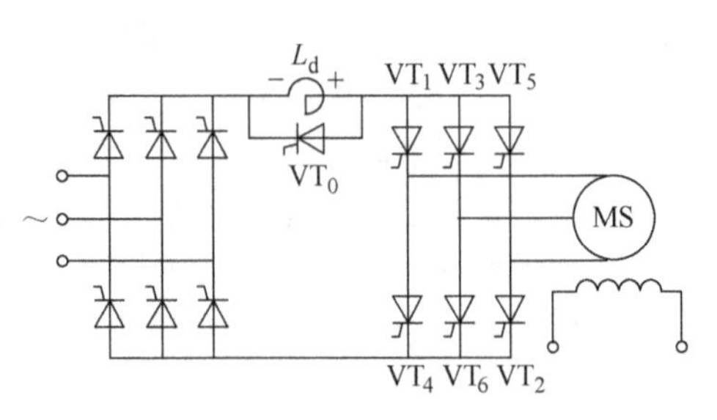

图 9-3　电流断续换流法的主电路

在同步电动机调速系统中，为了抑制电流纹波，在直流回路中通常都接有平波电抗器。它对断流过程会产生严重的延长影响。为了加速断流过程，通常在平波电抗器的两端接一个续流晶闸管 VT_0，如图 9-3 所示。当回路电流衰减时，电抗器两端电压极性如图 9-3 所示，这时触发晶闸管 VT_0，可使其导通。电抗器中的电流将经此晶闸管 VT_0 而续流，使电抗器中原来储存的能量得以暂时保持，不至于因它的释放而影响逆变桥的断流。只要整流桥的封锁一解除，输入电流开始增长时，电抗器两端电压的极性就发生变化，续流晶闸管 VT_0，就会自动关断，不会影响电抗器正常工作时的滤波功能。当同步电动机采用电流断续换流时，逆变器晶闸管的触发相位 γ_0 对换流已不起作用。为了增大起动转矩，减小转矩脉动，在电流断续换流时，一般取 $\gamma_0=0°$。

3. 由电流断续换流关断法到反电动势换流关断法的过渡

同步电动机调速系统在低速运行时，由于反电动势较小，换流有困难，采用电流断续法换流，而使 $\gamma_0=0°$。当电动机转速升高到一定数值以后（通常为额定转速的 5%~10%），反电动势的大小足以满足自然换流的要求时，通过速度检测器和逻辑控制系统自动地切换到反电动势自然换流。此时，把换流超前角 γ_0 由 0°变到 60°，并对断流脉冲信号进行封锁，使逆变器的晶闸管换流时电动机不再断流，以避免电动机转矩受到影响。

两种换流方法切换时的关键是保证平滑过渡，且不发生逆变桥换流失败的现象。这里存在着换流超前角 γ_0 的切换信号和断续电流控制信号的封锁顺序问题。图 9-4a 为同步电动机的反电动势波形；图 9-4b 为 $\gamma_0=0°$时各晶闸管的触发信号（略去脉冲列信号）；图 9-4c 为 $\gamma_0=60°$时各晶闸管的触发信号。当电动机以电流断续换流法进行工作时，按图 9-4b 的触发顺序触发晶闸管，如果这时电动机的转速已升高到额定转速的 10%左右，逆变器可切换到反电动势换流。在这之前控制系统仍应坚持电流断续法到 K 点，在 K 点进行断流，使逆变器的 6 个晶闸管全部可靠关断，然后按反电动势换流法要求的换流超前角 $\gamma_0=60°$ 的触发次序触发相应的晶闸管，K 点时刻应触发 VT_3、VT_4（而不是 VT_2、VT_3），触发 VT_3、VT_4 晶闸管后，必须马上封锁断流信号，使系统切换到反电动势换流法。注意：切换点（断流点）必须在 K 点而不能提前，如提前（在 K' 点）将发生桥臂短路，造成换流失败。

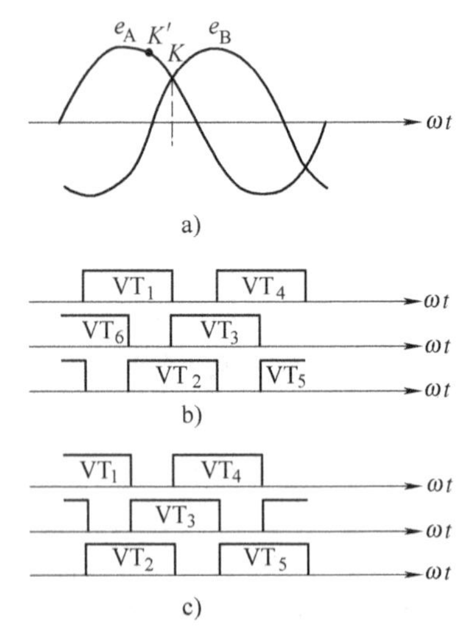

图 9-4　电流断续换流法到反电动势换流法的过渡

a）同步电动机的反电动势波形

b）$\gamma_0=0°$时各晶闸管的触发信号

c）$\gamma_0=60°$时各晶闸管的触发信号

同理，当由反电动势换流法向电流断续换流法过渡时，由于 γ_0 要由 60°切换到 0°，此时，导通的两个晶闸管将不能满足 $\gamma_0=0°$时的要求，这就要求首先解除对断流控制信号的封锁，然后再按 $\gamma_0=0°$时的触发要求触发相应的晶闸管，这一逻辑顺序可有效地避免在 γ_0 切换过程中出现的换流失败现象。

9.2.2　交-交变频同步电动机调速系统主电路晶闸管的换流

1. 电流源型交-交变流器供电的同步电动机调速系统的负载换流和电源电压换流

与电流源型交-直-交变流器供电的同步电动机调速系统相同，也分成高速和低速两种情况，在高速时仍采用电动机绕组的反电动势进行自然换流；低速时则利用电源电压进行换流。

电动机高速运行时，仍假设换流前晶闸管组Ⅰ、Ⅱ中的晶闸管 VT_1、VT_2导通，为方便起见，记为 $\mathrm{VT}_{\mathrm{I}-1}$、$\mathrm{VT}_{\mathrm{II}-2}$导通。此时电动机 A 相、C 相绕组通入电流，方向如图 9-5a 所示。

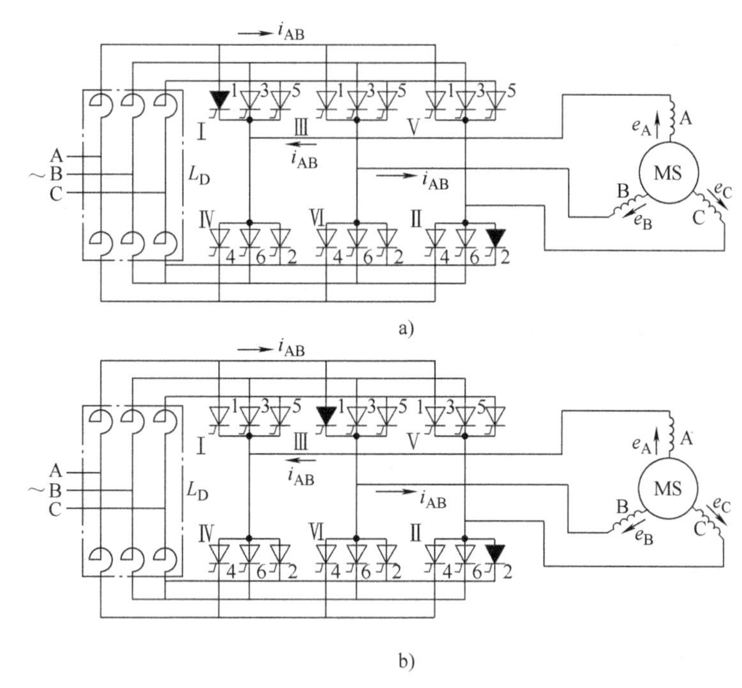

图 9-5　交流自控式变频同步电动机反电动势换流示意图
a）换流前　b）换流后

换流时，转子位置检测器发出信号，选择晶闸管组Ⅲ工作。在一定的换流提前角 γ_0（如 $\gamma_0=60°$）下，此时 A 相绕组感应电动势 e_A应大于 B 相绕组感应电动势 e_B，方向如图 9-5a 所示。同时整流桥侧发出的触发信号仍是至晶闸管 VT_1。但此时被选择的是晶闸管组Ⅲ，因此被触发导通的应是 $\mathrm{VT}_{\mathrm{III}-1}$。$\mathrm{VT}_{\mathrm{I}-1}$和 $\mathrm{VT}_{\mathrm{III}-1}$是共阳极接法，在反电动势 $e_{AB}=e_A-e_B>0$ 的作用下，形成一短路电流 i_{AB}，方向如图 9-5b 所示。当 i_{AB}达到换流开始时流过晶闸管 $\mathrm{VT}_{\mathrm{I}-1}$的负载电流时，晶闸管 $\mathrm{VT}_{\mathrm{I}-1}$流过的实际电流下降到零，因而被关断。负载电流经 $\mathrm{VT}_{\mathrm{III}-1}$和 $\mathrm{VT}_{\mathrm{II}-2}$流入到 B、C 相绕组，换流结束。可见交-交变流器利用反电动势换流和交-直-交变流器利用电动机的反电动势换流是完全一样的。

电动机在起动和低速运行时，交-交变流器供电的同步电动机调速系统中是利用电源电压进行换流，仍以图 9-5a 为例加以说明。需换流时，同样由转子位置检测器发出信号，选择晶闸管组Ⅲ工作。此时整流侧触发装置仍是发出触发 VT_1的脉冲，两者共同作用使 $\mathrm{VT}_{\mathrm{III}-1}$被触发。同时，原导通的 $\mathrm{VT}_{\mathrm{I}-1}$的触发信号被封锁。此时由于电动机相绕组的反电动势很小（$e_{AB}\approx0$），则无法实现反电动势换流。经过一段时间后，电源的相电压变成 $u_A<u_B$（见图 9-6），由整流桥工作原

理可知，整流侧触发脉冲将加到$\mathrm{VT}_{\mathrm{III}}$上，同时封锁了$\mathrm{VT}_{\mathrm{I}-1}$的触发脉冲。由于此时被选择的是晶闸管组Ⅲ工作，故$\mathrm{VT}_{\mathrm{III}-3}$被触发导通。这样在电源电压$u_{BA}$的作用下将有电流$i_{BA}$流过B相和A相绕组，电流方向如图9-6所示。电流$i_{BA}$的方向与原来导通的晶闸管$\mathrm{VT}_{\mathrm{I}-1}$的负载电流方向相反，流过$\mathrm{VT}_{\mathrm{I}-1}$的实际电流到零时，$\mathrm{VT}_{\mathrm{I}-1}$关断，$\mathrm{VT}_{\mathrm{III}-3}$导通。换流过程中，电动机反电动势很小，不影响换流过程。另外，换流电流还流过平波电抗器的两个线圈，两个线圈匝数相等，流过电流的方向相反，则平波电抗器对换流过程也不产生影响。和三相全控桥整流电路一样，这种靠电源线电压极性改变，而安排触发脉冲的换流方法称为电源换流法。

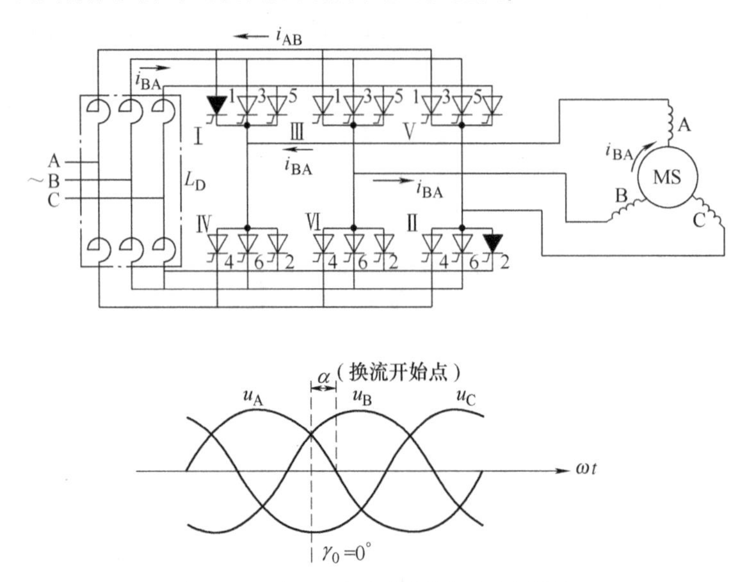

图9-6　交-交变流器电源换流示意图

和整流电路一样，用电源电压进行换流时，也会有一段时间的延迟，或者说会有一段不可控的时间。例如上面分析的电源换流，原导通的晶闸管为$\mathrm{VT}_{\mathrm{I}-1}$和$\mathrm{VT}_{\mathrm{II}-2}$，换流时$\mathrm{VT}_{\mathrm{III}-1}$被触发，但此时并未实现换流，而经过一段等待时间。当电源电压$u_A=u_B$时，再经过整流触发延迟角α时间后，当$u_A<u_B$时，才开始触发导通晶闸管$\mathrm{VT}_{\mathrm{III}-3}$，实现换流。这一不可控的等待时间最长可达电源周期的1/3。

2. 电压源型交-交变流器供电的同步电动机调速系统的电源电压换流

电压源型交-交变流器每一相都是直流调速系统中的反并联可逆桥式整流电路，电路中晶闸管换流采用电源电压过零时的自然换流，即上述的电源电压换流。

9.3　他控变频同步电动机调速系统

9.3.1　转速开环恒压频比控制的同步电动机调速系统

转速开环恒压频比控制的同步电动机调速系统如图9-7所示。图中，f_s^*为转速给定信号，为了防止振荡或失步现象发生，变频器的输出频率必须缓慢变化。转速开环恒压频比控制

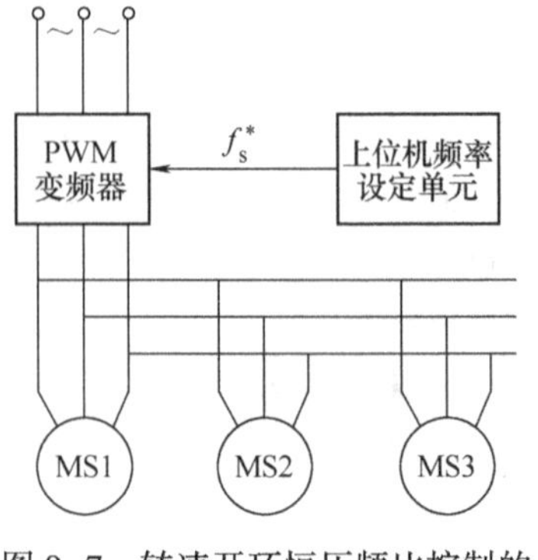

图9-7　转速开环恒压频比控制的同步电动机调速系统

的同步电动机调速系统适用于化工、纺织业中的多台小容量永磁同步电动机或开关磁阻电动机的拖动系统中。

9.3.2 交-直-交型他控变频同步电动机调速系统

要求高速运行的大型机械设备，如空气压缩机、鼓风机等，其拖动同步电动机往往采用交-直-交电流源变流器供电，如图9-8a所示（图中FBC为电流反馈环节）。系统中的控制器程序包括转速调节、电流调节、负载换流控制、电流断续控制、励磁电流控制等部分。由晶闸管组成的逆变器可利用同步电动机定子中感应电动势波形实现晶闸管之间的换流，与相同情况的异步电动机相比，省去了庞大的强迫换流电路。

普通三相同步电动机的转子上带有直流励磁绕组，近代以来，通过滑环向直流励磁绕组输送直流励磁电流的励磁方式被逐步淘汰，作为替代，越来越多地采用由交流励磁发电动机通过随转子一起旋转的整流器向直流励磁绕组供电（见图9-8b），无疑这将大大提高同步电动机调速系统运行的可靠性、安全性。

无刷励磁基本原理如图9-8b所示。交流励磁机为异步发电动机，其定子由三相晶闸管调压器供电，励磁机转子绕组和同步电动机转子同轴。为保证同步电动机四象限运行时有足够的励磁裕量，可令励磁机定子电压的相序始终与同步电动机的相序保持相反。当同步电动机静止时，励磁机的工作为变压器性质；当同步电动机调速运行时，励磁机的工作介于变压器与发电机之间。此时同步电动机的转子励磁电流不但和调压器输出电压有关，而且和励磁机的转差率、旋转整流桥的换相过程及方式、励磁机的谐波电流、功率因数及效率有关。

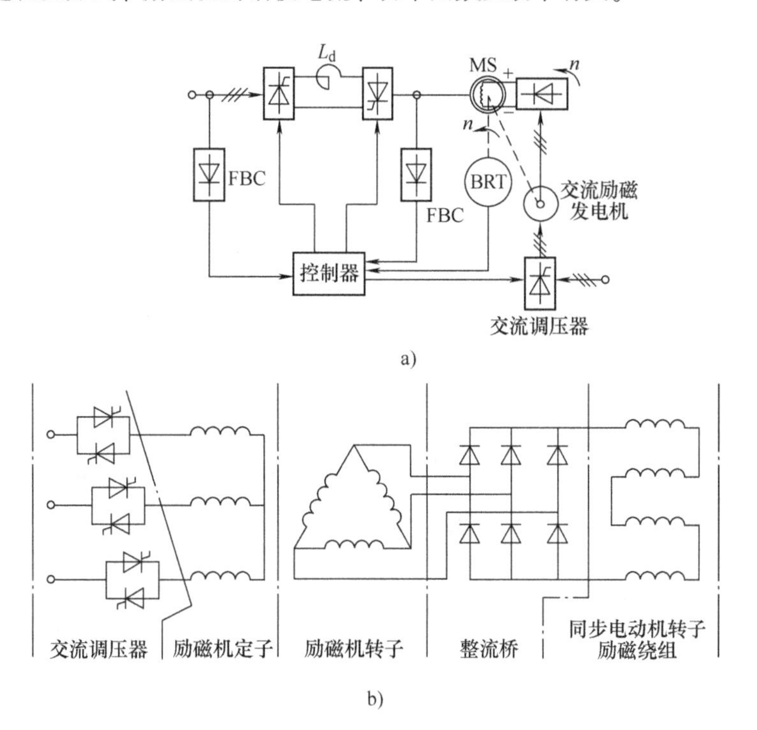

图9-8 交-直-交变频他控式同步电动机变压变频调速系统框图

a）系统图 b）无刷励磁原理图

9.4 自控式变频同步电动机（无换向器电动机）调速系统

自控式变频同步电动机是20世纪70年代发展起来的一种调速电动机，其基本特点是在同步电动机端装有一台转子位置检测器BQ（见图9-9），由它发出主频率控制信号来控制逆变器（UI）的输出频率f_s，从而保证转子转速与供电频率同步。根据主电路拓扑结构不同分为交-直-交电流源型自控式变频同步电动机调速系统和交-交自控式变频同步电动机调速系统。

9.4.1 自控式变频同步电动机（无换向器电动机）调速原理及特性

由图9-9可知，自控式变频同步电动机由同步电动机（MS）、位置检测器（BQ）、逆变器（UI）及逻辑控制器（DLC）组成。

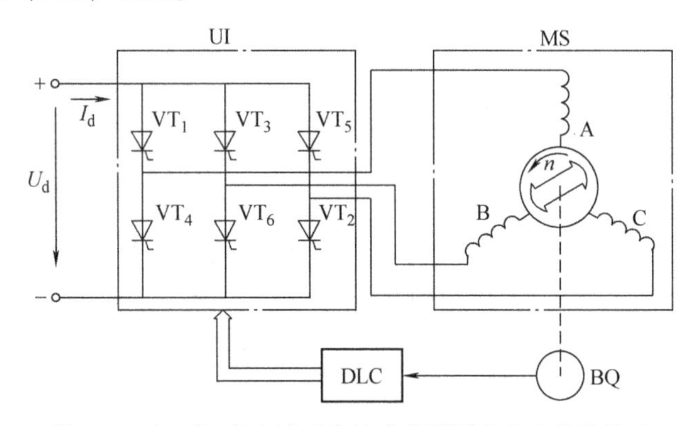

图9-9　交-直-交电流型自控式变频同步电动机的构成

为了与直流电动机比较，可将图9-9改画为图9-10a的形式。图9-10b表示一台只有3个换向片的直流电动机，图9-10a与图9-10b相比，有如下对应关系：

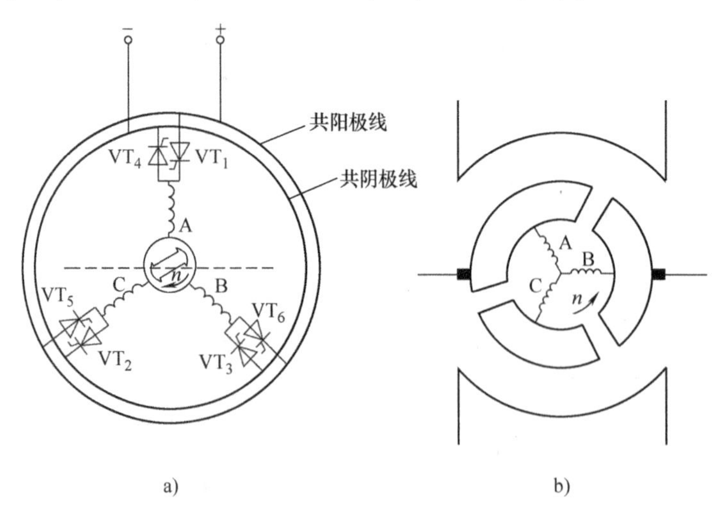

图9-10　自控式变频同步电动机与其等效的直流电动机模型

逆变器（UI）⇒机械换向器；位置检测器（BQ）⇐直流电动机电刷。

可见，自控式变频同步电动机可以等效为只有3个换向片的直流电动机。

在3个换向片的直流电动机模型中可以看到，电动机每转过60°电角度，电枢绕组出现一次换向。在自控式变频同步电动机中也是转子每转过 60°电角度，电枢绕组进行一次换向。只不过在直流电动机中，电枢换向是靠换向器和电刷完成的。而在自控式变频同步电动机中，电枢换向是靠转子位置检测信号控制逆变器的开关器件的通断来完成的。

下面结合图 9-11 来考查逆变器工作的一个周期，自控式变频同步电动机定、转子磁场的相对变化情况。

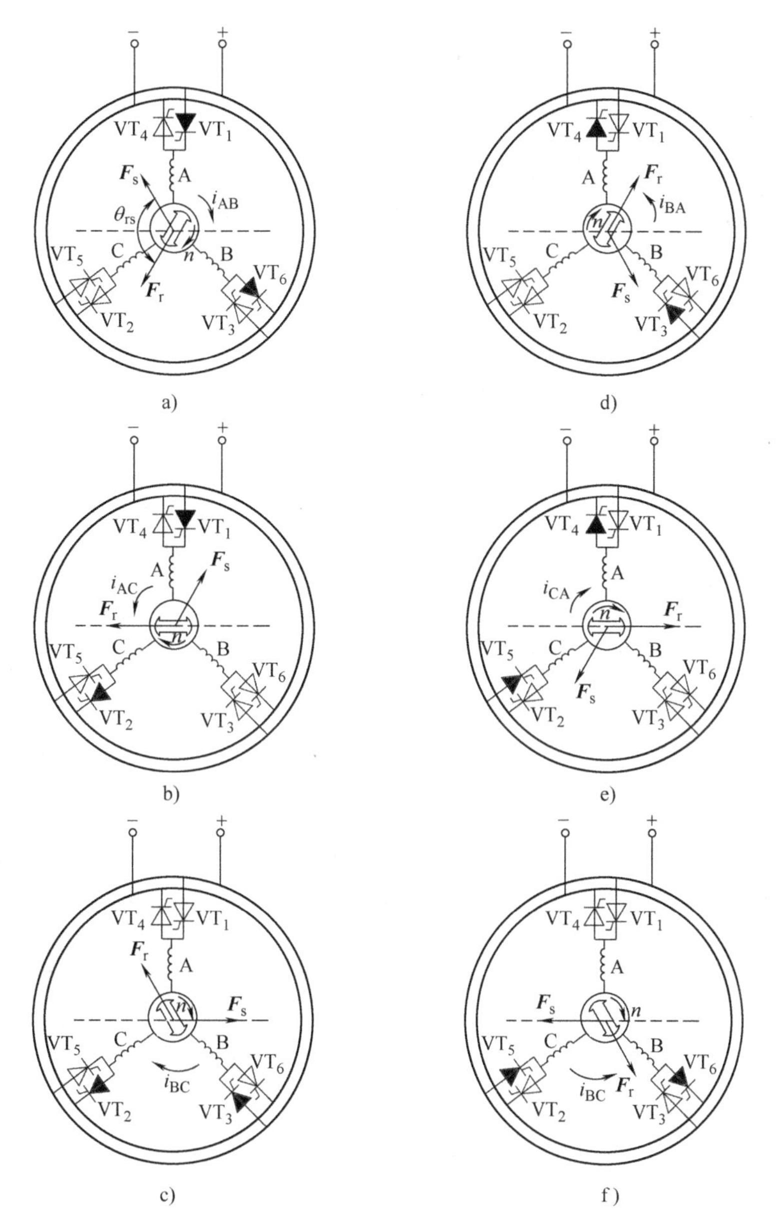

图 9-11　自控式变频同步电动机六拍通电情况

当转子转到图 9-11a 所示的位置时，由转子位置检测器发出信号控制逆变器晶闸管 VT_6、VT_1导通。定子绕组中流过电流 i_{AB}的方向如图所示，此时定子磁场基波分量 $\boldsymbol{F}_s$和转子正弦磁场 $\boldsymbol{F}_r$在空间的相对位置如图所示。它们在空间相差 120°电角度。由于采用了交-直-交电流源型逆变器，流入定子绕组中的电流幅值恒定（假设电动机负载恒定），所产生的定子磁动势基波分量的幅值为恒定。转子是直流励磁（假设产生的磁场在气隙中是按正弦规律分布的），其转子磁动势幅值同样固定不变。根据电机学知识可知，它们之间产生的电磁转矩除与定、转子磁动势的幅值成正比外，还与定、转子磁动势间夹角 θ_{rs} 的正弦值成正比，转矩作用方向始终是使 θ_{rs} 减小的方向。显然，转子转到定、转子磁动势间夹角 $\theta_{rs}=90°$ 时，电动机产生最大电磁转矩，而后随电动机旋转，θ_{rs} 不断地减小，转矩将下降。当转子转到图 9-11b 所示位置时，即定、转子磁动势间夹角为 60°电角度时，由位置检测器发出信号控制晶闸管 VT_1、VT_2 导通，同时关断晶闸管 VT_6。由于定子磁动势幅值仍恒定不变，只是其空间位置顺转子转向向前跳跃了 60°电角度，使定、转子空间磁动势间夹角 θ_{rs} 又变成 120°电角度。以下重复上面的情况。

综上，定子磁动势 $\boldsymbol{F}_s$ 在空间是跳跃式转动的，每次跳动 60°电角度。而转子励磁磁动势 $\boldsymbol{F}_r$ 却是随转子连续旋转的，两者平均旋转速度相等，但瞬时速度不等。由于定子磁动势和转子磁动势间夹角不断地由 120°电角度到 60°电角度重复变化，因此产生的电磁转矩是脉动的。

从逆变器的工作情况看，逆变器中晶闸管是 120°通电型，也就是一个周期内每个晶闸管导通 120°，每隔 60°换流一次，即导通下一序号的晶闸管同时关闭上一序号晶闸管。正、反转时晶闸管导通顺序与对应的定子绕组电流方向详见表 9-1。

从表 9-1 中也可以看出，对于 120°通电型的六拍逆变器每一时刻都有两只晶闸管导通。至于任一时刻究竟由哪两只晶闸管导通则由转子位置检测器发出信号来控制。图 9-12 示出了转子所在空间位置和与之对应导通的晶闸管。图中把空间分成了 6 个区域，每个区域对应导通的晶闸管标于图中。如转子处于图中位置时，则应导通的晶闸管为 VT_6、VT_1，以此类推。

自控式变频同步电动机靠转子位置检测器发出转子位置信号，去控制逆变器晶闸管的导通与关断的时刻，从而实现了控制逆变器的输出频率。

另外，自控式变频同步电动机调速和直流电动机十分相似，靠改变逆变器的输入直流电压和转子励磁电流均可实现无级调速。

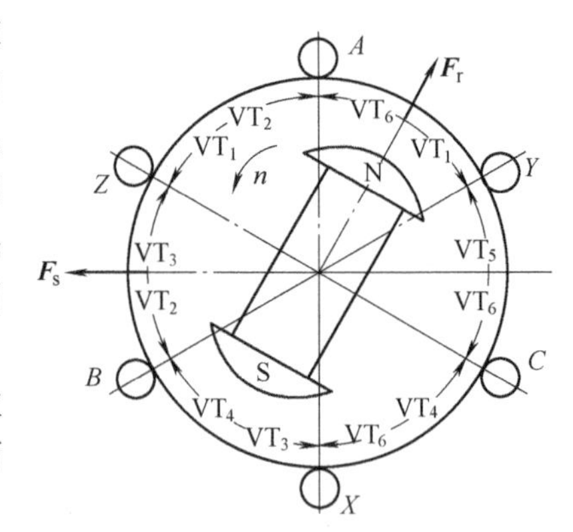

图 9-12　转子空间位置与对应的应导通的晶闸管示意图

表 9-1　正反转时晶闸管导通顺序与对应的定子绕组电流方向

时间（电角度）/(°)		0~60	60~120	120~180	180~240	240~300	300~360
正转	定子绕组电流方向	A→B	A→C	B→C	B→A	C→A	C→B
	共阳极组导通的晶闸管	VT_1		VT_3		VT_5	
	共阴极组导通的晶闸管	VT_6	VT_2		VT_4		VT_6
反转	定子绕组电流方向	A→B	C→B	C→A	B→A	B→C	A→C
	共阳极组导通的晶闸管	VT_1	VT_5		VT_3		VT_1
	共阴极组导通的晶闸管	VT_6		VT_4		VT_2	

1. 自控式变频同步电动机的电磁转矩

自控式变频同步电动机转子采用直流励磁，转子磁动势是恒定的，但它所产生的气隙磁场则按正弦规律分布。定子三相绕组采用电流源型三相桥式逆变器供电时，每一时刻均有定子两相绕组串联流过恒定电流，产生的定子磁动势也是恒定磁动势，幅值不变。这样，空间上幅值恒定的定、转子磁动势的基波分量所产生的电磁转矩就正比于它们之间夹角 θ_{rs} 的正弦函数值了，

即电磁转矩随 θ_{rs} 按正弦规律变化。由于定子绕组每隔 60°电角度进行一次换流，所以通入直流的定子绕组产生的电磁转矩也只是正弦曲线的一段，相当于 1/6 周期的一段。

下面以图 9-13 为例说明电磁转矩的变化情况。

在图 9-13 中，三相绕组视为集中绕组如图中分布，当转子转到图中位置时，由位置检测器发出控制信号控制晶闸管 VT_6、VT_1 导通。A 相、B 相绕组流入电流方向如图中所示。定、转子磁动势 $\boldsymbol{F}_s$ 和 $\boldsymbol{F}_r$ 间夹角 θ_{rs} 为 120°电角度。定、转子间电磁转矩记为 $\boldsymbol{T}_{AB}$，正比于 $\sin\theta_{rs}$，随着转子旋转，θ_{rs} 的减小，电磁转矩按正弦规律变化如图 9-14a 所示。当转子转过 60°电角度后，触发晶闸管 VT_1、VT_2，关断晶闸管 VT_6。此时 A 相绕组和 C 相绕组流入电流方向为电源正极→A→X→Z→C→电源负极，定子磁动势空间矢量逆时针跳跃 60°电角度，电磁转矩记为 $\boldsymbol{T}_{AC}$，形状与 $\boldsymbol{T}_{AB}$ 相同，只是相位向后移了 60°电角度（见图 9-14a）。以此类推，当定、转子磁动势夹角 θ_{rs} 为 60°电角度时，进行定子绕组的换流，使 θ_{rs} 跳变到 120°电角度，随转子旋转，θ_{rs} 不断减小，达 60°电角度时再次换流。对应这种情况的电磁转矩如图 9-14a 所示。

图中，转矩曲线的交点，即换流切换点，如图 9-13 中 A 点，习惯上把这一点选作晶闸管触发的基准点，称为空载换流提前角，记为 $\gamma_0=0°$。不难看出，空载换流提前角 $\gamma_0=0°$ 时，从电动机产生转矩角度来看最为有利，因为这种情况下，电动机产生的转矩平均值最大，脉动最小。但前面的分析已表明，用电动机反电动势进行自然换流时，电动机在 $\gamma_0=0°$ 情况下不可能运行。γ_0 必须要有一定的提前角度，常用的是 $\gamma_0=60°$。$\gamma_0=60°$ 时电动机的转矩曲线如图 9-14b 所示。转矩脉动增加，平均值减小，而且出现瞬时转矩为零的情况。$\gamma_0=60°$，也就是定、转子磁动势空间矢量间夹角 $\theta_{rs}=180°$ 的情况。从另一个角度看，也可看成定子磁场所形成的磁极轴线和转子磁极轴线重合，其夹角为$(180°-\theta_{rs})$，且定、转子 N 极相对、S 极相对。此时转矩为零，出现了起动死点。

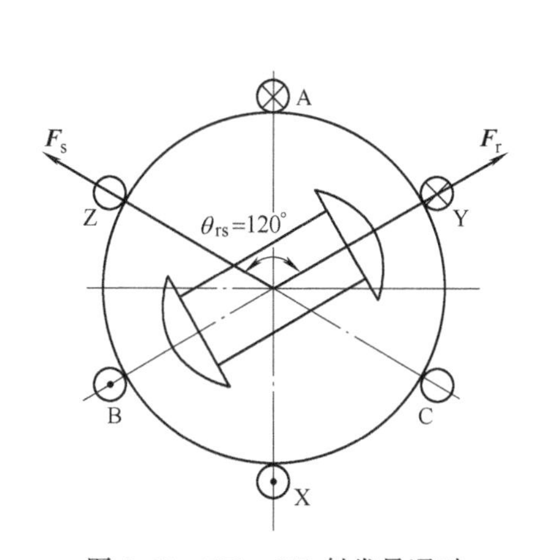

图 9-13　VT_6、VT_1 触发导通时定、转子磁动势空间位置图

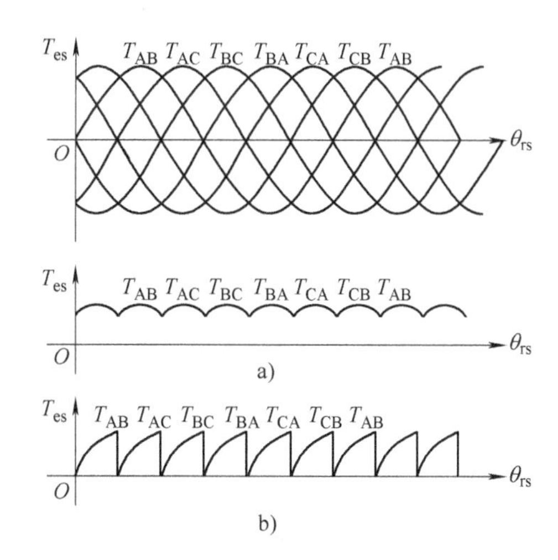

图 9-14　桥式接法时自控式变频同步电动机的转矩

a）$r_0=0°$　b）$r_0=60°$

不难分析，当换流提前角 $\gamma_0>90°$时，电动机将产生负的转矩，可以实现电动机正向制动和反向电动运行。

2. 自控式变频同步电动机的运行特性

（1）转速特性

自控式变频同步电动机主电路及整流电压、电动机反电动势波形如图 9-15 所示。

图 9-15a 中，R_{Σ} 表示主电路总等效电阻，包括平波电抗器电阻、电枢绕组两相电阻及晶闸管正向电压降等值电阻等。

主电路为交-直-交电路，整流和逆变器件均为晶闸管。考虑换流重叠角后，三相桥式整流电路输出电压平均值 U_D应为

$$U_D=\frac{3\sqrt{6}}{\pi}U_2\cos\left(\alpha+\frac{\mu}{2}\right)\cos\frac{\mu}{2}=2.34U_2\cos\left(\alpha+\frac{\mu}{2}\right)\cos\frac{\mu}{2} \quad (9-1)$$

式中，U_2为变压器二次相电压有效值；α 为可控整流桥触发延迟角；μ 为换流重叠角。

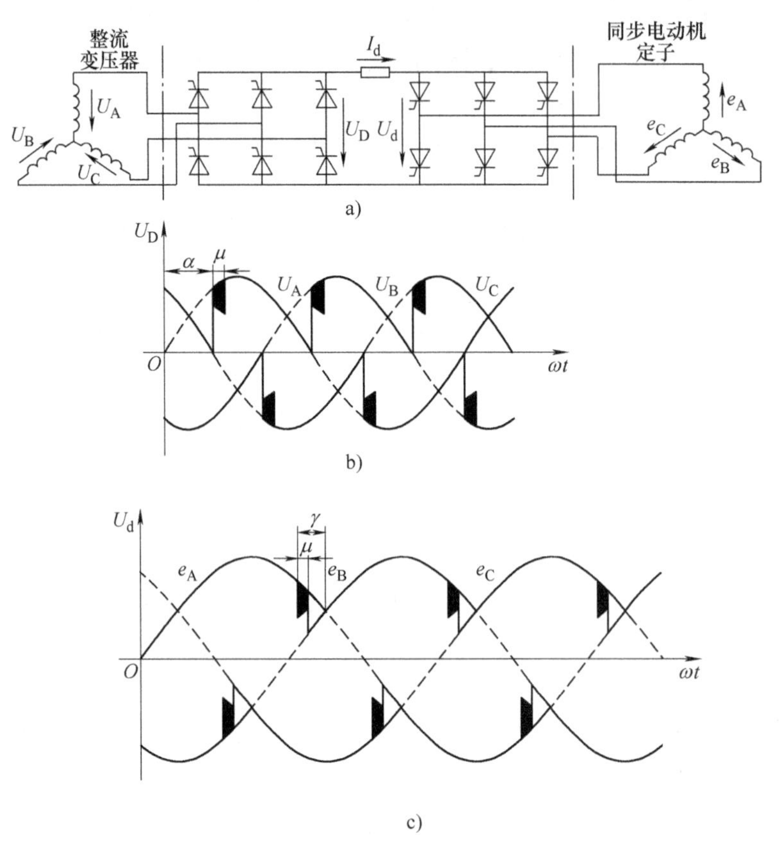

图 9-15　自控式变频同步电动机主电路及整流电压、电动机反电动势波形

a）自控式变频同步电动机的主电路　b）整流电压波形　c）电动机反电动势波形

设自控式变频同步电动机每相感应电动势有效值为 E_s，回路中的电阻电压降为 I_dR_{Σ}，包括平波电抗器、晶闸管正向电压降、电动机绕组电压降等。同时，对比整流侧和逆变侧电路及整流电压和电动机反电动势波形，不难得出

$$U_d=U_D-I_dR_{\Sigma}=\frac{3\sqrt{6}}{\pi}E_s\cos\left(\gamma-\frac{\mu}{2}\right)\cos\frac{\mu}{2}=2.34E_s\cos\left(\gamma-\frac{\mu}{2}\right)\cos\frac{\mu}{2} \quad (9-2)$$

式中，γ 为负载换流提前角；μ 为逆变侧换流重叠角。

电动机的每相感应电动势有效值 E_s和电动机转速之间的关系可写成

$$E_s=\frac{2\pi}{60}kn_pn\Phi_m \quad (9-3)$$

式中，k 为电动机结构常数；n_p为电动机的磁极对数；Φ_m 为气隙每极磁通（Wb）；n 为电动机转

速（r/min）。

将式（9-3）代入式（9-2）得到

$$n=\frac{U_D-I_dR_\Sigma}{\frac{\sqrt{6}}{10}kn_p\Phi_m\cos\left(\gamma-\frac{\mu}{2}\right)\cos\frac{\mu}{2}}=\frac{U_D-I_dR_\Sigma}{K_E\Phi_m\cos\left(\gamma-\frac{\mu}{2}\right)\cos\frac{\mu}{2}} \tag{9-4}$$

式中，$K_E=\frac{\sqrt{6}}{10}kn_p$ 称为电动势常数。

将直流电动机的转速公式重写如下：

$$n=\frac{U_D-IR_a}{K_E\Phi_m} \tag{9-5}$$

自控式变频同步电动机转速表达式（9-4）和直流电动机转速表达式（9-5）相比较可知，两者十分相似，都是通过改变直流电压 U_D 和气隙磁通 Φ_m 进行调速。与直流电动机调速不同的是，随着负载增加，除了由于电动机内阻电压降引起的转速降落外，在自控式变频同步电动机中负载换流超前角 γ 随功角 θ_{eu} 加大而减少，加上负载增加使换流重叠角 μ 的加大，电动机转速降落更大一些。因此，随着负载变化，适当调节 γ_0 也可以改变转速。

下面分析自控式变频同步电动机的电磁转矩。同样，电磁转矩可由下式得到

$$T_{es}=\frac{P_m}{\Omega} \tag{9-6}$$

式中，P_m 为电磁功率；Ω 为机械角速度。自控式变频同步电动机的电磁功率为直流输入功率扣除各项电阻上的损耗，即

$$P_m=I_d(U_D-I_dR_\Sigma) \tag{9-7}$$

则电磁转矩为

$$T_{es}=\frac{P_m}{\Omega}=\frac{I_d(U_D-I_dR_\Sigma)}{\frac{2\pi}{60}n_pn} \tag{9-8}$$

把转速 n 的公式（9-4）代入式（9-8），得

$$\begin{aligned}T_{es}&=\frac{60}{2\pi n_p}K_E\Phi_mI_d\cos\left(\gamma-\frac{\mu}{2}\right)\cos\frac{\mu}{2}\\&=K_M\Phi_mI_d\cos\left(\gamma-\frac{\mu}{2}\right)\cos\frac{\mu}{2}\end{aligned} \tag{9-9}$$

式中，$K_M=\frac{60}{2\pi n_p}K_E$，称为转矩常数。

式（9-9）与直流电动机转矩公式 $T_{ed}=K_M\Phi_dI_a$ 相比，是基本相同的，两者都可以通过控制电枢电流和气隙磁通来调节转矩。不同的是，在自控式变频同步电动机电磁转矩公式（9-9）中，增加了一项数值小于 1 的因子 $\cos\left(\gamma-\frac{\mu}{2}\right)\cos\frac{\mu}{2}$，它不仅增加了转矩的脉动，减少了转矩的平均值，而且也使 T_{es}、I_d 及 Φ_m 的关系不再是严格线性关系。由式（9-9）还可以看出，由于负载换流超前角 γ 和重叠角 μ 均随负载而变化，所以当负载变化时，电磁转矩也会跟随变化。

应当说明，转矩公式（9-9），是把自控式变频同步电动机看成是一台直流电动机，用直流电动机的物理量，如电枢电流 I_d，气隙磁通 Φ_m 等来描述的，它简单明了。由于自控式变频同步

电动机的本体是同步电动机，当然也可以用同步电动机的一些相关物理量来表示电磁转矩，但关系略复杂一些。

（2）过载能力

自控式变频同步电动机的过载能力较低，一般为1.5~2。过载能力主要取决于逆变桥的换流能力。由前面分析可知，电动机空载时，换流提前角γ_0常取60°左右，这也是欲关断的晶闸管承受反向电压的时间。这个时间应当大于两个晶闸管同时导通的换流重叠角μ和欲关断晶闸管的关断时间t_{off}之和，这样才能保证可靠换流。

电动机带负载之后，电动机的端电压前移一个功角θ_{eu}。欲关断晶闸管承受反向电压时间将由γ_0减少到负载换流提前角γ_0，$\gamma=\gamma_0-\theta_{eu}$。考虑到随负载增加，晶闸管换流重叠角$\mu$的加大，则换流剩余角$\delta=\gamma_0-\theta_{eu}-\mu=\gamma-\mu$将减小。但只要$\delta>\omega t_{off}$，就能保证换流成功。由于$t_{off}$很小，一般只有几十微秒，而逆变器工作频率又较低，当把t_{off}忽略后，电动机承受负载的极限值示于图9-16中。

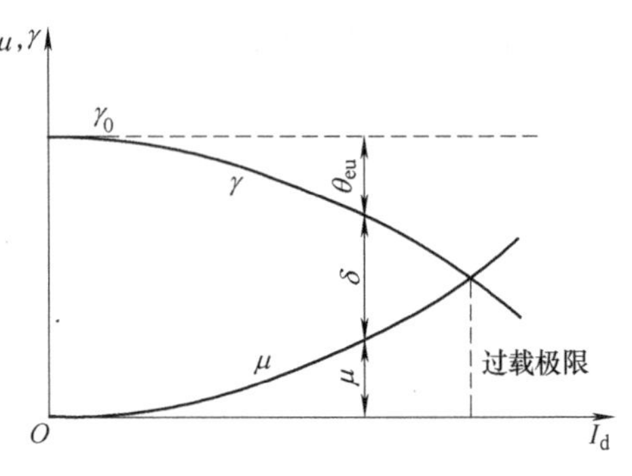

图9-16　δ、γ、μ与负载电流的关系

很明显，图中曲线$\gamma=f(I)$和$\mu=f(I)$的交点所对应的负载电流，即电动机承受负载的极限值，该交点决定了电动机的过载能力。从图中明显看出为了提高自控式变频同步电动机的过载能力，在空载换流超前角γ_0一定的情况下，减少换流重叠角μ和功角θ_{eu}，均可提高电动机的过载能力。

9.4.2　自控式变频同步电动机调速系统

1. 交-直-交电流源型变流器供电的自控式变频同步电动机调速系统

（1）交-直-交电流源型变流器供电的自控式变频同步电动机调速系统的组成

交-直-交电流源型变流器供电的自控式变频同步电动机（无换向器电动机）调速系统的组成如图9-17所示。

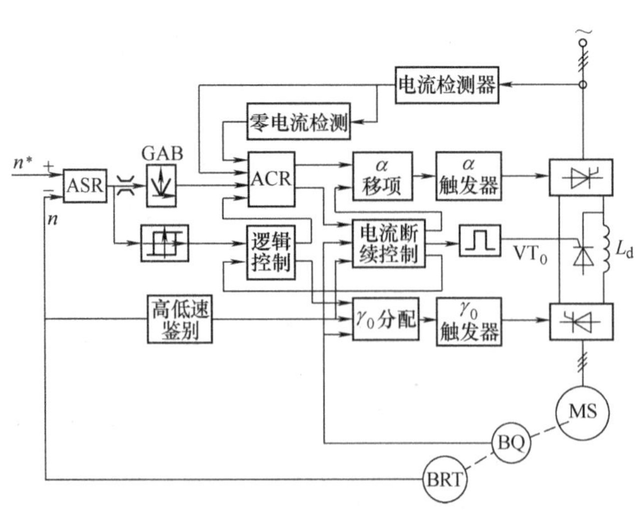

图9-17　交-直-交电流源型变流器供电的自控式变频同步电动机调速系统原理框图

（2）交-直-交电流源型变流器供电的自控式变频同步电动机调速系统的工作原理

主电路采用交-直-交电流源型变流器，功率开关器件为晶闸管。自控式变频同步电动机转速调节，采用了典型的转速、电流双闭环控制系统。转速和电流调节器均为带限幅的PI调节器。和直流电动机一样，自控式变频同步电动机的转速调节是通过控制整流桥输出的直流电压U_D来调节电动机转速的［见式（9-4）］。自控式变频同步电动机在正、反向电动状态下，控制整流桥的触发延迟角α在0°~90°之间。α减少，则U_d增加，电动机转速升高。电动机制动和电流断续换流时，整流桥需进入逆变工作状态，此时把触发延迟角α推向90°~180°之间。各种运行状态触发延迟角α和空载换流提前角γ_0的值见表9-2。

表9-2 各种运行状态触发延迟角α和空载换流提前角γ_0的值

运行状态		触发延迟角α/(°)	换流提前角γ_0/(°)	运行状态		触发延迟角α/(°)	换流提前角γ_0/(°)
Ⅰ	低速电动	$0<\alpha<90$	0	Ⅲ	低速电动	$0<\alpha<90$	180
	高速电动	$0<\alpha<90$	60		高速电动	$0<\alpha<90$	120
Ⅱ	低速制动	$90<\alpha<180$	180	Ⅳ	低速制动	$90<\alpha<180$	0
	高速制动	$90<\alpha<180$	120		高速制动	$90<\alpha<180$	60

转子位置检测器根据不同的转子位置发出相应的信号，经过脉冲分配器、触发放大环节，去触发逆变器相应的晶闸管。电动机在正向高、低速运行和反向高、低速制动时，触发晶闸管导通的顺序为$VT_1 \rightarrow VT_2 \rightarrow VT_3 \rightarrow VT_4 \rightarrow VT_5 \rightarrow VT_6$。

而电动机在反向高、低速和正向高、低速制动运行时，只要改变晶闸管导通顺序就可实现，导通顺序应为$VT_6 \rightarrow VT_5 \rightarrow VT_4 \rightarrow VT_3 \rightarrow VT_2 \rightarrow VT_1$。

电动机在低速运行时，高低速判别环节会发出解除断流封锁信号到断流控制环节。转子位置检测器发出逆变桥晶闸管的换流时刻检测信号，送至断流控制环节，由断流控制环节发出信号，使整流桥迅速推入逆变状态（触发延迟角$\alpha>90°$）。同时，触发导通并联在平波电抗器L_D两端的晶闸管VT_0，为平波电抗器提供续流回路，迅速拉断电动机电流，以便晶闸管可靠换流。检测出的电动机转速信号送至高、低速鉴别环节，它的输出送至γ_0分配器和断流控制环节，使电动机在起动和低速运行时$\gamma_0=0°$，高速运行时取$\gamma_0=60°$。同时，在高速运行时封锁断流系统，低速运行时解除对断流系统的封锁。

和直流电动机调速系统一样，在自控式变频同步电动机调速系统中，可以通过对速度调节器输出信号的极性鉴别，来控制电动机的运行状态。例如，调节电动机转速升高时，输入到速度调节器的给定转速信号U_{gn}极性，假如为正，转速反馈信号U_{fn}极性为负，且实际转速低于转速设定值，则速度调节器的输出极性为负。经极性鉴别和逻辑控制单元送出信号至电流调节器和γ_0分配器，分别控制整流桥的触发延迟角α使其在0°~90°之间，并和高、低速信号一起控制逆变桥γ_0为0°或60°。当电动机从电动状态到制动状态切换时，电动机实际转速n大于转速设定值n^*，速度调节器输出信号极性将变为正。同样，经极性鉴别后，控制整流桥的触发延迟角$\alpha>90°$，使整流桥进入逆变工作状态，以便把电能回馈到电网，同时控制逆变桥的换流提前角γ_0在电动机转速高时为120°、转速低时为180°，也就是把逆变桥由逆变工作状态变为整流工作状态，把电动机制动时的机械能转变为电能回馈电网。

自控式变频同步电动机没有直流电动机的机械换向器，却获得了和直流电动机一样的调速性能，调速系统结构和直流调速系统也十分相似，同时它又解决了同步电动机振荡和失步的问题。可见自控式变频同步电动机是一种比较理想的、有发展前途的调速电动机。

2. 交-交自控式变频同步电动机调速系统

交-交变流器也有电流源型和电压源型之分，使用较多的是电流源型交-交变流器。

（1）交-交自控式变频同步电动机调速系统的组成

交-交自控式变频同步电动机由同步电动机、交-交变流器、转子位置检测器和控制器组成（见图 9-18）。

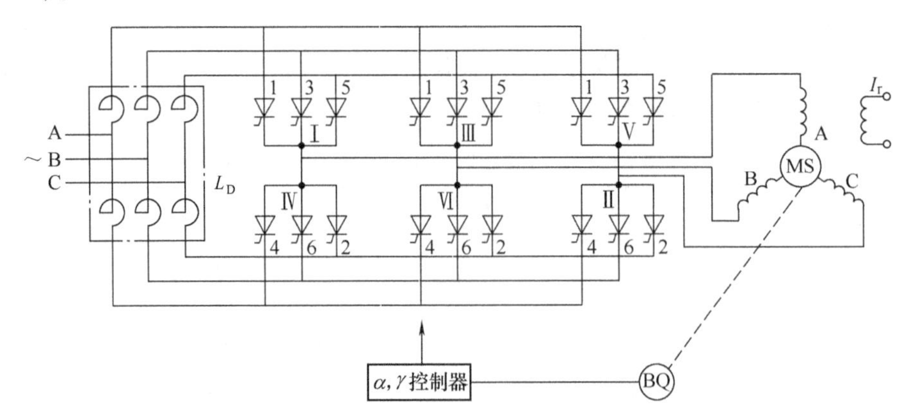

图 9-18　交-交自控式变频同步电动机的组成

图中主电路为三相半波整流桥构成的电流源型交-交变流器。半波整流桥共有六组，每组由三只晶闸管组成。Ⅰ、Ⅲ、Ⅴ组组内晶闸管接成共阴极，Ⅱ、Ⅳ、Ⅵ组组内的晶闸管接成共阳极（见图 9-18）。

由于交-交变流器没有直流中间环节，平波电抗器 L_D 接于交流电源侧，它由 6 个线圈组成（见图 9-18）。平波电抗器对主电路电流起滤波作用，但对晶闸管间的换流不起阻碍作用。

交-交自控式变频同步电动机较交-直-交自控式变频同步电动机所用晶闸管数量多、耐压要求也较高。任一时刻交-交变流器只有两只晶闸管导通工作。因此，交-交自控式变频同步电动机的晶闸管的利用率比较低。但交-交自控式变频同步电动机由交流电源到负载电动机只经过一次变换，且每一时刻只有两只晶闸管工作，晶闸管损耗较小，整个系统工作效率较交-直-交自控式变频同步电动机高。另外，交-交自控式变频同步电动机起动性能好，所以对起动转矩要求较高的场合常采用交-交自控式变频同步电动机。

（2）交-交自控式变频同步电动机的工作原理

以图 9-18 为例加以说明。图中，交-交变流器的每一桥臂接一晶闸管组（图中Ⅰ、Ⅱ、Ⅲ、Ⅳ、Ⅴ、Ⅵ），每一晶闸管组有三只晶闸管组成。一个晶闸管组相当于直流自控式变频同步电动机中逆变器的一只晶闸管的作用。在交-直-交自控式变频同步电动机中，由于逆变器中的晶闸管接于直流电源上，可以在任意时刻触发导通某一晶闸管。但在交-交自控式变频同步电动机中，晶闸管是接于交流电源上，电源的极性是交变的，不可能做到某一晶闸管在任意时刻使其触发导通。为此，在交-交系统中，每个桥臂不得不用三只晶闸管分别接于三相电源上，组成了三相半波整流电路。工作时，任一时刻触发导通上、下桥臂各一只晶闸管，输出电压加于电动机的两相绕组上，这相当于三相全控桥整流电路。改变触发延迟角 α，可以改变加于电动机的电压，就可以调节电动机的转速，这一点和交-直-交自控式变频同步电动机是一样的。晶闸管组中哪一只晶闸管导通以及触发触发延迟角 α 的设定，应由电源侧整流触发系统来决定。晶闸管组组内器件间的换流依靠电源电压来换流，这和可控整流电路是一样的。由于交-交自控式变频同步电动机中一个晶闸管组的作用和直流自控式变频同步电动机中逆变器的一只晶闸管的作用是一样的，所以选择哪一个晶闸管组工作，同样应由转子位置检测装置来控制。这实际上就是根据转子位置，控制定子相应的相绕组的通断。因此，在交-交自控式变频同步电动机中，交-交变流器中晶闸管的触发信号应来自电源侧整流触发信号和电动机侧换流信号的综合，即受整流触发延迟角 α 和换流超前角 γ_0 的共同控制。

（3）交-交自控式变频同步电动机调速系统

交-交自控式变频同步电动机调速系统的原理框图如图 9-19 所示。

交-交自控式变频同步电动机调速系统仍然采用电流、转速双闭环系统。由于交-交自控式变频同步电动机在起动或低速运行时采用电源换流，与交-直-交自控式变频同步电动机调速系统相比，交-交自控式变频同步电动机调速系统中省去了断续电流控制环节。

至于晶闸管的触发信号，应当是电源侧整流触发系统给出的触发延迟角 α 和根据转子位置选择的晶闸管组信号的合成。这在前面已经讨论过。

交-交自控式变频同步电动机和交-直-交自控式变频同步电动机一样，可以很方便地实现电动机的反转和再生制动等四象限运行。

交-直-交自控式变频同步电动机和交-交自控式变频同步电动机原理相同，控制相似，但两者还是有不同之处，例如交-交自控式变频同步电动机，其交-交变流器所用元件数量多，元件耐压要求高；交-交变流器只经一次能量变换，因而运行效率高。

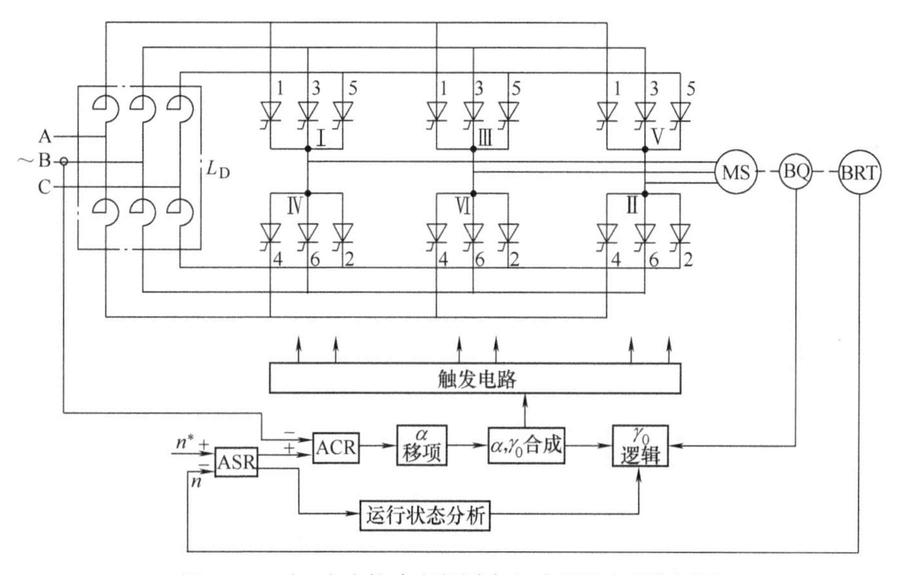

图 9-19　交-交自控式变频同步电动机调速系统框图

9.5　按气隙磁场定向的普通三相同步电动机矢量控制系统

为获得更高的同步电动机调速性能，与异步电动机一样，必须采用按磁场定向控制方案。

目前按气隙磁场定向的同步电动机交-交变频矢量控制系统和按气隙磁场定向的同步电动机交-直-交变频矢量控制系统在工业生产中得到了广泛的应用。

为了获得更高性能的同步电动机调速系统，必须考虑更精确的矢量控制算法，为此就要建立完整的同步电动机多变量动态数学模型。

9.5.1　普通三相同步电动机的多变量数学模型

普通三相同步电动机是指转子上具有直流励磁绕组的同步电动机。图 9-20a 表示三相两极的凸极式同步电动机的物理模型，其转子以 $\omega_r=\omega_s=\omega$ 旋转。图中选定以转子 N 极的方向（转子磁链的方向）为两相同步旋转轴系。对于凸极式同步电动机在转子上加有阻尼绕组。实际阻尼绕组是多导条类似笼型的绕组，这里把它等效成在 d 轴和 q 轴各自短路的两个独立绕组，如图 9-20b 所示。依据图 9-20，当忽略电动机磁路饱和非线性影响时，则普通三相同步电动机的动态电压方程为

$$\begin{cases} u_A=R_s i_A+\dfrac{d\psi_A}{dt} \\ u_B=R_s i_B+\dfrac{d\psi_B}{dt} \\ u_C=R_s i_C+\dfrac{d\psi_C}{dt} \\ U_r=R_s i_r+\dfrac{d\psi_r}{dt} \\ 0=R_D i_{Dd}+\dfrac{d\psi_{Dd}}{dt} \\ 0=R_Q i_{Dq}+\dfrac{d\psi_{Dq}}{dt} \end{cases} \tag{9-10}$$

式中，前 3 个方程为定子 A、B、C 绕组的电压方程，第 4 个方程为励磁绕组电压方程，最后两个方程为转子阻尼绕组的电压方程。所有符号意义和正方向都和分析异步电动机时一致。

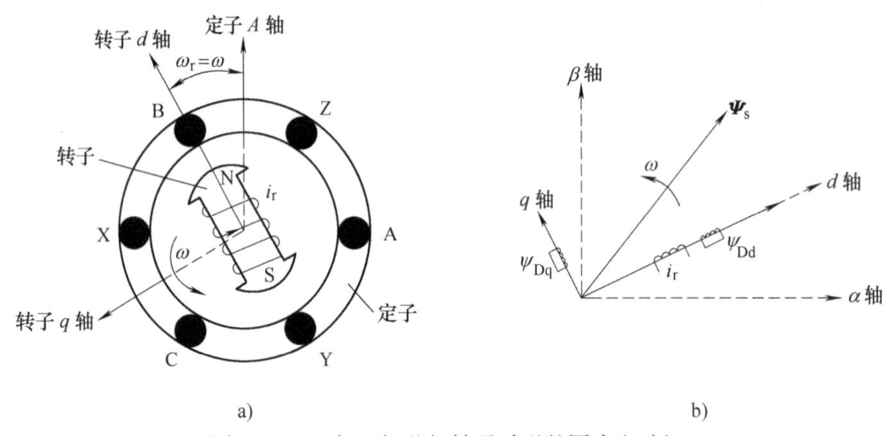

图 9-20　三相两极凸极转子励磁的同步电动机

a）同步电动机模型　b）定子磁链和阻尼磁链的位置

按照坐标变换原理，将 A-B-C 轴系变换到 d-q 同步轴系，并用 p 表示微分算子，则三个定子电压方程变换成

$$\begin{cases} u_{sd}=R_s i_{sd}+p\psi_{sd}-\omega\psi_{sq} \\ u_{sq}=R_s i_{sq}+p\psi_{sq}+\omega\psi_{sd} \end{cases} \tag{9-11}$$

三个转子电压方程不变，因为它们已经是 d、q 轴上的方程了，可以沿用式（9-10）的后 3 个方程，即

$$\begin{cases} U_r=R_r i_r+p\psi_r \\ 0=R_D i_{Dd}+p\psi_{Dd} \\ 0=R_Q i_{Dq}+p\psi_{Dq} \end{cases} \tag{9-12}$$

从式（9-11）和式（9-12）可以看出，从三相静止轴系变换到两相同步旋转轴系以后，d、q 轴的电压方程由电阻电压降、脉变电动势（$p\psi_{sd}$、$p\psi_{sq}$）和旋转电动势（$+\omega\psi_{sd}$、$-\omega\psi_{sq}$）构成。

在 $d-q$ 同步旋转轴系上的磁链方程为

$$\begin{cases}\psi_{sd}=L_{sd}i_{sd}+L_{md}i_r+L_{md}i_{Dd}\\ \psi_{sq}=L_{sq}i_{sq}+L_{mq}i_{Dq}\\ \psi_r=L_{md}i_{sd}+L_{rd}i_r+L_{md}i_{Dd}\\ \psi_{Dd}=L_{md}i_{sd}+L_{md}i_r+L_{rD}i_{Dd}\\ \psi_{Dq}=L_{mq}i_{sq}+L_{rQ}i_{Dq}\end{cases} \tag{9-13}$$

式中，$L_{sd}=L_{s\sigma}+L_{md}$为等效两相定子绕组的 d 轴自感；$L_{sq}=L_{s\sigma}+L_{mq}$为等效两相定子绕组的 q 轴自感；$L_{s\sigma}$为等效两相定子绕组漏感；L_{md}为 d 轴定子与转子绕组间的互感，相当于同步电动机原理中的 d 轴电枢反应电感；L_{mq}为 q 轴定子与转子绕组间的互感，相当于 q 轴电枢反应电感；$L_{rd}=L_{r\sigma}+L_{md}$为励磁绕组的自感；$L_{rD}=L_{D\sigma}+L_{md}$为 d 轴阻尼绕组自感；$L_{rQ}=L_{Q\sigma}+L_{mq}$为 q 轴阻尼绕组自感。

上述电压方程和磁链方程中，零轴分量方程是独立的，对 d、q 轴都没有影响，可以不予考虑，除此以外，将式（9-13）、式（9-12）和式（9-11）整理后可得同步电动机的电压矩阵方程式

$$\begin{pmatrix}u_{sd}\\u_{sq}\\U_r\\0\\0\end{pmatrix}=\begin{pmatrix}R_s+L_{sd}p & -\omega L_{sq} & L_{md}p & L_{md}p & -\omega L_{mq}\\ \omega L_{sd} & R_s+L_{sq}p & \omega L_{md} & \omega L_{md} & L_{sq}p\\ L_{md}p & 0 & R_r+L_{rd}p & L_{md}p & 0\\ L_{md}p & 0 & L_{md}p & R_D+L_{rD}p & 0\\ 0 & L_{mq}p & 0 & 0 & R_Q+L_{rQ}p\end{pmatrix}\begin{pmatrix}i_{sd}\\i_{sq}\\i_r\\i_{Dd}\\i_{Dq}\end{pmatrix} \tag{9-14}$$

同步电动机在 $d-q$ 同步轴上的转矩和运动方程为

$$T_{es}=n_p(\psi_{sd}i_{sq}-\psi_{sq}i_{sd})=\frac{J}{n_p}\frac{d\omega}{dt}+T_L \tag{9-15}$$

式（9-14）和式（9-15）构成了同步电动机多变量动态数学模型。

9.5.2 按气隙磁场定向的三相同步电动机交-直-交变频矢量控制系统

图 9-21 示出了绕组励磁三相同步电动机交-直-交变频电压源型双 PWM 矢量控制系统的基本组成框图。与前述交-交变频同步电动机矢量控制系统不同之处是，该系统的主电路拓扑结构为三电平双 PWM（PWM 整流电路、PWM 逆变电路）电压源型变流电路。由于电网侧整流电路可按期望的可编程功率因数提供直流输入电流，因而功率因数既可超前也可以滞后，还可以为 1，因此该系统的逆变侧不再有功率因数($\cos\varphi$)给定设置部分。

同步电动机矢量控制系统的结构形式多种多样，但其基本原理和控制方法和异步电动机矢量控制系统相似。然而，由于同步电动机的转子结构和异步电动机不同，因此，同步电动机矢量控制系统有自己的磁场定向特点。

普通同步电动机的转子结构和异步电动机不同之处是转子有励磁机构，而且转子磁极轴线的位置是明确的，可以通过转子位置检测器精确地测量出来，这对同步电动机进行磁场定向控制是十分有利的，因此，$d-q$ 磁场定向轴系的直轴（d 轴）方向选定转子的磁极轴线，与之垂直的为交轴（q 轴）。但是，当同步电动机负载运行时，由于电枢反应的影响，气隙合成磁场轴线就不再和磁极轴线相重合，而要转过一个负载角 φ_L，因此，在普通同步电动机矢量变换控制系

统中，还要选定同步电动机的气隙合成磁场轴线作为磁场定向的坐标轴即 M 轴，与之垂直的为 T 轴，如图 9-22 所示。

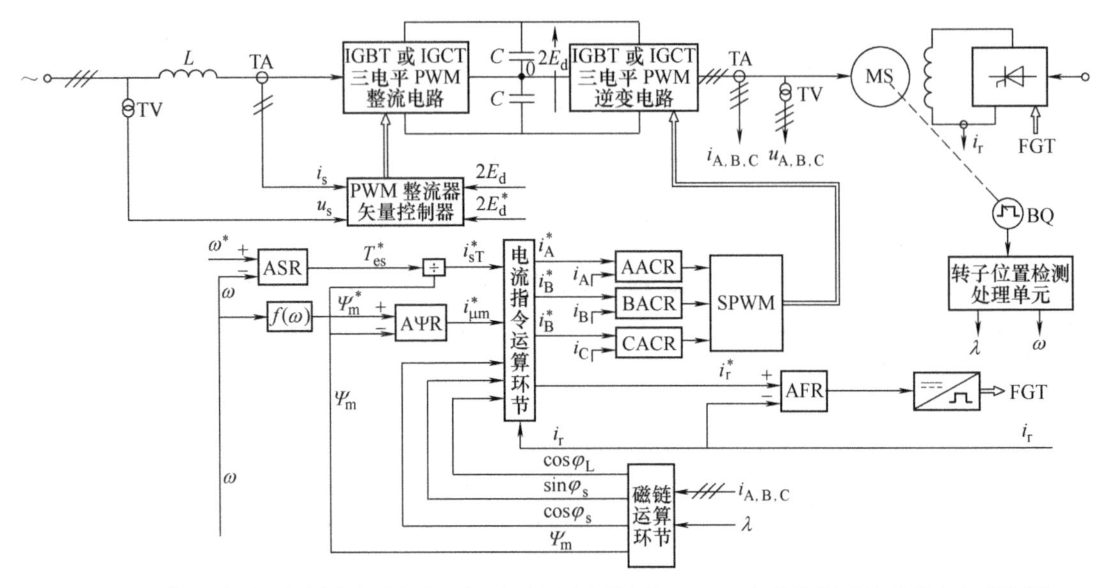

图 9-21　绕组励磁三相同步电动机交-直-交变频电压源型双 PWM 矢量控制系统的基本组成框图

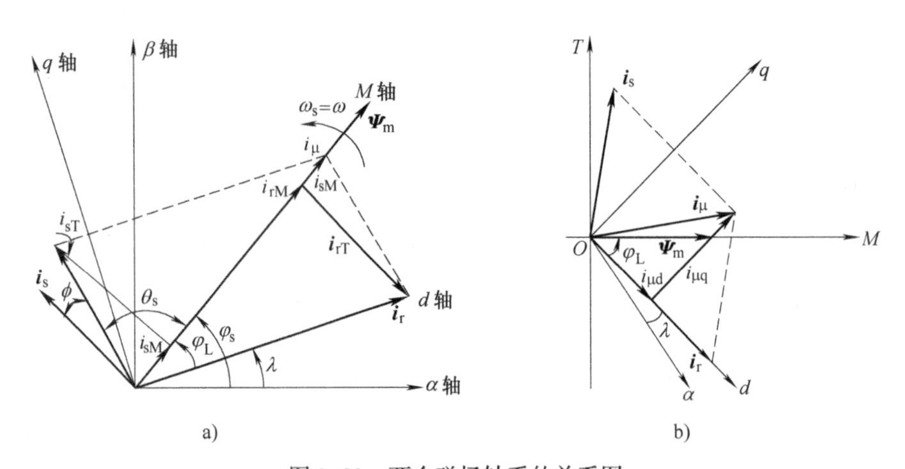

图 9-22　两个磁场轴系的关系图

由于同步电动机转子轴线的位置是明确的，可通过转子位置检测器精确的测量出来。因此，d-q 磁场定向轴系的直轴（d 轴）方向选定转子的磁极轴线，与之垂直的为交轴（q 轴）。

1. 凸极式同步电动机矢量控制系统的磁链算法和算法结构

磁链运算环节的输入量有同步电动机的定子电流 i_A、i_B、i_C，以及来自转子位置运算器的 λ 信号；其输出为 $\boldsymbol{\Psi}_m$、$\sin\varphi_s$、$\cos\varphi_s$、$\cos\varphi_L$。磁链运算环节的内部结构如图 9-23 所示。

图中的磁链模拟运算单元算法可根据式（9-14）中的第 4 行、第 5 行及式（9-13）中第 1、第 2 式可以求得

$$\begin{cases}\psi_{md}=(i_{sd}+i_r)G_d(p)\\ \psi_{mq}=i_{sq}G_q(p)\end{cases} \tag{9-16}$$

式中，$G_{\mathrm{d}}(p)=-\dfrac{T_{\mathrm{md}}P}{1+T_{\mathrm{Dd}}p}$，$G_{\mathrm{q}}(p)=-\dfrac{T_{\mathrm{mq}}P}{1+T_{\mathrm{Dq}}p}$

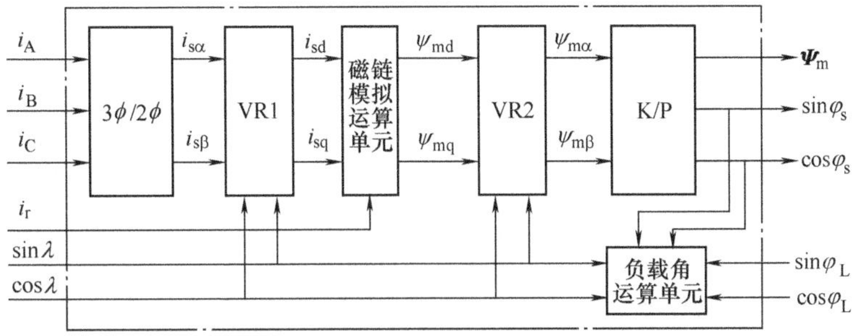

图 9-23　磁链运算环节的内部结构

对于隐极同步电动机而言，由于 d、q 轴磁路对称，有磁链矢量 $\boldsymbol{\Psi}_{\mathrm{m}}$ 和磁化电流矢量 $\boldsymbol{i}_{\mu}$ 方向一致且重合，如图 9-22a 所示。

对于凸极同步电动机而言，由式（9-16）可以看出，当 d 轴电流和 q 轴电流发生变化时，由它们所产生的气隙有效磁链在 d-q 轴轴系上的分量 ψ_{md}、ψ_{mq} 的变化在时间上会有一定的滞后，其滞后时间常数为 $T_{\mathrm{Dd}}=L_{\mathrm{Dr}}/R_{\mathrm{D}}$、$T_{\mathrm{Qq}}=L_{\mathrm{Qr}}/R_{\mathrm{Q}}$。表明在暂态时，在转子阻尼绕组感应出的阻尼电流 i_{Dd}、i_{Dq} 阻碍气隙磁链值 $\boldsymbol{\Psi}_{\mathrm{m}}$ 变化，使 $\boldsymbol{\Psi}_{\mathrm{m}}$ 滞后磁化电流 $\boldsymbol{i}_{\mu}$，如图 9-22a 所示。图中的 VR2 算法为

$$\begin{pmatrix}\psi_{\mathrm{m}\alpha}\\ \psi_{\mathrm{m}\beta}\end{pmatrix}=\begin{pmatrix}-\cos\lambda & \sin\lambda\\ \sin\lambda & \cos\lambda\end{pmatrix}\begin{pmatrix}\psi_{\mathrm{md}}\\ \psi_{\mathrm{mq}}\end{pmatrix}\tag{9-17}$$

K/P 的功能是根据输入的 $\psi_{\mathrm{m}\alpha}$、$\psi_{\mathrm{m}\beta}$ 计算出气隙磁链的有效幅值 Ψ_{m} 及对应 α 轴的空间位置角 φ_{s}。K/P 的算法是

$$\begin{cases}\Psi_{\mathrm{m}}=\sqrt{\psi_{\mathrm{m}\alpha}^{2}+\psi_{\mathrm{m}\beta}^{2}}\\ \cos\varphi_{\mathrm{s}}=\dfrac{\psi_{\mathrm{m}\alpha}}{\sqrt{\psi_{\mathrm{m}\alpha}^{2}+\psi_{\mathrm{m}\beta}^{2}}}\\ \sin\varphi_{\mathrm{s}}=\dfrac{\psi_{\mathrm{m}\beta}}{\sqrt{\psi_{\mathrm{m}\alpha}^{2}+\psi_{\mathrm{m}\beta}^{2}}}\end{cases}\tag{9-18}$$

图 9-23 中的负载角运算器的算法是

$$\begin{pmatrix}\sin\varphi_{\mathrm{L}}\\ \cos\varphi_{\mathrm{L}}\end{pmatrix}=\begin{pmatrix}\cos\varphi_{\mathrm{s}} & -\sin\varphi_{\mathrm{s}}\\ \sin\varphi_{\mathrm{s}} & \cos\varphi_{\mathrm{s}}\end{pmatrix}\begin{pmatrix}\sin\lambda\\ \cos\lambda\end{pmatrix}\tag{9-19}$$

2. 电流指令运算环节的结构与算法

电流指令运算器的任务是依据设定值 i_{sT}^{*}、$i_{\mu\mathrm{M}}^{*}$（见图 9-21），以及磁链运算环节的输出量（$\cos\varphi_{\mathrm{L}}$、$\sin\varphi_{\mathrm{s}}$、$\cos\varphi_{\mathrm{s}}$、Ψ_{m}）、励磁电流检测值 i_{r}，计算定子三相电流设定值 i_{A}^{*}、i_{B}^{*}、i_{C}^{*}，以及励磁电流设定值 i_{r}^{*}。

由图 9-22 可以看出，磁化电流矢量 $\boldsymbol{i}_{\mu}$ 可以表示为

$$\boldsymbol{i}_{\mu}=\boldsymbol{i}_{\mathrm{s}}+\boldsymbol{i}_{\mathrm{r}}\tag{9-20}$$

根据式（9-20）可得磁化电流给定矢量在 M-T 轴系的分量是

$$\begin{cases}i_{\mu\mathrm{M}}^{*}=i_{\mathrm{sM}}^{*}+i_{\mathrm{rM}}^{*}\\ i_{\mu\mathrm{T}}^{*}=i_{\mathrm{sT}}^{*}+i_{\mathrm{rT}}^{*}\end{cases}\tag{9-21}$$

其中

$$\begin{cases} i_{\mathrm{rM}}^{*}=i_{\mathrm{r}}\cos\varphi_{\mathrm{L}} \\ i_{\mathrm{rT}}^{*}=i_{\mathrm{r}}\sin\varphi_{\mathrm{L}} \end{cases} \tag{9-22}$$

由式（9-21）和式（9-22）可求得

$$i_{\mathrm{sM}}^{*}=i_{\mu\mathrm{M}}^{*}-i_{\mathrm{r}}\cos\varphi_{\mathrm{L}} \tag{9-23}$$

通过旋转变换将 i_{sM}^{*}、i_{sT}^{*} 从 $M-T$ 轴系变换到 $\alpha-\beta$ 轴系，得到 $i_{\mathrm{s\alpha}}^{*}$、$i_{\mathrm{s\beta}}^{*}$，即

$$\begin{pmatrix} i_{\mathrm{s\alpha}}^{*} \\ i_{\mathrm{s\beta}}^{*} \end{pmatrix}=\begin{pmatrix} \cos\varphi_{\mathrm{s}} & -\sin\varphi_{\mathrm{s}} \\ \sin\varphi_{\mathrm{s}} & \cos\varphi_{\mathrm{s}} \end{pmatrix}\begin{pmatrix} i_{\mathrm{sM}}^{*} \\ i_{\mathrm{sT}}^{*} \end{pmatrix} \tag{9-24}$$

再通过两相-三相（2/3）变换得到定子三相电流设定值 i_{A}^{*}、i_{B}^{*}、i_{C}^{*}，即

$$\begin{pmatrix} i_{\mathrm{A}}^{*} \\ i_{\mathrm{B}}^{*} \\ i_{\mathrm{C}}^{*} \end{pmatrix}=\sqrt{\frac{2}{3}}\begin{pmatrix} 1 & 0 & \frac{1}{\sqrt{2}} \\ -\frac{1}{2} & \frac{\sqrt{3}}{2} & \frac{1}{\sqrt{2}} \\ -\frac{1}{2} & -\frac{\sqrt{3}}{2} & \frac{1}{\sqrt{2}} \end{pmatrix}\begin{pmatrix} i_{\mathrm{s\alpha}}^{*} \\ i_{\mathrm{s\beta}}^{*} \\ i_{0} \end{pmatrix} \tag{9-25}$$

根据励磁电流检测值 i_{r}，通过式（9-22）算出 i_{rM}^{*}、i_{rT}^{*}，可求得励磁电流设定值为

$$i_{\mathrm{r}}^{*}=\sqrt{i_{\mathrm{rM}}^{*2}+i_{\mathrm{rT}}^{*2}} \tag{9-26}$$

由式（9-21）~式（9-26）可得到电流指令运算器的内部结构如图 9-24 所示。

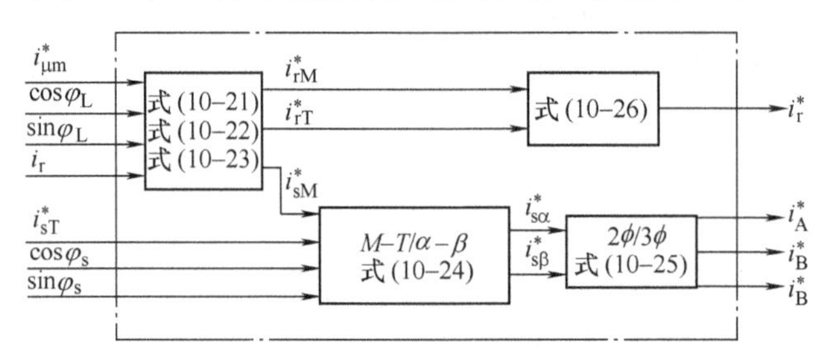

图 9-24 电流指令运算器的内部结构图

需要指出的是，由于交-交变频器被输出电流谐波及转矩脉动所限制，系统的最高输出频率 f_{smax} 在被限制 16~22 Hz 范围内，显然对于高转速的生产机械而言，交-交变频的应用受到了限制。因此，采用现代自关断功率器件（IGBT、IEGT、IGCT、…），具有三电平双 PWM 电压源型逆变器的中、大容量同步电动机矢量控制系统正在被用来取代交-交变频同步电动机矢量控制系统。

9.6 正弦波永磁同步电动机变压变频调速控制系统

永磁同步电动机是由电励磁三相同步电动机发展而来的，用永磁体代替了电励磁系统，故称为永磁同步电动机（Permanent Magnet Synchronous Motor，PMSM），其定子绕组一般为三相短距分布绕组，其气隙磁场和定子分布绕组决定了定子绕组感应电动势为正弦波形，因此将永磁同步电动机称为正弦波永磁同步电动机。所用的供电电源为 PWM 变压变频电源。永磁同步电动机转子为永久磁钢。目前，磁钢多用稀土永磁材料制成，如钐钴合金（Sm-Co）、钕铁硼（Nd-Fe-B）等。稀土永磁材料具有高剩磁密度、高矫顽力等特点。

正弦波永磁同步电动机具有十分优良的转速控制性能，其突出的优点是结构简单、体积小、重量轻、具有很大的转矩/惯性比、快速的加减速度、转矩脉动小、转矩控制平滑、调速范围宽、高效率及高功率因数等。目前永磁同步电动机已广泛应用于航空航天、数控机床、机器人、电动汽车和计算机外围设备等领域中。

9.6.1 正弦波永磁同步电动机的物理模型

1. 正弦波永磁同步电动机的转子结构

正弦波永磁同步电动机的转子结构，按永磁体安装形式分类，有面装式（面贴式、外装式)、插入式和内装式三种。

面装式永磁同步电动机结构简单、制造方便、转动惯量小，易于将气隙磁场设计成近似正弦分布，在工业上得到广泛应用。面装式转子的几种几何形状如图 9-25 所示。

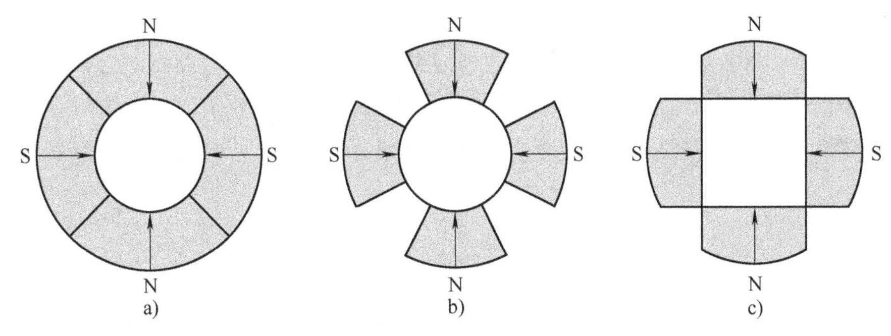

图 9-25　面装式永磁转子结构

a) 圆套筒型　b) 扇装型　c) 瓦片型

另外一种转子结构，它不是将永磁体装在转子表面上，而是将其埋装在转子铁心内部，每个永磁体都被铁心所包围，如图 9-26a 所示，称为插入式永磁同步电动机。这种结构机械强度高，磁路气隙小，更适用于弱磁运行。

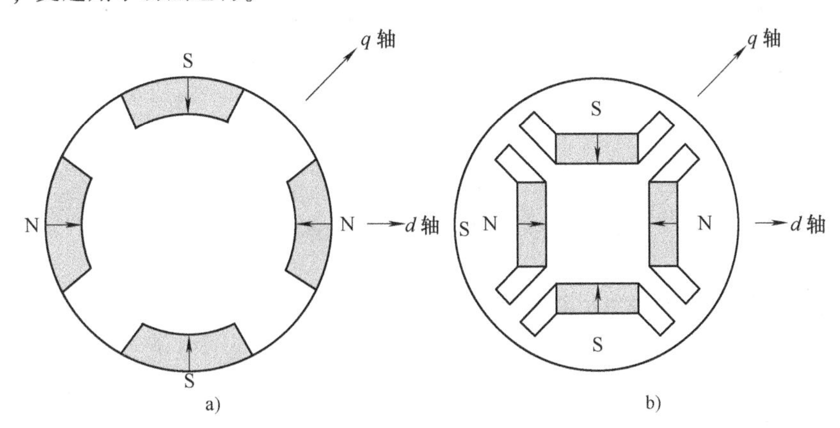

图 9-26　插入式、内装式永磁转子结构

a) 插入式　b) 内装式

图 9-26b 所示的内装式结构，永磁体径向充磁，气隙磁通密度会在一定程度上受到永磁体供磁面积的限制。在某些电动机中，要求气隙磁通值很高。在这种情况下，可用另一种结构的永磁转子，它将永磁体横向充磁。

2. 正弦波永磁同步电动机的物理模型

对于面装式转子结构，永磁体内部的磁导率接近于空气，因而非常小，可以将位于转子表面的永磁体等效为两个空心励磁线圈，如图 9-27a 所示，假设两个线圈在气隙中产生的正弦分布励磁磁场与两个永磁体产生的正弦分布磁场相同。将两个励磁线圈等效为置于转子槽内的励磁绕组，其有效匝数为相绕组的$\sqrt{3}/\sqrt{2}$，通入等效励磁电流 i_f，在气隙中产生的正弦分布励磁磁场与两个励磁线圈产生的相同，即 $\psi_f=L_{mf}i_f$，其中，L_{mf}为等效励磁电感。图 9-27b 为等效后的物理模型，将等效励磁绕组表示为位于永磁励磁磁场轴线上的线圈。

如图 9-27a 所示，由于永磁体内部的磁导率非常小，因此对于定子三相绕组产生的电枢磁动势而言，电动机气隙是均匀的，气隙长度为 g。于是图 9-27b 是将面装式永磁同步电动机等效成为一台电励磁三相隐极同步电动机，差别就是电励磁同步电动机的转子励磁磁场可以调节，而面装式 PMSM 的永磁磁场不可调节。在电动机的运行过程中，若不计温度变化对永磁体供磁能力的影响，可以认为 ψ_f 是恒定的，i_f 是常值。

在图 9-27b 中，将永磁励磁磁场轴线定义为 d 轴，q 轴顺着旋转方向超前 d 轴 90°电角度。$\boldsymbol{f}_s$ 和 $\boldsymbol{i}_s$ 分别是定子三相绕组产生的磁动势矢量和定子电流矢量，产生 $\boldsymbol{i}_s(\boldsymbol{f}_s)$ 的等效单轴线圈位于 $\boldsymbol{i}_s(\boldsymbol{f}_s)$ 轴上，其有效匝数为相绕组的$\sqrt{3}/\sqrt{2}$。于是面装式 PMSM 与三相隐极同步电动机的物理模型是相同的。

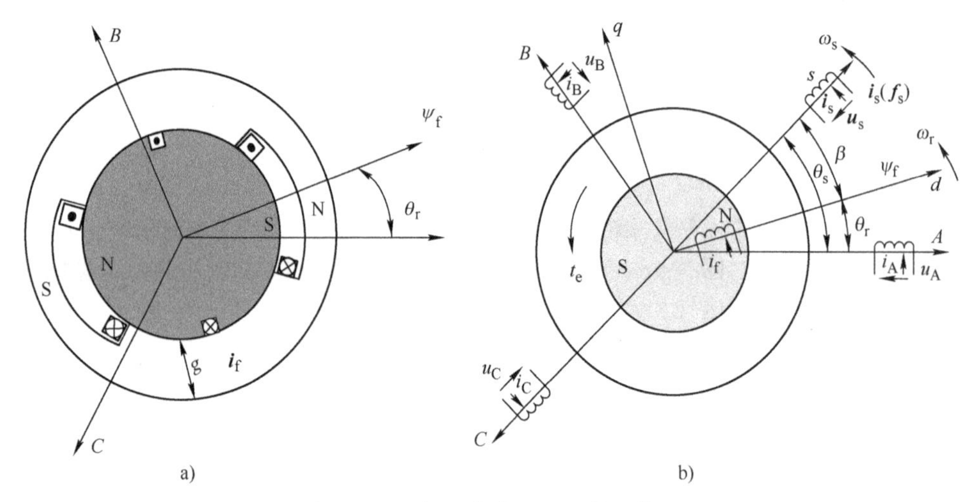

图 9-27　二极面装式 PMSM 物理模型

a）转子等效物理模型　b）物理模型

可将插入式转子的两个永磁体等效为两个空心励磁线圈，再将它们等效为位于转子槽内的励磁绕组，其有效匝数为相绕组有效匝数的$\sqrt{3}/\sqrt{2}$倍，等效励磁电流为 i_f，如图 9-28a 所示。它与面装式 PMSM 不同的是，电动机气隙不再是均匀的了，此时面对永磁体部分的气隙长度增大为 $g+h$，h 为永磁体的高度，而面对转子铁心部分的气隙长度仍为 g，因此转子在 d 轴方向的气隙磁阻大于在 q 轴方向的气隙磁阻。图 9-28b 中当 $\beta=0°$时，将 $\boldsymbol{i}_s(\boldsymbol{f}_s)$ 在气隙中产生的正弦分布磁场称为直轴电枢反应磁场；当 $\beta=90°$时，将 $\boldsymbol{i}_s(\boldsymbol{f}_s)$ 在气隙中产生的正弦分布磁场称为交轴电枢反应磁场。在幅值相同的 $\boldsymbol{i}_s(\boldsymbol{f}_s)$ 作用下直轴电枢反应磁场要弱于交轴电枢反应磁场，于是有 $L_{md}<L_{mq}$，其中 L_{md}和 L_{mq}分别为直轴等效励磁电感和交轴等效励磁电感。

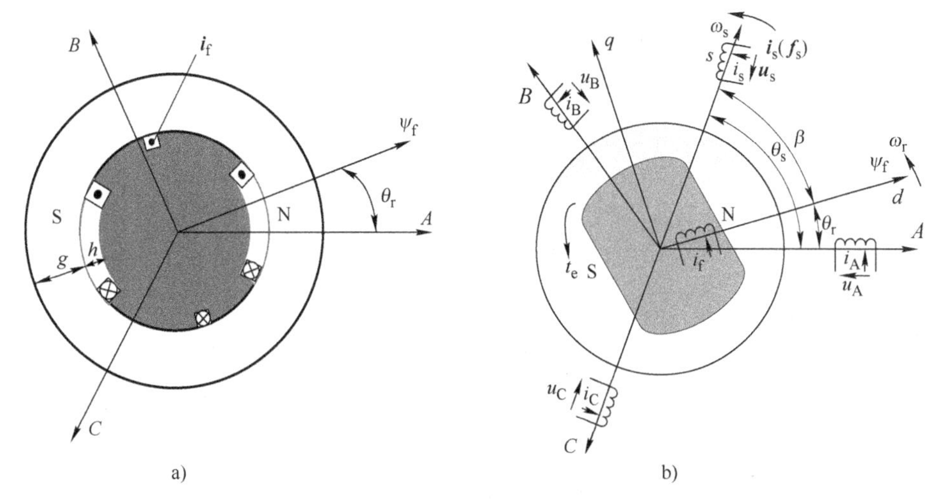

图 9-28　二级插入式 PMSM 的等效物理模型

a）转子等效励磁绕组　b）物理模型

9.6.2　正弦波永磁同步电动机的数学模型

1. 面装式三相永磁同步电动机的数学模型

（1）定子磁链和电压矢量方程

图 9-27b 中，三相绕组的电压方程可表示为

$$u_A = R_s i_A + \frac{d\psi_A}{dt} \tag{9-27}$$

$$u_B = R_s i_B + \frac{d\psi_B}{dt} \tag{9-28}$$

$$u_C = R_s i_C + \frac{d\psi_C}{dt} \tag{9-29}$$

式中，ψ_A、ψ_B 和 ψ_C 分别为 A、B、C 相绕组的全磁链。

$$\begin{pmatrix} \psi_A \\ \psi_B \\ \psi_C \end{pmatrix} = \begin{pmatrix} L_A & L_{AB} & L_{AC} \\ L_{BA} & L_B & L_{BC} \\ L_{CA} & L_{CB} & L_C \end{pmatrix} \begin{pmatrix} i_A \\ i_B \\ i_C \end{pmatrix} + \begin{pmatrix} \psi_{fA} \\ \psi_{fB} \\ \psi_{fC} \end{pmatrix} \tag{9-30}$$

式中，ψ_{fA}、ψ_{fB} 和 ψ_{fC} 分别为转子永磁励磁场链过定子 A、B、C 绕组产生的磁链。

同电励磁三相隐极同步电动机一样，因电动机气隙均匀，故 A、B、C 绕组的自感和互感都与转子位置无关，均为常值。于是有

$$L_A = L_B = L_C = L_{s\sigma} + L_{m1} \tag{9-31}$$

式中，$L_{s\sigma}$ 和 L_{m1} 分别为相绕组的漏电感和励磁电感。

另有

$$L_{AB} = L_{BA} = L_{AC} = L_{CA} = L_{BC} = L_{CB} = L_{m1}\cos 120° = -\frac{1}{2}L_{m1} \tag{9-32}$$

式（9-30）可表示为

$$\begin{pmatrix}\psi_A\\ \psi_B\\ \psi_C\end{pmatrix}=\begin{pmatrix}L_{s\sigma}+L_{m1} & -\frac{1}{2}L_{m1} & -\frac{1}{2}L_{m1}\\ -\frac{1}{2}L_{m1} & L_{s\sigma}+L_{m1} & -\frac{1}{2}L_{m1}\\ -\frac{1}{2}L_{m1} & -\frac{1}{2}L_{m1} & L_{s\sigma}+L_{m1}\end{pmatrix}\begin{pmatrix}i_A\\ i_B\\ i_C\end{pmatrix}+\begin{pmatrix}\psi_{fA}\\ \psi_{fB}\\ \psi_{fC}\end{pmatrix} \tag{9-33}$$

式中

$$\psi_A=(L_{s\sigma}+L_{m1})i_A-\frac{1}{2}L_{m1}(i_B+i_C)+\psi_{fA}$$

若定子三相绕组为Y联结，且无中性线引出，则有 $i_A+i_B+i_C=0$，于是

$$\begin{aligned}\psi_A&=\left(L_{s\sigma}+\frac{3}{2}L_{m1}\right)i_A+\psi_{fA}\\&=(L_{s\sigma}+L_m)i_A+\psi_{fA}\\&=L_si_A+\psi_{fA}\end{aligned} \tag{9-34}$$

式中，L_m 为等效励磁电感，$L_m=\frac{3}{2}L_{m1}$；L_s 称为同步电感，$L_s=L_{s\sigma}+L_m$。

同样，可将 ψ_B 和 ψ_C 表示为式（9-34）的形式。由此可将式（9-33）表示为

$$\begin{pmatrix}\psi_A\\ \psi_B\\ \psi_C\end{pmatrix}=(L_{s\sigma}+L_m)\begin{pmatrix}i_A\\ i_B\\ i_C\end{pmatrix}+\begin{pmatrix}\psi_{fA}\\ \psi_{fB}\\ \psi_{fC}\end{pmatrix} \tag{9-35}$$

同三相异步电动机一样，由三相绕组中的电流 i_A、i_B 和 i_C 构成了定子电流矢量 $\boldsymbol{i}_s$（见图 9-27b），同理由三相绕组中的全磁链可构成定子磁链矢量 $\boldsymbol{\psi}_s$，由 ψ_{fA}、ψ_{fB}和 ψ_{fC}可构成转子磁链矢量 $\boldsymbol{\psi}_f$，即

$$\begin{aligned}\boldsymbol{i}_s&=\sqrt{\frac{2}{3}}(i_A+ai_B+a^2i_C)\\ \boldsymbol{\psi}_s&=\sqrt{\frac{2}{3}}(\psi_A+a\psi_B+a^2\psi_C)\\ \boldsymbol{\psi}_f&=\sqrt{\frac{2}{3}}(\psi_{fA}+a\psi_{fB}+a^2\psi_{fC})\end{aligned} \tag{9-36}$$

将式（9-35）两边矩阵的第一行分别乘以$\sqrt{2}/\sqrt{3}$，第二行分别乘以 $a\sqrt{2}/\sqrt{3}$，第三行分别乘以 $a^2\sqrt{2}/\sqrt{3}$，再将三行相加，可得

$$\boldsymbol{\psi}_s=L_{s\sigma}\boldsymbol{i}_s+L_m\boldsymbol{i}_s+\boldsymbol{\psi}_f \tag{9-37}$$

式中，等式右边第一项是 $\boldsymbol{i}_s$ 产生的漏磁链矢量，与定子相绕组漏磁场相对应；第二项是 $\boldsymbol{i}_s$ 产生的励磁磁链矢量，与电枢反应磁场相对应；第三项是转子等效励磁绕组产生的励磁磁链矢量，与永磁体产生的励磁磁场相对应。

通常，将定子电流矢量产生的漏磁场和电枢反应磁场之和称为电枢磁场，将转子励磁磁场称为转子磁场，又称为主极磁场。

可将式（9-37）表示为

$$\boldsymbol{\psi}_s=L_s\boldsymbol{i}_s+\boldsymbol{\psi}_f \tag{9-38}$$

式（9-38）为定子磁链矢量方程，$L_s\boldsymbol{i}_s$ 为电枢磁链矢量，与电枢磁场相对应。

同理，可将式（9-27）~式（9-29）转换为矢量方程，即

$$\boldsymbol{u}_s=R_s\boldsymbol{i}_s+\frac{d\boldsymbol{\psi}_s}{dt} \tag{9-39}$$

将式（9-38）代入式（9-39），可得

$$\boldsymbol{u}_s=R_s\boldsymbol{i}_s+L_s\frac{d\boldsymbol{i}_s}{dt}+\frac{d\boldsymbol{\psi}_f}{dt} \tag{9-40}$$

式中，$\boldsymbol{\psi}_f=\psi_f e^{j\theta_r}$，$\theta_r$ 为 $\boldsymbol{\psi}_f$ 在 $A-B-C$ 坐标系内的空间相位，如图 9-27b 所示。

另有

$$\frac{d}{dt}(\boldsymbol{\psi}_f e^{j\theta_r})=\frac{d\boldsymbol{\psi}_f}{dt}e^{j\theta_r}+j\omega_r\boldsymbol{\psi}_f \tag{9-41}$$

式中，等式右边第一项为变压器电动势项，因 ψ_f 为恒值，故为零；第二项为运动电动势项，是因转子磁场旋转产生的感应电动势，通常又称为反电动势。

最后，可将式（9-39）表示为

$$\boldsymbol{u}_s=R_s\boldsymbol{i}_s+L_s\frac{d\boldsymbol{i}_s}{dt}+j\omega_r\boldsymbol{\psi}_f \tag{9-42}$$

式（9-42）为定子电压矢量方程。可将其表示为等效电路形式，如图 9-29 所示。图中，$\boldsymbol{e}_0=j\omega_r\boldsymbol{\psi}_f$，为感应电动势矢量。

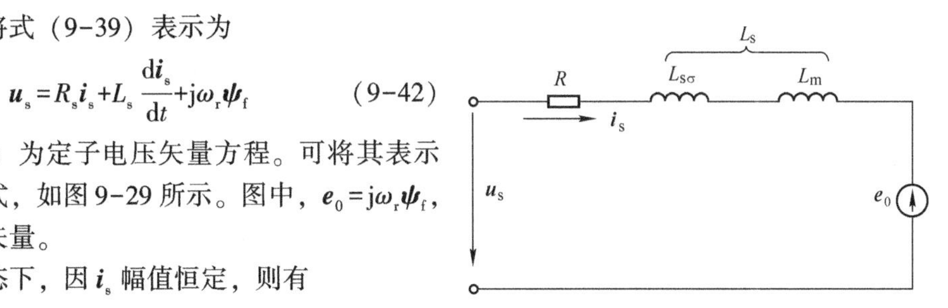

图 9-29　面装式 PMSM 等效电路

在正弦稳态下，因 $\boldsymbol{i}_s$ 幅值恒定，则有

$$L_s\frac{d\boldsymbol{i}_s}{dt}=j\omega_s L_s\boldsymbol{i}_s$$

于是式（9-42）可表示为

$$\boldsymbol{u}_s=R_s\boldsymbol{i}_s+j\omega_s L_s\boldsymbol{i}_s+j\omega_s\boldsymbol{\psi}_f \tag{9-43}$$

由式（9-38）和式（9-43）可得如图 9-30a 所示的矢量图。

在分析三相异步电动机相矢图时，已知，在正弦稳态下，（空间）矢量和（时间）相量具有时空对应关系，若同取 A 轴为时间参考轴，可将矢量图直接转换为 A 相绕组的相量图，或者反之。这一结论同样适用于 PMSM，因此可将图 9-30a 所示的矢量图直接转换为 A 相绕组的相量图，如图 9-30b 所示。

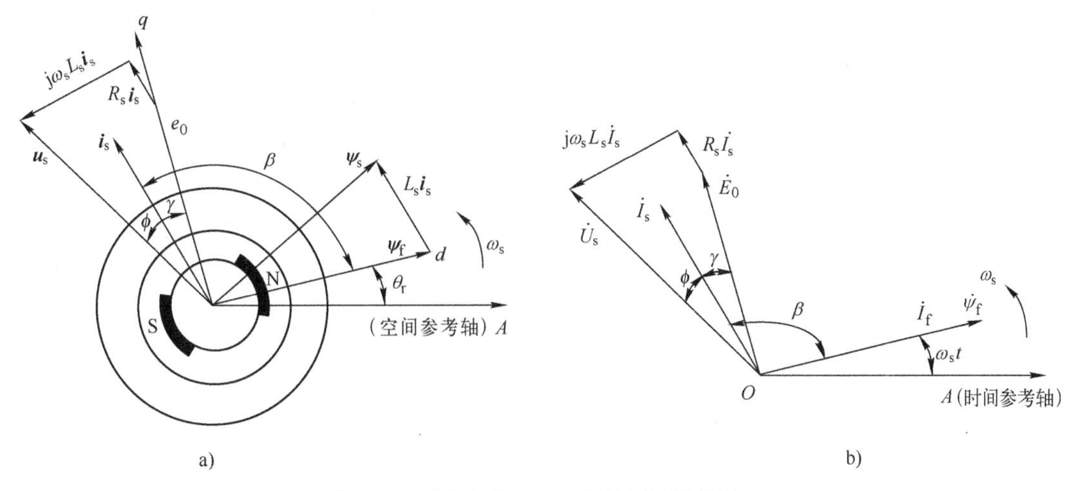

图 9-30　面装式 PMSM 矢量图和相量图

a）稳态矢量图　b）相量图

此时，可将式（9-43）直接转换为

$$\begin{aligned}\dot{U}_s &= R_s\dot{I}_s + j\omega_s L_s\dot{I}_s + j\omega_s\dot{\psi}_f \\ &= R_s\dot{I}_s + j\omega_s L_s\dot{I}_s + j\omega_s L_{mf}\dot{I}_f \\ &= R_s\dot{I}_s + j\omega_s L_s\dot{I}_s + \dot{E}_0\end{aligned} \tag{9-44}$$

式中，$E_0=\omega_s\psi_f=\omega_s L_{mf}I_f$，因 $L_{mf}=L_m$，固有 $E_0=\omega_s L_m I_f$。

由式（9-44）可得如图 9-31 所示的等效电路。图中，将永磁体处理为一个正弦电压源。

（2）电磁转矩矢量方程

根据电励磁三相隐极同步电动机的物理模型，可得电磁转矩为

$$T_{esp}=p\boldsymbol{\psi}_f\boldsymbol{i}_s\sin\beta=p\boldsymbol{\psi}_f\times\boldsymbol{i}_s \tag{9-45}$$

式（9-45）同样适用于面装式 PMSM，此时转子磁场不是转子励磁绕组产生的，而是由永磁体提供的。

式（9-45）中，当 $\boldsymbol{\psi}_f$ 和 $\boldsymbol{i}_s$ 幅值恒定时，电磁转矩就仅与 β 有关，将此时的 T_{esp}-β 关系曲线称为矩-角特性，如图 9-32 所示，β 为转矩角。图 9-32 所示特性曲线与三相隐极同步电动机矩-角特性完全相同。

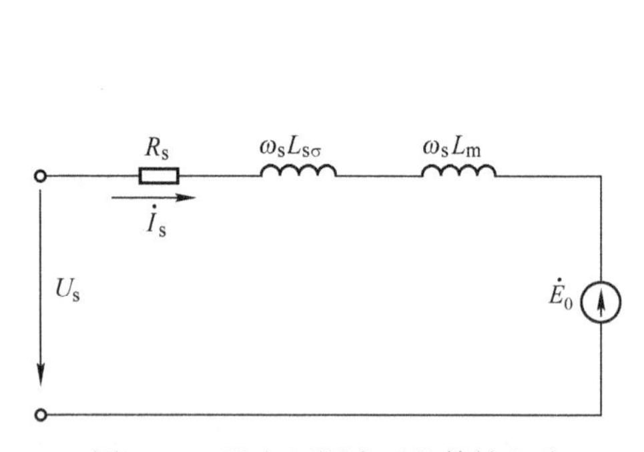

图 9-31　以电压源表示的等效电路

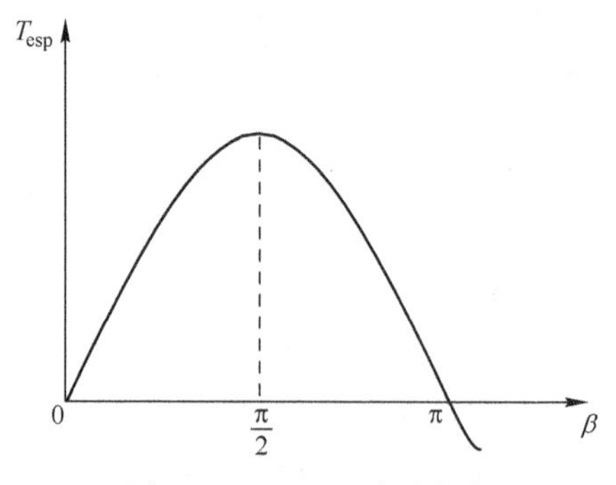

图 9-32　T_{esp}-β 关系曲线

将式（9-45）表示为

$$T_{esp}=p\frac{1}{L_m}\boldsymbol{\psi}_f\times(L_m\boldsymbol{i}_s) \tag{9-46}$$

式（9-46）表明，电磁转矩可看成是由电枢反应磁场与永磁励磁磁场相互作用的结果，且决定于两个磁场的幅值和相对位置，由于 ψ_r 幅值恒定，因此将决定于电枢反应磁场 $L_m\boldsymbol{i}_s$ 的幅值和相对 $\boldsymbol{\psi}_f$ 的相位。在电机学中，将 $\boldsymbol{f}_s(\boldsymbol{i}_s)$ 对主极磁场的影响和作用称为电枢反应，正是由于电枢反应使气隙磁场发生畸变，促使了机电能量转换，才产生了电磁转矩。由式（9-46）也可看出，电枢反应的结果将决定于电枢反应磁场的强弱和其与主极磁场的相对位置。

应该指出，$\boldsymbol{f}_s(\boldsymbol{i}_s)$ 除产生电枢反应磁场外，还产生了电枢漏磁场，但此漏磁场不参与机电能量转换，不会影响式（9-46）所示的电磁转矩生成。

根据图 9-30b 和图 9-31，可得正弦稳态下电动机的电磁功率为

$$P_e=3E_0I_s\cos(\beta-90°)=3E_0I_s\cos\gamma \tag{9-47}$$

式中，γ 为内功率因数角。

或者

$$P_e=3\omega_s L_m I_f I_s\sin\beta \tag{9-48}$$

电磁转矩为

$$T_{esp}=\frac{3p}{\omega_s}E_0I_s\cos\gamma \tag{9-49}$$

或者

$$T_{esp}=3pL_mI_fI_s\sin\beta \tag{9-50}$$

由式（9-50），可得

$$T_{esp}=p(\sqrt{3}L_mI_f)(\sqrt{3}I_s)\sin\beta=p\psi_fi_s\sin\beta=p\boldsymbol{\psi}_f\times\boldsymbol{i}_s \tag{9-51}$$

式（9-51）与式（9-45）一致，这说明在转矩的矢量控制中，控制的是定子电流矢量 $\boldsymbol{i}_s$ 的幅值和相对 $\boldsymbol{\psi}_f$ 的空间相位角 β，而在正弦稳态下，就相当于控制定子电流相量$\dot{I}_s$的幅值和相对$\dot{\psi}_f$的相位角 β，或者相当于控制$\dot{I}_s$的幅值和相对$\dot{E}_0$ 的相位角 γ。

2. 插入式三相永磁同步电动机的数学模型

如图 9-28b 所示，对于插入式转子结构，电动机气隙是不均匀的。在幅值相同的 i_s 作用下，因相位角不同，产生的电枢反应磁场不会相同，等效励磁电感不再是常值，而随 β 的变化而变化，这给定量计算电枢反应磁场和分析电枢反应作用带来很大困难。在电机学中，常采用双反应（双轴）理论来分析凸极同步电动机问题。对于插入式永磁同步电动机，同样可采用这种分析方法，为此可采用图 9-28b 中的 d-q 轴系来构建数学模型。

（1）定子磁链和电压方程

将图 9-28b 表示为图 9-33 所示同步旋转 d-q 轴系。图中，将单轴线圈 s 分解为 d-q 轴系上的双轴线圈 d 和 q，每个轴线圈的有效匝数仍与单轴线圈相同。这相当于将定子电流矢量 $\boldsymbol{i}_s$ 分解为

$$\boldsymbol{i}_s=i_d+\mathrm{j}i_q \tag{9-52}$$

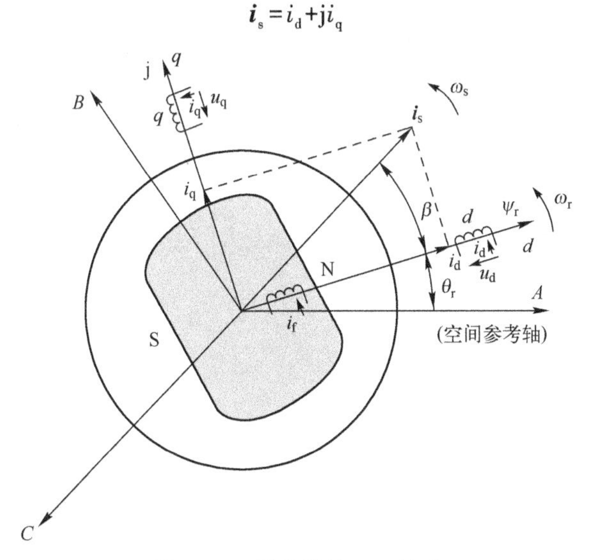

图 9-33　同步旋转 d-q 轴系

根据双反应理论，可分别求得 $i_d(f_d)$ 和 $i_q(f_q)$ 产生的电枢反应磁场，即

$$\psi_{md}=L_{md}i_d \tag{9-53}$$

$$\psi_{mq}=L_{mq}i_q \tag{9-54}$$

式中，L_{md} 和 L_{mq} 分别为直轴和交轴等效励磁电感，$L_{md}<L_{mq}$。

于是，在 d、q 轴方向上的磁场分别为

$$\psi_d=L_di_d+\psi_f \tag{9-55}$$

$$\psi_q = L_q i_q \tag{9-56}$$

式中，L_d 为直轴同步电感，$L_d = L_{s\sigma} + L_{md}$；$L_q$ 为交轴同步电感，$L_q = L_{s\sigma} + L_{mq}$。

由式（9-55）和式（9-56），可得以 $d-q$ 轴系表示的定子磁链矢量 $\boldsymbol{\psi}_s$ 为

$$\boldsymbol{\psi}_s^{dq} = \boldsymbol{\psi}_d + j\boldsymbol{\psi}_q = L_d \boldsymbol{i}_d + \boldsymbol{\psi}_f + jL_q \boldsymbol{i}_q \tag{9-57}$$

定子电压矢量方程式（9-39）是由三相绕组电压方程式（9-27）~式（9-29）得出的，具有普遍意义，对面装式和插入式 PMSM 均适用。同三相异步电动机一样，通过矢量变换可将 $A-B-C$ 轴系内定子电压矢量方程式（9-39）变换为以 $d-q$ 轴系表示的矢量方程。

利用变换因子 $e^{j\theta_r}$，可得

$$\boldsymbol{u}_s = \boldsymbol{u}_s^{dq} e^{j\theta_r} \tag{9-58}$$

$$\boldsymbol{i}_s = \boldsymbol{i}_s^{dq} e^{j\theta_r} \tag{9-59}$$

$$\boldsymbol{\psi}_s = \boldsymbol{\psi}_s^{dq} e^{j\theta_r} \tag{9-60}$$

将式（9-58）~式（9-60）代入式（9-39），可得以 $d-q$ 轴系表示的电压矢量方程为

$$\boldsymbol{u}_s^{dq} = R_s \boldsymbol{i}_s^{dq} + \frac{d\boldsymbol{\psi}_s^{dq}}{dt} + j\omega_r \boldsymbol{\psi}_s^{dq} \tag{9-61}$$

与式（9-39）相比，式（9-61）中多了右端第三项，这是由于 $d-q$ 轴系旋转而产生的。

将式（9-61）中的各矢量以坐标分量表示，可得电压分量方程为

$$u_d = R_s i_d + \frac{d\psi_d}{dt} - \omega_r \psi_q \tag{9-62}$$

$$u_q = R_s i_q + \frac{d\psi_q}{dt} - \omega_r \psi_d \tag{9-63}$$

可将式（9-62）和式（9-63）表示为

$$u_d = R_s i_d + L_d \frac{di_d}{dt} - \omega_r L_q i_q \tag{9-64}$$

$$u_q = R_s i_q + L_q \frac{di_q}{dt} + \omega_r (L_d i_d + \psi_f) \tag{9-65}$$

图 9-34 中，由于 $L_{mf} = L_{md}$，可将 ψ_f 表示为 $\psi_f = L_{mf} i_f = L_{md} i_f$，于是可将磁链方程式（9-55）和式（9-56）写为

$$\psi_d = L_{s\sigma} i_d + L_{md} i_d + L_{md} i_f \tag{9-66}$$

$$\psi_q = L_{s\sigma} i_q + L_{mq} i_q \tag{9-67}$$

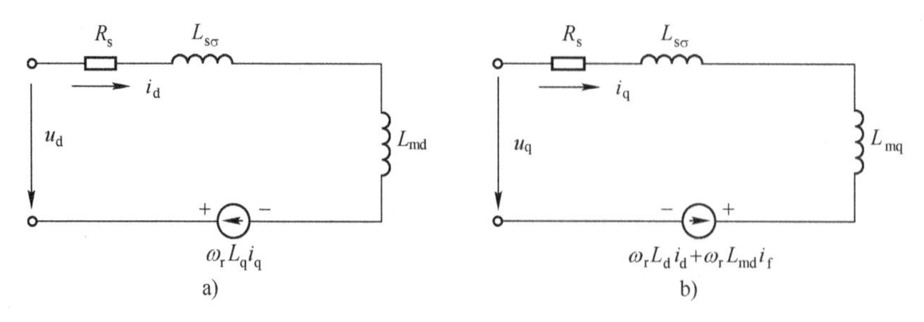

图 9-34　以 $d-q$ 坐标系表示的电压等效电路

a）直轴　b）交轴

将式（9-66）和式（9-67）代入式（9-62）和式（9-63），可得

$$u_d = R_s i_d + (L_{s\sigma} + L_{md})\frac{\mathrm{d}i_d}{\mathrm{d}t} - \omega_r L_q i_q \tag{9-68}$$

$$u_q = R_s i_q + (L_{s\sigma} + L_{mq})\frac{\mathrm{d}i_q}{\mathrm{d}t} + \omega_r L_d i_d + \omega_r L_{md} i_f \tag{9-69}$$

在已知电感 $L_{s\sigma}$、L_{md}、L_{mq} 和 i_f 情况下，由电压方程式（9-68）和式（9-69）可得图9-34所示的等效电路。

若以感应电动势 e_0 来表示 $\omega_r\psi_f$，则可将电压分量方程表示为

$$u_d = R_s i_d + L_d \frac{\mathrm{d}i_d}{\mathrm{d}t} - \omega_r L_q i_q \tag{9-70}$$

$$u_q = R_s i_q + L_q \frac{\mathrm{d}i_q}{\mathrm{d}t} + \omega_r L_d i_d + e_0 \tag{9-71}$$

对于上述插入式PMSM的电压分量方程，若令 $L_d = L_q = L_s$，便可转化为面装式PMSM的电压分量方程。

在正弦稳态下，式（9-70）和式（9-71）则变为

$$u_d = R_s i_d - \omega_r L_q i_q \tag{9-72}$$

$$u_q = R_s i_q + \omega_r L_d i_d + e_0 \tag{9-73}$$

此时，$\omega_r = \omega_s$，ω_s 为电源电角频率。

将式（9-72）和式（9-73）改写为

$$u_d = R_s i_d + \mathrm{j}\omega_s L_q \mathrm{j} i_q \tag{9-74}$$

$$\mathrm{j}u_q = R_s \mathrm{j} i_q + \mathrm{j}\omega_s L_d i_d + \mathrm{j}e_0 \tag{9-75}$$

于是，可得

$$\boldsymbol{u}_s = R_s \boldsymbol{i}_s + \mathrm{j}\omega_s L_d i_d - \omega_s L_q i_q + \boldsymbol{e}_0 \tag{9-76}$$

由式（9-57）和式（9-76），可得到插入式和内装式PMSM稳态矢量图，如图9-35所示。与图9-30a比较可以看出，由于交、直轴磁路不对称（磁导不同），已将定子电流（磁动势）矢量 $\boldsymbol{i}_s(\boldsymbol{f}_s)$ 分解为交轴分量 $i_q(f_q)$ 和直轴分量 $i_d(f_d)$，这实际上体现了双反应理论的分析方法。

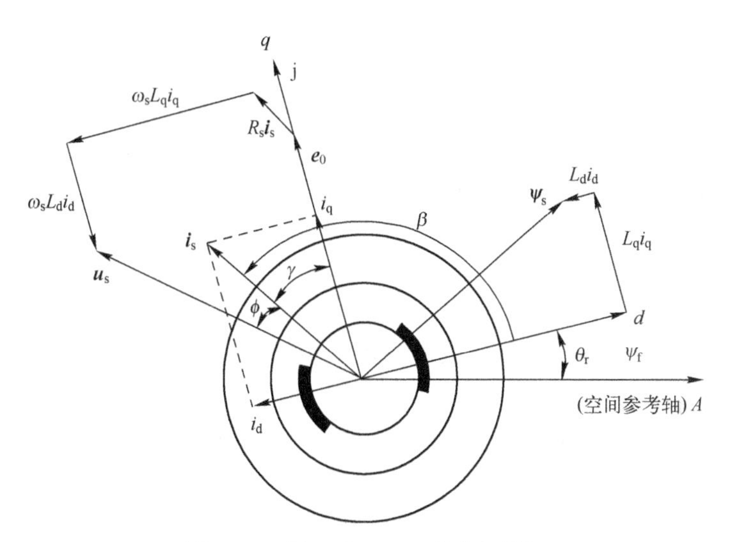

图9-35　插入式PMSM稳态矢量图

同样，可将图 9-35 所示的矢量图直接转换为 A 相绕组的相量图，如图 9-36a 所示。对于面装式 PMSM，可将图 9-36a 表示为图 9-36b 的形式，此图与图 9-30b 形式相同。

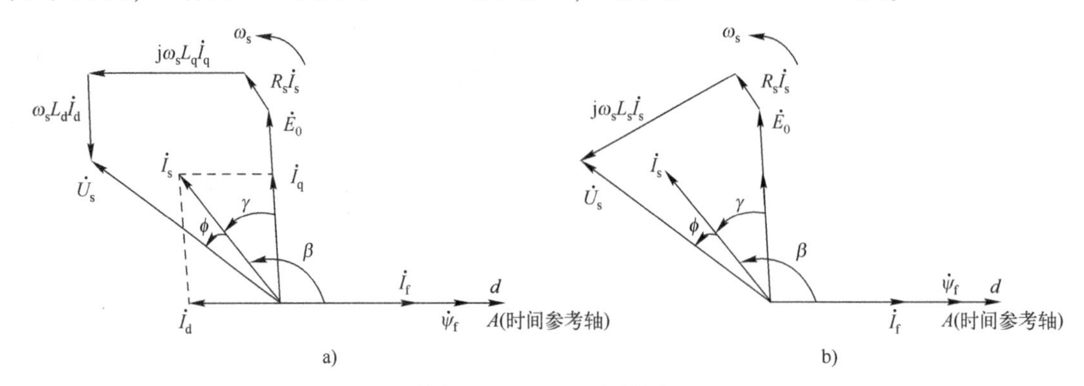

图 9-36　PMSM 相量图

a）插入式 PMSM　b）面装式 PMSM

实际上，在正弦稳态下，式（9-74）和式（9-75）中各物理量均为恒定的直流量，且为正弦量有效值的$\sqrt{3}$倍。将式（9-74）和式（9-75）各量除以$\sqrt{3}$就变为正弦量有效值，再将两式两边同乘以 $e^{j\omega_s t}$，就相当于将两式中的（空间）矢量转换为（时间）相量，可将图 9-33 所示的空间复平面转换为时间复平面，且同取 A 轴为时间参考轴，$t=0$ 时，d 轴与 A 轴重合，并取$\dot{\psi}$（$\dot{I}_f$）为参考相量。于是可得到以（时间）相量表示的电压方程为

$$\dot{U}_s = R_s\dot{I}_s + j\omega_s L_d\dot{I}_d + j\omega_s L_q\dot{I}_q + \dot{E}_0 \tag{9-77}$$

对于面装式 PMSM，可将式（9-77）改写为式（9-44）的形式。

图 9-30b 和图 9-36 中，E_0 是永磁励磁磁场产生的运动电动势，即

$$E_0 = \omega_r\psi_f = \frac{\omega_r\psi_f}{\sqrt{3}} \tag{9-78}$$

由式（9-78），可得

$$i_f = \frac{\sqrt{3}}{\omega_r L_{md}}E_0 \tag{9-79}$$

通过空载实验可确定 E_0 和 ω_r，如果已知 L_{md}，便可求得等效励磁电流 i_f。

（2）电磁转矩方程

对于插入式 PMSM 而言，图 9-28b 与三相凸极同步电动机的等效模型具有相同的形式。三相凸极同步电动机的电磁转矩为

$$T_{esp} = p\left[\psi_f i_s \sin\beta + \frac{1}{2}(L_d - L_q)i_s^2 \sin 2\beta\right] \tag{9-80}$$

显然，式（9-80）同样适用于插入式 PMSM，只是此时转子磁场不是由转子励磁绕组产生的，而是由永磁体提供的。

式（9-80）中，等式右边括号内第一项是由电枢和永磁体励磁磁场相互作用产生的励磁转矩，第二项是因直轴磁阻和交轴磁阻不同所引起的磁阻转矩。图 9-37 所示的曲线为 t_e-β 特性曲线，也称矩-角特性，曲线 1 表示的是励磁转矩，曲线 2 表示的是磁阻转矩，曲线 3 是合成转矩。可以看出，当 $\beta<\pi/2$ 时，磁阻转矩为负值，具有制动性质；当 $\beta>\pi/2$ 时，磁阻转矩为正值，具有驱动性质。这与电励磁凸极同步电动机相反，因为电励磁凸极同步电动机的凸极效应是由于

$L_d>L_q$ 引起的。

在由插入式 PMSM 构成的伺服驱动中，可以灵活有效地利用磁阻转矩。例如，在恒转矩运行区，通过控制 β，使其发生在 $\pi/2<\beta<\pi$ 范围内，可提高转矩值；在恒功率运行区，通过调整和控制 β 可以提高输出转矩和扩大速度范围。

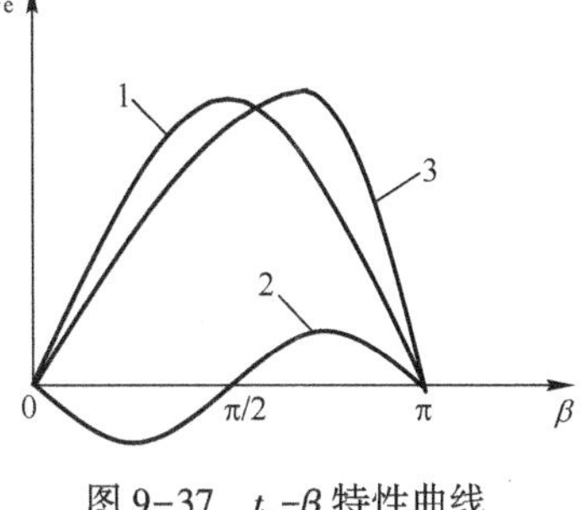

图 9-37　t_e-β 特性曲线

在图 9-33 所示的 d-q 轴系中，有

$$i_d=i_s\cos\beta \tag{9-81}$$

$$i_q=i_s\sin\beta \tag{9-82}$$

将式（9-81）和式（9-82）代入式（9-80），可得

$$T_{esp}=p[\psi_f i_q+(L_d-L_q)i_d i_q] \tag{9-83}$$

式（9-83）为电磁转矩方程。

可将式（9-83）表示为

$$T_{esp}=p(\psi_d+j\psi_q)\times(i_d+ji_q) \tag{9-84}$$

于是有

$$T_{esp}=p\boldsymbol{\psi}_s\times\boldsymbol{i}_s \tag{9-85}$$

式（9-85）为电磁转矩矢量。应该指出，式（9-85）既适用于面装式 PMSM，也适用于插入式 PMSM，具有普遍性。因为 $\boldsymbol{\psi}_s$ 和 $\boldsymbol{i}_s$ 在电动机内客观存在，当参考轴系改变时，并不能改变两者间的作用关系和转矩值，所以式（9-85）对 A-B-C 轴系和 d-q 轴系均适用。

对于面装式 PMSM，可将式（9-85）表示为

$$T_{esp}=p(\boldsymbol{\psi}_f+L_s\boldsymbol{i}_s)\times\boldsymbol{i}_s=p\boldsymbol{\psi}_f\times\boldsymbol{i}_s \tag{9-86}$$

式（9-86）和式（9-45）是同一表达式。

9.6.3　正弦波永磁同步电动机矢量控制系统

1. 面装式三相永磁同步电动机矢量控制系统

（1）基于转子磁场的转矩控制

转矩矢量方程式（9-45）表明，在 d-q 轴系内通过控制 $\boldsymbol{i}_s$ 的幅值和相位，就可控制电磁转矩。如图 9-35 所示，这等同于在 d-q 轴系内控制 $\boldsymbol{i}_s$ 内的两个电流分量 i_q 和 i_d。但是，这个 d-q 坐标系的 d 轴一定要与 $\boldsymbol{\psi}_f$ 方向一致，或者说 d-q 轴系是沿转子磁场定向的，通常称为磁场定向。由转矩矢量方程式（9-45），可得

$$T_{esp}=p\boldsymbol{\psi}_f i_s\sin\beta=p\boldsymbol{\psi}_f i_q \tag{9-87}$$

式（9-87）表明，决定电磁转矩的是定子电流 q 轴分量，i_q 称为转矩电流。

若控制 $\beta=90°$电角度（$i_d=0$），则 $\boldsymbol{i}_s$ 与 $\boldsymbol{\psi}_f$ 在空间正交，$\boldsymbol{i}_s=ji_q$，定子电流全部为转矩电流，此时可将面装式 PMSM 转矩控制表示为图 9-38 的形式。图中，虽然转子以电角度 ω_r 旋转，但是在 d-q 轴系内 $\boldsymbol{i}_s$ 与 $\boldsymbol{\psi}_f$ 却始终相对静止，从转矩生成的角度，可将面装式 PMSM 等效为他励直流电动机，如图 9-39a 所示。

图 9-39a 中，PMSM 的转子转换为直流电动机的定子，定子励磁电流 i_f 为常值，产生的励磁磁场即 $\boldsymbol{\psi}_f$；PMSM 的 q 轴线圈等效为电枢绕组，此时直流电动机电刷置于几何中性线上，电枢产生的交轴磁动势即 f_q，它产生的交轴正弦磁场与图 9-38 中的相同。

对比图 9-38 和图 9-39a 可以看出，交轴电流 i_q 已相当于他励直流电动机的电枢电流，控制 i_q 即相当于控制电枢电流，可以获得与他励直流电动机同样的转矩控制效果。

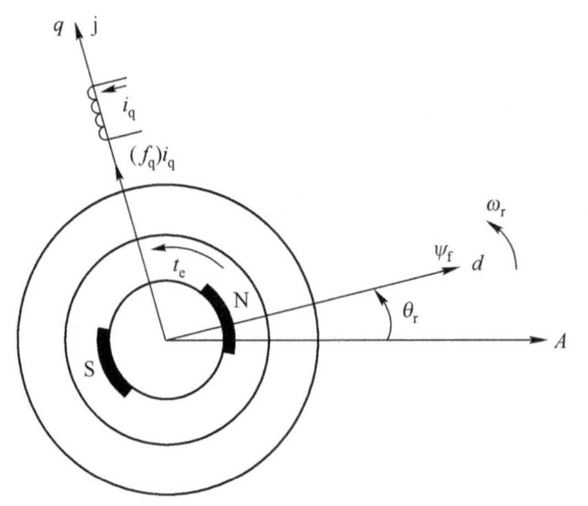

图 9-38　面装式 PMSM 转矩控制（$i_d=0$）

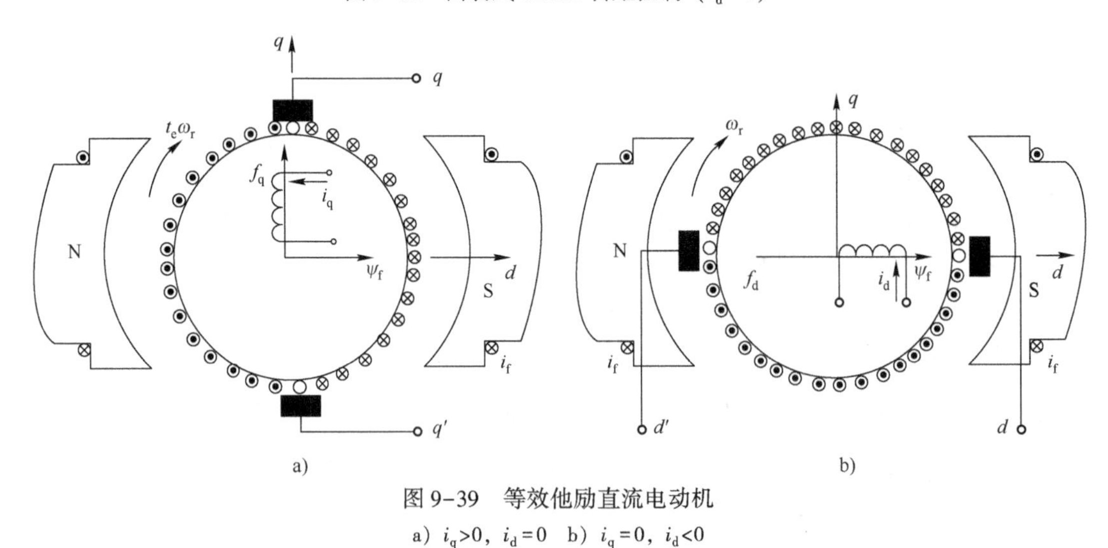

图 9-39　等效他励直流电动机

a）$i_q>0$，$i_d=0$　b）$i_q=0$，$i_d<0$

（2）弱磁

与他励直流电动机不同的是，PMSM 的转子励磁不可调节。为了能够实现弱磁，可以利用磁动势矢量 $\boldsymbol{f}_s$，使其对永磁体产生去磁作用。在图 9-27b 中，若控制 $\beta>90°$，$\boldsymbol{f}_s$ 便会产生直轴去磁分量 f_d。对去磁磁动势 f_d 而言，面装式 PMSM 弱磁控制就如图 9-40 所示。图中，i_d 的实际方向与正方向相反，即 $i_d<0$。

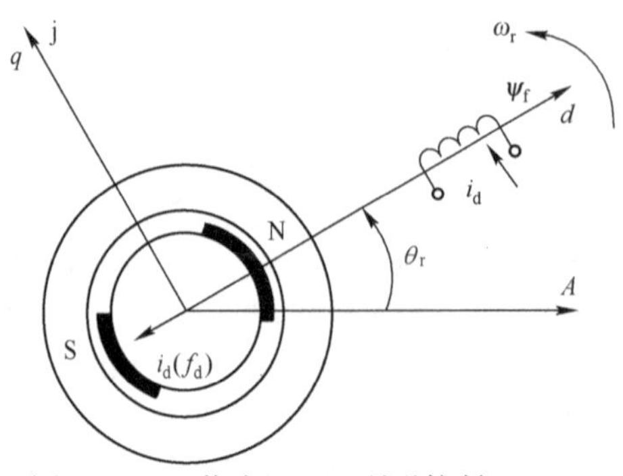

图 9-40　面装式 PMSM 弱磁控制（$i_d<0$）

同理，可将图 9-40 等效为他励直流电动机，如图 9-39b 所示。图中，已将直轴线圈转换为电刷位于 d 轴上的电枢绕组。电枢绕组产生的去磁磁动势 f_d 对定子励磁磁场的去磁作用和效果与图 9-40 中的相同。

若同时考虑 i_q 和 i_d 的作用，就可在 d-q 轴系内将面装式 PMSM 等效为图 9-41 所示的形式。图中，将 q 轴电枢绕组电流的实际方向标在了线圈导体外。因为 d、q 轴磁场间不存在耦合，所以通过控制 i_d 和 i_q 可以各自独立地进行弱磁和转矩控制，也实现了两种控制间的解耦。

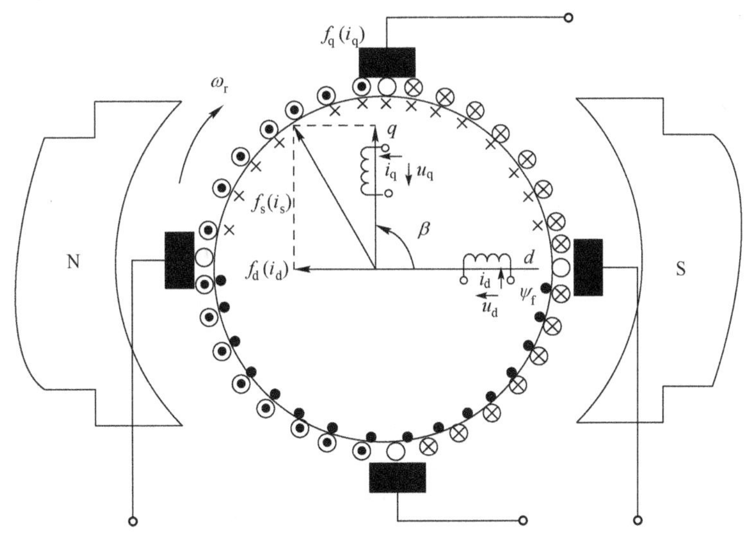

图 9-41　考虑弱磁的等效直流电动机

（3）坐标变换和矢量变换

PMSM 的定子结构与三相异步电动机的完全相同。因此，三相异步电动机坐标变换和矢量变换的原则、过程和结果，包括每种变换的物理含义也完全适用于 PMSM。

这里，假设已将空间矢量由 A-B-C 轴系先变换到了静止 D-Q 轴系，再通过如下坐标变换将空间矢量由 D-Q 轴系变换到同步旋转 d-q 轴系，如图 9-42 所示。即

$$\begin{pmatrix} i_d \\ i_q \end{pmatrix} = \begin{pmatrix} \cos\theta_r & \sin\theta_r \\ -\sin\theta_r & \cos\theta_r \end{pmatrix} \begin{pmatrix} i_D \\ i_Q \end{pmatrix} \tag{9-88}$$

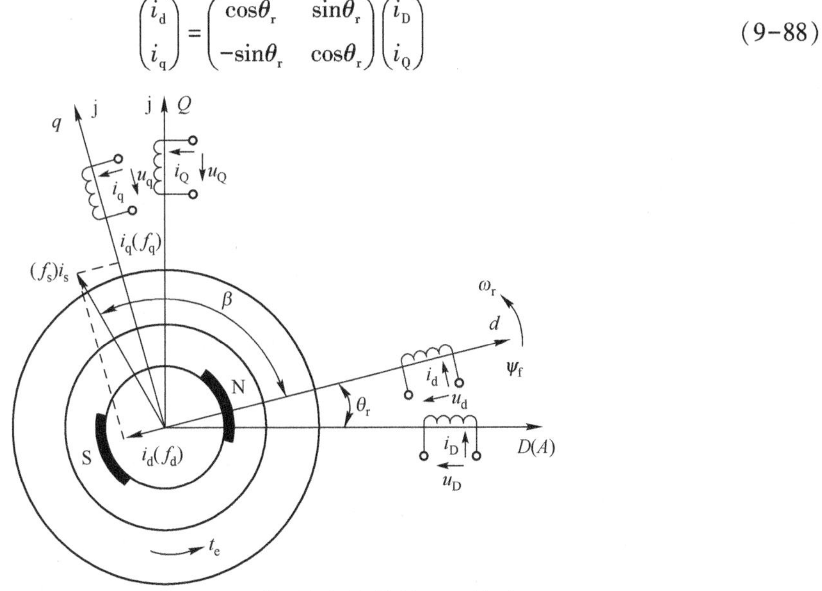

图 9-42　静止 D-Q 轴系与同步旋转 d-q 轴系

式（9-88）所示坐标变换的物理含义是将图 9-42 中的 D、Q 绕组变换成具有 d、q 轴线的换向器绕组。正是通过这种换向器变换，才将 PMSM 在 d-q 轴系内等效成图 9-41 所示的等效直流电动机。

在三相异步电动机矢量控制中，通过换向器变换，将定子 D、Q 绕组变换成等效直流电动机两个换向器绕组。就这种换向器变换而言，PMSM 与三相异步电动机没有差别，因此电压方程式（9-62）和式（9-63）与三相异步电动机定子电压方程式具有相同的形式。因为换向器绕组具有伪静止特性，所以电压方程式（9-62）和式（9-63）中也同样出现了运动电动势项 $-\omega_r\psi_q$ 和 $\omega_r\psi_q$。

由静止 A-B-C 轴系到静止 D-Q 轴系的坐标变换为

$$\begin{pmatrix} i_D \\ i_Q \end{pmatrix} = \sqrt{\frac{2}{3}} \begin{pmatrix} 1 & -\frac{1}{2} & -\frac{1}{2} \\ 0 & \frac{\sqrt{3}}{2} & -\frac{\sqrt{3}}{2} \end{pmatrix} \begin{pmatrix} i_A \\ i_B \\ i_C \end{pmatrix} \tag{9-89}$$

于是，由式（9-88）和式（9-89），可得由静止 A-B-C 轴系到同步旋转 d-q 轴系的坐标变换为

$$\begin{aligned} \begin{pmatrix} i_d \\ i_q \end{pmatrix} &= \sqrt{\frac{2}{3}} \begin{pmatrix} \cos\theta_r & \sin\theta_r \\ -\sin\theta_r & \cos\theta_r \end{pmatrix} \begin{pmatrix} 1 & -\frac{1}{2} & -\frac{1}{2} \\ 0 & \frac{\sqrt{3}}{2} & -\frac{\sqrt{3}}{2} \end{pmatrix} \begin{pmatrix} i_A \\ i_B \\ i_C \end{pmatrix} \\ &= \sqrt{\frac{2}{3}} \begin{pmatrix} \cos\theta_r & \cos\left(\theta_r - \frac{2\pi}{3}\right) & \cos\left(\theta_r - \frac{4\pi}{3}\right) \\ -\sin\theta_r & -\sin\left(\theta_r - \frac{2\pi}{3}\right) & -\sin\left(\theta_r - \frac{4\pi}{3}\right) \end{pmatrix} \begin{pmatrix} i_A \\ i_B \\ i_C \end{pmatrix} \end{aligned} \tag{9-90}$$

由式（9-90），可得

$$\begin{pmatrix} i_A \\ i_B \\ i_C \end{pmatrix} = \sqrt{\frac{2}{3}} \begin{pmatrix} \cos\theta_r & -\sin\theta_r \\ \cos\left(\theta_r - \frac{2\pi}{3}\right) & -\sin\left(\theta_r - \frac{2\pi}{3}\right) \\ \cos\left(\theta_r - \frac{4\pi}{3}\right) & -\sin\left(\theta_r - \frac{4\pi}{3}\right) \end{pmatrix} \begin{pmatrix} i_d \\ i_q \end{pmatrix} \tag{9-91}$$

通过式（9-91）的变换，实际上是将等效直流电动机还原为真实的 PMSM。

与三相异步电动机一样，也可以通过变换因子 $e^{-j\theta_r}$ 直接将空间矢量由 A-B-C 轴系变换到 d-q 轴系，或者通过变换因子 $e^{j\theta_r}$ 直接进行 d-q 轴系到 A-B-C 轴系的变换。

（4）矢量控制

如上所述，通过控制交轴电流 i_q 可以直接控制电磁转矩，且 T_{esp} 与 i_q 间具有线性关系，就转矩控制而言，可以获得与实际他励直流电动机同样的控制品质。

同三相异步电动机基于转子磁场矢量控制比较，面装式 PMSM 虽然也是将其等效为他励直流电动机，但面装式 PMSM 的矢量控制要相对简单和容易。面装式 PMSM 只需将定子三相绕组变换为换向器绕组，而三相异步电动机必须将定、转子三相绕组同时变换为换向器绕组。

对于三相异步电动机而言，当采用直接定向方式时，磁链估计依据的是定、转子电压矢量方程，设计多个电动机参数，电动机运行中参数变化会严重影响估计的精确性，即使采用“磁链观测器”也不能完全消除参数变化的影响，当采用间接定向时，依然摆脱不了转子参数的影响。

对于 PMSM，由于转子磁极在物理上是可观测的，通过传感器可直接观测到转子磁场轴线位置，这不仅比观测异步电动机转子磁场更容易实现，而且不受电动机参数变化的影响。

三相异步电动机的运行原理是基于电磁感应，机电能量转换必须在转子中完成，这使得转矩控制复杂化。在转子磁场定向 M-T 轴系中，如下关系式是非常重要和十分关键的，即

$$0=R_{r}i_{t}+\omega_{f}\psi_{r} \tag{9-92}$$

$$T_{esp}=p\frac{T_{r}}{L_{r}}\psi_{f}^{2}\omega_{f} \tag{9-93}$$

$$i_{T}=-\frac{L_{r}}{L_{m}}i_{f} \tag{9-94}$$

式（9-92）表明，在转子磁场恒定条件下，转子转矩电流 i_f大小取决于运动电动势 $\omega_{f}\psi_{r}$，即决定于转差角速度 ω_f。因此，转矩大小是转差频率 ω_f 的函数，且具有线性关系，见式（9-93）。式（9-94）表明，电能通过磁动势平衡由定子侧传递给了转子。而且，异步电动机为单边励磁电动机，建立转子磁场的无功功率也必须由定子侧输入，为保证转子磁链恒定或能够快速跟踪其指令值变化（弱磁控制时），在直接磁场定向系统中需要对磁链进行反馈控制和比例微分控制。

三相同步电动机的运行原理是依靠定、转子双边励磁，由两个励磁磁场的相互作用产生励磁转矩，转矩控制的核心是对定子电流矢量幅值和相对转子磁链矢量相位的控制，由于机电能量转换在定子中完成，因此转矩控制可直接在定子侧实现，这些都要比异步电动机转差频率控制相对简单和容易实现。

PMSM 的转子磁场由永磁体提供，若不计温度和磁路饱和影响，可认为转子磁链 ψ_f 恒定，如果不需要弱磁，则与三相异步电动机相比，相当于省去了励磁控制，使控制系统更加简化。

由上分析可知，无论从能量的传递和转换，还是从磁场定向、矢量变换、励磁和转矩控制来看，PMSM 都要比三相异步电动机直接和简单，其转矩生成和控制更接近于实际的他励直流电动机，动态性能更容易达到实际直流电动机的水平，因此在数控机床、机器人等高性能伺服驱动领域，由三相永磁同步电动机构成的伺服系统获得了广泛的应用。

如图 9-27b 所示，定子电流矢量 $\boldsymbol{i}_s$ 在 A-B-C 轴系中可表示为

$$\boldsymbol{i}_{s}=|\boldsymbol{i}_{s}|e^{j\theta_{s}}=|\boldsymbol{i}_{s}|e^{j(\theta_{r}+\beta)} \tag{9-95}$$

式中，β 由矢量控制确定；θ_r 是实际检测值。

式（9-95）表明，$\boldsymbol{i}_s$ 在 A-B-C 轴系中的相位总是在转子实际位置上增加一个相位角 β。这就是说，定子电流矢量 $\boldsymbol{i}_s$（也就是电枢反应磁场曲线）在 A-B-C 轴系中的相位最终还是决定于转子自身的位置，因此将这种控制方式称为自控式。自控式控制就好像电枢反应磁场总是超前 β 电角度而领跑于转子磁场，而且无论在稳态还是在动态下，都能严格控制 β。传统开环变频调速中采用的是他控式控制方式，采用的 V/f 控制方式只能控制电枢反应磁场自身的幅值和旋转速度，而不能控制 β，其实质是一种标量控制，这是它与矢量控制的根本差别。

由于计算机技术的发展，特别是数字信号处理器（DSP）的广泛应用，加之传感技术以及现代控制理论的日渐成熟，使得 PMSM 矢量控制不仅理论上更加完善，而且实用化程度也越来越高。

（5）矢量控制系统

应当指出，PMSM 矢量控制系统的方案是有多种选择的。作为一个例子，图 9-43 给出了面装式 PMSM 的矢量控制系统一个原理性的框图，控制系统采用了具有快速电流控制环的电流可控 PWM 逆变器。

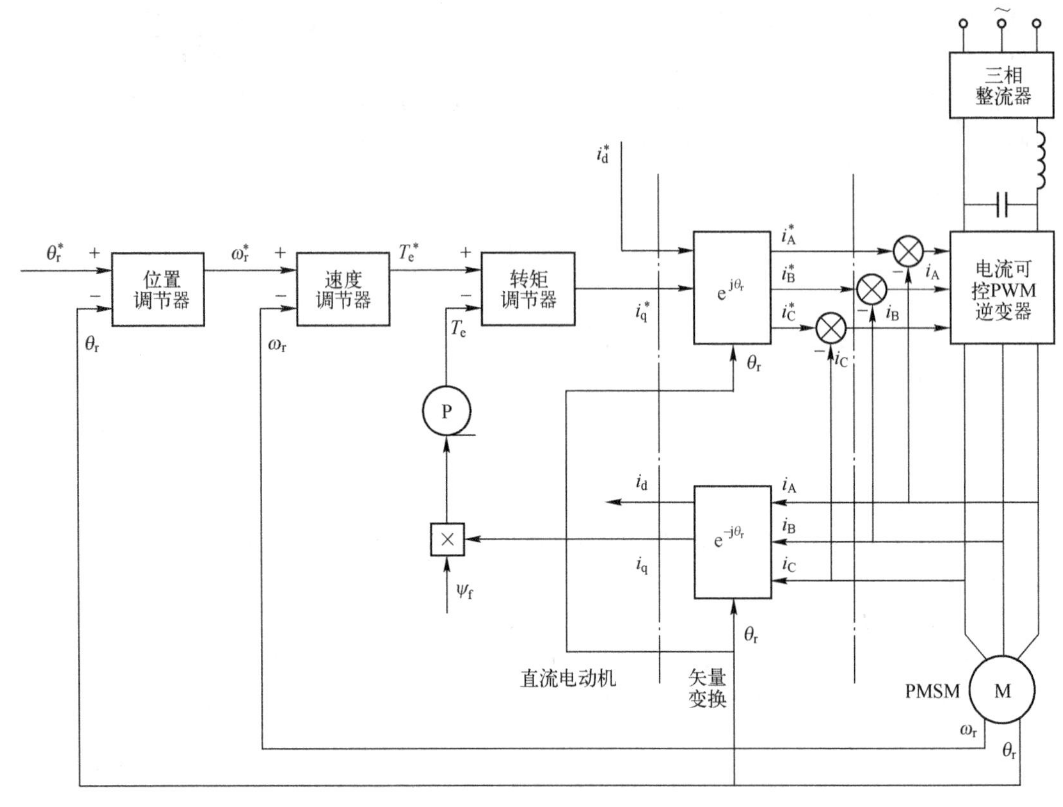

图 9-43　面装式 PMSM 矢量控制系统框图

假设在电动机侧（或在负载侧）安装了光电编码器，通过对所提供信号的处理，可以得到转子磁极轴线的空间相位 θ_r 和转子速度 ω_r。

图 9-43 采用的是由位置、速度和转矩控制环构成的串级控制系统。由转矩调节器的输出可得到交轴电流给定值 i_q^*。直轴电流给定值 i_d^* 可根据弱磁运行的具体要求而确定，这里没有考虑弱磁。令 $i_q^*=0$，定子电流全部为转矩电流。矢量图如图 9-44a 所示，在正弦稳态下，相量图如图 9-44b 所示，此时 PMSM 运行在内功率角 $\gamma=0°$的状态。

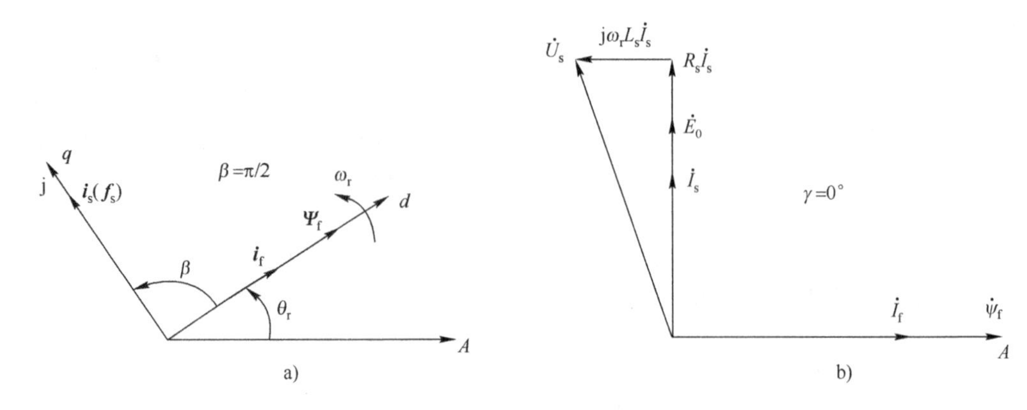

图 9-44　面装式 PMSM 矢量控制
a）矢量图　b）相量图

图 9-43 中，通过变换因子 $e^{-j\theta_r}$，进行静止 $A-B-C$ 轴系到同步旋转 $d-q$ 轴系的矢量变换，即

$$\boldsymbol{i}_s^{dq}=|\boldsymbol{i}_s|e^{-j\theta_r} \tag{9-96}$$

由式（9-96），可得

$$\begin{pmatrix} i_d \\ i_q \end{pmatrix}=\sqrt{\frac{2}{3}}\begin{pmatrix} \cos\theta_r & \cos\left(\theta_r-\frac{2\pi}{3}\right) & \cos\left(\theta_r-\frac{4\pi}{3}\right) \\ -\sin\theta_r & -\sin\left(\theta_r-\frac{2\pi}{3}\right) & -\sin\left(\theta_r-\frac{4\pi}{3}\right) \end{pmatrix}\begin{pmatrix} i_A \\ i_B \\ i_C \end{pmatrix} \tag{9-97}$$

由于式（9-96）中的 θ_r 是实测的转子磁极轴线位置，因此可保证 $d-q$ 轴系是沿转子磁场定向的。在此 $d-q$ 轴系内已将 PMSM 等效为一台他励直流电动机，控制 i_q 就相当于控制直流电动机电枢电流，如图 9-39a 所示。此时电磁转矩为

$$T_{esp}=p\boldsymbol{\psi}_f\boldsymbol{i}_q \tag{9-98}$$

可将此转矩值作为转矩控制的反馈量。

控制系统的设计可借鉴直流伺服系统的设计方法，位置调节器多半采用 P 调节器，速度和转矩调节器多半采用 PI 调节器。对 i_q 的控制最终还是要控制三相电流来实现，为此还要将他励直流电动机还原为实际的 PMSM。图 9-43 中，通过变换因子 $e^{j\theta_r}$，将 $\boldsymbol{i}_s$ 由 $d-q$ 轴系变换到了 $A-B-C$ 轴系，即

$$\boldsymbol{i}_s^*=\boldsymbol{i}_s^{dq}e^{j\theta_r} \tag{9-99}$$

根据式（9-99），可得

$$\begin{pmatrix} i_A^* \\ i_B^* \\ i_C^* \end{pmatrix}=\sqrt{\frac{2}{3}}\begin{pmatrix} \cos\theta_r & -\sin\theta_r \\ \cos\left(\theta_r-\frac{2\pi}{3}\right) & -\sin\left(\theta_r-\frac{2\pi}{3}\right) \\ \cos\left(\theta_r-\frac{4\pi}{3}\right) & -\sin\left(\theta_r-\frac{4\pi}{3}\right) \end{pmatrix}\begin{pmatrix} i_d^* \\ i_q^* \end{pmatrix} \tag{9-100}$$

图 9-43 中，对定子三相电流采用了滞环比较的控制方式。这种控制方式（在三相异步电动机矢量控制中已做了详细说明）是定子电流能快速跟踪参考电流，提高了系统的快速响应能力。

除了滞环比较控制外，同三相异步电动机定子电流控制一样，还可以采用斜坡比较控制或预测电流控制等方式；也可以在 $d-q$ 轴系内对 i_d 和 i_q 采取 PID 控制方式，例如采用 PI 调节器作为电流调节器，调节器的输出为 u_d^* 和 u_q^*，经坐标变换，可得

$$\begin{pmatrix} u_A^* \\ u_B^* \\ u_C^* \end{pmatrix}=\sqrt{\frac{2}{3}}\begin{pmatrix} \cos\theta_r & -\sin\theta_r \\ \cos\left(\theta_r-\frac{2\pi}{3}\right) & -\sin\left(\theta_r-\frac{2\pi}{3}\right) \\ \cos\left(\theta_r-\frac{4\pi}{3}\right) & -\sin\left(\theta_r-\frac{4\pi}{3}\right) \end{pmatrix}\begin{pmatrix} u_d^* \\ u_q^* \end{pmatrix} \tag{9-101}$$

将 u_A^*、u_B^* 和 u_C^* 输入电压源逆变器，再采用适当的 PWM 技术控制逆变器的输出，使实际三相电压能严格跟踪三相参考电压。

2. 插入式三相永磁同步电动机矢量控制系统

插入式和内装式 PMSM 是将永磁体嵌入或内装于转子铁心内，在结构上增强了可靠性，可以提高运行速度；能够有效利用电磁转矩，提高转矩/电流比；还可降低永磁体励磁磁通，减小永磁体的体积，既有利于弱磁运行，扩展速度范围，又可降低成本。

为分析方便，将转矩方程（9-83）标幺值化，写成

$$t_{en}=i_{qn}(1-i_{dn}) \tag{9-102}$$

式中，t_{en}为转矩标幺值；i_{qn}为交轴电流标幺值；i_{dn}为直轴电流标幺值。

式（9-102）中各标幺值的基值被定义为

$$\begin{aligned} t_{eb}&=p\boldsymbol{\psi}_f\boldsymbol{i}_b \\ i_b&=\frac{\boldsymbol{\psi}_f}{L_q-L_d} \\ t_{en}&=\frac{t_e}{t_{eb}}i_{qn}=\frac{i_q}{i_b}i_{dn}=\frac{i_d}{i_b} \end{aligned} \tag{9-103}$$

式（9-102）表明，在电动机的结构确定之后，电磁转矩的大小取决于定子电流的两个分量。对于每一个t_{en}，i_{qn}和i_{dn}都可有无数组组合与之对应。这就需要确定对两个电流分量的匹配原则，也就是定子电流的优化控制问题。显然，优化的目标不同，两个电流分量的匹配原则和控制方式便不同。

电动机在恒转矩运行区，因为转速在基速以下，铁损耗不是主要的，铜损耗占的比例较大，通常选择按转矩/电流比最大的原则来控制定子电流，这样不仅使电动机铜损耗最小，还减小了逆变器和整流器的损耗，可降低系统的总损耗。

电动机在恒转矩区运行时，对应每一转矩值，可由式（9-102）求得不同组合的电流标幺值i_{qn}和i_{dn}，于是可在i_{dn}-i_{qn}平面内得到与该转矩相对应的恒转矩曲线，如图9-45中虚线所示。每条恒转矩曲线上有一点与坐标原点最近，这点便与最小定子电流相对应。将各条恒转矩曲线上这样的点连起来就确定了最小定子电流矢量轨迹，如图9-45中实线所示。

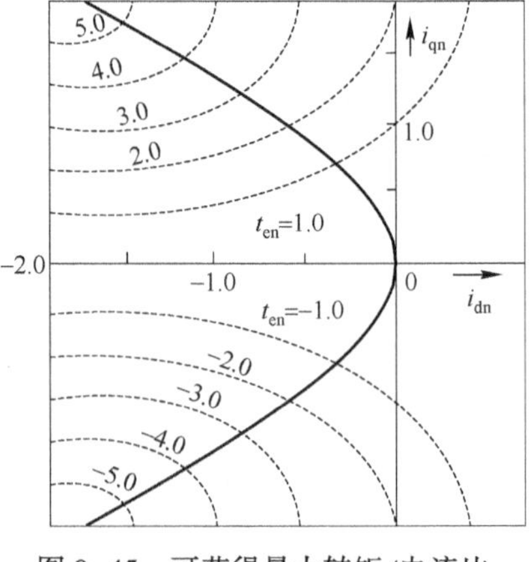

图9-45 可获得最大转矩/电流比的定子电流矢量轨迹

通过对式（9-102）求极值，可得这两个电流分量的关系，即

$$t_{en}=\sqrt{i_{dn}(i_{dn}-1)^3} \tag{9-104}$$

$$t_{en}=\frac{i_{qn}}{2}(1+\sqrt{1+4i_{qn}^2}) \tag{9-105}$$

图9-45中，定子电流矢量轨迹在第二和第三象限内对称分布。第二象限内转矩为正（驱动作用），第三象限内转矩为负（制动作用）。轨迹在原点处与q轴相切，它在第二象限内的渐近线是一条45°的直线，当转矩值较低时，轨迹靠近q轴，这表示励磁转矩起主导作用，随着转矩的增大，轨迹渐渐远离q轴，这意味着磁阻转矩的作用越来越大。

图9-46给出了插入式PMSM恒转矩矢量控制简图，电动机仍然具有快速电流控制环的PWM逆变器馈电，其他控制环节图中没有画出。

图中FG_1和FG_2为函数发生器，是根据式（9-104）和式（9-105）构成的，即

$$i_{dn}=f_1(t_{en}) \tag{9-106}$$

$$i_{qn}=f_2(t_{en}) \tag{9-107}$$

FG_1和FG_2的输出可转换为两轴电流指令i_d^*和i_q^*，利用矢量变换$e^{j\theta_r}$，将其变换为A-B-C轴系中的三相参考电流i_A^*、i_B^*和i_C^*，转子磁极位置θ_r是实际检测的，这个角度被用于矢量变换。

图9-47控制系统选择的是令转矩/电流比最大的控制方案，这相当于提高了逆变器和整流

器的额定容量，降低了整个系统成本。可以看出，提高转矩能力的是插入式，但这是以提高电动机制造成本为代价的，因为其转子结构相对复杂。

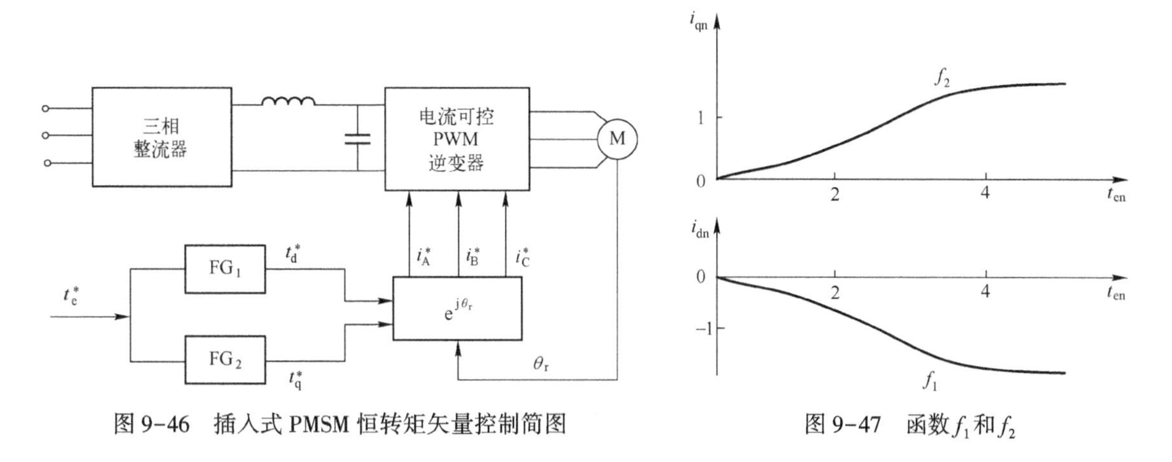

图 9-46　插入式 PMSM 恒转矩矢量控制简图

图 9-47　函数 f_1 和 f_2

9.6.4　正弦波永磁同步电动机直接转矩控制系统

1. 转矩控制原理

直接转矩控制（DTC）是在 20 世纪 80 年代继矢量控制之后提出的又一个高性能交流电动机控制策略，这种控制方式已经成功用于异步电动机中，在永磁同步电动机中的研究和应用也得到了广泛的关注。相比于矢量控制方式，直接转矩控制省去了复杂的空间坐标变换，只需采用定子磁链定向控制，便可在定子轴系内实现对电动机磁链、转矩的直接观察和控制。只需要检测定子电流即可准确观测定子磁链，解决了矢量控制中系统性能受转子参数影响的问题。在直接转矩控制过程中，将磁链、转矩观测值与给定值之差经两值滞环控制器调节后便获得磁链、转矩控制信号，再考虑到定子磁链的当前位置来选取合适的空间电压矢量，形成对电动机转矩的直接控制。

为了在正弦波永磁同步电动机中能用空间电压矢量直接控制电磁转矩 T_e，就必须建立正弦波永磁同步电动机电磁转矩 T_e 和负载角 δ 的关系式。

假设正弦波永磁同步电动机是线性的，参数不随温度变化，忽略磁滞、涡流损耗，转子无阻尼绕组，在转子 d-q 轴系下，电动机的磁链、电压、转矩的表达式为

$$\begin{aligned}\psi_{sd}&=L_d i_{sd}+\psi_f\\ \psi_{sq}&=L_q i_{sq}\\ |\boldsymbol{\psi}_s|&=\sqrt{\psi_{sd}^2+\psi_{sq}^2}\end{aligned}\tag{9-108}$$

$$\begin{aligned}u_{sd}&=R_s i_{sd}+\frac{d\psi_{sd}}{dt}-\omega_r\psi_{sq}\\ u_{sq}&=R_s i_{sq}+\frac{d\psi_{sq}}{dt}+\omega_r\psi_{sd}\\ |\boldsymbol{u}_s|&=\sqrt{u_{sd}^2+u_{sq}^2}\end{aligned}\tag{9-109}$$

$$T_{esp}=\frac{3}{2}p(\psi_{sd}i_{sq}-\psi_{sq}i_{sd})\tag{9-110}$$

式中，ψ_{sd}、ψ_{sq}、u_{sd}、u_{sq}、i_{sd}、i_{sq}、L_d、L_q 分别是定子绕组 d、q 轴的磁链、电压、电流和电感分

量；$|\boldsymbol{u}_s|$、$|\boldsymbol{\psi}_s|$、R_s为定子端电压幅值、定子磁链幅值和定子绕组电阻；ψ_f为转子磁钢在定子侧的耦合磁链；p、T_{esp}、ω_r为电动机极对数、电磁转矩和电动机电角频率。

由图 9-48 可推出负载角 δ 的表达式为

$$\delta=\arctan(\psi_{sq}/\psi_{sd})=\arctan\left(\frac{L_q i_{sq}}{L_d i_{sd}+\psi_f}\right) \tag{9-111}$$

可利用下式将 $d-q$ 轴系中物理量转换到 $x-y$ 轴系为

$$\begin{pmatrix}F_X\\F_Y\end{pmatrix}=\begin{pmatrix}\cos\delta & \sin\delta\\-\sin\delta & \cos\delta\end{pmatrix}\begin{pmatrix}F_d\\F_q\end{pmatrix} \tag{9-112}$$

式中，F 可代表电压、电流和磁链。

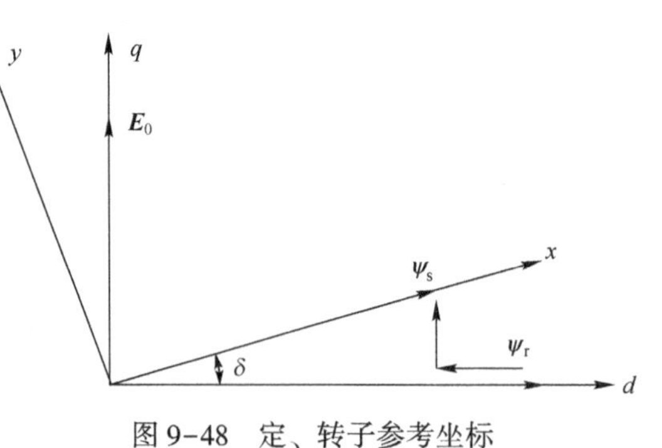

图 9-48　定、转子参考坐标

经推导后，$x-y$ 轴系下的定子磁链可如下表示：

$$\begin{pmatrix}\psi_{sx}\\\psi_{sy}\end{pmatrix}=\begin{pmatrix}L_d\cos^2\delta+L_q\sin^2\delta & (L_q-L_d)\sin\delta\cos\delta\\(L_q-L_d)\sin\delta\cos\delta & L_q\cos^2\delta+L_d\sin^2\delta\end{pmatrix}\begin{pmatrix}i_{sx}\\i_{sy}\end{pmatrix}+\psi_f\begin{pmatrix}\cos\delta\\\sin\delta\end{pmatrix} \tag{9-113}$$

由于定子磁链定向于 x 轴，有 $\psi_{sy}=0$。可得在 $x-y$ 轴系下的定子电流为

$$i_{sx}=\frac{2\psi_f\sin\delta-[(L_d+L_q)+(L_d-L_q)\cos2\delta]i_{sy}}{(L_q-L_d)\sin2\delta} \tag{9-114}$$

$$i_{sy}=\frac{1}{2L_dL_q}[2\psi_fL_q\sin\delta-|\boldsymbol{\psi}_s|(L_q-L_d)\sin2\delta] \tag{9-115}$$

由图 9-48 可知负载角和定子磁链的关系表达式为

$$\sin\delta=\frac{\psi_{sq}}{|\boldsymbol{\psi}_s|},\quad \cos\delta=\frac{\psi_{sd}}{|\boldsymbol{\psi}_s|} \tag{9-116}$$

由以上关系式能推导得电动机的转矩表达式

$$T_{esp}=\frac{3p|\boldsymbol{\psi}_s|}{4L_dL_q}[2\psi_fL_q\sin\delta-|\boldsymbol{\psi}_s|(L_q-L_d)\sin2\delta] \tag{9-117}$$

式（9-117）是正弦波永磁同步电动机电磁转矩 T_{esp} 和负载角 δ 的关系式。在式（9-117）中，前一部分是用转子的永磁磁链 ψ_f 与定子电枢反应磁链的相互作用来表示基本电磁转矩；后一部分是由于电动机中 d、q 磁路不对称而产生的磁阻转矩，还和定子磁链幅值有关。在电磁转矩的表达式中，除正弦波永磁同步电动机本身的电动机参数外，可控变量只有定子磁链 $\boldsymbol{\psi}_s$ 和负载角 δ 两个，这两个量均能用空间电压矢量来直接改变，这就是直接转矩控制理论的指导思想。因此，新推导的电磁转矩表达式（9-117）对正弦波永磁同步电动机 DTC 理论的建立有着极其重要的意义。

式（9-117）表示的是 $L_d\neq L_q$ 时的一般正弦波永磁同步电动机的电磁转矩，也即插入式 PMSM 的电磁转矩。而面装式 PMSM 可看成是一般正弦波永磁同步电动机的特殊情况，这时 $L_d=L_q$，代入式（9-117）中，电磁转矩表达式可以简化为

$$T_{esp}=\frac{3p|\boldsymbol{\psi}_s|}{2L_s}\psi_f\sin\delta \tag{9-118}$$

2. 滞环比较控制及其控制系统

PMSM 的滞环比较控制与三相异步电动机一样，也是利用两个滞环比较器分别控制定子磁链

和转矩偏差。

如图9-49所示，如果想保持$|\boldsymbol{\psi}_s|$恒定，应使$\boldsymbol{\psi}_s$的运行轨迹为圆形。

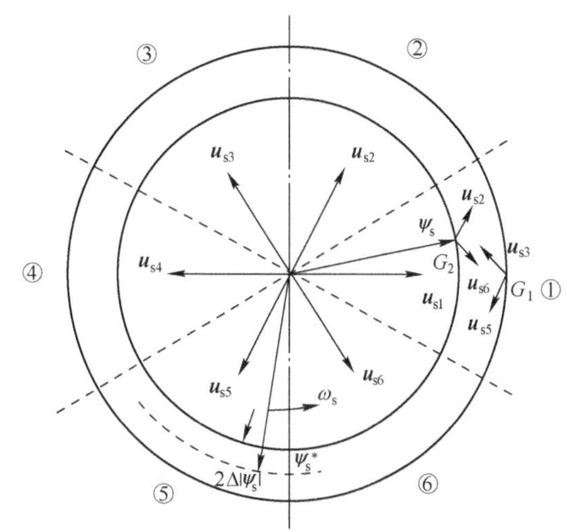

图9-49　定子磁链矢量运行轨迹的控制

可以选择合适的开关电压矢量来同时控制$\boldsymbol{\psi}_s$幅值和旋转速度。对永磁同步电动机来说，由于永磁体随转子旋转，当定子施加零电压矢量时定子磁链将变化。因此，在永磁同步电动机中，不采用零电压矢量控制定子磁链，即定子磁链一直随转子磁链的旋转而旋转。开关电压矢量的选择原则与三相异步电动机滞环控制时所确定的原则完全相同。例如，当ψ_s处于区间①时，在G_2点，$|\boldsymbol{\psi}_s|$已经达到磁链滞环比较器的下限值，应选择$\boldsymbol{u}_{s2}$或$\boldsymbol{u}_{s6}$；而对于G_1点，$|\boldsymbol{\psi}_s|$已经达到比较器上限值，应选择$\boldsymbol{u}_{s3}$或$\boldsymbol{u}_{s5}$。与此同时，在G_1或G_2点，可选择$\boldsymbol{u}_{s2}$或$\boldsymbol{u}_{s3}$使$\boldsymbol{\psi}_s$向前旋转，或者选择$\boldsymbol{u}_{s5}$或$\boldsymbol{u}_{s6}$使$\boldsymbol{\psi}_s$向后旋转，以此来改变负载角δ，使转矩增大或减小。当$\boldsymbol{\psi}_s$在其他区间时也要按照此原则选择开关电压矢量，由此可确定开关电压矢量选择规则，见表9-3。

表9-3　开关电压矢量选择表

$\Delta\psi$	Δt	①	②	③	④	⑤	⑥
1	1	$\boldsymbol{u}_{s2}$	$\boldsymbol{u}_{s3}$	$\boldsymbol{u}_{s4}$	$\boldsymbol{u}_{s5}$	$\boldsymbol{u}_{s6}$	$\boldsymbol{u}_{s7}$
	-1	$\boldsymbol{u}_{s6}$	$\boldsymbol{u}_{s1}$	$\boldsymbol{u}_{s2}$	$\boldsymbol{u}_{s3}$	$\boldsymbol{u}_{s4}$	$\boldsymbol{u}_{s5}$
-1	1	$\boldsymbol{u}_{s3}$	$\boldsymbol{u}_{s4}$	$\boldsymbol{u}_{s5}$	$\boldsymbol{u}_{s6}$	$\boldsymbol{u}_{s1}$	$\boldsymbol{u}_{s2}$
	-1	$\boldsymbol{u}_{s5}$	$\boldsymbol{u}_{s6}$	$\boldsymbol{u}_{s1}$	$\boldsymbol{u}_{s2}$	$\boldsymbol{u}_{s3}$	$\boldsymbol{u}_{s4}$

在表9-3中，$\Delta\psi$和Δt的值分别由磁链和转矩滞环比较器给出，$\Delta\psi=1$和$\Delta t=1$表示应使$\boldsymbol{\psi}_s$和t_e增加，$\Delta\psi=-1$和$\Delta t=-1$表示应使$\boldsymbol{\psi}_s$和T_{esp}减小，这种滞环比较控制方式与三相异步电动机直接转矩控制中的原理基本相同，如上所述，这里没有采用零开关电压矢量$\boldsymbol{u}_{s7}$和$\boldsymbol{u}_{s8}$。

3. 磁链和转矩估计

无论是永磁同步电动机还是异步电动机，在直接转矩控制中，转矩和定子磁链都是控制变量，滞环比较控制方式就是利用两个滞环比较器直接控制转矩和磁链的偏差，显然能否获得转矩和定子磁链的数据是至关重要的。电磁转矩的估计在很大程度上取决于定子磁链估计的准确性，所以首先要保证定子磁链估计的准确性。

（1）电压模型

同异步电动机一样，可由定子电压矢量方程估计定子磁链矢量，即

$$\boldsymbol{\psi}_s=\int(\boldsymbol{u}_s-R_s\boldsymbol{i}_s)\mathrm{d}t \tag{9-119}$$

一般情况下，由矢量$\boldsymbol{\psi}_s$在定子D-Q坐标中的两个分量ψ_D和ψ_Q来估计它的幅值和空间相位角ρ_s，即

$$\psi_D=\int(u_D-R_si_D)\mathrm{d}t \tag{9-120}$$

$$\psi_Q=\int(u_Q-R_si_Q)\mathrm{d}t \tag{9-121}$$

$$|\boldsymbol{\psi}_s|=\sqrt{\psi_D^2+\psi_D^2} \tag{9-122}$$

$$\rho_s=\arcsin\frac{\psi_Q}{|\boldsymbol{\psi}_s|} \tag{9-123}$$

式中，i_D和 i_Q由定子三相电流 i_A、i_B和 i_C的检测值经坐标变换后所得；u_D和 u_Q可以是检测值，也可由逆变器开关状态所知。

上述的积分方式存在一些技术问题，在低频情况下，因为式（9-120）和（9-121）中的定子电压很小，定子电阻是否准确就变得十分重要了，电子电阻参数变化对积分结果产生很大影响，随着温度的变化应对电阻值进行修正，在必要时需要在线得到定子电阻 R_s的值。此外，积分器还存在误差积累和数字化过程中产生的量化误差等问题，还要受逆变器电压降和开关死区的影响。

（2）电流模型

电流模型是利用式 $\psi_d=L_di_d+\psi_r$和 $\psi_q=L_qi_q$来获取 ψ_d和 ψ_q。但这两个方程是以转子 d-q 轴系表示的，必须进行坐标变换，才能由 i_D和 i_Q求得 i_d和 i_q，这需要实际检测转子位置。此外，估计是否准确还取决于电动机参数 L_d、L_q和 ψ_f是否与实际值相一致，在必要时需要对相关参数进行在线测量。但与电压模型相比，电流模型中消除了定子电阻变化的影响，不存在低频积分困难的问题。

图 9-50 所示是由电流模型估计定子磁链的系统框图。图中表明，也可以用电流模型来修正电压模型低速时的估计结果。

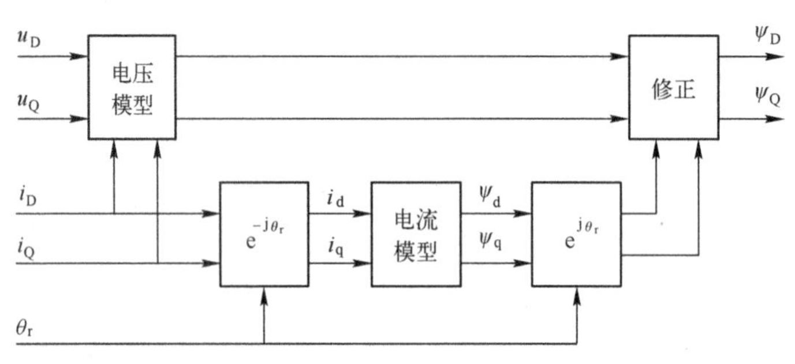

图 9-50　由电流模型估计定子磁链的系统框图

实际上，在转矩和定子磁链的滞环比较控制中，控制周期很短，这要求定子磁链的估计至少要在与之相同的量级上进行。而对于电压模型来说这点可以做到，而采用电流模型做到这点就比较困难。因为后者需要测量转子位置，并要进行转子位置传感器和电动机控制模块之间的通信，而且电压模型中的电压积分本身具有滤波性质，而电流模型中的电流包含了所有谐波，还需要增加滤波环节，由于这些原因使得这两个模型不大可能在相同的时间量级内完成定子磁链估计。

（3）电磁转矩估计

可以利用式（9-45）估计转矩，即

$$T_{esp}=p(\psi_Di_Q-\psi_Qi_D) \tag{9-124}$$

式中，ψ_D和 ψ_Q为估计值；i_D和 i_Q为实测值。

4. 转矩控制及最优控制

在转子磁场定向矢量控制中，将定子电流 $\boldsymbol{i}_s$ 的分量 i_d和 i_q作为控制变量，电动机运行中的各种最优控制是通过控制 i_d和 i_q实现的。在这一过程中，定子磁链只是对应 i_d和 i_q的控制结果，定

子磁链为

$$\boldsymbol{\psi}_s=\boldsymbol{\psi}_f+L_d i_d+jL_q i_q \tag{9-125}$$

$$|\boldsymbol{\psi}_s|=\sqrt{(\boldsymbol{\psi}_f+L_d i_d)^2+(L_q i_q)^2} \tag{9-126}$$

直接转矩控制控制的是定子磁链，因而不能直接控制 i_d 和 i_q。但是，在实际的控制过程中，很多情况下要求能够实现某些最优控制，例如，在恒转矩运行时进行的最大转矩/电流比控制。此时再采用定子磁链幅值恒定的控制准则已经无法满足这种最优控制要求，因为定子磁链幅值大小取决于这种控制要求的定子电流 i_d 和 i_q，即由式（9-126）决定定子磁链的参考值 $|\boldsymbol{\psi}_s^*|$。

对于面装式 PMSM，转矩方程为

$$T_{esp}=p\boldsymbol{\psi}_f i_q \tag{9-127}$$

若使单位定子电流产生的转矩最大，应控制 $i_d=0$，此时 $|\boldsymbol{\psi}_s^*|$ 应为

$$|\boldsymbol{\psi}_s^*|=\sqrt{\boldsymbol{\psi}_f^2+(L_s i_q)^2} \tag{9-128}$$

将式（9-127）考虑进去，有

$$|\boldsymbol{\psi}_s^*|=\sqrt{\boldsymbol{\psi}_f^2+L_s^2\left(\frac{T_{esp}^*}{p\boldsymbol{\psi}_f}\right)^2} \tag{9-129}$$

根据式（9-129），可由转矩参考值 T_{esp}^* 确定定子磁链参考值 $|\boldsymbol{\psi}_s^*|$。

对于插入式 PMSM，因为存在凸极效应，应根据转矩方程式（9-83）来确定满足定子电流最小控制时的 i_d 和 i_q。利用式（9-104）和式（9-105）出标幺值 i_{dn} 和 i_{qn}，再将其还原为实际值，由式（9-126）计算出定子磁链参考值 $|\boldsymbol{\psi}_s^*|$。然后按照参考值 T_{esp}^* 和 $|\boldsymbol{\psi}_s^*|$ 进行的直接转矩控制即可满足最大转矩/电流比控制要求。

除了最大转矩/电流比控制外，还可以进行最小损耗等最优控制，同样是通过对定子磁链矢量幅值进行控制来实现。

9.6.5 正弦波永磁同步电动机的弱磁控制及定子电流的最优控制

1. 弱磁控制

（1）基速和转折速度

逆变器向电动机所能提供的最大电压要受到整流器可能输出的直流电压的限制。在正弦稳态下，电动机定子电压矢量 $\boldsymbol{u}_s$ 的幅值直接与电角频率 ω_s，即与转子电角速度 ω_r 有关，这意味着电动机的运行速度要受到逆变器电压极限的制约。

在正弦稳态情况下，由式（9-72）和式（9-73）已知，d-q 轴系中的电压分量方程为

$$u_q=R_s i_q+\omega_r L_d i_d+\omega_r \psi_f \tag{9-130}$$

$$u_d=R_s i_d-\omega_r L_q i_q \tag{9-131}$$

且有

$$|\boldsymbol{u}_s|=\sqrt{u_q^2+u_d^2} \tag{9-132}$$

当电动机在高速运行时，式（9-130）和式（9-131）中的电阻电压降可以忽略不计，式（9-132）可写为

$$|\boldsymbol{u}_s|^2=(\omega_r\psi_f+\omega_r L_d i_d)^2+(\omega_r L_q i_q)^2 \tag{9-133}$$

应有

$$|\boldsymbol{u}_s|^2\leqslant|\boldsymbol{u}_s|_{max}^2 \tag{9-134}$$

式中，$|\boldsymbol{u}_s|_{max}$ 为 $|\boldsymbol{u}_s|$ 允许达到的极限值。

在空载情况下，若忽略空载电流，则由式（9-133），可得

$$\omega_r\psi_f = e_0 = |\boldsymbol{u}_s| \tag{9-135}$$

定义空载电动势 e_0 达到 $|\boldsymbol{u}_s|_{max}$ 时的转子速度为速度基值，记为 ω_{rb}。由式（9-135），可得

$$\omega_{rb} = \frac{|\boldsymbol{u}_s|_{max}}{\psi_f} = \frac{|\boldsymbol{u}_s|_{max}}{L_{mf}i_f} \tag{9-136}$$

式中，L_{mf} 为面装式 PMSM 永磁体等效励磁电感，对于插入式 PMSM 应为 L_{md}。

在负载情况下，当面装式 PMSM 在恒转矩运行区运行时，通常控制定子电流矢量相位 β 为 90°电角度，则有 $i_d=0$ 和 $i_q=i_s$，由式（9-133）和式（9-134），可得

$$\omega_{rt} = \frac{|\boldsymbol{u}_s|_{max}}{\sqrt{(L_{mf}i_f)^2+(L_si_s)^2}} \tag{9-137}$$

定义在恒转矩运行区，定子电流为额定值，$|\boldsymbol{u}_s|$ 达到极限值时的转子速度为转折速度，记为 ω_{rt}。式（9-137）与式（9-136）对比表明，由于电枢磁场的存在使转折速度要低于基值速度，但面装式 PMSM 的同步电感 L_s 较小，因此两者还是相近的。

对于插入式 PMSM，则有

$$\omega_{rt} = \frac{|\boldsymbol{u}_s|_{max}}{\sqrt{(L_{md}i_f+L_di_d)^2+(L_qi_q)^2}} \tag{9-138}$$

当 β>90°时，式（9-138）中的 i_d 应为负值，此时直轴电枢磁场会使定子电压降低，而交轴电枢磁场会使定子电压升高，两者的不同作用也反映在稳态矢量图 9-35 中。

（2）电压极限椭圆和电流极限圆

为便于分析，将式（9-133）转换为标幺值形式，即

$$(e_0+x_di_d)^2+(\rho x_qi_q)^2 = \left(\frac{|\boldsymbol{u}_s|}{\omega_r}\right)^2 \tag{9-139}$$

式中，i_d、i_q 和 ω_r 的基值为额定值 i_{sn} 和 ω_{rn}；$e_0=\frac{\omega_{rn}\psi_f}{u_{sn}}$；$x_d=\omega_{rn}L_d\frac{i_{sn}}{u_{sn}}$；$x_q=\omega_{rn}L_q\frac{i_{sn}}{u_{sn}}$；$\rho$ 为凸极系数，$\rho=\frac{x_q}{x_d}$，对于面装式 PMSM，$\rho=1$，对于插入式 PMSM，$\rho>1$。

定子电压 $|\boldsymbol{u}_s|$ 要受逆变器电压极限的制约，于是有

$$(e_0+x_di_d)^2+(\rho x_qi_q)^2 \leqslant \left(\frac{|\boldsymbol{u}_s|_{max}}{\omega_r}\right)^2 \tag{9-140}$$

同样，逆变器输出电流的能力也要受其容量的限制，定子电流也有一个极限值，即

$$|\boldsymbol{i}_s| \leqslant |\boldsymbol{i}_s|_{max} \tag{9-141}$$

若以定子电流矢量的两个分量表示，则有

$$i_d^2+i_q^2 \leqslant i_{s\,max}^2 \tag{9-142}$$

由式（9-140）和式（9-142）构成了电压极限椭圆和电流极限圆，如图 9-51 所示。图中，电流极限圆的半径为 1，即设定 $i_{s\,max}$ 等于额定值。

由式（9-140）可以看出，电压极限椭圆的两轴长度与速度成反比，随着速度的增大便形成了逐渐变小的一簇套装椭圆。因为定子电流矢量 $\boldsymbol{i}_s$ 既要满足电流极限方程，又要满足电压极限方程，所以定子电流矢量 $\boldsymbol{i}_s$ 一定要落在电流极限圆和电压极限椭圆内。例如，当 $\omega_r=\omega_{r1}$ 时，$\boldsymbol{i}_s$ 要被限制在 *ABCDEF* 范围内。

（3）弱磁控制方式

弱磁控制与定子电流最优控制如图 9-52 所示。

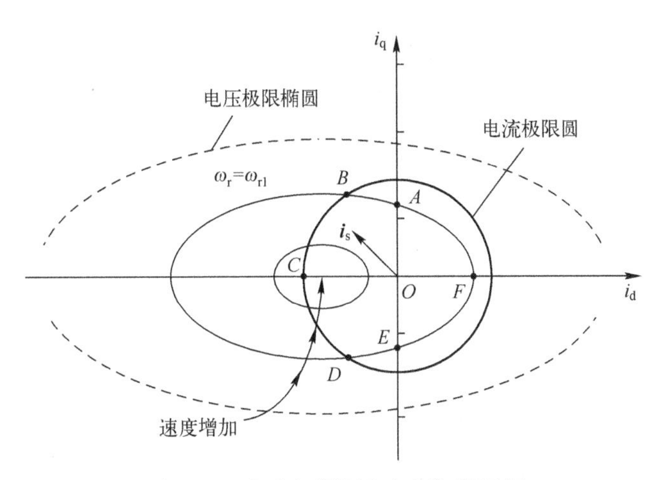

图 9-51　电流极限圆和电压极限椭圆

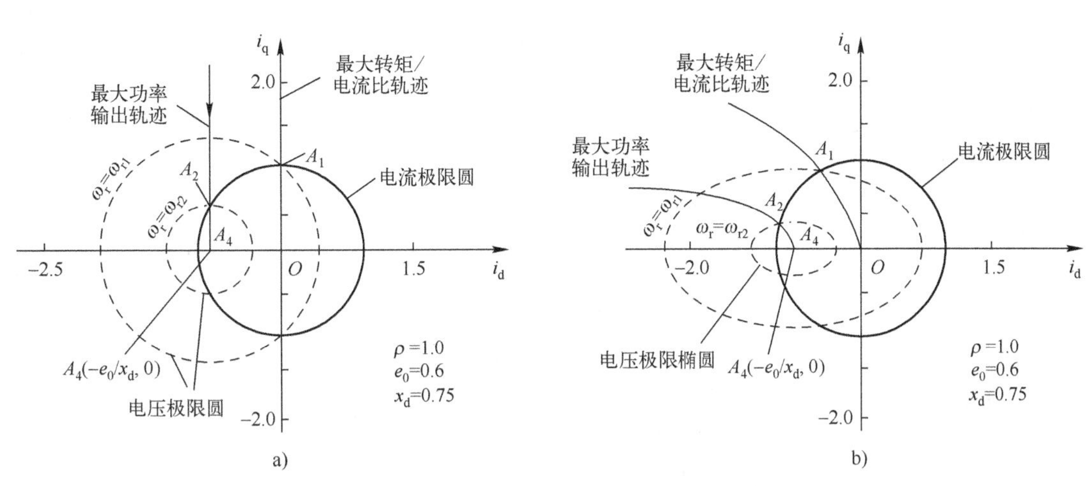

图 9-52　弱磁控制与定子电流最优控制
a）面装式　b）内装式

图 9-52 中，不仅给出了电压极限椭圆和电流极限圆，同时还给出了最大转矩/电流比轨迹。对于面装式 PMSM，该轨迹为 q 轴；对于插入式 PMSM，该轨迹应与图 9-45 中的定子电流矢量轨迹相对应，两轨迹与电流极限圆相交于 A_1 点。落在电流极限圆内的轨迹为 OA_1 线段，这表示电动机可在此段轨迹内的每一点上做恒转矩运行，而与通过该点的电压极限椭圆对应的速度就是电动机可以达到的最高速度。恒转矩值越高，电压极限椭圆的两轴半径越大，可达到的最高速度越低。其中，A_1 点与最大转矩输出对应，如图 9-53 所示。通过 A_1 点的电压极限椭圆对应的速度为 ω_{r1}，ω_{r1} 即为转折速度 ω_{rt}。若以标幺值表示，则有

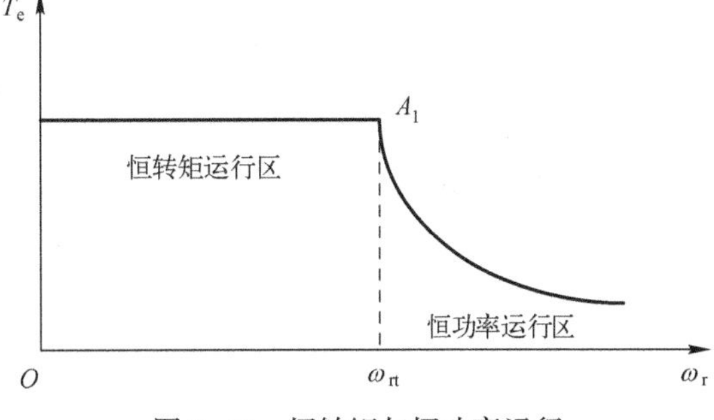

图 9-53　恒转矩与恒功率运行

$$\omega_{rt}=\frac{|\boldsymbol{u}_s|_{max}}{\sqrt{(e_0+x_d i_d)^2+(\rho x_q i_q)^2}} \qquad (9-143)$$

对于 A_1 运行点，由式（9-130）和式（9-131）可得电压极限方程为

$$|u_q|_{max}=\omega_{r1}(L_d i_d+\psi_f) \quad (9-144)$$

$$|u_d|_{max}=-\omega_{r1}L_q i_q \quad (9-145)$$

式中，$|u_q|_{max}$和$|u_d|_{max}$分别为定子电压$|\boldsymbol{u}_s|_{max}$的交轴和直轴分量。

对于A_1运行点，由式（9-64）和式（9-65）可得其动态电压方程为

$$L_d\frac{di_d}{dt}=|u_d|_{max}+\omega_{r1}L_q i_q=0 \quad (9-146)$$

$$L_q\frac{di_q}{dt}=|u_q|_{max}-\omega_{r1}(L_d i_d+\psi_f)=0 \quad (9-147)$$

可以看出，当电动机运行于A_1点时，电流调节器已处于饱和状态，使控制系统丧失了对定子电流的控制能力。

在这种情况下，电流矢量$\boldsymbol{i}_s$将会脱离A_1点，由图9-52b可见，其可能会向右摆动，也可能会向左摆动。如果在A_1点能够控制交轴分量i_q逐渐减小，直轴分量i_d逐渐增大，将会迫使定子电流$\boldsymbol{i}_s$向左摆动。由式（9-133）可知，这都会使定子电压$|\boldsymbol{u}_s|$减小，于是$|\boldsymbol{u}_s|\leqslant|\boldsymbol{u}_s|_{max}$，使调节器脱离饱和状态，系统就可恢复对定子电流的控制功能。随着i_d的逐渐增大和i_q的逐渐减小，转子的速度范围便会得到逐步扩展。之所以会产生这样的效果，主要是因为反向直轴电流产生的磁动势会对永磁体产生去磁作用，减弱了直轴磁场，所以将这一过程称为弱磁。在弱磁过程中，对i_d和i_q的控制称为弱磁控制。

如果在弱磁控制中，仍保持定子电流为额定值，那么定子电流矢量$\boldsymbol{i}_s$的轨迹将会由A_1点沿着圆周逐步移向A_2点。当控制$\beta=180°$时，定子电流全部为直轴去磁电流，由式（9-140）可得

$$\omega_{r\,max}=\frac{|\boldsymbol{u}_s|_{max}}{e_0+x_d i_d} \quad (9-148)$$

一种极限情况是，当$e_0+x_d i_d=0$，电动机速度会增至无限大，此运行点即为图9-52中电压极限椭圆的原点A_4，其坐标为$A_4(-e_0/x_d,0)$。但这种情况一般是不会发生的。因为若发生$e_0+x_d i_d=0$的情况，在实际运行中必须满足$L_{md}i_f+L_d i_d=0$（均以实际值表示）的条件。可是，L_{md}与L_d近乎相等，而i_f通常是个大值，$|i_d|$又不可能过大，因它同样要受到电流极限圆的限制，所以弱磁的效果是有限的。即使逆变器可以提供较大的去磁电流，还要考虑去磁作用过大，可能会造成永磁体的不可逆退磁。与三相异步电动机相比，弱磁能力有限，速度扩展范围受到限制，是PMSM的一个不足。

2. 定子电流的最优控制

伺服系统是由PMSM和逆变器构成的，电动机的功率、速度和转矩等输出特性自然受到逆变器供电能力的制约。但是，在不超出逆变器供电能力的情况下，仍然可以遵循一定规律来控制定子电流矢量，使电动机的输出特性能满足某些特定的要求，这就是要讨论的定子电流最优控制问题。下面仅讨论最大转矩/电流比和最大功率输出控制。

（1）最大转矩/电流比控制

由式（9-139）可以得到以标幺值形式给出的功率方程和转矩方程，即

$$P_e=\omega_r[e_0 i_q+(1-\rho)x_d i_d i_q] \quad (9-149)$$

$$t_e=p[e_0 i_q+(1-\rho)x_d i_d i_q] \quad (9-150)$$

图9-52中，最大转矩/电流比轨迹与电流极限圆相交于A_1点，应控制定子电流矢量$\boldsymbol{i}_s$不超出轨迹OA_1的范围。

将式（9-150）写成如下形式：

$$T_{esp}=p\left[e_0 i_s\sin\beta+\frac{1}{2}(1-\rho)x_d i_s^2\sin 2\beta\right] \quad (9-151)$$

通过对式（9-151）求极小值，可以得到满足转矩/电流比最大的定子电流矢量 $\boldsymbol{i}_s$ 的空间相位，即

$$\beta=\frac{\pi}{2}+\arcsin\left[\frac{-e_0+\sqrt{e_0^2+8(\rho-1)^2x_d^2i_s^2}}{4(\rho-1)x_di_s}\right] \tag{9-152}$$

此时

$$i_d=|\boldsymbol{i}_s|\cos\beta \tag{9-153}$$

$$i_q=|\boldsymbol{i}_s|\sin\beta \tag{9-154}$$

对于面装式 PMSM，式（9-152）中，$\rho=1$，β 的值为$\frac{\pi}{2}$，即有 $i_d=0$。

式（9-126）和式（9-127）给出了在某一转矩值给定的条件下，可以满足最大的转矩/电流比的 i_d 和 i_q，而式（9-152）~式（9-154）给出了在恒转矩运行区，满足最大转矩/电流比的定子电流的控制规律，使定子电流矢量 $\boldsymbol{i}_s$ 的轨迹始终不离开线段 OA_1。其中，A_1 点与最大转矩输出对应，将式（9-153）和式（9-154）代入式（9-143），可得其转折速度为

$$\omega_{rt}=\frac{|\boldsymbol{u}_s|_{max}}{\sqrt{(e_0+x_di_{s\,max}\cos\beta)^2+(\rho x_di_{s\,max}\sin\beta)^2}} \tag{9-155}$$

对于面装式 PMSM，$\beta=\frac{\pi}{2}$，式（9-155）变为

$$\omega_{rt}=\frac{|\boldsymbol{u}_s|_{max}}{\sqrt{e_0^2+(x_qi_{s\,max})^2}} \tag{9-156}$$

（2）最大功率输出控制

为扩展 PMSM 的速度范围可以采取弱磁控制，在弱磁运行区，电动机通常做恒功率输出，也可以要求其输出功率最大。下面讨论在弱磁运行时，为满足电动机最大功率的输出需求，如何对定子电流矢量进行最优控制。

对式（9-149）求极大值，并考虑式（9-140）的电压约束，可推导出在电压极限下，满足这一最优控制的定子电流矢量，其 d、q 轴电流分量应为

$$i_d=-\frac{e_0}{x_d}-\Delta i_d \tag{9-157}$$

$$i_q=\frac{\sqrt{\left(\frac{|\boldsymbol{u}_s|_{max}}{\omega_r}\right)^2-(x_d\Delta i_d)^2}}{\rho x_d} \tag{9-158}$$

式中

$$\Delta i_d=\begin{cases}0, & \rho=1\\ \dfrac{-\rho e_0+\sqrt{(\rho e_0)^2+8(1-\rho)^2\left(\frac{|\boldsymbol{u}_s|_{max}}{\omega_r}\right)^2}}{4(\rho-1)x_d}, & \rho\neq1\end{cases}$$

图 9-52 给出了能满足最大功率输出的定子电流矢量轨迹，其与电流极限圆相交于 A_2 点，与此点对应的速度为 ω_{r2}，这是在电压极限约束下，电动机能以最大功率输出的最低速度。当速度低于 ω_{r2} 时，因定子电流矢量轨迹与电压极限椭圆的交点将会在电流极限圆外，所以这些运行点是达不到的。在 A_2 点以下，即当 $\omega_r>\omega_{r2}$ 时，若按上述规律控制电流矢量，就可获得最大功率输出。定子电流矢量沿着该轨迹向 A_4 点逼近，A_4 点的坐标是 $i_d=-e_0/x_d$，$i_q=0$。这是一个极限运行

点，电动机转速可达无限大。如上所述，这仅是理论分析结果。

如果 $e_0/x_d>|\boldsymbol{i}_s|_{max}$，那么最大功率输出轨迹将落在电流极限圆外面，如图 9-54 所示。在这种情况下，最大功率输出控制是无法实现的。

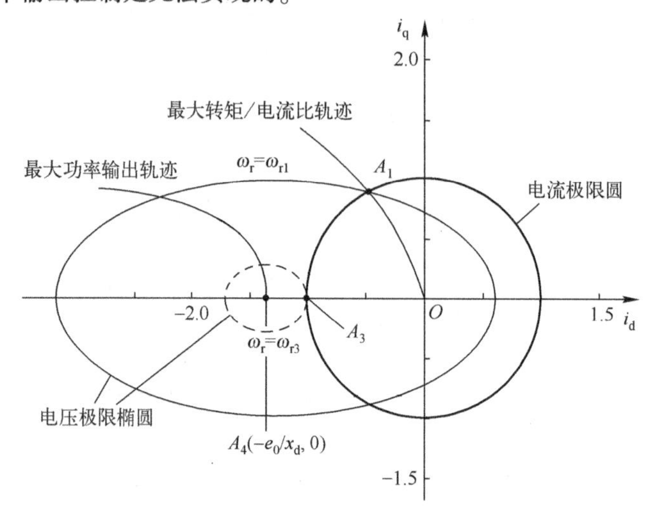

图 9-54 $e_0/x_d>|\boldsymbol{i}_s|_{max}$时定子电流矢量轨迹

综上所述，参看图 9-52，在整个速度范围内对定子电流矢量可进行如下控制。

区间Ⅰ（$\omega_r\leqslant\omega_{r1}$）：定子电流可以按照式（9-152）~式（9-154）控制，定子电流矢量将沿着最大转矩/电流比轨迹变化。

区间Ⅱ（$\omega_{r1}<\omega_r\leqslant\omega_{r2}$）：若电动机已经运行于 A_1点，且转速达到了转折速度（$\omega_r=\omega_{r1}$），可控制定子电流矢量由 A_1点沿着圆周向下移动，这实际上就是弱磁控制，随着速度的增大，定子电流矢量由 A_1点移动到 A_2点。

区间Ⅲ（$\omega_r>\omega_{r2}$）：$\boldsymbol{i}_d$和 $\boldsymbol{i}_q$可以按照式（9-157）和式（9-158）进行控制，定子电流矢量沿着最大功率输出轨迹由 A_2点向 A_4点移动。当然，若 $e_0/x_d>|\boldsymbol{i}_s|_{max}$，这种控制就不存在了。在这种情况下，可以将区间Ⅱ的控制由 A_2点延伸至 A_3点，与 A_3点对应的转速为 ω_{r3}，这是弱磁控制在理论上可达到的最高转速。

图 9-55 给出了面装式 PMSM 的功率输出特性，图中的参数与图 9-52a 中的相同。在区间Ⅰ，电动机恒转矩输出，且输出最大转矩，输出功率与转速成正比。在区间Ⅱ，若不进行弱磁控制，输出功率将急剧减少，如图中虚线所示；若进行弱磁控制，功率输出将继续增加。在区间Ⅲ，通过控制 i_d 和 i_q可输出最大功率，并几乎保持不变。

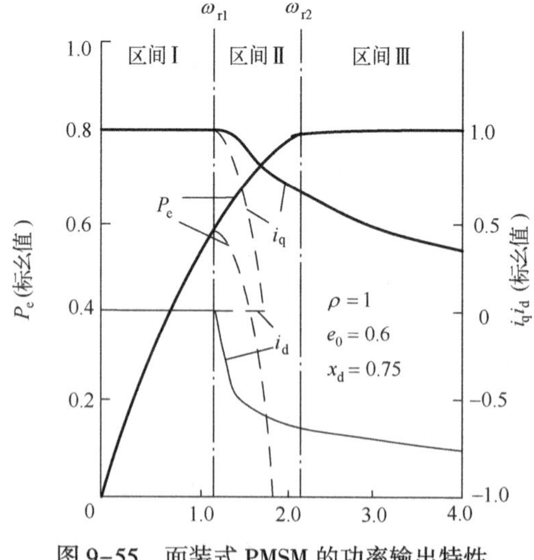

图 9-55 面装式 PMSM 的功率输出特性

—有弱磁 ----无弱磁

9.6.6 永磁同步电动机转子位置检测

永磁同步电动机调速系统的转速和转矩的精确控制都是建立在闭环控制基础之上的，因此对于转子位置、速度信号的采集是整个系统中相当重要的一个环节。通常，永磁同步电动机的控制中，最常用的方法是在转子轴上安装传感器（如旋转编码器、解算器、测速发电机等），但是这些传感器增加了系统的成本，降低了系统可靠性。

近年来，无位置传感器技术获得了实际应用。从总体来说可以分为两大类：基于各种观测器技术的位置估计方法和基于永磁同步电动机电磁关系的位置估计方法。前者如卡尔曼滤波器法、滑模变结构法等，后者如直接计算法、施加恒定电压矢量法、基于凸极效应的高频注入法等。各种方法各有千秋，这里介绍直接计算法和高频注入法。

（1）直接计算方法

直接计算方法是直接检测定子的三相端电压和电流值来估计转子位置 λ 和转速 ω。其算法如下。

由于两相静止轴系 α–β 和旋转轴系 d–q 下的电压、电流存在以下转换关系：

$$\begin{pmatrix} U_{sd} \\ U_{sq} \end{pmatrix} = \begin{pmatrix} \cos\lambda & \sin\lambda \\ \cos\lambda & -\sin\lambda \end{pmatrix} \begin{pmatrix} u_{s\alpha} \\ u_{s\beta} \end{pmatrix} \tag{9-159}$$

$$\begin{pmatrix} i_{sd} \\ i_{sq} \end{pmatrix} = \begin{pmatrix} \cos\lambda & \sin\lambda \\ \cos\lambda & -\sin\lambda \end{pmatrix} \begin{pmatrix} i_{s\alpha} \\ i_{s\beta} \end{pmatrix} \tag{9-160}$$

由 PMSM 在 d–q 轴系下的电压方程式$\begin{cases} u_{sd} = -\omega_s L_{sq} i_s = -\omega_s \psi_{sq} \\ u_{sq} = R_s i_s + L_{sq} p i_s + \omega_s \psi_r \end{cases}$，可以得到

$$\lambda = \arctan \frac{A}{B} \tag{9-161}$$

式中，$A = u_{s\alpha} - Ri_{s\alpha} - L_{sd} pi_{s\alpha} + \omega i_{s\beta}(L_{sq} - L_{sd})$；$B = -u_{s\beta} + Ri_{s\beta} + L_{sd} pi_{s\beta} + \omega i_{s\alpha}(L_{sq} - L_{sd})$。

这样，转子位置角 λ 可以用定子端电压和电流及转子转速 ω 来表示。对于表面式 PMSM，有 $L_{sd} = L_{sq} = L$，则 ω 可以由下式得到：

$$\omega = \frac{C^{1/2}}{\Psi_r} \tag{9-162}$$

式中，$C = (u_{s\alpha} - Ri_{s\alpha} - Lpi_{s\alpha})^2 + (u_{s\beta} - Ri_{s\beta} - Lpi_{s\beta})^2$。

这种方法的特点是仅依赖于电动机的基波方程，因此计算简单，动态响应快，几乎没有什么延迟。但是这种方法的最大缺点在于低速时，误差很大；此外，由静止时速为零，反电动势为零，不可能估计出转子的初始位置。

（2）高频注入方法

为了解决低速时转子位置和转速估计不准的问题，美国 Wisconsin 大学的 M. L. Corley 和 R. D. Lorenz 提出了高频注入的办法。

有以下两种高频输入形式：

1）在电动机的出线端注入高频电压，检测电动机出线端的高频电流信号。

2）在电动机的出线端注入高频电流，检测电动机出线端的高频电压信号。作为附加高频信号，可以是正弦电压、正弦电流、矩形波电压等，这些高频信号可进一步分为空间旋转的和非旋转的，然后利用其响应确定转子位置。电流注入法有更快的响应，但在重载时电流注入型系统的控制性能容易丢失，因此，电压注入法更常用。

① 高频电流信号表达式。两相静止轴系 α–β 的定子电压方程为

$$\begin{pmatrix} u_{s\alpha} \\ u_{s\beta} \end{pmatrix} = \begin{pmatrix} r & 0 \\ 0 & r \end{pmatrix} \begin{pmatrix} i_{s\alpha} \\ i_{s\beta} \end{pmatrix} + \omega \Psi_r \begin{pmatrix} -\sin\lambda \\ \cos\lambda \end{pmatrix} + \begin{pmatrix} p & 0 \\ 0 & p \end{pmatrix} \begin{pmatrix} L_{av} + \Delta L_{av}\cos 2\lambda & \Delta L_{av}\sin 2\lambda \\ \Delta L_{av}\sin 2\lambda & L_{av} - \Delta L_{av}\cos 2\lambda \end{pmatrix} \begin{pmatrix} i_{s\alpha} \\ i_{s\beta} \end{pmatrix} \tag{9-163}$$

$$\lambda = \omega t + \theta_0$$

$$L_{av}=(L_{sd}+L_{sq})/2; \quad \Delta L_{av}=(L_{sd}-L_{sq})/2$$

式中，θ_0为初始夹角。

注入的高频电压信号在两相静止轴系中可表示为

$$\begin{pmatrix} u_{j\alpha} \\ u_{j\beta} \end{pmatrix}=u_j\begin{pmatrix} \cos\omega_j t \\ -\sin\omega_j t \end{pmatrix} \tag{9-164}$$

式中，ω_j为注入高频信号的角频率；u_j为所注入三相高频电压信号的幅值。

高频注入信号频率一般为0.5~2 kHz，远高于基波频率，忽略定子电阻的电压降，经过高通滤波器后，载波电流矢量表达式可以写成

$$\begin{aligned}\begin{pmatrix} i_{j\alpha} \\ i_{j\beta} \end{pmatrix}&=\omega_j^{-1}u_j\begin{pmatrix} L_{av}+\Delta L_{av}\cos 2\lambda & \Delta L_{av}\sin 2\lambda \\ \Delta L_{av}\sin 2\lambda & L_{av}-\Delta L_{av}\cos 2\lambda \end{pmatrix}^{-1}\begin{pmatrix} -\cos\omega_j t \\ -\sin\omega_j t \end{pmatrix} \\ &=\frac{u_j\Delta L_{av}}{\omega_j(L_{av}^2-\Delta l_{av}^2)}e^{j(2\lambda-\omega_j t)}-\frac{u_j L_{av}}{\omega_j(L_{av}^2-\Delta L_{av}^2)}e^{j\omega_j t}\end{aligned} \tag{9-165}$$

从式（9-163）~式（9-165）可以看出，只有负相序分量包含转子的位置信息，载波信号电流矢量的正相序分量的轨迹是一个圆，而整个载波信号电流矢量是一个椭圆。当电动机为凸极式时，高频载波电流信号矢量的轨迹是椭圆；当电动机为隐极式时，载波电流信号矢量值包括正相序分量，轨迹是一个圆。在 α-β 轴系中的高频电流响应如图9-56所示。

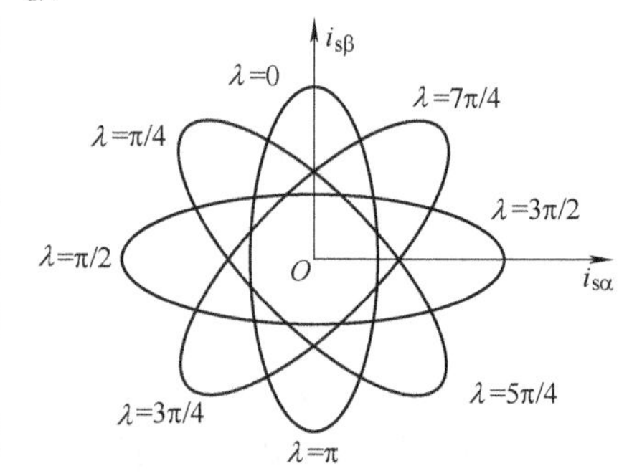

图9-56　静止轴系中电流响应

由式（9-165）可以看出，第一项为含有转子位置信息的反向旋转分量，第二项是随着时间正向旋转的分量。当载波电流信号矢量被转换到一个与载波信号电压励磁同步的参考轴系中，正相序载波信号变成一个直流量，很容易用一个高通滤波器滤掉。通过高通滤波器后，得到含有转子位置信息的高频电流分量为

$$\begin{pmatrix} i'_{j\alpha} \\ i'_{j\beta} \end{pmatrix}=\frac{u_j\Delta L_{av}}{\omega_j(L_{av}^2-\Delta L_{av}^2)}\begin{pmatrix} \cos(2\lambda-2\omega_j t) \\ \sin(2\lambda-2\omega_j t) \end{pmatrix} \tag{9-166}$$

由以上分析可以看出，这种方法要求电动机具有一定的凸极性质，它利用固定载波频率励磁的方法来估算转子的位置和速度。对于内置式永磁同步电动机来说，由于永磁体的磁导率与空间磁导率相近，导致 d 轴电感与 q 轴电感不相等，即 $L_{sd}\neq L_{sq}$，从而形成电动机的凸极。

② 转子位置观测器。对上述具有明显凸极特征的转子跟踪问题可以根据电流矢量，利用外差法和位置观测器来获得转子位置信号。使用外差法对检测得到的 α、β 轴分量进行处理的计算式为

$$\sin(2\lambda-2\omega_j t)\cos(2\hat{\lambda}-2\omega_j t)-\cos(2\lambda-2\omega_j t)\sin(2\hat{\lambda}-2\omega_j t)=\sin(2\lambda-2\hat{\lambda}) \tag{9-167}$$

式中，$\hat{\lambda}$为位置估计值。

当式（9-167）逼近零，使估计值逼近真实值 λ 时，即可确定转子位置。在外差法的基础上，根据电动机运动方程，建立如图9-57所示的转子位置观测器。

高频注入法的优点是可以应用于较宽的速度范围内，低速时也能得到较好的估算结果。另外这种方法对于所有永磁同步电动机都适用，因为即使对隐极式同步电动机而言，定子铁心的饱和作用也会在电动机中产生很小的凸极效应。由于定子铁心饱和时线圈的电感会减小，所以 d 轴电感会小于 q 轴电感，即 $L_{sd}<L_{sq}$，可见，所有PMSM均可以认为具有凸极结构。

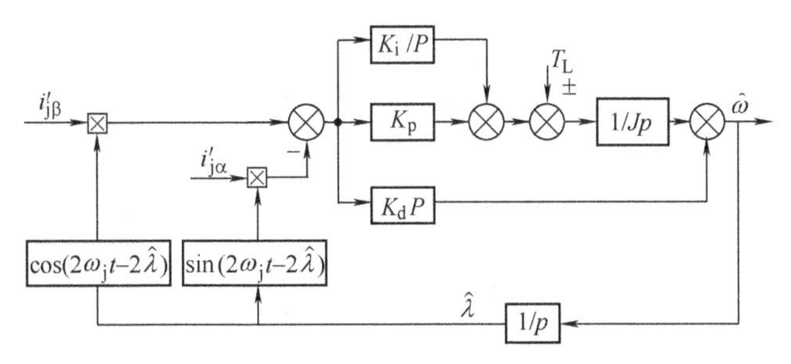

图 9-57 转子位置观测器

上述转子位置观测器是建立在调速系统参数确定的基础上，且计算简单。这种方法关键在于对高频电流信号的提取。另外，它对调速系统参数的准确性要求比较高，随着系统运行状态的变化，转动惯量可能会发生变化，导致转速和位置的估算值偏离真实值。

9.7 梯形波永磁同步电动机（无刷直流电动机）变压变频调速控制系统

根据电机设计理论可知，使电动机气隙磁通密度按梯形波分布的永磁无刷同步电动机可定义为“梯形波永磁无刷同步电动机”。又从工作原理和构成上看，梯形波永磁无刷同步电动机与直流电动机类似，仅仅是用电子换向代替了机械换向，因此在实际工程中习惯称为“无刷直流电动机”（Brushless DC Motor，BLDC）。

无刷直流电动机是一种新型机电一体化电机，它是电力电子技术、控制理论和电机技术相结合的产物。由于无刷直流电动机具有直流电动机的优越性能（控制性能好、调速范围宽、起动转矩大、低速性能好、运行平稳等），因而广泛应用于工业、国防、航空航天、交通运输、家用电器等国民经济的各个领域中，发展前景光明，市场广阔。

9.7.1 无刷直流电动机的基本组成

无刷直流电动机的构成如图 9-58 所示。图中 PMS 为三相永磁电动机（本体），轴上装有一台磁极位置检测器 BQ，由它发出转子磁极位置信号，经逻辑控制器 DLC，产生控制信号，控制逆变器 UI 工作。

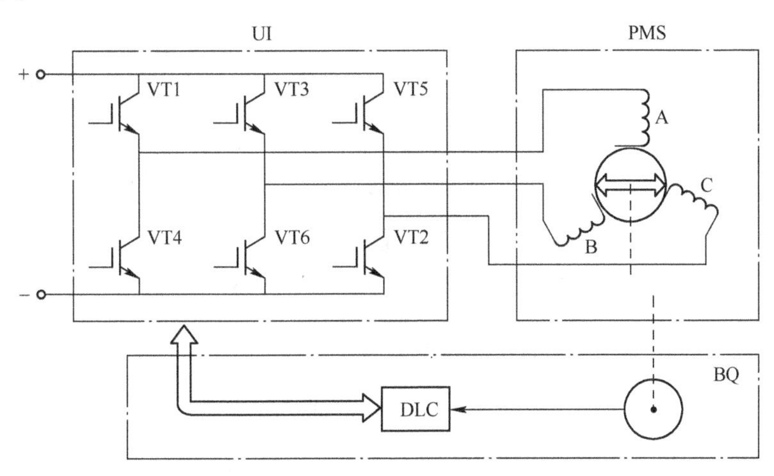

图 9-58 无刷直流电动机组成原理图

下面具体介绍无刷直流电动机的主要组成部分及工作方式。

1. 永磁梯形波同步电动机——无刷直流电动机本体

构成无刷直流电动机的永磁同步电动机一般设计成永磁梯形波电动机。所谓梯形波电动机是指电动机的气隙磁通密度的波形为梯形波，如图 9-59 所示，其平顶宽≥120°电角度（理想状态为 120°电角度的矩形波，通常称为方波，实际电动机中较接近于梯形波），与 120°导通型三相逆变器相匹配，由逆变器向电动机提供三相对称的、与电动势同相位的梯形波电流。它与正弦波电动机相比，具有以下优点：

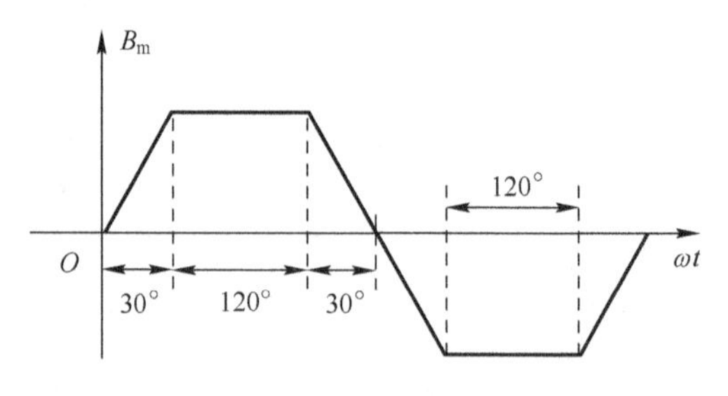

图 9-59　电动机气隙磁通密度分布为梯形波

1）电动机与电力电子控制电路结构简单，在电动机中产生平顶波的磁场分布和平顶波的感应电动势，比产生正弦分布的磁场和正弦变化的电动势简单，同样，产生梯形波电压、梯形波电流的逆变器比产生正弦波电压、正弦波电流的逆变器简单得多，控制也方便。

2）工作可靠，梯形波电动机的逆变器采用 120°导通型或 120°导通型 PWM，逆变器同一个桥臂中不可能产生直通现象，工作可靠，尤其适用于高速运行。

3）转矩脉动小，三相对称，波宽≥120°的平顶波电动势和电流，当相位相同时，转矩脉动小。

4）材料利用率高，出力大，在相同的材料下，电动机输出功率较正弦波大 10.2%，同一个逆变器，控制梯形波电动机时比控制正弦波电动机时，逆变器的容量可增加 15%，因在输出同一转矩条件下，平顶波的波幅比正弦波的波幅小。

5）控制方法简单，磁场定向控制简化为磁极位置控制，电压频率协调控制简化为调压控制（频率自控）。

电动机部分的结构和经典的交流永磁同步电动机相似，其定子上有多相绕组，转子上镶有永久磁铁。图 9-60 是内转子和外转子的无刷直流电动机本体的典型机械结构。

2. 电力电子逆变器及工作方式

无刷直流电动机的电枢绕组与交流电动机定子绕组相同，通常有星形绕组和三角形绕组两类。它们与逆变器相连接的主电路又有桥式和非桥式之分，其相数也有单相、两相、三相、四相、五相等，种类较多。

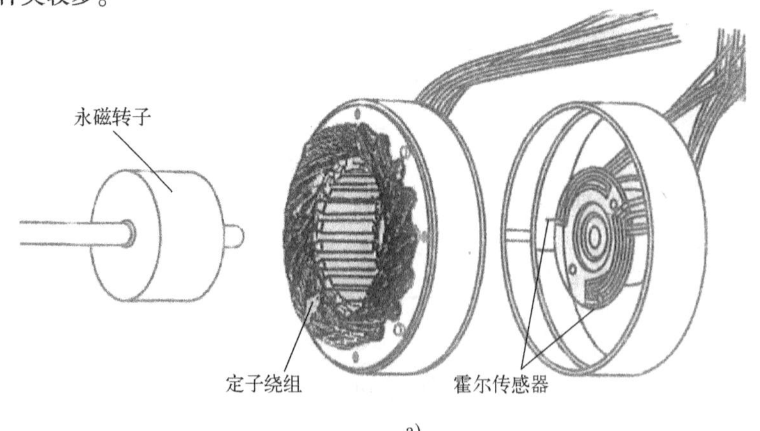

a)

图 9-60　无刷直流电动机本体典型机械结构

a）内转子无刷直流电动机

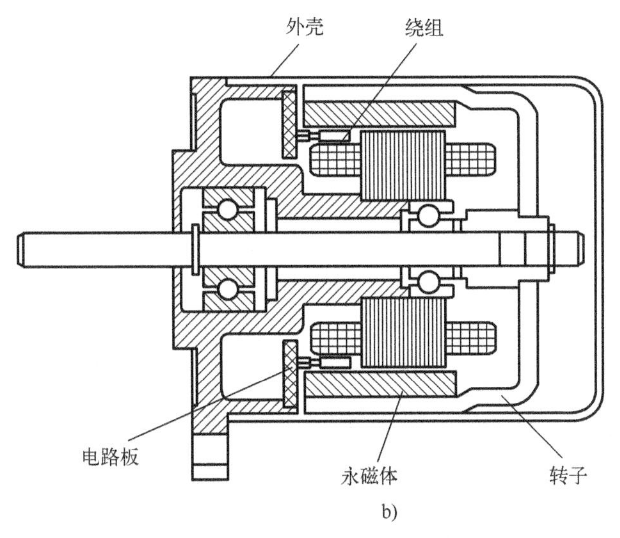

图 9-60　无刷直流电动机本体典型机械结构（续）

b）外转子无刷直流电动机

（1）电力电子逆变器

1）星形联结。星形联结如图 9-61 所示，其中图 9-61a、图 9-61c 为星形桥式；图 9-61b、图 9-61d 为星形非桥式。两相绕组亦可连接成星形和桥式接法，如图 9-61e、图 9-61f 所示。

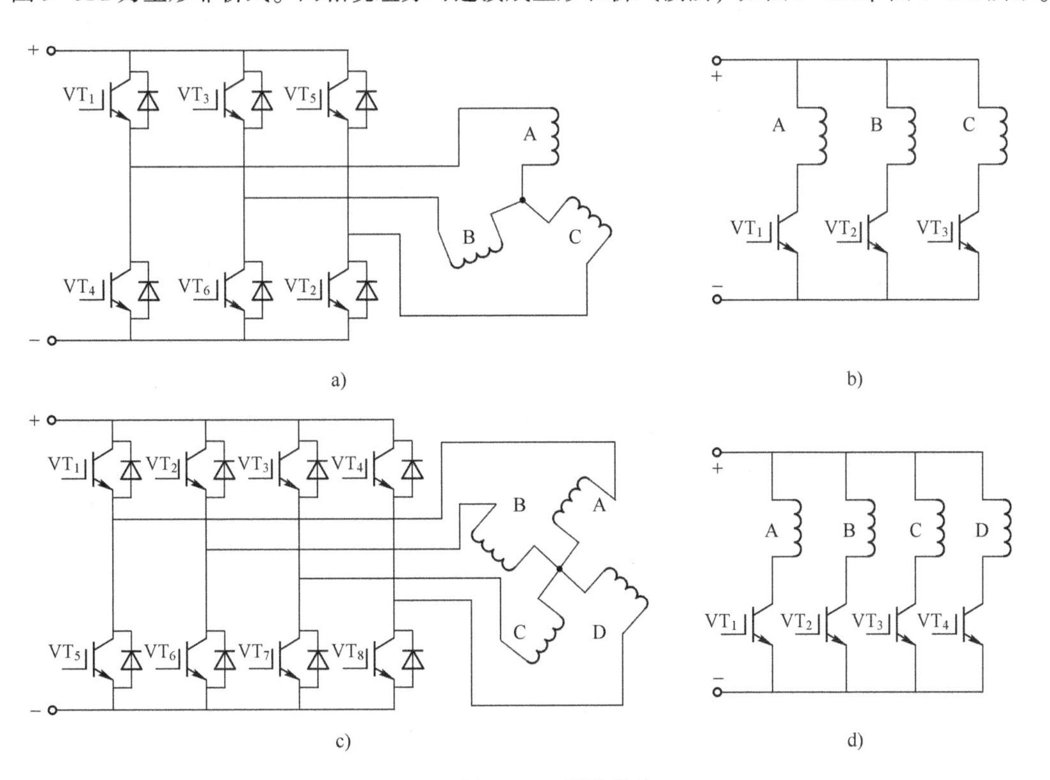

图 9-61　星形联结

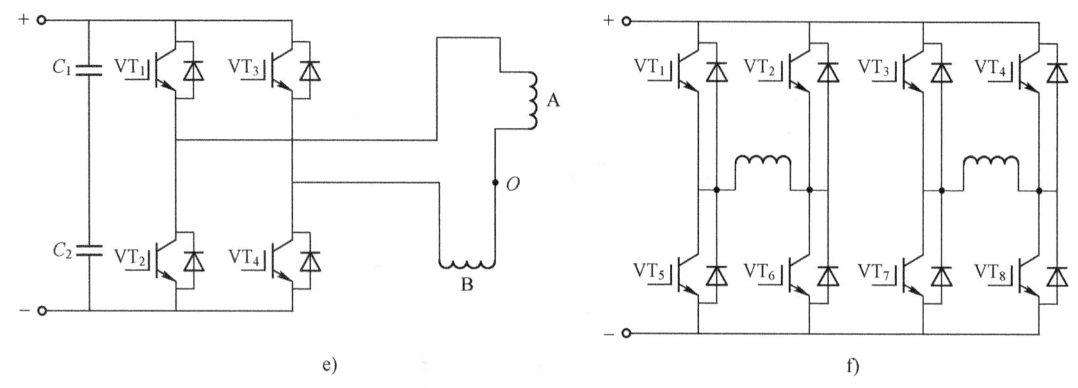

图 9-61　星形联结（续）

2）三角形联结。三角形联结绕组如图 9-62 所示，逆变器为桥式连接。

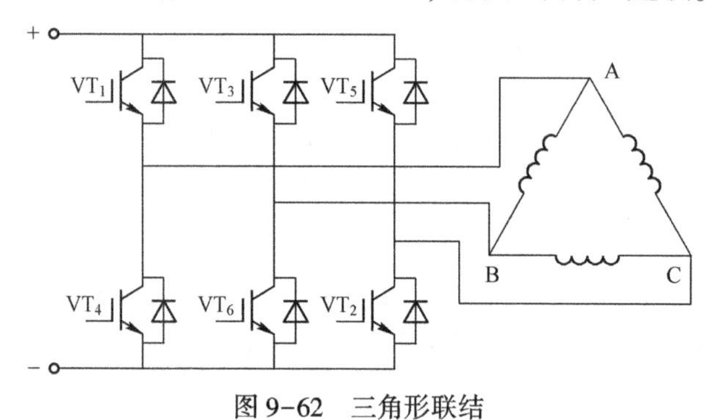

图 9-62　三角形联结

（2）工作方式

在无刷直流电动机中，三相应用最广。现以三相为例，说明其工作方式。

三相星形桥式接法的工作方式如下。

1）两相导通三相六状态。图 9-61a 所示是三相桥式逆变器，A、B、C 三个桥臂中，任何一个桥臂的上、下两管不能同时导通，若每次只有两相同时导通，即一个桥臂的上管（或下管）只与另一桥臂的下管（或上管）同时导通，则构成 120°电角度导通型三相六状态工作方式，其导通规律和状态电压矢量见表 9-4。

表 9-4　两相导通三相六状态导通规律和电压矢量

顺序	0°	60°	120°	180°	240°	300°	360°
导通规律		VT_1	VT_3		VT_5		VT_1
	VT_6	VT_2		VT_4		VT_6	
电压矢量		$\hat{U}_1$ $\hat{U}_2$	$\hat{U}_3$	$\hat{U}_4$	$\hat{U}_5$ $\hat{U}_6$		

2）三相导通三相六状态。在图 9-61a 所示的桥式星形联结的逆变桥中，如果每次均有三只晶体管同时导通，则每只管导通的持续时间为 1/2 周期（相当于 180°电角度），亦构成三相六状态工作方式，其导通规律和状态电压矢量见表 9-5。

表 9-5　三相导通三相六状态导通规律和电压矢量

顺序	0°　　120°　　240°　　360°　　120°
导通规律	VT_1 | VT_4 | VT_1 |
	VT_6 | VT_3 | VT_6 |
	VT_5 | VT_2 | VT_5 | VT_2
电压矢量	$\hat{U}_1$ (101)　$\hat{U}_2$ (100)　$\hat{U}_3$ (110)　$\hat{U}_4$ (010)　$\hat{U}_5$ (010)　$\hat{U}_6$ (011)　$\hat{U}_1$ (011)　$\hat{U}_2$ (001) 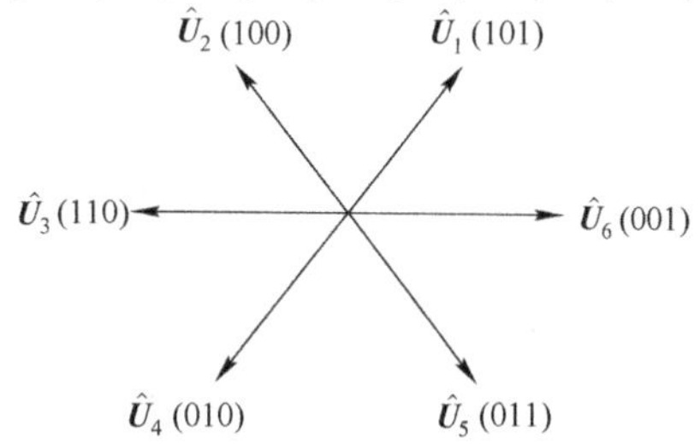 $\hat{U}_2$ (100)　$\hat{U}_1$ (101)　$\hat{U}_3$ (110)　$\hat{U}_6$ (001)　$\hat{U}_4$ (010)　$\hat{U}_5$ (011)

3）两相、三相轮换导通三相十二状态。三相桥式星形联结逆变器，如果采用两相、三相轮换导通，也就是依次轮换，有时两相同时导通，然后三相同时导通，再变成两相同时导通……每隔 30°电角度，逆变桥晶体管之间就进行一次换流，每只晶体管导通持续时间为 5/12 周期，相当于 150°电角度，便构成十二状态工作方式。其中每种状态持续 1/12 周期，其导通规律和状态电压矢量见表 9-6。

表 9-6　两相、三相轮流导通规律和电压矢量

顺序	0°　30°　60°　90°　120°　150°　180°　210°　240°　270°　300°　330°　360°
导通规律	VT_1 | VT_4 | VT_1
	VT_6 | VT_3 | VT_6
	VT_5 | VT_2 | VT_5
电压矢量	$\hat{U}_1$　$\hat{U}_2$　$\hat{U}_3$　$\hat{U}_4$　$\hat{U}_5$　$\hat{U}_6$　$\hat{U}_7$　$\hat{U}_8$　$\hat{U}_9$　$\hat{U}_{10}$　$\hat{U}_{11}$　$\hat{U}_{12}$ 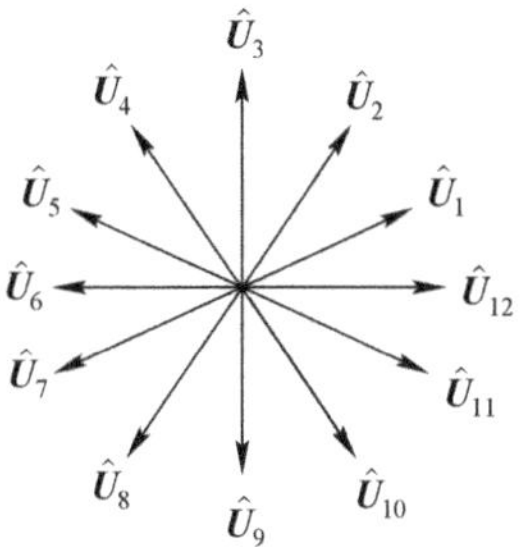 $\hat{U}_3$　$\hat{U}_4$　$\hat{U}_2$　$\hat{U}_5$　$\hat{U}_1$　$\hat{U}_6$　$\hat{U}_{12}$　$\hat{U}_7$　$\hat{U}_{11}$　$\hat{U}_8$　$\hat{U}_{10}$　$\hat{U}_9$

在三相十二状态工作时相电压的波形计算如下。

以图 9-61a 为例，状态 1：VT_1、VT_6、VT_5导通，电动机端点电位：$u_A = E_d$，$u_B = -E_d$，$u_C = E_d$。电动机星形中性点电位为

$$U_O=\frac{1}{3}(u_A+u_B+u_C)=\frac{1}{3}E_d \tag{9-168}$$

A 相相电压为

$$u_{AO}=u_A-u_O=\frac{2}{3}E_d \tag{9-169}$$

同理可得状态 2：$U_O=0$，$U_{AO}=E_d$；状态 3：$U_O=-\frac{1}{3}E_d$，$U_{AO}=\frac{4}{3}E_d$；工作状态 4：$U_O=0$，$U_{AO}=E_d$…依次求得电动机 A 相相电压，其波形如图 9-63 所示。

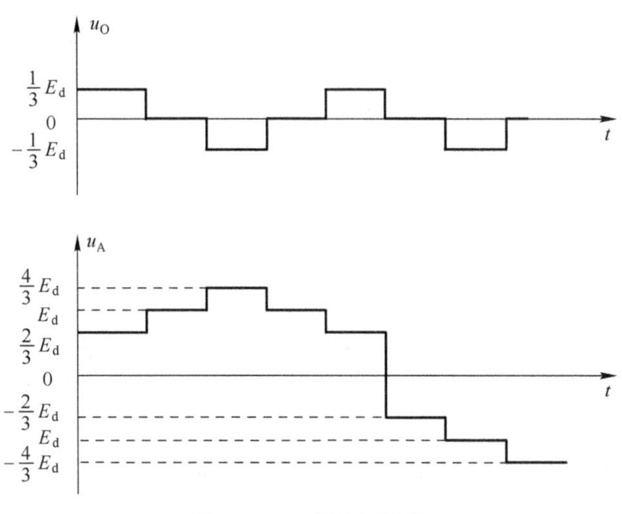

图 9-63　A 相电压波形

150°电角度导通型逆变器的优点如下：

1）避免了 180°电角度导通型逆变桥臂直通的危险。

2）避免了 120°电角度导通型逆变桥任何时刻都有一相开路，容易引起过电压的危险。

3. 转子位置传感器

转子磁极位置检测器又称为转子位置传感器，它是检测转子磁极与定子电枢绕组间的相对位置，并向逆变器发出控制信号的一种装置，其输出信号应与逆变器的工作模式相匹配。在三相桥式逆变器电路中，电动机的转子磁极位置检测器输出信号为三个宽为 180°电角度、相位互差 120°电角度的矩形波；在三相零式（非桥式）逆变电路中，电动机转子磁极位置检测器输出信号为三个宽度大于或等于 120°电角度、相位互差 120°电角度的矩形波，波形的轴线应与相应的相电枢绕组中感应电动势 e 波形的轴线在时间相位上一致。位置检测器的三个信号，在电动机运行时不应消失，即使电动机转速置零时，还应有信号输出。

转子磁极位置检测器的主要技术指标是输出信号的幅值、精度、响应速度、抗干扰能力、体积质量和消耗功率，以及调整方便和工作的可靠性。

常用的位置检测器分电磁感应式、光电式、霍尔开关式和接近开关式等，它们都由定子和转子两部分构成。这里只介绍前三种。

（1）电磁感应式位置检测器

电磁感应式位置检测器又称为差动变压器式位置检测器。其转子为一转盘，它是一块按电角度为 π 切成的扇形导磁圆盘，四极电动机的位置检测器结构原理如图 9-64a 所示。其定子为三只开口的“E”形变压器，这三只变压器在空间相隔 120°电角度，如图 9-64a 所示。在“E”

形铁心的中心柱上绕有二次线圈，外侧两铁心柱上绕有一次线圈，并由外加高频电源供电。当圆盘 π 电角度的突出部分处在变压器两心柱下时，磁导增大，磁阻变小，而另一侧心柱下的磁阻不变。由于两侧磁路变为不对称，二次绕组便有感应信号输出，当电动机旋转时，位置检测器圆盘的突出部分依次扫过变压器 A、B、C，于是就有三个相位相差 120°电角度的高频感应信号输出，经滤波器整流后，便成 180°电角度宽的、三个相位互差 120°的矩形信号输出，经逻辑处理以后，向逆变器提供驱动信号。

另一种电磁感应式位置检测器的定子是由带齿的磁环、高频励磁绕组和输出绕组组成。转子为扇形磁心柱如图 9-64b 所示，目前常用的磁心材料为锰锌铁氧体，其磁导率 $\mu \geqslant 1500$，品质因数 $Q \geqslant 80$，为软磁材料。每 360°电角度中共设 6 个磁心齿，磁心与磁心间的夹角为 60°电角度，每隔 120°电角度的齿心上套着高频励磁线圈，作为一次线圈。其他三个齿心上分别安装输出线圈 P_A、P_B、P_C，作为二次线圈。转子扇形磁心柱的扇形片弧长 α_{ch} 按逆变器工作模式确定。在小型无刷直流电动机中，常采用三相半桥逆变器供电，其主电路如图 9-61b 所示。此时，取 $\alpha_{ch} \geqslant 120°$ 即可。若采用三相桥式逆变器，如图 9-61a 所示的电路，并采用 120°或 180°导通型工作时，则取 $\alpha_{ch} \geqslant 180°$ 电角度即可。电动机运行时扇形磁心柱随电动机转子旋转，当扇形片处在输出线圈下时，输出线圈中便感应出高频信号，高频信号段的宽度等于 α_{ch} 弧长的电角度，经滤波整形逻辑处理以后，向逆变器提供驱动信号。

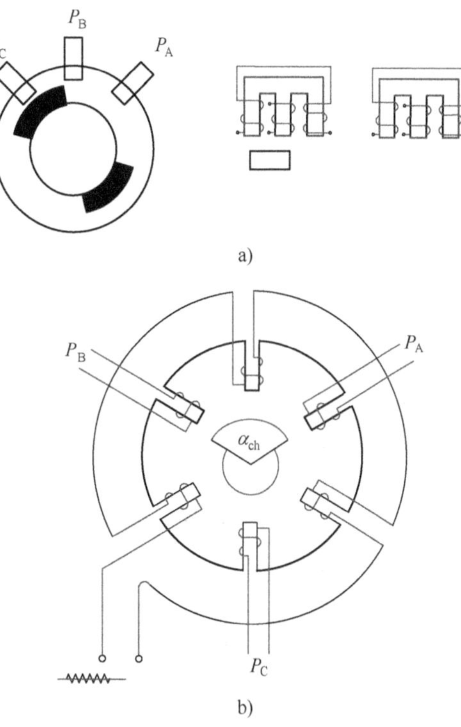

图 9-64　电磁感应式位置检测器

（2）光电式位置检测器

光电式位置检测器也是由定子、转子组成的。其转子部分是一个按 π 电角度开有缺口的金属或非金属圆盘或杯形圆盘，其缺口数等于电动机极对数；定子部分是由发光二极管和光敏电晶体管组合而成的。市场上已经有“π”形光耦元件供应，常称为槽光耦。每个槽光耦由一只发光二极管和光电晶体管组成，使用十分方便。槽的一侧是砷化镓发光二极管，通电时发出红外线；槽的另一侧为光电晶体管。由它组成的光电式位置检测器如图 9-65 所示。当圆盘的突出部分处在槽光耦的槽部时，光线被圆盘挡住，光电晶体管呈高阻态；当圆盘的缺口处在光耦的槽部时，光电晶体管接受红外线的照射，呈低阻态。位置检测器的圆盘固定在电动机转轴上，随电动机转子旋转，圆盘的突出部分依次扫过光耦，通过电子变换电路，将光电晶体管高、低电阻转换成相对应的高、低电平信号输出。对于三相电动机，位置检测器的定子部分有三只槽光耦，在空间相隔 120°电角度，发出相位互差 120°的三个信号，经逻辑处理后向逆变器提供驱动信号。

（3）霍尔开关式位置检测器

霍尔元件是一种最常用的磁敏元件，在霍尔开关元件的输入端通以控制电流。当霍尔元件受外磁场的作用时，其输出端便有电动势信号输出；当没有外界磁场作用时，其输出端无电动势信号。通常把霍尔元件敷贴在定子电枢磁心气隙表面，根据霍尔元件输出的信号便可判断转子磁极位置，将信号处理放大后便可驱动逆变器工作。

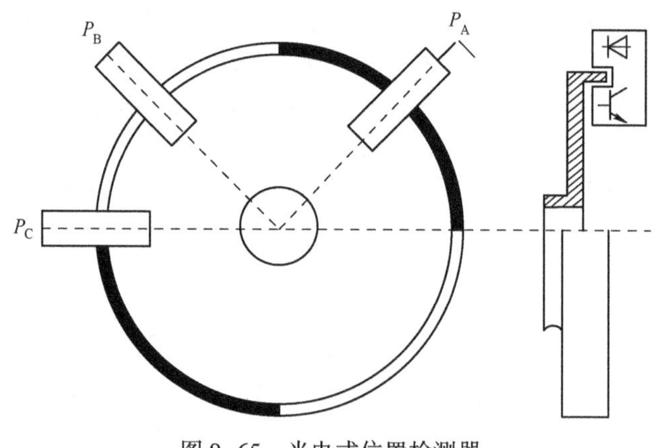

图 9-65　光电式位置检测器

9.7.2　无刷直流电动机与永磁同步电动机的比较

根据永磁电动机气隙磁通密度分布规律的不同，将永磁无刷同步电动机分为两大类：梯形波永磁同步电动机（常称为无刷直流电动机，符号为 BLDC）和正弦波永磁同步电动机（常简称为永磁同步电动机，符号为 PMSM）。

看上去，BLDC 和 PMSM 的基本结构是相同的：它们的电动机都是永磁电动机，转子基本结构由永磁体组成，定子安放有多相交流绕组；都是由永久磁铁（PM）转子和定子的交流电流相互作用产生电动机的转矩；在绕组中的驱动电流必须与转子位置反馈同步。转子位置反馈信号可以来自转子位置传感器，或者像在一些无传感器控制方式那样通过检测电动机相绕组的反电动势（EMF）等方法得到。虽然永磁同步电动机和无刷直流电动机的基本结构相同，但它们在实际的设计细节上的不同是由它们是如何驱动决定的。

这两种电动机的主要区别在于它们的驱动器电流驱动方式不同：无刷直流电动机是梯形波电流驱动，而 PMSM 是一种正弦波电流驱动，意味着这两种电动机有不同的运行特性和设计要求。因此，两者在电动机的气隙磁场波形、反电动势波形、驱动电流波形、转子位置传感器，以及驱动器中的电流环电路结构、速度反馈信息的获得和控制算法等方面都有明显的区别，它们的转矩产生原理也有很大不同。

1. 无刷直流电动机和永磁同步电动机的转矩产生原理比较

图 9-66 给出理想情况下，两种电流驱动模式的磁通密度分布、相反电动势、相电流和电磁转矩波形。

无刷直流电动机（BLDC）采用梯形波电流驱动模式。对于常见的三相桥式六状态工作方式，在 360°（电角度）的一个电气周期时间内，可均分为六个区间，或者说，三相绕组导通状态分为六个状态。三相绕组端 A、B、C 连接到由六个大功率开关器件组成的三相桥式逆变器三个桥臂上。绕组为此接法时，这六个状态中任一个状态都有两个绕组串联导电，一相为正向导通，一相为反向导通，而另一个绕组端对应的功率开关器件桥臂上、下两器件均不导通。这样，观察任意一相绕组，它在一个电气周期内，有 120°是正向导通，然后 60°为不导通，再有 120°为反向导通，最后 60°是不导通的。

首先讨论一相绕组在 120°正向导通范围内产生的转矩。当电动机转子恒速转动，电流指令为恒值的稳态情况下，由控制器电流环作用强迫该相电流为某一恒值。在理想情况下，无刷直流电动机设计气隙磁通密度分布使每相绕组的反电动势波形为有平坦顶部的梯形波，其平顶宽度

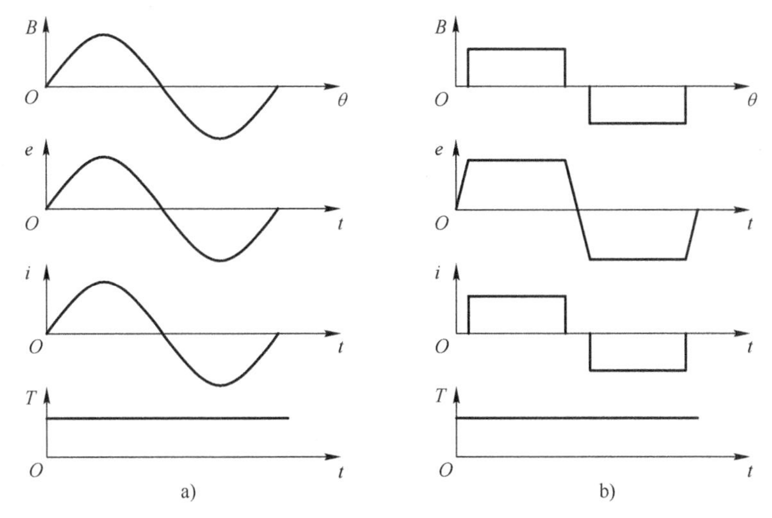

图 9-66　理想情况下两种电流驱动模式的磁通密度分布、相反电动势、相电流和电磁转矩波形

a）正弦波驱动 PMSM　b）梯形波驱动 BLDC 电动机

应尽可能地接近 120°。在转子位置传感器作用下，使该相电流 120°导通范围和同相绕组反电动势波形平坦部分的 120°导通范围在相位上是完全重合的，如图 9-67b 所示。这样，在 120°范围内，该相电流产生的电磁功率和电磁转矩均为恒值。由于每相绕组正向导通和反向导通的对称性，以及三相绕组的对称性，总合成电磁转矩为恒值，与转角位置无关。

在一相绕组 120°正向导通范围内，输入相电流 I 为恒值，它的一相绕组反电动势 E 为恒值，转子角速度为 Ω 时，一相绕组产生的电磁转矩为

$$T_{\mathrm{ep}}=\frac{EI}{\Omega}$$

考虑在一个电气周期内该相还反向导通 120°，以及三相电磁转矩的叠加，则在一个 360°内的总电磁转矩为

$$T_{\mathrm{esb}}=\frac{3\times(2\times120^\circ)}{360^\circ}\frac{EI}{\Omega}=2\frac{EI}{\Omega}$$

在上述理想情况下，梯形波驱动永磁无刷直流电动机有线性的转矩-电流特性，理论上转子在不同转角时都没有转矩波动产生。但是，实际的永磁无刷直流电动机，由于每相反电动势梯形波平顶部分的宽度很难达到 120°，平顶部分也不可能做到绝对的平坦无纹波，加上存在齿槽效应和换相过渡过程电感作用等原因，电流波形也与理想方波有较大差距，转矩波动实际上必然存在。

按正弦波驱动模式工作的永磁同步电动机（PMSM）则完全不同。电动机气隙磁通密度分布设计和绕组设计使每相绕组的反电动势波形为正弦波。正弦波的相电流是由控制器强制产生的，这是通过转子位置传感器检测出转子相对于定子的绝对位置，由伺服驱动器的电流环实现的，并且可以按需要控制相电流与该相反电动势之间的相位关系。它的反电动势和相电流频率由转子转速决定。当相电流与该相反电动势同相时（见图 9-66a），三相绕组 A、B、C 相的反电动势和相电流可表示为

$$e_{\mathrm{A}}=E\sin\theta$$

$$e_{\mathrm{B}}=E\sin(\theta-120^\circ)$$

$$e_{\mathrm{C}}=E\sin(\theta-240^\circ)$$

$$i_A = I\sin\theta$$
$$i_B = I\sin(\theta - 120°)$$
$$i_C = I\sin(\theta - 240°)$$

式中，E 和 I 分别为一相反电动势和相电流的幅值；θ 为转子转角。这里，它的每相绕组正向导通 180°，反向导通 180°。

电动机的电磁功率 P 和电磁转矩 T_{esb} 的关系为

$$T_{esb} = \frac{P}{\Omega} = \frac{e_A i_A + e_B i_B + e_C i_C}{\Omega} = 1.5\frac{EI}{\Omega}$$

上式表明，正弦波驱动的永磁同步电动机具有线性的转矩-电流特性。式中，瞬态电磁转矩 T_{esb} 与转角 θ 无关，理论上转矩波动为零。在实际的永磁同步电动机中，转矩波动一般比较小。

2. 无刷直流电动机与永磁同步电动机的结构和性能比较

（1）在电动机结构与设计方面

这两种电动机的基本结构相同，有永磁转子和与交流电动机类似的定子结构。但永磁同步电动机要求有一个正弦的反电动势波形，所以在设计上有不同的考虑。它的转子设计成努力获得正弦的气隙磁通密度分布波形。而无刷直流电动机需要有梯形反电动势波形，所以转子通常按等磁通密度设计。绕组设计方面进行同样目的的配合。此外，BLDC 控制希望有一个低电感的绕组，减低负载时引起的转速下降，所以通常采用磁片表贴式转子结构。内置式永磁（IPM）转子电动机不太适合无刷直流电动机控制，因为它的电感偏高。IPM 结构常常用于永磁同步电动机，和表面安装转子结构相比，可使电动机增加约 15%的转矩。

（2）转矩波动

两种电动机性能最引人关注的是在转矩平稳性上的差异。运行时的转矩波动由许多不同因素造成，首先是齿槽转矩的存在。已研究出多种卓有成效的齿槽转矩最小化设计措施。例如定子斜槽或转子磁极斜极可使齿槽转矩降低到额定转矩的 1%~2%。原则上，永磁同步电动机和无刷直流电动机的齿槽转矩没有太大区别。

其他原因的转矩波动本质上是独立于齿槽转矩的，没有齿槽转矩时也可能存在。如前所述，由于永磁同步电动机和无刷直流电动机相电流波形的不同，为了产生恒定转矩，永磁同步电动机需要正弦波电流，而无刷直流电动机需要矩形波电流。但是，永磁同步电动机需要的正弦波电流是可能实现的，而无刷直流电动机需要的矩形波电流是难以做到的。因为无刷直流电动机绕组存在一定的电感，它妨碍了电流的快速变化。无刷直流电动机的实际电流上升需要经历一段时间，电流从其最大值回到零也需要一定的时间。因此，在绕组换相过程中，输入无刷直流电动机的相电流是接近梯形的而不是矩形的。每相反电动势梯形波平顶部分的宽度很难达到 120°。正是这种偏离导致无刷直流电动机存在转矩波动。在永磁同步电动机中驱动器换相转矩波动几乎是没有的，它的转矩纹波主要是电流纹波造成的。

在高速运行时，这些转矩纹波影响将由转子的惯性过滤去掉，但在低速运行时，它们可以严重影响系统的性能，特别是在位置伺服系统的准确性和重复性方面的性能会恶化。

应当指出，除了电流波形偏离期望的矩形外，实际电流在参考值附近存在高频振荡，它取决于滞环电流控制器滞环的宽度或三角波比较控制器的开关频率。这种高频电流振荡的影响是产生高频转矩振荡，其幅度低于由电流换相所产生的转矩波动。这种高频转矩振荡也存在于永磁同步电动机中。实际上，这些转矩振荡较小和频率足够高，它们很容易由转子的惯性而衰减。不过，由相电流换相产生的转矩波动远远大于电流控制器产生的这种高频转矩振荡。

(3) 功率密度和转矩转动惯量比

在一些像机器人技术和航空航天器高性能应用中，希望规定输出功率的电动机有尽可能小的体积和重量，即希望有较高的功率密度。功率密度受限于电动机的散热性能，而这又取决于定子表面积。在永磁电动机中，最主要的损耗是定子的铜损耗、铁心的涡流和磁滞损耗，转子损耗假设可忽略不计。因此，对于给定机壳大小，有低损耗的电动机将有高的功率密度。

假设永磁同步电动机和无刷直流电动机的定子铁心涡流和磁滞损耗是相同的，这样，它们的功率密度的比较取决于铜损耗。下面对比两种电动机的输出功率是基于铜损耗相等的条件。在永磁同步电动机中，采用滞环比较器或 PWM 电流控制器得到低谐波含量的正弦波电流，绕组铜损耗基本上是由电流的基波部分决定的。设每相峰值电流是 I_{p1}，电流有效值（RMS）是 $I_{p1}/\sqrt{2}$，那么三相绕组铜损耗是 $3(I_{p1}/\sqrt{2})^2R_a$，其中 R_a是相电阻。

在无刷直流电动机中，它的电流是梯形波，设每相峰值电流是 I_{p2}，由于三相六状态总只是两相通电工作，绕组铜损耗是 $2I_{p2}^2R_a$，其中 R_a是相电阻。由铜损耗相等的设定条件，即

$$3(I_{p1}/\sqrt{2})^2R_a=2I_{p2}^2R_a$$

于是可得到 $I_{p1}/I_{p2}=2/\sqrt{3}=1.15$。

由上面分析，在无刷直流电动机中，每相反电动势为 E_{p2}，转速为 Ω，电磁转矩表示为 $T_{esb}=2E_{p2}I_{p2}/\Omega$；在永磁同步电动机中，每相反电动势为 E_{p1}，转速为 Ω，电磁转矩表示为 $T_{esp}=1.5E_{p1}I_{p1}/\Omega$。由于反电动势幅值是由直流母线电压决定的，取 $E_{p1}=E_{p2}$，可得到

$$T_{esb}/T_{esp}=2/\sqrt{3}=1.15$$

转换为两者输出电磁功率之比也是 1.15。

上述粗略分析结果显示，无刷直流电动机比相同机壳尺寸的永磁同步电动机能够多提供15%的功率，即其功率密度约大 15%。实际上，考虑到无刷直流电动机的铁损耗比永磁同步电动机要稍大些，其输出功率的增加达不到 15%。

当电动机用于要求快速响应的伺服系统时，系统期望电动机有较小的转矩转动惯量比。因为无刷直流电动机的功率输出可能增加 15%，如果它们具有相同的额定速度，也就有可能获得15%的电磁转矩的增加。当它们的转子转动惯量相等时，则无刷直流电动机的转矩转动惯量比可以高出 15%。

如果两种电动机都是在恒转矩模式下运行，无刷直流电动机比永磁同步电动机的每单位峰值电流产生的转矩要高。由于这个原因，当使用场合对重量或空间有严格限制时，无刷直流电动机应当是首选。

(4) 在传感器方面

在图 9-67 和图 9-68 中分别给出两种不同电流驱动模式的速度伺服系统框图。

两种电动机运行均需要转子位置反馈信息，永磁同步电动机正常运行要求正弦波电流，无刷直流电动机要求的电流是矩形波，这导致它们在转子位置传感器选择上的很大差异。无刷直流电动机中的矩形电流导通模式只需要检测电流换相点。因此，只需要每 60°电角度依次检测转子位置。此外，在任何时间只有两相通电，它只需要低分辨率转子位置传感器，例如霍尔传感器，它的结构简单，成本较低。

但是，在永磁同步电动机每相电流需要正弦波，所有三相都同时通电，连续转子位置检测是必需的。它需要采用高分辨率转子位置传感器，常见的是 10 bit 以上的绝对型光电编码器。

如果在位置伺服系统中，角位置编码器既可用作位置反馈，同时也可以用于换相的目的，这样无刷直流电动机转子位置传感器并没有带来好处。然而，对于速度伺服系统，永磁同步电动机

还需要高分辨率的转子位置传感器，而在无刷直流电动机中，有低分辨率传感器就足够了。如果换相引起的转矩波动是可以接受的，则在速度伺服系统采用无刷直流电动机显得更为合适。

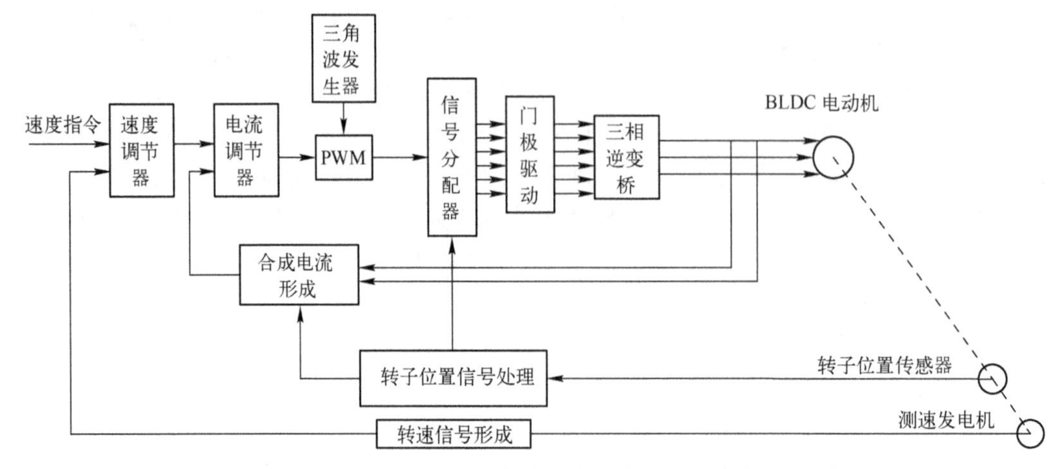

图 9-67　梯形波驱动（BLDC 方式）的速度伺服系统典型原理框图

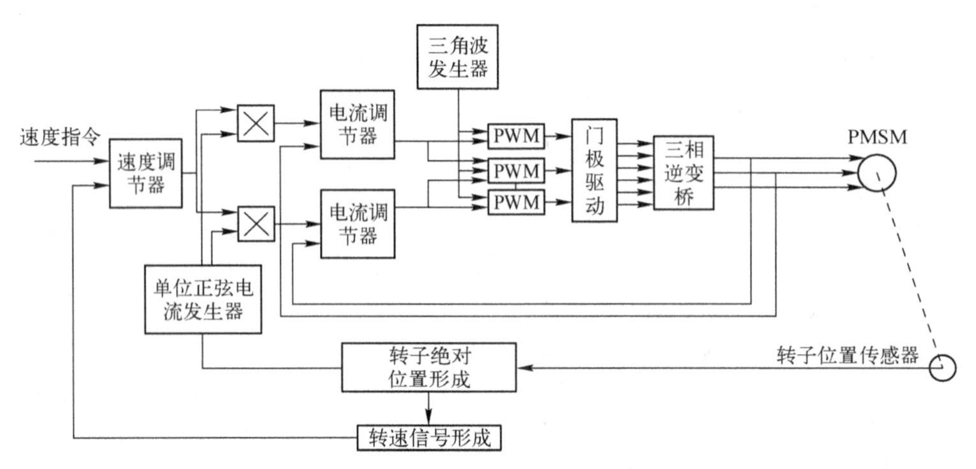

图 9-68　正弦波驱动（PMSM 方式）的速度伺服系统典型原理框图

对于三相电动机，为了控制绕组电流，需要得到三相电流信息。通常采用两个电流传感器就足够了，因为三相电流之和必须等于零。因此，第三相电流总是可以由其他两相电流推导出。在一些简易无刷直流电动机驱动器中，为节约成本，只采用一个电流传感器，检测的是直流母线电流，通过计算可以得到三相绕组的电流值。

（5）运行速度范围

永磁同步电动机能够比有相同参数的无刷直流电动机有更高的转速，这是由于无刷直流电动机的反电动势等于直流母线电压时已经达到最高转速。而永磁同步电动机可实施弱磁控制，所以速度范围更宽。

（6）对逆变器容量的要求

如果逆变器的连续额定电流为 I_p，并假设控制最大反电动势为 E_p。当驱动永磁同步电动机时，最大可能输出功率是

$$3(E_p/\sqrt{2})(I_p/\sqrt{2})=1.5E_pI_p$$

如果这个逆变器也用来驱动无刷直流电动机，它的输出功率将是 $2E_pI_p$，两者之比为 $4/3\approx$

1.33。因此，对于给定的连续电流和电压的逆变器，理论上可以驱动更大功率的无刷直流电动机，其额定功率比永磁同步电动机可能提高33%。但由于无刷直流电动机铁损耗的增加将减少这个百分数。反过来说，当被驱动的两种电动机输出功率相同时，驱动无刷直流电动机的逆变器容量将可减小33%。

综上所述，正弦波驱动是一种高性能的控制方式，电流是连续的，理论上可获得与转角无关的均匀输出转矩，设计良好的系统可做到3%以下的低纹波转矩。因此它有优良的低速平稳性，同时也大大改善了中高速大转矩的特性，铁心中附加损耗较小。从控制角度说，可在一定范围内调整相电流和相电动势相位，实现弱磁控制，拓宽高速范围。正弦波交流伺服电动机具有较高的控制精度。其控制精度是由电动机同安装于轴上的位置传感器及解码电路来决定的。对于采用标准的2500线编码器的电动机而言，由于驱动器内部采用了四倍频技术，其脉冲当量为360°/10000=0.036°。对于带无刷旋转变压器的正弦波交流伺服电动机的控制精度，由于位置信号是连接的正弦量，原则上位置分辨率由解码芯片的位数决定。如果解码芯片为14 bit的R/D转换器（旋转变压器/数字转换器），驱动器每接收$2^{14}=16384$个脉冲，电动机转一圈，即其脉冲当量为360°/16384=0.02197°。

正弦波交流伺服电动机低速运转平稳。正弦波交流伺服电动机由矢量控制技术产生三相正弦波交流电流。三相正弦波交流电流与三相绕组中的三相正弦波反电动势产生光滑平稳的电磁转矩，使得正弦波交流伺服电动机具有宽广的调速范围，例如从30 min转一周到3000r/min。

但是，为满足正弦波驱动要求，伺服电动机在磁场正弦分布上有较严格的要求，甚至定子绕组需要采用专门设计，这样就会增加工艺复杂性；必须使用高分辨率绝对型转子位置传感器，驱动器中的电流环结构更加复杂，都使得正弦波驱动的交流伺服系统成本更高。

对比相对简单的梯形波BLDC电动机控制，PMSM的复杂正弦波形控制算法使控制器开发成本增高，需要一个更加强大（更昂贵）的处理器。最近IR、Microchip、Freescale、ST Micro等国际知名厂商相继推出电动机控制开发平台，该算法已经开发，有望在不久的将来以较低成本就能够使用于平稳转矩、低噪声、节能的永磁同步电动机中。

实际上，上述两种驱动模式的电动机和驱动器都在速度伺服和位置伺服系统中得到满意的应用。

同一台永磁无刷直流电动机在两种驱动方式下的性能对比，电动机的参数：槽数为24，极数为4，转动惯量为4.985×10^{-6} kg·m^2，绕组自感为0.411 mH，绕组互感为0.375 mH，绕组电阻为0.4317 Ω，反电动势系数为0.03862 V·s/rad。直流电源电压设为27 V，正弦波驱动时三角波载波信号频率为3000 Hz，负载转矩为$T_L=0.37$ N·m。在电枢电流有效值相等的条件下，梯形波驱动的电磁转矩大于正弦波驱动的电磁转矩，梯形波驱动的平均电磁转矩是正弦波驱动的平均电磁转矩的1.176倍；梯形波驱动的稳态电磁转矩脉动系数为10.5%，正弦波驱动的稳态电磁转矩脉动系数为3.37%；两种驱动方式在同样的负载情况下，梯形波驱动时电动机的转速（4600 r/min）高于正弦波驱动（3960 r/min），即梯形波驱动电动机输出功率更大。因此认为，在对电动机运行平稳性要求不高、对出力要求高时，宜采用控制简单的梯形波驱动，若对电动机有高的稳速精度要求，宜采用控制复杂的正弦波驱动。

3. 结论

与正弦波驱动相比较，梯形波驱动有如下优点：

1）转子位置传感器结构较简单，成本低。

2）位置信号仅需做逻辑处理，伺服驱动器总体成本较低。

3）伺服电动机有较高材料利用率，在相等有效材料情况下，梯形波工作方式的电动机输出转矩约可增加 15%。

梯形波驱动主要缺点如下：

1）转矩波动大。

2）高速工作时，矩形电流波会发生较大的畸变，会引起转矩的下降。

3）定子磁场非连续旋转，定子铁心附加损耗增加。

但是，良好设计和控制的梯形波驱动无刷伺服电动机的转矩波动可以达到有刷直流伺服电动机的水平。转矩纹波可以用高增益速度闭环控制来抑制，获得良好的低速性能，使伺服系统的调速比也可达 1:10000。它有良好的性能价格比，对于有直流伺服系统调整经验的人，比较容易接受梯形波驱动的伺服系统。所以这种驱动方式的伺服电动机和伺服驱动器仍是工业机器人、数控机床、各种自动机械的理想驱动元件之一。

总而言之，一般性能的速度调节系统和低分辨率的位置伺服系统可以采用无刷直流电动机，而高性能的速度伺服和像机器人位置伺服应用宜采用永磁同步电动机。成本较低是无刷直流电动机相对永磁同步电动机的一个主要优势。

9.7.3 无刷直流电动机调速系统

无刷直流电动机调速系统是以图 9-58 所示的无刷直流电动机为基本结构实现闭环控制，从而获得误差低、高调速范围、快速响应的调速系统。根据系统要求，可以构成单闭环和双闭环系统。

1. 梯形波永磁同步电动机的动态数学模型

由三相桥式逆变器供电的无刷直流电动机主电路原理图，如图 9-69 所示。

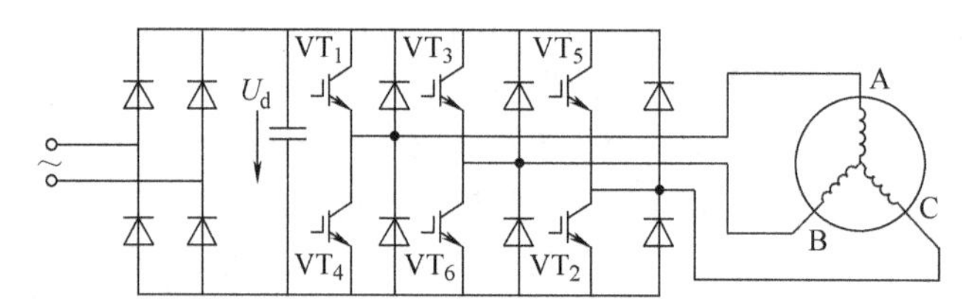

图 9-69 无刷直流电动机主电路原理图

图中，电动机定子三相绕组为整距集中绕组，Y联结。由于无刷直流电动机的气隙磁密按梯形波分布，因而定子每相绕组的感应电动势也是梯形波。由转子位置检测器控制逆变器产生的各相电流与各相电动势同相。与有刷直流电动机一样，当电动机电枢磁动势与永磁体产生的气隙磁通正交时电动机转矩达最大值。换句话说，只有当电流与反电动势同相时，电动机才能得到单位电流转矩的最大值。根据定子每相绕组的电压平衡方程：

$$U'_d - e_s = L_s \frac{di_s}{dt} + i_s R_s$$

式中，U'_d为定子上外加电压；e_s、i_s为定子每相绕组感应电动势和电流；L_s、R_s为各相绕组的电感和电阻。

由于稀土永磁材料的磁导率很低，磁阻很大，故各相绕组的电感很小，略去定子绕组的电磁时间常数，则电流是矩形波，如图 9-70 所示。

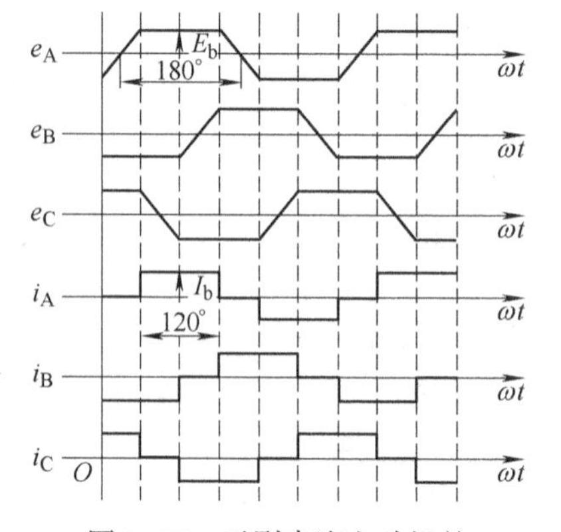

图 9-70 无刷直流电动机的电动势和电流波形图

当逆变器采用120°导通型时，每一时刻有两相绕组串联通电，则电磁功率 $P_m=2E_bI_b$。E_b、I_b分别为感应电动势的幅值和电流的幅值。忽略换相过程的影响，则电磁转矩为

$$T_{esb}=\frac{P_m}{\Omega}=\frac{2E_bI_b}{\omega_s/n_p}=\frac{n_p2E_bI_b}{\omega_s}=2n_p\Psi_bI_b \tag{9-170}$$

根据拖动系统运动方程有

$$T_{esb}-T_L=\frac{J}{n_p}p\omega \tag{9-171}$$

由于 $e_A=-e_B=k_e\omega$，则式（9-171）中电磁转矩为

$$T_{esb}=\frac{n_p}{\omega}(e_Ai_A+e_Bi_B)=2n_pk_ei_A \tag{9-172}$$

根据式（9-170）、式（9-172）绘出无刷直流电动机动态结构图，如图9-71所示。

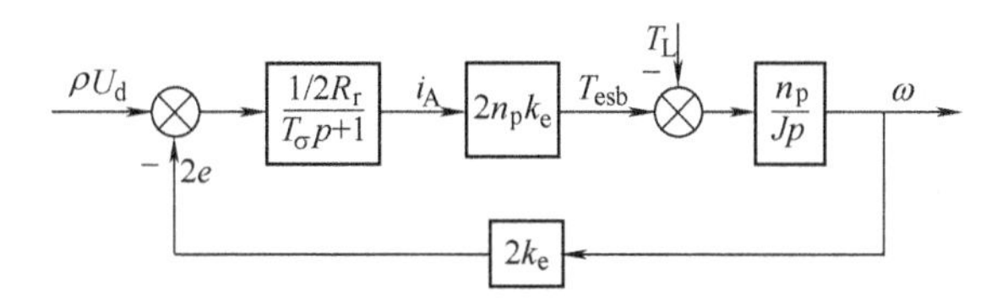

图9-71　无刷直流电动机的动态结构图

注：$T_\sigma=(L_s-L_m)/R_s$为电枢电路漏磁时间常数

无刷直流电动机的动态结构图和直流电动机的动态结构图十分相似，转速控制方法也相同，控制无刷直流电动机的电压就可以控制其转速。

2. 梯形波永磁同步电动机调速系统

无刷直流电动机的调速系统原理性框图如图9-72所示。无刷直流电动机本质上是一台直流电动机，具有与直流电动机类似的转速控制方法。改变加于电动机定子侧的直流电压 ρU_d，就可以改变定子电流 I_b，改变电磁转矩 T_{esb}，从而改变电动机转速。

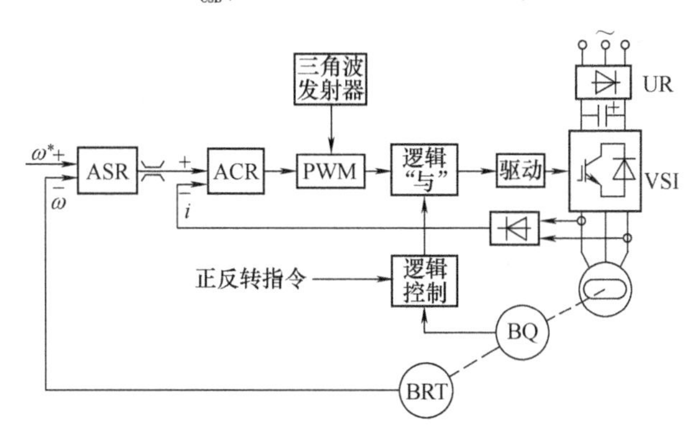

图9-72　无刷直流电动机的调速系统原理性框图

图中，转速控制仍采用了与直流电动机调速系统相类似的转速、电流双闭环。逆变器采用PWM技术，载波为等腰三角波，调制波为幅值可变的直流信号，改变调制波幅值，即图中电流调节器输出信号，改变了占空比 ρ，即改变了定子侧电压的平均值 ρU_d。

值得说明的是，逆变器开关器件的通/断信号是位置传感器检测信号和PWM控制信号的合成。具体地说，就是根据转子位置检测信号和正、反转指令信号，选择应导通的开关器件，而该开关器件的通/断则应由PWM信号控制，如图9-73所示。

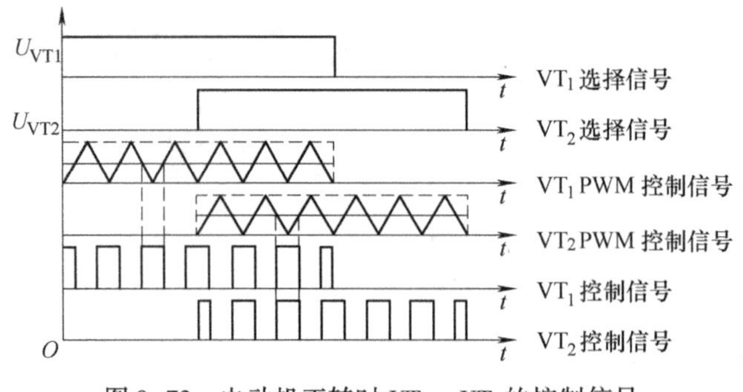

图 9-73　电动机正转时 VT_1、VT_2的控制信号

开关器件 VT_1、VT_2的通、断控制信号应是转子位置检测信号和 PWM 控制信号的逻辑“与”。在图 9-72 中，由于主电路采用了交-直-交电压源型系统，且整流桥为不可控整流，故电动机无法实现回馈制动和四象限运行，只能正、反向电动运行。要想制动运行可在主电路中加装能耗制动单元。

无刷直流电动机具有和直流电动机一样的转矩控制性能和调速性能，因而它获得了广泛的应用。但无刷直流电动机由于转矩的脉动，使其调速范围和调速性能受到影响。另外，它还具有永磁电动机的共同缺点，当电动机高速运行时，定子绕组感应电动势增大，当电动势增大到外加电压，甚至超过外加电压时，电动机无法正常工作。而当弱磁升速时，弱磁效果又不明显。

由于这些缺点的存在，使无刷直流电动机目前主要应用于要求不高的场合，例如变频空调、电动自行车、计算机外围设备等领域中。

3. 双重绕组无刷直流电动机及其控制

为了提高可靠性常采用余度结构，双重绕组无刷直流电动机就是为实现其系统的余度结构而设计的，能够双绕组工作，构成双通道调速系统，也能够单绕组工作，构成容错控制的单通道调速系统。

（1）双重绕组无刷直流电动机

1）双重绕组无刷直流电动机结构。一种并行结构的双重绕组无刷直流电动机的绕组嵌放示意图如图 9-74a 所示，与图 9-74b 所示的普通电动机绕组嵌放相位比较，区别是它在定子槽中隔槽嵌放有两套三相集中绕组，定义为 A_1、B_1、C_1和 A_2、B_2、C_2，两套绕组的相位差为 30°电角度。

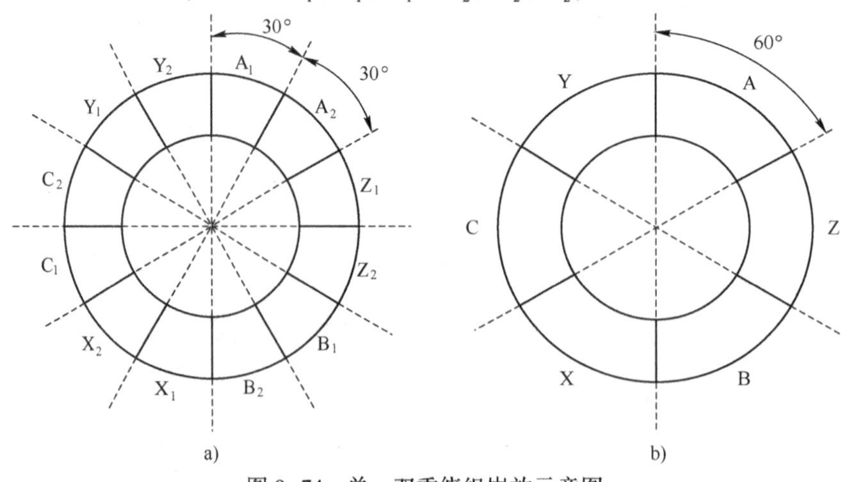

图 9-74　单、双重绕组嵌放示意图

a）双重绕组结构　b）单重绕组结构

将图 9-74a 所示的两套绕组分别采用Y接法，并且采用两套独立的三相桥逆变器驱动，如图 9-75a 所示。两套绕组可以独立地控制电压和电流，而产生的电磁转矩综合在一起输出，因而称为电磁综合结构的双重绕组无刷直流电动机。

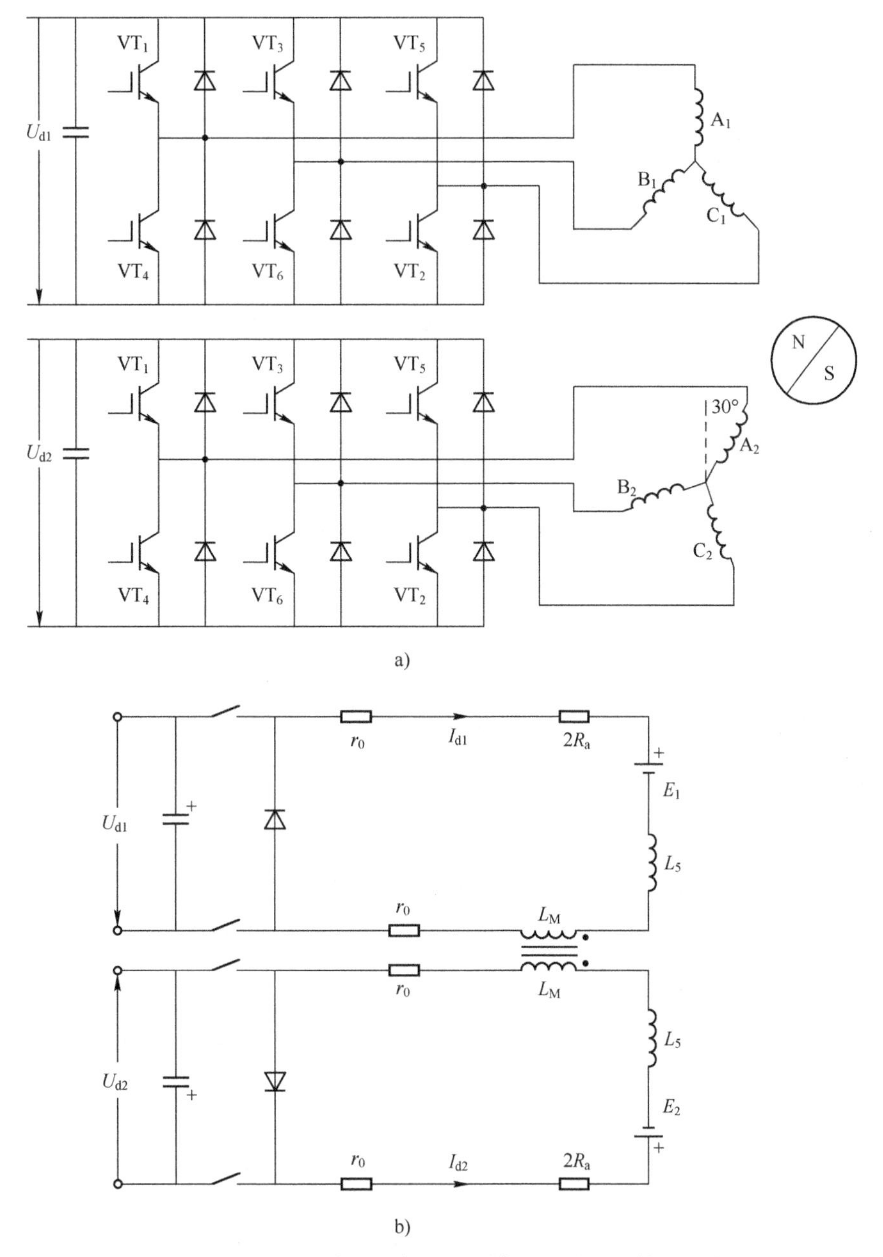

图 9-75　电磁综合的双绕组无刷直流电动机的等效电路

a）等效电路　b）简化等效电路

电动机采用 120°导通的两相通电方式。每套绕组在每个周期有 6 个换相状态，由于两套绕组相差 30°电角度，共有 12 个换相状态，换相控制方法见表 9-7。这表明转子位置传感器的分辨率需要提高 1 倍。

表 9-7　双重绕组电动机的换相控制

转子位置	0°~30°	30°~60°	60°~90°	90°~120°	120°~150°	150°~180°
绕组 1	A_1/B_1	A_1/B_1	A_1/C_1	A_1/C_1	B_1/C_1	B_1/C_1
绕组 2	C_2/B_2	A_2/B_2	A_2/B_2	A_2/C_2	A_2/C_2	B_2/C_2
转子位置	180°~210°	210°~240°	240°~270°	270°~300°	300°~330°	330°~360°
绕组 1	B_1/A_1	B_1/A_1	C_1/A_1	C_1/A_1	C_1/B_1	C_1/B_1
绕组 2	B_2/C_2	B_2/A_2	B_2/A_2	C_2/A_2	C_2/A_2	C_2/B_2

其中，A_1/B_1表示电动机的第一套绕组的 A 相绕组电压为正，B 相绕组电压为负，其余类推。

2）双重绕组无刷直流电动机的数学模型。如果每套绕组采用 120°通电逆变器，则可以简化成电压平衡式。定义两个通道的线电流为 I_{d1} 与 I_{d2}，感应的线反电动势为 E_1 与 E_2，并且定义功率开关器件的等效电阻为 r_0，功率电路直流母线电压为 U_{d1}、U_{d2}，得到电压平衡式为

$$\begin{cases} U_{d1}=R_aI_{d1}+2L_a\dfrac{dI_{d1}}{dt}+3L_m\dfrac{dI_{d2}}{dt}+E_1 \\ U_{d2}=R_aI_{d2}+2L_a\dfrac{dI_{d2}}{dt}+3L_m\dfrac{dI_{d1}}{dt}+E_2 \end{cases} \tag{9-173}$$

式中，$R_a=2(r_0+r_a)$，再定义 $L_S=2L_a$，$L_M=3L_m$，将式（9-173）写成

$$\begin{cases} U_{d1}=R_aI_{d1}+L_S\dfrac{dI_{d1}}{dt}+L_M\dfrac{dI_{d2}}{dt}+E_1 \\ U_{d2}=R_aI_{d2}+L_S\dfrac{dI_{d2}}{dt}+L_M\dfrac{dI_{d1}}{dt}+E_2 \end{cases} \tag{9-174}$$

由式（9-174）可知，图 9-75a 等效电路可以简化为图 9-75b，即两套存在磁耦合的直流电动机绕组。平均电磁转矩近似为

$$T_{esb}=2K_T(I_{d1}+I_{d2})=T_{e1}+T_{e2} \tag{9-175}$$

式中，K_T为转矩系数。

它是两套绕组电流的综合，或者说是两套绕组电流产生的转矩的综合。

3）双通道调速系统的均衡控制。由图 9-76 所示的转矩综合双重绕组无刷直流电动机构成双通道调速系统时，如果两个通道参数相同，并且控制电压 $U_{d1}=U_{d2}$，使两个通道的电流 $I_{d1}=I_{d2}$，即两个通道产生的转矩相等，则电动机工作在一种平衡状态。但是如果两个通道参数存在差异，或者因控制不当出现 $U_{d1}\neq U_{d2}$，则系统会工作在不平衡状态，即两套绕组及功率电路的电流不相等。

双重绕组无刷直流电动机在相同的电压下，电动机双通道工作与单通道工作时的空载转速基本相同，因此在分析两种工作状态的损耗时，忽略铁损耗和机械损耗的差别，重点讨论铜损耗的差别。

下面讨论采用 120°通电型的电动机的铜损耗，因任何时刻每套绕组有两相绕组通电，得到双绕组电动机工作时的铜损耗为

$$P_{Cu}=2r_a(I_{d1}^2+I_{d2}^2) \tag{9-176}$$

如果工作在额定状态，则 $I_{d1}=I_{d2}=I_N$，额定铜损耗为

$$P_{CuN}=4I_N^2r_a \tag{9-177}$$

假设系统需要电动机输出额定转矩，平衡时两套绕组电流应满足 $I_{d1}=I_{d2}=I_N$。如果电动机工作不平衡，即 $I_{d1}\neq I_{d2}$，则转矩要求 $I_{d1}+I_{d2}=2I_N$，可以计算得到不同情况下的铜损耗，见表 9-8，

其中，电流数据是以I_N为基值的标幺值，铜损耗数据是以$r_a I_N^2$为基值的标幺值。

表 9-8　不平衡状态下电动机的铜损耗

状态	绕组电流		绕组铜损耗		电动机铜耗 P_m^*
	I_{d1}^*	I_{d2}^*	P_{Cu1}^*	P_{Cu2}^*	
平衡	1	1	1	1	2
不平衡	1.25	0.75	1.5625	0.5625	2.125
	1.5	0.5	2.25	0.25	2.5
	1.75	0.25	3.0625	0.0625	3.125
	2	0	4	0	4
异常	>2	<0	>4	>0	>4

由表9-8可见，当两个通道电流不平衡时，导致电动机铜损耗P_m^*增大，不平衡情况越严重，P_m^*增大越多，例如，当I_{d1}^*与I_{d2}^*分别为1.5与0.5时，$P_m^*=2.5$，铜损耗增加了1/4，而当$I_{d1}^*=2$与$I_{d2}^*=0$，即单绕组工作时，$P_m^*=4$，为平衡时的2倍。

如果双重绕组电动机两个通道的功率严重不平衡，出现控制电压与反电动势的关系为$U_{d1}>E$，$U_{d2}<E$，导致电流$I_{d1}>0$，$I_{d2}<0$。这时双绕组电动机等效为一台电动机带动一台发电机工作。电动工作的绕组电流会非常大，甚至使电路或绕组损坏。

因此双绕组无刷直流电动机在双通道工作模式时，应采用电流均衡控制策略，使两套绕组的电流$I_{d1}=I_{d2}$，从而使$T_{e1}=T_{e2}$。

4. 双通道的无刷直流电动机调速系统

（1）双通道的无刷直流电动机调速系统结构

双重绕组的无刷直流电动机构成的双通道调速系统框图如图9-76所示，该系统采用两套功率电路驱动电动机的两套绕组，两套绕组产生的转矩在电动机轴上综合，经机械传动装置减速驱动运动机构，如果需要直线运动可以经滚珠丝杠变换运动形式。该系统由两套功率电路和两套绕组构成两个独立的控制通道，因在电气上完全独立，一个通道发生故障可以不影响另一个通道。

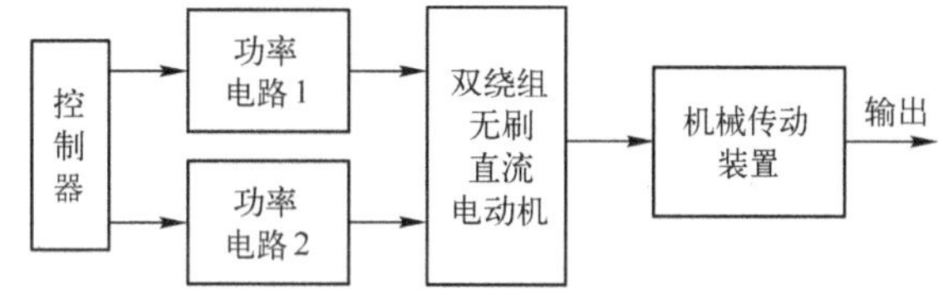

图9-76　双通道调速系统框图

系统中的控制器由微处理器构成，虽然是单通道的，但可以在局部电路上有备份，或者采用两个独立的微处理器系统组合，以达到可靠性要求。

无刷直流电动机控制系统集电磁机构（电动机本体）、电力电子电路、微处理器、机械装置为一体，根据可靠性分析和大量的数据统计可知，由电力电子器件实现的电源变换器是整个系统可靠性的薄弱环节——功率电路部位采用了双通道结构，当一个通道发生故障时，能够以单通道系统运行，即容错的形式完成驱动任务。该系统的容错工作能力提高了完成任务的概率，即提高了任务可靠性。

（2）双通道双闭环系统的动态模型

下面讨论实现电磁综合的双重绕组无刷直流电动机的数学模型，式（9-174）的电压平衡方程式可以写成传递函数，即

$$\begin{pmatrix} I_{d1}(s) \\ I_{d2}(s) \end{pmatrix} = \frac{1/R_a}{T_0^2+2T_s s+1}\begin{pmatrix} T_s s+1 & -T_m s \\ -T_m s & T_s s+1 \end{pmatrix}\begin{pmatrix} U_{d1}(s)-E(s) \\ U_{d2}(s)-E(s) \end{pmatrix} \tag{9-178}$$

式中，$T_0=\frac{\sqrt{(L_S^2-L_M^2)}}{R_a}$；$T_s=\frac{L_S}{R_a}$；$T_m=\frac{L_M}{R_a}$。

为了防止双通道控制系统出现上述的不平衡情况，在双通道工作时可以采用电流均衡控制策略，即通过通道电流反馈控制实现电流的均衡，使通道线电流满足 $I_{d1}=I_{d2}$。

电流均衡控制的最简单的方法是在系统设计时使两个通道的参数完全相同，再给两个通道施加相同的电压，就能够使两个通道的电流相等。但是这样完全依赖于通道参数，而在实际系统中会因为接触、发热、器件性能差异等因素，导致参数存在差异，因此应采用主动的电流均衡控制策略。

实现电流均衡控制的双通道双闭环调速系统结构如图 9-77 所示，它有以下特点：

1）在速度控制上与普通的双闭环调速系统相同，ASR 的输出为与转矩 T_e 成正比的电流给定值 I_d^*，只是转矩 T_e 由两个通道的电流 I_{d1} 和 I_{d2} 综合产生，因此给定电流 I_d^* 被均分到两个通道作为每个通道的电流给定值 I_{d1}^* 与 I_{d2}^*。

2）为了对两个通道的电流独立进行控制，系统中采用了两个电流调节器 ACR$_1$、ACR$_2$，跟踪两个通道电流的给定值 I_{d1}^* 与 I_{d2}^*，控制 I_{d1} 和 I_{d2} 在满足电动机对转矩的需要的同时，保证两个通道的电流 I_{d1} 和 I_{d2} 大小一致。

3）在系统控制中，当电动机与电路构成的两个通道参数一致时，ACR 会通过控制两个通道的电压相等来保证两个通道的电流相等。如果两个通道的参数不一致时，ACR 为了调节两个通道电流一致，需要控制电压产生差异来保证。

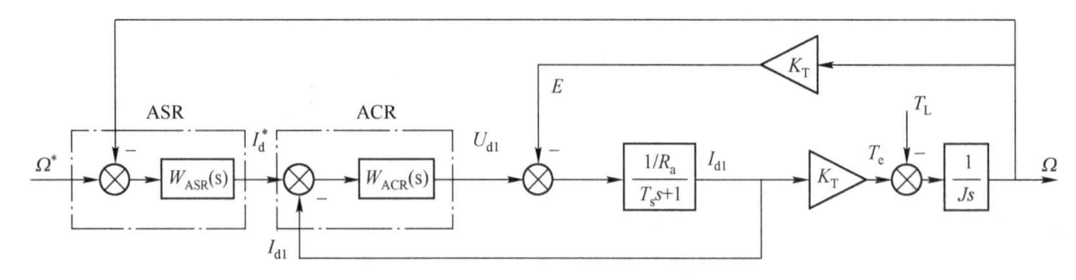

图 9-77　均衡控制的双通道无刷直流电动机的调速系统结构

（3）双通道双闭环系统的简化动态模型

在图 9-77 所示的双通道无刷直流电动机的调速系统中，若采用 $U_{d1}=U_{d2}=U_d$ 的控制，则两套绕组电流相等，为

$$I_{d1}(s)=I_{d2}(s)=\frac{(T_s s+1-T_m s)/R}{T_0^2 s^2 T_s s+1}[U_d(s)-E(s)]$$

$$=\frac{1/R_a}{(T_s+T_m)s+1}[U_d(s)-E(s)] \tag{9-179}$$

这表明电流变化为一阶系统，电磁时间常数为

$$T_s+T_m=\frac{L_S+L_M}{R_a} \tag{9-180}$$

由此可以看出，两套绕组之间存在互感使电磁时间常数增大。将式（9-175）代入式（9-179），得到电磁转矩的传递函数为

$$T_e(s)=\frac{4K_T/R_a}{(T_s+T_m)s+1}[U_d(s)-E(s)] \tag{9-181}$$

根据式（9-181）可以得到均衡控制下系统的简化动态结构图，如图 9-78 所示。

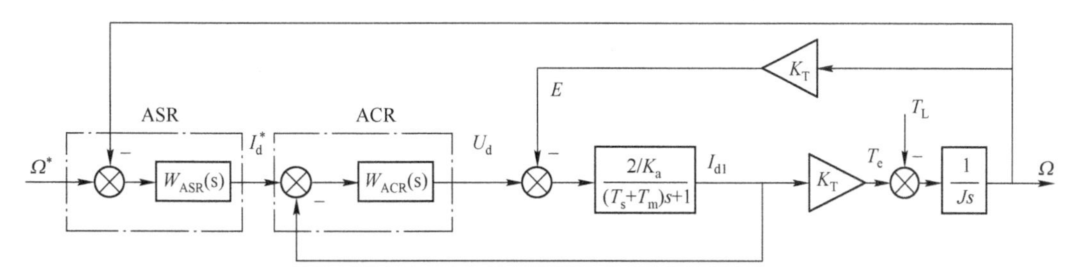

图 9-78　简化后的电磁综合的双通道系统动态模型

5. 双通道的无刷直流电动机调速系统容错控制

双通道无刷直流电动机调速系统工作在单通道状态，即系统的容错工作状态，其输出功率将受到限制，系统的其他特性会发生变化。

（1）允许转矩和功率

由于双通道运行与单通道运行的电动机磁状态与转速基本不变，在电动机的功率损耗的分析中，即可假定两种运行方式下空载损耗 P_0 相同，只需分析铜损耗 p_{Cu}。

对于图 9-74a 的电磁综合的双重绕组无刷直流电动机，因为电磁综合型的电动机的绕组隔槽嵌放，单绕组运行时的绕组均匀分布，铜损耗发热点也均匀分布，而使工作绕组能够在电流适当过载的情况下运行。

这里以铜损耗不变为原则分析电动机的允许转矩。电动机的额定功率是按双通道运行设计的，此时电压 $U_{d1}=U_{d2}=U_N$，则电动机两套绕组相电流相等，为额定电流 I_N，得到两相通电方式下电动机的额定铜损耗为

$$p_{CuN}=2r_a(I_{d1}^2+I_{d2}^2)=4r_aI_N^2$$

额定电磁转矩为

$$T_{eN}=2K_TI_N \tag{9-182}$$

电动机的单绕组工作时一套绕组电流为零，不产生铜损耗，工作绕组的铜损耗为

$$p_{Cu1}=2r_aI_{d1}^2=2r_aI_{N1}^2$$

式中，I_{N1} 为单绕组运行时的额定电流。使单绕组运行时铜损耗等于额定铜损耗 P_{CuN}，于是得到单绕组运行时的额定电流为

$$I_{N1}=\sqrt{P_{CuN}/r_a}=1.4I_N \tag{9-183}$$

以及单绕组工作时额定损耗下电动机的输出转矩为

$$T_{eN1}=K_TI_{N1}=0.7T_{eN} \tag{9-184}$$

由此得到结论，如果要求电动机在单绕组工作时铜损耗不增加，则工作绕组的允许电流不超过额定电流 I_N 的 1.4 倍，允许电磁转矩不超过额定转矩 T_{eN} 的 70%。

（2）动态模型

双绕组无刷直流电动机工作在单通道模式，必须使不工作的绕组处于开路状态，这时数学模型与普通的无刷直流电动机相同，工作绕组（设为通道 1 的绕组）电压平衡方程式为

$$I_{d1}(s)=\frac{1/R_a}{T_ss+1}[U_{d1}(s)-E(s)] \tag{9-185}$$

电磁转矩为

$$T_{e1}(s)=\frac{2K_T/R_a}{T_ss+1}[U_{d1}(s)-E(s)] \tag{9-186}$$

得到图 9-79 的调速系统结构。

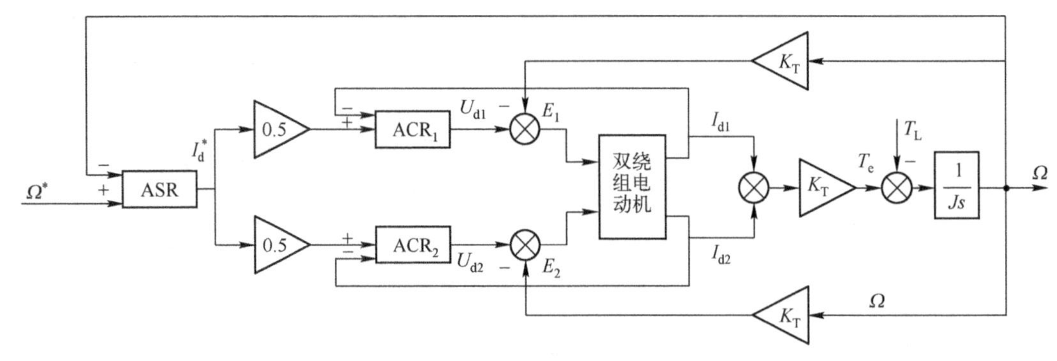

图 9-79　单通道调速系统动态模型

(3) 位置伺服系统的容错特性

伺服系统在起动或者快速调节中，希望电动机有高的加速度。提高加速度的方法是增大电流的短时过载系数，单通道运行时因过载电流受到限制，导致系统的操纵性能受到影响。

某电磁综合的双重绕组无刷直流电动机构成的位置伺服系统采用电流、转速和位置三闭环结构，给定位置阶跃信号 $\theta_a^* = 1\,\text{rad}$（即 57.3°），电动机轴上负载转矩 $T_L = 3\,\text{N}\cdot\text{m}$。电动机额定电流为 8 A，根据式（9-183）得到单绕组额定电流为 11.2 A，电动机额定铜损耗为 90 W。同时，选择起动时电流过载系数为 2，即单绕组工作时电流最大值为 22.4 A，双绕组工作时电流最大值为 16 A。为使容错模式下电动机铜损耗不大于额定值，可以调整调节器的参数，将系统调节过程放慢。得到系统运行过程如图 9-80 所示。

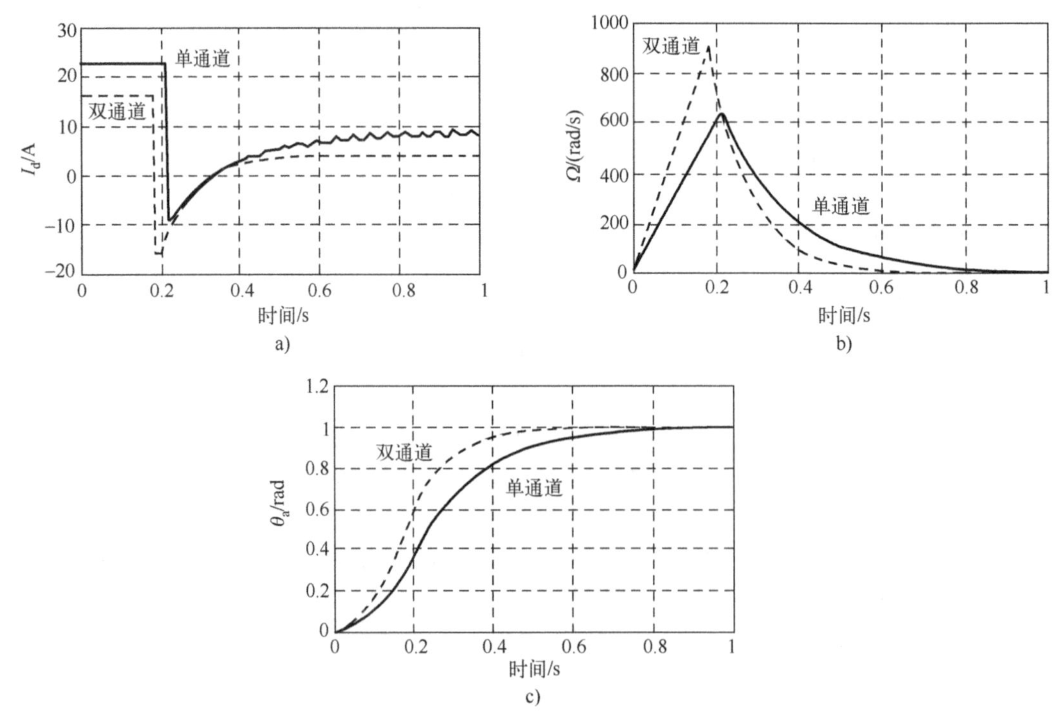

图 9-80　位置伺服系统的容错特性

a) 电流变化过程　b) 转速变化过程　c) 位置变化过程

图 9-80a 示出的单/双通道的电流 I_d曲线表明，在电动机转速上升期间，单/双通道的电流均达到了过载允许值。由图 9-80b 可见，由于单通道运行时转矩仅为双通道的 0.7 倍，导致加速度降低，加速时间增长，运行中的最高转速偏低。最后，由图 9-80c 可见，单通道运行时间比双通道运行时间增加，表明系统快速性变差。

从以上例子分析可见，伺服系统在容错状态下的单通道运行，要使电动机的铜损耗不变，引起的是系统快速性变差。而单通道系统快速性变差的原因有两方面，其一并且最主要的是单通道起动时只有一套绕组工作，起动转矩小而使加速度变小，影响了快速性；其二是在单通道系统设计中，要采用不同的控制率，防止动态过程中铜损耗过载，改慢了控制率。

9.8 习题

9-1 与异步电动机相比，同步电动机调速有何特点？它更适合应用在什么场合？

9-2 什么是同步电动机的自控式变频调速和他控式变频调速？

9-3 举例说明什么是反电动势自然换流？什么是电流断续换流？什么是电源换流？

9-4 自控式变频同步电动机从低速到高速或从高速到低速，空载换流提前角 γ_0 如何整定？整流桥应如何控制？

9-5 自控式变频同步电动机的转速与转矩公式与直流电动机相比有何相同与不同？

9-6 如何提高自控式同步电动机（自控式变频同步电动机）的过载能力？

9-7 空载换流提前角 γ_0 的大小对自控式变频同步电动机具有很大影响，试说明如何正确选择 γ_0。

9-8 简述交-直-交电流源型变频器供电的自控式同步电动机变压变频调速系统的结构和工作原理。

9-9 说明正弦波永磁同步电动机的矢量控制系统的构成和工作原理。

9-10 图 9-81 是梯形波永磁同步电动机（无刷直流机）的主电路和电动机断面图。若 $t=0$ 时刻转子位置处于水平方向，磁场方向如图中所示。试确定合闸时使转子顺时针方向转动的开关状态，并以表格形式依次给出之后各节拍的开关状态。

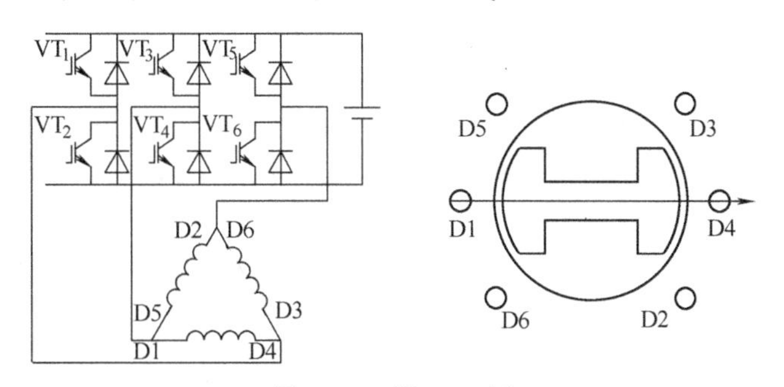

图 9-81 题 9-10 图

9-11 同步电动机矢量控制系统中，应如何设定其功率因数？

9-12 试结合普通同步电动机按气隙磁场定向的矢量控制系统的框图，说明其转速升高或转速降低系统的工作过程。

第 10 章　交流调速系统的新型控制策略

近年来，随着电力电子技术和现代控制理论的发展，出现了许多具有应用前景的新型交流调速系统控制策略，这为进一步提高交流电动机变压变频调速系统的静、动态性能提供了可能性。

本章选择了 3 种具有代表性的控制方法进行比较详细的介绍：异步电动机定子磁链轨迹控制、电机控制系统的预测控制方法、智能控制方法。

10.1　交流电动机变压变频调速系统新型控制策略综述

虽然矢量控制和直接转矩控制使交流电动机变频调速系统的性能获得了很大程度的提高，但是，也存在着一些缺点。而现代控制理论的发展为解决矢量控制和直接转矩控制中存在的问题提供了一个新的途径，出现了许多具有应用前景的新型交流调速系统控制方法，其中主要包括以下几种控制方法。

1. 非线性反馈线性化控制方法

从本质上看，交流电动机是一个非线性的多变量系统，非线性反馈线性化是一种研究非线性控制系统的有效方法，它与局部线性化方法有着本质的不同。非线性反馈线性化控制方法是基于微分同胚的概念，利用非线性坐标变换和反馈（状态反馈或者输出反馈）控制将一个非线性系统变换为一个线性系统，实现系统的动态解耦合全局线性化。

1987 年，Krzeminski Z. 首次利用微分几何的方法处理五阶的异步电动机模型，继而非线性反馈线性化理论在交流传动中的应用得到了发展，从理论上可以证明，使用反馈线性化方法可以实现交流电动机的转速-磁链、转矩-磁链解耦控制，而矢量控制没有能完全实现转速（转矩）的解耦控制，可见使用非线性反馈线性化方法为提高交流调速系统的性能提供了一种有效的手段。

实现非线性反馈线性化的是基于控制对象精确数学模型的一种控制方法，在其实现过程中主要存在以下两个问题：①在调速系统运行过程中，当参数发生变化时能否保持系统的稳定性，如何抑制电动机参数变化对控制系统的影响，提高系统的鲁棒性；②如何对调速系统的状态变量估计精度，如果出现状态估计误差，控制系统的稳定性能否保证。这两个问题一直是非线性反馈线性化在交流调速系统中广泛应用的主要障碍，其解决有赖于控制理论的进一步完善。

2. 反步设计（Backstepping）控制方法

反步设计控制方法是一种非线性控制系统递推设计思想，是 1991 年由美国加州大学的 Kanellakopoulos 和 Kokotovic 提出并大力推广的，旨在递推设计非线性系统的李雅普诺夫函数和控制律。反步设计控制的基本思想是将高阶非线性系统化为多个低阶子系统，进行递推（分层）设计。首先根据最靠近系统输出端的子系统的输入/输出描述，设计其李雅普诺夫函数，并基于李雅普诺夫稳定性原理得到其虚拟的控制律；然后向后逐步递推，得到各个子系统的李雅普诺夫函数和虚拟控制律，直至得到实际输入的控制律。

Kanellakopoulos 等人最早把反步设计控制方法应用于异步电动机调速领域，继而在交流调速领域又出现了结合滑模控制的反步设计控制方法、带有各种参数自适应律的反步设计控制方法、带有磁链观测器的反步设计控制方法、使用扩张状态观测器对不确定性进行补偿的反步设计控制方法等。

反步设计控制方法作为构造非线性控制的一种有效方法，把高阶非线性系统进行分解并逐步设计控制器，在设计的每一步都以保证一个子系统的稳定性为目标，从而可以保证这个系统的稳定性，这是其优越性所在。但是在交流电动机控制问题中，由于未知参数众多，利用反步设计控制方法构造的控制律过于复杂，使得这种方法至今仍多停留在理论研究上。

3. 基于无源性的控制策略

基于无源性的控制（Passivity-Based Control，PBC）策略的突出特点是利用“无功力”的概念从能量平衡的角度来分析非线性系统的状态变化及其性质。无功力的特点是不影响系统关系的平衡和稳定性，所以，在设计控制器的过程中无须考虑无功力对系统的影响，从而简化异步电动机的控制。此外，在设计无源控制器的过程中，可以利用系统本身的能量函数来构造 Lyaponov 函数，从而进一步简化了控制器的设计难度。

20 世纪 90 年代，由 R. Oterga 等人第一次将无源控制方法应用到了交流调速领域，用来解决异步电动机的控制问题。在无源控制应用的初期实现了恒转矩控制，并得到了形式简单的转矩控制器，后来又基于无源控制方法设计了转速控制器，给出了异步电动机无源控制系统的实验结果。理论研究和实验表明，使用无源控制方法设计的异步电动机控制器具有形式简单、鲁棒性强的特点。

虽然基于无源控制方法设计的转速控制器形式简单，静、动态性能良好，但是无源控制的核心是要保证系统的严格无源性，实现的手段是引入足够大的定子电流反馈，而这是该方法的主要缺陷。

4. 自抗扰控制

自抗扰控制（Auto Disturbance Rejection Controller，ADRC）是 20 世纪 90 年代由中国科学院系统科学研究所的著名控制论学者韩京清研究员首先提出的。这种控制方法的核心是，将系统的模型内扰（模型及参数的变化）和未知外扰都归结为对系统的“总扰动”，利用误差反馈的方法对其进行实时估计，并给予补偿，具有较强的鲁棒性。自抗扰控制的特点是充分利用特殊的非线性效应，而这些非线性效应则分别包含在 ADRC 的各个非线性单元中。扩张状态观测器是自抗扰控制理论的核心。采用扩张状态观测器的双通道补偿控制系统结构，对原系统模型加以改造，使得非线性、不确定的系统近似线性化和确定性化。在此基础上设计控制器，并充分利用特殊的非线性效应，可有效加快收敛速度，提高控制系统的动态性能，是解决非线性、不确定系统控制问题的强有力手段。

ADRC 特殊的非线性和不确定性处理方法，同时具有经典调节理论和现代控制理论的优点，在异步电动机的控制系统中也得到了一定的应用。因为高阶的 ADRC 计算量偏大，因此在异步电动机控制中适合采用低阶 ADRC，以提高调速系统的响应速度和降低控制器的计算量。跟踪-微分器和扩张状态观测器分别采用 ADRC 中的跟踪-微分器和扩张状态观测器，运用到异步电动机控制中，取得了满意的效果。在全阶 Luenberger 磁链观测器的基础上，应用 ADRC 控制异步电动机，将电动机模型中磁链与转速方程相互耦合的部分，都视为系统的模型内扰进行处理，实现了电动机的解耦控制。ADRC 及其各个组成单元包含的内容十分丰富，其控制思想和工程实践结合紧密，因此这种控制方法在交流调速领域具有很好的应用前景。

但是，ADRC 方法中的一些非线性特性，增加了其实际应用的难度：

1）为提高系统的收敛速度和控制精度，ADRC 典型模型中普遍应用了非线性环节。由于非线性运算较多，使得计算量很大，对系统硬件的计算能力提出了较高的要求，增加了实时控制的难度。

2）ADRC 中涉及较多的参数，其控制性能很大程度上取决于参数的选取。如何调整选择众多参数，使控制器工作于最佳状态，是 ADRC 应用中的一个难题。

上面谈及的现代控制理论都已经应用到了交流调速领域，而应用这些控制方法的主要目的是实现异步电动机的解耦控制，同时解决模型参数扰动等因素对系统性能的影响。

5. 逆系统控制方法

逆系统控制方法是一种直接反馈线性化方法，具有直观、简便和易于实现的特点，便于在工程实际中推广应用。现已将逆系统控制方法引入到了异步电动机调速系统中，实现了转子磁链模值和转速的解耦控制。但是，这种控制方法仍存在以下问题：

1）以转子磁链模值作为控制量，其控制效果依赖于转子磁链模值的观测精度，受电动机参数变化的影响严重，鲁棒性差。

2）这些逆系统控制方法只是实现了转速和磁链的解耦控制，没有实现转矩和磁链的解耦控制，从而影响系统性能的进一步提高。

3）这些逆系统控制方法是基于精确数学模型提出来的，当电动机参数发生变化后，对调速系统的动、静态性能会产生什么影响，在相关文献中都没有进行讨论。

4）现有的逆系统控制方法的实现前提是，对调速系统中各个状态变量都能进行准确的观测。但是，实际上各个状态变量的观测值存在的估计误差对系统的性能和系统的稳定性的影响，在相关文献中都没有进行讨论。

6. 滑模变结构控制

滑模变结构控制是由苏联学者在 20 世纪 50 年代提出的一种非线性控制策略，它与常规控制方法的根本区别在于控制律的不连续性，即滑模变结构控制中使用的控制器具有随系统“结构”随时变化的特性。其主要特点是，根据性能指标函数的偏差及导数，有目的地使系统沿着设计好的“滑动模态”轨迹运动。这种滑动模态是可以设计的，且与系统的参数、扰动无关，因而整个控制系统具有很强的鲁棒性。早在 1981 年，Sabonovic 等人就将滑模变结构控制策略引入到了异步电动机调速系统中，并进行了深入的研究，从而以后又出现了不少关于异步电动机滑模变结构控制的研究成果。但是滑模变结构控制本质上的不连续的开关特性使系统存在“抖振”问题，其主要原因如下：

1）对于实际的滑模变结构系统，其控制力（输入量的大小）总是受到限制的，从而使系统的加速度有限。

2）系统的惯性、切换开关的时间滞后以及状态检测的误差，特别对于计算机控制系统，当采样时间较大时，会形成“准滑模”等问题。“抖振”问题在一定程度上限制了滑模变结构控制方法在交流调速领域中的应用。

7. 自适应控制

自适应控制与常规反馈控制一样，也是一种基于数学模型的控制方法，所不同的只是自适应控制所要求的关于模型和扰动的先验知识比较少，需要在系统运行过程中不断提取有关模型的信息，使模型逐渐完善，所以自适应控制是克服参数变化影响的有力控制手段。

应用于电动机控制的自适应方法有模型参考自适应控制、参数辨识自校正控制，以及新发展的各种非线性自适应控制。但是自适应控制在交流调速系统中的应用存在着以下几方面问题：

1）对于参数自校正控制缺少全局稳定性证明。

2）参数自校正控制的前提是参数辨识算法的收敛性，如果在交流调速系统运行的一些特殊的工况下，不能保证参数辨识算法的收敛性，则难于保证整个自适应交流调速控制处于正常的工作状态。

3）对于模型参考自适应控制，未建模动态的存在可能造成自适应控制系统的不稳定。

4）辨识和校正都需要一个过程，对于较慢的参数变化尚可以起到校正作用，如校正因温度变化而影响的电阻参数变化，但是对于较快的参数变化，如因趋肤效应引起的电阻变化、因饱和作用产生的电感变化等，就显得无能为力了。

8. H_∞ 控制

在鲁棒控制中，最具有代表性的控制方法是 H_∞ 控制。20 世纪 80 年代，人们开始重新考虑运用频域方法来处理数学模型与实际模型之间的误差，由此产生了 H_∞ 范数以及最优化控制问题。H_∞ 控制在本质上是一种优化方法，力求使从外界干扰到系统输出之间的传递函数的 H_∞ 范数达到极小，使外扰动对系统性能的影响被极小化。

目前，H_∞ 控制方法在交流电动机控制系统中已经得到了一些应用，针对电流型逆变器和矢量控制系统，采用混合灵敏度方法确定 H_∞ 的优化目标，设计了转速控制器。根据 H_∞ 控制理论设计了磁链观测器，并应用离散 H_∞ 方法设计了 PWM 整流桥的电流控制器。

在 H_∞ 控制器的设计过程中，关键问题在于如何确定系统中模型的误差限制以及期望的性能指标，为了得到合适的加权函数，往往需要经过多次尝试，同时利用这种方法设计得到的控制器也比较复杂，这是在 H_∞ 控制中需要进一步深入研究解决的问题。

9. 内模控制

为了降低控制系统性能对控制对象数学模型的依赖性，必须寻求一些对模型精度要求不高的控制策略，同时还希望要寻求控制策略具有结构简单、容易实现的特点。

内模控制（Internal Model Control，IMC）是 20 世纪 80 年代从化工过程控制中发展起来的一种控制方法，具有很强的实用性。从本质上讲，内模控制是一种零极点对消的补偿控制，通过引入对象的内部模型将不确定性因素从对象模型中分离出来，从而提高了整个控制系统的鲁棒性。

内模控制不过分依赖于被控制对象的准确数学模型，对控制对象的模型精度要求比较低，系统能实现对给定信号的跟踪，鲁棒性强，并能消除不可测干扰的影响；同时控制器具有结构简单、参数单一、易于整定、在线计算方便、容易实现的特点。

内模控制最初用于多变量、非线性、大时滞的工业过程控制，交流电动机也是一个多变量、非线性、强耦合的系统，完全有可能应用内模控制技术。事实上，目前内模控制技术在电气传动领域的应用日益广泛，如用于永磁同步电动机的电流控制和解耦控制，利用单自由度的内模控制器实现了异步电动机定子电流的解耦控制，同时还利用双自由度的内模控制技术设计了磁链和转速控制器，得到的控制系统具有对给定信号的良好跟踪能力和对负载扰动很强的抗扰能力。

但是，由于内模控制是一种基于控制对象传递函数的控制方法，从本质上看，也是一种线性控制方法；同时，内模控制只能适用于参数变化不大、建模误差限制在一定范围内的控制对象。

10. 智能控制方法

在交流传动中，依赖经典的以及各种近代控制理论提出的控制策略都存在着一个共同问题，即控制算法依赖于电动机模型，当模型受到参数变化和扰动作用的影响时，系统性能将受到影响，如何抑制这种影响一直是电工界的一大课题。上述自适应控制和滑模变结构控制曾是解决这个课题的研究方向，结果发现它们又各有其不足之处。

智能控制能摆脱对控制对象模型的依赖，因而许多学者进行了将智能控制引入交流传动领域的研究。智能控制是自动控制学科发展里程中的一个崭新的阶段，与其他控制方法相比，具有一系列独到之处：

1）智能控制技术突破了传统控制理论中必须基于数学模型的框架，不依赖或不完全赖于控制对象的数学模型，只按实际效果进行控制。

2）智能控制技术继承了人脑思维的非线性特性，同时，还可以根据当前状态方便地切换控制器的结构，用变结构的方法改善系统的性能。

3）在复杂系统中，智能控制还具有分层信息处理和决策的功能。

由于交流传动系统具有比较明确的数学模型，所以在交流传动中引入智能控制方法，并非像许多控制对象那样是出于建模的困难，而是充分利用智能控制非线性、变结构、自寻优等特点来克服交流传动系统变参数与非线性等不利因素，从而提高系统的鲁棒性。

本章根据交流调速系统控制策略的发展情况，选择了定子磁链轨迹控制方法、预测控制方法、智能控制方法三种具有代表性的控制方法，就其在交流调速领域中的应用进行了较为详细的介绍。

10.2 异步电动机定子磁链轨迹控制

随着高压大功率开关器件的应用，逆变器开关频率从几千赫降至几百赫，出现了谐波大、响应慢和不解耦等一系列用常规方法不能解决的问题。德国 J. Holtz 教授针对三电平中压逆变器提出了一种既不同于常规矢量控制又不同于直接转矩控制的新控制方法——定子磁链轨迹控制，这种控制方法能很好地解决这些难题，并已成功用于兆瓦级的工业产品中。因此本节内容完全取材于工程实际，详细介绍了同步对称优化 PWM 的应用；定子磁链轨迹控制原理及定子磁链计算；并结合工程实际介绍了 SFTC 闭环调速系统，最后介绍了 SFTC 与常规矢量控制及直接转矩控制的比较。

“定子磁链轨迹控制”的英文名称是“Stator Flux Trajectory Control”，在本节中用这 4 个单词的第一个字母“SFTC”代替其全称。

10.2.1 异步电动机定子磁链轨迹控制方法的提出

应用高压大功率器件（3.3 kV、4.5 kV 及 6.5 kV 的 IGBT 和 IGCT）的中压大功率二电平和三电平变频器（PWM 整流器和逆变器）已在金属轧制、矿井提升、船舶推进、机车牵引等领域得到广泛应用。随器件电压升高、功率加大，开关损耗随之加大，为提高变频器的输出功率，要求降低 PWM 的开关频率。图 10-1 所示为采用 6.5 kV/600 A EUPEC IGBT 逆变器最大输出电流有效值 $I_{rms.max}$ 与开关频率 f_t 的关系曲线，从图中看出，在输出基波频率 f_{1s} = 5 Hz 时，开关频率 f_t 从 800 Hz 降至 200 Hz，输出电流大约增加 1 倍。

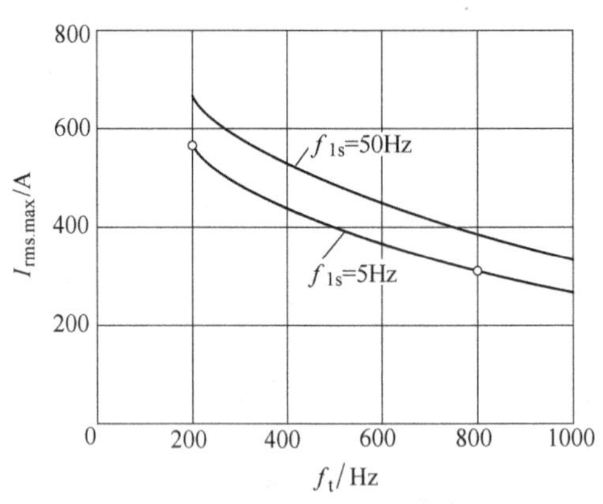

图 10-1 输出电流与开关频率 f_t 的关系（6.5 kV/600 A EUPEC IGBT）

随开关频率 f_t 的降低，每个输出基波周期（$1/f_{1s}$）中 PWM 方波数（频率比 $FR=f_t/f_{1s}$）减少，以输出基波频率 f_{1s} = 50 Hz 为例，若 f_t = 200 Hz，则 FR=4，每个输出基波只有 4 个方波（三电平变换器为 8 个方波），再采用常规的固定周期三角载波法（SPWM）或电压空间矢量法（SVPWM）产生 PWM 信号，输出波形中谐波太大，无法正常工作。

要想减小谐波，应该采用同步且对称的优化 PWM 策略。同步指每个基波周期中的 PWM 方波个数为整数。对称指方波波形在基波的 1/4 周期中左右对称（1/4 对称）及在基波的 1/2 周期中正负半周对称（1/2 对称）。常规的 SPWM 或 SVPWM 周期固定，不随基波周期和相位变化而变化，它们是异步且不对称的 PWM。常用的同步且对称优化 PWM 策略有两种：指定谐波消除法（SHE-PWM）和电流谐波最小法（CHM-PWM）。采用同步且对称的调制策略后，在 PWM 输出波形中将只含 5，7，11，13，17，…次特征谐波。若在 1/4 输出基波周期中有 N 次开通和关断的过程，采用 SHE-PWM 法后将消除 $N-1$ 个特征谐波，例如 $N=5$，则第 5、7、11、13 次 4 个谐波将被消除，第一个未消除的谐波是第 17 次，但幅值被放大，原因是被消除的谐波的能量被转移到未消除的谐波中。CHM-PWM 的目标不是消除某些谐波，而是追求电流所有谐波的总畸变率（THD,%）最小。图 10-2 所示为在开关频率为 200 Hz 时按常规 SVPWM 和按 CHM-PWM 得到的三电平逆变器电流波形图。从图中看出，在低开关频率时，优化 PWM 效果明显。

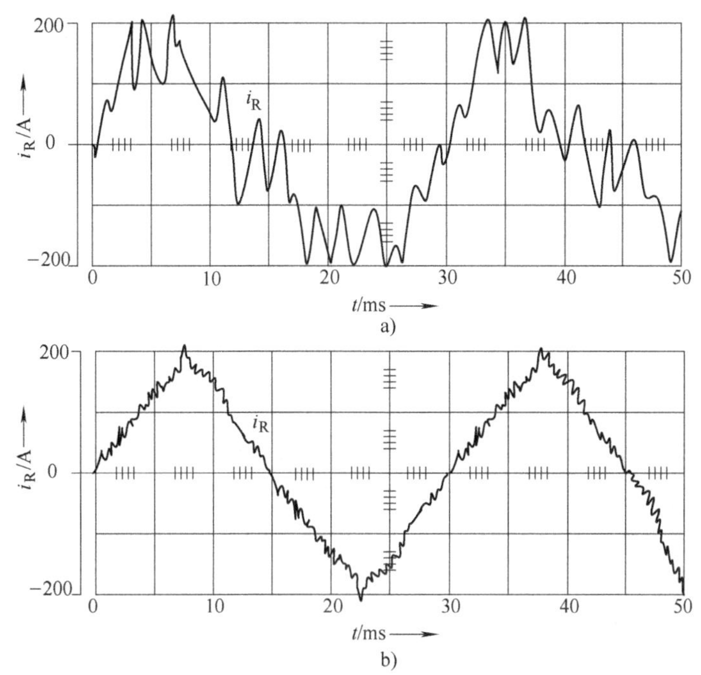

图 10-2　三电平逆变器电流波形图（$f_{1s}=33.5\,\text{Hz}$，$f_t=200\,\text{Hz}$）

a）常规 SVPWM　b）CHM-PWM

同步对称的 PWM 策略通常只适合 V/f 调速系统，因为它可以一个基波周期更换一次频率，且每周期的基波初始相位不变。采用这种策略是把一个基波周期中的开关角实现离线算好并存在控制器中，工作时调用，一个基波周期更换一次调用的角度。对于高性能系统，例如矢量控制系统，它的基波频率、幅值和相位随时都可能变化，要想实现同步且对称很困难，因为中途随时更换所调用的角度值会引起 PWM 波形紊乱，导致过电流故障。图 10-3 所示为中途更换调用开关角时定子电流矢量 $\boldsymbol{i}_s$ 在静止轴系的轨迹图。从图中可以清楚地看见更换调用开关角引起的过电流。如何能既采用同步对称优化 PWM 策略，在低开关频率下获得较小谐

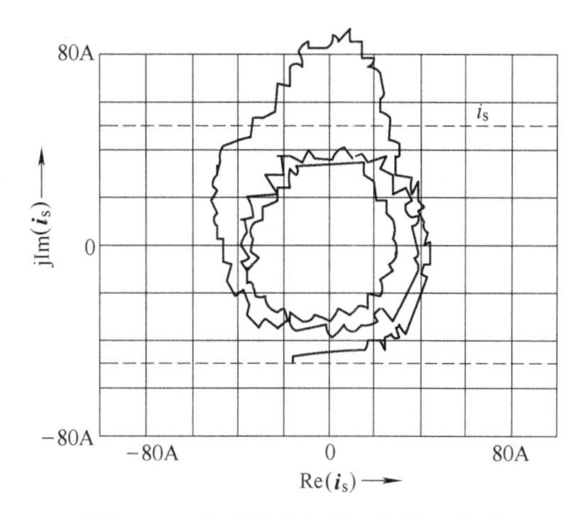

图 10-3　定子电流矢量 $\boldsymbol{i}_s$ 在静止轴系的轨迹图（Re—实部，jIm—虚部）

波，又能使系统具有快速响应能力，是高性能的中压大功率变频器研发的一大难题。

高性能调速系统大多采用矢量控制方式，它把定子电流分解为磁化分量 i_{sM} 和转矩分量 i_{sT}，经两个直流电流 PI 调节器实现解耦。开关频率降低导致 PWM 响应滞后，会破坏动态解耦效果，使 i_{sM} 和 i_{sT} 出现交叉耦合。图 10-4 所示为 i_{sT} 阶跃响应波形图，图 10-4a 所示为只有 PI 调节器的情况，在 i_{sT} 增加期间，i_{sM} 减小，存在严重的交叉耦合。在设计调节器时，常引入电流预控环节（CPC）来消耗电流环控制对象中存在的耦合，但这种解耦方法要求 PWM 滞后时间很短，这时耦合情况虽有所改善，但仍然严重。

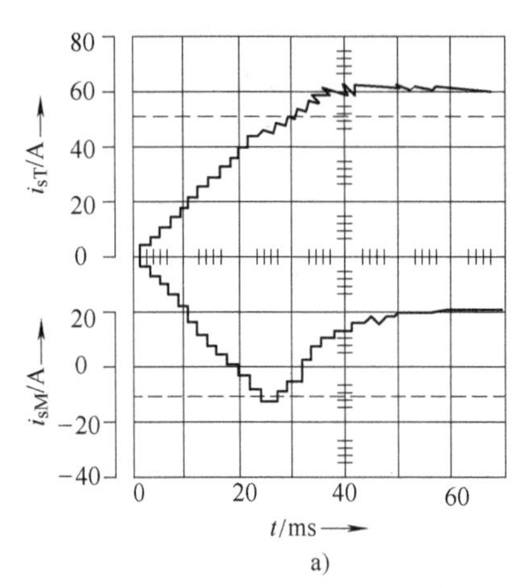

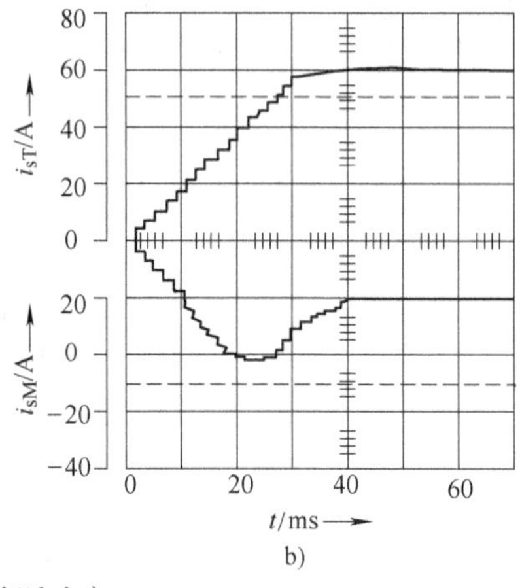

图 10-4　i_{sT} 阶跃响应

常规矢量控制系统通过用电流调节器改变 PWM 占空比来实现转矩调节，响应时间需多个开关周期。低压 IGBT 的开关频率为几千赫，逆变器转矩响应时间约为 5 ms，改用高压器件后开关频率降至几百赫，相应转矩响应时间将增至几十毫秒，难以满足高性能调速要求。从图 10-4 中可看出，当三电平逆变器的开关频率等于 200 Hz 时，仅用 PI 调节的转矩电流 i_{sT} 响应时间约为 40 ms，加入电流预控（CPC）后，响应时间减至 25 ms，但是仍然很大。

10.2.2　定子磁链轨迹控制的基本原理

定子磁链轨迹控制（SFTC）用以解决在高性能控制系统中由于采用同步对称优化 PWM 策略而出现的问题，使得在低开关频率时谐波小，系统响应快。它的特点是在暂态根据期望的定子磁链矢量 $\boldsymbol{\Psi}_{ss}$ 与实际的定子磁链矢量 $\boldsymbol{\Psi}_{sM}$（观测矢量—电动机模型输出，用下标 M 表示）之差 $\boldsymbol{d}(t)$ 修正 $P(m,N)$ 表中的开关角，以避免冲突。

SFTC 框图如图 10-5 所示，图中上半部是基于查表的同步对称优化 PWM 框图，下半部是开关角修正部分框图。根据 $P(m,N)$ 表中储存的开关角信号，在静止变换环节中算出期望的 PWM 输出电压矢量 $\boldsymbol{u}_{ss}$，再经积分得到期望的定子磁链矢量 $\boldsymbol{\Psi}_{ss}$。实测的定子电流经电动机模型得实际定子磁链矢量（观测矢量）$\boldsymbol{\Psi}_{sM}$。两个磁链矢量之差 $\boldsymbol{d}(t)=\boldsymbol{\Psi}_{ss}-\boldsymbol{\Psi}_{sM}$ 通过轨迹控制环节产生三相角度修正信号 ΔP。开关角度的变化带来 PWM 脉冲宽度变化，导致变换器输出电压波形伏-秒面积变化，电压伏-秒面积对应于磁链，所以可以通过修正开关角来修正定子磁链轨迹，使其实际矢量跟随期望矢量运动，从而避免冲击。

有三个问题待进一步说明：如何计算 $\boldsymbol{\Psi}_{ss}$；如何得到 $\boldsymbol{\Psi}_{sM}$；如何计算 ΔP 及开关角修正量。

1. $\boldsymbol{\Psi}_{ss}$ 计算

$\boldsymbol{\Psi}_{ss}$ 矢量是优化的稳态定子磁链矢量，选择定子磁链作为校正目标的原因：它受电动机参数影响最小，不受磁路饱和带来的电感值变化的影响；定子磁链与负载电流无关（在 m>0.3 时，可忽略定子电阻电压降影响）。

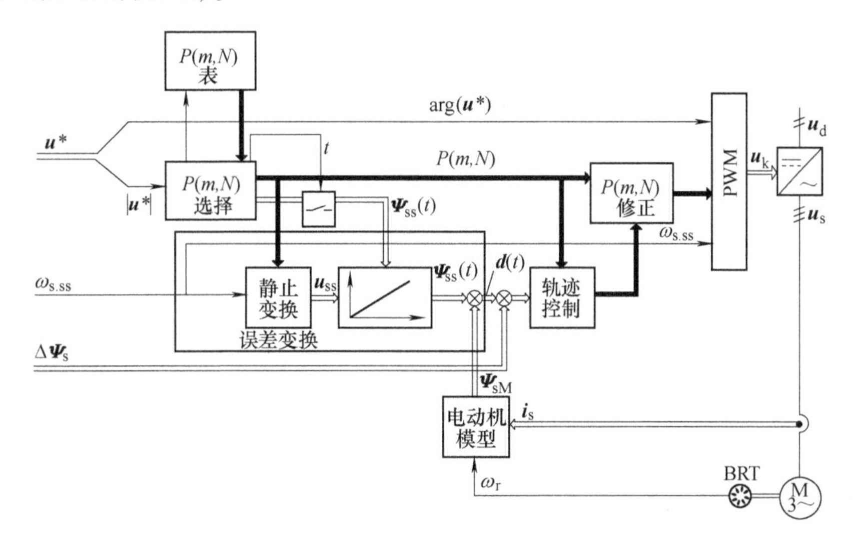

图 10-5　SFTC 框图

$\boldsymbol{\Psi}_{ss}$通过积分同步对称优化的稳态 PWM 电压矢量 $\boldsymbol{u}_{ss}$得到，假设 $t=t_c$时刻，一组新的开关角被调用，共有 12N 个角度值，它们的序号是 $i=1,\cdots,12N$。

$$\boldsymbol{\Psi}_{ss}(t)=\int_{t_c}^{t}\boldsymbol{u}_{ss}\mathrm{d}t+\boldsymbol{\Psi}_{ss}(t_c) \tag{10-1}$$

式中，$\boldsymbol{\Psi}_{ss}(t_c)$为积分初始值。

$$\boldsymbol{\Psi}_{ss}(t_c)=\int_{t_i}^{t_c}\boldsymbol{u}_{ss}\mathrm{d}t+\boldsymbol{\Psi}_{ss}(t_i) \tag{10-2}$$

$$\boldsymbol{\Psi}_{ss}(t_i)=\boldsymbol{\Psi}_{ss}(\alpha_i)$$

式中，$t_i=\alpha_i/\omega_s$是领先 t_c的第 i 个开关角 α_i对应时刻；$\boldsymbol{\Psi}_{ss}(t_i)$是 t_i时刻的 $\boldsymbol{\Psi}_{ss}$；$\boldsymbol{\Psi}_{ss}(\alpha_i)$是 α_i角对应的 $\boldsymbol{\Psi}_{ss}$，它也事先离线计算并和 α_i一起存在 $P(m,N)$表中；ω_s是同步角速度相对值。

$$\begin{aligned}\boldsymbol{\Psi}_{ss}(\alpha_i)&=\int_0^{\alpha_i}\boldsymbol{u}_{ss}(\alpha)\mathrm{d}\alpha-\boldsymbol{\Psi}_{ss}(\alpha=0)\\ \boldsymbol{\Psi}_{ss}(\alpha=0)&=\int_0^{2\pi}\left(\int_0^{\alpha}\boldsymbol{u}_{ss}(\alpha)\mathrm{d}\alpha\right)\mathrm{d}\alpha\end{aligned} \tag{10-3}$$

由于时间差 t_c-t_i很短，按式（10-1）和式（10-2）计算简化了 $\boldsymbol{\Psi}_{ss}$数字计算，也避免了长时间积分带来的累积误差。

2. $\boldsymbol{\Psi}_{sM}$计算

$\boldsymbol{\Psi}_{sM}$来自异步电动机模型，Holtz 教授提出的 SFTC 系统采用电流模型，如图 10-6 所示。图中，反映信号流向的双实线表示该信号是矢量的两个分量；变量的下标 M 表示该变量是模型观测值。这个电流模型由两个部分构成：转差频率和从转子磁链矢量到定子磁链矢量的变换。

测得的交流电流 $\boldsymbol{i}_{s\alpha\beta}$经矢量回转器（VT）变换成它在 M 和 T 轴分量的观测值 $i_{sM\cdot M}$和 $i_{sT\cdot M}$。因 M 轴与转子磁链矢量 $\boldsymbol{\Psi}_{r\cdot M}$同向，转子磁链幅值$|\boldsymbol{\Psi}_{r\cdot M}|=|\boldsymbol{\Psi}_{rM\cdot M}|$，$\boldsymbol{\Psi}_{sT\cdot M}=0$。

$$|\boldsymbol{\Psi}_{rM\cdot M}|=\frac{L_m}{1+T_r s}i_{sM\cdot M} \tag{10-4}$$

式中，L_m为互感；T_r是转子时间常数。

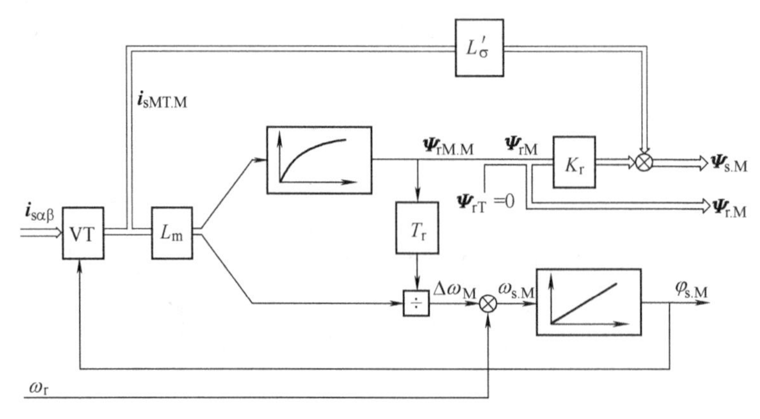

图 10-6　异步电动机的电流模型

转子磁链矢量（观测值）：　$\boldsymbol{\Psi}_{r\cdot M}=\boldsymbol{\Psi}_{rM\cdot M}+j\boldsymbol{\Psi}_{rT\cdot M}=\boldsymbol{\Psi}_{rM\cdot M}+j0$

定子磁链矢量（观测值）：　$\boldsymbol{\Psi}_{s\cdot M}=K_r\boldsymbol{\Psi}_{r\cdot M}+L'_\sigma\boldsymbol{i}_s$　（10-5）

式中，$K_r=L_m/L_r$是转子耦合系数；$L'_\sigma=K_rL_\sigma=(L_m/L_r)(L_{s\sigma}+L_{r\sigma})$。

实际的定子磁链计算方法与图 10-6 所示略有区别，借助另一个矢量回转器（VT）把转子磁链矢量 $K_r\boldsymbol{\Psi}_{r\cdot M}$变回静止轴系，在定子（静止）轴系中与电流矢量 $L'_\sigma\boldsymbol{i}_s$相加，得定子磁链矢量 $\boldsymbol{\Psi}_{s\cdot M}$（见图 10-8）。将 $\boldsymbol{\Psi}_{s\cdot M}$送至 SFTC（见图 10-5），与期望矢量 $\boldsymbol{\Psi}_{ss}$比较，产生动态调制误差矢量 $\boldsymbol{d}(t)$。

两个矢量回转器（VT）所需的转子磁链位置角（观测值）$\varphi_{s\cdot M}$信号来自同步旋转角速度（观测值）$\omega_{s\cdot M}$的积分

$$\varphi_{s\cdot M}=\int\omega_{s\cdot M}\mathrm{d}t=\int(\omega_r+\Delta\omega_m)\mathrm{d}t$$

$$\Delta\omega_m=\frac{L_m}{T_r}\frac{1}{\boldsymbol{\Psi}_{rM\cdot M}}i_{sT\cdot M}\tag{10-6}$$

式中，ω_r是转子角速度信号；$\Delta\omega_m$是转差角速度（观测值）。

3. ΔP 的计算及开关角修正

动态调制误差 $\boldsymbol{d}(t)$用以修正来自 $P(m,N)$表中的角度值，使 $\boldsymbol{d}(t)$趋于最小，$\boldsymbol{d}(t)$经轨迹控制环节产生三相角度修正信号 $\Delta\boldsymbol{P}$（见图 10-5）。

定子磁链的动态误差是 PWM 波形的伏-秒面积误差，可以通过改变 PWM 开关时刻来修正。在系统中，$\boldsymbol{d}(t)$的采样和修正周期为 $T_k=0.5\ \text{ms}$（小于 PWM 开关周期），在周期 T_k中，若某相存在 PWM 跳变，便修正它的跳变时刻，若无跳变则不修正。修正的原理（三电平逆变器）如下：

1）对于正跳变（从$-u_d/2\sim0$ 或从 $0\sim+u_d/2$，标记为 $s=+1$），若跳变时刻推后（$\Delta t>0$），则伏-秒面积减小；若跳变时刻提前（$\Delta t<0$），则伏-秒面积增加。

2）对于负跳变（从$+u_d/2\sim0$ 或从 $0\sim-u_d/2$，标记为 $s=-1$），若跳变时刻推后（$\Delta t>0$），则伏-秒面积增加；若跳变时刻提前（$\Delta t<0$），则伏-秒面积减小。

3）若无跳变，标记为 $s=0$。

在一个采样周期 T_k中，某相可能有几次跳变，这个跳变次数定义为 n。

以 a 相为例，若在 T_k中存在 n 次跳变，其中第 i 次跳变的时间修正量为 Δt_{ai}，则在这个 T_k中，a 相动态调制误差的修正量为

$$\Delta d_{\mathrm{a}}=-\frac{u_{\mathrm{d}}}{3}\sum_{i=1}^{n}s_{\mathrm{a}i}\Delta t_{\mathrm{a}i} \tag{10-7}$$

式中，u_{d}是直流母线电压相对值，它的基值为 $u_{1\mathrm{m}}=2U_{\mathrm{d}}/\pi$（$u_{1\mathrm{m}}$是逆变器按6拍运行时的基波电压幅值；$U_{\mathrm{d}}$是直流母线电压测量值）。

令 $d_{\mathrm{a}}(k)$表示在k周期之初采样到的误差值，$\Delta d_{\mathrm{a}}(k-1)$表示在前一周期（第$k-1$周期）计算但还没执行完的误差修正值，则在第$k$周期应执行的修正量为

$$\Delta d_{\mathrm{a}}(k)=-[d_{\mathrm{a}}(k)-\Delta d_{\mathrm{a}}(k-1)] \tag{10-8}$$

式中，括号前的负号表示修正量应与误差量符号相反。

由式（10-7）和式（10-8），得到a相第i次跳变的时间修正量为

$$\Delta t_{\mathrm{a}i}=\frac{3}{u_{\mathrm{d}}}\frac{1}{s_{\mathrm{a}i}}[\boldsymbol{d}(k)-\Delta\boldsymbol{d}(k-1)]\cdot 1 \tag{10-9}$$

同理得到b相和c相第i次跳变的时间修正量为

$$\begin{cases}\Delta t_{\mathrm{b}i}=\dfrac{3}{u_{\mathrm{d}}}\dfrac{1}{s_{\mathrm{b}i}}[\boldsymbol{d}(k)-\Delta\boldsymbol{d}(k-1)]\cdot\boldsymbol{a}\\ \Delta t_{\mathrm{c}i}=\dfrac{3}{u_{\mathrm{d}}}\dfrac{1}{s_{\mathrm{c}i}}[\boldsymbol{d}(k)-\Delta\boldsymbol{d}(k-1)]\cdot\boldsymbol{a}^2\end{cases} \tag{10-10}$$

式中，$1=\mathrm{e}^{\mathrm{j}0}$、$\boldsymbol{a}=\mathrm{e}^{\mathrm{j}2\pi/3}$、$\boldsymbol{a}^2=\mathrm{e}^{-\mathrm{j}2\pi/3}$是三相单位矢量（见图10-7b），“·”是矢量点积运算符号。（注：相a、b、c即逆变器三相输出相R、S、T。）

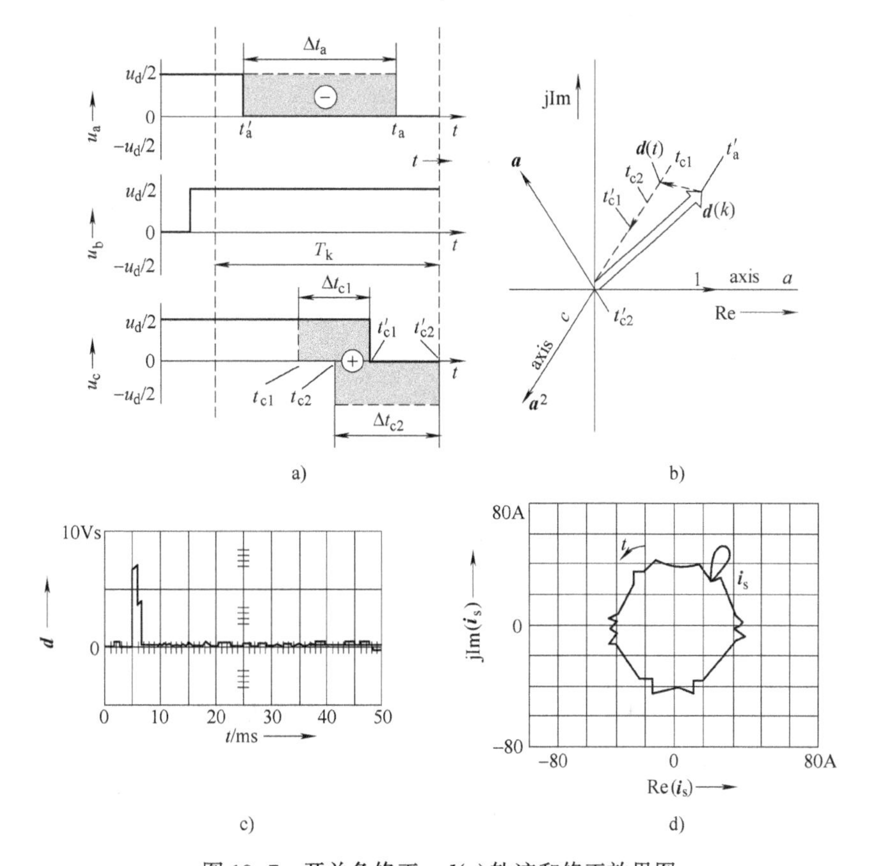

图10-7 开关角修正、$\boldsymbol{d}(t)$轨迹和修正效果图

a）开关角修正 b）$\boldsymbol{d}(t)$轨迹修正 c）有修正的$\boldsymbol{d}(t)$波形 d）有修正的定子电流矢量轨迹图

图 10-7a 所示为三相开关角修正图，图中虚线为未修正的波形，实线为修正后的波形，阴影区为修正的伏-秒面积。图 10-7b 是与图 10-7a 对应的误差矢量 $\boldsymbol{d}(t)$ 的修正轨迹图。图 10-7c 是有修正的 $\boldsymbol{d}(t)$ 波形图，经两个采样周期（1 ms）它被修正为零。图 10-7d 是有修正的定子电流矢量在静止轴系的轨迹图（与图 10-3 情况相同），与图 10-3 相比电流冲击很小。

受最窄 PWM 脉冲及采样周期长度 T_k 等的限制，按式（10-9）和式（10-10）算出的时间修正量有时不能完全执行，若某相在 T_k 中没有跳变，也无法修正该相误差，所有剩余误差都要留到后序采样周期执行。

10.2.3　定子磁链轨迹控制的闭环控制系统

1. 自控电动机

把矢量控制系统中，PWM 的输入电压矢量 $\boldsymbol{u}^*$ 来自电流调节器输出，含有噪声，把它送至优化 PWM，将导致 $P(m,N)$ 表的错误调用和修正，使系统紊乱。解决的方法是借助电动机模型（观测器）建立一个能输出干净 $\boldsymbol{u}^*$ 的“自控电动机”。观测器输入电压信号 $\boldsymbol{u}^*$ 不是来自电动机或电流调节器输出，而是来自优化 PWM 输入（它与 PWM 输出电压基波成比例，无 PWM 谐波），观测器输出一个干净的 $\boldsymbol{u}^{*\prime}$ 信号，又送回 PWM 输入，这是一个自我封闭的稳态工作系统，所有输出都是干净的基波值，仅在接收到输入扰动信号 $\Delta\boldsymbol{\Psi}_s$ 后才改变工作状态。优化 PWM 需要的干净的频率信号 $\omega_{s.ss}$ 也来自“自控电动机”。

常用的异步电动机观测器有三种：一是静止坐标观测器，受电动机参数影响较大；二是全阶观测器，动态响应较慢；三是混合观测器，性能较好，Holtz 教授的 SFTC 系统采用这种模型。

混合观测器主要由定子模型和转子模型两部分组成，如图 10-8 所示。转子模型是图 10-6 所示的异步电动机电流模型，定子模型是降阶观测器。

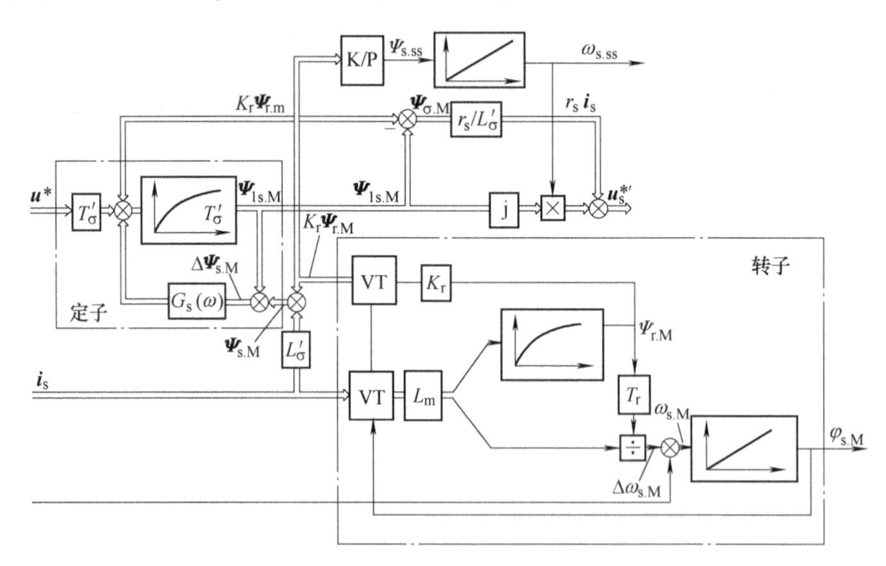

图 10-8　异步电动机混合观测器框图

定子磁链矢量与定子电压、电流基波矢量间的关系式为

$$\frac{\mathrm{d}\boldsymbol{\Psi}_{1s}}{\mathrm{d}t}=\boldsymbol{u}_{1s}-r_s\boldsymbol{i}_{1s} \tag{10-11}$$

式中，电压、电流和磁链的下标 1 表示基波。

由式（10-5），得

$$i_{1s}=\frac{\boldsymbol{\Psi}_{1s}-K_r\boldsymbol{\Psi}_r}{L'_\sigma}$$

则

$$L'_\sigma\frac{\mathrm{d}\boldsymbol{\Psi}_{1s}}{\mathrm{d}t}+\boldsymbol{\Psi}_{1s}=T'_\sigma\boldsymbol{u}_{1s}+K_r\boldsymbol{\Psi}_r \tag{10-12}$$

式中，$T'_\sigma=L'_\sigma/r_s$为漏感时间常数；r_s是定子电阻；$L'_\sigma=K_rL_\sigma=K_r(L_{s\sigma}+L_{r\sigma})$。

按式（10-12）构建定子模型，并以下标 M 表示模型输出，可得

$$\boldsymbol{\Psi}_{1s\cdot M}=\frac{1}{T'_\sigma s+1}[T'_\sigma\boldsymbol{u}^*+K_r\boldsymbol{\Psi}_{r\cdot M}+G_s(\omega)(\boldsymbol{\Psi}_{1s\cdot M}-\boldsymbol{\Psi}_{s\cdot M})] \tag{10-13}$$

式中，$\boldsymbol{\Psi}_{1s\cdot M}$是定子磁链基波矢量，它是降阶观测器输出；$K_r\boldsymbol{\Psi}_{r\cdot M}$来自转子模型；$\boldsymbol{\Psi}_{s\cdot M}=K_r\boldsymbol{\Psi}_{r\cdot M}+T'_\sigma\boldsymbol{i}_s$（$\boldsymbol{\Psi}_{s\cdot M}$还被送去与$\boldsymbol{\Psi}_{ss}$比较，产生动态调制误差矢量$\boldsymbol{d}(t)$，见图 10-5）；$G_s(\omega)(\boldsymbol{\Psi}_{1s\cdot M}-\boldsymbol{\Psi}_{s\cdot M})$反馈用于减小电动机参数偏差影响，$G_s(\omega)$是校正增益。

混合观测器的输出$\boldsymbol{u}^{*\prime}$由$\boldsymbol{\Psi}_{1s\cdot M}$和$K_r\boldsymbol{\Psi}_{r\cdot M}$算出，它们都是干净信号（由于转子时间常数$T_r$大，所以$K_r\boldsymbol{\Psi}_{r\cdot M}$是干净信号），可得

$$\boldsymbol{u}^{*\prime}=\mathrm{j}\omega_{s.ss}\boldsymbol{\Psi}_{1s\cdot M}+\left(\frac{r_s}{L'_\sigma}\right)(\boldsymbol{\Psi}_{1s\cdot M}-K_r\boldsymbol{\Psi}_{r\cdot M}) \tag{10-14}$$

式中，$\omega_{s.ss}$是稳态定子角频率，来自磁链$K_r\boldsymbol{\Psi}_{r\cdot M}$位置角的微分，它也是优化 PWM 所需频率信号的来源。

2. SFTC 的闭环调速系统

引入“自控电动机”后系统不能调速，必须通过外环加入扰动矢量$\Delta\boldsymbol{\Psi}_s$才能改变原来的稳态工作状态。一种基于 SFTC 的闭环调速系统如图 10-9 所示。外环由磁链调节器（AΨR）和转速调节器（ASR，采用两个 PI 调节器）组成，没有电流调节器。

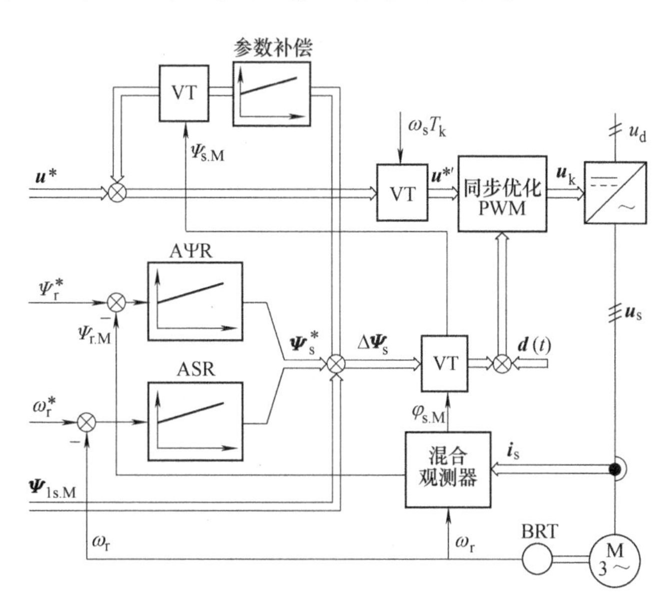

图 10-9　基于 SFTC 的闭环调速系统

磁链调节器（AΨR）的反馈信号来自混合观测器的转子磁链实际值$\Psi_{rM\cdot M}$（由于定向于转子磁链矢量$\boldsymbol{\Psi}_r$，$\Psi_{rT}=0$，所以$\Psi_{rM}=\Psi_r$，$\Psi_{rM\cdot M}$为Ψ_r的观测值），输出是定子磁链 M 轴分量给

定 $\boldsymbol{\Psi}_{sM}^*$。

因为
$$\Psi_{sM}=K_r\Psi_{rM}+L'_\sigma i_{sM}$$
考虑到在 Ψ_r恒定的条件下，$\Psi_{rM}=L_m i_{sM}$及异步电动机转子磁链公式（10-14），则
$$T_r\frac{d\Psi_{rM}}{dt}+\Psi_{rM}=K_s\Psi_{sM} \tag{10-15}$$
式中，K_s为比例系数。

由式（10-15）知，转子磁链幅值 Ψ_r只与 Ψ_{sM}有关，不与 T 轴耦合，可以通过控制 Ψ_{sM}来控制 Ψ_r。

转速调节器（ASR）的反馈信号是来自编码器的转速实际值 ω_r，输出是定子磁链 T 轴分量给定 Ψ_{sT}^*，因为
$$\Psi_{sT}=K_r\Psi_{rT}+L'_\sigma i_{sT}=L'_\sigma i_{sT}$$
考虑到电动机转矩 $T_d=K_{mi}\Psi_r i_{sT}$及 $\Psi_{rT}=0$，所以
$$T_d=\frac{K_{mi}}{L'_\sigma}\Psi_r\Psi_{sT} \tag{10-16}$$
在 Ψ_r恒定的条件下，转矩只与 Ψ_{sT}有关，不与 M 轴耦合，可以通过控制 Ψ_{sT}来控制转矩，从而控制转速。转矩和电流的限制由该调节器限幅实现。

Ψ_{sM}^*和 Ψ_{sT}^*合成的定子磁链给定矢量 $\boldsymbol{\Psi}_s^*$ 与来自混合观测器的定子磁链实际基波矢量 $\boldsymbol{\Psi}_{1s.M}$比较后得“自控电动机”的扰动矢量信号 $\Delta\boldsymbol{\Psi}_s$，它与动态调制误差 $\boldsymbol{d}(t)$相加，作为总的磁链修正信号。由于 SFTC 的磁链跟踪性能好，能很快消除磁链误差 $\Delta\boldsymbol{\Psi}_s$，使 $\boldsymbol{\Psi}_{1s.M}=\boldsymbol{\Psi}_s^*$，从而消除交叉耦合，实现磁链与转矩的分别控制。例如在需要调速时，转速给定 ω^* 的变化引起 Ψ_{sT}^*变化，$\Delta\boldsymbol{\Psi}_s\neq 0$，“自控电动机”受扰动而改变原有稳定工作状态，SFTC 起作用来消除 $\Delta\boldsymbol{\Psi}_s$，使实际的 Ψ_{sT}等于新的给定值，导致电动机转矩和转速变化，奔向新工作点。

为消除电动机参数变化对系统的影响，在系统中引入两个参数补偿 PI 调节器，它们的输入是 $\Delta\boldsymbol{\Psi}_s$，输出与 $\boldsymbol{u}^{*\prime}$信号（“自控电动机”输出）叠加，修改 PWM 输入矢量 $\boldsymbol{u}^*$。由于电动机参数变化缓慢，这两个 PI 调节的比例系数很小，时间常数大。

为补偿“自控电动机”数字离散计算带来的一个采样周期滞后，在图 10-9 所示的系统从 $\boldsymbol{u}^*$ 到 $\boldsymbol{u}^{*\prime}$的通道中插入一个矢量回转器 VT，它的回转角度为 $\omega_s T_k$（T_k为开关角采样和修正周期）。加入该 VT 后，矢量 $\boldsymbol{u}^*$ 向前转 $\omega_s T_k$。

10.3 电机控制系统的预测控制方法

预测控制是 20 世纪 70 年代末发展起来的一种新型的计算机控制算法，其主要特点在于预测控制使用系统模型来预测控制变量未来的变化。预测控制的产生不是来源于理论的发展，而是社会发展的需要和科技进步的产物。目前已有多种预测控制算法，但就方法的机理而言都有共同的思想，即利用系统模型预测在实时控制作用下未来的动态行为，根据给定实时约束条件和性能要求滚动的求解最优控制作用实施当前控制，对滚动的每一步通过检测实时信息修正对未来动态行为的预测，因此预测控制的基本原理可归纳为如下四条，即预测模型，滚动优化，计算最优输入和反馈校正。

目前在电力电子与电力传动领域中有多种预测模型仿真，如无差拍预测控制、滞后预测控制、轨道预测控制、模型预测控制（Model Predictive Control，MPC）等。由于模型预测控制（MPC）的最优化准则更为灵活（可表示为最小化的代价函数），因此模型预测控制是近期应用

中的佼佼者。

10.3.1　模型预测控制及其基本原理

在众多先进的控制技术中，MPC技术比标准的比例积分微分（PID）控制技术更先进，并在工业应用领域获得了成功的应用。MPC在电力电子领域中获得应用的时间可追溯至20世纪80年代，当时仅考虑将其应用在低开关频率的大功率系统中。随着微处理器技术的迅猛发展，近几十年来，人们对MPC技术在电力电子领域的应用越来越多。

MPC包含一系列多种控制器，而不是特指某一具体的控制器。这类控制器的共用要素是使用系统模型来预测变量，在预定义时间段内的未来行为，并从中选择一个主体已操作实现代价函数的最小化。这种结构具有如下几个重要优势：

1）概念非常直观且易于理解。

2）适用于各种系统。

3）可顺利地在多变量系统上应用。

4）可实现死区时间的补偿。

5）模型易于呈现非线性特性。

6）约束条件处理简单。

7）可针对具体的应用领域修改、扩展方案。

然而也需要考虑它的一些缺点，如与经典控制器相比，MPC所需的计算量更大。模型质量直接影响着相应的控制器质量。若系统参数随时间变化，必须考虑应用合适的自适应算法或估计算法。

MPC的基本思路如下：

1）使用模型来预测变量在预定义时间段内的未来变化。

2）利用代价函数表示期望的系统行为。

3）通过最小化代价函数确定最优操作方式。

可使用下面的状态空间模型来表示用来预测离散时间系统的模型：

$$\boldsymbol{x}(k+1)=\boldsymbol{A}\boldsymbol{x}(k)+\boldsymbol{B}\boldsymbol{u}(k) \tag{10-17}$$

$$\boldsymbol{y}(k)=\boldsymbol{C}\boldsymbol{x}(k)+\boldsymbol{D}\boldsymbol{u}(k) \tag{10-18}$$

需要定义代价函数来表示期望得到的系统行为。该函数应充分考虑参考值、未来状态和未来操作，即

$$\boldsymbol{J}=f(\boldsymbol{x}(k),\boldsymbol{u}(k),\cdots,\boldsymbol{u}(k+N)) \tag{10-19}$$

MPC属于最优化问题，在定义的时间段N内，该方法应按照系统模型和系统的限制条件要求实现代价函数$\boldsymbol{J}$的最小化。其结果为N个最有操作组成的序列，但控制器只使用该序列中的第一个元素。序列如下：

$$\boldsymbol{u}(k)=(1\quad 0\quad \cdots\quad 0)\arg\min_{\mathrm{u}}\boldsymbol{J} \tag{10-20}$$

同时使用最新的测量数据并获取对应各时间点的最优动作序列，每个采样时刻都会再次解决最优化问题，这就是所谓的滚动时域策略。

MPC的工作原理如图10-10所示。在预定义的时间$k+N$内，使用系统模型和时刻K之间的有效信息（测量值）可预测系统状态的未来值。按照最小化代价函数的原则，可计算出最优操作序列，然后使用序列中的第一个元素。考虑到系统会不断获得新的测量数据，每个采样时刻都会重复整个处理过程。

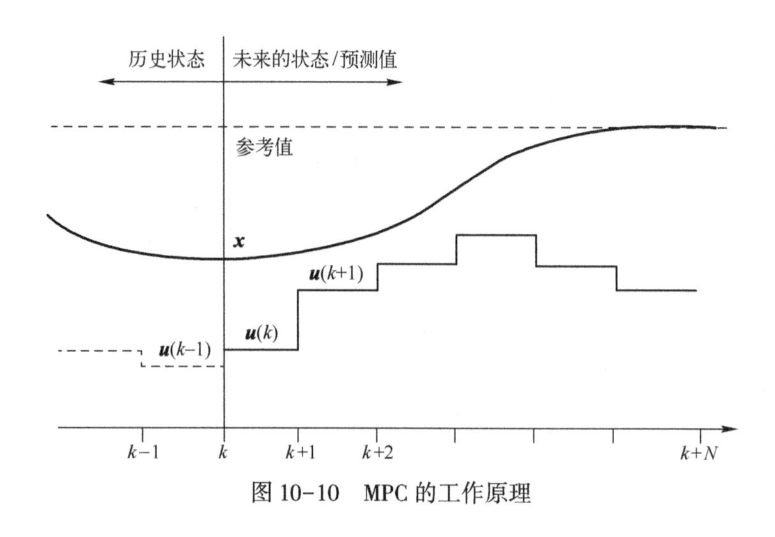

图 10-10　MPC 的工作原理

10.3.2　电力电子传动系统的模型预测控制

为了在实际系统中应用实现 MPC，考虑到由于采样速度快、计算时间非常短，人们提出了一种被称为显式 MPC［无须做反复的优化计算，相比于反复在线优化计算的通常（隐式）模型预测控制，其在线计算时间大为减少］的策略，将大部分最优化问题转移到线下处理。在充分考虑系统模型、约束条件和控制目标等因素的基础上，可通过离线处理的方式解决 MPC 的最优化问题，从而得出一套以系统状态为变量，以最优解为函数值的对照表。这种方法不仅在功率变换器控制领域得到了应用，如直流-直流（DC-DC）变化器和三相逆变器，还在永磁同步电动机的控制上得到了应用。本节针对电力电子传动系统提出一种通用控制方案，具体介绍 MPC 的应用。

显式 MPC 使用调制器将功率变换器的模型近似为线性系统。这种近似可有效简化最优化问题，实现显式控制规则的计算。

若将功率变换器的离散特点考虑进来，就能进一步简化最优化问题并实现在线处理。考虑到开关状态的数量是有限的，并可使用快速微处理器，在线评价各开关状态并计算最优操作是完全可能实现的。基于这种考虑，控制方案将更简化、更具有灵活性。由于功率变换器的开关状态仅允许有限个可能的操作，常将这种方法称为有限控制指令 MPC。

1. 控制器设计

针对功率变换器的控制问题，应按照下列步骤来设计有限控制指令 MPC 方案：

1）建立功率变换器模型时，应确定出所有可能的开关状态及它们与输入/输出的电压/电流之间的关系。

2）定义一个可代表期望的系统行为的代价函数。

3）建立离散时间模型用以预测要控制的变量的未来行为。

功率开关器件的类型是创建变换器模型时需要考虑的基本要素，如绝缘双极型晶体管（IGBT）或其他类型开关器件。这种功率开关期间的最简模型为理想开关，仅具有两种状态：导通和关断。这样看来，功率变换器开关状态的总数就等于各开关两种状态的不同组合的数量。然而，有些组合是不可能存在的，如导致 DC 环节短路的开关组合。

作为一个基本准则，可能的开关状态的数量 N 可表示为

$$N=x^{y} \tag{10-21}$$

式中，x 为变换器各相臂上可能出现的开关状态的数量；y 为变换器的相数（或相臂数）。

这样算来，三相两电平变换器将具有 $N=2^3=8$ 个可能的开关状态，三相三电平变换器将具有 $N=3^3=27$ 个可能的开关状态，五相两电平变换器将具有 $N=2^5=32$ 个可能的开关状态。在一些多电平拓扑结构中，变换器通常具有非常多的开关状态。以三相九电平级联型 H 桥逆变器为例，其开关状态的数量超过 16000000。

另外，还需要考虑变换器模型开关状态与电压电平之间的关系，如单相变换器；或开关状态与电压矢量的关系，电压矢量的情形，例如三相及多相变换器的情形。对于电流源型变换器，可能的开关状态与电流矢量有关，而不是电压矢量。可以看出，某些情况下，两个或更多的开关状态可产生相同的电压矢量。以三相两电平变换器为例，8 个开关状态可产生 7 个不同的电压矢量，即存在两个开关状态会产生零矢量。三相三电平变换器冗余量更大，27 个开关状态仅能产生 19 个不同的电压矢量。图 10-11 给出了两种拓扑结构不同的变换器的开关状态与电压矢量之间的关系。对于其他拓扑结构而言，可能的开关状态的计算方法可能有所不同。

不同应用领域对系统的控制要求也有所不同，如电流控制、转矩控制、功率控制、地开关频率等，但这些要求均可表示为最小化的代价函数。需定义的最基本的代价函数通常是基准量与预测变量之间的测量误差，如负载电流误差、功率误差、转矩误差等。本书后续章节将进一步阐述这些问题。然而，预测控制方法的优点之一就是可同时实现不同类型变量的控制，可同时在代价函数里包含限制条件。为了解决控制变量的单位和幅值不同这一问题，代价函数的每一项都将乘以一个权重系数，通过调整这些权重系数即可调整各项的重要程度。

创建预测模型时，离散时间模型必须把要控制的变量参考进去，进而实现对这些变量的预测。定义哪些变量需要测量、哪些不需要测量也非常重要，因为某些情况下预测模型所需的变量不是测量值，而是某种形式的估计值。

为了获得离散时间模型，有必要使用一些离散化方法。一阶系统非常有用，因为使用前向欧拉方法可容易获取近似倒数，即

$$\frac{\mathrm{d}x}{\mathrm{d}t}=\frac{x(k+1)-x(k)}{T_{\mathrm{a}}} \tag{10-22}$$

式中，T_{a}为采样时间。然而，当系统结束较高时，欧拉方法引入的误差很明显，此时，通过这种方式建立离散时间模型就不太适合了。对于这些高阶系统，应使用更为严格的离散化方法。

2. MPC 的实现

设计并实现控制器时，应考虑下列内容：

1）针对所有开关状态预测其对所有控制变量的影响。

2）评估计算各个预测的代价函数值。

3）选择代价函数降低的开关状态。

设计预测模型和预测控制策略可能会遇到不同的困难，具体取决于选用的平台类型。使用定点处理器时，应格外注意程序的编写方式，从而确保以定点形式表示的变量具有最高的精度。另外，使用浮点式处理器操作时，仿真所用的程序几乎可以直接在实验设备上应用。

计算量与受控系统的复杂程度有关，过大的计算量将对最小采样时间造成限制。对于最简单的情况——预测电流控制，其计算时间非常短；但对于转矩和磁链控制等其他方案，计算时间将直接影响允许采样的时间。

为选出能使代价函数达到最小值的开关状态，控制系统将对所有可能的状态进行评价，然后存储最优值供后续使用。计算量与可能的开关状态的数量呈正相关关系。就三相两电平逆变器而言，计算 8 个可能的开关状态的预测值并不是问题；但对于多电平、多相系统而言，必须考虑一种适当的优化方法来降低计算量。

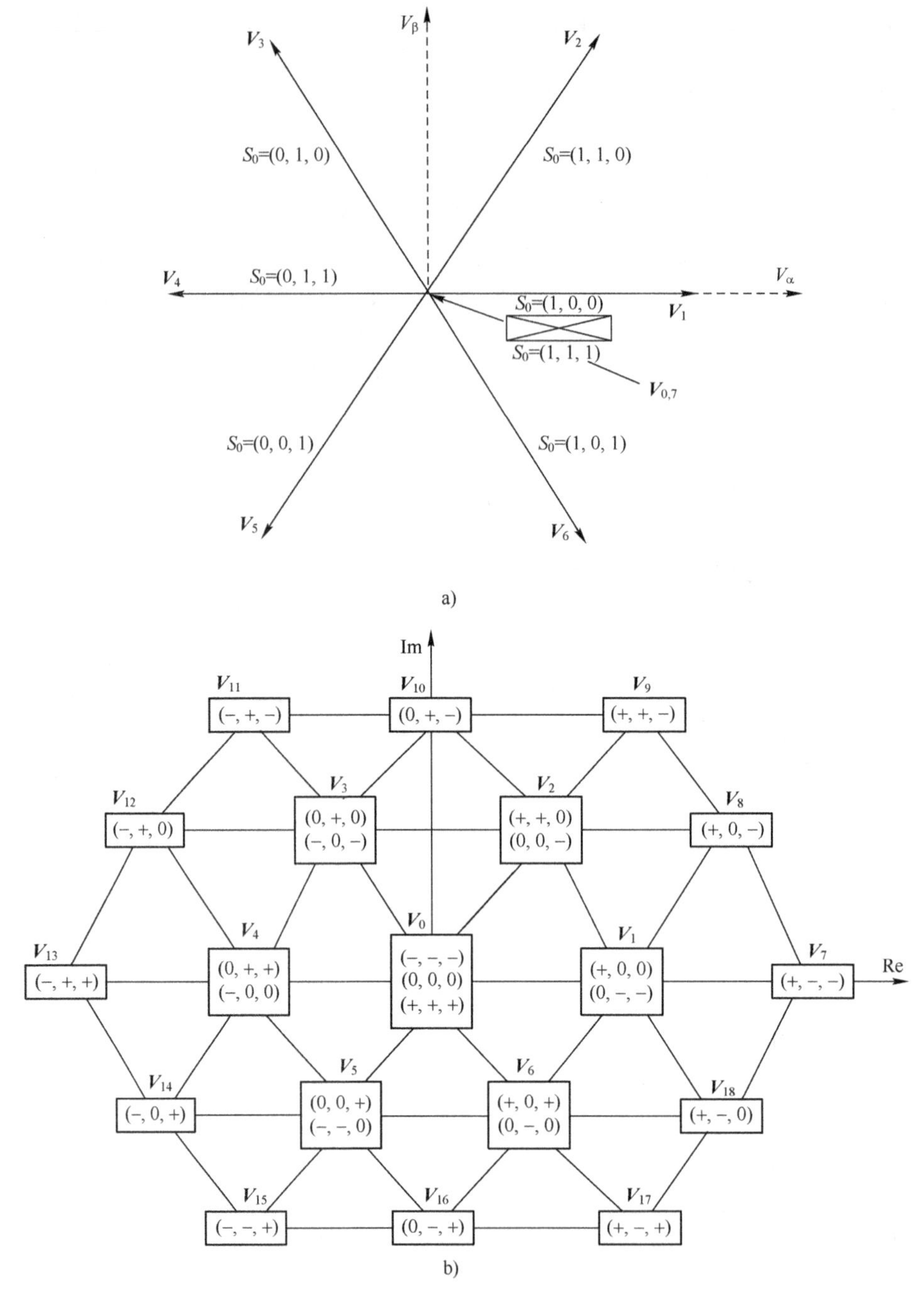

图 10-11　两种不同拓扑结构变换器的开关状态与电压矢量之间的关系

a）三相两电平逆变器　b）三相三电平逆变器

3. 通用控制方案

针对适用于功率变换器和传动装置的 MPC 技术，图 10-12 给出的电力电子传动系统的通用 MPC 方案。其中的功率变换器可采用任意拓扑结构，相数也不受限制。图中给出的通用负载是电动机。在这种方案里，模型将使用被测变量 $\boldsymbol{x}(k)$ 为任何一种可能的操作，计算出控制变量（开关状态、电压或电流）的预测值 $\boldsymbol{x}(k+1)$。然后，这种方案使用代价函数来评价这些预测值，同时考虑参考值 $\boldsymbol{x}^*(k)$ 和相应的限制条件，最终选定最优操作 $\boldsymbol{S}$ 并将其应用于功率变换器上。

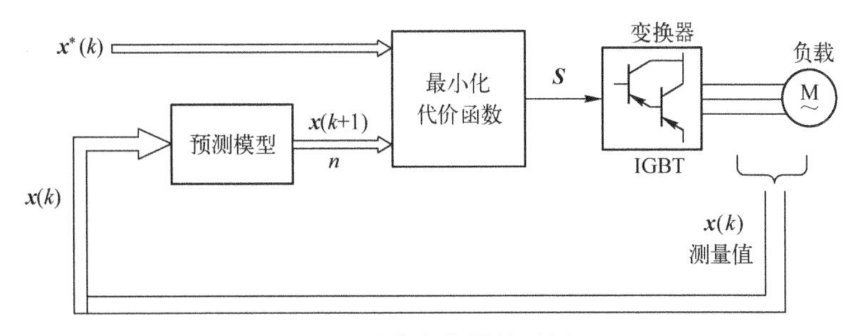

图 10-12　功率变换器的通用 MPC

10.4　智能控制方法

10.4.1　异步电动机的神经网络模型参考自适应控制方法

神经网络控制技术是智能控制的一个重要分支，其主要优点是可以利用神经网络的学习能力，适应系统的非线性和不确定性，使控制系统具有较强的适应能力和鲁棒性。与模糊控制相比，神经网络控制不需要事先设定控制规则，能够在线调整权系数，使系统性能达到最优，从而能够显著降低控制系统的开发周期。

近年来，把神经网络控制技术引入到电气传动领域的研究，受到各国专家广泛的关注，已经获得很多成功应用的实例，很多学者希望能够利用神经网络控制技术把电气传动系统的控制性能提高到一个新的水平。

1. 神经网络参数估计器

在按转子磁链定向的同步旋转轴系中，异步电动机的转矩方程为

$$T_{ei}=K_t i_{sT} \tag{10-23}$$

式中，$K_t=C_{IM}\Psi_r$，$C_{IM}=n_p L_{md}/L_{rd}$为转矩系数，Ψ_r为转子磁链的模值，n_p为电动机的极对数；i_{sT}为定子电流的 T 轴分量。在以下分析中，假设 Ψ_r保持不变。

考虑摩擦对系数的影响，电气传动系统的运动方程为

$$J\frac{d\omega_r}{dt}=T_{ei}-T_L-B\omega_r \tag{10-24}$$

式中，ω_r是转子的机械转速；B 为系统的摩擦系数；T_L为负载转矩。

根据式（10-23）、式（10-24）可以得到差分方程为

$$\omega_r(k)=c\omega_r(k-1)+d[K_t i_{sT}(k-1)-T_L(k-1)]$$

式中，$c=\exp(-T_S B/J)$，$d=-(1-c_1)/B$。

从上式可见，在负载转矩 T_L是时变条件下，则不能利用线性参数辨识方法对 c_1、d_2进行精确估计。

神经网络辨识器的作用是实时对参数 c、d 和负载转矩 T_L进行估计，其结构如图 10-13 所示，图中，$\hat{T}_L(k-1)$是 $k-1$ 时刻的负载转矩估计值。为了分析方便，三个神经元的传递函数都取为单位映射，即神经元

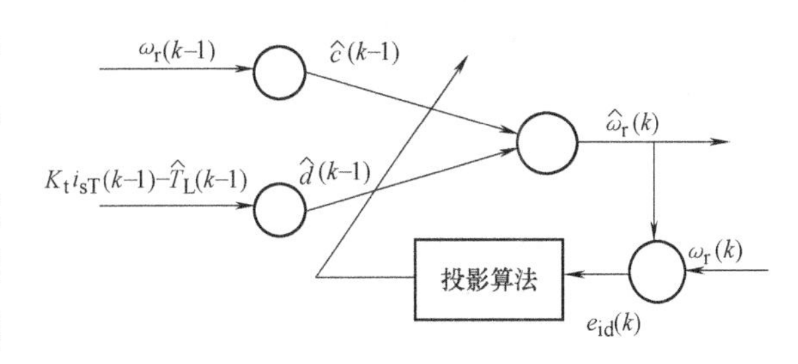

图 10-13　神经网络辨识器的结构框图

的输出等于神经元的净输入。权系数$\hat{c}(k-1)$、$\hat{d}(k-1)$采用投影算法进行在线训练，递推公式为

$$\begin{cases}\begin{pmatrix}c(k)\\d(k)\end{pmatrix}=\begin{pmatrix}c(k-1)\\d(k-1)\end{pmatrix}+\dfrac{a\boldsymbol{\phi}(k-1)e_{\mathrm{id}}(k)}{b+\boldsymbol{\phi}^{\mathrm{T}}(k-1)\boldsymbol{\phi}(k-1)}\\ e_{\mathrm{id}}(k)=\omega_{\mathrm{r}}(k)-\hat{\omega}_{\mathrm{r}}(k-1)\\ \hat{T}_{\mathrm{L}}(k-1)=\dfrac{1}{\hat{d}(k)}[\omega_{\mathrm{r}}(k)-\hat{c}(k)\omega_{\mathrm{r}}(k-1)]+K_{\mathrm{r}}i_{\mathrm{ds}}(k-1)\\ \hat{\omega}_{\mathrm{r}}(k)=\hat{c}(k)\omega_{\mathrm{r}}(k-1)+\hat{d}(k)[-K_{\mathrm{t}}i_{\mathrm{sT}}(k-1)+\hat{T}_{\mathrm{L}}(k-1)]\end{cases} \tag{10-25}$$

式中，$\boldsymbol{\phi}(k-1)=[\omega_{\mathrm{r}}(k-1)\quad K_{\mathrm{t}}i_{\mathrm{sT}}(k-1)-T_{\mathrm{L}}(k-1)]^{\mathrm{T}}$；$a$、$b$是常数，$a\in(0,2)$，$b$是一个接近于0的正常数，其作用是在训练过程中避免分母为0。在k时刻的训练过程中，由于$\hat{T}_{\mathrm{L}}(k-1)$和$\hat{\omega}(k)$的计算过程中使用了$\hat{c}(k)$、$\hat{d}(k)$，所以$k$时刻的权系数更新需要解一个代数方程。

2. 神经网络模型参考自适应调速系统

神经网络模型参考自适应调速系统框图如图10-14所示，其设计目标是使转子转速ω_{r}跟踪给定ω_{r}^*。在整个调速系统中使用了两个控制器：ASR为速度控制器，NNPIC为补偿控制器。ASR决定了整个系统的响应速度、稳态误差等性能指标，NNPIC的主要作用是提高系统对参数变化和负载扰动的鲁棒性。ASR的输出i_{Pi}和NNPIC控制的输出i_{Tc}相加作为定子电流矢量T轴分量的给定值i_{sT}^*。

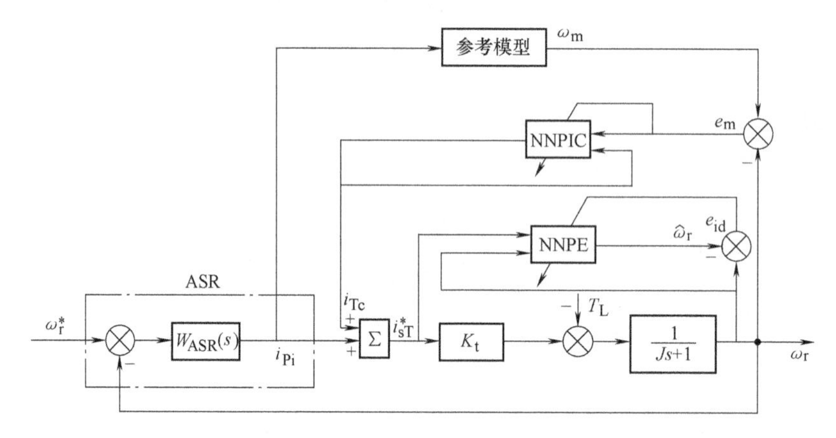

图10-14　异步电动机的神经网络模型参考自适应调速系统框图

参考模型的作用是为训练NNPIC提供参考目标，希望在NNPIC的作用下系统的动态特性逼近参考模型的动态特性。

(1) 补偿控制器NNPIC

补偿控制器NNPIC是一个神经网络控制器PI控制器，其结构如图10-15所示。PI控制器的传递函数为

$$\frac{i_{\mathrm{qc}}(s)}{e_{\mathrm{m}}(s)}=K_{\mathrm{pc}}+\frac{K_{\mathrm{ic}}}{s} \tag{10-26}$$

式中，K_{pc}和K_{ic}为比例系数和积分系数；$e_{\mathrm{m}}=\omega_{\mathrm{m}}(k)-\omega_{\mathrm{r}}(k)$。

PI控制器的离散形式为

$$i_{\mathrm{qc}}(k)=i_{\mathrm{qc}}(k-1)+K_{\mathrm{pc}}[e_{\mathrm{m}}(k)-e_{\mathrm{m}}(k-1)]+K_{\mathrm{ic}}[e_{\mathrm{m}}(k)+e_{\mathrm{m}}(k+1)]$$

$$=\boldsymbol{\phi}_c^{\mathrm{T}}(k-1)\theta_c(k-1) \tag{10-27}$$

式中，$\boldsymbol{\phi}_c=[i_{qc}(k-1),e_m(k)-e_m(k-1),e_m(k)+e_m(k-1)]^{\mathrm{T}}$ 作为神经网络控制器的输入向量；$\boldsymbol{\theta}_c(k-1)=(1,K_{pc},K_{ic})^{\mathrm{T}}$ 是作为神经网络的权系数向量。补偿控制器 NNPIC 的结构如图 10-15 所示，为了分析方便，三个神经元的传递函数都取为单位映射，即神经元的输出等于神经元的净输入，神经网络的输出为

$$i_{qc}(k)=\boldsymbol{\phi}_c^{\mathrm{T}}(k-1)\boldsymbol{\theta}_c(k-1) \tag{10-28}$$

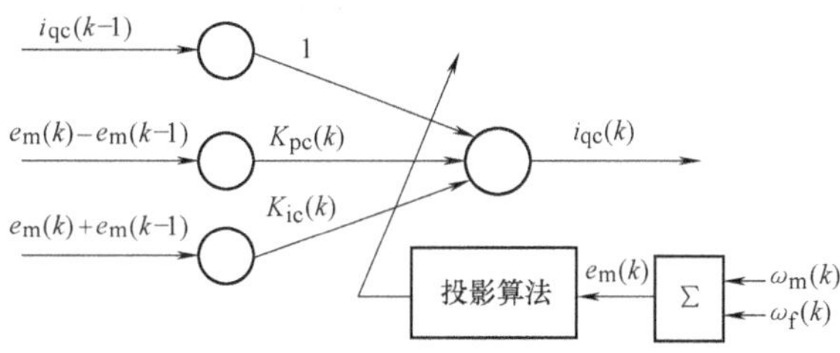

图 10-15　补偿控制器（NNPIC）的结构框图

神经网络的输出 $e_m(k)$ 权系数向量 $\boldsymbol{\theta}_c(k)$ 采用投影算法进行在线训练，递推公式为

$$\boldsymbol{\theta}_c(k)=\boldsymbol{\theta}_c(k-1)+\frac{a\boldsymbol{\phi}_c(k-1)e_m(k)}{b+\boldsymbol{\phi}_c^{\mathrm{T}}(k-1)\boldsymbol{\phi}_c(k-1)} \tag{10-29}$$

式中，a、b 是常数，$a\in(0,2)$，b 是一个接近于 0 的正常数，其作用是避免在训练过程中分母为 0。

（2）转速调节器 ASR

在整个调速系统的设计过程中，速度控制器（ASR）的设计和补偿控制器（NNPIC）的设计可以分开进行。根据以上方法设计的补偿控制器（NNPIC）可以使系统的动态特性逼近参考模型的动态特性，假设参考模型的传递函数为

$$P_m=\frac{K_m}{J_m s+B_m} \tag{10-30}$$

式中，K_m、J_m、B_m是已知的常数。

速度调节器（ASR）使用简单的 PI 调节器，ASR 的传递函数为

$$\frac{i_{Pi}(s)}{e_\omega(s)}=K_p+\frac{K_i}{s} \tag{10-31}$$

式中，K_p和 K_i分别为 ASR 的比例系数和积分系数。

整个调速系统的传递函数可以近似为

$$\frac{\omega_r(s)}{\omega_r^*(s)}\approx\frac{K_m K_p s+K_m K_i}{J_m s^2+(B_m+K_m K_p)s+K_m K_i} \tag{10-32}$$

根据式（10-32）和给定的调速系统的性能指标，就可以对转速调节器（ASR）中的参数 K_p、K_i进行设计。

10.4.2　异步电动机模糊控制方法

1965 年美国著名控制论专家 L. A. Zadeh 创立了模糊集合论，为解决复杂系统的控制问题提供了强有力的数学工具，1974 年 Mamdani 创立了使用模糊控制语言描述控制规则的模糊控制理论，这种控制方法具有简单、易用、控制效果好的特点，已经被广泛应用于各种控制系统，尤其是在解决模型不确定、非线性、大时滞系统的控制，其优势尤其明显，正如 L. A. Zadeh 教授所

说："有很多可供选择的方法来代替模糊逻辑，但是模糊逻辑往往是最快速和最简单有效的方法"。本节介绍一种采用模糊控制器的异步电动机直接转矩控制方法。

1. 异步电动机模糊直接转矩控制调速系统的基本结构

异步电动机模糊直接转矩控制调速系统的基本结构如图 10-16 所示，整个系统主要由自适应模糊速度调节器、模糊转矩调节器、逆变器、交流电动机、磁链和转矩观测器组成。图中双线表示矢量，单线表示标量。

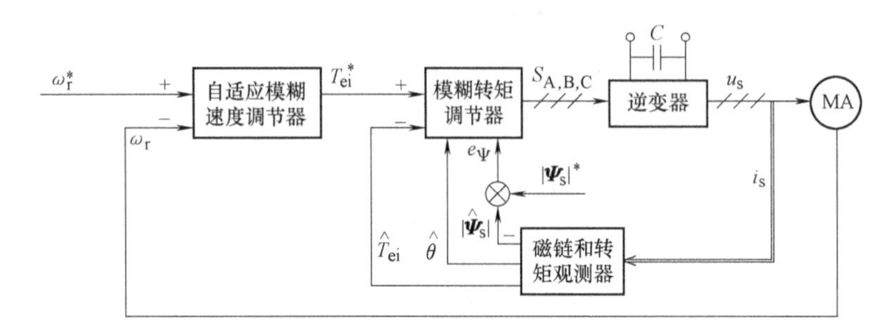

图 10-16 异步电动机模糊直接转矩控制调速系统的基本结构

模糊直接转矩控制调速系统的基本工作原理如下：自适应模糊速度调节器根据转速误差 e_ω 输出电磁转矩的给定信号 T_{ei}^*；模糊转矩调节器根据输入的转矩误差 e_T、磁链误差 e_Ψ 和磁链角 θ，经过模糊推理选择开关状态 $S_{A,B,C}$，作为逆变器单元的输入信号，实现对异步电动机的控制。

2. 模糊转矩控制器的设计

模糊转矩控制器除了要满足转矩控制要求外，还要保证定子磁链矢量 $\boldsymbol{\Psi}_s$ 的运行轨迹接近于半径为 $\boldsymbol{\Psi}_s^*$ 的圆形，$\boldsymbol{\Psi}_s^*$ 为定子磁链模值的给定信号。

磁链角 θ_s 是定子磁链和静止定子轴系 α 轴之间的夹角，θ_s 的论域为[0,2π]，具有 12 个语言变量值{$\theta_0,\cdots,\theta_{11}$}，对应的隶属函数如图 10-17 所示。

转矩误差信号 e_T 是给定转矩 T_{ei}^* 和其观测值 $\hat{T}_{ei}$ 之差

$$e_T = T_{ei}^* - \hat{T}_{ei} \tag{10-33}$$

e_T 的论域为[-4.5,4.5]，具有 5 个语言变量值 {正大（PB），正小（PS），零（Z），负小（NS），负大（NB）}，对应的隶属函数如图 10-18 所示。

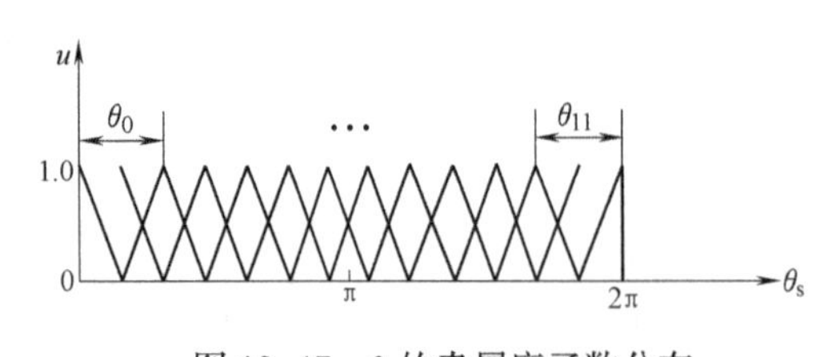

图 10-17 θ_s 的隶属度函数分布

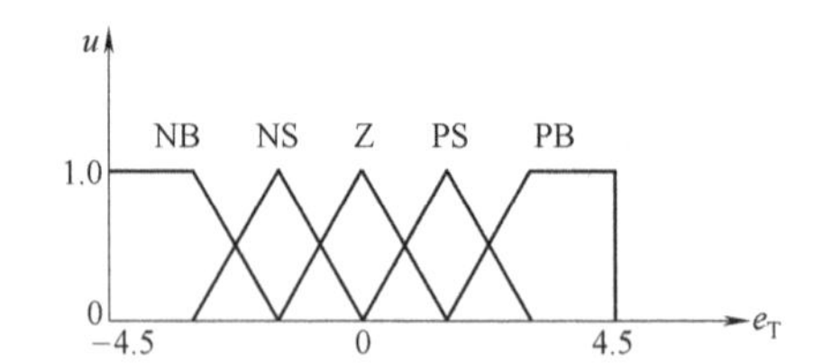

图 10-18 e_T 的隶属度函数分布

磁链误差 e_Ψ 为定子磁链幅值的给定信号 $\boldsymbol{\Psi}_s^*$ 和其观测值 $\hat{\boldsymbol{\Psi}}_s$ 之差：

$$e_\Psi = \boldsymbol{\Psi}_s^* - \hat{\boldsymbol{\Psi}}_s = \boldsymbol{\Psi}_s^* - \sqrt{\hat{\psi}_{s\alpha}^2 + \hat{\psi}_{s\beta}^2} \tag{10-34}$$

e_Ψ 的论域为[-0.01, 0.01]，具有 3 个模糊语言值 {正（P），零（Z），负（N）}，对应的隶属函数如图 10-19 所示。

模糊转矩控制器的输出量 $S_{A,B,C}$ 的论域为 8 种开关状态组成的集合，定义 7 个语言变量值

{N1，N2，N3，N4，N5，N6，N0}，对应的隶属函数如图 10-20 所示。

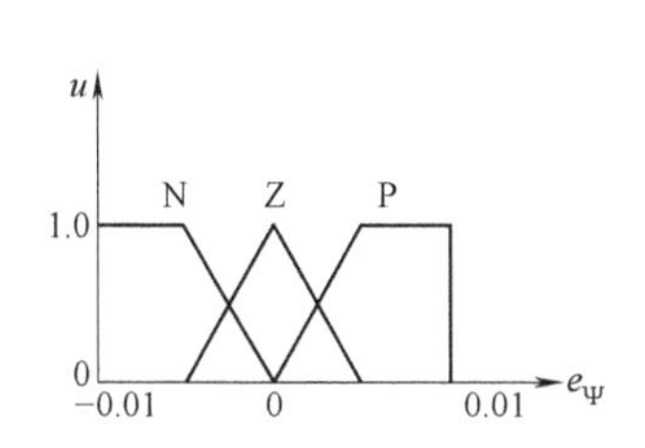

图 10-19　e_{Ψ} 的隶属度函数分布

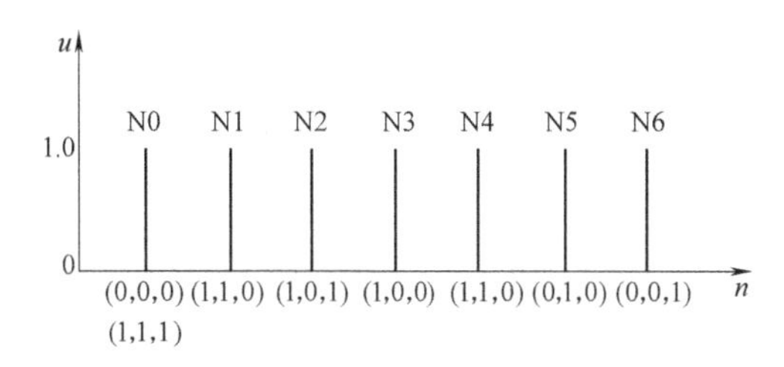

图 10-20　n 的隶属度函数分布

模糊控制规则可以用 e_{Ψ}、e_{T}、θ 和 $S_{\mathrm{A,B,C}}$描述，比如与 $e_{\Psi}=\mathrm{P}$、$e_{\mathrm{T}}=\mathrm{PL}$、$\theta=\theta_0$ 对应的控制规则具有以下形式：

$$\text{if } e_{\Psi}=\mathrm{P},\quad e_{\mathrm{T}}=\mathrm{PB} \text{ and } \theta=\theta_0 \text{then } S_{\mathrm{A,B,C}} \text{ is N3}$$

利用和直接转矩控制中相似的方法，通过分析与定子电压空间矢量对 e_{Ψ}、θ 和 e_{T}的影响，可以得到表 10-1 所示的模糊控制规则。

表 10-1　模糊控制规则表

e_{Ψ}	e_{T}	θ_0	θ_1	θ_2	θ_3	θ_4	θ_5	θ_6	θ_7	θ_8	θ_9	θ_{10}	θ_{11}
P	PB	N3	N1	N1	N5	N5	N4	N4	N6	N6	N2	N2	N3
	PS	N3	N1	N1	N5	N5	N4	N4	N6	N6	N2	N2	N3
	Z	N0	N0	N0	N0	N0	N0	N0	N0	N0	N0	N0	N0
	NS	N2	N2	N3	N3	N1	N5	N5	N5	N4	N4	N6	N6
	NB	N2	N2	N3	N3	N1	N5	N5	N5	N4	N4	N6	N6
Z	PB	N1	N1	N5	N5	N4	N4	N6	N6	N2	N2	N3	N3
	PS	N1	N5	N5	N4	N4	N6	N6	N2	N2	N3	N3	N1
	Z	N0	N0	N0	N0	N0	N0	N0	N0	N0	N0	N0	N0
	NS	N0	N0	N0	N0	N0	N0	N0	N0	N0	N0	N0	N0
	NB	N6	N2	N2	N3	N3	N1	N1	N5	N5	N4	N4	N6
N	PB	N1	N5	N5	N4	N4	N6	N6	N2	N2	N3	N3	N1
	PS	N5	N5	N4	N4	N6	N6	N2	N2	N3	N3	N1	N1
	Z	N0	N0	N0	N0	N0	N0	N0	N0	N0	N0	N0	N0
	NS	N4	N6	N6	N2	N2	N3	N3	N1	N1	N5	N5	N4
	NB	N6	N6	N2	N2	N3	N1	N1	N1	N5	N5	N4	N4

在模糊转矩控制器的实现过程中，模糊推理采用 Mamdani 推理方法，解模糊采用最大隶属度平均法。

3. 自适应模糊速度调节器

自适应模糊控制器具有以下两个功能：

1）控制功能。根据调速系统的运行状态，给出合适的控制量。

2）自适应功能。根据调速系统的运行效果，对控制器的控制决策进一步更改，以便获得更好的控制效果。

本书使用一种具有自适应功能的模糊 PD 控制器作为速度调节器，其结构如图 10-21 所示，由模糊控制器和自适应机构组成，图中 k_{e}、k_{c}是调整量化因子，k_{u}是比例因子。模糊控制器的输入量为经过量化因子调整后的转速误差 $k_{\mathrm{e}}e_{\omega}$和转速偏差变化率 $k_{\mathrm{c}}\Delta e_{\omega}$，其输出量 u 乘 αk_{u} 作为转矩控制器的给定信号 T_{ei}^{*}。自适应调整机构的作用是根据速度的实时变化趋势对增益调整因子 α 进行在线调节，减小电动机参数变化对系统性能的影响。

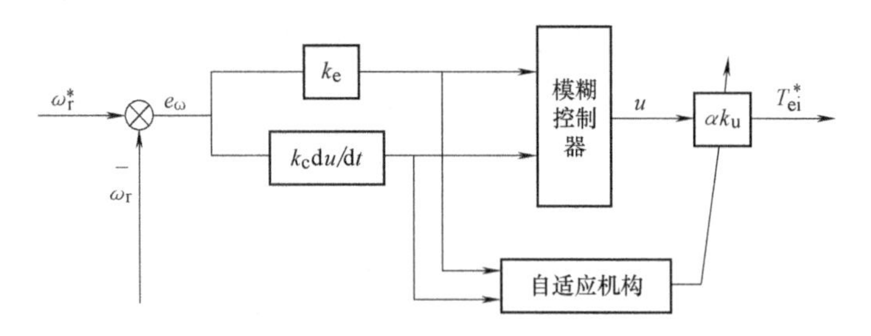

图 10-21　自适应模糊速度调节器结构框图

速度控制器的设计分为两步：模糊控制器的设计和模糊自适应机构的设计。

(1) 模糊控制器的设计

基本模糊控制器的输入量为转速偏差 e_ω和转速偏差变化率 Δe_ω，其计算公式为

$$e_\omega = k_e(\omega^* - \omega_f)$$

$$\Delta e_\omega = k_c \mathrm{d}e_\omega / \mathrm{d}t$$

控制量为 u，与比例因子 k_u相乘，作为转矩控制器的给定信号：

$$T_{ei}^* = \alpha k_u u$$

e_ω的论域为[-1,1]，定义 7 个语言变量值{负大（NB)，负中（NM)，负小（NS)，零（Z)，正小（PS)，正中（PM)，正大（PB)}，对应的隶属函数如图 10-22 所示。

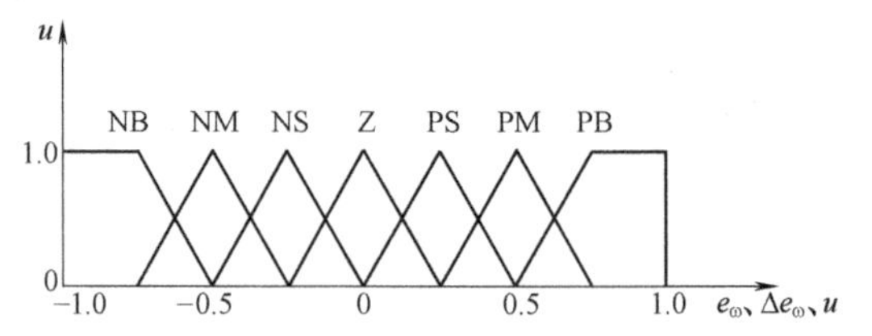

图 10-22　e_ω、Δe_ω、u 的隶属度函数分布

Δe_ω的论域为[-1,1]，定义 7 个语言变量值{负大（NB)，负中（NM)，负小（NS)，零（Z)，正小（PS)，正中（PM)，正大（PB)}，对应的隶属函数如图 10-22 所示。

u 的论域为[-1,1]，定义 7 个语言变量值{负大（NB)，负中（NM)，负小（NS)，零（Z)，正小（PS)，正中（PM)，正大（PB)}，对应的隶属函数如图 10-22 所示。

模糊控制规则用 e_ω、Δe_ω、u 描述，比如与 e=NB、Δe_ω=NB 对应的控制规则具有以下形式：

if e_ω=NB and Δe_ω=NB then u=NB

所有模糊控制规则见表 10-2，模糊推理采用 Mamdani 推理方法，解模糊采用加权平均法。

表 10-2　模糊控制规则表

u		e_ω						
		NB	NM	NS	Z	PS	PM	PB
Δe_ω	NB	NB	NB	NB	NM	NS	NS	Z
	NM	NB	NM	NM	NM	NS	Z	PS
	NS	NB	NM	NS	NS	Z	PS	PM
	Z	NB	NM	NS	Z	PS	PM	PB
	PS	NM	NS	Z	PS	PS	PM	PB
	PM	NS	Z	PS	PM	PM	PM	PB
	PB	Z	PS	PS	PM	PB	PB	PB

(2) 模糊自适应机构的设计

为了使调速系统在电动机参数变化后仍然具有很好的性能，在速度控制器增加了自适应机构对增益调整因子 α 进行在线调节。模糊自适应机构的输入量为转速偏差 e 和转速偏差变化律 Δe_ω，输出量为增益调整因子 α。

e_ω的论域为[-1,1]，定义 7 个语言变量值 {负大 (NB)，负中 (NM)，负小 (NS)，零 (Z)，正小 (PS)，正中 (PM)，正大 (PB)}，对应的隶属函数如图 10-22 所示。

Δe_ω的论域为[-1,1]，定义 7 个语言变量值 {负大 (NB)，负中 (NM)，负小 (NS)，零 (Z)，正小 (PS)，正中 (PM)，正大 (PB)}，对应的隶属函数如图 10-22 所示。

α 的论域为[0,1]，定义 7 个语言变量值 {零 (Z)，非常小 (VS)，小 (S)，小大 (SB)，中大 (MB)，大 (B)，非常大 (VB)}，对应的隶属函数如图 10-23 所示。

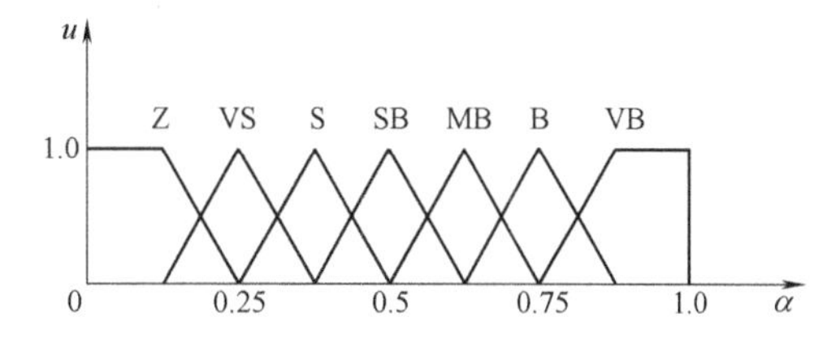

图 10-23　α 的隶属度函数分布

模糊控制规则用 e_ω、Δe_ω、α 描述，比如与 e= NB、Δe_ω=NB 对应的控制规则表示为

$$\text{if } e_\omega = \text{NB and } \Delta e_\omega = \text{NB then } \alpha = \text{VB}$$

所有模糊控制规则见表 10-3，模糊推理采用 Mamdani 推理方法，解模糊采用加权平均法。

表 10-3　模糊控制规则表

α		e_ω						
		NB	NM	NS	Z	PS	PM	PB
Δe_ω	NB	VB	VB	VB	B	SB	S	Z
	NM	VB	VB	B	MB	MB	S	VS
	NS	VB	MB	B	B	VS	S	VS
	Z	S	SB	MB	Z	MB	SB	S
	PS	VS	S	VS	B	B	MB	VB
	PM	VS	S	MB	MB	B	VB	VB
	PB	Z	S	SB	B	VB	VB	VB

4. 模糊直接转矩控制方案的特点

从以上分析可见，异步电动机模糊直接转矩控制方案结构简单，思路清晰、容易实现。实验结构表明这种控制方案具有以下优点：

1) 速度响应快、无超调、稳态精度高。

2) 模糊速度控制器具有自适应功能，改善了调速系统的低速性能。

3) 能在一定程度上抑制电动机参数变化对调速系统性能的影响。

在速度控制器和转矩控制器的设计过程中，为了确定合理模糊控制规则，需要进行大量的实验，这是模糊直接转矩控制方案存在的主要问题。

10.4.3　异步电动机的自适应模糊神经网络控制方法

模糊神经网络同时具有模糊推理能力和自学习能力，是神经网络技术和模糊技术的有机结合，已经被广泛地应用到系统辨识和控制领域中。模糊神经网络在结构上虽然也是局部逼近网络，但它是按照模糊系统模型建立起来的，网络中的各个节点和所有参数均具有明显的物理意义，因此这些参数的初始值比较容易确定，从而提高了网络的收敛速度。另一方面，模糊神经网络具有的神经网络的自学习能力，能够根据系统的运行情况对推理规则进行调整，这是其优于模糊技术之所在。近年来，把智能控制和自适应控制结合起来的智能自适应控制技术是自动控制领域的研究热点之一，为解决控制对象的非线性和不确定性问题提供了一种可行的方法。

1. 异步电动机模糊神经网络自适应控制系统的基本结构

异步电动机自适应模糊神经网络控制系统的基本结构如图 10-24 所示，整个系统主要由参考模型、模糊神经网络辨识器（FNNI）、自适应控制器和按恒压频比方式控制的异步电动机等几部分组成。

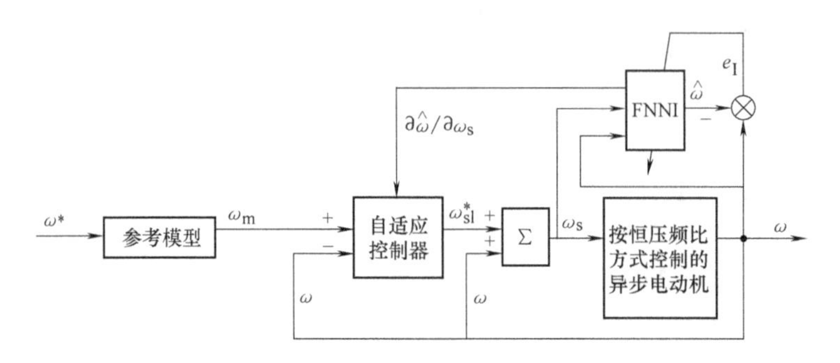

图 10-24　异步电动机自适应模糊神经网络控制系统结构框图

参考模型的动态特性是根据给定的性能指标确定的，其输入为给定转速信号 ω^*，输出为参考转速信号 ω_m。ω_m与实际转子转速 ω 的误差称为跟踪误差，记为 e_m。自适应控制器的输入为 e_m，输出为转差频率的给定值 ω_{sl}^*，ω_{sl}^* 和 ω 相加得到供电角频率 ω_s，按恒压频比方式控制的异步电动机作为控制对象。FNNI 的作用是为自适应控制器提供误差梯度信息$\partial\hat{\omega}/\partial\omega_s$，其输出为电动机转子转速的估计值$\hat{\omega}$，$\omega$ 与$\hat{\omega}$之间的误差称为估计误差，记为 e_I。

2. 模糊神经网络辨识器的结构

模糊神经网络辨识器包含四层神经元，分别称为输入层（i 层）、成员函数层（j 层）、规则层（k 层）和输出层（o 层），其结构如图 10-25 所示。

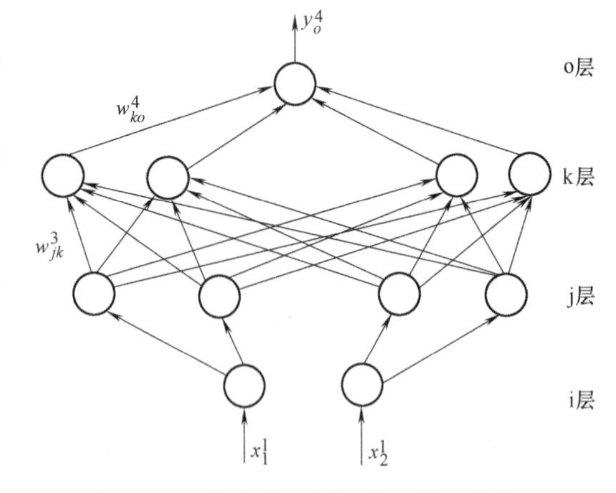

图 10-25　模糊神经网络辨识器的结构

第一层——输入层，其作用是将 x_1^1、x_2^1 引入模糊神经网络，该层具有两个神经元，第 i 个神经元的净输入和输出为

$$\begin{cases}\text{net}_i^1(N)=x_i^1(N)\\ y_i^1(N)=f_i^1(\text{net}_i^1(N))=\text{net}_i^1(N)\end{cases},\quad i=1,2 \tag{10-35}$$

式中，N 表示迭代次数；$x_1^1(N)=\omega_s(N)$，$x_2^1(N)=\omega(N)$。

第二层——成员函数层，作用是将 y_1^1、y_2^1 模糊化，模糊化使用的隶属度函数为高斯函数

$$\exp\left(-\left(\frac{x-m}{\sigma}\right)^2\right)$$

式中，m 为高斯函数的均值中心；σ 为高斯函数的标准偏差。

该层每一个神经元完成一个隶属度函数的功能，第 j 个节点的净输入和输出分别表示为

$$\begin{cases} \mathrm{net}_j^2(N) = -\dfrac{(x_j^2 - m_j)^2}{\sigma_j^2} \\ y_j^2(N) = f_j^2(\mathrm{net}_j^2(N)) = \exp(\mathrm{net}_j^2(N)) \end{cases}, \quad j = 1, \cdots, n \tag{10-36}$$

式中，x_j^2是第 j 个神经元的输入；m_j为第 j 个隶属度函数（神经元）的均值中心和标准偏差；n 为所有输入量的语言变量总数，等于第二层包含的全部神经元的个数。

第三层——规则层，作用是进行模糊推理，该层第 k 个神经元净输入和输出分别为

$$\begin{cases} \mathrm{net}_k^3(N) = \prod\limits_j w_{jk}^3 x_j^3(N) \\ y_k^3(N) = f_k^3(\mathrm{net}_k^3(N)) = \mathrm{net}_k^3(N) \end{cases} \tag{10-37}$$

式中，$x_j^3(N)$为第 k 个神经元的第 j 个输入；w_{jk}^3为对应于 $x_j^3(N)$的权系数，全部取 1。

第四层——输出层，该层只有一个神经元用$\sum$表示，其神经元净输入和输出分别为

$$\begin{cases} \mathrm{net}_o^4(N) = \sum\limits_{k=1}^{R_I} w_k^4 x_k^4(N) \\ y_o^4(N) = f_o^4(\mathrm{net}_o^4(N)) = \mathrm{net}_o^4(N) \end{cases} \tag{10-38}$$

式中，$x_k^4(N)$为输出神经元的第 k 个输入；w_k^4为对应于 $x_k^4(N)$的权系数；R_I为规则数。

3. 模糊神经网络辨识器的学习算法

在系统运行过程，使用 BP 算法对模糊神经网络辨识器进行在线训练。定义性能指标函数为

$$E_I(N) = \frac{[\omega(N) - \hat{\omega}(N)]^2}{2} = \frac{e_I^2(N)}{2} \tag{10-39}$$

根据 BP 算法，输出层的误差项为

$$\delta_o^4(N) = -\frac{\partial E_I(N)}{\partial\, \mathrm{net}_o^4(N)} = -\left[\frac{\partial E_I(N)}{\partial e_i(N)} \frac{\partial e_i(N)}{\partial \hat{\omega}_r(N)} \frac{\partial \hat{\omega}_r(N)}{\partial y_o^4(N)} \frac{\partial y_o^4(N)}{\partial\, \mathrm{net}_o^4(N)}\right] = e_i(N) \tag{10-40}$$

权系数的调整公式为

$$w_k^4(N+1) = w_k^4(N) - \eta_w^I \frac{\partial E_I(N)}{\partial \omega_{ko}^4} = \eta_w^I \delta_o^4(N) x_k^4(N) \tag{10-41}$$

式中，η_w^I 为输出层权系数的学习率，上标 I 表示辨识器，下标 w 表示权系数。

在训练过程中，规则层的权系数恒等于 1，所以只需要计算该层的误差项：

$$\delta_k^3(N) = -\frac{\partial E_I(N)}{\partial\, \mathrm{net}_k^3(N)} = \delta_o^4(N) w_k^4(N) \tag{10-42}$$

成员函数层的误差项的计算公式为

$$\delta_j^2(N) = -\frac{\partial E_I(N)}{\partial\, \mathrm{net}_j^2(N)} = \sum_k \delta_k^3(N) y_k^3(N) \tag{10-43}$$

语言变量的均值 m_j中心和标准偏差 σ_j的更新公式为

$$\begin{cases} \sigma_j(N+1) = \sigma_j(N) - \eta_\sigma^I \dfrac{\partial E_I(N)}{\partial \sigma_j} = \sigma_j(N) + \eta_\sigma^I \delta_j^2(N) \dfrac{2[x_j^2(N) - m_j(N)]^2}{(\sigma_j(N))^3} \\ m_j(N+1) = m_j(N) - \eta_m^I \dfrac{\partial E_I(N)}{\partial m_j} = m_j(N) + \eta_m^I \delta_j^2(N) \dfrac{2[x_j^2(N) - m_j(N)]^2}{(\sigma_j(N))^3} \end{cases} \tag{10-44}$$

式中，η_σ^I、η_m^I分别是 σ_j、m_j的学习率。

4. 自适应控制器

自适应控制器的作用是根据控制误差 e_m 和 FNNI 提供的梯度信息$\partial \hat{w}/\partial w_s$确定转差频率的给定值 ω_{sl}^*，使如下定义的性能指标 J 达到最小。

$$J=\frac{(w_m-w_r)^2}{2}=\frac{e_m^2}{2} \tag{10-45}$$

自适应控制器利用梯度下降法确定转差频率的给定值：

$$w_{sl}^*(N+1)=w_{sl}^*(N)-\eta_c\frac{\partial J}{\partial w_{sl}^*}=w_{sl}^*(N)-\eta_c e_m\frac{\partial w}{\partial w_s} \tag{10-46}$$

式中，η_c为自适应控制器的学习率。

当模糊神经网络辨识器收敛后，可以认为$\partial \hat{w}/\partial w_s$是$\partial w/\partial w_s$的估计值，即

$$\frac{\partial \omega}{\partial \omega_s}\approx\frac{\partial \hat{\omega}}{\partial \omega_s}=\frac{\partial y_o^4}{\partial x_1^1}=-2\sum_{k=1}^{R_1}\omega_{ko}^4\left\{y_k^3\frac{(x_1^1-m_k)}{\sigma_k^2}\right\} \tag{10-47}$$

式中，m_k和σ_k分别为联系 x_1^1 和第 k 个语言变量的均值中心和标准偏差。

试验表明，这种自适应模糊神经网络控制方法增强了整个调速系统的鲁棒性，当电动机参数发生较大变化时，整个系统仍能保持良好的动静态性能。

第3篇　电力拖动伺服系统

伺服系统用于解决工业生产及其他部门中各种复杂的定位控制及目标跟踪控制问题，是自动控制领域中的一个重要分支。

伺服系统最早出现于20世纪初期，1934年首次提出了“伺服机构”（Servo-Mechanism）的概念，以后随着控制理论的发展，到20世纪中期，伺服技术趋于成熟，并得到了广泛应用。随着电力电子技术和计算机技术的飞速发展，伺服技术的发展突飞猛进，它的应用遍及人类社会的各个领域。

在机械制造行业中，各种机械运动部分的运动轨迹控制、位置控制等，都是依靠各种伺服系统来实现的，尤其是能依靠多套伺服系统的配合，完成复杂空间曲线运动控制，如仿型机床的控制、机器人手臂关节的控制等。

在冶金工业中，转炉氧枪定位控制，电弧炼钢炉、精炼炉、粉末冶金炉等的电极位置控制、飞剪剪刃定位控制、轧钢机轧辊压下位置控制等，都是依靠伺服系统来实现的。

在运输行业中，电气机车的准确停车控制、高层建筑中电梯的升降控制、船舶的自动操舵、飞机的自动驾驶等，都由各种伺服系统为之效力，从而减缓操作人员的疲劳，同时也大大提高了工作效率。

在军事上，伺服系统的应用更为普遍，如雷达天线的自动瞄准跟踪控制，高射炮、战术导弹发射架的瞄准运动控制，坦克炮塔的防摇稳定控制，防空导弹的制导控制，鱼雷的自动控制等。

在计算机外围设备中，也采用了不少伺服系统，如自动绘图仪的画笔控制系统、磁盘驱动系统等。

第 11 章　伺服（随动）系统

本章讲述伺服（随动）系统的基本组成及分类、伺服系统的控制结构及相应的控制系统、伺服系统的稳态和动态分析和设计，以及工业生产中的伺服（随动）系统实例。

11.1　伺服系统的基本组成及分类

伺服（Servo）一词来源于拉丁语，其含义为“伺服”和“服从”，**所谓伺服系统（Servo-System），广义上是指用来控制被控对象的某种状态或某个过程，使其输出量能自动地、连续地、精确地复现或跟踪输入量的变化规律**。其控制行为的主要特征表现为输出“服从”输入，输出“跟踪”输入（为此伺服系统也称随动系统）。**从狭义上而言，对于被控制量（输出量）是负载机械空间位置的线位移或角位移，当位置给定量（输入量）做任意变化时，使其被控制量（输出量）快速、准确地复现给定量的变化，通常把这类伺服系统称为位置控制系统。**

11.1.1　伺服系统的基本组成

图 11-1 所示的伺服系统由传动机构和工作机械、伺服电动机、伺服驱动器、控制器和传感器 5 大部分组成。本节对伺服电动机、伺服驱动器和伺服控制器作简要的介绍。位置传感器，电流传感器和速度传感器本节不进行介绍。

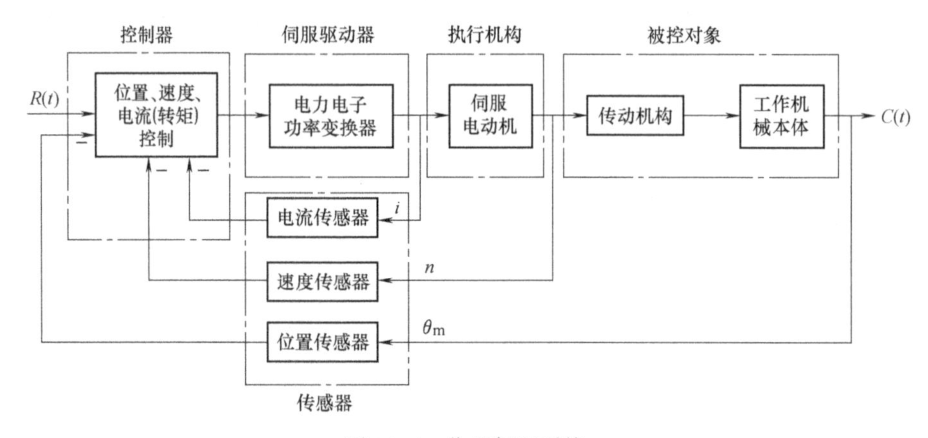

图 11-1　位置伺服系统

1. 伺服电动机与伺服驱动器

伺服电动机是伺服系统的执行机构，在小功率伺服系统中，多用永磁式伺服电动机，如直流伺服电动机、直流无刷伺服电动机、永磁式交流伺服电动机。在大功率或较大功率情况下也可采用电励磁的直流或交流伺服电动机。此外，还有特殊伺服电动机，如磁阻伺服电动机、力矩伺服电动机、直线伺服电动机等。

从电动机结构和数学模型来看，伺服电动机与调速电动机没有本质区别，一般来说，伺服电动机的转动惯量小于调速电动机，低速和零速带载性能优于调速电动机。

伺服驱动器主要起功率放大的作用，根据不同的伺服电动机，输出合适的电压或频率（对于交流伺服电动机)，控制伺服电动机的转矩和转速，满足伺服系统的要求。由于伺服电动机需要四象限运行，故伺服驱动器必须是可逆的。中、小功率的伺服系统，常用IGBT或Power-MOS-FET构成的PWM电力电子功率变换器。

2. 伺服系统的伺服控制器

伺服控制器是伺服系统的核心部件，由它实现伺服系统的控制规律，控制器应根据偏差信号，经过必要的控制算法，产生驱动器的控制信号。

与调速系统一样，位置伺服系统控制器也经历了由模拟控制向计算机数字控制的发展过程。

11.1.2 伺服系统的分类

伺服系统的种类繁多，其分类方法也很多，主要有以下几种。

1. 按执行元件的物理性质不同来分类

按执行元件的物理性质不同可分为电气-液压伺服系统、电气-气动伺服系统及电气伺服系统。其中，电气伺服系统中，根据所用伺服电动机不同，又分为直流伺服系统和交流伺服系统。这里需要明确的是，本书所讲述的是电气伺服系统，并不涉及液压伺服系统和气动伺服系统。

2. 按控制方式来分类

第一种是按误差控制的系统，如图11-2a所示，它由前向通道$G(s)$和负反馈通道$F(s)$构成闭环控制系统。系统的闭环传递函数为

$$W_{cl}(s)=\frac{G(s)}{1+G(s)F(s)} \tag{11-1}$$

将系统输出转角θ_m信号反馈到系统主通道的输入端，与输入转角θ_m^*信号的差为e，即有

$$e=\theta_m^*-\theta_m \tag{11-2}$$

以式（11-2）来控制的系统，它的反馈通道传递函数通常是

$$F(s)=1 \tag{11-3}$$

$F(s)=1$的反馈系统称为单位反馈系统。

按误差控制的系统历史最长，应用也最广泛。

第二种是按误差和扰动复合控制的系统，采用负反馈与前馈相结合的控制方式，亦称开环-闭环控制系统，如图11-2b所示，其系统闭环传递函数为

$$W_{cl}(s)=\frac{[B(s)+G_1(s)]G_2(s)}{1+G_1(s)G_2(s)F(s)} \tag{11-4}$$

式中，$B(s)$代表前馈通道的传递函数。

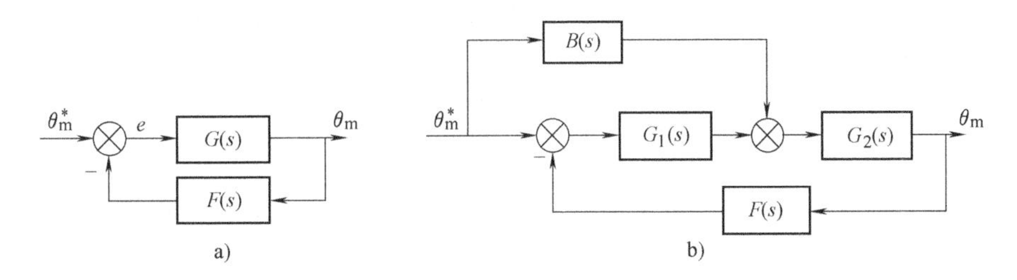

图11-2 伺服系统的基本控制方式

a）按误差控制的系统 b）按误差和扰动复合控制的系统

3. 按伺服系统中元件或环节的静特性不同来分类

按伺服系统中元件或环节静特性不同可分为线性伺服系统和非线性伺服系统，如图11-3所示。

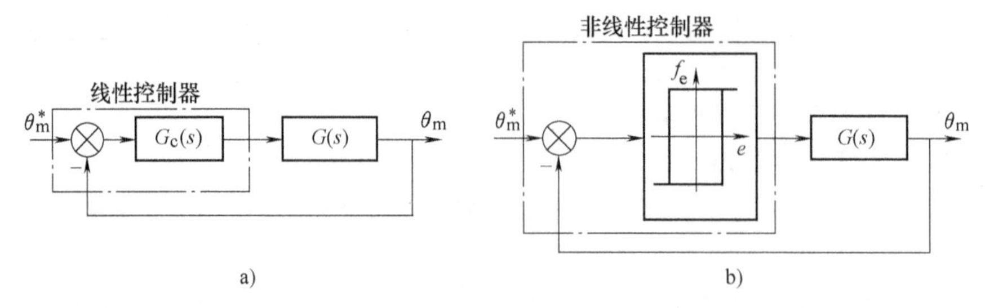

图 11-3　线性伺服系统和非线性伺服系统

a）线性伺服系统　b）非线性伺服系统

伺服系统的特性有线性的和非线性的，实际系统严格说都是非线性的，但不少系统可以建立近似的线性数学模型。用线性控制理论分析和设计伺服系统，是伺服系统分析和设计的基本内容。为此，本书主要介绍线性伺服系统，对于非线性伺服系统只是很少的介绍。

4. 按位置反馈信号取出点的不同来分类

（1）半闭环伺服系统

半闭环伺服系统如图 11-4 所示。由图可见，反馈信号来自于伺服电动机轴端的编码器。

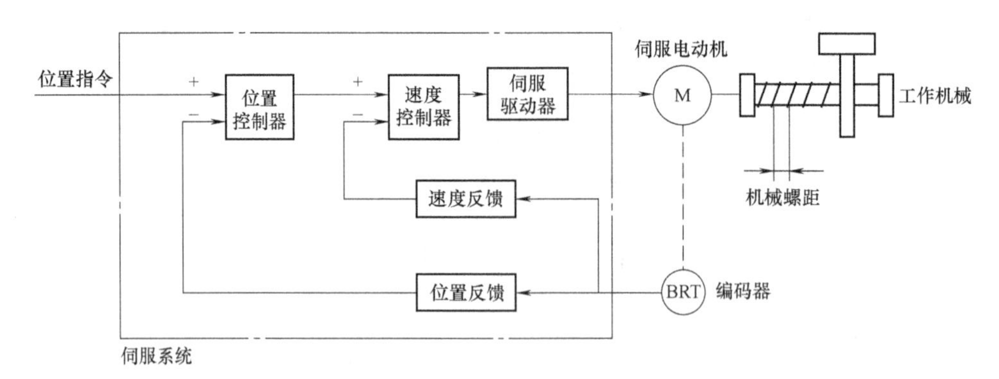

图 11-4　半闭环伺服系统

（2）全闭环伺服控制系统

全闭环伺服控制系统如图 11-5 所示。

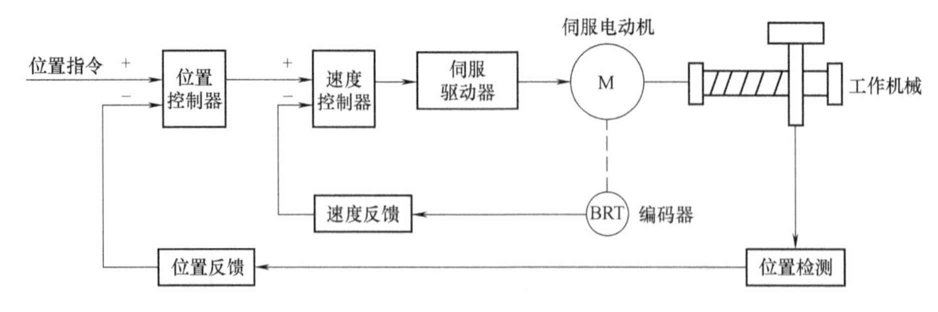

图 11-5　全闭环伺服系统

由图 11-5 可以看出位置传感器直接与工作机械相连而形成的闭环系统称为全闭环伺服系统，具有最高的闭环控制精度。考虑到机械的振动和变形对伺服系统的影响，实际应用中多采用将位置传感器安装在 AC 伺服电动机负载侧的（图 11-4 连接的 BRT）半闭环控制系统。

5. 按执行元件（伺服电动机）的功率大小来分类

按执行元件的功率大小分为小功率伺服系统（执行元件输出功率在 50 W 以下）、中功率伺服系统（执行元件输出功率在 50~500 W 之间）和大功率伺服系统（执行元件输出功率在 500 W 以上）。

从伺服系统的基本组成可以看出，伺服系统是一种与调速控制系统有着紧密联系但又有明显不同的系统。首先，它们都是反馈控制系统，两者的控制原理是相同的。

对于调速系统来说，希望有足够的调速范围、稳速精度和快且平稳的起动、制动性能。系统的主要控制目标是使转速尽量不受负载变化、电源电压波动及环境温度等干扰因素的影响。

对于伺服系统而言，一般是以足够的控制精度、轨迹跟踪精度和足够快的跟踪速度，以及保持能力（伺服刚度）来作为它的主要控制目标。系统运行时要求能以一定的精度随时跟踪指令的变化，也就是说，伺服系统对跟随性能的要求要比普通的调速控制系统高而且严格很多。

伺服系统有定位控制和跟踪控制两大类，两者对控制精度都有明确的要求。对于定位控制的位置伺服系统，定位精度是评价位置伺服系统控制准确度的性能指标，系统最终定位点与指令目标之间的静止误差称为定位精度。对于跟踪伺服系统，稳态跟随误差定义为，当系统对输入信号的瞬态响应过程结束后，在稳态运行时，伺服系统执行机构实际位置与指令目标之间的误差。

跟随误差不仅与伺服系统本身的结构有关，还取决于系统的输入指令形式。因此，评价一个伺服系统的跟随性能，必须根据它的应用场合确定一种标准的输入指令形式。

需要知道，对于一个伺服系统，稳定性、动态特性和稳态特性三者往往是互相制约的。若提高系统的快速性，则会使系统的振荡性加强；若提高系统的控制精度，则系统的稳定性变差。由此看来，在设计伺服系统时必须妥善处理这三者之间的矛盾。

11.2 伺服系统的控制结构及相应的控制系统

11.2.1 直流伺服系统广义被控对象的动态结构

1. 直流伺服系统广义被控对象的动态结构图

直流伺服系统的广义被控对象由驱动器（PWM 功率变换器）、直流电动机、机械传动装置三部分组成，如图 11-6 所示。

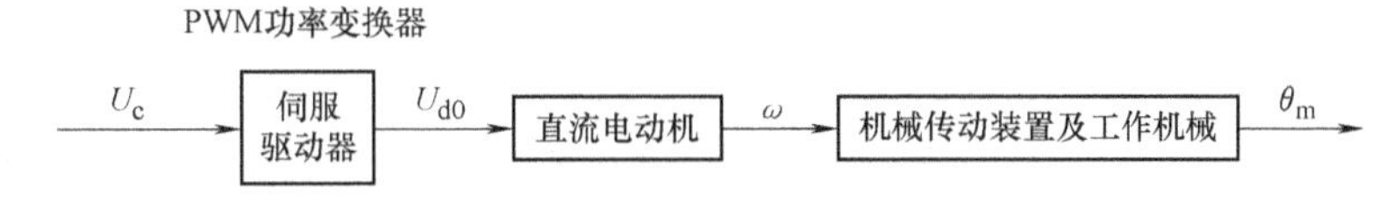

图 11-6　直流伺服系统的广义被控对象

由图看出，伺服系统的被控制量是机械角位移（θ_m）。角位移与角速度（ω）之间的积分关系可表示为

$$\theta_m = \frac{1}{i}\int \omega \, dt \tag{11-5}$$

式中，i 为机械传动装置的传动比。由于驱动器与直流电动机的动态结构图为已知（见图 2-23），考虑到式（11-5），直流伺服系统的广义被控对象的动态结构图可以获得，如图 11-7 所示。

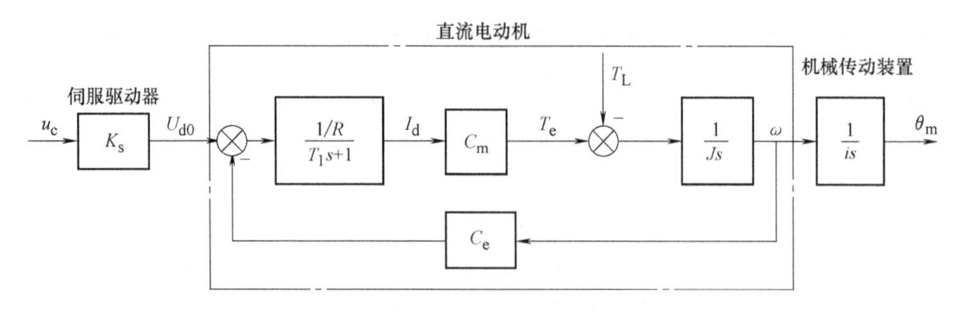

图 11-7　直流伺服系统广义被控对象动态结构图

2. 直流伺服系统的控制结构及相应控制系统

依据图 11-7，按闭环控制系统的构成原理可以得到单环、双环、三环等直流伺服系统的控制结构及相应的控制系统。

（1）单环直流伺服系统

图 11-8a 所示为单环直流伺服系统的控制结构，可以看出，系统只有一个位置闭环，其相应的控制系统组成框图如图 11-8b 所示。

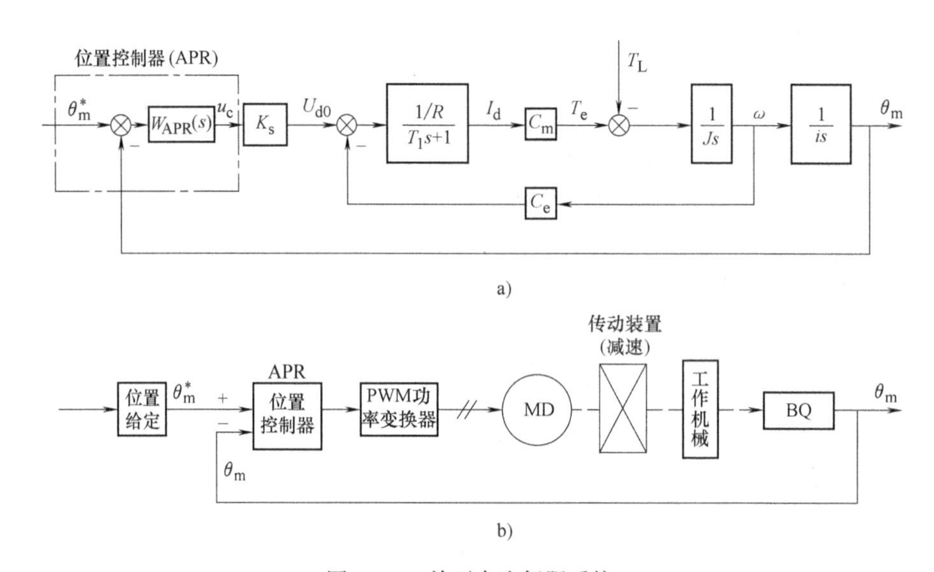

图 11-8　单环直流伺服系统

a）单环直流伺服系统动态结构图　b）直流单闭环伺服系统组成框图

MD—直流伺服电动机　BQ—位置传感器

（2）双环直流伺服系统

在电流控制系统的基础上再加一个位置外环就构成了位置、电流双闭环直流伺服系统，如图 11-9 所示。也可以在单环调速系统的基础上外加位置环构成位置、速度双闭环伺服系统。

（3）三环直流伺服系统

在双闭环直流调速系统的基础上，设置位置控制闭环，就得到三环直流伺服系统，其控制结构和相应的控制系统如图 11-10 所示。

三环伺服系统中的电流闭环控制具有控制起动电流、制动电流、加速电流的作用。

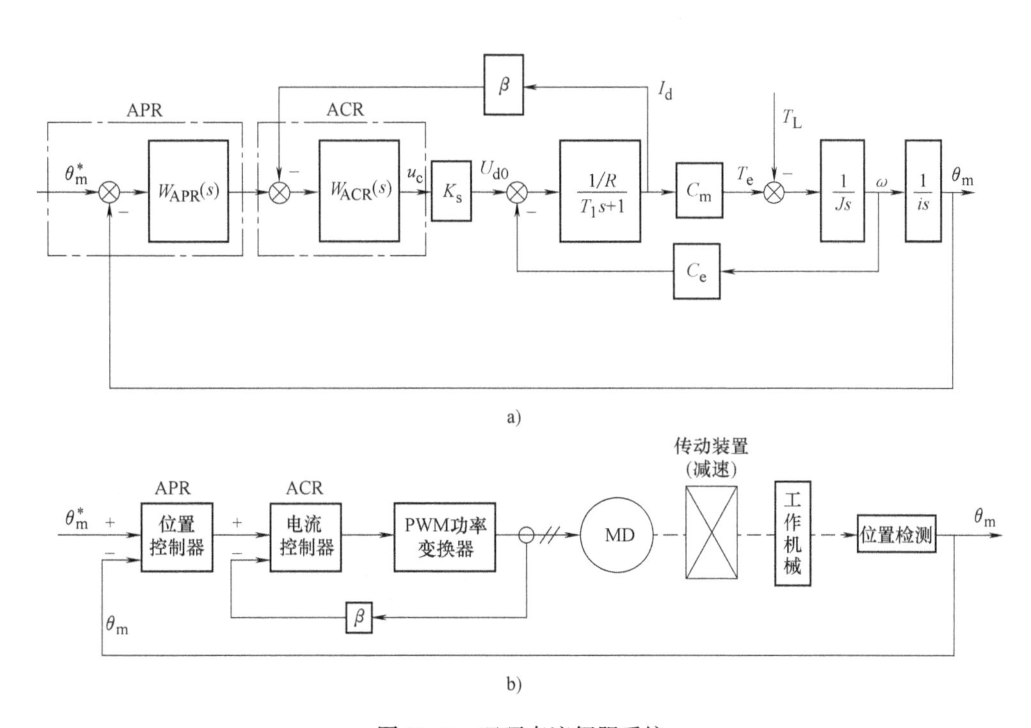

图 11-9　双环直流伺服系统

a）双环伺服系统动态结构图　b）双环伺服系统

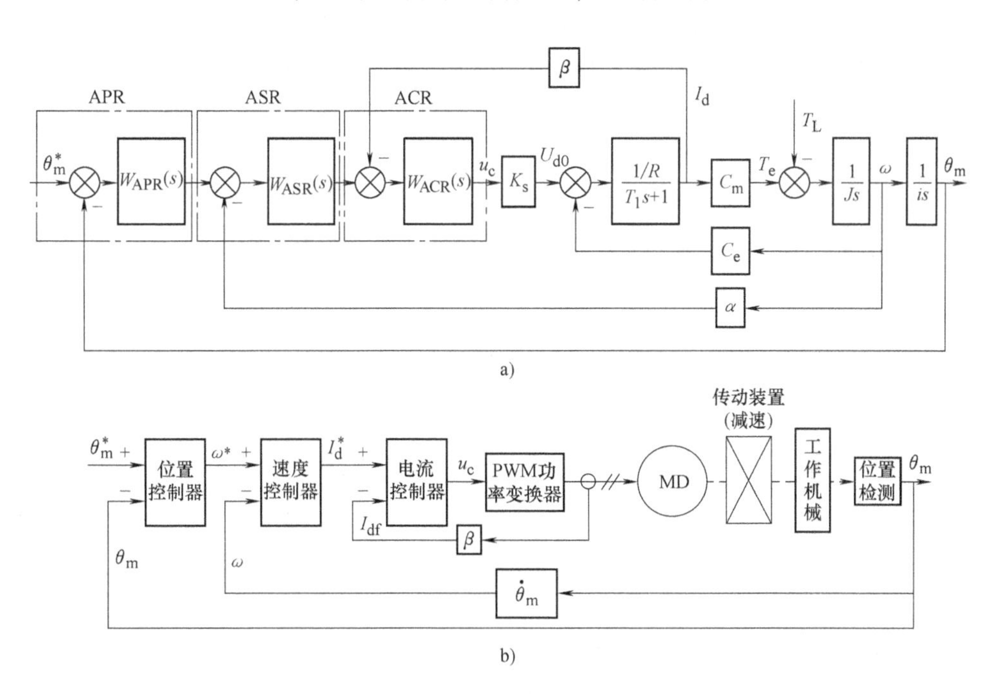

图 11-10　三环直流伺服系统

a）三环直流伺服系统动态结构图　b）三环直流伺服系统

11.2.2　交流伺服系统的控制结构及相应的控制系统

交流伺服电动机有异步电动机、永磁式同步电动机和磁阻式步进电动机等。各种交流伺服电动机通过磁场定向（矢量控制）可等效为直流电动机，现以三相永磁同步电动机（PMSM）为例进行介绍。

以凸装式转子结构的 PMSM 为对象，在假设磁路不饱和，不计磁滞和涡流损耗影响，空间磁场呈正弦分布的条件下，当永磁同步电动机转子为圆筒形（$L_d=L_q=L$），摩擦系数 $B=0$ 时，可得 d-q 轴系上永磁同步电动机的状态方程为

$$\begin{pmatrix}\dfrac{di_d}{dt}\\ \dfrac{di_q}{dt}\\ \dfrac{d\omega}{dt}\end{pmatrix}=\begin{pmatrix}-R/L & n_p\omega_r & 0\\ -n_p\omega_r & -R/L & -n_p\Psi_r/L\\ 0 & \dfrac{3}{2}n_p\Psi_r/J & 0\end{pmatrix}\begin{pmatrix}i_d\\ i_q\\ \omega\end{pmatrix}+\begin{pmatrix}u_d/L_d\\ u_q/L_q\\ -T_L/J\end{pmatrix} \tag{11-6}$$

式中，R 为电动机绕组等效电阻（Ω）；L_d为电动机等效 d 轴电感（H）；L_q为电动机等效 q 轴电感（H）；n_p为极对数；ω_r为转子角速度（rad/s）；Ψ_r为转子磁场的等效磁链（Wb）；T_L为负载转矩（N·m）；i_d为 d 轴电流（A）；i_q为 q 轴电流（A）；J 为转动惯量（kg·m^2）。

为获得线性状态方程，通常采用 i_d恒等于 0 的矢量控制方式，此时有

$$\begin{pmatrix}\dfrac{di_q}{dt}\\ \dfrac{d\omega}{dt}\end{pmatrix}=\begin{pmatrix}-R/L & -p_n\Psi_r/L\\ \dfrac{3}{2}p_n\Psi_r/J & 0\end{pmatrix}\begin{pmatrix}i_q\\ \omega_r\end{pmatrix}+\begin{pmatrix}u_q/L_q\\ -T_r/J\end{pmatrix} \tag{11-7}$$

式（11-7）即 PMSM 的解耦状态方程。在零初始条件下，对永磁同步电动机的解耦状态方程求拉氏变换，以电压 u_q为输入，转子速度为输出的交流永磁同步电动机动态结构图如图 11-11 所示，其中 $C_m=\dfrac{3}{2}p_n\Psi_r$为转矩系数。

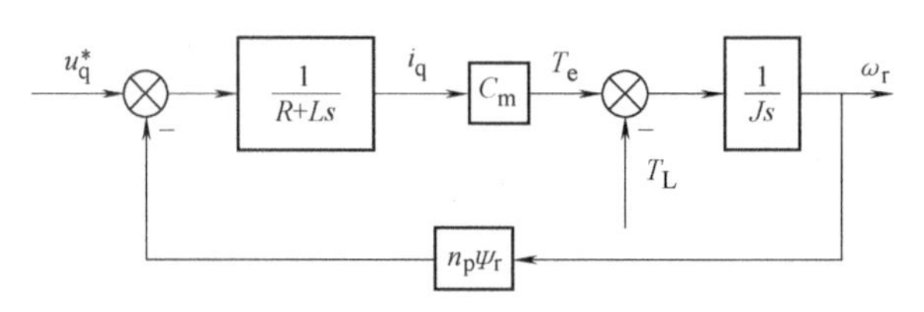

图 11-11　交流永磁同步电动机动态结构图

由图 11-11 可知，交流永磁同步电动机具有直流电动机一样的动态结构。依据图 11-11 可以构成单环、双环、三环交流伺服系统。图 11-12 所示为三环交流伺服系统，其中图 11-12a 为控制结构图，图 11-12b 为相应的三环交流伺服系统组成框图。

由图 11-12 可知，交流伺服系统建立在高性能（矢量控制、直接转矩控制）的交流调速系统的基础上。

本节根据自动控制理论构建了单环、双环、三环交直流伺服系统。应该知道，系统的输出量能够快速、准确地复现（跟踪）输入量的变化是伺服系统必须具备的功能。然而对于逐环设计的串级嵌套式多环伺服系统而言，位置环截止频率将被限制在较低的范围，因而影响了系统的快速响应。为此，以往的伺服系统，为了满足快速性要求，多采用单环控制结构方案。现代数字控制的伺服系统因其控制对象的快速响应提高了 5~10 倍，使得多环伺服系统截止频率响应提高了许多，从而多环伺服系统的快速跟踪性能也得到了较大的提高。

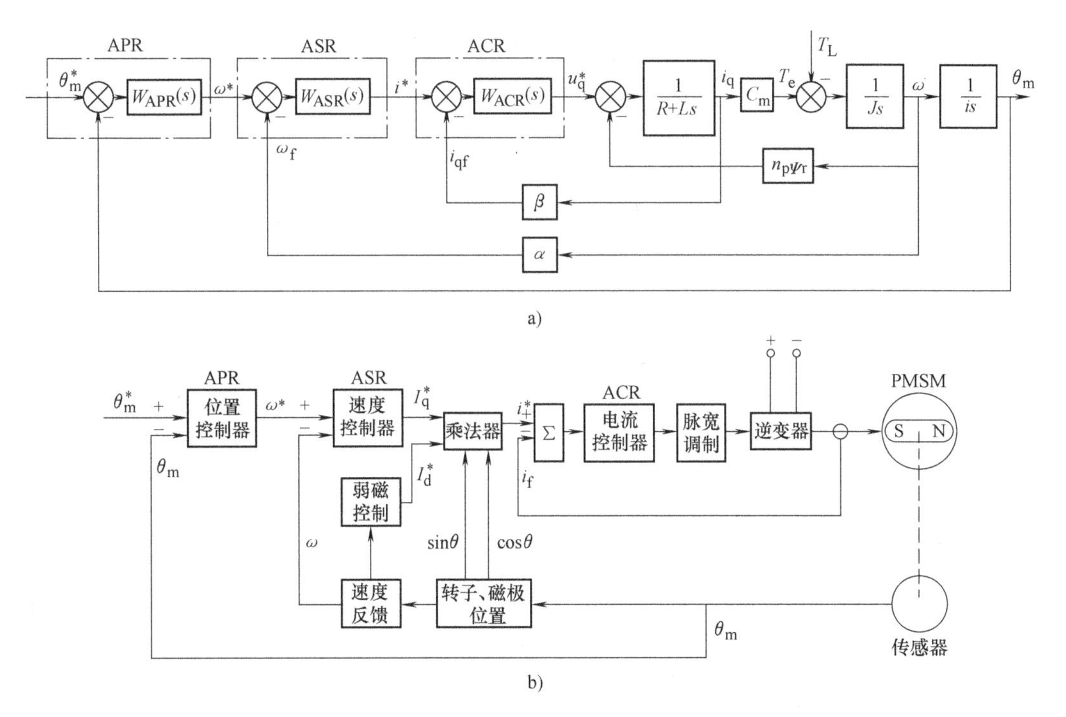

图 11-12　永磁同步电动机交流伺服系统

a）永磁同步电动机三环交流伺服系统控制结构　b）永磁同步电动机交流伺服系统组成框图

11.3　伺服系统的稳态分析

稳态是指过渡过程结束后伺服系统的状态。过渡过程结束后，即伺服系统达到新的平衡之后，最终保持的控制精度（稳态精度），反映了伺服系统的稳态性能，是衡量伺服系统稳态性能的唯一指标。**控制精度也称为稳态误差，是指伺服系统过渡过程结束进入稳态时，输入与输出之间的误差大小。**伺服系统对控制精度要求很高，一般不低于 0.01 mm，特殊的可达到 0.001 mm 以上。

11.3.1　位置控制系统稳态分析及稳态性能指标

伺服系统对控制精度要求很高，例如：一般轧钢机压下伺服系统的控制精度要求≤0.01 mm。精密数控机床要求的控制精度高达 1~0.1 μm。

影响伺服系统的控制精度，导致其产生稳态误差的因素有①检测元件引起的检测误差；②系统的结构和参数，以及系统的给定输入信号引起的跟随误差；③负载等外部扰动引起的扰动误差。下面讨论这三种误差。

1. 检测误差

检测误差是由检测元件引起的，其大小取决于检测元件或装置本身的精度。伺服系统中常用的位置检测元件如自整角机、旋转变压器、感应同步器、光电编码器等都有一定的精度等级（见表 11-1），系统的精度不可能高于所用位置检测元件的精度。**检测误差通常是稳态误差的主要部分，而且，闭环反馈控制系统对于反馈检测装置造成的误差无能为力，即检测元件产生的误差系统是无法克服的，精度要求高的伺服系统，应该选用高精度检测元件。**

表 11-1　位置传感器的误差范围

位置传感器	误 差 量 级	位置传感器	误 差 量 级
自整角机 旋转变压器 圆盘式感应同步器	≤1° 几角分（′） 几角秒（″）	直线式感应同步器 光电和磁性编码器	几微米（μm） 360°/N①

① 对于增量式码盘，N 是每转脉冲数，对于绝对值式码盘，$N=2^n$，n 为二进制位数。

2. 跟随误差

跟随误差也叫原理误差或系统误差，是由系统自身的结构形式、系统的特征参数和给定输入信号的形式决定的。

（1）单位阶跃给定输入典型Ⅰ型伺服系统的稳态跟随误差。

图 11-8a 所示系统，设 APR 为比例调节器，假定 $T_L=0$，经简化整理后的Ⅰ型伺服系统结构框图如图 11-13 所示。其中，$G(s)=K/[s(Ts+1)]$ 是系统的开环传递函数，K 为开环放大系数，T 为时间常数。

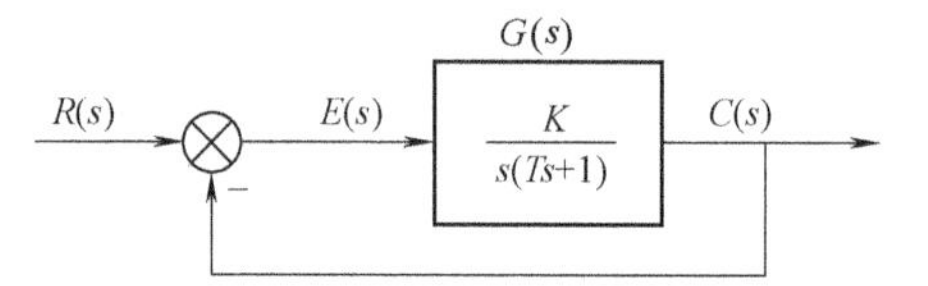

图 11-13　Ⅰ型伺服系统结构图

由于开环传递函数中只包含一个积分环节，通常称为Ⅰ型系统。

在单位阶跃给定输入下，$R(s)=1/s$，$E(s)=R(s)-C(s)$，$C(s)=G(s)E(s)$，经整理得

$$E(s)=R(s)-E(s)G(s)=\frac{1}{1+G(s)}R(s)=\frac{Ts+1}{s(Ts+1)+K} \tag{11-8}$$

利用拉氏变换的终值定理，求得系统的稳态误差

$$e(\infty)=\lim_{s\to 0}sE(s)=\lim_{s\to 0}s\frac{Ts+1}{s(Ts+1)+K}=0 \tag{11-9}$$

式（11-9）表明，在单位阶跃给定输入下，Ⅰ型系统的跟随误差为零。

（2）单位速度给定输入典型Ⅰ型伺服系统的稳态跟随误差

单位速度输入信号 $R(s)=1/s^2$ 时，稳态误差为

$$e(\infty)=\lim_{s\to 0}sE(s)=\lim_{s\to 0}s\frac{1}{1+G(s)}R(s)=\lim_{s\to 0}s\frac{s(Ts+1)}{s(Ts+1)+K}\frac{1}{s^2}=\frac{1}{K} \tag{11-10}$$

式（11-10）表明，在单位速度给定输入时，Ⅰ型系统的稳态误差等于开环放大系数的倒数。这说明在速度输入下，要实现准确跟踪，输出必须与输入同步。由于Ⅰ型系统中只有一个积分环节，控制器只能是比例调节器，要维持伺服驱动器有一定的输出，控制器输入端必须有一个偏差电压信号，所以系统的稳态误差不会等于零。显然，开环放大系数 K 越大，稳态误差的值越小。

（3）单位加速度给定输入典型Ⅰ型伺服系统的稳态跟随误差

单位加速度输入信号 $R(s)=1/s^3$ 时，稳态误差为

$$e(\infty)=\lim_{s\to 0}sE(s)=\lim_{s\to 0}\frac{1}{1+G(s)}R(s)=\lim_{s\to 0}\frac{s(Ts+1)}{s(Ts+1)+K}\frac{1}{s^3}=\infty \tag{11-11}$$

式（11-11）表明，在单位加速度给定输入时，Ⅰ型伺服系统的稳态误差为无穷大，这说明Ⅰ型伺服系统对加速度输入完全不能适应。若使伺服系统能够适应加速度给定输入，则伺服系统至少为Ⅱ型系统。

例如，图 11-8 所示系统中，位置控制器 APR 若改为 PI 调节器，则伺服系统的动态结构图

如图 11-14 所示，其开环传递函数为

$$G(s)=\frac{K(\tau s+1)}{s^2(Ts+1)} \qquad (11-12)$$

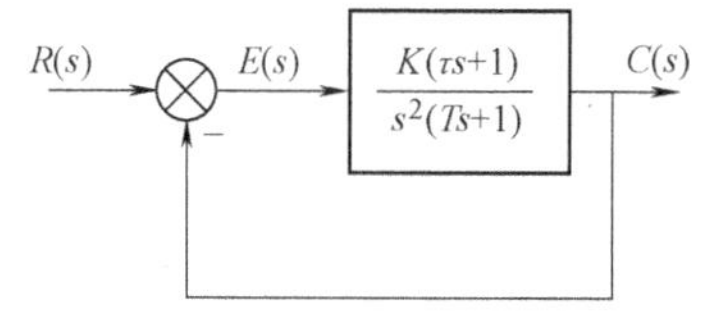

图 11-14　Ⅱ型伺服系统结构图

由式（11-12）可知，由于开环传递函数中含有两个积分环节，因此称为Ⅱ型伺服系统。利用拉氏变换终值定理可求出Ⅱ型伺服系统的稳态误差，即

当 $R(s)=1/s$ 时，稳态跟随误差 $e(\infty)=\lim\limits_{s\to0}sE(s)=\lim\limits_{s\to0}\frac{1}{1+G(s)}R(s)=0$；

当 $R(s)=1/s^2$ 时，稳态跟随误差 $e(\infty)=\lim\limits_{s\to0}sE(s)=\lim\limits_{s\to0}\frac{1}{1+G(s)}R(s)=0$；

当 $R(s)=1/s^3$ 时，稳态跟随误差 $e(\infty)=\lim\limits_{s\to0}sE(s)=\lim\limits_{s\to0}\frac{1}{1+G(s)}R(s)=1/K$。

（4）稳态品质因数

有时为了描述伺服系统跟随运动目标的能力，常用稳态品质因数这个概念，在控制理论课程中称为稳态误差系数，包括速度品质因素 K_v 和加速度品质因数 K_a。

速度品质因数定义为系统输入信号的速度$\dot{\theta}_m^*$和单位速度输入原理误差稳态值 e_{sv} 的比值，即

$$K_v=\dot{\theta}_m^*/e_{sv} \qquad (11-13)$$

加速度品质因数定义为系统输入信号的加速度$\ddot{\theta}_m^*$和单位加速度输入原理误差稳态值 e_{sa} 的比值，即

$$K_a=\ddot{\theta}_m^*/e_{sa} \qquad (11-14)$$

由式（11-13）和式（11-14）可以得到速度输入和加速度输入的原理误差稳态值分别为

$$e_{sv}=\dot{\theta}_m^*/K_v \qquad (11-15)$$

$$e_{sa}=\ddot{\theta}_m^*/K_a \qquad (11-16)$$

由此表明，稳态品质因数越大，稳态跟踪误差越小，系统跟踪运动目标的能力越强。

根据上述定义，在系统稳定的条件下，可以用拉普拉斯变换的终值定理计算 K_v 和 K_a，即

$$K_v=\frac{\dot{\theta}_m^*}{\lim\limits_{s\to0}\frac{\dot{\theta}_m^*}{s^2}\frac{1}{1+W(s)}}=\lim_{s\to0}s[1+W(s)]=\lim_{s\to0}sW(s) \qquad (11-17)$$

$$K_a=\frac{\ddot{\theta}_m^*}{\lim\limits_{s\to0}\frac{\ddot{\theta}_m^*}{s^3}\frac{1}{1+W(s)}}=\lim_{s\to0}s^2[1+W(s)]=\lim_{s\to0}s^2W(s) \qquad (11-18)$$

利用式（11-17）和式（11-18）可以求得Ⅰ型系统和Ⅱ型系统的稳态品质因数。设系统的开环放大系数为 K，对Ⅰ型系统，则有

$$K_v=K,\quad K_a=0$$

对Ⅱ型系统

$$K_v=\infty,\quad K_a=K$$

3. 单位恒值负载扰动的影响

伺服系统所承受的各种扰动作用也会影响系统的控制精度。扰动可来自负载、检测装置及其他各种原因。最常见的扰动是负载扰动和从测量装置引入的噪声干扰。这里，仅讨论单位恒值

负载扰动的影响。

图 11-15a 是给定的输入为零，只考虑负载扰动时的系统结构图。其中 $G_1(s)$ 表示 T_L 作用点之前的传递函数，$G_2(s)$ 是 T_L 作用之后的传递函数。对于 I 型系统，$G_1(s)$ 中没有积分环节，$G_2(s)$ 中包含一个积分环节。对于单位恒值负载扰动，$T_L(s)=1/s$。

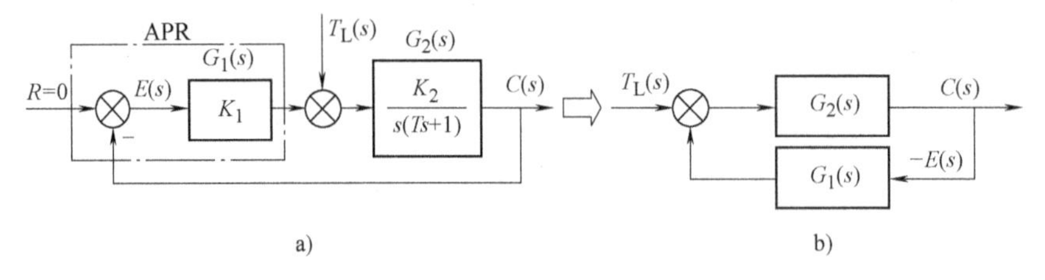

图 11-15 负载扰动输入下的系统结构图

设由 T_L 引起的稳态误差为 e，其拉氏变换为 $E(s)$。

由于 $R(t)=0$，$E(s)=R(s)-C(s)=-C(s)$，图 11-15b 可以更清楚地表达负载扰动输入下的系统结构。

由此可得系统的输出为

$$C(s)=\frac{G_2(s)}{1-G_1(s)G_2(s)}T_L(s) \tag{11-19}$$

把 $G_1(s)=K_1$，$G_2(s)=\dfrac{K_2}{s(Ts+1)}$，$T_L(s)=\dfrac{1}{s}$代入式（11-19）得

$$C(s)=\frac{K_2/s(Ts+1)}{1-\dfrac{K_1K_2}{s(Ts+1)}}\frac{1}{s}=\frac{K_2}{s[s(Ts+1)-K_1K_2]} \tag{11-20}$$

$$e(\infty)=\lim_{s\to0}sE(s)=-\lim_{s\to0}sC(s)=-\lim_{s\to0}\frac{K_2}{s(Ts+1)-K_1K_2}=+\frac{1}{K_1} \tag{11-21}$$

式（11-21）表明，恒值负载扰动会使系统产生稳态误差，误差值的大小与负载扰动作用点之前的传递函数的放大系数成反比。

4. 稳态误差计算

【例 11-1】 某自整角机随动系统如图 11-16 所示。已知 K_2 为 13600，$K_3=27.6$ 密位/(V · s)。负载扰动引起的电压降为 $I_{dL}R=10\,\text{V}$。设计指标：位置输入下稳态误差 $e_{sp}\leqslant1$ 密位，当输入轴最高转速为 $\dot{\theta}_m^*=1000$ 密位/s，系统的稳态原理误差 $e_{sv}\leqslant2$ 密位，求

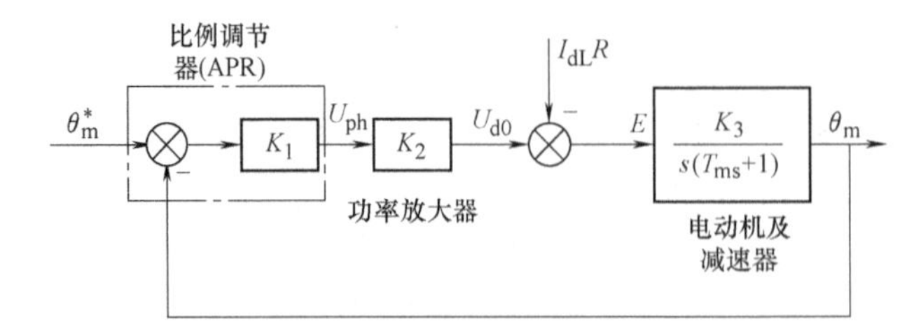

图 11-16 伺服系统结构图

（1）系统的开环放大系数 K。

（2）比例系数 K_1 的值。

解：(1) 根据要求，伺服电动机的最高转速为$\dot{\theta}_{m}^{*}=1000$ 密位/s。稳态原理误差 $e_{sv}\leqslant 2$ 密位，则速度品质因数由式 (11-13) 求得：

$$K_{v}=\frac{\dot{\theta}_{m}^{*}}{e_{sv}}\geqslant\frac{1000}{2}\mathrm{s}^{-1}=500\,\mathrm{s}^{-1}$$

由于系统是Ⅰ型系统，因此系统的开环放大系数为

$$K=K_{v}=500\,\mathrm{s}^{-1}$$

(2) Ⅰ型系统对于给定位置输入信号的稳态原理误差为零，因此，位置输入下的稳态误差应该是检测误差和稳态扰动误差，现根据题设检测误差为零，因此只剩下稳态扰动误差 e_{sN}。题中扰动来自负载扰动，负载扰动产生的稳态误差根据求稳态扰动误差计算式 $e_{sN}=\lim\limits_{s\to 0}sE(s)$ 可以求得：

$$e_{sN}=\frac{I_{dL}R}{K_{1}K_{2}}$$

已经求出

$$K=K_{1}K_{2}K_{3}=500\,\mathrm{s}^{-1}$$

因此

$$K_{1}K_{2}=\frac{K}{K_{3}}=\frac{500}{27.6}=18.1\ \mathrm{V/密位}$$

所以

$$K_{1}=\frac{18.1}{K_{2}}=\frac{18.1}{13600}=1.33\times10^{-3}\ \mathrm{V/密位}$$

$$e_{sN}=\frac{I_{dL}R}{K_{1}K_{2}}=\frac{10}{18.1}=0.55\ 密位$$

11.3.2 提高伺服系统精度的方法

采用简单比例控制的伺服系统，可以很容易地获得稳定、无超调的位置控制和良好的定位精度。但由于它不可避免地存在稳态跟踪误差，从而对运动轨迹跟随性能产生一定影响。为了解决上述问题，可以采用复合控制的办法。

在闭环反馈控制的基础上，再引入一个对外部输入信号进行多解微分的前馈补偿，简称为前馈补偿或前馈控制，把前馈控制和反馈控制相结合构成的控制系统称为复合控制系统。复合控制系统的结构图如图 11-17 所示。根据该结构图可以写出复合控制闭环系统对给定控制作用的传递函数为

$$G_{c}(s)=\frac{G(s)}{1+G(s)}\left[1+\frac{G_{f}(s)}{G_{p}(s)}\right] \tag{11-22}$$

系统对输入的误差传递函数为

$$G_{e}(s)=\frac{1-G_{b}(s)G_{f}(s)}{1+G(s)} \tag{11-23}$$

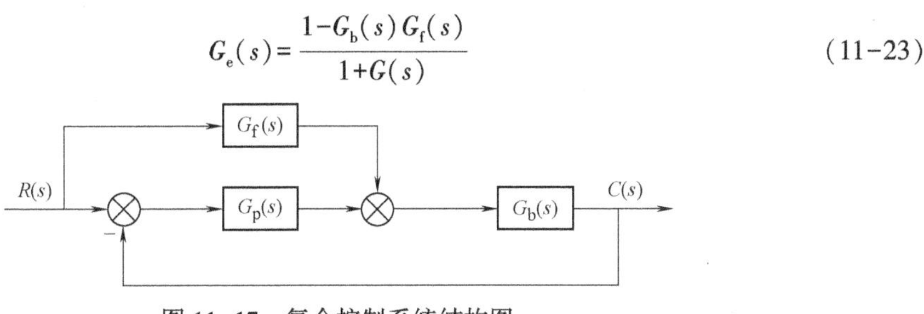

图 11-17　复合控制系统结构图

式中，$G(s)=G_p(s)G_b(s)$为原系统的开环传递函数。如果系统的稳态原理误差和动态误差都为零，则由式（11-23）可以推导出对给定控制作用的误差恒等于零的条件，即系统对控制输入的不变性条件为

$$G_f(s)=1/G_b(s) \tag{11-24}$$

在这种情况下，系统的误差与给定输入信号无关。前馈补偿信号的引入对提高系统的性能是非常有益的。例如，引入给定输入量的一阶导数前馈信号，可以补偿随动系统在速度输入时的稳态误差；引入给定输入量的二阶导数前馈信号，可以补偿加速度输入时的稳态误差。

伺服系统如果不加前馈，即在图 11-17 中去掉 $G_f(s)$时的闭环传递函数是

$$G_{cl}(s)=\frac{G_p(s)G_b(s)}{1+G_p(s)G_b(s)} \tag{11-25}$$

比较式（11-22）和式（11-25）可以发现，它们的分母是相同的，这表明 $G_c(s)$和 $G_{cl}(s)$两传递函数的极点基本上是相同的，因此，增加前馈控制基本上不会影响系统的稳定性，但是可以在不改变原系统参数和结构的情况下大大提高系统的稳态精度，动态性能也比较容易得到保证。

【例 11-2】复合控制伺服系统的动态结构如图 11-18 所示，要求设计一个前补偿环节，求出系统的误差传递函数 $e(s)$，根据不变性条件求出传递函数 $W_b(s)$。

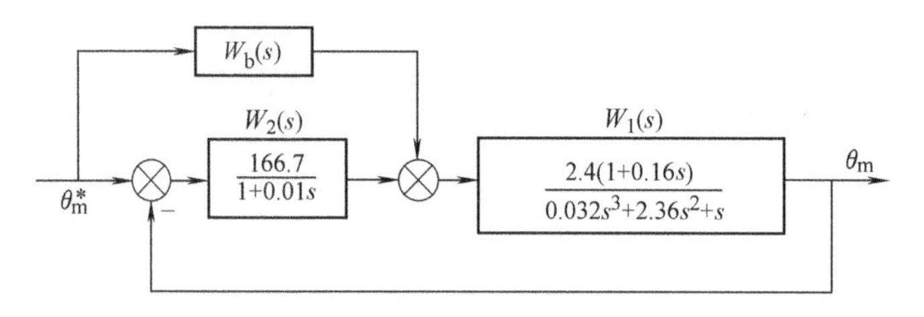

图 11-18　复合控制系统设计

解：在设计前馈补偿通道时，首先要选定前馈与系统主通道相叠加的位置。本例所选相加点就是负反馈补偿通道的反馈叠加点。由此获得图 11-18 的结构形式，此时复合控制系统的传递函数为

$$W(s)=\frac{\theta_m(s)}{\theta_m^*(s)}=\frac{400(1+0.16s)+2.4(1+0.16s)(1+0.01s)W_b(s)}{s(1+0.01s)(0.032s^2+2.36s+1)+400(1+0.16s)}$$

系统的误差传递函数为

$$e(s)=1-W(s)=\frac{(1+0.01s)(0.032s^3+2.36s^2+s)-2.4(1+0.16s)(1+0.01s)W_b(s)}{(1+0.01s)(0.032s^3+2.36s^2+s)+400(1+0.16s)}$$

按照完全不变性条件，前馈通道的传递函数 $W_b(s)$应该为

$$W_b(s)=\frac{1}{W_1(s)}=\frac{0.032s^3+2.36s^2+s}{2.4(1+0.16s)}$$

就可使 $e(s)\equiv 0$。

提高伺服系统控制精度的方法还有内模控制、重复控制等，请参见参考文献［54］、［55］。

11.4　伺服系统的动态分析和设计

1. 伺服系统的稳定性

稳定性是指动态过程的振荡倾向和系统重新恢复平衡工作状态的能力。一个处于静止或平

衡工作状态的系统，当受到任何输入的激励，就可能偏离原平衡状态。当激励消失后，经过一段暂态过程以后，系统的状态和输出都能恢复到原先的平衡状态，则系统是稳定的。

伺服系统正常运行的最基本条件就是系统必须是稳定的，否则其他性能指标都是毫无意义的。

由于实际系统存在惯性、延迟，所以当系统的参数配合不当时，将会使系统不稳定，产生越来越大的输出，引起系统中某些工作部件的损坏。因此一个控制系统要能工作，它必须是稳定的，而且必须具有一定的稳定裕量，即当系统参数发生某些变化时，也能够使系统保持稳定的工作状态。

如系统受扰后偏离了原工作状态，而控制装置再也不能使系统恢复到原状态，并且越偏越远，如图 11-19b 中过程③所示；或当指令变化以后，控制装置再也无法使被控对象跟随指令运行，并且也是越差越大，如图 11-19a 中过程③所示，这样的系统称之为不稳定系统，显然，这是不能完成控制任务的。

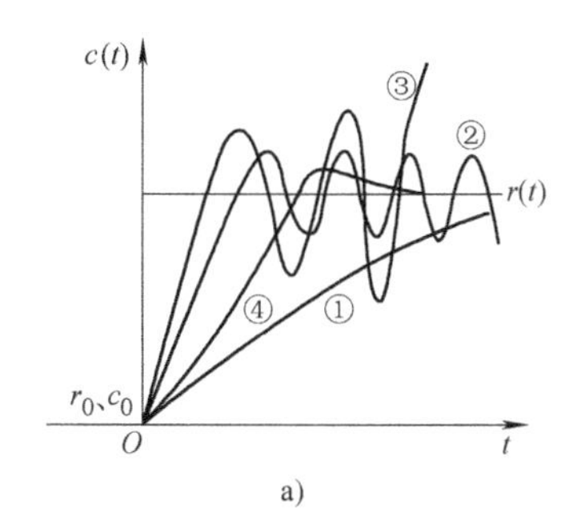

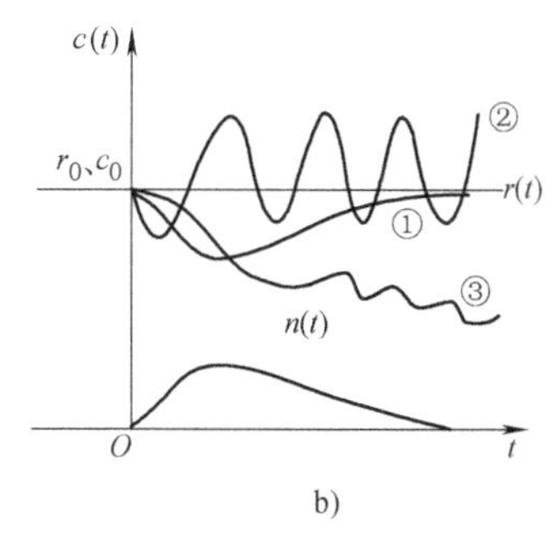

图 11-19　系统稳定性特征

必须注意的是，稳定性只表示系统本身的一种特性，它决定于系统结构与元件参数、外部输入指令或扰动信号无关。

2. 伺服系统的动态响应特性

(1) 给定作用下的动态特性

对伺服系统的动态性能的要求是，伺服系统快速性好（快速的响应能力，指动态过程进行的时间短）。分析计算伺服系统动态性能指标的一般方法，是在系统输入端施加单位阶跃信号 θ_r，然后估算出系统进入稳态所需的过渡时间 t_s、超调量 σ 和振荡次数 N，以 t_s、σ 和 N 作为评定系统动态性能的指标。一般当输出 $c(t)$ 与输入 $R(t)$ 之差进入 $\Delta=5\%$（或 $\Delta=2\%$）范围，并不再超出此范围时，即认为过渡过程已经结束，如图 11-20 所示。

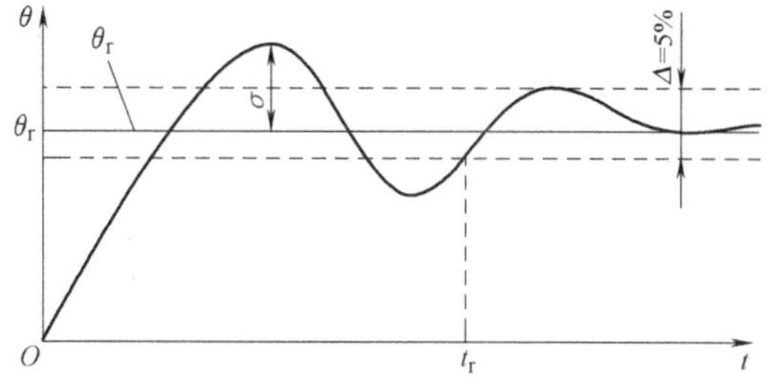

图 11-20　单位阶跃信号下伺服系统的过渡过程

伺服系统的动态性能指标与系统的结构形式和结构参数密切相关。

稳定性和快速性反映了系统在控制过程中的性能，既快又稳，是指在过程中被控量偏离给定值小，偏离的时间短，如图 11-19a 中过程④所示。

(2) 扰动作用下的动态特性

伺服系统受到扰动的作用后，系统会恢复原状态或达到新的平衡状态，但由于系统机械部分存在质量、惯量，电路中存在电感、电容，同时也由于能源、功率的限制，使得系统不能瞬时达到平衡，而要经历一个过渡过程。**要求伺服系统在各种扰动作用时，系统输出动态变化尽量小，恢复时间尽量快。**

11.4.1 单闭环伺服系统的动态分析和计算

根据图 11-8 可得到图 11-21 所示的单闭环位置控制直流伺服系统结构图。

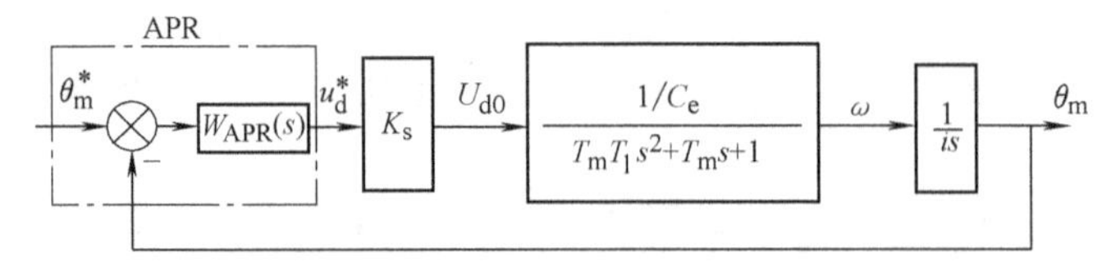

图 11-21 单闭环位置控制直流伺服系统结构图

理论与实践已经证明，为了确保系统无振荡，通常位置控制器采用比例控制规律。因此，APR 选用 P 调节器，其传递函数为

$$W_{APR}(s)=K_{pp} \tag{11-26}$$

系统开环传递函数为

$$W(s)=\frac{K}{s(T_mT_1s^2+T_ms+1)} \tag{11-27}$$

式中，系统开环放大系数 $K=\frac{K_{pp}K_s}{iC_e}$。

若 $T_m\geqslant 4T_1$，$T_mT_1s^2+T_ms+1$ 可分解为 $(T_1s+1)(T_2s+1)$。假定 $T_1\geqslant T_2$，则系统的开环传递函数为

$$W(s)=\frac{K}{s(T_1s+1)(T_2s+1)} \tag{11-28}$$

系统的闭环传递函数为

$$W_{cl}(s)=\frac{K}{T_1T_2s^3+(T_1+T_2)s^2+s+K} \tag{11-29}$$

根据闭环传递函数的特征方程式

$$T_1T_2s^3+(T_1+T_2)s^2+s+K=0 \tag{11-30}$$

利用 Routh 稳定判据，可得，$K<\frac{T_1+T_2}{T_1T_2}$，则系统稳定，其系统开环传递函数伯德图如图 11-22 所示。

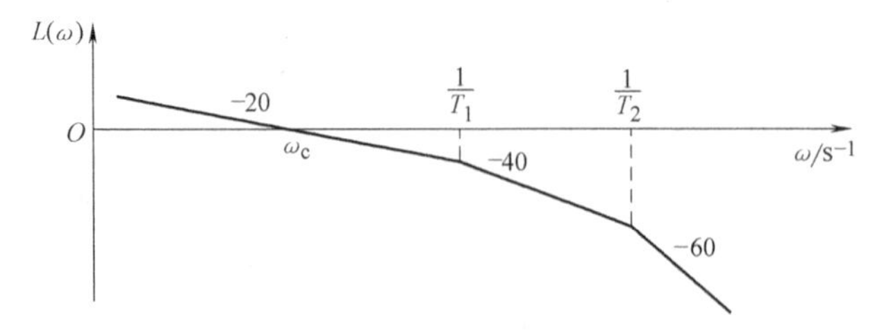

图 11-22 开环传递函数伯德图

若 $T_m<4T_1$，直流伺服电动机为二阶振荡环节，则系统的开环传递函数为

$$W(s)=\frac{K}{s(T_mT_1s^2+T_ms+1)} \tag{11-31}$$

系统的闭环传递函数为

$$W_{\mathrm{cl}}(s)=\frac{K}{T_{\mathrm{m}}T_{1}s^{3}+T_{\mathrm{m}}s^{2}+s+K} \tag{11-32}$$

根据闭环传递函数的特征方程式

$$T_{\mathrm{m}}T_{1}s^{3}+T_{\mathrm{m}}s^{2}+s+K=0 \tag{11-33}$$

利用 Routh 稳定判据，可求得 $K<1/T_1$，系统稳定。

当采用 P 调节器时，伺服系统对负载扰动有静差，若要求对负载扰动无静差，应选用 PI 调节器，则系统由Ⅰ型系统变为Ⅱ型系统。

这里需要指出的是，为了避免在动态过程中过大的电流冲击，应采用电流截止负反馈保护措施，或者选择允许过载系数较高的直流伺服电动机。还需要知道的是，由于只有一个闭环，因而有最快的动态响应，这是采用单环伺服系统优越之处。

【例 11-3】 考虑采用电流模式驱动器的单环伺服系统，假定系统参数如下：电动机力矩常数 $K_{\mathrm{t}}=0.2\ \mathrm{N\cdot m/A}$；转动惯量 $J=10^{-4}\ \mathrm{kg\cdot m^2}$；放大器电流增量 $K_{\mathrm{a}}=1.0\ \mathrm{A/V}$；编码器增益 $K_{\mathrm{f}}=318\ \mathrm{N/rad}$（N 为脉冲数）；DAC 增益 $K=0.00122\ \mathrm{V/N}$；采样周期 $T=0.001\ \mathrm{s}$。系统的控制系统结构图如图 11-23 所示。

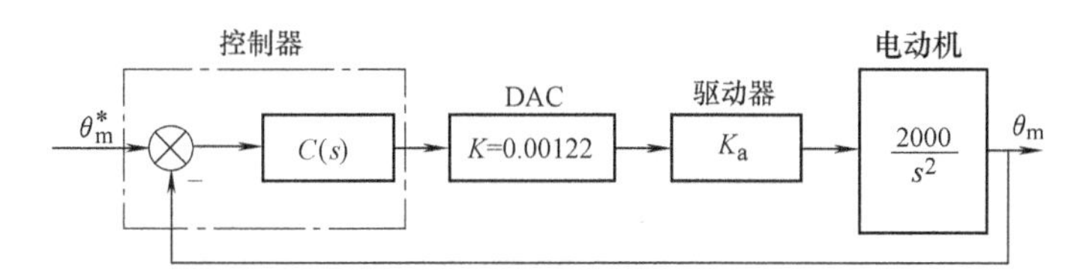

图 11-23 控制系统结构图

设计一个穿越频率 $\omega_{\mathrm{c}}=200\ \mathrm{rad/s}$、相角裕度 $\Theta=45°$的控制系统。

按照上述设计过程，首先计算被控传递函数为

$$W(s)=\frac{K_{\mathrm{a}}K_{\mathrm{t}}K_{\mathrm{f}}}{\mathrm{J}s^{2}}=\frac{6.36\times10^{5}}{s^{2}}$$

为了确定穿越频率处 $P(s)$ 得幅值和相角裕度，由

$$W(\mathrm{j}200)=\frac{6.36\times10^{5}}{(\mathrm{j}200)^{2}}=-15.9$$

由式 $A=|W(s\mathrm{j}\omega_{\mathrm{c}})|$ 和式 $\alpha=\arg[W(\mathrm{j}\omega_{\mathrm{c}})]$，得

$$A=15.9;\quad \alpha=-180°$$

相位 β 可由式 $\beta=\Theta_{\mathrm{m}}-175°-\alpha+180\omega_{\mathrm{c}}T/2\pi$ 确定，即

$$\beta=56°$$

再由式 $K_{\mathrm{p}}=\frac{1}{AK}\cos\beta$ 和式 $K_{\mathrm{d}}=\frac{1}{\omega_{\mathrm{c}}AK}\sin\beta$ 确定 K_{p} 和 K_{d}，注意到 DAC 的 $K=0.00122\ \mathrm{V/N}$，则有

$$K_{\mathrm{p}}=51.6\cos56°=28.9\ \text{（控制器比例项系数）}$$

$$K_{\mathrm{d}}=\frac{51.6}{200}\sin56°=0.213\ \text{（控制器微分项系数）}$$

控制器积分项系数 K_{i}，由式 $K_{\mathrm{i}}=\omega_{\mathrm{c}}K_{\mathrm{p}}\tan45°$确定

$$K_{\mathrm{i}}=\omega_{\mathrm{c}}K_{\mathrm{p}}\tan5°=5760\tan5°=504$$

11.4.2 双环伺服系统的动态分析与计算

双环伺服系统是指位置、电流双闭环控制系统或指位置、速度双闭环控制系统。由于电流闭环控制具有控制转矩和限制电流的作用，因此，在电流闭环控制的基础上设置位置闭环，构成位置、电流双闭环位置伺服系统。现以图 11-9a 所示的双环直流伺服系统（交流伺服系统也适用）为例来分析双闭环伺服系统。直流伺服系统的电流环动态结构图如图 11-24 所示。

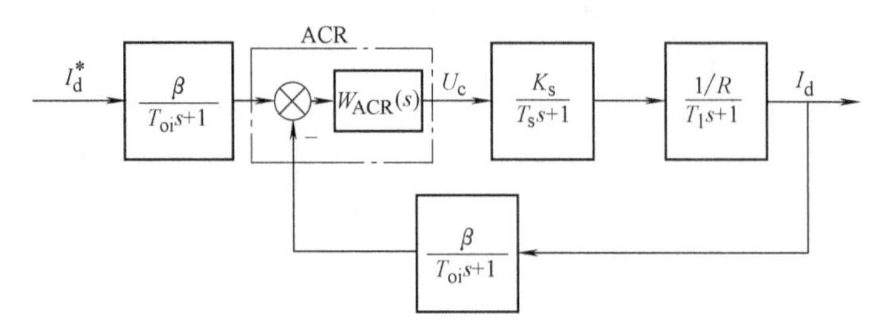

图 11-24 直流伺服系统电流环动态结构图

对图 11-24 所示的电流环动态结构图进行简化处理后得到图 11-25 所示的电流环动态结构图。

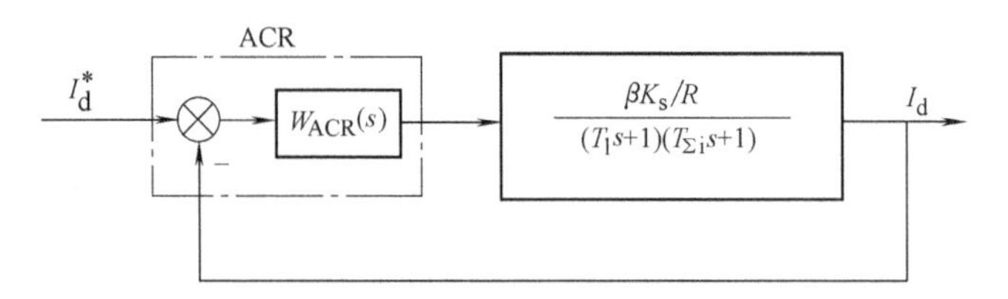

图 11-25 简化的电流环动态结构图

图中，$T_{\Sigma i}=T_{oi}$为小惯性环节时间常数。当 ACR 选为 PI 调节器时，则电流环动态结构图如图 11-26 所示。

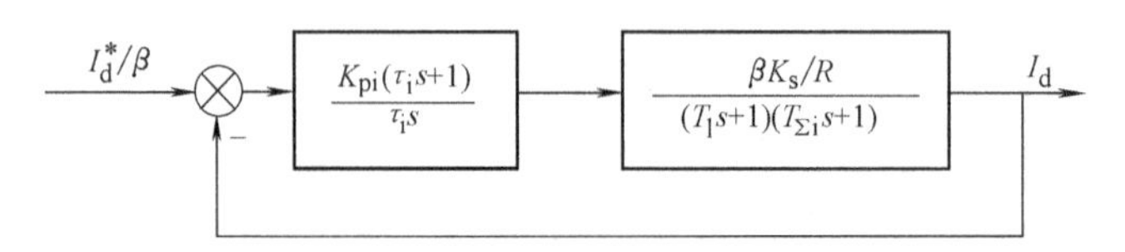

图 11-26 ACR 为 PI 算法时电流环动态结构图

使 $\tau_i=T_l$，$\tau_i s+1$ 与 $T_l s+1$ 对消，电流环进一步简化为图 11-27 所示的动态结构图。

图 11-27 表明，电流环可以校正成一个典型 I 型二阶闭环控制系统，因此，可以依据自动控理论进行动态指标的计算及 PI 调节器的参数计算，这里就不详细叙述了。

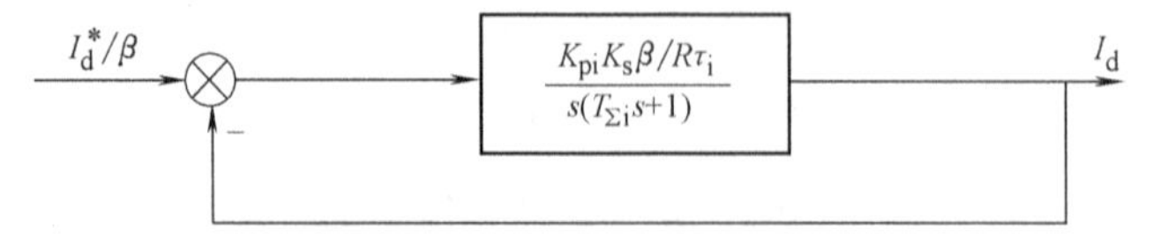

图 11-27 简化终极的电流环动态结构图

设 $K_I=K_{pi}K_s\beta/R\tau_i$，为电流环的开环放大系数。将图 11-26 所示的电流环进行等效处理，使之成为位置环中的一个环节，如图 11-28 所示。

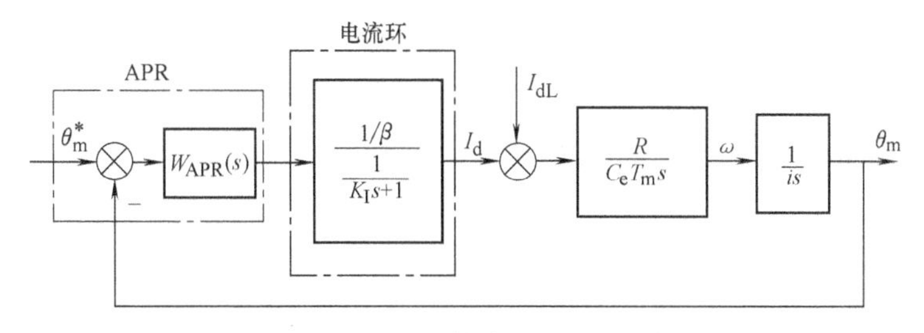

图 11-28　电流环等效处理后的结构图

通常，位置调节器（APR）常选为比例调节器，若不考虑 I_{dL} 的影响（$I_{dL}=0$），则位置环的动态结构可简化为图 11-29 的形式。

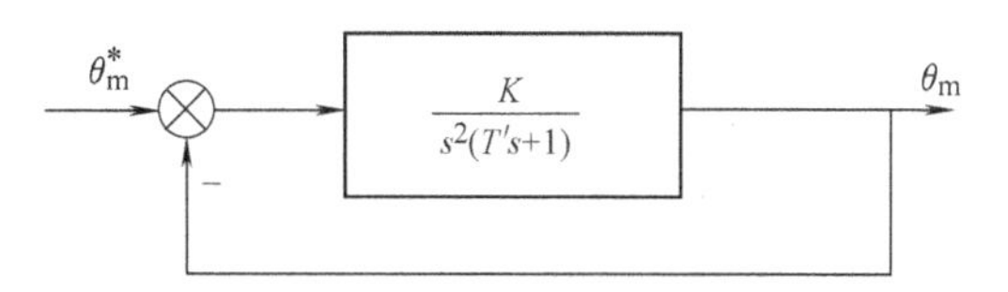

图 11-29　位置调节器选用比例调节器时的结构图

图中，$T'=1/K_I$，$K=K_{pp}R/\beta C_e T_m i$。

当 APR 选为 PD 调节器时，直流位置伺服系统仍是一个Ⅱ型三阶闭环控制系统，然而采用 PD 调节器却有改变中频宽度 h 的作用，有助于加快系统的动态响应，其开环传递函数为

$$G_p(s)=\frac{K(\tau_D s+1)}{s^2(T's+1)} \tag{11-34}$$

其典型伯德图如图 11-30 所示。

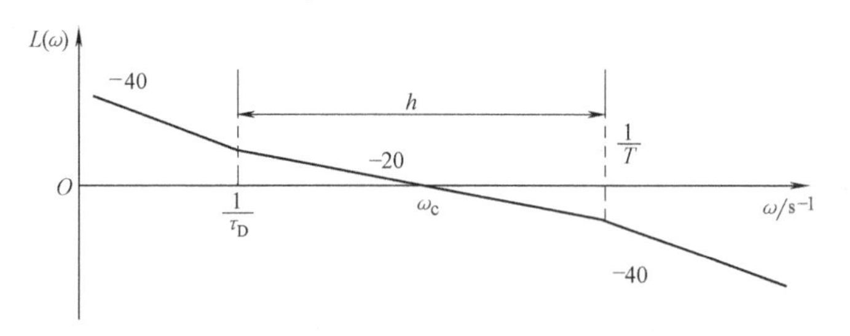

图 11-30　采用 PID 控制的双环控制伺服系统开环传递函数伯德图

由图 11-30 可知，低频段为-40 dB/dec，表明系统有较高的稳态精度；中频段为-20 dB/dec，表明系统的稳定性良好；高频段为-40 dB/dec，表明系统有一定的抗扰能力。依据式（11-34）中的$\frac{1}{\tau_D}$、$\frac{1}{T'}$得到中频宽 h，进而找出 ω_c，从而就可以计算系统的性能指标和计算调节器的参数 (K_p,τ_D)。

11.4.3　交流伺服系统的动态分析和设计

由于交流伺服电动机的数学模型具有非线性、强耦合的性质，仅采用单闭环位置控制方式难以达到伺服系统的动态要求，通常交流伺服系统都是建立在高性能（矢量控制、直接转矩控制）交流调速系统之上的，即在高性能交流调速系统的基础上再设置一个位置闭环，就形成了位置、速度、电流三环控制系统。图 11-31 所示为永磁同步电动机三环伺服系统（记为 PMSM 伺服系统），下面以此为例来分析三环伺服系统。

1. 永磁同步电动机三环伺服系统电流环设计

电流环动态结构图如图 11-31 所示。

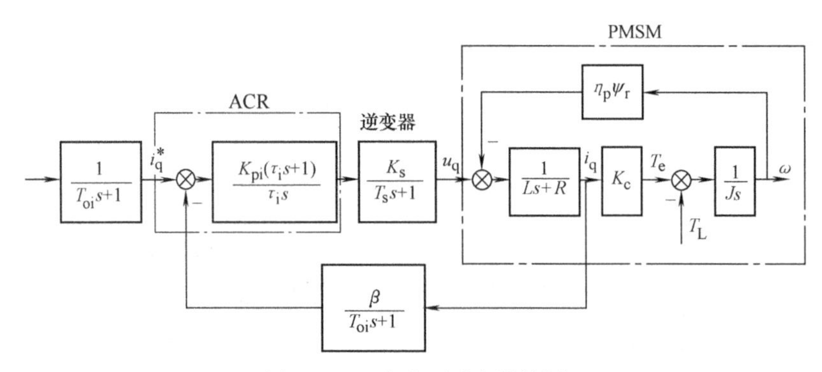

图 11-31 电流环动态结构图

PMSM 伺服系统的电流环是一个电流随动系统，在系统中可以保证定、转子电流对矢量控制指令的快速而准确跟踪。

通过对图 11-31 所示的结构图进行变换可得到电流环开环传递函数为

$$G_i(s)=\frac{K_{pi}K_s\beta(\tau_i s+1)/R}{(T_l s+1)(T_{oi}s+1)\tau_i s} \tag{11-35}$$

式中，$T_l=L/R$ 为电枢电路电磁时间常数。

选择 $\tau_i=T_l$，实现零、极点对消；当小惯性环节时间常数 $T_{\sum i}=T_{oi}$时，则电流环的开环传递函数为

$$G_i(s)=\frac{K_I}{s(T_{\sum i}s+1)} \tag{11-36}$$

闭环传递函数为

$$G_{icl}(s)=\frac{K_I}{s(T_{\sum i}s+1)+K_I} \tag{11-37}$$

式中，$K_I=K_{pi}K_s\beta/R\tau_i$ 为电流环的开环放大系数。

由式（11-36）可知，PMSM 伺服系统可处理成 I 型二阶系统。在自动控制理论中已给出了动态跟随性能与参数之间的准确的解析关系，为读者所熟知，这里不再赘述了。

2. 永磁同步电动机三环伺服系统速度环设计

速度环同样也是位置伺服系统中的一个重要的环节，要求速度环具有足够高的增益和通频带，以及很强的抗干扰能力，从广义上讲，速度控制应该具有高精度、快响应的特性，具体而言，要求小的速度脉动率、快的频率响应、宽的调速范围等性能指标。综合考虑速度环设计要求，则速度控制器应选 PI 算法。

电流环作为速度环中的一个环节，可等效为

$$G_{icl}(s)=\frac{1}{\frac{1}{K_I}s+1}=\frac{1}{T_i s+1} \tag{11-38}$$

式中，$T_i=1/K_I$为电流环等效小时间常数。

于是，转速环的动态结构图如图 11-32 所示。

根据图 11-32，可以得到速度环的开环传递函数为

$$G_s(s)=\frac{K_N(\tau_n s+1)}{s^2(T_i s+1)} \tag{11-39}$$

式中，$K_N=\tau_n K_n\alpha/J$ 为速度环的开环放大系数。

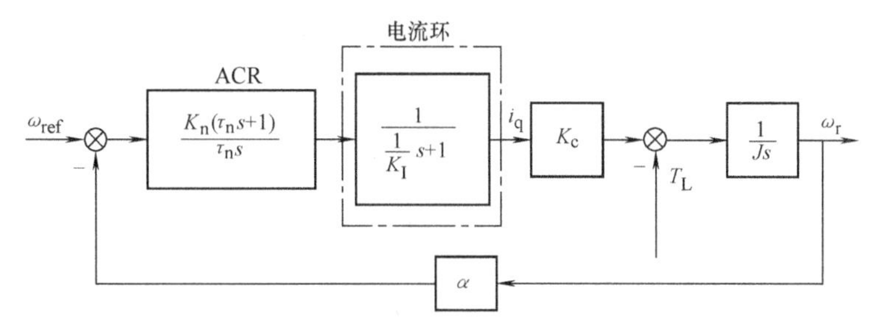

图 11-32　采用 PI 控制的转速环动态结构框图

由式（11-39）可知，转速环可以按典型的Ⅱ型系统来设计。定义变量 h 为频宽，根据典型Ⅱ型系统参数设计公式

$$\tau_n = h\frac{1}{K_I} \tag{11-40}$$

$$K_N = \frac{h+1}{2h}\frac{J}{K_e/K_I} \tag{11-41}$$

计算出参数 τ_n、K_N。

由于过渡过程的衰减振荡性质，调速时间随 h 的变化不是单调的，当 $h=5$ 时的调节时间为最短。采用 PMSM 作为执行机构的交流伺服系统具有精度高、运行稳定等特点，伺服系统采用 PID 控制算法基本上能使系统获得较好的稳态精度。然而，由于系统的模型难以建立和模型的不确定性、非线性，使得系统的快速性和抗干扰能力，以及对参数波动的鲁棒性都不够理想。为此可利用变结构控制方法针对 PMSM 伺服系统的速度环控制器进行设计，变结构控制方案使得系统具有良好的快速性、定位无超调，同时，提高了系统的精度和鲁棒性。

3. 永磁同步电动机三环伺服系统位置环设计

完成了速度环设计之后，位置环的动态结构图可表示成图 11-33 的形式。

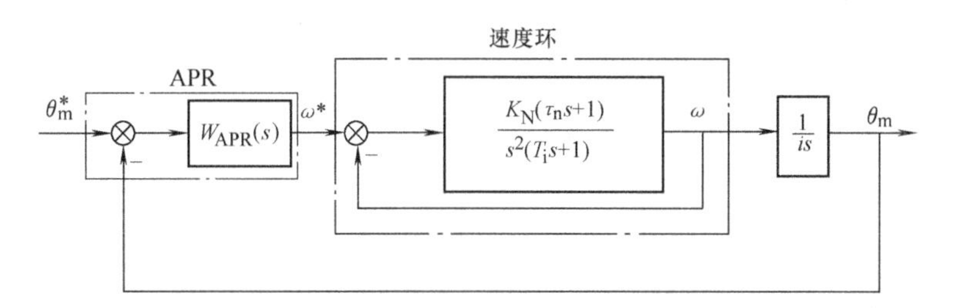

图 11-33　位置环动态结构图

由图 11-33 可见，正向通道（主通道）中有一个积分环节，如果 APR 选为比例算法，则系统为Ⅰ型系统，当 θ_m^* 为阶跃函数时，伺服系统可实现稳态无静差；如果 APR 选为 PI 算法，则系统为Ⅱ型系统，当 θ_m^* 为速度信号时，伺服系统可实现稳态无跟踪误差。

同速度环一样，位置环也可以采用变结构控制策略，以提高位置控制的精度和鲁棒性。多环控制系统调节器的设计方法是从内环到外环，逐环设计各环的调节器。逐环设计可以使每个控制环都是稳定的，从而保证了整个控制系统的稳定性。当电流环和转速环内的对象参数变化或受到扰动时，电流反馈和转速反馈能够起到及时的抑制作用，使之对位置环的工作影响很小。同时，每个环节都有自己的控制对象，分工明确，易于调整。但这样逐环设计的多环控制系统也有明显的不足，即对最外环控制作用的响应不会很快，因为每次由内环到外环设计时，都要采用内环的等效环节，而这种等效环节传递函数之所以能成立，是以外环的截止频率远低于内环的截止频率为先决条件的，这样位置环的截止频率被限制得太低，从而影响了位置伺服系统的快速性。为提高快速性，可采用各种控制器，必要时除了用比例（P）控制外，还可以采用 PID 控制器，以及采用并联校正等。

4. PMSM 伺服系统位置环的滑模变结构设计

由于变结构控制系统具有很强的鲁棒性。从物理意义而言，滑模变结构控制总是产生最大作用：最大加速或最大减速。因此，要求较高的伺服系统的位置环选择变结构设计。

因为位置环滑模变结构调节器的设计对被控系统模型精度要求不是很高，所以将速度闭环系统等价为 $1/(T'_{m}s+1)$，其中 $T'_{m}=T_{m}/K_{N}$，在此基础上设计位置环滑模变结构调节器。

令 $e_1=\theta_{m}^{*}-\theta_{m}$，$e_2=\dot{e}_1$，可得状态方程：

$$\begin{cases}\dot{e}_1=e_2\\ \dot{e}_2=-\dfrac{1}{T'_{m}}e_2-\dfrac{1}{T'_{m}}\omega_{r}^{*}+\dfrac{1}{T'_{m}}\dot{\theta}_{ref}\end{cases} \tag{11-42}$$

取位置环滑模切换函数为

$$s_{p}=c_{p}e_1+e_2 \tag{11-43}$$

变结构调节器输出为

$$\omega_{r}^{*}=\psi_{1p}e_1+\psi_{2p}e_2+\delta_{p}\mathrm{sgn}(s_{p}) \tag{11-44}$$

式中

$$\psi_{1p}=\begin{cases}\alpha_{1p}, & e_1s_{p}>0\\ \beta_{1p}, & e_1s_{p}<0\end{cases},\quad \psi_{2p}=\begin{cases}\alpha_{2p}, & e_2s_{p}>0\\ \beta_{2p}, & e_2s_{p}<0\end{cases}$$

$$\mathrm{sgn}(s_{p})=\begin{cases}1, & s_{p}>0\\ -1, & s_{p}<0\end{cases}$$

式中，δ_{p}为可调增益。

若二阶系统状态方程为

$$\begin{cases}\dot{x}_1=x_2\\ \dot{x}_2=-a_1x_1-a_2x_2-bu+f\end{cases} \tag{11-45}$$

则二阶系统变结构调节器参数为

$$\begin{cases}\alpha_{1p}>-\dfrac{a_{1\min}}{b_{\min}},\quad \beta_1<-\dfrac{a_{1\min}}{b_{\min}}\\ \alpha_{2p}>\dfrac{c-a_{2\max}}{b_{\max}}\\ \beta_{2p}<\dfrac{c-a_{2\max}}{b_{\max}}\\ \delta<\left|\dfrac{f}{b_{\min}}\right|\end{cases} \tag{11-46}$$

将式（11-42）中相关系数代入式（11-46），可得

$$\begin{cases}\alpha_{1p}>0,\beta_{1p}<0\\ \alpha_{2p}>T'_{m}c_{p}-1\\ \beta_{2p}<T'_{m}c_{p}-1\\ \delta_{p}<|\dot{\theta}_{m}|\end{cases} \tag{11-47}$$

位置环滑模变结构调节器结构图，如图 11-34 所示。

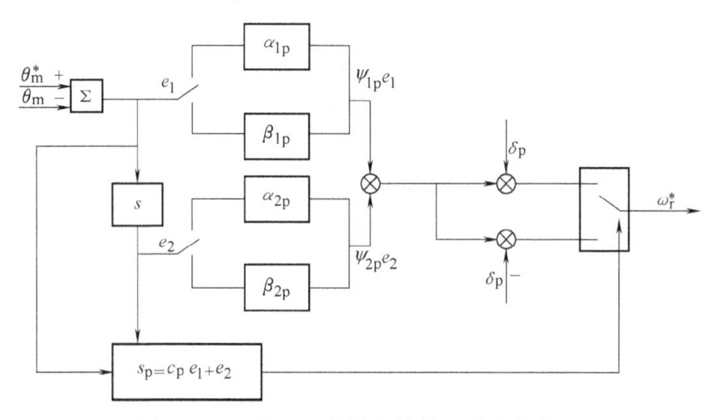

图 11-34　位置环滑模变结构调节器结构图

11.4.4　提高伺服系统动态性能的方法

在常规的 PID 控制器中，其中比例控制作用是把误差信号立即反映在输出中，这相当于在 PID 控制器的输出中有一个阶跃变化值。为了减小冲击作用，需要把控制作用加以适当的修正，希望控制作用尽量快，而又不要造成冲击。因此，提出了 I-PD 控制器。

把输出信号作为状态反馈的控制结构称为 I-P 控制系统，如果输出信号的微分也参与反馈控制，那么这种结构称为 I-PD 控制系统，如图 11-35 所示。这时的控制信号为

$$U(s)=K_p\frac{1}{T_i s}R(s)-K_p\left(1+\frac{1}{T_i s}+T_d s\right)B(s) \tag{11-48}$$

必须指出，式（11-48）中的参考信号 $R(s)$ 只经过了积分作用。为了使系统正常运行，积分控制作用必不可少。

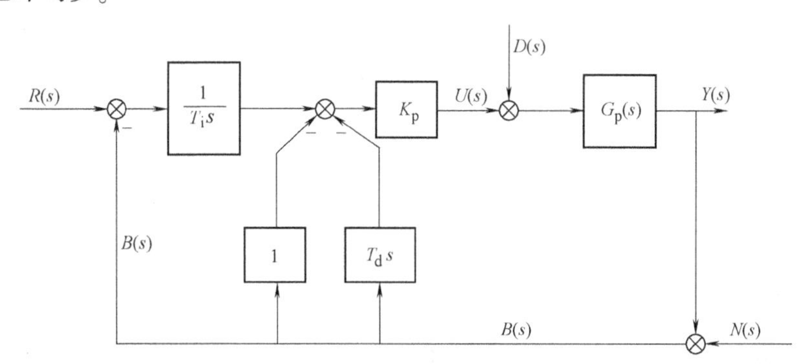

图 11-35　I-PD 控制系统

不考虑扰动和噪声的情况下，I-PD 控制系统闭环传递函数为

$$\frac{Y(s)}{R(s)}=\left(\frac{1}{T_i s}\right)\frac{K_p G_p(s)}{1+K_p G_p(s)\left(1+\frac{1}{T_i s}+T_d s\right)} \tag{11-49}$$

而 PID 控制系统的闭环传递函数为

$$\frac{Y(s)}{R(s)}=\left(1+\frac{1}{T_i s}+T_d s\right)\frac{K_p G_p(s)}{1+K_p G_p(s)\left(1+\frac{1}{T_i s}+T_d s\right)} \tag{11-50}$$

在不施加参考输入，也不考虑噪声的情况下，I-PD 控制系统扰动输入和输出之间的闭环传递函数为

$$\frac{Y(s)}{D(s)}=\frac{G_{\mathrm{p}}(s)}{1+K_{\mathrm{p}}G_{\mathrm{p}}(s)\left(1+\frac{1}{T_{\mathrm{i}}s}+T_{\mathrm{d}}s\right)} \tag{11-51}$$

I-PD（或 I-P）与 PID（或 PI）控制有何区别呢？现以 PI 和 IP 两种控制器加以说明。

在 PI 控制器时，其输出的控制信号在起动的初期主要是靠比例控制作用来提高系统的快速性，而积分作用较弱，如图 11-36 所示。如果加入微分作用，则可加强起动初期的快速性。

与 PI 控制系统相比，如果要求像 PID 控制系统那样的快速响应参考信号，I-P 控制器的积分增益就得显著增大，并且主要是靠增大积分增益来提高输出响应的快速性，如图 11-37 所示。

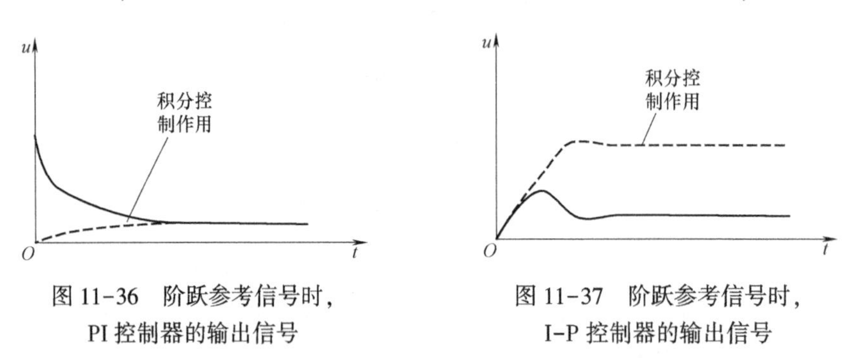

图 11-36　阶跃参考信号时，PI 控制器的输出信号

图 11-37　阶跃参考信号时，I-P 控制器的输出信号

另一方面，可以清楚地看出，以负载扰动为输入的系统闭环传递函数，无论是 PID 系统还是 I-PD 系统都是同一形式。但是，相比之下，I-P（D）系统的积分增益取了较大值。从而，仅积分增益增加的那一部分，就使得扰动传递函数的分母增大。在按照同样响应性能要求设计的系统中，I-P（D）控制系统必将能较好地补偿（转矩）扰动。因而，I-P（D）系统具有较好的抗扰性能。

提高和改善伺服系统动态性能的方法还有内模-鲁棒二自由度控制方法、H_{∞} 控制方法、重复控制方法、零相位跟踪控制方法等。

11.5　伺服系统应用

11.5.1　直流伺服系统

轧钢机压下位置控制（APC）直流伺服系统，如图 11-38 所示，轧钢机压下直流位置控制系统是在直流调速系统的外面再加一个位置环而构成的。在系统中，位置设定值可以由人工设定，也可以通过上位机来给定。由于压下位置可以借助于与电动机同轴传动的脉冲编码器进行压下位置检测，于是压下的实际位置信号便可以通过位置检测环节将位置信号反馈到位置控制器 APR 的输入端。位置控制器 APR 根据位置设定值与当前的实际位置值进行计算，算出把被控压下螺杆以最快速度调整到设定位置时，电动机应该具有的速度控制信号，然后将此控制信号送到 PWM 调速装置。当被控制的压下螺杆在接近位置设定值的过程中，位置控制器 APR 按照一定规律发出速度控制信号。当位置进入规定的精度范围以后，便可以通过抱闸线圈进行制动。

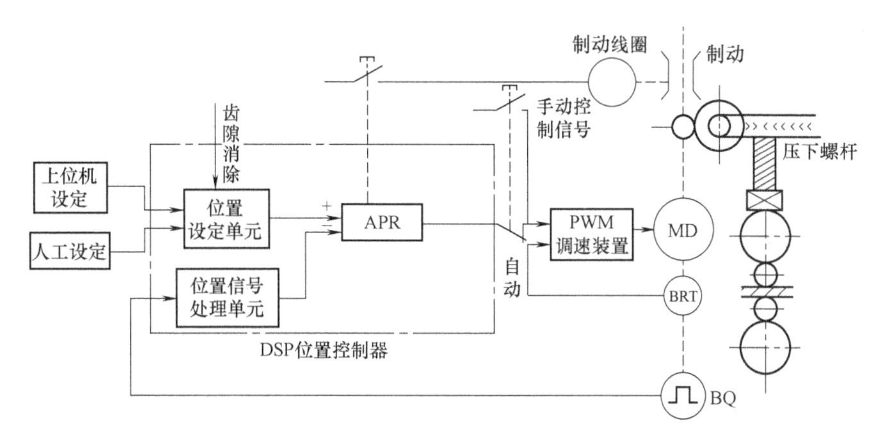

图 11-38　压下位置控制系统

1. 位置控制的基本要求

工作机械的位置改变，是通过电动机的工作来实现的，而电动机的速度控制通常是按梯形速度图进行的。在不同的使用情况下，最优的或最合理的速度图不相同。图 11-39 和图 11-40 是两种最常用的速度图，图中的最高角速度是电动机所允许的最大角加速度和最大角减速度，所以能保证时间最省。图 11-40 中加减速阶段的角速度近似于指数函数，开始时角加速度较小并逐渐增大，以避免冲击；减速阶段到最后的角减速度越来越小，有利于准确停在目标位置上。两种速度曲线下的面积都应该等于所要求的角位移量。

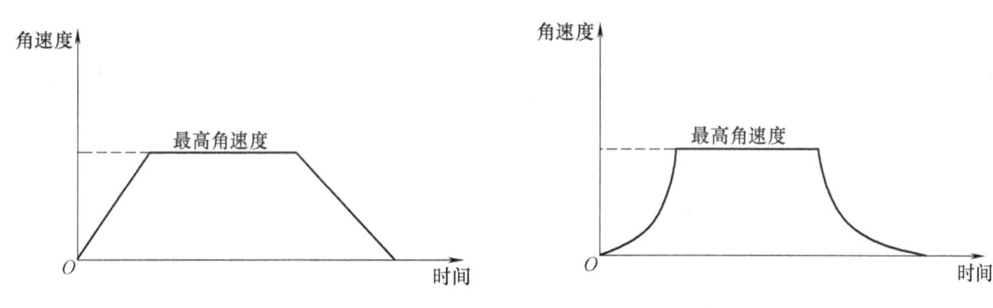

图 11-39　用等加减速时的速度图　　　　图 11-40　按指数曲线加减速时的速度图

为了准确地对轧制设备进行位置控制，一般对位置自动控制有以下几点要求：

1）电动机转矩不得超过电动机和机械系统的最大允许转矩。

2）能在最短时间里完成定位动作，并且定位符合规定的精度要求。

3）在控制过程中不应产生超调现象，并且系统应稳定。

4）由于计算机是通过软件进行控制的，所以还要求控制算法简单。

2. 定位过程分析和基本控制算法

图 11-41 是理想定位过程图，设位置偏差为 S，位置的初始偏差为 S_0，被控对象的最大线速度为 v_m，最大允许加速度和最大允许减速度都为 a_m。从图 11-41 可以看出，为尽快地消除位置偏差，使工作机械能迅速移动到所要求的位置上，应使电动机以最大加速度 a 起动。那么，在加速阶段有下列关系：

$$v=a_m t \tag{11-52}$$

则位置偏差量为

$$
\begin{aligned}
S &= S_0 - \int_0^t v\mathrm{d}t \\
&= S_0 - \int_0^t a_m t\mathrm{d}t \\
&= S_0 - \frac{1}{2}a_m t^2
\end{aligned} \tag{11-53}
$$

于是到达的时间为

$$t_1 = \frac{v_m}{a_m} \tag{11-54}$$

将式（11-54）代入式（11-53），则此时的位置偏差值为

$$S_1 = S_0 - \frac{v_m^2}{2a_m} \tag{11-55}$$

式中，$v_m^2/2a_m$ 是加速阶段的移动距离，如图 11-41 所示。由于此时还未达到所要求的设定位置，因此还需以最大速度 v_m 继续移动。到什么时候进行减速，这是一个很重要的问题，要处理好减速时间，必须综合考虑，以使得定位时间最短而且定位准确。一般是采用最大允许加速度和最大允许减速度相等的原则，因此，在减速阶段移动的距离正好等于加速阶段移动的距离。如果在 $S_2=v_m^2/2a_m$ 处开始以最大允许减速度 a_m 减速，当速度减到零时，达到要求的设定位置，即 $S=0$。

从以上的分析可以看出，要实现图 11-41 所示的理想定位过程可以分为三个阶段：

1）首先以最大加速度 a_m，加速到 $v=v_m$。

2）维持 $v=v_m$ 运行，直到 $S_2=v_m^2/2a_m$。

3）从 $S_2=v_m^2/2a_m$ 处开始，以最大减速度 a_m 减速，直到 $v=0$，$S=0$。

从理论上说，这种定位过程在最短时间内能够达到定位目标，但是实际上不那么容易实现。由于受到采样控制和传动装备响应滞后的影响，使得切换时间不可能正好是理想减速曲线的减速点，而有可能延长定位时间。下面就来分析和研究 S 从 S_2 到 0 的减速过程，并且寻求解决的办法。

设在 $S_2=v_m^2/2a_m$ 处开始以最大允许减速度 a_m 减速，则

$$v = v_m - a_m(t - t_2) \tag{11-56}$$

$$S = S_2 - \int_{t_2}^{t} v\mathrm{d}t \tag{11-57}$$

从式（11-56）和式（11-57）中消去 t，即得

$$v^2 = 2a_m S \tag{11-58}$$

$$v = (2a_m S)^{1/2} \tag{11-59}$$

由式（11-58）可以看出，当 S 从 S_2 到 0 的区间内时，$v=f(S)$ 关系曲线为一抛物线，如图 11-42 所示。

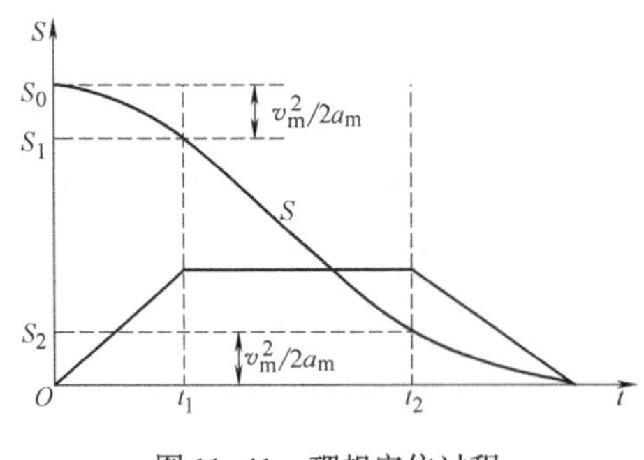

图 11-41 理想定位过程

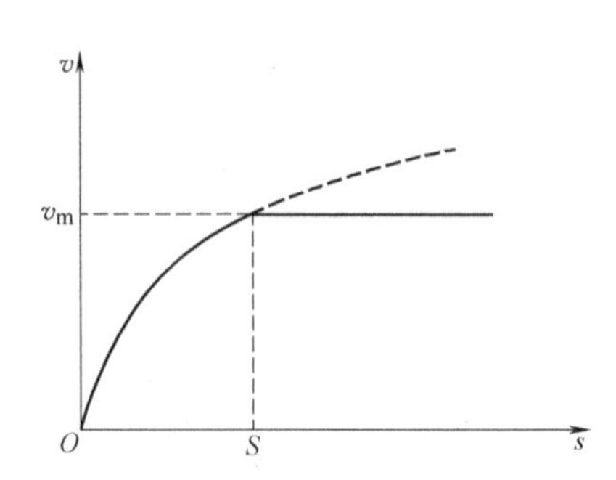

图 11-42 理想减速过程

由式（11-58）可得

$$\lim_{S\to 0}\frac{\mathrm{d}v}{\mathrm{d}s}=\infty \tag{11-60}$$

从式（11-60）可以看出，在位置偏差很小的情况下，要实现图 11-42 所示的理想减速过程所需系统的开环放大系数很大，因此，由于减速不准，不容易控制在抱闸范围之内，故此种理想定位过程是不可能实现的。

从图 11-38 可知，为了准确定位还采用了抱闸，由于抱闸作用是有一定范围限制的，对 S 的限制取决于定位精度，对 v 的限制取决于机械强度。考虑到这些因素，并从 $f(S)$ 曲线可以看出，在 $S=0$ 附近 $\mathrm{d}v/\mathrm{d}S$ 很大时，如果减速过迟，则 $v=f(S)$ 在到达精度范围时，速度可能还很高，如图 11-43 所示，这种情况就不能使用抱闸；当等速度降下来时，则已经超过精度范围了。这就是说，开始减速的切换时间不准，就不易进入抱闸的作用范围。

为了解决这个问题，必须在 $S=0$ 附近，使 $\mathrm{d}v/\mathrm{d}S$ 比较小，并等于某一个比较合适的常数 k，令

$$v=kS \tag{11-61}$$

式中，k 为选定的一个常数，则

$$\frac{\mathrm{d}v}{\mathrm{d}S}=k \tag{11-62}$$

于是在位置设定值附近（$S\approx 0$），v 的变化不大，即便开始减速切换得较迟，仍能较容易进入抱闸作用范围，如图 11-44 所示。

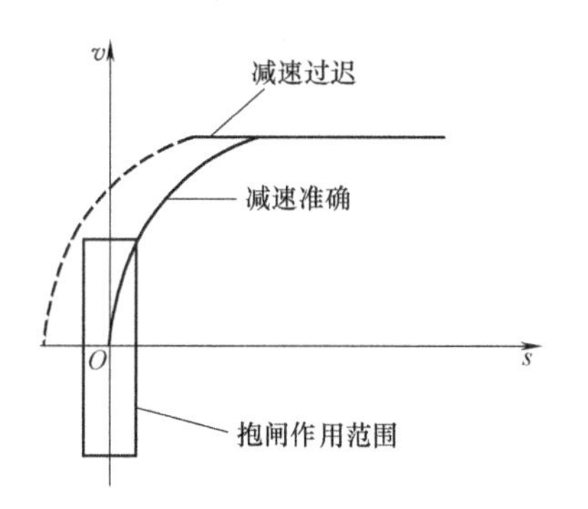

图 11-43　等减速切换过迟时的情况　　图 11-44　减速阶段采用 $v=k\Delta S$ 时的情况

当采用此种办法时，首先应选择合适的 k 值。显然，k 越小就越有利于精确定位，但是 k 过分小，会延长不必要的定位时间，所以 k 值就必须从这几个因素综合考虑来选择。k 值可以先凭经验选择，然后通过试验最后确定。

当选定一个 k 值之后，判断是否可以从 $v=v_{\mathrm{m}}$ 开始减速时就应用式（11-62）来进行。由式（11-61）可知，它的减速度 a' 为

$$a'=-\frac{\mathrm{d}v}{\mathrm{d}t}=-k\frac{\mathrm{d}S}{\mathrm{d}t}=-kv=-k^2S \tag{11-63}$$

因为系统的最大加速度及减速度是 a_{m}，所以当速度最大时（即 $v=v_{\mathrm{m}}$），按式（11-63）的条件，就应该有最大的减速度 a'_{m}，即

$$a'_{\mathrm{m}}=kv_{\mathrm{m}} \tag{11-64}$$

由于系统允许的最大减速度是 a_{m}，所以应该判断一下 a'_{m} 是否超过 a_{m}。为了明确其控制算法，现按下述两种情况进行分析：

1）如果 $a'_{\mathrm{m}}=kv_{\mathrm{m}}\leqslant a_{\mathrm{m}}$，则表明 a'_{m} 没有超过 a_{m}，就可以从 $v=v_{\mathrm{m}}$ 开始按式（11-61）进行减速，如图 11-45 所示。所以开始减速的条件可以写为

$$a'_{\mathrm{m}}=kv_{\mathrm{m}}=k^2S_2 \tag{11-65}$$

$$S=S_2=v_{\mathrm{m}}/k \tag{11-66}$$

减速阶段所用时间 t_{d} 可以根据 $v=-\mathrm{d}S/\mathrm{d}t$ 和式（11-61）求得，即

$$t_{\mathrm{d}}=-\int \mathrm{d}t=-\int_{S_2}^{S_1}\frac{\mathrm{d}S}{kS}=\frac{1}{k}\ln\frac{S_2}{S_1}=\frac{1}{k}\ln\frac{v_{\mathrm{m}}}{kS_1} \tag{11-67}$$

式中，S_1 为规定的定位精度。

2）如果 $a'_{\mathrm{m}}=kv_{\mathrm{m}}>a_{\mathrm{m}}$，则表明一开始就用 $v=kS$ 时，减速度 a'_{m} 将会超过系统所允许的 a_{m}，这是系统性能不允许的。在此种情况下，就必须先用等减速度 a_{m} 将速度降低到满足下述条件后，再改为采用 $v=kS$ 进行减速（见图 11-46），即

$$kv=a_{\mathrm{m}} \tag{11-68}$$

亦即

$$v=v_2=a_{\mathrm{m}}/k \tag{11-69}$$

此时便可用 $v=kS$ 进行减速时的最大减速度，因为此时的最大减速度正好就是系统所允许的值 a_{m}。切换到 $v=kS$ 时的位置偏差为

$$S=S_2=\frac{v_2}{k}=\frac{a_{\mathrm{m}}}{k^2} \tag{11-70}$$

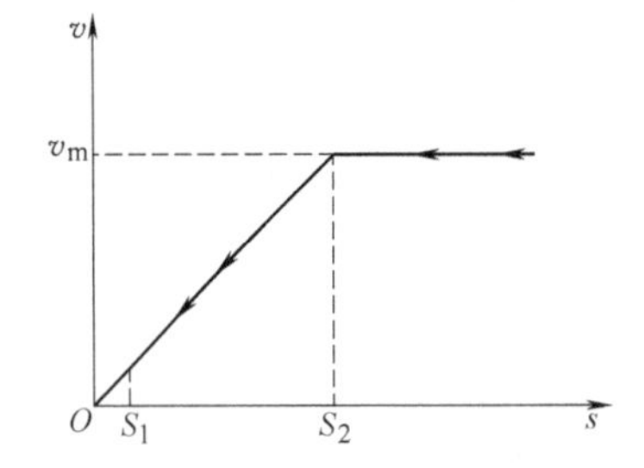

图 11-45　整个减速阶段都用 $v=kS$ 时的情况

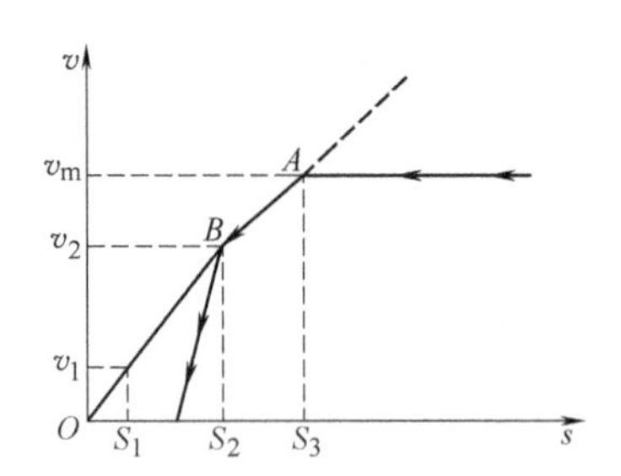

图 11-46　局部减速阶段都用 $v=kS$ 时的情况

在等减速阶段

$$\frac{\mathrm{d}v}{\mathrm{d}t}=-a_{\mathrm{m}} \tag{11-71}$$

利用式（11-71），便可以求得被控对象在此阶段移动的距离为

$$\begin{aligned}S_3-S_2&=\int v\mathrm{d}t=-\frac{1}{a_{\mathrm{m}}}\int_{v_{\mathrm{m}}}^{v_2}v\mathrm{d}v\\&=-\frac{v^2}{2a_{\mathrm{m}}}\Bigg|_{v_{\mathrm{m}}}^{\frac{a_{\mathrm{m}}}{k}}=\frac{1}{2}\left(\frac{v_{\mathrm{m}}^2}{a_{\mathrm{m}}}-\frac{a_{\mathrm{m}}}{k^2}\right)\end{aligned} \tag{11-72}$$

所以开始进行减速的切换条件便可以写成

$$\begin{aligned}S=S_3&=\int v\mathrm{d}t=\frac{1}{2}\left(\frac{v_{\mathrm{m}}^2}{a_{\mathrm{m}}}-\frac{a_{\mathrm{m}}}{k^2}\right)+\frac{a_{\mathrm{m}}}{k^2}\\&=\frac{1}{2}\left(\frac{v_{\mathrm{m}}^2}{a_{\mathrm{m}}}+\frac{a_{\mathrm{m}}}{k^2}\right)\end{aligned} \tag{11-73}$$

由 S_3变到 S_2减速时所花费的时间，可利用式（11-74）求得，即

$$t_{S_3\to S_2}=\int\mathrm{d}t=-\frac{1}{a_\mathrm{m}}\int_{v_\mathrm{m}}^{v_2}\mathrm{d}v=-\frac{V}{a_\mathrm{m}}\Bigg|_{v_\mathrm{m}}^{\frac{a_\mathrm{m}}{k}}=\frac{v_\mathrm{m}}{a_\mathrm{m}}-\frac{1}{k}\tag{11-74}$$

利用 $v=-\mathrm{d}S/\mathrm{d}t$ 和式（11-70），便可以求得由 S_2至 S_1所花费的时间为

$$t_{S_2\to S_1}=\int\mathrm{d}t=-\int_{S_2}^{S_1}\frac{\mathrm{d}S}{v}=-\int_{S_2}^{S_1}\frac{\mathrm{d}S}{kS}=\frac{1}{k}\ln\frac{S_2}{S_1}=\frac{1}{k}\ln\frac{a_\mathrm{m}}{k^2S_1}\tag{11-75}$$

整个减速阶段所花费的时间为

$$t_\mathrm{d}=t_{S_3\to S_2}+t_{S_2\to S_1}=\frac{v_\mathrm{m}}{a_\mathrm{m}}-\frac{1}{k}+\frac{1}{k}\ln\frac{a_\mathrm{m}}{k^2S_1}\tag{11-76}$$

根据以上分析，便可以将计算机控制时减速阶段的控制算法归纳如下：

1）如果 $a'_\mathrm{m}=kv_\mathrm{m}\leqslant a_\mathrm{m}$，按图 11-45 所示的曲线进行控制，先以等速移动到 S_2，然后切换到 $v=kS$，直到进入精度范围。

从 S_2到 S_1的轨线方程为

$$v=kS\tag{11-77}$$

切换点的坐标值为

$$\begin{cases}S_2=v_\mathrm{m}/k\\v_2=v_\mathrm{m}\end{cases}\tag{11-78}$$

从 S_2到 S_1的减速时间为

$$t_\mathrm{d}=\frac{1}{k}\ln\frac{v_\mathrm{m}}{kS_1}\tag{11-79}$$

2）如果 $a'_\mathrm{m}=kv_\mathrm{m}>a_\mathrm{m}$，按图 11-46 所示的曲线进行控制，先以等速移到 S_3处，然后切换到用最大减速度 a_m 进行减速，并移动到 S_2处在切换到 $v=kS$ 直到进入精度范围。为了便于控制运算，必须求出各阶段的轨线方程和各切换点的坐标值。

从图 11-47 可知，*BA* 段的轨线方程为

$$v=v_\mathrm{m}\tag{11-80}$$

切换点 *A* 的坐标值为

$$\begin{cases}v_3=v_\mathrm{m}\\S_3=\dfrac{1}{2}\left(\dfrac{v_\mathrm{m}^2}{a_\mathrm{m}}+\dfrac{a_\mathrm{m}}{k^2}\right)\end{cases}\tag{11-81}$$

MO 段的轨线方程为

$$v=kS\tag{11-82}$$

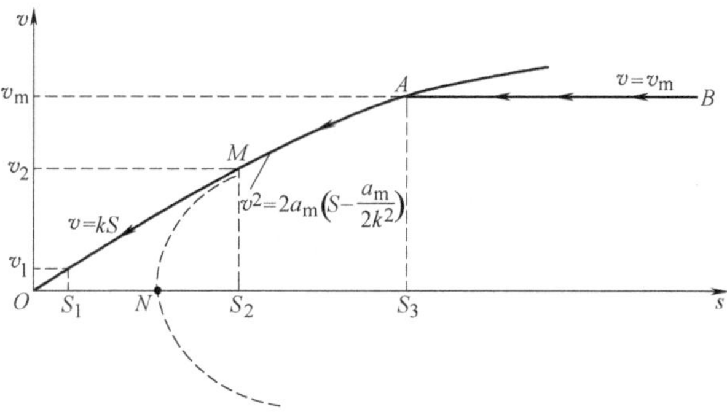

图 11-47　减速阶段轨线图

切换点 M 的坐标值为

$$\begin{cases} v_2 = \dfrac{a_m}{k} \\ S_2 = \dfrac{a_m}{k^2} \end{cases} \tag{11-83}$$

从式（11-58）可知，MA 线段是按抛物线规律变化，因抛物线的顶点 N 离原点 O 的距离为 $\overline{ON}$，所以 MA 线段的轨线方程为

$$v^2 = 2a_m(S-\overline{ON}) \tag{11-84}$$

由于 M 点是抛物线上的一个点，所以该点的值必定满足 MA 轨线方程，将式（11-83）代入式（11-84），得

$$\overline{ON} = \frac{a_m}{2k^2} \tag{11-85}$$

将式（11-85）代入式（11-84），可得到抛物线的运动方程为

$$v^2 = 2a_m\left(S - \frac{a_m}{2k^2}\right) \tag{11-86}$$

在此种情况下总的减速时间为

$$t_d = \frac{v_m}{a_m} - \frac{1}{k} + \frac{1}{k}\ln\frac{a_m}{k^2 S_1} \tag{11-87}$$

于是与控制算法相应的控制程序框图如图 11-48 所示。

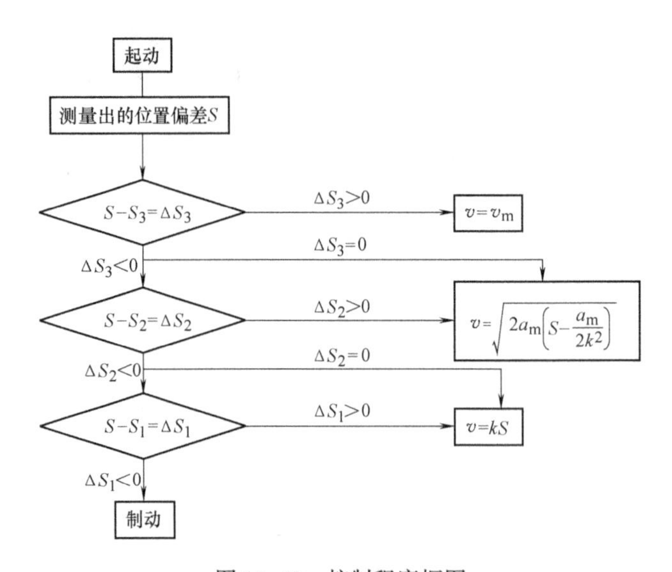

图 11-48　控制程序框图

这里需要指出的是，实际应用的速度整定曲线（速度给定信号与位置偏差之间的关系曲线）$v=f(s)$ 与上述的理想减速过程曲线 $v=f(s)$ 不完全一样，实际的速度整定曲线是用折线来代替的，如图 11-49 所示。

由图可知，速度整定曲线可分为三段，每段斜率不同，各段速度计算如下：

1）$S \geqslant S_3 \quad v = v_3 = v_m$

2） $S_2<S_3 \quad v=\frac{v_3-v_2}{S_3-S_2}(S-S_2)+v_2$

3） $S<S_2 \quad v=\frac{v_2-v_1}{S_2-S_1}(S-S_1)+V_1$

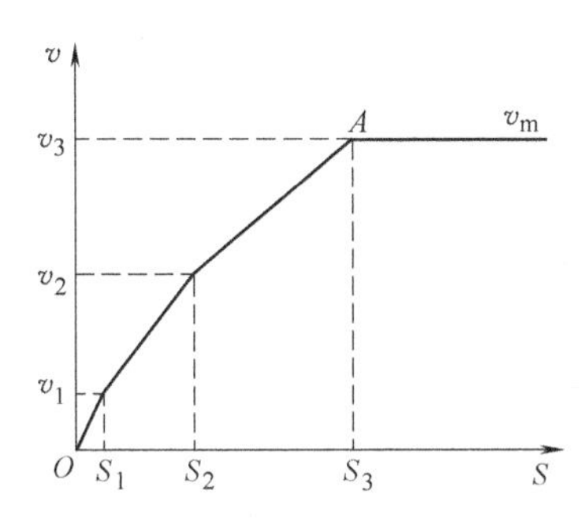

图 11-49　实际的速度整定曲线

由图 11-49 看出，当偏差小于 S_1时，表明已进入规定的精度范围，速度控制信号 v 为零。

在实际应用中，还有一些提高位置控制精度的措施，如消除齿轮传动间隙对位置设定的影响，消除设定产生的误差而进行的重复设定等。

11.5.2　交流伺服系统

交流伺服系统（也称作交流随动系统），是一类以交流电动机为执行元件的伺服系统，它是在高性能交流调速系统（矢量控制系统、直接转矩控制系统）的基础上增设位置闭环而构成的伺服系统。交流伺服系统分为同步电动机型和异步电动机型两种，同步电动机型交流伺服系统的执行元件为正弦波永磁同步电动机、梯形波永磁同步电动机、步进电动机等，相应控制系统如图 11-50a 所示；异步电动机交流伺服系统的执行元件为异步电动机，相应控制系统如图 11-50b 所示。

本节讲述的现代交流伺服系统的功能是控制工作机械的位置或位移，以及跟踪控制，例如，工业生产中，转炉炼钢氧枪位置控制、轧钢机压下位置控制、起动式飞剪剪刃定位控制、数控机床（CNC）轨迹和定位控制、机器人关节控制等。

交流伺服系统与直流伺服系统的区别仅仅是所使用的伺服电动机及其转速控制策略不同而已，在分析和设计位置闭环控制方面与直流伺服系统完全一样。交流伺服系统的动态性能取决于交流电动机的转速控制效果。这就要求转速控制系统必须采用高性能的矢量控制或者直接转矩控制方式，以及其他高性能转速控制方式。此外，伺服系统特别要求在极低速度下仍具有平稳的转矩特性，因此交流伺服系统在低速运行区内采用了很多的控制措施。例如：为了消除谐波转矩引起的转速波形，采取了抑制供电电源中的低次谐波措施，这些措施有通过 PWM 模式优化（低频时提高 PWM 载波比的措施，闭环磁通 PWM 方法等）及采用开关频率高的功率器件，如：IGBT、IEGT、IGCT 等。另外，从控制策略方面，采取了抑制低频时转矩脉动的控制措施，如间接转矩控制方法。

与直流伺服系统相比，交流伺服系统具有装置体积小、易于维护、摩擦力矩小（无机械换向器）、惯性小、响应速度快、调速范围宽等优点。随着交流电动机变频技术的不断进步，交流伺服系统的性能也将随之不断提高，并将逐步取代直流伺服系统。

采用高性能的全数字交流伺服系统是当代发展的趋势，全数字交流伺服系统具有电流环、

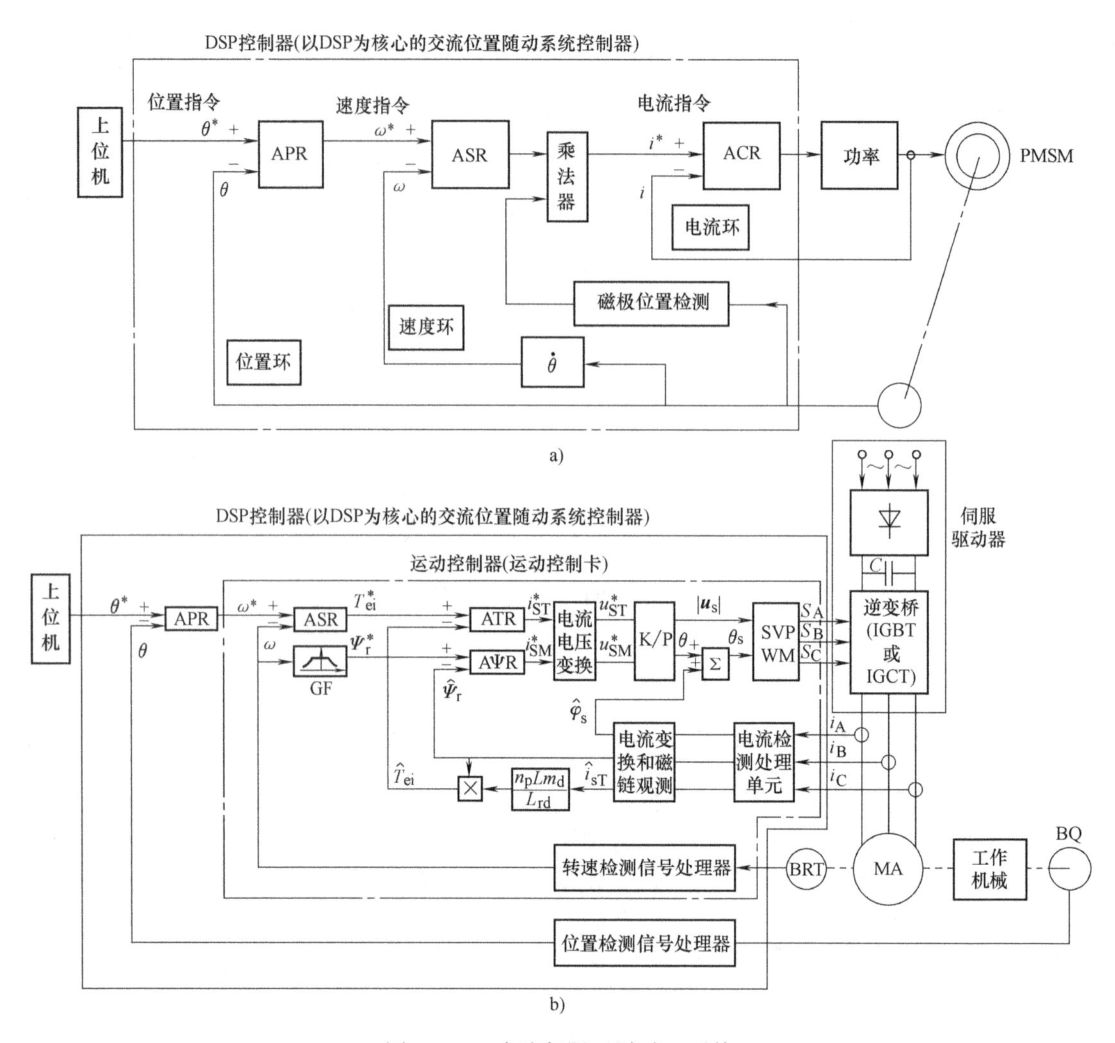

图 11-50 交流伺服（随动）系统

速度环和位置环，在控制策略上，除常规PID控制外，还可以实现系统参数的自检测和控制器参数的在线自整定功能等；电动机控制芯片的采用DSP，极大增强了伺服系统设计和使用的柔性，系统具有很强的状态自诊断、故障保护和信息显示功能，可以方便地设置各种参数以及和上位机进行通信，实现了伺服系统的智能化。

11.6 机器人中的伺服系统

11.6.1 机器人简述

机器人是一种涉及机械、电子、控制、计算机、传感器等多种学科与技术的机电一体化装置。

1. 机器人的定义

机器人有多种定义：

机器人是一种可编程的多功能操作装置，通过可变的、预先编程的，用来从事喷漆、焊接、装卸、装配、搬运及特殊环境下的工作，成为生产线上的主要组成部分。

机器人是一种自动的、位置可控的具有编程能力的多功能操作机，这种操作机具有几个轴，能够借助可编程操作来处理各种材料、零件、工具，以及执行其他各种任务。

机器人是一种自动装置，能完成通常由人做的工作，是一种可再编程的多功能操作机，用各种编程的动作完成多种作业，具有感知、决策、行动和交互功能的智能机器。

2. 机器人的基本组成

机器人主要由机械部分、驱动部分、控制部分、软件及算法部分组成。

机械部分：包括机器人的手、腕、臂、身、行走机构等。

驱动部分：包括电动机、液压、气动等驱动元件。

控制系统：包括计算机控制系统、传感器等。

软件及算法部分：包括软件主体、人机界面、运动控制、运动学、动力学计算、柜机插补、环境识别、信息融合、智能推理等。

3. 机器人的分类

机器人按用途可分为以下几种。

工业机器人：包括搬运、焊接、喷涂、装配机器人。

农林机器人：包括摘果、种稻机器人。

医用机器人：包括手术机器人、遥控操作医用机器人。

服务机器人：包括端茶送水、喂水喂药机器人、导盲犬、智能轮椅。

太空机器人：包括航天飞机上遥操作机器人、火星车、月球车。

特种机器人：包括爬壁、管道内爬行机器人。

军用机器人：可分为空中机器人、水下机器人、陆地机器人。空中机器人包括无人机、巡航导弹；水下机器人包括深海探测机器人、智能鱼雷、侦查水下机器人；陆地机器人包括作战、侦查、排雷、救护、勤务、搬运、装配机器人。

4. 机器人的参数和主要指标

自由度：机器人每个活动的一维关节，称为一个自由度。一般机器人可能有很多自由度，标准的有 6 个，因为空间一个物体的定位需要 3 个位置（x,y,z），3 个姿态角（α,β,γ），所以要使机器人能把抓取的物体以任意姿态摆到任意位置，机器人最少要有 6 个自由度。因工作需要，有些机器人可能只有三四个自由度，有些机器人可能有 7~10 个自由度。

运动空间：机器人所能达到的最大空间范围。其可以确定机器人的工作区域、安全范围。

速度：机器人末端的最大运动速度，典型的有 1 m/s。

精度：机器人末端所能达到的精度，一般有 1 mm，0.1 mm 等，根据需要而定。

抓重：机器人末端所能抓取的最大重量，可以衡量机器人的工作能力。

移动功能：机器人整体有无移动功能，有的是固定的，有的是导轨、轮式或履带式移动的。

5. 机器人的控制

机器人的控制是机器人技术的核心之一，它的控制是分层次的，如图 11－51 所示。机器人控制的最底层，是各个关节的电动机伺服控制，上面一层是轨迹规划，再往上是动作规划、任务规划，最高层是通过人机界面对人的命令的理解，此外有些机器人还有人工智能的功能。

当今，机器人的应用领域越来越广泛，使用数量越来越多。由于新技术不断应用到机器人中，机器人的技术水平越来越高。随着人工视觉与人工智能的发展，机器人会越来越聪明，能完成更多的任务，成为人类的帮手和朋友，将来也许会改变人类社会。

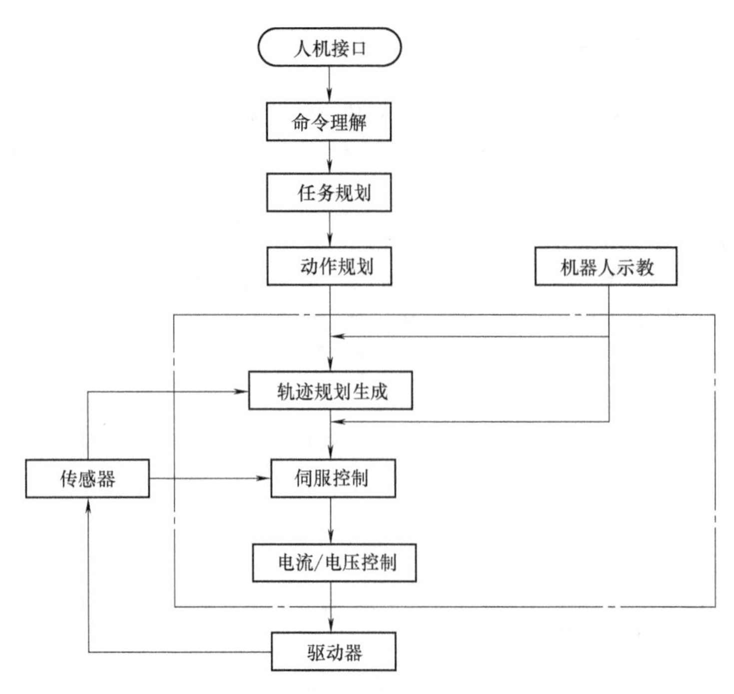

图 11-51　机器人的控制

以上介绍了什么是机器人，以及机器人得基本组成和分类，还简单说明了机器人是如何控制的。下面以工业机器人为例介绍机器人的控制系统。

11.6.2　工业机器人基本控制系统的组成

工业机器人控制系统的组成如图 11-52 所示。

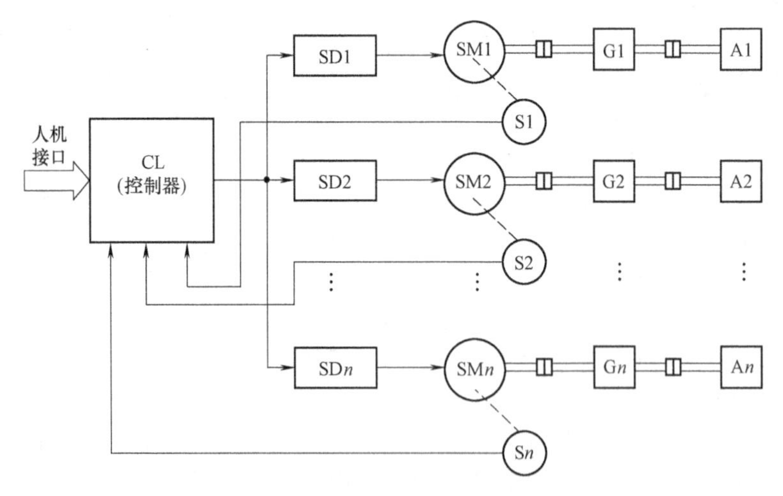

图 11-52　工业机器人控制系统的组成

CL—机器人控制器　SD1～SDn—伺服驱动器　SM1～SMn—伺服电动机

S1～Sn—传感器　G1～Gn—减速器　A1～An—机器人手臂

机器人控制器（CL）相当于人的大脑，是工业机器人的重要组成部分，它支配着工业机器人按规定的程序运动，并记忆人们给予工业机器人的指令信息（如动作顺序、运动轨迹、运动速度及时间等)，同时按其控制系统的信息对伺服驱动系统发出动作命令。为了能快速精确地控制机器人各个伺服驱动轴的动作和位置，要求控制器根据机器人的运动学模型能高速地进行复杂的坐标变换运算。控制器的核心部件是微处理器，其控制程序采用容易使用的工业机器人专用语言。

伺服驱动器（SD）用来驱动伺服电动机。工业机器人控制器发出臂（或手爪）的速度指令信号与测量出的实际速度信号相比较，比较后的差值加到伺服放大器的输入端，经过变流器的功率放大、变换与调控后，控制伺服电动机转矩和旋转速度，使各臂平滑而快速地移动到预定位置。

机器人对伺服驱动器的要求如下：

1）伺服驱动系统应具有足够的输出力矩和功率，以满足各种条件下的工作要求。

2）能够进行频繁的起、制动，正、反转切换等重复运行。

3）能够灵活方便地接受控制器的控制指令，实现转矩、速度及位置控制。

4）要求的体积小，重量轻。

伺服电动机（SM）作为工业机器人手臂和腰、腿的驱动执行元件，要求其体积小，质量轻，且能产生大转矩。目前在工业上使用的大多数机器人，是模拟人体手臂动作的一种装置，要求伺服电动机安装在各臂的轴上，驱动各臂快速平滑移动。为了减轻手臂的总体质量，要求伺服电动机安装在各臂的轴上，驱动各臂快速平滑移动。为了减轻手臂的总体质量，希望采用高性能稀土永磁伺服电动机。目前，在工业机器人伺服驱动技术中，最常用的是 DC 伺服电动机（直流伺服电动机）和 AC 伺服电动机（交流伺服电动机）两种，而 AC 伺服电动机的应用越来越广，并终将取代 DC 伺服电动机。

传感器是指安装在伺服电动机轴非负载侧的速度与位置检测元件，用它来检测伺服电动机的转速及转角。从而进行各轴的速度与位置控制。常用的传感器有光电编码器、旋转变压器等。这些传感器和电子技术相结合，才使得伺服电动机的控制技术得到了迅速的发展，使实现高精度的速度与位置控制成为可能。

11.6.3 机器人关节伺服控制

工业机器人是一种计算机控制的机械手，它由若干用转动或移动关节连接的刚性杆件组成，杆件链的一端固定在基座上，另一端则可以安装工具完成一定的操作，如焊接、喷涂和零件装配作业。关节的运动产生杆件的相应运动。从机器人的机械本体来看，机器人由手臂、手腕和工具组成并将它设计成能伸展到工作范围内的工件上。手臂部件运动的合成使手腕部件在工件处定位。手腕部件运动的合成，使工具根据物体的外形定向。以便进行适当的操作。因此，对于一台六关节机器人来说，手臂部件的运动是由腰、肩和肘三个关节的运动合成的，是机器人的定位机构，而手腕部件的运动则由俯仰、偏转和倾斜关节的运动合成，这是机器人的定向结构。

典型的机器人关节伺服控制体系结构如图 11-53 所示。机器人的控制器由 1 台计算机和 6 台微处理器组成。由下位机以每一台微处理器作为控制核心构成一个关节伺服系统。

从机器人控制算法的处理方式来看，这种结构是多 CPU 结构、分布式控制方式。目前普遍采用这种上、下位机二级分布式结构，上位机负责整个系统管理以及运动学计算、轨迹规划等。下位机由多 CPU 组成，每个 CPU 控制一个关节运动。

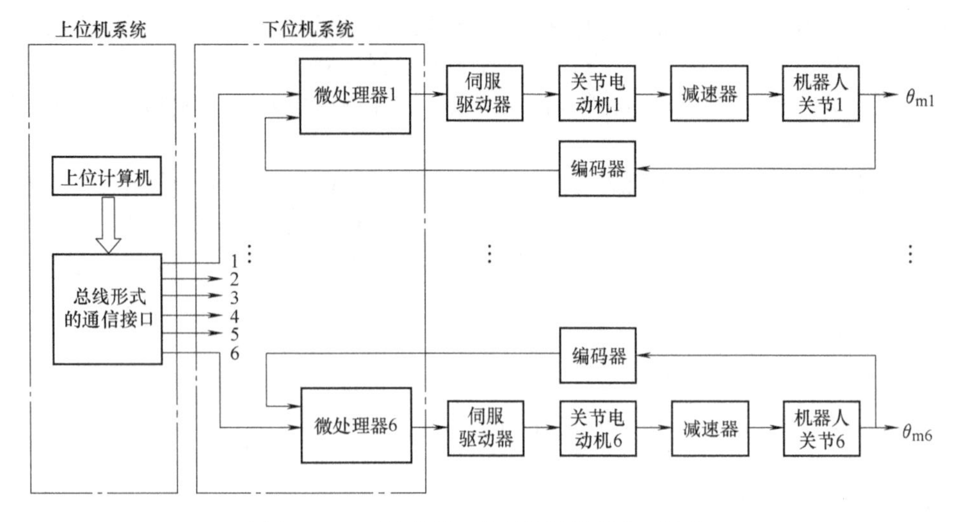

图 11-53　工业机器人关节伺服控制体系结构

11.6.4　机器人关节的力伺服控制

有些机器人工作时，只进行位置控制是不行的。例如打磨机器人，在机器人末端有一个砂轮，可以在金属工件表面打磨飞边。它的控制需要对砂轮施加一定的压力，才能完成任务。但压力不能太大，也不能太小，力太大可能损坏工件，力太小可能打磨不干净。纯粹位置控制，就很难做到这一要求。因此，需要对机器人进行力的控制。

控制的方式有以位置为主的，如图 11-54 所示。它在位置闭环基础上，加一个力闭环。力传感器检测力的值，与力给定值比较，力偏差经过力/位置转换环节加入位置闭环中，参与位置控制。需要事先测定力/位置转换环节的系数，即手部的刚度。位置闭环是主环，首先满足位置的要求，但力可能过大、过小。

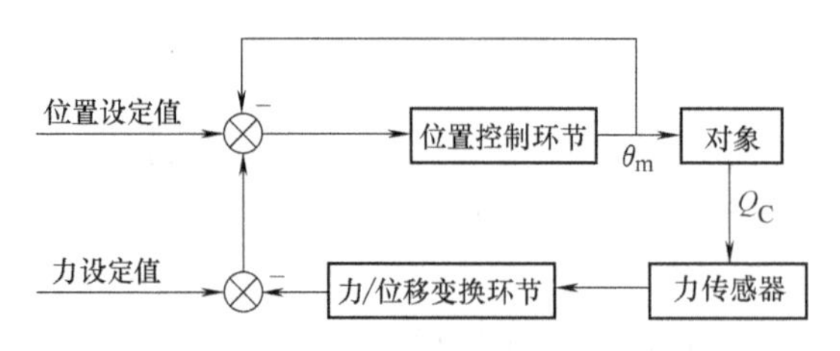

图 11-54　以位置为主的力控制

控制的方式也有以力控制为主的，如图 11-55 所示。它在力闭环基础上，加一个位置闭环。位置传感器检测位置的值，与位置给定值比较，偏差经过转换环节加入到力闭环中，参与力控制。力闭环是主环，首先满足力的要求，但位置精度可能差些。

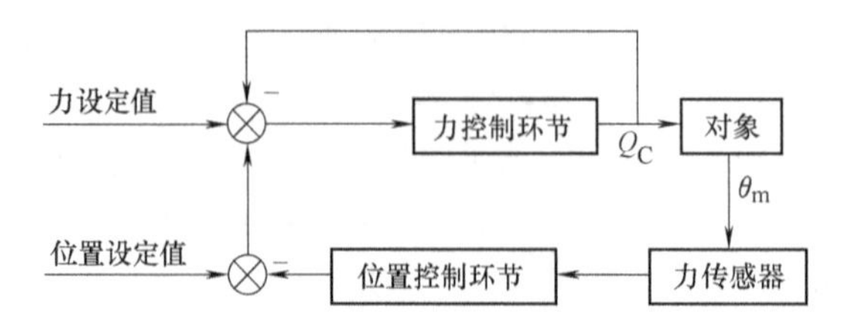

图 11-55　以力为主的力控制

控制的方式还有力-位置混合控制方式，如图 11-56 所示，由独立的力闭环和位置闭环组成，选择器可以根据情况，决定力和位置所占的权重，确定一个最佳比例关系，来控制力-位置混合系统，使力与位置都能达到比较满意的效果。

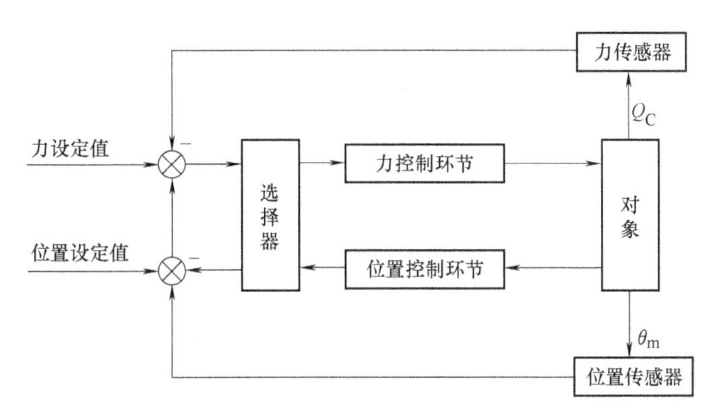

图 11-56　力-位置混合控制

11.7　习题

11-1　位置控制系统要解决的主要问题是什么？试比较位置控制系统与调速系统的异同。

11-2　位置控制系统在斜坡信号输入和调速系统在阶跃信号输入时的要求是否相同？能否用调速系统代替位置控制系统得到位置的速度输出？

11-3　已知某位置控制系统的结构图如图 11-57 所示，要求计算当位置输入信号 $R(\mathrm{t})=0.5t$ 时系统的稳态误差，并用 MATLAB 进行仿真分析，加以验证。

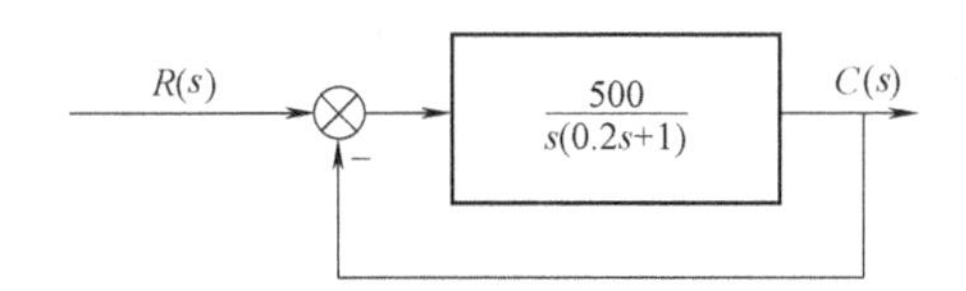

图 11-57　某位置控制系统结构图

11-4　复合控制位置控制系统的结构图如图 11-58 所示，其中 $W_1(s)=0.007/(0.002s+1)$，$W_2(s)=1000/s(0.02s+1)$。要求系统在单位加速度输入时的原理稳态误差 $e_{ss}\leqslant 0.001$，试选择前馈控制环节 $F(s)$ 的结构和参数。并用 MATLAB 进行仿真分析，加以验证。

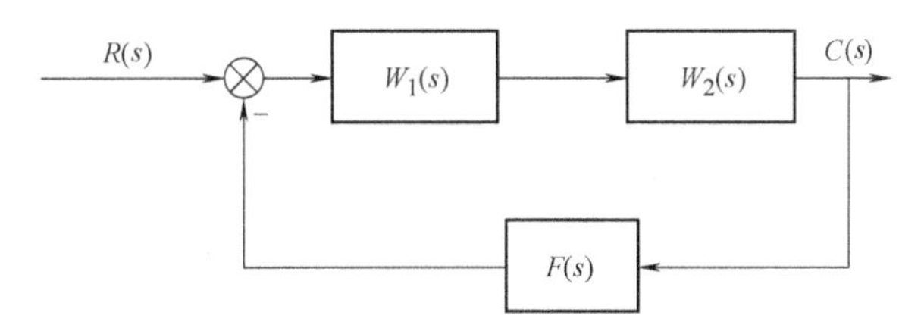

图 11-58　复合控制位置控制系统结构图

11-5　比较伺服系统与调速系统在性能指标与系统结构上的差异。

11-6　伺服系统的给定误差和扰动误差与哪些因素有关？

11-7　按伺服电动机的类型，伺服系统可分为交流伺服和直流伺服，它们有哪些共同点与不同之处？

11-8　论述单环、多环和复合控制的伺服系统的优缺点。

11-9　伺服系统的结构如图 11-59 所示。

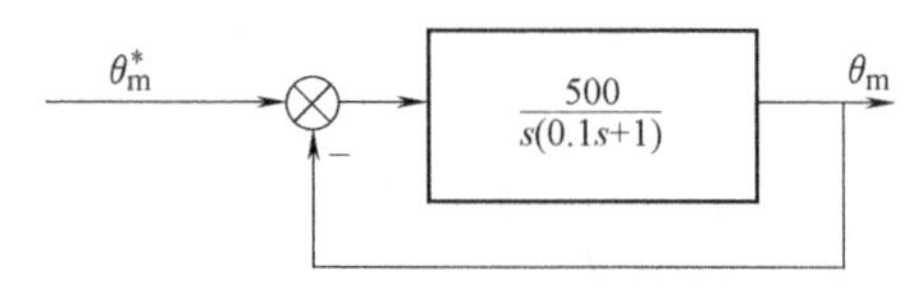

图 11-59　伺服系统的结构图

计算三种输入下的系统给定误差：

（1）$\theta_m^*=\frac{1}{2}\times 1(t)$

（2）$\theta_m^*=\frac{t}{2}\times 1(t)$

（3）$\theta_m^*=(1+t+t^2)\times 1(t)$

11-10　直流永磁伺服电动机铭牌数据：额定功率 $P_N=3\,kW$，额定电压 $U_N=220\,V$，额定电流 $I_N=11.5\,A$，额定转速 $n_N=1500\,r/min$，电枢电阻 $R_s=0.45\,\Omega$，系统的转动惯量 $J=0.11\,kg\cdot m^2$，机械传动机构的传动比 $\eta=1$，系统驱动装置的滞后时间常数 $T_s=0.0002\,s$，位置调节器（APR）选用 PD 调节器，构成单环伺服系统，求出调节器参数的稳定范围。

11-11　对习题 11-10 中的直流永磁伺服电动机采用电流闭环控制，按典型Ⅰ型系统设计电流调节器，然后设计位置调节器，要求系统对负载扰动无静差，求出调节器参数的稳定范围。

11-12　对习题 11-11 中的带有电流闭环控制的对象设计转速闭环控制系统，转速调节器按典型Ⅱ型系统设计，再设计位置调节器，当输入 θ_m^* 为阶跃信号时，伺服系统稳态无静差，求出调节器参数的稳定范围。

11-13　某复合控制伺服系统的框图如图 11-60 所示，当系统以 $\Omega_m=120°/s$ 做等速跟踪时，求系统的速度误差 e_r。当系统以 $\varepsilon_m=80°/s^2$ 做等加速跟踪时，求系统的加速度误差 e_g。

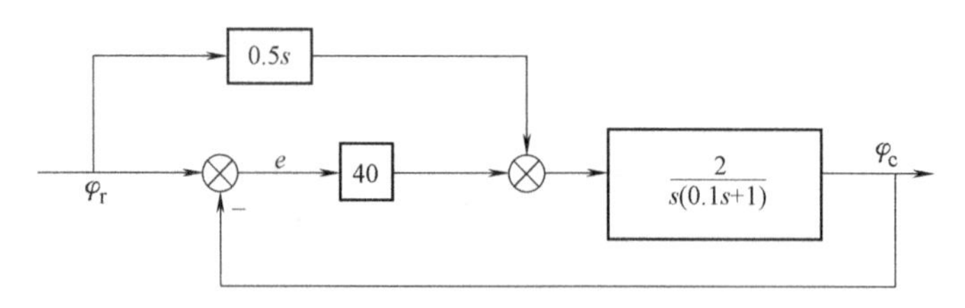

图 11-60　某复合控制伺服系统的框图

11-14　伺服系统的执行电动机是 55SL02 两相异步电动机，其技术参数：$f=400\,Hz$，$U_j=110\,V$，控制电压 $U_c=36\,V$，$M_d=4.2\times 10^{-3}\,kg\cdot m$，$P_N=630\,W$，$n_0=4800\,r/min$，电动机自身的机电时间常数 $T_m=\frac{J_d\beta}{\alpha}=0.025\,s$（式中，$J_d$ 为电动机转子转动惯量；α 为电动势系数；β 为力矩系数），已知减速器速比 $i=223$，负载的转动惯量 $J_z=0.14\,kg\cdot m^2$，负载摩擦力矩 M_c 可以忽略不计，试推导执行电动机的传递函数。

11-15　已知系统原始特性如图 11-61 所示，设计要求：系统最大跟踪角速度 $\Omega_m=50°/s$，

最大跟踪角加速度 $\varepsilon_m = 40°/s^2$，系统速度误差 $e_v \leqslant 0.3°$；最大跟踪误差 $e_m \leqslant 0.7°$，零初始条件下，系统阶跃响应时间 $t_s \leqslant 0.8\,s$，最大超调量 $\sigma \leqslant 25\%$，已知系统饱和限制 $\omega_k \leqslant 50\,Hz$。试确定图中的增益 k_1、k_2，并设计出适合需要的串联补偿线路。

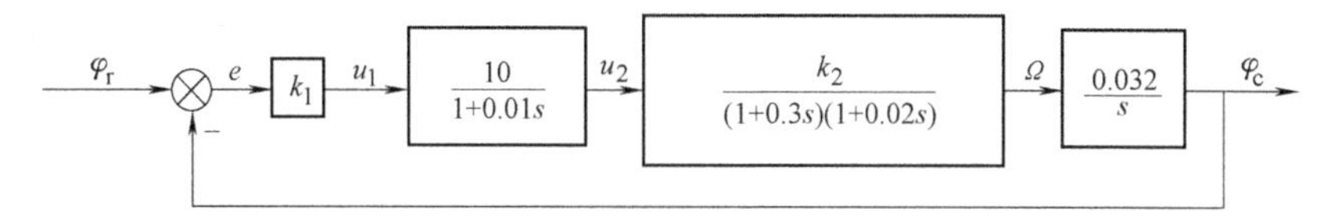

图 11-61　某系统原始特性图

第 4 篇　电力拖动自动控制系统数字化设计

第 12 章　电力拖动数字控制系统设计

本章从实际应用出发，介绍了电力拖动自动控制系统数字化设计思想和方法。在介绍了数字控制系统的结构组成及数字控制系统的基本特点之后，重点讲述了数字控制器的设计。最后详细说明了电力拖动自动控制系统（交、直流调速系统，交流伺服系统）数字化设计方法步骤，以及接口、总线设计等。

12.1　引言

自动控制系统分为模拟控制系统（连续控制系统）和数字控制系统（离散控制系统/计算机控制系统）。模拟控制系统基于模拟控制器件，在这类控制系统中，所有控制量的采集（采样）、各功能块之间的信息交换，以及它们的计算、控制、输出等功能的执行都是连续的、并行进行的，故又称为连续控制系统。和模拟控制系统相对应的数字控制系统基于数字控制器件，其核心是微处理器（计算机），在这类控制系统中，一个微处理器要完成大量的任务，由于在一定时间内微处理器只能做一件事，所以这些任务必须分时、串行执行，把原来是连续的控制量间断成为每隔一定时间（周期）执行一次，故又称为离散控制。

数字控制系统作为离散时间系统，可采用差分方程来描述，并使用 z 变换法和离散状态空间法来分析和设计数字控制系统。数字控制系统设计方法通常有连续域离散化设计法（或称模拟化设计方法）、离散域直接设计法、离散状态空间设计法（如最少能量控制、离散二次型最优控制）、复杂控制系统的设计法（如串级控制、前馈控制、纯滞后补偿设计以及多变量解耦控制）等。

两种控制系统的原理及性能基本相同，都是用稳定性、能控性、能观性、动态特征来表征，或用稳定裕量、稳态指标、动态指标和综合指标来衡量系统的性能。

“数字控制的电力拖动自动控制系统”也称为“计算机控制的电力拖动自动控制系统”。至今，在各种应用领域中，连续（模拟）控制的交、直流调速系统，以及位置自动控制系统已经被数字控制所取代。数字控制技术（计算机控制技术）在电力拖动领域中的成功应用是近代的重大科技进步。

电力拖动数字自动控制系统的优越性如下：

1）由计算机控制的各种电力电子功率变换装置可以使电动机有接近理想的供电电源，为提高系统的性能和扩展系统的功能提供了保证。

2）以微处理器为核心的控制装置可以完成包括复杂计算和判断在内的高精度运算、变换和控制。软件的模块化结构可以实时增加、更改、删减应用程序，当实际系统变化时也可彻底更新，软件控制的这种灵活性大大增强了控制器对被控制对象的适应能力，使各种新的控制策略和控制方法得到实现。

3）数字控制系统硬件电路的标准化程度高，制作成本低，且不受器件温度漂移的影响。

4）数字控制装置体积小、重量轻、耗能少。

5）具有很强的通信功能，通过现场总线可以与工业控制系统上位机联机工作。

6）可对系统运行状态进行监视、预警、故障诊断和数据采集。

数字控制的电力拖动自动控制系统的问题如下：

1）存在采样和量化误差。数模（D/A）、模数（A/D）转换器的位数和计算机的字长是一定的，增加位数和字长及提高采样频率可以减少这一误差，然而不可以无限制地增加。

2）动态响应慢于电力拖动自动控制连续（模拟）系统。由于计算机以串行方式处理信号，因此完成一个任务总是需要一定时间的，目前的措施是提高微处理器的运算速度。

3）采样时间延迟可能引起系统的不稳定。

4）软件实现的功能难以使用仪器仪表（如示波器、万用表、电流表、电压表等）直接进行观测。

控制系统数字化的新进展如下：

随着计算机技术的迅速发展和应用的日益普及，20 世纪 70 年代后，微处理器的问世，计算机在自动控制领域得到了大量应用，如今绝大部分控制系统都采用计算机进行控制，这些控制系统包括工业实时控制系统、伺服机械控制系统、各类电子装置的控制系统，甚至军事设施的控制系统或航空航天设施的控制系统等。尤其是工业计算机控制技术，在采用了冗余技术软硬件自诊断等措施后，其可靠性大大提高，工业生产自动控制已进入计算机时代。

进入 21 世纪后，计算机控制技术正朝着微型化，智能化，网络化和规范化方向发展。

微型化是指嵌入式计算机已渗透到控制前端和底层，如各种传感器、执行器、过程通道、交互设备、通信设备等，而由微电子机械系统（Micro Elector Mechanical System，MEMS）所构成的微型智能传感器、执行器和控制器将使控制技术进入难以进入的传统的机电技术领域。

智能化是指控制其具有自适应、自学习、自诊断和自修复功能，使控制质量进一步提高。

网络化是指控制系统的结构中心由信息加工单元转向系统的信息传输，使用高可靠、低成本、综合化的现场总线、以太网技术以及 Internet 技术，使得控制系统的规模不断扩大，不仅能对整个工厂的生产过程控制，而且对跨地域的公共交通控制得以实现。

规范化是指控制系统的硬件和软件系统有一系列的标准来规范，设备的互换性、系统的互连性使得系统的集成更为灵活，如各种规模的控制器（PLC）、开放的组态软件和开发平台为构建各种控制系统带来了方便，极大地提高了系统的开发效率，降低了系统的维护成本。

12.2 电力拖动数字控制系统的组成和特点

12.2.1 电力拖动数字控制系统的基本组成

图 12-1 为连续（模拟）电力拖动自动控制系统的组成情况。

由于连续电力拖动自动控制系统组成的物理意义明确，因此对于数字化电力拖动自动控制系统的设计往往先按连续控制系统设计，然后再进行数字化设计，数字化设计是指数字控制器设计，是将图 12-2 虚线所框部分的数字化设计。

数字控制系统一般由基于计算机结构的数字处理系统、外围设备以及输入/输出通道等构成，如图 12-2 所示，数字控制系统的硬件一般包括主机、输入/输出通道以及外设等，主机是系统的核心，它包括 CPU、存储设备和总线等，主机通过运行软件程序向系统的各个部分发出各种命令，对被控对象进行检测与控制。输入/输出通道是主机系统与对象之间进行信息交换的桥梁。输入通道把对象的控制量、被控制量转换成系统可以接受的数字信号，输出通道则把系统输出的控制指令和数据转换成对对象进行控制的信号。外围设备是主机系统与外界进行信息交换的设备，一般包括人机接口，输入/输出设备和外部存储设备等。

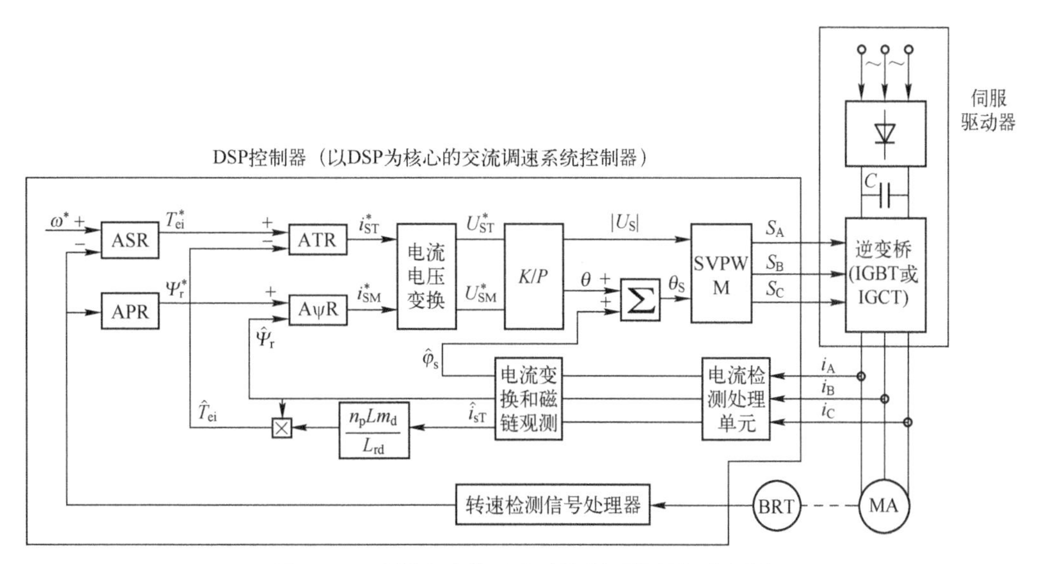

图 12-1　连续电力拖动自动控制系统的组成框图

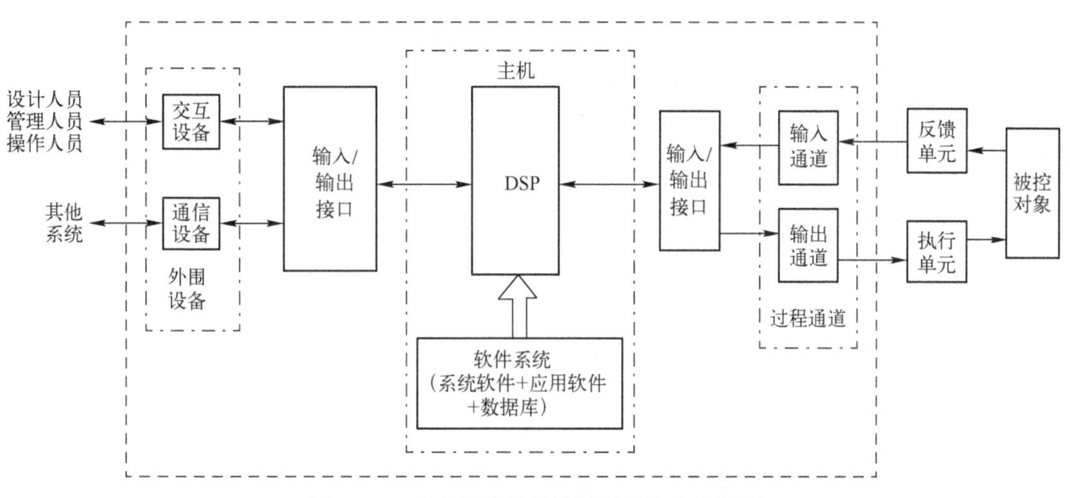

图 12-2　电力拖动数字控制系统的组成框图

数字控制系统除了硬件以外，还要有相应的软件系统，软件是指能够完成各种功能的程序。软件通常包括系统软件、应用软件和数据库等。系统软件包括操作系统、诊断系统和开发系统等。应用软件包括为用户专门开发的针对各种应用算法程序等，数据库则是一种资料管理或存档的软件等。

12.2.2　电力拖动数字控制系统的基本特点

1. 电力拖动数字控制系统与电力拖动连续（模拟）控制系统的相同和不同

电力拖动数字控制系统与电力拖动连续控制系统有相同的控制理论、控制任务和目标及要达到的性能指标，但是两者有鲜明的不同之处。

电力拖动自动数字控制系统由控制对象、执行器、测量环节、数字控制器（包括采样保持器、A/D 转换器、数字计算机、D/A 转换器和保持器）等组成。连续信号一般通过 A/D 转换器进行采样、量化、编码变成时间上和大小都是离散的数字信号 $e(kT)$，经过计算机的加工处理，

给出数字控制信号 $u(kT)$，然后通过 D/A 转换器使数字量恢复成连续的控制量 $u(t)$，再去控制被控对象。其中，由数字计算机、接口电路、A/D 转换器、D/A 转换器等组成的部分称为数字控制器，数字控制器的控制规律是由编制的计算机程序来实现的，如图 12-3 所示。

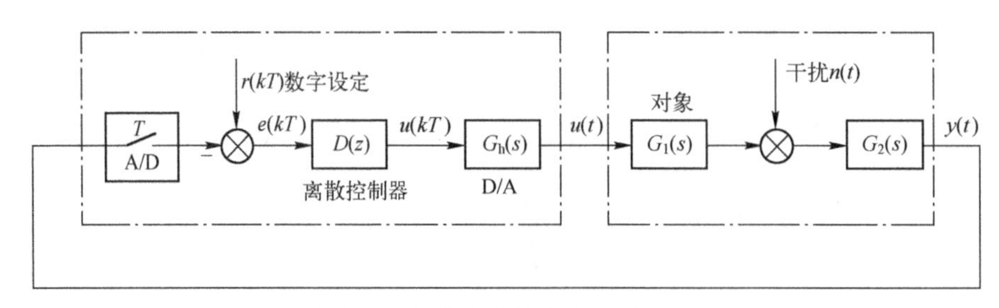

图 12-3　数字控制系统典型结构

2. 离散和采样

在数字控制系统中，把原本是连续的任务间断成每隔一定时间（周期）执行一次，称为离散。每个周期开始时都先采集输入信号，这个周期称为采样周期。

连续变化的系统被离散后，每个周期只能在采样瞬间被测量和控制，其他时间不可控，这样必然给系统的控制精度和动态响应带来影响，合理选择采样周期是数字控制的关键之一。采样周期分为两类：固定周期采样和变周期采样。

采样周期 T 为固定值的均匀采样是固定周期采样。数字控制系统一般都采用固定周期采样。采样周期越长，处理器就能做更多的事，但对系统性能影响越大。采样周期的选择应该是在不给系统性能带来较大影响的前提下，选择尽可能长的时间。采样时间 T 与系统响应之间的关系受采样定理的约束。

香农采样定理：如果采样时间 T 小于系统最小时间常数的 1/2，那么系统经采样和保持后，可恢复系统的特性。

采样定理告诉我们，要使采样信号能够不失真地恢复为原来的连续信号，必须使采样频率 f（$f=1/T$）大于系统频谱中最高频率的 2 倍。系统的动态性能可用开环对数幅频特性 $M=f(\omega)$ 来表征。由于控制对象存在惯性，频率越高，M 越小，$M\geqslant-3\,\text{dB}$ 或 $-6\,\text{dB}$ 所对应的频率范围通常称为频带宽，再高的频率对系统的影响可忽略。根据采样定理，采样频率应大于 2 倍最大频率，即

$$f\geqslant\omega_{\max}/\pi \tag{12-1}$$

式中，$\omega_{\max}$ 为 $M\geqslant-3\,\text{dB}$ 或 $-6\,\text{dB}$ 所对应的频率。

在系统设计时，实际 $\omega_{\max}$ 未知，f 按预期的 $\omega_{\max}$ 选取。

一个处理器要处理的任务很多，变化的快慢相差很大，如果按变化最快的变量来选取采样频率，将极大地浪费处理器的能力，所以通常为一个处理器规定几种采样周期，以适应变化快慢不同的任务，为实现方便，这些采样周期按 2^N 倍选取（$N=0,1,2,3,\cdots$，为正整数）。在图 12-4 中示出不同周期任务的工作情况，最基本的周期是 T_0，处理器每隔 T_0 接收一个启动信号，最快的任务选用 $T_2=2T_0$ 周期的任务；以此类推，在选用 T_1、T_2 周期的任务执行完后，再执行选用 $T_3=4T_0$ 周期的任务。为不耽误某些紧急任务（例如故障、警告等）的执行，处理器在接到中断信号后，马上中断正在进行的周期性任务，优先执行该中断任务。

电力变流器中的器件（晶闸管、IGBT 等）都工作在开关状态，只有开通和关断时刻是可控的，其他时间不可控；数字控制器也是断续工作的，如果它发出控制信号的时间不合适，恰好在器件已完成开关动作之后，器件对控制的响应将推迟一个周期，带来附加滞后。为避免附加滞后，希望采样周期与器件工作周期同步，且在软件设计时把控制安排在输出触发脉冲之前。

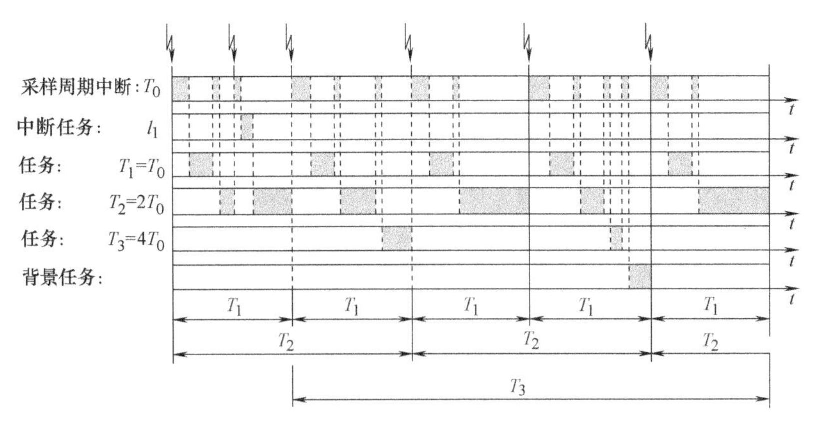

图 12-4　采样周期及任务执行顺序

有些变换器的工作周期是变化的，例如常用的 6 脉波相控整流，稳态时工作周期固定为 300 Hz，但在暂态，周期则是变化的，触发延迟角前移时，周期缩短，后移时，则加长。这样的系统若还采用固定周期采样，则无法实现同步，带来附加滞后，因此都改用变周期采样，用触发脉冲作为采样周期的启动信号，实现同步。

3. 连续变量的量化

系统中，许多被控量都是连续变化的连续变量，例如电压、电流、转速等。在数字系统中，需要先将它们量化为不连续的数字量，才能进行计算和控制。连续量的量化也是数字控制与模拟控制的重要区别之一。量化时，两个相邻数之间的信息被失去，影响系统精度。如何合理量化，使失去的信息最少，对精度影响最小，是数字控制系统设计的又一个关键问题。

在选定处理器和存储器硬件后，二进制数字量的位数就确定了，现在一般为 16 位或 32 位，以后可能会达 64 位。合理量化就是如何合理选择变量当量，即规定数字量“1”代表变量的什么值。当量的选取要考虑两个因素：

1）使系统中所有变量都有相同的精度，都能充分利用数字量位数资源。

2）尽量减少控制和计算中由当量选取带来的变换系数。

从上述原则出发，在通用的数字控制器中，当量都按百分数（%）规定，百分数基值（分母）为该变量的最大值，例如额定电压、最大工作过载电流、最高转速等。为充分利用数字量位数资源，规定去掉一个符号位的数为 200%（留 100%调节裕量），这样 100%为“位数-2”对应的数。以 16 位数为例，100%对应 $2^{14}=16384$，全部数的范围是±200%，对应$\pm 2^{15}=\pm 32768$。

在系统计算中，使用相对值时无计量单位，并可去掉许多公式中的比例系数。按上述方法规定当量，同时使用相对值，将使控制和计算中的变换系数最少，也不容易出错。有些设计者选取当量时往往从方便记忆和换算出发，喜欢选整数的值作为当量，轻易规定“1”代表多少“V”、“A”或“r/min”，结果给控制和计算增添了许多变换系数，还使数字量的位数资源得不到充分利用，所以测量值定义当量是不可取的。

为适应上述标定方法，在控制器的输入端都有信号标定模块（增益可标定的放大器），把从传感器来的基值信号都变换成标准电压（10 V 或 5 V），再经 A/D 转换进入数字控制器，在控制器中，将不再出现带计量单位的量。

4. 增量式编码器脉冲信号的量化

数字控制的电力拖动自动控制系统中，转速和角位置等量主要用增量式脉冲编码器或旋转变压器（Resolver）来测量。编码器适用范围广泛，在数字控制装置中，通常都设有编码器信号输入口，在装置中经硬件和软件将这些连续变化信号量化，本节介绍编码器信号的量化方法。旋转变压器的量化由专门集成电路实现。编码器信号接口不一定都接编码器，有时是其他信号，例如锁相信号等，也利用这个接口输入，它们的量化方法相同。

（1）转速测量

编码器与电动机轴相连，每转一转，便发出一定数量的脉冲，数字控制系统通过计数器对脉冲的频率和周期进行测量，便可算出转速值。编码器的输出由 A、B 两组互差 90°的方波脉冲（见图 12-5），用以判别旋转方向；正转时，位置角 λ 增大，在脉冲 B 前沿出现时，$A=1$，转速值为正；反转时，位置角 λ 减小，在脉冲 B 前沿出现时，$A=0$，转速为负。把一组脉冲进行前后沿微分，再通过或门合成，可获得 2 倍频脉冲，把两组都微分再经或门综合得 4 倍频，如图 12-5 所示。每转脉冲数越多，测量精度越高，编码器制造越麻烦，因此在控制器的编码器输入端通常都接有倍频电路（见图 12-6），以减少每路脉冲数以获取较高的频率，倍频倍数为 1、2 或 4 任选。

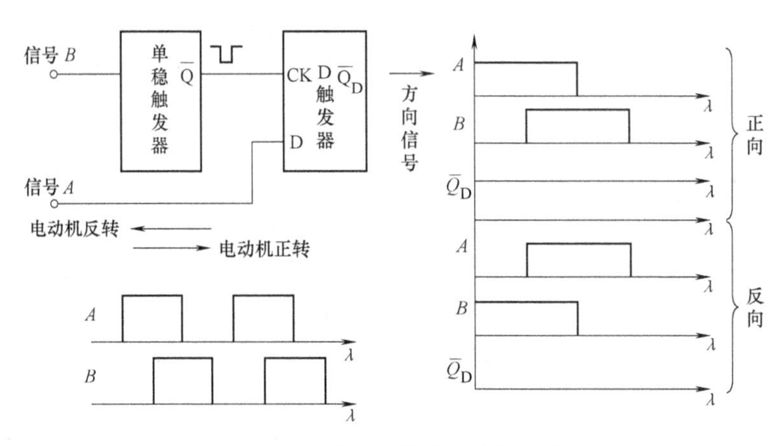

图 12-5　编码器信号及转向判别

用编码器脉冲信号计算转速有三种方法：测频法（M 法）、测周期法（T 法）、测频率和周期法（M/T 法）。M 法通过用计数器计数一个采样周期中的编码器脉冲个数来计算转速值，低速时，一个采样周期中的编码器脉冲个数少，精度差。T 法通过用计数器计数两个编码器脉冲之间的标准时钟脉冲个数来计算转速值，高速时，两个编码器脉冲之间的标准时钟脉冲个数少，精度也差。单独使用上述两法中的任何一种方法都不能满足高精度要求，只有同时使用两种方法才能在整个转速范围内都获得高精度，这就是 M/T 法。M/T 法用两个计数器，一个计数器（N_1）计数一个采样周期 T 中的编码器脉冲个数 m_1，同时通过用另一个计数器（N_2）计数标准时钟脉冲个数的方法算出 m_1 个编码器脉冲持续时间 $T_d=m_1T_p$（T_p 为编码器脉冲周期），然后用 T_d 代替采样周期 T 计算转速，从而获得高精度。

第 k 周期的转速为

$$n_k=\frac{60m_{1.k}}{pT_{d.k}}=\frac{60m_{1.k}f_c}{pm_{2.k}} \tag{12-2}$$

式中，k 为第 k 个周期的值；f_c 为标准时钟脉冲频率；$m_{2.k}$ 为与 $T_{d.k}$ 对应的时钟脉冲个数（$m_{2.k}=T_{d.k}f_c$）；p 为倍频后的编码器每转脉冲数（脉冲数/r）。

为了使转速采样与系统采样同步，在每个采样周期开始时能算出上一个周期的转速值。安排 M/T 法的时序如图 12-7 所示。

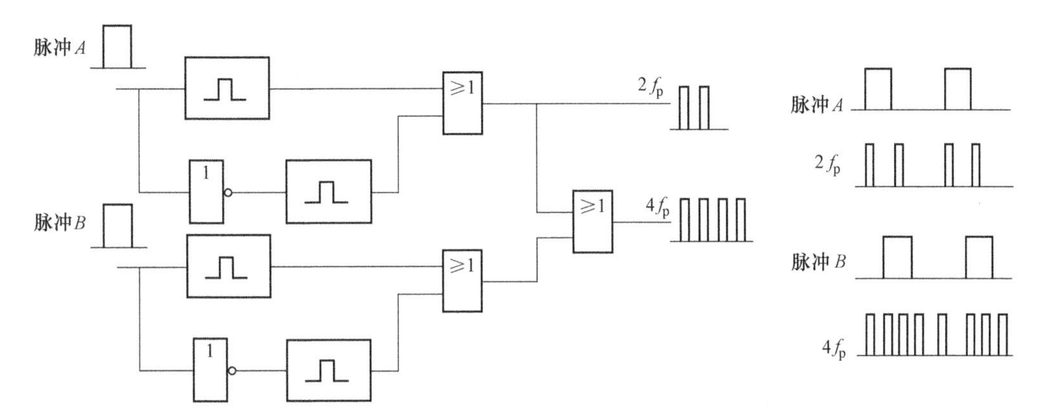

图 12-6　编码器信号倍频电路及波形

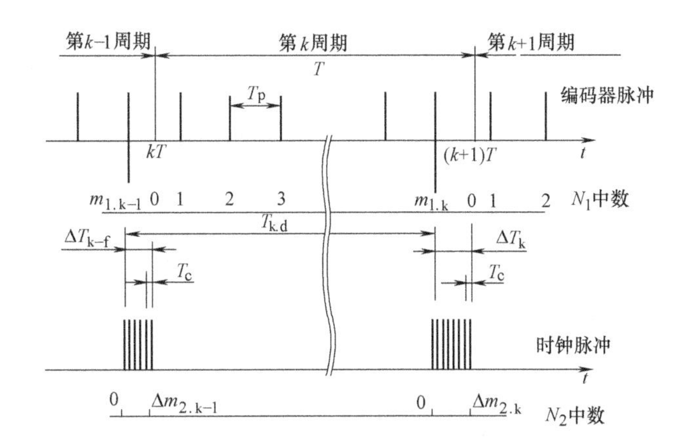

图 12-7　M/T 法时序

计数器 N_1 在第 k 个周期开始时清零，到第 $k-1$ 个周期结束、第 k 个周期开始时（$t=kT$），有 $\Delta m_{2.k-1}$ 个时钟脉冲被计数；第 k 个周期结束［$t=(k+1)T$］时，N_2 中的数为 $\Delta m_{2.k}$，则

$$m_{2.k}=m_{2.T}+\Delta m_{2.k-1}-\Delta m_{2.k} \tag{12-3}$$

式中，$m_{2.T}$ 为采样周期 T 对应的时钟脉冲，$m_{2.T}=Tf$。

可以证明，只要 $m_{2.T}\geqslant 2^{15}$，则转速分辨率 $\Delta n\%\leqslant 1/2^{14}$（二进制 14 位分辨率）。

M/T 法存在最低转速限制，限制条件：在一个采样周期 T 中，至少有一个码盘脉冲（$m_1\geqslant 1$），最低转速 n_{min}（r/min）为

$$n_{min}=\frac{60}{pT}=\frac{60}{xp_eT} \tag{12-4}$$

式中，x 为倍频数；p_e 为未倍频的编码器每转脉冲数（$p=xp_e$）。

若 $x=4$、$p_e=1000$、$T=2\,\text{ms}$，则 $n_{min}=7.5\,\text{r/min}$；当 $n<n_{min}$ 时，测量输出为 0。若想降低 n_{min}，必须加大 p_e 或 T。

（2）角位置测量

把 M/T 法中每个周期测得的 m_1 值累加起来，便得角位置信号，即

$$\lambda_k=\frac{2\pi}{p}\sum_{i=0}^{k}m_{1.i} \tag{12-5}$$

式中，λ_k 为第 k 个周期末的位置角；$m_{1.i}$ 为第 i 周期的 m_1 的值。

有几个问题需要注意：

1）λ_k 值应在$-\pi\sim\pi$之间，若按式（12-5）算出的值超出这个范围，就要加或减 2π。

2）在开始计数前设置初始位置角 λ_0。

3）为避免误差积累，每转一转，当编码器同步脉冲信号 Z 脉冲出现时，需将原算出的 λ 值清除，重新设置 λ_{syn}值，再按式（12-5）累加。

5. 电压、电流等模拟量的量化

在数字控制调速系统中，需要测量电压、电流等量。把由传感器测得的连续变化的模拟量变换成数字量的量化方法有两种：瞬时值法和平均值法。

（1）瞬时值法

每个采样周期采样模拟量一次，经 A/D 转换器（ADC），得到采样时刻的数字量。在调速系统中，通常有多个模拟量需要采集和量化，可用一个主要由多路转换电子开关（MUX）、采样保持器（S/H）和 A/D 转换器（ADC）构成的模拟量采集系统来实现，如图 12-8 所示，根据采集模拟信号的数量，MUX 的输入通道数可为 4、8 或 16 等。

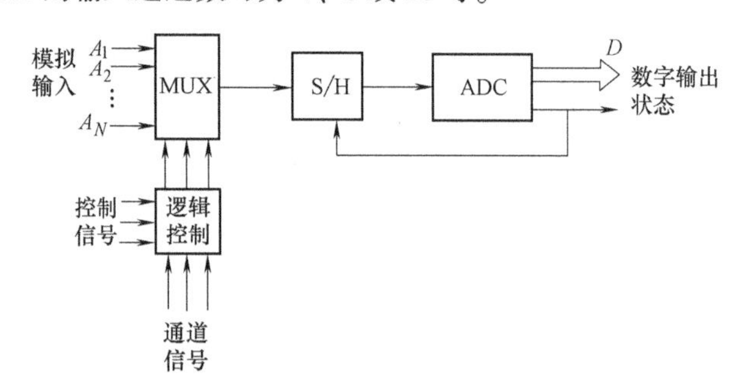

图 12-8　模拟采集系统

信号采集系统用 MUX 分时顺序采集这些模拟信号，经 S/H 保持得到离散信号，在经 A/D 转换器量化成数字量。模拟信号的离散和量化过程如图 12-9 所示。整个采集系统可制作在一个集成芯片上，某些控制用处理器芯片本身就带有这类采集系统，使用起来很方便。

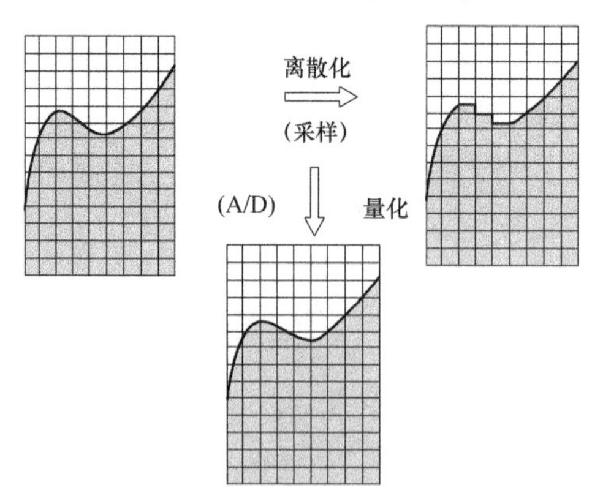

图 12-9　模拟信号的离散和量化过程

瞬时值采样方法简单，但只适用于模拟量比较平滑的场合。如果模拟量信号中含有较大的纹波，所测瞬时值不能代表实际电压、电流大小；若信号采集前先用滤波器去波纹，将带来滞后，并导致交流量相移。

现有 A/D 转化器的位数已达 16 位、20 位或更高，但受走线、温度变化及环境电磁场的影响，通用工作数字控制器的 A/D 转换的精度一般只能做到 0.1%~0.05%，即只有 10 位或 11 位二进制数字有效，后面几位都是噪声。尽管数字处理器的位数可能是 16 位或 32 位，它使得使用模拟量作为设定和反馈的数字控制系统的精度只有 0.1%~0.05%。

（2）平均值法

A/D 转换器输出值为被测量值在一个采样周期 T 中的平均值。这类转换多用于采集含有较大波纹的模拟量，当采样周期与纹波周期一致时，误差最小，故这类转换器常与电力变流器同步工作。实现平均值采样的方法有三种：

1）多次采样。用快速 A/D 转换在一个采样周期中多次采样和量化，在每个采样周期求一次平均值。若多次采样和量化的操作由主 CPU 控制和完成，太占时间资源，通常用专门硬件或子处理器来实现。

2）V/F/D 变换法。先把模拟信号变换为频率与输入电压成比例的脉冲信号（V/F 变换），再通过用两个计数器的计数脉冲数和计数周期长度算出数字量（F/D 变换），它对应一个采样周期的平均值。V/F/D 变换的另一特点是易实现被测电路与处理器的隔离，因为脉冲信号已通过光电耦合器或脉冲变压器隔离，如图 12-10 所示。

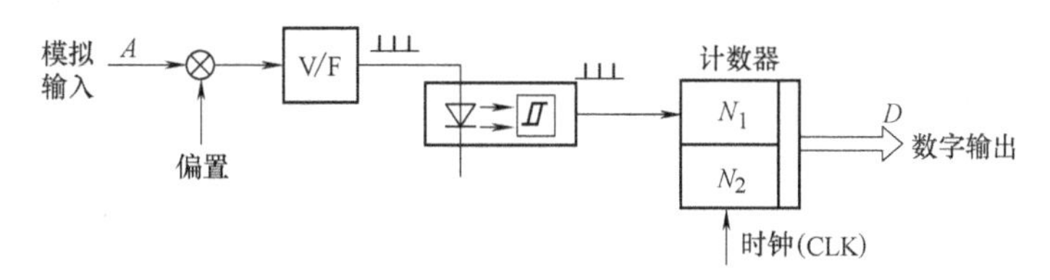

图 12-10　V/F/D 变换电路

为了能反映模拟信号 A 的极性，给 V/F 变换规定一个中心频率 f_0，在变换电路中加入偏置，使得 $A=0$ 时，$f=f_0$，例如规定 $f_0=60\,\text{kHz}$，则当 $A=\pm10\,\text{V}$ 时，$f=90\,\text{kHz}$；$A=-10\,\text{V}$ 时，$f=30\,\text{kHz}$。在选择输出频率变化范围时，应使最低输出频率远大于信号中的纹波频率。

V/F/D 变换中的 F/D 变换用本章 12.2.2 中介绍的 M/T 法，只要计数器的位数够，就能保证 F/D 变换的精度。

如何实现高精度 V/F 变换，是整个 V/F/D 变换的关键，它的精度主要取决于标准时间脉冲的精度。在通常的 V/F 变换器中，标准时间脉冲来自单稳态触发器，受电阻、电容精度限制，虽然电阻精度可高达 0.1%~0.01%；但电容精度低，要达到 1%已难做到。在 V/F/D 变换中，宜使用同步 V/F 变换器，以时钟脉冲作为标准时间脉冲，精度高，例如采用 AD652 芯片，它的变换精度与电容无关。

3）∑/Δ 变换法。∑/Δ 变换法的核心是∑/Δ 调制器。它的输出是一串 0 和 1 的方波脉冲，在一个测量周期中，1 脉冲的总宽度与测量周期 T 之比（平均占空比）和输入的模拟量成比例（见图 12-11），再用计数器计数一个周期中的 1 脉冲的总宽度，得到这个周期被测模拟量平均值

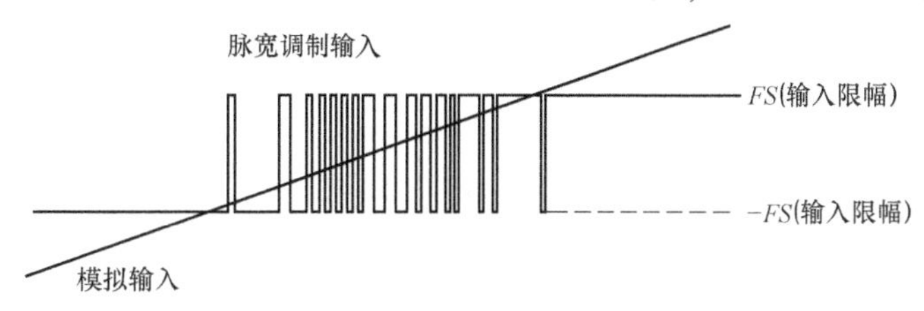

图 12-11　∑/Δ 调制器的输入和输出

的数字量。

$\sum/\Delta$ 变换原理框图如图 12-12 所示。它主要由 $\sum/\Delta$ 调制器和同步计数器两部分组成。$\sum/\Delta$ 调制器是一个由积分器 I_1 和 I_2、比较器及 1 位 D/A 转换器构成的闭环系统。

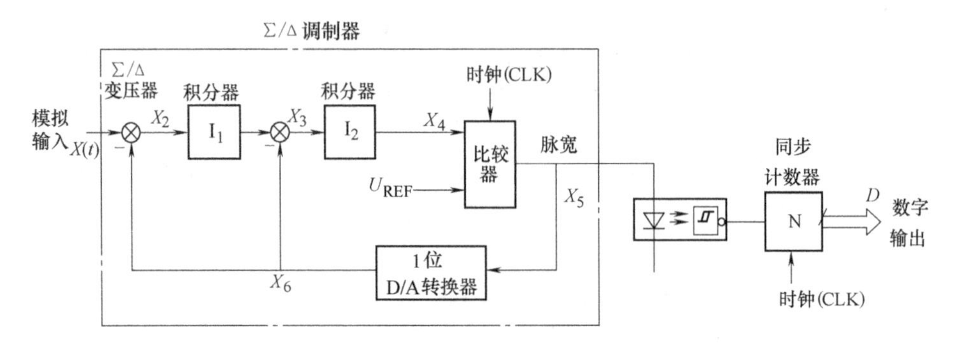

图 12-12　$\sum/\Delta$ 变换器原理框图

1 位 D/A 转换器输出 X_6 的波形与 $\sum/\Delta$ 调制器输出 X_5 相同，是一串 0 和 1 方波，但 1 信号的幅值被限定为 5V。若某时刻 $X_6=0\,\text{V}<X(t)$（模拟输入），$X_2>0$，积分器 I_1 输出增大，$X_3>0$，积分器 I_2 输出 X_4 增大，到 $X_3>U_{\text{REF}}$ 及时钟脉冲（CLK）来时，比较器反转，输出 X_5 由 0 变 1，相应 X_6 也由 0 V 变为 5 V，导致 $X_2<0$ 和 $X_3<0$，X_4 减小，到 $X_4<U_{\text{REF}}$ 及时钟脉冲（CLK）来时，比较器反转，输出 X_5 由 1 变 0，相应 X_6 也由 5 V 变为 0 V，如此反复循环，使输出 X_5 变成一串方波。如果测量周期 $T\gg$ 时钟脉冲周期 T_c，积分器 I_1 和 I_2 的输入 X_2 和 X_3 在一个测量周期 T 中的平均值应等于 0 V，所以输出 X_5 和 X_6 的平均占空比与输入模拟量成比例。同步计数器按照时钟脉冲和信号 X_3 的状态工作，每当时钟脉冲来时，若 $X_5=1$，则计数器加 1，若 $X_5=0$，则不加，到周期结束时，计数器中的数代表了输入模拟量在该周期的平均值。信号 X_5 是方波脉冲信号，易通过光纤实现隔离。

6. 量化误差和比例因子

（1）量化误差

由于 A/D 采样中的量化过程，使得采样后的信号值 $x(kT)$ 只能以有限的字长近似地表示采样时刻的信号值，如用三位二进制数来表示 $(0.821)_{10}$，其中 $(0.111)_2=(0.875)_{10}$ 最为接近，此时 $0.875-0.821=0.054$ 就是“量化误差”，定点二进制数中，b 位小数的最低位的值是 2^{-b}，b 为二进制小数所能表示的最小单位，$q=2^{-b}$ 称为“量化步长”。下面介绍两种量化误差：

1）截尾量化误差。设正值信号 $x(kT)$ 的准确值为

$$x=\sum_{i=1}^{\infty}\beta_i 2^{-i}$$

如果截尾后的小数部分位数为 b，则

$$[x]_{\text{T}}=\sum_{i=1}^{b}\beta_i 2^{-i}$$

截尾量化误差定义为 $[e]_{\text{T}}=[x]_{\text{T}}-x$，则

$$0\geqslant[e]_{\text{T}}=-\sum_{i=b+1}^{\infty}\beta_i 2^{-i}\geqslant-2^{-b}=-q$$

当 $x(kT)$ 为负数，且用补码表示时，也可以推出

$$0\geqslant[e]_{\text{T}}=-\sum_{i=b+1}^{\infty}\beta_i 2^{-i}\geqslant-2^{-b}=-q \tag{12-6}$$

2）舍入量化误差。设 $x(kT)$ 的准确值仍为

$$x=\sum_{i=1}^{\infty}\beta_i 2^{-i}$$

做舍入处理后为

$$[x]_{\mathrm{R}}=\sum_{i=1}^{b}\beta_i 2^{-i}+\beta_{b+2}2^{-b}$$

式中，$\beta_{b+1}2^{-b}$ 为舍入项，β_{b+1} 为 0 或 1。此时

$$[e]_{\mathrm{R}}=\beta_{b+1}\frac{q}{2}-\sum_{i=b+2}^{\infty}\beta_i 2^{-i} \tag{12-7}$$

当 $\beta_{b+1}=1$ 而 $\beta_i=0(i=b+2$ 至$\infty)$ 时，$[e]_{\mathrm{R}}=q/2$ 为最大值，而当 $\beta_{b+1}=0$ 而 $\beta_i=1(i=b+2$ 至$\infty)$ 时，$[e]_{\mathrm{R}}=-q/2$。所以 $-q/2<[e]_{\mathrm{R}}\leqslant q/2$。

而 $x(nT)$ 为负数且用补码表示时，同样可以推出 $-q/2<[e]_{\mathrm{R}}\leqslant q/2$。

由上述分析可见，舍入处理的误差要小于截尾处理的误差，其误差范围为 $-q/2\sim q/2$，因此对信号进行量化处理时多采用舍入处理。

（2）比例因子配置和溢出保护

控制算法在计算机实现之前，必须考虑量化效应的影响，首先是选择合理的结构形式，其次是配置比例因子，以使数字控制器的各个支路不产生溢出，而量化误差又足够小，即充分利用量化信号的线性动态范围。

配置比例因子时，需要知道各信号的最大值。闭环系统中各信号最大可能值的确定是可实现的，它涉及控制信号与干扰作用的形式和大小，以及各信号之间的动态响应关系。信号之间的动态关系在较复杂的系统中较难用计算的方法确定，比较合适的方法是用数字仿真。

比例因子配置的一般原则如下：

1）绝大多数情况下，各支路的动态信号不产生上溢。但在个别的最坏情况下，某支路信号可能溢出，可以采用限幅或溢出保护措施，因为这种情况是很少出现的。如果按最坏的情况考虑，则在大多数情况下，信号的电平偏低，分辨率降低，影响精度。

2）尽量减少各支路动态信号的下溢值，减少不灵敏区，提高分辨率。以上两点在给定字长下是相互制约的。

3）A/D 和 D/A 比例因子的选择比较单纯，只需使物理量的实际最大值对应于小于最大表示范围的数字量，而物理量的最小值所对应的数字量不小于转换器的一个量化值。在给定转换装置的字长下，有时也会出现两头不能兼顾的情况。此外，A/D 和 D/A 比例因子是有量纲的。

4）控制算法各支路的比例因子宜尽量采用 2 的正负乘幂，便于移位运算，以提高运算速度。数字信号的比例因子是无量纲的。

5）各环节、各支路配置比例因子 2^{γ} 后，应在相应的节点配置反比例因子 $2^{-\gamma}$，以使支路增益和传递特性不变。

6）比例因子的配置需要反复调整和协调。

下面举例说明比例因子的确定方法：

某物理量的测量范围为 $0\sim A_{\mathrm{m}}$，对应于 8 位 A/D 的 0～255，则该物理量的比例因子为 $A_{\mathrm{m}}/255$，即 A/D 转换得到的数字量 N_{x} 对应的实际值为（$A_{\mathrm{m}}/255$）N_{x}。

7. 数据处理和数字滤波

在微机控制系统中，需要大量的数据处理工作，以满足控制系统的不同需要，由于各方面数据来源不同，有的是从 A/D 转换而得到，有的则是直接输入的数据，因而其数值范围不同，精

度要求也不一致，表示方法各有差别，需要对这些数据进行一定的预处理和加工，才能满足控制的要求。

(1) 数据的表示方法

在用微机进行数据处理的工程中，用什么方法来表示被操作数，是提高运算精度和速度的一个重要问题。当前微机运算广泛采用的两种基本表达方法有定点数和浮点数。

1) 定点数和定点运算。定点数即小数占位置固定的数，可分为整数、纯小数和混合小数。其表示方法如下：

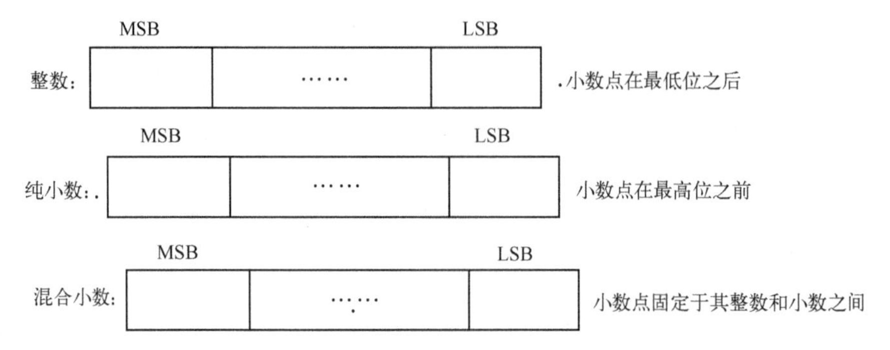

运动结果的小数点按如下规则确定：

在加减运算中，应遵循小数点对齐的原则，当两个操作数小数位相同时，可直接运算，且小数位不变。当两个操作数的小数位不同时，则需要通过移位的办法使小数位相同后进行运算。

在乘除运算中，若被乘（被除）数小数位为 M，乘数（除数）的小数位为 N，则结果的小数位为 $M+N(M-N)$。

2) 浮点数和浮点运算。当程序中数值运算的工作量不大，并且参加运算的数相差不大，采用定点运算一般可以满足需要，但定点数运算有以下两个明显缺陷：

① 小数点的位置确定较为困难，需要一系列的复杂处理。

② 当操作数的范围较大时，不仅需要大幅度增加字长，占用较多的存储单元，且程序处理也较为复杂。

为有效处理大范围的各种复杂运算，提出浮点数和浮点运算。所谓浮点数是指尾数固定，小数点位置随指数的变化而浮动，其数学表达式为 $\pm MC^E$。其中，M 为尾数，是纯小数；E 为阶码，是整数；C 为底，对于微机而言，$C=2$。其中，尾数 M 和阶码 E 均以补码表示，如 $0.2\times 2^3=1.6$。

浮点数在存储单元中的一种表示方法如下：

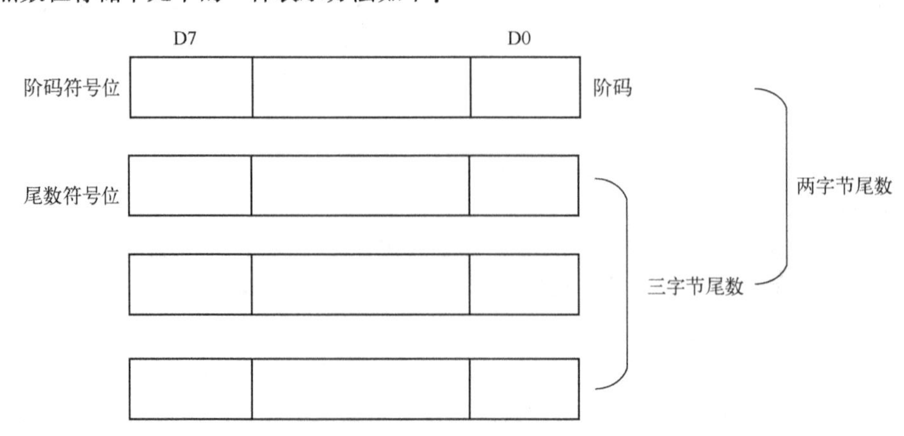

可以根据运算精度要求来选择两字节尾数或三字节尾数来表示。

关于浮点数的运算，有许多现成的子程序，可直接拿来使用，这里不再介绍。但要说明的一点是，由于微机从外部获得的数大多为二进制数或二-十进制（BCD）码，所以在进行运算之前，必须将其转换为浮点数，而且要按一点的统一数据格式转换，称为浮点规格化，这一处理也有现成的实用子程序可以直接使用。

（2）数字滤波

所谓数字滤波，是指通过一定的计算程序，对采样信号进行平滑加工，提高其有用信号，抑制或消除各种干扰和噪声。

数字滤波与模拟 *RC* 滤波相比，具有无须增加硬件设备、可靠性高、不存在阻抗匹配问题、可以多通道复用、可以对很低的频率进行滤波、可以灵活方便地修改滤波器的参数等特点。数字滤波的方法有很多，可根据不同的需要进行选择。下面介绍几种常用的数字滤波方法。

1）程序判断滤波。程序判断滤波是根据生产经验，确定两次采样信号可能出现的最大偏差，若超过此偏差值，则表明该输入信号是干扰信号，应该除去，否则作为有效信号保留。

当采样信号由于外界电路设备的电磁干扰或误检测以及传感器异常而引起的严重失真时，均可采用此方法。

程序判断滤波根据其处理方法的不同，可分为限幅滤波和限速滤波两种。

① 限幅滤波：将两次相邻采样值的增量绝对值与允许的最大差值进行比较，当小于或等于时，则本次采样值有效，否则应除去而代之以上次采样值。该法适用于缓变量的检测，其效果好坏的关键在于门限值的选择。

② 限速滤波：限速滤波的方法可表述如下：

设顺序采样时刻 t_1、t_2、t_3 所采集的参数分别为 $Y(1)$、$Y(2)$、$Y(3)$，那么

当 $|Y(2)-Y(1)|\leqslant\Delta Y$ 时，$Y(2)$ 输入计算机；

当 $|Y(2)-Y(1)|>\Delta Y$ 时，$Y(2)$ 不采用，但仍保留，继续采样取得 $Y(3)$；

当 $|Y(3)-Y(2)|\leqslant\Delta Y$ 时，$Y(3)$ 输入计算机；

当 $|Y(3)-Y(2)|>\Delta Y$ 时，则取 $[Y(2)+Y(3)]/2$ 输出计算机。

限速滤波是一种折中方法，既照顾了采样的实时性，又顾及了被测量变化的连续性。但 ΔY 的确定必须根据现场的情况不断更新，同时不能反映采样点数 $N>3$ 时各采样值受干扰的情况，因此其应用有一定的局限性。

2）中值滤波。中值滤波是对某一参数连续采样 N 次（一般为奇数），然后依大小排序，取中间值作为本次采样值。

中值滤波对于去掉由于偶然因素引起的波动或采样器不稳定而造成的误差所引起的脉动干扰比较有效。若变量变化比较缓慢，采用中值滤波效果比较好，但对于快速变化过程的参数则不宜采用。

3）算术平均值滤波。算术平均值滤波是要寻找一个 $Y(k)$，使该值与各采样值之间误差的二次方和为最小，即

$$S=\min\left[\sum_{i=1}^{N}e^2(i)\right]=\min\left\{\sum_{i=1}^{N}[Y(u)-X(i)]^2\right\}$$

由一元函数求极值原理，得

$$\overline{Y}(k)=\frac{1}{N}\sum_{i=1}^{N}X(i) \tag{12-8}$$

式中，$\overline{Y}(k)$ 为第 k 次 N 个采样值的算术平均值；$X(i)$ 为第 i 次采样值；N 为采样次数。

该方法主要用于对压力、流量等周期脉动的采样值进行平滑加工，但对于脉冲性干扰的平滑作用尚不理想。

4）加权平均滤波。该方法是在算术平均值滤波的基础上，给各采样值赋予权重，即

$$\overline{Y}(k)=\sum_{i=0}^{N-1}C_iX_{N-i} \tag{12-9}$$

且有 $\sum_{i=0}^{N-i}C_i=1$。

这种滤波方法可以根据需要突出信号的某一部分，抑制信号的另一部分。

5）滑动平均值滤波。算术平均值滤波和加权平均滤波都需要连续采样 N 个数据，然后求得算术平均值或加权平均值，需要时间较长。为了克服这个缺点，可采用滑动平均值滤波法。即先在 RAM 中建立一个数据缓冲区，依顺序存放 N 次采样数据，每采集一个新数据，就将最早采集的那个数据丢掉，然后求包括新数据在内的 N 个数据算术平均值或加权平均值。这样，每进行一次采样，就可计算出一个新的平均值，从而大大加快了数据处理的速度。

6）RC 低通数字滤波。前面讲的几种滤波方法基本上属于静态滤波，主要适用于变化过程比较快的参数，但对于慢速随机变量，采用短时间内连续求平均值的方法，其滤波效果往往不够理想。

为了提高滤波效果，可以仿照模拟 RC 滤波器的方法，如图 12-13 所示，用数字形式实现低通滤波。

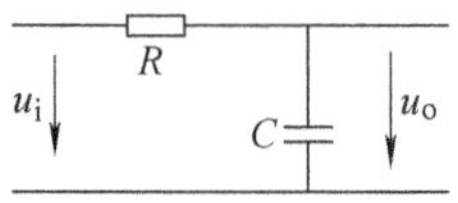

图 12-13　RC 低通滤波器

模拟 RC 低通滤波器的传递函数为

$$G(s)=\frac{Y(s)}{X(s)}=\frac{1}{\tau s+1}$$

式中，τ 为 RC 滤波器的时间常数，$\tau=RC$。由上式可以看出，RC 低通滤波器实际上是一个一阶滞后的滤波系统。

将上式离散化，可得

$$Y(kT)=(1-\alpha)Y(kT-T)+\alpha X(kT) \tag{12-10}$$

式中，$X(kT)$ 为第 k 次采样值；$Y(kT)$ 为第 k 次滤波结构输出值；α 为滤波平滑系数；$\alpha=1-e^{-T/\tau}$；T 为采样周期。当 $T/\tau \ll 1$ 时，$\alpha \approx T/\tau$。

式（12-10）即为模拟 RC 低通滤波器的数字实现，可以用程序实现。

类似地，可以得到高通数字滤波器的离散表达式：

$$Y(kT)=\alpha X(kT)-(1-\alpha)Y(kT-T) \tag{12-11}$$

7）复合数字滤波。为了进一步提高滤波效果，可以把两种或两种以上不同滤波功能的数字滤波器组合起来，组成复合数字滤波器（或称为多级数字滤波器）。

关于数字滤波器的编程，已有不少成熟的例子，读者可阅读相关参考文献。

12.3　数字控制器设计与控制算法的实现

控制对象的特性是由其本身的工作环境、运行条件和功能目标所决定的，往往不能随意更改，只有通过改变控制器的特性，来影响整个系统的特性，从而满足系统的整体性能指标。因此数字控制器设计技术是实现数字控制系统的关键所在。

数字控制器的设计就是确定控制器的脉冲传递函数 $D(z)$。常见的方法有两种：一是根据对应连续系统的设计方法确定控制器的脉冲传递函数 $D(z)$，然后利用离散化的方法求出近似的 $D(z)$；二是根据对象的脉冲传递函数 $G(z)$、给定输入信号 $R(z)$ 以及系统的特性要求，确定系统广义闭环脉冲传递函数 $\Phi(z)$，然后求出控制器的脉冲传递函数 $D(z)$。前者称为近似设计方法，

后者称为解析设计方法。

如何根据连续系统的传递函数求出对应离散系统的脉冲传递函数？这就是离散化方法的任务，离散化方法有积分变换法、零极点匹配法和等效变换法。

数字 PID 在采样控制系统中得到了广泛应用。数字 PID 控制就是结合计算机逻辑运算的特点来实现的 PID 控制。数字 PID 控制器的脉冲传递函数 $D(z)$ 可通过离散化方法，由连续系统的 $D(z)$ 求得。

状态空间设计法利用状态反馈构成控制规律是现代控制理论的基本方法。由于“状态”全面反映了系统的特性，利用状态反馈就有可能实现较好的控制。状态反馈可以任意的配置系统的极点，为控制系统的设计提供了有效的方法。最终如何来实现由近似设计方法或解析设计方法得到控制器的 $D(z)$ 呢？除了可以用硬件来实现 $D(z)$ 外，更普遍的方法是利用计算机软件，通过迭代法求解差分方程来实现 $D(z)$。由 $D(z)$ 可得到相应的实际控制框图、差分方程；按照状态空间描述方法也可得到相应的状态方程和输出方程。对高阶的 $D(z)$，可通过串行或并行实现来减少由于系统误差对系统性能造成的影响。

12.3.1 数字控制器的设计方法

1. 近似设计法

根据采样定理，连续信号的控制系统可用离散采样控制系统来代替，如图 12-14a 所示，其中被控对象 $G(s)$ 可假定含有零阶保持器 ZOH。简化后可看成由控制器 $D(z)$ 与被控对象 $G(z)$ 组成的反馈控制系统，如图 12-14b 所示。离散采样控制系统的广义闭环传递函数为 $\Phi(z)$，如图 12-14c 所示。

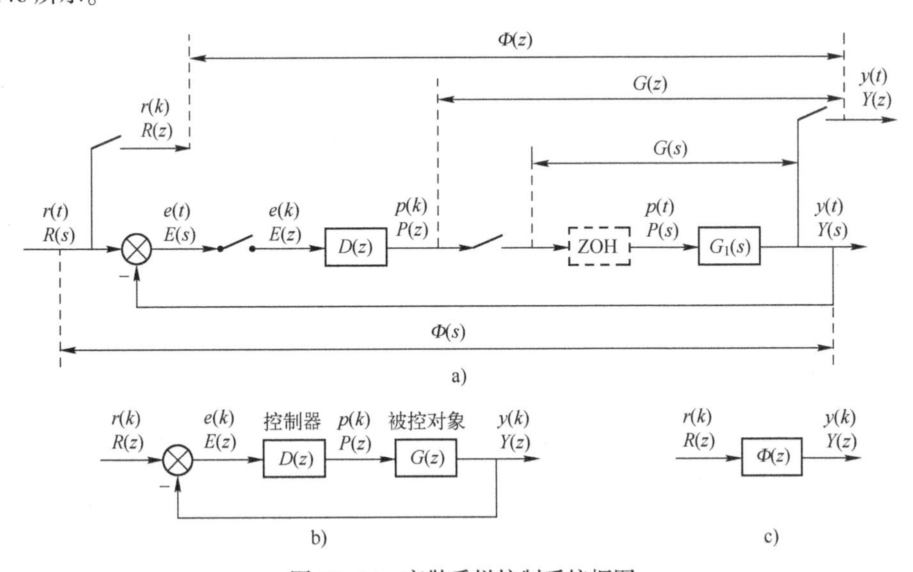

图 12-14　离散采样控制系统框图

近似设计法是建立在连续系统的 $D(s)$ 基础上的，因此也称模拟设计法、间接设计法。数字控制器 $D(z)$ 的近似设计过程如下：

1）选择合适的采样频率，考虑零阶保持器 ZOH 的相位滞后，根据系统的性能指标和连续域设计方法，设计控制器的传递函数 $D(s)$。

2）选择合适的离散化方法，将 $D(s)$ 离散化，获得数字控制器的脉冲传递函数 $D(z)$，使两者性能尽量等效。

3）检验计算机控制系统闭环性能。若不满意，可进行优化，选择更合适的离散化方法、提高采样频率。必要时，可增加稳定裕度（相对稳定程度的参数）重新修正连续域的 $D(s)$ 后，再离散化。

4）对 $D(z)$ 满意后，将其变为数字算法，在计算机上编程实现。

2. 解析设计法

设离散系统结构如图 12-14b 所示，则与连续系统中 $\Phi(s)$ 与 $G(s)$ 关系式类似，则有

$$\Phi(z)=\frac{Y(z)}{R(z)}=\frac{D(z)G(z)}{1+D(z)G(z)} \tag{12-12}$$

$$D(z)=\frac{P(z)}{E(z)}=\frac{\Phi(z)}{G(z)[1-\Phi(z)]} \tag{12-13}$$

解析设计法是根据系统的 $G(z)$、$\Phi(z)$ 以及输入 $R(z)$ 来直接确定 $D(z)$，因此也称直接设计法。数字控制器 $D(z)$ 的解析设计过程如下：

1）根据系统的 $G(z)$、输入 $R(z)$ 及主要性能指标，选择合适的采样频率。

2）根据 $D(z)$ 的可行性，确定闭环传递函数 $\Phi(z)$。

3）由 $\Phi(z)$、$G(z)$，根据式（12-13）确定 $D(z)$。

4）分析各点波形，检验计算机控制系统闭环性能。若不满意，重新修正 $\Phi(z)$。

5）对 $D(z)$ 满意后，将其变为数字算法，在计算机上编程实现。

最后需要说明，上述两种方法都是基于离散采样控制系统对连续对象的控制，而对顺序控制、数值控制、模糊控制等，其控制器的设计需要采用其他的设计方法，如基于有限自动机模型的顺序控制器设计、基于连续路径直线圆弧插值的数值控制器设计、基于模糊集合和模糊运算的模糊控制器的设计等。

12.3.2 离散化方法

如果已知一个连续系统控制器的传递函数 $D(s)$，根据采样定理，只要有足够小的采样周期，总可找到一个近似的离散控制器 $D(z)$ 来代替 $D(s)$，对一个连续系统中的被控制对象 $G(s)$，也可用一个近似的 $G(z)$ 来仿真 $G(s)$ 的特性。

有许多成熟的方法，可根据系统的 $G(s)$、$\Phi(s)$ 等要求设计出 $D(s)$，由此求出近似的 $D(z)$，就可由计算机来实现 $D(z)$。

由 $D(s)$ 求出 $D(z)$ 的方法有多种，如积分变换法、零极点匹配法和等效变换法，下面分别介绍这些方法。

1. 积分变换法

积分变换法是基于数值积分的原理，因此也称数值积分法。积分变换法又分为矩形变换法和梯形变换法，矩形变换法又分为向后差分法或后向差分法、向前差分法或前向差分法。

（1）向后差分法

设某控制器的输出 $p(t)$ 是输入 $e(t)$ 对时间的积分，即有如下关系式：

$$p(t)=\int_0^t e(t)\mathrm{d}t,\quad 或\frac{\mathrm{d}p(t)}{\mathrm{d}t}=e(t),\quad \mathrm{d}p(t)=e(t)\mathrm{d}t$$

$e(t)$ 的波形如图 12-15 所示。假定在 $(k-1)T$、kT 时刻的输入 $e(t)$ 分别记为 $e(k-1)$、$e(k)$，输出 $p(t)$ 分别记为 $p(k-1)$、$p(k)$，则有

$$P(k)=\int_0^{kT} e(t)\mathrm{d}t=\int_0^{(k-1)T} e(t)\mathrm{d}t+\int_{(k-1)T}^{kT} e(t)\mathrm{d}t=p(k-1)+\int_{(k-1)T}^{kT} e(t)\mathrm{d}t$$

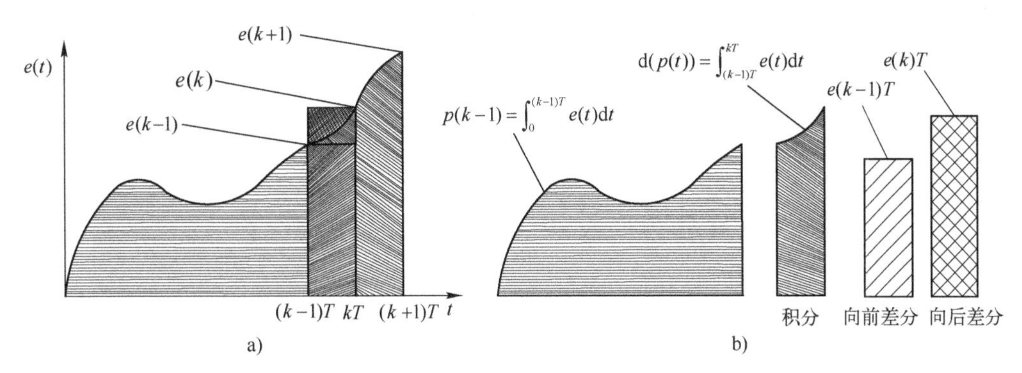

图 12-15　矩形变换法示意图

如用矩形面积近似增量的积分面积 $d[p(k)]$，则有

$$d[p(k)]=\int_{(k-1)T}^{kT}e(t)\,dt=p(k)-p(k-1)\approx e(k-1)\cdot T \quad \text{（采用向前差分）}$$

或

$$d[p(k)]=\int_{(k-1)T}^{kT}e(t)\,dt=p(k)-p(k-1)\approx e(k)\cdot T \quad \text{（采用向后差分）}$$

考虑到向前差分性能较差，实际常采用向后差分，$p(k)$的向后差分关系式为

$$p(k)-p(k-1)\approx e(k)\cdot T$$

经 z 变换后，有

$$P(z)-z^{-1}P(z)\approx E(z)\cdot T$$

$$D(z)=\frac{P(z)}{E(z)}=\frac{T}{1-z^{-1}}$$

对照相应连续传递函数 $D(s)$ 有

$$D(s)=\frac{P(s)}{E(s)}=\frac{1}{s}$$

可得变换式为

$$s\rightarrow\frac{1-z^{-1}}{T}$$

由此可根据 $D(s)$ 求出 $D(z)$ 为

$$D(z)=D(s)\big|_{s=\frac{1-z^{-1}}{T}} \tag{12-14}$$

式（12-14）就是向后差分法的变换公式。

【例 12-1】 已知 $D(s)=\dfrac{1/2}{s(s+1/2)}$，试用向后差分法求 $D(z)$。

解：

$$D(z)=D(s)\big|_{s=\frac{1-z^{-1}}{T}}=\frac{1/2}{\dfrac{1-z^{-1}}{T}\left(\dfrac{1-z^{-1}}{T}+1/2\right)}=\frac{T^2}{2(1-z^{-1})+(1-z^{-1})T}$$

向后差分法的特点如下：

1）若 $D(s)$ 稳定，则 $D(z)$ 一定稳定，s 平面与 z 平面的对应映射如图 12-16 所示，但向前差分法不具有这一特点。

2）变换前后，稳态增益不变。

3）与 $D(s)$ 相比，离散后控制器 $D(z)$ 的时间响应与频率响应有相当大的畸变，只有当 T 足够小时，$D(z)$才与$D(s)$性能接近。

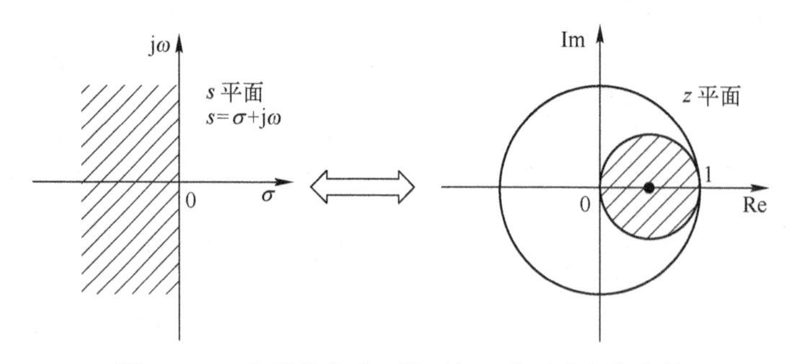

图 12-16　向后差分法 s 平面与 z 平面对应的映射

（2）梯形变化法（双线性变换法，Tustin 变换法）

从向后差分法可看出，积分面积是用矩形来近似的，如能用梯形来近似，效果则更好，如图 12-17 所示。

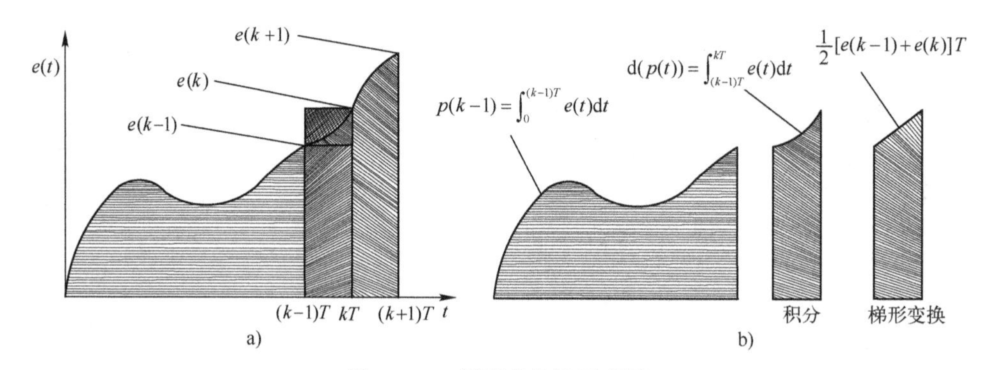

图 12-17　梯形变换法示意图

如用梯形面积近似增量的积分面积$d[p(k)]$，则

$$p(k)-p(k-1)\approx\frac{1}{2}[e(k-1)+e(k)]T$$

经 z 变换后，有

$$P(z)-z^{-1}P(z)\approx\frac{T}{2}(1+z^{-1})E(z)$$

$$D(z)=\frac{P(z)}{E(z)}=\frac{T}{2}\frac{1+z^{-1}}{1-z^{-1}}$$

对照相应连续系统的传递函数$D(s)$，可得变换式为

$$s\rightarrow\frac{2}{T}\frac{1-z^{-1}}{1+z^{-1}}\tag{12-15}$$

由此可根据$D(s)$求出$D(z)$为

$$D(z)=D(s)\Big|_{s=\frac{2}{T}\frac{1-z^{-1}}{1+z^{-1}}}\tag{12-16}$$

式（12-16）就是梯形变换法的变换公式。

【例 12-2】 已知$D(s)=\dfrac{\frac{1}{2}}{s(s+1/2)}$，试用梯形变换法求$D(z)$。

解：

$$D(z)=D(s)\big|_{s=\frac{2}{T}\frac{1-z^{-1}}{1+z^{-1}}}$$

$$=\frac{\dfrac{1}{2}}{\dfrac{2}{T}\dfrac{1-z^{-1}}{1+z^{-1}}\left(\dfrac{2}{T}\dfrac{1-z^{-1}}{1+z^{-1}}+\dfrac{1}{2}\right)}$$

$$=\frac{T^2(1+z^{-1})^2}{8(1-z^{-1})^2+2(1-z^{-1})T(1+z^{-1})}$$

$$=\frac{T^2(1+z^{-1})^2}{2(1-z^{-1})[4(1-z^{-1})+T(1+z^{-1})]}$$

$$=\frac{T^2(1+z^{-1})^2}{2(1-z^{-1})[4+T+(T-4)z^{-1}]}$$

$$=\frac{T^2+2T^2z^{-1}+T^2z^{-2}}{8+2T-16z^{-1}+(8-2T)z^{-2}}$$

梯形变化法的特点如下：

1）若 $D(s)$ 稳定，则 $D(z)$ 一定稳定，s 平面与 z 平面对应的映射如图 12-18 所示。

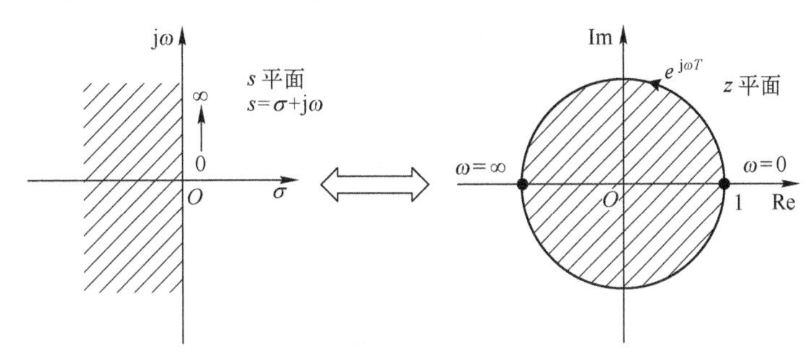

图 12-18　梯形变化法 s 平面与 z 平面对应的映射

2）变换前后，稳态增益不变。

3）双线性变换的一对一映射，保证了离散频率特性不产生频率混叠现象；与 $D(s)$ 相比，离散后控制器 $D(z)$ 的频率响应在高频段有一定的畸变，但可采用预校正办法来弥补。

4）$D(z)$ 性能与 $D(s)$ 较接近，但变换公式较复杂。

为保证在角频率 ω_1 处，$D(z)$ 与 $D(s)$ 有相同的增益，即 $D(e^{j\omega_1 T})=D(j\omega_1)$，可采用频率预校正公式，即用式（12-17）取代变换式（12-15）：

$$s\rightarrow\frac{\omega_1}{\tan\left(\omega_1\dfrac{T}{2}\right)}\frac{1-z^{-1}}{1+z^{-1}}\tag{12-17}$$

2. 零极点匹配法

零极点匹配法的原理就是使 $D(z)$ 与 $D(s)$ 有相似的零极点分布，从而获得近似的系统特性。设 $D(s)$ 有如下形式：

$$D(s)=\frac{P(s)}{E(s)}=k\frac{\prod\limits_{i=1}^{m}(s+z_i)}{\prod\limits_{j=1}^{n}(s+p_j)},\quad n\geqslant m$$

按下面的变换式转换零点和极点：

$$(s+z_i)\rightarrow(z-\mathrm{e}^{-z_iT})或(1-\mathrm{e}^{-z_iT}z^{-1})$$

$$(s+p_j)\rightarrow(z-\mathrm{e}^{-p_jT})或(1-\mathrm{e}^{-p_jT}z^{-1})$$

若分子阶次 m 小于分母阶次 n，离散变换时，在 $D(z)$ 分子上加 $(z+1)^{n-m}$ 因子，得到的 $D(z)$ 表达式如下：

$$D(z)=k_1\frac{\prod_{i=1}^{m}(z-\mathrm{e}^{-z_iT})}{\prod_{j=1}^{n}(z-\mathrm{e}^{-p_jT})}(z+1)^{n-m} \tag{12-18}$$

式（12-18）是零极点匹配法的主要变换公式，为保证在特定的频率处有相同的增益，需要匹配 $D(z)$ 中的 k_1，为保证 $D(z)$ 与 $D(s)$ 在低频段有相同的增益，确定 $D(z)$ 增益中 k_1 的匹配公式有

$$D(s)\big|_{s=0}=D(z)\big|_{z=1}$$

高频段的匹配公式（$D(s)$ 分子有 s 因子时）为

$$D(s)\big|_{s=\infty}=D(z)\big|_{z=-1}$$

选择某关键频率处的幅频相等，即

$$D(s)\big|_{s=\mathrm{j}\omega_1}=D(z)\big|_{z=\mathrm{e}^{\mathrm{j}\omega_1T}}$$

零极点匹配法的特点如下：

1）若 $D(s)$ 稳定，则 $D(z)$ 一定稳定。

2）有近似的系统特性，能保证某处频率的增益相同。

3）可防止频率混叠。

4）需要对 $D(s)$ 分解为零极点形式，有时分解不太方便。

3. 等效变换法

等效变换法的原理是使 $D(z)$ 与 $D(s)$ 对系统的某种时域响应在每个 kT 采样时刻有相同的值，具体变换方法有脉冲响应不变法（z 变换法）和阶跃响应不变法（带保持器的等效保持法）。

（1）脉冲响应不变法（z 变换法）

脉冲响应不变法能保证离散系统的脉冲响应在 kT 时刻与连续系统的输出保持一致，在变换前，将 $D(s)$ 写成如下形式：

$$D(s)=\sum_{i=1}^{m}\frac{A_i}{s+a_i}$$

则 $D(z)$ 对 $D(s)$ 的 z 变换公式如下：

$$D(z)=Z[D(s)]=Z\left[\sum_{i=1}^{m}\frac{A_i}{s+a_i}\right]=\sum_{i=1}^{m}\frac{A_i}{1-\mathrm{e}^{-a_iT}z^{-1}} \tag{12-19}$$

式（12-19）是脉冲响应不变法（z 变换法）的主要变换公式。

【例 12-3】 设某传递函数 $D(s)$ 如下，试用脉冲响应不变法（z 变换法）求 $D(z)$。（设采样周期 $T=0.5\,\mathrm{s}$）

$$D(s)=\frac{100}{s(s+1)(s+10)}$$

解：根据式（12-19）可得

$$
\begin{aligned}
D(z)&=Z\left[\frac{100}{s(s+1)(s+10)}\right]=Z\left[\left(\frac{10}{s}-\frac{100/9}{s+1}+\frac{10/9}{s+10}\right)\right]\\
&=\frac{10}{1-z^{-1}}-\frac{100/9}{1-\mathrm{e}^{-T}z^{-1}}+\frac{10/9}{1-\mathrm{e}^{-10T}z^{-1}}\\
&=\frac{10}{1-z^{-1}}-\frac{11.11}{1-0.6065z^{-1}}+\frac{1.11}{1-0.0067z^{-1}}\\
&=\frac{22.22(1-0.8161z^{-1})(1-0.0435z^{-1})}{(1-z^{-1})(1-0.6065z^{-1})(1-0.0067z^{-1})}\\
&=\frac{22.22-19.1z^{-1}+0.7883z^{-2}}{1-1.613z^{-1}+0.6173z^{-2}-0.0041z^{-3}}
\end{aligned}
$$

（2）阶跃响应不变法（带保持器的等效保持法）

阶跃响应不变法能保证离散系统带保持器后的阶跃响应在 kT 时刻与连续系统的输出保持一致。假定在 $D(s)$ 之前有零阶保持器，所以在进行 z 变换时需要考虑零阶保持器的传递函数，变换公式有

$$
D(z)=Z\left[\frac{1-\mathrm{e}^{-sT}}{s}D(s)\right]=(1-z^{-1})Z\left[\frac{D(s)}{s}\right] \tag{12-20}
$$

式（12-20）是阶跃响应不变法（带零阶保持器的等效保持法）的主要变换公式。

【例 12-4】 某传递函数 $D(s)$ 如下，试用阶跃响应不变法（带零阶保持器的等效保持法）求 $D(z)$。(设采样周期 $T=0.5\,\mathrm{s}$)

$$
D(s)=\frac{100}{s(s+1)(s+10)}
$$

解： 根据式（12-20）有

$$
\begin{aligned}
D(z)&=Z\left[\frac{1-\mathrm{e}^{-Ts}}{s}\,\frac{100}{s(s+1)(s+10)}\right]=(1-z^{-1})Z\left[\left(\frac{10}{s^2}-\frac{11}{s}+\frac{100/9}{1+s}-\frac{1/9}{10+s}\right)\right]\\
&=\frac{1-z^{-1}}{9}\left[\frac{90Tz^{-1}}{(1-z^{-1})^2}-\frac{99}{1-z^{-1}}+\frac{100}{1-\mathrm{e}^{-T}z^{-1}}-\frac{1}{1-\mathrm{e}^{-10T}z^{-1}}\right]\\
&=\frac{0.7385z^{-1}(1+1.4815z^{-1})(1+0.05355z^{-1})}{(1-z^{-1})(1-0.6065z^{-1})(1-0.0067z^{-1})}
\end{aligned}
$$

12.3.3 数字 PID 调节器及其改进方法

1. 数字 PID 调节器

由于连续域的工程设计法已广泛地应用于各种模拟系统的设计中，为工程技术人员所熟悉，因此如何用数字化的方法实现这些控制规律，是本节要讨论的内容。用工程设计法设计的调节器，一般为 P、PI、PD 或 PID 调节器等。

（1）数字 PID 调节器的实现

知道了 PID 调节器如何数字化，如何实现 P、PI、PD 等调节器也就一目了然了，因此，本节将介绍 PID 调节器的数字化实现方法。设 PID 调节器如图 12-19 所示。

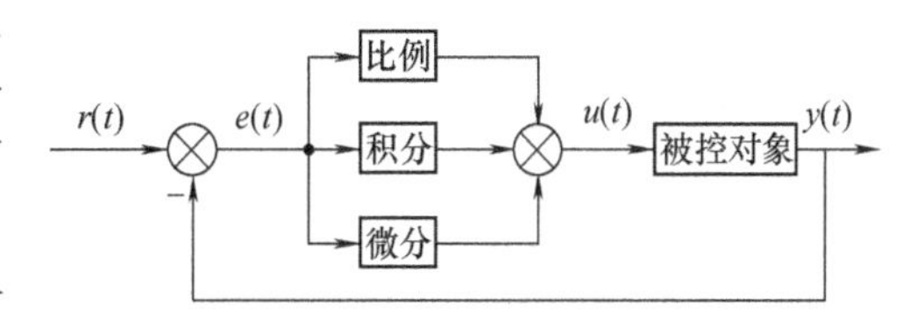

图 12-19　PID 调节器的框图

调节器的输出和输入之间为比例-积分-微分关系，即

$$u(t)=K_p\left[e(t)+\frac{1}{\tau_i}\int_0^t e(t)\mathrm{d}t+\tau_d\frac{\mathrm{d}e(t)}{\mathrm{d}t}\right] \tag{12-21}$$

若以传递函数的形式表示，则为

$$G(s)=\frac{U(s)}{E(s)}=K_p+K_i\frac{1}{s}+K_d s \tag{12-22}$$

式中，$u(t)$调节器的输出信号；$e(t)$为调节器的偏差信号；K_p为比例系数；K_i为积分系数，$K_i=K_p/\tau_i$；K_d为微分系数，$K_d=K_p\tau_d$；τ_i为积分时间常数；τ_d为微分时间常数。

控制系统中的数字PID调节器，是对式（12-22）离散化，得

$$\begin{aligned}u(kT)&=K_p\left\{e(kT)+\frac{T}{\tau_i}\sum_{j=0}^{k}e(jT)+\frac{\tau_d}{T}[e(kT)-e(kT-T)]\right\}\\&=K_pe(kT)+K_i'\sum_{j=0}^{k}e(jT)+K_d'[e(kT)-e(kT-T)]\end{aligned} \tag{12-23}$$

式中，T为采样周期，显然要保证系统有足够的控制精度，在离散化过程中，采样周期T必须足够短；K_i'为采样后的积分系数，$K_i'=K_pT/\tau_i$；K_d'为采样后的微分系数，$K_d'=K_p\tau_d/T$。式（12-23）也称作位置式PID调节器，其算法实现流程图，如图12-20所示。其特点是调节器的输出$u(kT)$跟过去的状态有关，系统运算工作量大，需要对$e(kT)$作累加，这样会造成误差积累，影响控制系统的性能。

目前，实际系统中应用比较广泛的是增量式PID调节器。所谓增量式PID调节器是对位置式PID调节器的式（12-23）取增量，数字调节器的输出只是增量$\Delta u(kT)$。

$$\begin{aligned}\Delta u(kT)=&K_p[e(kT)-e(kT-T)]+\\&K_i'e(kT)+K_d'[e(kT)-2e(kT-T)+e(kT-2T)]\end{aligned} \tag{12-24}$$

增量式PID调节器算法（见图12-21）和位置式PID调节器算法本质上并无大的差别，但这一点算法上的改动，却带来了不少优点：

1）数字调节器只输出增量，当控制芯片误动作时，$\Delta u(kT)$虽有可能较大幅度变化，但对系统的影响比位置式PID调节器小，因此$u(kT)$的大幅度变化有可能会严重影响系统运行。

2）算式中不需要作累加，增量只跟最近的几次采样值有关，容易获得较好的控制效果。由于式中无累加，消除了当偏差存在时发生饱和的危险。

（2）PID调节器参数对控制性能的影响

1）比例调节器K_p对系统性能的影响。

① 对动态特性的影响。比例调节器K_p加大，使系统的动作灵敏，速度加快；K_p偏大，振荡次数增多，调节时间增长；当K_p太大时，系统会趋于不稳定。当K_p太小，又会使系统的动作缓慢。

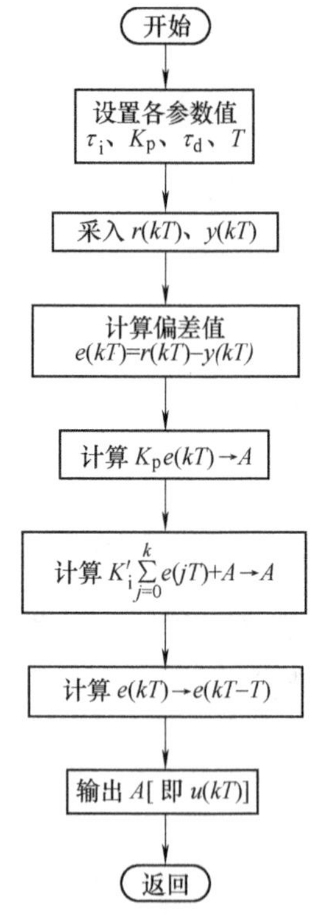

图12-20　位置式PID调节器算法实现流程

② 对稳态特性的影响。加大比例调节器K_p，在系统稳定的情况下，可以减小稳态误差，提高控制精度，但加大K_p只减小误差，却不能完全消除稳态误差。

2）积分调节器τ_i对控制性能的影响。积分调节器通常与比例调节器或微分调节器联合作用，构成PI或PID调节器。

① 对动态特性的影响。积分调节器通常使系统的稳定性下降，τ_i 太小，系统将不稳定；τ_i 偏小，振荡次数较多；τ_i 太大，对系统性能的影响减小。当 τ_i 合适时，过渡特性比较理想。

② 对稳态特性的影响。积分调节器能消除系统的稳态误差，提高控制系统的控制精度，但若 τ_i 太大，积分作用太弱，以致不能减小稳态误差。

3）微分调节器 τ_d 对控制性能的影响。微分调节器不能单独使用，经常与比例调节器或积分调节器联合作用，构成 PD 调节器或 PID 调节器。

微分调节器的作用实质上是跟偏差的变化速率有关，通常微分调节器能够预测偏差，产生超前的校正作用，可以较好地改善动态特性，如超调量减小，调节时间缩短，允许加大比例调节器作用，使稳态误差减小，提高控制精度等。但当 τ_d 偏大时，超调量较大，调节时间较长。当 τ_d 偏小时，同样超调量和调节时间也都较大，只有 τ_d 取得合适，才能得到比较满意的控制效果。

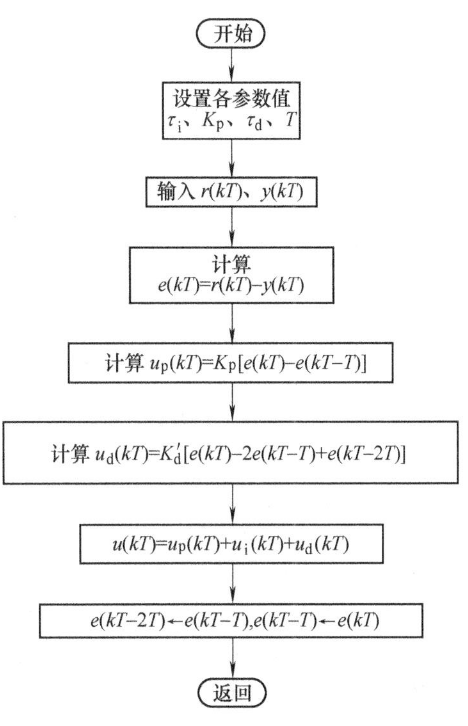

图 12-21　增量式 PID 调节器算法实现流程

把三者的调节器作用综合起来考虑，不同调节器规律的组合对于相同的控制对象，会有不同的控制效果。一般来说，对于控制精度要求较高的系统，大多采用 PI 或 PID 调节器。

（3）PID 参数整定

1）归一化参数的整定法。有实践经验的技术人员都会体会到调节器参数的整定是一项烦琐而又费时的工作。虽然可用工程设计方法来求出调节器的参数，但是这种方法本身基于一些假设和简化处理，而且参数计算依赖于电动机参数，实际应用时，依然需要现场的大量调试工作。针对此种情况，近年来国内外在数字 PID 调节器参数的工程整定方面做了不少研究工作，提出了不少模仿模拟调节器参数整定的方法，如扩充临界比例度法、扩充响应曲线法、经验法、衰减曲线法等，都得到了一定的应用。这里介绍一种简易的整定方法——归一参数整定法。

由 PID 的增量算式（12-24）可知，调节器的参数整定，就是要确定 T、K_p、τ_i、τ_d 这 4 个参数，为了减小在线整定参数的数目，根据大量实际经验的总结，人为假设约束的条件，以减少独立变量的个数，整定步骤如下：

① 选择合适的采样周期 T，调节器作纯比例 K_p 控制。

② 逐渐加大比例系数 K_p，使控制系统出现临界振荡。由临界振荡过程求得响应的临界振荡周期 T_s。

③ 根据一定约束条件，例如取 $T\approx 0.1T_s$、$\tau_i\approx 0.125T_s$，相应的差分方程由式(12-24)变为

$$\Delta u(kT)=K_p[2.45e(kT)-3.5e(kT-T)+1.25e(kT-2T)] \tag{12-25}$$

由式（12-25）可看出，对 4 个参数的整定简化成了对一个参数 K_p 的整定，使问题明显简化了。应用约束条件减少整定参数数目的归一参数整定法是有发展前途的，因为它不仅对数字 PID 调节器的整定有意义，而且对实现 PID 自整定系统也将带来许多方便。

2）变参数的 PID 调节器。电力拖动自动控制系统运行过程中不可预测的干扰很多，若只有一组固定的 PID 参数，要在各种负载或干扰以及不同转速情况下，都满足控制性能的要求是很

困难的，因此必须设置多 PID 参数，当工况发生变化时，能及时改变 PID 参数以与其相适应，使过程控制性能最佳。目前可使用的有如下几种形式：

① 对控制系统根据工况不同，采用几组不同的 PID 参数，以提高控制质量，控制过程中，要注意不同组参数在不同运行点下的平滑过渡。

② 模拟现场操作人员的操作方法，把操作经验编制成程序，然后由控制软件自动改变给定值或 PID 参数。

③ 编制自动寻优程序，一旦工况变化，控制性能变坏，控制软件执行自动寻优程序，自动寻找合适的 PID 参数，以保证系统的性能处于良好的状态。

考虑到系统控制的实时性和方便性，第一种形式的变参数 PID 调节器应用比较多。对于自动寻优整定法涉及自动控制理论中最优控制方面的知识和理论，可见参考文献［6］。

2. 数字 PID 调节器的改进

数字 PID 调节器是应用最普遍的一种控制规律，人们在大量的生产实践中，不断总结经验，不断改进，使得 PID 调节器性能日益提高，下面介绍几种数字 PID 调节器的改进算法。

（1）积分分离 PID 调节器

系统中加入积分校正以后，会产生饱和效应，引起过大的超调量，这对高性能的控制系统是不允许的，采用积分分离算法，既可以保持积分的作用，又可减小超调量，使得控制性能有较大的改善，积分分离算法要设置积分分离阈值 E_0。

当 $|e(kT)|\leqslant|E_0|$ 时，也即偏差值 $|e(kT)|$ 较小时，采用 PID 调节器，可保证系统的控制精度。

当 $|e(kT)|>|E_0|$ 时，也即偏差值 $|e(kT)|$ 较大时，采用 PD 调节器，可使超调量大幅度降低。积分分离 PID 调节器可表示为

$$u(kT)=K_\mathrm{p}e(kT)+\beta_0K_\mathrm{i}\sum_{j=0}^{k}e(kT)+K_\mathrm{d}[e(kT)-e(kT-T)] \tag{12-26}$$

$$\beta_0=\begin{cases}1, & |e(kT)|\leqslant|E_0|\\ 0, & |e(kT)|>|E_0|\end{cases}$$

式中，β_0 为逻辑系数。

采用积分分离 PID 调节器以后，控制效果如图 12-22 所示。由图可见，采用积分分离 PID 调节器后控制系统的性能确实有了较大的改善。

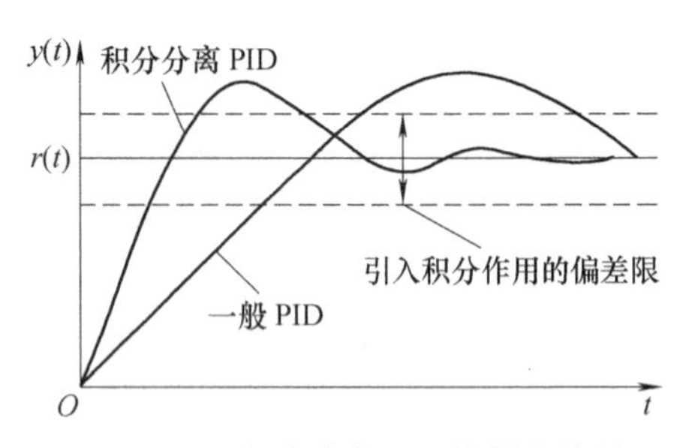

图 12-22　积分分离 PID 控制的效果

（2）不完全微分 PID 调节器

通常大多数采用 PI 调节器，而不采用 PID 调节器的原因是微分作用容易引起高频干扰。在数字调节器中，串接低通滤波器（如一阶惯性环节）可用来抑制高频干扰，因而可用来改善 PID 调节器抗高频干扰能力。一阶低通滤波器的传递函数为

$$G_f(s)=\frac{1}{1+T_f s} \tag{12-27}$$

不完全微分 PID 调节器如图 12-23 所示。

由图 12-24a 可得

$$u'(t)=K_\mathrm{p}\left[e(t)+\frac{1}{\tau_\mathrm{i}}\int_0^t e(t)\mathrm{d}t+\tau_\mathrm{d}\frac{\mathrm{d}e(t)}{\mathrm{d}t}\right]$$

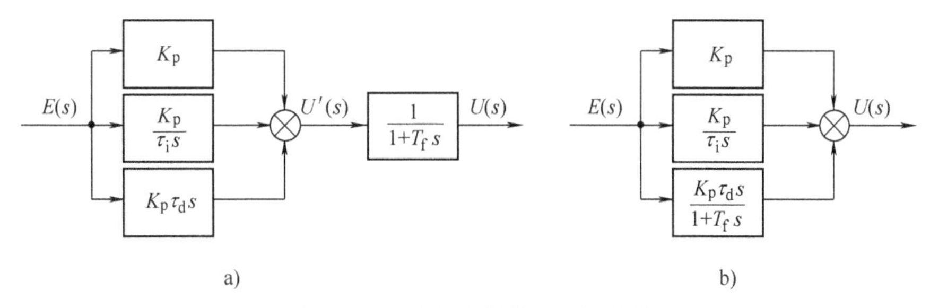

图 12-23　不完全微分 PID 调节器

a）低通滤波器加在 PID 调节器之后　b）低通滤波器加在微分环节上

$$T_{\mathrm{f}}\frac{\mathrm{d}e(t)}{\mathrm{d}t}+u(t)=u'(t)$$

所以

$$T_{\mathrm{f}}\frac{\mathrm{d}e(t)}{\mathrm{d}t}+u(t)=K_{\mathrm{p}}\left[e(t)+\frac{1}{\tau_{\mathrm{i}}}\int_{0}^{t}e(t)\mathrm{d}t+\tau_{\mathrm{d}}\frac{\mathrm{d}e(t)}{\mathrm{d}t}\right] \tag{12-28}$$

对式（12-28）离散化，可得差分方程

$$u(kT)=au(kT-T)+(1-a)K_{\mathrm{p}}\left\{e(kT)+\frac{T}{\tau_{\mathrm{i}}}\sum_{j=0}^{k}e(jT)+\frac{\tau_{\mathrm{d}}}{T}[e(kT)-e(kT-T)]\right\} \tag{12-29}$$

式中，$a=T_{\mathrm{f}}/(T+T_{\mathrm{f}})$。

与普通 PID 调节器一样，不完全微分 PID 调节器也有增量式算法，即

$$\Delta u(kT)=a\Delta u(kT-T)+(1-a)K_{\mathrm{p}}\left\{[e(kT)-E(kT-T)]+\frac{T}{\tau_{\mathrm{i}}}e(kT)+\frac{\tau_{\mathrm{d}}}{T}[\Delta e(kT)-\Delta e(kT-T)]\right\} \tag{12-30}$$

式中

$$\Delta e(kT)=e(kT)-e(kT-T)$$
$$\Delta e(kT-T)=e(kT-T)-e(kT-2T)$$

设数字微分调节器的输入为阶跃序列 $e(kT)=c,k=0,1,2,\cdots,c$ 为常值。当使用完全微分算法时

$$u(t)=\tau_{\mathrm{d}}\frac{\mathrm{d}e(t)}{\mathrm{d}t}$$

将上式离散化，可得

$$u(kT)=\frac{\tau_{\mathrm{d}}}{T}[e(kT)-e(kT-T)] \tag{12-31}$$

由式（12-31）可得

$$u(0)=\frac{\tau_{\mathrm{d}}}{T}c,\quad u(T)=u(2T)=\cdots=0$$

可见，普通数字 PID 调节器的微分作用只在第一个采样周期内起作用，不能按照偏差变化的趋势在整个调节过程中起作用。另外，通常 $\tau_{\mathrm{d}}\gg T$，所以 $u(0)\gg c$，微分作用在第一个采样周期里作用很强，容易溢出。不完全微分数字 PID 调节器的引入不但能抑制高频干扰，而且能克服普通数字 PID 调节器的缺点，数字调节器输入的微分作用能在各个周期里按照偏差变化的趋势，均匀地输出，改造系统的性能。对其分析如下：

对数字微分调节器，当使用不完全微分算法时，有

$$u(t)+T_{\mathrm{f}}\frac{\mathrm{d}u(t)}{\mathrm{d}t}=\tau_{\mathrm{d}}\frac{\mathrm{d}e(t)}{\mathrm{d}t} \tag{12-32}$$

离散化后可得

$$u(kT)=\frac{T_{\mathrm{f}}}{T+T_{\mathrm{f}}}u(kT-T)+\frac{\tau_{\mathrm{d}}}{T+T_{\mathrm{f}}}[e(kT)-e(kT-T)] \tag{12-33}$$

对 $e(kT)=c, k=0,1,2,\cdots, c$ 为常值。由式（12-33）迭代后得

$$u(0)=\frac{\tau_{\mathrm{d}}}{T+T_{\mathrm{f}}}c$$

$$u(T)=\frac{T_{\mathrm{f}}\tau_{\mathrm{d}}}{(T+T_{\mathrm{f}})^{2}}c$$

$$u(2T)=\frac{T_{\mathrm{f}}^{2}\tau_{\mathrm{d}}}{(T+T_{\mathrm{f}})^{3}}c$$

显然，$u(kT)\neq 0, k=1,2,\cdots$；并且

$$u(0)=\frac{\tau_{\mathrm{d}}}{T+T_{\mathrm{f}}}c\ll\frac{\tau_{\mathrm{d}}}{T}c$$

因此，在第一个采样周期里，不完全微分数字调节器的输出要比完全微分数字调节器的输出幅度小很多，具有比较理想的调节性能，所以尽管不完全微分 PID 调节器较之普通 PID 调节器的算法复杂，但仍然受到越来越广泛的重视和使用。

（3）微分先行 PID 调节器

微分先行是把微分运算放在比较器附近。它有两种结构，如图 12-24 所示。图 12-24a 是输出量微分，图 12-24b 是偏差微分。

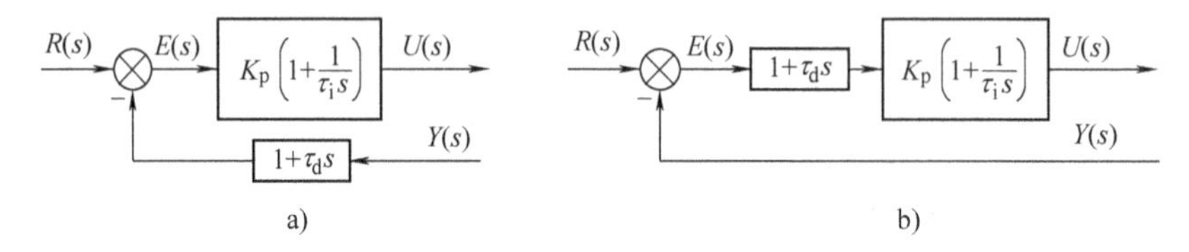

图 12-24　微分先行 PID 调节器

a）输出量微分　b）偏差微分

输出量微分只对反馈值进行微分，也就是对给定值和反馈值都有微分作用。这种办法多用在矢量控制系统的内环控制调节器中。

（4）带死区的 PID 调节器

在要求控制作用变动少的场合，可采用带死区的 PID 调节器，带死区的 PID 调节器实际上属于非线性控制非范畴，其结构如图 12-25 所示。相应的控制算法为当 $|e(kT)|\leqslant|e_0|$ 时，$e'(kT)=0$，PID 调节器输出保持原状态。而当 $|e(kT)|>|e_0|$ 时，$e'(kT)$ 经过 PID 调节器对控制系统进行调节。

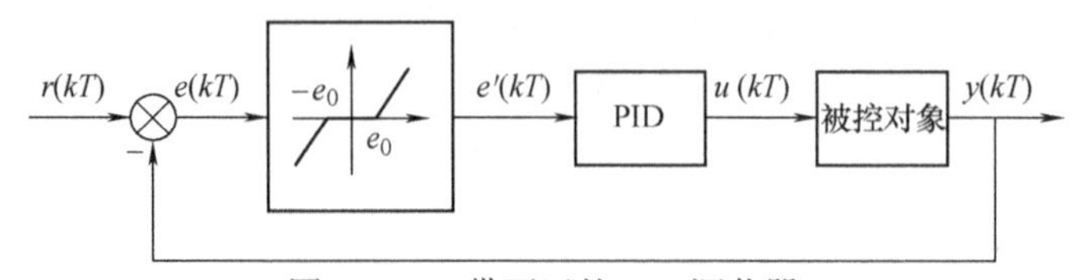

图 12-25　带死区的 PID 调节器

值得注意的是，改进的PID调节器算法不需要增加硬件设备，只需根据控制对象对原有调节器算法进行适当改变，即可大大提高控制系统性能，体现了计算机数字控制系统的突出优点，因此，它的实际作用越来越多，而且还在不断发展。

3. 开环前馈补偿（预控）

在模拟控制系统中，所有检测和控制环节都是连续并行工作的，来自给定和反馈信号很快通过控制环节影响被调量，响应快。数字控制系统的工作模式是离散的、串行的，必然带来滞后，其响应比模拟系统慢。数字控制系统中，第 k 个周期初采样的给定量及反馈量由各环节一步步串行处理，例如：算出电力电子变换器的控制量，到第 $k+1$ 个周期初，才送至变换器的触发电路。另外，当反馈量中含有大纹波，需用平均值采样时，在第 k 个周期初，采样到的反馈量是第 $k-1$ 个周期的平均值，又滞后了半个采样周期。为克服这个缺点，在设计数字控制系统时，广泛使用开环前馈补偿（预控）技术来加快响应。数字控制装置计算功能强、精度高，也为预控的应用提供了条件。

开环前馈补偿（预控）是根据给定量及系统参数估算出控制对象所需的控制量，绕过闭环调节器直接作用于控制对象。在这种开、闭环符合的系统中，被调量对给定的跟随主要靠开环，而闭环用来解决稳定和精度问题。下面以直流调速系统为例介绍预控的配置，如图 12-26 所示。

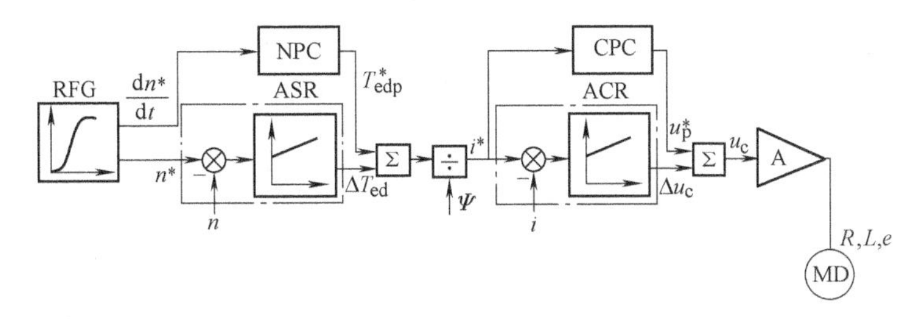

图 12-26　带预控直流调速框图

系统中有两个预控环节。

（1）电流预控（CPC）环节

根据电流给定 i、电动机参数 R 个 L 以及电动势 e、功率放大器 A 的放大系数 K_A 进行计算，得出电流预控环节 CPC 输出为

$$u_p^* = (Ri^* + L\mathrm{d}i^*/\mathrm{d}t + e)/K_A$$

功率放大器 A 的控制电压为

$$u_c = u_p^* + \Delta u_c \tag{12-34}$$

式中，Δu_c 为电流调节器（ACR）的输出。

（2）转速预控（NPC）环节

根据转速给定 n^* 及机械惯性时间常数 T_m，计算转矩控制环输入 T^*_{ed} 为

$$T^*_{ed} = T^*_{edp} + \Delta T_{ed} \tag{12-35}$$

式中，ΔT_{ed}为速度调节器（ASR）的输出。

转速预控环节输出

$$T^*_{edp} = T_m \mathrm{d}n^*/\mathrm{d}t \tag{12-36}$$

式中，$\mathrm{d}n^*/\mathrm{d}t$ 为来自斜坡给定环节（RFG）的信号。

采用预控后，数字控制系统可以获得和模拟控制系统同样的响应，两种系统的 6 脉波晶闸管交流器的电流响应时间都可做到 10ms。

上面介绍的是利用预控加快系统对给定的响应。预控也能加快系统对扰动的调节，但需用

扰动观测器检测扰动量，数字控制系统的优秀计算性能为观测器设计提供了条件。

12.3.4 基于极点配置与状态估计的数字控制系统设计

基于状态空间的数字控制系统设计方法主要是通过对闭环系统极点进行配置来实现数字控制系统设计。如果系统中有部分状态变量是难以直接测量的，这就需要通过状态观测器来重构系统状态，也就是建立状态变量的算法模型来实现对状态变量的估计，以便实现状态反馈和极点配置。将观测器与控制率结合起来就是系统控制的调节器。

1. 离散时间状态空间系统的极点配置

离散状态空间系统与连续状态空间系统一样，可以通过状态反馈来实现系统极点的配置。这个概念可以通过图 12-27 来加以说明。在开环状态空间系统中，将状态变量引出构成闭环系统，通过对状态反馈矩阵的选择，可以将闭环系统的极点配在所希望的位置上。系统通过状态反馈能够实现任意配置极点的必要充分条件是系统具有能控性。

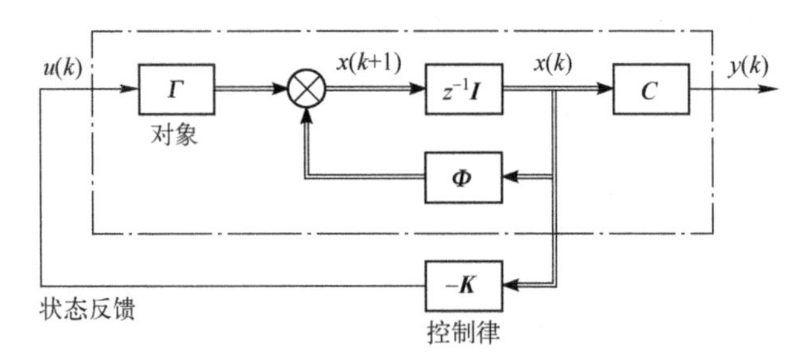

图 12-27 带状态反馈的闭环系统图

需要说明的是，这里介绍的只是单输入单输出系统，并且是零输入情况下的系统。为了将这种系统与反馈系统进行比较，将如图 12-27 所示的系统重新表达为如图 12-28 所示的结构。

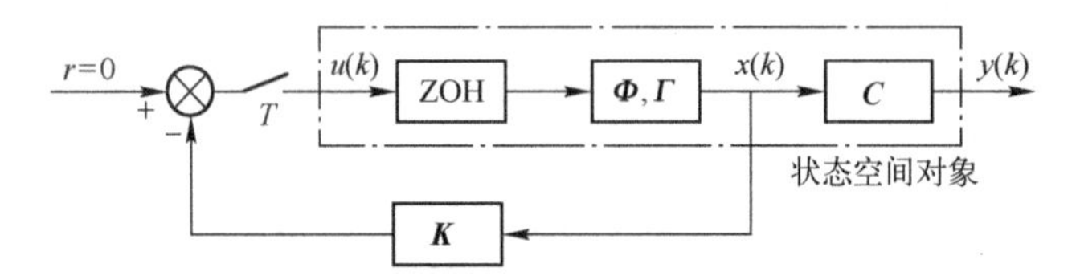

图 12-28 带状态反馈的闭环控制系统图

根据离散时间系统通用状态方程和输出方程：

$$\begin{cases} x(k+1)=\boldsymbol{\Phi}x(k)+\boldsymbol{\Gamma}u(k) \\ y(k)=\boldsymbol{C}x(k) \end{cases} \tag{12-37}$$

引入状态反馈

$$u(k)=-\boldsymbol{Kx}(k)=-(k_1k_2\cdots)\begin{pmatrix} x_1 \\ x_2 \\ \vdots \end{pmatrix} \tag{12-38}$$

式中，$\boldsymbol{K}$ 为状态反馈系统。由式（12-37）和式（12-38）有

$$x(k+1)=\boldsymbol{\Phi x}(k)-\boldsymbol{\Gamma Kx}(k)=[\boldsymbol{\Phi}-\boldsymbol{\Gamma K}]x(k) \tag{12-39}$$

对式（12-39）做 z 变换，并整理有

$$[z\boldsymbol{I}-\boldsymbol{\Phi}+\boldsymbol{\Gamma K}]x(z)=0 \tag{12-40}$$

其中

$$|z\boldsymbol{I}-\boldsymbol{\Phi}+\boldsymbol{\Gamma K}|=0 \tag{12-41}$$

为闭环系统的特征方程。只要选取矩阵 $\boldsymbol{K}$，就可使系统的特征值为希望极点，这就是极点配置。

与连续状态空间系统一样，离散状态空间系统的极点配置方法包括：

1）系数匹配法。

2）转移矩阵法。

3）艾克曼（Ackermann）公式法。

4）MATLAB 直接计算法等。

这里仅以系数匹配法的应用为例，对极点配置的原理进行说明。不论哪种极点配置方法，首先都必须将系统设计指标转换为极点位置的表达 $z_i=\alpha_1,\alpha_2,\alpha_3,\cdots,\alpha_n$，即

$$\alpha(z)=(z-\alpha_1)(z-\alpha_2)\cdots(z-\alpha_n)=0 \tag{12-42}$$

系数匹配法就是将多项式形式的式（12-41）与式（12-42）特征方程的各项 z 次幂系数进行比较，以求取矩阵 $\boldsymbol{K}$。

【例 12-5】 对于图 12-29 所示的机器人臂以及离散系统动态结构图，按照指标 $\zeta=0.5$ 和 $\omega_n=1$，取 $T=1\,\text{s}$。用状态反馈方法来设计闭环调节系统。

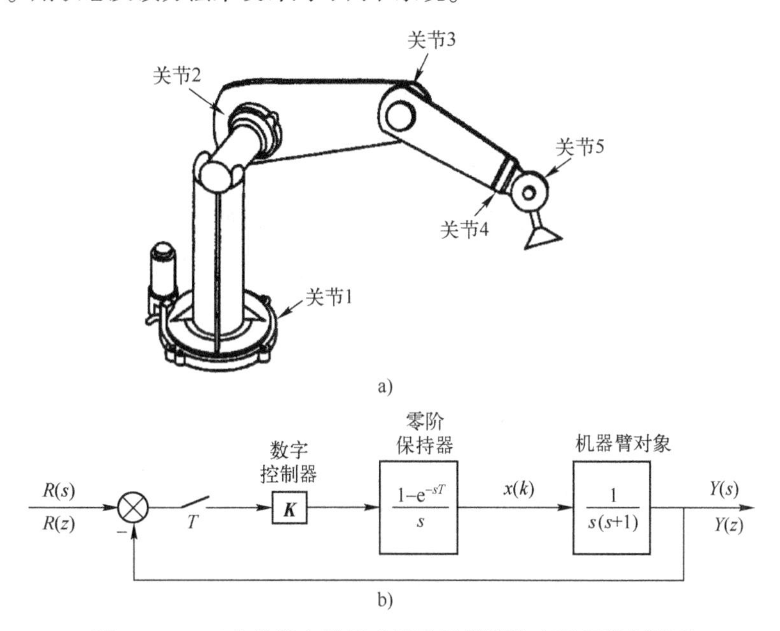

图 12-29　工业机器人臂示意图及机器臂数字闭环控制模型

解：首先将指标转换为极点位置的表达，由 $\zeta=0.5$ 和 $\omega_n=1$ 有 $s=-0.5\pm \text{j}0.87$，则

$$z=\text{e}^{(-0.5\pm\text{j}0.87)T}=\text{e}^{-0.5T}\text{e}^{\pm\text{j}0.87T}=0.607\text{e}^{\pm\text{j}0.87\,\text{rad}}=0.607\text{e}^{\pm\text{j}49.9^\circ}$$

即

$$(z-0.607\text{e}^{\text{j}49.9^\circ})(z-0.607\text{e}^{-\text{j}49.9^\circ})=z^2-0.786z+0.368=0 \tag{12-43}$$

这样，期望极点的位置如图 12-30 所示。

机器臂系统的传递函数表达为

$$G(s)=\frac{Y(s)}{U(s)}=\frac{1}{s(s+1)}$$

其状态空间表达为

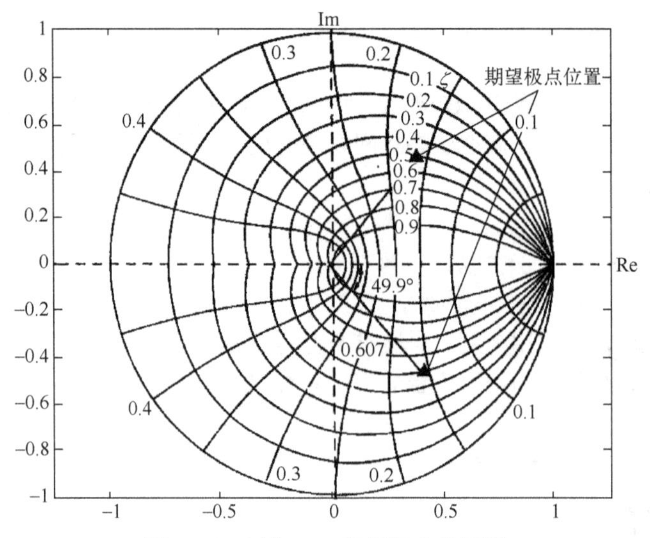

图 12-30　例 12-5 期望极点位置图

$$\begin{pmatrix}\dot{x}_1(t)\\ \dot{x}_2(t)\end{pmatrix}=\begin{pmatrix}-1 & 0\\ 1 & 0\end{pmatrix}\begin{pmatrix}x_1(t)\\ x_2(t)\end{pmatrix}+\begin{pmatrix}1\\ 0\end{pmatrix}u(t)$$

$$y(t)=(0\quad 1)\begin{pmatrix}x_1(t)\\ x_2(t)\end{pmatrix}$$

用拉氏变换的方法来建立连续时间状态空间系统的离散模型。

$$(s\boldsymbol{I}-\boldsymbol{A})^{-1}=\left[\begin{pmatrix}s & 0\\ 0 & s\end{pmatrix}-\begin{pmatrix}-1 & 0\\ 1 & 0\end{pmatrix}\right]^{-1}=\begin{pmatrix}s+1 & 0\\ -1 & s\end{pmatrix}^{-1}$$

$$=\frac{1}{s(s+1)}\begin{pmatrix}s & 0\\ 1 & s+1\end{pmatrix}=\begin{pmatrix}\dfrac{1}{s+1} & 0\\ \dfrac{1}{s(s+1)} & \dfrac{1}{s}\end{pmatrix}$$

$$\mathrm{e}^{At}=L^{-1}\begin{pmatrix}\dfrac{1}{s+1} & 0\\ \dfrac{1}{s(s+1)} & \dfrac{1}{s}\end{pmatrix}=\begin{pmatrix}\mathrm{e}^{-t} & 0\\ 1-\mathrm{e}^{-t} & 1\end{pmatrix}$$

所以

$$\boldsymbol{\Phi}=\mathrm{e}^{AT}=\begin{pmatrix}\mathrm{e}^{-T} & 0\\ 1-\mathrm{e}^{-T} & 1\end{pmatrix}$$

$$\boldsymbol{\Gamma}=\int_0^T \mathrm{e}^{A\tau}B\mathrm{d}\tau=\int_0^T\begin{pmatrix}\mathrm{e}^{-\tau} & 0\\ 1-\mathrm{e}^{-\tau} & 1\end{pmatrix}\begin{pmatrix}1\\ 0\end{pmatrix}\mathrm{d}\tau=\int_0^T\begin{pmatrix}e^{-\tau}\\ 1-e^{-\tau}\end{pmatrix}\mathrm{d}\tau=\begin{pmatrix}1-e^{-T}\\ T-1+e^{-T}\end{pmatrix}$$

因此，系统的离散模型为

$$\begin{pmatrix}x_1(k+1)\\ x_2(k+1)\end{pmatrix}=\begin{pmatrix}\mathrm{e}^{-T} & 0\\ 1-\mathrm{e}^{-T} & 1\end{pmatrix}\begin{pmatrix}x_1(k)\\ x_2(k)\end{pmatrix}+\begin{pmatrix}1-\mathrm{e}^{-T}\\ T-1+\mathrm{e}^{-T}\end{pmatrix}u(k)$$

$$y(k)=(0\quad 1)\begin{pmatrix}x_1(k)\\ x_2(k)\end{pmatrix}$$

设状态反馈为

$$u(k)=-\boldsymbol{K}\boldsymbol{x}(k)=-k_1x_1(k)-k_2x_2(k)$$

代入式（12-41），可得系统特征方程

$$\begin{aligned}|z\boldsymbol{I}-\boldsymbol{\Phi}+\boldsymbol{\Gamma}\boldsymbol{K}|&=\left|\begin{pmatrix}z&0\\0&z\end{pmatrix}-\begin{pmatrix}\mathrm{e}^{-T}&0\\1-\mathrm{e}^{-T}&1\end{pmatrix}+\begin{pmatrix}1-\mathrm{e}^{-T}\\T-1+\mathrm{e}^{-T}\end{pmatrix}(k_1\quad k_2)\right|\\&=\left|\begin{pmatrix}z+(-\mathrm{e}^{-T})k_1-\mathrm{e}^{-T}&(1-\mathrm{e}^{-T})k_2\\(T-1+\mathrm{e}^{-T})k_1-(1-\mathrm{e}^{-T})&z+(T-1+\mathrm{e}^{-T})k_2-1\end{pmatrix}\right|\\&=z^2+[(1-\mathrm{e}^{-T})k_1+(T-1+\mathrm{e}^{-T})k_2-(1+\mathrm{e}^{-T})]z-(1-\mathrm{e}^{-T})k_1+(1-\mathrm{e}^{-T}-T\mathrm{e}^{-T})k_2+\mathrm{e}^{-T}\\&=0\end{aligned}$$

这里 $T=1\,\mathrm{s}$，因此

$$\begin{aligned}&|z\boldsymbol{I}-\boldsymbol{\Phi}+\boldsymbol{\Gamma}\boldsymbol{K}|\\&=z^2+[(1-\mathrm{e}^{-1})k_1+(1-1+\mathrm{e}^{-1})k_2-(1+\mathrm{e}^{-1})]z-(1-\mathrm{e}^{-1})k_1+(1-\mathrm{e}^{-1}-1\mathrm{e}^{-1})k_2+\mathrm{e}^{-1}\\&=z^2+[(1-0.368)k_1+0.368k_2-(1+0.368)]z-\\&\quad(1-0.368)k_1+(1-2\times0.368)k_2+0.368\\&=z^2+(0.632k_1+0.368k_2-1.368)z-0.632k_1+0.264k_2+0.368\\&=0\end{aligned}\tag{12-44}$$

比较式（12-43）与式（12-44）同次幂的系数有

$$0.632k_1+0.368k_2-1.368=-0.786$$
$$-0.632k_1+0.264k_2+0.368=0.368$$

解其可得

$$k_1=0.385,\quad k_2=0.921$$

当初始条件 $\boldsymbol{x}(0)=(0\quad 1)^{\mathrm{T}}$ 和 $r=0$ 时，机器臂系统的状态与控制输出仿真曲线如图 12-31 所示。

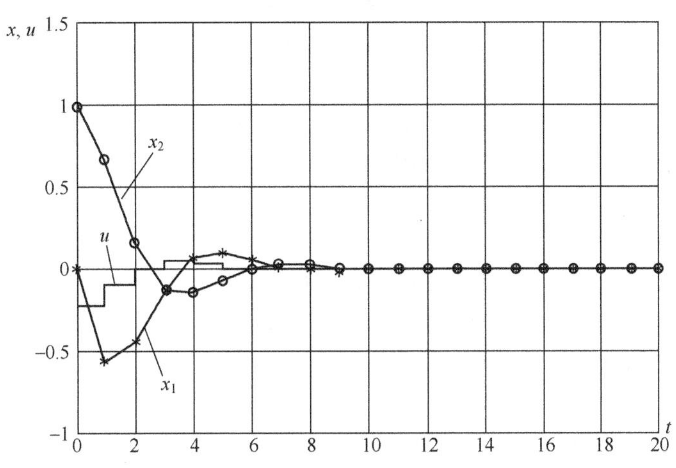

图 12-31　例 12-5 预估观测器系统状态响应图

该闭环控制系统的硬件实现可用如图 12-32 所示的配置方案，图 12-32a 中，对输出变量 $y(t)$，也即 $x_2(t)$ 的检测采用位置传感器，而对状态变量 $x_1(t)$ 的检测则需采用速度传感器。图 12-32a 中假设了位置传感器与速度传感器的增益为 1。而在实际应用中，这些传感器的增益

都不会是 1。假如位置传感器的增益为 H_p，速度传感器的增益为 H_v，这时状态反馈应配置为

$$H_p k_{1a}=0.385,\quad H_v k_{2a}=0.921$$

该闭环控制系统的硬件配置则如图 12-32b 所示。

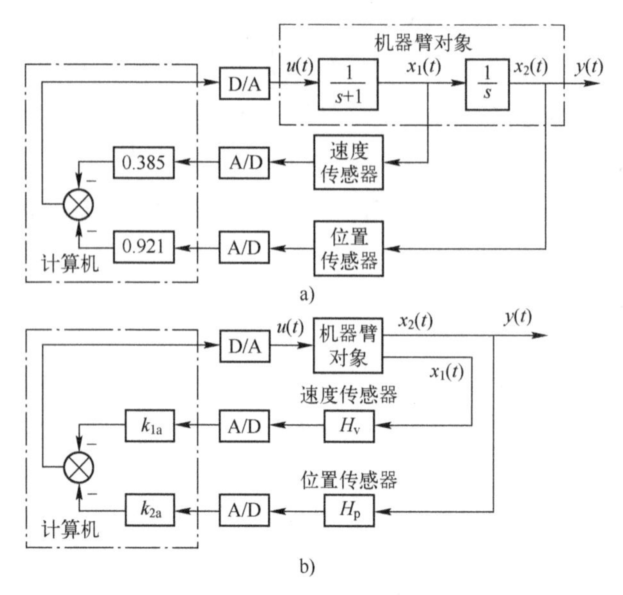

图 12-32　例 12-5 闭环控制系统硬件配置图

2. 状态观测器设计

系统可通过完全状态反馈来实现极点的任意配置，这是建立在所有状态变量均能直接测量的前提之下的。在实际系统中，往往有部分状态变量是难以直接测量的，这就需要通过状态观测器来重构状态，也就是建立状态变量的算法模型来实现对状态变量的估计，以便实现状态反馈。如果被控对象的离散状态空间表达式由式（12-37）给出，则模型重构的状态空间表达式为

$$\hat{x}(k+1)=\boldsymbol{\Phi}\hat{x}(k)+\boldsymbol{\Gamma u}(k) \tag{12-45}$$

$$\hat{y}(k)=C\hat{x}(k) \tag{12-46}$$

式中，$\hat{x}(k)$ 与 $\hat{y}(k)$ 为被估计的状态变量和输出变量。因此，状态观测器也称为状态估计器。

状态观测器根据其配置结构分为开环状态观测器和闭环状态观测器。根据其估计的时刻分为预估状态观测器和现时状态观测器。根据估计对象的阶数分为全阶状态观测器和降阶状态观测器。

（1）全阶观测器

由式（12-45）和式（12-46）可知，状态观测器与被控对象使用了同样的输入，状态观测器与被控对象的关系可由图 12-33 来表示。观测器是对整个对象进行估计，所以为全阶状态观测器。观测器的输出与对象的输出是并行的，这种配置的观测器也称为开环状态观测器。

只要初始条件或参数条件有差异，观测器的状态与对象的状态就会存在偏差，状态的偏差最终反映在对象输出与观测器输出之间存在偏差。为了消除这种偏差，实际应用中形成闭环状态观测器，如图 12-34 所示。

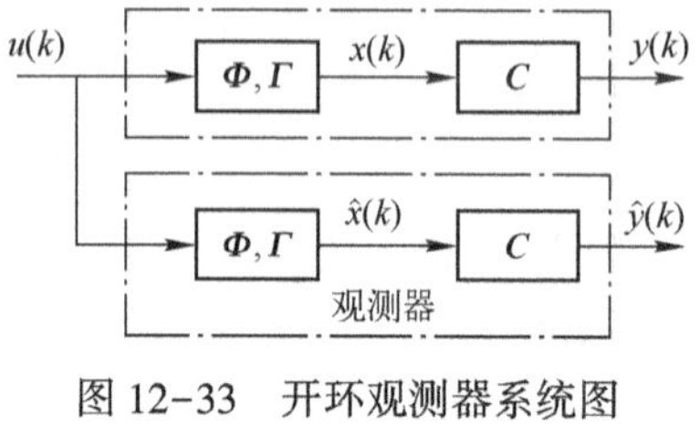

对于闭环状态观测器，观测器的动态方程为

图 12-33　开环观测器系统图

$$\hat{x}(k+1)=\boldsymbol{\Phi}\hat{x}(k)+\boldsymbol{\Gamma}u(k)+\boldsymbol{L}[y(k)-\boldsymbol{C}\hat{x}(k)]$$

(12-47)

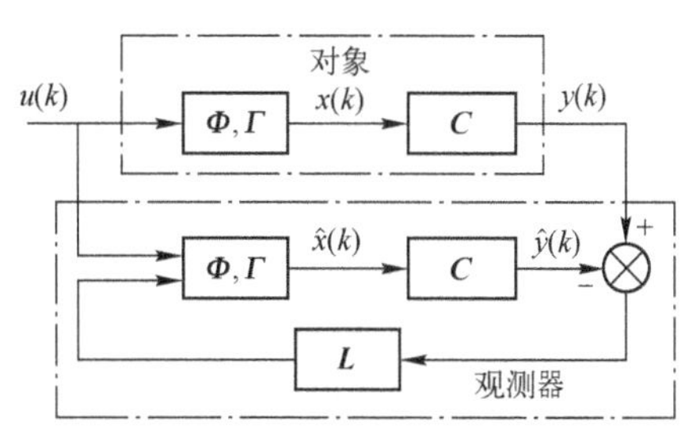

图 12-34　闭环观测器系统图

在式（12-47）中，只要使 $y(k)-\hat{y}(k)$ 尽快趋于零，就可使误差 $x(k)-\hat{x}(k)$ 最终趋于零。通常称式（12-47）表示的观测器为预报观测器，这是因为估计$\hat{x}(k+1)$要比测量 $y(k)$ 提前一个周期。换句话说，就是观测器的状态$\hat{x}(k)$是在对 $y(k-1)$ 及以往所有输出向量和 $u(k-1)$ 及以往所有控制向量进行测量后得到的。假设对象的状态与观测器的状态之间的误差为$\hat{x}$，即

$$\tilde{x}(k)=x(k)-\hat{x}(k) \tag{12-48}$$

于是

$$\tilde{x}(k+1)=\boldsymbol{\Phi}\tilde{x}(k) \tag{12-49}$$

由式（12-37）、式（12-38）、式（12-48）和式（12-49）有

$$\tilde{x}(k+1)=[\boldsymbol{\Phi}-\boldsymbol{LC}]\tilde{x}(k) \tag{12-50}$$

式（12-50）说明只要合理的选择反馈向量 $\boldsymbol{L}$，总可以使误差收敛到零。对式（12-50）做 z 变换并进一步整理有

$$[z\boldsymbol{I}-\boldsymbol{\Phi}+\boldsymbol{LC}]\tilde{x}(z)=0 \tag{12-51}$$

而

$$|z\boldsymbol{I}-\boldsymbol{\Phi}+\boldsymbol{LC}|=0 \tag{12-52}$$

为观测器的特征方程。由式（12-51）和式（12-52）可知，对象与观测器状态之间的误差取决于 $\boldsymbol{\Phi}$、$\boldsymbol{C}$ 和 $\boldsymbol{L}$。在对象特性确定的情况下，设计观测器就是选择向量 $\boldsymbol{L}$，使特征方程式（12-52）的特征值为0，也即观测器的极点位于 z 平面上相应的位置，使对象与观测器状态之间的误差收敛于零。

可以采取类似于设计控制率的方法来选择 $\boldsymbol{L}$。如果给定观测器在 z 平面上根的位置，则 $\boldsymbol{L}$ 可以唯一的确定。所选取的观测器特征方程的特征期望值，即观测器在 z 平面上根的位置，应使得状态观测器的响应速度比闭环系统的响应速度快 2~6 倍。

另一种不同的构造状态观测器的方法是使用 $y(k)$ 来估计$\hat{x}(k)$。这可以通过将观测过程分为两步来实现。第一步，先求取 $z(k+1)$，它是在$\hat{x}(k)$和 $u(k)$ 的基础上对 $x(k+1)$ 的逼近。第二步，用 $y(k+1)$ 来修正 $z(k+1)$，修正后的 $z(k+1)$ 作为 $x(k+1)$。基于这种方法设计的观测器称为现时观测器。对于现时观测器可以通过如图 12-35 所示的框图来理解其原理。图 12-35a 为预报观测器，其修正向量反馈到$(k+1)$步的状态上。而图 12-35b 的为现时观测器，其修正向量反馈到 k 步的状态上，并且引入了另一个变量 z。如图 12-35 可以看出，其现时观测器方程为

$$\hat{x}(k)=z(k)+\boldsymbol{L}[y(k)-\boldsymbol{C}z(k)]$$

将上式移至$(k+1)$步有

$$\hat{x}(k+1)=z(k+1)+\boldsymbol{L}[y(k+1)-\boldsymbol{C}z(k+1)] \tag{12-53}$$

另外

$$z(k+1)=\boldsymbol{\Phi}\hat{x}(k)+\boldsymbol{\Gamma}u(k) \tag{12-54}$$

与式（12-48）和式（12-49）一样先求取其误差。

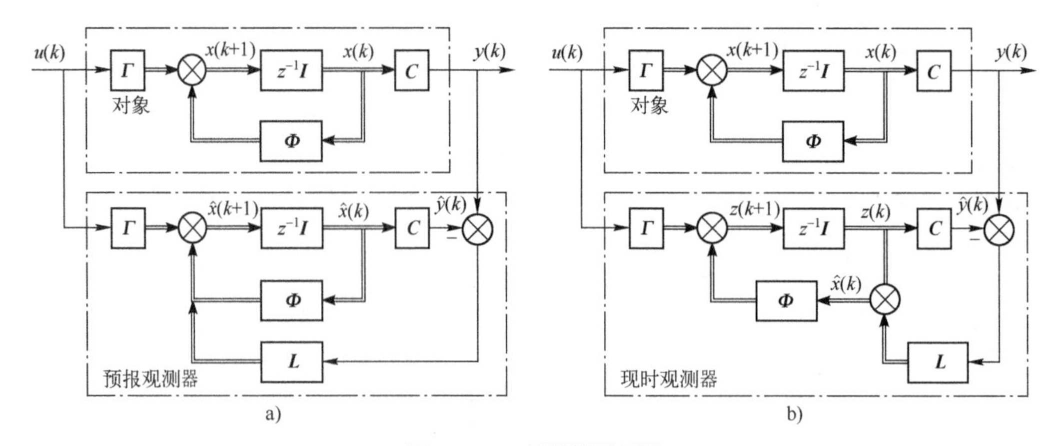

图 12-35 观测器原理图

a）预报观测器 b）现时观测器

$$
\begin{aligned}
x(k+1) &= x(k+1)-\hat{x}(k+1)\\
&= \boldsymbol{\Phi}x(k)+\boldsymbol{\Gamma}u(k)-\{z(k+1)+\boldsymbol{L}[y(k+1)-\boldsymbol{C}z(k+1)]\}\\
&= \boldsymbol{\Phi}x(k)+\boldsymbol{\Gamma}u(k)-\{\boldsymbol{\Phi}\hat{x}(k)+\boldsymbol{\Gamma}u(k)+\boldsymbol{L}[\boldsymbol{C}x(k+1)-\boldsymbol{C}(\boldsymbol{\Phi}\hat{x}(k)+\boldsymbol{\Gamma}u(k))]\}\\
&= \boldsymbol{\Phi}x(k)+\boldsymbol{\Gamma}u(k)-\{\boldsymbol{\Phi}\hat{x}(k)+\boldsymbol{\Gamma}u(k)+\boldsymbol{L}[\boldsymbol{C}(\boldsymbol{\Phi}x(k)+\boldsymbol{\Gamma}u(k))-\boldsymbol{C}(\boldsymbol{\Phi}\hat{x}(k)+\boldsymbol{\Gamma}u(k))]\}\\
&= (\boldsymbol{\Phi}-\boldsymbol{LC\Phi})[x(k)-\hat{x}(k)]\\
&= (\boldsymbol{\Phi}-\boldsymbol{LC\Phi})\tilde{x}(k)
\end{aligned}
$$

将上式如同式（12-51）一样处理，可得

$$[z\boldsymbol{I}-\boldsymbol{\Phi}+\boldsymbol{LC\Phi}]\tilde{x}(z)=0 \tag{12-55}$$

同样

$$|z\boldsymbol{I}-\boldsymbol{\Phi}+\boldsymbol{LC\Phi}|=0 \tag{12-56}$$

为现时观测器的特征方程。由式（12-55）和式（12-56）可知，对象与观测器状态之间的误差取决于 $\boldsymbol{\Phi}$、$\boldsymbol{C}$ 和 $\boldsymbol{L}$。在对象特性确定的情况下，设计观测器就是选择向量 $\boldsymbol{L}$，使特征方程式（12-56）的特征值为 0，也即观测器的极点位于 z 平面上相应的位置，使对象与观测器状态之间的误差收敛于零。

【例 12-6】 对于例 12-5 的机器臂系统，设计预报观测器和现时观测器。这里同样取采样周期 $T=1\,\text{s}$。

解： 在例 12-5 中，由设计指标有 $r=0.606$。这里取状态观测器的响应速度比闭环系统的响应速度快 2 倍，即 $r'=r^2=0.606^2\approx0.37$。所以选择 $z=0.25\pm\text{j}0.25$。这是由于

$$\sqrt{0.25^2+0.25^2}=0.35\approx r'$$

因此，观测器在 z 平面上根的位置为

$$(z+0.25+\text{j}0.25)(z+0.25-\text{j}0.25)=z^2+0.5z+0.125 \tag{12-57}$$

预报观测器的特征方程由式（12-52）给出。

$$
\begin{aligned}
&|z\boldsymbol{I}-\boldsymbol{\Phi}+\boldsymbol{\Gamma K}|\\
&=\left|\begin{pmatrix} z & 0\\ 0 & z\end{pmatrix}-\begin{pmatrix} \mathrm{e}^{-T} & 0\\ 1-\mathrm{e}^{-T} & 1\end{pmatrix}+\begin{pmatrix} l_1\\ l_2\end{pmatrix}(0\quad 1)\right|\\
&=\left|\begin{pmatrix} z-\mathrm{e}^{-T} & l_1\\ -(1-\mathrm{e}^{-T}) & z-1+l_2\end{pmatrix}\right|
\end{aligned}
$$

$$=z^2+(l_2-1-\mathrm{e}^{-T})z+(1-\mathrm{e}^{-T})l_1-\mathrm{e}^{-T}(l_2-1)=0$$

这里 $T=1\,\mathrm{s}$，因此

$$z^2+(l_2-1.368)z+0.632l_1-0.368l_2+0.368=0 \tag{12-58}$$

比较式（12-57）与式（12-58）同次幂的系数有

$$l_2-1.368=0.5$$

$$0.632l_1-0.368l_2+0.368=0.125$$

解其可得

$$l_1=0.703,\quad l_2=1.868$$

现时观测器的特征方程由式（12-56）给出。

$$\begin{aligned}&|z\boldsymbol{I}-\boldsymbol{\Phi}+\boldsymbol{\Gamma K}|\\&=\left|\begin{pmatrix}z&0\\0&z\end{pmatrix}-\begin{pmatrix}\mathrm{e}^{-T}&0\\1-\mathrm{e}^{-T}&1\end{pmatrix}+\begin{pmatrix}l_1\\l_2\end{pmatrix}(0\quad 1)\begin{pmatrix}\mathrm{e}^{-T}&0\\1-\mathrm{e}^{-T}&1\end{pmatrix}\right|\\&=z^2+[l_1(1-\mathrm{e}^{-T})-\mathrm{e}^{-T}+l_2-1]z+\mathrm{e}^{-T}-l_2\mathrm{e}^{-T}=0\end{aligned}$$

这里 $T=1\,\mathrm{s}$，因此

$$z^2+(0.632l_1+l_2-1.368)z-0.368l_2+0.368=0 \tag{12-59}$$

比较式（12-57）和式（12-59）同次幂的系数有

$$0.632l_1+l_2-1.368=0.5$$

$$0.368-0.368l_2=0.125$$

解其可得

$$l_1=3.337,\quad l_2=0.660$$

（2）降阶观测器

在上面介绍的全阶状态观测器中，如果有些状态变量可以测量，则与连续时间状态空间系统一样，对可以测量的状态变量不必再进行估计，只需对不可测量的状态变量进行估计，这就是降阶观测器。

在离散时间状态空间系统中，同样将状态向量分成两个部分，既 x_{a} 是可以直接测量的状态变量部分，而 x_{b} 是要进行估计的状态变量部分。参照式（12-37），描述整个系统的状态方程变为

$$\begin{pmatrix}x_{\mathrm{a}}(k+1)\\x_{\mathrm{b}}(k+1)\end{pmatrix}=\begin{pmatrix}\boldsymbol{\Phi}_{\mathrm{aa}}&\boldsymbol{\Phi}_{\mathrm{ab}}\\\boldsymbol{\Phi}_{\mathrm{ba}}&\boldsymbol{\Phi}_{\mathrm{bb}}\end{pmatrix}\begin{pmatrix}x_{\mathrm{a}}(k)\\x_{\mathrm{b}}(k)\end{pmatrix}+\begin{pmatrix}\boldsymbol{\Gamma}_{\mathrm{a}}\\\boldsymbol{\Gamma}_{\mathrm{b}}\end{pmatrix}u(k) \tag{12-60}$$

$$y(k)=\boldsymbol{C}\begin{pmatrix}x_{\mathrm{a}}(k)\\x_{\mathrm{b}}(k)\end{pmatrix} \tag{12-61}$$

描述要进行估计的状态变量部分为

$$x_{\mathrm{b}}(k+1)=\boldsymbol{\Phi}_{\mathrm{bb}}x_{\mathrm{b}}(k)+\boldsymbol{\Phi}_{\mathrm{ba}}x_{\mathrm{a}}(k)+\boldsymbol{\Gamma}_{\mathrm{b}}u(k) \tag{12-62}$$

式中，$\boldsymbol{\Phi}_{\mathrm{ba}}x_{\mathrm{a}}(k)+\boldsymbol{\Gamma}_{\mathrm{b}}u(k)$是已知的，因而可以认为是对 x_{b} 动态响应的输入。重新整理式（12-60）的 x_{b} 部分有

$$x_{\mathrm{a}}(k+1)-\boldsymbol{\Phi}_{\mathrm{aa}}x_{\mathrm{a}}(k)-\boldsymbol{\Gamma}_{\mathrm{a}}u(k)=\boldsymbol{\Phi}_{\mathrm{ab}}x_{\mathrm{b}}(k) \tag{12-63}$$

式中，$x_{\mathrm{a}}(k+1)-\boldsymbol{\Phi}_{\mathrm{aa}}x_{\mathrm{a}}(k)+\boldsymbol{\Gamma}_{\mathrm{b}}u(k)$是已知的测量值。这样式（12-63）就将等式左边的测量值与等式右边的未知状态联系起来了。这里方程式（12-62）和式（12-63）与部分状态 x_{b} 之间的关系，和方程式（12-37）与全部状态 x 之间的关系是相同的。因此，为了得到所需的降阶估计器，可在全阶状态观测器方程中做以下替换。

$$x \leftarrow x_b$$

$$\boldsymbol{\Phi} \leftarrow \boldsymbol{\Phi}_{bb}$$

$$\boldsymbol{\Gamma} u(k) \leftarrow \boldsymbol{\Phi}_{ba} x_a(k) + \boldsymbol{\Gamma}_b u(k)$$

$$y(k) \leftarrow x_a(k+1) - \boldsymbol{\Phi}_{aa} x_a(k) + \boldsymbol{\Gamma}_b u(k)$$

$$C \leftarrow \boldsymbol{\Phi}_{ab}$$

从而得到降阶观测器方程为

$$\begin{aligned} \hat{x}_b(k+1) = & \boldsymbol{\Phi}_{bb}\hat{x}_b(k) + \boldsymbol{\Phi}_{ba}x_a(k) + \boldsymbol{\Gamma}_b u(k) + \\ & \boldsymbol{L}_r[x_a(k+1) - \boldsymbol{\Phi}_{aa}x_a(k) - \boldsymbol{\Gamma}_a u(k) - \boldsymbol{\Phi}_{ab}\hat{x}_b(k)] \end{aligned} \tag{12-64}$$

将式（12-62）减去式（12-64）可得出误差方程为

$$\hat{x}_b(k+1) = [\boldsymbol{\Phi}_{bb} - \boldsymbol{L}\boldsymbol{\Phi}_{ab}]\hat{x}_b(k) \tag{12-65}$$

这里降阶观测器的反馈矩阵 $\boldsymbol{L}$，可以完全按照前面的方法来选择，即

$$|z\boldsymbol{I} - \boldsymbol{\Phi}_{bb} + \boldsymbol{L}_r\boldsymbol{\Phi}_{ab}| = \alpha_e(z) \tag{12-66}$$

式（12-66）也就是将其特征方程的根配置在需要的位置上（配置方法包括 12.3.4 节中介绍的系数匹配法、转移矩阵法、艾克曼公式法和 MATLAB 直接计算法等）。

3. 带状态观测器的极点配置

依据控制系统和估计状态向量就可以组成一个完整的控制系统，如图 12-36a 所示。由于在设计控制率时假设反馈是真实的状态 $x(k)$，而不是$\hat{x}(k)$，因此必须考察采用$\hat{x}(k)$反馈时会对系统的动态性能产生什么样的影响。

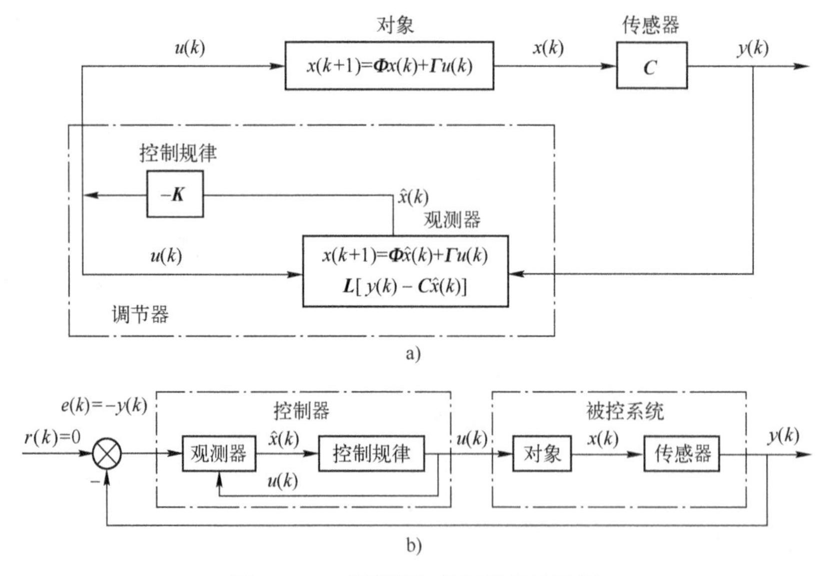

图 12-36　观测器与控制器的结构图

（1）分离定理

如图 12-36a 和式（12-39）有

$$x(k+1) = \boldsymbol{\Phi}x(k) - \boldsymbol{\Gamma}\boldsymbol{K}\,\hat{x}(k) \tag{12-67}$$

根据式（12-48），可以用状态误差来表达式（12-67），即

$$x(k+1) = \boldsymbol{\Phi}x(k) - \boldsymbol{\Gamma}\boldsymbol{K}[x(k) - \tilde{x}(k)] \tag{12-68}$$

将式（12-68）与观测器误差方程（12-50）合并，可得到两个描述整个系统性能的耦合方程

$$\begin{pmatrix}\tilde{x}(k+1)\\x(k+1)\end{pmatrix}=\begin{pmatrix}\boldsymbol{\Phi}-\boldsymbol{LC} & 0\\ \boldsymbol{\Gamma K} & z\boldsymbol{I}-\boldsymbol{\Phi}-\boldsymbol{\Gamma K}\end{pmatrix}=0 \tag{12-69}$$

对式（12-69）做 z 变换，可得其特征方程为

$$\begin{vmatrix}z\boldsymbol{I}-\boldsymbol{\Phi}-\boldsymbol{LC} & 0\\ \boldsymbol{\Gamma K} & z\boldsymbol{I}-\boldsymbol{\Phi}-\boldsymbol{\Gamma K}\end{vmatrix}=0 \tag{12-70}$$

在式（12-70）的特征方程中，因为右上方为零矩阵，故上式可改写为

$$|z\boldsymbol{I}-\boldsymbol{\Phi}-\boldsymbol{LC}|\,|z\boldsymbol{I}-\boldsymbol{\Phi}-\boldsymbol{\Gamma K}|=\alpha_e(z)\alpha_c(z)=0 \tag{12-71}$$

换言之，式（12-69）描述的系统的极点是由控制器极点和观测器极点组成的。$\alpha_e(z)$为观测器指标的多项式表达，$\alpha_c(z)$为控制器指标的多项式表达。与连续系统一样，控制器-观测器组合系统和单独控制器及单独观测器时具有相同的极点，这就是所谓的分离原理。分离原理就是说闭环系统的动态特性与观测器的动态特性无关，系统与观测器可分别独立地进行设计。根据分离原理控制器可按式（12-41）进行设计，观测器可按式（12-52）进行设计。

（2）控制器特性与系统特性

由状态观测器与控制率，即式（12-47）、式（12-50）和式（12-55）描述的控制器，如图 12-36b 所示，其输入为 $y(k)$，输出为 $u(k)$，若用传递函数 $D(z)$ 对其进行表达，可将式（12-55）代入式（12-50）中求得

$$\hat{x}(k+1)=[\boldsymbol{\Phi}-\boldsymbol{LC}-\boldsymbol{\Gamma K}]\hat{x}(k)+\boldsymbol{L}y(k) \tag{12-72}$$

对式（12-72）取 z 变换并整理可得到

$$z\hat{X}(z)-\boldsymbol{\Phi}\hat{X}(z)+\boldsymbol{LC}\hat{X}(z)+\boldsymbol{\Gamma K}\hat{X}(z)=\boldsymbol{L}Y(z)$$

即

$$\begin{aligned}&[z\boldsymbol{I}-\boldsymbol{\Phi}+\boldsymbol{LC}+\boldsymbol{\Gamma K}]\hat{X}(z)=\boldsymbol{L}Y(z)\\&\hat{X}(z)=(z\boldsymbol{I}-\boldsymbol{\Phi}+\boldsymbol{LC}+\boldsymbol{\Gamma K})^{-1}LY(z)\end{aligned} \tag{12-73}$$

由

$$U(z)=-K\hat{X}(z)$$

有

$$U(z)=-K[z\boldsymbol{I}-\boldsymbol{\Phi}+\boldsymbol{LC}+\boldsymbol{\Gamma K}]^{-1}\boldsymbol{L}Y(z) \tag{12-74}$$

由式（12-74）可得控制器的离散传递函数为

$$D(z)=-\frac{U(z)}{Y(z)}=K[z\boldsymbol{I}-\boldsymbol{\Phi}+\boldsymbol{LC}+\boldsymbol{\Gamma K}]^{-1}\boldsymbol{L} \tag{12-75}$$

系统对象的离散传递函数，即

$$G(z)=\frac{Y(z)}{U(z)}=\boldsymbol{C}(z\boldsymbol{I}-\boldsymbol{\Phi})^{-1}\boldsymbol{\Gamma} \tag{12-76}$$

这样闭环系统的特征方程 $1+D(z)G(z)=0$ 可写为

$$1+[\boldsymbol{K}(z\boldsymbol{I}-\boldsymbol{\Phi}+\boldsymbol{LC}+\boldsymbol{\Gamma K})^{-1}\boldsymbol{L}][\boldsymbol{C}(z\boldsymbol{I}-\boldsymbol{\Phi})^{-1}\boldsymbol{\Gamma}]=0 \tag{12-77}$$

式（12-77）也就是控制器特性与系统特性之间的关系。

（3）带状态观测器的离散系统极点配置

从如图 12-36a 所示的系统可以看出，基于观测器设计的控制器也可以表达为如图 12-36b 所示的情形，而将 12-36b 与图 12-14b 比较可以发现，图 12-36b 左边点画线框内的控制器部分相当于经典传递函数方法设计的控制器（补偿器）。有时也将这种控制器称为状态空间设计的补偿器。这是因为可以在观测器方程中加入控制反馈得到，即

$$\hat{x}(k+1)=[\boldsymbol{\Phi}-\boldsymbol{\Gamma K}-\boldsymbol{LC}]\hat{x}(k)+\boldsymbol{L}y(k)$$
$$u(k)=-\boldsymbol{K}\hat{x}(k) \tag{12-78}$$

控制器本身的极点可按下式求得

$$|z\boldsymbol{I}-\boldsymbol{\Phi}+\boldsymbol{LC}+\boldsymbol{\Gamma K}|=0 \tag{12-79}$$

而不必在状态空间设计中确定。

上面介绍的控制器和观测器特征方程根的位置，实际上也就是闭环系统的极点。这样传递函数设计方法的性能指标同样可以用来帮助选择控制器与观测器根的位置。在工程实践中比较方便的做法是，首先选择控制器的根，以满足性能指标和执行机构的限制，然后选择观测器的根使它比控制根所对应的运动模态有更快的衰减速度（一般选择快 2~6 倍）。因此，系统总的响应是由系统中较慢的控制极点的响应来决定的。观测器的快速根意味着观测器的状态能迅速地收敛到正确值。观测器响应速度的上限一般由噪声抑制特性和对系统模型误差的灵敏度所决定。

【例 12-7】 对于机器臂系统，即 $G(s)=1/[s(s+1)]$，按照指标 $\zeta=0.5$ 和 $\omega_n=1$ 的指标要求，取 $T=1\,\text{s}$，用状态反馈方法来设计闭环调速系统。

解： 带观测器与状态反馈的闭环调节系统可如图 12-36b 所示。根据分离定理，系统与观测器可分别独立地进行设计，即控制器可按式（12-41）进行设计，观测器可按式（12-52）进行设计。在例 12-5 中已经设计好了反馈控制率 $k_1=0.385$，$k_2=0.921$。接下来需要设计观测器。

设计观测器时首先需要确定观测器根的位置。由控制指标有 $r=0.606$，这里取状态观测器的响应速度比闭环系统的响应速度快 4 倍，即 $r'=r^4=0.606^4\approx0.1353$。为了简单起见，可设观测器根为实极点，即 $p=0.1353$。对于预报全阶观测器，其希望的观测器状态方程为

$$(z-p)^2=(z-0.1353)^2=z^2-0.27z+0.0183=0$$

按照例 12-5 的方法比较式（12-59）和上式的同次幂的系数有

$$l_2-1.368=0.27$$
$$0.632l_1-0.368l_2+0.368=0.0183$$

解其可得

$$l_1=0.086,\quad l_2=1.098$$

由式（12-59）可得预报观测器为

$$\begin{aligned}\hat{x}(k+1)&=\boldsymbol{\Phi}\hat{x}(k)+\boldsymbol{\Gamma}u(k)+\boldsymbol{L}[y(k)-\boldsymbol{C}\hat{x}(k)]\\&=[\boldsymbol{\Phi}-\boldsymbol{LC}]\hat{x}(k)+\boldsymbol{\Gamma}u(k)+\boldsymbol{L}y(k)\\&=\begin{pmatrix}0.368 & -0.086\\0.632 & -0.098\end{pmatrix}\hat{x}(k)+\begin{pmatrix}0.632\\0.368\end{pmatrix}u(k)+\begin{pmatrix}0.086\\1.098\end{pmatrix}y(k)\end{aligned}$$

由式（12-75）求取数字控制器的离散传递函数，首先

$$(z\boldsymbol{I}-\boldsymbol{\Phi}+\boldsymbol{LC}+\boldsymbol{\Gamma K})=\begin{pmatrix}z-0.1247 & 0.668\\-0.49 & z+0.436\end{pmatrix}$$

$$(z\boldsymbol{I}-\boldsymbol{\Phi}+\boldsymbol{LC}+\boldsymbol{\Gamma K})^{-1}=\frac{1}{z^2+0.31z+0.273}\begin{pmatrix}z+0.436 & -0.668\\0.49 & z-0.1247\end{pmatrix}$$

因此

$$D(z)=-\frac{U(z)}{Y(z)}=K(z\boldsymbol{I}-\boldsymbol{\Phi}+\boldsymbol{LC}+\boldsymbol{\Gamma K})^{-1}\boldsymbol{L}$$

$$=(0.385\quad 0.921)\begin{pmatrix}\dfrac{z+0.436}{z^2+0.31z+0.273} & \dfrac{-0.668}{z^2+0.31z+0.273}\\ \dfrac{0.49}{z^2+0.31z+0.273} & \dfrac{z-0.1247}{z^2+0.31z+0.273}\end{pmatrix}\begin{pmatrix}0.086\\1.098\end{pmatrix}$$

解其可得

$$D(z)=\frac{1.043z-0.355}{z^2+0.31z+0.273}$$

接下来考虑一下闭环系统的特征方程 $1+D(z)G(z)=0$，即式（12-77），首先求得

$$(z\boldsymbol{I}-\boldsymbol{\Phi})^{-1}=\frac{1}{z^2-1.368z+0.368}\begin{pmatrix}z-1 & 0\\0.632 & z-0.368\end{pmatrix}$$

因此

$$G(z)=C(z\boldsymbol{I}-\boldsymbol{\Phi})^{-1}\boldsymbol{\Gamma}=\frac{0.368z+0.264}{z^2-1.368z+0.368}$$

闭环系统特征方程为

$$\begin{aligned}&1+D(z)G(z)\\=&1+[\boldsymbol{K}(z\boldsymbol{I}-\boldsymbol{\Phi}+\boldsymbol{LC}+\boldsymbol{\Gamma K})^{-1}\boldsymbol{L}][\boldsymbol{C}(z\boldsymbol{I}-\boldsymbol{\Phi})^{-1}\boldsymbol{\Gamma}]\\=&1+\frac{1.043z-0.355}{z^2+0.31z+0.273}\,\frac{0.368z+0.264}{z^2-1.368z+0.368}\\=&\frac{z^4-1.056z^3+0.568z^2-0.114z+0.006}{(z^2+0.31z+0.273)(z^2-1.368z+0.368)}=0\end{aligned}$$

由上述特征方程可以看出，其特征根为 0.2375、0.0804、0.3690±j0.4220，均在单位圆内，故控制系统是稳定的。

所设计的具有预报二阶观测器和状态反馈构成的调节系统，其状态与重构的状态如图 12-37a 和图 12-37b 所示。由图可见，在 1~2 个采样周期内，状态观测器即可跟上系统。

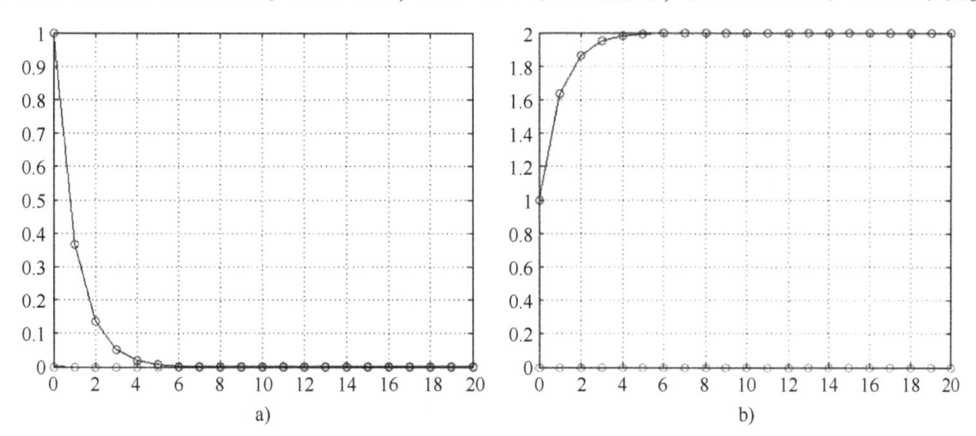

图 12-37　有预报观测器的系统状态响应图

本题 MATLAB 仿真程序如下：

```
Ts=1;
A=[0.368 0;0.632 1];
B=[0.632 0.368]';
C=[0 1];D=0;
```

```
G=ss(A,B,C,D,Ts);
L=[0.385 0.921];
K=[0.086 1.097]';
A_oc=A-B*L-K*C;
Goc=ss(A_oc,-K,-L,0,Ts);
Gol=G*Goc;
Gcl=feedback(Gol,1-1);
lfg=dcgain(Gcl);
N=1/lfg;
T_ref=N*Gcl;
t=[0:Ts:20];
r=0*t;
z0=[1 1 0 0]';
[y,t,z]=lsim(T_ref,r,t,z0);
figure(1)
plot(t, z(:, 1), '' , t, z(:, 1), 'o' , t, z(:, 3), '' , t, z(:, 3), 'o');grid on
figure(2)
plot(t, z(:, 2), '' , t, z(:, 2), 'o', t, z(:, 4), '' , t, z(:, 4), 'o');grid on
```

4. 带参考输入的离散系统极点配置

上节中讨论的极点配置是在系统没有参考输入情况下的，也就是说，在系统出现扰动时调节器的作用是使系统的状态趋于零。如果希望系统具备伺服控制的功能，则需对系统加入参考输入。

系统加入参考输入的方式有几种，一种是如图 12-36b 所示的加入方式。这种加入方式也称为输出误差命令方式（即 $e=y-r$）。在这种方式中，调节器是位于前馈通道。由式（12-72）有

$$\hat{x}(k+1)=(z\boldsymbol{I}-\boldsymbol{LC}-\boldsymbol{\Gamma K})\hat{x}(k)+\boldsymbol{L}(y(k)-r(k)) \tag{12-80}$$

此时系统的响应可表达为

$$\begin{pmatrix} x(k+1) \\ \tilde{x}(k+1) \end{pmatrix}=\begin{pmatrix} \boldsymbol{\Phi} & -\boldsymbol{\Gamma K} \\ \boldsymbol{LC} & \boldsymbol{\Phi}-\boldsymbol{\Gamma K}-\boldsymbol{LC} \end{pmatrix}\begin{pmatrix} x(k) \\ \tilde{x}(k) \end{pmatrix}+\begin{pmatrix} 0 \\ -\boldsymbol{L} \end{pmatrix}r(k) \tag{12-81}$$

值得注意的是，这种加入参考输入的方式，参考输入只加到了观测器上。因此，对象与观测器所接受的指令是不同的，观测器有可能存在观测误差。

另一种加入参考输入的方式是通过一个线性项 K_r 将参考输入同时引入观测器和对象中，如图 12-38 所示。在这种方式中，调节器位于反馈通道。

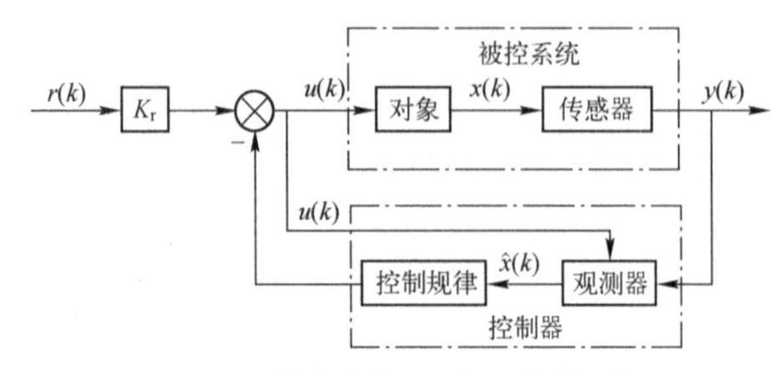

图 12-38　带参考输入的闭环控制系统图

另外，在伺服系统中，通常需要一个或多个积分器，已消除对阶跃输入的稳态误差，如图 12-39 所示。如果系统性能指标给定，线性项 K_r 和控制率 K 即可求出，求取方法这里不予介绍，有兴趣的读者可查阅相关书籍。

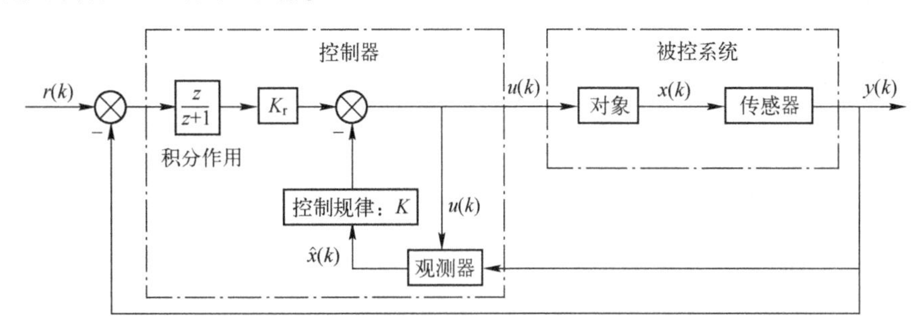

图 12-39　带积分作用参考输入的闭环控制系统图

12.3.5　控制算法的实现

在获得数字控制器 $D(z)$ 后，可以采用硬件电路或计算机软件来实现 $D(z)$。由于计算机的软件实现非常灵活和方便，除了在速度有特殊要求的场合使用外，目前绝大部分情况都是采用计算机软件来实现控制器 $D(z)$ 的控制算法。

根据控制器的 $D(z)$ 可以方便地得到相应的实现框图，由实现框图可得到控制器的硬件电路和相应的算式，同一个 $D(z)$ 又可有多种实现框图，它们各有自己的特点。

1. 实现框图与算法

（1）实现框图

数字控制器的实现框图可用三种基本符号来表示，它们分别是乘法器、延迟器和加法器，如图 12-40 所示。它们也可与硬件部件相对应，其中乘法器、加法器完成数字的乘法和加法运算，延迟器可由一组 D 触发器或寄存器构成，延迟 1 个采样周期。

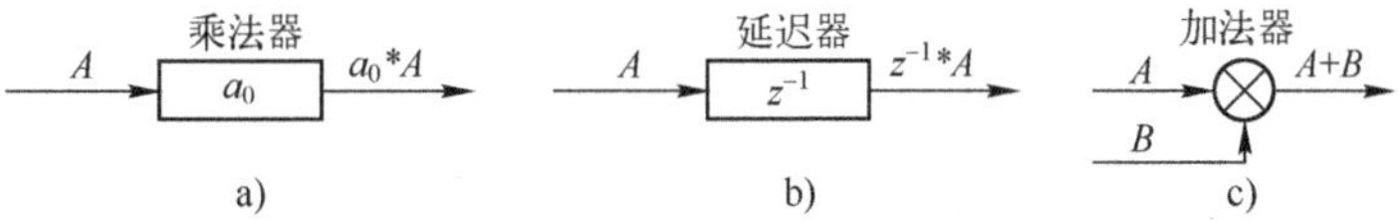

图 12-40　实现框图中的符号含义

数字控制器的 $D(z)$ 通常可写成如下分式：

$$D(z)=\frac{P(z)}{E(z)}=\frac{a_0+a_1z^{-1}+a_2z^{-2}+\cdots+a_mz^{-m}}{b_0+b_1z^{-1}+b_2z^{-2}+\cdots+b_nz^{-n}}$$

$$=\frac{\sum_{i=0}^{m}a_iz^{-i}}{1+\sum_{j=1}^{n}b_jz^{-j}}=\frac{1}{1+\sum_{j=1}^{n}b_jz^{-j}}\sum_{i=0}^{m}a_iz^{-i},n\geqslant m$$

对应的差分方程为

$$p(k)+b_1p(k-1)+b_2p(k-2)+\cdots+b_np(k-n)$$
$$=a_0e(k)+a_1e(k-1)+a_2e(k-2)+\cdots+a_me(k-m)$$

用计算机程序来求解上述差分方程的效率不高，它需要 $(1+n)+(1+m)$ 个存储单元来存放 $p(k)$ ~

$p(k-n)$和$e(k)\sim e(k-m)$个变量。

也可采用状态空间的形式来实现$D(z)$。具体的实现框图有直接式1和直接式2之分，如图12-41a和图12-41b所示。图中有$x_1\sim x_n$个状态变量，直接式1的状态变量可从输出端观察到，这种实现方法也称可观型实现方法；直接式2的状态变量可从输入端来控制，这种实现方法也称可控型实现方法。

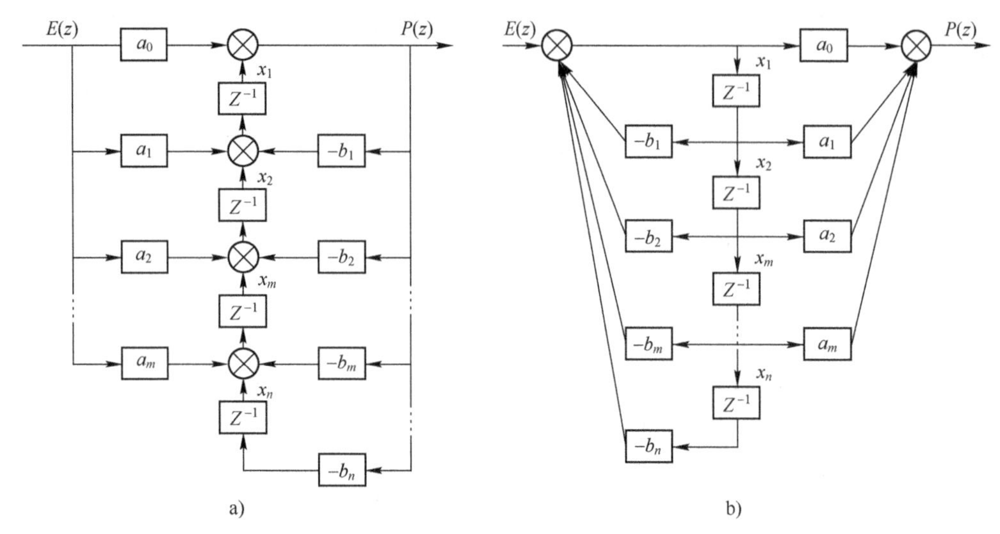

图12-41　$D(z)$的实现框图

（2）实现算法

有了$D(z)$的实现框图，既可用硬件来实现，也可用软件来实现。根据实现框图，可以列出相应的状态方程和输出方程，然后可利用迭代法求解差分方程来实现相应的控制算法。下面举例来说明。

【例12-8】 已知某数字控制器的$D(z)$如下：

$$D(z)=\frac{P(z)}{E(z)}=\frac{5+4z^{-1}+0.6z^{-2}}{1+1.3z^{-1}+0.4z^{-2}}$$

采用直接式1和直接式2的$D(z)$实现框图（见图12-42a和图12-42b），列出相应的状态方程和输出方程。

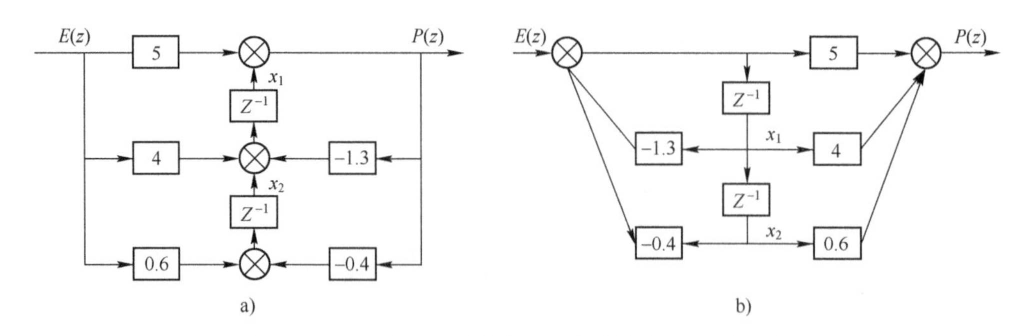

图12-42　例12-8的直接式1和直接式2实现框图

解： 根据实现框图可得相应的状态方程和输出方程，对应直接式1实现框图有状态方程：

$$\begin{cases}x_1(k+1)=(-1.3)x_1(k)+x_2(k)+(4+5\times(-1.3))e(k)\\ \qquad\qquad =-1.3x_1(k)+x_2(k)-2.5e(k)\\ x_2(k+1)=-0.4x_1(k)+(0.6+5\times(-0.4))e(k)\\ \qquad\qquad =-0.4x_1(k)-1.4e(k)\end{cases}$$

输出方程：

$$p(k)=x_1(k)+5e(k)$$

对应直接式 2 实现框图有状态方程：

$$\begin{cases}x_1(k+1)=-1.3x_1(k)-0.4x_2(k)+e(k)\\ x_2(k+1)=x_1(k)\end{cases}$$

输出方程：

$$\begin{aligned}p(k)&=(4+(-1.3)\times5)x_1(k)+(0.6+5\times(-0.4))x_2(k)+5e(k)\\ &=-2.5x_1(k)-1.4x_2(k)+5e(k)\end{aligned}$$

根据给定的输入序列 $e(k)$，利用迭代法可求出系统状态变量 $x_1(k)$、$x_2(k)$，和输出 $p(k)$ 的序列。根据因果系统的特征，初始化时可将状态变量 $x_1(k)$、$x_2(k)$ 置为 0，每次定时采样开始，先读取当前输入 $e(k)$，随后根据输出方程求出 $p(k)$，并输出给执行器，之后，根据状态方程求出新的状态变量 $x_1(k+1)$、$x_2(k+1)$，更新状态变量，即将计算出的 $x_1(k+1)$、$x_2(k+1)$ 传送给 $x_1(k)$、$x_2(k)$，为下次定时采样做准备，定时采样算法的流程图如图 12-43 所示。

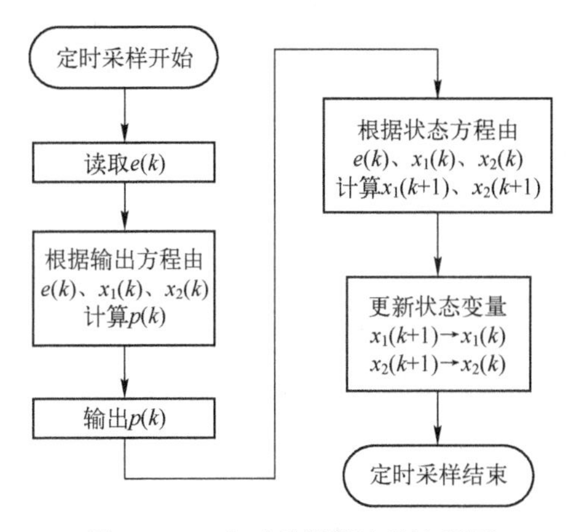

图 12-43　定时采样算法的流程图

对例 12-8，假定输入 $e(k)$ 是单位阶跃序列，则计算过程见表 12-1 和表 12-2。

表 12-1　直接式 1 的迭代法求解过程

k	<0	0	1	2	3	4	…
$e(k)$	0	1	1	1	1	1	1
$x_1(k)$	0	0	-2.5	-0.65	-2.055	-0.9685	…
$x_2(k)$	0	0	-1.4	-0.4	-1.14	-0.578	…
$p(k)$	0	5	2.5	4.35	2.945	4.0315	…

表 12-2　直接式 2 的迭代法求解过程

k	<0	0	1	2	3	4	…
$e(k)$	0	1	1	1	1	1	1
$x_1(k)$	0	0	1	-0.3	0.99	-0.167	…
$x_2(k)$	0	0	0	1	-0.3	0.99	…
$p(k)$	0	5	2.5	4.35	2.945	4.0315	…

通过上面的例子可发现，对同一 $D(z)$ 分别用直接式 1 和直接式 2 来实现对应的状态方程和输出方程也不一样，迭代求解过程中的状态变量取值也不一样，但在输入相同的 $e(k)$ 情况下，计算出的最终输出 $p(k)$ 是一致的。

2. 串行实现与并行实现

当控制器的 z 阶较高时，采用直接式 1 或直接式 2 都会存在这样的问题，若控制器中某一系数存在误差，则有可能使控制器的多个或所有零极点产生较大偏差。为此，对 z 阶较高的控制器，可采用串行实现或并行实现，既将高阶的 $D(z)$ 分解为低阶的 $D(z)$，分解后，低阶控制器中任一系数有误差，通常不会使控制器所有的零极点产生变化。另外，采用串行实现或并行实现，有时还可使算式各系数的含义更易理解。

(1) 串行实现

串行实现也称串联实现，其原理是将控制器的 $D(z)$ 分解为若干低阶的 $D_1(z)$，$D_2(z)$，$D_3(z)$，…然后将它们串联起来，取代原来高阶的 $D(z)$，表达式为

$$D(z)=\frac{P(z)}{E(z)}=\frac{a_0+a_1z^{-1}+a_2z^{-2}+\cdots+a_mz^{-m}}{1+b_1z^{-1}+b_2z^{-2}+\cdots+b_nz^{-n}}$$

$$=a_0D_1(z)D_2(z)\cdots D_l(z)=a_0\prod_{i=1}^{l}D_i(z)$$

其中

$$D_i=\frac{1+\alpha_{i1}z^{-1}}{1+\beta_{i1}z^{-1}}\quad 或\quad D_i=\frac{1+\alpha_{i1}z^{-1}+\alpha_{i2}z^{-2}}{1+\beta_{i1}z^{-1}+\beta_{i2}z^{-2}}$$

【例 12-9】 已知某数字控制器的 $D(z)$ 为

$$D(z)=\frac{P(z)}{E(z)}=\frac{5+4z^{-1}+0.6z^{-2}}{1+1.3z^{-1}+0.4z^{-2}}$$

对 $D(z)$ 进行因式分解，可得

$$D(z)=\frac{P(z)}{E(z)}=\frac{5+4z^{-1}+0.6z^{-2}}{1+1.3z^{-1}+0.4z^{-2}}=5\,\frac{1+0.2z^{-1}}{1+0.5z^{-1}}\,\frac{1+0.6z^{-2}}{1+0.8z^{-2}}$$

因此，$D(z)$ 可看成三个环节串联而成，即 $D(z)=\alpha_0D_1(z)D_2(z)$，其中

$$\alpha_0=5,\quad D_1(z)=\frac{1+0.2z^{-1}}{1+0.5z^{-1}},\quad D_2(z)=\frac{1+0.6z^{-2}}{1+0.8z^{-2}}$$

控制器的实现框图如图 12-44 所示。

(2) 并行实现

并行实现也称并联实现，其原理是将控制器的 $D(z)$ 分解为若干低阶的 $D_1(z)$，$D_2(z)$，$D_3(z)$，… 然后将它们并联起来，取代原来高阶的 $D(z)$，表达式为

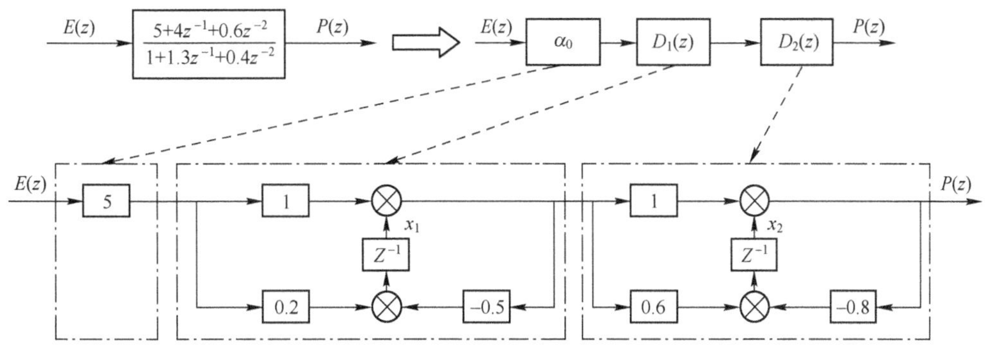

图 12-44　串行实现示例

$$D(z)=\frac{P(z)}{E(z)}=\frac{a_0+a_1z^{-1}+a_2z^{-2}+\cdots+a_mz^{-m}}{1+b_1z^{-1}+b_2z^{-2}+\cdots+b_nz^{-n}}$$

$$=\gamma_0+D_1(z)+D_2(z)+\cdots+D_l(z)=\gamma_0+\sum_{i=0}^{l}D_i(z)$$

其中

$$D_i=\frac{\gamma_{i1}}{1+\beta_{i1}z^{-1}}\quad 或\quad D_i=\frac{\gamma_{i0}+\gamma_{i1}z^{-1}}{1+\beta_{i1}z^{-1}+\beta_{i2}z^{-2}}$$

【例 12-10】 已知某数字控制器的 $D(z)$ 为

$$D(z)=\frac{P(z)}{E(z)}=\frac{5+4z^{-1}+0.6z^{-2}}{1+1.3z^{-1}+0.4z^{-2}}$$

对 $D(z)$ 进行分式分解，可得

$$D(z)=\frac{P(z)}{E(z)}=\frac{5+4z^{-1}+0.6z^{-2}}{1+1.3z^{-1}+0.4z^{-2}}=1.5+\frac{1}{(1+0.5z^{-1})}+\frac{2.5}{(1+0.8z^{-1})}$$

因此，$D(z)$ 可看成三个环节并联而成，即

$$D(z)=\gamma_0+D_1(z)+D_2(z)$$

其中

$$\gamma_0=1.5,\quad D_1(z)=\frac{1}{(1+0.5z^{-1})},\quad D_2(z)=\frac{2.5}{(1+0.8z^{-1})}$$

控制器的实现框图如图 12-45 所示。

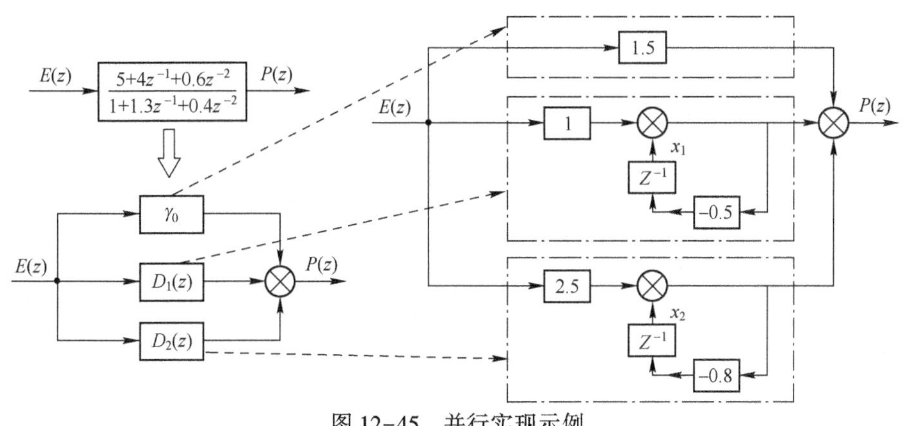

图 12-45　并行实现示例

3. 嵌套程序实现法

嵌套程序实现法就是将控制器 $D(z)$算法的通用表达式：

$$D(z)=\frac{P(z)}{E(z)}=\frac{a_0+a_1z^{-1}+a_2z^{-2}+\cdots+a_mz^{-m}}{b_0+b_1z^{-1}+b_2z^{-2}+\cdots+b_nz^{-n}}=\frac{\sum\limits_{i=0}^{m}a_iz^{-i}}{1+\sum\limits_{j=1}^{n}b_jz^{-j}}$$

式中，a_i 和 b_i 都是实系数，$n\geqslant m$。

直接代入控制器的传递函数，即

$$\begin{aligned}P(z)&=D(z)E(z)\\&=b_0E(z)+z^{-1}\{b_1E(z)-a_1U(z)+[b_1E(z)-a_2U(z)+\cdots+\\&\quad z^{-1}(b_nE(z)-a_nU(z)+\cdots)]\}\end{aligned}\tag{12-82}$$

嵌套程序实现法的信号流图如图 12-46 所示。

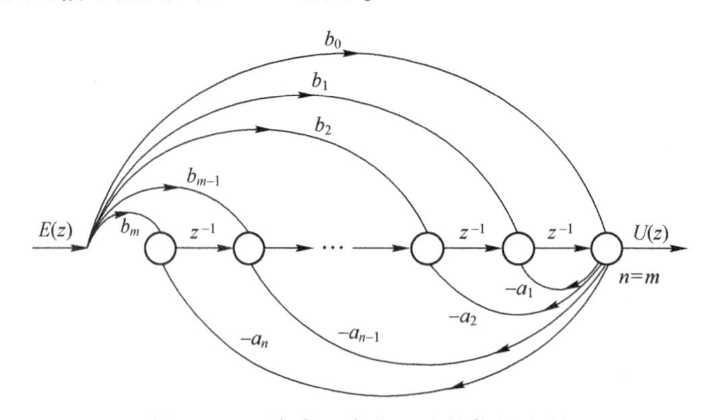

图 12-46　嵌套程序实现法的信号流图

4. 采样周期的选择

对数字控制系统而言，最佳采样周期（频率）的选择是许多因素之中考虑的结果。采样太快可能会导致精度下降，通常，降低采样频率的根本目的是为了降低成本。采样频率的降低意味着处理器有更多的时间用在控制计算上。对 A/D 转换器而言，转换速率要求越低，成本也会越低。因此，对采样频率的选择是在能满足所有性能指标的前提下，最优的设计选择方案是将采样频率取得尽可能低。

在考虑采样频率下限值时，有几个因素可以参考，即跟踪效率、控制效率和经验。

(1) 跟踪效率

跟踪效率是以时域的上升时间和调整时间指标或频域的闭环带宽指标来量度的。其目的是使系统能有效跟踪某一频率的输入指令。

衡量跟踪效率的时域指标是阶跃响应，阶跃响应的上升部分就是最可能跟踪的部分，也是频率变化最快的部分。采用频率的选择可以是上升时间内至少采 6 个样本，如果希望跟踪效果比较好的话，上升时间内至少采 10 个样本。

衡量跟踪效率的频域指标是闭环系统带宽。根据采样定律，为了使闭环系统能够跟踪某一频率的输入，采样频率至少是系统信号中包含的最高频率（带宽）的 2 倍以上（这项指标要优先考虑控制效率要求）。

(2) 控制效率

控制效率是以系统对随机扰动的误差影响来量度的。对于任何控制系统，扰动抑制是一个很重要的方面。扰动会带着各种各样的频率特性进入系统，这些频率的变化范围从阶跃到白噪声。高频随机扰动对采样频率的选取影响最大。这里一般选取采样频率为20倍带宽，如果希望跟踪效果比较好，则选取采样频率为30倍带宽（这大约对应时域上升时间内采10个样本）。

(3) 经验

在工业过程控制中，不同的对象变量，有着不同的最快变化频率。例如温度变量，不论是什么介质，它的变化速率都不会太快。因此，借助于经验，可根据不同的被控对象类型来选择采样周期，见表12-3。

表12-3　根据被控对象类型选择采样周期

被控对象类型	流　量	压　力	液　位	温　度	成　分
采样周期范围/s^{-1}	1~5	3~10	5~8	10~20	15~30

12.4　电力拖动自动控制系统全数字化设计

数字控制系统的硬件设计是一个综合运用多学科知识、解决系统的基础及可靠性问题的过程，设计知识面较广，包括电动机的控制、计算机技术、测试技术、数字电路、电力电子技术等，因此它的设计也是一个复杂的系统工程。硬件系统设计和软件系统设计是整个数字控制系统设计中的重要基础。

12.4.1　电力拖动自动控制系统数字化设计方法和步骤

数字控制系统的设计主要包括以下几个方面的内容：

1）控制系统整体方案设计，包括系统的要求、控制方案的选择，以及控制系统的性能指标等。

2）设计主电路结构。

3）选择各变量的检测元件及变送器。

4）建立数学模型，并确定控制算法。

5）选择控制芯片，并决定控制部分是自行设计还是购买成套设备。

6）系统硬件设计，包括与CPU相关的电路、外围设备、接口电路、逻辑电路及键盘显示模块、主电路的驱动与保护。

7）系统软件设计，包括应用程序的设计、管理以及监控。

8）在各部分软、硬件调试完的基础上，进入系统的联调与实验。

在设计初始阶段，必须确定系统的总体要求及技术条件。系统的技术要求必须尽量详细。这些要求不仅涉及控制系统的基本功能，还要明确规定系统应达到的性能指标。功能方面的技术条件要详细列出控制策略、结构和控制系统必须完成的各种控制和调解任务，以及控制系统的主要性能指标（包括响应时间、稳态精度、通信接口）等。

数字控制系统的设计过程如图12-47所示。

数字控制系统的设计要具备以下几个方面的知识和能力：

1）必须具备一定的硬件基础知识。硬件不仅包括各种微处理器、存储器及I/O接口，而且还包括电力电子电路、数字电路、模拟电路、对装置或系统进行信息设定的键盘及开关、检测各种输入量的传感器、控制用的执行装置与单片机及各种仪器进行通信的接口，以及打印及显示设备。

2）具有综合运用知识的能力。必须善于将一个微机控制系统设计任务划分成许多便于实现的组成部分，特别是软件、硬件之间需要折中协调时，通常解决的办法是尽量减少硬件（以便使控制系统的价格减到最低），并且应对软件的进一步改进留有余地。因此，对交流电动机数字控制系统而言，衡量设计水平时，往往看其在“软硬兼施”方面的应用能力。一种功能往往是既能用硬件实现，也可用软件实现，通常情况下，硬件实时性强，一些实时性要求高的功能（如保护、驱动及检测）需用硬件实现。但这将会使系统成本上升，且结构复杂；软件可避免上述缺点，但实时性较差。如果系统控制回路比较多，或者某些软件设计比较困难时则考虑用硬件。总之，一个控制系统中，哪些部分用硬件实现，哪些部分用软件实现，都要根据具体情况反复进行分析、比较后确定。一般的原则是，在保证实时性控制的情况下，尽量采用软件。

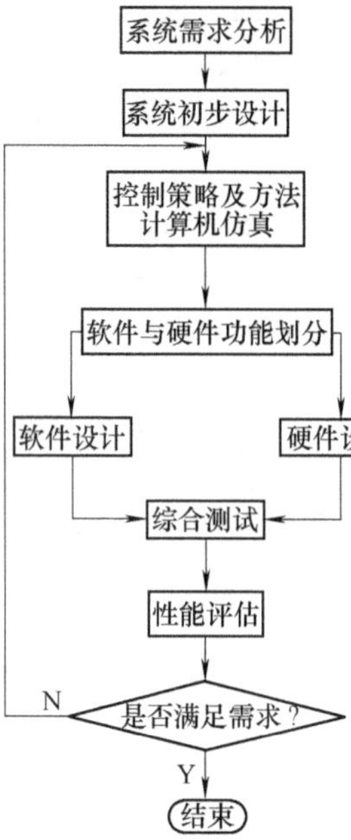

一般情况下，对于主电路的保护要有多级保护，以提高系统的可靠性。首先要有硬件的过电流、过电压、欠电压、过热等保护，并应具有工作可靠、响应时间短等特点。其次，还要在软件中对故障进行相应的保护和处理，包括故障自诊断等。

图 12-47　交流电动机数字控制系统的研制过程

3）需要具有一定的软件设计能力，能够根据系统的要求，灵活地设计出所需要的程序，主要有数据采集程序、A/D 和 D/A 转换程序、数码转换程序、数字滤波程序、标度变换程序、键盘处理程序、显示及打印程序，以及各种控制算法及非线性补偿程序等。

4）在确定系统的总体方案时，要与工艺部门互相配合，并征求用户的意见再进行设计。同时还必须掌握生产过程的工艺性能及实际系统的控制方法。

硬件设计完成后，可以针对不同的功能块使用仿真开发器分别调试。调试的过程也是软件逐步加入及完善的过程。软、硬件的协调配合能力及相互的影响，可以通过软件在实际硬件上的运行来进行实时检验，这样可以将检验结果与技术条件进行比较，并提出改进的方法。

12.4.2　电力拖动自动控制系统数字化设计总体方案确定

确定数字控制系统总体方案，是进行系统设计的第一步。总体方案的好坏直接影响整个控制系统的投资、调节品质及实施难易程度。确定控制系统的总体方案必须根据实际应用的要求，结合具体被控对象而定。但在总体设计中还是有一定的共性，大体上可以从以下几个方面进行考虑。

1. 确定控制系统方案

根据系统的要求，首先确定出系统是通用型控制系统，还是高性能的控制系统，或是特殊要求的控制系统。其次要确定系统的控制策略，是采用变压变频（VVVF）控制、矢量控制，还是采用直接转矩控制等。第三要确定是单机控制系统、主从控制系统，还是采用分布式控制系统。

在数字控制系统中，通过模块化设计，可以使系统通用性增强，组合灵活。在主从控制系统或是分布式控制系统中，多由主控板和系统支持板组成。支持板的种类很多，如 A/D 和 D/A 转换板、并行接口板、显示板等，通常采用统一的标准总线，以方便功能板的组合。

2. 选择主电路拓扑结构

数字控制系统中，必须根据系统容量的大小以及实际应用的具体要求来选择适当的主电路拓扑结构。20 世纪 80 年代以来，以门极关断（GTO）晶闸管、BJT（双极结型晶闸管）、MOSFET（金属氧化物半导体场效应晶体管）为代表的自关断器件得到长足的发展。进入 21 世纪以来，以 IGBT、IEGT、IGCT 为代表的双极型复合器件的惊人发展，使得电力电子器件正沿着大容量、高频率、易驱动、低损耗、智能模块化的方向迈进。伴随着电力电子器件的飞速发展，各种电力电子变换器主电路的发展也日趋多样化。

3. 选择检测元件

在确定总体方案时，必须首先选择好被测变量的测量元件，它是影响控制精度的重要因素之一。测量各种变量，如电压、电流、温度、速度等的传感器，种类繁多，规格各异，因此要正确地选择测量元件。有关这方面的详细内容，请读者参阅相关的参考文献。

4. 选择 CPU 和输入/输出通道及外围设备

交流电机的数字控制系统 CPU 主控板及过程通道通常应根据被控对象变量的多少来确定，并根据系统的规模及要求，配以适当的外围设备，如键盘、显示、外部控制及 I/O 接口等。

选择时应考虑以下一些问题：

1）控制系统方案及控制策略。

2）PWM 的产生方式及 PWM 的数量与互锁。

3）被控对象变量的数目。

4）各输入/输出通道是串行操作还是并行操作。

5）各数据通道的传输速率。

6）各通道数据的字长及选择位数。

7）对键盘、显示及外部控制的特殊要求。

5. 画出整个系统原理图

前面四步完成以后，结合工业流程图，最后要画出一个完整的交流电动机数字控制系统原理图，其中包括整流电路、逆变电路、各种传感器、外围设备、输入/输出通道及微处理器部分。它是整个系统的总图，要求全面、清晰、明了。

12.4.3 硬件设计——微处理器芯片的选择

在总体方案确定之后，首要的任务就是选择一种合适的微处理器芯片。正如前面所讲的，微处理器芯片的种类繁多，选择合适的微处理器芯片是交流电动机的数字控制系统设计的关键之一。

以微处理器为控制核心的数字控制系统在设计时通常有两种方法：①用现成的微处理器总线系统。②利用微处理器芯片自行设计最小目标系统。

1. 用现成的微处理器总线系统

以微处理器或单片机构成主控板和各种功能支持板一起组成总线开发系统，包括一个带有电源的插板机箱，以及总线系统的底板。功能支持板的种类很多，如 A/D 和 D/A 转换板、打印机接口板、显示器接口板、并行通信板等。它们都具有模块化的结构、通用性强、组合灵活的特点，可以通过统一的标准总线，方便地组成控制系统，并大大减少研究开发和调试时间。但相对来说，这类开发系统结构复杂、硬件费用较高。因此，对某些应用系统，这些板并非是最优的。

2. 利用微处理器芯片自行设计最小目标系统

选择合适的微处理器芯片，针对被控对象的具体任务，自行开发和设计一个微处理器最小目标系统，是目前微处理器系统设计中经常使用的方法。这种方法具有针对性强、投资少、系统简单、灵活等特点。特别是对于批量生产，它更具有其独特的优点。

3. 微处理器字长的选择

不管是选用现成的微处理器系统，还是自行开发设计，面临的一个共同问题就是怎样选择微处理器的字长，也就是选用几位微处理器。位数越长，微处理器的处理精度越高，功能越强，但成本也越高。因此，必须根据系统的实际需要进行选用，否则将会影响系统的功能及造价。现将各种字长微处理器的用途简述如下：

1）8位机。8位机是目前工业控制和智能化仪器中应用较多的单片机。它们可在数据处理及过程控制中作为监督控制计算机，用来监控各种参数，如温度、压力、流量、液面高度、浓度、成分、密度、黏度等。8位机也可以作为性能要求不高的交流电动机的控制核心。但在高性能的交流电动机的数字控制系统中，只能用来控制一些外围设备，例如液晶或者数码管显示和键盘输入等。

2）16位机。16位机是一种高性能单片机，目前已经有许多品种系列。16位单片机基本上可以满足交流电动机的数字控制系统的控制精度的要求。许多通用交流电动机的数字控制系统都采用16位单片机作为控制核心。

3）DSP芯片。DSP芯片一般采用的是16位或32位数字系统，因此精度高。16位的数字系统可以达到10^{-5}的精度，加之其运算速度快，可以在较短的采样周期内完成各种复杂的控制算法，非常适合高性能交流电动机控制系统的应用。专门为电动机控制设计的DSP芯片中，集成了PWM产生模块、A/D采样模块、通信模块等，并有各种中断接口和通用I/O接口，大大简化了外围电路的设计。

12.4.4 软件设计

计算机控制程序通常可以包括监控程序设计和控制程序设计，程序设计不但要保证功能正确，而且要求程序编制方便、简洁，容易阅读、修改和调试。

（1）软件设计的基本方法

关于“软件设计”这个概念来说，用程序语言编写有关具体的程序只是整个软件设计工作中的一个很小的环节，它只是软件设计完成之后的一个具体化过程。

一个软件在研制者了解了软件的功能要求之后着手进行设计，其工作可分为两个阶段：总体设计（概要设计）和详细设计。

1）总体设计中应完成以下工作：

① 程序结构的总体设计。它决定软件的总体结构，包括软件分为哪些部分，各部分之间的联系以及功能在各部分间的分配。

② 数据结构设计。它决定数据系统的结构或数据的模式，以及完整性、安全性设计。

③ 完成设计说明书。将软件的总体结构和数据结构的设计作一文字总结，作为下一阶段设计的依据，也是整个设计中应有的重要文档之一。

④ 制定初步的测试计划。完成总体设计之后，应对将来的软件测试方法、步骤等提出较为明确的要求，尽管一开始这个计划是不十分完善的，但在此基础上经过进一步完善和补充，可作为测试工作的重要依据。

⑤ 总体设计的评审。在以上工作完成后，组织对总体设计工作质量的评审，对有缺陷的地方加以弥补，特别应重视以下几个方面：软件的整个结构和各子系统的结构、各部分之间的联系、软件的结构如何保证需求的实现等。

2）详细设计应完成以下工作：

① 确定软件各个组成部分的算法以及各个部分的内部数据结构。

② 使用程序流程图或 $N-S$ 图等方式，对各个算法进行描述，并完成整个软件系统的流程图或 $N-S$ 图。

（2）微机控制系统软件设计的具体问题

对于电力电子系统控制软件而言，其特点是与硬件的密切联系和实时性。因此在设计时，通常是硬件、软件同时进行考虑。其一般原则是在保证实时控制的条件下，尽量采用软件。但这也是一个要依据实时性和性能价格比来综合平衡的问题，一味地硬件软件化并不是一个好的方案。

另外，对于数字实时控制和反馈等方面，还涉及连续系统的离散化、输入/输出量化及字长处理、采样频率等诸多问题，都需要在设计阶段进行考虑。

（3）数字控制系统的软件抗干扰措施

要使数学控制系统正常工作，除采用硬件抗干扰措施外，在软件上也要采取一定的抗干扰措施。下面介绍几种提高软件可靠性的方法。

1）数字滤波。尽管采取了硬件抗干扰措施，外界的干扰信号总是会或多或少地进入微机控制系统，可以采取数字滤波的方法来减少干扰信号的影响。数字滤波的方法有程序判断滤波、中值滤波、算术平均滤波、加权平均滤波、滑动平均滤波、*RC* 低通滤波和复合数字滤波等。

2）程序高速循环法。在应用程序编制中，采用从头到尾执行程序，进行高速循环，使执行周期远小于执行机构的动作时间，一次偶然的错误输出不会造成事故。

3）设立软件陷阱。外部的干扰或机器内部硬件瞬间故障会使程序计数器偏离原定的值，造成程序失控。为避免这种情况的发生，在软件设计时，可以采用设立陷阱的方法加以克服。

具体的做法是，在 ROM 或 RAM 中，每隔一些指令（通常为十几条指令即可），把连续的几个单元置成“NOP”（空操作）。这样，当出现程序失控时，只要失控的单片机进入这众多的软件陷阱中的任何一个，都会被捕获，连续进行几个空操作。执行这些空操作后，程序自动恢复正常，继续执行后面的程序。这种方法虽然浪费一些内存单元，但可以保证程序不会飞掉。这种方法对用户是不透明的，即用户根本感觉不到程序是否发生错误操作。

（4）时间监视器

在控制系统中，采用设立软件陷阱的方法只能在一定程度上解决程序失控的问题，但并非在任何时候都有效。因为只有当程序控制转入陷阱区内才能被捕获。但是失控的程序并不总是进入陷阱区的，比如程序进入死循环。

为防止程序进入死循环，经常采用时间监视器，即“看门狗”（Watchdog），用以监视程序的正常运行。

Watchdog 由两个计数器组成，计数器靠系统时钟或分频后的脉冲信号进行计数。当计数器计满时，计数器会产生一个复位信号，强迫系统复位，使系统重新执行程序。在正常情况下，每隔一定时间（根据系统应用程序执行的长短而定），程序使计数器清零，这样计数器就不会计满，因而不会产生复位。但是如果程序运行不正常，例如陷入死循环等，计数器将会计满而产生溢出，此溢出信号用来产生复位信号，使程序重新开始启动。

（5）输入/输出软件的可靠性措施

为了提高输入/输出的可靠性，在软件上也要采取相应的措施。

1）对于开关量的输入，为了确保信息正确无误，在软件上可采取多次读入的方法。

2）软件冗余。对于条件控制的一次采样、处理、控制输出，改为循环采样、处理、控制输出。

3）在某些控制系统中，对于可能酿成重大事故的输出控制，要有充分的人工干预措施。

4）采用保护程序，不断地把输出状态表的内容传输到各输出接口的端口寄存器中，以维持正确的输出控制。

此外，还有输出反馈、表决、周期刷新等措施，还可以采取实时诊断技术提高控制系统的可靠性。

12.4.5 直流双闭环调速系统全数字化设计

数字控制的直流双闭环调速系统结构如图 12-48 所示。

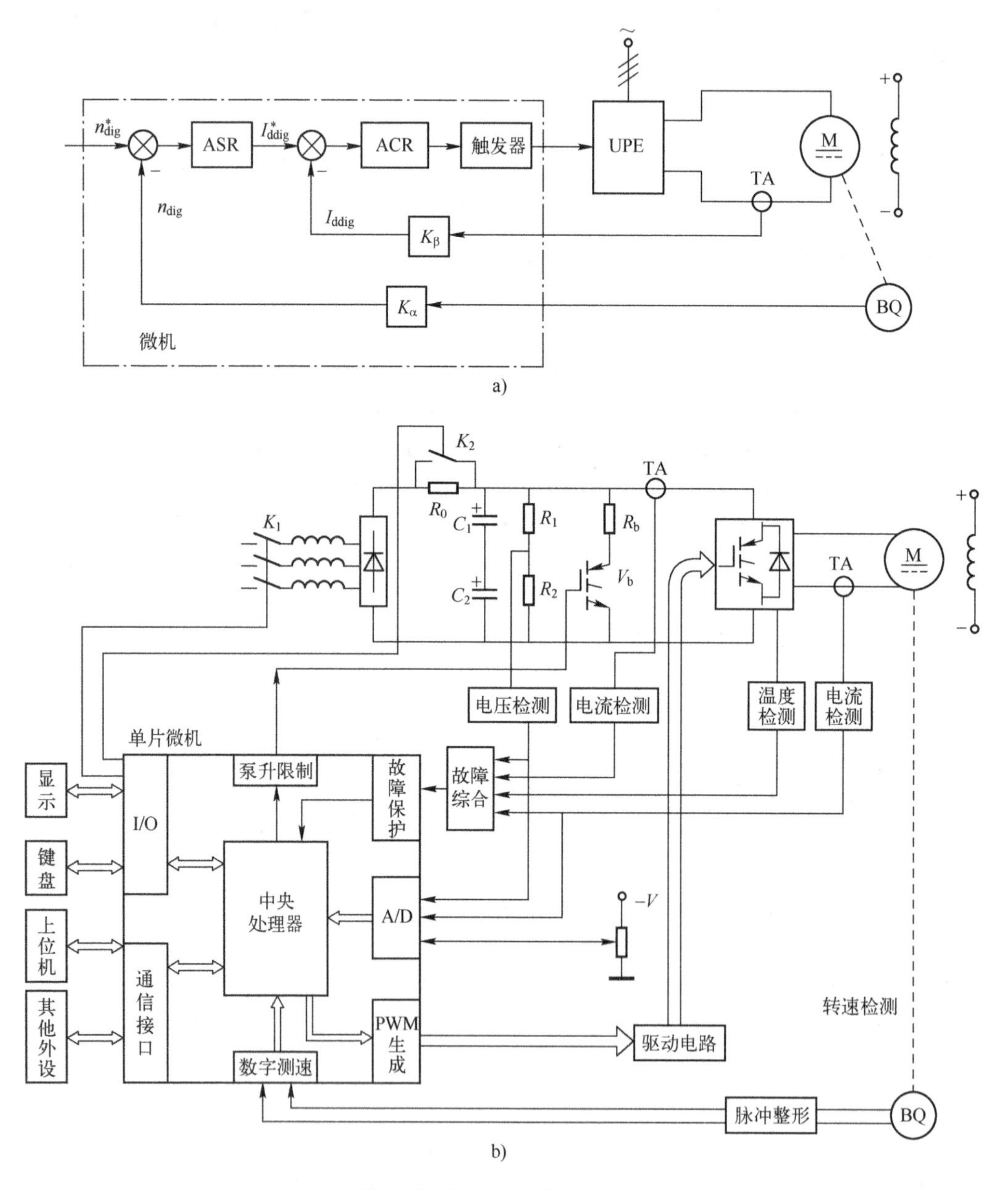

图 12-48 数字控制的直流双闭环调速系统结构图

a）数字控制的双闭环直流调速系统组成图 b）数字控制双闭环直流调速系统硬件结构图

图中点画线部分表示由数字控制器完成的控制功能，主要包括数字速度调节器（ASR）、数字电流调节器（ACR）以及数字触发器等。一般采用直流电流互感器（TA）检测电动机电枢电流完成电流闭环，采用光电编码器（BQ）检测电动机实际速度以实现速度调节器的闭环控制。它与模拟系统的主要区别是把原来由电压量表示的给定信号和反馈信号改用数字量表示，将原来由分立元件完成的各种功能集中到微处理器的软件中实现。

其他相关环节还有速度、电压、电流的检测。同时，作为一个完整的控制系统，必要的人机接口环节以及开环逻辑控制环节也是应该具备的。

1. 数字直流调速系统的硬件结构设计

数字控制的直流电动机控制系统中，电动机是被控制对象，微处理器起控制器的作用，对给定、反馈等输入信号进行处理后，按照选定的控制规律形成控制指令，同时输出数字控制信号。输出的数字量信号有的经放大后可直接驱动，如变流装置的数字脉冲触发部件，有的则要经 D/A 转换变成模拟量，再经放大后对电动机有关量进行调节控制。

一般典型的直流数字调速系统主要由控制模块、速度反馈模块、电流反馈模块、触发脉冲输出驱动模块、同步中断模块、显示模块等部分构成，基于 MCS-96 系列 80C196KC 单片机的控制系统硬件功能总体框图如图 12-49 所示。

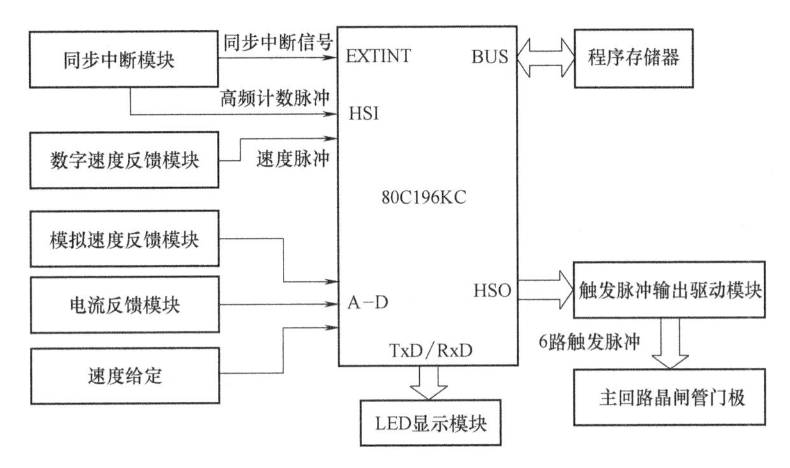

图 12-49　基于 80C196KC 的直流电动机数字控制器硬件及功能框图

基于 80C196KC 的直流电动机数字控制器各个功能模块的基本组成及功能如下。

（1）控制模块

系统中的控制模块主要负责完成数字 PI 算法的实现，电压、电流 A/D 转换与高速 I/O 扫描等功能是整个数字控制系统的核心，一般采用高性能单片机或数字信号处理芯片（DSP）构成，大多数器件中都集成了模数（A/D）转换、高速输入口（HSI）、高速输出口（HSO）等外围电路，能够降低硬件结构的复杂程度，提高系统的稳定性。

该部分由 80C196KC 单片机和外部程序存储器构成。

（2）速度反馈模块

数字控制系统大多可以提供两种速度反馈接口：模拟速度反馈和数字速度反馈。模拟速度反馈环节的测速元件为测速发电机，经 A/D 转换得到转速数字量；数字速度反馈环节的测速元件为光电脉冲编码器，通过记录脉冲数，使用 M/T 法计算出反馈速度数字量。

该模块主要由线性隔离电路、OVW-06-2MHC 型光电脉冲编码器、数字锁相环 CD4046、12 位计数器 CD4040 组成。

（3）电流反馈模块

电流反馈模块主要由交流电流变送器组成，它通过安装在主电路的电流互感器取得交流电流信号，通过交流电流变送器输出0~5V直流信号，采样信号经过A/D转换，送入控制模块中作为电流反馈值。要得到准确的反馈电流值，选择正确的A/D转换时间间隔是十分关键的。电流采样过程就是按照选取的时间间隔得到采样点，并将几次间隔结果进行处理，得到本周期电流数字量的过程。

电流采样常用多点式同步采样方法。以电流四点式同步采样为例，在电枢电流的一个包络周期内连续进行4次采样，选择触发时刻（包络起始点）为参考点，以此为中心，在前后各进行两次电流A/D转换，间距取包络四等分值，横跨两个包络，如图12-50所示。4次A/D转换的结果求平均值为本次电流的采样值，相当于对电流反馈进行了平均值滤波处理，由于触发时刻的计算以同步信号为基准，所以电网频率波动，电流A/D采样时刻随之变动，采样精度有所保证。

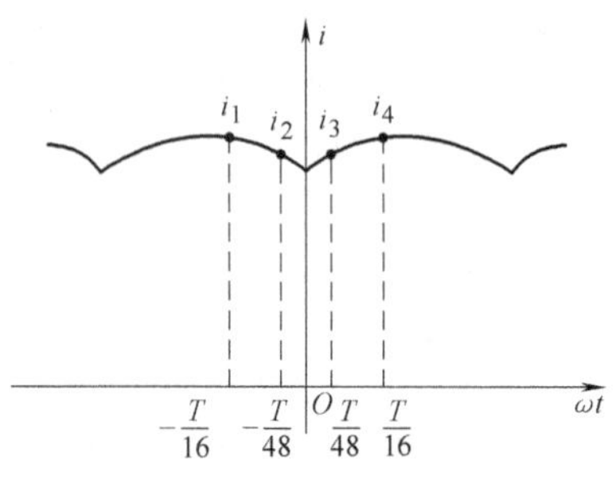

图12-50　电流四点式同步采样A/D时刻示意图

（4）触发脉冲输出驱动模块

触发脉冲输出驱动模块的作用是将由控制模块中HSO输出的移相触发脉冲经过功率放大器放大，再经过脉冲变压器隔离，变成可以直接触发晶闸管的门极信号，加到主电路的晶闸管的门极上。

该模块主要由TLP521光耦合器、LM386功率放大器、脉冲变压器等器件组成。

（5）同步终端模块

为了克服工频电压不稳定和多通道同步信号本身不对称的影响，数字调速系统大多采用带有数字锁相功能的单通道相对触发同步信号，交流同步信号取自电网的一个相电压，再通过控制器的软件计算，实现对每个触发脉冲相位的精确定位，从而获得对称度很高的各个触发脉冲。同时，也可以通过锁相环生成倍频信号，将其作为计数基准，各个触发脉冲输出时刻都是相对这个计数基准计算得出的，从而消除了工频不准对相移误差的影响。

（6）显示模块

显示模块主要完成控制参数、运行数据的实时显示，有的控制器还支持操作人员通过显示界面对参数、程序的修改，可以作为一种简单的人机接口使用。一般显示模块可以采用简易按钮及LED显示屏构成，与控制器之间通过串行接口等方式连接。

图12-49中，利用80C196KC单片机的串行口TxD输出移位脉冲，RxD输出待显示数据。80C196KC通过RxD依次输出4个字节的待显示数据，可以通过选择按键实现显示给定速度或实测速度的切换。

2. 数字直流调速系统的软件设计

数字控制的双闭环直流调速系统的控制规律是靠软件来实现的，系统中所有的硬件也必须由软件来管理。一般运行在数字控制器中的软件有主程序、初始化子程序和中断服务子程序等。

（1）主程序

主程序完成实时性要求不高的功能，完成系统初始化后，实现键盘处理、刷新显示、与上位计算机和其他外设通信等功能。主程序框图如图12-51所示。

（2）初始化子程序

初始化子程序主要完成系统硬件器件（如A/D转换通道等）的工作方式设定，软件运行参数和变量的初始化等工作，初始化子程序框图如图 12-52 所示。

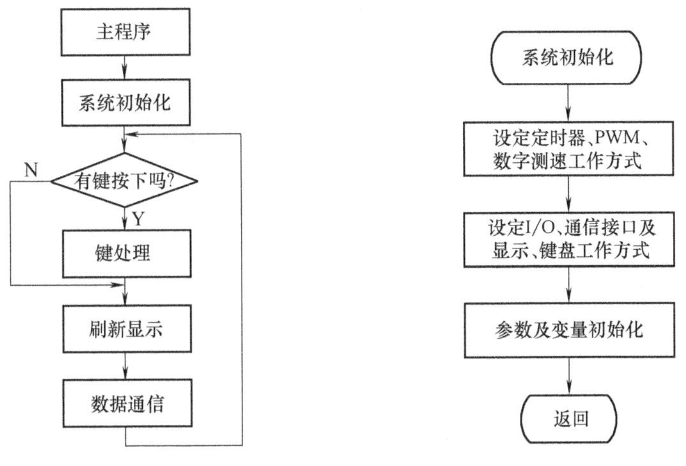

图 12-51　主程序框图　　图 12-52　初始化子程序框图

(3) 中断服务子程序

中断服务子程序完成实时性强的功能，如故障保护、重要状态检测和数字 PI 调节等功能。各个中断服务子程序是由相应的中断源向 CPU 提出申请并要求实时响应的。直流数字控制系统中主要的中断子程序包括如下三种（见图 12-53~图 12-55）。

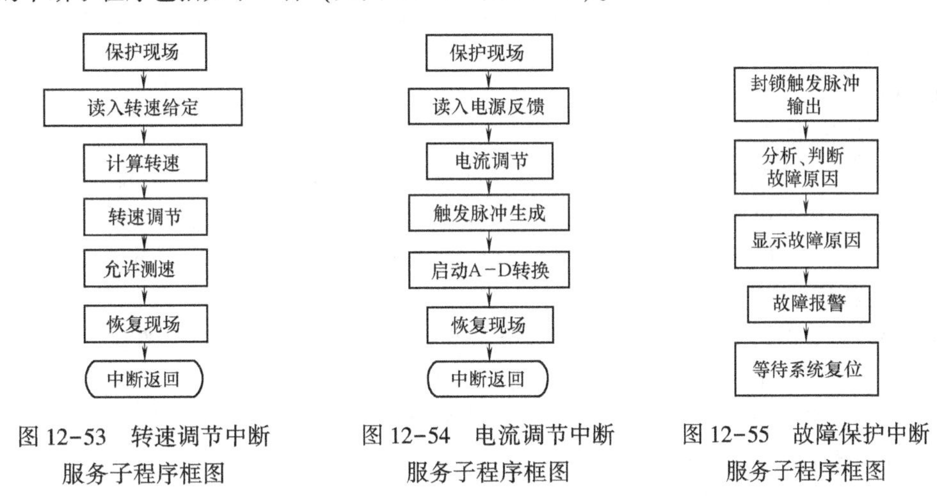

图 12-53　转速调节中断服务子程序框图　　图 12-54　电流调节中断服务子程序框图　　图 12-55　故障保护中断服务子程序框图

1) 转速调节中断服务子程序。进入转速调节中断服务子程序后，首先保存当前运行状态变量，再计算实际转速，完成转速 PI 调节，最后启动转速检测，为下一步调节做准备。中断返回前应恢复原有运行变量，使被中断的上级程序正确、可靠地恢复运行。

2) 电流调节中断服务子程序。电流调节中断服务子程序的中断过程与上述类似，主要完成电流 PI 调节并启动相关 A/D 转换，为下一步调节做准备。

3) 故障保护中断服务子程序。进入故障保护中断服务子程序时，首先封锁系统输出，再分析、判断故障，显示故障原因并报警，最后等待系统复位。当故障保护引脚的电平发生跳变时申请故障保护中断，而转速调节和电流调节均采用定时中断。

三种中断服务中，故障保护中断的优先级别最高，电流调节中断次之，转速调节中断的级别最低。

3. 数字滤波器设计

根据需要可以编写出各种数字滤波程序，每种滤波程序都各有其优点。对于电力拖动控制系统而言，其输出量和输入量都是快速变化的，因此这里所用的数字滤波器采用加权平均滤波器。为了减少对采样值的干扰，提高系统可靠性，在进行数据处理和PID调节之前，首先对采样值进行数字滤波。

所谓数字滤波，是通过一定的计算机程序对采样信号进行平滑加工，提高其有用信号，消除和减少各种干扰和噪声，以保证计算机系统的可靠性。模拟系统中，常用由硬件组成的滤波器（如RC滤波电路）来滤除干扰信号；在数字测速中，硬件电路只能对编码器输出脉冲起到整形、倍频的作用，往往用软件来实现数字滤波。数字滤波具有使用灵活、修改方便的优点，还能实现硬件滤波器无法实现的功能，但不能代替硬件滤波器。数字滤波可以用于测速滤波，也可以用于电压、电流检测信号的滤波。

在算术平均滤波中，对于n次采样所得的采样值，其结果的比重是均等的，但有时为了提高滤波效果，将各次采样值取不同的比例，然后再相加，此方法称为加权平均法。一个n项加权平均式为

$$Y_{\mathrm{n}} = \sum_{i=1}^{n} C_{\mathrm{i}} X_{\mathrm{i}} \tag{12-83}$$

式中，$C_1, C_2, \cdots, C_{\mathrm{n}}$均为常数项，应满足下列关系

$$\sum_{i=1}^{n} C_i = 1 \tag{12-84}$$

式中，$C_1, C_2, \cdots, C_n$为各次采样值的系数，可根据具体情况而定，一般采样次数越靠后，采样值的系数取得的越大，这样可以增加新的采样值在平均值中的比例。其目的是突出信号的某一部分，抑制信号的另一部分。

4. 数字电流调节器设计

在双闭环直流调速系统中，电流闭环系统的等效时间常数较小，而且电流调节器的控制算法也比较简单，因而可以采用较高的采样频率，这样，电流调节器一般都可以采用连续域等价设计方法，即按连续系统设计方法设计电流环，确定电流调节器参数，然后再进行离散化处理。

5. 数字转速调节器设计

在双闭环直流调速系统中，转速闭环的开环截止频率ω_{cn}的高低与系统的动态性能有一定的关系，一般状况下，ω_{cn}既不能低，也不能高。若选择得不很高，则按连续域等价法设计时将产生较大的误差，在这种情况下只能按离散设计法来设计转速调节器才能满足系统的动态性能要求。下面介绍离散设计法设计转速调节器。

（1）转速环控制对象的脉冲传递函数

按连续控制系统设计方法设计的电流闭环控制系统，等效为一个小惯性环节，使其成为转速环的控制对象，于是就可以得到具有零阶保持器的数字直流调速系统动态结构图，如图12-56所示。图中，$G_0(s)=(1-\mathrm{e}^{-T_{\mathrm{sam}}s})/s$为零阶保持器的传递函数，其中，$T_{\mathrm{sam}}$为采样周期；$G_1(s)=\dfrac{1/K_\beta}{2T_{\Sigma i}s+1}$为电流环等效传递函数，其中，$K_\beta$为电流反馈系数换成电流存储系数；$G_{\mathrm{n}}(s)=R/C_{\mathrm{e}}T_{\mathrm{m}}s$为转速积分环节的传递函数；$G_{\mathrm{nf}}=K_\alpha/(T_{\mathrm{on}}+1)$为转速反馈通道传递函数，其中，$K_\alpha$为转速反馈系数$\alpha$换成转速存储系数。

图12-56中，转速调节器（ASR）的控制对象传递函数为

$$G_{\mathrm{obj}}(s)=\frac{1-\mathrm{e}^{-T_{\mathrm{sam}}s}}{s}\,\frac{1/K_\beta}{2T_{\Sigma i}s+1}\,\frac{R}{C_{\mathrm{e}}T_{\mathrm{m}}s}\,\frac{K_\alpha}{T_{\mathrm{on}}s+1}=\frac{K_{\mathrm{n}}(1-\mathrm{e}^{-T_{\mathrm{sam}}s})}{s^2(T_{\mathrm{on}}s+1)(2T_{\Sigma i}s+1)} \tag{12-85}$$

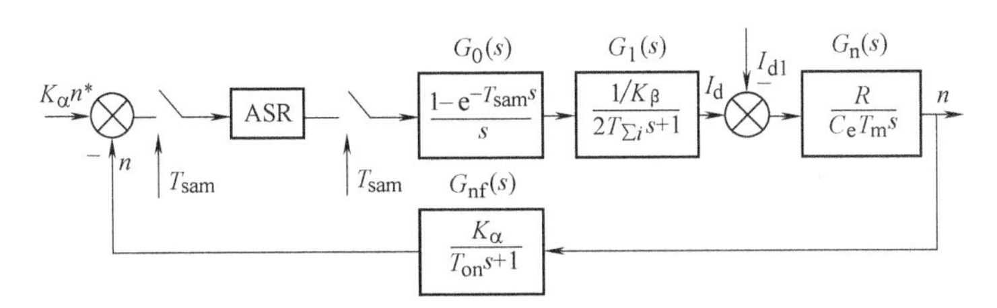

图 12-56　具有零阶保持器的数字控制直流调速系统结构图

式中，$K_n=RK_\alpha/K_\beta C_eT_m$。再将两个小惯性环节合并，则有

$$G_{obj}(s)\approx\frac{K_n(1-e^{-T_{sam}s})}{s^2(T_{\Sigma n}s+1)}=(1-e^{-T_{sam}s})G_{sub}(s) \tag{12-86}$$

式中，$G_{sub}(s)=K_n/[s^2(T_{\Sigma n}s+1)]$，$T_{\Sigma n}=T_{on}+2T_{\Sigma i}$。

对 $G_{sub}(s)=K_n/[s^2(T_{\Sigma n}s+1)]$应用 z 变换线性定理得

$$G_{obj}(z)=Z[G_{obj}(s)]=Z[G_{sub}(s)]-z^{-1}Z[G_{sub}(s)]$$

再使用 z 变换平移定理得

$$G_{obj}(z)=Z[G_{obj}(s)]=Z[G_{obj}(s)]-z^{-1}Z[G_{obj}(s)]=(1-z^{-1})G_{obj}(z) \tag{12-87}$$

将 $G_{obj}(s)$展开成部分分式，对每个分式查表求 z 变换，再化简后得

$$G_{sub}(z)=\frac{K_nT_{\Sigma n}\left[\left(\frac{T_{sam}}{T_{\Sigma n}}-1+e^{-T_{sam}/T_{\Sigma n}}\right)z^2+\left(1-e^{-T_{sam}/T_{\Sigma n}}-\frac{T_{sam}}{T_{\Sigma n}}e^{-T_{sam}/T_{\Sigma n}}\right)z\right]}{(z-1)^2(z-e^{-T_{sam}/T_{\Sigma n}})} \tag{12-88}$$

将式（12-88）代入式（12-87）中，经整理后得控制对象的脉冲传递函数为

$$G_{sub}(z)=\frac{K_nT_{\Sigma n}\left[\left(\frac{T_{sam}}{T_{\Sigma n}}-1+e^{-T_{sam}/T_{\Sigma n}}\right)z+\left(1-e^{-T_{sam}/T_{\Sigma n}}-\frac{T_{sam}}{T_{\Sigma n}}e^{-T_{sam}/T_{\Sigma n}}\right)\right]}{(z-1)(z-e^{-T_{sam}/T_{\Sigma n}})} \tag{12-89}$$

$$=\frac{K_z(z-z_1)}{(z-1)(z-e^{-T_{sam}/T_{\Sigma n}})}$$

式中，$K_z=K_nT_{\Sigma n}\left(\frac{T_{sam}}{T_{\Sigma n}}-1+e^{-T_{sam}/T_{\Sigma n}}\right)=\frac{K_\alpha RT_{\Sigma n}\left(\frac{T_{sam}}{T_{\Sigma n}}-1+e^{-T_{sam}/T_{\Sigma n}}\right)}{K_\beta C_eT_m}$，$z_1=\frac{1-e^{-T_{sam}/T_{\Sigma n}}-\frac{T_{sam}}{T_{\Sigma n}}e^{-T_{sam}/T_{\Sigma n}}}{1-\frac{T_{sam}}{T_{\Sigma n}}-e^{-T_{sam}/T_{\Sigma n}}}$。

由式（12-89）看出，控制对象的脉冲传递函数具有两个极点，$p_1=1,p_2=e^{-T_{sam}/T_{\Sigma n}}$；一个零点 z_1。

（2）数字转速调节器的设计

模拟系统的转速调节器一般为 PI 调节器，因此，选用 PI 型数字调节器。其差分方程为

$$u(k)=K_pe(k)+K_iT_{sam}\sum_{i=1}^{k}e(i) \tag{12-90}$$

令

$$\begin{cases}x_p(k)=K_pe(k)\\x_i(k)=K_iT_{sam}\sum_{i=1}^{k}e(i)=x_i(k-1)+k_iT_{sam}e(k)\end{cases} \tag{12-91}$$

则调节器输出方程为

$$u(k)=x_p(k)+x_i(k) \tag{12-92}$$

式中，K_p 为比例系数；K_i为积分系数（单位为 s^{-1}）；e 为调节器输入；u 为调节器输出；k 为采样次数。对式（12-91）的差分方程求 z 方程并应用线性定理和平移定理得

$$\begin{cases} X_p(z)=K_p e(z) \\ X_i(z)=\dfrac{K_i T_{sam} z}{z-1}e(z) \end{cases} \tag{12-93}$$

将式（12-93）代入式（12-92）中，得

$$u(z)=\left(K_p+\frac{K_i T_{sam} z}{z-1}\right)e(z) \tag{12-94}$$

转速调节器脉冲传递函数为

$$G_{ASR}(z)=K_p+\frac{K_i T_{sam} z}{z-1}=\frac{(K_p+K_i T_{sam})z-K_p}{z-1} \tag{12-95}$$

再考虑式（12-89）的控制对象脉冲传递函数，则离散系统的开环脉冲传递函数为

$$G_{ASR}(z)G_{obj}(z)=\frac{K_s[(K_p+K_i T_{sam})z-K_p](z-z_1)}{(z-1)^2\left(z-e^{-T_{sam}/T_{\Sigma n}}\frac{1}{2}\right)} \tag{12-96}$$

如果要利用连续系统的对数频率法来设计调节器参数，应先进行 ω 变换，令 $z=\dfrac{1+\omega}{1-\omega}$，则

$$G_{ASR}(\omega)G_{obj}(j\lambda)=\frac{K_s[(2K_p+K_i T_{sam})\omega+K_i T_{sam}][(1+z_1)\omega+1-z_1](1-\omega)}{4\omega^2[(1+e^{-T_{sam}/T_{\Sigma n}})\omega+1-e^{-T_{sam}/T_{\Sigma n}}]} \tag{12-97}$$

再令 $\omega=j\dfrac{T_{sam}}{2}\lambda$，$\lambda$ 为虚拟频率，则开环虚拟频率传递函数为

$$\begin{aligned} G_{ASR}(j\lambda)G_{obj}(j\lambda) &= \frac{K_z K_i(1-z_1)\left(j\dfrac{2K_p+K_i T_{sam}}{2K_i}\lambda+1\right)\left(j\dfrac{1+z_1}{1-z_1}\dfrac{T_{sam}}{2}\lambda+1\right)\left(1-j\dfrac{T_{sam}\lambda}{2}\right)}{(1-e^{-T_{sam}/T_{\Sigma n}})T_{sam}(j\lambda)^2\left(j\dfrac{1+e^{-T_{sam}/T_{\Sigma n}}}{1-e^{-T_{sam}/T_{\Sigma n}}}\dfrac{T_{sam}}{2}\lambda+1\right)} \\ &= \frac{K_z K_i(1-z_1)}{(1-e^{-T_{sam}/T_{\Sigma n}})T_{sam}}\frac{(j\tau_1\lambda+1)(j\tau_4\lambda+1)(1-j\tau_3\lambda)}{(j\lambda)^2(j\tau_2\lambda+1)} \\ &= K_0\frac{(j\tau_1\lambda+1)(j\tau_4\lambda+1)(1-j\tau_3\lambda)}{(j\lambda)^2(j\tau_2\lambda+1)} \end{aligned} \tag{12-98}$$

式中，开环放大系数（单位为 s^{-2}）为

$$K_0=\frac{K_z K_i(1-z_1)}{1-e^{-T_{sam}/T_{\Sigma n}}T_{sam}}$$

转折频率（单位为 s^{-1}）为

$$\frac{1}{\tau_1}=\frac{2K_i}{2K_p+K_i T_{sam}};\quad \frac{1}{\tau_2}=\frac{1-e^{-T_{sam}/T_{\Sigma n}}}{1+e^{-T_{sam}/T_{\Sigma n}}}\frac{2}{T_{sam}};\quad \frac{1}{\tau_4}=\frac{1-z_1}{1+z_1}\frac{2}{T_{sam}}$$

当控制对象及采样频率确定后，K_z、τ_2、τ_3、τ_4 均为已知常数，但 τ_1 和 K_0 待定。

系统的开环虚拟对数频率特性为

$$\begin{aligned} L(\lambda)= {}& 20\lg K_0+20\lg\sqrt{(\tau_1\lambda)^2+1}+20\lg\sqrt{(\tau_4\lambda)^2+1}+20\lg\sqrt{(\tau_3\lambda)^2+1} \\ & -20\lg\lambda^2-20\lg\sqrt{(\tau_2\lambda)^2+1} \end{aligned} \tag{12-99}$$

$$\varphi(\lambda)=-180°+\arctan\tau_1\lambda+\arctan\tau_4\lambda-\arctan\tau_3\lambda-\arctan\tau_2\lambda \tag{12-100}$$

根据系统期望虚拟对数频率特性中的中频段宽度和相位裕量，可以解出 τ_1 和 K_0，再进一步得出调节器的比例系数 K_p 和积分系数 K_i。

如果转速闭环的开环截止频率 ω_{cn} 选择得比较高（允许情况下），也可以采用连续域等价设计方法，即按连续系统设计方法设计转速环，确定转速调节器参数，然后再进行离散化处理。

6. 数字 PID 参数自寻优控制

当调速系统特性或电动机参数和条件改变时，原来整定的数字 PID 参数将不能适应这种变化，使得系统的控制性能变差。为了克服因环境和条件变化造成的系统性能的变差，可以采用数字 PID 调节器参数的自寻优控制。

所谓自寻优控制是利用微机的快速运算和逻辑判断能力，按照选定的寻优方法，不断探测，不断调整，自动寻找最优的数字 PID 调节参数，使系统性能处于最优状态。数字 PID 参数自寻优控制的设计步骤如下：

（1）性能指标的选择

在数字 PID 调节器参数的自寻优控制中，所选择的性能指标应当既能反映动态性能，又能包含稳态特性。选择积分型指标能够满足上述要求。

由于误差绝对值积分指标容易处理，尤其是误差绝对值乘以时间的积分，在微机控制中数据处理容易，为此选用

$$J=\int_0^t t\,|e(t)|\,\mathrm{d}t \tag{12-101}$$

作为系统的性能指标，对于这种目标函数，当系统在单位阶段输入时，具有响应快、超调量小、选择性好等优点。由于是计算机控制，必须将式（12-101）离散化，得到

$$J=\sum_{j=0}^{k} j\,|e(jT)| \tag{12-102}$$

式中，J 常是极值型函数。优化理论表明：具有极值特性的函数，在经过有限步搜索以后，是一定能够找到极值点的。

（2）PID 参数迭代寻优方法的选择

参数寻优的方法很多，如黄金分割法、插值法、步长加速法、方向加法、单纯形法等。其中，由于单纯形法具有控制参数收敛快，计算工作量小，简单实用等特点，因此，在实时数字 PID 参数自寻优控制中比较普遍地使用该种方法。

单纯形就是在一定空间中最简单的图形。N 维的单纯形，就是 $N+1$ 个顶点组成的图形，如二维空间，单纯形是三角形。设二元函数 $J(x_1,x_2)$ 构成二维空间，由不在一条直线上的三个点 X_H、X_G、X_L 构成了一个单纯形。由三个顶点计算出相应的函数值 J_H、J_G、J_L。若 $J_H>J_G>J_L$，则对于求极小值问题来说，J_H 最差，J_G 次之，J_L 最好。函数的可能变化趋势是好点在差点对称位置的可能性比较大，因此将 X_GX_L 的中点 X_F 与 X_H 连接，并在 X_HX_F 的射线方向上取 X_H，使 $X_HX_F=X_FX_R$，如图 12-57 所示。

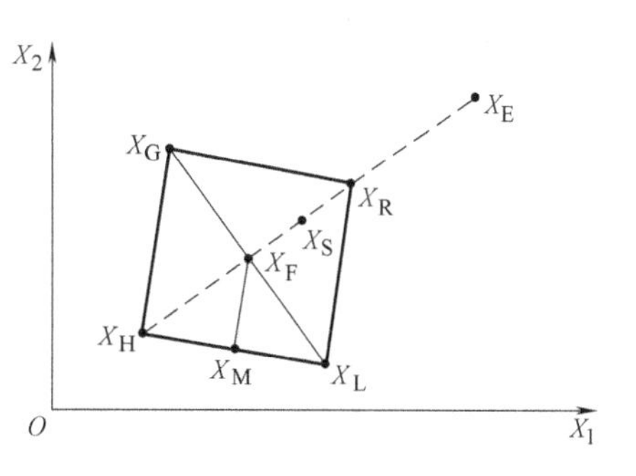

图 12-57　单纯形法的反射与反射点

以 X_R 作为计算点，计算 X_R 的函数 J_R。

1）若 $J_R>J_G$，则说明步长太大，以致 X_R 并不比 X_H 好多少，为此，需要压缩步长，可在 X_R

与 X_H 间另选新点 X_S。

2）若 $J_R>J_G$，则说明情况有好转，还可以加大步长，即在 X_HX_R 的延长线上取一新点 X_E。若 $J_E<J_R$，则取 X_E 作为新点 X_S；若 $J_E \geqslant J_R$，则取 X_R 作为新点 X_S。

总之，一定可以得到一个新点 X_S。

若 $J_S<J_G$，则说明情况确有改善，可舍弃原来的 X_H 点，而以 X_G、X_L、X_S 三点构成一个新的单纯形$\{X_G,X_L,X_S\}$，称作单纯形扩张，然后，重复上述步骤。

若 $J_S \geqslant J_G$，则说明 X_S 代替 X_H 改善不大，可把原来的单纯形$\{X_H,X_G,X_L\}$按照一定的比例缩小，例如边长都缩小一半，构成新的单纯形$\{X_F,X_L,X_M\}$，称作单纯形收缩。然后，重复以前的步骤，直至满足给定的收敛条件。

根据上述单纯形算法原理，可以画出算法流程图，如图 12-58 所示，根据它可以编出相应程序。

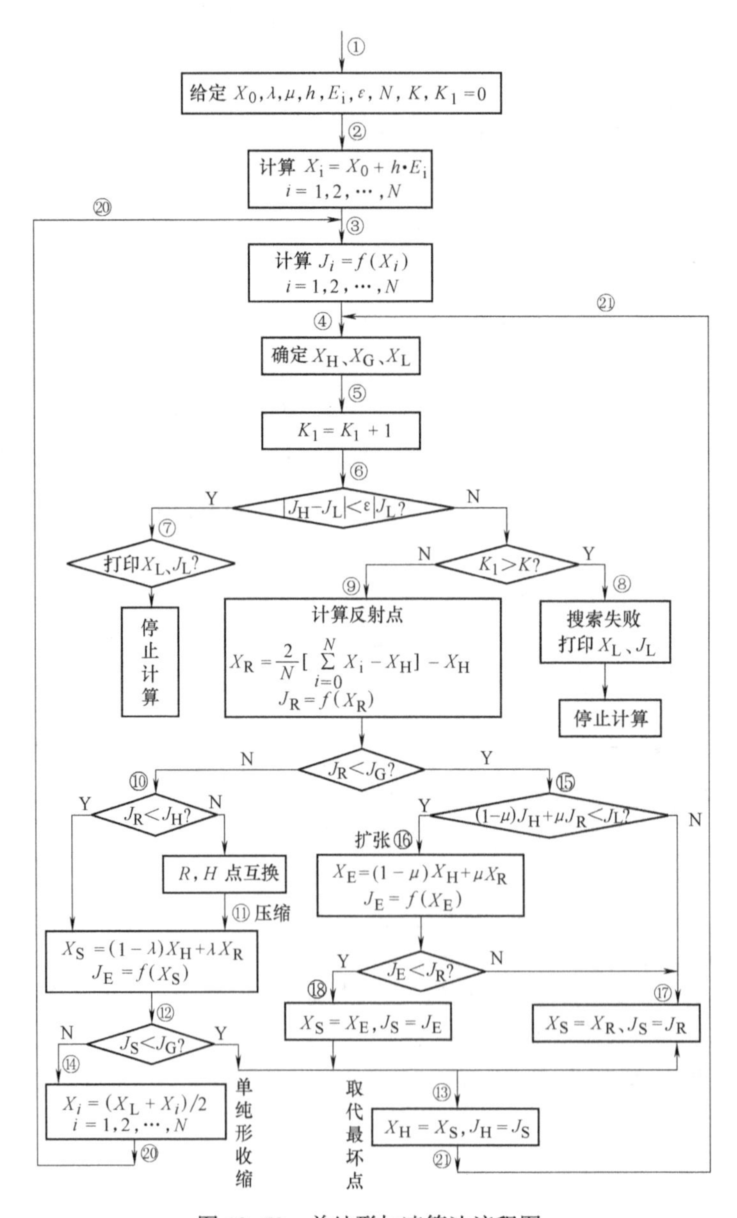

图 12-58 单纯形加速算法流程图

图中，X_0为初始点；λ 为压缩因子，可取 $\lambda=0.75$；μ 为扩张因子，可取$\mu=1.5$；h 为初始步长，通常 h 值取在 0.5~1.5 之间，h 的选择影响单纯形搜索的效果；E_i 为第 i 个单位坐标向量；ε 为寻优精度，可取 $\varepsilon=0.03$；N 为维数，$N=3$；K 为最大迭代次数。

（3）自寻优数字调节器的设计

自寻优数字调节器除了实现信号的变换，给定与比较功能外，还需完成性能指标的计算和PID参数的自动寻优。自寻优数字PID调节器参数自寻优控制系统的框图如图12-59所示。

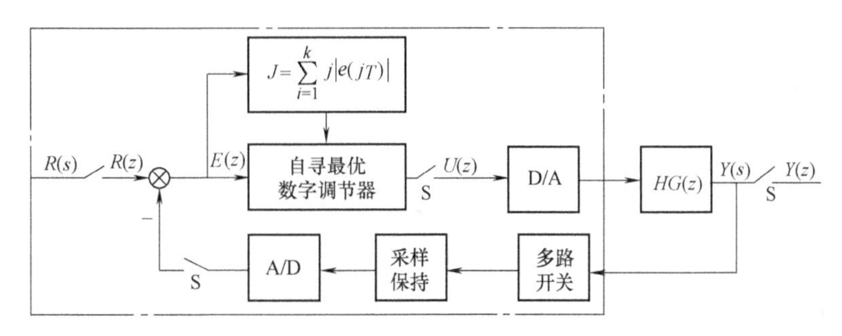

图12-59　数字PID参数自寻优控制算法

数字PID控制算法可采用位置式算法为

$$u(k)=K_pe(k)+K_i\sum_{j=0}^{k}e(j)+K_d\Delta e(k) \tag{12-103}$$

式中

$$e(k)=r(k)-c(k)$$

$$\Delta e(k)=e(k)-e(k-1)$$

$$K_i=\frac{K_pT}{T_i}$$

$$K_d=\frac{K_pT_d}{T}$$

编程采用的实际算法为

$$u(k)=u(k-1)+\Delta u(k) \tag{12-104}$$

$$\Delta u(k)=Ae(k)-Be(k-1)+Ce(k-2)$$

式中

$$A=K_p+K_i+K_d$$

$$B=K_p+2K_d$$

$$C=K_d$$

经推导得

$$\begin{cases}K_p=B-2C\\T_i=(B-2C)T/(A-B+C)\\T_d=CT/(B-2C)\end{cases} \tag{12-105}$$

若已知 A、B、C，便可推导出相应的 K_p、T_i、T_d。

7. 数字控制系统的故障自诊断与保护功能

实际应用中的控制系统难免会出现各种故障，产生故障的原因可能来自外部，也可能来自系统内部。数字控制系统十分突出的优点是，除了能实现准确控制外，还能完成对故障的自诊断，并可采用适当的保护措施，减少或避免故障的发生。如果故障已经发生，则应避免故障继续扩大，使损失降到最低的限度。

运用微处理器的逻辑判断与数值运算功能，对实施采样的资料进行必要的处理和分析，利用故障诊断模型或专家知识库进行推理，对故障类型或故障发生处做出正确的判断，使得数字控制系统在故障检测、保护与自诊断方面有着模拟系统无法比拟的优势。虽然计算机故障自诊断还不能完全取代人工故障诊断，但计算机系统能真实可靠地记录发生故障时及其前一段时间内系统的运行状态，为人工故障诊断提供了有力的依据。

目前的数字控制器主要可以完成对电源的瞬时停电、失电压、过电压；电动机系统的过电流、过载；功率半导体器件的过热和工作状态进行保护或干预，使之正常运行。

故障保护功能可以实现开机自诊断、在线诊断和离线诊断。开机自诊断是在开机运行前由微机执行一段诊断程序，检查主电路是否缺相、短路，熔断器是否完好，微机自身各部分是否正常等，确认无误后才允许开机运行。在线诊断是在系统运行中周期性地扫描检查和诊断各规定的监测点。发现异常情况发出警报并分别处理，甚至做到自恢复。同时以代码或文字形式给出故障类型，并有可能根据故障前后数据的分析、比较，判断故障原因。离线诊断是在故障定位困难的情况下，首先封锁驱动信号，冻结故障发展同时进行测试推理。操作人员可以有选择地输出有关信息进行详细分析和诊断，控制系统采用微机故障诊断技术后，有效地提高了整个系统的运行可靠性和安全性。

12.4.6 异步电动机矢量控制系统数字化设计

数字控制系统也称作计算机控制系统。本节以图 7-31 所示的矢量控制系统为例，介绍全数字化异步电动机矢量控制系统的设计方法，其硬件结构图如图 12-60 所示。由于数字信号处理器（DSP）具有硬件结构简单、控制算法灵活、抗干扰性强、无漂移、兼容性好等优点，现已广泛应用于交流电动机控制系统中，因此本节介绍的数字矢量控制系统是以 DSP 作为控制核心的控制系统。

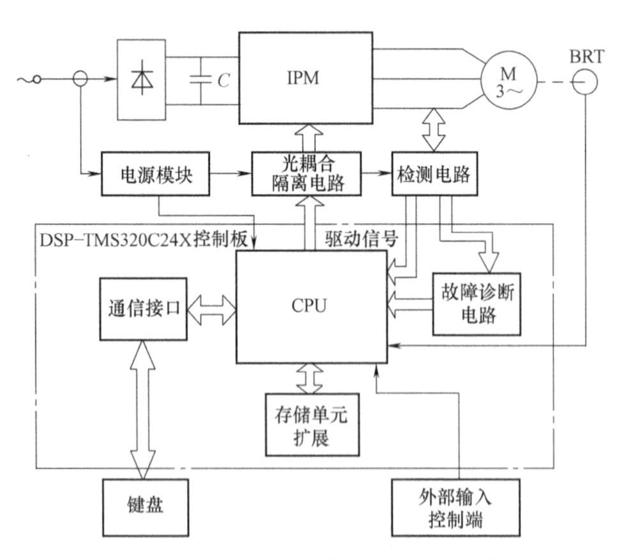

图 12-60　以 DSP 为控制核心的数字异步电动机控制系统

1. 以 DSP 为控制核心的数字异步电动机矢量控制系统的硬件组成

DSP-TMS320C24X 控制板内部结构图如图 12-61 所示。

数字信号处理器（DSP）是一种高速专用微处理器，运算功能强大，能实现高速输入

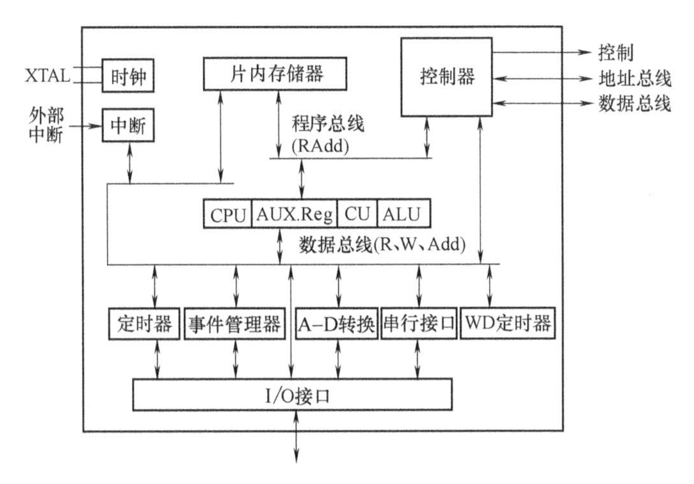

图 12-61　DSP-TMS320C24X 内部结构

和高速率传输数据。它专门处理以运算为主且不允许迟延的实时信号，可高效进行快速傅里叶变换运算。它包含灵活可变的 I/O 接口和片内 I/O 管理，以及高速并行数据处理算法的优化指令集。DSP 的精度高，可靠性好，其先进的品质与性能为电动机控制提供了极大的支持。DSP 保持了微处理器自成系统的特点，又具有优于通用微处理器对数字信号处理的运算能力。

TMS320C24X 是美国 TI（Texas Instruments）公司于 1997 年推出的一种始于工业控制，尤其适于电动机控制的 DSP 芯片。具有高性能处理和运算能力，是一个高性能的 DSP 内核和片内外器件集成为一个芯片的高级工业数字控制器。

DSP-TMS320C24X 各个模块的功能如下。

1）给定值模块的作用：多项式拟合；模块查表及插值。

2）数字控制模块的作用：实现 PID 控制算法；参数/状态估计；磁场定向控制（FOC）变换；无速度传感器算法；自适应控制算法。

3）驱动给定 PWM 发生模块的作用：PWM 生成；AC 电动机的换向控制；功率因数校正（PFC）；高速弱磁控制；直流纹波补偿。

4）信号转换及信号调理模块的作用：A/D 控制，数字滤波。

在交流电动机控制中，DSP 所特有的高速计算能力，可以用来增加采样频率，并完成复杂的信号处理和控制算法。PID 算法、卡尔曼滤波、FFT、状态观测器、自适应控制及智能控制等，均可利用 DSP 在较短的采样周期内完成。在自适应控制中，系统参数、状态变量可以通过状态观测器加以辨识。因此，利用 DSP 的信号处理能力还可以减少传感器的数量（比如位置、速度和磁通传感器）。

电动机控制专用 DSP 具有灵活的 PWM 生成功能，为电动机控制带来了许多便利：可产生高分辨率的 PWM 波形，可灵活实现 PWM 控制，以减少电磁干扰（EMI）和其他噪声问题，多路 PWM 输出可以进行多电动机控制。

2. 软件设计（运算程序和控制算法）

（1）坐标变换等常用程序块软件

程序代码使用美国 TI 公司的 C2XX 汇编语言

1）2/3、3/2 相变换运算程序——克拉克变换（Clark Transform）。

$$(A,B,C)\Rightarrow(\alpha,\beta)\quad \begin{pmatrix} i_{s\alpha} \\ i_{s\beta} \\ i_0 \end{pmatrix}=\sqrt{\frac{2}{3}}\begin{pmatrix} 1 & -\frac{1}{2} & -\frac{1}{2} \\ 0 & \frac{\sqrt{3}}{2} & -\frac{\sqrt{3}}{2} \\ \frac{1}{\sqrt{2}} & \frac{1}{\sqrt{2}} & \frac{1}{\sqrt{2}} \end{pmatrix}\begin{pmatrix} i_A \\ i_B \\ i_C \end{pmatrix}$$

$$(\alpha,\beta)\Rightarrow(A,B,C)\quad \begin{pmatrix} i_A \\ i_B \\ i_C \end{pmatrix}=\sqrt{\frac{2}{3}}\begin{pmatrix} 1 & 0 & \frac{1}{\sqrt{2}} \\ -\frac{1}{2} & \frac{\sqrt{3}}{2} & \frac{1}{\sqrt{2}} \\ -\frac{1}{\sqrt{2}} & -\frac{\sqrt{3}}{2} & \frac{1}{\sqrt{2}} \end{pmatrix}\begin{pmatrix} i_{s\alpha} \\ i_{s\beta} \\ i_0 \end{pmatrix}$$

克拉克变换程序举例如下：

```
iαβ_iABC      ldp   #4              ;指向 B0 块的 0 页
              larp  AR0             ;指向 AR0
              lar   AR0,#i_αβ_T     ;定子 α 轴电流给定值→TREG
              mpy   *   +           ;2/3 * ids_cmd  (Q27=D4,32 位)
                                    ;Qx * Qy=Q(x+y)
                                    ;Dx * Dy=D(x+y+1)
              mar   *   +           ;+0 * iqs_cmd
              spm   0               ;PREG 不左移
              pac                   ;PREG→ACC
              sach  iA_cmd,1        ;左移并保存,注意 Q 定标是从最低位数
                                    ;起,D 定标是从最高位数起
                                    ;-1/3→AR0
              it    ils_cmd         ;isα_cmd→TREG(Q12=D3)
              mpy   *   +           ;-1/3 * isα_cmd(Q28=D3,32 位)
                                    ;1/√3→AR0(Q15=D0)
              itp   isβ_cmd         ;p→ACC,isβ_cmd→TREG(Q27=D4)
                                    ;-1/3→AR0(Q16=D-1)
              spm   1               ;设 PREG 左移一位
              lta   ils             ;ACC+左移后的 PREG→ACC
                                    ;-1/3isα_cmd+1/√3isβ_cmd
                                    ;load isα_cmd(Q12=D3)
              sach  iB_cmd          ;保存(Q12=D3)
              mpy   *   +           ;-1/3 * isα_cmd(Q28=D3)
                                    ;-1/3→AR0(Q15=D3)
              spm 0                 ;设置 PREG 为不左移
              ltp   isβ_cmd         ;PREG→ACC,Q28=D3,isβ_cmd→TREG
              mpy   *   +           ; -1/√3* * isβ_cmd→TREG
```

```
spm   1                         ;设 PREG 左移一位
apac                            ;PREG+ACC→ACC-1/3isα_cmd
                                ;-1/√3 * isβ_cmd→ACC
sach   iC_cmd                   ;保存
spm   0
ret
```

2）旋转变换——派克变换。旋转变换是矢量控制系统中常用的一种变换，也称为派克变换，从固定 α、β 轴变换到同步旋转的 M、T 轴，具有以下形式：

$$\begin{pmatrix} i_{sM} \\ i_{sT} \end{pmatrix} = \begin{pmatrix} \cos\varphi_s & \sin\varphi_s \\ -\sin\varphi_s & \cos\varphi_s \end{pmatrix} \begin{pmatrix} i_{s\alpha} \\ i_{s\beta} \end{pmatrix}$$

从同步旋转的 M、T 轴到固定的 α、β 轴的变换为

$$\begin{pmatrix} i_{s\alpha} \\ i_{s\beta} \end{pmatrix} = \begin{pmatrix} \cos\varphi_s & -\sin\varphi_s \\ \sin\varphi_s & \cos\varphi_s \end{pmatrix} \begin{pmatrix} i_{sM} \\ i_{sT} \end{pmatrix}$$

派克变换程序如下：

```
iMT_iαβ     ldp   #4                ;指向 B0 块的 0 页
            lt    ils_cmd           ;IMs→TREG,Q12=D3
            mpy   cos_theta_rf      ;cos * IDs→PREG,Q27=D4
            SPM   1                 ;设 PREG 左移一位
                                    ;Q28=D3
            ltp   isβ_cmd           ;PREG 左移后的结果→ACC
                                    ;Q28=D3
                                    ;isβ→TREG,Q12=D3
            mpy   sin_theta_rf      ;sin * isβ→PREG,Q27=D4
            mpy   cos_theta_rf      ;PREG 左移一位+ACC→ACC,Q28=D3,
                                    ;cos * isβ→PREG,Q27=D4
            sach  isM_cmd           ;ACC 高字节保存到 isM中,Q12=D3
            ltp   ils_cmd           ;PREG 左移一位,Q28=D3
                                    ;PREG→ACC,Q12=D3
            mpy   sin_theta_rf      ;sin * isα→PREG,Q12=D3
            apac                    ;PREG 左移一位,Q28=D3
                                    ;ACC+PREG→ACC   Q28=D3
            sach  isT_cmd           ;ACC 高字节保存到 isT,Q12=D3
            spm   0                 ;(DAF)
            ret
```

3）通过查表和插值实现 sin/cos 函数的计算。通过查表和插值实现 cos 函数的程序如图 12-62 所示，求 sin 函数的程序基本相同，只是相差 90°。

```
COS_FUNC:PIONT_B0
            LACC   THETA
            ADD    #16384           ;+90°,即 cos(A)=sin(A+90°)
            SACL   GPR0             ;此处 90°=FFFFh/4
            LACC   GPR0,8
```

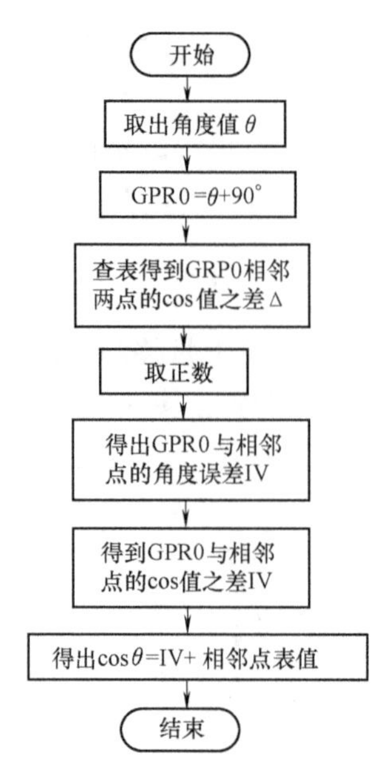

图 12-62 通过查表和插值实现 cos 函数的程序流程

```
SACH   T_PTR                    ;表指针
SFR                             ;将插值常数 IV 转化为 Q15
AND    #07FFFh                  ;强制 IV 为一个正数
SACL   IV
LACC   #SIN_TABLE
ADD    T_PTR
TBLR   COS_YHEYA                ;cos_THETA=sin(THETA+90°)
ADD    #1h                      ;表指针+1
TBLR   NXT_ENTRY                ;读出下一项
LACC   NXT_ENTRY
SUB    COS_THETA                ;得到两点的差值
SACL   DELTA_ANGL
LT     DELTA_ANGL
MPY    IV                       ;IV=插值常数
PAC
SACH   IV,1
LACC   IV
ADD    COS_THETA
SACL   COS_THETA                ;cos_THETA=插值后的结果
RET
```

求 sin 函数的程序基本相同，只是相差 90°。

sin 函数表（部分）如下：

```
SIN_TABLE   .word   0;     0    0.00    0.000
            .word   804;   1    1.41    0.0245
```

```
.word    1608;    2     2.82     0.0491
.word    2410;    3     4.22     0.0736
.word    3212;    4     5.63     0.0980
.word    4011;    5     7.03     0.1224
.word    4804;    6     8.44     0.1467
.word    5602;    7     9.84     0.1710
.word    6393;    8     11.25    0.1951
.word    7179;    9     12.66    0.2191
.word    7962;    10    14.06    0.2430
.word    8739;    11    15.47    0.2667
.word    9512;    12    16.88    0.2903
.word    10278;   13    18.28    0.3137
.word    11039;   14    19.69    0.3369
.word    11793;   15    21.09    0.3599
```

说明：此表共有256个点，对应0°~360°之间的角度。平均每1.4°就有一个精确的值。增量需要转换成Q15的定标值。

4）捕获单元和QEP（正交编码脉冲）解码模块：

① 捕获单元功能（见图12-63）配合一个定时器，捕获单元可以检测上升、下降的时刻；可以有效地减少输入信号抖动现象；捕获单元的处理结果保存在先进先出（FIFO）中，以简化软件实现的复杂程度；捕获事件可以触发中断。

② QEP模块功能（见图12-64）。译码器输出直接连到DSP；一个定时器可与QEP模块结合起来为位置信号记数：起始脉冲可以被记录下来用以定位；可减少脉冲输入的抖动和噪声干扰；内部逻辑电路可以检测转子转动方向；可以产生不同的中断。

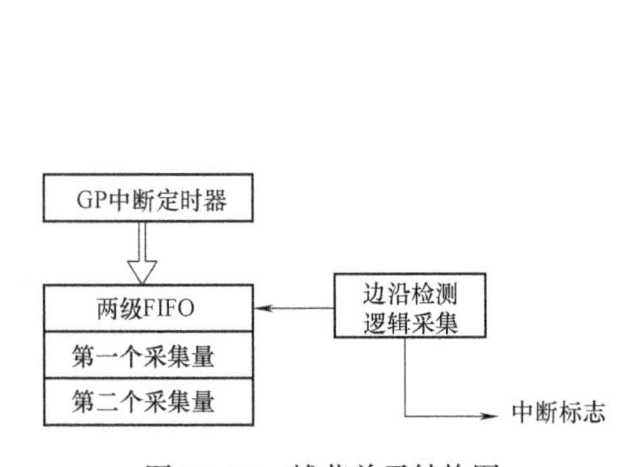

图12-63　捕获单元结构图

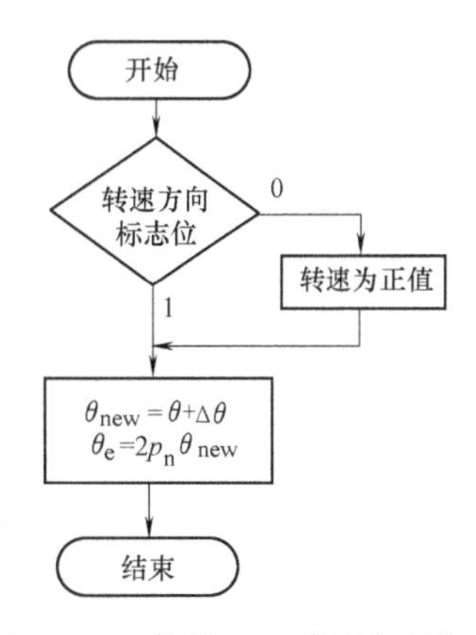

图12-64　使用QEP模拟实现位置判断的程序流程图

捕获单元和QEP解码模块的程序：

```
SPM1
CLRC
PIONT_EV
BIT   GPTCON,BIT14                 ;判断旋转方向
```

```
        BCND   UP_COUNT,TC              ;如果为 1,则为加记数,不需纠正
        DWN_COUNT
        LACC   T2CNT                    ;取减记数初值
        SUBS   dwn_cnt_offset           ;FFFF→F060h(360°→0°)
        B   UC-01
        UP_COUNT
        LACC   T2CNT                    ;取得当前角度记数值
        UC_01   POINT_B0
        ADD   #CAL_ANGLE                ;加上偏移量
        SACL   GPR0                     ;暂存
        SUB   #ENCODER_MAX              ;判断是否过了 360°点
        BCND   NO_WRAP,LEQ              ;如果是,则减去 360°对应的记数值
WAP     LACC   GPR0
        SUB   #ENCODER_MAX              ;新的角度 theta=theta+Cal_angle-4000
        SACL   GPR0
NO_
WARP    LACC   GPR0,1                   ;电角度=2X 机械角度
        SACL   GPR0
        LT   GPR0                       ;取得轴角度(0→8000)
        MPY   ANGLE_SCALE               ;乘上比例系数转到 0→FFFFh
        PAC
        SACH   THETA,5                  ;THETA 现在是 Q0 格式了
        SPM   0
```

5）使用 QEP 进行转速检测。转速检测的算法由下式得到，即根据测得的轴的位置来获得转子转速（见图 12-65）。

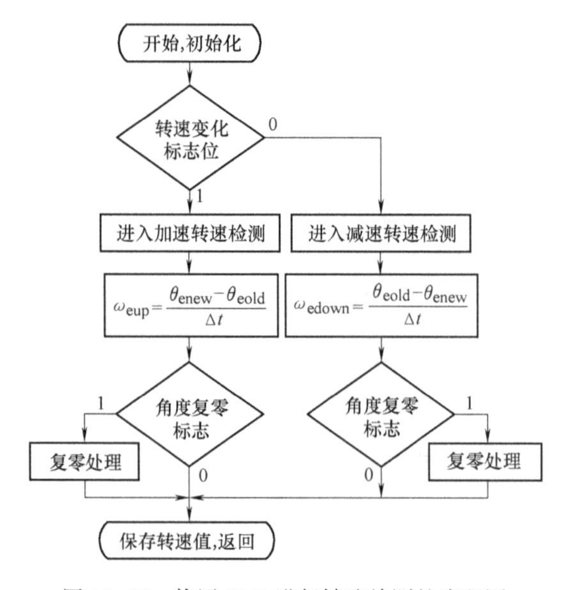

图 12-65　使用 QEP 进行转速检测的流程图

$$转子转速=\frac{两次检测的轴位置角度的差值}{\Delta t(\Delta t 为 F240PWM 周期)}$$

使用 QEP 进行转速检测的程序：

```
SPEED_MEAS   POINT_B0
        LACC   SPEED_PRD_CNT
        ADD   #1
        SACL   #SPEED_PRD_CNT
        SUB   #SPEED_LP_CNT
        BCND   SKJP_SPD_MEAS,LT
CALC_SPEED
        LACC   SHAFT_ANGLE
        SACL   OLD_SHAFT_ANGLE
        PIONT_EV
        BIT   GPTCN,BIT14                      ;判断旋转方向
        BCND   U_CNT,TC                        ;如果为1,加计数;如果为0,减
                                               ;计数
D_CNT   LACC   T2CNT
        SUBS   Dwn_cnt_offset                  ;FFFF→F06h(360°→0°)
        POINT_B0
        SACL   SHAFT_ANGLE
        LACC   OLD_SHAFT_ANGLE
        SUB   SHAFT_NGLE                       ;ACC=OLD_SHAFT_ANGLE_SH-
                                               ;AFT_ANGLE
        BCND   SMD_CASE2,LT                    ;判断是否过了一周
        SACL   DELTA_SHAFT_ANGLE
        SPLK   #0,SPEED_PRD_CNT                ;重置计数值
        B   BOX_CAR
SMD_CASE2
        ADD   #ENCODER_MAX
        SACL   DELTA_SHAFT_ANGLE
        SPLR   #0,SPEED_PRD_CNT                ;重置计数值
        B   BOX_CAR
U_CNT   LACC   T2CNT
        POINT_B0
        SACL   SHAFT_ANGLE                     ;ACC=新角度-旧角度
        BCND   SMU_CASE2,LT                    ;判断是否过了一周
        SACL   DELTA_SHAFT_ANGLE
        SPLR   #0,SPEED_PRD_CNT                ;重置计数值
        B   BOX_CAR
SMU_CASE2
        ADD   #ENCODER_MAX
```

```
        SACL    DELTA_SHAFT_ANGLE
        SPLR    #0,SPEED_PRD_CNT                    ;重置计数值
```

(2) 数字调节器设计

对图 12-66a 所示速度控制系统中的转矩闭环因其采样时间可以取得很小，因此可采用连续域等效设计法来设计数字 ATR；对于转速环而言，由于采样时间不能很小，因而采用离散设计法来设计数字 ASR。图 12-66b 所示磁链闭环系统由于采样时间不可取得很小，因而数字磁链调节器采用离散设计法进行设计。

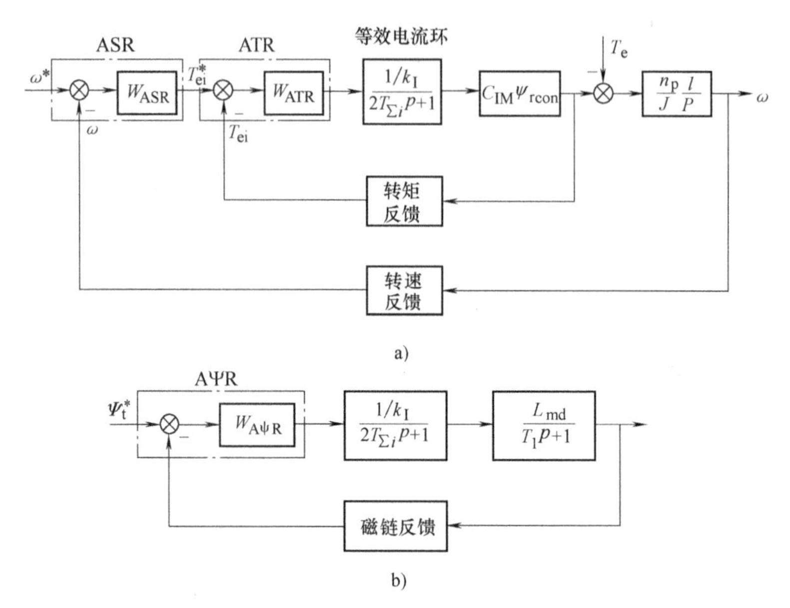

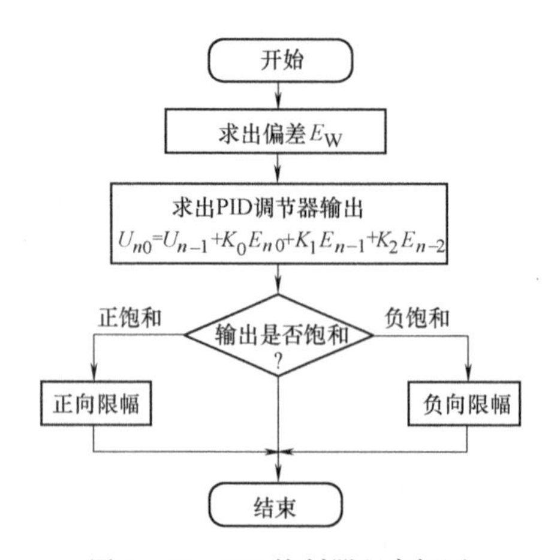

图 12-66　转速闭环子系统和磁链闭环子系统

a) 带转矩内环的转速闭环子系统　b) 磁链闭环子系统

ASR、ATR、AΨR 的控制算法通常为 P、PI、PD、PID 等。这里给出 DSP 数字 PID 调节器程序框图，如图 12-67 所示。

图 12-67　PID 控制器程序框图

DSP 数字 PID 程序：这个 PID 的实现程序具有自检功能、饱和情况的处理、32 位积分器和数字稳定性控制。

DSP 数字 PID 程序：

```
PID_CNTL:     POINT_B0
              LACC      SPEED_SP      ;当前转速
              SUB       SPED_AVG
              SACL      En0           ;转速误差
              SPM       1
              ZALS      Un_L_0        ;ACC=Un=1
              ADDH      Un_L_0
              LT        En2           ;T=En2
MPYK2:        MPY       K2            ;P=K2. En-2
              LTD       En1           ;ACC=Un-1+K1. En-1+K2. En-2
MPYK1:        MPY       K1            ;P=K1. En-1
              LTD       En0           ;ACC=Un-1+K2. En-2
MPYK0:        MPY       K0            ;P=K0. En-0
              APAC                    ;ACC=Un-1+K0. En-0+K1. En-1
                                      ;+K2. En-2
UH:           SACH      Un_H_0        ;Un-0=ACC
UL:           SACL      Un_L_0        ;32 位加法器
              LACC      Un_H_0        ;否则保留当前值
              ADD       #6000H
              BCND      MP_SAT
                        _MINUS,LT     ;如果最小值溢出,则取最小值-Ve
              LACC      Un_H_0        ;否则保留当前值
              SUB       $6000H
              BCND      MP_SAT
                        _PLUS,GEQ     ;如果最小值溢出,则取最小值+Ve
              LACC      Un_H_0        ;否则保留当前值
              B         SMPL_DELAY
MP_SAT_MINUS:                         ;饱和控制
              SPLK      #MAX_NEG_CURR,Un_H_0
              SPLK      #0,Un_L_0
              B         SMPL_DELAY
MP_SAT_PLUS:
SLK           #MAX_POS_CURR,Un_H_0
              SPLK      #0,Un_L_0
```

需要指出的是，为了避免或减少复现信号与原有信号之间的畸变和滞后相移，在连续控制系统离散化设计中，必须使采样周期尽量短，但也不能无限缩短。通常根据香农采样定理，使采样频率 $f=1/T$ 不小于连续信号频谱中最高频率的 2 倍。

另外，对于多回路控制系统中，由于各回路的频带不同，实际系统中各回路选择的采样频率也不同，通常各回路采样频率为各回路频带的 6~ 8 倍。

12.5 习题

12-1 直流电动机额定转速 1200 r/min，电枢电流额定值为 500 A，允许过流倍数为 1.5 倍，数字控制系统内部存储空间为一个字（16 位），试确定数字控制系统的转速反馈存储系统和电流反馈存储系数，适当考虑裕量。

12-2 若旋转编码器光栅数为 1024，倍频系数为 4，高频时钟脉冲频率 $f_0 = 1\,\text{MHz}$，编码器输出的脉冲个数和高频时钟脉冲个数均采用 16 位计数器，M 法和 T 法测速时间均为 10 ms，分别求出电动机转速在 1200 r/min 和 50 r/min 时的测速分辨率和误差率的最大值（参见 12.5.2）。

12-3 设计数字控制的双闭环直流调速系统，电动机额定功率 $P_N = 50\,\text{kW}$，额定电压 $U_N = 220\,\text{V}$，额定电流 $I_N = 28\,\text{A}$，额定转速 $n_N = 1500\,\text{r/min}$，电枢电阻 $R_a = 0.25\,\Omega$，电感 $L_a = 8.5\,\text{mH}$，电动机允许最大电流过载系数 $\lambda = 2$，主电路总电阻 $R = 1.1\,\Omega$，电动机飞轮矩 $GD^2 = 6.5\,\text{N}\cdot\text{m}^2$。电流滤波器时间常数 $\tau_{0i} = 5\,\text{ms}$，转速滤波器时间常数 $\tau_{0n} = 5\,\text{ms}$。

1）确定系统的采样周期 T_S，求出双闭环调速系统的动态数学模型。

2）设计电流调节器和转速调节器，并且将其离散化，求出差分方程。

12-4 设计以微处理器为控制核心的数字化永磁同步电动机矢量控制系统。

1）给出硬件系统图。

2）编制控制算法程序。

12-5 对图 7-29 所示异步电动机矢量控制系统进行数字化设计。

1）设计以 DSP 为核心的硬件系统。

2）PID 调节器的数字化设计及编写带输出限幅的数字 PI 调节器程序。

3）编写相变换、旋转变换程序。

4）给出闭环磁链观测器的算法及编写程序。

参考文献

[1] 陈伯时．电力拖动自动控制系统［M］．3版．北京：机械工业出版社，2003.

[2] 李华德．交流调速控制系统［M］．北京：电子工业出版社，2003.

[3] 杨兴瑶．电动机调速系统的原理及系统［M］．2版．北京：中国电力出版社，1995.

[4] 马志源．电力拖动控制系统［M］．北京：科学出版社，2004.

[5] 尔桂花，窦曰轩．运动控制系统［M］．北京：清华大学出版社，2002.

[6] 马小亮．高性能变频调速及其典型控制系统［M］．北京：机械工业出版社，2010.

[7] 高景德，王祥珩，李发海．交流电机及其系统分析［M］．2版．北京：清华大学出版社，2005.

[8] 天津电气传动研究所．电气传动自动化技术手册［M］．3版．北京：机械工业出版社，2011.

[9] 冯明义．设计自动调节系统的振荡指标法［J］．信息与控制，1978（2）：64-69.

[10] 丁学文．电力拖动运动控制系统［M］．北京：机械工业出版社，2007.

[11] 胡斯登．考虑非理想特性与特定工况的变频调速系统控制策略研究［D］．北京：清华大学，2011.

[12] BOSE B K．现代电力电子学与交流传动［M］．王聪，译．北京：机械工业出版社，2005.

[13] 王晓明．电动机的DSP控制：TI公司DSP应用［M］．2版．北京：北京航空航天大学出版社，2009.

[14] 丁修堃．轧制过程自动化［M］．3版．北京：冶金工业出版社，2009.

[15] 臧英杰，吴守箴．交流电动机的变频调速［M］．北京：中国铁道出版社，1984.

[16] 汤蕴璆．电机学：机电能量转换［M］．北京：机械工业出版社，1991.

[17] 马小亮．大功率交-交变频交流调速及矢量控制［M］．3版．北京：机械工业出版社，2004.

[18] 李正军．计算机控制系统［M］．2版．北京：机械工业出版社，2009.

[19] 易继楷，侯媛彬．智能控制技术［M］．北京：北京工业大学出版社，1999.

[20] HOLZ J. Fast dynamic control of medium voltage drives operating at very low switching frequency-an overview [J]. IEEE Trans. on Ind. Electron., 2008, 55 (3): 1005-1013.

[21] HOLZ J. Closed-loop control of medium-voltage drives operated with synchronous optimal pulsewidth modulation [J]. IEEE Trans. on Ind. Appl., 2008, 44 (1): 115-123.

[22] CAUCET S. Parameter-dependent lyapunov functions applied to analysis of induction motor stability [J]. Control Engineering Practice, 2002 (10): 337-345.

[23] LYSHEVSHI S E. Control of high performance induction motors: theory and practice [J]. Energy Conversion and Management, 2001, 42 (7): 877-898.

[24] 顾绳谷．电机及拖动基础［M］．4版．北京：机械工业出版社，2008.

[25] PENG F Z, FUKAO T, LAI J S. Low-speed performance of robust speed identification using instantaneous reactive power for tacholess vector control of induction motors [J]. IEEE Industry Application Society, 1994: 493-499.

[26] LATAIRE P H. White paper on the new ABB medium voltage drive system, using IGCT power semiconductors and direct torque control [J]. EPE Journal, 1998, 7 (3-4): 40-45.

[27] PHUNG N, QUANG DITTRICH J A. Vector control of three-phase AC machines: system development in the practice [M]. Berlin: Springer, 2008.

[28] 徐彬，等．稀土永磁同步电动机和永磁无刷方波直流电动机的数字式调速系统［C］//黄友朋．CAVD'99第六届中国交流电机调速传动学术会议论文集．北京：中国金属学会，1999：202-209.

[29] 孙涵芳，徐爱卿．MCS-51/96系列单片机原理及应用［M］．北京：北京航空航天大学出版社，1998.

[30] KAZMIERKOWSKI M P, DAIENIAKOW M A, SULKOWSKI W. Novel space vector based current control-

lers for PWM inverter [J]. IEEE Trans. PE, 1991, 6 (1): 158-166.
[31] 刘大勇 . N 相大功率永磁同步电动机数学模型及矢量交换控制 [C].//黄友朋 . CAVD'99 第六届中国交流电机调速传动学术会议论文集 . 北京: 中国金属学会, 1999: 178-185.
[32] WANG L, GAO Q D, Lorenz R D. Sensorless control of permanent magnet synchronous motor [C]. power electronics and motion control conference, 2000. Proceedings. PIEC2000. the Tired International. 2000, 1 (1) : 186-190.
[33] MUHAMMADH, RASHID . Power electronics handbook [M]. Amsterdam: Eisevier Inc, 2001.
[34] MONMASSON E. FPGA design methodolgy for industrial control system: a review [J]. IEEE Trans. on Ind, Electron. , 2007, 54 (4): 1824-1842.
[34] 阿德金斯, 哈利 . 交流电动机统一理论 [M]. 唐任远, 朱维衡, 译 . 北京: 机械工业出版社, 1980.
[35] CHEN T C. SHEN T T. Model reference neural network controller for induction motor speed control [J]. IEEE Transaction on Energy Conversion 17 (2), 2002: 157-163.
[36] STEIMEL A. Direct self control (Dsc) and indirect stator-quantities Control (Isc) for tranction application [J]. Tutorials of 10th European power electronic conference (EPE), 2003: 1-35.
[37] 王念旭, 等 . DSP 基础与应用系统设计 [M]. 北京: 北京航空航天大学出版社, 2001.
[38] 李友善 . 自动控制原理 [M]. 3 版 . 北京: 国防工业出版社, 2005.
[39] 王成元, 夏加宽, 杨俊友, 等 . 电机现代控制技术 [M]. 北京: 机械工业出版社, 2006.
[40] 张莉松, 胡佑德, 徐立新 . 伺服系统原理与设计 [M]. 3 版 . 北京: 北京理工大学出版社, 2006.
[41] 郭庆鼎, 孙宜标, 王丽梅 . 现代永磁同步电动机交流伺服系统 [M]. 北京: 中国电力出版社, 2006.
[42] TANG L, ZHONG L, RAHMAN M F. A novel direct torque control scheme for interior permanent magnet synchronous machines drive system with low ripple in torque and flux, and fixed switching frequency [J]. IEEE Transactions on Power Electronics, 2004, 19 (12) : 246-354.
[43] Texas Instruments Incorporated. TMS320C28X 系列 DSP 的 CPU 与外设: 上册 [M]. 张为宁, 译 . 北京: 清华大学出版社, 2006.
[44] 庄圣贤 . 异步电动机定子电流的内模控制及实现 [J]. 控制理论与应用, 2000, 21 (4): 12-17.
[45] FAENG L, CHYANG Y, MAOHENG T. Sensorless induction spindle motor drive using fuzzy neural network speed controller [J]. Electric power systems research, 2003, 58 (3): 187-169.
[46] 刘国海, 张浩, 戴先中 . 神经网络逆系统在电机变频调速系统中的应用 [J]. 电工技术学报, 2003, 18 (3): 67-80.
[47] 韩京清 . 自抗扰控制器及其应用 [J]. 控制与决策, 1998, 13 (1): 19-23.
[48] 寇宝泉, 程树康 . 交流伺服电机及其控制 [M]. 北京: 机械工业出版社, 2008.
[49] 胡育文, 等 . 异步电机 (电动、发电) 直接转矩控制系统 [M]. 北京: 机械工业出版社, 2012.
[50] 宋晓青, 等 . 数字控制系统分析与设计 [M]. 北京: 清华大学出版社, 2015.
[51] 丁建强, 等 . 计算机控制技术及其应用 [M]. 北京: 清华大学出版社, 2012.
[52] 赵争鸣, 等 . 电力电子系统电磁瞬态过程 [M]. 北京: 清华大学出版社, 2017.
[53] 潘月斗, 楚子林 . 现代交流电机控制技术 [M]. 北京: 机械工业出版社, 2018.
[54] 马小亮 . 变换器无滞后模型及准连续控制电流调节器差分设计方法 [J]. 电气传动, 2019, 49 (1): 5-13.